BOUXCUENGH GOHYOZ GISUZSIJ

Cinz Sangvwnz 覃尚文   Van Fujbinh 万辅彬
Vangz Dungzliengz 王同良   Mungz Yenzyau 蒙元耀
— Cawjbien 主编 —

（Gienj Gwnz）（上卷）

壮族科学技术史

Gvangjsih Gohyoz
Gisuz Cuzbanjse
广西科学技术出版社

图书在版编目（CIP）数据

壮族科学技术史：上、下卷：壮汉对照／覃尚文
等主编. —南宁：广西科学技术出版社，2019.10
ISBN 978-7-5551-0865-8

Ⅰ. ①壮… Ⅱ. ①覃… Ⅲ. ①壮族—自然科学史—中
国—壮、汉 Ⅳ. ①N092

中国版本图书馆 CIP 数据核字（2019）第 174224 号

壮族科学技术史
ZHUANGZU KEXUE JISHU SHI

覃尚文　　万辅彬　　王同良　　蒙元耀　　主编

策划/组稿：饶　江　　　　　　　　责任校对：马月媛
责任编辑：饶　江　　　　　　　　责任印制：韦文印
封面设计：璞　间　　　　　　　　内文设计：韦娇林

出 版 人：卢培钊　　　　　　　　出版发行：广西科学技术出版社
社　　址：广西南宁市东葛路 66 号　　邮政编码：530023
网　　址：http://www.gxkjs.com

经　　销：全国各地新华书店
印　　刷：广西民族印刷包装集团有限公司
地　　址：南宁市西乡塘区高新三路 1 号　　邮政编码：530007
开　　本：787 mm×1092 mm　1/16
字　　数：1372 千字　　　　　　　　印　　张：61.25
版　　次：2019 年 10 月第 1 版　　　　印　　次：2019 年 10 月第 1 次印刷
书　　号：ISBN 978-7-5551-0865-8
定　　价：398.00 元（上、下卷）

Benhveijvei
编委会

Cawjbien 主 编

Cinz Sangvwnz　覃尚文　　　　Van Fujbinh　万辅彬

Vangz Dungzliengz　王同良　　　Mungz Yenzyau　蒙元耀

Benhveij 编 委
（Ciuq singq bitveh baizled　按姓氏笔画排序）

Van Fujbinh　万辅彬　　　Vangz Dungzliengz　王同良　　　Bwz Yaudenh　白耀天

Liuz Cunggvei　刘仲桂　　　Mwz Ginzcungh　麦群忠　　　Yiz Hangvei　余汉桂

Cangh Sinhfu　张新富　　　Lunz Cunhyangz　陆春阳　　　Cwng Cauhyungz　郑超雄

Vangz Hanruz　黄汉儒　　　Vangz Cenzanh　黄全安　　　Vangz Gwzsanh　黄克山

Vangz Genjcauh　黄卷超　　　Ciengj Dingzyiz　蒋廷瑜　　　Cinz Sangvwnz　覃尚文

Mungz Yenzyau　蒙元耀　　　Liu Hihlinz　廖希林　　　Dai Gijve　戴启惠

Dai Yung　戴 勇

Sawcuengh Fanhoih 壮文翻译

Mungz Yenzyau　蒙元耀　　　Cinz Haijlen　覃海恋　　　Lanz Yilanz　蓝玉兰

Lij Binz　李 贫　　　Luz Denhyouj　卢天友

Vahhaidaeuz

导言

Gij lizsij gyaeraez caeuq vwnzva ronghsag Cunghvaz hungmbwk haenx dwg youz 56 aen minzcuz doengzcaez cauhbaenz. Bouxcuengh vunzsoq dan noix gvaq Hancuz，de vih gij ginghci hoenghhwd、gohgi cauhmoq、sevei cinbu、guekgya onjdingh caeuq diegguek caezcup Cunghvaz Minzcuz aen ranz hung neix guh'ok le gunghawj laux dangqmaz. Doiq Cunghvaz Yinzminz Gunghozgoz laebbaenz gaxgonq ndaw lizsij cincwngz Bouxcuengh doenghgij gohgi gisuz cwngzciu caeuq fazcanj de，guh le haemq hidungj soucomz、cingjleix，biensij okbanj bonj saw《Bouxcuengh Gohyoz Gisuzsij》，doiq aen canloz saedyienh gohgyau hwng guek、gohgyau saenqhwng Guengjsae，doidoengh caeuq coicaenh daengx aen minzcuz guh vuzciz vwnzmingz caeuq cingsaenz vwnzmingz gensez，dawz Cungguek gensez baenz aen fouqak、minzcuj、vwnzmingz、doxhuz、gyaeundei seveicujyi yendaiva guek ak ndeu，saedyienh Cunghvaz minzcuz daih fukhwng，miz lizsij eiqngeih caeuq yienhsaed eiqngeih.

伟大中华的悠久历史和灿烂文化是由56个民族共同缔造的。壮族的人口数量仅次于汉族，她为中华民族大家庭的经济繁荣、科技创新、社会进步、国家安定和领土完整都做出了重大贡献。将中华人民共和国成立前的历史进程中壮族的科学技术成就与发展，进行比较系统的收集、整理、编纂出版《壮族科学技术史》一书，对实现科教兴国、科教兴桂战略，推动和促进全民族的物质文明和精神文明建设，把中国建设成为富强、民主、文明、和谐、美丽的社会主义现代化强国，实现中华民族伟大复兴，是有历史意义和现实意义的。

Youq neix，doiq di vwndiz ndeu guh bizyau gaisau caeuq gangjmingz.

在此，对一些问题作必要的介绍和说明。

It. Bouxcuengh yinzgouj faenbouh caeuq swyenz deihleix vanzging diegvih

一、壮族人口分布及其自然地理环境位置

Bouxcuengh dwg Cungguek yienhmiz minzcuz ndawde aen minzcuz ceiq geq ndeu. Youq guek raeuz rangh dieg lingjnanz（couh dwg rangh doengh Yezcwngz、Duhbangz、Mungzcuj、Gizdenz、Dayiz baihnamz Guengjsae、Guengjdoeng caeuq Yinznanz、Gveicouh、Huznanz bouhfaenh digih）nem Yeznanz baihbaek，youq ndaw gaujguj vwnzvuz，gonqlaeng fatyienh le daihbaj giz vunzgaeng ciuhgonq caeuq vasiz，lumjbaenz Yenzmouj vunzgaeng、Liengsanh vunzgaeng；sizgi gaeuq seizdaih geizlaeng vunz Majba、vunz Liujgyangh、vunz Gizlinzsanh、vunz Bwzlenzdung；sizgi moq seizdaih geizcaeux vunz Cwngbiznganz、vunz Sihcinh、vunz Ganjcau、vunz Siujhozdung daengj doenghgij ndok nem doxgaiq vunzgonq，dijciz hingzdaih gyoengqde caeuq vunz Bouxcuengh seizneix ca mbouj lai ityiengh. Gaujguj yozgyah、lizsij yozgyah、minzcuz yozgyah ginggvaq lai bi yenzgiu，nyinhdingh gyoengqde couh dwg cojgoeng Bouxcuengh（raen Lij Fugyangz、Cuh Fanghvuj《Bouxcuengh Dijciz Yinzleiyoz Yenzgiu》，Namzningz：Gvangjsih Yinzminz Cuzbanjse，1993.12）.

壮族是中国现存最古老的民族之一。在我国岭南地区（即越城岭、都庞岭、萌渚岭、骑田岭、大庾岭以南的广西、广东和云南、贵州、湖南的部分地区）及越南北部的考古文物中，先后发现了

大量古猿人遗址及化石，如元谋猿人、谅山猿人；旧石器时代晚期的马坝人、柳江人、麒麟山人、白莲洞人；新石器时代早期的柳江人、甑皮岩人等古人类遗骨和遗物，他们的体质形态与现代壮人的基本相同。考古学家、历史学家、民族学家经多年研究后，确认他们就是壮族的祖先（见李富强、朱芳武著《壮族体质人类学研究》，南宁：广西人民出版社，1993.12）。

Ciuh Sanghdai saw gyazguzvwnz ndawde miz cih saw "Yez（戉）", doeklaeng bienqbaenz cih saw "Yez（越）" roxnaeuz "Yez（粤）", gangjmingz ciuhgonq Bwzyez cuzginz caeuq Cunghyenz Bouxgun gaenq miz di baedauq doxcunz. Bouxcuengh gvi lwglan ciuhgonq Bwzyez cuzginz nga Sih'ouh、Lozyez. Youq ndaw saw, baenzlawz heuh aen minzcuz he miz gangjfap mbouj doengz. Seiz Senhcinz, ceiqcaeux heuhguh Sih'ouh、Lozyez、Manyez、Buz roxnaeuz Denhbuz； seiz Dunghhan heuhguh Vuhhuj； Nanzbwzcauz daengz Dangzcauz heuhguh Lij、Liuz； seiz Sungcauz heuhguh Cang； Mingzcauz seiz heuhguh Lingz、Liengz daengj. Daj ciuhgonq daeuj Bouxcuengh gag miz heuhfap, hoeng mbouj doengjit, lumjbaenz Bouxnungz、Bouxyiz、Bouxdoj、Bouxdaez、Bouxmanz、Bouxsa、Buyaj、Bouxyaej、Bouxcuengh daengj, gij yienzaen de caeuq Bouxcuengh gak nga caeuq diegdeih faenbouh miz gvanhaeh maedcaed. "Cang（僮）" sij youq ndaw saw dwg daj Sungdai miz, yienghneix, lizsij yozcej dawz Sungdai gaxgonq geiq gij Bwzbuz、Bwzyez、Sih'ouh、Lozyez、Vuhhuj、Lij、Liuz daengj cungj yawj baenz cojgoeng Bouxcuengh. Youq mboengq neix, youq rangh dieg Lingjnanz doengzseiz hix miz ok le Yauz、Myauz、Dung daengj gizyawz gag duzliz minzcuz, gag doxliz youh dox baedauq. Cinzcauz doengjit Lingjnanz gvaqlaeng, Cunghyenz Bouxgun laebdaeb roengz baihnamz "caeuq Yez doxcab youq", Bouxcuengh caeuq Bouxgun ginghci、vwnzva baedauq ngoenz beij ngoenz maedcaed, gij saw geiq sij Bouxcuengh couh lai hwnjdaeuj lo. Cunghvaz Yinzminz Gunghozgoz Laebbaenz gvaqlaeng, dawz Bouxcuengh gak cungj cwngheuh, doengjit heuhguh "Cuengh（僮）". 1965 nienz gaengawq Gozvuyen cungjli Couh Wnhlaiz genyi, gaij cih "僮" baenz cih "壮", cungfaen daejyienh le dangj caeuq yinzminz cwngfuj gvansim caeuq ndiepgyaez Bouxcuengh.

在商代的甲骨文中有"戉"字，后来演变为"越"或"粤"字，说明古百越族群与中原汉族已有所来往。壮族系古百越族群的西瓯、骆越支系的后裔。在史籍记载中，其族称多有变化。先秦时期，最早称为西瓯、骆越、蛮越、濮或滇濮；东汉时称为乌浒；南北朝至唐朝称俚、僚；宋朝时称僮；明朝称羚、俍等。壮人古来有自称，但不统一，如布侬、布夷、布土、布泰、布曼、布沙、布雅、布衣、布僮等，这与壮族多支系和地域分布有密切关系。"僮"载于史籍始于宋，因此，史学者把宋以前记载的百濮、百越、西瓯、骆越、乌浒、俚、僚等视为壮族的先民。在这期间，在岭南地区同时也形成了相互独立的瑶、苗、侗等其他民族，各自相间又相互沟通。秦统一岭南后，中原汉人陆续南下"与越杂处"，壮族和汉族之间经济、文化来往日益密切，有关壮族的记载就多起来了。中华人民共和国成立后，将壮族的各种称谓统称为"僮"。1965年根据国务院总理周恩来的建议，改"僮"为"壮"，充分体现了中国共产党和人民政府对壮族的关怀和爱护。

Senhcinz seizgeiz, Bouxcuengh cojcoeng nga Sih'ouh faenbouh youq Guengjsae caeuq Gvangjdungh dingzlai dieg, nga Lozyez faenbouh youq Guengjsae baihsae caeuq baihnamz、Yinznanz baihdoeng caeuq Haijnanz nem Yeznanz baihbaek. Riengz sevei bienqvaq baenaj, cigdaengz ciuhgyawj yienhdaih, Bouxcuengh faenbouh fanveiz baihdoeng dwg daj Gvangjdungh swngj Lenzsanh Bouxcuengh Yauzcuz Swciyen hwnj, baihsae daengz Yinznanz swngj Vwnzsanh Bouxcuengh Myauzcuz Swcicouh, baihnamz daengz Guengjsae Bwzbuvanh, baihbaek daengz rangh dieg Gveicouh swngj Cungzgyangh yen. Gat daengz 2010 nienz daej, Bouxcuengh yinzgouj dabdaengz 1730 fanh vunz, ndawde faenbouh youq Guengjsae Bouxcuengh Swcigih miz 1600 lai fanh vunz, ciemq daengx swcigih cungj yinzgouj 33%, ciemq daengx guek Bouxcuengh yinzgouj cungjsoq 90.1%, gizyawz sanq youq Gvangjdungh、Yinznanz、Gveicouh、Swconh、Sinhgyangh、Sanhsih daengj swngj（swcigih）.

先秦时期，壮族先民的西瓯分布在广西和广东大部分地区，骆越分布在广西西部和南部、云南东部和海南及越南北部。随着社会的变化，直到近现代，壮族分布地域东起广东省连山壮族瑶族自治县，西至云南省文山壮族苗族自治州，南至广西北部湾，北达贵州省从江县一带。截至2010年底，壮族人口达1730多万，其中分布在广西壮族自治区内的有1600多万，占全自治区总人口的33%，占全国壮族人口总数的90.1%，其他散居在广东、云南、贵州、四川、新疆、陕西等省（自治区）。

Rangh dieg Lingjnanz, Bouxcuengh ciuh dem ciuh youq neix bya dem bya, dah dem dah, ndoi dem ndoi, suijliz、gvangcanj caeuq gak loih vuzcanj swhyenz gig fungfouq, diegnamh bizbwd, dienheiq raeuj youh nyinh, doenghgo mwncumcum, doenghduz cungjloih lai, vanzlij dieg rungh ndoibya conghgamj gig lai, doenghgij neix doiq vunzloih lixyouq caeuq sengsanj cungj miz ndeicawq. Hoeng ciuhgonq, yenzsij ndoengfaex lai, ngwz doeg nyaen ak lai, lij miz raemxdumx caeuq binghnit dem, neix dwg mienh mbouj ndei ndeu. Cojcoeng Bouxcuengh vihliux hab'wngq vanzging, dwkhingz swyenz caihaih caeuq ngwz doeg nyaen ak, lienh baenz le gij cingsaenz damjlaux、haenqguh caeuq mbouj lau dai haenx, caemhcaiq guhbaenz gij conzdungj ndei gaenxguh、coengmingz、damj mbwk haenx.

壮族世居的岭南地区山峦相间，江河密布，丘陵起伏，水利、矿产及各类物产资源丰富，土地肥沃，气候温暖湿润，植物茂密，动物种类繁多，而且石灰岩山区多岩洞，这一切都有利于人类的生存与繁衍。但古时，原始森林多，毒蛇猛兽多，还有洪涝旱灾和瘴气，这是不利的一面。壮族先民为了适应生存环境，战胜自然灾害和毒蛇猛兽，炼就了英勇顽强、艰苦奋斗和不屈不挠的精神，并形成勤劳、智慧、勇敢的优良传统。

Ngeih. Bouxcuengh gohgisij ndij vwnzmingz fazcanj gaigvang
二、壮族科学技术与文明发展概况

Bouxcuengh gohyoz gisuzsij, caeuq gizyawz monzloih gohyoz ityiengh, cungj miz gij cauhbaenz vanzging caeuq fazcanj gocwngz daegbied. Cojcoeng Bouxcuengh youq gij swyenz vanzging caeuq sevei lizsij diuzgen baihlaj, gohgi fazcanj cincwngz miz gij daegdiemj geizcaeux haifat caeux； cunggeiz fazcanj vaiq, cauhmoq ak, caeuq cunghyenz gohyoz gisuz yungzhab suijbingz sang； geizlaeng fazcanj menh. Cungj daeuj gangj, daj ciuhgonq daengz ciuhgyawj, Bouxcuengh gij gohgisij ndij vunzmingz dwg lumj raemxlangh guh baenaj、lumj baenqluzsae guh doxhwnj.

　　壮族科学技术与文明，有独特的发展过程。壮族先民在所处的自然环境和社会历史条件下，具有初期开发早、中期发展快、后期发展缓慢的特点。总的来说，壮族科技史与文明从古至近代，是波浪式前进、螺旋式发展的。

　　（It）Cogeiz gohgi haifat caeux，cwngzgoj doedok，baiz youq baihnaj
　　（一）初期开发早，技术成果突出，居先进行列

　　Cogeiz，dwg ceij aen gaihdon Cinz Han gaxgonq，Bouxcuengh gag fazcanj. Gaengawq gaujguj cwngqsaed，liz seizneix 70 fanh～80 fanh bi sizgi gaeuq seizdaih，doengh boux cojcoeng comz youq Bwzswz dieggumh de，rox le gij gisuz yungh rin cauh fouj、hongdawz raemj dub、hongdawz bauz daengj，daezsang le soucomz、dwkbya、dwknyaen daengj swnghcanj suijbingz. Daegbied dwg fagfouj youq Bwzswz oknamh de，gij dajcauh suijbingz yiengh ndei fwngz dawz caeuq bak raeh yienh ndaej haenx，hawj vunz simfug. Bwzswz、Fwnhvei cauzlueg caeuq Hansuij cauzlak caez heuhguh Cungguek sam daih diegnamh ok fagfouj，dan youq Bwzswz dieggumh raen miz fagfouj 100 lai gienh，dwg gizyawz dieg caengz raen miz gvaq. Gvangjdungh Yinghdwz caeuq Huznanz Dauyen miz gij ngvaeh haeuxgok gaenq bienq ndongj haenx，gangjmingz youq dangseiz cojcoeng Bouxcuengh swnghhoz youq bien dieg Gvangjdungh Yinghdwz、Huznanz Dauyen youq 9000～12000 bi gonq，sizgi gaeuq moq seizdaih doxvuenh seiz，cojcoeng Bouxcuengh couh dawz haeux cwx ganq baenz ndaem haeux，haidaeuz le dajndaem gohaeux，guhbaenz seiqgyaiq ceiqcaeux ndaem haeux aen minzcuz ndeu. Doengzseiz ceiq gonq cauh le lwgcuk、fagrum daengj gyagoeng doenghgo hongdawz. Gvangjdungh Yinghdwz caeuq Guengjsae Gveilinz Cwngbiznganz oknamh gij meng mboengq sizgi gaeuq moq doxlawh de ndaej gaujgujgyaiq nyinhdingh gij dauzgi dwg Cungguek engq dwg seiqgyaiq ceiqcaeux haenx. Aenvih miz le dauzgi，ndaej yungh feiz cawjcug haeux dem noh，fuengbienh bouxvunz supaeu yingzyangj gijgwn，coicaenh uk vunzloih fazyuz caeuq cinva，aen fatmingz neix doiq vunzloih cinva miz yingjyangj gyaelaeg. Youq Cwngbiznganz daengj doengh gij congh gamj cojcoeng Bouxcuengh youq de，lij miz gak cungj ndok doenghduz louzce dem，cwngmingz gyoengqde ceiqcaeux couh ciengx le ma、vaiz、yiengz、mou、max caeuq gaeq、bit daengj. Daihgaiq it fanh bi gonq，vunz Bouxcuengh byaij ok le congh gamj，fatmingz le cogaep ranzcanx，caemhcaiq guhbaenz le ranzmbanj Bouxcuengh，gaijndei le ranzyouq diuzgen，doiq cangqvuengh engq mizleih，caemhcaiq baujcwng ancienz，coicaenh le lwglan hwng'vuengh.

　　初期，是指秦汉以前，壮族先民处于自我发展的阶段。据考古证实，距今70万～80万年前的旧石器时代，聚居在百色盆地的壮族祖先掌握了用砾石制造手斧、砍砸器、刮削器等生产工具的技术，提高了采集、捕鱼、狩猎等生产水平。特别是百色出土的手斧，易于手持的造型及锐利的刃口所显示的制造技术水平，令人震撼。百色、汾渭地堑及汉水谷地并称为中国三大出土手斧地，唯百色盆地发现的手斧有100多件，是其他地区所未有的。广东英德和湖南道县遗址出土了硅化稻谷粒，说明早在9000～12000年前新旧石器时代交替之时，生活在广东英德、湖南道县的壮族先民就把野生稻培育成栽培稻，开始了水稻农业种植，成为世界上最早种植水稻的民族之一，同时最先制

造了石杵、石臼等加工谷物工具。广东英德和广西桂林甑皮岩出土的新旧石器交替时期陶器残片被考古界公认是中国乃至世界最早的陶器。由于有了陶器，人类可以利用火煮熟谷米及肉类，便于吸收食物营养，促进大脑发育及进化，这一发明对人类的进化产生了深远影响。在甑皮岩等众多壮族祖先穴居的洞穴，还有各种动物遗骨，证明他们最早驯化了狗、水牛、羊、猪、马及鸡、鸭等禽类。大约1万年前，壮族先民走出了岩洞，发明了初级的干栏建筑，并形成壮家人的村落，改善了居住条件，更利于健康，并保证安全，促进了人丁兴旺。

Sizgi moq seizdaih geizlaeng cojcoeng Bouxcuengh cauh le daihbaj rincanj yienghceij ndeiyawj、eiqsei daegbied ndeu，daegbied dwg gij rincanj Guengjsae Lungzanh yen Dalungzdanz、Fuzsuih yen Nalinz、Vujmingz gih Dangzsizlingj oknamh haenx ceiq miz mingz，ndaej yozcej dingh baenz Cungguek rincanj vwnzva caemhcaiq guhbaenz yozsuz yenzdauj aen godiz remj ndeu. Doengh gij baenzdauq nungzyez swnghcanj hongdawz lumj rincanj、ringvak、rinliemz yiengh hung、goengnaengz ndei、guh ndaej ndei haenx ndaej yungh daeuj raemj faex hai diegndaem、fan namh vat mieng、soeng namh、canj rum、sougvej daengj，daezsang le dajndaem swnghcanj yauliz. Gij rincanj hung de wngdang dwg aen laex roxnaeuz gij doenghyiengh boux miz gienz miz cienz.

新石器时代末期壮族先民制作了大量造型别致、寓意奇特的石铲，尤以今广西隆安县大龙潭、扶绥县那淋、武鸣区棠室岭出土的最负盛名，被学者定名为中国石铲文化并成为学术研讨的热点课题。工艺精湛的石铲、石锄、石镰等可作为砍伐开垦、翻土挖沟、疏松土壤、清除杂草，以及收割等多种用途的农业生产工具，提高了稻作生产效率。其中形体硕大的石铲应为礼器或象征权力和财富的重器。

Daengz le Sanghcouh caeuq Cunhciuh Cangoz seizgeiz（liz seizneix 3000～4000 bi gonq），cojcoeng Bouxcuengh gaenq rox daj gogaeugat、go'ndaij、naengfaex aeu ndaej cenhveiz daemj baengz guh buhvaq，doengzseiz ceiqcaeux fatmingz le cim doenghgo、rin cim、ndok cim、ngvax cim、ginhsuz cim daengj guh yungh cim yw bingh fuengz bingh.

到了商周和春秋战国时期（距今3000～4000年前），壮族先民已掌握利用葛藤、苎麻、树皮等纤维织布为衣的技术，同时最早发明用植物针、石针、骨针、陶针、金属针等开展针刺治病防病。

Youq mboengq neix，cojcoeng Bouxcuengh rox le gij gisuz baenzlawz cauh cinghdungzgi，yungh doengz cauh le cax、mid、giemq、naq、nangx daengj hongdawz dwknyaen caeuq dingj、batcij、buenz、cung、cim daengj ngoenz yungh doxgaiq，coicaenh le nungzyez caeuq ciengx doihduz hangznieb guh sevei faengoeng，cauhbaenz nuzli sevei deng gaijdij，miz cinbu eiqngeih. Cojcoeng Bouxcuengh youq dah Cojgyangh gwnz bangxdat Byaraiz veh le fouq doz dajcaeq hungdaih ndeu，gwnz doz fanjying le cojcoeng Bouxcuengh gingqbaiq aen nyenz caeuq duzgvej，fanjying le gij fungsug sibgvenq ndaem haeux duh cojcoeng Bouxcuengh，cungj Vwnzva gingjgonh neix youq 2016 nienz 7 nyied ndaej Lenzhozgoz gohgyauvwnz cujciz nyinhdingh dwg seiqgyaiq vwnzva yizcanj. Cojcoeng Bouxcuengh lij haidaeuz cauh cih gaek doz，vih doeklaeng cauh sawndip dwk roengz le giekdaej.

在此时期，壮族先民掌握了青铜器制造技术，利用铜铸造了刀、钺、剑、箭镞、矛等狩猎用器和鼎、卣、盘、钟、针等生活用器，促进了农业和畜牧业的社会分工，导致奴隶社会的解体，这是有进步意义的。壮族先民骆越人在左江流域的花山崖壁上画了巨幅祭祀场景岩画，画面反映了壮族先民对铜鼓、蛙图腾的崇拜，也反映了稻作文化背景下壮族先民的习俗特征，这一文化景观在2016年7月已被联合国科教文组织认定为世界文化遗产。壮族先民还开始创造刻画文字，为后来创造古壮字打下了基础。

Aen seizgeiz neix gij gisuz cwngzciu daegbied duzcuz haenx couh dwg rox lienh doengz caeuq cauh nyenz. Dawz doengz、sik、yienz daengj ginhsuz lienh baenz cinghdungz, baenzlawz dawzcinj feiz、mozhingz cauhguh、yienghceij sezgi、guhfap fukcab, cungj hawj vunz laeng haenhdanq. Gij hongdawz yungh diet cauhbaenz fagcap、fagguek、fagbuen, sikhaek dingjlawh le doengz, miz rengz coicaenh le dajndaem nungzyez fazcanj, hawj vunz cimyawj. Neix hix cukgaeuq yienh'ok cojcoeng Bouxcuengh gij cingsaenz haicaux guhmoq de.

这一时期特别突出的技术成就是青铜的冶炼及铸造铜鼓的工艺。将铜、锡、铅等金属冶炼成青铜，其火候的掌握、模型的制作、造型的设计、工艺的复杂，都令后世之人惊叹不已。冶铁制成的铁锸、镬、锛农具，迅速取代铜器，有力地促进了稻作农业的发展，令人瞩目。这也充分体现了壮族先民开拓创新的精神。

（Ngeih）Cunggeiz fazcanj vaiq，cauhmoq ak，yungzhab gohgi suijbingz sang

（二）中期发展快，创新性强，融合科技水平高

Daj Cinzcauz doengjit Cungguek haeujdaengz funghgen sevei daengz Cinghcauz cogeiz song cien lai bi, funghgen vwnzva fazcanj daiqdoengh le gohyoz gisuz cinbu. Sevei bengwz bietdingh coicaenh swnghcanj fazcanj caeuq minzcuz gyangde yungzhab caez baenaj. Nungzyez caeuq ciengx doihduz hangznieb、nungzyez caeuq soujgunghyez song baez faengoeng coicaenh le gohgi fatmingz nem fazcanj; roengz daeuj dwg lienh diet gisuz daezsang, hongdawz diet guhbaenz de daihliengh doigvangq sawjyungh yinxfat le nungzyez saeqnaeh dajndaem caeuq swnghcanj gunghyi bengwz, lij yinxfat le dinfwngz ceiqcauh gohgi cauhmoq; daegbied dwg Cinzcauz doengjit lingjnanz baezlaeng, cunghyenz senhcin gohgi mboujduenh cienzhaeuj, Cinzcauz bouxguen Cau Doz youq lingjnanz laeb "Nanzyez Vangzgoz" yaek miz 100 bi, doihengz aen cwngcwz "vunz Yeznanz caeuqfaenh cwnggenz guenjleix、aeueiq fungsug vunz Yeznanz、gujli caeuq vunz Yeznanz caez gezvwnh、gaenqgawq dangdieg cingzgvang gag ceihleix", sawj bien dieg Bouxcuengh okyienh le gij gizmen supaeu caeuq fazcanj senhcin gohgi haenx.

自秦统一中国进入封建社会至清初的两千多年，封建文化的发展带动了科学技术的进步。社会的变革必然促进生产的发展与民族间融合共进。农业与畜牧业、农业与手工业的两次分工促进了科技的发明与发展；其次是冶铁技术的提高，铁制农具的大量推广使用引发了农业精耕细作和生产工艺的变革，还引发了手工制造科技的创新；特别是秦统一岭南后，中原先进科技不断传入，秦吏赵佗在岭南建"南越王国"将近100年，推行"和辑百越"政策，使壮族地区出现了吸收与发展先进科技的局面。

Cinz Han seizgeiz, nungzyez mbanj Bouxcuengh gaenq guhbaenz le aeu ndaem haeux guh cawj, giem ndaem gosangh、haeuxlidlu、biek、go'ndaij、gofaiq、oij、golaeh、go'nganx、gomaklaeq、gogam cunghab dajndaem gezgou，gungganq ok haeuxciem、haeuxsuen、haeuxnah daengj 13 cungj haeux. Yungh faiq daemj baengz，rox yungh dienh daengj saek nyumx baengz，caemhcaiq gaenq cauh'ok daemjrok，daemj baenz baengz man. Baenzlawz lienh ginhsuz gisuz gig daih daezsang，ndawde miz di gang gvaq feiz lienh le saek seuq，cinghdij cujciz yinz，ciepgaenh gang ndei suijbingz. Cauh nyenz gisuz raizva fukcab，caemhcaiq yungh cax deu、gaek veh gunghyi，funghgwz miz daegsaek youh daegbied，yienghceij yied daeuj daih yied ndei yawj. Handai cinghdungz daeng gaenq rox cang fuengz iendaeng uqlah，ndaej heuh dwg gwnz seiqgyaiq sien cauh. Gij bohliz hamz gyaz yungh sizyingh、cangzsiz caeuq daeuh daengj guh baenz haenx，hix dwg seizde gag miz. Yungh bohliz gaek baenz cenj、buenz，leihyungh gak cungj rinnyawh deu baenz bid nyawh、duzhanq majnauj，lumjlili，hawj vunz haenh ndei dangqmaz. Yungh Lungzswng daengj dieg gij rin deu baenz at moh baed、aen cang miuz、dingj、loz，cungj dwg ndei raixcaix，yienh ndaej dinfwngz bouxguh ndei raixcaix. Gij gisuz laj haij aeu caw haenx youq Handai hix miz haujlai fazcanj. Mboengqneix，cojcoeng Bouxcuengh doiq ngauzlaeuj、guh ndwq、guh dangz、gang'vax gvaq saek gisuz，cungj miz duzbo cincanj，doenghgij gisuz cwngzciu neix miz gij cinbu eiqngeih veh seizdaih haenx. Cinzdai haiguh Lingzgiz gunghcwngz，Handai coih baenz haujlai suijli gunghcwngz cungjdwg Bouxcuengh Bouxgun daengj minzcuz gohgi yungzhab caez cauh ndaej，gij gunghcwngz sezgi baennzeix senhcin，gezgou baennzeix hableix，aeundaej dwkraemx、dajyinh doenghgij cunghab yauqik，lienzdaemh 2000 lai bi mbouj doekbaih.

秦汉时期，岭南的农业已形成了以水稻为主，兼种蚕桑、薏、芋、麻、棉（灌木）、甘蔗、荔枝、龙眼、板栗、柑橘的综合种植结构，培育出籼、粳、糯等13个水稻品种。利用灌木木棉织造吉贝布（即棉布），掌握用蓝靛等颜料染布，并已制作木织机，织出锦纹布。冶金铸造技术大大提高，其中有些淬火的钢因杂质少且晶体组织均匀，接近优质钢的水平。铜鼓铸造技术花纹繁缛，并运用刀雕、刻绘工艺，风格特色独特，造型越来越大且越精美。汉代的青铜凤灯已设置世界少有的防灯烟污染的装置。用石英、长石和草木灰等制作的含钾玻璃，也是当时独一无二的。用玻璃雕刻的杯、盘，利用各种玉石雕琢的玉蝉、玛瑙鹅，栩栩如生，令今人赞誉叫绝。利用龙胜等地的滑石雕塑而成的镇墓神、盉、鼎、炉，均甚精美，显示匠人刀法精湛。海底采珠技术在汉代也有大发展。这时期，壮族先民的酿酒、制曲、制糖、陶瓷釉彩技术，都有突破性进展，其技术成就有划时代的进步意义。秦代开凿的灵渠工程，汉代修竣的众多水利工程都是壮汉等民族科技融合共同创造的，其工程设计之先进，结构之合理，所获得灌溉、运输的综合效益，延续2000多年而不衰。

Cauh nyenz，ginggvaq le Handai daengz Song Cin bae siuvaq caeuq cauhmoq，gaenq gonqlaeng guhbaenz yiengh Raemxcaep cung、yiengh Bwzliuz caeuq yiengh Lingzsanh sam cungj funghgwz Bouxcuengh denjhingz. Gij nyenz mwhhaenx aeu sang hung guh gviq，cujyau baengh de gietcomz caeuq ciuheuh "gij hoenz minzcuz"."nyenzvuengz"（guenj cangz yiengh Bwzliuz 101 hauh）gaenq oknamh de dwg gij daibyaujcoz aen seizgeiz neix，naj nyenz miz 165 lizmij gvaq gingq，canz naek 300 goenggaen，dwg aen nyenz ceiq hung daengz seizneix soj rox de. Aen nyenz yiengh Lingzsanh beij yiengh Bwzliuz iq di ndeu，hoeng aen ceiq hung de naj nyenz caemh miz 133.5 lizmij，guh gij doxgaiq cangsik de youh gyaeundei youh miz eiqsei laeg, dinfwngz giuj dangqmaz, ndaej gangj mbouj miz vunz ndaej beij, siengcwngh gij gisuz guh nyenz gaenq dabdaengz le suijbingz gig sang, neix dwg gij nyenz vwnzva giz Bouxcuengh aen seizgeiz hwnghoengh de. Cojcoeng Bouxcuengh youq Handai gaenq rox yungh hang daeuj cuengq moj, yungh dietgaiq lienh cauh giemq dinj, yungh gang cauj cauh giemq raez. Samguek seizdaih, cojgoeng Bouxcuengh lij fazmingz le youq gwnz ruz faexcuk ndaem byaekmbungj couhdwg yienhdaih gij gisuz ndaem byaekmbungj caeuq aeu duz moedhenj daeuj fuengzre gomakgam deng non dwk, gij gisuz bouxlaeng neix dwg boux daih'it hainduj le swnghvuz fuengzre, youq gwnz seiqgyaiq caemh dwg daih'it boux guh.

铜鼓铸造，经过汉代至两晋的引进和创新，已先后形成冷水冲型、北流型和灵山型三种典型壮族风格的铜鼓。此时的铜鼓以高大为贵，依托它可以凝聚和召唤"民族魂"。所出土的"铜鼓之王"（馆藏北流型101号）是这个时期的代表作，其面径为165厘米，残重300千克，是迄今为止所发现的最大的铜鼓。灵山型铜鼓比北流型略小，但最大者鼓面也有面径133.5厘米，塑造的蛙、牛等饰物形美意深，制造工艺之精，堪为一绝，象征着铜鼓制造技术已达到了很高的水平，这是壮乡铜鼓文化的鼎盛时期。汉代壮族先民已可用生铁制造铁釜，用块炼铁制造短剑，用炒钢制造长铁剑。三国时代，壮族先民还发明了竹筏水上栽培蕹菜技术和以黄虫京蚁防治柑橘虫害的技术，后者开创了生物防治虫害的先河，在世界上当属首创。

Aen seizgeiz Suiz Dangz Sung, gij yungzhab gohgi Bouxcuengh caeuq gohgi cunghyenz caenh'itbouh yiengq gizlaeg bae fazcanj. Aenvih gij vwnzva namz baek maedcaed dox baedauq, gij haeux、baengz faiqminz、baengzndaij、laehcei、maknganx、oij daengj dujdwzcanj giz Bouxcuengh Lingjnanz yinh bae baihbaek, doengzseiz haeuxmeg baihbaek caeuq hongdawz senhcin nem gengndaem gisuz de caemh cienzdaengz baihnamz, caenh'itbouh youhva le gij gezgou dajndaem caeuq gijgwn. Fazmingz le aen doengzci riuj raemx, vat le raemxdaemz youh daezsang le gij naengzlig dwkraemx, coicaenh le haeuxgwn nungzyez ndaej laebdaeb fazcanj. Binjcungj ndei "gohaeux hwetraez" gungganq baenzgoeng, lengq mwnq hainduj le sawqguh ndaem "sam sauh", haeuxgwn Bouxcuengh miz lwyawz, doengzseiz hainduj yiengq baihrog yinh'ok.

隋唐宋时期，壮族科技与中原科技进一步融合向纵深发展。由于南北文化的密切交往，岭南壮乡的水稻、灌木木棉布、苎麻布、荔枝、龙眼、甘蔗等土特产北运，而北方小麦及其先进工具和耕作技术南下，进一步优化了种植技术和食物结构。提水筒车的发明，陂塘的修筑又提高了灌溉的能力，促进了稻作农业的继续发展。优良品种"长腰稻"培育成功，个别地区开始了"三熟制"耕作的尝试，壮乡粮食有余，并开始向外输出。

Dangzdai, giz Bouxcuengh gij hangznieb aeu gimngaenz dabdaengz gauhfungh, gij gisuz lienh daez miz cangcau daegbied. Guh doxgaiq gimngaenz engqgya dwg gisuz sanggvaq vunz. Seizneix Sanjsih Lanzdenz oknamh aen buenz ngaenz miz roegyenhyangh geuj de、Sanjsih Hezfung yen aen miuh Fazmwnz oknamh aen loengz ngaenz dohgim miz congh haenx gij yienghceij de cungj gyaeundei raixcaix, dikdeu dwk gig saeq，gij vwnzvuz oknamh de caeuq vwnzyen geiqloeg cungj biujmingz dwg goengsae Bouxcuengh guh，dwg gij doxgaiq bouxhak dangseiz youq Gvangjsih guh saeh de soengqhawj bouxvuengzdaeq Dangzdai haenx. Gvangjsih Nanzdanh aen mozgez ngaenz dohgim Sungdai engqgya ndaej naeuz dwg doxgaiq dijbauj gwnz seiqgyaiq noix miz，soj guh gij doxgaiq saeqliuh saekheu、saeqliuh youh de mboujlwnh soqliengh nem caetliengh cungj baiz youq ndaw guek boux dangqnaj，doengzseiz daihliengh gai ok rog guek bae. Seizneix oknamh Sungdai gij doxgaiq saeqliuh veh saek le caiq hwnj youh de gyaeundei，gij yienghceij doxgaiq saeqliuh de seuqndei，lij ronghsien ndeiyawj dangqmaz. Gij baengzndaij saeqmaed、mbaw man、denz bwn hanq Bouxcuengh，sawj vunz cunghyenz cimyawj raixcaix. Daegbied dwg yungh maefaiq va caeuq maesei yungh congzrok san baenz gij baengz haj saek de，couhdwg mbaw man，dangguh gij doxgaiq soengqhawj vuengzdaeq，de vih gij buhvaq cangcaenq cojgoeng Bouxcuengh demlai le ronghlwenq，Cungguek seiq cungj man mizmingz ndawde dandan de dwg gij doxgaiq san yungh faiq caeuq sei doxsan de.

唐代，壮乡采冶金银业达到高峰，冶铸提纯技术有独特创造。金银器物制造更是技高一筹。今在陕西蓝田出土的鸳鸯绶带银盘、陕西扶凤县法门寺出土的鎏金镂孔的银笼子，造型均极不凡，镂雕精细，出土文物和文献记载均表明系壮乡匠人制作，属当时在广西任职的官员进奉给唐皇帝的贡品。广西南丹出土的宋代鎏金银摩羯更堪称稀世珍品，所制青瓷、釉瓷不论数量及质量均名列国内前茅，并大量销往海外。当今出土的宋代瓷器釉下彩绘之精美，瓷器外形的纤巧，仍光彩悦目。壮乡的精致苎麻细布、壮锦、鹅毛被，令中原人士格外瞩目。特别是采用彩色棉线和丝线，用织机编织成的五彩布，即壮锦，成为贡品。它为壮族先民的服饰增添了光彩，成为中国四大名锦中唯一用棉丝交织的织物。

Mingzdai daengz Cinghdai codaeuz，gij nungzyez fazcanj giz Bouxcuengh gig vaiq，gij gisuz dajndaem cienzdoengj nungzyez cujyau ndaem gohaeux de dabdaengz aen sangdoh doenghbaez mbouj miz gvaq de. Cuengqsoeng gimq vatgvangq gvaqlaeng，aen hangznieb lienh diet fazcanj gig vaiq，cauh'ok fagcae gungx caeuq rauq diet miz daegsaek yienhda，guhbaenz le gij hongdawz dijhi aeu cae rauq guh cawjdaej haenx，lij miz cae dieb、liemzsip、fag gvet haeux daengj，boiqdauq caezcienz. Gij gisuz ciengx vaiz gengndaem daezsang haujlai，duzvaiz baenz le doihduz cujyau yungh daeuj caerauq de. Boiqhab wngqyungh gij gihgai rengzraemx，lumjbaenz nienjraemx、muhraemx，sawj hongnaz gij gengndaem、bingz doem、vanqceh、souaeu、gyagoeng de swnghcanj gisuz boiqdauq cwngzsiva. Cojgoeng Bouxcuengh Yizsanh vihliux ndoj bing luenh apbik，deuz daengz ndaw lueg Lungzswng，hai guh le nazlae Lungzciz，youq luengqbya lingqlaulau，caep ok gij nazlae baenz caengz baenz caengz henhoh raemx naez de. Mwhhaenx haiguh le bi ndeu guh song sauh naz caeuq meg，yinxhaeuj doengzseiz doigvangj ndaem haeuxyangz，doicaenh le gij nungzyez swnghcanj ndaw lueg. Bouxcuengh lij supaeu cunghyenz gij dajcaep gingniemh senhcin de，ganlanz gencuz gaenq okyienh lai cungj lai yiengh gezgou hingzsik，daegbied dwg gij gezgou yienghmoq ranzlaeuz duenq gag miz daegdiemj. Diengz、daiz、laeuz、gwz、dap、se、dujswh、miuh、aenhaw gencuz daengj okyienh foenfoen. Mwh Mingzdai，Yungzyen hwnq aen Cinhvujgwz faex gezgou fukcab miz sam caengz sang de，heiqseiq hungmbwk，yiemzrwdrwd，gwnz liengz gwnz faexdaemx cungj dikdeu gyaeundei, gyaqciq raixcaix, yienznaeuz ginglig le 5 baez deihsaenq haemq daih caeuq 8 baez rumzhung, lij laeb youq gizde sangngaungau, Liengz Swhcingz dwg gencuzyozgyah okmingz, de haenh aen laeuz neix dwg "laeuz ndei dien namz", baenz Cungguek gij vwnzvuz youqgaenj ndaej baujlouz daengz seizneix de; doengz aen seizgeiz, youq henzdah Cungzcoj laebhwnj aen dap ngeng Gveihlungz sang sam caengz miz bet gak de, ginggvaq le 400 lai bi daengz seizneix, daengj youq mbouj laemx, guhbaenz aen funggingj geizheih ndeu, dwg Cungguek seizneix miz seiq aen dap ngeng ciuhgeq ndawde aen ndeu, caemh dwg gwnz seiqgyaiq bet aen dap ngeng ndawde aen ndeu. Hoeng doenghgij neix cungjdwg gij gietsig gohgi Bouxcuengh Bouxguen yungzhab ndaej daeuj, gag miz daegsaek, youq gwnz seiqgyaiq mizmingz.

明代至清代初年，壮乡的农业发展很快，以稻作为主的传统农业精耕技术达到空前高度。放宽矿禁后，冶铁业发展很快，制造出特色明显的曲辕犁和铁耙，形成了以犁耙为主体的农具体系，还有踏犁、谷剪、谷拔等，配套齐全。饲养耕牛技术大为提高，牛成了犁耙田的主要畜力。配合水力机械的应用，如水碓、水磨，使稻作的垦耕、平土、播种、收获、加工生产技术配套更加程序化。宜山壮乡农民为避兵乱压迫，逃到龙胜深山，开垦了龙脊梯田，在陡峭的丛山，垒造出一层层保水土的稻作梯田。此时开创了稻麦两熟耕作制，引进并推广种植玉米，推进了山区农业生产。壮族还汲取中原先进的建筑经验，干栏建筑已出现多种多样的结构形式，特别是吊脚楼的新式结构独树一帜。亭、台、楼、阁、塔、榭、土司、寺庙、圩市等建筑纷纷出现。明代时，容县建起三层高的木结构复杂的真武阁，气势雄伟，庄严肃穆，雕梁画栋，蔚为壮观，虽经历了5次较大地震和8次大风，仍巍然屹立，著名建筑学家梁思成将其誉为"天南杰构"，成为中国古代保存至今的重要文物；同一时期，在崇左左江边建起的八角形三层砖归龙斜塔，历经400多年至今，矗立不倒，成为奇景，是中国现今古存四大斜塔之一，也是世界上八大斜塔之一。而这些都是壮汉科技融合的结晶，独具特色，称誉于世。

（Sam）Geizlaeng laebdaeb fazcanj, hoeng yamqdin menh

（三）后期持续发展，但步伐缓慢

Cinghdai, Yahben Cancwngh gvaqlaeng daengz mwh Minzgoz, caenhguenj youq baihlaj cingzgvang ndaw guek rog guek cungj yousim, gij gohgi Bouxcuengh lij vanzgyangz fazcanj. Aen seizgeiz neix, youq gwnz giekdaej bujben doihengz ndaem song sauh haeux roxnaeuz sam sauh haeux, yinxhaeuj le haeuxyangz, maenz, duhdoem, ienmbaw, byaekbieg, gvehoengz, bohloz daengj gomiuz, faenbied guh gij gengndaem cidu moq lumjbaenz lwnz ndaem, lienz ndaem caeuq cab ndaem, dauq ndaem, guhbaenz le naz, haeuxyangz, maenz, duh, meg gij cujhab moq dajndaem gezgou, gyagvangq le gij swhyenz haeuxgwn, youhva le gij gezgou gijgwn beksingq, lij gyadaih ciengx doihduz, gungganq ok duzmou hom, vaizgaj, bit maz daengj binjcungj ndei. Gij gisuz youq ndaw raemxcit dajciengx fazcanj gig vaiq, miz le byaleix, byaloz, byalienz, byavanx doxgyaux ciengx, lauz byaceh, bouxvunz ganqceh, byacungj cabgyau gih gisuz neix. Gij dinfwngz guh ruzhung ak neix, doiq damq rox ndaw haij gizlawz miz bya, gyalai gil soq liengh dwk bya, fazcanj ndaw haij hangz vaeglauz fatok le yunghcawq hung. Bouxvunz ganqceh gosamoeg, gocoengz, ndaem faex baenz benq, yinxhaeuj faexnganqciq rog guek, ganq ndaem batgak, go'gviq caeuq haifat gizyawz gofaex ndaej gai daengj hawj linzyez miz le fazcanj moq. Cienzdoengj canjnieb ndaej bienq moq caeuq gaijcaenh, sawj gij vuzciz binjcungj Bouxcuengh giz Lingjnanz cugngoenz demlai, vayiengh mboujduenh bienq moq. Gij nungzyez ginghyingz fuengsik Bouxcuengh seizneix youq mwhhaenx gaenq miz hingzsik ceiqcaeux de, dwkroengz le gij giekdaej danungzyez gvaqlaeng. Gizyawz lumj fuengzceih vaiz bingh、fuengzceih non gomiuz caeuq daihliengh haifat gyauq ndaem gij mak dieghwngq caeuq dujdwzcanj ndei mizmingz de daengj, cungjdwg cojgoeng Bouxcuengh roengzrengz guhhhong caeuq fazmingz cangcau, ndaej gangj dwg miz haujlai cwngzgoj. Gij doxgaiq saeqliuh heuh Gvangjsih、gij gisuz boiqguh gij liuh cungj youh miz saek ak dangqmaz. "Nizhinghdauz" Ginhcouh youq gwnz Gozci Bozlanjvei aeundaej gimbaiz. Youq gohyoz gisuz gaenhdaih baihsae cienzhaeuj giz Bouxcuengh gvaqlaeng, Bouxcuengh ak hagsib、gamj guh gaijgwz de giethab gij cingzgvang bonjdeih, haenqrengz guh baenaj. Lumjbaenz leihyungh yizmyauz fuengzre vaizraq aeundaej cingzyauq gig daih; youq haujlai gohyozgyah bangcoengh baihlaj, gungganq le buek gohgi conhyez yinzcaiz moq ndeu youq giz Bouxcuengh guh gvangqcanj swhyenz diucaz caeuq damqra, guh diciz dicwngz vehfaen caeuq diciz goucau yenzgiu, aeundaej le haujlai gohyenz cwngzgoj; haivat caeuq lienh meizgvangq、sikgvangq、dihgvang, coih diuz dietloh Siengh Gvei、Genz Gvei, cungj wngqyungh le haulai gisuz moq, aeundaej haujlai cwngzgoj moq. Doenghgij gohgi neix ndaej fazcanj, gangjmingz Bouxcuengh gij gohgi cinbu de laebdaeb、hwnghoengh.

　　清代，鸦片战争以后至民国时期，尽管在内忧外患的情况下，壮族科学技术仍在顽强发展。这一时期，在普遍推行双季稻或三季稻种植的基础上，引进了玉米、甘薯、花生、烟草、大白菜、西瓜、菠萝等农作物，分别实施轮作、连作和间种、套种的新的耕作制度，形成了水稻、玉米、甘薯、豆、麦种植结构的新组合，扩充了粮食资源，优化了民食结构，还扩大禽畜人工饲养规模，培育出香猪、菜牛、麻鸭等优良品种。淡水养殖技术发展很快，有了鲤、鳙、鲢、鲩混养，鱼花捕捞、人工育秧，鱼种杂交技术。领先的海船制造等技艺对探明海洋渔区、扩大捕鱼量、发展海洋捕捞业发挥了重要作用。杉、松人工育秧，植林成片，引进国外桉树，培植八角、肉桂和开发其他经济林木等让林业有了新发展。传统产业的革新和改进，使岭南壮乡的产品品种日益增多，花样不断翻新。壮族现在的农业经营方式在当时已具雏形，奠定了日后大农业的基础。其他如牛病的防治、稻作病虫害的防治及热带水果和名特优土特产的大量驯化开发等，都是壮族人民辛勤劳动和发明创造的结果，可谓硕果累累。广西的青花瓷、彩釉料的配制技术精湛。钦州坭兴陶在国际博览会上获金牌大奖。在西方近代科学技术传入壮乡后，善于学习、勇于改革的壮族人民结合本乡本土的情况，锐意进取。如利用疫苗防治牛瘟取得很大成效；在众多科学家帮助下，培养了一批新科技专业人才在壮乡进行矿产资源调查与勘探，开展地质地层划分及地质构造研究，获得了不少科研成果；煤矿、锡矿、锑矿的开采冶炼，湘桂、黔桂铁路的修建，都应用了不少新技术，取得了不少新成果。这些科技的发展，说明壮族科技在持续进步、蓬勃发展。

　　Hoeng, aenvih funghgen dungjci raez lai, daj Cinghcauz cunghyez gvaqlaeng, Cungguek caeuq baihsae gij gohgi swhbwnjcujyi sevei saenhwng de cengca rag gyaez lo. Giz Bouxcuengh comzyouq de, aenvih ciengzgeiz saedhengz dujswh cidu, gij canggvang gatciemq fungsaek cughaed le gohgi cinbu caeuq fazcanj, caiq gya hwnj mwh Minzgoz ginhfaz doxhoenx, ginghci deng nyoegnyamx lai, Yizbwnj digozcujyi caemh doiq giz Bouxcuengh ciemqaeu、buqvaih. Youq gij apbik "sam ngozbya hung" baihlaj, gij gohgi fazcanj giz Bouxcuengh yienhda bienq menh, gij suijbingz de caeuq cunghyenz nem giz henzhaij cengca yied daeuj yied daih. Cigdaengz Cungguek moq laebbaenz gvaqlaeng, daegbied dwg gaijgwz hailangh cwngcwz gvaqlaeng, aen gizmen neix cix miz le cienjbienq, youh haeuj daengz le aen gaiduenh fazcanj riengjvaiq de.

但是，由于封建统治的时间过长，自清朝中叶以后，中国与西方新兴资本主义社会的科技差距拉大了。壮族聚居地区，由于长期实行土司制度，割据封闭就成了科学技术进步与发展的桎梏，再加上民国时期的军阀混战，经济饱受摧残，日本帝国主义也对壮乡侵占、破坏。在"三座大山"的压迫下，壮乡的科学技术发展明显放缓，其水平与中原和沿海地区的差距越来越大。直至新中国成立以后，特别是实行改革开放政策以后，这一局面才有了转变，壮乡又步入了快速发展的阶段。

Cungj daeuj yawj, youq baenzaen lizsij gohgi Bouxcuengh ndawde, gij neiyungz nungzyez gohgi fazcanj itcig youq aen vih youqgaenj, miz gij cozyung lingxdaeuz caeuq giekdaej, coicaenh le gizyawz gak hangznieb gohgi mboujduenh fazcanj. Neix youq itdingh cingzdoh gwnzde, fanjyingj le gij gvilwd caeuq daegdiemj gij lizsij gohgi fazcanj Bouxcuengh. Doenghgij neix caemh gangjmingz le Bouxcuengh daj ciuhgeq daengz seizneix itcig yawjnaek nungzyez, Bouxcuengh dwg aen minzcuj gengndaem caencingq ndeu, de vih baenzaen Cunghvaz minzcuz ciengzgeiz doxdaeuj, aeu nungzyez guh gij goekgaen laeb guek haenx guh'ok le gunghawj hungnaek, ciengxlwenx geiq haeuj cek saw lizsij bae.

总的来看，在整个壮族科学技术与文明进程中，农业科学技术的发展始终居于重要位置，起着领先和基础作用，促进了其他行业科技的不断发展。这在一定程度上，反映了壮族科学技术发展的规律和特点。这些也说明了壮族自古以来始终重视农业，壮族是地地道道的稻作民族，她为长时期以来，以农业为立国之本的整个中华民族做出了重大贡献，永载史册。

Sam. Gij maqmuengh caeuq iugouz biensij 《Bouxcuengh Gohyoz Gisuzsij》

三、编纂《壮族科学技术史》的愿望与要求

Biensij bonj saw neix dwg doiq gohyoz gisuz fazcanj cincwngz Bouxcuengh guh baez cungjgez ndeu, yienghneix daeuj yienh'ok Bouxcuengh dangguh boux cwngzyenz youqgaenj Cunghvaz minzcuz, dwg aen minzcuz gig miz cingzcik ndeu. Gohyoz mbouj faen minzcuz, mbouj miz gyaiqguek, hoeng gohyoz gisuz dwg youz itdingh minzcuz cauh'ok, gyoengqde youq gij sevei、vwnzva beigingj caeuq deihleix vanzging daengj gwzgvanh diuzgienh baihlaj gij cangcau fazcanj de dwg miz cengca. Sojlaiz, gij fazcanj cangcau gohgi miz minzcuz daegdiemj ronghsien. Cungjgez gij lizsij gohgi fazcanj Bouxcuengh miz daegsaek ronghsien de, couhdwg vihliux ndaej engq ndei dwk nyinhrox caeuq yinhyungh gij fazcanj gvilwd caeuq daegdiemj de, hungzyangz gij cienzdoengj ndei de, vih yendaiva gensez fugsaeh. Linghvaih, youq ndaw diuzdah raez lizsij, aenvih gaij ciuz vuenh daih caeuq hoenxciengq doenghluenh roxnaeuz gizyawz yienzaen, gij cienzdoengj vwnzva Cunghvaz minzcuz —— baugvat gohgi vwnzva, miz haujlai youq giz dieggoek de gaenq mbouj miz banhfap ra ndaej lo, hoeng cix ndaej youq giz dieg siujsoq minzcuz bien'gyae de ndaej daengz yolouz, engqlij miz fazcanj. Doenggvaq bien gij lizsij gohyoz gisuz Bouxcuengh, ndaej dauqcungz fatyienh doengzseiz hawj de miz lizsij diegvih habngamj, laebdaeb fazyangz roengzbae. Cungj soundaej neix, mboujguenj dwg doiq cungjgez gij lizsij gohgi Bouxcuengh roxnaeuz doiq gij lizsij gohyoz gisuz baenzaen Cunghvaz minzcuz daeuj gangj, cungj dwg mizik. Lij miz di gohgi cwngzgoj youqgaenj ndeu, gig hoj doekdingh dwg aen minzcuz lawz ceiqcaeux fazmingz, saedsaeh, miz haujlai cungjdwg gij gietsig gij cingzcik doengzcaez gak minzcuz dox yungzhab ndaej daeuj. Cungj lizsij dox yungzhab、 dox coicaenh neix, engq ndaej daj bangxhenz gohgi, miz rengz youh sengdoengh dwk gangjmingz youq Cungguek "Bouxguen liz mbouj ndaej Bouxcuengh caeuq gizyawz siujsoq minzcuz beixnuengx, Bouxcuengh caeuq gizyawz siujsoq minzcuz beixnuengx caemh liz mbouj ndaej Bouxguen", hajcib roek aen minzcuz beixnuengx dwg ranz vunz ndeu, neix dwg diuz caenleix dwk mbouj vaih ndeu.

这本书的编纂是对壮族科学技术与文明发展历程的一次总结，以显示壮族作为中华民族的重要成员，是一个很有作为的民族。科学不分民族，没有国界，但科学技术是由一定的民族创造的，他们在所处的社会、文化背景和地理环境等客观条件下的创造发展是有差异的。因此，科学技术的发展创造是具有鲜明的民族特征的。总结具有鲜明特色的壮族科技发展史，就是为了能更好地认识和运用它的发展规律和特点，弘扬其优秀传统，为现代化建设服务。此外，在历史的长河中，由于改朝换代及战争动乱或其他原因，中华民族的传统文化——包括科技文化，有不少在其发源地已无法找到了，但却能在边远的少数民族地区得到保存，甚至有所发展。编纂壮族科学技术史，可以重新发现并赋予它恰当的历史地位，使其发扬光大。这种收获，不管是对总结壮族科学技术史还是对整个中华民族科学技术史来说，都是有益的。还有些重要的科技成果，很难确定是哪个民族最先发明的，实际上，有许多都是各民族共同的成就、融合的结晶。这种互相融合、互相促进的历史，更能从科技这方面有力而生动地说明在中国"汉族离不开壮族及其他兄弟少数民族，壮族和其他兄弟少数民族也离不开汉族"，五十六个兄弟民族是一家，这是颠扑不破的真理。

Biensij bonj saw neix, gunnanz gig lai. Boux camgya itcig genhciz aen yenzcwz lizsij veizvuzcujyi caeuq bencwng veizvuzcujyi, doengzcaez roengzrengz, mbe gvangq lwgda, lai fuengmienh bae ra, caenhliengh mbouj rohdeuz gwnz lizsij gij saehgienh gohyoz gisuz youqgaenj, doengzseiz youh doiq sojmiz swhliu soucomz ndaej de, fanjfuk cazyawj doiqciuq、 haedsaed、 genjaeu、 fanjfuk ngeixnaemj, guh daengz vang daengj cungj doxbeij, gohyoz faensik. Gawq louzsim guh daengz vut co louz ndei、 vut gyaj louz caen, youh mbouj dwg gag luenh ngeix. Youq gwnz neiyungz, iugouz guh daengz caenhliengh gouz cienz、 mienh gvangq; youq ndaw gocwngz soucomz swhliu, louzsim cungfaen fazveih gij cozyung boux conhgyah yozcej gak hangz gak nieb, sawj gij fazmingz cangcau ndawbiengz Bouxcuengh fouz hwnj gwnzraemx daeuj, lij hawj de miz lizsij diegvih wngdang miz de, hawj gij cienzdoengj vwnzva ndei minzcuz ndaej daengz hungzyangz; youq cawqleix diyiz fuengmienh, gangjgouz gij giethab ciuhgeq caeuq gaenhdaih, sawj cojgoeng Bouxcuengh ciuhgeq caeuq vunz Bouxcuengh yienhdaih dox hamzciep, dox yincwng, caenhliengh guh daengz fanjyingj lizsij gij yienghceij cienzbouh、 yienghceij caensed de.

编纂此书，困难很多。参与编纂者始终坚持历史唯物主义和辩证唯物主义的原则，共同努力，拓宽视野，多方发掘，尽量在不漏掉历史上重要科学技术事件的同时，又对所收集到的一切资料，反复查对、核实、筛选、推敲，做到纵横对比，科学分析。既注意做到去粗取精、去伪存真，又不主观臆断。在内容上，要求做到尽量求全、面广；在资料收集过程中，注意充分发挥各行各业专家学者的作用，使壮族民间的发明创造浮出水面，还给它应有的历史地位，让民族优秀的传统文化得到弘扬；在地域处理上，讲究古代与近代的结合，使古代的壮族先民与现代壮族人民相互衔接，互相印证，尽量做到反映历史全貌、真貌。

Hoeng youq ndaw gauj neix, miz mbangj sijliu aiq soucomz mbouj caezcienz, miz mbangj vwndiz aiq lij miz doxcwngq, baenzaen sijgauj caemh lij haemq co, mbangj di vwnzyen yinxyungh de hoj doeg, lengq giz mienx mbouj ndaej miz di mbouj caensaed roxnaeuz loengcak di ndeu, caensim cingj guengjdaih bouxdoeg daezok yigen dijbauj, hawj raeuz baebingz gaijcingq. Cungj daeuj gangj, gij simmuengh doengzcaez bouxbien, dwg maqmuengh doenggvaq de daeuj aeundaej gij yigen engq ndei gyoengqvunz, dienzbouj ndaw baujgu Cunghvaz gohyoz gisuzsij aen hoengq ndeu, vih saedyienh "hwnqguh cangqndei gvangjsih, caez yuenz fukhwng loqsiengi" daezhawj gingniemh. Raeuz saenq dangqmaz, Bouxcuengh caeuq gizyawz minzcuz beixnuengx itheij, aeu lizsij guh aen gingq, laebdaeb hungzyangz gij vwnzva cienzdoengj ndei minzcuz, caezsim caezrengz, haenqrengz buek guh, haiguh cauhmoq, itdingh ndaej dawz Cungguek laebbaenz aen guekak seveicujyi yendaiva fouqmiz、minzcuj、vwnzmingz、doxhuz、gyaeundei haenx.

但在本书中，有些史料可能收集不全，有些问题也许尚有争议，整个史稿也还比较粗糙，引用的一些文献资料难读，个别地方难免有失实或偏误之处，恳请广大读者提出宝贵意见，给予批评指正。总之，编纂者共同的心愿，是希望通过它抛砖引玉，填补中华科学技术史宝库中的一块空白，为实现"建设壮美广西，共圆复兴梦想"提供借鉴。我们深信，壮族和其他兄弟民族一起，以史为鉴，继续弘扬民族优秀传统文化，齐心协力，艰苦奋斗，开拓创新，定能将中国建设成为富强、民主、文明、和谐、美丽的社会主义现代化强国。

Seiq. Baenzlawz cawqleix geiqliengh danhvei
四、计量单位的处理

Gvendaengz aen vwndiz geiqliengh danhvei, Cinzcijvangz doengjit Lingjnanz gvaqlaeng, daengx guek gihbwnj doengjit, hoeng aenvih lizsij caeuq mizgven yienzaen, gij geiqliengh biucinj gak aen lizsij seizgeiz mbouj doxdoengz liux. Sojlaiz, bonjsaw neix cungj sawjyungh gij geiqliengh gak aen lizsij seizgeiz, baujlouz lizsij yienghceij yienzlaiz, mbouj haedsuenq baenz gij geiqliengh danhvei yienhdaih sawjyungh haenx.

关于计量单位问题，自秦始皇统一岭南后，全国基本统一，但由于历史及其他原因，各历史时期的计量标准不尽一致。为保留历史原貌，本书采用各历史时期相应的计量制。

目录
MOEGLOEG

Daih'it Cieng Nungzyez Gisuz

第一章 农业技术

Cojgoeng Bouxcuengh seiqdaih youq Lingjnanz youq, gij deihleix caeuq dienheiq diuzgienh gizneix habngamj doenghgo hungmaj. Senqsi youq sizgi seizdaih couh cauh'ok le lumjbaenz fagfouj rin Baksaek、fagcanj rin Gveinanz caeuq gizyawz hongdawz yenzsij gisuz ndei dangqmaz de，doengzseiz dawz doenghgo haeux cwx ganq baenz gohaeux ndaej dajndaem de，bienqbaenz Cungguek engqlij dwg gwnz seiqgyaiq aen minzcuz ndaem haeux ceiqcaeux ndeu. Gvaqlaeng youh doihengz cae diet cae vaiz，daz raemx dwkraemx，dwk bwnh，fazmingz doengzseiz doigvangj le fagso、faggvak、fagcae caij、fagcae vangungx daengj hongdawz. Soujsien ndaem laehcei、maknganx、oij、yinxhaeuj haeuxyangz、maenz、meg、duh caeuq ien、gvehoengz、bohloz、sawj nungzyez swnghcanj gezgou bienq ndei，coicaenh guhbaenz caeuq fazcanj le aen cidu gengndaem doxlwnz ndaem、lienzdaemh ndaem caeuq doxcab ndaem、doxdauq ndaem daengj. Fazcanj le gij cienzdoengj nungzyez gengndaem gisuz aeu gohaeux guh cawjdaej de，cungsaed le aen cang Cunghgoz nungzyez gohyoz gisuz.

壮族先民世居岭南，岭南的地理和气候条件适宜植物生长。早在石器时代，壮族先民就制造出了技术精湛的百色石斧、桂南石铲和其他原始农具，并将野生稻驯化为栽培稻，成为中国乃至世界上最早从事稻作生产的民族之一。以后又推行铁耕牛耕、引水灌溉、施用肥料，发明并推广了锸、镬、踏犁、曲辕犁等农具。率先种植荔枝、龙眼、甘蔗，引进种植玉米、甘薯、麦、豆、烟草、西瓜、菠萝，优化了农业生产结构，促进了轮作、连作和间种、套种等耕作制度的形成和发展。发展了以稻作为主体的传统农业耕作技术，充实了中国农业科学技术的宝库。

Daih'it Ciet Gij Nungzyez Ndaemhaeux
第一节 稻作农业

Seizneix gwnz seiqgyaiq miz dingz vunz ndeu cujyau dwg gwn cehhaeux, haj aen couh cungj miz naz faenbouh. Giz ok haeux mizmingz de miz Cungguek、Yindu、gak aen guek Dunghnanzya nem Yizbwnj. Daengz seizneix, Gvangjsih、Gvangjdungh、Haijnanz、Yinznanz caeuq Huznanz haujlai mwnq vanzlij miz gij cungj gohaeux cwx bujdungh maj le lai bi de. Cungj haeux cwx bujdungh miz raggoek dinghmaenh neix, couhdwg go cwx gohaeux ganq, ginggvaq ciengzgeiz swhyienz genjaeu caeuq yinzgungh ganq le cij yienjbienq baenz gohaeux ganq. Cungguek lingjnanz gij cojgoeng bouxcuengh giz dieggaeuq Ouhloz gig caeuq couh ndaem gohaeux raemx、gohaeux hawq, ganq ok le haeuxciem、haeuxsuen、haeuxcid. Gyoengqde gaij gij rwix lou gij ndei mboujduenh cauhmoq, cugciemh bienq ndei, mboujduenh doidoengh gij fazcanj ndaemhaeux gisuz, dajcauh le gij vwnzva ndaem haeux laebdaeb fanh bi de.

当今世界上有一半人口以稻米为主食，五大洲都有稻田分布。著名的产米区有中国、印度、东南亚各国及日本。时至今日，广西、广东、海南、云南和湖南的许多地方仍生长着多年生普通野生稻。这种有宿根性的普通野生稻，就是栽培稻的野生型，经过长期自然选择和人工栽培后才演变形成栽培稻。中国岭南瓯骆故地的壮族先民很早就种植水稻、旱稻，培育了籼稻、粳稻、糯稻。他们推陈出新，循序渐进，不断地推动稻作技术的发展，创造了绵延万年的稻作文化。

It. Bouxcuengh dwg Cungguek engqlij gwnz seiqgyaiq aen minzcuz ceiqcaeux fazmingz yinzgungh ganq gohaeux ndeu
一、壮族是中国乃至世界上最早发明人工栽培稻的民族之一

Youq Cungguek fatyienh miz giz dieggaeuq mwh hongdawz rin moq yolouz miz gij doxgaiq baengzgawq gohaeux ganq de daihgaiq caet bet cib mwnq, cawz song mwnq dieggaeuq youq henz dah Vangzhoz, gizyawz cungj faenbouh youq mwnq dieggaeuq Bouxyez ciuhgeq Gyanghnanz. Senqsi youq 20 sigij 70 nienzdaih, Cezgyangh Yizyauz Hozmujdu fatyienh cehhaeux、ganj haeux、mbaw haeux liz seizneix miz 5000~7000 bi de, haujlai boux gaujguj caeuq boux yenzgiu nungzyez lizsij de cungj dawz de nyinhdingh dwg Cungguek giz dieggoek ndaem haeux de. Hoeng ginggvaq gamqdingh, gohaeux ndawde miz haeuxciem、haeuxsuen song cungj, biujmingz mwhhaenx gohaeux ganq gaenq dwg ciengzgeiz cungj ndaem lo, liz gij hingzdai hainduj go haeux cwx gaenq gig gyae lo, mbouj cukgaeuq gangjmingz de couhdwg giz dieggoek go haeux ganq Cungguek.

在中国发现有栽培稻物证遗存的新石器时代遗址约七八十处，除两处遗址在黄河流域外，其余均分布在江南古越人故地。早在20世纪70年代，浙江余姚河姆渡发现距今5000～7000年前的稻谷、稻秆、稻叶，许多考古和农史工作者都把该地认定为中国稻作起源地。但经鉴定，稻谷中有籼稻、粳稻两种，表明这时的栽培稻已经长期栽培，离野生稻的原始形态很远了，不足以说明该地就是中

国栽培稻的起源地。

1999 nienz 12 nyied 13 hauh，《Yangcwngz Vanjbau》byoqloh，youz Cunghsanh Dayoz、Gvangjdungh gaujguj yenzgiusoj daengj danhvei youq Gvangjdungh sengj Yinghdwz si Yinzlingj Sihsizsanh Niuzlanz dung oknamh le gij gveihcizdij gohaeux yinzgungh ganq hainduj de，ginggvaq vwnzvuz gaujguj bumwnz caekdingh，senq youq 12000 nienz gaxgonq，gij cojgoeng youq Yinghdwz gaenq hainduj ndaem gohaeux. Song cungj gveihcizdij gohaeux youq giz dieggaeuq Yinghdwz si Niuzlanzdung fatyienh de，gij hingzdai soqgawq de ginggvaq gisongih comzgyonj faensik，gvihaeuj gij loihhingz gawq mbouj dwg haeux ciem hix mbouj dwg haeuxsuen de，gangjmingz cungj binjcungj gohaeux ganq neix lij caengz dinghhingz，cingq cawqyouq aen gaiduenh daj gohaeux cwx cienjvaq baenz gohaeux ganq de. Seizneix Gvangjdungh sengj Yinghdwz si nem giz dieg baihnamz de dwg giz dieggaeuq Bouxyez Lingjnanz ciuhgeq youq de. 1996 nienz 3 nyied 3 hauh caeuq 1999 nienz 9 nyied 5 hauh，《Cungguek Vwnzvuz Bau》youh daeng le youq huznanz Dauyen Souyen cin Yicanznganz yizcij vwnzva ndaw caengz gyauhgez，oknamh le gohaeux cwx bujdungh caeuq gij byak cehhaeux ganq ciuhgeq liz seizneix 1 fanh bi gaxgonq de，doengzseiz lij oknamh le baenz vengq baenz vengq gangvax. Dauyen dwg giz Bouxyez ciuhgeq faenbouh youq de. Ginggvaq gamqdingh gwnzneix soj gangj song mwnq dieggaeuq Bouxyez ciuhgeq youq de oknamh gohaeux ganq de lij cawqyouq aen gaiduenh ngamqngamq ganq de，haeuxciem、haeuxsuen cungj caengz dinghhingz，dwg seizneix gwnz seiqgyaiq fatyienh gohaeux yinzgungh ganq ceiqcaeux de，cingqmingz Bouxyez dwg gwnz seiqgyaiq aen minzcuz ceiqcaeux ganq gohaeux cwx bujdungh baenz gohaeux yinzgungh ganq de ndeu.

1999年12月13日，《羊城晚报》披露，由中山大学、广东考古研究所等单位在广东省英德市云岭狮石山牛栏洞出土了原始人工栽培水稻硅质体，经文物考古部门测定，早在12000年前，英德原始居民已开始种植水稻。英德市牛栏洞遗址发现的两种水稻硅质体，其形态数据经计算机聚类分析，属非籼非粳类型，说明这种栽培稻的品种尚未定型，正处在野生稻转化为栽培稻的阶段。今广东省英德市及其以南地区是古代岭南越人故地。1996年3月3日和1999年9月5日，《中国文物报》又刊登了在湖南道县寿雁镇玉蟾岩遗址文化胶结层面中，出土了距今1万年前的普通野生稻和古栽培稻谷壳，同时出土的还有陶片。道县是上古越人分布区。经鉴定上述两处古越人故地出土的栽培稻还处于初期驯化阶段，籼、粳均未定型，是目前世界上发现最早的人工栽培稻，证明越人是世界上最早驯化普通野生稻为人工栽培稻的民族之一。

Gvangjsih Swhyenz yen Yenzdungh yangh mwh hongdawz rin moq geizlaeng giz dieggaeuq Yaujginj vwnzva（liz seizneix 4000~5000 bi gaxgonq）caemh oknamh le cehhaeux gaenq bienq danq（doz 1-1-1）30000 lai naed，dingz lai dwg haeuxsuen，mbangj noix dwg haeuxciem，dwg haeuxsuen ndaem dieg hwngq gaxgonq. Naed haeux lai iq，dwg haeux ndaem cinva duenh lai caeux.

广西资源县延东乡新石器时代晚期晓锦文化遗址（距今4000～5000年前）也出土了炭化稻米（图1-1-1）30000多粒，主要是粳稻及少量籼稻，是较原始的栽种热带粳稻。米粒较小，处于栽培稻进化较早阶段。

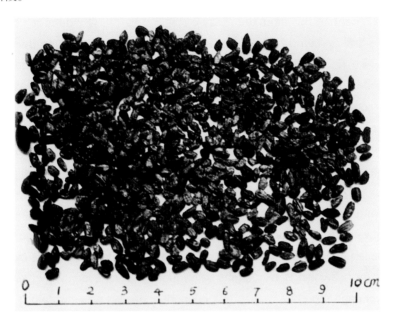

Doz 1-1-1　Gvangjsih Swhyenz yen dieggaeuq Yaujginj vvnzva oknamh le gij cehhaeux bienq danq（Bungz Suhlinz ingj）
图1-1-1　广西资源县晓锦遗址出土的炭化稻米（彭书琳　摄）

Caeuq gijneix doengzseiz, Gvangjsih Bouxcuengh Swcigih lij fatyienh le mwh hongdawz rin moq hainduj haujlai gij doxgaiq gyagoeng caeuq gij doxgaiq gwn yungh yolouz cehhaeux de. Buenq aen sigij lai doxdaeuj, boux gaujguj gonq laeng youq giz dieggaeuq cojgoeng Bouxcuengh Yunghgyangh、Sihgyangh、Gvei'gyangh、Liujgyangh daengj diuzdah cujyau nem henzhaij baihbaek, fatyienh le baenz buek baenz buek gij Beigiuh vvnzva yizcij mwh hongdawz rin moq geizcaeux de, oknamh le haujlai soqliengh sak rin、buenz muh rin、gyaengh rin muh、cuiz rin caeuq vengq soiq gangvax. Lumjnaeuz 1963 nienz youq mwnq Yunghningz、Vujmingz、Hwngzyen、Fuzsuih daengj riengz Yunghgyangh nem baihgwnz de Cojyougyangh song henz, fatyienh le 14 mwnq Beigiuh yizcij mwh hongdawz rin moq geizcaeux de, oknamh le sak rin、gyaenh rin muh、buenz muh rin、cuiz rin daengj gij hongdawz gyagoeng cehhaeux liz seizneix 9000～10000 bi gaxgonq de.

在此同时，广西壮族地区还发现大量的新石器时代早期稻谷加工与食用贮存的遗物。半个多世纪来，考古工作者先后在壮族先民故地邕江、西江、桂江、柳江等主要流域及北部湾沿海，发现了一批批新石器时代早期的贝丘遗址，出土了数量众多的石杵、石磨盘、石磨棒、石锤和陶器残片。如1963年考古工作者在邕宁、武鸣、横县、扶绥等地沿邕江及其上游的左右江两岸，发现了14处新石器时代早期的贝丘遗址，出土了距今9000～10000年前的石杵、石磨棒、石磨盘、石锤等谷物加工工具。

Cojgoeng Bouxcuengh hawj haeux（baugvat cehhaeux、haeuxseuq）、haeuxcwx、haeuxciem、haeuxcid daengj aeu Vahcuengh cienmonz an le coh. Ndawde, Vahcuengh gij fatyaem haeux、cehhaeux、haeuxseuq dwg "秏""糇""膏" daengj, cwng gohaeux cwx dwg "秕""稆", cwng haeuxciem dwg "穇", cwng haeuxsuen dwg "稉" daengj. Doengzseiz 秏、糇、膏、秕、稆、穇、稉 cungj dwg cih Sawgun ciuhgeq, seizneix gaenq mbouj yungh. Hoeng gaengawq《Gangj Vwnz Cek Saw》soj cekgej, gij fatyaem caeuq eiqsei de caeuq seizneix raeuz aeu Vahcuengh soj gangj gij coh de doegyaem doxdoengz. Doenghgij coh Vahcuengh neix, cungj okyienh youq gaxgonq cih Sawgun ciuhgeq "稻", dwg mwhhaenx Vahcuengh haemq caeuq dwk dawz gohaeux cwx caeuq haeuxciem、haeuxsuen dox faenbied doengzseiz guhbaenz le gij coh gyoengqde, gangjmingz cojgoeng Bouxcuengh gig caeux couh hainduj ganq gohaeux cwx、fazmingz gohaeux ganq le, aenvih haeuxciem、haeuxsuen cijdwg daj gohaeux cwx ganq gvaq le youz bouxvunz ndaem cij miz gij bienqcungj song cungj haeux ganq neix. Linghvaih, Bouxcuengh lij miz gizyawz haujlai vwnzva yienhsiengq cung ndaej daj ndaw vwnzva ndaemnaz ra raen goekgaen. Lumjbaenz mwnq Bouxcuengh dauqcawq cungj miz gij "畬" vwnzva de（sawndip Bouxcuengh "畬" youq ndaw Vahcuengh dwg ceij naz roxnaeuz haeuxnaz, Sawcuengh moq dwg "naz"）、gyongdoengz vwnzva、duzdwngz vwnzva daengj cungj caeuq gij nungzyez ndaemnaz mizgven.

壮族先民给稻（包括米、饭）、野生稻、籼稻、糯稻等以壮语专门命了名。其中，壮语称稻、米、饭的发音为"秏""糇""膏"等，称野生稻为"秕""稆"，称籼稻为"穇"，称粳稻为"稉"等。而秏、糇、膏、秕、稆、穇、稉均属古代汉字，如今已不用。但据《说文解字》所注，其音义都和新壮语对应称谓读音相同。这些壮语称谓词，均出现于中原古代汉语"稻"字之前，是当时壮语比较早地将野生稻与籼稻、粳稻加以区别并形成了各自称谓，说明壮族先民很早就开始驯化野生稻、发明栽培稻了，因为籼稻、粳稻只是从野生稻驯化后进行人工栽培才出现的两个栽培稻之变种。此外，壮族还有其他许多文化现象都可以从稻作文化中找到根源。如壮族地区遍布各地的"畬"文化（古壮字"畬"在壮语中指田或稻田，其新壮文为"naz"）、铜鼓文化、图腾文化等都与稻作农业有关。

2012 nienz 10 nyied 4 hauh，Cungguek gohyozyen guekgya gihyinh yenzgiu cungsim Hanz Binh goqdaezcuj youq seiqgyaiq okmingz gohyoz gizganh《Swyenz》gwnz de fat liux lwnzvwnz《Gohaeux Gihyinhcuj Yizconz Bienqheih Dozbuj Gij Gougen Caeuq Yinva Heijgoek》, daezok Gvangjsih gig miz faenh dwg dieg goek gohaeux vunz ndaem. De daiq doih daj gwnz seiqgyaiq mbouj doengz deihfueng genj aeu liux 400 lai faenh haeuxcwx, veh ok liux gij gihyinh dozbuj cingsaeq de. Gij gihyinh yenzgiu neix dingh cinj gohaeux ceiq caeux ndaej yinva couh youq Guangjsih Sihgyangh duenh dah neix —— couh dwg Namzningh seiqhenz dangq dieg neix.

2012年10月4日，中国科学院国家基因研究中心韩斌课题组在世界知名科学期刊《自然》上发表了科研论文《水稻全基因组遗传变异图谱的构建及驯化起源》，提出广西很可能是人类栽培水稻的起源地。他带领的团队从全球不同生态区域中，选取了400多份普通野生水稻，为它们绘制了精细的基因图谱。基因研究准确无误地把水稻能够最早驯化的区域定位在广西珠江流域——也就是南宁周边的一些地方。

Gyonjgyoeb gij swhliu gwnzneix, ndaej doi rox, Bouxyez seiqdaih cungj comzyouq mwnq Gvangjsih de —— cojgoeng Bouxcuengh vunz Sihouh、Lozyez, youq mwh hongdawz rin moq caeuq hongdawz rin gaeuq doxlawh liz seizneix 9000~10000 bi de gaxgonq, youq gwnz dieg swhgeij gvaq saedceij de daj mbaet cehhaeux cwx bujdungh daeuj gwn hainduj, rox le gij gyaciz caeuq hungmaj gvilwd gohaeux cwx, couh hainduj ganq gohaeux cwx bujdungh, ndaem le gohaeux ganq, hainduj le gij nungzyez ndaemnaz Bouxcuengh swhgeij. Sojlaiz, miz leixyouz siengsaenq, cojgoeng Bouxcuengh mwnq Gvangjsih wngdang caeuq Bouxyez mwnq Gvangjdung Yinghdwz、Huznanz Dauyen daengj ityiengh, cungj dwg aen minzcuz gwnz seiqgyaiq ceiqcaeux fazmingz yinzgungh ndaem haeux de ndeu, gij fazmingz dajcauh gyoengqde doiq vunzloih vwnzmingz cinbu guh'ok le gunghawj youqgaenj.

综合上述资料，可以推知，世代聚居广西地区的越人——壮族祖先西瓯、骆越人，在距今9000～10000年前的旧新石器时代迭交之际，在自己生息的土地上从采集普通野生稻充饥开始，知道了野生稻的食用价值及其生长规律，便开始驯化普通野生稻，种植了人工栽培稻，开始了壮族自己的稻作农业。因此，有理由相信，广西地区的壮族先民当与广东英德、湖南道县等地的越人一样，都是世界上最早发明人工栽培稻的民族之一，他们的发明创造对人类文明进步做出了重要贡献。

Ngeih. Gij Hongdawz Nungzyez Ndaemnaz
二、稻作农业工具

（It）Gij fazmingz gaiq hongdawz yiengh nungzyez yenzsij
（一）原始农业工具的发明

Haeuj daengz mwh hongdawz rin moq gvaqlaeng, ciuhgeq giz dieg Bouxcuengh Lingjnanz okyienh le gij hongdawz rin miz gen gig miz deihfueng daegsaek de. De ceiqcaeux fatyienh youq Gvangjsih Hwngzyen giz dieggaeuq Sihcinh caeuq Gvangjdung Nanzhaij giz dieggaeuq Sihgyauhsanh. Gij hongdawz rin miz gen, baugvat fagfouj rin miz gen de (fouj rin song mbaq, raen doz 1-1-2)、faggvak rin miz gen de、fagsiuq rin miz gen de、fagcanj rin、fagfouj rin hung miz gen de daengj, gij daegdiemj doengzcaez gyoengqde dwg miz gen. Gijneix dwg buenxriengz nungzyez swnghcanj fazcanj le, hongdawz youz aeu fwngz gaem fazcanj daengz haeuq gaenz. Ndawde, gij gaenz fagsiuq rin haemq loet, baenz fag cungj muz gvaq, dwg gij hongdawz aeu daeuj guh swnghcanj gunghgi noix mbouj ndaej de. Hoeng faggvak cib cih youq gwnz giekdaej faggvak rin gaijndei ndaej baenz de, song gyaeuj de bingzbwd, cungqgyang doed hwnj duenh gungx ndeu, de dwg gij hongdawz aeu faex caeuq rin doxgap guhbaenz de, couhdwg youq gwnz fagbauh rin cug diuz gaenz faex vang ndeu, yienghneix couh ndaej hawj gen yiet dwk haemq raez, fuengbienh dajndaem gohaeux caeuq daezsang goengyauq.

　　进入新石器时代以后，古代岭南壮乡出现了富有地方特色的有肩石器。它最早发现于广西横县西津遗址和广东南海西樵山遗址。有肩石器，包括有肩石斧（新石器时代双肩石斧，见图1-1-2）、有肩石锛、有肩石凿、有肩石铲、有肩石钺等，其共同特征是石器身上都有肩。这是随着农业生产的发展，生产工具由手握发展到装柄的结果。其中，石凿柄较粗，通体磨光，是制造生产工具的必需工具。而在石锛基础上改进而成的有段石锛，其两端扁平，中间凸起一段棱脊，它是木石复合工具，即在石锛上夹绑一根横向木柄，起到延长手臂的作用，便于水稻耕作和提高工效。

Doz 1-1-2　Gvangjsih Nazboh yen congh Ganjdoz okmamh gij fouj rin de（Ciengj Dingzyiz hawj doz）
图1-1-2　广西那坡县感驮岩洞穴出土的新石器时代双肩石斧（蒋廷瑜 供图）

　　Fagcanj rin Gveinanz oknamh de, loihhingz ceiq lai, youq deihleix fuengmienh youh lienz baenz benq, guhbaenz le Bouxcuengh sevei fazcanj lizsij gwnzde gij Bouxcuengh yenzsij vwnzva miz diegvih youqgaenj haenx. Fagcanj rin oknamh de, yienghceij guh ndaej gveihfan, yienghceij daegbied, bingzcingj raeuzmig, guh ndaej ndei dangqmaz. De dwg boux cojgoeng Bouxcuengh vihliux hab'wngq dangdieg yenzsij nazraemx nungzyez fazcanj aeuyungh, youq gwnz giekdaej fagfouj rin yienzlaiz guh caujcauh le saen fazming cungj hongdawz nungzyez moq ndeu. Youq gwnz fagcanj rin lai cug diuz gaenz faex raez ndeu, couh ndaej yungh daeuj yau doem、vat mieng、guh haenz、baiz raemx、dwk raemx. Mwh yungh de, aeu fwngz gaem giz gaenz faex, cik ga caij giz gen fagcanj, dawz bak canj camz haeuj ndaw doem bae, couh ndaej geuh doem hwnjdaeuj yau, dwg gij hongdawz ndei doenghbaez dajndaem nazraemx. Gaengawq guekgya vwnzvuz baujhoh yenzgiusoj 1979 nienz 5 nyied doiq fagcanj rin（doz 1-1-3）Lungzanh yen giz dieggaeuq Dalungzdanz guh caekdingh ndaej gij gezgoj de：Gij byauhbwnj danq faex Ts guh danq −14 caekdingh dwg liz seizneix miz 5910 bi hwnjroengz 105 bi, yaucing gij nienzdaih sulun dwg 6570 bi hwnjroengz 130 bi. Fagcanj rin Gveinanz youq 5000～6000 bi gaxgonq couh guh ndaej baenzneix gyaeundei, fanjyingj le gij cinbu gaiq hongdawz dajndaem haeuxnaz Bouxcuengh, vih ciuhgeq gij gisuz dajndaem haeuxnaz cienzdoengj ndaej fazcanj dwk roengz giekdaej.

　　桂南出土的石铲，器型最丰富，地理上又连片分布，成为壮族社会发展史上有着重要地位的壮族原始文化。出土的石铲，形制规范，造型独特，平整光滑，制作精致。它是壮族先民为适应当地原始水稻农业发展的需要，在原有石斧基础上进行改造后的一种新型农业工具。在石铲上加绑一根长木柄，便可以用来翻土、掘沟、理埂、排除积水、引水灌溉。使用时，手持木柄，脚踏铲肩，将铲刃插入土中，即可翻土耕作，是原始水田耕作的理想工具。根据国家文物保护研究所1979年5月对隆安县大龙潭遗址出土的石铲（图1-1-3）测定结果：Ts木炭标本进行C14测定为距今5910±105年，树轮校正年代为6570±130年。桂南大石铲在5000～6000年以前制作加工达到如此精美的程度，反映了壮族原始稻作农业工具的进步，为古代传统稻作农业技术的发展打下了基础。

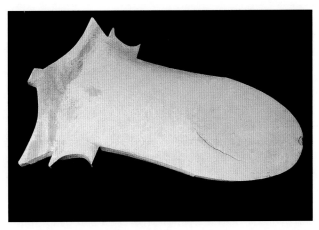

Doz 1-1-3　Gvangjsih Lungzanh yen giz dieg gaeuq Dalungzdanz oknamh gij canj rin haenx
图1-1-3　广西隆安县大龙潭遗址出土的新石器时代的双肩石铲

　　Cojgoeng Bouxcuengh youq mwh hongdawz rin moq geizgyang geizlaeng lienh'ok le gohaeux cwx bujdungh, cujyau gwn go haeuxcid, guhbaenz le gij sibgvenq "cimz moq", couhdwg youq mwh haeuxcid yaek cug hoeng caengz gaeuq cug de dawz riengzhaeux mbaet ma cawj, gangq hawq roxnaeuz rak hawq maek bej lot naeng, hawj de bienqbaenz gij haeuxcid saek heu, aeu doxgaiq diemz daeuj soengq. Seizneix youq ndaw Bouxcuengh baihnamz lij ciepswnj aen sibgvenq neix, yienjbienq baenz le hauxseng sai mbwk mwh ra doiqsiengq gij hozdung "gwn haeuxcid bej" de. Cujyau gwn haeuxcid, bietdingh miz gij hongdawz sougvej haeuxcid de. Mingzdai Sanghyez naeuz Bouxcuengh "mbaet haeuxriengz lumjnaeuz aeu fwngz dangq fagliemz", lumjnaeuz Bouxcuengh sougvaeh lumj lwgnyez guh'angq aeu fwngz daeuj beng riengzhaeux ityiengh, yienghneix gangj dwg loengloek. Saedsaeh, Bouxcuengh sougvej haeuxcid dwg aeu "fagliemz fwngz" dawz riengzhaeux doh ceiq satbyai de gvej gat, sik gij nyangj bae cug baenz baenz gaem baenz gaem riengzhaeux, yienzhaeuh cug baenz lwg le raq ma ranz. Fagliemz fwngz, youq gij Vahcuengh baihbaek heuh lep[7], Vahcuengh baihnamz caeuq Daijyij heuh thep[7], Dungyij heuh tep[7], cungj dungzyenzswz, gangjmingz Bouxyez song aen ginzdij Bouxcuengh Daijcuz、Dungcuz Suijcuz mwh lij caengz faenvaq de gaenq aeu fagliemz fwngz dangguh gij hongdawz sougvej haeuxcid de.

　　壮族先民在新石器时代中晚期驯化了普通野生稻，多以糯稻为主食，形成了"尝新"的习俗，就是糯稻在将熟未熟时将稻穗摘回来煮熟，烘干或晒干后舂扁脱粒去壳，使其成为扁绿色的糯米，就着甜料而食。至今在南壮中还传承着此习俗，演变成了青年男女谈情说爱的"吃扁糯米"活动。以糯米为主食，必有收割糯稻的工具。明代桑悦说壮人"摘穗或将手当镰"，好像壮族收割像小孩玩耍时用手来扯断禾穗一样，这是个误识。实际上，壮族收割糯稻是用手镰将稻禾最后一个节割断，撕去禾衣束成一把把的稻穗，然后集束成捆挑回家。手镰，北壮方言谓lep[7]，南壮方言和傣语谓thep[7]，侗语谓tep[7]，都是同源词，说明壮傣、侗水二群体越人还没分化的时候已经有了手镰作为收割糯稻的工具。

　　Fagcax rin caeuq fagcax gyap（doz 1-1-4）dwg mwh hongdawz rin moq gij hongdawz sougvej gohaeux de. 1963 nienz，Namzningz Bauswjdouz、Hwngzyen Sihcinh、Fuzsuih yen Cwngzgyangh henz baihsae daengj giz dieggaeuq Beigiuh mwh hongdawz rin moq，Ginhcouh si Duzliu、Hungznizlingj、Sangyangzgoz caeuq Dunghhingh si Bwzlungznganz、Swhyenz yen Yaujginj vwnzva caengz cungj oknamh le haujlai fagcax rin. Youq Gveilinz Cwngbiznganz、Nanzningz digih henz dah giz dieggaeuq Beigiuh caeuq Dunghhingh henzhaij giz dieggaeuq Beigiuhdaengj giz dieggaeuq gak aen seizgeiz mwh hongdawz rin moq cungj miz fagcax rin oknamh. Ndawde Nanzningz digih giz dieggaeuq Beigiuh oknamh fagcax gyap de，yungh aen vengq gyap samgak haemq hung daeuj guh baenz. Liujcouh Dalungzdanz Lijyizcuij giz dieggaeuq Beigiuh oknamh fagcax gyap de dwg leihyungh mwnq na aen gyap guh gaenz，youq mbiengj doxdoiq de roxnaeuz mbiengj henz de guh giz raeh，miz gienh ndeu guhbaenz samgak，lingh gienh youq giz gaenz song bangx faenbied siuq mwnq ndeu mboep roengzbae，yungh daeuj cug cag. Doenghgij cax gyap neix guh ndaej haemq saeq ndei. Gyoengqde couhdwg Bouxyez Bouxcuengh Daijcuz、Dungcuz Suijcuz ginzdij sawjyungh fagliemz fwngz gij yienghceij hainduj de.

　　石刀和蚌刀（图1-1-4）是新石器时代收割谷穗的工具。1963年，南宁豹子头、横县西津、扶绥县城江西岸等新石器时代贝丘遗址，钦州市独料、红泥岭、上洋角，东兴市白龙岩和资源县晓锦文化层都出土了不少石刀。在桂林甑皮岩、南宁河边贝丘遗址和东兴的海滨贝丘遗址等新石器时代各期遗址都有蚌刀出土。其中南宁贝丘遗址出土的蚌刀，用较大的三角帆蚌制成。柳州大龙潭鲤鱼嘴贝丘遗址出土的蚌刀是利用蚌壳厚的部分作柄，在相对的一边或一侧作刃，一件为三角形，另一件在柄部两侧各凿一个凹口，作绑绳之用。这些蚌刀做工较精细。它们就是壮傣、侗水群体越人使用的手镰的原始形态。

Doz 1-1-4   Gvangjsih Namzningz Bauswjdouz oknamh gij cax gyap miz congh haenx（Cangh Leij ingj）
图1-1-4   广西南宁豹子头遗址出土的新石器时代穿孔蚌刀（张磊 摄）

Cojgoeng Bouxcuengh yungh rin guh muzbuenz（doz 1-1-5）, yungh daeuj gyanx haeux, dawz reb ok, fuengbienh cawj gwn, daezswng le cizlieng doxgwn. Goengcoj Bouxcuengh gyagoeng haeuxgwn dwg yungh rum rin caeuq sak. Daengz Dangzcauz Vuj Cwzdenh Vansui Dunghdenh song bi（697 nienz）, bouxdaeuz Gvangjsih Sanglinz yen Veiz Gingben ndaw conghgamj Cicwngzdung de lij yo miz song aen rum rin hung, ndaej rox Bouxyez Bouxcuengh itcig aeu sak、rum guh gij hongdawz gyagoeng haeuxgwn de.

新石器时代，壮族先民利用石器加工成石磨盘（图1-1-5），用以谷物去壳和研磨，便于谷物加工食用，提高了食物质量。壮族先民加工粮食是用石臼和杵。迄于唐朝武则天万岁通天二年（697年），在广西上林县唐代壮族的首领韦敬办智城洞中仍遗有两个大石臼，可知壮群体越人一直以杵、石臼为粮食加工工具。

Doz 1-1-5   Guangjsih Giuhcouh Duzliu oknamh gij muzbuenz rin haenx
图1-1-5   广西钦州市那丽独料遗址出土的新石器时代晚期石磨盘

（Ngeih）Okyienh gij hongdawz doengz heu
（二）青铜农具的出现

Mwnq Cunghyenz youq Sangh Couh gaenq haeujdaengz aen seizgeiz yungh gij hongdawz doengz heu, Cunhciuh Cangoz couh hainduj haeuj daengz aen seizgeiz yungh hongdawz diet. Aenvih gij yienzaen lizsij caeuq deihleix diuzgienh, Bouxyez mwnq Lingjnanz sevei fazcanj haemq nguh, daengz mwh Cunhciuh Cangoz cij hainduj bouhfaenh dwk yinxhaeuj gij doxgaiq doengz heu caeuq gij hongdawz diet, doengzseiz guhbaenz le aen gaiduenh "gim rin caez yungh" dingzlai deihfueng sawjyungh gij hongdawz aeu faex caeuq rin guhbaenz de, dingz noix deihfueng sawjyungh gij hongdawz gimsug. Youq seizneix Gvangjsih Namzningz Vujmingz gih Majdouz yangh mwnq dieggaeuq Yenzlungzboh oknamh gij doxgaiq doengz heu mwh Sihcouh daengz Cunhciuh haenx ndawde, soqliengh ceiqlai dwg vujgi, daihngeih dwg gij hongdawz swnghcanj. Gaengawq 1992 nienz doengjgeiq, Gvangjsih vwnzvuz bumwnz soj souyo gij binghgi doengz heu de dabdaengz 400 lai gienh, hoeng cax、sak、rum、fouj、siuq、cax gvet、cax moeb、fagcueng、faggawq soqliengh mbouj lai, faggvak、fagso daengj ca mbouj geij mbouj miz. Gangjmingz dangseiz gij hongdawz nungzyez dwg hongdawz rin caeuq hongdawz doengz cungj yungh, cujyau yungh hongdawz rin. Gvangjsih Hozbuj giz dieggaeuq Cinghsuijgyangh, fatyienh miz fagcanj rin caeuq vengq doengz heu soiq cungj miz. Ciuhgeq gij doengz heu vwnzva giz Bouxcuengh dwg youq doengz heu vwnzva Cunghyenz yingjyangj laj fatseng, mwh cojgoeng Bouxcuengh hainduj fazcanj doxgaiq doengz heu, gig vaiq youh deng gij hongdawz diet daj mwnq Cunghyenz cienzhaeuj de dingjlawh, sojlaiz, gij doengz heu vwnzva mwnq Bouxcuengh gig vaiq couh doekbaih lo. Gij hongdawz doengz heu youq mwnq Bouxcuengh okyienh, biujmingz hongdawz gimsug gaenq benz hwnj aen lizsij vujdaiz Bouxcuengh sevei, doiq gij fazcanj nungzyez gisu Bouxcuengh miz yiyi youqgaenj, vih gvaqlaeng okyienh caeuq sawjyungh hongdawz diet dwkroengz le giekdaej.

中原地区在商周已进入青铜农具时期，春秋战国便开始进入铁制农具时期。由于历史和地理条件的原因，岭南地区的越人社会发展较慢，到春秋战国时期才开始部分地引进青铜器和铁制农具，并形成了多数地方使用木石农具、少数地方使用金属农具的"金石并用"阶段。在今广西南宁武鸣区马头乡元龙坡遗址出土的西周至春秋时期的青铜器中，数量较多的是武器，其次是生产工具。据1992年统计，广西文物部门所收藏的青铜兵器达400多件，而刀、杵、臼、斧、凿、刮刀、篾刀、钻头、锯数量不多，锄、锹等几乎没有。说明当时农业生产工具是磨制石器与铜制工具并用，以石器为主。广西合浦清水江遗址，发现有石铲与青铜器残片共存。古代壮族地区的青铜文化是在中原青铜文化的影响下发生的，当壮族先民开始发展青铜器时，很快又被中原地区传入的铁制农具所代替，因此，壮族地区的青铜文化很快就衰落了。青铜农具在壮族地区出现，标志着金属农具已登上壮族社会的历史舞台，对壮族农业技术的发展具有重要意义，为后来铁制农具的出现与使用奠定了基础。

（Sam）Hongdawz diet hwnghwnj

（三）铁制农具的兴起

Gij hongdawz diet Cungguek ceiqcaeux okyienh youq geizlaeng Cunhciuh, miz fagca diet、fagcanj diet oknamh daeuj guhcingq. Sawjyungh hongdawz diet, ndaej daih menciz dwk haivat reihnaz, ndaej vat laeg dwk dajndaem, gij cozyung de youq nungzyez fuengmienh, mauhgvaq le hongdawz rin caeuq hongdawz doengz haujlai. Ciuhgeq mwnq Bouxcuengh youq Cangoz cunggeiz haeuj daengz mwh hongdawz diet, hongdawz diet cawzliux gag guh, caemh daj mwnq Cujgoz laenzgaenh cienzhaeuj. Youq seizneix ndaw dieg Gvangjsih gaujguj vat ok buek moh mwh Cangoz ndeu, oknamh le haujlai hongdawz diet, lumjbaenz Gvangjsih Bingzloz yen Yinzsanhlingj（doz 1-1-6）、Gvanyangz gih Cwngzswjlingj、Vujmingz yen Anhdunzyanghlingj、Fangzcwngzgangj si Gencuhlungzlingj daengj cungjgungh oknamh le 199 gienh doxgaiq diet, ndawde miz faggvak 84 gienh、fagso 7 gienh、fagguek 6 gienh、fagfouj 8 gienh、fagbauh 2 gienh、gak loih cax 59 gienh、soek 10 gienh, cungjgungh 176 gienh, dwg gij cungjsoq doxgaiq vat okdaeuj de 88.4%. Ndaej raen mwnq Bouxcuengh Lingjnanz youq doxgaiq diet okyienh cogeiz, hongdawz nungzyez youq ndaw cungjdaej miz geijlei faenliengh. Youq mwnq Bouxcuengh, fouj caeuq cax caemh ndaej yungh daeuj dajndaem, yungh daeuj raemj faex caeuq hai reihnaz.

中国铁制农具最早出现于春秋晚期，有铁锸、铁铲出土为证。铁农具的使用，可大面积地开垦田地，可深耕，其在农业上的作用，远远超过了石器及青铜农具。古代壮族地区在战国中期进入铁器时代，铁制农具除自行制作外，也从相邻的楚地传入。在今广西境内考古发掘的一批战国墓，出土了大量铁器，如广西平乐县银山岭出土的战国末期铁斧（图1-1-6）。灌阳县城子岭、武鸣区安屯秧岭、防城港市箭猪笼岭等共出土了199件铁器，其中有锄84件、锸7件、钁6件、斧8件、锛2件、各类刀器59件、削10件，合计176件，占发掘出土总数的88.4%。可见岭南壮乡在铁器出现初期，农业工具在总体中的分量。在壮乡，斧和刀也可用于农耕，做砍伐树木和开垦田地之用。

Doz 1-1-6　Fagfouj diet mwh Cangoz（Cangh Leij ingj）
图1-1-6　战国末期铁斧（张磊 摄）

Giz Gvangjsih oknamh faggvak diet mwh Cangoz, ciuq gij yienghceij bak gvak faen baenz song cungj: Cungj ndeu dwg vangungx, bak gvak yiengq baihrog; daihngeih cungj dwg goek raeh, bak gvak luenz. Cungj gaxgonq haemq saeq raez, bak gaeb, cungj baihlaeng haemq gvangq haemq dinj, bak gvangq, cungj dwg miz congh raez. Gaengawq bouxgaujg nanq, faggvah aeu fwngz gaem bak gvak raez、gvangq youq 10 lizmij doxroengz de, dwg yungh daeuj cawz gorum; bak gvak raez、gvangq mauhgvaq 10 lizmij de dwg faggvak gaenz raez, youh heuh gvak hung, dwg gij hongdawz hawj vunz ndwn dwk yungh daeuj vat doem de, yienghneix daeuj baujcwng haemq mbouj deng goengrengz.

广西地区出土战国时期的铁锄，按刃部形状可分为两种：一为弧形刃，刃部外撇；二为刃角刃，口呈圆弧形。前一种形体较细长，刃窄，后一种形体较宽短，刃宽，均为直銎。据考古工作者推测，锄口长、宽在10厘米以下的为手锄，是中耕除草用的；锄口长、宽超10厘米的为长柄锄，又称大锄，是可供人们站着使用的挖土农具，以保证操作省力。

Fagso diet, dwg gij hongdawz cigsoh camz doem de.《Cej coh》naeuz:"So, baek, camz doem hwnj daeuj." Mwh Cangoz youz so faex、so doengz gaij baenz so diet, hingzsik miz lumj cih Sawgun "一" caeuq lumj cih Sawgun "凹" song cungj. Fagso giz bak dauq diet de cwng "鍪", vengq benj cang "鍪" de cwng "yieb（Caso）". Mwh sawjyungh song fwngz gaem gaenz, ga swix caij youq gij gen swix fagso, roengzrengz caij haeuj ndaw doem bae, caiq yiengq baihlaeng baez niuj dawz doem fan hwnjdaeuj, gawq ndaej fan doem、conx haenznaz, caemh ndaej yungh daeuj hai mieng、vat gumz（doz 1-1-7、doz 1-1-8）.

铁锸，是直插式挖土农具。《释名》曰："臿，插也，锸地起土也。"战国时期由木锸、铜锸改为铁锸，形式有"一"字形与"凹"字形两种。锸的铁套刃叫"鍪"，安装"鍪"的木板叫"叶"。使用时双手握柄，左脚踏在铁锸的左肩上，用力踩入土中，再向后扳动握柄将土翻起，既可翻土、理埂，也可用于开沟、挖坑（图1-1-7、图1-1-8）。

Doz 1-1-7 Gvangjsih Bingzloz yen Yinzsanhlingj aen moh cangoz oknamh gij so diet de（Ciengj Dingzyiz hawj doz）
图1-1-7 广西平乐县银山岭战国墓出土的铁锸（蒋廷瑜 供图）

Doz 1-1-8 Gvangjsih Hozbuj yen Dangzbai aen moh Sihhan oknamh fagso diet（Ciengj Dingzyiz hawj doz）
图1-1-8 广西合浦县堂排西汉墓出土的铁锸（蒋廷瑜 供图）

Hongdawz diet yungh youq ndaemnaz gvaqlaeng, diegdeih ndaej vat laeg, haenznaz fuengbienh cingjleix, sawj naez caeuq raemx ndaej gaw, daezsang le gij gisuz dajndaem, demgya le gij canjliengh haeux, gyavaiq le doenghgo miz binjcungj engq lai, sawj gij ndaemnaz gisuz giz Bouxcuengh Lingjnanz yamq hwnj le mbaeklae moq.

　　铁制农具用于稻作生产后，土地得到深挖，田埂便于整理，从而使水土易于保持，提高了耕作技术，增加了稻谷产量，加快了作物品种化，使岭南壮乡的稻作技术登上了新的台阶。

（Seiq）Aeu vaiz cae caeuq cae rauq doigvangj sawjyungh

（四）牛耕和犁耙的推广使用

Aeu vaiz cae dwg gij nungzyez swnghcanj gisuz ciuhgeq baez bengwz hungloet ndeu, de caeuq cae diet daengj hongdawz senhcin giethab, yinxhwnj le ndaw nungzyez dajndaem baenzroix gisuz bienq moq. Cae diet、aeu vaiz cae doigvangj sawjyungh, byauhci le gij dajndaem gisuz cienzdoengj nungzyez guhbaenz le.

　　牛耕是古代农业生产技术的一次重大变革，它与铁犁等先进农具的结合，引起了农业耕作中的一系列技术革新。铁犁、牛耕的推广使用，标志着传统农业耕作技术的形成。

Vahcuengh、Vahdaij heuh diet guh lik[7], cae heuhguh çai[1] rox thai[1], vaiz cwng va:i[2], ndaej rox Bouxcuengh、Daijcuz mwh caengz faenvaq gag fazcanj de gaenq aeu vaiz cae le, doengzseiz dwg yungh cae diet.

　　壮、傣语中，铁谓lik[7]，犁谓çai[1]谓thai[1]，牛谓va:i[2]，可知壮、傣二族在没有分化独自发展的时候已经有了牛耕，且是用铁犁的牛耕。

Mbangjdi vunz mbouj mingzbeg, gaengawq 《Hansuh·Nanzyezcon》 naeuz Sihhan Lijhou roengz minghlingh gimqcij yiengq aen guek Nanzyez yinhsoengq doxgaiq diet、vaiz、max daengj gvaq, nanq naeuz mwh Sihhan Bouxcuengh mbouj aeu vaiz cae. Gijneix dwg luenh nanq. Aenvih bouxcawj aen guek Nanzyez Cau Doz dwg vunz Cunghyenz, Cunghyenz miz cwz mbouj miz vaiz, buiz saenz caeq fangz cungj dwg yungh cwz. Sojlaiz, Cau Doz naeuz bouxsawj Sihhan Luz Gyaj nyi: "Mwnq gou biengyae, gij heuj max、vaiz、yiengz gaenq raez, gag nyinhnaeuz mwh buizcaeq mbouj yungh, famh gij coih deng dai lo." Cau Doz aeu cwz daeuj buizcaeq, cienz swnj roengzdaeuj daengz Mingzcauz Linz Swyenz 《Ginhcouh Ci·Fungsug》 vanzlij naeuz: "Haujlai vunzfouq ciengx vaizcoh, fatsanj miz vaiz、cwz. Vaiz yungh daeuj geng, cwz gaj daeuj buiz fangz."

　　一些人不明，根据《汉书·南越传》说西汉吕后曾下令禁止向南越国输送铁器、牛、马等，以此推测说西汉时壮族没有牛耕。这是胡乱猜测。因为南越国国主赵佗是中原人，中原有黄牛没水牛，祭神祀鬼就是用黄牛。因此，赵佗在向西汉使者陆贾诉说："老夫处辟，马、牛、羊齿已长，自以祭祀不修，有死罪。"赵佗以黄牛祭祀，传承下来至明朝林士元《钦州志·风俗》仍说："数富以牛牝，孳息有水牛、黄牛。水牛以耕，黄牛杀以祀鬼。"

1987 nienz, youq Gvangjsih Bingznanz yen Luzcinz cin fatyienh le mwnq dieggaeuq lienhdiet daihgaiq 1 bingzfangh cienmij ndeu, ndawde yo miz Handai gvangqcingj gaeuq、aen cauq lienhdiet gaeuq caeuq vengq gangvax、rindietgvangq、nyaq gvangq、diuz guenj rumz aen cauq lienhdiet daengj、gijneix dwg cingqgawq mingzbeg. Bouxgaujguj Gvangjsih 1994 nienz dawz giz dieggaeuq neix liedhaeuj Gvangjsih vwnzvuz baujhu danhvei, goengbouh nyinhdingh gij nienzdaih dieggaeuq dwg mwh Sihhan. Lienh diet ndaej baenzgoeng, mizrengz dwk doidoengh le Bouxcuengh giz Lingjnanz gaengawq gij daegbied gohaeux baihnamz, guh gij hongdawz diet habyungh de.

1987年，在广西平南县六陈镇发现了一处约1平方千米的冶铁遗址，其中有汉代古矿井、炼铁炉遗址，以及遗留的陶片、铁矿石、矿渣、炼铁炉的风管等，是为明证。广西考古工作者于1994年将这一遗址列入广西文物保护单位，公布认定遗址年代为西汉时期。冶炼铸铁的成功，有力地推动了岭南壮乡的壮家人根据南方稻作特点，制造适用的铁制农具的发展。

1973 nienz，youq Gvangjdungh Lenzyen mwh vat aen moh Sihcin, oknamh gienh mozhingz gangvax aeu vaiz cae naz、rauq naz ndeu（youq song gaiq nanz doxlienz ndawde, gaiq ndeu miz vunz yungh vaiz cae naz, gaiq ndeu miz vunz yungh vaiz rauq naz）. Fagrauq baihlaj miz 6 diuz faenz haemq raez, gwnzde miz diuz gaiq lanzvang ndeu, caeuq fagrauq seizneix lajmbanj Gvangjdungh Gvangjsih soj yungh de doxlumj. 1980 nienz, youq Canghvuz yen Dausuij mwh vat aen moh Nanzcauz ndeu, fatyienh le aen mozhingz gangvax aeu vaiz rauq naz（doz 1-1-9）. Aen mozhingz neix dwg raezseiqfueng, raez 18 lizmij、gvangq 15 lizmij, cungqgyang miz diuz haenznaz ndeu, dawz naz faen baenz song gaiq, gak miz boux vunz ndeu yungh vaiz, duzvaiz youq dangqnaj rag, bouxvunz youq baihlaeng yungh rauq, gij naz rauq gvaq de louz ma 6 diuz riz faenz. Cungj rauq neix dwg baiz ndeu miz 6 faenz, faenz rauq mbang hoeng soem, aiq dwg cang youq gwnz diuzfaex vang ndeu, doengzseiz youq gwnzde ancang gij raeuz de, ndaej fan doem gyanx doem, habyungh youq nazraemx baihnamz guh geng ndaem. Cungj vaiz geng gisuz aeu duzvaiz ndeu daeuj rag neix, beij Cunghyenz mwnq hancuz aeu song duzvaiz daeuj rag sengj goengrengz youh gauhyau. Gvaqlaeng, lizsij geiqloeg, cungj rauq senhcin neix lij cienzdaengz rangh Dahcangzgyangh. Rauq, Vahcuengh cwng ɤa:u⁵, dawz gij doem cae gvaq de cuengq raemx cimq gvaq le, yungh rauq daeuj rauq yungz bienqbaenz naez naz.

1973年，在广东的连县挖掘西晋的墓葬时，出土1件陶质的水牛犁田、耙田模型（在两块相连的水田里，一块有一人用水牛犁田，另一块有一人用水牛耙田）。耙下留有6根较长的齿痕，上有横把，与现在两广农村使用的耙相似。1980年，在广西苍梧县倒水发掘一座南朝墓葬时，发现了陶牛耙田模型（图1-1-9）。该模型呈长方形，长18厘米、宽15厘米，中间贯一田埂，将水田分为两块，各有1人在使牛，牛在前面牵引，人在后面使耙，耙过的田留下6条齿痕迹。这种耙为一排6齿，耙齿疏而尖，可能是装在横木上，并在其上安装扶手，能起翻土劈土的作用，适合于南方水田精耕细作。这种一牛牵引的牛耕技术，较之中原汉族地区的二牛牵引作业的方式省力高效。后来，史料记载，这种先进的耙还传到长江流域一带。耙，壮语谓ɤa:u⁵，将犁后翻耕的土块经水浸后，用它耙细、疏通田泥。

Cae caeuq rauq okyienh, naz ndaej cae rauq dwk haemq laeg haemq saeq, youh coicaenh fazveih le gij biz doem，doiq gij rag gohaeux hungmaj mizleih，daezsang le canjliengh.

　　犁和耙的出现，实现了稻田的深耕细作，又促进了土壤肥力的发挥，利于水稻根部的发育，从而提高了产量。

Doz 1–1–9　Gvangjsih Canghvuz yen Daujsuij aen moh Nanzcauz oknamh gij mozhingz vax aeu vaiz rauq naz
图1–1–9　广西苍梧县倒水南朝墓出土的陶牛耙田模型

（Haj）Cae gungx caeuq liz
（五）曲辕犁和踏犁

　　Dangzdai，sawjyungh faggvak、fagca、fagcanj、fagliemz caeuq fagcae、fagrauq diet，guhbaenz gij hongdawz cienzdoengj nungzyez swnghcanj，doengzseiz okyienh le buek hongdawz nungzyez yiengh moq ndeu，lumj liz、cae gungx caeuq aen daengq ciemz gyaj daengj.

　　唐代，铁制的锄、锸、铲、镰，以及犁、耙等已成为传统农业生产工具，并出现了一批新型农业工具，如踏犁、曲辕犁和秧马等。

　　Mwh Sungcauz Yenzcauz，Bouxcuengh caeuq boux cojgoeng de youq fagcae gungx gij giekdaej yienzlaiz de guh le gaijndei，engqgya sukdinj、vangungx，doengzseiz gemjnoix cwzngvwz、yazcanz daengj bugen，sawj de yungh dwk engqgya lingzvued，engq hab'wngq gij gengndaem baihnamz. Vunz Yenzcauz Vangz Cinh youq 1295～1300 nienz sij 《Nungzsuh·Bien Gengndaem》 doiq gijneix daihdaih haengjdingh，naeuz："Baihnamz gengndaem naz，gij naz de sang daemq hung iq mbouj doengz，duz vaiz ndeu rag fagcae ndeu，byaij daengz gyaeuj caiq gvaenx dauqlaeng，nyaemhcaih vunz fuengbienh." Mwhhaenx，cae gungx gaenq lied baenz gij hongdawz senhcin daengx guek cungj yungh de，daegbied hab aeu daeuj guh naz.

　　宋元时期，壮族及其先人在曲辕犁原有的基础上做了改进，更加缩短、弯曲，并减少策额、压馋等部件，使其操作更加灵活，更适应于南方耕作。元人王祯在1295～1300年著《农书·垦耕篇》对此大加肯定，云："南方水田泥耕，其田高下阔狭不等，一犁一牛挽之，作止回旋，任人所便。"

此时，曲辕犁已列为全国通用的先进农具，特别适宜稻田耕作。

Liz（doz 1-1-10），dwg cungj hongdawz fan doem ndeu. Cungj liz neix gwnzde miz gaiq gaenz vang，lajde miz giz caij de，giz laj cang miz bakdiet，mwh sawjyungh aeu ga caij bakliz haeuj ndaw doem，yiengq baihlaeng at gaenz liz，dawz doem geuh hwnjdaeuj，mbouj yungh rengz doihduz dazyinx，sawjyungh lingzvued fuengbienh，habyungh youq hai fwz caeuq giz rengz doihduz mbouj gaeuq de，daegbied hab giz dieg bo baihnamz gengndaem gaiq naz iq de.

踏犁（图1-1-10），是一种翻土农具。这种踏犁上有横把，下有踏脚，末端装有金属犁铧，使用时用脚将犁铧踏入土中，向后扳压犁柄，将土翻起，不用畜力牵引，使用灵活方便，适用于荒地的开辟和牛力不足的地方，尤其适合南方山地耕作的小块稻田。

Doz 1-1-10　Liz（Gvangj sih Bouxcuengh swcigih Minzcuz Bozvuz gvanj hawj doz）
图1-1-10　踏犁（广西壮族自治区民族博物馆 供图）

Nanzsung Couh Gifeih《Lingjvai Daidaz》ndaw gienj ciengzsaeq geiqloeg le gij goucau、yienghceij fagliz nem baenzlawz sawjyungh fagliz. De naeuz："Boux vunz Gvangjsih giz dieg miz oeni hoj geng de，sam boux vunz song fagliz doxgap vat gumz ndeu，ndaej vat gvangq haj cik，gij rag goek hungloet de，cungj cienzbouh ndaej fan hwnjdaeuj，de yungzheih sengj goengrengz，cungj fuengfap neix mbouj ndaej mbouj yolouz roengzma."

南宋周去非《岭外代答》一书中详细记载了踏犁的构造、形状和使用方法。他说："广人荆棘费锄之地，三人二踏犁夹掘一穴，方可五尺，宿莽巨根，无不翻举，其易为功，此法不可不存。"

Linghvaih，Sungdai mwnq Bouxcuengh cawzliux doigvangj fagliz，yinxhaeuj fagcae gungx okdaeuj，lij yinxhaeuj le aen daengq yungh daeuj ciemz gyaj de、fagbaz yungh daeuj ndai naz de、fag re cawz nywj caeuq gvej haeuxriengz de daengj.

此外，宋代壮族地区除推广踏犁，引进曲辕犁外，还引进了拔秧用的秧马、耘田用的耘爪，以及除草和割禾穗的薅等。

（Roek）Ndai naz caeuq boiqdauq nem guhcaez hongdawz

（六）耘田和农具的配套与完善

Youq ndaw naz cawz rum，Vahcuengh miz da:i¹na² aen swz ndeu，hoiz baenz vahgun couh dwg 耘田. Couhdwg cuengq gij raemx ndaw naz hawq bae，youq ndaw naz vanq daeuhfeiz doenghgo，vunz gaem diuz faexdwngx ndeu，aeu swix gvaz song cik ga daeuj bwed gij naez yungz ndawgyang doengh gomiuz：it daeuj cawz rum；ngeih daeuj dwk bwnh；sam daeuj dwk gat gij rag gaeuq gomiuz，hawj de did ok rag moq，coisawj gomiuz ndaej fat lai. Ndai naz，dwg Bouxcuengh guh naz cungj fuengfap cawz rum、dwk bwnh、coi hungmaj daegbied ndeu.

稻田中耕除草，壮语有da:i¹na²一词，译成汉语就是耘田。即放干田水，在田中撒上草木灰，人拄着手杖，用左右两个脚板拨弄禾苗间的烂泥，作用有三：一除去杂草；二施肥；三扎断稻禾的旧根，让其长出新的根须，促使禾苗分蘖旺长。耘田，是壮族稻作农业的一种独特的除草、施肥、助禾苗生长的措施。

Gij hongdawz coih dieg：Cungjloih gig lai，cujyau miz fagrauq、muzcanj、muzcouz. Rauq miz fag faenz diet caeuq fag faenz faex，yungh daeuj soiq doem、rauq rum、dwk bingz reihnaz. Muzcanj、muzcouz gezgou doxdoengz，youz gvaenghgaq faex caeuq aen loek faex saeumwnz gapbaenz，cungj dwg gij hongdawz yungh daeuj at rag haeux caeuq at naez naz de. Muzcanj miz gok，yungzzheih at rag haeux，doengzseiz moix bi sou haeux le mbouj ndaej gib cae rauq，couh caj nae ndaw naz haemq yungz aeu muzcouz daeuj ringx at rag haeux，dawz naez dwk yungz lumj giengh.

整地农具：种类很多，主要有耙、木辗、木轴。耙有铁齿耙和木竹齿耙，用于碎土、耙除杂草、平整土地。木辗、木轴的结构相同，由木框架和圆柱形的木滚子构成，都是用来辗压禾根和稻田泥土的工具。木辗有棱，易于辗压禾根，而每年收割来不及犁耙时，则趁泥较烂时使用木轴滚压禾根，把泥打成浆状。

Gij hongdawz ndai：Miz canj、gvak（lumj fag "钺" Bouxyez ciuhgeq yungh de）. Cujyau yungh daeuj youq ndaw reih cawz rum、vat doem、canj doem，caemh yungh daeuj youq ndaw naz hai mieng vat mieng、cingjleix haenznaz daengj.

中耕农具：有铲锄、月刮（类似古时越人用的"钺"）。主要用于旱地除草、挖土、铲土，亦用于水田的开沟挖渠、整理田基等。

Hongdawz sougvej：Miz liemz、faggyep、doengj haeux、fag gyenghbaz、fag baz haeux、loekrumz daengj. Bouxcuengh sougvej haeuxcid，cungj dwg aeu faggyep gvej aeu riengz haeux，cug baenz lwg le rak hawq yo hwnj daeuj，lot ceh cix dwg aeu fwngz fou aeu faexdaet moeb，yienzhaeuh youq ndaw rummaek rin aeu sak dwk baenz haeuxbieg. Haeuxciem yinxhaeuj，aeu fagliemz daeuj gvej，lienz nyangj rak youq ndaw naz hawq. Hawq le，rap ma giz dieg rakhaeux，ringx rin daeuj nienj roxnaeuz aeu duzvaiz daeuj caij、aeu vunz daeuj moeb lot ceh. Liemz，gvej haeux dwg yungh liemzsip，gijneix daj mwnq Bouxgun yinxhaeuj，sojlaiz fagliemz Vahcuengh cwng li:m^2, dwg aen swz ciq Sawgun ndeu. Daj mwhde gvaqlaeng, mwnq Bouxgun gij doengj haeux、fag gyenghbaz、fag baz haeux、loekrumz daengj gonq laeng cienzhaeuj mwnq Bouxcuengh, hawj vunz Bouxcuengh yungh, gij hongdawz guh reihnaz cugngoenz boiqdauq caeuq guhcaez.

收割农具：有镰、禾剪、谷桶、谷扒、谷耙、风车等。壮族收割糯稻，都是以手镰剪取禾穗，束成把后晾晒收藏，脱粒则是手搓棍打，然后在石臼中以杵舂捣成米。籼稻引入，以镰刀收割，连禾秆晒在田水已经干涸的田里，称为晒禾排。干了，挑回晒场，以滚石碾或牛踩、人打脱粒。镰，割禾用的是锯齿镰，这是从汉族地区引入的，因此壮语镰刀谓为li:m^2，是个借语词。从此以后，汉族地区的谷桶、谷扒、谷耙、风车等先后传入壮族地区，为壮族人所使用，农用工具日渐配套和完善。

Mwh Mingzdai Cinghdai Bouxcuengh giz guh reihnaz de yungh gij hongdawz gyagoeng cehhaeux de cujyau miz muh、rummaek、nienjraemx daengj. Muh dwg cungj muh ndeu, yungh daeuj lot naeng haeux aeu haeuxbieg, youz aen muh faen vengq gwnz vengq laj, song vengq gwnz de cungj gep miz faex geng roxnaeuz gij faenz ruk, mwh guh hong, vengq laj dingh youq mbouj doengh, vunz aeu fwngz doidoengh vengq gwnz cienq, ciqyungh gij faenz song vengq neix dox fou, hawj naeng haeux lot. Vengq gwnz caeuq vengq laj itbuen aeu gaeu roxnaeuz ruk san baenz yienghceij lumj aen loz, youq ndawde dienz rim doem cix guhbaenz le. Rummaek dwg gij sezbei lot haeuxraeh, vat dieg an aen rummaek ndeu, gwnzde gaq diuz faex ndeu, gyaeuj faex cigsoh roengzma cang diuz sak ndeu, sak itbuen dauq miz gyaeuj sak diet, aeu din caij diuzfaex, hawj diuz sak hwnjroengz, lot gij naeng ceh haeuxraeh, roxnaeuz dawz cehhaeux maek baez mba. Cawzliux yungh din caij diuz faex guh doenghlig, lij aeu gij rengz raemx guh doenghlig de cwng rummaek raemx. Nienj, dwg youz aen daiz nienj、aen gyaq nienj、aen ruh nienj gapbaenz, faenbaenz nienjraemx caeuq nienj hawq song cungj. Nienjraemx aeu gij rengz swhyienz cungdongj raemx daeuj doidoengh aen loekraemx, doengzseiz doenggvaq diuz sug nienj daiqdoengh aen buenz nienj youq ndaw ruh nienj rengx, hawj naeng cehhaeux lot. Nienj hawq cix dwg yungh gij rengz doenghduz daeuj daiqdoengh, gij gezgou caeuq yienzleix de nem nienjraemx daihgaiq doxdoengz.

明清时期壮族农区使用的稻谷加工工具主要有砻、碓、水碾等。砻是磨的一种，用于破谷取米，由上臼、下臼、摇臂和支座等组成。上臼、下臼的工作面上镶有硬木或竹齿，工作时，下臼固定不动，人力推动上臼转动，借臼齿搓擦，使稻壳裂脱。上臼和下臼一般用藤或竹编成筐状，在其中填实泥土而成。碓是舂谷的设备，掘地安置石臼，上架木杠，可杠端垂直装杵，杵一般套有铁铸的杵头，用脚踏动木杠，可使杵起落，舂去谷粒的皮，或将谷舂成粉。除了用人脚踏木杠作动力以外，还有用水力作动力者称为水碓。碾，由碾台、碾架、碾槽组成，分为水碾和旱碾两种。水碾用水的自然冲力推动水轮，并通过碾轴带动碾盘在碾槽中滚动，使稻谷脱壳。旱碾则用畜力带动，其结构及原理与水碾大体相同。

（Caet）Yinxhaeuj Gij hongdawz Guh Reihnaz Gaenhdaih

（七）近代农业工具的引进

Mwh Minzgoz, gij hongdawz guh reihnaz giz Bouxcuengh gihbwnj lij dwg aeu vunz daeuj guh. Minzgoz 6 bi（1917 nienz）, Gvangjsih sizyez yenzgiuyen daj Meijgoz cawx aen dohlahgih loek diet dwg Vangoz baiz ndeu, nem fagcae beng、fagrauq、cunghgwnghgi、souhgozgih daengj boiqdauq nungzyez gihgai guh sawqniemh sifan. Daengz minzgoz 32 bi（1943 nienz）mwnq Bouxcuengh itgungh miz dohlahgih 10 aen. Minzgoz 35~37 bi（1946~1948 nienz）, lenzhozgoz sanhou giuci cungjsuj diuz hawj Gvangjsih sengj dohlahgih 60 aen, youz Gvangjsih giuci gunghsuj faenboiq hawj liujcwngz Vuhyouh nungzcangz、Ludangz gihgai gwnjcizcangz、Sahdangz gihgwngh hozcoz gwnjcizcangz daengj danhvei sawjyungh. Gvaqlaeng gonq laeng yinxhaeuj miz couhsuijgih、dozlizgih、dajguzgih daengj hongdawz yienhdaih. Minzgoz 24 bi（1935 nienz）, Nanzningz gihgai cangj hainduj ciuq cauh aen dozlizgih haeuxyangz. Gvaqlaeng, Minzgoz 32 bi（1943 nienz）, couh miz 4 aen gihgai cangj swnghcanj le dozlizgih haeuxyangz caeuq dajguzgih. Minzgoz 33 bi（1944 nienz）, Gvangjsih mwnq Bouxcuengh gaenq ndaej ciuq guh mbangjdi aen couraemx、aen nienj haeux、aen dokyouz; Liujcouh Sahdangz Gvangjsih nungzsw siyencangz gisw Liuz Diuzva yenzgiu guhbaenz aen roi nongienjhaeux、cunghgwnghgi daengj hongdawz. Aenvih mwnq Bouxcuengh guengjdaih dieg cungj dwg dauqcawq miz ngozbya, deihhingz fukcab, daihhingz gihgai gengndaem hoj ndaej hai haeuj bae, doengzseiz youh souh gij diuzgienh sevei、ginghci dangseiz hanhhaed, mbouj ndaej daengz fazcanj engq daih. Sojlaiz, mboujlwnh dwg mwnq Bouxcuengh caeuq Bouxgun cab youq de roxnaeuz mwnq Bouxcuengh comzyouq de, vanzlij dwg yungh cae diet vaiz geng guh gij cawjdaej hongdawz cienzdoengj.

民国时期，壮族地区的稻作农具基本上还是人力手工操作的。民国六年（1917年），广西实业研究院从美国购进一台万国牌铁轮拖拉机，以及牵引犁、耙、中耕器、收割机等配套农业机械设备进行试验示范。至民国三十二年（1943年），壮族地区共有拖拉机10台。民国三十五至三十七年（1946～1948年），联合国善后救济总署调拨给广西省拖拉机60台，由广西救济公署分配给柳城无忧农场、露塘机械垦殖场、沙塘机耕合作垦殖场等单位使用。此后先后引进抽水机、脱粒机、打谷机等农业现代工具。民国二十四年（1935年），南宁机械厂开始仿制玉米脱粒机。之后，民国三十二年（1943年），便有4家机械厂生产了玉米脱粒机和打谷机。民国三十三年（1944年），广西壮族地区已能仿制少量的农业抽水机、碾米机、榨油机；柳州沙塘的广西农事试验场技师刘调化成功研制稻苞虫梳虫器、中耕器等器具。由于壮乡广大地区山峦起伏，地势复杂，大型耕耘机械的机动适应性较差，同时又受当时的社会、经济条件所限，没有得到更大的发展。因此，无论是壮族和汉族杂居地区还是壮族聚居地区，仍然是使用以铁犁牛耕为主体的传统农具。

Sam. Gij Gisuz Ndaem Haeuxnaz
三、稻作种植技术

（It）Mwh Senhcinz gij naz henz haij caeuq aeu feiz gengndaem aeu raemx cawz rum
（一）先秦时期的雒田和火耕水耨

Mwh Senhcinz，baihnamz mwnq Yezcuz ndaem naz itbuen yungh gij fuengfap "aeu feiz gengndaem caeuq raemx cawz rum" daeuj ndaem.《Sijgi · Hozciz Lezcon》soj geiq: "Mwnq Cuj Yez，dieg gvangq vunz noix，gwn haeux gwn bya，aiq dwg aeu feiz gengndaem aeu raemx cawz rum."《Hansuh · Dilijci》caemh naeuz: "Gyanghnanz dieg gvangq，aiq dwg aeu feiz gengndaem aeu raemx cawz rum." Gij cojgoeng Bouxcuengh gvihaeuj ndaw cuzginz Bwzyez giz Lingjnanz de，wngdang caemh dwg yungh cungj fuengfap neix daeuj ndaem haeuxnaz. Gijmaz cwng aeu feiz daeuj gengndaem aeu raemx daeuj cawz rum?《Hozciz Lezcon · Cizgaij》yinxaeu gij vah Ying Sau naeuz: "Coemh nywj，roengz raemx bae ndaem naz，nywj caeuq haeux hungmaj，sang caet bet conq，yawj ndaej rox le couh dawz gorum cawz bae，caiq dwk raemx roengzbae guenq de，gorum dai，gohaeux gag maj. Soj gangj aeu feiz gengndaem aeu raemx cawz rum couhdwg yienghneix lo." Gaenhdaih nungzyez sijgyah nyinhnaeuz "sojgangj 'aeu feiz gengndaem aeu raemx cawz rum'，couhdwg aeu feiz coemh gij nywj gwnz dieg daeuj hawj dieg bienq biz le，yienzhaeuh geng de；cimq raemx guenq rim，dawz go nywj oemq dai youq ndaw raemx". Gij daegdiemj aeu feiz gengndaem aeu raemx cawz rum dwg，dawz feiz caeuq raemx cungfaen yinhyungh daengz ndaw gocwngz nungzyez swnghcanj，baugvat dwk bwnh、cawz rum caeuq fuengzre bingh nonhaih daengj hothoh，dwg cungj gengndaem fuengfap gag miz daegsaek ndeu. Cungj fuengfap gengndaem nazraemx neix dwg gij gisuz guh naz cinbu.

先秦时期，南方越族地区种植水稻一般是采用"火耕与水耨"的耕作方法。《史记·货殖列传》所记："楚越之地，地广人稀，饭稻羹鱼，或火耕而水耨。"《汉书·地理志》也说："江南地广，或火耕水耨。"属于岭南百越族群中的壮族先民，当亦用此方法种植水稻。何谓火耕水耨？《货殖列传·集解》引应劭的话说："烧草，下水种稻，草与稻长，高七八寸，因悉芟去，复下水灌之，草死，独稻长。所谓火耕水耨也。"近代农业史家认为"所谓'火耕水耨'，即用火焚烧地面的草木以肥地，然后耡之；浸水漫灌，把草沤烂在水里"。火耕水耨的特点是，把火和水充分运用到农业生产过程中，包括施肥、中耕除草和防治病虫害等环节，是独具特色的耕作方法。这种水田作业方法是稻作技术的进步。

Seiqhenz giz Bouxcuengh youq，dwg giz dieg dauqcawq miz dah miz rij roxnaeuz seizdoeng seizhah cungj miz raemxmboq de. Gyoengq cojgoeng Bouxcuengh daih dingzlai leihyungh gij raemx dah、rij swhyienz gag sang roxnaeuz gag daemq，youq giz diegbingz gwnz bya henzdah roxnaeuz giz guzdi cwk raemx guh naz，roxnaeuz yinx raemx guh naz，ndaem haeux，cwng lozdenz. Cojgoeng Bouxcuengh couhdwg leihyungh doenghgij lozdenz neix，haicaux le Bouxcuengh swhgeij gij haeuxnaz dajndaem vwnzva ronghsagsag de.

壮人居住地的四周，是河流溪涧纵横或泉水冬夏常注之地。壮族先民们多利用江河、溪流水位的自然涨落，在山麓河间的台地或谷地上蓄水垦田，或引水垦田，种植水稻，称为雒田。壮族先民就是利用这些雒田，开创了壮族自己辉煌灿烂的水稻种植文化。

（Ngeih）Mwh Cinz Han daengz Nanzbwzcauz gij gisuz dajndaem haeuxnaz
（二）秦汉至南北朝时期的稻作种植技术

Mwh Cin Han gij cojgoeng Bouxcuengh（Vuhhuj）faen ok gohaeux miz haeuxciem、haeuxsuen、haeuxcid 3 cungj，doengzseiz faenbied hawj gyoengqde miz sam cungj coh mboujdoengz de. Haeux dwg cungjcwngh，Sawcuengh moq dwg "haeux". Ciem（《Gangj Vwnz Gej Saw》gej baenz "秫" caeuq "穫"）dwg gij haeux mbouj niu de，gawh cawj，Sawcuengh moq dwg "haeuxciem". Suen（《Gangj Vwnz Gej Saw》gej baenz "秔"）loj miz di niu，caemh gawh cawj，Sawcuengh moq dwg "haeuxsuen". Saedceiq，haeuxciem caeuq haeuxsuen cungj dwg Gvangjsih Gveigangj si Lozbwzvanh 1 hauh aen moh Handai oknamh，gij saw faex geiqloeg haeux caeuq gyoij ndawde song cungj binjcungj haeux ganq. Cid（《Gangj Vwnz Gej Saw》gej baenz "稌"），cih saw neix Sawcuengh moq dwg "cid". Ceij cehhaeux lumj haeuxsuen raez，mbouj miz bwn cix niu lai. Go haeuxcid Sawcuengh moq dwg "go haeuxcid". Haeuxcid dwg gij bienqcungj haeuxciem、haeuxsuen，mboujlwnh dwg youq haeuxciem roxnaeuz dwg haeuxsuen gij loihhingz go ndaw raemx、gwnz hawq de，cungj miz haeuxcid. Haeuxcid itcig dwg gij haeuxliengz youqgaenj boux cojgoeng Bouxcuengh ndeu.

秦汉时期的壮族先民（乌浒）分辨出稻的亚种有籼、粳、糯3种，并分别给予了不同的壮语称谓。稻是总称，新壮文为"haeux"。籼（《说文解字》注为"秫"和"穫"）是不黏之稻，胀性大，新壮文为"haeuxciem"。粳（《说文解字》注为"秔"）略有黏性，胀性米，新壮文为"haeuxsuen"。实际上，籼稻和粳稻都是广西贵港市罗泊湾1号汉墓出土的，记载有稻米和芭蕉的木牍栽培稻的两个亚种。糯（《说文解字》注为"稌"），此字新壮文为"cid"，指米粒似粳稻而长，没有毛芒而富黏性的稻谷。糯稻的新壮文为"go haeuxcid"。糯稻是籼稻、粳稻亚种的变种，不论是在籼稻还是在粳稻的水、陆稻类型中，都有糯稻。糯稻一直是壮族先民的重要粮食之一。

Haeuxciem，dwg haeuxreih，Sawcuengh moq dwg "fei". Mwh Cinz Han，cojgoeng Bouxcuengh leihyungh vanzging diuzgienh mbouj doengz ganq ok le gohaeux hawq，gyalai le gij binjcungj gohaeux. Youq mwnq giepnoix raemx de ndaem gohaeux rengx，gaengawq diegdeih daeuj dajndaem，gyagvangq gij menciz ndaem gohaeux，dwg hangh gisuz moq cinbu ndeu.

籼稻，属旱禾，新壮文为"fei"。秦汉时期，壮族先民利用不同的环境条件培育了旱稻，扩大了稻作品种。在缺水的地方种旱稻，因地制宜，扩大稻作种植面积，是一项新的技术进步。

Mwh Sihhan，cojgoeng Bouxcuengh gaenq hainduj ganq、genj yo caeuq yinxhaeuj gij binjcungj gohaeux ndei hab bonj dieg ndaem de. 1976 nienz，Gvangjsih Gveigangj si Lozbwzvanh 1 hauh aen moh Handai oknamh gij saw sij youq gwnz faex de（doz 1-1-11），geiqloeg miz haujlai gij coh binjcungj gohaeux，ndawde vengq faex ndeu sij miz "aen cang caeuq doxgaiq baksaeuq miz hajcib bet daeh". Gizneix "cang" couh dwg aen cang, "cang" ciuq《Cwngsw Dungh》cekgej nem "ceh" doxdoengz, couhdwg ceh. "Cang" eiqsei couhdwg gij ceh ginggvaq genjleh ndei yolouz youq ndaw cang de. Lingh vengq faex gwnzde cix sij miz "gwzmij dan ndeu". "Gwz" couhdwg ciem, "gwz" couhdwg fak, eiqsei dwg gij doxgaiq baihrog haeujdaeuj de. "Gwz" couhdwg daj mwnq baihrog yinxhaeuj gij binjcungj haeuxciem. Gizneix, caensaed dwk geiqloeg le dangseiz cojgoeng Bouxcuengh giz Gveidoengnamz yawjnaek genjleh yolouz binjcungj ndei, gyoengqde mboujdan genjyungh gij binjcungj ndei bonjdeih, doengzseiz lij daj giz baihrog yinxhaeuj gij binjcungj ndei gohaeux. Dunghhan mwh Canghdi（76~88 nienz）, Yangz Fuz《Yivuzci》miz cungj gangjfap "Haeux Gyauhcij seizhah seizdoeng youh cug, bouxguhnaz bi ndeu ndaem song baez", de caeuq giz Gvangjdungh rog singz Fozsanh mwnq Lanzsiz aen moh Dunghhan oknamh gienh mozhingz nazraemx dwg ndaem caeuq gvej doengzseiz guh ndeu dox yaenqcingq, gangjmingz le dangseiz mwnq Bouxcuengh Lingjnanz caen dwg saedhengz le gohaeux lienzdaemh ndaem song sauh.《Gvangjci》lij naeuz giz baihnamz dienheiq hwngq, nyinh lai, ndaem haeux bi ndeu ndaem cug sam baez. Seizdoeng ndaem seizcin cug, seizcin ndaem seizhah cug, seizcou ndaem seizdoeng sou.

　　西汉时期，壮族先民已经开始培育、选留与引进适合本地区种植的优良稻谷品种。1976年，广西贵港市罗泊湾1号汉墓出土的木牍（图1-1-11），记录有许多稻品种名称，其中一块木牍上写有"仓穜及米厨物五十八囊"。这里的"仓"即仓库，"穜"者按《正字通》释与"种"义同，即种子。"仓"意思就是储存于仓库里的经过精心挑选的种子。另一块木牍上则写有"客稴米一石"。"稴"即籼，"客"乃寄也，外来的意思。"客稴"就是从外地引进的籼稻品种。这里，真实地记录了当时桂东南壮族先民对选留良种的重视，他们不仅选用本地良种，而且还从外地引进优良的稻谷品种。东汉章帝（76~88年）时，杨孚《异物志》有"交趾稻夏冬又熟，农者一岁再种"之说，它与广东佛山郊澜石东汉墓出土的种和收同时进行的一件水田模型明器相互印证，说明了当时岭南壮乡的确是实行了水稻复种连作两熟制。《广志》说南方天气暑热，气候湿润，种稻一年三熟。冬种春熟，春种夏熟，秋种冬收。

Doz 1-1-11 Faex gep gaek saw youq Gveigangj Lozbwzvanh 1 hauh aen moh Handai oknamh

图1-1-11 广西贵港市罗泊湾1号汉墓出土的木牍拓片

　　Gohaeux lienzdaemh ndaem le ndaem demcanj, demgya bwnh hawj naz biz dwg gvanhgen.《Gvangjci》caemh miz geiqloeg naeuz "Diuzcauj, saek heu henj, va aeuj. Cibngeih nyied aeu haeux liux le ndaem roengzbae, didraih dwk mwncumcum, ndaej hawj naz biz, gij mbaw de caemh ndaej gwn". Ndaej raen, cojgoeng Bouxcuengh gij caeux couh gaemdawz le gij gisuz caeuq fuengfap ra caeuq sawjyungh gij feizliu dienyienz.

　　稻作复种的增产，增加肥力是关键。《广志》亦有"苕草，色青黄，紫华。十二月稻下种之，蔓延殷盛，可以美田，叶可食"的记载。可见，壮族先民很早就掌握了采集和使用绿肥的技术与方法。

（Sam）Mwh Suizcauz Dangzcauz daengz Sungcauz Yenzcauz gij gisuz dajndaem gohaeux

（三）隋唐至宋元时期的稻作种植技术

Daj song gaiq sawsigbei seizneix yolouz youq Sanglinz yen youz Dangzdai bouxdaeuz Bouxcuengh Veiz Gingban faenbied youq Dangzcauz Yungjcunz yenznenz（682 nienz）dik gij 《Haenh Luzhoz Aen Ranzhung Gengmaenh》caeuq Vuj Cwzdenh Vansui Dunghdenh 2 bi （697 nienz）dik gij 《Sigbei Cicwngdung》haenx ndaej rox, giz Bouxcuengh cwk haeuxgwn cukgaeuq, dajdingh cib bi mbwnrengx siedsou, mbouj soundaej haeuxgwn, caemh mbouj deng souh iek. Buenxriengz gaijndei le gij hongdawz guhnaz, daegbied dwg gvangqlangh yungh gij hongdawz diet le nem fazcanj le suijli dwkraemx naz, Suizcauz Dangzcauz gvaqlaeng, mwnq Bouxcuengh cawzliux gohaeux miz fazcanj haemq hung, lij haemq lai dwk ndaem "haeuxfeiz" cungj haeux rengx neix. Dangzcauz boux caijsieng mizmingz de Lij Dwzyi mwh deng bienj bae Yazcouh, byaijgvaq Gvangjsih Bwzliuz giz Bouxcuengh, raen daengz naz hawq, sojlaiz youq ndaw sei 《Gveijmwnzgvanh》de naeuz "Nguxnyied nazhawq sou haeuxfeiz, samgeng hak doh gaeq bauq ciuz". Gij haeuxfeiz gizneix, couhdwg gohaeux rengx.

从今存于上林县的唐代壮族首领韦敬办分别在唐永淳元年（682年）篆刻的《六合坚固大宅颂》和武则天万岁通天二年（697年）篆刻的《智城洞碑》两碑文中得知，壮乡储粮丰足，即使十年荒歉，粮食无收，也不会受到饥馑。随着稻作农具的改进，尤其是铁制农具的广泛使用及农田水利灌溉的发展，隋唐以后，壮族地区除水稻有较大发展外，还较多地种植"火米"这类旱稻。唐代名相李德裕被贬崖州时，路过广西北流壮乡，见到畲田，因此在其《谪岭南道中作》诗中称"五月畲田收火米，三更津吏报潮鸡。"这里的火米，即旱稻。

Bwzsung gij lizsij yinhloz《Daibingz Vanzyij Gi》gienj it roek haj geiqloeg gij "yizyinz" Yilinz couh "食用手搏". 搏 dwg cih 抟 lingh cungj sijfap, doeg tuán n, couhdwg dawz doxgaiq baenj baenz lumj aen giuz. Doxgaiq gwn ndaej aeu fwngz baenz hwnjdaeuj, cawzliux haeuxnaengj lij miz maz dem. Swhmaj Gvangh《Geiq Gij Saeh Susuij》gienj it sam naeuz, Yunghcouh Hihdung Gezdung "ndaw gamj miz naz ndei haujlai, miz haujlai haeuxsuen、haeuxcid caeuq bya". Bouxdaeuz Gezdung Vangz Soujlingz caeuq Nungz Cigauh gyaucingz ndei, "yinh haeuxcid bae hawj Cigauh".

北宋乐史《太平寰宇记》卷一六五记载了郁林州的"夷人""食用手搏"。"搏"为"抟"的异写，读作tuán，即把东西捏成球形。食物能用手抟起来，非糯米饭莫属。司马光《涑水纪闻》卷一三说，邕州溪洞结洞"洞中有良田甚广，饶粳、糯及鱼"。结洞首领黄守陵与侬智高交好，"运糯米以饷智高"。

Sungdai, cojgoeng Bouxcuengh gaenq hagrox dawz naz hawq ciuq gij byaijyiengq diegbo vat baez baenz caengz baenz caengz diegbingz iq, cuk ndei haenznaz, lanzdingz gij raemx daj gwnz bo lae roengzma de, yienzhaeuh hai diuz mieng feuz roxnaeuz gaq diuz ruh raemx yinx raemx haeuj ndaw naz, guhbaenz naz mbaeklae. Cungj naz mbaeklae neix gawq ndaej fuengzre raemx doem louzsaet，baujciz gij biz dieg，youh ndaej sawj diegrengx bienqbaenz naz，ndaem gohaeux. Gij coh naz mbaeklae，ceiqcaeux raen youq Nanzsung canghfwensei hung、Cinggyangh cihfu、Gvangjnanz Sihlu ginghloz anhfujsij FanCwngzda bonj saw 《Canhlozlingz》，ndaw saw naeuz："Gwnz bo cungj dwg naz haeux，caengzcaengz dingj hwnj bae，cwng naz mbaeklae."

　　宋代，壮族先民已学会将畲田按山坡走势挖成一层层的小块平地，筑上田埂，拦截山水，然后开浅沟或架水枧引水入田，建成梯田。这种梯田既可防止水土流失，保持地力，又可使旱地为水田，种植水稻。梯田的名称，最早见于南宋大诗人、静江知府、广南西路经略安抚使范成大的《骖鸾灵》，书中说："岭阪上皆禾田，层层面上顶，名梯田。"

Sungcauz Vangz Siengcih youq ndaw 《Yizdi Giswng》 yinx aeu 《Sienggin Ci》 naeuz："Ceh haeux raez saw，dwg baihnamz gij ceiq ndei de，aen gin henz de caemh lai aeu." Ndaej raen，cungj binjcungj ndei neix dangseiz yingjyangj gig daih. Linghvaih，《Lingjvai Daidaz》caemh gangj daengz dangseiz rangh Ginhcouh doihengz gohaeux bi ndeu sou lai baez，"mbouj miz ndwen lawz mbouj ndaem，mbouj miz ndwen lawz mbouj sou". Gawqyienz dwg gohaeux bi ndeu cug lai baez de，ceiqnoix miz song cungj doxhwnj gohaeux singqcaet mboujdoengz de daeuj doxboiq cij miz gojnaengz. Daengz Nanzsung，Couh Gifeih sij saw naeuz，gij haeux Gvangjsih giz Bouxcuengh，deng "bouxfouq aeu gyaq cienh cawx le，aeu ruz aen dem aen doxlienz dwk yinh bae Gvangjdungh gai le canhcienz，cwng coh heuh haeuxcienh".

　　宋王象之在《舆地纪胜》中引《象郡志》说："长腰玉粒，为南方之最，旁郡亦多取给焉。"可见，这种优秀品种当时影响很大。另外，《岭外代答》也说到当时钦州一带推行水稻一年多熟，"无月不种，无月不收"。既然是一年多熟的水稻，至少有两种以上性质不同的稻种相互搭配才有可能一年多熟。到南宋，周去非著书说，广西壮乡的稻米，被"富商以下价籴之，而舳舻衔尾，运之番禺以罔市利，名曰谷贱"。

（Seiq）Gij gisuz dajndaem gohaeux mwh Mingz Cingh

（四）明清时期的稻作种植技术

Mwh Mingz Cingh Bouxcuengh youq fazcanj dwk raemx naz、lai ra doxgaiq guh bwnh、leihyungh hoi daeuj gaijcauh giz diegbyom sonhsing de nem gij gisuz cwngzciu guh naz mbaeklae fuengmienh de，caemh dwg liux mboujhwnj. Daegbied dwg Gvangjsih Lungzswng Gak Cuz Swciyen gij naz mbaeklae Lungzciz（doz 1-1-12），dwg Mingzdai Yizsanh Bouxcuengh caeuq Mingz vangzcauz guh doucwngh saetbaih le daiq lwg daiq yah ndoj haeux ndaw byalaeg bae，haifwz ndaw bya guh naz cix cauh'ok.

　　明清时期壮人在发展农田灌溉、扩大肥源、利用石灰改造酸性贫瘠土壤，以及营造梯田方面的技术成就，也是很了不起的。特别是广西龙胜各族自治县龙脊梯田（图1-1-12），是明代宜山壮族在与明王朝做斗争失败后携妻带儿遁入深山，垦山为田创造的。

Doz 1-1-12   Naz mbaeklae Lungzciz daj Mingzdai yungh daengz seizneix
图1-1-12 明代开发的龙脊梯田延续至今

Aen seizgeiz neix, dwg gij minzcuz baihrog senj daeuj Lingjnanz youq youh aen gauhcauz ndeu. Gyoengqde caeuq Bouxcuengh doxcab youq, gyavaiq le vwnzva doxyungz, daiqdaeuj le swnghcanj cozyez fuengfap moq, yienghneix coicaenh le gij gisuz guhnaz daezsang caeuq swnghcanj gunghyi bienq ndei. Biujyienh baenz gij hongdawz guhnaz gaenq miz gij byaijyiengq cunghab boiqdauq, moix dauq swnghcanj gunghsi cungj miz gij hongdawz cienyungh dox hab'wngq de. Lumj 《Gveibingz Yenci》 geiq dangdeih nungzminz dawz gij gisuz ndaem naz hidungjva baenz roek daih hangh gisuz: "Cae rak、fan gauj、baz rauq、cauj naz、rauq ndaem、ndai naz. Cae rak, sauh laeng aeu liux le, vihliux bilaeng dajsuenq, fwn doek naz mbaeq le, couh aeu cae bae fan doem, hawj ganj nyangj rag haeux fan ok lajdoem le cix deng rum deng ndit, hawq soiq bienqbaenz naez, naz couh haemq biz di. Fan gauj, mwh roek caet nyied sauh gonq sou liux le, cae gij naez ndaw naz hwnjdaeuj, aeu aen loek daeuj at, hawj ganj caeuq naez dox yungzhab youq ndaw raemx, fuengbienh ndaem sauh laeng. Baz rauq, aeu fag baz daeuj dwk soiq ndaek nae hung mwh cae rak fan hwnjdaeuj de, hawj de deng raemx cimq le, youq ciengnyied hawxsij gaxgonq yungz bae. Cauj naz, aenvih baz rauq le ndaek nae hung soiq sanq, deng raemx cimq yungz le, hawq raemx le youh dauqcungz bienq saed, couh cauj hawj de soeng bae. Rauq ndaem, cauj le caiq baz, hawj gij nae soeng de dauqcungz bienq bingzrwd, caemh lumj baz rauq ityiengh, 《Cizminz Yausuz》 soj gangj caiq deihdeih hawj de fat ndat, ginggvaq yienghneix baz le, couh ndaej ndaemnaz, sojlaiz naeuz cwng rauq ndaem. Ndai naz, gomiuz raez le aeu cik din ndeu baez caij go rum henz gyaj, cik din ndeu gag ndwn, raeuz diuz faexdwngx ndeu." Bonj geiqloeg neix lij geiqloeg gij gisuz vanzcez ganq gyaj senj ndaem: "Cimq ceh, vanqceh, faen gyaj, ndaemnaz……Cimq ceh, raix haeuxceh haeuj ndaw gang raemx bae aeu faexdaet gyauz, hawj haeuxbauz fouz hwnjdaeuj, rauz hwnjdaeuj gveng bae, ceh ndei de louz youq ndaw gang, cimq sam ngoenz roxnaeuz song ngoenz, dawzok cuengq youq ndaw loz, caj daengz didnyez le, cuengq youq lajdoem caeuq bwnh gyaux le couh ndaej vanq lo；lingh cungj fuengfap dwg dawz haeuxceh cuengq haeuj ndaw loz le cimq roengz ndaw daemz bae, raemx daj geh loz haeujbae ceh haeuxbauz couh gag fouz hwnjdaeuj sang youq ndaw daemz, cungj fuengfap neix daegbied fuengbienh……boux vanqceh boux ndaemnaz de yienghneix naeuz." Nungzminz Bouxcuengh youq mwh cimq ceh, doengzseiz lij doiq naz hung geng dwk saeq, gaengawq Cinghcauz Gyahging 《Lingzsanh Ci》 geiqloeg, dangseiz mwnq Ginhcouh gengndaem naz dwg "geng sien yungh cae……moix bi sou liux le, naz lij cumx, sien cae baez ndeu, hawj gonq haeux ndaep haeuj ndaw doem bae", "daengz bilaeng cinfaen gonq laeng, yawj raen naz haemq cumx le couh cae, gijneix heuhguh cae ngeih, cae le raemx dumh miz song sam conq le couh ndaej rauq, fagrauq miz faenz rauq daihgaiq ngeih samcib diuz, caemh dwg aeu diet daeuj guh, rauq le caiq cae, heuhguh cae sam, dauq rauq le cwng rauq sam. Sam cae sam rauq le cij dingz, yienghneix rauq le naez cungj yungzyubyub liux, ndaej dwkraemx lo". Yienghneix sam cae sam rauq, caen dwg ndaej gangj geng dwk sijsaeq lo.

　　这个时期，是外族移民岭南的又一个高潮。他们与壮人杂居，加快了文化交融，带来了新的生产作业技艺，因而促进了稻作技术的提高与生产工艺的优化。表现为稻作生产农具已形成综合配套之势，每道生产工序都有相适应的专用工具。如《桂平县志》记述了当地农民将水稻耕作技术系统化为六大项技术："曰犁晒、曰翻稿、曰耙劳、曰耖田、曰耙插、曰耘田。犁晒者，晚造既毕，为来岁绸缪，天雨田湿，则以耜翻土，令草秆根蒂出田而吸受风日，枯碎成泥，田则饶肥也。翻稿者，六七月间早稻既登，犁起田泥，辗以棱轴，令秆与泥融合水中，以便晚造播种也。耙劳者，耙碎犁晒时翻起的巨块，令受水渍也，于正月雨水前后解之。耖田者，因耙劳后巨泥粉碎，受渍水糜水，干复实，乃耖松之。耙插者，耖后再耙，令松起者复归于平，亦即耙劳之类，《齐民要术》所谓再频繁令热，经此耙后，即可插田，故曰耙插。耘田者，秧长后一足蹴平秧旁杂草，一足独立，挟之以杖。"该县志还记载育秧移栽的技术环节："曰浸谷，曰撒谷，曰分秧，曰插田……浸谷者，倾稻种水缸搅以棒，令种谷浮起，捞弃之，种美者沿缸中，渍三日或二日，取出置箩内，待芽发，摊地面和粪乃撒；一法置谷种箩内沉塘中，水从箩隙入推种谷上浮散于塘，法尤便……撒谷者播种之谓。"壮民在浸种的同时，还对大田进行精耕，据清嘉庆《灵山志》记载，当时钦州地区的水田耕作是"耕法先用犁……每岁收获后，田尚润，先犁一周，使禾根反入土中"，"到来年春分前后，相其田之沾润者犁之为再犁，犁后水长二三寸乃可耙，耙齿约二三十枚，间亦用铁为之，耙后再犁为三犁，复耙为三耙。以三犁三耙为止，盖耙岁则土皆腻滑，能注水也"。这样的三犁三耙，真可谓是精耕细作了。

　　Gij gisuz ganq gyaj aen seizgeiz neix caemh miz gaijcaenh. Ginggvaq fazcanj gaenq miz canj gyaj caeuq ciemz gyaj song cungj fuengsik. Sojlaiz 《Gveibingz Yenci》 naeuz: "Canj gyaj ne go de maj vaiq, ciemz gyaj ne go de cangq, gak cungj gak miz gij ndei, boux ndaemnaz vang daengj baenz hangz, go go gyaj cungj doxdoiq, mbangj roxnaeuz yaed, gak mwnq mbouj doengz." Gangjmingz mwh Mingz Cingh，Bouxcuengh Gvangjsih daegbied dwg Gveidungh、Gveinanz mwnq Bouxcuengh caeuq Bouxgun doxcab youq de gij gisuz ganq gyaj senjndaem gohaeux gaeng miz suijbingz maqhuz sang.

这个时期的育秧技术也有所改进。经发展已有铲秧和拔秧两种方式。所以《桂平县志》说:"铲者生速，拔者禾健，义各有取也，播田者纵横成列，株株相对，或疏或密，各处不同。"说明明清时期，广西壮族特别是桂东、桂南壮族和汉族杂居的地方的水稻育秧移栽技术已有较高的水平。

Mwh Cinghcauz，Gvangjsih mwnq Bouxcuengh gij gisuz guhnaz lingh aen cwngciu hungdaih ndeu，couhdwg youz Bouxcuengh、Bouxgun ginggvaq mboujduenh genj ceh，swnghcanj ok le engqgya lai haeuxceh ndei hab youq bonjdieg ndaem de. Mingzcauz mwh Gyahcing（1522~1566 nienz），《Ginhcouh Yenci》gienj ngeih geiq gij coh gohaeux miz mauzhoz、luzhoz（miz hoengz、hau song cungj）、bwzhoz、swngyinj、bazyezliz、bohhoz、vuhduzliz、caetnyied nem、youzliz、sehhoz、cizhoz、cizyangzno（miz hoengz、hau song cungj）、yangzyenjno、yahsihno、beino、majyenno（miz hoengz hau song cungj）、vanjyanghno、bwzgozno、hungzsihno、banhgiuhno、vahgozno、daizno、laujyahno、mamehcid（Vahcuengh）、majcunghno、gvangjno itgungh 26 cungj. Mingzcauz Vanliz《Binhcouh Ci》caemh geiq miz vanghnenz、bwznenz、caujnenz、vanjnenz、sujyaznenz、ceguhcui、banhnenz、cizgingh、bwzgingh、cangzmauzgingh、bwzno、vangzno、hungzno、gozno、vuhsihno、caujno itgungh 16 cungj. Cinghdai，mwnq Bouxcuengh ndaem gij haeux de binjcungj couh engqgya lai lo.

清朝时期，广西壮乡稻作技术的另一个重大成就，就是由壮、汉民族经过不断的选育，生产出了更多适合本地种植的优良稻种。明嘉靖年间（1522～1566年），《钦州志》卷二载的稻子名称有毛禾、六禾（有红、白两种）、白禾、胜稔、八月粒、坡禾、乌独粒、七月黏、油粒、畲禾、赤禾、赤阳糯（有红、白两种）、羊眼糯、虾须糯、贝糯、马蚬糯（有红、白两种）、晚秧糯、白壳糯、红须糯、斑鸠糯、花壳稻、台糯、老鸦糯、母狗糯（壮语）、马鬃糯、广糯共26种。明万历《宾州志》也载有黄黏、白黏、早黏、晚黏、鼠牙黏、鹧鸪翠、斑黏、赤粳、白粳、长毛粳、白糯、黄糯、红糯、壳糯、乌须糯、早糯共16种。清代，壮族地区的水稻种植品种就更多了。

（Haj）Mwh Minzgoz gij gisuz ndaem gohaeux
（五）民国时期的稻作种植技术

Mwh Minzgoz，mwnq Bouxcuengh gij swnghcanj gisuz gohaeux cienzdoengj，gaeng miz daegsaek swhgeij. Gij dajndaem gisuz baihsae cienzhaeuj caeuq yinxhaeuj hongdawz senhcin，gij lijlun danungzyez fazcanj caeuq cunghhab ceihleix swnghcanj vanzging gohaeux doiq Bouxcuengh gij swnghcanj gisuz guhnaz miz le coicaenh caeuq daezsang gig daih，hainduj haidin yiengq guhnaz gisuz gaenhdaih cienjvaq.

民国时期，壮族地区传统的水稻生产技术，已具有自己的特色。西方种植技术的传入与先进农具的引进，大农业发展与综合治理稻作生产环境的理论对壮族稻作生产技术有了很大的促进与提高，稻作种植技术开始起步向近代稻作技术转化。

1. Ganq gyaj gisuz daezsang

1. 育秧技术的提高

（1）Habseiz byok ceh：Gveibwz caeuq mwnq guh sauh naz ndeu de，sauh caeux byok ceh itbuen youq cingmingz gonqlaeng；Gveidungh、Gveinanz caeuq giz guh song sauh naz de daih dingzlai youq ndawgyang gingcig caeuq cinfaen byok ceh，ceiqcaeux dwg youq samnyied co couh byok. Mwnq daegbied nit de caeuq gaiq naz raemxcaep，ndaem sauh naz cungqgyang ndeu de，dingzlai dwg youq laebhah byok ceh. Sauh haeuxlaeng itbuen youq ndawgyang hahceiq caeuq siujsawq byok ceh.

（1）适时播种：桂北和单造地区的早稻播种，一般在清明前后；桂东、桂南及双季稻地区多在惊蛰和春分之间，最早的是在三月初即开播。高寒山区和冷水田，种一季中稻的，多在立夏播种。晚稻一般在夏至小暑之间播种。

（2）Cimq ceh、coi nyez：Haeuxceh youq byok ceh gaxgonq，aeu cimq gvaq caeuq coi nyez. Gij gisuz iugouz de dwg：Youq cimq ceh gaxgonq，dawz ceh rak hawq，aeu rum boq gvaq genj gvaq le，cang youq ndaw loz，cuengq haeuj ndaw daemz roxnaeuz ndaw rij bae cimq. Mwh byok ceh sauh caeux de haemq nit，aeu cimq ceh 3~4 ngoenz；sauh cungqgyang caeuq sauh laeng haemq hwngq，cimq ceh daih bouhfaenh dwg ngoenz ndeu. Sauh gonq cimq ceh le，dawz de senj cuengq laj yiemhranz roxnaeuz ndaw ranz ma，aeu nyangj cw ndei，guh coi nyez. Sauh laeng itbuen mbouj coi nyez.

（2）浸种、催芽：水稻种子播前，需进行浸种和催芽。其技术要求为：在浸种前，将种子晒干，风选后，盛于竹箩，置于池塘或溪流中浸泡。早稻播种时气温较低，需浸种3～4天；中晚造气温较高，浸种多为1天。早稻浸种后，将其移置屋檐下或室内，用稻草盖好，进行催芽。晚稻一般不用催芽。

（3）Cingj nazgyaj：Nazgyaj itbuen dwg sien cuengq bwnhdaej，caiq cuengq raemx roengzbae cae rauq，oemq naeuh le，cingj bingz gaiq naz，raemx saw le，dawz ceh vanq roengzbae，hawj de feuzfeuz lumx youq ndaw naezboengz，gijneix dwg naz raemx ganq gyaj gij gisuz cingjleix gaiq nazgyaj cienzdoengj de. Cungj cingjleix nazgyaj neix haemq co di，mbouj hai mieng，mbouj faen nden，ganq ok gij gyaj de haemq saeq nyieg，ndaem le dauqheu menh，canjliengh mbouj gaeuq ndei. Minzgoz 24 bi（1935 nienz），Gvangjsih nungzsw siyencangz Cinz Ginhbi、Liz Gozdauh、Liuz Diuva ceiqcaeux dizcang "gij fuengfap guh gaiq nazgyaj lumj aen hab" gaij aeu naz hung vanqceh baenz hwnj nden faen lueng daeuj ganq gyaj. Cungj fuengfap neix doiq cingjleix nazgyaj、vanqceh、baiz raemx dwkraemx caeuq dwkbwnh guenjleix mizleih，ndaej gij gyaj de hungloet，ak fatsanj，dwg Gvangjsih mwnq Bouxcuengh gij gisuz ganq go gyaj haeux aen gaijgwz hungnaek ndeu. Daj mwhhaenx gvaqlaeng，gaiq nazgyaj guh lumj aen hab de youq nden gyaj gveihgwz、cingleix nden gyaj、vanqceh mbang yaed daengj fuengmienh mboujduenh gaijcaenh baenz aen vunqsik ganq gyaj haeuxnaz baihnamz Cungguek，doengzseiz louzcienz daengz ciuhlaeng. Minzgoz 25 bi（1936 nienz）, Gvangjsih nungzsw siyencangz、nungzlinzbu Gvangjsih doigvangj fanzcizcan Ciz Denhsw、Cangh Gozcaiz youq Liujcouh Sahdangz mwnq Bouxcuengh guh canj gyaj caeuq beng gyaj yiengh lawz haemq demcanj doxbeij sawqniemh, gezgoj cingqmingz canj gyaj mboujdan ndaej daezgonq ndaem naz, doengzseiz demcanj yauqgoj yienhda, cawzliux youq Liujcouh Sahdangz aen mbanj Bouxcuengh laenzgaenh de doigvangj, lij yiengq daengx sengj doigvangj.

（3）秧田整理：水稻秧田一般是先放基肥，再放水犁耙，沤烂，整平田面，水澄清后，将种子浅播埋于泥浆中，这是水播育秧的传统秧田整理技术。这种秧田整理较为粗放，不开沟，不分厢，育出的秧苗比较细弱，播后回青慢，产量不够理想。民国二十四年（1935年），广西农事试验场陈金壁、黎国焘、刘调化最先提倡改大田撒播为起畦分厢育秧的"盒式秧田法"。此法有利于秧田整理、播种、排灌和施肥管理，所得秧苗粗壮，分蘖力强，是广西壮族地区水稻育秧技术上的一个重大改革。此后，盒式秧田在秧畦规格、畦面整理、播种密度等方面不断改进，成为中国南方水稻育秧的模式，并流传于后世。民国二十五年（1936年），广西农事试验场、农林部广西推广繁殖站徐天赐、张国材在柳州沙塘壮乡进行铲秧和扯秧的增产效果对比试验，结果证明铲秧不仅能提早播植季节，而且增产效果显著。除在柳州沙塘附近的壮族农村推广外，还向全省推广。

（4）Guenj nazgyaj：Gaenhdaih guenj nazgyaj ceiq cujyau dwg guenj raemx bwnh caeuq fuengzre bingh nonhaih. 20 sigij 30 nienzdaih, mwnq sou song sauh de daih dingzlai deihfueng haemq yawjnaek dwkbwnh nazgyaj, itbuen youq mwh cingjleix nazgyaj, cuengq bwnh haexvaiz daengj bwnh'oemq roxnaeuz aeu dojbeiz guh bwnhdaej. Yienzhaeuh gaengawq go gyaj hungmaj ndaej lumj yiengh lawz, lai dwk vwnh haexvunz dwk nyouh. Nazgyaj aeu raemx caemh cugciemh hableix. Youq gaiq nazgyaj sauh caeux cinjbiq yungh gij fuengfap canj gyaj de, mwh vanqceh couh louzsim baujciz miz naezboengz ndaej liuzdoengh, vanqceh le guenj di naezboengz ndeu, hawj go gyaj raez daengz 2 conq（conq≈3.33 lizmij）、mwh gij naez gwnz nden couh yaek dek cij guenq raemx roxnaeuz baujciz laj lueng ciengzseiz miz raemx. Roebdaengz fwnhung roxnaeuz nit, couh guenq raemx haemq laeg guh baujvwnh caeuq henhoh. Mwh nazgyaj miz bingh nonhaih, gij nungzminz Bouxcuengh rangh Liujcouh itbuen aeu mbawien cimq raemx, roxnaeuz yungh yangzcizcuz（nauyangzvah）dub yungz le cimq raemx daeuj rwed, miz itdingh fuengzre cozyung. Ganq gyaj gisuz ndaej daezsang, doiq daezsang haeuxnaz canjliengh caeuq cehhaeux caetliengh cungj miz le yingjyangj.

（4）秧田管理：近代的秧田管理最主要的是水肥管理和病虫害防治。20世纪30年代，双季稻地区大多数地方比较注重秧田施肥，一般在秧田整理时，施放牛栏粪等厩肥或以绿肥压青作基肥。然后根据秧苗生长状况，追施人粪尿。秧田用水亦日趋合理。在准备采用铲秧方法的早稻秧田，播种时要注意保持流动状态的泥浆，播后浅灌，使秧苗长至2寸（1寸≈3.33厘米），畦面即将泥裂时才灌水或保持畦沟常有水。遇大雨或寒潮，则灌较深的水进行保温和防护。当秧田出现病虫害时，柳州地区一带壮族农民一般用烟草浸水，或用羊踯躅（闹羊花）捣烂浸水后泼施，有一定的防治作用。育秧技术的提高，对提高水稻产量与稻米质量均产生了影响。

2. Damqra gij gisuz youq naz hung ndaem

2. 大田栽培的技术探索

（1）Gengndaem naz hung： Youq mwnq guh song sauh naz miz raemx haemq lai de, sou sauh seizcou le bujben cae le rak naz, mwh ndaemcin cae song baez rauq song baez roxnaeuz cae baez ndeu rauq song baez. Gij naz ndaem sauh laeng de, sauh cungqgyang、sauh gonq sougvej le, dwk raemx noix roengzbae, aeu aen loek dawz fiengz haeux at haeuj ndaw raemx bae, rauq bingz le couh ndaem.

（1）大田耕作：在水源条件较好的双季稻地区，秋收后普遍进行冬翻晒田，春耕时进行两犁两耙或一犁两耙。晚稻田，中、早稻收割后，灌留浅水，用辘轴将稻根压入水中，耙平后栽插。

（2）Gij gveihgwz ndaemnaz： Gaiq naz hung ndaem song sauh haeux de ndaemnaz doxgek itbuen dwg 1.0cik×0.8cik（1.0 cik≈0.33 mij）, roxnaeuz 0.8cik×0.5cik, moix caz 15~20 go, ceiqnoix caemh miz 10 go hwnjroengz. Ndaem sauh ndeu ne moix caz doxgek dwg 1.5cik×1.5cik roxnaeuz 1.3cik×1.2cik, moix caz 7~8 go.

（2）插秧规格：双季稻的大田插秧行株距一般为1.0市尺×0.8市尺（1市尺≈0.33米），或0.8市尺×0.5市尺，每蔸15～20株，最少也有10株左右。单季稻的大田插秧行株距为1.5市尺×1.5市尺或1.3市尺×1.2市尺，每蔸7～8株。

（3）Naz hung dwk bwnh： Dingzlai nungzhu beij doenghbaez yawjnaek dwk bwnhdaej, moix moux 30 rap（rap=50 cien gwz）, itbuen caemh miz 4~5 rap. Seizdoeng giz raemx gaeuq de, seizdoeng ndaem aeu dojbeiz guh bwnhdaej caemh baenz cienzdoengj. Vanqceh gaxgonq miz mbangj deihfueng lij dwk di bwnhdaej ndeu.

（3）大田施肥：多数农户比过去都重视放基肥，每亩30担（1担=50千克），一般亦有4～5担。冬季水源足的地方，冬种绿肥压青作基肥亦成传统。播秧前有的地方还点秧根肥。

（4）Naz hung yungh raemx： Daengz Minzgoz cunggeiz, gij nungzminz Bouxcuengh gaenq gaemdawz ndaem naz gij gvilwd yungh raemx, ndaem le ngaemq dwk raemx ndeu doxroengz, coicaenh rag haeux hungmaj, coicaenh de dauqheu、faen nga, ndai naz le cuengq raemx naz hawq 1~2 ngoenz, yienghneix daeuj dak dai gij rum ndaw naz； daihngeih baez ndai naz le cwk raemx 2~3 conq, yienghneix doiq okriengz langhva mizleih. Daengz mwh yaek cug le baiz hawq raemx naz, baujciz cumx cigdaengz ndaej gvej. mwh sou haeux sauh caeux, baujlouz di raemx naz ndeu, doiq rauq oemq, ndaem sauh laeng mizleih.

（4）大田用水：到民国中期，壮族农民已掌握水稻栽培的用水规律，插秧后仅灌水1市寸以下，促进根部生长，促其回青、分蘗，中耕耘田后放干田水1～2天，以晒死田中杂草；第二次耘田后蓄水2～3市寸，以利抽穗扬花。到乳熟期以后排干田水，保持湿润直到收获。早稻收获时，保留少量田水，以利于耙沤，栽插晚稻。

3. Haifat gij ndaej guh bwnh de caeuq hableix leihyungh doem

3. 开发肥源与土壤合理利用

Mwh Minzgoz，mwnq Bouxcuengh gohaeux yungh gij bwnh de vanzlij cujyau dwg bwnh gag cwk cienzdoengj. Gvaqlaeng, doigvangj yungh le mba ndok, fazcanj le duihfeiz、gwnhliuzgin gyaux ceh ndaem gij gisuz moq dwkbwnh, yinxhaeuj doengzseiz sawjyungh vafeiz, daezsang le gij fuengfap cwk bwnh caeuq sawjyungh suijbingz. Mwnq Bouxcuengh gij fuengfap cwk bwnh caeuq sawjyungh gisuz ndaej gaijcaenh, biujyienh youq cungfaen leihyungh bwnh'oemq、haex nyouh vunz、daeuhfeiz、hoi caeuq dojbeiz guh gij bwnh cujyau daeuj hableix boiqceiq, couhdwg gij gisuz yinzgungh duihfeiz aeu gak cungj doxgaiq daeuj oemq bwnh haenx. Dangseiz, aen Gvangjsih nungzsw siyencangz caeuq Gvangjsih doigvangj fanzcizcangz daengj nungzyez gisuz doigvangj gihgou laeb youq Liujcouh de, nda miz haujlai duihfeiz yenzgiusiz. Minzgoz 27 bi（1938 nienz）, Gvangjsih nungzsw siyencangz Lij Gyahyen, soujsien yungh go nyap gorum caeuq haexvaiz、daeuhfeiz、mba ndok、liuzsonh'anh、hoi daengj baenzgoeng dwk guh duihfeiz sawqniemh, cingqmingz duihfeiz yangjfwn caezcienz, doenghgo yungzheih supaeu, yauqgoj daezsang yienhda. Minzgoz 30 bi（1941 nienz）, Cangh Yizcwngz、Yangz Fujginz youh sawqniemh gij fuengfap oemq duihfeiz, caekdingh doengheiq cingzdoh caeuq gij suzdu duihfeiz nduknaeuh nem doiq gij biz bwnh miz maz yingjyangj. Sawqniemh biujmingz, mwh aeu nyaq oij、doenghgo cwx（nywj、mbawfaex daengj）guh caizliuh daeuj oemq, habdangq fan hwnjdaeuj rwed raemx, baujciz doengrumz, 15 ngoenz le couh naeuh liux ndaej yungh lo. Gij sawqniemh duihfeiz baenzgoeng, doiq Bouxcuengh mwnq diegrungh Gveisih caeuq Gveisihbwz gij vunz sibgvenq noix yungh haex nyouh vunz caeuq bwnh'oemq, dandan dawz rum、fiengz haeux、ganj haeuxyangz coemh baenz daeuh daeuj yungh de, miz cizgiz yiyi. Minzgoz 34 bi（1945 nienz）, Gvangjsih sengj cwngfuj danghgiz dawznaek youq mwnq Gveisih doigvangj sawjyungh duihfeiz. Gij bwnh aeu fuengfap moq guhbaenz de doiq daezsang swnghcanj gohaeux yingjyangj gig daih. Mba ndok hamz miz linz loih vuzciz cwngzfwn, dwg gij biz youqgaenj gohaeux. Minzgoz bi daeuz（1912 nienz）《Lingzsanh Yenci》geiqloeg gij nungzminz aen yienh neix ndaem naz mwh dwk feizliu，"Miz vunz mwh vanqceh aeu mba ndok gyaux, miz vunz mwh cek gyaj aeu mba ndok daeuj banj, miz vunz ndai liux aeu mba ndok daeuj vanq haeujbae, cungj ndaej lai sou baenz boix". Aeu gij ndok doihduz ndaw ranz daeuj guhbaenz mba, caizliuh mizhanh. minzgoz 30 bi（1941 nienz）, youq mwnq Bouxcuengh Liujcouh Gihlaj cauhbanh le Gvangjsih daih'it aen cangj guh mba ndok, moix bi swnghcanj、siugai mba ndok feizliu daihgaiq youq 2000 raq doxhwnj. Minzgoz 32 bi（1943 nienz）, gaiok mba ndok dabdaengz 3120 rap. Minzgoz 35~37 bi（1946~1948 nienz）, mwnq dieg cungqgyang Bouxcuengh Nanzningz caemh haibanh le aen cangj guh mba ndok de. Aen cangj guh mba ndok goenglaeb de moixbi canj mba ndok 6000 rap. Aen cangj guh mba ndok dwg leihyungh ndaw sengj soj ok gij ndok doihduz de guhbaenz mba, hoeng soj guh gij mba ndok de youz lai, itbuen miz yauqgoj haemq menh. Vihneix, Gvangjsih nungzsw siyencangz guh le sawqniemh gak cungj cawqleix fuengfap, yungh daeuj daezsang gij yauqgoj mba ndok. Minzgoz 31 bi（1942 nienz）, Gvangjsih nungzgya gag guh mba ndok dabdaengz 380 rap. Gij fuengfap cauhguh de dwg dawz gij ndok doihduz hungloet de roq baenz vengq iq, youq ndaw gu aeuq 1~2 siujseiz, hawj lauz cungj lot liux, aeu gij ndok mbouj nem lauz de caeuq hoindip、gij daeuh byuk youzdoengz ciuq aen beijlaeh 2∶1∶1 daeuj boiq, youq ndaw raemxgang hung roxnaeuz ndaw daemzromraemx gyaux baenz ieng, gvaqlaeng moix gek cibgeij ngoenz ndau baez ndeu, mwh raemx noix habdangq gya di raemx ndeu, ginggvaq song ndwen le, gij ndok doenghduz swhyienz unq le couh sanq liux, aeu faexdaet baez dub, couh bienqbaenz mba, dawz okdaeuj rak hawq dub baenz mba mienz, couh ndaej yungh lo. Cungj mba ndok neix itbuen hamz N 0.5%~1%、P_2O_5 8%~10%、K_2O 3%~5%.

民国时期，壮族地区农作物施用的肥料仍以传统农家肥为主。后来，推广使用了骨粉，发展了堆肥、根瘤菌拌种施肥新技术，引进并使用化肥，提高了肥料积制与使用水平。壮族地区农家肥的积制与使用技术的改进，表现在充分利用以厩肥、人粪尿、草木灰、石灰及烧制的草皮泥为主的肥源的合理配制，即农家肥混合沤制的人工堆肥技术。当时，在柳州的广西农事试验场和广西推广繁殖站等农业技术推广机构，设有相当规模的堆肥研究室。民国二十七年（1938年），广西农事试验场的李嘉献，首先采用禾本科杂草、牛粪、草木灰、骨粉、硫酸铵、石灰等成功地进行堆肥试验，证明堆肥养分齐全，作物容易吸收，肥效显著提高。民国三十年（1941年），张仪诚、杨辅勤又进行堆肥沤制方法试验，测定通气程度与堆肥腐熟速度以及对肥效的影响。试验表明，用蔗渣、野生绿肥（草、树叶等）作材料堆制时，适当翻堆淋水，保持通气，15天后即腐烂可用。堆肥试验的成功，对历来习惯少用人粪尿和厩肥，仅将杂草、禾根、玉米秆烧灰使用的桂西和桂西北的壮族山区来说，有着积极意义。民国三十四年（1945年），广西省政府当局着重在桂西地区推广使用堆肥。用新方法制作的农家肥对提高稻作生产影响很大。骨粉含有磷类物质成分，是稻禾的重要肥源。民国初年（1912年）《灵山县志》记载该县农民在对水稻施用肥料时，"有播种以骨灰掺之者，有分秧以骨灰涂之者，有耘毕而以骨灰泼之者，厥收皆倍"。而以家畜之骨制粉，骨源有限。民国三十年（1941年），在壮乡柳州鸡喇创办了广西第一所骨粉厂，每年生产、销出骨粉肥料2000担以上。民国三十二年（1943年），销出骨粉达3120担。民国三十五至三十七年（1946~1948年），壮乡腹地的南宁也开办了骨粉厂，年产骨粉6000担。骨粉厂是利用省内所产之兽骨制成粉末，但所制骨粉富于油质，一般肥效较慢。为此，广西农事试验场进行了各种处理方法的试验，以提高骨粉的肥效。民国三十一年（1942年），广西农家自制骨粉达380担。其制造方法是将粗大的兽骨敲成小块，在锅内煮沸1~2小时，脱去脂肪，取出脱脂骨与生石灰、桐子壳灰按2∶1∶1的比例配合，在大水缸或水池中拌匀成糊状。以后每隔十多日搅拌一次，缺水时适量补充水分，经两个月后，兽骨自然软化崩散，用木棍一杵，即成粉末，取出晒干捣成细粉，即可施用。成品一般含N 0.5%～1%、P_2O_5 8%～10%、K_2O 3%～5%。

Bwnhfoed dwg gij feizliu cienzdoengj Bouxcuengh, doenghbaez yungh bwnhfoed ndaem doenghgo canjliengh daemq, mbouj gaeuq biz. Minzgoz 22 bi（1933 nienz）, boux guh nungzyez gohgi de youq rog singz Gveilinz fatyienh gwnhliuzgin doiq gij bwnhfoed doenghgo duh ndaej dinghmaenh dan, daezok yungh gwnhliuzgin gyaux ceh daeuj fatsanj swjyinzyingh daengj gij bwnhfoed doenghgo duh cungj gisuz moq neix. Minzgoz 29~31 bi（1940~1942 nienz）, Gvangjsih nungzsw siyencangz Ciz Mingzgvangh、Cangh Yizcwngz guh le gij sawqniemh gwnhliuzgin caeuq doenghgo duh hungmaj miz maz gvanhaeh. Ginggvaq genjleh cingqmingz goduhvenz caeuq duhlanhdouq gak miz 3 aen gwnhliuzgin binjhi dinghmaenh dan naengzlig gig giengz de, beij Suidenj cauh gij gwnhliuzgin de dinghmaenh dan naengzlig lij ak. Gij ciep cungj de beij gij mbouj ciep cungj de youq canjliengh caeuq feizyau fuengmienh cungj miz demgya yienhda, doengzseiz lij baenzgoeng cauh ok gij yw ciep cungj gwnhliuzgin doenghgo duh, yienghneix guhbaenz le gij gisuz moq gwnhliuzgin byaux ceh bwnhfoed daeuj ndaem. Doenghgij gisuz cwngzgoj neix cungj youq Minzgoz 31 bi（1942 nienz）gwnz《Gvangjsih Nungzyez》fatbiuj, doiq Gvangjsih caeuq daengx guek bwnhfoed hungmaj caeuq daezsang canjliengh miz lijlun caeuq saedyungh gyaciz youqgaenj. Vayoz feizliu dwg Ouh Meij fazmingz. Cungguek yungh gij vafeiz ceiqcaeux de dwg liuzsonh'anh, daihgaiq hainduj youq Cinghcauz Gvanghsi samcib bi （1904 nienz）. Gvangjsih mwnq Bouxcuengh yinxhaeuj caeuq sawjyungh vafeiz cix daj Minzgoz 16 bi（1927 nienz）hainduj, dangnienz yinxhaeuj liuzsonh'anh 400 goenggaen, gvaqlaeng moixbi yunghliengh cugbouh swnghwnj. Minzgoz 17 bi（1928 nienz）, demgya daengz 27700 goenggaen. Minzgoz 19 bi（1930 nienz）, dabdaengz 33700 goenggaen. Mwhneix vafeiz sawjyungh cujyau dwg youq ndaw nungzcangz goenglaeb guh sawqniemh sawqyungh. Minzgoz 36 bi（1947 nienz）, Lenzhozgoz sanhougiuci cungjsuj mienx cienz bwed hawj Gvangjsih vafeiz 500 donq, faenfat hawj giz Bouxcuengh comzyouq de Liujcouh、Liujcwngz、Cenhgyangh、Siengcouh 4 yienh nungzminz sawjyungh, daihngeih bi youh lai bued hawj 2 fanh dunh. Dangseiz cwngfuj lij gawjbanh le vafeiz sawjyungh yinlenbanh, doengzseiz baiq vunz roengz ndaw yienh bae gauj faen dieg sawqniemh, guh gidij sifan caeuq cijdauj, sawj engqlai nungzminz rox gij singnwngz caeuq sawjyungh fuengfap vafeiz, vih gvaqlaeng doigvangj sawjyungh vafeiz cauh diuzgienh.

　　绿肥是壮族地区的传统肥料，以往施用绿肥种植的庄稼产量低，肥效不高。民国二十二年（1933年），农业科技工作者在桂林郊区发现根瘤菌对豆科绿肥有固氮作用，提出用根瘤菌拌种繁殖紫云英等豆科绿肥新技术。民国二十九至三十一年（1940～1942年），广西农事试验场徐明光、张仪诚进行了根瘤菌与豆科作物生长关系的试验。经过筛选证明苕子和豌豆各有3个固氮能力很强的根瘤菌品系，比瑞典制造的根瘤菌固氮能力还强。接种的作物比不接种的在产量和肥效方面都有明显的增加，同时还成功制造出豆科根瘤菌接种剂，从而形成了根瘤菌拌种绿肥的新技术。这些技术成果均在民国三十一年（1942年）的《广西农业》上发表，对广西和全国的绿肥生长和产量提高有着重要的理论与实用价值。化学肥料是欧美发明的。中国最早使用的化肥是硫酸铵，约始于清光绪三十年（1904年）。广西壮乡引进和使用化肥则从民国十六年（1927年）开始，当年引进硫酸铵400千克，以后每年用量逐步上升。民国十七年（1928年），使用硫酸铵增加到27700千克。民国十九年（1930年），使用硫酸铵达33700千克。这时化肥的使用主要是在公办农场中进行施用试验。民国三十六年（1947年），联合国善后救济总署无偿拨给广西化肥500吨，分发给壮族聚居地的柳州、柳城、迁江、象州4县农民使用，翌年又增拨2万吨。当时政府还举办了化肥使用训练班，并派人下县搞分区试验，进行具体示范和指导，使更多的农民懂得化肥的性能与使用方法，为后来推广使用化肥创造了条件。

Cungj daeuj gangj, gaenhdaih mwnq Bouxcuengh guh bwnh、yungh bwnh gisuz yienznaeuz miz itdingh cinbu, hoeng fazcanj mbouj bingzhwngz, Minzgoz 31 bi（1942 nienz）, Gvangjsih sengj cwngfuj goengbouh 《Gvangjsih Sengj Samcib It Nienzdoh Feizliu Demgya Banhfap》, dizcang ndaem bwnhfoed sauh seizdoeng, sawq ndaem caeuq doigvangj gij bwnhfoed seizdoeng doenghgo duh, dizcang sawjyungh duihfeiz caeuq haex nyouh vunz, dizcang nungzgya gag guh mba ndok, dwg hab gij gidij cingzgvang dangseiz giz Bouxcuengh.

总之，近代壮族地区的制肥、用肥技术虽有一定的进步，但是发展是不平衡的，民国三十一年（1942年），广西省政府公布《广西省三十一年年度肥料增给办法》，提倡栽培冬季绿肥，试种与推广冬季豆科绿肥，同时提倡使用堆肥和人粪尿，提倡农家自制骨粉。这是符合当时壮乡的具体情况的。

Linghvaih, ndaw dieg giz Bouxcuengh ngozbya lai, dieg bo gvangq, gij doem hoengz dwg sonhsing de faenbouh gvangq, caeng dajndaem de doem feuz youh byom. Daj doenghbaez daengz seizneix, cojgoeng Bouxcuengh youq ciengzgeiz gengndaem ndawde, cwkrom le haujlai gingniemh gvendaengz gaijndei doem、yungh bwnh. Cinghcauz Vangh Swnh 《Yezsih Cungzcaij》geiq: "Ndaem naz lienh rin baenz hoi, caj gomiuz haemq raez……cab haex gyaux yinz le vanq, gvaq geij ngoenz gomiuz engqgya heu, gvaqlaeng mbouj caiq dwk haex lo." Lumjnaeuz hoi（Sawcuengh moq dwg "hoi"）bienqbaenz le feizliu, gizsaed dwk hoi dwg vihliux gemjnoix gij sonhsing doem, hawj de bienqbaenz cunghsing, doiq gomiuz hungmaj miz ik. 《Gveibingz Yenci》naeuz: "Dandan hoi dwg boux nungzminz giz ndaw rungh yungh noix, boux nungzminz bingzdeih yungh lai." Gijneix couh mingzbeg biujsiq gij nungzminz Bouxcuengh gaenq rox rin deng funghva le gij doem luengq rin miz gai lai daih bouhfaenh dwg gienjsingq, mbouj miz bizyau lai gya hoi, hoeng giz bingzdeih doem hoengz dingzlai dwg sonhsing, hab yungh hoi daeuj gaij singq. Gij lizsij guhnaz Cungguek ndaej doidoenq baenz fanh bi, gij lizsij leihyungh doem youq gwnz seiqgyaiq baizyouq vih daih'it, hoeng doiq doem guh yenzgiu cix mizhanh. Gvangjsih mwnq Bouxcuengh doiq doem guh gohyoz yenzgiu hainduj youq Minzgoz 16 bi（1927 nienz）10 nyied, mwh boux conhgyah yenzgiu doem mizmingz de Dwng Cizyiz deng cingj daeuj guh Gvangjsih sengj sizyez yenzgiuyen yencangj, goq gij gohgi yinzyenz cienmonz daeuj guh gij yenzgiu hableix leihyungh doem. Minzgoz 22 bi（1933 nienz）9 nyied, Cangh Gyahvei bien 《Daujlwn Gvangjsih Gij Vwndiz Doem Caeuq Gaijcaenh De》youq 《Cunghvaz Nungzyozvei Bau》fatbiuj. Ndaw faenzcieng gangj le doem Gvangjsih yungh hoi miz maz biucinj caeuq gij banhfap boujcung yangjfwn doem、hableix baizraemx dwkraemx daengj gisuz, genyi youq daengx sengj doiq doem guh diucaz daengj. Minzgoz 24 bi（1935 nienz）, Bwzbingz

Yenzgiuyen Dicizyoz Yenzgiusoj Lij Lenzgenz daengj vunz youq giz dieg Bouxcuengh, liujgaij dieghingz、diciz caeuq gak cungj doem cujyau fazyuz faenbouh gij cingzgvang daihgaiq de, doengzseiz cungdenj aeu di doem yienghbanj ndeu guh faensik. Gvaqlaeng, faenbied sij le 《Gij Doem Gvangjsih Yunghningz》《Gij Cujyau Cingzgvang Doem Gvangjsih Liujgyangh Yienh》 daengj cienmonz cucoz, doengzseiz dawz doenghgij doem veh youq ndaw doz. Lwnhgangj le gij fuengsik sengbaenz caeuq fazyuz doem, gvi baenz dwg gij cozyung doem bienq ndaem、doem bienq hoengz caeuq doem bienq mong, gag guh baenz cungj faenloih fuengfap doglaeb ndeu. Gijneix dwg giz Bouxcuengh daih'it baez cienmonz sij gij cungjloih doem nem faenbouh caeuq hableix leihyungh. Gaenlaeng, Minzgoz 24 bi（1935 nienz）2 nyied, Gvangjsih Sengj Nungzyez Cienmonz Veijyenzvei Gvangjsih Namh Diucazsoj youq Liujcouh laebbaenz, youz Lanz Munggiuj guh sojcangj, daengx soj 12 vunz. Daengz Minzgoz 16 bi（1927 nienz）7 nyied, gonq laeng guhbaenz gij diucaz namh Yunghningz、Liujcouh、Gveilinz Gvangjsih Lajmbanj Gensez Sibangih, faenbied sij baenz namh diucaz baugau, dawz namh veh haeuj ndaw doz bae, daezok le giz mboujdoengz yungh gij fuengfap mboujdoengz daeuj gaijndei doem. Doengz bi de, Gvangjsih Namh Diucazsoj gyoebbingq haeuj Gvangjsih Nungzsw Siyencangz nungzvacuj. Minzgoz 26~28 bi（1937~1939 nienz）, Goh Gveizsw、Fuz Hungzcouh、Lij Gyahgiuz daengj guhbaenz doiq Yungzyen daengj gij namh giz Bouxcuengh diucaz, daezok le gij genyi gvendaengz leihyungh、 guenjleix namh. Youz Gvangjsih Nungzsw Siyencangz Vangz Suilunz caekdingh youjgihciz, cienzliengh dan、linz、gyaz、gai, suzyau dan、linz、gyaz nem gihgai cujbaenz daengj gyawj 30 aen hanghmoeg, vih doekdingh gij singqcaet doem daezhawj le soqgawq cungfaen, daibyauj le dangseiz ndaw guek gij suijbingz senhcin vayoz faensik namh. Haujlai nungzminz Bouxcuengh gaengawq lai bi gengndaem reihnaz ndaej gij gingniemh de, daezhawj le gij genyi gvendaengz leihyungh namh.

　　另外，壮族地区境内山多，丘陵面积大，酸性红壤土广泛分布，耕层土浅而瘦瘠。自古以来，壮族先民在长期的农作中，积累了丰富的土壤改良、施用肥料的经验。清代汪森《粤西丛载》记载："种田煅石为灰，俟秧稍长……杂粪而匀撒之，数日苗倍青翠，以后不复粪矣。"似乎石灰（新壮文为"hoi"）变成了肥料，其实施放石灰是为了减少土壤的酸性，使之变成中性，以利稻禾发育。《桂平县志》说："惟石灰岩山农用者少，陆农用者多。"这就明示了壮族农民已掌握石灰岩山石风化后的钙质土壤多呈碱性，没有必要添加石灰，而平原红土多呈酸性，宜用石灰进行中和。中国稻作历史可上溯万年，利用土壤历史在世界上居首位，但对土壤的研究有限。广西壮族地区的土壤科学研究始于民国十六年（1927年）10月，著名土壤专家邓植仪被聘为广西省实业研究院院长之时，招聘专门的科技人员开展了土壤合理利用的研究。民国二十二年（1933年）9月，张家蔚的《广西土壤问题及其改进之商榷》在《中华农学会报》上发表。文中论述了广西土壤施用石灰标准和土壤养分补充、合理排灌等技术措施，建议进行全省性的土壤调查等。民国二十四年（1935年），北平研究院地质学研究所李连捷等人在壮乡，了解地形、地质及各种主要土壤的发育分布概况，并重点采土样分析。之后，分别写有《广西邕宁之土壤》《广西柳江县土壤概要》等专著，并绘制土壤图。书中论述了土壤的生成和发育方式，归纳为黑土化、红土化和灰壤化作用，自成独立的分类方法。这是壮乡首部介绍土壤种类及分布和合理利用的专著。随后，民国二十四年（1935年）2月，广西省农业专门委员会广西土壤调查所在柳州成立，兰梦九任所长，全所12人。至民国十六年（1927年）7月，先后在邕宁、柳州、桂林完成广西农村建设试办区的土壤调查，分别写成土壤调查报告，绘制土壤图，提出了不同地区不同土壤的改良方法。当年，广西土壤调查所并入广西农事试验场农化组。民国二十六至二十八年（1937～1939年），郭魁士、符宏洲、李嘉酉等人完成对融县等壮乡的土壤调查，提出了土壤利用、管理的建议。由广西农事试验场黄瑞伦进行土壤有机质、全量氮、磷、钾、钙，速效氮、磷、钾，以及机械组成等近30个项目的测定，为确定土壤性质提供了充分的数据，代表了当时国内土壤化学分析的先进水平。许多壮族农民根据多年耕种农田的经验，提供了利用土壤的建议。

4. Gij fazcanj guh lai sauh haeux

4. 稻作多熟制的发展

Mwh Minzgoz yinxhaeuj gaenhdaih nungzyez gohgi baihsae, hainduj guhbaenz le dauq nungzyez gisuz dijhi Cunghsih giethab ndeu, doiq cienzdoengj nungzyez Cungguek miz yingjyangj laegdaeuq. Mwhhaenx gij nungzyez giz Bouxcuengh caemh fatseng le bienqvaq mbouj iq, ndawde yiengh ndeu couhdwg coisawj cungsaed caeuq daezsang aen cidu guh lai sauh. Minzgoz 29 bi（1940 nienz）, Ciz Denhsiz、Cangh Gozcaiz youq 《Gvangjsih Gij Gihyiz Haeuxnaz》caeuq 《Gvangjsih Haeuxnaz Dajndaem》song bien lunvwnz ndawde geiqloeg, mwh Minzgoz "Gvangjsih gij cidu ndaem haeuxnaz cujyau dwg ndaem sauh ndeu haemq lai", hoeng gij haeuxnaz ndaem song sauh de gaenq miz loq lai. Giz Bouxcuengh fazcanj ndaem song sauh haeux, baugvat caeux、laeng song sauh lienzdaemh ndaem, sauh cungqgyang caeuq sauh seizdoeng lienzdaemh ndaem, caeux、laeng song sauh doxcab ndaem caeuq caeux、laeng song sauh doxcaeuq ndaem 4 cungj dajndaem fuengsik. Gij cingzgvang fazcanj dwg：

民国期间我国引进西方的近代农业科技，开始形成了一套中西结合的农业技术体系，对中国传统农业产生深刻影响。此时壮族地区农业也发生不小的变化，其中之一就是促使多熟复种耕作制度的充实和提高。民国二十九年（1940年），徐天锡、张国材在《广西水稻区域》和《广西水稻栽培》两篇论文中记载，民国时期"广西水稻耕作制度以单季稻为多"，但双季稻已有相当的比重。壮乡的双季稻制，包括早、晚稻两造连作制，中造与冬稻连作制，早、晚两造夹根制，以及早、晚两造间作制4种栽培方式。其发展状况是：

Caeux、laeng song sauh lienzdaemh ndaem. Couhdwg bi ndeu lienzdaemh ndaem song sauh haeuxnaz, sou liux sauh caeux couh ndaem sauh laeng. Cungj cidu gengndaem neix youq giz Gveinanz roxnaeuz Gveidoengnamz haemq bujben.

早、晚稻两造连作制。即一年连种两造水稻，收完早稻即播晚稻。这种耕作制度在桂南或桂东南地区较普遍。

Sauh cungqgyang caeuq sauh seizdoeng lienzdaemh guh. Sauh cungqgyang youq 5 nyied ndawcib vanqceh，10 nyied ndawcib sougvej，sougvej le 11 nyied vanqceh，bi gaenlaeng 1~2 nyied senj ndaem，5~6 nyied ndawco sougvej，hamjgvaq seizdoeng hungmaj，guhbaenz lix song bi. Cungj lienzdaemh ndaem neix hab youq mbangj mwnq seizcin caeux rengx、nit hoeng seizdoeng haemq raeuj de，sauh cungqgyang seizgan hungmaj raez，canjliengh haemq sang，hoeng sauh seiznit hungmaj menh，ndit ciuq dinj，canjliengh haemq daemq，hoeng ndaej hoizrwnh baenz bi haeuxliengz gunghawj.

中造与冬稻连作制。中造于5月中旬播种，10月中旬收获，收获后于11月再播种，翌年1～2月移栽，5～6月上旬收获，越冬生长，形成两年生。这种连作制适合早春干旱、寒冷而冬季较温暖的局部地区。中造生育期长，产量较高，而冬稻生长缓慢，日照短，产量较低，但可缓解年粮食供应。

Caeux、laeng song sauh doxcab ndaem. Couhdwg bi ndeu ndaem baez ndeu，song sauh haeuxceh ciuq sauh caeux ciemq sam faenh cih it、sauh laeng ciemq sam faenh cih ngeih doxgyaux ndaem. Youq mwh ndaem sauh caeux itheij vanq gyaj、senj ndaem. Mwh sauh caeux cingzsug sauh laeng ngamq miz saek cik sang，mwh sougvej sauh caeux dawz gij byai gohaeux sauh laeng youq lajeiq de itheij gvej bae，gvaqlaeng aenvih dienheiq diuzgienh habngamj，gohaeux yienzlaiz youq lajeiq de riengjvaiq hungmaj、okriengz、cingzsug. Gohaeux lajeiq neix canjliengh sang gvaq sauh caeux doengzseiz sengj hong sengj seiz，hoeng gohaeux lajeiq neix canjliengh mbouj ndaej sang lumj song sauh lienzdaemh guh. Cungj lienzdaemh guh neix youq laj bya giz doek u naz cumx yungzyubyub de raen miz di ndeu.

早、晚两造夹根制。即年植一次，两造种子按早造占三分之一、晚造占三分之二的比例混合播种。于早造播时一同播下育秧、移栽。早稻成熟时晚稻才尺余高，早稻收获时连夹根生长的晚稻尾端同时割去，此后由于气候条件适合，夹根稻迅速生长、抽穗、成熟。夹根稻产量高于早稻且省工省时，但夹根稻不及两造连作稻之产量高。这种夹根制见于少数山间低洼的烂湿田。

Caeux、laeng song sauh doxcaeuq ndaem. Couhdwg caeux、laeng song sauh doxcaeuq ndaem youq gaiq naz ndeu. Mwh ndaem sauh caeux louz lueng haemq gvangq，daihgaiq 1.5 cik，sauh caeux ndaem ndaej 15 ngoenz le caiq dawz go gyaj sauh laeng ndaem youq lueng louz ok daeuj de. Sauh caeux sougvej le，sauh laeng hungmaj mwncup，doengzseiz beij sauh laeng song sauh lienzdaemh ndaem de haemq caeux sougvej，canjliengh caemh haemq sang di. Hoeng cungj doxcaeuq ndaem neix youq giz ciengzseiz youq seizcou rengx caeuq vunz mbouj gaeuq、mbouj dieg mbouj gaeuq biz de cij raen.

早、晚两造间作制。即早、晚稻两造同栽于一块田。插植早稻时留出较宽的行间，约1.5市尺，早稻插秧15天后再将晚稻秧苗插于早稻留出的行间。早稻收获后，晚稻生长旺盛，且比两造连作的晚稻收获早，产量亦略高。但这种间作制见于常发生秋旱和劳力、肥料不足的地方。

Giz Bouxcuengh gaengawq diegdeih cingzgvang，gaengawq dienheiq、namh caeuq haeuxceh mboujdoengz yungh le seiq cungj fungsik lai ndaem lai sauh，miz deihfueng daegdiemj ronghsien，hab gij swhsiengj bencwnh veizvuzcujyi，gisuz neiyungz fungfouq. Hoeng aenvih ginghci、vwnzva fazcanj mbouj bingzhwngz nem swhyienz diuzgienh mbouj doengz，cigdaengz gaenhdaih，mwnq Bouxcuengh gij cidu dajndaem caeuq gij gisuz dajndaem doenghgo ityiengh，cawzliux miz giz haemq senhcin de，caemh miz giz siengdoiq doeklaeng de，lumjbaenz youq mbangj giz ndawlueg Gveisih、Gveisihbwz daengj，gihbwnj lij dwg bi ndeu ndaem sauh ndeu，doengzseiz lij ndaem gij binjcungj caeuq doenghgo canjliengh haemq daemq de. Couh mwh Minzgoz daeuj gangj，bi ndeu ndaem geij sauh yiennaeuz miz fazcanj haemq hung，hoeng bi ndeu ndaem sauh ndeu vanzlij ciemq dieg loq lai. Daj Minzgoz 22 bi（1933 nienz）daengz 1949 nienz，Gvangjsih daengx sengj gij cijsu ndaem lai sauh doenghgo hwnjroengz youq ndawgyang 115%~139%.

壮乡因地制宜，根据气候、土壤及稻种的差异采取了4种不同的多熟复种方式，具有鲜明的地方特点，符合辩证唯物主义思想，技术内涵丰富。但由于经济、文化发展的不平衡以及自然条件的差异，直到近代，壮族地区的耕作制度同农作物种植制度一样，除有较先进的耕作地区外，亦有相对落后的地区，如在桂西、桂西北等部分山区，基本上还是一年一熟制，而且还种植着较为低产的品种和作物。就民国时期来说，多熟制虽有较大发展，但单熟制仍占相当的面积。从民国二十二年（1933年）至1949年，广西全省作物复种指数在115%～139%之间徘徊。

5. Yinxhaeuj gaenhdaih gij gisuz ganq haeuxceh

5. 引进近代水稻育种技术

Minzgoz gaxgonq，mwnq Bouxcuengh yiennaeuz ganq ok bak lai cungj haeuxnaz gosing mbouj doengz de，hoeng doiq gij hong faenbouh、faenloih caeuq genj ndei cungj mbouj guh yenzgiu gohyoz gvaq.

民国以前，壮乡虽培育出百余种个性不同的稻种，但对其分布、分类和优选工作都没有进行科学的研究。

Minzgoz haidaeuz，hainduj yinxhaeuj gij gisuz ganq ceh rog guek. Daengz 20 sigij 30~40 nienzdaih，Gvangjsih gohgi yinzyenz gonq laeng youq giz dieg cungqgyang Bouxcuengh Liujsouh Sahdangz，guh le gij hong ganq haeuxceh hidungj de，guh gij sawqniemh yenzgiu gij gisuz ganq haeuxceh. Cujyau gunghcoz neiyungz miz：

民国之初，开始引进国外近代育种技术。至20世纪30～40年代，广西科技人员先后在壮族腹地柳州沙塘，开展了系统的水稻育种工作，进行近代水稻育种技术的试验研究。主要工作内容有：

（1）Diucaz ribsou gij swhyenz haeuxceh. Baugvat ribsou、gienj dingh gij swhyenz haeuxceh daengj，gijneix dwg gij giekdaej ganq genj haeuxceh binjcungj ndei. Daj 20 sigij 30 nienzdaih hwnj，Gvangjsih hainduj miz giva dwk ribsou haeuxceh swhyenz doengzseiz aeu daeuj haifat leihyungh. Youz Gvangjsih Nungzsw Siyencangz youq Liujcouh Sahdangz ganq ok gij binjcungj moq haeuxnaz miz "Gvangjsih Caujhoz" 1~14 hauh、"Gvangjsih Vanjhoz" 1~6 hauh daengj 26 aen.

（1）稻种资源的调查征集。包括稻种资源搜集、检定等，这是水稻良种选育的基础。从20世纪30年代起，广西开始有计划地搜集稻种资源并加以开发利用。由广西农事试验场在柳州沙塘选育出的水稻新品种有"广西早禾"1～14号、"广西晚禾"1～6号等26个。

（2）Haeuxnaz cunzhi ganq ceh sawqniemh. Minzgoz 15 bi（1926 nienz），Gvangjsih Sizyez yenzgiuyen daj Vuzcouh senj bae Liujcouh，dangseiz Cungguek gaenhdaih gij gisuz ganq haeuxceh youz Dingh Yingj daengj vunz cujciz，guh le gij sawqniemh yenzgiu gvendaengz gij sisuz moq ganq gij ceh haeuxnaz cunzhi. Gvangjsih Sizyez yenzgiuyen caemh youz yencangj Dwng Cizyiz daiqlingx，hainduj le Gvangjsih gij hong ganq gij ceh haeuxnaz cunzhi. Minzgoz 26 bi（1937 nienz），aen cancwngh hoenx Yizbwnj bauqfat，Cunghyangh Nungzyez Siyensoj dawz lai bi genj ok ndaej mbangjdi caizliuh haeuxnaz cunzhi cienj daengz Liujcouh Sahdangz guh sifan doigvangj sawqniemh，caeuq Gvangjsih Nungzsw Siyencangz、Gvangjsih Nungzyozyen daengj laebdaeb youq Liujcouh Sahdangz ganq baenz caujhoz 1~14 hauh、vanjhoz 1~6 hauh、laujhoz 1~6 hauh、cunghgvei majfangz ciem daengj buek binjcungj haeuxceh ndei ndeu，ndawde cunghgvei majfangz ciem、caujhoz 3 hauh、caujhoz 4 hauh deng lied baenz daengx guek binjcungj haeuxceh ndei.

（2）水稻纯系育种试验。民国十五年（1926年），广西实业研究院由梧州迁至柳州，当时中国的近代水稻育种技术由丁颖等人主持，开展了水稻纯系育种新技术的试验研究。广西实业研究院亦由院长邓植仪带领，开始了广西水稻纯系育种工作。民国二十六年（1937年），抗日战争爆发，中央农业实验所将多年选育出的部分水稻纯系材料转到柳州沙塘进行示范推广试验，与广西农事试验场、广西农学院等陆续在柳州沙塘育成早禾1～14号、晚禾1～6号、老禾1～6号、中桂马房籼等一批优良水稻品种，其中中桂马房籼、早禾3号、早禾4号被列为全国优良水稻种。

（3）Haeuxnaz cabgyau ganq ceh sawqniemh. Minzgoz 24 bi（1935 nienz），Gvangjsih Nungzsw Siyencangz yungh cungj fuengfap faen vengq iq daeuj guh haeuxnaz swhyienz cabgyau sawqniemh，doengzseiz doiq Minzgoz cwngfuj daezhawj gij daihlaeng cabgyau guh hidungj genjleh. Minzgoz 26 bi（1937 nienz），Cungyangh Nungzyez Siyensoj youq Liujcouh Sahdangz laeb gunghcozcan，doengzseiz dawz di gisuz cabgyau ganq gij ceh haeuxnaz senhcin ndeu（lumjbaenz gij fuengfap aeu vunz daeuj cw hawj ndit ciuq dinj、gij fuengfap gienj dingh binjcungj daengj）daiq daeuj Gvangjsih. Minzgoz 27 bi（1938 nienz），Cungyangh Nungzyez Siyensoj lij dawz buek caizliuh daihlaeng cabgyau ndeu senj bae Gvangjsih Liujcouh Sahdangz laebdaeb guh genj ceh，vih Gvangjsih giz Bouxcuengh gij yenzgiu genj haeuxceh guh le daihliengh gij hong dwg gisuz haicaux de.

（3）水稻杂交育种试验。民国二十四年（1935年），广西农事试验场用分小区穗行法进行水稻自然杂交试验，同时对民国政府提供的杂交后代进行系统选育。民国二十六年（1937年），中央农业试验所在柳州沙塘设立工作站，并将一些先进的水稻杂交育种技术（如应用人工遮盖的短日照法、品种检定法等）带来广西。民国二十七年（1938年），中央农业试验所还将一批杂交后代迁至广西柳州沙塘继续进行选育，为广西壮乡的水稻育种研究做了大量技术开创性工作。

（4）Binjcungj ndei fatsanj doigvangj. Mwh Minzgoz, fatsanj gij ceh binjcungj ndei, cawz aen gohyenz danhvei caeuq nungzcangz gvihaeuj sengj cwngfuj de fatsanj, itbuen dwg aeu yienh guh danhvei youq giz binjcungj ndei doigvangj cungsim laeb ranz daegbied iek ndei ndaem binjcungj ndei de, fatsanj binjcungj ndei. Sengj cwngfuj moix bi daigvanj hawj aen yienh mizgven le gya gyaq cawx ma, souj soundaej gij binjcungj ndei de caiq daigvanj hawj ranz nyienh'eiq ndaem binjcungj ndei de daeuj ndaem. Sougvej le, yienh dauq sou daigvanj ma, caiq baez daigvanj hawj gizyawz nungzhoh. Daengz Minzgoz 32 bi（1943 nienz）, daengx sengj haeuxnaz binjcungj ndei doigvangj le 52 fanh moux. Youq giz Bouxcuengh guh doenghgij gohyenz cwngzgoj neix dwg yienhda, de coicaenh le gohaeux swnghcanj, fungfouq le gij cunghab gisuz guhnaz.

（4）良种繁育推广。民国时期，良种的繁育，除省政府所属的科研单位和农场繁殖外，一般是以县为单位在良种推广中心区建立良种特约农户，繁殖良种。省政府每年贷款给有关县加价收购，县所收得的良种再贷款给愿意种植良种的农户栽植。收获后，县收回贷款，再次贷给其他农户。至民国三十二年（1943年），全省水稻良种推广种植了52万亩（1亩≈666.7米^2）。在壮乡进行这些科研成果是显著的，它促进了稻作生产，丰富了稻作综合技术。

6. Fuengzre bingh nonhaih gohaeux

6. 稻作病虫害防治

Minzgoz ndawgyang 26~33 bi（1937~1944 nienz）, mwhhaenx cingqngamj dwg hoenx Yizbwnj, Gvangjsih bienqbaenz giz baihlaeng, haujlai cizbauj yozcej caeuq conhgyah giz deng Yizbwnj ciemq de cungj daeuj mwnq Bouxcuengh Gvangjsih Liujcouh Sahdangz, youq ndaw vanzging siengdoiq onjdingh de guh gij hong gohyenz sawqniemh fuengzre gij bingh nonhaih doenghgo, sawj Gvangjsih giz Bouxcuengh gij hong yenzgiu sawqniemh caeuq doigvangj gij gisuz fuengzre gij bingh nonhaih doenghgo okyienh le aen seizgeiz hoenghhwd dinjdet ndeu, vih Bouxcuengh gij lizsij gaenhdaih cizbauj gohyoz fazcanj louz le cieng youqgaenj ndeu, doengzseiz ganq ok le Bouxcuengh di nungzyez gohgi yinzcaiz ndeu.

民国二十六至三十三年（1937～1944年），时值抗日战争，广西成为大后方，沦陷区内许多植保学者和专家荟萃于广西柳州沙塘从事农作物病虫害防治的科研试验工作，为壮乡培养了一批农业科技人才，使广西壮乡的农作物病虫害防治技术的研究试验及推广工作出现了一个短暂的兴旺时期，在壮族近代植保科学发展的历史上留下了重要的一章。

Minzgoz 22 bi（1933 nienz）mwh guh diucaz gij non giz Gvangjsih, gaenq rox gij cujyau nonhaih gohaeux miz nongienjhaeux、sanhvamingz、nondaetnge、dauyingzvwnz、fuzcinzswj caeuq nenggengzhaeux daengj, ndawde sienghaih ceiq haeng、faenbouh ceiq gvngq de dwg nongienjhaeux、sanhvamingz.

民国二十二年（1933年），在开展广西地区昆虫调查时，已知水稻的主要害虫有稻苞虫、三化螟、剃枝虫、稻瘿蚊、浮尘子和稻椿象等，其中危害最严重、分布最广的是稻苞虫、三化螟。

Minzgoz 23 bi（1934 nienz）seizcin daengz Minzgoz 24 bi（1935 nienz）seizhah, Liuz Diuva youq rogsingz Liujcouh aen mbanj Gihlungz haemq hidungj dwk yenzgiu le nongienjhaeux, sijbaenz bien lunvwnz《Gij Yezgiu Gvendaengz Nongienjhaeux Liujcouh》doengzseiz veh le《Aen Doz Nongienjhaeux Gvangjsih Faenbouh》, doiq cijdauj gij hong fuengzre dangseiz miz cozyung cizgiz, doiq vunz ciuhlaeng lij miz camgauj wngqyungh gyaciz.

民国二十三年（1934年）春至民国二十四年（1935年）夏，刘调化在柳州市郊的基隆村比较系统地研究了稻苞虫，写成《柳州稻苞虫之研究》的论文并绘制了《广西稻苞虫分布图》，对指导当时的防治工作起到了积极作用，对后人仍有参考应用价值。

Gvangjsih dauyingzvwnz fatyienh miz haemq lai, doengzseiz sienghaih gig haenq. Minzgoz 23 bi（1934 nienz）8 nyied, Liuz Diuva youq Liujcouh Sahdangz cazyawj le dauyingzvwnz gak aen geizgan hungmaj de、soqliengh ok gyaeq de、sibgvenq de caeuq fwn geijlai、vwnhdu raemx naz fatseng gvanhaeh, daezok le gij banhfap fuengzre miz genjleh de. De lij fatyienh le nongienjhaeux miz diendig（dinzgeiqseng）, cih fazcanj gij gisuz aeu doenghduz daeuj fuengzre nonhaih vix ok le fueng'yiengq. Liuz Diuva youq Minzgoz 23～24 bi（1934～1935 nienz）cauh'ok aen roi nongienjhaeux、aen roi haeux caeuq bwzbanj. Minzgoz 24 bi（1935 nienz）hwnj, Liz Gozdauh soujsien youq Vuzcouh yenzgiu sanhvamingz, doenggvaq cazyawj、yenzgiu, gihbwnj biengjloh le gij gvilwd sanhvamingz youq Gvangjsih baenzlawz fatseng, doengzseiz aeundaej le gij nyinhrox leihyungh diuzcingj mwh vanq haeuxceh daeuj caeuq mwh fat duznon sanhvamingz lai de dox myonj, yienghneix dabdaengz gemj mbaeu gij sienghaih duz neix. De yenzgiu sij gij cucoz de gonq laeng fatbiuj, guhbaenz gij cucoz yenzgiu sanhvamingz ceiq caeux de.

广西发现有较多稻瘿蚊，且为害甚烈。民国二十三年（1934年）8月，刘调化在柳州沙塘观察了稻瘿蚊各虫态历期、产卵量、习性与雨量、田水温度之间的关系，提出了有选择的防治对策。他还发现了稻苞虫有天敌（寄生蜂），为发展生物治虫技术指明了方向。刘调化于民国二十三至二十四年（1934～1935年）研制出稻苞虫耙式梳虫器、稻篦箕和拍板。民国二十四年（1935年）起，黎国泰首先在梧州研究三化螟，通过观察、研究，基本上揭示了三化螟在广西的发生规律，并获得了利用调整水稻播种期以错开三化螟盛发期，从而达到减轻螟害的认识。其研究论著先后发表，成为广西地区最早研究三化螟的论著。

Minzgoz 27 bi（1938 nienz）seizhah, Gvangjsih Nungzsw Siyencangz Luz Dagingh bozsw youq Liujcouh feihgihcangz bangcoengh laj, youq gwnzmbwn aen singz yungh 5 cungj gauhdu mbin, itgungh gaemh ndaej cinhgin bauhswj 12 loih, duenhdingh ndawde mbangjdi bauhswj sienghaih gij haeuxnaz dangdeih, haicaux le aen laeh haidaeuz youq gwnzmbwn Cungguek diucaz bauhswj.

民国二十七年（1938年）夏，广西农事试验场的陆大京博士在柳州飞机场协助下，在市区上空飞行，采用5种飞行高度，捕获真菌孢子共12类，断定其中一些孢子危害当地水稻，开创了中国空中孢子调查之先河。

Linghvaih lij guh le gij sawqniemh yenzgiu aeu raemx Boh'wjdoh guh yw gaj non fuengzre duz fuzcinzswj haih gomiuz de. Cingqmingz raemx Boh'wjdoh caen miz doeggaj cozyung ndei, hawj duznon deng doeg de mbouj ndaej lawh naeng cix dai, youq ndaw naz yungh caen miz goengyauq haeddingz gij caihaih duznon guengz de.

此外还开展了用波尔多液作杀虫剂防治危害稻禾的浮尘子的试验研究。证明波尔多液确实有良好的毒灭作用，使中毒之虫不能蜕皮而死亡，田间施用确实有阻止虫灾猖獗的功效。

Souh dangseiz sevei、ginghci caeuq gisuz diuzgienh hanhhaed, mwh Minzgoz, giz Bouxcuengh gij cienzdoengj gisuz guhnaz supaeu le gaenhdaih gohyoz gisuz gingniemh moq, youq cae rauq、dwk bwnh、fuengzre bingh nonhaih、gungganq binjcungj ndei daengj fuengmienh miz le cwngzgoj moq, sawj gij gisuz guhnaz dabdaengz le aen suijbingz moq ndeu. Hoeng, fazcanj mbouj bingzhwngz, aenvih giz luengqbya giz gyae gyaudoeng mbouj fuengbienh, saenqsik bixlaet, gij gisuz guhnaz lij caj ndaej daezsang.

受当时社会、经济和技术条件之所限，民国时期，壮乡稻作传统技术吸取了近代科学技术的新经验，在耕耘作业、肥料施制、病虫害防治、优良品种培育等方面都有了新的成果，使稻作技术达到了一个新的水平。但是，发展是不平衡的，因为偏僻山乡交通不便，信息闭塞，稻作技术还有待提高。

Lizsij gyaeraez cingqmingz, Bouxcuengh dwg gwnz seiqgyaiq aen minzcuz soujsien lienh ndaem ok gohaeux cwx bienq baenz go haeuxnaz ndeu. Gyoengqde haifat caeuq cauh'ok le gij gisuz saejsaeq gengndaem caeuq ndaem lai sauh haeuxnaz、gungganq ok haujlai binjcungj haeux ndei、cauh'ok gij hongdawz hab youq ndaw bya gengndaem de、haicaux le gij naz mbaeklae ndei dangqmaz de ……Doenghgij gohgi cwngzgoj neix gietcomz le beksingq Bouxcuengh seiqseiq daihdaih ok gij goengrengz gaenxmaenx caeuq coengmingz de. Gyoengqde soj guh'ok gij vwnzva guhnaz de dwg gij doxgaiq dijbauj ndaw cang Cunghvaz minzcuz vwnzva.

漫长历史证明，壮族是世界上首先驯化野生稻为栽培稻的民族之一。他们开发和创造了稻作精耕和复种技术，培育出许多优质稻米品种，创造适合于山区耕作的农具，开辟了巧夺天工的梯田……这些科技成果凝聚了壮族人民世世代代付出的辛勤劳动和智慧。他们所浇铸的稻作文化是中华民族文化宝库中的瑰宝。

Daihngeih Ciet　Gij Gisuz Ndaem Doenghgo Cabliengz
第二节　杂粮作物种植技术

Bouxcuengh aeu haeux guh gij haeuxliengz cujyau. Dangzdai hainduj, yinxhaeuj gomeg baihbaek, aenvih dienheiq caeuq sibgvenq gij yienzaen neix, gyoengqvunz bingq mbouj sibgvenq aeu meg guh haeuxliengz. Daihgaiq mwh Mingz Cingh, haeuxyangz cienzhaeuj. Aenvih dwg go youq ndaem youq ndaw reih，miz doem couh ndaej ndaem，gig vaiq couh daihliengh ndaem youq giz Bouxcuengh，miz mbangj giz，daegbied dwg giz luengqbya，haeuxyangz engqlij bienqbaenz le cujyau haeuxliengz. Linghvaih，lij miz sawz、biek、haeuxfiengj daengj.

　　壮人以稻米为主粮。唐代开始，引入北方的麦，由于气候和习俗上的原因，人们并不习惯以麦为主粮。大约明清期间，玉米传入。由于玉米是旱地作物，有土皆可栽，很快广种壮乡，有些地方，特别是山区，玉米甚至变成了主粮。此外，还有薯、芋、粟等。

It. Doenghgo sawz

一、薯类作物

Sawz dwg cojgoeng Bouxcuengh youq mwh hainduj guh nungzyez soujsien ndaem doenghgo gwn rag de. Gij suzlei ceiqcaeux ndaem de dwg sawzbwn，Mingz Cingh gvaqlaeng youh yinxhaeuj le sawz、sawzminz daengj.

　　薯类作物是壮族先民在原始农业时首先种植的块根类作物。最早种植的传统薯类作物是甘薯，明清以后又引进了番薯、木薯等。

　　（1）Sawzbwn，caemh cwng sawzbya. Sawzbwn dwg cojgoeng Bouxcuengh go haeuxgwn ceiq gaeuqgeq de ndeu，yienzlaiz dwg go cwx，sojlaiz cwng "sawzbya"．Aenvih gij diuzgienh ndaem de iugouz mbouj lai，yungzheih hungmaj，gij rag de hamz denfwnj lai，vat dieg couh ndaem aeu，aeu feiz daeuj gangq le couh naej gwn lo，mbouj yungh aeu gij doxgaiq fukcab daeuj cawx，dwg vunz ciuhgeq ceiqcaeux（caeux gvaq gohaeux cwx）genj gwn gij haeuxliengz de. Hoeng miz faenzsaw geiqloeg cix dwg youq Cinz Han gvaqlaeng. Dunghhan Yangz Fuz《Yivuz Ci》geiq："Sawzbwn lumj aen biek，caemh miz rag hung，mbiq naeng bae，gij noh ndawde hau lumj lauz. Vunz baihnamz cienmonz gwn，aeu daeuj dangq haeuxgwn. Naengj gangq cungj ndei gwn，lumj gwn mak." Lij Sizcinh cwng："Sawzbwn diemz，bingz，fouz doeg. Ndaej bouj haw，ndaej hawj miz rengz，hawj aen dungx cangq，hawj aen mak ak." De gawq dwg gij doxgaiq ndei ndaej daihhek，youh dwg gij doxgaiq gwn ndaej hawj vunz souhyienz de. Sawzbwn dwg go miz gaeu goenjgeuj ndaej lix lai bi de，caemh ndaej bi ndeu couh sou，miz hoengz、hau song cungj. Rag hung maj lumj aen giuz，baenz gumz seng，aen iq de lumj aen gyaeq duzhanq，aen hung de naek geij gaen，naeng miz di aeuj. Aenvih gwnz sawz miz haujlai mumh saeq lumj bwn ityiengh，sojlaiz youh cwng "sawzbwn"．Cinghcauz Gvanghhsi《Gveiyen Ci》gienj it《Vuzcanj》geiqloeg cungj sawz neix "Seizcin buq soiq le dwk roengz ndaw doem bae，couh cugciemh didnyez. Haemq raez，gij gaeu de couh ruenz lag hwnj bae，giz hoh miz rag duengq roengzma，mbouj haeuj ndaw doem bae，giet baenz foengq sawz lwg，cwng sawz venj. Daengz seizcou seizdoeng，gij rag de boengh hwnj gwnz doem daeuj，aeu rengz geuh hwnjdaeuj，aen naek de miz geij gaen. Danghnaeuz vanzlij hawj de louz youq ndaw doem，daihngeih bi couh laebdaeb hungmaj. Cienznaeuz miz aen suen deng vut ndeu，ceh sawzbwn deng lauq youq ndaw gumz cwk haex de，geij bi ndawde，sawzbwn hungmaj dwk ndaej caeuq gwnzdoem doxbingz. Vat hwnjdaeuj le，ndaej geij bak gaen，miz geij aen doxgot，miz aen raez lumj cik gen bouxvunz de，ndaej hawj ranz miz bet boux vunz de gwn ndwen ndeu". Bouxcuengh ndaem de，genj gaiq naz baiz raemx ndei de roxnaeuz genj gaiq reih gaenh raemx de hwnj nden，vat gumz le haem roengzbae，moix gumz gek 2~2.5 cik，aeu haexvaiz caeuq doem daemz guh bwnhdaej，dwk gaeuq，doengzseiz aeu nyangj yungz roxnaeuz dojbaez cab youq ndawde，dwk di doem ndeu doxgyaux，hawj de soeng'unq doengrumz. 3 nyied ndaem roengzbae，dawz giz goenq de gat roengzma，giz gat gvaq de nem di daeuhfeiz ndeu，aeu gyaepfwngz youq lingh gyaeuj mbaengq geij baez，mbaengq vaih gij naeng de，hawj de didnyez. Dawz gyaeuj nem daeuhfeiz de haem haeuj ndaw gumz bae，goemq daihgaiq 5 conq doem，bet gouj nyied sou，moix gumz 5~10 goenggaen. mbouj sou，bi laeng camh hungmaj.

（1）甘薯，也叫毛薯、山薯。甘薯是壮族先民最古老的粮食作物之一，原是野生，故叫"山薯"。因其种植条件不苛，易于生长，块根富含淀粉，掘地可得，以炭火烤煨就能果腹充饥，无须复杂的炊器，故为古人最早（早于野生稻）选择的食粮。但见于文字记载却是秦汉以后。东汉杨孚《异物志》载："甘薯似芋，亦有巨魁，剥去皮，肌肉正白如脂肪。南人专食，以当米谷。蒸炙皆香美，有如果实也。"李时珍称："甘薯甘，平，无毒。补虚之，益气力，健脾胃，强肾阴。"它既是待宾客的佳品，又是使人长寿的保健食品。甘薯是多年生草质缠绕藤本植物，可一年收获，有红、白两种。块根球形，窝生，小者鹅卵大，大者重数斤，皮色微紫。因薯上生毛状细小根须，故又名"毛薯"。清光绪《贵县志》卷一《物产》记载此薯"春间碎切而复以土，即渐萌芽。稍长，其苗缘篱而上，节间有根垂下，不入土，累累成小薯，名薯吊。至秋冬，其根在土之上，薯落劳生梃出，重可数斤。若仍留土中，则递年生长。相传有一废圃，遗落薯种在旧粪池，数年间，薯长与地平。锄之，得数百斤，有大合抱者，有长如臂者，可供八口之家一月之粮"。壮人种之，要选排水好的田块或近水的畬地起畦，挖窝埋之，窝距2～2.5市尺，以牛粪和塘泥为基肥，施足，并以烂稻草或草皮杂于其中，和以泥土，让其松软透气。3月下种，将块茎靠茎端的头部切下，切面沾上草木灰，用指甲在芦头上戳几戳，戳破其表皮，让其冒芽。将沾上草木灰的薯头埋入窝中，盖上5寸左右的泥土，八九收，每窝5～10千克。不收，来年亦长。

（2）Sawz，yienzlaiz ok youq Meijcouh，Mingzcauz mwh Vanliz（1573~1620 nienz）youz rog guek cienzhaeuj Cungguek. Mwnq Bouxcuengh ndaem gij sawz de，daihgaiq daj mwh Mingzcauz satbyai hainduj. Cingh Gyahging《Gvangjsih Dunghci》gienj bet gouj naeuz:"Minj Gvangj sawz miz song cungj，cungj ndeu cwng sawzbwn，gijneix dwg yienzlaiz Cungguek couh miz；cungj ndeu cwng sawz，miz vunz daj rog guek ndaej gij ceh de. Song cungj neix gij ganj de doxlumj，hoeng sawzbwn gij gaeu de ruenz gofaex cix hung，sawz cix ruenz muenx lajdoem；sawzbwn yienghceij hungloet，aen sawz yienghceij youh luenz youh raez. Feihdauh cix dwg sawz gig diemz，sawzbwn haemq cit." Sawz caeuq Sawzbwn faen dwk gig cingcuj.《Gvangjsih Dunghci》yinx《Yezsih Cungzcai》gangj dwk engqgya gidij:"Sawz miz naeng hoengz、naeng hau song cungj，hom diemz ndaej dingj haeux. Mwh cib nyied，nden nden cungj hai va lumj duz va godaengngoenz iq，giz Yez gizgiz cungj ndaem de. Youh miz sawzdiemz， luem lumj aen gyaeq duzhanq······ dandan sawz dwg daj rog guek daeuj." Gangjmingz mwh Mingz Cingh mwnq Gvangjsih gaenq ndaem sawz. Doengzseiz aenvih sawz ak hab'wngq, naih biz naih rengx, yungzheih ndaem, canjliengh sang, caiqgya gij ganj gij mbaw de ndaej guh swzliu, gij rag de ndaej guh haeuxgwn、oemqlaeuj、roenq baenz naed le naengj rak, sojlaiz riengjvaiq gyagvangq daengz Gvangjsih sojmiz giz Bouxcuengh, bienqbaenz mbangj mwnq rengx doenghgo haeuxliengz cujyau de. Aenvih hom diemz ndei gwn, ndawbiengz camh heuh de cwng sawzdiemz.

（2）番薯，原产美洲，明万历年间（1573～1620年）由海外传入中国。壮族地区种植番薯，约从明末开始。清嘉庆《广西通志》卷八九说："闽广薯有二种，一名山薯，彼中故有之；一名番薯，有人自海外得此种。两种茎秆多相似，但山薯植援附树乃生，番薯蔓地生；山薯形魁垒，番薯形圆而长。其味则番薯甚甘，山薯稍劣。"可见，番薯与山薯区分得很清楚。《广西通志》引《粤西丛载》说得更具体："番薯皮有红、白二种，香甘可代饭。十月间，遍畦开花为小葵，粤中处处种之。又有甜薯，圆如鹅卵······惟番薯自洋中来也。"说明清代广西地区已种植番薯。而且由于番薯适应性强，耐肥耐旱，易栽培，产量高，加上茎叶可作饲料，根块可为粮、酿酒、切粒蒸晒，因此迅速扩大到广西壮乡全境，成为一些干旱地方的主要粮食作物。因其甘甜可口，民间也叫它甘薯。

Cinghdai Bouxcuengh ndaem sawz haemq bujben, itbuen miz 2~3 aen binjcungj.《Lenzcouh Fujci》naeuz, Hozbuj ndaem gij sawz de gaenq guhbaenz "Gij goujliengz sojmiz beksingq, ndaej dangq sam faenh cih it haeuxgwn".《Sinhningz Couhci》naeuz: "Ndawbiengz haethaemh gwnz de, mbouj lizhai sawz caeuq biek."《Cungzcoj Yenci》naeuz: "Sawz, gak aen yangh boux ndaem sawz de gig lai, vunzgungz baengh de daeuj guh haeuxliengz. Miz vunz muh le guh baenz mba, yungh daeuj guh faenj, aeu ma dangq byaek gwn."

清代壮族种植番薯比较普遍，一般有2～3个品种。《廉州府志》说，合浦种植的番薯已成为"齐民口食之资，可当米谷三分之一"。《新宁州志》说："民间朝夕充饥，不离薯芋。"《崇左县志》说："甘薯，各乡种者极多，贫民赖以充食。有磨后制作淀粉，做粉条，以充菜食者。"

Minzgoz co'nienz, sawz gaenq fazcanj baenz mwnq Gvangjsih go haeuxliengz youqgaenj de, cujyau dwg cungj naeng hoeng de lai, youh cwng sawz naeng hoengz. Minzgoz 27 bi（1938 nienz）, Gvangjsih Nungzsw Siyencangz daj Meijgoz、Yizbwnj yinxhaeuj Nanzsui sauzfanhsuz cungj ndei, guh le gihyiz sawqniemh, doengzseiz yiengq daengx sengj doigvangj. Daengz 1949 nienz, ginggvaq lai mwnq yinxhaeuj, genj ganq, guhbaenz le vuzyouhgih、dadwngzsuz、swgisuz daengj 30 lai aen deihfueng binjcungj ndei.

民国初年，番薯已发展成为广西地区的重要粮食作物，以红皮为多，又称红薯。民国二十七年（1938年），广西农事试验场从美国、日本引进南瑞苕番薯良种，进行了区域试验，并向全省推广。至1949年，经多地引进、选育，形成了无忧饥、大藤薯、四季薯等30多个地方良种。

Ndaem sawz, liglaiz couh guhbaenz aeu aen sawz fatsanj caeuq aeu gaeu sawz cap ndaem fatsanj song cungj, hai lueng cap ngeng roxnaeuz ndaem cingq youq gwnz nden cuengq le bwnhdaej de. Gij fuengfap ndaem de caeuq gij fuengfap seizneix siengdang ciepgaenh.

番薯栽培，历来就形成用薯块繁殖与用薯蔓插播繁殖两种，开沟斜插或平栽在整好、起畦和放基肥后的薯地上。其栽培方法与现今的方法相当接近。

（3）Sawzminz，yienzlaiz ok youq Meijcouh，daihgaiq youq 19 sigij cunggeiz，cienzhaeuj mwnq song Gvangj. De ak hab'wngq，naih rengx naih byom，donj ganj daeuj ndaem，hab ndaem youq diegbo. Gij rag de miz denfwnj lai，ndaej aeu daeuj gwn caeuq oemqlaeuj. Minzgoz 《Laizbinh Yenci》geiq："Gaenh geij bi neix sawzminz ceiqlai，ranz lajmbanj bi rwix de，daih dingzlai aeu sawzminz biek daeuj guh haeuxliengz." 《Cungzsan Yenci》caemh naeuz："Cainienz beksingq couh gauq sawzminz cabliengz daeuj dienz dungx." Sawzminz 3 nyied ndaem，10 nyied sou. Daih dingzlai aeu diegfwz daeuj ndaem. Mwh ndaem vat gumz，cuengq dojbeiz，cuengq donh ganj sawzminz ndeu，rwed raemx le，gvaqlaeng couh ndaej mbouj guenj lo. Bouxcuengh ndaem sawzminz haemq co，aenvih soucingz ndei，guhbaenz gij dwzcanj Gvangjsih.

（3）木薯，原产美洲，约在19世纪中叶，传入两广地区。它适应力强，耐旱耐瘠，切茎繁殖，宜于山地栽种。其根块富含淀粉，供食用和酿酒。民国《来宾县志》记载："近年木薯最多，农家凶岁，多持薯芋以为粮。"《崇善县志》亦称："荒岁则人民赖木薯杂粮以充口腹。"木薯3月种，10月收，大多用生荒地种植。种时挖坑，放入草皮灰，再放入木薯茎一截，淋上水，即成。壮人种木薯比较粗放，由于收成不错，已成为广西的特产。

Sawzminz hamz Cinghgihganh，gwn le yaek gyaeuj ngunh engqlij dengdoeg dai bae. Sougvej le，aeu dawz naeng dat bae，ronq baenz vengq cimq youq ndaw raemx geij ngoenz，yienzhaeuh cijndaej cawj gwn roxnaeuz swiq seuq dak hawq，daem baenz mba yolouz daeuj gwn.

木薯含氰基苷，食后会头晕甚至中毒致死。收割后，需将根皮削去，切片浸于水中几天，然后才能煮吃或漂洗晒干，舂成粉储藏留作食用。

Ngeih. Biek
二、芋

Biek youq mwh hongdawz rin gaeuq geizlaeng cojgoeng Bouxcuengh gaenq lienh ndaem go biek cwx bienqbaenz go biek，aeu go biek daeuj gwn. Seizneix mwnq Bouxcuengh lij miz go biek cwx，gij ganj mbaw rag de，ndaej guh swzliu duzmou. Gveigangj si Lozbwzvanh aen moh Hancauz 1 hauh oknamh miz gij doxgaiq yolouz "biek"（doz 1-2-1）. Bouxcuengh ndaem biek，miz biek rengx caeuq biek raemx song cungj. Biek raemx ngeih sam nyied ndaem，bet gouj nyied sou. Mingzcauz 《Nanzningz Fujci》geiq "Biek ciuhgeq cwng dunhcih，miz song cungj，cungj hab ndaem youq giz gyo de cwng biek hung，cungj hab ndaem youq giz cumx de cwng biek mienh. Youh miz biek reih、biek dinma、biek raemx、biek buz、biek sauz" daengj binjcungj. 《Gvangjsih Dunghci》caemh geiq："Biek miz raemx rengx song cungj，biek rengx byom，biek raemx loet." 《Gveiyen Ci》《Luzconh Yenci》caeuq 《Gveibingz Yenci》geiqloeg le gij binjcungj biek faenbied miz 8 cungj、13 cungj caeuq 7 cungj，ndawde biek Libuj gaenq

senqsi youq daengx guek mizmingz. 《Yezsih Cizvuz Giyau》gwnzde geiq: "Biekmaklangz
（couhdwg biek Libuj）aen de youh raez youh luenz, gwn le youh mboeng youh hom, dwg gij
dwzcanj Libuj yen, binjcaet ndei gvaq gak cungj biek." Dwg gij doxgaiq soengqhawj vuengzdaeq
de.

　　芋在旧石器时代晚期壮族先民就已经驯化野生芋为栽培芋，以芋为食。如今壮乡还有野生芋
存在，其茎叶芋芃，可作猪饲料。贵港市罗泊湾1号汉墓出土有"芋"遗物（图1-2-1）。壮人种
芋，有旱芋和水芋两种。水芋二三月种，八九月收。明《南宁府志》载"芋古谓蹲鸱，有两种，宜
燥地者曰大芋，宜湿地者曰面芋。又有旱芋、狗爪芋、水芋、璞芋、韶芋"等品种。《广西通志》
亦载："芋有水、旱两种，旱芋瘦，水芋壮。"《贵县志》《陆川县志》和《桂平县志》分别记载了
芋的品种有8种、13种和7种，其中荔浦芋早已驰名全国。《粤西植物纪要》上载："槟榔芋（即荔浦
芋）体长而圆，质味松香，为荔浦县特产，品居各种之上。"荔浦芋曾被定为贡品。

　　Bouxcuengh haengj ndaem biek, sam nyied ndaem, haj roek nyied mwh haeux mbouj
gaeuq gwn, gijneix dwg gij baujboiq dienz dungx. Aen biek dwg gij swzliu doenghgo duzmou
ceiq haengj gwn, ndaw ranz ciengx duzmou ndeu, ndaem moux biek ndeu gung'wngq, cij
yienh dwk cungcuk. Cawzliux biek raemx, gij reih diegbo caemh ndaej ndaem biek. Minzgoz 24
bi（1935 nienz）, Gvangjsih biek canjliengh dwg daengx guek cungjcanjliengh caet faenh cih it,
ngaemq noix gvaq Swconh, baiz youq daengx guek daihngeih.

　　壮人喜欢种芋，三月种，五六月青黄不接，是救饥之宝。芋芃是猪最爱吃的植物饲料，家养1
头猪，有1亩左右芋地供应，方显得充裕。除了水芋，山坡畲地也可以种芋。民国二十四年（1935
年），广西芋产量是全国总产量的七分之一，仅次于四川，居全国第二。

Doz 1-2-1　Gvangjsih Gveigangj si Lozbwzvanh aen moh Hancauz 1 hauh oknamh gij ganj biek caeuq gij byuk aen biek
图1-2-1　广西贵港市罗泊湾1号汉墓出土的芋茎和芋头的外壳

Sam. Suk

三、粟

Gij suk giz Bouxcuengh miz song cungj：It dwg haeuxfiengj, riengz haeux lumj rieng ma, naed haeux saek henj, cwng haeuxfiengj riengma；daihngeih cungj dwg haeuxvaeng, yienghceij lumj haeuxfiengj, hoeng cehhaeux dwg saek hoengzgeq, riengz ndeu miz 3~5 nga, gienj hwnjdaeuj lumj nyauj bit, sojlaiz cwng haeuxvaeng din bit, mwh hongdawz rin moq geizlaeng, Bouxyez gaenq lienh ndaem ok le haeuxfiengj. 1998 nienz, youq Gvangjsih Naboh yen Ganjdoznganz mwh hongdawz rin moq geizlaeng giz dieggaeuq ndawde oknamh le ceh haeuxfiengj bienq danq de. Gveigangj si Lozbwzvanh aen moh Hancauz 1 hauh gij doxgaiq yolouz ndawde miz haeuxfiengj oknamh（doz 1-2-2）, gangjmingz giz Bouxcuengh lienh ndaem haeuxfiengj, lizlij gyaeraez. Haeuxvaeng youq giz Bouxcuengh, 3 nyied ndaem 9 nyied sou, vunz Bouxcuengh dawz de muh baenz mba, cawj baez haeuxcuk, gwnz dwk diemzsub youh liengzsumx, youq seizhah gwn ndei dangqmaz. Canghyw Bouxcuengh nyinhnaeuz, cungj haeuxcuk neix it daeuj ndaej siu hwngq ndaej dienz dungx, ngeih daeuj ndaej yawhfuengz caeuq yw bingh sa. Haeuxfiengj hab ndaem youq giz hawq, ganj haeux daemq, mwh cak nya hong lai, mbouj lumj haeuxnaz hab youq ndaw naz hung ndaem, ranz nungzgya bujdungh itbuen ngamq ndaem sam seiq faen dieg, guenjleix caemh mbouj saeqnaeh geijlai. Youq Bingzloz Yinzsanhlingj aen moh Hancauz lij oknamh miz haeuxrou（doz 1-2-3）.

壮乡的粟有两种：一是小米，穗如狗尾，粒小色黄，又称狗尾粟；二是鸭脚粟，形似小米，但米色为暗红色，穗分3～5叉，曲卷如鸭脚，故称鸭脚粟。新石器时代晚期，越人已驯化并栽培了小米。1998年，在广西那坡县感驮岩新石器时代晚期遗址中出土了炭化粟。贵港市罗泊湾1号汉墓遗物中有小米出土（图1-2-2），说明壮乡驯化栽培小米的历史久远。鸭脚粟在壮乡，3月种9月收，壮家人将之磨成粉，熬成粥，清甜凉爽，是夏日的良好食品。壮医认为，此粥一可消暑充饥，二可预防和治疗痧症。粟宜旱作，禾秆矮，中耕除草，劳动量大，不像水稻适合大田作业，普通农家一般只种三四分地，管理也不精细。在平乐县银山岭汉墓中还出土有薏米（图1-2-3）。

Doz 1-2-2 Gvangjsih Gveigangj si Lozbwzvanh aen moh Hancauz oknamh naed haeuxfiengj

图1-2-2 广西贵港市罗泊湾1号汉墓出土的粟粒

Doz 1-2-3 Gvangjsih Bingzloz Yinzsanhlingj aen moh Hancauz oknamh naed haeuxrou cang youq ndaw gyumj gangvax de

图1-2-3 广西平乐县银山岭汉墓出土的盛在陶簋内的薏米

Seiq. Meg
四、麦类

Gomeg giz Bouxcuengh daj Cunghyenz yinxhaeuj, sojlaiz Vahcuengh "meg" dwg aen swz ciq Sawgun. Cawzliux meggangj、gomeg, lij miz meggak. 《Sinh Dangzsuh·Veiz Danh Con》 daezdaengz Veiz Danh guh Yungzcouh swsij, "son beksingq dajndaem daemjbaengz" "son ndaem caz ndaem meg". Mwh Mingz Cingh, mwnq Bouxcuengh leihyungh diegrengx caeuq gij reih hoengq seizdoeng bujbwn ndaem meg, gij binjcungj meg cawzliux meggangj, lij fazcanj le megmienh、meggak, miz mbangj deihfueng meg bienqbaenz le cawjliengz. Mingzcauz mwh Cwngzva（1465~1487 nienz）, vunz Gveilinz Bauh Yi sij gvaq souj 《Sei Meg Henj》 mizmingz ndeu, haidaeuz couh naeuz: "Meggangj henj, megmienh henj, sai mbwk ranz ranz bae reih meg, bouxlaux yawj ranz bouxak bae, couh vat byaekcwx cawj raemxdang, sai mbwk gvej meg mbouj lau baeg, giz cuengq meg doiq lumj bo sang", miuzveh le gij ciengzmienh mwh sou meg. Gveilinz youq henz baihnamz Vujlingj, dienheiq liengz, dwg Lingjnanz giz dieg ndei haemq hab ndaem meg de. Cinghdai ndaem meg engqgya bujbwn, daj Gveibwz yiengq Gveisih fazcanj. Gyahging 《Gvangjsih Dunghci》 naeuz, Gingyenj fuj（seizneix rangh Yizcouh、Hozciz）"Meg yienz mij miz cungj, Ganghhih 61 bi（1722 nienz）, boux vunz ndaw gin Cinz Gingbangh daj Gveilinz cawx ma, faenfat hainduj mbe'gvangq, youh miz gij yenmwz mumh raez, gyauzmwz, seizcin seizdoeng song cungj". 《Gveihswn Cizli Couhci》 caemh geiq: "Gyahging gaxgonq gig noix ndaem meg, daj Gyahging 2 bi（1797 nienz）dauqcawq cungj ndaem, caemh daih dingzlai fungsou, gvaqlaeng gij vunz ndaem de engqgya lai." Siengcouh Gveicungh mboujdanh ok gij haeuxraez mizmingz de, lij ok meg. Vunz Siengcouh Cwng Yenbuj sij 《Fwn Ndei》, ndaw sei de naeuz ranzmbanj de "vuenheij cix ndaem go haeuxraez, meg henj cug le doiq gou ciengq".

壮乡的麦引自中原，因此壮语的"麦"是借汉语词。除了大麦、小麦，还有荞麦。《新唐书·韦丹传》提到韦丹为容州刺史，"教民耕织""教种茶麦"。明清时期，壮族地区利用旱地和冬闲田普遍种麦，麦的品种除大麦外，还发展了小麦、荞麦，有的地方麦成了主粮。明成化年间（1465～1487年），桂林人包裕写过一首著名的《麦黄歌》，开头就说"大麦黄来小麦黄，家家男女登麦场。老者看家壮者出，旋挑野菜煮羹汤。男镪女刈不辞劳，麦场堆积如陵高"，描绘了麦收时的场面。桂林位于五岭南缘，气候凉爽，是岭南比较适合种麦的好地方。清代种麦更普遍，从桂北向桂西发展。嘉庆《广西通志》说，庆远府（今宜州、河池一带）"麦旧无种，康熙六十一年（1722年），郡民陈庆邦买自桂林，散布始广，又燕麦须长，荞麦，春冬二种"。《归顺直隶州志》也载："嘉庆以前鲜种麦，自嘉庆二年（1797年）遍地皆种，亦大半丰熟，以后种者愈多。"桂中的象州不仅出产著名的长腰米，还产麦。象州人郑献甫赋《喜雨》，诗曰他的故里"欣然亦种长腰米，麦黄甚熟对我啼"。

Meggak ndaej souh nit naih genx, gij naengzlig hab'wngq ak, 9 nyied ndaem, 11 nyied sou, seizgan hungmaj dinj, yungzheih hawj Bouxcuengh ciepsouh. Youq mwnq Bouxcuengh, meggak yungzheih ndaem，miz gij coh meg gik. Lumjbaenz 《Cin'anh Fujci》naeuz meggak "yungzheih maj yungzheih sou，vahsug naeuz bouxgik ndaem meggak". Gizsaed，Bouxcuengh youq sou le haeuxlaeng gvaqlaeng，lai ndaem sauh meggak ndeu，guenj meggak genjdanh，youh ndaej lai yungh reihnaz baez ndeu.

荞麦耐高寒耐瘠，适应力强，9月种，11月收，生长期短，容易被壮民接纳。在壮乡，荞麦易种，有"懒麦"之称。如《镇安府志》说荞麦"易长易收，谚所谓懒汉种荞麦也"。其实，壮人在晚稻收割以后，加种一造荞麦，荞麦不仅田间管理简单，而且可以提高田地的复种指数。

Mwnq Bouxcuengh ndaem meg ginglig le 600 bi lizsij，daengz 20 sigij 30 nienzdaih，meg dangguh doenghgo ndaem youq seizdoeng gaiq naz hoengq de，dieg ndaem meg cugciemh gya'gvangq，yinxhaeuj caeuq ganq binjcungj moq caemh hainduj souhdaengz le yawjnaek. Lumjbaenz Minzgoz 21 bi（1932 nienz），youq Liujcouh Gvangjsih nungzsw siyencangz ribsou gij binjcungj ndaw Gvangjsih sengj caeuq gij binjcungj ndei yinxhaeuj de guh doxbeij sawqniemh，genj ok Gvei 3956、166、1959 daengj binjcungj（binjhi），youq Liujcouh mwnq Bouxcuengh doigvangj ndaem. Minzgoz 27 bi（1938 nienz），Gvangjsih nungzsw siyencangz caeuq cunghyangh nungzyez sizyensoj doxgap，youq Liujcouh guh gij binjcungj deihfueng caeuq binjcungj yinxhaeuj sawqniemh，yinxhaeuj le ginhda 2905、cunghda Meijgoz yibiz daengj song aen binjcungj ndei meg，ginggvaq cazyawj caeuq gihyiz sawqniemh le yiengq daengx sengj doigvangj. Doengz bi de，Gvangjsih nungzsw siyencangz Liengz yizfeih youq Liujcouh guh binjcungj meg hen ceh sawqniemh，senj ok le mbangj fungcanj youh naih bingh gij ceh meg moq. Gvangjsih Nungzsw Siyencangz cangzcangj Maj Baujcih caeuq Fan Fuzyinz gonq laeng youq Nanz gingh dem Cangzsah guh gomeg binjcungj dinj binghmyaexhenj ndij binghmyaexgyaemx sawqniemh. Minzgoz 26 bi（1937 nienz）senj bae Liujcouh Sahdangz laebdaeb sawqniemh，daengz Minzgoz 33 bi（1944 nienz）rienggyaeuj 8 bi，gij binjcungj camgya sawqniemh de lai dwk miz 3000 aen doxhwnj，mbangj di binjcungj genj ok de，cungj biujyienh ndaej dingj binghmyaexhenj caeuq binghmyaexgyaemx.

壮族地区种麦经历了600年历史，到20世纪30年代，小麦作为冬闲田的冬种作物，种植面积逐渐扩大，新品种的引进和选育也开始受到了重视。如民国二十一年（1932年），在柳州的广西农事试验场收集广西省内地方品种和引进良种进行比较试验，选出桂3956、166、1959等品种（品系），在柳州壮族地区推广种植。民国二十七年（1938年），广西农事试验场和中央农业实验所合作，在柳州进行地方品种及引种试验，引进了金大2905、中大美国玉皮等两个小麦优良品种，经观察和区域试验后向全省推广。同年，广西农事试验场梁逸飞在柳州进行小麦纯系育种试验，选出了一些丰产性状较好、抗病力较强的小麦新品系。民国二十三年（1934年）冬至民国二十六年（1937年），广西农事试验场场长马保之和范福仁先后在南京和长沙举行小麦品种抗黄锈病和褐锈病试验，民国二十六年（1937年）迁至柳州沙塘继续试验，至民国三十三年（1944年）历时8年，参试的品种多达3000个以上，筛选出的一些小麦品种，均表现能抗黄锈病和褐锈病。

Youq aen gocwngz ndaw meg，Bouxcuengh fatyienh dwk mba ndok ndaej hawj gomeg demcanj. Sawqniemh biujmingz, dwk mba ndok ndaej hawj gomeg demcanj 170%~210%. 1949 nienz, canzyau sawqniemh fatyienh vanzlij ndaej demcanj 53%~83%. Ndaej raen, youq laj diuzgienh mbouj gunghawj linzfeiz, guh gij bwnh mba ndok dwg mizyauq, gizneix ceijok le linzfeiz doiq gomeg miz cozyung yienhda.

在种麦耕作中，壮人发现施骨粉能使小麦增产。试验表明，施骨粉可使小麦增产到170%～210%。1949年，残效试验后发现施骨粉仍能增产53%～83%。可见，在没有磷肥供应的条件下，制作农家骨粉肥是有效的，这里指出了麦作对磷肥的需求作用十分明显。

Minzgoz 31 bi（1942 nienz）, Gauh Vwnzbinh youq Liujcouh Sahdangz fatyienh duz nonhaih iq caeuq nonreh gij meg yo ndaw cang de miz duz gujfungh geiq youq, 4.65% deng geiq youq.

民国三十一年（1942年），高文彬在柳州沙塘发现仓储小麦害虫麦蛾幼虫和蛹被谷蜂寄生，寄生率达4.65%。

Haj. Haeuxyangz
五、玉米

Haeuxyangz, coh yienzlaiz dwg yisuzsuj, ok laeng Meijcouh daeuj. 1494 nienz Gohlunzbu baedaengz dalu moq cijmiz gij geiqloeg gvendaengz haeuxyangz, gvaqlaeng cienzhaeuj Cungguek. Gvangjsih mwnq Bouxcuengh ceiqcaeux geiqloeg ndaem haeuxyangz dwg youq Mingzcauz Gyahcing 43 bi（1564 nienz）bien bonj 《Nanzningz Fujci》, geiq: "Suj, gvenq cwng suzmij……ganj sang lumj go'oij……" Cinghcauz Yunghcwng 11 bi（1733 nienz）gwnz 《Gvangjsih Dunghci》caemh miz geiqloeg. Daengz 18 sigij cunggeiz le, Gvangjsih baihsae rangh Dahcojgyangh Dahyougyangh mwnq Bouxcuengh gaenq bujben ndaem. Genzlungz 21 bi（1756 nienz）《Cin'anh Fujci》sij: "Haeuxyangz……rogndoi Yangveiz Denhbauj（seizneix dwg ndaw aen yienh Dwzbauj）dauqcawq cungj ndaem." Daengz mwh Gvanghsi（1875~1908 nienz）, "ndaw cin ndaem haeuxyangz cugciemh lai", Gvanghsi 25 bi（1899 nienz）《Gveihswn Cizli Couhci》naeuz: Gveihswn couh（seizneix rangh Cingsih）"Canghsuz, haeuxliengz cab, doenghbaez ndaem sauh ndeu, seizneix cix lienzdaemh ndaem song sauh. Daj gwnz dingj bya daengz laj bya, mbouj miz mwnq mbouj ndaem de". youq dajndaem gisuz fuengmienh daj ndaem sauh ndeu fazcanj daengz ndaem song sauh doxlienz, daj naz bingzdeih fazcanj daengz gwnz bo ciengzseiz cuengqhoengq de caeuq gij reih rengx mbouj hab ndaem naz de, dajndaem gisuz gaenq deng haujlai nungzminz Bouxcuengh gaemdawz.

玉米，原名玉蜀黍，原产于美洲。1494年哥伦布到达新大陆后才有关于玉米的文字记载，后传入中国。广西壮族地区最早记载种植玉米的文献是明嘉靖四十三年（1564年）编的《南宁府志》，载："黍，俗呼粟米……茎如蔗高……"清雍正十一年（1733年）的《广西通志》上也有记载。到18世纪中期以后，桂西左右江流域一带的壮族地区已普遍种植。乾隆二十一年（1756年）《镇安府志》写道："玉米……向惟天保（今德保县境）山野遍种。"到光绪年间（1875~1908年），"镇属种者渐广"，光绪二十五年（1899年），《归顺直隶州志》称归顺州（今靖西一带）"仓粟，杂粮，前只一造，今则连种两造。及山头坡脚，无不遍种"。在种植技术上，从种单造发展到双造连种，从平地发展到长期闲置的山丘和不宜种稻的旱地，种植技术已广为壮族农民所掌握。

Gaenhdaih mwnq Bouxcuengh ndaem haeuxyangz gaenq fazcanj baenz go haeuxliengz youqgaenj dandan baizyouq baihlaeng haeuxnaz de, doengzseiz hainduj yinxhaeuj gij dajndaem gisuz moq rog guek ndaw guek. Leihyungh gij gohyoz gisuz gaenhdaih daeuj ganq ceh haeuxyangz, daj 20 sigij 30 nienzdaih. Minzgoz 25 bi（1936 nienz）hainduj, Gvangjsih nungzsw siyencangz Fan Fuzyinz youq Liujcouh Sahdangz guh le haeuxyangz gag doxgyau ganq ceh caeuq ceh cabgyau gap boiq gij sawqniemh haemq hidungj de, gonq laeng daj ndaw sengj daengz Yinznanz、Gveicouh nem Meijgoz daengj mwnq ribsou haeuxyangz binjcungj 413 faenh, doengzseiz guh le gij gap boiq cwzgyauh、danhgyauh、song gyau cungj, itgungh ndaej 845 aen cujhab. Minzgoz 30~31 bi（1941~1942 nienz）, Fan Fuzyinz doiq 111 faenh danhgyauh cungj caeuq 178 faenh song gyau cungj guh lai diemj doxbeij sawqniemh, bingzsenj ok sueng 36、sueng 41 daengj cib lai aen song gyau cungj ndei. Gij haeuxyangz cabgyau beij gij binjcungj ranzmbanj demcanj ceiqsang ndaej daengz 35% doxhwnj. Gvangjsih mwnq Bouxcuengh giz Liujcouh bienqbaenz Cungguek haeuxyangz cabgyau ganq cungj sawqniemh aen sawqniemh gihdi gveihmoz ceiq hung、cwngzgoj ceiq yienhda de. Hojsik, mwhhaenx cingq dwg mwh hoenx Yizbwnj, ciep laeng dwg hoenx gaijfang, deihfueng cwnggiz mbouj onj, ginghfei gunnanz, doigvangj dijhi gig mbouj caezcienz. Hoeng dangseiz soj guhbaenz gij haeuxyangz ganq cungj lijlun de caeuq aeundaej daihbuek ganq cungj sawqniemh caizliuh de, vih gvaqlaeng mwnq Bouxcuengh haeuxyangz cabgyau ganq cungj gisuz dwkroengz le giekdaej ndei.

近代壮族地区的玉米已发展成为仅次于水稻的重要的粮食作物，并开始引进国外种植新技术。利用近代科学技术进行玉米育种，始自20世纪30年代。民国二十五年（1936年）开始，广西农事试验场范福仁在柳州沙塘进行了较系统的玉米自交系选育和杂交种组配试验，先后从省内、云南、贵州及美国等地征集到玉米品种413份，并进行了测交、单交、双交种的组配，共获845个组合。民国三十至三十一年（1941~1942年），范福仁对111份单交种和178份双交种进行多点比较试验，评选出双36、双41等十多个优良双交种。杂交玉米比农家品种增产率最高可达35%。广西壮族地区的柳州沙塘成为中国玉米杂交育种试验规模最大、成果最显著的试验基地。可惜，时值抗日战争，接着是解放战争，地方政局不稳，经费困难，推广体系极不完善。但是当时所形成的玉米育种理论和取得的大批育种试验材料，为以后壮族地区的玉米杂交育种技术奠定了良好基础。

Mwh Minzgoz, mwnq Bouxcuengh haeuxyangz miz it bi it sauh、it bi song sauh, roxnaeuz caeuq duhdoem、duhhenj、sawz doxcab ndaem daengj laicungj yiengh daeuj ndaem, daih dingzlai mwnq haemq louzsim damqra coij dem lueng mbang roxnaeuz yaed caeuq dwk bwnh lumx doem daengj gij gisuz ndaem haeuxyangz gauhcanj. Minzgoz 25~29 bi（1936~1940 nienz）, Gvangjsih nungzsw siyencangz Fan Fuzyinz daengj, youq Liujcouh gonq laeng guh le mboujdoengz seizgan byok ceh、mbang yaed mboujdoengz、dwk bwnh lumx doem caeuq gij canjliengh haeuxyangz miz maz gvanhaeh daengj doxbeij sawqniemh. Gezgoj cingqmingz, haeuxyangz byok caeux beij byok laeng demcanj, coij nem coij doxgek 2.5 cik beij 1.5 cik demcanj, dauqcungz viq ceij dauqcungz dwk bwnhdaej demcanj, lumx doem beij mbouj lumx doem demcanj. Hoeng youq laj cingzgvang mbang yaed doxdoengz, go dog beij song go canjliengh cengca mbouj daih, gijneix beij haeuxyangz gauhcanj ndaem daezhawj le itdingh gohyoz gaengawq.

民国时期，壮族地区的玉米有一年一造、一年两造，或与花生、大豆、甘薯间作等多种耕作制度，大多数地区比较注意探索行株距的适度密植和施肥培土等玉米高产栽培技术。民国二十五至二十九年（1936～1940年），广西农事试验场范福仁等人在柳州先后进行了不同播期、不同行株距、施肥培土与玉米产量的关系等对比试验。结果证明，玉米早播比迟播增产，行距2.5市尺比1.5市尺的增产，重施追肥比重施基肥增产，培土比不培土增产。但是在相同行株距的情况下，单株植与双株植产量差异不大，这为玉米高产栽培提供了一定的科学依据。

Minzgoz 27~29 bi（1938~1940 nienz），Giuh Swbangh youq Liujcouh Sahdangz yungh 3 bi seizgan doiq Gvangjsih duz nonconsim haeuxyangz cazyawj yenzgiu, caen rox duz non neix youq mwnq Liujcouh bi ndeu fatseng 6 daih, doiq gij swnghhoz sibgvenq de、rengz fatsanj de daengj fuengmienh guh yenzgiu soundaej mbouj noix. Lij fatyienh gyaeq deng duzdinz dahoengz geiqseng cungj ndeu caeuq nonreh geiqseng duzdinz song cungj, daegbied dwg youq fuengzre fuengmienh, dawznaek guh le daihliengh yenzgiu, daezok le baenz dauq fuengzre banhfap guh daeuj gig miz yauq ndeu. Doengzgeiz, Fan Fuzyinz youq Liujcouh Sahdangz guh gij yenzgiu "mwh byok ceh doiq gij nungzyi singcang nem nonconsim haeuxyangz miz maz yingjyangj", caeuq gij yenzgiu boux singq Ciuh de dox bangbouj. Minzgoz 27~31 bi（1938~1942 nienz），boux singq Ciuh diucaz go haeuxyangz seizhah, fatyienh gij gyaeq nonconsim deng duzdinz dahoengz geiqseng beijlwd sang daengz 70%~95%, daih'it baez daezhawj le gij yenzgiu cwngzgoj gvendaengz hangh gisuz aeu non daeuj ceih non de.

民国二十七至二十九年（1938～1940年），邱式邦在柳州沙塘历时3年对广西玉米螟的观察研究，确知此虫在柳州地区一年发生6代，对其生活习性、繁殖力等方面的研究收获不少。还发现卵赤眼寄生蜂一种和蛹寄生蜂两种，特别是在防治上，着重做了大量研究，提出了一整套行之有效的防治措施。同期，范福仁在柳州沙塘进行"播种期对于玉蜀黍农艺性状及螟害之影响"的研究，与邱式邦的研究相辅相成。民国二十七至三十一年（1938～1942年），邱式邦调查夏季玉米，发现玉米螟卵被赤眼蜂寄生的概率高达70%～95%，初次提供了以虫治虫的技术研究成果。

Bouxcuengh youq ciengzgeiz gaijbienq gij gezgou ndaem haeuxliengz caeuq dajndaem gisuz fuengmienh guh le daihliengh、ciengzgeiz damqra nem hawj de yied daeuj yied ndei, cimdoiq mwnq Bouxcuengh gij deihhingz diuzgienh、raemx、dienheiq、ndit ciuq caeuq vwnhdu mboujdoengz, fazcanj baenz gij dajndaem gezgou moq、dajndaem gisuz moq gohaeux、gomeg、haeuxyangz、sawz、biek daengj aeu gohaeux guh cujyau de, dabdaengz diegdeih ndaej fazveih caez gij cozyung de、beksingq mbouj heiq haeuxgwn、yingzyangj doxbouj cungj cunghab yauqwngq yienghneix. Bouxcuengh vihneix guh ok gij hengzdoengh caeuq damqra de，youq gaijgez vunzloih lixyouq caeuq fazcanj aen gohyenz godiz hungnaek ndawde guh ok le gunghawj cizgiz.

壮族在长期改变粮食种植结构和种植技术方面做了大量的、长期的探索与优化工作，针对壮乡的地形条件、水源、气候、日照和温度的差异，发展成以稻为主的稻、麦、玉米、薯、芋等新的种植结构和技术，达到地尽其力、民无虑食、营养互补的综合效应。壮族为此付出的实践与探索，在解决人类生存与发展的重大科研课题中做出了积极贡献。

Daihsam Ciet   Ndaem Go Ndaej Gai
第三节   经济作物种植

It. Oij
一、甘蔗

Mwnq Bouxcuengh youq giz yayezdai，go'oij cwx gak mwnq cungj miz，Bouxcuengh dwg Cungguek aen minzcuz ceiqcaeux rox go oij cwx、lienh ndaem doengzseiz ganq de bienqbaenz go oij ndaej ndaem de，nem yungh de daeuj caq dangz de ndeu.

壮族地区地处亚热带，野生甘蔗遍布各地，壮族是中国最早认识野生甘蔗、驯化并培育它成为栽培蔗，以及利用它榨糖的民族之一。

Oij faenbaenz go oij gwn caeuq go oij caq dangz song cungj. Dangzcauz gaxgonq go oij gwn dwg dizce，oijdangz dwg cuzce. Dangzcauz gvaqlaeng cix yinxhaeuj le cungj oij moq. Mwh Vuj Cwzdenh boux daej cinsw de Mung Sinh《Sizliuz Bwnjcauj》naeuz："Oij miz cungj saek hoengz de cwng Gunhlunz oij，saek hau de cwng dizce. Cuzce dwg gij giz Suz caeuq Lingjnanz ndei"（yinx laeng Lij Sizcinh《Bwnjcauj Ganghmuz》gienj sam sam《Oij》）.

蔗分为生啖的果蔗和制糖的糖蔗两种。唐代以前果蔗为荻蔗，糖蔗为竹蔗。唐代以后则引入了新的蔗种。武则天时举进士的孟诜在《食疗本草》中说："蔗有赤色者曰昆仑蔗，白色者曰荻蔗。竹蔗以蜀及岭南者为胜。"（引自李时珍《本草纲目》卷三三《甘蔗》）

Mwh Sungcauz Yenzcauz，《Yizdi Giswng》gienj 109 naeuz Dwngzcouh "vunzdoj henz dah cungj ndaem oij，daj gyae yawj lumj ndoengfaex，mwh ngamq haeuj seizdoeng caq gij raemx de guh dangz，aeu aen cengh de daeuj cang ndei fung red，daengz seizhah le giet lumj mwi，hau lumj ceh siglouz，dwg gag baenz". Ginggvaq cien ndeu song cien bi mboujduenh ndaem，gaenq damqra ok dauq fuengfap genj ceh、ndaem、guenj guh ndaej doeng ndeu. Youq henz dah ndaem oij，gangjmingz Bouxcuengh gig yawjnaek dwk raemx hawj go oij.

宋元时期，《舆地纪胜》卷一〇九说滕州"土人沿江皆种甘蔗，弥望成林，冬初压取汁作糖，以净器密储之，历夏结霜，莹如石榴子，乃天成也"。壮族人民经过一两千年的栽培实践，已经摸索出一套比较切实可行的选种、栽培、管理的方法。沿江种蔗，说明壮族人民很注重甘蔗的灌溉管理。

Mwh Cinghcauz, gaengawq Giz Dayinh 《Gvangjdungh Sinhyij》 gienj ngeih caet 《Oij》 geiq, mwnq Bouxcuengh ndaem oij mboujdan okyienh le binjcungj moq, gij yunghcawq oij caemh miz le fatyienh moq, doengzseiz miz le gij gisuz dajndaem moq: "Oij go dij de cwng oij nae, ganj hung miz song conq, raez baenz ciengh, byot, bietdingh aeu faex daeuj gap, mboujnex couh ak raek……de hoh raez doengzseiz raemx lai, feihdauh daegbied diemz ndei, gwn le yinh vunz, caen dwg noix raen. Seizneix ciengzseiz cwng oij hau, gwn cib mbaenq, cungj ndaej cawz huj liux. Go ndaem de cwng Gunhlunz oij, aeu nep daeuj eujngaeu, ndok ndaej dauq ciep, youh cwng oij yw. Go oij iq youh sauq de cwng cuzce, cwng dizce, ndaem doxlienz ngoz dem ngoz, baez yawj gvaqbae lumj go'em, hoeng naeng geng hoh dinj mbouj ndaej heux, caenh ndaej caq dangz……Fanzdwg oij youq binaengz ngeih nyied bietdingh aeu dawz gij rag de ndaem ngeng, rag ngeng le gvaqlaeng cij did nyez lai. Rag gaeuq couh aeu lumx doem haeuj bae, rag moq couh aeu raemx cimq nanz, did ok nyez le cix ndaem. ndaem le ndwen ndeu, aeu gij gu youzlwgraz daeuj viq; gaenq miz ganj, couh haethaemh saek de, liek gij buengz de, yienghneix go oij couh ndaej maj vaiq."

清朝时期，据屈大均《广东新语》卷二七《蔗》载，壮族地区的甘蔗种植不仅出现了新品种，甘蔗的功用有了新的发现，而且有了新的种植工艺技术："蔗之珍者曰雪蔗，大径二寸，长丈，质甚脆，必挟以木，否则摧折……其节疏而多汁，味特醇好，食之润泽人，不可多得。今常用曰白蔗，食至十梃，隔热尽除。其紫者曰昆仑蔗，以夹折肱，骨可复接，一名药蔗。其小而燥者曰竹蔗，曰荻蔗，连冈接阜，一望丛若芦苇。然皮坚节促不可食，惟以榨糖……凡蔗以岁二月必斜其根种之，根斜而后蔗多庶出（多冒芽）。根旧者以土培壅，新者以水久浸之，俟出萌芽乃种。种至一月，粪以麻油之麸；已成干，则日夕揩拭其，剥其蔓荚，而蔗乃畅茂。"

Mwh Minzgoz, aenvih Gvangjsih sengj cwngfuj dizcang, minzgoz 22 bi（1933 nienz）, youq Gveiyen（seizneix dwg Gveigangj si）laebhwnj le Gvangjsih nungzsw siyencangz Gveiyen oijdangz siyen faenciengz, fucwz sawqniemh caeuq yenzgiu yinx cungj nem gaijndei swnghcanj gisuz、gemjnoix bingh nonhaih, daezsang gij canjliengh ndaem oij. minzgoz 24 bi （1935 nienz）, aen ciengz neix daj Yindu、Cajvah、Feihlizbinh、Meijgoz Danzyanghsanh daengj guekgya yinxhaeuj le binjcungj oij 65 aen, guh binjcungj doxbeij caeuq ok dangz beijlwd sawqniemh. Minzgoz 29 bi（1940 nienz）, doi ok le Cajvah POJ2878、POJ2825、POJ234 daengj gij binjcungj canjliengh sang、hamz dangz liengh sang、caetliengh dangz sang binjcungj ndei de, doengzseiz youq Liujcwngz、Yizcouh、Yunghningz daengj yienh sifan doigvangj, ndaej dangz cungj gij cuzce bonjdeih demcanj 50% doxhwnj. Daj Minzgoz 31 bi（1942 nienz）hwnj, gyoengqde youh guh le gij sawqniemh aeu ganj oij ceh cimq yw siudoeg, gezgoj yungh raemxhoi cimq ceh oij 24 siujseiz, daezgonq 6~7 ngoenz did nyez, moix moux demcanj 22%~30%. Gij roengzrengz Gveiyen oijdangz sawqniemh faenciengz, doidoengh le mwnq Bouxcuengh ndaem oij. Minzgoz 《Hwngzyen Ci》 daih seiq bien geiq: "Oij, miz vangzlazce、yice、cuzce、 guenyaem ce、yangzce daengj loih, gig diemz, dangz lai, ndaej guh dangz. Seizneix ndaw yienh cungqgyang、baihsae、baihbaek gak mwnq, ndaem oij cugngoenz fatdad." Gaenqgawq geiqloeg, mwhhaenx gij oij gwn Gvangjsih youh biz youh diemz, "aeu fwngz cungj ndaej euj, aeu heuj baez haeb, yiengj sing byot, feihdauh diemzsoebsoeb, sangjswtswt". Daengx sengj moix bi canj 100 fanh rap doxhwnj, ndawde gij oij Dunghcenz aen Liujcwngz yen ceiq mizmingz. Oijdangz youq mwnq Bouxcuengh faenbouh gvangqlangh, daihgaiq dwg mwnq henz Dahyi'gyangh、Liujgyangh nem Dahcojgyangh、You'gyangh ndaem ceiq lai. Minzgoz 24 bi（1935 nienz）, Gvangjsih daengx sengj soj canj gij oijdangz de daihgaiq dabdaengz 760 fanh rap, guh baenz dangzhenj 54 fanh rap. Gvaqlaeng, Gvangjsih ok dangz moix bi cungj miz demlai. Minzgoz 26 bi（1937 nienz）dangzhenj canjliengh soqngeg dabdaengz 61 fanh rap, doengzseiz canj dangzhau 4 fanh rap；Minzgoz 27 bi（1938 nienz）dangzhenj canjliengh yienznaeuz gemj baenz 54 fanh rap, hoeng dangzhau canjliengh cix demlai daengz 7 fanh rap doxhwnj. Gvangjsih canjdangzliengh ngamqngamq noix gvaq Swconh、Gvangjdungh、Fuzgen, youq daengx guek baizyouq daihseiq vih.

民国时期，由于广西省政府的提倡，民国二十二年（1933年），在贵县（今贵港市）成立了广西农事试验场贵县蔗糖试验分场，负责引种及改进生产技术、减少病虫害，提高蔗田产量的试验和研究。民国二十四年（1935年），该场从印度、菲律宾，以及爪哇（今属印度尼西亚）、美国夏威夷州等地引进了甘蔗品种65个，进行品种比较和出糖率试验。民国二十九年（1940年），推出了产量高、含糖量高、糖质好、螟害少的爪哇POJ2878、POJ2825、POJ234等优良品种，并在柳城、宜州、邕宁等地示范推广，出糖率均比当地竹蔗增产50%以上。从民国三十一年（1942年）起，该场又进行了甘蔗种茎浸药消毒试验，结果用石灰水浸种24小时，能提前6～7天出芽，每亩增产22%～30%。贵县蔗糖试验分场的努力，推动了壮族地区甘蔗的种植。民国《横县志》第四编载："蔗，有黄腊蔗、玉蔗、竹蔗、观音蔗、洋蔗等类，极甜，糖质甚多，可制糖。今县属中、西、北各区，蔗业日益发达。"据记载，当时广西的果蔗肥美甘脆，"信手可折，咀牙即消，爽脆之声，响于齿颊，清甘之味，泌于神明"。全省年产量在100万市担以上，其中以柳城县的东泉蔗最为著名。糖蔗在壮族地区分布甚广，大致以郁江、柳江及左江诸河流域的地区为最盛。民国二十四年（1935年），广西全省所产糖蔗约达760万市担，制得黄糖54万市担。其后，广西糖产量每年有所增加。民国二十六年（1937年），黄糖产量增至61万市担，并产白糖4万市担；民国二十七年（1938年），黄糖产量虽减为54万市担，但白糖产量增至7万市担以上。广西糖产量仅次于四川、广东、福建，在全国居于第四位。

Youq dajndaem gisuz fuengmienh, mwh Minzgoz bujben yungh oij byai guh ceh, diuz ceh oij raez cik ndeu baedauq, youq moix bi 3 nyied cap ngeng youq ndaw lueng gwnz nden reih, moix nden sang cik ndeu、gvangq 3 cik, moix nden guh coij ndeu, moix go gek cik ndeu baedauq, moix coij gek 2.5~3 cik. Linghvaih, lij miz cungj fuengfap ndaem rag gaeuq yienzlaiz. Leihyungh rag gaeuq ciengzseiz youq 3 bi doxhwnj, hoeng yungzheih did nyez noix, go miz bingh nonhaih de haemq lai, canjliengh daemq. Vihliux daezsang gij canjliengh oij, fuengzre

bingh nonhaih，Gvangjsih nungzsw siyencangz Bungz Saugvangh daengj daj Minzgoz 30 bi
（1941 nienz）hainduj，gonq laeng guh ceh oij cimq ceh siudoeg、mbouj doengz seizgan ndaem
caeuq canjliengh gvanhaeh，lueng ndaem oij laeg feuz mboujdoengz caeuq mbang yaed mbouj
doengz daengj sawqniemh，youq 8 nyied 15 hauh seizcou ndaem oij dwg gij banhfap demcanj
youqgaenj ndeu. Sawqniemh lij biujmingz，go oij ngamq saen ndaem de coij nem coij doxgek
haemq gaeb haemq ndei，rag gaeuq coij nem coij doxgek haemq gvangq haemq ndei. Coij
nem coij doxgek 3.5 cik、go nem go doxgek cik ndeu ceiq habngamj. Lueng oij guh laeg guh
feuz，cix wngdang gaengawq bide raemxfwn lai roxnaeuz noix caeuq mwh roengzceh doem
cumx roxnaeuz gyo daeuj gietdingh，mwh rengx couh deu lueng haemq laeg dwk ndaem，
doengzseiz lai dwk youjgihfeiz guh bwnhdaej，iugouz seizcou ndaem oij gaej caeuq gizyawz
doenghgo doxcab ndaem. Minzgoz 31 bi（1942 nienz），Bungz Saugvangh、Yez Youminz
daengj lij guh le go'oij sengleix yenzgiu，youq mwh hungmaj gak aen seizgeiz，cazyawj caeuq
dagrau gij diuzgienh raemx、bwnh caeuq fat rag、ganj oij hungmaj、mbaw oij hungmaj miz maz
gvanhaeh，cingqmingz le ganj oij hungmaj、rag raez roxnaeuz dinj caeuq nit hwngq、raemxfwn
lai noix、doem cumx roxnaeuz gyo、yangjfwn dwg cwngsieng gvanhaeh. Doenghgij yenzgiu neix
doiq cijdauj dangseiz ndaem oij miz yiyi youqgaenj，doiq ciuhlaeng caemh miz cijdauj cozyung
cizgiz.

　　在栽培技术上，民国时期普遍采用茎梢部分做种，种茎长1市尺左右，于每年3月斜植于整理成
畦的植沟中，畦高1市尺、宽3市尺，每畦一行，株距1市尺左右，行距2.5～3市尺。此外，还有宿根
栽培法。宿根利用往往在3年以上，但易缺苗，病虫害株较多，产量低。为提高甘蔗产量，防治病
虫害，广西农事试验场彭绍光等人从民国三十年（1941年）起，先后进行甘蔗种茎浸种消毒、不同
播期与产量关系、植蔗沟不同深度和不同行株距等试验，播期以8月15日秋植蔗，这是一个重要增
产措施。试验还表明，新植蔗以窄行为好，宿根蔗以宽行为好；以行距3.5市尺、株距1市尺最为适
宜；植蔗沟深度，则应根据当年雨量及下种时土壤湿度而决定，干旱时深沟植，同时增施有机肥做
基肥，要求秋植蔗不要与其他作物间作。民国三十一年（1942年），彭绍光、叶佑民等还进行了甘
蔗生理研究，在各个生长期，观察和测量水、肥条件与根系发育、蔗茎生长、蔗叶生长的关系，证
明了蔗茎生长、根系长度与气温、雨量、土壤水分、养分成正相关关系。这些研究对于指导当时甘
蔗生产有重要意义，对后世也有积极指导作用。

　　Gvangjsih mwnq Bouxcuengh boux ceiqcaeux yenzgiu duz nonhaih naenz oij de dwg Cinz
Ginhbi，de youq Minzgoz 23~24 bi（1934~1935 nienz）youq Nanzningz guh le hangh yenzgiu
neix. Mwhhaenx Yunghningz、Liujcouh、Gveiyen daengj mwnq Bouxcuengh comzyouq de deng
duznaenz dwk haih. Boux singq Cinz neix fatyienh duznon neix bi ndeu ndaej fatseng 20 daih，
mwh 6 nyied ndawnyieb daengz 9 nyied ndawcib deng haih ceiq haenq，moix duznon hung baez
dog seng ndaej 63 duz，mwh gvaq doeng geiqseng youq go'em，duz gwn de miz nengzgoemj、
caujlingz、duzgyau daengj lai cungj，yungh gaeumbwbya、cazyouz、gofeq daengj caet cungj
ywdoj gag guh daeuj fuengzre，youh cienh youh mizyauq. Minzgoz 28~30 bi（1939~1941

nienz），Yoz Cungh、Ciuh Sizbangh yungh duz nengzgoemj hung miz cibsam gaiq raiz（seizneix cwng nengzgoemj hung mbaq doed）de doiq gij nyaenh oij guh swnghvuz fuengzceih yenzgiu. Gvaqlaeng boux singq Ciuh neix lij guh le gij sawqniemh yenzgiu aeu gij youzcau doenghgo caeuq giengh sawzliengz nem raemx ien fuengzre duz nyaenh oij, cungj ndaej le yauqgoj haemq ndei.

广西壮族地区最早研究甘蔗粉虱害虫的是陈金壁,他于民国二十三至二十四年（1934～1935 年）在南宁进行了此项研究。当时壮族聚居的邕宁、柳州、贵县等蔗区惨遭粉虱残害。陈金壁发现此虫1年可发生20代,以6月下旬至9月中旬为害最严重,每成虫胎生虫平均63头,越冬寄生有大芒骨草,天敌有双星瓢虫、草蛉、蜘蛛等多种,可用自制之毒鱼藤、茶油、辣蓼等7种土药防治,经济有效。民国二十八至三十年（1939～1941年）,岳宗、邱式邦应用十三斑大瓢虫（今名大突肩瓢虫）对甘蔗绵蚜虫进行生物防治研究。以后邱式邦还进行了植物油皂、豆薯油乳剂及烟草水防治甘蔗绵蚜虫的试验研究,均取得较好的效果。

Ceiqcaeux yenzgiu Gvangjsih mwnq Bouxcuengh duzmbaj go oij baenzlawz swnghhoz caeuq miz maz haih, dwg Minzgoz 26~28 bi（1937~1939 nienz）Yenz Gyahyenj caeuq Yoz Cungh youq Liujcouh Sahdangz guh. Youq ndaw ranz ciengx, bi ndaej ndaej fatseng 5 daih, duz non'oiq ndaej haih hawj go oij iq bienq hoengqsim, sonjsaet beijlwd dabdaengz 20%~30%. Gvaqlaeng youq ganj oij cuenq gwn, cuenq baenz congh, hawj go oij bienq dinj、ak raek caeuq banhlah bingh nduk dai. Gijneix dwg Gvangjsih duzmbaj go oij gij yenzgiu cwngzgoj ceiqcaeux de.

对广西壮族地区甘蔗螟（即二点螟）生活史及其为害的最早研究,是民国二十六至二十八年（1937～1939年）严家显和岳宗在柳州沙塘进行的。室内饲养甘蔗螟虫,1年可发生5代,幼虫为害稚蔗成枯心,损失率达20%～30%。以后在蔗茎钻蛀取食,蛀成隧洞,使蔗变短、易折和感染赤腐病。这是广西甘蔗螟虫的最早研究成果。

Mwnq Gvangjsih gaenhdaih yenzgiu gij gisuz fuengzre bingh nonhaih gomiuz, baez hainduj couh gig yawjnaek diucaz, cazyawj caeuq yenzgiu gij swhyenz duz denhdiz. Hangh hong neix hainduj youq minzgoz 18 bi（1929 nienz）, mwhhaenx boux youq Gvangjsih Dayoz sonsaw de Liuj Cihyingh doiq duz nengzgoemj hung miz cibsam gaiq raiz caeuq nengzgoemj hung miz cib gaiq raiz baenzlawz swnghhoz、hingzdai daegdiemj caeuq wngqyungh gyaciz guh yenzgiu, fatyienh cungj nengzgoemj hung neix dwg duz ak gaemhdawz duz nyaenh de, aen ndang hungloet doengzseiz yungzheih ciengx, dwg gij caizliuh ndei swnghvuz fuengzre. Minzgoz 28~29 bi（1939~1940 nienz）, Yoz Cungh mwh youq Liujcouh Sahdangz Gvangjsih nungzsw siyencangz, doiq swnghvuz fuengzre duz nyaenh go oij guh le sawqniemh, fatyienh ndaw reih oij duz gwn nyaenh de yiennaeuz miz lai cungj, hoeng cujyau dwg duz nengzgoemj hung miz cibsam gaiq raiz de gwn nyaenh ceiq lai.

广西地区近代农作物病虫害的防治技术研究,一开始就十分重视天敌资源的调查、观察和研究。这项工作始于民国十八年（1929年）,当时在广西大学执教的柳支英对十三斑大瓢虫和十斑大瓢虫的生活史、形态特征和应用价值进行研究,发现这种大瓢虫是捕食竹蚜的能手,体躯硕大且易于饲养,是生物防治的良好材料。民国二十八至二十九年（1939～1940年）,岳宗在柳州沙塘广西农事试验场时，对广西甘蔗绵蚜虫的生物防治进行了试验，发现蔗田中绵蚜虫之天敌虽有多种，但以十三斑大瓢虫蚕食绵蚜虫量最大。

Ngeih. Caz
二、茶

Cungguek dwg mwnq dieg goek gocaz, dieggoek de cungqsim faenbouh youq Yinznanz nem rangh Yinznanz、Gveicouh、Gvangjsih doxgaenh de. Ndawde, miz mbangj mwnq dwg giz Bouxcuengh comzyouq de. Mwh diucaz gij swhyenz doenghgo, youq Gvangjsih baihsae Lingzyinz、Lozyez、Lungzlinz、Sihlinz、Baksaek, Gvangjsih baihsaenamz Cingsih、Dwzbauj、Sanglinz、Fuzsuih、Lungzcouh、Sangswh, Gvangjsih baihbaek Lungzswng、hingh'anh、Linzgvei、Lingzconh、Yungjfuz, Gveicungh Yungzanh、Yungzsuij、Sanhgyangh caeuq Gvangjsih baihnamz henzhaij Fangzcwngz daengj yienh（si）laebdaeb fatyienh gocaz cwx hungloet de, gangjmingz mwnq Bouxcuengh dwg mwnq dieggoek gocaz Cungguek giz ndeu.

中国是茶树的原生地，其原产地中心分布在云南，以及云南、贵州、广西的毗邻地带。其中，有一部分地区为壮族聚居地。植物资源调查时，在桂西的凌云、乐业、隆林、西林、百色，桂西南的靖西、德保、上林、扶绥、龙州、上思，桂北的龙胜、兴安、临桂、灵川、永福，桂中的融安、融水、三江和桂南沿海的防城港等县（市）相继发现野生大茶树，说明壮族地区是中国茶叶的原生地之一。

Caz, Vahcuengh dwg aen swz ciq laeng vahgun de. Bouxcuengh ndaem caz、gwn caz, aiq hainduj youq Cin、Nanzbwz cauz roxnaeuz gaxgonq. Dunghcin Beiz Yenh《Geiq Gvangjcouh》geiq: "Sihbingz yen（seizneix dwg Gvangjsih Sihlinz yen baihdoengnamz Sihbingz）ok gauhluz, lingh gaiq coh caz, mbaw loet doengzseiz saep, vunz baihnamz aeu daeuj gwn." Gangjmingz mwhhaenx mwnq Bouxcuengh gaenq miz le sibgvenq gwn caz. Nanzcauz Sung（420~479 nienz）boux youq Lingjnanz dang hak de Sinj Vaizyenj youq《Nanzyez Ci》naeuz: "Caz, haemz saep, caemh cwng goloz." Dangzcauz gvaqlaeng, mbawcaz Lingjnanz ndaem ndaej lai, Luz Yij《Cazgingh》lied ok Dangzcauz 42 aen couh ok caz de, ndawde couh miz Gvangjsih aen Siengcouh Bouxcuengh, gangjmingz Dangzdai Bouxcuengh ndaem gij mbawcaz de youq daengx guek gaenq miz mingz le. Linghvaih,《Daibingz Vanzyij Gi》gienj it roek caet caemh yinx aeu《Cazgingh》naeuz: "Yungzcouh, Vangzgyahdung miz cuzcaz, mbaw de lumj mbaw faexcuk oiq. Vunzdoj aeu daeuj gwn, diemzvan ndei gwn dangqmaz." Mingzbeg gangj le Dangzdai mwnq Lingjnanz mboujdan ok caz, miz le gij fungheiq gwn caz, doengzseiz swnghcanj gij caz loih daegbied de. Sojlaiz, Minzgoz《Gveibingz Yenci》naeuz, mbawcaz Lingjnanz swnghcanj "hainduj youq ndawgyang mwh Han、Cin, daengz mwh Dangzdai cij daih hwng", fanjyingj le gij caensaed lizsij.

茶，壮语是个借汉语的词。壮族植茶、饮用茶，可能开始于晋、南北朝或其前。东晋裴渊《广州记》载："西平县（今广西西林县东南西平）出皋卢，茗之别名，叶大而涩，南人以为饮。"说明那个时候壮族地区已经有了饮茶的习惯。南朝宋期间（420～479年）为官于岭南的沈怀远在《南越志》说："茗，苦涩，亦谓之过罗。"唐以后，岭南茶叶生产盛行，陆羽《茶经》罗列唐朝产茶的42个州，其中就有广西壮族的象州，说明唐代壮族种植的茶叶在全国已有了知名度。另外，《太平寰宇记》卷一六七也引《茶经》说："容州，黄家洞有竹茶，叶如嫩竹。土人作饮，甚甘美。"明示唐代岭南地区不仅产茶，有了饮茶的风气，而且生产特种类型的茶。因此，民国《桂平县志》说，岭南茶叶生产"盖始于汉、晋之间，至唐而大盛"，反映了历史的真实性。

Ndaem gocaz，《Seiqseiz Conjyau》dwg yienghneix geiq: "Hai aen gumz sam cik，laeg cik ndeu"，gumz nem gumz doxgek 2 cik，moux ndeu hai 240 gumz，sien dawz doem dwk soiq，canjcawz rum、rag faex；yienzhaeuh "dwk bwnh caeuq doem" guh bwnhdaej，moix gumz byok roek caetcib ceh ginggvaq coi didnyez de，gwnzde cw doem conq ndeu，gijneix dwg cungj fuengfap "gumz ndeu byok lai ceh"，ndaej dingj gij vanzging rwix，daezsang gij beijlwd didnyez caeuq lix. Daengz Cinghcauz cogeiz，gaenq hainduj gij gisuz moq youq aen congz ganq miuz le senj ndaem，hoeng cigdaengz Minzgoz cogeiz，gak mwnq canghndaemcaz Bouxcuengh dingzlai lijdwg yungh ceh daeuj byok ndaem，aenvih de haemq yungzheih baujlouz singqcaet caeuq ndaej genj ndei，fuengzre doiqvaq.

茶树栽种，《四时纂要》的记述是："开坎园三尺，深一尺"，穴距2尺，亩开240坑，先把土打碎，铲除杂草、树根；然后"着粪和土"作基肥，每坑播六七十颗经催芽的种子，上盖土1寸，这是"多子穴播"法，可抗御不良环境，提高发芽率和成活率。到清初，已开始苗床育苗移栽新技术，但直到民国初期，壮族各地茶农多数还是采用种子直播繁殖，因为它易于保性优选，防止退化。

Guenj gocaz，danghnaeuz mwh gomiuz iq roebdaengz mbwnrengx couh aeu raemxcathaeux daeuj rwed，gaej ndai rum，couhdwg 《Cazgingh》gangj "Go rum hwnj baihlaeng de mbouj ndaej ndai，baexmienx sieng daengz nyez iq roxnaeuz gomiuz iq. Cigdaengz gvaq le song bi，cijndaej ndai". Ndai ndaej cawz rum、cek mbang、senj ndaem bouj lauq. 《Seiqseiz Conjyau》soj geiq gij fuengfap dwk bwnh iugouz: "Aeu nyouh、haexcuk、haex nonsei rwed haeuj gwnz lueg bae，youh mbouj ndaej lai vangh，heiqlau rag oiq lai." Coih daet gocaz caemh gig youqgaenj，gij fuengfap coih daet canghndaemcaz Bouxcuengh caeuq ndaw guek gizyawz boux canghndaemcaz daih dingzlai doxdoengz. Gaengawq 《Sizvu Dunghgauj》naeuz: "Gocaz hungmaj miz haj roek bi，moix go couh sang baenz cik lai，cingmingz gvaq le couh bietdingh aeu yungh liemz gvej bae buenq nye，aeu nywj cw lw ma linghvaih buenq nye de，moix ngoenz aeu raemx rwed de. Seiqcib ngoenz le，cij ndaej cawz gij nywj deuz，mwhhaenx gocaz bietdingh cungj did ok nyez moq，mboujdanh mbaet ndaej engqlai mbawcaz，soj guh ok gij caz de engqgya ndei." Daengz mwh Minzgoz，cawzliux ndaem、guenj gij caz mizmingz de haemq cingsaeq，haujlai mwnq canghndaemcaz youq genj aen suen ndaem caz、ndaem guenj nga guh ceh、mbaet mbawcaz caeuq gyagoeng fuengmienh cungj miz itdingh gaijndei.

茶树管理，若幼苗期遇旱即以米泔浇灌，不要锄草，就是《茶经》说的"后生草不得耘，以免损伤幼芽或幼苗。直到二年外，方可耘治"。耘治可以锄草、疏苗、移栽补缺。《四时纂要》中所记施肥方法，要求"以小便、稀粪、蚕沙浇壅之，又不可太多，恐根嫩也"。茶树修剪亦很重要，壮族茶农与国内其他茶农修剪方法大同小异。据《时务通考》说："茶树生长有五六年，每树即高尺余，清明后则必用镰割其半枝，经用草遮其余枝，每日用水淋之。四十日后，方除去其草，此时茶树必俱发嫩芽，不惟所采之茶甚多，所造之茶犹好。"许多地方的茶农到民国时，除在名茶的种植、管理比较精细外，在茶园的选择、种植栽培管理、采摘加工方面也都有一定的改进。

Aenvih gij gisuz ndaem gocaz bienq dwk gveihfan le, mwnq Bouxcuengh hainduj gunggganq haujlai gij caz mizmingz. Gaengawq 《Sung Vei Yauciz Gauj·Doxgaiqgwn》geiqloeg, Nanzsung Sauhingh samcibngeih bi (1162 nienz), ok caz 19039277 gaen, ndawde Gvangjsih Cwngcouh laj de doengh aen yienh lumjbaenz Yungzsuij、Linzgvei、Lingzconh、Hingh'anh、Libuj、Yiningz、Yungjfuz、Gujyen、Siuhyinz、Nanzliuz、Hinghyez、Lizsanh、Bingznanz、Lingjfangh daengj ok caz 90681 gaen. Linghvaih, Gihmiz couh yen soj canj lij caengz suenq youq ndawde. Ndaej raen Sungdai mwnq Bouxcuengh canj caz dwg bujbwn, beijlumj Vangz Siengcih 《Yizdi Giswng》gienj it it haj 《Binhcouh》geiq Cenhgyangh yen miz "bya caz", Sanglinz yen miz "Gujluzsanh", nem "mwh Yunghhih (984~987 nienz) boux singq Luz cib bi couh bae gwnz bya mbaet mbawcaz" daengj. Mwh Nanzsung, gij caz Siuhyinz yen (seizneix dwg Libuj yen Siuhyinz) gaenq siengdang mizmingz. Couh Gifeih youq 《Lingjvai Daidaz》gienj daihroek 《Caz》ndawde couh doigawj gvaq mbawcaz Siuhyinz canj de, naeuz "Cinggyangh fuj Siuhyinz yen ok caz. Vunzdoj guh baenz benq, benq daihgaiq song conq haemq na de, miz buiz bouxsien sam cih saw neix, dwg gij ndei de; benq daihgaiq haj rok conq cix haemq mbang de, haemq yaez di; hoeng gij nyau doengzseiz mbang de, dwg gij yaez. Siuhyinz aen coh neix engqgya okmingz. Cawx le gwn, saek ndaem, feihdauh noengz, ndaej yw fungheiq gyaeuj. Gujyen (youq seizneix Gvangjsih Yungjfuz yen baihsaebaek) caemh ok caz, feihdauh caeuq Siuhyinz mbouj ceng lai." Cinghcauz Gyahging 《Gvangjsih Dunghci》gienj goujcib it yinx Bwzsung Couh Hau gij fwen 《Caz Siuhyinz》, daihdaih haenh gij caz Siuhyinz "Feihdauh lumj lwggyamj nanznanz cix dauq diemz, hainduj haemz doeklaeng cix rox diemz".

由于茶树的栽培技术规范化了，壮族地区开始培育许多名茶。据《宋会要辑稿·食货》记载，南宋绍兴三十二年（1162年），产茶19039277斤，其中广西正州所属融水、临桂、灵川、兴安、荔浦、义宁、永福、古县、修仁、南流、兴业、立山、平南、领方等县产茶90681斤。另外，羁縻州县所产还不计在内。可见宋代壮族地区产茶是普遍的，比如王象之《舆地纪胜》卷一一五《宾州》记述迁江县有"茶山"，上林县有"古禄山"，以及"雍熙（984～987年）中卢氏十岁上山采茶"等。南宋时，修仁县（今荔浦县修仁）的茶已相当有名。周去非在《岭外代答》卷六《茶》中就推荐过修仁产的茶叶，说"靖江府修仁县产茶。土人制为方，方二寸许而差厚，有供神仙三字者，上也；方五六寸而差薄者，次之也；而粗且薄者，下矣。修仁其名乃甚彰。煮而饮之，其色惨黑，其味严重，能愈头风。古县（在今广西永福县西北）亦产茶，味与修仁不殊。"清嘉庆《广西通志》卷九一引北宋邹浩《修仁茶》诗，盛赞修仁茶"味如橄榄久方回，初苦终甘要得知"。

Mwh Mingzcauz Cinghcauz, Gvangjsih mwnq Bouxcuengh ndaem mbawcaz youq gij giekdaej Sungcauz Yenzcauz miz fazcanj haemq hung, gij gisuz ndaem caz caemh miz gaijndei yienhda, okyienh le Gveibingz sihsanhcaz、Hwngzyen Nanzsanh bwzmauzcaz daengj gij caz mizmingz. Lumj Gvanghsi 《Sinzcouh Fujci》geiqloeg: "Sihsanhcaz ok laeng Gveibingz Sihsanh, cingmingz gaxgonq mbaet cwng veimingzcaz, goekhawx gaxgonq mbaet cwng yijcenzcaz, mbaw heunaunau doengzseiz feihdauh homfwdfwd, mbouj beij lungzcingjcaz yaez. Lungzsanhcaz ok laeng Gveiyen Lungzsanh, dunghyanghcaz、myauvangzcaz、cazhaemz、yauzcaz doenghgij neix cungj ok laeng Vujsenh. Ahbozcaz ok laeng Gveiyen Muzswj."

明清时期，广西壮族地区茶叶种植在宋元的基础上有较大的发展，种茶技术亦有明显改进，出现了桂平西山茶、横县南山白毛茶等名茶。如光绪《浔州府志》记载："西山茶产桂平西山，清明前采者为未明茶，谷雨前采者为雨前茶，色青绿而味芳烈，不减龙井。龙山茶产贵县龙山，东乡茶、庙王茶、苦茶、瑶茶以上皆产武宣。阿婆茶产贵县木梓。"

Mwh Minzgoz, aenvih sevei、ginghci daengj yienzaen, mwnq Bouxcuengh binaengz canj caz mbouj gaeuq 5000 donq, beij Cinghdai geizlaeng cengca ndaej gyae lo. Hoeng mwnq Bouxcuengh Gveibingz sihsanhcaz、Hwngzyen Nanzsanh bwzmauzcaz daengj gij caz mizmingz de mingzdaeuz mbouj gemj. Hoeng gij bwzmauzcaz Swhyangz（seizneix Gvangjsih Denzyangz yen）、Fungsanh、Fuznanz（seizneix Fuzsuij yen baihnamz）、Dungzcwng（seizneix Fuzsuij yen baihbaek）、Cinbenh（seizneix Nazboh yen）daengj yienh caemh hawj vunz gyaez dangqmaz, Vuz Yincunh sij 《Geiq Gij Doxgaiq Dwzcanj Gvangjsih》naeuz: "Bwzmauzcaz, gofaex sang de daihgaiq miz song ciengh, gofaex iq de caet bet cik, mbaw oiq de lumj cim ngaenz, mbaw geq de soem raez, lumj mbaw maknguh hoengcix mbang, cungj miz gij bwnyungz hau, sojlaiz cix ndaej gij coh neix. Cungj dwg gocaz cwx, goekhawx gonq laeng, mbaet ma le dwk haeuj ndaw caengq bae aeu di feiz iq ndeu daeuj gangq, gangq ndaej ndei, couh heiq homfwdfwd, suijsenh mbouj ndaej beij." Minzgoz 4 bi（1915 nienz）, Hwngzyen Nanzsanh bwzmauzcaz youq soengq bae gwnz Fanh Guek Bozlanjvei Meijgoz banh daeuj angqhoh Bahnazmaj Yinhoz doengruz de aeundaej ngeihdaengj ciengj. Bi de, youh youq gwnz Daengx Guek Sanghbinj Cinzlezvei youz Daengx Guek Nungzsanghvei banh de aeundaej ngeihdaengj ciengj, gij caz mizmingz giz Bouxcuengh mingzdaeuz cienz ndaej gyae le.

民国时期，由于社会、经济等原因，壮族地区的茶叶年产量不足5000吨，远不如清代后期。但壮乡桂平西山茶、横县南山白毛茶等名茶名气未减。而思阳（今广西田阳县）、凤山、扶南（今扶绥县南）、同正（今扶绥县北）、镇边（今那坡县）等县的白毛茶亦多令人神往，吴任尊撰《广西特产物品纪略》称："白毛茶，树之大者高约二丈，小者七八尺，嫩叶如银针，老叶尖长，如龙眼树叶而薄，皆有白色茸毛，故名。概属野生，谷雨前后，采取蒸煞置釜中焙以微火，焙制得法，则气清香，水仙不逮也。"民国四年（1915年），横县南山白毛茶送往在美国举办的庆祝巴拿马运河开船庆典的万国博览会上获二等奖。当年，又在全国农商会举办的全国商品陈列会上获二等奖，壮乡名茶名传遐迩。

Sam. Duhdoem
三、花生

Duhdoem, yienzlaiz ok youq Nanzmeijcouh Bahsih. Hoeng 1958 nienz caeuq 1961 nienz, youq Cezgyangh Vuzhingh Cenzsanhyang caeuq Siuhsuij Sanhbei giz dieggaeuq gaujguj ndawde oknamh miz gij duhdoem bienq danq de, sojlaiz miz yozcej nyinhnaeuz Cungguek caemh dwg giz dieggoek duhdoem, aen gietlwnh neix lij aeu caenh'itbouh gaujcingq.

花生，原产于南美洲的巴西。但1958年和1961年，在浙江吴兴钱山漾和修水山背的考古遗址中出土有炭化花生，因而有学者认为中国也是花生的发源地，这一结论尚需进一步考证。

Gvangjsih mwnq Bouxcuengh ndaem duhdoem miz faenzsaw geiqloeg, ceiqcaeux raen youq Cinghdai Daugvangh 11 bi（1831 nienz）《Bozbwz Yenci》, bonj saw neix naeuz: "Didou, youh cwng duhdoem, youh cwng fanhdou, mboengqneix ok yied daeuj yied lai, gij leih'ik gyoengq nungzminz giz Bozbwz, cawzliux gohaeux couh dwg yiengh doxgaiq neix ndaej ceiq lai lo." 《Gveibingz Yenci》caemh naeuz: "Duhdoem dingqnaeuz daj Senhloz（seizneix Daigoz）, ndaw yienh hwng ndaem, aiq dwg youq mwh Gyahging Daugvangh, yawj gij yenci gaeuq sij youq mwh Daugvangh 22 bi（1842 nienz）de, loih vuzcanj sij naeuz, cibgeij bi gaxgonq boux ndaem de lij noix, seizneix dauqcawq cungj ndaem, gijneix ndaej guhcingq." Duhdoem youq Gvangjsih bujben ndaem, gaijgez le aen vwndiz dangdeih gwn youz ciengzgeiz gwn youz doenghduz neix, gaijbienq le gij gezgou gwn youz. 《Gveiyen Ci》geiq aen yienh neix duhdoem moix bi aeundaej gij leih'ik de ndaej dingj dingz haeux ndeu, yungh duhdoem dokyouz moix bi mbouj noix gvaq geij cien fanh gaen.

广西壮乡种植花生的文字记载，最早见于清道光十一年（1831年）的《博白县志》，该书说："地豆，一名花生，又名番豆，近来出产愈多，博邑农民之利，稻谷外惟此为最。"《桂平县志》也说："花生闻来自暹罗（今泰国），县内兴种，盖在嘉道间，考旧志作于道光二十二年（1842年），而物产类云，十余年前种者尚少，今则遍地然，斯可证矣。"花生在广西的普遍种植，解决了当地食用油长期依赖动物油的问题，改变了食用油的结构。《贵县志》记载该县花生每年出息可抵谷石之半，用花生榨油每年不下数千万斤。

Duhdoem ak hab'wngq, doiq raemx bwnh diuzgienh iugouz mbouj sang, sojlaiz, gij gisuz dajndaem itbuen haemq genjdanh、co'nyauq. Mwnq dieg rengx daih dingzlai mbouj yungh hwnj nden, dandan yungh cae daeuj hai lueg, diemj ceh ndaem roengzbae. Ndaw naz couh aeu hwnj nden hung hai lueg hung roxnaeuz hai gumz diemj ceh ndaem. Lij miz mbangj mwnq deihfueng daiq byuk diemj ndaem, gaenlaeng cuengq daeuhfeiz cuengq bwnh、cuengq hoi guh bwnhdaej. Gvaqlaeng mbouj caiq lai gya dwkbwnh, cungqgyang ndai rum baez ndeu song baez, mouxcanj itbuen haemq daemq. Aenvih dajndaem fuengfap genjdanh, dandan cib lai bi couh youq Gvangjsih gak mwnq gig vaiq fazcanj.

花生适应性强，对水肥条件要求不高，因此，种植技术一般较简单、粗放。旱地多数不起畦，只用犁开沟，点播。水田则起大畦，开播种沟或开穴点播。还有的地方带壳点播，随即施放灰粪、石灰作基肥，之后不再施追肥。中耕除草1~2次，亩产一般较低。由于栽培方法简单，仅十余年便在广西各地很快发展。

Mwh Minzgoz, ginggvaq gak mwnq ciengzgeiz yinx cungj、genj ndaem, guhbaenz le haujlai deihfueng binjcungj habngamj bonjdeih hungmaj de, miz gij duhdoem ceh hung biu gaeu raez de caeuq ceh lumj naedcaw gaeu daengj de, hoeng cigdaengz 1949 nienz, Cungguek moq laebhwnj gaxgonq, gak mwnq bujben ndaem gij duhdoem ceh hung biu gaeu raez de, miz sanhciudou、dazdizyinz、funghyauhdou、mazgozdadouzbauz、Cenzcouh bingzlozswj、Bingznanz fuhdicanh、Gveibingz dadou、Yinhcwngz danhlingz daengj, doenghgij binjcungj neix youq dangdeih haemq ak hab'wngq, haemq gauhcanj onjdingh. Hoeng hungmaj seizgan haemq raez, mbouj hab bi ndeu cug song baez. Gij binjcungj loih mbouj daih biu gaeu de miz cazlanzdou, gij binjcungj loih baez caz de miz Gveiyen banghdou、Yizsanh luzbohdou、Laizbinh dacijdou、Mingzsanh sidou、duhdoem Sahlang、gihvohdou naeng mbang caeuq 20 sigij 40 nienzdaih yinxhaeuj gij duh Yeznanz de.

民国时期，各地方经过长期的引种、选育，形成了许多适合当地生长的地方品种，有蔓生型的大花生和直立型的珍珠豆，但直到1949年新中国成立前，各地普遍以蔓生型的大花生为主，有三鞘豆、搭蹄仁、蜂腰豆、麻壳大头袍、全州平乐子、平南敷地毡、桂平大豆、忻城丹灵等，这些品种在当地适应性较强，较高产且稳定，但生育期较长，不适宜一年两熟。半蔓生型品种有茶兰豆，丛生型品种有贵县梆豆、宜山六坡豆、来宾大扯豆、名山细豆、沙浪花生、薄壳鸡窝豆和20世纪40年代引进的越南豆。

20 sigij 30 nienzdaih cunggeiz gvaqlaeng, youq Gvangjsih nungzsw siyencangz doidoengh baihlaj, mwnq Bouxcuengh hainduj yungh gij gisuz cunhhi yuzcungj sien ganq cungj ndei duhdoem. Minzgoz 30 bi（1941 nienz）, aen ciengz neix faenbied youq Liujcouh、Nanzningz、Yizsanh daengj dieg guh binjcungj gihyiz sawqniemh, gij binjcungj deng senj de itgungh 17 aen, gijneix dwg mwnq Gvangjsih daih'it baez guh duhdoem gihyiz sawqniemh. Gvaqlaeng, Gvangjsih gij hong duhdoem ganq cungj cugciemh bienq dwk gohyoz、hidungj. Linghvaih, youq duhdoem genj yungh feizliu fuengmienh, yawjnaek yungh linzfeiz、gyazfeiz, couhdwg yawjnaek yungh daeuhfeiz、hoi daengj guh bwnhdaej, coicaenh dawz mak, aen mak hung doengzseiz ceh haemq lai, daezsang le canjliengh, dwg duhdoem dajndaem gisuz fuengmienh aen cinbu hungloet ndeu. Daengz Minzgoz 36 bi（1947 nienz）, Gvangjsih duhdoem dajndaem menciz 68.63 fanh moux, canjliengh dabdaengz 107.12 fanh rap.

20世纪30年代中期以后，在广西农事试验场推动下，壮族地区开始采用纯系育种技术选育花生良种。民国三十年（1941年），该场分别在柳州、南宁、宜山等地进行花生品种区域试验，入选品种共17个，这是广西地区首次进行的花生品种区域试验。以后，广西花生育种工作渐趋于科学、系统。此外，在花生选用肥料上，重视磷、钾肥的施用，即重视施用草木灰、石灰等作基肥，促进坐果，果大而粒多，提高了产量，是花生种植技术上的一个重大进步。至民国三十六年（1947年），广西花生种植面积为68.63万亩，产量达107.12万担。

Seiq. Mbawien
四、烟草

Mbawien canj laeng Meijcouh, 16 sigij cunggeiz geizlaeng daengz 17 sigij geizgonq, ginggvaq veijsen baihnamz baihbaek cienzhaeuj Cungguek. Daihgaiq youq Mingzcauz mwh Gyahcing（1522~1566 nienz）soujsien cienzhaeuj Hozbuj daengj giz henzhaij, caiq cienzdaengz Gvangjsih neidi. 1980 nienz 12 nyied, Hozbuj yen youq Mingzcauz Gyahcing giz dieggaeuq yiuz Sangyauz ndawde fatyienh 3 gienh daeujjien gangvax, yienghceij mbouj doengz, funghgwz mbouj cienzbouh doxdoengz, aiq dwg vihliux baexmienx doxdoengz, hab'wngq gij aeuyungh boux citien mboujdoengz de daeuj guh, loih daeujjien neix aiq gaenq daihliengh guh, gvangqlangh sawjyungh. Ndawde gienh daeujjien ndeu baihlaeng deu miz "Gyahcing 28 bi 4 nyied 24 hauh guh", gijneix dwg daengz seizneix, Cungguek fatyienh aen daeujjien ceiqcaeux de, gangjmingz Gvangjsih beij ndaw guek gizyawz deihfueng caeux 50 bi ndaem mbawien.

烟草原产于美洲，16世纪中后期至17世纪前期，经南北纬线传入中国。约在明嘉靖年间（1522~1566年）首先传入合浦等沿海地区，再传到广西内地。1980年12月，合浦县在明嘉靖上窑窑址中发现3件瓷烟斗，形状不一，风格不尽相同，估计是为了避免雷同，适应不同吸烟人需要而制造的，可能这类烟斗在当时已大量生产，广泛使用。其中一件烟斗压槌背刻有"嘉靖二十八年四月二十四日造"，这是迄今为止，中国发现最早的烟斗实物，说明广西比国内其他地方早50年种植烟草。

Aenvih mbawien siugai ndaej ndei, dieg ndaem ien mboujduenh gyagvangq. Daengz Cinghdai, Gvangjsih gak cuz nungzminz ca mbouj geij daih dingzlai cungj youq henz ndoeng henz ranz ndaem le mbawien.《Cinghdai Vwnzswyuz Dangj》daih haj ciz《Vuz Yinghlanz Caeuq Aen Anq Okgeiq》ndawde naeuz, mwh Genzlungz, "Bingznanz yen ranz ndaem ien de miz baenz dingz, ranz hung de ndaem saek fanh song fanh go, ranz iq de caemh mbouj noix gvaq song sam cien, moix fanh go couh aeu yungh daengz gunghhyinz cib boux roxnaeuz caet bet boux, bwnh song sam bak rap, feizliu raemxhaex mbouj suenq youq ndawde". Mbangjdi deihfueng ginggvaq ciengzgeiz genj、ganq, guhbaenz le mbangj di deihfueng binjcungj ndei canjliengh lai de. Mwh Ganghhih（1662~1722 nienz）bien、mwh Daugvangh（1821~1850 nienz）dauqcungz coih《Bozbwz Yenci》gaenq dawz mbawien lied guh gij dwzcanj aen yienh neix. Ndaej raen Cinghcauz mwnq Gvangjsih ndaem mbawien gaenq hwng raixcaix.

由于烟草销路好，种植面积不断扩大。到清代，广西各族农民几乎大多数都在林边屋后种了烟草。在《清代文字狱档》第五辑的《吴英栏与献策案》中说，乾隆时，"平南县种烟之家十居其半，大家种植一二万株，小家种亦不减二三千，每万株费工人十或七八，灰粪二三百担，肥料粪水在外"。一些地方经长期选择、培育，形成了一些优质高产的地方优良种。康熙年间

（1662～1722年）编纂、道光年间（1821～1850年）重修的《博白县志》已把烟草列为该县特产。可见清代时广西地区烟草种植已十分盛行。

Mwh Minzgoz，mbawien gaenq bienqbaenz Gvangjsih cuzgouj gij canjbinj cienzdoengj de. Minzgoz 16 bi（1927 nienz）bien bonj 《Vujmingz Yenci》de geiqloeg："Mbawien，daengz seizneix dwg dan cuzgouj hung de，daengx yienh aeu naek daeuj sueng，binaengz ndaej lai ndaej noix mbouj doxdoengz，mboengqneix daihgaiq demgya daengz roek caet bak fanh gaen baedauq，boux canghndaem'ien baenghgauq de ngoenznaengz gwn yungh cukgaeuq de，caen miz mbouj moix." Daengz 20 sigij 30~40 nienzdaih，Gveilinz、Liujgyangh、Hoyen（seizneix Hocouh）、Bwzliuz、Bingznanz、Gveiyen riengjvaiq fazcanj baenz aen yienhfaenh daihbuek swnghcanj mbawien de. Daengx sengj swnghcanj mbawien mauhgvaq 1.5 fanh donq. Minzgoz 35 bi（1946 nienz），Gvangjsih gij gvaeh mbawien baizyouq daengx guek daihsam vih.

民国期间，烟草已成为广西出口的传统产品。民国十六年（1927年）修的《武鸣县志》载："生烟叶，至今为出口大宗，全县以重量计，年度丰歉不等，近来大约增至六七百万斤左右，业农借以瞻足日用者，颇为不少。"到20世纪30～40年代，桂林、柳江、贺县（今贺州）、北流、平南、贵县（今贵港）迅速发展成为烟叶大宗生产的县份。全省年产烟叶超1.5万吨。民国三十五年（1946年），广西烟叶税收居全国第三位。

Bouxcuengh、Bouxgun daengj gak cuz boux canghndaem'ien ginggvaq ciengzgeiz genjleh，guhbaenz le haujlai gij ien rak binjcungj ndei youq ndaw guek rog guek mizmingz de. Vujmingz ien Niuzli、Hoyen ien Daningz、Vujsenh ien Langjcunh、Bingznanz ien Danhcuzcuhsahlwng、Linzgvei ien Liengzfungh、Lungzanh ien Fanghcunh、Cinzhih ien Nozdung daengj，cungj dwg aenvih saek、hom、feihdauh、yienghceij cungj ndei cix youq ndaw guek rog guek ndei siu，fanjyingj le Gvangjsih gak boux canghndaem'ien gij gisuz ganq cungj、ndaem gaenq dabdaengz aen suijbingz haemq sang. Hoeng daih dingzlai mwnq mbouj dwg giz cujyau ndaem de，gij gisuz ganq ceh、ndaem daengj vanzlij gig doeklaeng，lumj ganq ceh yaed、gomiuz iqnyieg，bujben ndaem "gomiuz sang" "gomiuz lumj ganj diet"；gvenq yungh song coij roxnaeuz sam coij daeuj ndaem yaed，doengrumz deng ndit mbouj ndei；dwk danfeiz lai dwk linzfeiz gyazfeiz noix daengj，yienghneix sawj danhcanj daemq，gij caetliengh ien rwix. Minzgoz 22 bi（1933 nienz），daengx sengj ien rak bingzyaenx moux canj 83 gaen.

壮、汉等各族烟农经过长期的人工选择，形成了许多闻名国内外的晾晒烟优良品种。武鸣牛利烟、贺县大宁烟、武宣朗村烟、平南丹竹朱砂楞烟、临桂良丰烟、隆安方村烟、岑溪糯洞烟等，均以色、香、味、形俱佳而畅销国内外，反映了广西各烟农育种、栽培技术已达到较高的水平。但大多数非主产区，育苗、种植等技术仍很落后，如育苗密集、苗细弱，普遍栽"高脚苗""铁秆苗"；习惯采用双行或三行密植，通风透光不良；重氮轻磷钾肥等，以致单产低，烟质差。民国二十二年（1933年），全省晒烟平均亩产仅83斤。

Minzgoz 23 bi（1934 nienz）caeuq Minzgoz 28 bi（1939 nienz），Gvangjsih nungzsw siyencangz Cwngz Ganjswngh caeuq sengj gensezdingh Maj Sinhcinh daengj gonq laeng doiq Gvangjsih mwnq bouxcuengh 11 aen yienh cujyau ok mbawien de diucaz binjcungj caeuq gij gisuz dajndaem, hidungj cungjgez le baugvat mwh byok ceh、baenzlawz cek ndaem、dwk bwnh、ndai rum、dwk nyez mbaet sim、fuengzre bingh nonhaih、gyagoeng daengj baenzroix gauhcanj dajndaem gisuz, yiengq daengx sengj doigvangj.

民国二十三年（1934年）和民国二十八年（1939年），广西农事试验场程侃声及省建设厅马新臻等人先后对广西壮族地区11个主产烟草县进行品种及栽培技术调查，系统总结了包括播期、移植方法、施肥、中耕除草、打芽摘心、病虫害防治、加工等一系列的高产栽培技术，并向全省推广。

Haj. Go'ndaij
五、苎麻

Go'ndaij, mwnq Bouxcuengh liglaiz cungjdwg giz ok go'ndaij de giz ndeu. Gvangjsih mwh hongdawz rin moq haujlai dieggaeuq ciuhgeq cungj oknamh miz aen loek gangvax daemjbaengz, cingqmingz dangseiz gij cojgoeng Bouxcuengh comzyouq gizneix de gaenq rox leihyungh cenhveiz daeuj daemjbaengz lo. Gij vwnzvuz Lozbwzvanh aen moh 1 hauh Sihhan oknamh ndawde, miz ceh ndaij、haiz ndaij、daehndaij caeuq mad ndaij daengj. Mwh Suizcauz Dangzcauz, baihnamz baugvat Gvangjsih youq ndawde cugciemh bienqbaenz giz cujyau ok go'ndaij de. 《Dangzsuh Moq · Deihleix Ci》geiqloeg, baihnamz henz Vaizhoz baengz ndaij bienqbaenz gij doxgaiq hawj vuengzdaeq mizmingz de. Dangzcauz 《Yenzhoz Ginyen Duzci》（Yenzhoz, gij nienzhauh Dangz Yencungh, 806–820 nienz）geiqloeg gij gungbinj Gaihyenz miz "Gveicouh soengqhawj……baengz ndaij" "Binhcouh soengqhawj……baengz doengz"（Gveicouh dwg seizneix Gveigangj si; Binhcouh dwg seizneix Binhyangz yen, baengz ndaij、baengz doengz couhdwg gij baengz aeu ndaij guh de）.

苎麻，壮族地区自古就是苎麻生产地之一。广西新石器时代的许多遗址都出土有陶纺轮，证明当时聚居在这里的壮族先民已经懂得利用纤维来纺织。在贵港市罗泊湾西汉1号墓出土文物中，有麻籽、麻鞋、麻布袋和麻布袜等。隋唐时期，包括广西在内的南方逐渐成为苎麻的主产区。《新唐书·地理志》记载，淮域以南苎布已成为有名的贡品。唐《元和郡县图志》（元和，唐宪宗年号，806～820年）记载开元贡品有"贵州贡……苎布""宾州贡……筒布"（贵州为今贵港市；宾州为今宾阳县，苎布、筒布即苎麻布）。

Sungdai, aenvih bouxhak deihfueng roengzrengz cangdauj, Gvangjsih mwnq Bouxcuengh ndaem goyaed gyagvangq riengjvaiq, gij gisuz dajndaem miz daezsang. Giz senqsi ndaem de lumjbaenz Bingzloz、Gvanyangz daengj ok gij yaed de, aenvih dajndaem gisuz daezsang, gij naeng yaed haemq na, danh cenhveiz cihsu sang, saek hau, yungzheih nyumxsaek, mbouj nyaeuq mbouj suk, dwg gij yienzliuh ndei yungh daeuj daemj baengz mbang seizhah yungh de. Bwzsung cogeiz（960 nienz）, Gvangjsih sihlu conjyinsij Cinz Yauzsouj hwnj saw hawj Sung Cinhcungh cangdauj daihliengh ndaem goyaed gvaq, de youq 《Gij Saw Gienqnaeuz

Gyoengq Beksingq Daihliengh Ndaem Goyaed》naeuz: "Gou soj youq doengh aen couh de, sibgvenq bonjlaiz couh mbouj doengz, reihnaz dingzlai dwg rin, mbouj miz geijlai dieg ndaem gonengznuengx ciengx nonsei……gij dieg neix ndaem ndaej souhaeuj haemq lai de dandan miz goyaed. Ndaem goyaed, caeuq gonengznuengx mbouj cengca, gawq hung ndaej baenz rag gaeuq, gawq ciemz hwnj dauq ndaem, caj daengz nga hung mbaw mwn, couh gvej aeu. Hopbi ndeu, ndaej sou sam baez goyaed, seizhah baez yo ndei gij goek de, cib bi cungj mbouj nyieg……gou dawz guekgya bingdoih gaenj yungh baengz gienh saeh neix cuengqyouq daih'it, aenvih gienqnaeuz gyoengq beksingq gou daihliengh ndaem goyaed, aeu ngaenz gyu ciet suenq le daeuj sou, mbouj caengz song bi, gaenq ndaej 37 fanh lai bit. Gij leih'ik de lai dangqmaz." Cienzmienh fanjyingj le dangseiz mwnq Gvangjsih gij swnghcanj diuzgienh、dajndaem gisuz caeuq ginghci yauqik goyaed daengj. Aen genyi neix ndaej baecinj gvaqlaeng, gig daih dwk coicaenh le mwnq Bouxcuengh ndaem goyaed caeuq fazcanj nem bujgiz gij dajndaem gisuz de. Gaengawq 《Sung Vei Yauciz Gauj·Doxgaiqgwn》geiqloeg, mwh Nanzsung, Gvangjnanz sihlu gij canjliengh doxgaiq aeu yaed guh de yatbongh daengz daengx guek daihsam vih，gij baengz yaed dwg giz Gvei（seizneix Gveilinz si）、Cauh（seizneix Bingzloz yen）song aen couh neix haemq ndei.

宋代，由于地方官吏的大力倡导，广西壮族地区苎麻种植迅速扩大，种植技术有所提高。老产区平乐、灌阳等地产的苎麻，由于种植技术提高，其麻皮较厚，单纤维支数高，颜色洁白，易染色，不皱缩，是纺织夏布的优质原料。北宋初年（960年），广南西路转运使陈尧叟曾上书宋真宗倡导广植苎麻，他在《劝谕部民广植苎麻疏》说："臣所部诸州，土风本异，田多山石，地少桑蚕……地利之博者惟苎麻尔。苎麻所种，与桑柘不殊，既成宿根，既擢新平，俟枝叶栽茂，则刈获之。周岁之间，三收其苎，夏一固其本，十年不衰……臣以国家军需所急布帛为先，因劝谕部民广植苎麻，以钱盐折变收市之，未及二年，已得37万余匹。其利甚广。"全面反映了当时广西地区苎麻的生产条件、种植技术和经济效益等。这个建议获准后，极大地促进了壮族地区苎麻生产及其种植技术的发展与普及。据《宋会要辑稿·食货》记载，南宋时，广南西路麻织品产量跃居全国第三位，出产的苎麻布以桂（今桂林市）、昭（今平乐县）两州较优。

Yenzcauz, yiennaeuz gij binjcungj ndei gofaiq gaenq youz cunghyenz cienzhaeuj, hoeng go'ndaij lij ciemq miz diegvih youqgaenj, gij gisuz dajndaem caemh miz daezsang. Gaengawq 《Nungzsangh Cizyau》geiqloeg, mwhneix go'ndaij fatsanj gaenq miz byok ceh ganq miuz、faen rag、cek ndaem、at diuz daengj laicungj fuengfap, daegbied dwg faen rag、cek ndaem cungj fuengfap neix wngqyungh haemq gvangq. Sougvej baezsoq, aenvih gaijcaenh gij fuengfap dwkbwnh, miz bi ndeu 3 baez caeuq bi ndeu 4 baez. Gij seizgan sougvej "daihgaiq nguxnyied coit gvej baez ndeu, loegnyied cibngux gvej baez ndeu, bet nyied cibngux gvej baez ndeu, dandan baez cungqgyang de hungmaj ndaej vaiq, gij yaed de caemh ceiq ndei". Youq guenjleix gij reih goyaed fuengmienh, gyoengq ndaem ndaij de、daegbied dwg boux ndaem ndaij giz ndaem ndaij nanz de（Bingzloz、Gveilinz daengj dieg）gaenq rox dwk gij bwnh oem haexvaiz daengj, lumx di doem mbang ndeu, hawj gij rag go'ndaij ancienz gvaq seiznit.

元代，虽然棉花良种已由中原传入，但苎麻仍占有重要地位，种植技术亦有所提高。据《农桑辑要》记载，此时苎麻繁殖已有播种育苗、分根、分株、压条等多种方法，尤以分根、分株法应用较广。由于改进施肥方法，收割次数有一年3次及一年4次的。收割时间"约五月初一镰，六月半一镰，八月半一镰，惟中间一镰长疾，麻亦最好"。在麻田管理上，麻农，特别是老麻区（平乐、桂林等地）的麻农已懂得施牛栏粪等厩肥，培薄土，使麻根安全越冬。

Mwh Mingzcauz Cinghcauz, aenvih gofaiq swnghcanj dingjlawh le ndaem gonengznuengx go'ndaij, ndaem go'ndaij gemjnoix le. Daengz mwh Minzgoz youh miz itdingh fazcanj. Gaenqgawq Minzgoz 22 bi（1933 nienz）doengjgeiq, daengx Gvangjsih miz 72 aen yienh ndaem 4 fanh lai moux. Youq dajndaem gisuz fuengmienh, ginggvaq lai bi genjleh binjcungj ndei, guhbaenz le go naeng ndaem（ndaij vuhlungz）、ndaij henjgim、ndaij naeng heu、ndaij naeng henj、manjdifungh daengj cib lai aen binjcungj ndei dangdieg. Ndawde go naeng ndaem giz Bingzloz、Libuj、Yangzsoz daengj dieg dwg ceiq ndei, go neix hungsang, canjliengh lai, caetliengh ndei, ak dingjrengx, cenhveiz youh saeq youh raez, rengz beng ak, dwg gij binjcungj ndei daengx guek cungj mizmingz de. Gij gisuz dajndaem gaenq guhbaenz le saeq geng saeq ndaem、cauh maz guh bwnh、at doem goemq dingj coicaenh didnyez moq daengj gij gisuz gveihfan haemq hidungj de. Gaenqgawq swhliu geiqloeg, dangseiz go'ndaij moix bi ndaej sou 3~4 sauh, moix bi sou liux sauh ceiq doeklaeng de, dauqcungz dwk bwnh oemq roxnaeuz dwk dojbeiz cwgoemq go ndaij, baujvwnh gvaq seiznit, coicaenh bi laeng did vaiq maj vaiq, hawj ndaem baez ndaej, ndaej sou geij bi engqlij geij cib bi. Cwngfuj vihliux daezsang gij canjliengh go'ndaij, demgya gij baengz ndaij cuzgouj, gaenq lai baez baiq vunz baez giz ndaem ndaij cungjgez、doigvangj gij gisuz ndaem goyaed ndaej gauhcanj de. Dangseiz Bingzloz、Libuj、Yangzsoz、Mungzsanh、Cauhbingz daengj dieg ok gij baengz ndaij de yinh bae Yanghgangj、Yizbwnj daengj dieg gai, ndaw guek rog guek mizmingz.

明清时代，由于棉花生产代替了桑麻的栽培，苎麻种植有所减少。到民国时又有一定发展。据民国二十二年（1933年）统计，全广西有72个县种植面积达4万多亩。在种植技术上，经多年的良种选育，形成了黑皮蒐（乌龙麻）、黄金麻、绿皮麻、黄皮麻、满地丰等十多个优良地方品种。其中以平乐、荔浦、阳朔等地的黑皮蒐为最优，该品种植株高大，高产，优质，抗旱能力强，纤维细而长，拉力强，是闻名国内的良种。栽培技术已形成了精耕细作、造麻造肥、压土盖顶促新芽萌发等较为系统的技术规范。据资料记载，当时苎麻每年收麻3～4造，每年收完最后一造麻，便重施牛栏肥或土杂肥覆盖麻蒐，保温过冬，促进翌年早生快发，使麻种植一次，可收获数年至数十年。政府为提高苎麻产量，增加麻布出口，曾多次派人到麻区总结、推广苎麻高产栽培技术。当时平乐、荔浦、阳朔、蒙山、昭平等地出产的麻布运销香港、日本等地，闻名中外。

Roek. Nonsei

六、蚕桑

Nonsei, Bouxcuengh ciengx nonsei hainduj youq Dangzdai. Dangzdai Cangh Ciz ndaw fwensei 《Soengq Yenz Dafuh Bae Gveicouh》naeuz: "Miz mwnq dieg ndeu miz haujlai go gveivah, seizseiz cungj ciengx nonsei." Hoeng daengz Sungdai, mwnq Bouxcuengh cij raen aeu baengz ndaij guh gij doxgaiq soengq hawj vuengzdaeq de, hoeng mbouj miz gij doxgaiq aeu sei guh de soengq hawj vuengzdaeq. Dangseiz Gvangjnanz sihlu conjyinsij Cinz Yauzsouj youq ndaw saw sij hawj vuengqdaeq de naeuz Gvangjsih "Gak aen couh, deihfueng sibgvenq mbouj doengz, reihnaz miz rin lai, diegdeih noix ndaem gonengznuengx", doengzseiz nyinhnaeuz doenghbaez soj gangj "Gij reh duz nonsei bi ndeu ok sei bet baez de, liuhsiengj aiq mbouj dwg gij swnghcanj sibgvenq giz vujlingj, nanq giz ok de, aiq dwg youq Anhnanz". Sojlaiz "gienqnaeuz hawj beksingq gizde daihliengh ndaem go'ndaij", aeu baengz yaed caeuj cietsuenq gvaehfeiq. Couh Gifeih 《Lingjvai Daidaz》caemh naeuz: "Gvangjsih caemh miz nonsei, hoeng mbouj lai, ndaej gij reh de mbouj ndaej guhbaenz sei, youq ndaw raemx daeuh cawx le, hawj de bienq baenz geu, yungh daeuj san sei, gij saek de yienznaeuz laep hoeng daegbied hab yungh daeuj guh buhvaq." Cigdaengz Cinghdai cunggeiz, Gvangjsih mwnq Bouxcuengh lingzsing ciengx nonsei, hoeng canjliengh haemq noix, caetliengh caemh mbouj sang, aeu sei daeuj guh buhvaq bingq mbouj bujben. Hoeng mizgven ciengx duz nonsei cwx, cix raen haemq lai, nonsei cwx miz duz nonsei mbawraeu caeuq duz nonsei gocueng song cungj. Duz nonsei cwx ok sei giet reh mbouj ndaej yot sei daemjbaengz, cijndaej gaemh aeu duz nonlwg geq de, buq dungx le cimq youq ndaw meiq yot sei, yungh daeuj guh cag sep.

蚕桑，壮族养蚕始于唐代。唐张籍《送严大夫之桂州》诗中道："有地多生桂，无时不养蚕。"但到宋代，壮族地区只见麻布作贡品，而无丝绸贡品。当时的广南西路转运使陈尧叟在奏疏中说，广西"诸州，土风本异，田多山石，地少桑蚕"，并认为过去所说的"八蚕之绵，谅非五岭之俗，度其所产，恐在安南"。因而"劝谕部民广植苎麻"，以苎布折算税贡。周去非《岭外代答》亦说："广西亦有桑蚕，但不多耳，得茧不能为丝，煮之以灰水中，引起为缕，以之织绸，其色虽暗而特宜于衣。"直到清代中期，广西壮族地区桑蚕有零星饲养，产量较少，质量也不高，以蚕丝做衣并不普遍。但是有关野蚕的饲养，却较为多见，野蚕有枫叶蚕和樟木蚕两种。野蚕吐丝结茧不能缫丝织布，只能捕取老熟幼虫，剖腹浸醋抽丝，用作钓缯（渔丝）。

Cinghdai geizlaeng, mwnq Gvangjsih nonsei swnghcanj cij cugbouh fazcanj. Cinghcauz Dungzci 12 bi（1873 nienz），Yungzzyen cihyenz Cinz Swhsin laeb nonsei giz, baiq vunz bae Gvangjdungh cawx ceh gonengznuengx, fat hawj nungzminz ndaem, doengzseiz fat 《Gij Saeh Gvendaengz Nonsei》cienzson gij gisuz ndaem gonengznuengx. Gvanghsi 16 bi （1890 nienz），Gvangjsih sinzfuj Maj Bihyauz vihliux saenqhwng gij saehnieb ciengx nonsei Gvangjsih, cienzbouh roengz minghlingh hawj Bouxcuengh caeuq Bouxgun gak aen couh yen gien cienzhong okdaeuj cawx gomiuz gonengznuengx, son beksingq ndaem, doengzseiz biensij gij saw gvendaengz ndaem gonengznuengx ciengx nonsei gisuz de fat daengz gak aen yienh. Gaengawq 《Maj Cunghcwngz Senjciz》 gienj ngeih、gienj sam daengh gij saw Maj Bihyauz bauq hawj baihgwnz de naeuz："Gvanghsi 17 bi（1891 nienz）, Gvangjsih ciengx nonsei gaenq raen yauqgoj moq, Gvei Vuz song aen giz neix gak ndaej sei song fanh lai gaen. Yungz、Dwngz song aen yienh itgungh ndaej sei haj fanh lai gaen, gizyawz gak mwnq itgungh ok sei fanh gaen、geij fanh gaen mbouj doengz. Gvangjsih gak mwnq lingxaeu gij ceh gonengznuengx daihgaiq song fanh caet cien roek bak go."

清代后期，广西地区蚕桑生产才逐步发展。清同治十二年（1873年），容县知县陈师舜设立蚕桑局，派人赴广东采购桑种，发给农民种植，并刊发《蚕桑事宜》以传授种桑技术。光绪十六年（1890年），广西巡抚马丕瑶为振兴广西蚕业，通令壮族及汉族各州县捐俸采购桑苗，教民种植，并编写种桑养蚕技术书发到各县。据《马中丞选集》卷二、卷三载马丕瑶的奏折称："光绪十七年（1891年），广西养蚕已见新效，桂梧两局各得丝二万余斤。容、藤两县共得丝五万余斤，其余各属共产丝万斤、数万斤不等。广西各地领种桑约二万七千六百株。"

Gij gisuz ndaem gonengznuengx Bouxcuengh, daengz Cinghdai gaenq miz daezsang. Nungzminz rox gaengawq gonengznuengx gij daegdiemj haengj diegbiz、haengj dieg nalaeg、haengj doem soeng daengj diuzgienh, daih dingzlai genj youq giz dieg henz dah roxnaeuz henz daemz guh suen daeuj ndaem. 《Bingznanz Yenci》 geiqloeg："Gonengznuengx, bonj yienh rangh henz dah, ndaem ndaej lai, yungh daeuj ciengx nonsei, reh nonsei yot sei, dwg nungzminz gij fucanjbinj ceiq miz leih'ik de. Cinghcauz Gvanghsi 17 bi（1891 nienz）, dangseiz bonj yienh ndaem gonengznuengx ceiq lai, baiz youq daengx sengj daih'it. Gij gisuz dajndaem, daih dingzlai daj Gvangjdungh cienzhaeuj". Maj Bihyauz youq Bingznanz yen laeb miz canzyez yozyau caeuq canzswh fangjcizgiz, son hawj gisuz, cijdauj swnghcanj. Gij binjcungj gonengznuengx, gaenqgawq Cinghcauz Gvanghsi 《Sinzcouh Fujci》 geiqloeg："Gonengznuengx miz song cungj, cwng dasangh、youzsangh." Gvendaengz dwkbwnh hawj gofaex, 《Gunghcwngz Yenci》 naeuz："Dajswh Maj Bihyauz hwngbanh ciengx nonsei le, vunz bonjdeih dingzlai ndaem gyahsangh, feizliu gaeuq ne gij mbaw de couh mwn".

壮族的种桑技术，到清代已有所提高。农民懂得根据桑树喜肥沃、喜土层深厚、喜疏松土壤等特点，大多选择在河滩地或池塘边建园种植。《平南县志》记载："桑，本县沿河一带，所植为多，用以饲蚕，蚕茧抽丝，为农民最有利益之副产品。清光绪十七年（1891年），当时本县植桑最盛，甲于全省。种植技术，多由广东传入。"马丕瑶在平南县设有蚕业学校和蚕丝纺织局，向农民传授技术，指导生产。关于桑树的品种，据清光绪《浔州府志》载："桑有二种，曰大桑、柔桑。"关于树的施肥，《恭城县志》说："自马丕瑶兴办蚕桑后，邑人多种家桑，肥料足者其叶茂"。

Daengz Minzgoz cogeiz（1912 nienz）, aen hawciengz gozci seireh aeuyungh lai gvaq gunghawj, Gvangjsih ciengx nonsei miz fazcanj, gij menciz ndaem gonengznuengx gyagvangq.

Dangseiz Lingjnanz Dayoz boux gyausou vunz rog guek ndeu soj sij bonj《Vaznanz Gij Saehnieb Ciengx Nonsei Diucaz》（1925 nienz Yanghgangj banj）naeuz: "Yungzyen、Bwzliuz caeuq Yilinz miz dieg ndaem gonengznuengx maqhuz lai, Ginhcouh caeuq Bwzhaij, dauqcawq cungj miz aen suen iq ndaem gonengznuengx de. Daj Vuzcouh yiengqcoh baihbaek hwnj bae, riengz diuz dahvujhoz（Gvei'gyangh）daengz Gveilinz, caemh miz di ndoeng gonengznuengx、dieg ndaem gonengznuengx ndeu, daegbied dwg Bingzloz yen，gizhaenx daihgaiq miz 300 ranz ndaem gonengznuengx ciengx nonsei. Youq Binhcouh（seizneix Binhyangz yen）daihgaiq miz 4000 hoh ndaem gonengznuengx, gij menciz ndaem gonengznuengx daihgaiq ciemq gij menciz dieggeng 5%．" Bonj saw neix lij naeuz, Gvangjsih gonengznuengx ceiqnoix miz 9000 moux, binaengz ok reh 2.5 fanh rap（fanh rap miz 500 donq）. Gaenqgawq doengjgeiq, Minzgoz 20 bi（1931 nienz）, Gvangjsih binaengz ok seireh 3257.5 donq, dwg gwnz lizsij bi ndaej ceiq lai de. Hoenx Yizbwnj gvaqlaeng, Gvangjsih gij saehnieb ciengx nonsei souh dwkceih daih, cigdaengz 1949 nienz vanzlij caengz fuk.

到民国初期（1912年），国际市场生丝供不应求，广西桑蚕生产有所发展，桑地种植面积扩大。当时岭南大学一外籍教授所著的《华南蚕丝业调查》（1925年香港版）说："容县、北流和玉林有可观的桑地，钦州和北海，到处都有小面积桑园。从梧州北上，沿着抚河（桂江）到桂林，也有一些桑树林、桑地，尤其是平乐县，那里大约有300户农家种桑养蚕。在宾州（今宾阳县）大约有4000户农户种桑，桑地面积约占耕地面积的5%。"该书还说，广西桑树至少有9000亩，年产茧2.5万担（1万担=500吨）。据统计，民国二十年（1931年），广西年产鲜茧3257.5吨，为历史上最多的一年。抗日战争后，广西蚕业大受打击，直到1949年仍未复原。

Mwh Minzgoz, Gvangjsih gij binjcungj gonengznuengx miz geij cungj. Gaengawq Minzgoz 4 bi（1915 nienz）coih bonj《Gveibingz Yenci》de geiqloeg: "Gonengznuengx miz song cungj，cwng dasangh、youzsangh." Minzgoz 8 bi（1919 nienz）《Luzconh Yenci》geiq: "Gonengznuengx miz cezsangh, gij mbaw de ceiq ndei. Linghvaih miz yezsangh、dujsangh." Dasangh youh cwng bwzsangh、cezsangh, aiq dwg Cinghdai daj Gyangh Cez yinxhaeuj. Mbaw hung lumj bajfwngz, mbaw haemq na, dwg gij binjcungj ndei mwh Minzgoz Gvangjsih ndaem haemq lai de. Dujsangh, miz mbangj mwnq heuh gihsangh, dwg gij youzsangh cungj deihfueng Bouxcuengh daj ciuhgeq yolouz roengzma de, aiq dwg gij dasangh gvej goek daeuj ganq ok de. Yezsangh dwg gonengznuengx binjcungj ndei daj Gvangjdungh cienzhaeuj de. minzgoz 16 bi（1927 nienz）《Yunghningz Yenci》geiq: "Gonengznuengx miz ginghsangh、gvangjsangh、cezsangh gak cungj. Ginghsangh、gvangjsangh mbaw mbang youh iq, did nyez caeux hoeng loenq mbaw nguh；cezsangh mbaw na youh hung, hoeng did nyez laeng cix loenq mbaw caeux." Gangjmingz dangseiz vihliux hab'wnggq gij aeuyungh ciengx nonsei mwnq Gvangjsih, gak cungj gonengznuengx gaenq doxboiq ndaem.

民国时期，广西桑树品种有几种，据民国四年（1915年）修的《桂平县志》载："桑有二种，曰大桑、柔桑。"另据民国八年（1919年）《陆川县志》载："桑有浙桑，叶最佳。另有粤桑、土桑。"大桑又叫白桑、浙桑，估计是清代从江浙一带引进。叶大如掌，叶肉较厚，是民国时期广西种植较广的优良品种。土桑，有些地方叫鸡桑，是壮族从古代遗留下来的地方种柔桑，估计是采取根刈栽培的大桑。粤桑是从广东传入的良种桑。民国十六年（1927年）《邕宁县志》载："桑有荆桑、广桑、浙桑各种。荆桑、广桑叶薄而小，出苗早而落叶迟；浙桑叶厚而大，然出芽迟而落叶早。"说明当时为适应广西地区蚕业的需要，各种桑种已搭配种植。

Gij saehnieb ciengx nonsei Gvangjsih yienznaeuz mbouj fatdad, hoeng mwh Minzgoz, gij gisuz ndaem gonengznuengx gaenq siengdang miz suijbingz. Minzgoz 3 bi（1914 nienz）《Lingzsanh Yenci》geiq: "Gij fuengfap ndaem gonengznuengx, nguxnyied co aeu gij mak ndaem de, gyaux di daeuhfeiz ndeu, menhmenh fou, ngoenz daihngeih aeu raemx swiq seuq, rak hawq, genj giz diegbiz hwnj nden daeuj ndaem, ndwen cib'it nyied did nyez, aeu feiz daeuj coemh, daengz seizcin le dauqcungz fat, cawz gomiuz laiyawz bae, cajdaengz haemq hung le senj ndaem, haj yamq guh coij ndeu, moix coij haj yamq ndaem go ndeu", "gij fuengfap ganq gonengznuengx, seizhwngq aeu caediet daeuj cae le, raemj gij rag baihrog, aeu gij haex nonsei roxnaeuz doemdaemz daeuj dwkbwnh hawj de, lw ma moix ndwen cungj ndaej dwkbwnh, dandan mwh yaeb mbaw mbouj hab dwkbwnh. Youh miz cungj fuengfap ndeu dwg haem gij gyap duzfw youq laj rag gonengznuengx, mbouj miz non gwn de. Aeu gij nyinz mbawsangh coemh baenz daeuh le gyaux gij haex duz nonsei, yungh daeuj viq gonengznuengx engqgya ndei". Coih daet gonengznuengx, hab "daet nga iq, daet nga dai、nga yiet gyae de, aeu fagliemz cienj hwnjdaeuj, yiengqcoh baihgwnz bae raemj, gij ieng de mbouj lae okdaeuj, yienghneix couh mbaw mwn".

广西的蚕桑业虽不发达，但在民国时期，桑树种植技术已相当有水平。民国三年（1914年）《灵山县志》载："种桑法，五月初取黑椹，伴（拌）柴灰少许，轻搓，次日用水淘净，晒干，择肥地畦种，冬月苗生，以火焚之，逢春复发，锄去冗苗，俟长移栽，五步一行，每行五步一株"，"培桑法，三伏以铁犁犁之，砍去浮根，以蚕矢或塘泥粪之，余月皆可上粪，惟采叶时不宜。又一法埋龟甲于桑根，不生虫蛆。用桑叶筋烧灰拌蚕矢，培桑更妙"。桑树的剪修，宜"削去小枝，剪去枯枝、远枝，转腕田刃，向上砍之，津脉不泄，则叶自茂"。

Gij fuengfap fouzsingq fatsanj gonengznuengx, 《Lingzsanh Yenci》bonj saw neix gaisau le song cungj, couhdwg atngafap caeuq ciepnyezfap. "Atngafap, genj diuz sangh biz de haem haeuj ndaw doem, swhyienz ok rag did nyez, danghnaeuz nyinhnaeuz de hawq, couh youq giz liz de miz saek cik haenx linghvaih hai diuz mieng iq ndeu, aeu raemx iemq haeujbae, hab youq giz diegbingz diegbiz de, mbouj hab youq giz dieg geng de, seizgan hab youq mwh gaxgonq cinfaen roxnaeuz cib nyied. Hab youq ngoenz rongh ndei de, lueng hab na di, hab cuk hwnjdaeuj gengmaenh doem hab biz di. Ciepnyezfap, caj daengz gomiuz gonengznuengx raez le, gawq raet bae, linghvaih daet song diuz nyez oiq, dat soem le, cap haeuj ndaw naeng gosangh hung bae, aeu nyangj daeuj bau ndaet, mbouj hawj deng rumz couh ndaej did nyez." Caeuq gij dajndaem fuengfap ciuhlaeng gihbwnj doxdoengz.

桑树的无性繁殖方法，《灵山县志》介绍了两种，即压枝法和接枝法。"压枝法，择桑条肥泽者埋入土内，自然生根发芽，为之旱，则离尺许另开小沟，以水渗入，宜平原沃壤，不宜土脉赤硬，时宜春分前或十月。宜天晴和，壅宜厚，筑宜坚土宜肥。接枝法，候桑秧长，锯截断，另剪大嫩条两根，各削尖，对插入大桑皮内，用稻草包紧，不使风透即发芽。"与后世的种植方法基本相同。

Caet. Gofaiq
七、棉花

Mwnq Bouxcuengh youq mwh Sanhgoz, gaenq hainduj rox leihyungh gofaiq（gaetboiq）daeuj guh gij doxgaiq daemjbaengz.《Nanzcouh Yivuzci》geiq："Baengz haj saek, lunj baengzsei、goboiq daeuj guh. Cungj faex neix mwh cingzsug, yienghceij lumj bwnhanq, ndawde miz ceh lumj caw, beij sei lij saeq." Ndaej raen, cojgoeng Bouxcuengh youq daemjfaiq fuengmienh gaenq miz suijbingz loq sang.

壮族地区在三国时期，已开始懂得利用灌木棉（吉贝木）制作纺织物。《南州异物志》载："五色斑布，以（似）丝布、吉贝木所作。此木熟时，状为鹅毛，中有核如珠旬，细过丝棉。"可见，当时壮族先民在棉花纺织上已有较高的水平。

Yenzdai, gofaiq iq daj Sihyiz cienzhaeuj, cugciemh dingjlawh le gofaiq hungloet ndaej maj geij bi de.

元代，草木棉从西域传入，逐渐取代了多年生的灌木棉种植。

Mingzdai, gofaiq iq cienzhaeuj le gij dieg ndaem faiq gyagvangq, cawzliux gag yungh lij miz di baengzfaiq ndeu douzhaeuj hawciengz. Yahben cancwngh gvaqlaeng, sa rog guek、baengz rog guek daihliengh siu hawj Cungguek, mwnq Bouxcuengh ndaem gofaiq deng cungdongj gig daih, faiqgeu swnghcanj ca mbouj geij dingz le. Daih'it ae seiqgyaiq daihhoenx bauqfat gvaqlaeng, sa rog guek、baengz rog guek yinh haeujdaeuj noix bae haujlai.

明代，草木棉传入后植棉面积扩大，除自给外，尚有少量棉布投入市场。鸦片战争之后，洋纱、洋布大量在中国倾销，壮族地区的棉花种植大受冲击，棉纱生产几乎停顿。第一次世界大战爆发后，洋纱、洋布输入锐减。

Vihliux fazcanj ndaej gofaiq, Gvangjsih duhginh Danz Haumingz laebbaenz Gvangjsih Menzyez Cucinvei, youq Nanzningz Sihyanghdangz laeb menzyez cungjcangz, doengzseiz daj Meijgoz cawx ceh faiq ma faenfat hawj gak aen yienh ndaem, doengzseiz haibanh aen soj son ndaem faiq de, vih gak aen yienh beizyin gak minzcuz boux gisuz yinzyenz ndaem faiq de. Linghvaih, lij okbanj le《Gvangjsih Menzyez Cucinvei Veiganh》, bien yaenq《Gij Fuengfap Ndaem Faiq》, gvangqlangh senhconz, dizcang ndaem faiq. Gvidingh aeu ndaej faiq ndaej ndei roxnaeuz rwix daeuj guh gij neiyungz youqgaenj gaujhaed gij cingzcik boux cihsw aen yienh.

Gvaqlaeng, aenvih yinxhaeuj gij ceh faiq de mbouj habngamj gij swhyienz diuzgienh Gvangjsih, doigvangj yauqgoj mbouj yienhda, moux canj ngamq ndaej 7～10 goenggaen.

民国时期为发展棉花种植，广西督军谭浩明成立广西棉业促进会，在南宁西乡塘设棉业总场，并从美国购回棉种分发各县种植，同时开办植棉讲习所，为各县各族培训植棉技术人员。此外还出版《广西棉业促进会会刊》，编印《种棉法》，广为宣传，提倡植棉。规定以棉业种植的优劣作为县知事政绩考核的重要内容。后来，由于引进的棉种不适合广西的自然条件，推广效果不显著，亩产仅7～10千克。

Minzgoz 23 bi（1934 nienz）, Gvangjsih youh gonq laeng yinxhaeuj le BRRI289、9355、9264 daengj gij ceh faiq Meijgoz, doengzseiz ribsou gij binjcungj faiq bonj sengj daeuj caeuq gij binjcungj Meijgoz bonjdieg guh doxbeij sawqniemh, bingzsenj ok Yilinz meijmenz caeuq BRRI meijmenz song cungj hab'wngqsingq haemq ak、dingj binghhaih ndei、canjliengh sang neix, Gvangjsih ndaem faiq couh yienghneix miz fazcanj le. Mwh hoenx Yizbwnj, Gvangjsih cwngfuj daihlig dizcang ndaem faiq, dieg ndaem faiq riengjvaiq gyagvangq. Minzgoz 31 bi（1942 nienz）, daengx sengj faiq canjliengh swnghwnj daengz 10122.75 donq, cauh'ok gwnz lizsij gij geiqloeg ok faiq ceiq sang de. Hoeng faiq moux canj lij gig daemq, dandan dwg baihbaek moux canj haj faenh cih it roxnaeuz cih faenh cih it. Dangseiz Siuh Fuj、Suh Vei、Vangz Swgen daengj vunz gaujcaz diucaz le, daezok gij swhyienz diuzgienh Gvangjsih mbouj hab ndaem faiq, ndaem faiq douzswh lai, canj ok noix, mboujyawx cigciep cawx faiq haemq dij, hoeng mwhhaenx cingqngamj dwg mwh hoenx Yizbwnj, faiq baihbaek mbouj ndaej haeuj daeuj. Gvangjsih cwngfuj vihliux gaijgez aen vwndiz gunghawj faiq, vanzlij laebdaeb dizcang gak mwnq ndaem faiq, iugouz Gvangjsih nungzsw siyencangz gyagiengz genj ganq ceh faiq, gaijcaenh gij gisuz dajndaem. Hoenx Yizbwnj hingz le, gij dieg ndaem faiq cugngoenz gemjnoix.

民国二十三年（1934年），广西又先后引进BRRI289、9355、9264等美棉种子，并搜集本省棉品种和地方美棉品种进行比较试验，评选出适应性较强、抗病虫害好、产量高的玉林美棉和BRRI美棉，广西植棉遂有发展。抗日战争期间，广西政府大力提倡植棉，种植面积迅速扩大。民国三十一年（1942年），全省棉花产量上升到10122.75吨，创产棉历史最高纪录。但棉花亩产量还很低，仅为北方亩产量的五分之一或十分之一。当时肖辅、苏渭、王子建等人考察调查后，提出广西自然条件不适合植棉，所植棉花投资大，产出小，不如直接购买棉花合算，但时值抗日战争，北方棉花进不来。广西政府为了解决棉花供给不足的问题，仍继续提倡各地植棉，并要求广西农事试验场加强棉种选育，改进种植技术。抗日战争胜利后，广西的植棉面积日渐减少。

Mwnq Bouxcuengh youq de lij ganq ok gizyawz doenghgo ginghci daegbied de, lumj batgak、yigvei、dienzcaet daengj, youq dangnienz cungjdwg gij canjbinj gisuz iugouz loq sang de.

壮族居住地还培育出其他独特的经济作物，如八角、玉桂、田七等，在当年都是技术要求比较高的农作物。

Daihseiq Ciet　Gij Gisuz Dajndaem Go Yenzyi
第四节　园艺作物种植技术

Mwnq Bouxcuengh hamq gvaq yayezdai caeuq nanzyayezdai，faexmak、byaekgwn cungjloih lai，binaengz seiqgeiq cungj miz. Handai gaxgonq，mwnq Bouxcuengh ndaem faexmak gaenq siengdang hwng. Mwh Hanvujdi，daj Gvangjsih senj ndaem laehcei、maknganx、makgam、lwggyamj daengj bae Sih'anh ndaem gvaq. Gvangjsih Gveigangj Si Lozbwzvanh aenmoh Handai de gaenq oknamh gvaq ceh makmoiz caeuq makseq（doz 1-4-1）. Sihcin 《Gij Cingzgvang Doenghgo Baihnamz》geiqloeg mwnq Bouxcuengh gomak miz laehcei、maknganx、makgam、yangzmeiz daengj 17 cungj. Sungdai Fan Cwngzda 《Gvei Haij Yiz Hwngz Ci》geiqloeg mwnq Bouxcuengh gij mak gwn ndaej de miz 55 cungj. Yenz、Mingz、Cingh doxdaeuj，Cungguek caeuq baihsae doxgyau cugngoenz cug maed，daj rog guek cienzhaeuj manghgoj、fungliz、fanhmuzgvah daengj. Mwh Minzgoz ndaem gomak caenh'itbouh fazcanj，daengz Minzgoz 23 bi（1934 nienz），gij mak Gvangjsih makbug、makgam、makdoengj、makmbongq、maknganx、laehcei、makmoed、makdauz、makmaenj daengj canjliengh dabdaengz 43.01 fanh rap.

壮族地区横跨中亚热带和南亚热带，果树、蔬菜种类繁多，一年四季均有产出。汉代以前，壮族地区果树种植已相当兴盛。汉武帝时，曾从广西移植荔枝、龙眼、柑橘、橄榄等至西安种植。广西贵港市罗泊湾汉墓曾出土了青梅、杨梅核（图1-4-1）。西晋《南方草木状》记载，壮族地区果树共有荔枝、龙眼、柑橘、杨梅等17种。宋代范成大《桂海虞衡志》记载，壮族地区可食水果有55种。元、明、清以来，中西交往日渐频繁，从国外传入杧果、凤梨、番木瓜等水果品种。民国时期果树种植进一步发展，到民国二十三年（1934年），广西水果柚、柑、橙、山楂、龙眼、荔枝、黄皮、桃、李等产量达43.01万担。

Doz 1-4-1　Gvangjsih Gveigangj si Lozbwzvanh aenmoh Handai oknamh gvaq ceh makmoiz caeuq makseq
图1-4-1　广西贵港市罗泊湾汉墓出土的青梅和杨梅核

It. Laehcei
一、荔枝

Laehcei yienz canj youq Cungguek, haenh cwng "aen mak vuengz lingjnanz", Sawgun aen swz "荔枝" dwg daj Vahcuengh hoiz baenz Vahgun ndaej daeuj.

荔枝原产于中国，誉称"岭南果王"，汉语"荔枝"一词是从壮语经汉译而得来的。

Hancauz, laehcei Lingjnanz gaenq dwg gij doxgaiq soengq hawj vuengqdaeq de. Swhmaj Siengyuz 《Sanglinz Fu》miz geiqloeg "离支" （Laehcei）ok youq "Canghvuz baihswix, Sihgiz baihgvaz", doengzseiz naeuz mwhhaenx swnghcanj laehcei gaenq dabdaengz gij cingzdoh hoenghhwdhwd. 1975 nienz, Gvangjsih Hozbuj yen Dangzbaiz aen moh Hancauz oknamh aen gu doengz ndeu ndawde cang miz gij laehcei naengmak、ceh mak cungj lij ndei de （doz 1-4-2）. Gijneix dwg seizneix gij doxgaiq yolouz gaujguj fatyienh de. Cincauz Cangh Boz 《Vuzlu》geiqloeg: "Canghvuz laehcei lai, maj youq ndaw bya, vunz caemh ndaem de." "Go laehcei haj roek ciengh lai sang lumj go gveivah, ceh henj ndaem lumj cehmbu cug, noh hau lumj lauz, diemz youh miz raemx, lumj maksiglouz diemzvan. Mwh yaek daengz ngoenz hahceiq, sawqmwh cungj hoengz liux, couh ndaej gwn lo. Go faex ndeu miz saek cib douj mak." Laehcei, "aen mak ndei ndeu". Sungdai Suh Dunghboh deng bienj daeuj Lingjnanz, cimz le gij feihdauh laehcei, gingqyienz lumz le gij dengdoek gwnz guenciengz, fatok ganjdan naeuz "Ngoenz ndeu gwn sam bak ceh laehcei, cungj nyienh ciengzseiz guh vunz lingjnanz".

汉代，岭南荔枝已成为贡品。司马相如的《上林赋》有"离支"（荔枝）产于"左苍梧，右西极"的记载，并说当时的荔枝生产已达到"煌煌扈扈"的盛况。1975年，广西合浦县堂排汉墓出土的一个铜锅内盛装有果壳、内核完好的荔枝（图1-4-2）。这是目前考古发现的遗物。晋代张勃《吴录》载："苍梧多荔枝，生山中，人家亦种之。""荔枝树高五六丈余如桂树，核黄黑似熟莲，实白如肪，甘而多汁，似安石榴有甜味。夏至日将已时，翕然俱赤，则可食也。一树下子百斛。"荔枝，"果之美者"。宋代苏东坡被贬来到岭南，品尝了荔枝的风味，竟忘却官场上的失落，发出"日啖荔枝三百颗，不辞长作岭南人"的感叹。

Doz 1-4-2　Gvangjsih Hozbuj yen Dangzbaiz aen moh Hancauz oknamh gij laehcei de
图1-4-2　广西合浦县堂排汉墓出土的荔枝

Aenvih laehcei "youh diemz youh raemx", ndei gwn dangqmaz, ligdaih vuengzdaeq cungj aeu gij couh yen Lingjnanz soengq hawj vangzgungh. Nanzcauz 《Geiq Gvangjcouh》 naeuz: "Moix bi soengq laehcei, boux soengq bae de dwgrengz dai youq gwnz roen. Hancauz roengz minghlingh dingzcij le, seizneix engqlij guh laehcei hawq soengq haeuj daeuj." Mwh Dangzyenzcungh, "Yangz gveifeih seng youq Suz, haengj gwn laehcei. Laehcei Nanzhaij ndei gvaq laehcei Suz, sojlaiz moix bi cungj vaiq dwk lumj mbin ityiengh soengq haeuj ndaw vangzgungh". Du Buj fwensei miz "Dauqngeix bouxsoengqdaengz Nanzhaij, roengzrengz buet soengq laehcei", sawj "haj leix cix nda aen bauj ndeu, cib leix youh guh aen canq ndeu, gwnz roen foenqfeq mbinfoenfoen, boux coi boux, yawj lumj hoenxciengq ityiengh. Haujlai vunz naet dai youq gwnz roen, ninz dwk vangvet, cij ndaej dawz laehcei maknganx soengqdaengz" （yawj《Gvangj Ginz Fangh Buj》gienj roek ngeih yinx《Ganjdan Laehcei》）. Bwzsung Cai Siengh《Laehcei Buj》naeuz, mwhhaenx laehcei binjcungj itgungh miz 32 cungj, ndawde miz gij Hojsanh laehcei Vuzcouh.

　　由于荔枝"甘而多汁"，其味无穷，历代帝王均要求岭南州县进贡。南朝《广州记》说："每岁进荔枝，邮传者疲毙于道。汉朝下诏止之，今犹修事荔枝煎进焉。"唐玄宗时，"杨贵妃生于蜀，好荔枝。南海荔枝胜蜀者，故每岁飞驰以进"。杜甫诗有"忆昔南海使，奔腾献荔支"，以致"十里一置飞尘灰，五里一堠兵火催。颠坑仆谷相枕藉，知是荔枝龙眼来"（见《广群芳谱》卷六二引《荔枝叹》）。北宋蔡襄的《荔枝谱》说，当时荔枝品种共有32种，其中有梧州的火山荔。

Mingz Cingh song daih, Minj Yez haujlai vunz senj daeuj Gvangjsih youq, diuz Dahsozsih ngadah lae gvaq baihnamz gak mwnq, daiq daeuj mbouj moix laehcei binjcungj ndei. Gij samnyied hoengz Hwngzyen Luzgingj、Gvangjdungh laehcei Lungzanh yen Gujdanz、gij Gujfung laehcei Canghvuz yen、gij hozli Gveibingz yen mazdung、Bwzliuz yen gij dacau Minzanh、hwzyez Sinhfungh、gij dangzbwz Bozboz yen Sizliuz, cungj dwg gij binjcungj 17 sigij buenxriengz gyoengq vunz senj daeuj cix yinxhaeuj daeuj ndaem de.

　　明清两代，闽粤人大量移民来桂，溯西江以达南部支流各地，带来不少优良的荔枝品种。横县六景的三月红、隆安县古坛的广东荔、苍梧县的古凤荔、桂平县麻垌的禾荔、北流县民安的大造与新丰的黑叶荔、博白县石刘的糖驳荔，均系17世纪随移民而引入种植的品种。

Cienz haeuj le binjcungj ndei, doengzseiz caemh cienz haeuj le gij gisuz dajndaem ndei de.

　　在传入优良品种的同时，亦传入了先进的种植技术。

Boux canghndaemmak Bouxcuengh rox gaengawq mboujdoengz vanzging caeuq mbouj doengz doem daeuj genj gij binjcungj mboujdoengz. Lumjbaenz dawz gij hozli ndaej souh rengx de ndaem youq giz doem hoengz gwnz bo, dawz cungj hwzyez ndaej souh cumx de ndaem youq henz daemz roxnaeuz henz dah, dawz cungj dinghyangh haengj doembiz de ndaem youq seiqhenz ranz roxnaeuz henz mbanj. Gaengawq gij daegdiemj rag laehcei, vat aen gumz gvangq 5～6 cik、laeg 2～3 cik doengzseiz dienz bwnh rim le couh ndaem roengzbae. Go miuz fat maj, vanzlij yungh bozcihfaz cungj fuengfap cienzdoengj neix. Youq nga faex genj ndei gwnzde gvej gien, aeu gij nyangj gat soiq de caeuq doembiz gyaux ndei le guhbaenz goenj naez ndeu daeuj bau ndei gien gvej okdaeuj de, ciengzseiz baujciz de cumx. Geij ndwen le, giz gien gvej gvaq de did ok rag moq, youq mwh seizdoeng seizcin, gvej roengzma ndaem. Cungj fuengfap neix yungzheih ndaem ndaej lix, mbouj bienq cungj, ndaej baujciz gij cungj ndei go meh de. Minzgoz 22 bi（1933 nienz）caeuq 31 bi（1942 nienz）, Gvangjsih deihfueng cwngfuj faenbied youq Liujcouh Sahdangz caeuq Gveibingz yen laebhwnq aen suen ndaem laehcei, yinxhaeuj gij cungj ndei dangdeih caeuq gij cungj ndei Gvangjdungh nem gij gisuz dajndaem, hainduj guh gij sawqniemh swnghvuzyoz daegsingq caeuq feizliu, gijneix dwg Gvangjsih ceiqcaeux guh gij yenzgiu gohyoz ndaem laehcei. Minzgoz 30 ~ 31 bi（1941 ~ 1942 nienz）, Gvangjsih swngj daihngeih gih nungzcangz Vangz Bicinz daengj soucomz gij laehcei binjcungj Gveibingz yen nem giz laenzgaenh de, guh le binjcungj singqcang hungmaj、hai va、dawzmak sibgvenq nem vuzhougiz cazyawj, doengzseiz guh feizliu sam aen yausu（dan、linz、gyaz）doiqbeij daeuj yungh nem laehcei yinzgungh soufwnj daengj sawqniemh, doiq gaijndei caeuq daezsang gij gisuz dajndaem laehcei giz Gvangjsih nem giz Bouxcuengh, daezhawj le gohyoz gaengawq itdingh.

壮族果农懂得根据不同的环境及土壤条件选择不同的品种种植。如把耐旱的禾荔种在丘陵红壤土上，把耐湿的黑叶荔种在池塘边或河边，把耐肥的丁香荔种在屋前屋后及村旁。根据荔枝根系生长的特点，挖宽5～6尺、深2～3尺的大坑并填满肥料后定植。果苗繁殖，仍多沿用传统的驳枝法。在选好的枝条上圈割，用切碎的稻草与肥泥拌和后做成泥团包扎圈口，经常保持湿润。数月之后，圈割部位长出新根，于冬春季节，割离母树定植。这种方法成活率高，不变异，能保持母树优良种性。民国二十二年（1933年）和三十一年（1942年），广西地方政府分别在柳州沙塘和桂平县建立荔枝品种种植园，引种当地和广东的优良品种和引进种植技术，开始进行生物学特性和肥料试验，这是广西最早进行的荔枝科学栽培的研究。民国三十至三十一年（1941～1942年），广西省第二区农场黄弼臣等人收集桂平县及附近荔枝品种，进行了品种性状生长、开花、结果习性及物候期观察，同时进行肥料三要素（氮、磷、钾）对比施用及荔枝人工授粉等试验，对广西壮族地区荔枝种植技术的改良与提高，提供了一定的科学依据。

Ngeih. Maknganx

二、龙眼

Gij maknganx Bouxcuengh, Handai gaxgonq couh gaenq ndaem. Mingzdai Cangh Cizcwz《Vuz Sinz Caz Bei》geiqloeg:"Maknganx daj Veidoz soengq hawj Hanvujdi, hainduj mizmingz."《Sanhfuj Vangzdoz》geiqloeg Yenzdingj 6 bi（gunghyenz gaxgonq 111 bi）, Hanvujdi dwkhingz Nanzyez, yawj gij laehcei、maknganx Lingjnanz dij, dawz song cungj mak neix senj daeuj duhcwngz Cangh'anh（seizneix dwg Sih'anh si）ndaw Fuzligungh ndaem gvaq.

壮乡的龙眼，汉代以前就已经种植。明代张七泽《梧浔杂佩》记载:"龙眼自尉陀献汉武帝，始有名。"《三辅黄图》记载，西汉元鼎六年（公元前111年），汉武帝破南越，珍视岭南的荔枝、龙眼，曾将二者移植于都城长安（今西安市）的扶荔宫内。

Gvaqlaeng, gvendaengz gij maknganx Bouxyez Lingjnanz ndaem de, Sawgun ligdaih cungj miz geiqloeg mbouj noix. Beijlumj, Se Cwngz《Hauhan Suh》naeuz:"Gyauhcij caet aen gin soengq hawj maknganx." "Gyauhcij caet aen gin" couhdwg ceij Nanzhaij、Canghvuz、Yilinz、Hozbuj、Gyauhcij、Giujcinh、yiznanz caet aen gin gvihaeuj Gyauhcij swsijbu soj de. Cincauz Gih Hanz《Gij Cingzgvang Doenghgo Baihnamz》geiq: "Go maknganx lumj go laehcei, hoeng mbaw haemq iq di, naeng heu henj, yienghceij luenz lumj aen danzvanz, ceh mbouj geng, nohmak hau daiq raemx, diemz lumj dangzrwi, foengq ndeu miz haj roek cib aen, lumj riengz makit ndeu." Cincauz Cojswh《Suzduh Fu》naeuz: "Maknganx did youq henz, laehcei did youq nga." Ndaej raen, giz Bouxcuengh Lingjnanz ndaem gij maknganx de hawj bouxdoegsaw Cunghyenz maezsim.

此后，关于岭南越人种植的龙眼，历代不乏记载。比如，三国时期谢承《后汉书》说："交趾七郡献龙眼。" "交趾七郡"就是指交趾刺史部所属的南海、苍梧、郁林、合浦、交趾、九真、日南七郡。晋代嵇含《南方草木状》载："龙眼树如荔枝，但枝叶稍小，壳青黄色，形圆如弹丸，核如子而不坚，肉白而带浆，其甘如蜜，一朵五六十颗，作穗如蒲（葡）萄然。"晋代左思《蜀都赋》说："傍挺龙眼，侧生荔枝。"可见，岭南壮族地区种植的龙眼令中原文人倾倒。

Daengz Sungdai, gij maknganx Bouxcuengh ndaem de gaenq youq daengx guek mizmingz. Suh Dunghboh youq Hozbuj yen gwn imq gij maknganx dangdeih le, haenh naeuz: "Maknganx Lenzcouh feihdauh daegbied ndei, beij laehcei lij ndei gwn." Nanzsung Couh Gifeih•《Lingjvai Daidaz》gienj daihbet cwng: "Gvangjsih gak aen gin canj maknganx lai, aen hung doengzseiz noh na, ndei gvaq gij maknganx Minjcungh." Ndaej raen gij maknganx mwnq Bouxcuengh, buenxriengz seizdaih fazcanj, feihdauh de engqgya ndei, mingzdaeuz de cienz dwk engqgya gyae.

至宋代，壮族地区所种的龙眼已闻名国内。苏东坡在合浦县饱尝当地出产的龙眼后，赞道："廉州龙眼质味殊绝，可敌荔枝。"南宋周去非《岭外代答》卷八称："广西诸郡富产龙眼，大且多肉，远胜闽中。"可见壮族地区的龙眼，随着时代的发展，其味益醇，其声传之愈远。

Mingz Cingh doxdaeuj, maknganx youq song henz Sinzgyangh、You'gyangh ndaem dwk engqgya lai.《Gvangjsih Dunghci》geiqloeg, maknganx Gvangjsih lai gvaq laehcei, youq henz raemx ndaem, geij aen mbanj doxdaz dwk ndaem, yawj gvaqbae heusoemsoem henjrwgrwg gyaeundei dangqmaz, ranzmbanj Bouxcuengh lai gya le bit souhaeuj maqhuz ndeu.

明清以来，龙眼在浔江、右江两岸种植更多。据《广西通志》记载，广西龙眼多于荔枝，傍水连村而种，望之金翠耀目，为壮族农家增添了一笔可观的收入。

Minzgoz seizgeiz Gvangjsih ndaem maknganx miz fazcanj, daengz Minzgoz 32 nienz（1943 nienz）, daengx sengj maknganx canjliengh dabdaengz 4.4 fanh lai rap. Bouxcuengh ndaem maknganx itcig cungj dwg dingzlai ndaem youq henz ranz giz dieg lingzsing roxnaeuz ndaem youq gwnz bo henz dah, doem haemq soeng haemq biz, laj faex gvaengh doihduz roxnaeuz cuengq labsab, bwnh raemx cungj gaeuq.

民国时期，广西龙眼种植有所发展，至民国三十二年（1943年），全省龙眼产量达4.4万多担。壮族人历来多在村前屋后的零星土地或沿河堤岸丘陵山地种植龙眼，土壤较疏松肥沃，树下可圈上牲口或堆放垃圾，肥水充足。

Sam. Makgam
三、柑橘

Makgam, dwg aen swz ciq laeng Sawgun ndeu. Bouxcuengh ndaem makgam, lizsij gyaenanz, dwg Cungguek aen minzcuz ndaem makgam ceiqcaeux ndeu. Gvangjsih gij makgam yienzseng de swhyenz lairaeuh. 1963 nienz, Hozyen Guhbozsanh fatyienh makgam naeng nyaeuq caeuq yenzgiz loih makgam cwx haenx. 1978 nienz caeuq 1984 nienz, luengqbya Lungzswng Gak Cuz Swciyen caeuq hingh'anh Mauh'wzsanh gonq laeng fatyienh makgam Yizcangh cwx.

柑橘，是个借汉语词。壮族种植柑橘，历史悠久，是中国最早种植柑橘的民族之一。广西原生柑橘资源丰富。1963年，贺县姑婆山发现野生柑橘类的皱皮柑和元橘。1978年和1984年，先后在龙胜各族自治县山区和兴安猫儿山发现野生宜昌柑橘。

1976 nienz, Gveigangj si Lozbwzvanh vat aen moh mwh Sihhan, oknamh miz gij ceh makgam gaenq bienq danq de. Dunghhan Yangz Fuz 《Yivuz Gi》 geiq miz gij cangdai caeuq gyaciz makgam Lingjnanz, Hancauz youq Gvangjsih ndalaeb bouxhak cawjguenj makgam de.

1976年，贵港市罗泊湾西汉墓出土有炭化橘子的种子。东汉杨孚《异物志》记有岭南柑橘果品的状态和食用价值，汉朝在广西设立主管御橘的官吏。

Sihcin Gih Hanz youq 《Gij Cingzgvang Doenghgo Baihnamz》 ndawde naeuz: "Vunz Gyauhcij boux aeu non siznangz daeuj gwnz haw gai, aen roengz de lumj goenj faiq mbang ndeu, henz de nem youq gwnz nga gwnz mbaw, duzmoed youq ndawde youq, lienz aen roengz itheij gai. Duzmoed saek hoengz henj, hung gvaq duzmoed bingzciengz. Go makgam baihnamz, danghnaeuz mbouj miz duzmoed neix, aen mak de couh cungj deng non gwn liux, mbouj miz saek aen ndei lo." Cojgoeng Bouxcuengh mboujdan ndaem makgam, doengzseiz leihyungh cungj fuengfap hawj duzmoed henj gaemhdawz duznon gwn go makgam de, dwg Cungguek engqlij dwg gwnz seiqgyaiq gij fuengfap cauhdaeuz aen gisuz fuengzceih swnghvuz ceiqcaeux ndeu.

西晋嵇含在《南方草木状》中说："交趾人以席囊虫鬻于市者，其巢如薄絮，囊皆连枝叶，蚁在其中，并巢而卖。蚁赤黄色，大于常蚁。南方柑树，若无此蚁，则其实皆为群蠹所伤，无复一完者矣。"壮族先民不仅种植柑橘，而且利用黄蚁捕食柑橘树上的害虫，这是中国乃至世界上最早的生物防治技术之一。

Fatsanj go miuz makgam, youq mwh Suiz Dangz gaenq yungh le ciepngezfap. Liuj Cunghyenz youq ndaw 《Gij Gojgaeq Goh Dozdoz Ndaemfaex》, doiq aeu yiengh doem lawz、baenzlawz ndaem、dwk geijlai bwnh cungj daezok le yawjfap moq, iugouz liujgaij gij hungmaj daegdiemj gofaex, youq mwh ganq caeuq guenjleix guh daengz "ndaej swnh gij leix dienyienz gofaex bae, hawj de miz ok gij daegsingq de", cauh'ok gij doem, bwnh, raemx habngamj gofaex hungmaj de, yienghneix ndaej ndaem dwk lix, hung dwk vaiq, nga mbaw mwn, dawzmak vaiq, aenmak hung. Ndaej rox, liuj Cunghyenz youq mwh ndaem makgam gaenq diucaz yenzgiu gvaq, nyinhcaen cungjgez le gij fuengfap dajndaem guenjleix dangseiz. Daengz Nanzsung Hanz Yencih《Gizlu》soj cungjgez gij gisuz ndaem makgam de beij Liuj Cunghyenz couh engqgya hidungj lo. Yungh Sungdai geiq gij fuengfap ciepnyez makgam daeuj doiqciuq seizneix canghndaemmak Bouxcuengh yungh gij fuengfap ciepnyez de, cawzliux nga ganq de gaenq gaij yungh nga makgam cwx, gizyawz gihbwnj doxdoengz.

柑橘种苗的繁殖, 在隋唐时期已采用了嫁接法。唐代柳宗元在《种树郭橐驼传》中, 对土壤条件要求、定植方法、施肥分量都提出了新的见解, 要求了解树木的生长特性, 在栽培管理时做到"能顺木之天理, 以致其性焉", 创造出适合树木生长的土壤、肥料、水分条件, 从而种得活、长得快、枝叶茂、早结果、果实大。可知, 柳宗元在栽种柑橘时已经过调查研究, 认真总结了当时的种植管理方法。到南宋, 韩彦直的《橘录》所总结的柑橘种植技术比柳宗元的就更加系统化了。用宋代柑橘嫁接的记述对照现今壮族果农应用的柑橘嫁接法, 除砧木已改用枳壳外, 其余的基本相同。

Dangz Sung gvaqlaeng, giz Bouxcuengh gak mwnq cungj ndaem makgam, Dangz Yenzhoz 10 bi（815 nienz）, Liujcouh swsij Liuj Cunghyenz roengzrengz doigvangj ndaem makgam, louz gawq fwensei ndei "caenfwngz ndaem makgam song bak go, seizcin didnyez muenx aen singz" roengzma. Nanzsung Fan Cwngzda《Gveihaij Yizhwngzci · Cigoj》geiq: "Makgam manzdouz, giz gaenh mwnq gaenq de doed gij soem lumj manzdouz de feihdauh engqgya hom, ndaej hung lumj aen yujganh Suijgyah." Mwh Mingz Cingh bien《Gvangjsih Dunghci》caeuq gak couh, fuj, yen ci, miz haujlai geiqloeg gvendaengz ndaem makgam.

唐宋以后, 壮族地区柑橘种植遍及各地, 唐元和十年（815年）, 柳州刺史柳宗元极力推广种柑, 留下"手种黄柑二百株, 春来新叶遍城隅"之佳句。南宋范成大《桂海虞衡志·志果》载: "馒头柑, 近蒂起馒头尖者味香胜, 可埒水嘉乳柑。"明清时期编纂的《广西通志》及各州、府、县志, 多有关于柑橘种植的记载。

Mwh Minzgoz ndaem makgam gaenq miz fazcanj haemq daih. Minzgoz 23 bi（1934 nienz）, Gvangjsih 99 aen yen ndawde, miz 50 aen yen canj makgam, mwnq dieg Bouxcuengh giz canjliengh haemq lai de miz Denhngoz, Bingzci（seizneix dwg Bingzgoj）daengj yen.

民国时期柑橘种植有较大发展。民国二十三年（1934年）, 在广西99个县中, 有50个县出产柑橘, 壮乡中产量较多的有天峨、平治（今平果）等县。

Seiq. Gyoij
四、芭蕉

Gyoij, youh cwng ganhciuh, bahcih, luzdenh caeuq sansenh.《Sanhfuj Vangzdoz》 geiq: "Hanvujdi Yenzdingj 6 bi（gunghyenz gaxgonq 111 nienz）dwkhingz Nanzyez，hwnq Fuzligungh，yungh daeuj ndaem doengh go nywj go faex geizheih de，miz ganhciuh cib ngeih bonj." 《Gij Coh Aen Gunghgwz Cincauz》caemh geiqloeg: "Vazlinzyenz，bahciuh song go". Laeuh'ok le mwh Hancauz Cincauz ndaw ranz vuengzdaeq maij gij gyoij lingjnanz dangqmaz miz gij gamjcingz giengzlied siengj ciemqmiz de、ngoenzngoenz yawj raen de haenx.

芭蕉，又名甘蕉、芭苴、绿天和扇仙。《三辅黄图》载："汉武帝元鼎六年（公元前111年）破南越，起扶荔宫，以植所得奇草异木，有甘蕉十二本。"《晋宫阁名》也记载："华林园，芭蕉二株。"这些记载都透露了汉晋时代帝王家对岭南芭蕉垂慕而欲占为己有、朝夕摩挲的强烈情感。

Doiq gij yunghcawq gij gyoij Lingjnanz，gij geiqloeg ceiqcaeux de dwg Dunghhan Yangz Fuz 《Yivuz Ci》. Bonj saw neix mboujdan geiq miz "Gyoij mbaw hung lumj fan mbinj，gij ganj de lumj go biek. Aeu gu daeuj cawx le ndaej baenz sei，ndaej daemjsei，gij vunz siuqva de nyinhnaeuz dwg go goz Gyauhcij"，doengzseiz ceijok de "dawz mak lumj aen ranz ndeu"，"moix aen ranz miz geij cib bez"，"liek gij naeng de gwn gij noh ndawde，diemz lumj dangzrwi. Gwn le seiq haj aen，ndaw bak lij miz gij diemzvan de youq lueg heuj".

对于岭南芭蕉的功用，最早的记载是东汉杨孚的《异物志》。该书不仅记有"芭蕉叶大如筵席，其茎如芋。取镬煮之为丝，可纺绩（织），女工以为今交趾葛也"，而且指出其"实成房"，"一房有数十枚"，"剥其皮食其肉，如蜜甚美。食之四五枚，而余滋味犹在齿间"。

Mwh Sanhgoz，Vuzgoz Van Cin 《Nanzcouh Yivuz Ci》doiq gij swnghdai、cungjloih、yunghcawq gyoij guh le miuzveh haemq ciengzsaeq: "Ganhciuh，dwg loih nywj ndeu，yawj gyae lumj go faex，go hung de miz veiz lai ndeu. Mbaw raez ciengh ndeu roxnaeuz caet bet cik lai，aen cik gvangq de miz song cik baedauq. Va hung lumj aen cenjlaeuj ndeu，saek lumj vangaeux，daengz giz byai de，miz saek bak aen gyoij，daihmingz cwng ranz. Gij rag de lumj rag go biek，gaiq hung de ndaej lumj loekci. Dawzma gaenlaeng hai va. Moix duj va miz ranz ndeu，moix ranz miz roek bez，gonq laeng doxgaen. Aen mak mbouj doengzseiz okdaeuj，va caemh mbouj doengzseiz doek liux. Cungj gyoij neix miz sam cungj: Cungj ndeu aen mak hung lumj lwgfwngz meh，youh raez youh soem，lumj gok yiengz，cwng gyoij gok yiengz，feihdauh ceiq diemz；cungj ndeu hung lumj aen gyaeqgaeq，feihdauh miz di lumj cijvaiz，miz di ndaengq lumj aen gyoij gok yiengz；cungj ndeu hung lumj ngaeux，aen mak raez roek caet conq，yienghceij seiqfueng，mbouj diemz geijlai，feihdauh ceiq cit. Gij ganj de lumj go biek，aeu daeuj yungh daeuhfeiz lienh gvaq le，ndaej daemjsei." Gvaqlaeng boux vunz Cincauz Goh Yigungh 《Gvangj Ci》、Gih Hanz 《Gij Cingzgvang Doenghgo Baihnamz》、Gu Veih 《Gvangjcouh Gi》，caemh cungj laebdaeb doiq go'gyoij guh le gij geiqloeg daiqmiz haenh de.

三国时，吴国万震《南州异物志》对芭蕉的生态、种类、功用作了比较详细的叙述："甘蕉，草类，望之如树，株大者一围余。叶长一丈或七八尺余，广尺余二尺许。花大如酒杯形，色如芙蓉，著茎末，百余子，大名为房。根似芋，块大者如车毂。实随华（花）。每华一阖，各有六子，先后相次。子不俱生，华不俱落。此蕉有三种：一种子如大拇指，长而锐，有似羊角，名羊角蕉，味最甘好；一种子大如鸡卵，有似牛乳味，微咸似羊角蕉；一种大如藕，子长六七寸，形正方，少甘，味最弱。其茎如芋，取以灰炼之，可以纺绩（织）。"此后晋人郭义恭《广志》，嵇含《南方草木状》，顾薇《广州记》，也都相继对芭蕉进行了褒义性的记叙。

Van Cin soj gangjmingz sam aen binjcungj go'gyoij de，ginggvaq le cien ndeu song cien bi，itcig mbouj bienq。Beijlumj ndawgyang Nanzsung Cenzdau（1165~1173 nienz）daengz Sinzhih（1174~1189 nienz），Fan Cwngzda 《Gveihaij Yizhwngzci·Cigoj》geiq："Gyoij，aen gyoij gig hung de，mwh nit cungj mbouj reuq，diuz ganj cungqgyang raez geij cik，hoh hoh cungj miz va，va reuq le dawz mak。Liek naeng gwn gij noh baihndaw，unq lumj lwgndae，diemz caep dangqmaz，seiqgeiq cungj miz mak。Vunz doj aeu daeuj bwnq lwgnyez，gyoij liengz ndaej seqhuj。Aeu raemx makmoiz daeuj cimq，at de bej bae，feihdauh youh diemz youh soemj，miz di mong ndeu，gijneix couh dwg gyoengqvunz soj gangj gij gyoij lab。Youh cwng gyoijvaiz、gyoijgaeq，iq lumj gyoijvaiz，caemh seiqgeiq cungj dawz mak。Gyoij nyez，iq lumj gyoijgaeq，daegbied hom、unq、diemz，mwh ngamq haeuj seizcou dawzmak。"

万震所说的三个芭蕉品种，历经一两千年，一直未变。比如南宋乾道年间（1165~1173年）至淳熙年间（1174~1189年），范成大《桂海虞衡志·志果》载："蕉子，芭蕉极大者，凌冬不凋，中抽干长数尺，节节有花，花褪有实。去皮取肉，软烂如绿柿，极甘冷，四季实。土人或以饲小儿，云性凉去客热。以梅汁渍，按令扁，味甘酸，有微霜，世所谓芭蕉干是也。又名牛蕉子、鸡蕉子，小如牛蕉子，亦四季实。芽蕉子，小如鸡蕉，尤香嫩甘美，初秋实。"

Minzgoz 《Gveibingz Yenci》gienj it gouj 《Vuzcanj》geiqloeg gij gyoij Gveibingz miz sam cungj："Cungj ndeu hung lumj gok yiengz，mbouj ndei geijlai；daihngeih cungj cwng gyoijhom heuj，caemh hung lumj gok yiengz hoeng cix hom，aen gyoij neix hung lumj heuj，dinjdet，baiz lumj gij heuj duzlungz，sojlaiz gij gij coh neix，feihdauh hom vandiemz ndei gwn；youh miz cungj ndeu cwng gyoij loet，aen gyoij raez seiq haj conq，naek haj roek liengx，feihdauh caemh diemz unq，hoeng mbouj ndaej hom lumj aen gyoijhom heuj。"Minzgoz 《Yunghningz Yenci》gienj daihngeih 《Vuzcanj》naeuz gyoij "cungjloih lai，daih loih faen baenz gyoij iq、gyoijgaeq、gyoijhom heuj sam cungj。Cungj dwg gij mak miz noh，mwh lij heu feihdauh saep，mbouj ndaej gwn，cug le naeng henj noh unq，feihdauh diemzvan youh hom。Gyoijndoeng youh cwng gyoijvaiz，go'gyoij sang baenz ciengh lai，aen gyoij youh hung youh fueng，moix aen ndaej naek miz buenq gaen roxnaeuz cibngeih liengx（aen caenghgaeuq 16 liengx guh gaen ndeu），singcang gig liengz"，"gyoijgaeq，youh cwng gyoij guenyaem，go'gyoij sang bet gouj cik，aen mak iq hoeng diemz hom，singcang bingz，ndaej hawj lwgnyez gwn。Gyoijhom heuj，youh cwng diciuh，go'gyoij ceiq daemq de，dawzmak ceiq fek，yienghceij youh luenz youh raez，mwh cug le naeng bungj mbouj henj geijlai，singcang bingz，gwn le mued bak cungj hom"。Yienznaeuz 《Gveibingz Yenci》dawz gyoij faen baenz sam cungj，hoeng gyoijhom heuj dwg ciuq heiqhom daeuj faen, gyoij heuj lungz dwg ciuq yienghcij daeuj faen, biucinj mbouj doengjit, saedsaeh ndaej gvihaeuj loih ndeu. Seizgan gvaqbae le ca mbouj geij song cien bi, mwnq Bouxcuengh gij binjcungj gyoij gihbwnj mbouj miz bienqvaq, ndaej rox Bouxcuengh gwnz lizsij vihliux sawj gij binjcungj gyoij mbouj bienq, mbouj doiqvaq, baujcwng gij ciepswnj binjcaet, dwg roengz le goengfou lo.

民国《桂平县志》卷一九《物产》中记载桂平蕉有三种："一实大如羊角者，不甚佳；二曰香牙蕉，亦大如羊角而气香，其体大如牙，蕉体短，排列如龙齿故名，味香甘可口；又有一种名大蕉，身长四五寸，重五六两，味亦甘滑，但不如龙牙之香。"民国《邕宁县志》卷二《物产》中说芭蕉"其类颇多，大别为小蕉、鸡蕉、香牙蕉三种。俱为肉果，生青味涩，不堪入口，熟则皮黄肉软，味甜而香。山蕉又名牛蕉，树高丈余，实大而方，每个重可半斤或十二两（旧秤16两为一斤），性极寒"，"鸡蕉，又名观音蕉，树高八九尺，实小而香甜，性平，可饲小儿。香牙蕉，又名地芭蕉，树最矮，实最繁，形圆而长，熟时皮不甚黄，性平，食之香齿颊"。虽然《桂平县志》将蕉分为三种，但香牙蕉是按气味分，龙牙蕉是按形体分，标准不一，实可归为一类。时间过去了近两千年，壮族地区芭蕉的品种基本上没有变异，可知历史上的壮族先民为了使芭蕉品种不变异，不退化，保证其品质的继承性，是下过功夫的。

Gyoij dwg go nywj ndaej lix lai bi gvihaeuj bahciuhgoh de, haengj youq giz raeuj de, mbouj ndaej dingj nit, hab youq giz doembiz ndaem, aeu nyez caeuq gij rag lajdoem guh vuzsing fatsanj. Moix bi mwh seizcin hai va le couh youq ndaw lueg go'gyoij gaeuq ndawde liek nyez caeuq gij rag lajdoem guh senj ndaem. Mwh senj ndaem, sien vat gumz, ndaw gumz aeu dienz doem daemz roxnaeuz gizyawz bwnh oemq. Ndaem ndaej le aeu caij net gij doem seiqhenz de, doengzseiz rwed raemx. Go'gyoij dwg go maij gwn raemx de, ndaem gyoij aeu genj youq giz gaenh raemx de, youq mbouj youq cungj louzsim rwed raemx. Go'gyoij maij raemx, caemh maij hwngq, lau mwi siet. Seizdoeng daeuj le, aeu yungh nyangj dawz gij rag de geuj duk hwnjdaeuj, doengzseiz youq gwnzdingj yungh nyangj cw ndei fuengzre deng mwi dwk.

芭蕉属芭蕉科多年生草本植物，性喜温暖，不耐寒，宜沃土，用芽连同地下根茎进行无性繁殖。每年春暖花开时，即在旧的蕉丛中剥芽连同地下根茎进行移植。移植前，先要挖坑，坑里要填上塘泥或其他沤制肥料。种上后要踏实周围的泥土，并淋上水。芭蕉是喜水植物，种蕉要选在靠近水的地方，不时地注意淋水。芭蕉喜水，也喜热，惧怕霜雪。冬季来临时，要用稻草将其根茎缠裹起来，并在其顶上用稻草遮住以防霜冻。

Haj. Makbug

五、柚

Makbug, youh cwng vwnzdan、lonz、bauh. Cangoz geizlaeng《Sangsuh·Yijgung》gaenq geiq Lingjnanz miz makbug. Mingz Cingh doxdaeuj, giz Bouxcuengh haujlai couh fuj yen ci cungj miz gij geiqloeg gvendaengz makbug de. Lumjbaenz Se Gijgunh daengj bien bonj《Gvangjsih

Dunghci·Nungzyezci》ndawde naeuz："Makbug，gak dujswh cungj miz." Ndaej raen，mwhhaenx ndaem makbug gaenq bujben dangqmaz.

柚子，别名文旦、栾、抛。战国后期的《尚书·禹贡》中已有岭南出产柚子的记载。明清以来，壮乡许多州府县志都有柚子的记述。如谢启昆等纂的《广西通志·农业志》中曰："柚，各土司俱出。"可见，当时种柚已相当普遍。

Gvangjsih mwnq Bouxcuengh gij binjcungj makbug faen makbug diemz caeuq makbug soemj song daih loih. Minzgoz 23 bi（1934 nienz），Gvangjsih nungzsw siyencangz yinxhaeuj mazdou vwnzdan、bingzhu vwnzdan、denhcungh vwnzdan、mingzmwnz vwnzdan、neisw vwnzdan、bwzsiz vwnzdan、bizbazdangz denzyou daengj binjcungj gvaq，hoeng daih bouhfaenh cungj dwg youq giz dieg noix guh yenzgiu sawqniemh，gij ciengzseiz ndaej raen de cujyau lij dwg gij binjcungj deihfueng.

广西壮乡的柚子品种分为甜柚与酸柚两大类。民国二十三年（1934年），广西农事试验场曾引进麻豆文旦、平户文旦、田中文旦、鸣门文旦、内紫文旦、白实文旦、枇杷糖甜柚等品种，但多为小面积研究试验，常见的仍以地方品种为主。

Sahdenzyou dwg makbug diemz，Gvangjsih dwzcanj，aenvih dwg sien youq Yungzyen aen mbanj Sahdenz miz cix ndaej gij coh neix. Gaengawq《Yungzye Ci》geiqloeg，Cinghcauz Ganghhih 47 bi（1708 nienz），gaenq ndaem sahdenzyou. Minzgoz le，mwnq Gvangjsih ok gij makbug diemz de，cujyau cungj dwg sahdenzyou. Gij sahdenzyou Gvangjsih binjcaet ndei，nohmak unq，feihdauh diemz，yo ndaej nanz，youq aen hawciengz ndaw guek rog guek miz gij mingzdaeuz "mak ndawde gij binjcungj ndei de" "guenqdaeuz dienyienz" ndei yienghneix，youq ndaw guek rog guek cungj mizmingz，liglaiz cungj miz cuzgouj. Sahdenzyou daj Cinghdai doxdaeuj gonq laeng cienz daengz Swconh、Gvangjdungh、Huznanz、Fuzgen daengj dieg nem youq Gvangjsih gak aen yen ndaem. Aenvih ciengzgeiz youq gak mwnq yinx cungj ganq ndaem，gaenq fazcanj guhbaenz geij aen binjcungj，cujyau binjcungj miz song loih：Cungj ndeu dwg nga unq. Cungj nga unq neix youh cwng cungj nga duengq，dwg loih aen mak lumj simdaeuz de. Gij nga faex de biek dwk haemq hung，gaenq mak haemq saeq raez，dawz mak le nga faex duengq roengzma，aen mak haemq iq，giz gyaeuj mak haemq dinj，lumj aen simdaeuz ndeu，naeng mbang hoeng ngaeuz，nohmak unq，raemx lai youh diemz，ceh youh iq youh noix，binjcaet ceiq ndei. Daihngeih cungj dwg nga geng，dwg loih aen mak gyaeuj sang lumj aen makleiz. Nga faex haemq soh haemq daengj，haemq co youh geng，gaenq mak haemq co haemq dinj，aen mak haemq hung，gyaeuj mak haemq sang，lumj aen makleiz，naeng na doengzseiz co nyauq，nohmak haemq geng，raemx haemq noix，ceh hung youh lai，binjcaet haemq yaez.

沙田柚属甜柚，广西特产，因原产容县沙田村而得名。据《容县志》记载，清康熙四十七年（1708年），已有沙田柚种植。民国以后，广西地区出产的甜柚，均以沙田柚为主。广西沙田柚品质优良，果肉脆嫩，味清甜，耐贮藏，在国内外市场上享有"果中珍品""天然罐头"的美称，享誉中外，历年均有出口。沙田柚自清代以来先后传至四川、广东、湖南、福建等地，以及广西各县种植。由于长期在各地引种栽培，已发展形成若干品系，主要品系有两类：一是软枝种，又名吊枝种，心脏形系。其枝条分生角度较大，果柄较细长，结果后枝下垂，果实较小，果颈短，呈心脏形，果皮薄而细滑，砂囊柔软，汁多味甘，种子小而少，品质最佳。二是硬枝种，高顶梨形系。枝条较直立粗硬，果柄粗短，果较大，果颈较高，呈洋梨形，皮厚而且粗糙，砂囊较硬，汁较少，种子大而多，品质较差。

Makbug soemj, Bouxcuengh gak mwnq cungj lingzsing ndaem miz. Makbug soemj youq ciengzgeiz aeu ceh daeuj fatsanj ndawde, bienqvaq haemq daih, binjcungj gig lai, miz mak hung、mak iq, aen mak luenz、luenzbomj roxnaeuz lumj simdaeuz de, miz nohmak hoengz、hau, soemj roxnaeuz soemj diemz daengj, binjcaet mbouj doxdoengz. Ndawde makbug heng, cug vaiq, mak hung, aen mak ndeu ndaej naek 2～3 goenggaen, luenzbomj, raemx lai noh oiq, soemj diemz ndei gwn, noh mak saek hoengz, ndeiyawj raixcaix, dwg makbug soemj ndawde gij binjcungj ndei de, gaenq cugciemh doigvangj ndaem.

酸柚，壮族地区各处均有零星种植。酸柚在长期实生繁殖中，变异较大，品系很多，有大果、小果、圆球形、扁球形或心脏形果，有红肉、白肉，味酸或甜酸等，品质不一。其中的砧板柚，早熟，果大，单果可重达2～3千克，扁球形，汁多肉嫩，酸甜爽脆，果肉粉红，鲜艳美观，是酸柚中之良种，已逐渐推广种植。

Aeu go miuz daeuj fatsanj yungh gauhgungh yazdiuz fap, couhdwg bozcih roxnaeuz bauhcih fap fatsanj. Cungj fuengfap fatsanj go miuz cienzdoengj neix ndaej hawj go miuz moq baujciz gij yizconz singqcaet ndei go faex meh, doengzseiz gisuz genjdanh, aen cougeiz ganq miuz dinj, nungzminz sibgvenq yungh cungj fuengfap neix. Daegbied dwg Yungzyen sahdenzyou, canjbinj ciengzseiz mbouj gaeuq gai. Vihliux gya'gvangq dieg lai ndaem sahdenzyou, baujciz gij binjcaet ndei sahdenzyou, daih dingzlai yungh cungj banhfap neix ganq miuz. Gaengawq Yungzyen Sunghyangh Muzlanzdangz geiqloeg, youq Cinghcauz mwh Hanzfungh（1851～1861 nienz）, couh gaenq yungh bozcih daeuj fatsanj, ceiqnoix gaenq miz 200 bi lizsij. Cinghcauz satbyai daengz Minzgoz cogeiz, Yungzyen Hanboh、Sahdenh daengj yang gaenq miz hoh nungzminz ganq miuz buenq ciennieb de, baenz bi bozcih ganq miuz 3 fanh～4 fanh go, bi ceiq lai de dabdaengz 20 lai fanh go, gai bae Gvangjdungh、Huznanz caeuq ndaw sengj gak mwnq. Minzgoz 31～35 bi（1942～1946 nienz）, Gvangjsih sengj nungzyezcu Yungz Sienghlungz、Vuh Wnhsiz daengj guh "sahdenzyou gak cungj nga faex ciepngez yauqgoj" sawqmwh yenzgiu, aeu hawj go makbug bienq daemq、ndaej souh nit、dingj bingh non、souh rengx、ak hab'wngq guh ganq cungj muzbyauh, genj yungh makgam cwx、mauzyou、makdoengj Lozyungz、makbug soemj、makcengz、makgam naeng nyaeuq daengj guh nga faex ganq miuz de, aeu bonjdeih gij binjcungj sahdenzyou ndei guh riengz ciep de, yungh yazben nem ciep、nga ciep song cungj ciepngez fuengfap mboujdoengz. Ciepngez ndaej lix le, ginggvaq lai bi cazyawj, gezgoj dwg gij ciepngez aeu makcengz doj、makbug soemj guh nga ganq de ndaej miuz haemq lai、dingj bingh haemq ak，ciepgaenh gij muzbyauh ganq cungj. Daihngeih dwg makgaemjgaet caeuq makgam cwx. Gij fuengfap ciepngez doiq binjcaet mbouj miz maz yingjyangj，hoeng aeu yazben ciepngez ndaej lix haemq lai.

苗木繁殖方法是采用高空压条法，即驳枝或包枝法繁殖。这种传统的苗木繁殖法能使新植株保持母树的优良遗传性状，且技术简单，育苗周期短，农民习惯用此法。特别是容县沙田柚，产品常供不应求。为扩大沙田柚的种植面积，保持沙田柚的优良品质，多采用这种办法育苗。据容县松乡木兰堂记载，在清咸丰年间（1851～1861年），就已采用驳枝法繁殖，至少已有200年的历史。清末至民国初期，容县翰坡、沙田等乡已有半专业化的育苗农户，常年驳枝育苗3万～4万株，最盛年份达20多万株，销往广东、湖南及省内各地。民国三十一至三十五年（1942～1946年），广西省农业处熊襄龙、邬恩锡等人进行"沙田柚的各种砧木嫁接效果"试验研究，以矮化、抗寒、抗病虫害、抗旱、适应性强为育种目标，选用枳壳、毛柚、雏容橙、酸柚、土柠檬、皱皮柑等作砧木，以本地优良沙田柚品种作接穗，采取芽片贴接、枝接两种不同嫁接方法。嫁接成活后，经多年观察，结果是以土柠檬、酸柚做砧木的嫁接苗丰产多、抗病性比较好，接近育种目标，其次为金橘和枳壳。嫁接方法对品质无影响，但以芽片贴接法成活率高。

Minzgoz 29～32 bi（1940～1943 nienz），Vangz Lieng caeuq Siengh Vangnenz daengj youq Liujcouh Sahdangz guh le gij sawqniemh miz seiq bi baenzneix nanz gveihmoz hung fuengzre sahdenzyou yo miz binghhaih haenx，gijneix youq ndaw guek dwg daih'it baez. 4 bi itgungh sawqniemh makbug 21560 aen，fatyienh binghhaih 10 cungj，ndawde binghcinghmeiz dwg cujyau binghhaih. Lumjbaenz Minzgoz 31～32 bi（1942～1943 nienz），gij sahdenzyou nduknaeuh ndawde 79% dwg binghcinghmeiz. Cazmingz binghhaih doiq yo、baujsien makbug miz le cijdauj cozyung gvanghgen.

民国二十九至三十二年（1940～1943年），黄亮与相望年等人在柳州沙塘进行了长达4年之久的大规模沙田柚贮藏病害的防治试验，这在国内属首次。4年共试验柚子21560个，发现病害10种，其中以青霉病为主要病害。如民国三十一至三十二年（1942～1943年），腐烂的沙田柚中79%为青霉病。查明病害的原因对柚的保存、保鲜起了关键的指导作用。

Roek. Byaekgwn
六、蔬菜

Mwnq Bouxcuengh ndaem byaekgwn youq Mingzcauz gaxgonq gig noix miz geiqloeg，Mingzdai hainduj miz di geiqloeg ndeu. Mingzcauz Gyahcing 10 bi（1531 nienz）bien bonj《Gvangjsih Dunghci》geiq le dangseiz gij binjcungj byaekgwn mwnq Gvangjsih gaenq miz 50 lai cungj. Cinghcauz Genzlungz 6 bi（1741 nienz）bien bonj《Nanzningz Fujci》geiq miz 62 cungj. Cinghcauz Gvanghsi 21 bi（1895 nienz）coih bonj《Yungzyen Ci》geiq miz 52 cungj. Doenghgij deihfueng ci neix soj geiq gij binjcungj byaekgwn cujyau miz byaekhau、aengjgwx、byaekginzcaiq、byaekmbungj、byaekbohcaiq、byaekohswnj、byaekgailanz、byaekroem、byaekdoengzhau、byaekgep、byaekhom、lwggwz、lauxbaeg、rangzoq、duhnoh、duhyangj、 duhlanhdouq、gocoeng、suenq、lwgmanh、lwggva、lwgbieng、lwghaemz、lwggve、lwgfaeg、lwggyoux、lwggyoh、rangz、biek、gaeubaeng daengj、ndawde byaekbohcaiq、lwgmanh、dungxgva、lwgbieng、byaekohswnj daengj cungj dwg daj rog guek cienz haeuj、seizlawz cienz haeuj Gvangjsih、gaenq mbouj miz banhfap gaujcwng. Aenvih diegdeih mizhanh、vihliux cungfaen leihyungh diegdeih、doxdauq ndaem、doxlwnz ndaem、doxlienz ndaem doengh cungj dajndaem fuengfap neix siengdang bujben. Mwh Mingzcauz Cinghcauz gij gisuz ndaem byaekgwn mwnq Bouxcuengh bujbenj yungh senj ceh dauq ndaem.

　　壮族地区蔬菜种植在明代以前极少有记载，明代开始有些记载。明嘉靖十年（1531年）编纂的《广西通志》记述了当时广西地区的蔬菜品种已达50多种，清乾隆六年（1741年）修的《南宁府志》记有62种，清光绪二十一年（1895年）修的《容县志》记有52种。这些地方志所记述的蔬菜品种主要有白菜、生菜、芹菜、蕹菜、菠菜、莴苣、芥蓝、苋菜、茼蒿、韭菜、芫荽、茄、萝卜、茭白、豆角、刀豆、豌豆、葱、蒜、姜、辣椒、南瓜、黄瓜、苦瓜、丝瓜、冬瓜、葫芦、瓠瓜、竹笋、芋、藤菜等，其中菠菜、辣椒、南瓜、黄瓜、莴苣等均从国外传入，何时传入广西，已无从考证。由于土地有限，为充分利用土地，采用套种、间种、连种的种植方法相当普遍。明清时期壮族地区蔬菜种植技术普遍采用育苗移栽。

　　Mwh Minzgoz, Bouxcuengh gak mwnq gaenq ganq ok haujlai binjcungj byaekgwn hab youq bonjdeih hungmaj de. Daengz 20 sigij 30 nienzdaih, gij binjcungj byaekgwn ciengzseiz raen de daihgaiq miz 60 cungj, gij binjcungj byaekgwn mizmingz de miz Nanzningz gij byaekgailanz va henj, Liujcouh byaekgailanz va hau, Liujcouh byaekgat noh, Baksaek byaekgat hoengz, Hwngzyen Nanzyangh dadouzcai, Yungzanh lauxbaeg laeng, Nanzningz lwgbieng caeux、dungxgva dinvaiz、swhgvah noh、lwgfaeg hung、lwghaemz naeng raeuz、duhnoh ginhsanh、duhnoh bet nyied、lanzdou iq、biek hwzlunz, Luzcai lwghaemz Cunghdu, Libuj biek Binhlangz, Vuzcouh sawzguh, Gveilinz majdiz, Hwngzyen sagieng Cinghdungz, Ginhcouh coeng hom, Gveigangj ngaeux, Baksaek yinzwj, Sanhgyangh raet daeng 40 lai cungj, miz di binjcungj lumjbaenz Libuj biek Binhlangz、Hwngzyen Nanzyangh dadoucai、Gveigangj ngaeux、Baksaek yinzwj、Sanhgyangh raet daengj dwg gij cuzgouj canjbinj cienzdoengj Gvangjsih. Mwnq Bouxcuengh ndaem gva mak lizsij nanz, Gveigangj si Lozbwzvanh aen moh Sihhan oknamh ceh gvadiemz dwg cingqgawq mingzbeg（doz 1-4-3）.

　　民国时期，壮族各地已培育出许多适合当地生长的蔬菜品种。到20世纪30年代，常见的蔬菜品种约有60种，著名蔬菜品种有南宁黄花芥蓝、柳州白花芥蓝、柳州肉芥菜、百色血丝芥菜、横县南乡大头菜、融安晚萝卜、南宁早黄瓜、牛腿南瓜、肉丝瓜、大冬瓜、光皮苦瓜、金山豆角、八月豆角、小兰豆、黑轮芋、鹿寨中渡苦瓜、荔浦槟榔芋、梧州慈姑、桂林马蹄、横县青铜沙姜、钦州香葱、贵港莲藕、百色云耳、三江香菇等40多种，有些品种如荔浦槟榔芋、横县南乡大头菜、贵港莲藕、百色云耳、三江香菇等是广西传统出口产品。壮乡种植瓜果历史悠久，贵港市罗泊湾西汉墓出土的甜瓜子是为明证（图1-4-3）。

Doz 1-4-3   Gveigangj si Lozbwzvanh aen moh Sihhan oknamh ceh gvadiemz
图1-4-3   广西贵港市罗泊湾西汉墓出土的甜瓜子

20 sigij 40 nienzdaih, Gvangjsih nungzsw sinencangz caeuq gak mwnq nungzcangz, gaengawq bonjdeih diuzgienh, gonq laeng yinxhaeuj ganhlanz luenz（gaiqlanzbau）、vahyez cai、yangzcoeng、makgaemjgaet、duhnit daengj 10 lai aen binjcungj moq byaekgwn.

20世纪40年代，广西农事试验场和各区农场，根据本地条件，先后引进球茎甘蓝（苞心椰菜）、花椰菜、洋葱头、番茄、大荚豌豆等10多个蔬菜新品种。

Cigdaengz Minzgoz geizlaeng, mwnq Bouxcuengh yienznaeuz byaekgwn binjcungj lai, hoeng ndaem dwk gig noix, dandan vih gyoengqvunz gwnz haw caeuq nungzhoh lingzsing ndaem di ndeu, cujyau vihliux gag gwn, lw di ndeu douzhaeuj hawciengz, lij mbouj miz ranz nungzhu ciennieb ndaem byaekgwn daeuj gai de. Yienznaeuz gij gisuz ndaem byaek cingsaeq dangqmaz, hoeng gij vwndiz dapboiq binjcungj caengz gaijgez, seiznaeb yienhsiengq siengdang bujbwn.

直到民国后期，壮族地区蔬菜虽品种多，但种植面积都很小，仅城镇居民和农户零星种植，主要为了自给，少量剩余的蔬菜投入市场，还没有出现生产蔬菜专业农户。虽然种植技术十分精细，然而品种搭配种植问题未解决，淡季现象相当普遍。

Gij vwndiz ceiq hung doenghgo ndaem daeuj yawj de dwg fuengzre bingh caeuq non.

园艺作物最大的问题是病虫害防治。

Gaenhdaih, gij nungzyoz Sihfangh cienzhaeuj Cungguek, gyaqcienz bengz, gij nungzminz Bouxcuengh mbouj miz ngaenz cawx daeuj yungh, Gvangjsih gohgi gunghcozcej cijndaej linghvaih siengj banhfap, yawjnaek yenzgiu guh gij yw dwk non dangdeih dujcanj. Minzgoz 23～24 bi（1934～1935 nienz），Cinz Ginhbi aeu gaeumbwbya、youzcaz、cazguh、gofeq、gienjsah、ien 6 cungj dujcanj yienzliuh mwnq Bouxcuengh, boiq guh le yw caeuq guh le gij sawqniemh yenzgiu dwk non yauqlig, doengzseiz caeuq hoi、fanhgenj（couhdwg feizcau）caeuq raemxsaw, boiq baenz 13 cungj yw dwk non, doiq byaekgwn、mak、gohaeux daengj lai cungj nonhaih cujyau dwg nyaenh de ndaej dwk gaj caeuq doeg de, dwk non yauqgoj haemq ndei, doengzseiz doiq doenghgo mbouj miz haih, cingzbonj daemq. Gvaqlaeng, soj fazcanj gij yw dwk non bonjdeih miz：

近代，西方农药传入中国，价格昂贵，壮乡农民无力购买使用，广西科技工作者只好另辟蹊径，重视本土土产杀虫药剂的研制。民国二十三至二十四年（1934～1935年），陈金壁以毒鱼藤、油茶、茶麸、辣蓼、枧砂、烟草6种壮族地区的土产原料，进行了药剂配制和杀虫效力的试验研究，并与石灰、番枧（即肥皂）和清水配制成13种杀虫药剂，对蔬菜、果、旱粮等以蚜虫为主的多种害虫有触杀和胃毒作用，杀虫效果较好，且对作物无害，成本低廉。此后，所发展的土产杀虫剂有：

Cuzcungzgiz yw dwk non. Minzgoz 25～27 bi（1936～1938 nienz），Cinz Ginhbi、Vangz Veijhan youq Liujcouh Sahdangz guh cuzcungzgiz yinx ceh daeuj ndaem baenzgoeng, vih saenamz gak aen sengj doigvangj ndaem cuzcungzgiz miz yingjyangj cizgiz. Youq mwh de, Liuz Diuva sawq guh cuzcungzgiz yw dwk non lai cungj, doengzseiz guh le dwk non yauqgoj sawqniemh, hai le gij cingzgvang moq yenzgiu guh yw dwk non dienyienz de. Cuzcungzgiz bienqbaenz le aen seizgeiz neix gij cujyau yienzliuh guh yw nungzyoz dienyienz de.

除虫菊杀虫剂。民国二十五至二十七年（1936～1938年），陈金壁、黄伟汉在柳州沙塘进行除虫菊引种试验成功，对西南诸省推广种植除虫菊有积极影响。在此期间，刘调化试制除虫菊杀虫剂多种，并作了杀虫效果试验，开辟了天然杀虫剂研制的新天地。除虫菊成了这一时期天然农药的主要原料。

Ienmbaw caeuq gienj yw dwk non. Minzgoz 28 bi（1939 nienz），Vangz Suilunz yungh ienmbaw Gvangjsih hamz gienj ien daegbied lai aen daegdiemj neix, boiq guh ok raemx cimq ienmbaw、caujfwnj caeuq ienmbaw danhningzsonh yenzyez daengj ienmbaw gienj yw dwk non. Ndawde gij raemx cimq ienmbaw doiq dwk nyaenh miz yungh youh cienh, boiq guh gij faenj ienmbaw doiq nyaenh miz daegbied yauqgoj；boiq guh baenz ienmbaw gienj danhningzsonh yenzyez cung cit le daeuj yungh, fuengzre non mak, yauqgoj beij sinhsonhyenz sang. minzgoz 30 bi（1941 nienz），Liuj Cihyingh youq Liujcouh Gvangjsih Dayoz Nungzyozyen cujciz gij sawqniemh youzliz gienj dwk dai 7 cungj nonhaih.

烟草碱杀虫剂。民国二十八年（1939年），黄瑞纶以广西烟草含烟碱丰富之特点，配制出烟草水浸出液、草粉和烟草单宁酸悬液等烟草碱杀虫剂。其中烟草浸出液对杀灭蚜虫经济有效，配制的烟草粉对杀灭蚜虫有特效；配制成烟草碱单宁酸悬液稀释施用，对防治果蠹虫效果比砷酸铅好。民国三十年（1941年），柳支英在柳州广西大学农学院主持游离烟碱对7种害虫的致死试验。

Yizdwngzdungz yw dwk non. Minzgoz 28 bi（1939 nienz）seizcou daengz minzgoz 29 bi （1940 nienz）seizdoeng, Liuj Cihyingh、Ciz Yifwnh caeuq Vangz Suilunz doxgap, youq Liujcouh Sahdangz guh yizdwngzdungzban yw dwk non sawqniemh. Leihyungh ceh lauxbaeggaeu guh yienzliuh, boiq guh baenz gij yw mba ceh lauxbaeggaeu cimq caep, guh dwk non cozyung sawqniemh, gezgoj doiq byaekgwn、gomak、gofaiq、go'oij daengj lai cungj nonhaih doenghgo miz dwk gaj cozyung ndei, doengzseiz giem miz doeggaj cozyung, ginggvaq vayoz faensik caeuq sawqniemh, cingqmingz gij cingzfaenh mizyauq de dwg gij vahozvuz loih yizdwngzdungz.

鱼藤酮杀虫剂。民国二十八年（1939年）秋至民国二十九年（1940年）冬，柳支英、徐玉芬和黄瑞纶合作，在柳州沙塘进行鱼藤酮杀虫剂试验。利用豆薯种子作原料，配制成豆薯种子粉剂冷浸液剂，进行杀虫作用试验，结果对蔬菜、果树、棉花、甘蔗等多种作物的害虫有良好的触杀作用，并兼有胃毒作用，经实验与化学分析证明，其有效成分是鱼藤酮类化合物。

Minzgoz 31～32 bi（1942～1943 nienz）, Liuj Cihyingh、Hoz Yengih sawq dawz ceh lauxbaeggaeu muz baenz mba, cimq youq ndaw raemx bingjdungz, sawj de soj hamz gij yizdwngzdungz de yungz youq ndaw bingjdungz, yienzhaeuh gyahaeuj raemxfeizcau, hawj gij nungzdu mizyauq ndaej dwk non de daezsang, yungh daeuj fuengzre non vangzsoujgvah, yauqgoj gig ndei. Gij dwk non yauqgoj ceh lauxbaeggaeu, neix youq ndaw guek rog guek dwg daih'it baez fatyienh, yinx hawj vunz daihliengh louzsim gvaq.

民国三十一至三十二年（1942～1943年），柳支英、何彦琚试将豆薯种子磨成细粉，浸于丙酮液内，使其所含的鱼藤酮溶于丙酮中，然后加入肥皂水，使杀虫有效浓度提高，可用于防治黄守瓜虫，效果很好。豆薯种子具有杀虫效果，这在国内外属首次发现，曾引起广泛的注意。

Minzgoz 27 bi（1938 nienz）seizcou, Gvangjsih nungzsw siyencangz daj Yeznanz yinxhaeuj mauzyizdwngz youq Sahdangz ndaem, youz Vangz Suilunz cujciz yenzgiu. Cungj mauzyizdwngz neix caeuq gaeumbwbya dangdeih doxlumj. Ginggvaq faensik, cingqmingz mauzyizdwngz gij cingzfaenh mizyauq dwk non de dwg yizdwngzdungz, cujyau youq giz rag de. Gij hamzliengh yizdwngzdungz dwg 5.67%, beij gaeumbwbya bonjdeih hamzliengh sang. Mwhhaenx yungh gij rag de guh baenz yw mba, boiq baenz 4000 boix yw raemx, fuengzre vangzdiuzdiu'gyaz caeuq lai cungj nyaenh yauqgoj cungj ndei, gij dwk gaj caeuq gij doeg de cungj beij ceh lauxbaeggaeu caeuq cuzcungzgiz ak.

民国二十七年（1938年）秋，广西农事试验场从越南引入毛鱼藤在柳州沙塘种植，由黄瑞纶主持研究。此种毛鱼藤与当地的毒鱼藤相似。经分析，证明毛鱼藤的有效杀虫成分为鱼藤酮，主要在根部。鱼藤酮的含量为5.67%，比当地的毒鱼藤含量高。当时用藤根制成粉剂，配成4000倍液，对防治黄条跳甲及多种蚜虫效果都好，其触杀毒力均比豆薯种子和除虫菊强。

Raemx boh'wjdoh yw dwk non. Minzgoz 30～33 bi（1941～1944 nienz）, Ciengj Suhnanz caeuq Ciz Yifwnh youq Sahdangz doiq vunz Fazgoz guh gij raemx boh'wjdoh guh fuzcinzswj dwk non sawqniemh, cingqsaed mizyauq. yienznaeuz yauqgoj menh gvaq cuzcungzgiz nem raemx ienmbaw, hoeng gij yauqlig yw dingj ndaej nanz, ndaej dingj bueng ndwen, cungj gunghyau lij dwg ak. Minzgoz 31～32 bi（1942～1943 nienz）, Liuj Cihyingh、Hoz Yengih youq Liujcouh Sahdangz youh guh sawqniemh, cingqmingz sawjyungh raemx boh'wjdoh gya sinhsonhyenz roxnaeuz sinhsonhgai doiq non ginghgveihswj、vangzsoujgvah、siujluzsiengbij miz yauqgoj ndei yienhda. Raemx boh'wjdoh bonjndang miz dingj non cozyung, caiq gya sinhsonhyenz roxnaeuz sinhsonhgai daengj gij yw doeg caeuq dwk gaij de，yauqlig giengzdaih. Aen fuengfap neix caengzging ndaej gaijgez le sam daih nonhaih gij suenmak、suenbyaek mwnq Sahdangz.

波尔多液杀虫剂。民国三十至三十三年（1941~1944年），蒋书楠和徐玉芬在柳州沙塘对法国人创制的波尔多液进行浮尘子灭虫试验，证实有效。虽然见效慢于除虫菊及烟草碱，但药效持久，可持续半个月，总功效还是强的。民国三十一至三十二年（1942~1943年），柳支英、何彦琚在柳州沙塘又进行试验，证明使用波尔多液加砷酸铅或砷酸钙对金龟子、黄守瓜、小绿象比除虫菊有明显的效果。波尔多液自身有拒虫作用，再加砷酸铅或砷酸钙等胃毒和触杀剂，效力强大。此法曾一度解决了在沙塘地区果园、菜园的三大虫害。

Aen sieng nem nonhaih. minzgoz 27~29 bi（1938~1940 nienz），Liuj Cihyingh caeuq Yenz Gyahyenj youq Liujcouh Sahdangz cauhguh aen sieng nem，nem gaj duz nonhaih loet byaekgwn vangzdiu'gyaz，yungh aen sieng neix dawz duz nonhaih aenvih doeksaet cix luenh diuq doek roengzma gyaj dai de cawz bae. Youq reih byaek ndaej boenq duz non hung 60%，youq gwnz go byaek ndaej boenq duz non hung dabdaengz 80% doxhwnj. Gaengawq sawqniemh，mwh go byaek deng haih，yungh gij nem neix gaj diu'gyaz，ciengzseiz cib geij faencung，ndaej dwk dai saek fanh duz，yauqgoj ndei.

灭虫胶箱。民国二十七至二十九年（1938~1940年），柳支英和严家显在柳州沙塘创制灭虫胶箱，可粘杀蔬菜大害虫黄条跳甲虫，用该器具将有遇惊而乱跳下坠假死习性的害虫除去。在蔬菜畦可驱除成虫60%，在菜株上驱除成虫达80%以上。据试验，菜株被害时，用此器具粘杀跳甲虫，往往十数分钟，可灭虫数万，效果良好。

Cojgoeng Bouxcuengh youq Lingjnanz youq haujlai nanz le，gaemdawz le gij daegdiemj lixyouq aen vanzging neix，gaengawq vanzging daegdiemj daeuj fazcanj nungzyez. Lienh ndaem ok le gohaeux cwx、go sawz cwx、go biek cwx daengj，ganq ok le go'ndaij、gominz、laehcei、maknganx daengj haujlai dujdwzcanj dijbauj daeuj cix youq gwnz seiqgyaiq mizmingz，doengzseiz cienz haujlai nanz cungj mbouj doekbaih. Bouxcuengh dwg aen minzcuz gaenxguh、coengmingz、roengzrengz cauhguh de，gyoengqde youq ndaw fazcanj nungzyez guh ok haujlai saedyungh gohgi cwngzgoj yienhda de cien daih fanh daih louzcienz roengzbae，cijdwg souh lizsij diuzgienh hanhhaed，doenghgij saedyungh gohgi neix caengz ndaej gyalaeg、caengz ndaej fazveih dwk engqgya caezcienz satlo.

壮族先民在岭南居住历史久远，掌握了生存环境的特点，因地制宜地发展农业，驯化了野生稻、野生薯、芋等，培育了苎麻、灌木棉、荔枝、龙眼等许多珍贵土特产品而名传于世，并且久盛不衰。壮族是勤劳、聪慧、刻苦钻研的民族，他们在发展农业中做出的许多突出的流传万世的实用科技成果，只是受历史条件的限制，这些实用科技未能深入应用、未能发挥得更加完美而已。

Camgauj Vwnzyen　参考文献

[1] 陈正祥. 广西地理［M］. 北京：正中书局，1946（民国三十五年）.
[2] 莫一庸. 广西地理［M］. 桂林：桂林文化供应社，1947（民国三十六年）.

［3］广西壮族自治区文物考古训练班，广西壮族自治区文物工作队.广西南宁地区新石器时代贝丘遗址［J］.考古，1975（5）.

［4］广西壮族自治区文物工作队.广西桂林甑皮岩洞穴遗址试掘［J］.考古，1976（3）.

［5］广西壮族自治区文物考古训练班，广西壮族自治区文物工作队.广西南部地区的新石器时代晚期文化遗址［J］.考古，1978（9）.

［6］广西壮族自治区文物工作队，钦州县文化馆.广西钦州独料新石器时代遗址［J］.考古，1982（1）.

［7］柳州博物馆，广西壮族自治区文物工作队.柳州市大龙潭鲤鱼嘴新石器时代贝丘遗址［J］.考古，1983（9）.

［8］徐恒彬.简谈广东连县出土的西晋犁耙田模型［J］.文物，1976（3）.

［9］左国金，李炳东，等.广西经济史［M］.北京：新时代出版社，1988.

［10］傅荣寿，王中林，等.广西粮食生产史［M］.南宁：广西民族出版社，1992.

［11］魏贞莹，钟少宗，施秋玉，等.广西耕作制度［M］.南宁：广西民族出版社，1993.

［12］广西壮族自治区地方志编纂委员会.广西通志·农业志［M］.南宁：广西人民出版社，1995.

［13］孙鼎昌.广西植物保护史［M］.南宁：广西人民出版社，1995.

［14］廖振钧.广西农业科技史［M］.南宁：广西人民出版社，1996.

［15］袁家荣.玉蟾岩获水稻起源新物证［N］.中国文物报，1996-09-03.

［16］黄石生.道县玉蟾岩古稻出土记［N］.中国文物报，1996-03-03.

［17］覃乃昌.壮族稻作农业史［M］.南宁：广西民族出版社，1997.

［18］张声震.壮族通史［M］.北京：民族出版社，1997.

［19］英德市博物馆，中山大学人类学系，广东省文物考古研究所.英德史前考古报告［M］.广州：广东人民出版社，1999.

［20］蒋廷瑜.资源晓锦遗址发现炭化稻米［N］.中国文物报，2000-03-05.

Daihngeih Cieng　Linzyez Gisuz

第二章　林业技术

Ndoengfaex dwg gij swhyenz youqgaenj Bouxcuengh baengh bae ciengxmingh. Bouxyez Lingjnanz youq ndaw gamj senj daengz ndaw mbanj gwnz haw gvaqlaeng, yawjnaek baujhoh gij faex ranz gonq ranz laeng, caemhcaiq bienqbaenz le cungj fungsug gvenqlaeh. Riengz seizdaih bae fazcanj, Bouxcuengh mboujduenh ndaem faex, geiqdak lwglan ndaej majhung cangqvuengh. Cawzliux ganq、ndaem gosamoeg、gocoengz、goreiz、gocueng、godingjmbwn、go'gyamj、gogangliengj、gobatgak、go'gyaeuq、goyouzcaz、go'gviq caeuq gak cungj gocuk, lij baujcunz le gosamoegngaenz hozvasiz mwh binghconh cainanh gvaqlaeng ndaej lix roengzdaeuj haenx caeuq dieg faexhoengz henzhaij Hozbuj、Fangzcwngzgangj ndaw guek ceiq gvangq, cwkrom le gij gingniemh vunzgoeng ganqmiuz、faenndaem caeuq fuengzceih binghhaih nonhaih gisuz. Dang gij gohyoz gisuz gaenhdaih cienz haeujdaeuj gvaqlaeng, yinxhaeuj lumj go faexnganqciq maj ndaej vaiq youh miz ginghci gyaciz haenx daengj, caemhcaiq daihliengh bae ndaem, sawj dieg Bouxcuengh bienqbaenz dieg youqgaenj ndaem miz gij faex yayezdai Cungguek gag miz haenx.

林木是壮族赖以生存的重要资源之一。岭南越人从穴居改为村圩居住后，重视宅前屋后林木的保护，并形成了习俗惯例。随着时代的发展，壮族人民不断地栽种树木，寄情于后代健康发展。除了培育、种植杉、松、榕、樟、擎天树、橄榄树、桄榔树、八角树、油桐、油茶、肉桂和各种竹子外，还保存了冰川时期劫后余生的"活化石"银杉和国内面积最大的合浦、防城港红树林保护区，积累了人工育苗、分栽和病虫害防治技术的经验。当近代科学技术传入后，引进速生又有经济价值的桉树等，并大面积栽种，使壮族地区成为中国亚热带特有的重要林木产区。

Daih'it Ciet　Ranzmbanj、Faexsaenz，Gij Faex Caeuq Aen Ranz Bouxcuengh Dwg Aen Cingjdaej Ndeu
第一节　村寨、神林，壮族林居一体

Bouxcuengh dwg aen minzcuz ndaemnaz，ciuhgeq doxdaeuj couh dwg baengh raemxnamh gwnhaeux，coengzbaiq faexsaenz，doiq hamzcwk raemxnamh miz nyinhrox caeuq gingniemh laegdaeuq，ndigah，guenjfaex cauhndoeng baenz le gij cienzdoengj aen minzcuz neix. Doenghbaez，baihlaeng roxnaeuz baihhenz ranzmbanj Bouxcuengh cungj miz benq faexsaenz ndeu，dakngeix diensaenz haeujhah ranzmbanj、fwnraemx cungcuk、bouxboux youqonj、doihduz hoenghvuengh，doenghgij faexsaenz neix hix dwg gij faex goekraemx，ndigah faexsaenz gig souh daengz ranz Cuengh gvansim gyaezhoh. Youq ndaw bouh sei lizsij cauhseiq Bouxcuengh 《Mo Beng Baeuqroxdoh》，vunz Cuengh yawj ndoengfaex baenz caeuq gwnzmbwn、daihdeih、lajdeih bingzbaiz baenz Bouxcuengh seiq daih diensaenz ndawde duz ndeu，daihlaeng heuh guh seiq vuengz，moix bi cungj aeu buizcaeq，youz bouxsai ndaw mbanj camgya，yisiz lungzcung. Bingzseiz，mbouj cinj vunz mbanj rog byaij gaenh，engq mbouj ndaej haeuj ndaw de bae hozdung. Dajneix yienjbienq caemhcaiq guhbaenz le haujlai minzsug Bouxcuengh caeuq gofaex mizgven haenx，beijlumj saxcaeq gofaex，vunz Cuengh nyinhnaeuz goreiz caeuq gofaexminz dwg gofaexfuk，gouz gofaexsaenz baujyouh vunzmbanj youqonj. Rangh ranz Cuengh Guengjsae Baksaek、Dienzyiengz miz cungj fungsug ndeu ndaw ranz baez seng miz lwgnding couh ndaem gofaex，lai de ndaem miz baenz benq，cujyau dwg ndaem gosamoeg、gocoengz、godoengz、goyouzcaz，siujsim bae ganq，sawj lwgnyez majhung ndaej lumj gofaex yienghhaenx cangqmaengh. Mbanj Cuengh Guengjsae Dunghlanz lij miz ndaem gofaex（gocuk）daeuj swnjmingh，couh dwg youq henzranz roxnaeuz bakroen ndaem gofaex roxnaeuz go cukoiq，venj diuz ceijhoengz hwnj bae，gaenx bae ganqhoh，gouzaeu maqmuengh diuz mingh lwgnyez ndaej lumj gofaex yienghhaenx hungsang heusausau，lumj gocuk yienghhaenx hoenghfwdfwd. Neix youq gij nienzdaih gohyoz cihsiz caengz ndaej daengz bujgiz haenx dwg gig nanz ndaej，de baujcingq le doengh gij faex goekraemx neix mbouj souh daengz buqvaih，henhoh le cungj swnghdai gij faex caeuq aen ranz Bouxcuengh dwg aen cingjdaej ndeu. Mingzdai Sanghyez 《Roek Souj Sei Geiq Gij Fungsug Bouxcuengh》 hix ceijok，dieg Bouxcuengh "mbanjmbanj faexcuk ciemq daengx bya"，ranzmbanj Bouxcuengh saedsaeh dwg ndoj youq ndaw ndoengfaex.

壮族是稻作民族，自古以来就靠水土吃饭，崇拜树神，对水土涵养有深刻的认识和经验，因此，护树造林成了该民族的传统。过去，壮族村寨背后或附近都有一片神林，寄托天神庇护村寨、风调雨顺、老少平安、六畜兴旺，这些神林也是水源林，所以神林备受壮家关爱。在壮族创世史诗《魔兵布洛陀》中，壮人把森林看成与天空、大地、地下并列的壮族四大天神之一，后世称之为四王，年年都要祭祀，由村上男子参加，仪式隆重。平时，外村路人不准走近，更不能入内活动。由此衍化并形成了许多与树相关的壮族民俗，如对树祭拜，壮人把榕树和木棉树认为是福祉树，祈求树神保佑村民平安。广西百色、田阳一带壮家有一种添丁种树的风俗，少者数株，多则成片，以杉、松、桐、油茶为多，小心护理，使孩子能像树苗那样茁壮成长。广西东兰壮乡还有种树（或竹）补命的习俗，即在屋边或路口种树或嫩竹，挂上红纸条，勤加护理，祈望孩子的生命如树之高大常青，如竹之生机勃勃。这在科学知识尚未普及的年代是难能可贵的，它保证了这些水源林不受到破坏，维护了壮族林居一体的生态环境。明代桑悦的《记僮俗诗六首》也指出，壮族地区"村村竹林占山乡"，壮族村寨确实是隐于茫茫林海之中。

Doeklaeng, daihliengh Bouxgun senj haeuj mbanj Cuengh daeuj, daiq daeuj le gij vwnzva dieg cunghyenz, mbanj Cuengh okyienh ranzsaenz lo, laebhwnj le ranzmiuh. Gij mbouj doengz de dwg, youq henz ranzmiuh Bouxcuengh, itdingh aeu ndaem miz go reiz ndeu（go reiz mbaw hung roxnaeuz go reiz mbaw iq）, dangguh aen ranz ranzsaenz youq. Beijlumj ndaw aen ranzmiuh mbanj Gizsangj haw Gaeuqsingz Bingzgoj Yen, gung miz "aen saenzvih daih faexsaenz gujliz". "Gujliz" gizneix dwg goreiz cihsaw yaemhoiz Vahcuengh. Goreiz ndang hung youh maengh, dingj faex ndaej dangj mbwn, laj faex ndaej yietliengz, nga lai mbaw ndaet, gvangq miz geij moux, caeuq gij faexcuk、faexminz ranzmbanj Bouxcuengh doxdaengh. Gij sei 《Yunghcouh》 vunz Yenzcauz Cinz Fuz naeuz gij ranzmbanj Bouxcuengh dwg "mbanjmbanj miz goreiz heuswdswd, byabya miz vadauz maeqsagsag". Cingqdwg aenvih cojcoeng Bouxcuengh cungj sim gyaez faex neix daih cienz daih, haujlai gij faexgeq noix raen haenx cijndaej daengz gyaezhoh louzce roengzdaeuj. Lumj go samoeg diet baihnamz、go samoeg diet cangzcangh、gofeij ndanghung、go samoeg maklimz、go samoeg maklimz baihnamz、gociuh caujhanq、go faexnanzvaz、go faexriengmax、go samoeg ngaenz、go samoeg ndit、goreiz cien bi、go faexcueng、go faexhoengz henzhaij baenz geij bak bi daengj. Neix dwg bit gohgi swhcanj lai Bouxcuengh louzhawj Cungguek lij baudaengz seiqgyaiq haenx, dwg gij dijbauj gig noixmiz bae yenzgiu lizsij deihcaet、doenghduz doenghgo hwngfat baenaj、heiqsiengq bienqvaq caeuq linzyez fazcanj daengj gohyoz.

后来，大量汉族人迁入壮乡，带来了中原地区的文化，壮乡出现了社神，建立了社坛。不同的是，在壮族的社坛附近，必须种一株榕树（大叶榕或小叶榕），作为社神寄身之处所。例如平果县的旧城圩局爽村社坛庙内，供奉有"古离大木神之神位"。这里的"古离"是壮语小叶榕的音译字。榕树干身粗壮，树冠遮天，护荫消暑，枝繁叶茂，覆荫数亩，与壮人村寨的竹林、木棉交相辉映。元人陈孚的《邕州》诗称壮人的村寨是"家家榕树青不凋，桃花乱开野花满"。正是由于壮族先民这种爱树之心世代相传，许多珍稀古树备受爱护，得以传世。如南方铁杉、长苞铁杉、粗榧、红豆杉、南方红豆杉、鹅掌楸、南华木、马尾树、银杉、冷杉、千年古榕、古樟、数百年的海滨红树林等。这是壮族人民给中国乃至世界的一笔丰硕的林业资产，是研究地质历史、生物进化、气象变迁和林业发展等科学的珍稀之宝。

Daihngeih Ciet　Gij Rizdin Linzyez Fazcanj Dieg Bouxcuengh
第二节　壮族地区林业发展足迹

Vuengzdaeq Sun ciuhgeq，caengzging daengz doengh Lingjnanz Canghvuz bae dwksiengq，neix dwg "seizfwz" mbanj Cuengh Lingjnanz，seizde，gizneix lij dauqcawq dwg ndoengfaex. Daengz Cunhciuh Cangoz seizgeiz，gawq 《Linzyez Lizsij Guengjsae》Yangz Yungzfeih cawjbien haenx naeuz: "Gaxgonq gunghyenz 2700 nienz，ndaw gyaiq Guengjsae seizneix ndoengfaex menciz ciemq diegdeih cungjmenciz 91%，ca mbouj geij cungj deng gij ndoengfaex yezdai、yayezdai cwgoemq." Couhcwngzvangz dang vuengz geizgan（gaxgonq gunghyenz 1042～gaxgonq gunghyenz 1021 nienz），sou daengz cojcoeng Bouxcuengh gung hawj gocuk gvaq，ndigah 《Saw Couh》geiqsij miz "Vunzlu miz gocuk hung"，neix dwg gij faenzsaw ceiqcaeux geiqloeg cojcoeng Bouxcuengh haifat leihyungh ndoengfaex swhyenz. Dajneix doilwnh，seizde mbanj Cuengh miz ndoengfaex swhyenz maqhuz fungfouq. Cawzliux dangguh gij doxgaiq gung，engq lai dwg yungh daeuj cauxlaeb gij ranz ganlanz youq. Daj Cinzsijvangz haifat Lingjnanz gvaqlaeng，mbanj Cuengh linzyez fazcanj ndaej faenbaenz sam aen gaihdon.

上古的舜帝，曾到岭南苍梧之野开展捕象活动，这是岭南壮乡的"洪荒时期"，当时，这里还是森林的海洋。到了春秋战国时期，据阳雄飞主编的《广西林业史》称："公元前2700年，现广西境内森林面积占土地总面积的91%，几乎都被热带、亚热带森林覆盖着。"周成王当朝期间（公元前1042～公元前1021年），曾收到壮族先民进贡的竹子，故《周书》有"路人大竹"的记载，这是壮族先民开发利用森林资源最早的文字记录。由此推论，当时壮乡森林资源是相当丰富的。除了作为贡品，更多的是用来搭建巢居的干栏住宅。自从秦始皇开拓岭南以后，壮乡的林业发展可分为三个阶段。

It. Han Daengz Sung Yenz Seizgeiz
一、汉至宋元时期

《Samfuj Dozhenj》geiq: "Hanvujdi yenzdingj 6 bi（gaxgonq gunghyenz 111 nienz）hoenxhingz Nanzyez，hwnq Fuzligungh，ndaem doenghgo geizheih soj ndaej，gozbuj bak go，faexnganx、laehcei、maklangz、cenhsuiswj、makdoengj cungj miz bak lai go". Aen moh Handai Guengjsae Gvei Yen（ngoenzneix Gveigangj Si）Lozbwzvanh oknamh le lwggyamj、yinzmenswj caeuq dezdunghcingh（couh dwg vangzlaujgiz）daengj；Guengjsae Hozbuj Yen Dangzbaiz aen moh Handai 2 hauh oknamh le naedceh laehcei caeuq dezdunghcingh；gij maklaeq Guengjsae Vuzcouh Dadangz Bya'gyaeujhag aen moh Dunghhan oknamh de，caeuq gij maklaeq baihbaek Guengjsae ngoenzneix gihbwnj doxdoengz. Gij vwnzvuz oknamh neix cingqmingz le Bouxcuengh gvendaengz baenzlawz ungganq caeuq leihyungh gomak，gig caeux couh guhbaenz le cienzdoengj ndei，yiennaeuz caengz guhbaenz gveihmoz canjyez，hoeng ca mbouj geij ranzranz cungj miz.

《三辅黄图》记载："汉武帝元鼎六年（公元前111年）破南越，起扶荔宫，以植所得奇草异木，葛浦百本，龙眼、荔枝、槟榔、千岁子、甘橘皆百余本。"广西贵县（今贵港市）罗泊湾的汉墓出土了橄榄、人面子和铁冬青（即王老吉）等；广西合浦县堂排2号汉墓出土了荔枝皮核和铁冬青；广西梧州大塘鹤头山的东汉墓出土的板栗，与今桂北的板栗基本相同。这些出土文物证明了壮族关于果树的栽培利用，很早就形成了优良传统，虽然没有形成规模产业，但几乎家家都有。

Mbanj Cuengh gij faexginghci de itcig miz aen fazcanj diegvih ndei, vunz Cin sij《Doenghgo Baihnamz Cingzgvang》geiq Lingjnanz miz gosamoeg、gocoengzbya、gocuengraemx、gofaexraeu hom、goreiz、go'gyoij、gosuhfangz、godongz、goging、gofaexcueng、gofaexraeu、goyinhluzyangh、goyizciyinz、gocuhginj、gomicijyangh、gobauyanghlij、godau、gohozlizlwz、golaehcei、gosauzswj、gomakmbongq、goyinzmenswj、gocukdanh、gocukrin、gocuk、gocukswhmoz daengj, caemhcaiq gidij geiqsij le gij dwzcwngh caeuq ginghci gyaciz doengh gofaex gocuk neix. Dangz Liuz Sinz《Lingjbyauj Luzyi》geiqsij gij gofaex gocuk mbanj Cuengh miz gocuk swhlauz、go cukbya Lozfuz、gocuk sahmoz、go cukoen、gomaknim、goreiz、goraeu、godau、gobauhmuz、gomaklaeq、gocanghcij Bohswh、gobenjhwzdauz、golaehcei、go laehcei hoiq（couh dwg gomaknganx）、go'gyamj、gogoujmuzconzswj、gocanyangh、gocuhginj、gohuzdungzlei daengj, ndawde gobauhmuz yungh daeuj guh daejhaiz haenx, ngoenzneix gaenq raeg. Sungdai Fan Cwngzda gij《Geiq Mak》《Gveihaij Yizhwngz Ci》de geiq："Cienznaeuz gij mak baihnamz miz it bak ngeihcib cungj, dingzlai dwg maj youq gyangdoengh, bingzseiz duzlingz aeu daeuj gwn, gyoengqvunz doengjit heuh guh mak, ndigah gou mbouj ndaej rox daengz caez, cij geiqloeg le gij ndaej rox caemhcaiq ndaej gwn de, miz hajcibhaj cungj." Dangguh Bouxgun, mbouj rox Vahcuengh, ndaej geiq roengz 55 cungj dwg gig mbouj yungzheih. Youq ndaw《Geiq Doenghgo》, miz go'gviq、goreiz、gosamoeg、godau、goswhleij、goyenhcih、godongzgaeq、golungzgoet、godoengheu、gonanzciz caeuq 9 cungj gocuk daengj. Ndawde "goswhleij（《Lingjvai Daidaz》Couh Gifeih boux caemh aen seizdaih de haenx geiq dwg goswh, gujgeiq dwg mingz Vahcuengh, dwg hoiz vahyaem geiq cih）, maj youq couhdung song dah（Dahcojgyangh caeuq Dahyougyangh）, maenhsaed, cimq youq ndaw raemxgyu, bak bi mbouj naeuh". Cungj gisuz cawqleix faexyungh neix, dwg cojcoeng Bouxcuengh fatmingz cauh'ok. Linghvaih, gizyawz vwnzyen ndawde lij geiqsij miz gobek、gofeij hung、goraq、gocungzyangz、golingzsou、go faexsimhenj、go'gyangcinhyangh、goliux、go'gvang、goyouzcaz、goyouzdongz、gogoux、golaeqbwn、gofaexmanzdouz、gogingndaem、goyienq、govuhlanz、goli、gobatgak、go'gyamjndaem、gomaknam、goyehswj、go'nganxbya、govangh daengj, aenvih miz gij faexyungh cungjloih lai, mbanj Cuengh seizde lij dwg "ndoengfaex maj mwnnoengq" "faexgeq sang dingjmbwn". Sungdai, mbanj Cuengh gaenq miz vunzgoeng ungganq gofaex youzliuh gwn, goyouzdongz hix gaenq gvangqlangh ndaej ndaem, daegbied dwg "batgak veizyangh, ndaem youq Dahcojgyangh Dahyou'gyangh", de caeuq maknganx itheij, cungj dwg mbanj Cuengh seizde gij doxgaiq youqgaenj daeh daengz cunghyenz. Gig mingzyienj, Sungdai seiz mbanj Cuengh Guengjsae gaenq baenz aen gihdi dajndaem lai cungj faexyungh, ndawde gosamoeg、gocoengz、gocuk、goyouzcaz、goyouzdongz gaenq ndaej vunzgoeng ungganq, siujnungz ginghyingz dajndaem gij faexginghci lumj godongz、gocaz、gosangh、golaeq、go'ndae daengj hix miz le itdingh fazcanj.

壮乡的经济用材一直是处在优势发展地位，晋人撰《南方草木状》记载岭南有杉、山松、水松、枫香、榕、蕉、苏枋、刺桐、荆、樟、枫、香树、薰陆香、益智仁、朱槿、蜜纸香、抱香履、桄榔、河梨勒、荔枝、韶子、山楂、人面子、箽竹、石林竹、竹、思摩竹等，并将这些竹木特征和经济价值做了具体记载。唐刘恂《岭表录异》对壮乡的竹木记载有思劳竹、罗浮山竹、沙摩竹、刺竹、倒稔子、榕树、枫人树、桄榔树、包木、石栗、波斯枣、偏核桃、荔枝、荔枝奴（即龙眼）、橄榄、枸木橼子、栈香、朱槿、胡桐泪等，其中做木履用的包木，今已绝种。宋代范成大《桂海虞衡志》中的《志果》记载："世传南果以子名者百二十，半是山野间草木实，猿狙之所甘，人强名以为果，故余不能尽识，录其识者可食者，五十五种。"作为汉人，不懂壮语，能记下55种是很不容易的。在其《志草木》中，记载有桂、榕、杉木、桄榔木、思偳木、胭脂木、鸡桐、龙骨木、冬青、南漆以及9种竹子等。其中"思偳木（同时代的周去非的《岭外代答》记为思木，估计是壮语名，是音译记字），生在两江（指左右江）州峒，坚实，渍盐水中，百年不腐"。这种用材的处理技术，是壮族先民发明创造的。此外，其他文献中还记载有柏、粗榧、槽楠、重阳木、灵寿木、黄心木、降真香、黄杨、棕榈、油茶、油桐、乌柏、毛栗、木馒头、紫荆、蚬木、乌婪木、栎木、八角、乌榄、波罗蜜、椰子、山龙眼、苹婆等，由于拥有众多的用材树种，当时的壮乡依然是"长林蓊蔚""古树参天"。宋代，壮乡已有人工栽培木本食用油料树，油桐也已广泛种植，特别是"八角茴香，出左右江蛮峒中"，它与肉桂一起，都是当时壮乡运往中原的重要物产。显然，宋代时广西壮乡已成为多种林木生产基地，其中杉、松、竹、油茶、油桐已能够人工栽培，桐、茶、桑、栗、柿等经济林种的小农营造林也有了一定的发展。

Ngeih. Mingz Cingh Seizgeiz

二、明清时期

Baihdoeng Lingjnanz aenvih minzcuz yungzhab, daengz Mingzdai le, vunz Cuengh gij menciz youq de doiqsuk daengz baihsae, gyahwnj Mingzvuengzciuz ciengzgeiz yungh bingdoih dungjci mbanj Cuengh Guengjsae, caemhcaiq doihengz cungj cidu cap bing guh naz, reihnaz mboujduenh gyadaih, sawj diegndoeng menciz ngoenz beij ngoenz sukiq. Cingh Ganghhih nienzgan（1662~1722 nienz）, gij ndoengfaex menciz mbanj Cuengh Guengjsae dan ciemq diegdeih cungjmenciz 39.1%. Doeklaeng Cingh Genzlungz nienzgan（1736~1795 nienz）, youq cauzdingz gujli baihlaj, daihbuek nungzminz Huznanz、Guengjdoeng senj daengz baihsae, gawq《Yinhcouh Geiq》naeuz："Fuj、couh、yen gij vunz rog senj daeuj de, dwg gij vunz bonjdieg haj boix". Vihliux gaijgez gwn haeux vwndiz, gyoengqvunz raemj ndoengfaex guh reihnaz, hwnj bya bae ndaem doenghgo diegrengx lumj gohaeuxyangz、sawzbwn daengj. Gij hingzseiq ndoengfaex deng vunz bae buqvaih engq dwg yiemzhaenq. Gij mauzdun nungzyez swnghcanj caeuq linzyez fazcanj ngoenz beij ngoenz doed ok.

岭南东部由于民族融合，到了明代，壮人居住面积往西部退缩，加上明王朝对广西壮乡长期用兵武治，并推行屯田制度，耕地面积不断扩大，致使林区面积日渐缩小。清康熙年间（1662～1722），广西壮乡的森林面积只占土地总面积的39.1%。尔后的清乾隆年间（1736～1795年），在朝廷的鼓励下，湖南、广东有大批农民西迁，据《钦州志》称："外府、州、县迁入者，为当地土著的五倍"。为解决吃饭问题，人们毁林开荒，上山种植玉米、甘薯等旱地作物。森林被人为破坏的形势更为严峻，农业生产与林业发展的矛盾日益突出。

Haifat leihyungh swhyenz fuengmienh, Mingz Yungjloz 14 bi（1416 nienz）, mbangj deihfueng mbanj Cuengh ndaem gobeglab caeuq gogoux sou ceh aeu youz ndaej mizyauq. Faex cungj fuengmienh, gosamoeg、gocueng、gocukbwn、goyouzcaz、goyouzdongz、gobatgak caeuq gosa daengj bienqbaenz le gij faexginghci youqgaenj. Daihgaiq Mingz Cingh seizdaih, vunz Cuengh raen batgak ndaej cauhguh veizyouz, lumj《Ningzmingz Couhgeiq》naeuz: "Gaxgonq Daugvangh, vunz bonjdieg（Ningzmingz）dan rox gangq mak gai hawj canghseng'eiq Guengjdoeng. Cingh Hanzfungh bi'nduj（1851 nienz）gvaqlaeng, haidaeuz rox naengj guh veizyouz, youq ndaw couh guh gaicawx, gij doxgaiq neix dwg daihbuek." Cingh Ganghhih 44 bi（1705 nienz）, youq mbanj Cuengh Guengjsae couh gij faex dijbauj, lumj faexdued、faexyienq、faexluij、goraq、gofaexswjdanz、gocueng、gogingndaem、goleizhoengz、gosoqmoeg、go'gyangcinhyangh、gocin、gofaexbuzdiz daengj geij cib cungj faex faenbouh、sengmaj caeuq yunghcawq cingzgvang guh diucaz di gvaq.

资源开发利用方面，明永乐十四年（1416年），壮乡一些地方种植的白蜡与乌桕收籽取油收到成效。林业方面，杉、松、毛竹、油茶、油桐、八角及构树（沙纸树）等成了重要经济树种。大约到了明清时代，壮人发现八角可制作茴油，如《宁明州志》称："道光以前，（宁明）土人惟知以果焙干，售于粤商。清咸丰元年（1851年）后，始知蒸作茴油，州中交易，此物为大宗。"清康熙四十四年（1705年），在广西壮乡曾就珍贵树木，例如格木、蚬木、金丝李、楠木、紫檀、樟木、紫荆木、红藜、苏木（即苏枋）、降真香、椿树、菩提树等数十个树种的分布、生长和用途做了调查。

Cingh Gvanghsi 11 bi（1885 nienz）, daj rog guek yinxhaeuj faexnganqciq, Cingh Gvanghsi 14 bi（1888 nienz）, yinxhaeuj go'ndaij faexhenj ndaem youq Bwzhaij、Lungzcouh. Cingh Gvanghsi 16 bi（1890nienz）, Fazgoz aen swjgvanj cap youq Lungzcouh de yinx go faexnganqciq mbawsaeq haeuj Guengjsae Lungzcouh daeuj ndaem. Cingh Gvanghsi 22 bi（1896 nienz）, Guengjsae doihengz ndaemfaex cauhndoeng, gosamoeg、gocuk、gocoengz ndaej daengz dajndaem lai. Cingh Gvanghsi 30 bi（1904 nienz）, youq Gveilinz cauhbanh nungzlinz yozdangz, beizyangj gij vunzcaiz nungzyez, lij youq Laujyah Couh laeb aen ciengz sawq guh hong naz, hag gij gohyoz cauhndoeng gisuz moq, mbangj boux Cuengh hix ndaej bae camgya.

清光绪十一年（1885年），广西从国外引进桉树，清光绪十四年（1888年），引进木麻黄树栽于北海、龙州。清光绪十六年（1890年），法国驻龙州使馆将细叶桉引入广西龙州种植。清光绪二十二年（1896年），广西推行植树造林，杉木、竹、松树得到大力种植。清光绪三十年（1904年），桂林创办农林学堂，培养农业人才，还在老鸦州设农事实验场，学子学习新的科学造林技术，一些壮族子弟也得以参加。

Sam. Minzgoz Seizgeiz

三、民国时期

Minzgoz gvaqlaeng, cwngfuj ndalaeb le aen gihgou guenjleix hongnaz hongfaex, caemhcaiq fatbouh le mbangj fapgvi gujli cauhndoeng. Minzgoz 6 bi（1917 nienz）, Guengjsae Swngj cwngfuj youq mbanj Cuengh Denznanz、Cinnanz、Namzningz daengj dieg laebhwnj suenmiuz, daezgung gomiuz cauhndoeng. Minzgoz 14 bi（1925 nienz）, Guengjsae Swngj cwngfuj youq dieg Cuengh namzningz、Liujgyangh hwnqguh aen ciengz sawqniemh hongnaz caeuq hongfaex, coicaenh hongnaz hongfaex fazcanj. Daengz Minzgoz 21 bi（1932 nienz）, mbanj Cuengh Guengjsae gaenq miz Liujcouh、Liujcwngz、Yizsanh、Lozyungz、Namzningz Sihyanghdangz、Lungzcouh、Baksaek daengj doengh aen ciengzndoeng dwg goenggya haenx daeuj cauh ndoengfaex caeuq ganq gomiuz. Minzgoz 23 bi（1934 nienz）, Guengjsae Swngj cwngfuj youq Liujgyangh、Namzningz、Cinnanz daengj 51 aen yen dieg Bouxcuengh comzyouq haenx laebhwnj dieg ndaemfaex, doengh aen linzcangz lajde youq ndaemfaex cauhndoeng fuengmienh gak miz faengoeng, lumj Lozyungz linzcangz cujyau ginghyingz youzdoengz、youzcaz, Namzningz linzcangz caeuq Gingyenj linzcangz cujyau dajndaem gij faexyungh gosamoeg、gocoengz caeuq gij faex yungh daeuj coemhdanq, Lungzcouh linzcangz cujyau bae ra caeuq ungganq gij faexyungh caeuq doenghgo ywyungh. Caeuq neix doengzseiz, lij hwnq miz yen、gih、yangh、cunh lai gaep linzcangz, ndawde Sihlungz caeuq Sihlinz Yen linzcangz mbanj Cuengh, seizde youq cauhndoeng、ganqmiuz fuengmienh miz cingzcik haemq ndei. Daengx swngj gungh ganqmiuz 6806 gunghgingj, miz faexmiuz 3000 lai fanh go, cauhndoeng menciz 3000 gunghgingj. Minzgoz 28~34 bi（1939~1945 nienz）, yinxhaeuj din faex ndei muzmazvangz. Minzgoz 35 bi（1946 nienz）, Cunghyangh Linzyezbu youq Liujgyangh Sahdangz laeb Sihgyangh Raemxnamh Baujciz Sawqniemh Gih, cungjgez gij gingniemh mbanj Cuengh haifat linzyez, doigvangq gij gisuz ganqmiuz cauhndoeng moq, neix doiq gij linzyez gohgi mbanj Cuengh fazcanj baenaj miz itdingh doidoengh cozyung. 1949 nienz, Guengjsae Swngj cwngfuj yinxhaeuj doenghgij faexcungj lumj gocoengz diegcumx、gocoengz bogfeiz、gocoengz vanjsungh Meijgoz、go'nganq ningzmungj、go'nganq mbawhung、go'nganq lamz、go'nganq hoengz、gomangzgoj daengj, ndaem youq henzranz roxnaeuz gwnzgai daeuj cangdiemj. Daengz 1949 nienz, haujlai faexcungj ndei dieg mbanj Cuengh ciuhgeq, youq ligdaih dungjcicej haifat ciengjaeu baihlaj, miz mbangj bienqbaenz le cungj faex dijbauj miz noix（lumj gofaexdiet daengj）, miz mbangj cix gaenq raeg（lumj gobauhmuz Dangzdai yungh daeuj guh daejhaiz daengj）.

　　民国期间，政府设立了管理农林业务的机构，并颁布了一些鼓励营林的法规。民国六年（1917年），广西省政府在壮乡田南、镇南、南宁等地建立苗圃，为绿化造林提供苗木。民国十四年（1925年）广西省政府在南宁、柳江兴建农林试验场，促进农林的发展。至民国二十一年（1932年），广西壮乡已有柳州、柳城、宜山、雒容、南宁西乡塘、龙州、百色等国有林场从事造林和育苗。民国二十三年（1934年），广西省政府在壮族聚居地区的柳江、南宁、镇南等51个县建立林垦区，其下属林场在植树造林方面各有所分工，如雒容林场侧重油桐、油茶经营，南宁林场和庆远林场侧重杉、松用材林和薪炭林的种植，龙州林场侧重用材林和药用植物的采集与栽培。与此同时，还有县、区、乡、村多级林场的兴建，其中壮乡的西隆及西林县林场，当时在造林、育苗方面成绩较好。全省共育苗6806公顷，有苗木3000多万株，造林面积3000公顷。民国二十八至三十四年（1939~1945年），引进优质木麻黄树种。民国三十五年（1946年），中央林业部在柳州沙塘设西江水土保持试验区，在总结壮乡开发林业经验的基础上，推广新式育苗造林技术，此举对壮乡林业科技进步有一定的推动作用。1949年，广西省政府曾引进湿地松、火炬松、美国晚松、柠檬桉、大叶桉、蓝桉、赤桉、杧果等树种，种植于庭院四周或街边以点缀风景。至1949年，古代壮乡的许多优良树种，在历代统治者掠夺性的开发下，有的变成了珍贵稀有树种（例如铁力木等），有的则已灭绝（例如唐代制作木履的枹木等）。

Daihsam Ciet　　Faexcungj Dieg Cuengh Haifat Caeuq Leihyungh
第三节　壮族地区树种的开发和利用

It. Godau
一、桄榔

　　Godau（doz 2-3-1），dwg go faex mbanj Cuengh gag miz，sang caet bet ciengh，youh reux youh soh，ndeiyawj raixcaix，mbawfaex cienzbouh rom youq gwnz dingjfaex，lumj bouxvunz gangliengj. Vahcuengh heuh dawzliengj guh "kaːŋ¹liːŋ³"，godau lingh mingz dwg gogangliengj，yienzyouz couh youq neix. Godau，mboujdan faex de genggangq，ndaej miz yunghcawq lai cungj，caemhcaiq lumj Mingzcauz Vei Cin《Sihswwj》soj naeuz："Ven aeu gij gyang de，nienj soiq do guh mienh，baenz gwn raixcaix."

　　桄榔（图2-3-1），是壮乡特有的树种，高七八丈，一竿直上，亭亭玉立，一树之叶全攒在树顶，犹如人撑伞。壮语谓撑伞为"kaːŋ¹liːŋ³"，桄榔别名gogangliengj，即由"kaːŋ¹liːŋ³"之音而来。桄榔，不仅其木质坚硬，可作多种用途，而且如明朝魏浚《西事珥》所说："剜其心，粉之作面，甚美。"

Doz 2-3-1　Godau
图2-3-1　桄榔

Godau dwg go bien yaemsingq, maij cungj vanzging nyinh, maj youq gwnz ndoi roxnaeuz ndaw luegbya, vunz Cuengh maij senj ndaem youq henz ranz, cangdiemj vanzging. Godau ok youq Lungzcouh、Bingzsiengz、Denzyangz、Denzlinz、Baksaek、Bahmaj、Yinhcouh daengj yen（si）, daegbied dwg huq Lungzcouh、Bingzsiengz ceiq ndei. De seiqnyied nguxnyied hai va, gij raemxva de ndaej daezaeu dangzsa, moix go moix nienz ok dangz daihgaiq 10 goenggaen, go ndaej lai de dabdaengz 40 goenggaen doxhwnj. Gij mba couh dwg mbagodau yungh gij nohfaex de dub soiq do baenz, mong hau、saeq raeuz、myigmyanz, sei Suh Dunghboh haenh naeuz: "Mbagodau hau lumj nae". Moix go faex ndaej aeundaej geij cib daengz bak lai goenggaen, gwn ndaej, ndigah vunz Cinghcauz Cau Yi youq ndaw bonj saw 《Yenzbau Geiq Cab》 de heuh de guh "go faexmienh". Mbagodau ndaej cingbwt gejndat, dingzhawq sengdiemz, dwg gij yw ndaej bang yw sienghanz、okleih、binghhndawndat caeuq lwgnyez baenz gam、fatndat, liglaiz cungj dwg gijgwn Bouxcuengh maij gwn haenx. Cehgodau cienmonz yw binghchcwx, faex de genggangq lumj cuk, ndaej guh ganjnaq, hix dwg gij caizliuh ndei cauhguh naedgeiz、gaenhgvak、faexdwngx roxnaeuz gyasei. Senhveiz mbawgodau ging raemxhaij cimq gvaq le dauqfanj unqnyangq lumj sei, vunz ciuhgeq yungh guh caglamhruz、maefaengx、fagcat、sauqbaet daengj.

桄榔为偏阴性植物，喜湿润环境，生于土山或石山沟谷及山坡林中，壮人喜欢移植于房前屋后，点缀环境。桄榔产于龙州、凭祥、田阳、田林、百色、巴马、钦州等县（市），尤以龙州、凭祥最佳。其四五月开花，其花序汁液可提取砂糖，每株树年产糖约10千克，多者达40千克以上。用其髓心制取的淀粉即桄榔粉，其粉灰白、细滑、闪光，苏东坡诗赞曰："雪粉剖桄榔"。每树可得粉数十至百来千克，可食，故清人赵翼在其《檐曝杂记》一书中称其为"面树"。桄榔粉能清肺解暑，止渴生津，是治疗伤寒、痢疾、咽喉炎症和小儿疳积、发烧的辅助药物，历来都是壮家人喜好的食品。桄榔子专治宿血，其木坚硬如竹，可为箭杆，也是制作棋子、锄柄、手杖、家具的好材料。桄榔叶的鞘纤维经海水浸泡反而柔韧如丝，古人用作船缆、棕衣、刷子、扫帚等。

Ngeih. Gosamoeg
二、杉木

Gosamoeg, dwg mbanj Cuengh cungj faex cujyau ndaem ndawde cungj ndeu, miz 1000 lai bi lizsij. Gawq Sihcin Gihhanz《Doenghgo Baihnamz Cingzgvang》caeuq Nanzsung《Lingjvai daidaz》cungj miz geiqsij. Bonj《Guengjsae Doenggeiq》Mingz Gyahcing 10 bi（1531 nienz）、Vanliz 25 bi（1597 nienz）caeuq Cingh Ganghhih 22 bi（1683 nienz）sam aen seizgeiz biencoih haenx, cungj baiz gosamoeg youq daih'it vih doenghgo, raen ndaej cojcoeng Bouxcuengh Guengjsae caeux couh nyinhrox gosamoeg, caemhcaiq dajndaem、raemjaeu gode hix gaenq miz dauq gingniemh ndeu.

杉木，是壮乡的主要栽种树种之一，有1000多年历史。西晋嵇含《南方草木状》和南宋《岭外代答》都有记载。明嘉靖十年（1531年）、万历二十五年（1597年）和清康熙二十二年（1683年）三个时期编修的《广西通志》，均将杉木列在木属首位，可见广西壮族先民对杉木的认识由来已久，且从事栽种、采伐也有了一套经验。

Gosamoeg dwg Cungguek gij faexyungh youqgaenj ndawde cungj ndeu, Cinz、Han couh gaenq haifat, gvaqlaeng youq gij saw lizsij ndawde raen miz geiqsij lai. Faexsamoeg haemq unq, ronghnyinh, raizfaex cingcuj, gezgou saeqnaeh. Haem haeuj ndaw namh bae, mbouj yungzheih bienq naeuh, mbouj deng non dwk. Yungh daeuj cauh aencaengq、aendoengj daengj doxgaiq, mboujdan mbaeu, caemhcaiq youq seizhah cang gijgwn haeujbae mbouj yungzheih bienq vaih. Mbanj Cuengh Guengjsae dwg dieg youqgaenj ok faexsamoeg, caeux couh gai faexsamoeg okrog. Sung《Lingjvai Bangdap》geiq miz faexsamoeg "caeuq rog swngj gaicawx, yungh ruz yinh roengz Guengjdoeng, ndaej lai boix gyaqcienz". Leihyungh dahyinh bienhleih, Guengjsae Liujcouh Si baenz dieg cujyau comzsanq faexsamoeg. Aenvih de ok gij faexsamoeg de hungdaih, caetliengh ndei, hab guh guenjcaiz, ndigah miz cungj gangjfap "dai youq Liujcouh". Mbanj Cuengh "faexsamoeg Liujcouh" youq lajbiengz cungj mizmingz, dieg ok cujyau de baudaengz rangh dieg Yungzsuij、Sanhgyangh ngoenzneix. Minzgoz 17 bi（1928 nienz）, faexsamoeg Liujcouh gai ok rog guek ceiqlai.

杉木是中国重要用材林木之一，秦、汉就已经开发，以后屡见史籍记载。杉木的木材质地较软，光泽润柔，木纹清晰，结构细致。埋入土中，不易腐烂，不被虫蛀。用以制甑、桶等器具，不仅质轻，而且在盛夏装入食物不易变坏。广西壮乡是杉木重要产地之一，杉木外销由来已久。宋《岭外代答》载有杉木"与省外博易，舟下广东，得息倍称"。利用水运之便，广西柳州市成为杉木主要集散地。因其所产杉木粗大，木质佳，适宜做棺木，故有"死在柳州"之说。壮乡著名的"柳州杉"名扬四海，其主要产地包括现今融水、三江一带。民国十七年（1928年），柳州杉木出口最多。

Sam. Gocoengz
三、松树

Gocoengz mbanj Cuengh, cujyau dwg gocoengz riengmax, yienzhaeuh dwg gocoengz Yinznanz, cungj dwg cungj faex bonjdieg mbanj Cuengh. Gocoengz riengmax cawzbae dieg henzhaij caeuq dieg byasang haijbaz 1200 mij doxhwnj de mbouj raen miz, ca mbouj geij youq gak dieg mbanj Cuengh cungj raen miz. De naih ndaej rengx, couhcinj dwg gij reihmbang roxnaeuz reihrinsoiq, cungj maj ndaej ndei. Daegbied dwg mbanj Cuengh gij reihndoi caeuq reihbya yaez de, cawzbae gocoengz riengmax, cungj faex gizyawz cungj mbouj ndaej cingqciengz sengmaj, ndigah, gocoengz riengmax cugciemh bienqbaenz "cungj faex daih'it" mbanj Cuengh cauhndoeng.

壮乡的松，主要是马尾松，次为云南松，均系壮乡本土树种。马尾松除海滨地区和海拔1200米以上的高山不见其生长之外，几乎遍及壮乡各地。它耐旱，即使是在瘠薄或砾石地，都能生长良好。特别是在壮乡土质瘦瘠的裸露丘陵和山地，除马尾松外，其他树种都不能正常生长，因此，马尾松遂成为壮乡造林的"先锋树种"。

Makgouz faexriengmax saujdek gvaqlaeng, naedceh de rox gag loenq, caemhcaiq ceh de miz fwed ndeu, ndaej riengz rumz mbin bae duenh dieg ndeu, ndigah miz cungj gangjfap "ceh mbin baenz ndoeng". Cojcoeng Bouxcuengh gig caeux couh louzsim daengz le cungj yienhsiengq neix, caemhcaiq gaemdawz le doenghgij gvilwd neix, gig caeux couh yungh de daeuj ndaemfaex cauhndoeng, ndigah, Sungdai seiz mbanj Cuengh Guengjsae gaenq bienqbaenz aen dieggoek ok gocoengz. Suh Dunghboh daengz gvaq mbanj Cuengh, youq ndaw 《Dunghboh Geiqcab》 de doiq mbanj Cuengh Lingjnanz baenzlawz cauhndoeng gocoengz riengmax miz di geiqsij gvaq：①Aeu ceh gocoengz, aeu youq seiz "mak baenz ceh caengz loenq" de. Neix couh dwg gij dauhleix ligdaih cojcoeng Bouxcuengh vihmaz genhciz faenbuek bae aeu cehcoengz. ② Cauhndoeng gocoengz riengmax, yienznaeuz hab'wngqsingq haemq ak, hoeng youq gomiuz seizgeiz, hix haemq unqnyieg, lau daengngoenz dak caeuq duzyiengz duzcwz gwn. Ndigah, youq ndoifwz doekceh cauhndoeng seiz, wngdang leihyungh go'nywj daeuj dangj ndat gomiuz；youq diengndoq, cix wngdang caeuq geij cib naed cehmienh cab doek. Yungh gomienh daeuj dangj ndat gomiuzcoengz, fuengbienh de sengmaj. Gij gidij guhfap cauhndoeng de dwg "yungh fag cuenq hung, youq gwnz dieg cauhndoeng de conq laeg daihgaiq geij conq, doek geij naed ceh haeuj ndaw congh bae, couh ndaej didnyez sengmaj". Cigdaengz Minzgoz seizgeiz, gij "fuengfap fagliemz" mbanj Cuengh（couh dwg youq gwnz dieg yungh liemz veh rizcax ndeu, cuengq naedceh haeuj diuz luengq fagliemz veh ok haenx bae, yienzhaeuh yungh namh haem ndei ） lij youq yungh. Cungj fuengfap doekceh genjdanh neix dwg cojcoeng Bouxcuengh cungjgez caemhcaiq cienz hawj daihlaeng.

马尾松的球果干裂后，种子会自行脱落，而且其籽有一翅，能随风飞行一段距离，故有"飞籽成林"之说。壮族先民很早就注意了这一现象，并掌握了这一规律，很早就用马尾松植树造林，所以，宋代时广西壮乡已成为松树生产基地。到过壮乡的苏东坡，在其《东坡杂记》中曾对岭南壮乡的马尾松造林作了一些记述：①松树采种，要趁球果成熟而种子未凋落时进行，这就是历代壮族先民之所以坚持要分批采集松种的道理。②马尾松造林，虽然适应性较强，但在幼苗时期，也比较柔弱，怕日晒和牛羊食。因此，在荒山进行播种造林时，应利用杂草为幼苗庇荫；在不毛之地，则应和大麦数十粒混合播种，用大麦苗为松苗庇荫，便于生长。造林的具体做法是"用大的铁锥，在造林地上钻穴深约数寸，穴中播入种子数粒，便能发芽生长"。直至民国时期，壮乡的"镰刀法"（即在地上用镰刀划一刀痕，将树种放入镰刀划开的缝中，然后用土埋之）还在运用，这种简易的播种方法是壮族先民总结并传于后世的。

Gocoengz ndaej yungh gvangqlangh, gij caiz de ndaej guh gencuz caeuq gij caizliuh cauh ruz; vacoengz、iengcoengz、gij fuzlingz youq gwnz gocoengz maj de ndaej guh yw, ndaej hawj vunz souhlaux; cietcoengz ndaej cimqlaeuj、yw fungheiq、ak rengzndang; gwn cehcoengz ndaej bouj lwed bouj ngviz; yungh gij gauieng gocoengz cimqlaeuj, laeujhom laeujswnh; fwnziengcoengz ndaej dangq lab yungh; mij hoenzcoengz ndaej cauh maeg; gosien gwnz naengcoengz de heuh ainazyangh, dwg cungj yanghliu ndeu. Linghvaih, cojcoeng Bouxcuengh gig caeux couh gaemdawz le gij gisuz gat naengcoengz souaeu caeuq daezlienh iengcoengz. Minzgoz 29 bi（1940 nienz）, Guengjsae swnghcanj iengcoengz 600 dunh, gaenq miz gveihmoz maqhuz. Bouxcuengh haifat leihyungh gocoengz, lizsij gyaeraez, fanveiz gvangqlangh. Faexcoengz ndaej aeu daeuj hwnqranz、cauhbenj、guh fwnz, go hung got ndaej de yungh guh guencaiz、guh liengz. Mboujgvaq, gocoengz yungzheih deng duzmoed dwk, ndigah, youq yunghcawq fuengmienh, cujyau dwg aeu daeuj guh fwnz. Linghvaih, ciuq Cingh Genzlungz 6 bi （1741 nienz）《Namzningz Fujgeiq》geiq: "Gocoengz, hai va gvaqlaeng miz mak lumj faenj, saek de henjoiq ndaej guh bingj gwn. Ieng ndaej guh iengcoengz." 《Gveibingz Yenci》banj Minzgoz 9 bi（1920 nienz）de geiqsij: "Gocoengz gyaq bengz lai seiz, bouxgungz moix ngoenz raemj it ngeih go rap haeuj hawsingz bae gai, gyaq bengz seiz ndaej ngaenz haj roek gak, noix hix ndaej sam hauz doxhwnj, gaenh bi doxdaeuj bouxgungz ndawmbanj ra gwn, lumjnaeuz dauqfanj beij haujlai ranz cunghcanj yungzheih, couh dwg aenvih gocoengz. Hoeng guenfueng fouzfap baujhoh, dingzlai deng feiz coemh, mbouj ndaej maj baenz geijlai, youh deng caeg raemj lai, bouxdajndaem doeknaiq lai, dwg hojsik." Aenvih ndoengcoengz mbouj ndaej daengz baujhoh, ndaem gocoengz cauhndoeng fazcanj mbouj ndei.

松树用途广泛，其材可用作建筑和船舶材料；松花、松脂、附生于松树的茯苓可作药，能使人延年益寿；松节可制酒、治风痹、强腰脚；松子吃了补血补髓；用松脂膏泡酒，酒味醇厚；松脂柴能代烛；松烟可以制墨；松树皮上的藓叫艾纳香，是一种香料。另外，壮族先民很早就掌握了割松树皮收取松脂、提炼松香的技术。民国二十九年（1940年），广西生产松香600吨，已有相当规模。壮族对松树的开发利用，历史悠久，范围广泛。松树可营造建筑、制板、薪炭林，树粗合抱者可做棺、梁。不过，松树易招蚁蛀，因此，在用途上，以薪炭者为多。此外，据清乾隆六年（1741年）《南宁府志》载："松，花后有实如粉，其色嫩黄可饼食。脂为松香。"民国九年（1920年）版《桂平县志》记载："松价腾贵，贫民日砍一二株挑入城市，高者银五六角，少亦三毫以上，近年乡中小户贫民生计经营，比诸中产之家反似容易，松亦为之也。但官吏无法保护，种者多被火烧，几乎长成，又多遭盗砍，种者灰心，为可惜耳。"由于松林得不到保护，松树造林发展不好。

Seiq. Gominz
四、木棉树

Gominz（doz 2-3-2）hix dwg doenghgij faex daegsaek mbanj Cuengh ndeu, canghsei Sungdai Liuz Gwzcangh haenh de dwg: "Geij go nyumx hoengz bueng aenmbwn, bouxdoj naeuz dwg vaminzhai." Youq ndaw sim Bouxcuengh, de caeuq goreiz ityiengh, cungj dwg gofaexfuk, ndigah, de ciengzseiz ndaem youq giz ceiq lwengqda de——henz mbanj、henz dah、henz roen, ciuheuh gyoengqvunz, ceijmingz fueng'yiengq. Vunz Cinghcauz Giz Daginh miz sei naeuz: "Dahsihgyangh miz gominz lai, song hamq faex hung cien fanh go, youh lumj lungz feiz gamz cib ngoenz, rongh hawj naj vunz hoengzfwtfwt."

Doz 2-3-2　Gominz
图2-3-2　木棉树

木棉树（图2-3-2）也是壮乡特色树之一，宋代诗人刘克庄赞之为："几树半天红似染，居人云是木棉花。"在壮人心目中，它和榕树一样，都是福祉树，因此，它往往被种植在最显眼的地方——村边、河边、路旁，召唤人们，指明方向。清人屈大均有诗云："西江最是木棉多，夹岸珊瑚千万柯，又似烛龙衔十日，照人天半玉颜酡。"

Gominz dwg gofaex hung doek mbaw, sang geij ciengh, valup seiz lumj aen gyaeq, hai va seiz lumj aencenj, youq byainit seizcin seiz, caengz did mbaw, geij bak dujva couh doxceng hailangh, ingj hawj bueng aen mbwn hoengzfwtfwt. Baenz mak gvaqlaeng, gij senhveiz faiq de ronghhau、mbaeunemq、mbouj supraemx、mbouj cienzndat, miz danzsingq lai, ndaej guh gij dienzcung caizliuh gaugaep minzyungh、bing'yungh. Lij ndaej dingjlawh vafaiq daeuj cauhguh cungj ywbauq haenq.

木棉树属木棉科落叶大乔木，高数丈，花蕾如卵，花萼杯状。正当春寒料峭的时候，叶尚未生，几百朵花竞相开放，映红了半边天。结子后，其絮纤维光亮洁白，质轻柔软，不吸水、不传热、富有弹性，可作民用、军用的高级填充材料，还可以替代棉花制作烈性炸药。

Haj. Gocuk
五、竹子

Gocuk,《Yi Couhsuh·Vangzvei Gejgangj》miz gij gangjfap "Vunzlu miz gocuk hung, Canghvuz loegsausau", Lu couh dwg Loz, dwg doenghgij cwngheuh cojcoeng Bouxcuengh ndawde cungj ndeu, cojcoeng Bouxcuengh gung gocuk hung hawj Sanghcauz gvaq. Vunz Mingzcauz Cangh Cizcwz《Sinzvuz Cazbei》naeuz: "Vunz Lingjnanz ceiq rox gocuk. Aenranz youq de dwg vaxcuk, aenruz naengh de dwg baizcuk, gij saw sij de dwg ceijcuk, aenmauh daenj de dwg mauhcuk, geubuh daenj de dwg naengcuk, gouhhaiz daenj de dwg haizcuk, gij gwn de dwg gorangz, fwnzcoemh de dwg faexcuk, caendwg ndaej naeuz ngoenznaengz noix mbouj noix gocuk ne." Saedceiq dwg, mbanj Cuengh dauqcawq cungj dwg ndoengcuk. Raen ndaej, Bouxcuengh Lingjnanz gij lizsij haifat leihyungh caeuq ganqndaem gocuk de saedcaih dwg gyaeraez.

竹子，《逸周书·王会解》有"路人大竹，仓吾翡翠"之说，路即骆、雒，是壮族先民的族称之一，壮族先民曾向商朝进贡大竹。明人张七泽的《浔梧杂佩》称："岭南人当有愧于竹。庇者竹瓦，载者竹筏，书者竹纸，戴者竹冠，衣者竹皮，履者竹鞋，食者竹笋，爨者竹薪，真可谓不可一日无此君也耶？"实际上，壮家村寨的竹林，比比皆是。可见，岭南壮人开发利用和栽培竹子的历史的确悠久。

Mbanj Cuengh Lingjnanz cungjloih gocuk gig lai, dan bonj《Guengjsae Doenggeiq》Mingz Vanliz 25 bi（1597 nienz）caeuq Cingh Ganghhih 22 bi（1683 nienz）song baez biencoih haenx couh daengh miz cungjloih gocuk 32 cungj.

岭南壮乡竹类很多，仅明万历二十五年（1597年）和清康熙二十二年（1683年）两次编修的《广西通志》就记载有竹类32种。

Gocuk maj ndaej vaiq, baenzfaex caeux, yunghcawq gvangq, ginghci gyaciz sang. Go ndoek caeuq gizyawz gocuk iq mbanj Cuengh, daegbied dwg gocuk baenzgyoengq, yungh ceh fatsanj 2～3 bi couh ndaej baenzndoeng baenzfaex. Mingzdai Cangh Senh《Saw Ngeiz Lingjnanz》sij: "Namhbiz ndaem gocuk, yiennaeuz maj baenzgyoengq hoeng faex de byot lai, nganyingh de hix yungzheih deng duz noncuk dwk……gocuk youq diegbiz de yiennaeuz gyaeu, hoeng cix mboujyawx gocuk youq diegmbaeu, roxnaeuz gocuk youq luegrin gag maj de. Faex de maenhsaed, duenh de lumj duenh ringim. Aeu daeuj guh aenyienz, gij faexcuk cib bi de, engqgya ndei." Youh geiq: "Ndaem gocuk, bietdingh aeu haj、roek nyied, cijmiz seizde daengngoenz mbouj haenq, ndawbiengz naeuz 'Nguxnyied cibsam dwg ngoenz gocuk maez, ndaej senj gocuk.' Senj ndaem daengz ndaw naz, ndaem gocuk ngaih, mbouj itdingh senj aeu ngoenzneix, fanzdwg seizhah ngoenz doekfwn de cungj ndaej." Youq ndaw gij swnghcanj saedguh ciengzgeiz de, mbanj Cuengh Guengjsae hix miz coenz vahsug "ndwencieng ndaem gocuk, ndwennhgeih ndaem gofaex". Doenghgij neix, cungj dwg gij gingniemh cungjgez mbanj Cuengh Lingjnanz ndaemcuk cauhndoeng, daengz ngoenzneix lij miz cijdauj gyaciz. Cojcoeng Bouxcuengh cawzliux yungh cehcuk fatsanj（couh dwg senjndaem go cukmeh daeuj cauhndoeng）, lij yungh gij fuengfap fouzsingq fatsanj lumj haemganj、baeknye daengj. Gyonj daeuj gangj, cojcoeng Bouxcuengh gaengq gaemdawz le haujlai gisuz ganq gocuk.

竹子生长快，成材早，用途广，经济价值高。壮乡的毛竹和其他小型竹，特别是丛生竹，用种子繁殖2～3年即可成林成材。明代张萱撰《岭南疑书》载："肥壤植竹，虽森发而其材常脆，以枝节易蠹也……竹在肥地虽美，不如瘠地之竹，或岩谷自生者。其质坚实，断之如金石。以为椽，常竹十岁一易者，此倍之。"又载："种竹者，必以五、六月，虽烈日无害，世言'五月十三日为竹醉日，可移竹。'余居田间，好种竹，不必此日，凡夏月雨天皆可也。"在长期的生产实践中，广西壮乡也有"正月种竹，二月种木"的民谚。这些，都是岭南壮乡植竹造林的经验总结，至今仍有指导价值。壮族先民除用竹种繁殖外（即移植母竹造林），还用埋竿、插枝等无性繁殖法。总之，壮族先民已掌握了许多育竹技术。

Sihcin Daisij 6 bi（270 nienz）, Goh Yigungh《Guengj Geiq》geiq: "Vunz Guengj aeu seicuk daeuj guh baengz, gig unq ndei. Vunz Suz aeu diuzcuk daeuj sanhaiz. Ndaej bok faexcuk baenz diuz daeuj san led. Raemj daeuj guh saeu, guh liengz, guh saz, guh doengj, guh naq, guh aencaeng、aenhab、aenbat, guh yiemz、mbinj、swiz、daiz, guh aen yozgi swngh、vangz. Mak de ndaej gwn. Raemx de ndaej ywbingh. Rangz de ndaej guh byaek. Gij yunghcawq de gig lai, gawj cungj gawj mbouj liux." "Vunz Guengj" ndaw faenz de, couh dwg cojcoeng Bouxcuengh Lingjnanz. Cin《Doenghgo Baihnamz Cingzgvang》hix doiq gocuk faenbouh guh le geiqsij: "Mbaw cukdanh maj cax caemhcaiq hung, ciet ndeu bae haj roek cik, ok gouj caen. Vunz dangdieg aeu gij oiq de, dubcimq gvaqlaeng daemj baenz baengz, heuh naeuz baengzcax gocuk." Cingh Genzlungz 6 bi（1741 nienz）《Namzningz Fuj Geiq》ceijok: "Cukmeuz, vahsug heuh go ndoek, Gojva（ngoenzneix Bingzgoj Yen）song couh miz lai. Go laux de guh ranz, go oiq de ndaej cauhceij." Sojmiz doengh gij neix daengjdaengj, biujmingz Bouxcuengh Lingjnanz haifat leihyungh gocuk swhyenz fanveiz maqhuz gvangq. Ndigah cojcoeng Bouxcuengh doiq baenzlawz ndaem、ganq caeuq raemj gocuk gig yawjnaek. Ganq ok le doengh gocuk Guengjsae gag miz haenx, lumj Sanglinz gocuk diuqsei（doz 2-3-3）、Yungzanh go cukheu laux、Liujcouh go cukcengj、Namzningz gocuk hoh foeg（doz 2-3-4）, doengh gocuk dijbauj neix cungj dwg Guengjsae gag miz.

西晋泰始六年（270年），郭义恭的《广志》载："广人以竹丝为布，甚柔美。蜀人以竹织履。可剖篾编笆为篱笆。断材为柱，为栋，为舟楫，为桶斛，为弓矢，为笥、盒、皿，为箔、席、枕、几，为笙、簧乐器。实可服食，汁可疗病。笋可为蔬。其用恒多，不可枚举。"文中的"广人"，就是岭南的壮族先民。晋《南方草木状》也对竹布作了记载："筹竹叶疏而大，一节去五六尺，出九真。彼人取其嫩者，槌浸纺绩为布，谓之竹疏布。"清乾隆六年（1741年）《南宁府志》指出："猫竹，俗称茅（毛）竹，果化（今平果县）二州多产之。大者为屋，嫩者可造纸。"凡此等等，表明岭南壮人开发利用竹资源的范围相当宽广。所以壮族先民对竹的栽种、护理和采伐十分重视，培育出广西特有的竹子如上林花吊丝竹（图2-3-3）、融安花大绿竹、柳州花撑篙竹、南宁大佛肚竹（图2-3-4），这些都是广西的珍贵竹种。

Doz 2-3-3　Gocuk diuqsei
图2-3-3　花吊丝竹

Doz 2-3-4　Gocuk hoh foeg
图2-3-4　大佛肚竹

Roek. Go'gyaeuq

六、油桐

Go'gyaeuq（doz 2-3-5），mbanj Cuengh Guengjsae dwg Cungguek dieg ok go'gyaeuq cujyau ndawde dieg ndeu. Mingzdai Lij Sizcinh《Bonj Goyw Ganghmuz》geiq："Vunz ndaem go'gyaeuq lai, aeu naedceh de guh youzcaet, vunz dangdieg yungh daeuj cat doxgaiq caeuq aenruz."

油桐（图2-3-5），广西壮乡是中国油桐主要产区之一。明代李时珍的《本草纲目》载："人多种之，取籽作桐油入漆，及油器物舟船，为时人所需。"

Ndaem go'gyaeuq cujyau dwg vihliux aeu naedceh de dokyouz. Cingh Yunghcwng《Guengjsae Doenggeiq》geiq："Go'gyaeuq, mbouj suenq hung sang, samnyied hai va, saekhau, gwnz limqva miz naed seihoengz ndeu, sauj le lumj hwzdauz, caet、bet nyied aeu naedceh de daeuj dokyouz, ndaej yungh gig gvangq."

壮人栽培油桐的主要目的是取籽榨油。清雍正《广西通志》载："桐油子，树类梧桐，而不甚高大，三月开花，色白，瓣上界一红丝，干如核桃，七、八月取其子榨油，为用甚广。"

Dóz 2-3-5 Go' gyaeuq
图2-3-5 油桐

Bouxcuengh youq coufaen daengz hanzloh aen seizhaeuh neix sou go gyaeuqnyaeuq, hanzloh daengz suenggangq cij sou go gyaeuqlwenq, seizde naedceh go'gyaeuq ceiq cingzsug, miz youz lai, caetliengh ndei. Mbanj Cuengh ndaem go'gyaeuq lizsij ndawde, liglaiz cungj sibgvenq cab ndaem go'gyaeuq caeuq goyouzcaz roxnaeuz cab ndaem go'gyaeuq caeuq gosamoeg, neix dwg cungj dajndaem fuengsik cigndaej dizcang ndeu, gij ndeicawq de dwg dieg ndeu ndaej sou lai, aeu godinj ciengx gosang. Minzgoz 19~29 bi（1930~1940 nienz）dwg seizhoengh mbanj Cuengh Guengjsae ndaem go'gyaeuq. Minzgoz 26 bi（1937 nienz）, Guengjsae daengx swngj soucawx cehgyaeuq dokyouz 2 fanh dunq. Gai ok swngj canjciz ciemq daengx swngj gai ok cungjciz de 23.5%, baiz youq gonq gvangqcanj、doihduz、haeuxnaz dwg daih'it. Minzgoz 28 bi（1939 nienz）, ndaem go'gyaeuq menciz dabdaengz 40989 fanh moux, soucawx youzgyaeuq 39 fanh rap, cungj dwg cauh lizsij geiqloeg ceiqsang. Aen seizgeiz neix, caengz raen go gyaeuqlwenq（go'gyaeuq sam bi）dieg baihnamz Guengjsae Liujcouh, gingciengz youq seizhoengh baenz mak de deng bingh reuqdai, hoeng go gyaeuqnyaeuq（go'gyaeuq cien bi）doiq cungj bingh neix cix miz menjyizliz sengcingz. Doiq neix, minzgoz 28 bi（1939 nienz）, gohgi yinzyenz Linz Gangh daih'it baez yungh go gyaeuqnyaeuq guh faexheng, aeu go gyaeuqlwenq guh golwg daeuj ciep nyez baenzgoeng, gaijgez le aen vwndiz go gyaeuqlwenq deng bingh reuqdai.

壮人在秋分至寒露这个时候收皱桐，寒露至霜降才收光桐，此时的桐果最成熟，含油多，质量好。在壮乡的油桐栽培史中，历来都习惯将油桐、油茶或油桐、杉木混交种植，这是一种值得提倡的种植方式，好处是一地多收，以短养长。民国十九至二十九年（1930~1940年）是广西壮乡油桐发展的兴旺时期。民国二十六年（1937年），广西全省收购桐籽榨油2万吨，桐油出口产值占全省出口总值的23.5%，于矿产、牲畜、稻米之上而居首位。民国二十八年（1939年），油桐种植面积达40989万亩，收购桐油39万担，均创历史最高记录。这个时期，曾发现广西柳州以南地区的光桐（三年桐）常在结果的旺龄期发枯萎病而死，而皱桐（千年桐）对此病却有天然免疫力。为此，民国二十八年（1939年），科技人员林刚首创利用皱桐做砧木，以光桐做接穗的方法成功，解决了光桐枯萎的问题。

Go'gyaeuq mbanj Cuengh cujyau faenbouh youq Denzlinz、Lungzlinz、Lozyez、Nazboh、Nanzdanh、Denhngoz、Dunghlanz、Lungzswng、Gunghcwngz、Sanhgyangh、Yungzsuij daengj dieg.

壮乡的油桐主要分布在田林、隆林、乐业、那坡、南丹、天峨、东兰、龙胜、恭城、三江、融水等地。

Gang Yiz Cancwngh hainduj gvaqlaeng, aenvih Yizbwnj cinhlozginh fungsaek, youzgyaeuq fouzfap yinh okbae, mbouj miz roenloh gai okbae, gyagwz daih fukdoh doek roengzdaeuj, nungzminz mbouj ndaej canhcienz, mboujdan mbouj roengzrengz bae ginghyingz go'gyaeuq, miz mbangj engq dwg raemj daeuj guh fwnz roxnaeuz youzcaih hawj de bienq nyaengq, dajneix hwnj aen hangznieb go'gyaeuq mbanj Cuengh hainduj doekbaih.

抗日战争开始后，由于日本侵略军封锁，桐油无法输出，外销无路，价格大幅度下跌，农民无利可图，不但不着力经营油桐，甚至还将其砍伐作薪材或任其荒芜，从此壮乡油桐业开始衰落。

Caet. Goyouzcaz
七、油茶

《Sanhhaijgingh》geiq: "Faexyenz, dwg gomak ndaej dokyouz baihnamz." Faexyenz couh dwg goyouzcaz baihnamz（doz 2-3-6）, aeu mak de daeuj dokyouz. Ciuq Cingh Gyahging 5 bi（1800 nienz）《Guengjsae Doenggeiq·Liujcouh Fuj》geiq: "Goyouzcaz, gak couh yen miz." Cujyau faenbouh youq Luzcai、Dwngzyen、Sanhgyangh、Yungzanh、Fuconh、Cauhbingz、Libuj、Bingzloz、Hocouh、Nazboh、Mungzsanh、Sanglinz、Fungsanh daengj dieg.

《山海经》载："员木，南方油实也。"员木即南方的油茶（图2-3-6），以其果实榨油。据清嘉庆五年（1800年）《广西通志·柳州府》载："油茶树，各州县出。"油茶主要分布在鹿寨、藤县、三江、融安、富川、昭平、荔浦、平乐、贺州、那坡、蒙山、上林、凤山等地。

Doz 2-3-6 Goyouzcaz
图2-3-6 油茶

Minzgoz seizgeiz, aenvih cangdauj youq ndawgyang go'gyaeuq sam bi ndaem youzcaz, vihneix dajndaem goyouzcaz ndaej daengz le fazcanj doxwngq. Bouxcuengh cungj fuengfap ganq gomiuz de dwg seizcin doekceh seizcou hwnjmiuz, couh dwg aeu mak gvaqlaeng, bi daihngeih ndawnyied sam nyied aeu ceh okdaeuj, hwnj sek doekceh ganqmiuz, ndawnyied gouj nyied hwnjmiuz cauhndoeng. Aenvih goyouzcaz dwg cungj faex raglaeng mbaw ciengzseiz loeg, soj hwnj gomiuz de mbouj ngamj hung lai, gomiuz hung hwnj seiz couh sieng rag yenzcung, gyahwnj mbaw de ciengzgeiz loeg fwi raemx lai, ndaem gvaqlaeng lix nanz, ceiqndei dwg doekceh cauhndoeng. Aenvih goyouzcaz maij namhhenj, caengz cumxmbaeq, seizcin doekceh seiz moix gumz aeu doek geij naed, ciengzciengz dwg doek cib naed ndaej maj it ngeih naed. Ndaem seiz maedcax baenz hangz, gvaq sam bi le hai va baenz mak. Souaeu cehyouzcaz, gig gangjgouz geiqciet yinhsu. Doengciengz dwg youq gaxgonq hanzloh sam ngoenz, seizde youz lai, nguhlaeng youz couh sauj. Sou ceh gvaqlaeng, dak youq gizsang, hawj de doengrumz, ceiqndei dwg cuengq youq gwnz louz, gvaq buenq ndwen couh ndaej gag dek, dak ceh daengz sauj caez, aeu aen muhrin daeuj nienjsoiq, naengjcug couh ndaej dokyouz.

民国时期，由于倡导在三年桐中间种油茶，因此油茶种植得到了相应的发展。壮人育苗的方法为春播秋栽，即采果以后，第二年三月下旬取出种子，起畦播种育苗，九月下旬起苗造林。因为油茶是深根性常绿树种，所以起苗木不宜过大，过大起苗则伤根严重，加上常绿的叶片水分蒸发多，种后难成活，最好是播种造林。由于油茶性喜黄壤，恶卑湿，春播时每穴须播种多粒，往往是十生一二。种时稠稀成行，三年始开花结实。收取油茶籽，很讲究季节因素，通常在寒露前三日，这时多油，迟则油干。收籽后，晾于高处，令其透风，最好置于楼顶，过半月则自动开裂，让籽晒到极干，以石磨碾细，蒸熟即可榨油。

《Yungz Yenci》banj Minzgoz de ceijok："Goyouzcaz, ndaem youq diegbya, cib bi miz sou, moix seiq haj bak gaen ndaej youz rap ndeu, dok lw gij nyaq de mingz heuh cazguh. Youzcaz、cazguh cawzliux gung hawj bonjdieg, lij miz couh gai ok swngj rog bae, caeuq youzgyaeuq caemh dwg cungj doxgaiq daihbuek canj ok." Bouxcuengh gyagoeng leihyungh youzcaz haemq genjdanh：Aeu naedceh de dokyouz, gij youz gig cing, cujyau yungh daeuj guh youzgwn caeuq diemj daeng. Youzcaz cawzliux gag yungh, moix bi lij miz gai okrog. Minzgoz 21～27 bi（1932～1938 nienz）, moix bi gai okrog soqliengh dabdaengz 6 fanh rap baedauq. Minzgoz 28 bi（1939 nienz）gvaqlaeng, meizyouz gung'wngq gunnanz, youzcaz bienqbaenz gij youzdaeng cujyau, ndaej gai okrog couh gig noix. Youzcaz doiq cangq ndangvunz ndei, dwg gij youzgwn caetliengh ndei Bouxcuengh.

民国版《融县志》指出："油茶，种于山地，十年有收，每四五百斤获油一石，榨余渣滓名曰茶麸。茶油、茶麸供本地外，尚有销流外省，与桐油同为出产之大宗。"壮人对油茶的加工利用比较简单：取其籽榨油，其油甚清，主要是作食油和点灯之用。茶油除自用外，每年还有输出。民国二十一至二十七年（1932～1938年），茶油每年输出量达6万担左右。民国二十八年（1939年）以后，煤油供应困难，茶油变成主要灯用油，外销骤减。茶油适宜人体保健，是壮民优质的生活食用油。

Bet. Batgak
八、八角

Batgak, dwg gij dwzcanj Cungguek（Vahgun heuh "茴香"）, mbanj cuengh canj ok gijde ciemq daengx guek 85% doxhwnj. Sung Couh Gifeih《Lingjvai Daidaz》geiq："Batgak veizyangh miz youq Dahcojgyangh caeuq Dahyougyangh, naed de lumj fwed, miz bet gok soem okdaeuj, heiq de hom haenq, canghyw cunghcouh gawj de guh yw, geux di he, homfwtfwt." Mingzdai Lij Sizcinh《Bonj Goyw Ganghmuz》geiq："Youq Dahcojgyangh caeuq Dahyougyangh Guengjsae miz, yienghsaek caeuq veizyangh cunghyenz mbouj doengz, hoeng heiq doxdoengz." Cingh Gvanghsi 13 bi（1887 nienz）, youq Guengjsae laeb Batgak Baujveigiz cienmonz guenjleix gai batgak veizyangh ok guek. Seizde mbanj Cuengh ndaem caeuq ganq gobatgak gaenq miz gveihmoz maqhuz.

八角（汉语谓"茴香"），为中国特产，壮乡所产占全国的85%以上。宋代周去非《岭外代答》载："八角茴香出左右江蛮峒中，质类翘，尖角八出，而气味辛烈，中州大夫以为荐，咀嚼少许，甚是芳香。"明代李时珍的《本草纲目》载："广西左右江峒中有之，形色与中国茴香迥异，但气味同尔。"清光绪十三年（1887年），在广西设八角保卫局专管，八角茴香出口，当时壮乡培植八角已有相当规模。

Batgak youq mbanj Cuengh yienzbonj dwg gag maj youq ndaw ndoeng, faenbouh youq gij diegbya rin'gyapsa rangh Guengjsae Ningzmingz、Lungzcouh、Nazboh caeuq Fangzcwngzgangj, binjcungj miz cibgeij cungj, miz vahau、vahoengz、vahoengzsaw、 vahenj daengj. Vunzgoeng ganqndaem gvaqlaeng, dieg faenbouh de cij youz dieg ok yienzlaiz cungqgyang mboujduenh gyadaih daengz dieg seiqhenz. 《Cauhbingz Yenci》 banj Minzgoz de naeuz: "Cauhbingz soqlaiz mbouj miz go neix. Minzgoz 5 bi（1916 nienz）, Vangz Gyanghlij、Vangz Yenzcouh daj Cin'anh（ngoenzneix Namzningz）aeu ceh daeuj ndaem youq Byaduzdenzsanh baenz ndoeng, gvaq sam bi le souceh daeuj dokyouz, siugai daengz Yanghgangj, ndaej canh gig ndei." Gij batgak mbanj Cuengh Yinznanz Funingz dwg Cingh Genzlungz nienzgan（1736～1795 nienz）, youz Bouxcuengh Veiz Gyazgyangh daj Guengjsae yinx haeuj, daengz Daugvangh nienzgan（1821～1850 nienz）, gaenq ndaem le 1000 lai moux, Gvanghsi gvaqlaeng, gizneix gaenq bienqbaenz "mbanj batgak" Yinznanz Swngj.

八角在壮乡原属野生，分布在广西宁明、龙州、那坡和防城一带的砂页岩山地，品种多达十几种，有白花、红花、淡红花、黄花等。人工栽培后，分布区才由中心原产地不断向周边扩展。民国版《昭平县志》称："昭平向来无此。民国五年（1916年），王姜里、黄彦舟自镇安（今南宁）采种子于独田山栽培成林，越三年督工甄油，销售香港各埠，经获美利。"云南富宁壮乡的八角是清乾隆年间（1736～1795年），由壮族人韦甲江从广西引进的，至清道光年间（1821～1850年），已栽种了1000多亩，光绪以后，这里已成为云南省"八角之乡"。

《Yunghningz Yenci》 banj Minzgoz de geiq: "Batgak veizyangh, dwg gofaex loenq mbaw, ganj sang geij ciengh, ndaengfaex loegndaem, mbaw raez daih'iek miz song conq, dwg bomj raez, byai soem, moix bi hai va song baez, loenq mbaw song baez, seizcin seizcou seizdoeng sam geiq, cungj raen hai va baenz mak, seizcin seizdoeng song geiq, cungj miz mbaw loenq nyez did, gij va de hainduj dwg ndaem, gvaqlaeng cugciemh bienqbaenz hau, mak de miz bet gak. Daengx ndang faex cungj hamz miz gij doxgaiq hom, mak、mbaw caeuq nyezoiq cungj ndaej lienhyouz, dwg gij dwzcanj swngj raeuz, gyaqcienz de gig bengz, caemhcaiq gij hom de ndaej fwi gig vaiq, ndaej yungh daeuj guh gij yienzliuh vayoz gunghyez. Gofaex neix daj ndaem youq gwnz bya gvaqlaeng, gvaq sam bi ndaej aeu mbaw, daengz caet bi ndaej baenz mak, dwg doenghgo ndaej canh ceiq lai ndaw ndoeng." Gig cingcuj, Cingh geizlaeng daengz Minzgoz seizgeiz go faexbatgak bienqbaenz dwg go faexginghci youqgaenj mbanj Cuengh（doz 2-3-7）. Batgak、veizyouz hix dwg gij doxgaiq mbanj Cuengh gai daihbuek ok gyaiq, daj Cinghdai hwnj couh gai gyae daengz Nanzyangz. Veizyouz youq Minzgoz 22 bi（1933 nienz）gai ok gyaiq dabdaengz 399 dunh, batgak youq Minzgoz 23 bi（1934 nienz）dabdaengz 1840 dunh.

民国版《邕宁县志》记载："八角茴香，落叶乔木，干高数丈，树皮黑绿色，叶长约2寸，为长椭圆形，端尖，每年开花二次，落叶二次，春秋冬三季，均见开花结实，春冬二季，俱有落叶萌芽，其花初为黑色，后渐成白色，果为八角形。树之全体均含香质，果叶与嫩枝均可制油，为吾省之特产，其值甚昂，且挥发性极大，可供化学工业之原料。此树自植山后，越三年可采叶，追七年结果，诚森林中获利最厚的植物。"显然，清末至民国时期八角树（图2-3-7）成为壮乡重要经济林木。八角、茴油亦为壮乡的大宗出口物资，从清代起就远销南洋。茴油在民国二十二年（1933年）出口达399吨，八角在民国二十三年（1934年）出口达1840吨。

Doz 2-3- 7　Gobatgak
图2-3-7　八角树

Gouj. Go'gviq

九、肉桂

Go'gviq dwg goyw hom，daengx ndang dwg bauj，dwg gofaex dijbauj mbanj Cuengh. Bonj 《Wjyaj》gaxgonq gunghyenz 2 sigij sij baenz haenx heuh de dwg go faexgviq（cawqmingz：Vunz Guengjsae heuh gviq. Naeng na dwg go faexgviq，mbaw de lumj mbaw bizbaz hung）. Cin 《Doenghgo Baihnamz Cingzgvang》heuh de dwg gomauxgviq. Sung 《Gveihaij Yizhwngz Geiq》heuh de dwg goyw geizheih、goyw ceiq ndei baihnamz. Moix bi 3 ~ 5 nyied，Bouxcuengh raemj aeu go'gviq 5 ~ 6 bi de daeuj，bok aeu naengfaex dak sauj，couh dwg naenggviq. Danghnaeuz atgab doenghgij naenggviq buenq sauj neix，sawj baihhenz naengfaex gienjvan haeuj ndaw，couh dwg benjgviq. Benjgviq lwenqluplup de，heuh "youzgviq"；benjgviq naeng geq raeuzrad caemhcaiq daiq raizsaek de，heuh "gibenhgviq". Naenggviq dwg ywfuk，caeuq gocaem、loegyungz baizmingz doxdoengz. Naengj aeu gij raemx nyezoiq、mbaw go'gviq daeuj lienh aeu youzgviq，gij ywyungh gyaciz de hix gig sang. Gij mak de dwg makgviq（vahsug naeuz gviqcung），euj byaifaex guh nyegviq（vahsug naeuz byai'gviq），cungj ndaej bouj sienghhoj，yw fungsez，goengnaengz caeuq gocaem、gogiz doxdaengj，cujyau faenbouh youq Gveibingz、Bingznanz、Yungzyen、Cwnzhih、Fangzcwngz、Lungzcouh、Dasinh daengj dieg. Naenggviq dwg gij doxgaiq mbanj Cuengh Guengjsae gag miz，dwg gij yw ndei yw dungxin、siu fungheiq、fathanh、doiqndat、baiznyouh、yw ae.

肉桂是芳香药料植物，全身是宝，为壮乡之宝树。公元前2世纪成书的《尔雅》称其为木桂（注：南人称桂。厚皮为木桂，叶似枇杷而大），晋《南方草木状》谓之牡桂，宋《桂海虞衡志》称其为南方奇药、上药。每年3～5月份，壮人将5～6年树龄的肉桂植株砍倒，剥取树皮晒干，即桂皮。若将这些半干的桂皮加压夹，使树皮边缘向内卷曲，就是桂板。油光满面的桂板，叫"油桂"；溜滑而带彩纹的老皮桂板，叫"企边桂"。桂皮是中药，与人参、鹿茸齐名。将肉桂树的嫩枝、叶子蒸馏可提取桂油，其药用价值也很高。其果实为桂子（俗称桂钟），折树梢为桂枝（俗称桂尖），皆能补相火，治风邪，功能与人参、黄芪相当，主要分布于桂平、平南、容县、岑溪、防城港、龙州、大新等地。桂皮是广西壮乡的特产，是健胃、祛风、发汗、解热、利尿、止咳的良药。

Mingzdai Liengz Dingzlen sij《Gij Fuengfap Ndaem Go'gviq》, ciengzsaeq cungjgez le gij gisuz fuengfap vunzgoeng ndaem go'gviq. Doenghgij neix cungj dwg gij gingniemh gak cuz yinzminz mbanj Cuengh youq ciengzgeiz swnghcanj ndawde cwkrom ndaej. Lumj youq gonqlaeng cinfaen, lwggviq baenz ndei, sou dauq yungh raemx swiq bae gij ndaengndaem baihrog de, cij ce naedceh de, couh dwg "haeuxgviq". Yungh aenloz cang, saj raemxcingh, aeu mbinjmbaeq goemq, gaej hawj de hawq, hawq couh mbouj ok. Danghnaeuz daj gyae aeu ceh, cix mbouj ndaej vut nohmak (couh dwg gij "naengndaem baihrog" gwnzneix soj naeuz) bae, aeu yienzceh yinh, seizseiz aeu raemxcingh saj mbaeq. Daengz giz dieg doekceh le, cijndaej cat nohndaem bae, lij aeu saj raemx, aeu mbinj mbaeq goemq. Caemhcaiq, aeu roengz namh vaiqdi, mbouj ndaej mauhgvaq 3 ngoenz, aenvih dingzdaengx nanz lai, deng dawz hoengheiq, cix hix ok nanz. Dieg suen gungganq go'gviq de, iugouz cingsaeq guenj reih, sek reih, sek hai song cik lai, sang daih'iek caet bet conq, raez mbouj hanhdingh, aeu song ciengh (ciengh≈3.33 mij) daengz sam ciengh couh ngamj, aeu yungzheih youq song henz byaij gvaq, mbouj ngamj caij haeuj ndaw sek bae. Doek cehgviq seiz, coij sek hai vang, moix coij doxliz roek caet conq, coij gyangde doek cehgviq, moix naed doxliz conq ndeu lai. Daih'iek bueng ndwen、20 ngoenz ok miuz, ngamq ok seiz lumj mbaw cim, caezcingj raixcaix. Youq gaxgonq caengz ok miuz, itdingh aeu dap aen bungzdaemq, sang daih'iek song conq, bu nywj hwnj bae, seizhah mbouj ndaej dak, seizdoeng mbouj ndaej deng mwi dwk. Gaenx bae loeknywj, nywj maj go'gviq couh mbouj ndaej maj, couhcinj maj hix dwg unqnyieg. Hwnj gomiuz yinh bae gyae, seizgan itdingh aeu senj youq gonq gingcig, yut hwnj go gyajgviq, daet mbaw caeuq raemj bae ragcawj 2～3 conq gvaqlaeng, 50 go guh bog ndeu, aeu naezhenj boiq yinz rag de, cib lai bog guh bau ndeu, aeu raemx saj mbaeq, yienghneix, ginggvaq bueng ndwen le dajndaem hix mbouj lau. Ndaem go'gviq ngamj senj youq luengq laeg roxnaeuz ndoi hung, gizdieg doenghgo ndaej maj mwnnoengq de. Namhreih caetliengh aeu gij namh gwnz ndaem、laj henj de dwg ceiq ndei. Namh ngamj soeng caemhcaiq laegna, geih geng caemhcaiq daejsaed, roxnaeuz dwg naez caez, roxnaeuz naez cab sasaeq ceiq ndei. Danghnaeuz naez noix saco lai, couh ndaem go'gviq mbouj hwnj. Bya youh aeu aen bya maj gohaz baenzgyoengq roxnaeuz go faex cab dwg ceiq ndei. Fueng'yiengq ngamj yiengq boihsae, daengngoenz ngamq ok cix deng ndit, daengngoenz doekbya cix mbouj deng dak haenq, yienghneix go'gviq couh yungzheih maj hwnj maj noengq. Aeu naengh namz yiengq baek, naengh sae yiengq doeng dwg ceiq ndei. Luegbya dingjbya cungj ndaem ndaej, hoeng mboujyawx rungjbya lajbya ndei, fanz neix daengjdaengj. Doenghgij geiqsij neix, cungj dwg gij gingniemh dijbauj daj saedguh ndawde cungjgez okdaeuj.

明代梁廷栋撰《种岩桂法》，详细总结了人工栽种肉桂树的技术方法。这些都是壮乡各族人民长期生产经验的积累。如春分前后，桂子熟匀，采回用水洗去外面黑皮，只存其核，即"桂米"。用竹器或箩筐载之，洒以清水，湿席盖之，勿令干，干则不出。若远处取种，则不能去掉果肉（即上面所说的"外面黑皮"），需原核装运，时时以清水洒湿。到达播种地点，才擦去黑肉，仍以水洒之，以湿席盖之。而且要快点入地，不能超过3日，因为停顿过久，感受空气，则亦难出。培育肉桂的苗圃地，要求治地精细，将地作畦，畦开二尺有余，高约七八寸，长无定度，以二丈（1丈≈3.33米）至三丈为宜，取易于两边行过也，畦面不宜入足。点播桂米时，畦面横开行，每行相距六七寸，行间点桂米，每粒相距一寸余。约莫半月、20日苗出，初出如针，甚整齐。在未出之前，须搭矮棚，高约二尺，以草铺之，夏不能晒，冬不能受霜打。勤于除草，草长则桂不生，虽生亦弱。起苗远运，时间必须选惊蛰以前，拔起桂秧，剪叶和斩去主根2～3寸之后，50株为一束，以稀黄泥糊匀其根，十来束为一包，以水洒湿之，这样，经历半月栽种无妨。种桂宜择深山大岭，草木畅茂之场。土质以上面黑色底黄色为佳。土宜松而深厚，忌坚而实底，或全泥，或泥夹细沙为佳；若泥少而粗沙多，则种桂不生。山又以生青茅丛芒或杂木者为最佳。朝向宜背西，日初出而被阳光，日西斜而不受酷暑，则桂易生易茂，以坐南向北，坐西向东为最宜。山岭、山脊均可种，但不如山怀、山麓为好，凡此等等。这些记述，都是从实践中总结出来的宝贵经验。

Cib. Goreiz

十、榕树

Goreiz, faen miz goreiz mbaw hung caeuq goreiz mbaw iq. De gawq dwg cungj faex ciuhgeq dieg Bouxcuengh, hix dwg doengh cungj faexfuk mbanj Cuengh ndawde cungj ndeu. Dangz《Lingjbyauj Luzyi》caeuq Sung《Lingjvai daidaz》cungj miz geiqsij, naeuz: "Goreiz, dwg gofaex yungzheih maj, youh yungzheih hungsang, mbaw de lumj mbaw govaiz, ndaej cw gvangq geij moux vanzlij engq lai, rag ok gyangndang, riengz ganj roengzlaj, baenzbyongj baenzbyongj doxgot haeuj namh bae, ndigah miz coenz vah goreiz dauqyangz ok rag. Seiq geiq baenz mak, doek mbaw seizgan mbouj maenhdingh, seiz doek seiz maj, seizcin seiz hix doek roengz baenz dieg. Duzroeg hamz naed ceh de doek youq gwnz gofaex wnq, couh ndaej maj noengq. Mumhrag riengz ndangfaex venj roengzlaj daengz dieg, ndaej supaeu yingzyangj ndaw namh gung swhgeij maj noengq, gvaq nanz le gij rag de couh duk dawz ndangreiz. Liujcouh aen miuh Liujhouz, go reiz hung gaxgonq gyanghongh de, miz go gangliengj ndeu maj youq gwnz de, cienznaeuz dwg geizheih, vunz naeuz dwg cehreiz doek youq gwnz gogangliengj maj hwnjdaeuj, gvaq seizgan nanz le fanj habgot godau, neix dwg mbouj geizheih." Aenvih goreiz miz rengzlix geng, Bouxcuengh gingq de guh go faexfuk. Mbanj Cuengh miz goreiz geq gig lai, lumj gamjcongh Yangzsoz miz go reiz mbaw iq ndeu, dwg ndaem youq Suizdai, gaenq miz 1300 bi, aek gvangq 3 mij, faex sang 17 mij. Go reiz Gveilinz Si Nanzmwnz hix miz gaenh cien bi, cienznaeuz dwg seiz Sungdai ndaem, youq Bouxcuengh gyaezhoh baihlaj, gvaq cien bi le vanzlij mwnnoengq. Goreiz gunz go seng ragmumh, nem namh baenz rag hung, caiq maj baenz go moq, nanz le couh go faex ndeu sanj raemh baenz ndoeng.

榕树，有大小叶之分。其既是壮族地区的古老树种，又是壮家福树之一。唐《岭表录异》和宋《岭外代答》都有记载，称之："榕，易生之木，又易高大，叶如槐，轮囷荫樾，可覆数亩者甚多，根出半身，附干而下，垄垄抱持以入土，故有榕木倒生根之语。四时结子，叶脱亦无时，随落随生，春时亦摇落满庭。禽鸟衔其子寄生它木上，便郁茂。根须沿木身垂下至地，得土气滋直盛壮，久则过其所寄，或遂包裹之。柳州柳侯庙，庭前大榕，有桃榔一枝生其中，相传以为异，知者以为本榕子寄生桃榔之上，岁久反抱合之，非异也。"由于榕树具有顽强的生存能力，壮人多敬为神树。壮乡古榕树很多，如阳朔县穿岩有一株小叶榕树，为隋代所植，已有1300年树龄，胸径3米，树高17米。桂林市南门一株榕树的树龄也近千年，传闻为宋时所植，在壮人的珍视爱护下，千年犹健。榕树的树干生出根须，落地成根，长成新树干，久之独木繁荫成林。

Cib'it. Cungj Faex Dijbauj

十一、珍贵树种

Ciuhgeq, doengh cungj faex dijbauj dieg Bouxcuengh miz gobug、godietlig、goyienq、godued、goluij、gomujswngh、goreiqhoengz、gogingndaem、gobohleij、gosimvadauz、gofaexgeq、go'gyang'yanghvangzdanz、gomaklimz mbaw iq、gosoqmoeg、gofaexyangq、gosa'ngaenz、gobeggoj、faexlau、faexngangz daengj, doengh cungj faex daegbied neix, cungjloih lai, faenbouh gvangq, swhyenz fungfouq, miz mbanj caengzging deng dingh guh gij doxgaiq gung, aenvih luenh raemj, doeklaeng cungj bienqbaenz cungj faex dijbauj roxnaeuz noixmiz lo. Miz mbanj cungj faex cijmiz youq gij diegbya Cibfanh Byahung caeuq megbya Duhyangz ndawde, cijndaej ra daengz gij riz de, neix dwg gij hitson gwnz lizsij.

古代，壮族地区的珍贵树种有柚木、铁力木、蚬木、格木、金丝李、母生、红椎、紫荆、坡垒、桃花心木、檀香、降香黄檀、小叶红豆、苏木、格郎央、银杉、银杏、擎天树、肥牛树等，这些特殊树种，种类多，分布广，资源丰富，有些曾被定为贡品，后来因滥加砍伐，都变成珍贵或稀有树种了。有些树种只有在十万大山和都阳山脉的山地中，才能找到它的踪影，这是历史的教训。

（1）Goyienq（ligdaih gij sawgeiq deihfueng de cungj sij baenz faex榥木，"榥" dwg cih Sawcuengh ciuhgeq），ok youq diegbya rincaemhhoi rangh dieg Dahcojgyangh、Dahyougyangh lae gvaq haenx, baudaengz Lungzcouh、Dasinh、Ningzmingz、Vujmingz、Lungzanh、Denhdwngj、Bingzgoj、Dwzbauj、Cingsih、Nazboh、Denzyangz、Denzdungh、Denhngoz、Bahmaj daengj dieg, de caeuq godued、goluij、gogingndaem itheij, deng gyoengqvunz caez naeuz dwg "seiq daih faexdiet". Bouxcuengh raemj aeu doengzseiz caemh ndaem. Mbanj Cuengh ndawde, aeu Lungzcouh miz ceiqlai. Lungzanh Yen Fujhih Yangh Sanhbauj Cunh miz goyienq geq ndeu, faexlingz dwg 1450 bi, faex sang 24 mij, yunghging 2.98 mij, dwg goyienq ceiq geq mbanj Cuengh. Goyienq Lungzcouh Nunggangh（doz 2-3-8）, vunz heuh goyienq vuengz cien bi, sang 48.5 mij, gwnz ragbanj cizging dabdaengz 2.99 mij, cietsuenq ndaej faex menciz daih'iek 107 lizfanghmij, faexlingz daih'iek 1180 bi. Goyienq Dasinh Yen Sozlungz Yangh, faexlingz dwg 1300 bi, sang 53 lizmij, yunghging dabdaengz 3.24 mij, dwg mbanj Cuengh goyienq hungloet dem. Goyienq dwg gofaex hung ciengzseiz heu, de miz gij vuzlij、 lizyoz singqcaet ndei, gezgou saeqnaeh, caizciz gengnaek, bijcung hung gvaq 1, haeuj raemx couh caem, gyaeujmienh gengdoh dwg 213.6 MPa, naih cimqnduk, naih nondwk, dwg cungj faex mingzgviq seiqgyaiq goengnyinh, dwg cungj faex ndei yungh daeuj hwnqranz、cauh gihgai、cauhci cauhruz daengj. Leihyungh goyienq, ceiqnoix youq Dangz Sung gaenq hainduj, Mingzdai dwg seizhoengh raemj goyienq, mbanj Cuengh gij saeuliengz haujlai aen ranz hung de, ca mbouj geij cungj dwg yungh goyienq daeuj cauhguh.

（1）蚬木（历代地方志书皆写成"桄木"，"桄"者乃古壮字也），产于左右江流域一带石灰岩山地，包括龙州、大新、宁明、武鸣、隆安、天等、平果、德保、靖西、那坡、田阳、田东、天峨、巴马等壮乡，它与格木、金丝李、紫荆一起，被人们合称为"四大铁木"。壮民用种子繁殖，通常是即采即播。壮乡中，以龙州产量最丰。隆安县辅圩乡三宝村有一株老蚬木，树龄为1450年，树高24米，胸径2.98米，是壮乡中最老的蚬木王。龙州弄岗的蚬木王（图2-3-8），人称千年巨蚬，高48.5米，板根之上胸径达2.99米，折计材积约107立方米，树龄约1180年。大新县硕龙乡的一株蚬木，树龄为1300年，高53米，胸径达3.24米，是壮乡又一株蚬木王。蚬木为常绿大乔木，它具有优良的物理、力学性质，结构细致，材质硬重，比重大于1，入水即沉，端面硬度为213.6MPa，耐腐蚀、耐虫蛀，是世界公认的名贵木材，是建筑、机械、车船等的良材。蚬木的利用，至少在唐宋已经开始，明代是采伐的高峰期，壮乡许多大型建筑的梁柱，几乎都用蚬木制作。

（2）Gofaexlaux, ok youq Guengjsae Bahmaj、Duh'anh、Nazboh、Denzyangz、Dasinh、 Dava、Lungzcouh daengj dieg. Ndangfaex hungsang sohrwdrwd, dwg mbanj Cuengh Guengjsae sojmiz cungj faex ndawde cungj ceiqsang, itbuen daih'iek 50~65 mij, yunghging 1~2.5 mij, ok faex lai, caemhcaiq caizciz gengmaenh, mbouj yungzheih deng non dwk, leixraiz soh, gezgou yinz, yungzheih gyagoeng, raizva ndeiyawj, dwg cungj faex ndei ndaej nanz. Nazboh Yen Bwzhoz Yangh Cinghvaz Cunh miz gofaexlaux ndeu, sang 63.3 mij, yunghging 1.48 mij, ganj laj nye de sang 33.6 mij, go dog ndaej faex menciz 19 lizfanghmij. Aenvih seiqhenz miz 1000 lai go, ndigah an coh go ceiqsang de heuh "godingjmbwn it hauh".

（2）擎天树，产于广西巴马、都安、那坡、田阳、大新、大化、龙州等地。树干高大通直，是广西壮乡所有树种中最高的，一般约50~65米，胸径1~2.5米，出材量大，而且材质坚硬，不易受虫害，纹理直，结构均匀，易加工，花纹美观，是难得的优良用材。那坡县百合乡清华村有一株擎天树，高63.3米，胸径1.48米，枝下主干高33.6米，单株材积19立方米。因为周围有1000多株擎天树，故将其最高者命名为"一号擎天树"。

Doz 2-3-8   Gvangjsih Lungzcouh yen Vujdwz yangh mbauj Runghhuh goyienq geq cien nienz
图2-3-8 广西龙州县武德乡三联村陇呼屯的千年古蚬木

（3）Go'ngangz. Dwg gofaex ciengzseiz heu, itbuen sang 7～10 mij, ok youq Dasinh、Denhdwngj、Lungzcouh、Ningzmingz、Bingzsiengz、Lungzanh、Sangswh、Denzlinz、Cingsih daengj dieg, gij mbaw gofaex neix dwg gij gueng ndei duzcwz、duzmax、duzyiengz, doihduz gwn le biz vaiq. Mbanj Cuengh Lungzanh miz cungj fungsug ndeu, saimbwk dinghvwnh gocwngz ndawde, baih lwgsau aeu cam baih lwgmbauq miz geijlai go'ngangz, go'ngangz bienqbaenz le aen biucinj youqgaenj aeuyah. Gofaex neix yungzzheih maj, dwg cungj faex loegvaq gig ndei, Bouxcuengh dingzlai dwg yungh cehfaen roxnaeuz baek ganj daeuj fatsanj. Cehfaen ndaej dokyouz, faex de genqmaenh, ndaej guh gij caizliu hwnqranz、guh gihgai、guh gyasei.

（3）肥牛树，常绿乔木，一般高7～10米，产于大新、天等、龙州、宁明、凭祥、隆安、上思、田林、靖西等地。该树的叶是牛、马、羊的优质饲料，其吃后长膘率高。隆安壮乡有一种风俗，男女订婚过程中，女方要问男方拥有多少株肥牛树，可见，肥牛树成了婚配的筹码。此树耐生，是很好的绿化树种，壮民多用种子或扦插繁殖。种子可榨油，其木坚实，可作建筑、机械、家具用材。

（4）Godingjgoj, dwg mbanj Cuengh Guengjsae gagmiz, dwg gofaex hung loenqmbaw, sang 40 mij, yunghging 1.5 mij, yungzheih maj, yungh cehfaen roxnaeuz baek ganj daeuj fatsanj, dwg mbanj Cuengh Guengjsae cungj faex loegvaq ndaej maj vaiq haenx ndawde cungj ndeu. Ok youq Lungzcouh、Ningzmingz、Cungzcoj、Bahmaj、Bingzgoj、Denzdungh、Denzyangz、Dwzbauj、Nazboh、Denzlinz、Lungzlinz、Duh'anh、Fungsanh daengj yen, aenvih caizciz giennyangq, ndaej guh gij caizliu guh gyasei caeuq hwnqranz.

（4）顶果树，为广西壮乡所特有，落叶大乔木，高40米，胸径1.5米，耐生，用种子或扦插繁殖，是广西壮乡速生优良绿化树种之一。产于龙州、宁明、崇左、巴马、平果、田东、田阳、德保、那坡、田林、隆林、都安、凤山等县（市），因材质坚韧，可将其作家具和建筑用材。

（5）Godietlig, dwg doengh cungj faex mbanj Cuengh gagmiz ndawde cungj ndeu, faenbouh youq gij ndoi baihnamz Guengjsae. Dwg gofaex hung ciengzseiz heu, sang dabdaengz 30 mij, yunghging ndaej dabdaengz 3 mij. De dwg cungj faexgeng dijbauj, gig ndaej naih muz, habngamj guh gij faexdaegbied daeuj cauh gaugaep gyasei caeuq cauhruz daengj. Cehfaen miz youz, ndaej guh gunghyez yungh youz. Mbaw oiq de saekhoengz, yiengh de ndeiyawj, va hung, ndaej guh gofaex ndaem hawj vunz yawj. Bouxcuengh dingzlai dwg yungh cungj fuengfap doekceh daeuj ganqmiuz roxnaeuz cauhndoeng. Yungzyen Cinhvujgwz 3000 lai diuz moegliuh, couh dwg aeu godietlig mbanj Cuengh daeuj gyagoeng cauhbaenz, geij bak bi mbouj naeuh, saedcaih dwg geizheih.

（5）铁力木，为壮乡特有树种之一，桂南土山有分布，常绿大乔木，高达30米，胸径可达3米。它属珍贵硬木，耐磨性特强，宜作高级家具及造船等特殊用材。种子含油，可作工业用油。其嫩叶为红色，树形美观，花大，可作风景树。壮民多采用播种法育苗或造林。容县真武阁的3000多根木料，就是以壮乡的铁力木加工制成的，数百年不朽，实为奇迹。

（6）Goluij, dwg gofaex ciengzseiz heu mbanj Cuengh miz lai haenx, sang dabdaengz 30 mij, yunghging daih'iek 80 lizmij. Go faex neix leixraiz saeqmaed, caizciz naekgeng, naih mbaeq, nanznanz cungj mbouj naeuh, dwg gij faex ndei bae hwnqranz、guhgiuz、cauhci、cauhruz、cauh gihgai、guh gyasei. Mak de ndaej gwn, nga mbaw loeg na, ganjfaex sangsatsat, ndaej guh gofaex loegvaq gwnz gai. Moix bi hai va baenzmak song baez, Bouxcuengh dingzlai dwg yungh cehfaen de daeuj fatsanj. Itbuen ndwen 2 doekceh, 4 ndwen gvaqlaeng cij hainduj didnyez, gij seizgan didnyez de laebdaeb gig raez, miz mbangj vanzlij gvaq baenz bi le cij ndaej didnyez, cungj swnghcanj daegdiemj camjca mbouj caez neix, ndei doenghgo sanq maj, ndigah de gingciengz ndaej cab maj youq ndaw doengh gofaex luegbya caeuq ndoibya, dauqcawq cungj miz gij riz de.

（6）金丝李，是壮乡生长普遍的常绿乔木，高达30米，胸径约80厘米。此树木材纹理致密，材质坚重，耐湿，经久不腐，可作建筑、桥梁、车船、机械、家具的优良用材。其果可食，枝叶浓绿，树干挺直，可作人行道绿化树。每年开花结实两次，壮人多用其种子繁殖。一般2月播种，4个月后才开始发芽，发芽的持续时间很长，有的甚至长达一年以上才萌发，这种参差不齐的生长特点，利于物种扩散，所以在石山沟谷和山坡的杂木林中，遍地都有它的踪迹。

（7）Gosa'ngaenz（doz 2-3-9）. 1956 nienz, Guengjsae daih'it baez youq Lungzswng Vahbingz fatyienh miz baenz benq gosa'ngaenz, daih'iek 1000 go. Dwg gij hozvasiz 1000 fanh bi gaxgonq daihseiq gij binghconh daihnanh gvaqlaeng louzce roengzdaeuj haenx, ndeiyawj hungsang. Cungj doenghgo baenzlai dijbauj noixmiz neix, caeklaiq cojcoeng Bouxcuengh lai bae baujhoh cij ndaej bienqbaenz gij yizcanj dijbauj ngoenzneix. Gofaex neix ganj soh, nye bingz, mbaw saeqraez lumj diuzsienq maj youq gwnz nye raez de, yienh fangsecang sanq maj, mbaw gwnz nye dinj de lumj sae geuj maj, giz gaenh meggyang laeng mbaw miz song diuz conghheiq saekhau, hausaksak, vihneix ndaej heuh gosa'ngaenz. Faex gosa'ngaenz leixraiz soh, saeqnaeh, dwg cungj faex gaugaep. Dieg ndoeng Byadayauzsanh miz go samoegngaenz ceiq hung ndeu, faex sang 31 mij, yunghging 88.6 lizmij, faexlingz youq 450 bi doxhwnj, dwg Guengjsae gosa'ngaenz ceiq hung. Linghvaih, 1977 nienz, youq Guengjsae Yungzsuij Myauzcuz Swciyen Byayenzbaujsanh fatyienh le 200 lai go "guengjsae lwngjsanh", caeuq gosa'ngaenz ityiengh, cungj dwg doenghgo daihseiq gij binghconh louzce roengzdaeuj, gig dijbauj.

（7）银杉（图2-3-9），1956年，广西首次发现龙胜花坪有成片的银杉林，约1000株，是1000万年前第四纪冰川劫后遗留下来的活化石，美观高大。如此珍稀的物种，多亏壮族先民多加保护才成了宝贵的遗产。此树树干笔直，枝平列，叶子细长，如线生在长枝上，呈放射状散生，短枝上的叶子如螺旋状轮生，叶背近中脉处有两条银灰色的气孔带，银光闪闪，故称银杉。银杉木材纹理通直，木质细致，是高级用材。大瑶山林区有一株最大的银杉，树高31米，胸径88.6厘米，树龄在450年以上，是广西发现的银杉王。另外，1977年，在广西融水苗族自治县元宝山发现了200多株"广西冷杉"，与银杉一样，都是第四纪冰川的遗存植物，十分珍贵。

（8）Gocinghgangh, faenbouh youq gak dieg cungqgyang Guengjsae. Guengjsae Yinhcwngz Yen miz gocinghgangh faexlingz 150 bi ndeu, gofaex neix nditndat seiz mbaw de heulaeg, danghnaeuz mbaw de bienq hoengz seiz, sam ngoenz ndawde itdingh doekfwn. Fwn gvaq mbwn rongh le, mbaw de bienq loegheu dauq. Vunz dangdieg naeuz de dwg "gofaex heiqsiengq".

（8）青冈，分布在桂中各地。广西忻城县有一棵树龄150年的青冈，此树晴天时树叶呈深绿色，若其叶变红时，三天之内必定下雨。雨过天晴后，叶复为绿色。当地人称之为"气象树"。

（9）Gocueng, faenbouh youq gak dieg mbanj Cuengh. Gocueng hamz miz canghnauj, heiq hom, gawq benj cauhguh aensieg、aengvih cuengq buhvaq mbouj deng duznon dwk. Gocueng ndaem hwnj ngaih, dwg gofaex hungsang mbanj Cuengh bujben ndaem. Cenzcouh Dasihgyangh Yangh Ginjdangz Cunh Vangzgyah Dunz miz go cueng geq ndeu, faex sang 43 mij, yunghging 12.2 mij, diging 7 mij, yunghging 4.4 mij, raemh dieg 0.21 gunghgingj, faexlingz gaenq miz geij cien bi, dwg Guengjsae gocueng daih'it.

（9）樟树，分布于壮乡各地。樟树含有樟脑，气味清香，用其锯板制作箱、柜存放衣服不遭虫蛀。樟树栽种容易，是壮乡普遍种植的高大乔木。全州大西江乡锦塘村黄家屯有一株古樟树，树高43米，胸围12.2米，地径7米，胸径4.4米，荫地0.21公顷，已有数千年树龄，是广西的樟树王。

Doz 2-3-9　Gosa'ngaenz
图2-3-9　银杉

（10）Makgyaeujsuenq（youh heuh gomakdongzbya）, dwg gofaex dieg Bouxcuengh gagmiz, faex maedcaed、giengeng, bak gawq de ngaeuzlwenq, dwg gij faex ndei yungh daeuj guh gyasei、hwnq ranz. Mak de miz youz lai, ndaej dok youz makdongzbya, aenvih cungj youz neix dwg gij yienzliuh ndei habbaenz seyanghdungz（cungj raemx dingh hom gaugaep yanghcingh）, gyagwz youq gwnz gozci hawciengz bengz lai, dwg cungj faexginghci gig youqgaenj.

（10）蒜头果（又名山桐果），壮族地区的特产，木质细密、坚硬，切口光滑，是家具、建筑的优质用材。果实含油量高，可榨山桐果油，因为这种油脂是合成麝香酮（高级香精的定香剂）的好原料，国际市场上价格昂贵，所以山桐果树是很重要的经济林木。

（11）Faexhoengz, youq rangh dieg henzhaij Hozbuj daengz Yinhcouh、Fangzcwngz maj miz daih benq faexhoengz, cungjloih miz caet bet cungj. Cehfaen youq raemxhaij hwnj seiz loenq youq gwnz dieg, riengz raemxhaij senj daengz dieg wnq bae, raemxhaij doiq seiz cehfaen couh loenq youq gwnz dan didnyez, caj raemxhaij daeuj seiz, gaenq caeux doekrag, deng heuh naeuz dwg gij mak daihseng. Faexhoengz dwg cungj faex fuengzhoh haenzhaij, dangjrumz、hohhaenz、maenhsa. Aenvih cojcoeng Bouxcuengh baujhoh, gij faexhoengz rangh dieg neix ndaej dwg diuzsienq haenzhaij Cungguek daluz baenzbenq faexhoengz maj ndaej ceiqndei、menciz ceiqhung haenx（doz 2-3-10）.

（11）红树林，在合浦至钦州、防城港海滨一带生长的大片红树林，种类有七八种。种子在涨潮时落地，随潮水迁往他地，潮退后种子即落滩萌芽，待潮来时，早已生根，被誉为胎生之实。红树林是海岸防护林，具有挡风、护堤、固沙的作用。由于壮族先民的保护，这一带的原生红树林是中国大陆海岸线上生长最好的、面积最大的成片红树林（图2-3-10）。

Cawzliux doengh gofaex dijbauj gwnzneix gangj, mbanj Cuengh lij miz gobeggoj、faexyilanz、gomaklaeq daengj gofaex gagmiz roxnaeuz miz ginghci gyaciz gig sang haenx.

除上述珍贵林木外，壮乡还有银杏（白果）、玉兰、栗等特殊的或具有很高经济价值的林木。

Doz 2-3-10　Ndoengfaex hoeng Baekhaij
图2-3-10　北海红树林

Daihseiq Ciet　Yinxhaeuj Cungj Faex De
第四节　树种的引进

Dangz《Lingjbyauj Luzyi》gaisau mbanj Cuengh yinxhaeuj geij cungj gomak gvaq, lumj gocanghcij Bohswh（couh dwg gohaijcauj、goyehcauj、goyihlahgwzcauj）caeuq gohuzdungzlei、gobenjhwzdauz daengj. Bouxcuengh dwg aen minzcuz hailangh ndeu, mbouj baujsouj, nyienh bae hagsib gij ndei bouxwnq, ndigah, youq Dangzdai yinxhaeuj doengh cungj faex neix, dwg mbouj geizheih. Mboujgvaq, aenvih seizde dandan dwg ndawbiengz gag yinxhaeuj, cwngfuj mbouj doigvangq bujgiz. Daengz geizlaeng Cinghcauz caeuq Minzgoz gvaqlaeng, aenvih ndaej daengz cwngfuj gujli, sawj mbangj cungj faex ndaej daengz yinxhaeuj caemhcaiq miz gihvei bujgiz le, cijndaej mizyauq haemq mingzyienj. Lumj yinxhaeuj go faexnganqciq（doz 2-4-1）, couh dwg aen laeh ndeu.

唐《岭表录异》曾介绍了壮乡几种引进的果树，如波斯枣（即海枣、椰枣、伊拉克枣）、胡桐泪、偏核桃等。壮族是开放的民族，不保守，愿学习他人之长，因此，唐代有这些引进树种，是不足为奇的。不过，当时仅仅是民间自发行为，没有政府推广普及。到了清末和民国以后，由于得到政府的鼓励，使得一些树种的引进有了普及种植机会，成效才比较显著。如桉树（图2-4-1）的引进，就是一例。

Doz 2-4-1　Faexnganqciq
图2-4-1　桉树

C amgauj Vwnzyen　参考文献

［1］阳雄飞.广西林业史［M］.南宁：广西人民出版社，1997.

［2］广西壮族自治区地方志编纂委员会.广西通志・科学技术志［M］.南宁：广西人民出版社，1997.

［3］潘其旭，覃乃昌.壮族百科辞典［M］.南宁：广西人民出版社，1993.

［4］梁庭望.壮族文化概论［M］.南宁：广西教育出版社，2000.

［5］祁述雄.中国桉树［M］.北京：中国林业出版社，1989.

［6］中共广西壮族自治区委员会办公厅《广西之最》编写组.广西之最［M］.南宁：广西人民出版社，1988.

Daihsam Cieng　Haifat Caeuq Leihyungh Swhyenz
Doenghduz Ndaw Raemx

第三章　水生生物资源开发与利用

Mwnq Bouxcuengh dah bya vangvet，gyawj Bwzbuvanh，gij swnghvuz swhyenz ndaw raemx gig fungfouq. Mwh hongdawz rim gaeuq、moq，gij hong dwkbya yenzsij Bouxyez Lingjnanz gaenq guhbaenz. Gvaqlaeng，gij hong dwkbya boux cojgoeng Bouxcuengh ndaej daengz le caenh'itbouh fazcanj. Ciengx roeglaxceiz gyauq hawj de bang vunz dwk bya、swnghdai ciengx bya、byaceh cang rauz cungj raen ndaej lai. Doengzseiz yaeb aeu naedcaw，youq ndaw guek engqgya dwg boux daihdaeuz de，vih Cungguek gij hong ndaw raemx fazcanj sij le bien gag miz daegsaek de.

壮族地区河川纵横，濒临北部湾，海陆水生生物资源十分丰富。旧、新石器时代，岭南越人的原始渔业已经形成。此后，壮族先民的渔业得到了进一步的发展。驯养鸬鹚代人捕鱼、生态养鱼、鱼苗装捞多见创造。而对珍珠的采集，在国内更是着之先鞭，为中国渔业发展谱写了独具特色的篇章。

Daih'it Ciet　Dwk Aeu Caeuq Ciengx Byadah
第一节　淡水鱼类捕捞和养殖

Byadah，dwg ceij duzbya youq ndaw raemxcit de. Yenzsij nungzyez okyienh le，dwkbya caeuq yaed gwn vanzlij dwg cojgoeng Bouxcuengh diuz miengloh cujyau aeundaej swnghhoz swhliu de. Oknamh gij doxgaiq gangvax gwnzde deu miz diuzsienq lumj raemx、lumj fan vangx daengj，gangjmingz doenghduz ndaw raemx youq ndaw nyinhrox caeuq ginghci swnghhoz cojgoeng Bouxcuengh diegvih youqgaenj. Aenvih giz Lingjnanz gij swhyenz doenghduz ndaw raemx fungfouq nem guh nungzyez dwgrengz，cojgoeng Bouxcuengh dwk aeu doenghduz ndaw raemx youq ndaw ginghci swnghhoz mwh Hancauz、Sanhgoz、Cincauz vanzlij ciemqmiz diegvih siengdang youqgaenj. Sihhan gvaqlaeng dawz roeglaxceiz lienh son bang vunz gaemh bya，youq Cungguek dwg soujsien hainduj doengzseiz byaij haeuj cingzsug. Mwh Suiz Dangz，youq ndaw naz ciengx byavanx，haifat gij gisuz youq ndaw naz ciengx bya，yienh'ok cojgoeng Bouxcuengh haicaux gij fuengfap ciengx bya caeuq gag miz daegsaek.

淡水鱼类，是指生存于淡水水域的鱼类。原始农业出现以后，渔猎和采集仍然是壮族先民获取生活资料的主要途径。出土陶器上的水波、网结等纹饰，说明水生生物在壮族先民的感知和经济生活中的重要地位。由于岭南地区水生资源的丰富及经营农业的艰辛，壮族先民对水生动物的捕捞在两汉、三国、晋时期的经济生活中仍占有相当重要的地位。西汉以后将鸬鹚驯化代人捕鱼，在中国是首先起步并走向成熟的。隋唐时期，在垦田里饲养鲩鱼（草鱼），开发稻田养鱼技术，显示出壮族先民对鱼类养殖的创举和独具的特色。

It. Dwk byadah
一、淡水鱼类的捕捞

Gij vwnzvuz gaenq oknamh de caeuq gij gaujguj cwngzgoj seizneix cingqmingz，mwh caeux aen seizdaih hongdawz moq，giz Lingjnanz gak mwnq fatyienh miz haujlai giz dieggaeuq beigiuh（Guengjsae Hwngzyen Ciuhgyangh dieggaeuq beigiuh，raen doz 3-1-1）. Youq ndaw giz dieggaeuq，yolouz le haujlai gij byuk sae、byuk gyapbangh caeuq bya daengj gij ndok doenghduz cojgoeng Bouxcuengh gwn le louz roengzma de nem fag mbaek（fag mbaek ndok youq dieggaeuq hongdawz rin seizdaih moq ndaw Gvangjsih Gveilinz Cwnghbizyenz oknamh，raen doz 3-1-2）、fag sep、ngaeubya（raen doz 3-1-3）、aen lwgcimz（raen doz 3-1-4）daengj gij hongdawz dwk bya gungq de. Haeuj daengz gaihgiz sevei le，gij diegvih duz "bya" cinghseuq youq ndaw ginghci swnghhoz gyoengqvunz yiennaeuz gaenq doekdaemq，hoeng yenzsij yizyez bingq mbouj siusaet，sojlaiz，dwk bya gungq itcig dwg ndaw nungzyez ginghci dangguh bouhfaenh bangcoh youqgaenj youq ndaw sevei Bouxcuengh ciengzgeiz mizyouq. Beijlumj，vunz Nanzsung Cai Dauh youq 《Dezveizsanh Cungzdanz》naeu: "Bozbwz miz diuzdah iq ndeu cwng lungzcenz，duz bya hung rae roek caet cik，ngawzngwdngwd mbouj roxnaj bouxvunz." Youh beijlumj，Yizsanh yen（seizneix Gvangjsih Yizcouh si）vunz Bouxcuengh Veiz Gvangj，nienzlaux swz guen dauqma ranz youq，youq aen mbanj liz aen singz Gingyenj fuj 15 leix de. Miz ngoenz ndeu，de dingqnaeuz baengzyoux geq daeuj Yingyenj fuj byaijbyaij，heiqlau ndaw ranz mbouj miz byaek ciudaih，dawz gij hongdawz dwk bya byaij bae henzdah dwk bya daeuj daih hek，yaepyet ndeu couh ndaej lo. Gangjmingz dangseiz gij dah giz Bouxcuengh miz haujlai bya. Sihhan Liuz Anh《Vaiznanzswj》gienj it《Yenzdau Yin》geiq："Baihnamz giz Gouj，gij hong gwnz hawq noix hoeng gij hong laj raemx lai，yienghneix beksingq deng fatyienh gwnzndang deu dwk lumj gyaep bya，gienj dinvaq，gienj genbuh hwnjdaeuj fuengbienh vad ruz." Ndaw saw soj gangj "Gouj" dwg seizneix Huznanz Ningzyenj yienh baihnamz. Soj gangj "hong ndaw raemx lai"，cawzliux aeu ruz yinhsoengq，cujyau couhdwg haeuj ndaw raemx bae dwk aeu doenghduz. "Bouxyez haengj gwn sae'gyap"，"vunz baihdoengnamz gwn doenghduz ndaw raemx……boux gwn doenghduz ndaw raemx de，nyinhnaeuz duzfw、sae'gyap、sae、gyap feihdauh daegbied，mbouj roxnyinh gyoengqde sing"，gij geiqloeg Hancauz Vanz Gvanh《Lwnh Gyu Diet》caeuq Cinzcauz Cangh Vaz《Bozvuz Ci》，gangj ok le itcig daengz Veicauz、Cincauz，dwk rauz youq ndaw ginghci swnghhoz cojgoeng Bouxcuengh miz maz diegvih.

现已出土的文物及考古成果证明，岭南地区各地发现有多处新石器时代早期的贝丘遗址（广西横县秋江新石器时代的贝丘遗址，见图3-1-1）。在遗址中，保存着许多壮族先民吃后剩下的螺蛳壳、蚌壳和鱼等动物的骨骼以及当时人们使用的鱼叉、鱼镖（广西桂林甑皮岩新石器时代遗址出土的骨质鱼镖，见图3-1-2）、鱼钩（广西横县西津贝丘遗址中出土的骨质鱼钩，见图3-1-3）、网坠（广西横县西津贝丘遗址中出土的捕鱼工具石网坠，见图3-1-4）等捕鱼捉虾的工具。进入阶级社会以后，纯粹的"鱼"在人们的经济生活中虽地位已下降，但是原始渔业并未消失，因此，捕捞鱼虾一直是作为农业经济里重要的辅助部分并在壮族社会中长期存在。比如，南宋人蔡绦在《铁围山丛谈》说："博白有小江名龙潜，鱼大者动长六七尺，痴不识人。"又如，宜山县（今广西宜州市）壮人韦广，年老辞官归家，居住于距庆远府城15里的村庄。有一天，他听说故友来庆远府走访，恐家中没有菜看招待，拿起渔具走到江边捕鱼以待客，下网即得。说明当时壮乡江河有丰富的鱼类资源。西汉刘安《淮南子》卷一《原道训》载："九嶷之南，陆事寡而水事众，于是民人被发文身以像鳞虫，短绻不裤，短袂攘卷以便刺舟。"书中所说的"九嶷"为今湖南宁远县南。所谓"水事众"，除了船货运送，主要就是入水捕捞。"越人美蠃蛤"，"东南之人食水产……食水产者，龟、蛤、螺、蚌以为殊味，不觉其腥臊也"，汉人桓宽《盐铁论》与晋人张华《博物志》的记载，道出了时至魏、晋，捕捞在壮族先民生活中的地位。

Gij fuengfap Bouxcuengh dwk bya、gungq、sae、gyap，it dwg ndaemraemx bae mo dawz；ngeih dwg lanz raemx daeuj dangj；sam dwg aeu hongdawz daeuj dwk rauz；seiq dwg doengxhaemh bae ciuq；haj dwg aeu lazliuj、lungzguz、cazgu、rag faexsiengsu、hoi daengj dwk yw duzbya；roek dwg vat gumz comz bya，dinghgeiz bae rauz aeu.

壮族捕捞鱼、虾、螺、蚌的方法，一是潜水捉摸；二是断流戽水，竭泽而渔；三是借助渔具进行捕捞；四是夜照捕捉；五是用辣蓼、龙骨、茶麸、栎树根、石灰等药鱼捕捉；六是挖窝聚鱼，定期庢捉。

Doz 3-1-1 Beigiuh dieggaeuq Gvangjsih Hwngzyen Ciuhgyangh（Bungz Suhlinz ingj）

图3-1-1 广西横县秋江新石器时代的贝丘遗址，堆积如山的螺壳、蚌壳（彭书琳 摄）

Doz 3-1-2 Mbaekbya ndok, Gvangjsih Gveilinz cwnghbizyenz oknamh（Ciengj Dingzyiz hawj doz）

图3-1-2 广西桂林甑皮岩新石器时代遗址出土的骨质鱼镖（蒋廷瑜 供图）

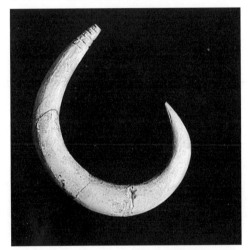

Doz 3-1-3 Ngaeubya, Gvangjsih Hwngzyen Sihgyinh oknamh

图3-1-3 广西横县西津贝丘遗址中出土的骨质鱼钩，用兽骨磨成，高6.8厘米

Doz 3-1-4 Lwgcimz rin, Gvangjsih Hwngzyen sihgyinh oknamh（Ciengj Dingzyiz hawj doz）

图3-1-4 广西横县西津贝丘遗址出土的捕鱼工具石网坠（蒋廷瑜 供图）

（It）Gwnz lizsij Bouxcuengh yungh gij hongdawz dwk bya de

（一）历史上壮族使用的渔具

（1）Ganjsep. Ganjsep dwg aeu diuz ganj、ngaeusep caeuq diuz maesep nyangq dem lwgbauq gapbaenz. Deihfueng ci geiqloeg, Hwngzcouh daengj dieg ok gij faexcuk de, youh ginq youh unq, yungh daeuj guh ganjsep ndei dangqmaz；Hwngzcouh daengj dieg soj ok gij sei diencanz de, nyangq ndei, saek lumj saek raemx, yungh daeuj guh mae sep gig ndei.

（1）鱼钓，新壮文为"fag sep"。鱼钓是由钓竿、鱼钩、细而坚韧的线及浮子组成。地方志载，横州等地所产的荡竹，刚柔相济，是制作钓竿的佳品；横州等地所产的天蚕丝，强度好，近水色，用作钓缗，质地优良。

（2）Muengx. Cujyau miz muengx vanq caeuq re song cungj. Aenvih yaek gaemh gij bya de hung iq mbouj doengz, sojlaiz youh faen miz muengx congh hung、iq, fan muengx congh iq lienz duzbya lwg caeuq gungq nyauh cungj ndaej gaemhdawz. Lingh cungj mbaek ndeu aeu fwngz gaem, dwg yungh diuz gaeu hung、faexcuk roxnaeuz ngafaex vangungx baenz aen gvaengh nduen, dauq fan muengx san ndei lumj aen laeuh de, yungh daeuj rauz aeu gij bya gungq giz raemx feuz de.

（2）鱼网。主要有撒网和拦江网两种。因为要捉的鱼大小不同，所以又有大、小网眼之分，小网眼的鱼网连小鱼及虾类都会捕上。另有一种手网，它是由粗藤、竹子或树枝弯曲成椭圆形的框子，套上织好的呈漏斗状的网片制成，用来捞取浅水处的鱼虾。

（3）Fag ca. Aeu faex guh gaenz, giz gyaeuj dauq gaiq diet soem raeh ndeu, giz byai diet miz fagngaeu dauq ndeu, yungh daeuj camz aeu duzgyau haemq hung.

（3）鱼叉。用木为柄，顶端套上尖利的铁头，铁头上置有倒钩，以之刺取较大的鱼。

（4）Aen saez. Itbuen dwg yungh diuz duk saeq san baenz, bak gvangq hoz gaeb, aen dungx haemq hung youh raez di ndeu, giz caekhaex youh sousuk, giz hoz cang miz gij mumh aeu ruk saeq san baenz byonj de. Mwh dwk bya aeu goenj nyangj ndeu saek giz caekhaex, hawj duzbya mbouj haeujdaeuj mbouj ndaej okbae. Itbuen cuengq youq giz bak swnh raemx lae de, mizseiz caemh youq giz ngigriuz cang byonj dwk, daegbied dwg youq laebcin gvaqlaeng haemh daih'it baez fwn doek byajraez, duz byacaek、duz byanouq daengj doxciengj doxcanj ngigriuz hwnj baihgwnz bae ra giz dieg moq ok gyaeq. Mwhhaenx ciengzseiz aen saez ndeu saek aen song aen siujseiz couh ndaej aeundaej bya 1.5～2.5 goenggaen roxnaeuz 5 goenggaen lai.

（4）笱。一般是用细的竹篾织成，大口窄颈，腹略大而长，腹尾又收缩，颈部装有细篾织成的倒须。捕鱼时用稻草团塞住腹尾，使鱼能入不能出。一般安放在顺水流的出口处，有时也逆着水流方向倒着安装，特别是立春后初次雷雨的夜晚，鲫、泥鳅等争先恐后逆流而上寻找新地产卵，进行生殖洄游。此时往往一个笱一两个小时就可以获得1.5～2.5千克甚至5千克多的鱼。

（5）Aen saeng. Dawz song diuz faexcuk ginqmaenh daihgaiq loet 0.2 mij、raez 8 mij de cug baenz cih"十", cug ndaet, yungh daeuj dingjcengj fan muengx gvangq raez cungj dwg daihgaiq 8 mij de, caiq youq giz cih"十"doxsan de cug diuz faexcuk hungloet ndeu gapbaenz. Mwh dwk bya, vunz naengh youq henzdah roxnaeuz henz daemz dawz diuz faexcuk dingjcengj fan muengx de cuengq haeuj giz ndaw raemx miz bya、gungq de, gek 10～20 faencung dawz fan muengx rag hwnj baez ndeu, miz bya haeuj ndaw muengx bae couh aeu fag dou rau ok.

（5）罾。将两条直径约0.2米、长约8米的坚韧的竹子"十"字缚紧，支撑着约8米见方的网

子，再从"十"字支点上绑上一条粗长的竹子组成。捕鱼时，人坐在河岸或池埂塘边，拿着竹竿把支撑着的网子放入鱼、虾往来的水域，隔10～20分钟将鱼网拉起一次，有鱼入网则用小手网取出。

（6）Fan leih. Aeu diuz faexcuk hung lumj lwgfwngzcod de daeuj san baenz, hung iq youz diuzdah hung gvangq geijlai daeuj dingh. Itbuen ancang youq mwnq raemxdah sang daemq cengca haemq hung de, mwh cang de dangqnaj daemq baihlaeng sang, duzbya daj gij raemx baihgwnz doek haeuj ndaw leih daeuj, boux dangj bya de aeu fwngz yaeb aeu.

（6）鱼排。用粗细如小手指的竹子扎成，大小视河宽而定。一般安装在河水落差较大的地段，按前低后高的方式装设，鱼从上流而下跌入鱼排中，渔者可用手捡取。

（7）Roeglaxceiz. Duzroeg ak ndaemraemx gaemh bya. Bouxcuengh lienh hawj duz roeglaxceiz bang vunz gaemh bya, mbouj rox dwg daj mwhlawz hainduj, hoeng daengz mwh Cinz han, gaenq gvangqlangh sawjyungh lo. 1976 nienz, Gvangjsih Gveigangj si Lozbwzvanh aen moh 1 hauh Hancauz vat ok aen nyenz ndeu, udang nyenz daihseiq gien youq aek nyenz, cang miz roek cuj vunz mauh roeggae vad ruz, gyaeuj ruz baihlaj miz roeglaxceiz gamz bya ndwn dwk, rox roeg ndang raiz, ndaw raemx miz bya youzdoengz. Gijneix dwg fuk ciengzgingj bouxdwkbya cuengq duz roeglaxceiz bae gaemh bya ndeu. Gangjmingz Sihhan seiznduj youq ndaw Bouxyez Lingjnanz, ganq ciengx duz roeglaxceiz bang vunz gaemh bya dah, gaenq dwg aen hong ndaej sou leih'ik ndeu. Vunz cunghyenz caeuq Swconh gak dieg ciengx roeglaxceiz daeuj gaeb bya, dwg Dangzcauz sat byai roxnaeuz Sungcauz haico, beij vunz lingjnanz ceiz liux 700～800 bi.

（7）鱼鹰，即鸬鹚，又称为水老鸦，善于潜水捕食鱼类。壮族驯化鸬鹚代人捕鱼，起于何时不详，但至秦汉之际，已广为使用。1976年，广西贵港市罗泊湾1号汉墓发掘出土一面铜鼓，鼓身第四晕圈在胸部，饰六组羽人划船纹，船头下方有衔鱼站立的鸬鹚或花身水鸟，水中有游动的鱼。这是一幅渔人纵放鸬鹚捕鱼的场景。说明西汉前期在岭南越人中，驯养鸬鹚助人捕捉江河鱼类，已经成为一个有利可图之业。中原人及四川等地人驯养鸬鹚以捕鱼，是在唐末宋初，比起岭南越人晚了700～800年。

（Ngeih）Dieg Bouxcuengh Gwnz Lizsij Gij Bya Daegcungj Okmingz

（二）壮族地区历史上有名的特种鱼类

It dwg byagoet, ngeih dwg bya'ngaeux, sam dwg bya'byoeg, seiq dwg bya'gyah, haj dwg kbyamuedroek daengj.

一是谷鱼，二是钩鱼，三是竹鱼，四是嘉鱼，五是没六鱼等。

Mingzcauz Gyahcing yenznenz（1522 nienz），Vangz Cilaiz daeuj Hwngzcouh（seizneix Gvangjsih Hwngzyen）guh cihcouh, de soj sij bonj《Ginhswjdangz Yizsinz Soujging》geiqloeg Hwngzcouh "ndaw dah bya caemh mbouj noix, gij binjcungj de caeuq Vuz、Cez soj ok de mbouj doengz. Cungj ndeu cwng byagoet, caeuq byahaux doxlumj, feihdauh youh biz youh ndei gwn.

Gou maij gwn de dangqmaz. Youh miz cungj ndeu cwng bya'ngaeux, yiengh lumj byaceiz
（鳖）, ndangloq bej, bak de raezranghrangh, duengq roengzma geij conq, feihdauh cungj
dwg youq gizneix. Youh miz cungj ndeu cwng byabyoeg, gij saek de lumj faexcuk, heusausau
ndeimaij, feihdauh caemh ndei. Byabenj gig lai, gig ndei gwn, miz duz naek baenz cib gaen".
Lij Sizcinh 《Bwnjcauj Ganghmuz》 gienj seiq seiq caemh naeuz, byabyoeg "ok youq Gveilinz
ndaw raemx dah Siengh、Liz, yienghceij lumj byavanxndaem, hung doengzseiz gangj noix,
saek lumj go faexcuk, heusausau ndeimaij dangqmaz, laj gyaep miz di raiz ndeu, feihdauh lumj
gij noh duz byagaq, dwg Gvangjnanz gij binjcungj ndei de" "Byagyah gig biz ndei, doengh
gyoengq bya cungj mbouj ndaej beij". Byamuedroek cohsaw cwng nganzlingz, ok youq Gojdwz
yen（seizneix Gvangjsih Bingzgoj yen） aen mbanj Dozlingj conghgamj ndeu ndawde. Duz de lumj
aen doengz raez ndeu, bangxhenz haemq bej, aen gyaeuj bumj, beij aen ndang iq, giz dingj
haemq doedok, bak gvangq, vengq bak baihlaj fatdad, baihlaeng heu ndaem, laj dungx saek
hau, dingzlai seizgan youq ndaw dah lajnamh, moix bi 11 nyied daengz bi daihngeih 3 nyied
youz bak conghgamj ok Dahyougyangh daeuj ra doxgaiq gwn, ok gyaeq. Gij noh de oiq hom ndei
gwn, vih feihdauh de youh biz youh ndei gwn cix mizmingz dangqmaz. Dwg doengh duzbya
youq lajdaej dah de, sibgvenq ngigraemx, ciengzseiz ngigriuz hwnj bae, yienghneix vunz couh
naeuz "dan hwnj raemx, mbouj roengz raemx", cwng de guh "bya mboujdoek". Cungj bya
neix 3 bi cij ndaej maj 6 gaen doxhwnj, duz ciengzseiz raen de cungj dwg 6 gaen doxroengz,
sojlaiz youh cwng "byamuedroek".

明朝嘉靖元年（1522年）, 王济来到横州（今广西横县）任知州, 其所著《君子堂日询手镜》
记载, 横州"江河间鱼亦不少, 其品与吴、浙所产不同。一种名谷鱼, 类鲶与鲍, 味亦肥美。余甚
爱之。又一种名钩鱼, 状类鳖, 身少扁, 其唇甚长, 垂下数寸, 味皆在此。又有一种名竹鱼, 其色
如竹, 青翠可爱, 味亦佳。鲂鱼极多, 甚美, 有重十斤者"。李时珍《本草纲目》卷四四也说,
竹鱼"出桂林湘、漓诸水中, 状如青鱼, 大而少骨刺, 色如竹色, 青翠可爱, 鳞下有斑点, 味如
鳜鱼肉, 为广南珍品" "嘉鱼甚肥美, 众鱼莫可比"。学名岩鲮的没六鱼产于果德县（今广西平
果县）驮岭村一岩洞内。它呈长筒形, 侧略扁, 头形钝, 较身小, 顶稍突出, 口大, 下唇发达,
背青黑, 腹白色, 大部分时间居于地下河中, 每年11月至翌年3月由洞口出右江觅食产卵。其肉嫩
味香, 以肥美可口而闻名遐迩。为江河底层鱼类, 性喜逆水, 常逆流而上, 于是人谓之"只上水,
不落水", 称为"没落鱼"。此鱼3年方可长6斤以上, 常见者大都是6斤以下的, 故又名为"没六
鱼"。

Mwh Suiz Dangz, cojgoeng Bouxcuengh doiq gij binjcungj ndei duzbya guh ganq ciengx,
yienghneix daeuj le engqgya yungzheih dwk ndaej, baenzneix daeuj muenxcuk gij aeuyungh
saedceij. Gvaqlaeng, gij cungqsim swnghcanj doenghduz ndaw raemx dah gaenq cugciemh
yiengq dajciengx cienjnod.

隋唐之际, 壮族先人对特种鱼类进行驯养, 以便更易获取, 满足生活之需。此后, 淡水渔业的
生产重心已逐渐向养殖业转移。

Ngeih. Cang lauz byafaen bienq ciennieb

二、鱼苗装捞的专业化

Mingz Cingh doxdaeuj, Cungguek gij saehnieb youq ndaw raemxcit dajciengx aeundaej caenh'itbouh fazcanj. Vih gaijgez byafaen vwndiz, youq giz ok byafaen de, okyienh gij vunz、hoh baenz bi caeuq ciuq geiqciet ciennieb roxnaeuz giemguh cang lauz byafaen ndaw dah de. Sihgyangh byafaen swnghcanj hwnghwnj, gij gveihmoz de sangbinjva、conhyezva ndaej caeuq Gyanghsih、Hozbwz doxbeij, guhbaenz Cungguek ciepswnj Cangzgyangh le youh miz aen gihdi swnghcanj byafaen ndeu.

明清以来，中国淡水养殖业获得进一步发展。为解决苗种问题，在鱼苗产区，出现常年性和季节性以江河鱼苗装捞专业和兼业的人、户。西江鱼苗生产的崛起，其商品化、专业化的规模堪与江西、湖北相匹敌，形成中国继长江之后又一个鱼苗生产基地。

Gij fazcanj Sihgyangh cang lauz byafaen miz song aen gaiduenh. Buenxriengz Mingzdai cunggeiz Gvangjdungh Nanzhaij baugvat Gauhmingz Bohsanh、Sundwz Lungzgyangh、Lungzsanh daengj dieg gij hong ciengx nonsei fazcanj hwnjdaeuj le cix youq ndaw daemz ciengx bya nem Mingzdai satbyai hwng youq aen daemz henz de ndaem gosangh haenx ciengx bya, daih'it gaiduenh aen cungsim cang lauz byafaen okyienh youq Gauhyau. Gaengawq Giz Daginh 《Gvangjdungh Sinhyij》gienj ngeih ngeih《Yizyangj》geiqloeg, Mingzdai mwh Hungzci（1488～1505 nienz）, cungjci Liuz Daya hwnj saw hawj baihgwnz: "Dawz gij sok song henz Sihgyangh, baihgwnz daengz Funghconh, baihlaj daengz Duhhanz, heuh comz gij beksingq Ciujgyangh yangh daeuj swngzbau guh sok dwk bya……gvaqlaeng cungjci Lingz Yinzyi…… dauqcungz hai Lozbangz doengzseiz cungj hamzmiz baihlaj gak mwnq sok dwk bya". Funghconh（seizneix Gvangjdungh Funghgaih）bak dah daengz Gauhmingz daengj dieg miz aen sok dwk bya 900 mwnq baenzneix lai. Sok dwk bya dwg giz cang lauz byafaen ndaw dah. Boux guh hangz neix de miz canghdwkbya "baenz bi cungj cienzbouh lauz byafaen", caemh miz hoh byava gaengawq geiqciet cujyau lauz byava de, binjcungj cujyau aeu dojlingz、byalienz、byaloz、byavanx "seiq cungj guh cingq". Cungj byaiyiengq neix, gaq le aen gwzgiz gvaqlaeng youq ndaw daemz ciengx gij binjcungj de. Ndaw daemz soj ciengx "cungjdwg aeu byafaen daeuj ciengx hung". Mwh gai byava de, ciengzmienh hoenghhwd raixcaix, "Ndawraemx gwnzhawq faen hangz, vunz aen fanh daeuj suenq, aencouq bya aeu cien daeuj suenq". Sanqbanh daengz "Daj gij singz mbanj song mwnq Yez, daengz Yicangh、Cuj、Minj mbouj miz giz mbouj daengz de". Cangh gai byafaen de canhcienz ndaej lai, miz gij vahsug "Canghseng'eiq Giujgyangh, byafaen guh daeuz；fwngz swix geq bya, fwngz gvaz geq cienz". Cienz gyauhyiz daih, riuzdoeng swnhrat. Gij vunz Nanzhaij Giujgyangh coengmingz de, gaemndaet seizgei guh seng'eiq, bae Gauhyau daengj dieg buenq yinh byafaen, muenxcuk dangdieg lienzbenq ciengx bya aeuyungh.

西江鱼苗装捞的发展有两个阶段。随着明代中叶广东南海包括高明坡山、顺德龙江、龙山等地蚕桑业发展起来的基塘养鱼及明末桑基鱼塘的兴盛，第一个阶段鱼苗装捞的中心出现在高要。据清代屈大均《广东新语》卷二二《鱼饷》载，明弘治年间（1488～1505年），总制刘大夏上书："将西江两岸河阜，上自封川，下至都含，召九江乡民承为鱼阜……其后总制凌云翼……复开罗旁并都含下诸处鱼阜"。封川（今广东封开）江口至高明等地鱼阜有900所之多。鱼阜是江河鱼苗的装捞点。从业者既有"经岁多殚力鱼苗"的渔户，也有季节性的以捞鱼花为业的鱼花户，品种以土鲮、鲢、鳙（鳙）、草"四种为正"。这种趋势，形成了此后池养品种的格局，池之所养"皆以鱼秧长之"。鱼花销售季节，场景十分壮观，"水陆分行，人以万计，筐以数千计"。辐射地域"自两粤郡邑，至于豫章、楚、闽无不之也"。鱼苗贩子盈利丰厚，有"九江估客，鱼种为先；左手数鱼，右手数钱"之谚。交易额大，流通顺畅。精明的南海九江人，紧紧抓住商机，到高要等地贩运鱼苗，满足当地连片养鱼的需要。

（It）Gij gisuz gingniemh cang lauz byafaen Sihgyangh

（一）西江鱼苗装捞的技术经验

（1）Giz canj byafaen caeuq gij caetliengh de miz gvanhaeh gig daih. Sihgyangh gak diuzdah soj canj, gij Liuj、Ging（seizneix Gvangjsih Yizcouh）ceiq ndei, Nanzningz haemq yaez, Yi、Gvei youh engq yaez, Fu、Ho youh caiq engqgya yaez. Bwzgyangh dingzlai dwg raemx rinhoi, byava iqet hoj ciengx. Baihgwnz Sihgyangh soj canj youh mbouj ndaej gib baihlaj soj canj, mwh de naeuz "byafaen baihlaj bya dahgwnz" "Bya baihgwnz cuengq byava laj". Giz Cuj（Huzbwz）soj ok gij byafaen, mbouj deng gij vunz Giz cuj yawjnaek, gij yienzaen de dwg "byafaen giz Yez yungzheih hungmaj".

（1）鱼苗产地与其质量有很大关系。西江各江所产，以柳、庆江（今广西宜州）为上，南宁次之，郁、桂江又次之，富、贺江又次之。北江多石灰水，鱼花瘦小难养。西江上游所产又不及下游所产，时称"下游鱼花上流鱼""上游鱼放下江花"。楚地（湖北）所产鱼花，不为楚人所重，究其原因，是"粤之鱼花易长也"。

（2）Cazyawj gij ciudouz fatseng byafaen. Cingmingz gvaq le mwh daengngoenz doek roengzbae, yawj gizlawz giz byai byajmyig sang, couh rox gizde mbouj miz fwn, diuzdah gizhaenx raemx mbouj hwnj; mwh gizlawz giz byai byajmyig daemq, couh rox gizde miz fwn, gizhaenx raemxdah hwnj, raemxdah hwnj couh miz byafaen moux cungj bya yaek daengz. Moixbaez roebdaengz fwn doek byajraez hung, duzbya hamz gyaeq couh swnh raemxriuz fouz roengzma, "daengz giz Donhcouh（seizneix Gvangjdungh Cauging）hainduj fonh gyaeq". Mwh de, canghbya ciengzseiz, haemh haenx yawj gij byajmyig baihsae, couh rox byafaen daj diuzdah lawz daeuj, seizlawz daengz. Liuj、Ging gvaq song sam cib ngoenz, Nanzningz cix ngeihcib ngoenz、cibhaj ngoenz, gizyawz vaiq menh cungj mbouj doengz. Danghnaeuz byajmyig gyae, couh rox raemxrongzgvaq mbouj daeuj. Diuzdah mbouj doengz byafaen cungjloih caemh mbouj doengz. Baih saenamz Cungzcoj Cojgyangh dojlingz lai, giz baihsae Baksaek You'gyangh

byalienz lai. Sihgyangh giz Gveilinz Fujgyangh（Lizgyangh）byavanx lai.

（2）鱼花发生先兆的观察。清明后日落之时，望某方电脚（闪电的末梢）高，则知某方无雨，某江之水不涨；某方电脚低时，则知某方有雨，某方江水涨，涨则某类鱼花即至。每遇雷雨大作，鱼孕卵乘浮流下，"至端州（今广东肇庆）境内始出子"。其时，长年渔户，当夜分西望电光，即知鱼苗来自何江，何时到达。柳、庆江越三两旬，南宁则两旬、旬半，其余快慢有差。如电光远，则知过陡门不来。鱼苗种类因江河而异。西南方崇左左江多土鲮，正西的百色右江多鳙（鲢），西江的桂林府江（漓江）多草鱼。

（3）Seizlawz cang lauz byafaen、hongdawz caeuq baenzlawz faenbied cungjloih byafaen. Mwh aeu byafaen, daj yaemlig sam nyied daengz bet nyied. Mwh aeu de, aeu baengz ndaij guh fan saeng, giz byai saeng dwg aen loz faex cix mbouj miz daej, ndeu, dingz ndeu youq gwnzraemx. Byafaen daj fan saeng haeuj daengz ndaw loz, couh daek haeuj ndaw ruz. Fan saeng lumj fan riepsoemq, naek gouj liengx. caengz baihrog congh cax, yungh baengz seiqcib ciengh；caengz baihndaw deih, aeu ciengh baengz ndeu guh. Ciengzseiz nda sok youq giz vangungx diuzdah. Aen sok hung cuengq loz 80～90 aen, sok iq cuengq 10～20 aen. Leihyungh gij daegdiemj duzbya mbouj doengz youq caengz raemx mbouj doengz daeuj faenloih byafaen. Gij fuengfap de, dawz byafaen cang youq ndaw bat gangvax bieg, duz fouz youq caengz baihgwnz de dwg byaloz, caengz cungqgyang dwg byalienz, caengz baihlaj dwg byavanx, caengz lajdaej dwg byalingz.

（3）鱼花装捞时间、器具和鱼苗种类的分辨。取鱼花，自农历三月至八月。取时，以苎布为罾，罾尾为一木筐而无底，半底水上。鱼花从罾入至筐，乃杓于船中。罾之状如覆斗帐，九两重。外重疏，以布四十丈，内重密，以布一丈为之。通常设步（埠）于江水湾环之所。大步置筐80～90个，小步10～20个。利用不同鱼类处不同水层的特性来进行鱼苗分类。其法，将鱼苗盛于白瓷盆，浮于上层者为鳙鱼，中层为鲢鱼，下层为鲩，底层为鲮。

（4）Yinh caeuq gai. Duz gai bae giz gaenh hab aeu duz haemq hung, duz gai bae giz gyae hab aeu duz haemq iq. Gwnzroen gueng raemxhaeux caeuq gyaeqbit henj, moix ngoenz vuenh raemx geij baez. Aeu ruz daeuj yinh, henz ruz cuengq song aen ciraemx, hwnzngoenz cienq raemx, hawj raemx moq haeuj ndaw ruz daeuj, raemx gaeuq mbouj ndaej louz, ndaej hawj duz byafaen mbouj fat bingh. Byafaen byaloz、byalienz, aenvih de yungzheih hung youh mbouj deng nywj lai, gyaqcienz gai haemq sang, byafaen byavanx gyaqcienz haemq cienh. Cungj gyaqcienz cengca neix, fanjyingj le Gvangjdungh Gvangjsih song dieg aeu daemz ciengx bya dwg vunz langh mbwn ciengx、guenjleix mbouj ndaet cungj canggvang neix.

（4）运输与发售。卖往近处者宜稍大，往远处者宜稍小。途中喂以米汤和鸭蛋黄，每天数易以生水。用船运输，船旁置两水车，昼夜转水，使新水进舱，旧水不留，可保鱼苗不致发病。鳙、鲢两苗，因其易长又不费草，售价较高，鲩苗价贱。这种价格差，反映了两广池塘养鱼人放天养、管理粗放的状况。

Byafaen Sihgyangh youhlai youh ndei, Cinghcauz mwh Gvanghsi（1875～1908 nienz）, canghbyafaen gaemdawz gisuz de caeuq giz cang lauz byafaen Sihgyangh de cugciemh gyad daengz ndaw Gvangjsih aeu Canghngcuz guh cungsim de, hainduj le cang lauz byafaeu Sihgyangh aen gaiduenh daihngeih. Gvaqlaeng daengz 20 sigij 20 nienzdaih satbyai, Gvangjsih Gvangjdungh hoenxciengq deih lai, gij hong cang lauz byafaen Sihgyangh cawq youq aen cangdai dingzyouq, mbouj miz gijmaz fazcanj. 30 nienzdaih doxdaeuj youh gigvaiq fazcanj baenz aen saednieb hung yingjyangj gozminz ginghci giz Bouxcuengh ndeu. Ndaw Gvangjsih sengj engqlij miz le canghbyafaen cujyau dwg vunz Bouxcuengh giz Sangswh, cienmonz buenqgai byafaen.

西江鱼苗量多质优，清光绪年间（1875～1908年），掌握技艺的鱼花户及装捞西江鱼苗的地点逐渐转移到以苍梧为中心的广西境内，开始了西江鱼苗装捞的第二阶段。此后到20世纪20年代末，两广战争频起，西江鱼苗装捞处于停顿状态，无以发展。30年代以后又迅速发展成为影响壮乡国民经济的一大实业。广西省内甚至有了以上思县壮人为主的鱼苗客，专门从事鱼苗贩运。

（Ngeih）Mbe'gvangq gij swnghcanj hoenggan cang lauz byafaen Sihgyangh caeuq daezsang swnghcanj gisuz

（二）西江鱼苗装捞生产空间的拓展和生产技术的提高

Giz Bouxcuengh gij hong cang lauz byafaen daengz 20 sigij 30 nienzdaih lij suenq fatdad, hoenx Yizbwnj bauqfat le daengz 1949 nienz youh loemqhaeuj dingzyouq. Hoeng, Sihgyangh byafaen dienyienz cang lauz swnghcanj, doiq giz song Gvangj youq ndaw daemz ciengx bya fazveih le cozyung youqgaenj youh cizciz, gij yingjyangj de nangqdaengz baihbaek caeuq baihsaenamz Hajlingj, engqlij daengz Daizvanh caeuq Nanzyangz daengj dieg. Gvangjsih giz Bouxcuengh faenbouh cizcungh de, cang lauz byafaen dangguh ginghci lajmbanj gij soujduenh boujhawj youqgaenj, gij canjliengh byafaen ngamqngamq noix gvaq Cangzgyangh, gij nungzhu aeu de guh saehnieb de miz cien hoh baenzneix lai. Aeu Cangzcouh Canghvuz guh aen cungsim de, ndawde Cojgyangh You'gyangh、Genzgyangh、Yi'gyangh caeuq Sinzgyangh gak diuzdah caemq nga cihliuz gyoengqde cungj miz byafaen canjok, daegbied dwg Sinzgyangh、Yi'gyangh song diuz dah neix haemq miz haemq maed. Daengx sengj miz loq mbanj lauz byafaen 109 aen, sok byafaen 911 giz, canghbyafaen 1171 hoh, gij vunzsoq guh cungj hong neix 4000 lai boux, moix bi canj byafaen 80 ik～90 ik duz. Canj byalingz haemq lai, ciemq cungj canj 70% doxhwnj, byavanx ciemq 27%～28%, hoeng gij byafaen byalienz、byaloz siugai soqliengh ceiq daih de ngamq ciemq daengz 0.4%. Gak mwnq soj canj, itbuen cungj miz giz dieg siugai cienzdoengj, cawz siu bae gak aen yienh gaenh giz dieg canj de okdaeuj, caemh siu bae Denh、Genz、Yez、Minj、Daizvanh caeuq Yeznanz、Nanzyangz daengj dieg. Mwh Minzgoz, conhyez gunghcozcej guh gvaq sam baez diucaz. Daih'it baez dwg Minzgoz 18 bi（1929 nienz）, youz Gvangjdungh sengj suijcanj siyencangz Cinz Cinhsou ciepsouh minghlingh youq Gvangjdungh Cauging guh, mbouj nangqdaengz Gvangjsih. Daihngeih baez dwg Minzgoz 21 bi（1932 nienz）, Gvangjdungh

sengj gensezdingh nungzlinzgiz Linz Suhyenz daj Gvangjdungh daeuj Gvangjsih, daj Cauging ginggvaq Cangzcouh、Davangzgyangh、Sizcuij、Gveibingz、Gveiyen（seizneix dwg Gveigangj si）、Hwngzcouh、Yungjcunz（seizneix Hwngzyen）daengz Nanzningz, byaij le song ndwen. Daihsam baez youq Minzgoz 23 bi（1934 nienz）, Gvangjsih sengj dungjgigiz Cangh Cinminz gohcangj cujciz, youz Liuz Senh daengj 3 boux, riengz Nanzningz、Hwngzyen、Gveiyen、Gveibingz、Bingznanz、Dwngzyen、Vuzcouh bae, caiq daengz Hwngzyen、Yungjcunz、Yunghningz、Fuznanz（seizneix Fuzsuih yienh）、Cungzsan（seizneix Cungzcoj yienh）guh. Song baez diucaz baihlaeng neix, diucaz baugau doiq byafaen Sihgyangh gij diuzgienh canjseng、youq ndaw Gvangjsih baenzlawz faenbouh daengj lai aen ciendaez miz nyinhrox mingzbeg, swhliu ciengzsaeq caensaed gauqndaej. Gij cingzgvang vwnzyen soj fanjying de, cujyau daj gij sizcen gingniemh geij daih vunz Bouxcuengh guh hangz bya soj ndaej haenx daeuj.

壮族地区鱼苗装捞业在20世纪30年代尚称发达，抗日战争爆发后到1949年又一度陷入停顿。但是，西江天然鱼苗的装捞生产，对两广的池塘养鱼发挥着重要而积极的作用，其影响波及五岭之北及西南，甚至南洋等地。壮族分布集中的广西，鱼苗装捞成为农村经济的重要补给手段，鱼苗产量仅次于长江，以其为业的农户有千户之多。以苍梧的长洲为中心，境内的左右两江、黔江、郁江和浔江各江及其支流均有鱼苗产出，尤以浔、郁两江较密集。全省有鱼花村109个，鱼埠911处，鱼花户1171户，从业人数4000多人，年产鱼苗80亿～90亿尾。以鲮苗所产居多，占总产量的70%以上，鲩苗占27%～28%，而销售量最大的鲢、鳙苗产量只占到0.4%。各地所产，一般都有传统的销售地，除销往产地邻近各县外，还销往云南、贵州、广东、福建、台湾，以及越南、南洋等地。民国期间，专业工作者曾进行过三次调查。首次是民国十八年（1929年），广东省水产试验场陈椿寿奉命在广东肇庆进行，不涉及广西。第二次在民国二十一年（1932年），广东省建设厅农林局林书颜由粤来桂，从肇庆经长洲、大湟江、石咀、桂平、贵县（今贵港市）、横州、永淳（今横县）抵南宁，历时两月。第三次于民国二十三年（1934年），广西省统计局张俊民科长主持，由刘宣等3人，循南宁、横县、贵县、桂平、平南、藤县、梧州，再抵横县、永淳、邕宁、扶南（今扶绥县）、崇善（今崇左县）进行。后两次调查，调查报告对西江鱼苗产生的条件、在广西境内的分布等诸多专题有明确的认识，资料翔实可靠。文献所反映的情况，主要源自壮族几代人对渔业的实践经验。

（1）Byafaen canjseng caeuq gij faenbouh de.

（1）鱼花的产生及其分布。

Liuz Senh daengj vunz dawz duzbya meh cingzsug ndaej ok gyaeq de cwng yizcinh（dangdaih dawz duzbya boux、coh hung cingzsug de cungj cwng cinhyiz, faen duzboux duzcoh）, dingzlai dwg youq mwh seizcin satbyai ok gyaeq. Danghnaeuz roebdaengz mwh mbwnrengx, raemxdah mbouj hwnj lai, ndaw raemx youh mbouj miz nywj guh giz ndaej hawj duzbya meh ok gyaeq de, yienghhaenx gij seizgan yizcinh ok gyaeq couh doinguh, couhcinj ok gyaeq le caemh mbouj ndaej fag ok. Byafaen ciengzseiz dwg youq ciet cingmingz gonq laeng, mizseiz yaek doinguh daengz goekhawx、laebhah gvaqlaeng raemxdah hwnj le sam seiq ngoenz cij miz okdaeuj, doengzseiz youq mwh raemxdah hwnj ndaej beij bingzseiz sang gvaq 2～3 cik doxhwnj（Cauging aeu sang gvaq 7 ~ 8 cik doxhwnj）dwg mwh ceiq hwng. Raemx Sihgyangh hwnj roengz dwg yawj giz baihgwnz giz fwn doek maedcaed de fwn geijlai daeuj dingh. Duenh raemxdah doiq Sihgyangh raemx hwnj roengz mbouj miz yingjyangj de bietdingh mbouj miz byafaen, cungjsuenq miz, caemh dandan dwg gij byafaen geq cungj bya siujsoq labcab de. Baihlaj Sihgyangh mwh hainduj rauz de haemq caeux, mizseiz baihlaj raemx hwnj doiq baihgwnz bingq mbouj miz yingjyangj. Lumjbaenz rangh Genzgyangh fwn lai, baihlaj Gveibingz raemxdah hwnj, hoeng baihgwnz Gveibingz gak duenh raemxdah mbouj bienq. Sojlaiz, mizseiz baihlaj Gveibingz gaenq miz byaceh, hoeng baihgwnz gak mwnq cix caengz raen miz.

刘宣等人把性腺成熟且能产卵的母鱼称为鱼亲（现代将成熟鱼类的父本、母本统称为亲鱼，有雌雄之分），鱼亲多在春末时节产卵。如遇天气干旱，河水不能泛涨，水中又无水草供鱼亲产卵场地之时，则鱼亲产卵时间延迟，纵使产卵也不能孵化。鱼花通常是在清明节前后，有时要延迟到谷雨、立夏江水泛涨后三四天才能产生，河水潦涨比平时高出2~3尺以上（肇庆要高出7~8尺以上）为最盛期。西江江水涨落视上游集雨区雨量多少而定。对西江涨落无影响的江段必无鱼花，纵有，亦仅为少数杂鱼的老鱼花。西江下游开捞期较早，有时下游上涨对上游并无影响。如黔江一带多雨，桂平以下河水泛涨，而桂平以上各段河水如常。因此，有时桂平以下已有鱼花，而上段各处却未见有。

Cungjloih byafaen maqhuz lai. Linz Suhyenz diucaz faen 12 goh 49 cungj. Gij baugau Liuz Senh daengj vunz cijmiz 39 cungj. Gvangjsih duzbya ciengx ndaw daemz de miz byalingz、byalienzloz、byalienz、byavanx、byaleix caeuq byacaek 6 cungj, ndawde byaleix、byacaek song cungj neix ndaej gag youq ndaw daemz ok gyaea, soj gai byafaen dandan miz byalingz、byaloz、byalienz、byavanx 4 cungj. Byafaen duz byalienz ndawde coulienz（duz byalienz miz aen bop ndeu）、byafaen duz byalingz ndawde byalingz heu dwg cungj yaez. Mwh cang lauz ciengzseiz dwg byafaen duz byavanx okyienh caeux, gaenlaeng dwg byalienz, hoeng byaloz、byalingz caeuq byavanx ciengzseiz doxgyaux dwk daeuj. Coulingz dwg duz byafaen byalingz youq laebcou gonq laeng daeuj.

鱼花的种类颇多。林书颜调查分属12科49种。刘宣等人的报告只有39种。广西池塘养鱼类有鲮、鳙、鲢、鲩、鲤及鲫6种，其中鲤、鲫两种可在池塘中自行孵育，因此所售鱼苗只是鲮、鳙、鲢、鲩4种。鲢苗中的秋鲢（单鳔鲢）、鲮苗中的竹叶鲮为劣种。装捞季节中常以鲩苗出现为早，继之为鲢，而鳙、鲮及鲩常混杂而来。秋鲮为立秋前后的鲮苗。

Sihgyangh daj Ganhcuzdanh hainduj, ginggvaq Sanhsuij yienh cigdaengz Nanzningz cungj miz byafaen, hoeng aenvih dieg sang daemq caeuq raemx gaenj menh engqlij raemxdah lai noix mboujdoengz, byafaen canjliengh lai noix gig mbouj doengz. Canghbyaceh yungh cungj fuengfap cazyawj byajmyig, doiq canjseng byaceh caeuq ngoenzlawz daengz guh buenqduenh. Gij fuengfap de caeuq《Gvangjdungh Sinhyij》soj gangj doxlumj.

西江自甘竹滩起，经三水县直达南宁均有鱼苗，但因为地势高低及水流缓急，乃至江水流量大小不同，鱼花产量的多少极为悬殊。鱼花户以观测雷电的方法，对鱼花的产生及到达时日进行判

断。其法与《广东新语》所说相似。

Gvangjsih gak diuz dah gag miz byafaen cungj ndei. Cojgyangh hi diuz Sunghgizhoz
（Muzmajhoz）miz byalingz lai；Lozsuijgyangh（Hwzsuij roxnaeuz cwng Cungzsanhoz）canj
byalienz bop dog lai；Mingzgyangh canj byalienz、byaloz lai；Lungzcouh daengz Cungzsang
Cojyangh canj byavanx bak soem lai. You'gyangh hi duenh dah baihgwnz Baksaek canj byalingz；
baihlaj canj byalienz bop dog、byaloz caeuq byavanx gyaeuj bingz lai；Vujmingzhoz canj byavanx
lai. Genzgyangh hi diuz Liujgyangh canj byalienz、byaloz lai；Banzgyangh canj byalingz、byavanx
lai. Yi'gyangh hi diuz Bazcizgyangh canj byalingz、byalienz、byaloz, ndawde byafaen byalingz
daihgaiq dwg byalienz、byaloz gouj boix；Ganhdangzhih canj cingqlingz caeuq byalingz dahoengz
lai；Cinghsuijhih canj byalingz；Bingzdangzhih canj byalingz、byavanx caeuq byalienz、
byalienzloz, byalingz ceiq lai, daihngeih dwg byavanx, byalienz byaloz ceiq noix；Niuzluzhih
canj cingqlingz caeuq byalingz dahoengz lai；Mijbuhih canj byaleix. Sinzgyangh hi diuz Gihcuzhih
canj byalingz lai；Mungzgyanghhoz canj byalingz lai, daihngeih dwg byavanx, byalienz、byaloz
ceiq noix.

广西境内各江河各自有鱼苗的优势种群。左江系的松吉河（木马河）多产鲮；罗水江（黑水或
称崇善河）多产单鳔鲢；明江多产鲢、鳙；龙州至崇善左江多产尖嘴鲩。右江系的百色以上江段产
鲮；其下多产单鳔鲢、鳙及平头鲩；武鸣河多产鲩。黔江系的柳江多产鲢、鳙；盘江多产鲮、鲩。
郁江系的八尺江产鲮、鲢、鳙，其中鲮苗约九倍于鲢、鳙；甘棠溪产正鲮及赤眼鲮为多；清水溪产
鲮；平塘溪产鲮、鲩、鲢、鳙，以鲮为最多，鲩次之，鲢、鳙最少；牛芦溪产正鲮及赤眼鲮为多；
米埠溪产鲤。浔江系的鸡竹溪多产鲮；蒙江河多产鲮，鲩次之，鲢、鳙极少。

（2）Cang lauz byafaen.
（2）鱼花的装捞。

Gij hongdawz cang lauz byafaen daihgaiq miz 13 cungj：
鱼花装捞的工具约有13种：

①Gaq. Miz cungj genjdan caeuq cungj fukcab song cungj. Rangh Cauging daengz Dwzging
aenvih diuz fai haemq sang, yungh cungj fukcab；rangh Cangzcouh daengz Nanzningz cix
dwg cungj genjdanh. Aeu 3 diuz samoeg raez saek ciengh song ciengh de, faenbied guh
donghsaeu、caengh、cengj, caemh ndaej yungh diuz faexcuk hung 2~3 conq de daeuj guh,
diuz caengh de couh aeu 6~12 diuz faexcuk doxgap baenz, cungjgungh raez 5~6 ciengh. Gwnz
caengh ndaej venj 8~12 aen saez. Moix aen caengh iet vang haeuj ndaw dah caeuq gwnzhamq
baenz aen ciggak, gyaeuj ndeu cug youq gwnz donghsaeu, lingh gyaeuj cix aeu diuz cagnyangj
roxnaeuz caggvang raez ngeih sam cib ciengh de ciep diuz donghsaeu gwnz hamq（doz 3-1-5）.

①架。有筒式和繁式两种。肇庆至德庆一带因堤岸较高，采用繁式架；长洲至南宁一带则采用
筒式架。取长一两丈的杉木3条，分别为栋、称、撑，也可用直径2~3寸的大竹制作，其称则合竹
6~12支而成，总长约5~6丈。称上可挂8~12个鱼笋。每称横伸河面与岸成直角，一端系于栋上，

另一端则用长二三十丈的草缆或拉缆连接于岸上木桩（图3-1-5）。

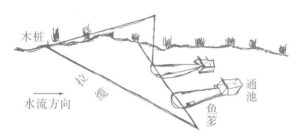

Doz 3-1-5   Aen do rangh Cangzcouh caeuq gij doz ancang
图3-1-5   长洲一带之鱼笒及其装设示意图

② Aen do（doz 3-1-6），gij hongdawz youqgaenj cuengq youq henz dah lauz byafaen de. Byafaen swnh raemx lae haeuj, gvaqlaeng daengz dunghciz. miz faexcuk、baengz song cungj. Cangzcouh caeuq Dwngzyen、Bingznanz daengj dieg yungh do duk lai. Do baengz aeu baengzmaz roxnaeuz baengzsa guh, caemh miz aen aeu baengzsei guh. Baihgwnz Bingznanz Gveibingz、Gveigangj si cwngzgih、Hwngzyen、Yunghningz、Fuzsuij、Gyanghcouh daengj dieg yungh cungj neix lai. Baengz moq ciengzseiz aeu lwed mou roxnaeuz ieng lwgndae, Cauging aeu naeng gofaex youzgam nyumx song baez, cuengq haeuj ndaw aen caengq daegbied de naengj baez ndeu couh ndaej naihyungh.

②花笒（图3-1-6），置于河边捞鱼花的重要工具。鱼花顺水流入，后达通池。有竹、布两种花笒。长洲及藤县、平南等地多用竹笒。布笒以麻布或纱布制成，亦有用丝布制作。平南以上桂平、贵港市城区、横县、邕宁、扶绥、江州等处多用此类。新布常用猪血或柿果汁，肇庆用油柑树皮染两次和置于特制的蒸笼内蒸一次则可经久耐用。

③Dunghciz. Ciep giz lajdaej aen do, yungh daeuj caeng byafaen, Cauging cwng cizcaij.

③通池。连接于花笒之后，用于装鱼花，肇庆称池仔。

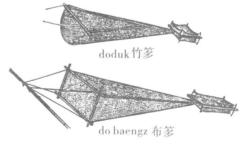

doduk竹笒

do baengz 布笒

Doz 3-1-6   Aen do
图3-1-6   鱼花笒

④Lauz mbaek. Yungh daeuj senj byafaen. Aeu baengzfaiq roxnaeuz baengzmaz guh.

④捞缴。转移鱼花之用。用棉布或麻布制作。

⑤Aencouq. Yungh daeuj cang byafaen le dajyinh.

⑤鱼注。用以装盛鱼花便于运输。

⑥Mungzciz. Goucau caeuq dunghciz doxdoengz, seiqhenz caemh cang miz aen doengzfouz, loq seiqfueng, raez 4～5 cik, gvangq 3.2～5 cik, laeg 2～4 cik. Aeu sei roxnaeuz baengzfaiq mbang daeuj guh, yungh youq ndaw dah camhseiz gvaengh ciengx byaceh. Yungjcunz、Nanzningz daengj dieg dingzlai aeu aen dunghciz henz de mbouj miz congh haenx daeuj dingjlawh. Linghvaih, rangh Cangzcouh mwh ciengx byaceh buenq ndwen, ciengzseiz aeu duk daeuj guh, gij yienghceij、hung'iq caeuq yizcu doxlumj.

⑥盟池。构造与通池相同，四旁亦装有浮筒，略呈方形，长4～5尺，宽3.2～5尺，深2～4尺。用丝或疏棉布制作，用于在河中暂时畜养鱼花。永淳、南宁等处多以无侧孔的通池代用。另外，长洲一带饲养半月花时，盟池常用竹篾制成，其形状、大小与鱼注相似。

⑦Aen daemz byafaen. Faenbied yungh daeuj cawqleix gij byafaen gveihgwz mboujdoengz de. Miz daemz（douzmizciz）、daemz sam sa（wmizciz）caeuq daemz hung（sanhmizciz）3 cungj.

⑦鱼花池。分别用来处理不同规格的鱼花。有池（头密池）、三沙池（二密池）和大池（三密池）3种。

⑧Deb. Yungh daeuj faenbied gij cungjloih byafaen caeuq geiqsoq. Aeu faex、gangvax guhbaenz.

⑧碟。用来鉴别鱼花种类和计数。用木、瓷制成。

⑨Dingj、saz. Yungh daeuj roengzraemx、lauz byafaen doz vunz caeuq doxgaiq. Rangh Cangzcouh youh cigciep youq ndaw cangruz roxnaeuz gwnz ruz bu benj dap bungz, aeu cag loet cug youq gwnzhamq giem guh aen bungz yawj souj. Rangh Hwngzyen、Yungjcunz、Yunghningz yungh saz lai.

⑨艇、筏。用来下水、捞鱼花时载人和物。长洲一带又直接在艇舱或艇面敷板搭棚，以粗缆系岸上兼作看守棚。横县、永淳、邕宁一带多用筏。

⑩Aen raeng（doz 3-1-7）. Yungh daeuj faenbied gij byafaen gveihgwz mbouj doengz de caeuq dawz okbya cab.

⑩筛（图3-1-7）。用来区分不同规格的鱼花和除野杂鱼之用。

⑪Buenz. Mwh geq soq byafaen de yungh. Ciengzseiz dwg buenz vax, laeg 0.5 cik、gvangq 0.8 cik de.

⑪盆。鱼花计数时用。通常是深0.5尺、径0.8尺的瓦盆。

⑫Aen loz rap bya. Gij hongdawz mwh yinh byafaen yungh daeuj cang byafaen de. Lumj aen doengj raez, bak gaeb gvaq daej, aeu duk guh. Gwnz hojceh caeuq gwnz ruz yungh aen loz duk hung de miz hung miz iq, aen hung de laeg 2.5 cik, bak gvangq 3 cik, aen iq de gveihgwz mbouj doxdoengz.

⑫担鱼箩。搬运鱼花时的装载用具。呈长桶形，口小于底，竹制。火车或轮船上使用的担鱼箩有大小之分，大者深2.5尺，口宽3尺，小者规格不一。

⑬Reu. Daengj youq ndaw daemz byafaen aeu daeuj gek byafaen mbouj doengz cungjloih gvigek, aeu duk san baenz, moix gaiq raez 6 cik, sang 3.2 cik.

⑬竹笪。置于鱼花塘中用以分隔不同种类、规格的鱼花，竹片编成，每张长6尺，高3.2尺。

（3）Dajyinh.

（3）运输。

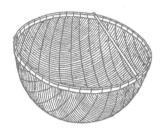

Doz 3-1-7　Aen raeng bya
图3-1-7　鱼筛

Yinh byafaen miz mbaq rap caeuq ruz yinh song cungj.

鱼苗的运输有肩挑和艇运两种。

Mbaq rap moix rap ndaej yinh byafaen 5 fanh duz, roxnaeuz duz byafaen ciengx ndaej buenq ndwen de 2 fanh duz, roxnaeuz duz byafaen ciengx ndaej ndwen ndeu de 0.7 fanh duz. Boux rap de aeu louzsim bibuengq diuz hwet、mbaq caeuq fwngz nem louzsim yamq roen yinzrubrub, hawj gij raemx ndaw doengj gik hwnj yubyab gvilwd, demgya yungzyangj, moix ngoenz byaij 50～60 leix. Haemhnaengz dingzyouq raix haeuj ndaw aen daemz mbouj biz mbouj byom de. Aeu aen yizdingj daegbied daeuj yinhsoengq, moix aen ruz ndaej yinh byaceh 500 fanh duz. Aeu ruz, couh gaij yungh aen loz hung, yaek aeu faex gap（aeu faex guhbaenz, baihlaj aeu 2 diuz faex camca le guh daej, gwnz de naep diuz faex daengj ndeu）mbouj dingz dwk gaenlaeng aen ruz danh cix youq ndaw loz moeb raemx. Moix loz daihgaiq cang raemx 106 swng, ndaej cang 3～4 fanh duz byafaen 8 faen.

肩挑每担可运鱼花5万尾，或半月花2万尾，或足月花0.7万尾。挑运者要注意腰、肩和手的摆动与行走步伐的匀称协调，使桶内水体激起有规律波动，以增加溶氧。日行50～60里，夜间停宿时倒入池置于肥瘦适中的池塘。用特制鱼艇运送，每艇可运海花500万尾。用车船，则改用大鱼箩，需以木檎（用木制成，下端用木2条制成交叉底座，上竖插1根木棍）不停地随船颠簸在箩内击水。每箩约盛水106升，可装载3万～4万尾8分苗。

（4）Giyi daegbied miz lajneix geij cungj:

（4）特色技艺有以下几种：

①Cungjloih caeuq cingzsaek caetliengh gamqbied. Hangh gisuz neix dwg goengsae byafaen cienzgeiz guh le cwkrom gingniemh ndaej daeuj, dwg ndaw swnghcanj hangh gisuz gig youqgaenj ndeu. Giz song Gvangj dwg gaengawq gij cingzgvang byafaen youq ndaw buenq gangvax hau swyouz riuzdoengh, gauq danoh cazyawj, gamqbied、buenqduenh caeuq faensik ok dwg cungj byaceh lawz、gij byaceh dij cienz de ciemq geijlaej beijlaeh caeuq daejcaet baenzlawzyiengh.

①种类及成色质量鉴别。此项技术是鱼苗师傅长期实践积累的经验，属生产中极为重要的技术之一。两广地区是根据鱼苗在白瓷盘中自由游动的情况，凭肉眼观察，做出属何种鱼苗、有经济价值的鱼苗所占的比例，以及体质的鉴别、判断和分析。

②Geiqsoq byafaen. Rangh Sihgyangh yungh doxgaiq daeuj geiqsueng caeuq gekhai geiqsueng song cungj fuengfap neix lai, daegbied dwg cungj fuengfap yungh gekhai daeuj geiqsueng yungh haemq lai. Geiqsoq byafaen nanzdoh haemq daih, mwh geiqsoq moix bouh cauhbaenz cengca, cungj yaek sawj cungjsoq cengca gig daih.

②鱼苗的计数。西江一带多采用容器计量和开间计数两种方法，尤以开间计数法较为常用。鱼苗的计数难度较大，计数过程中的每一个步骤可能造成的误差，都将导致总数的极大误差。

③Cawz ok byacab caeuq faenloih. Hangh gisuz neix caemh dwg swnghcanj byafaen hangh gisuz youqgaenj ndeu. Giz Bouxcuengh hangh gisuz neix, dwg cangh cienmonz lauz byafaen gij Danminz lauz daibyauj de cauh'ok, dan miz mbangj goengsae ndaej suglienh sawjyungh. Daengx aen gocwngz faen cingleix duzbya dai caeuq doxgaiq cab、raeng bya、bied va、gvet duz sauh seiq bouh neix daeuj guh. "Raeng bya" dwg gaengawq duz byafaen hung iq, leihyungh aen raeng mbouj doengz daeuj raeng duz byafaen labcab de. Aen raeng bya aeu diuz duk luenz ngaeuz ndei daeuj san, gaengawq congh raeng hung iq mbouj doengz, aeu "cauz" daeuj biujsiq gij hauhsoq aen raeng. Daj 1 cauz daengz 12 cauz dauq ndeu itgungh 24 aen. Ndawde 1～3 cauz caet aen, ndawgyang moix cauz gak miz 0.5 cauz caeuq 0.7 cauz aen ndeu; 3.5～11 cauz 16 aen, ndawgyang moix cauz gak miz aen 0.5 cauz ndeu doxgek; 11～12 cauz gak aen ndeu. "Bied va" dwg youq byafaen maedcaed cungj cingzgvang neix baihlaj, leihyungh gij daegdiemj gak loih byafaen youq mwh giepnoix yangjgi ndaej dingj seizgan mbouj doengz, sawj de gij seizgan "fouz gyaeuj" gonq laeng caemh mbouj doengz, "bied" ok byafaen cungjloih mbouj doengz de. Mwh cauhcoz youq ndaw loz hung cang buenq loz raemx, cuengq gij byafaen gyaux le byalingz、byalienz、byavanx、byalienzloz de 40～50 vanj, dingz cuengq daihgaiq 10 faencung, louzsim gwnzraemx raen gyaeuj bya miz di bop ndeu hwnjdaeuj caiq laebdaeb dawz byaceh bwed haeuj. Dinghdingh caj buenq faencung, duzbya cab youq caengz ceiq baihgwnz, byalienz、byaloz youq caengz baihgwnz, byavanx caeuq byalingz youq caengz baihlaj. Faen caengz aeu deb dawz byafaen cug di bwed ok, ciuq cungjloih mbouj doengz cuengq haeuj gak aen daemz, raemx yied laeg gij gyaiqhanh faencaengz couh yied faenmingz. "Gvet duz sauh" dwg daj byafaen ndaw byava dawz byalienz caeuq byaloz faenliz. Hangh gisuz neix nanzdoh engqgya daih. Gvet dangq daeuz dwg dawz duz byafaen ciengx youq ndaw ndieng de, leihyungh mbouj doengz cungjloih bya youq caengz raemx mbouj doengz cungj sibgvenq neix, youq ndaw daemz lauz gvet caengz baihgwnz laeg 2～3 conq, faen ok gij byafaen doxgyaux cienzbouh dwg byalienz、byaloz, lw ma dwg byafaen byavanx caeuq byafaen labcab. Hangh cauhcoz neix youq banhaemh haj dienz baedauq guh haemq lai. Mwh guh de song boux gak gaem diuz baengz gvet ndeu（diuz baengz maed raez gvangq daihgaiq dwg 3 cik × 4 cik）gyaeuj ndeu, gienj hwnj baenz 90 doh， riengz song henz daemz ciuq itdingh laegdoh gigvaiq gvet bae， caengzraemx baihgwnz 3 conq ndawde dwg byalienz、byaloz. Gvet seuq le， caiq gvet lai laeg 2～3 conq aeu duz byalingz caengz cungqgyang. Moix caengz raemx lai gvet geij baez， gij lw ma de cienzbouh dwg byavanx. Gij byafaen faen ok byavanx le lw ma cienzbouh dwg byalienz、byaloz， couh cuengq haeuj ndaw ndieng bae ciengx， gvaq le ngoenz ndeu caiq gvet duz sauh daihngeih baez， caenh'itbouh dawz byalienz、byaloz faenhai. Couh lumj gij fuengfap gwnzneix， youq ndaw daemz gvet caengz gwnz laeg conq buenq de， soj ndaej dwg loeglingz byalienz， gvet duz sauh daihngeih baez le caiq gvet sam seiq conq laeg， soj ndaej dwg byalienz、byaloz gak ciemq dingz ndeu， cwng ngeih ngaenz， mwhneix duz caem youq lajdaej de dwg loeglingz byaloz.

③除野杂鱼苗及分类。此项技术也属鱼苗生产中一项重要技术。壮族地区的此项技术，是以疍民为代表的鱼花专业户创造的，少数的师傅才能熟练地操作。全过程分清理死苗及杂物、筛鱼、撇花、刮鳝四个步骤进行。"筛鱼"是根据鱼苗个体大小，利用不同筛目的鱼筛去筛除野杂鱼苗之法。鱼筛用精细光滑的圆柱形竹条编成，据其筛孔大小不同，以"朝"来表示筛的号数。从1朝到12朝一套共24只。其中1～3朝7个，每朝之间各有0.5朝和0.7朝1个；3.5～11朝16个，每朝之间各有1个0.5朝相间；11～12朝各1个。"撇花"是在鱼苗密集的情况下，利用各类鱼苗对缺氧忍耐力的差异，根据其"浮头"时间先后不同的特点，"撇"出不同种类的鱼苗。操作时在大撇箩内盛水约半箩，放入鲮、鲢、鳙、鳙混合苗40～50碗，停放约10分钟，注意水面略现鱼头呈金星状时再将鱼苗陆续拨入。静候半分钟，杂鱼在水之最上层，鲢、鳙在上层，鳙及鲮在下层。然后分层用碟将鱼苗依次拨出，按不同种类放入各个池中，水愈深则层次界限愈为分明。"刮鳝"是从海花中将鲢苗与鳙苗分离。此项技术难度更大。刮头鳝是将放养于笪仔内的鱼苗，利用不同鱼类栖集于不同水层的习性，以池捞刮2～3寸水深的上层，分出纯鲢、鳙混合苗，所余为鳙苗及杂苗。此项操作多在傍晚5时左右进行。操作时两人各执篱巾（长宽约为3尺×4尺的平面密布）之一端，卷起使成之90°，沿池两旁按一定的深度迅速刮去，水面3寸以内的上层为鲢、鳙。刮净后，再刮加深2～3寸的中层鲮苗。每一水层多刮几次，剩余者全为鳙苗。分出鳙苗后的纯鲢、鳙苗放养于长笪仔内，一天后二鳝，进一步将鲢、鳙苗分开。即如上法，以池刮一寸半深的上层，所获为纯鲢苗，将刮二鳝后所剩再刮三四寸深，所获为鲢、鳙兼半，名为二银，此时沉于水底者则为纯鳙苗。

（5）Gak cungj mingzcoh caiq gya lai. Buenxriengz gyoengqvunz doiq byafaen nyinhrox mboujduenh haeujlaeg， youq byafaen aen coh cungjcwngh neix baihlaj youh miz haujlai cungj coh gaen bengx. Gvenqlaeh， duz byalwg ngamqngamq daj ndaw dah lauz hwnj mbouj daengz ndwen ndeu de cwng byava， 1～6 ndwen， roxnaeuz aen ndang raez 4～5 conq de cwng byacungj. Linz Suhyenz cwng duz fag ok daeuj caengz rim ndwen ndeu aen ndang raez mbouj miz roek caet faen de cwng byava， aen ndang raez mbouj daengz haj conq de cwng byalwg， haj conq doxhwnj cwng bya hung. Gaengawq yienghneix， byava couh ceij byafaen iq. Liuz Senh daengj vunz cwng， byava ceij duzbya iqet. Liu Cunhvaz naeuz， ciuq gij sibgvenq song Gvangj， byafaen， dandan ceij duz byalwg duz byavanx、byalingz、byaloz、byaleix daengj ciengx youq ndaw daemz de. Cawzliux gijneix cungj ndaej yawj dwg "cwx". Lumj gwnzneix soj gangj， gijneix dwg gij

binjcungj ciengx youq ndaw daemz de gaengawq sibgvenq mboujdoengz cix dinghyiengq genjaeu ndaej daeuj, byacab mbouj dwg gij sibgvenq song Gvangj yawjnaek. linghvaih gaengawq gij gvenqlaeh hangz byafaen, duz byalwg ngamqngamq daj ndaw dah lauz hwnj de cwng haijvah, gyaeng ciengx 2 cou aenndang raez daihgaiq 5 faen de cwng va buenq ndwen, ciengx 4 cou ndaej doenggvaq 5～6 cauz raeng gvaq le, raez 8～9 faen de, engqlij ndaej deuz gvaq 7～8 cauz raeng de cwng dinghndwen, caemh miz vunz cwng duzbya fag ok ndaej ndwen ndeu baedauq de cwng vahcuk ndwen.

（5）种种称谓的再延伸。随着人们对鱼苗的认识不断深入，在鱼苗这一总称之下又出现了多种从属的称谓。按俗例，初由河中捞起至一个月内的稚鱼称鱼花，1～6月或体长4～5寸者称鱼种。林书颜称孵化后一月内体长六七分以内者称鱼花，体长五寸以下称鱼苗，五寸以上称大鱼。据此，鱼花即指小鱼苗。刘宣等人称，鱼花泛指幼小之鱼。廖椿华称，按两广习惯，鱼苗仅指池养的鲩、鲮、鳙、鲤等稚鱼而言。除此之外均视为"野"。诚如上述，这是池养品种根据不同时俗而定向选择的结果，鲭鱼并不为两广时俗推崇。另据鱼苗行的惯例，初由河中捞起的稚鱼为海花，畜养2周体长约5分者称半月花，畜养4周能通过5～6朝筛，长8～9分者，甚至能逃过7～8朝筛者称定月，也有称孵化后1个月左右者称足月花。

Giz Bouxcuengh cang lauz swnghcanj gij byafaen dienyienz ndaw dah, youq gwnz lizsij song Gvangj nungzyez ginghci fazcanj okyienh yieb ronghsadsad ndeu gvaq. Hoeng, gij canjliengh de lai noix souhdaengz gij swhyienz diuzgienh cujyau dwg dienheiq hanhhaed loq lai, doengzseiz gij binjcungj canjliengh lai de aeuyungh soqliengh mbouj lai, hoeng gij binjcungj aeuyungh soqliengh lai de canjliengh youh gig daemq. Aen mauzdun gung gouz neix caemh gig doedok. Gij cingzgvang hojnanz moq, naemjngeix haivat diuz roenloh moq bae ra raen giz goek aeu byafaen.

壮族地区江河天然鱼苗的装捞生产，在两广农业经济发展史上曾展现光彩的一页。然而，其产量的丰歉是由于受到以气候为主的自然条件的诸多因素制约，而且产量大的品种需求量不大，而需求量极大的品种又产量极低，这一供需矛盾也很突出。新的困境，壮乡人正酝酿着鱼苗品种来源新途径的开辟。

Sam. Ciengx byadah
三、淡水鱼类的养殖

Lingjnanz youq giz biengyae, caiqgya giz dah diz cumx suijswngh swhyenz fungfouq nem vunz youq noix, cojgoeng Bouxcuengh Lingjnanz Bouxyez vat daemz ciengx bya aiq beij Bouxyez giz Gyanghcez haemq laeng. Dangzdai Don Gunghlu《Bwzhu Loeg》geiqloeg: "Vunz Nanzhaij gak aen gin, daengz bet gouj nyied youq ndaw daemz aeu gyaeq bya cuengq youq gwnz nywj, venj youq gwnz cauq oenq, saek ndwen couh ndaej lumj gyaeq duzgoep yienghhaenx. Dawz bae haw gai, heuh bya cungj. Ciengx youq ndaw daemz, bi ndeu ndaej gwn lo." Ndawde "Nanzhaij gak gin", gvangqlangh ceij Lingjnanz gak mwnq. Bouxsij《Bwzhu Loeg》dwg vunz Dangzcauz satbyai. Dangseiz, Lingjnanz gak mwnq miz daemz, gyoengqvunz youh sugrox aeu gyaeq bya doengzseiz dawz de venj youq "gwnz hoenz cauq" daeuj hawj raeuj le gvaq seiznit, daengz seizcin mwh gingcig dauq cuengq haeuj ndaw daemz coi cug. Gijneix dwg geij daih vunz damqra ndaej daeuj. Ndaej gangj, mwh Suiz Dangz, Bouxyez Lingjnanz gij gisuz ganq byafaen gaenq daiq miz gij yinhsu yinzgungh fatsanj.

岭南地区偏荒，加上江河沼泽地区水生资源丰富及居民稀少，壮族的先民岭南越人挖池修塘养鱼可能要比江浙越人晚。唐代段公路《北户录》记载："南海诸郡人，至八九月于池塘间采鱼子着草上，悬于灶烟间，旬月内如蛤蟆子状。鬻于市，号鱼种。育池塘间，一年内可供口腹也。"其中"南海诸郡"，泛指岭南各地。《北户录》的作者为晚唐时人。当时，岭南各地有池塘，人们又熟知采集鱼卵并将之悬挂于"灶烟上"以保暖越冬，至春来惊蛰时节复放入池塘催熟。这是几代人摸索的结果。可以说，隋唐之际，岭南越人的鱼苗繁育技术已带有人工繁殖因素。

Cojgoeng Bouxcuengh guh yinzgungh fatsanj duzbya, cawzliux ganq bya cungj daengj caeuq Vujlingj baihbaek gak cuz doxdoengz, caemh miz giz doedok lajneix:

壮族先民进行鱼类人工养殖，除鱼种培育等与五岭以北各族相同外，还有以下突出之处：

（1）Gij dajciengx dwg swnghdaisingq leihyungh gij swnghhoz sibgvenq duzbya fazveih cunghab yauqik de. Bouxvunz Dangzcauz Liuz Sinz gwnz《Lingjbyauj Luzyi》geiq: "Giz naz gwnzbya Sinh、Lungzcouh, genj biz diegfwz bingzrwdrwd de, aeu gvak vathai. Caj seizcin fwn doek, ndaw u caeng raemx, couh dawz duz byaceh byavanx vanq youq ndaw naz. Saek bi song bi le, duzbya hungmaj, gwn goekrag go'nywj liux, gawq dwg gaiq naz cingzsug ndeu, youh ndaej miz bya sou, daengz mwh ndaem naz youh mbouj miz govaeng. Gijneix dwg cungj fuengfap ceihleix beksingq ndei de." Ndaw faenzcieng soj gangj giz Sinhcouh、Lungzcouh, cungj youq seizneix Gvangjdungh sengj baihsaenamz, seizneix Sinhhingh yienh、Lozding yienh baihnamz. Dangzdai, seizneix Gvangjdungh sengj baihsae caeuq baihsaenamz, dwg giz boux Lijliuzyouq de. Liuz Sinz youq mwh Dangzcauhcungh guh Gvangjcouh Swhmaj gvaq, sugrox gij cingzgvang Lingjnanz gak mwnq. De geiqloeg Sinh、Lungz daengj couh Bouxliuz hai fwz gaij dieg, gijneix couhdwg cungj fuengfap swnghdaising dajciengx leihyungh duz byavanx gwn nywj cungj sibgvenq neix fazveih cunghab yauqik haenx.

（1）利用鱼类生活习性发挥综合效益的生态性饲养。唐人刘恂《岭表录异》卷上载："新、泷州山田，拣荒平处，以锄锹开町疃。伺春雨，丘中贮水，即将鲩子撒于田内。一二年后，鱼儿长大，食草根并尽，既为熟田，又收鱼利，及种稻且无稗草。乃齐民之上术也。"文中所说的新州、泷州，都在今广东省西南部新兴县、罗定县南。唐代，今广东省西部及西南部为俚僚人所居之地。刘恂在唐昭宗时曾出任广州司马，熟知岭南各地的情况。他记录了新、泷等州僚人利用鲩鱼以草为食的习性发挥综合效益的生态性饲养法。

Daj youq ndaw naz moq saen haifwz ciengx duz byavanx gvaqlaeng youh bienqbaenz le youq seizdoeng mwh naz hoengq ciengx bya. Gij naz gaenh mbanj Bouxcuengh, itbuen ndaem sauh naz ndeu, gouj nyied cousou ndaej le seizdoeng cuengqhoengq le gyoengqvunz couh coihcingj haenznaz, cwk raemxnaz, dawz mbangj gij bya ndaw daemz senj haeuj ndaw naz bae, gvaqcieng gonq laeng cuengq hawq aen daemz, couh dawz duzbya mbouj gaeuq hung de caeuq mbangj duz byaleix gaenq cingzsug de cuengq haeuj ndaw naz. Bilaeng seiqnyied hainduj ndaem naz, youh dawz duzbya caengz gaeuq hung de dauq cuengq ma ndaw daemz. Gawq gaijgez le aen vwndiz mwh cuengq raemxdaemz baenzlawz cuengq gij bya caengz gaeuq hung de, youh hawj duz byaleix gaenq cingzsug de gag fatsanj, hawj duz byaleix mbouj moix. Doengzseiz, duzbya vuenh le vanzging, hungmaj caemh haemq riengjvaiq, duz vaiq de ca mbouj geij ndaej saek gaen, duz menh de caemh miz sam haj liengx. Gijneix doengzyiengh caemh dwg giz Bouxcuengh youq dajciengx duzbya fuengmienh daih'it baez sawjyungh.

新垦田里畜养鲩鱼，后来又衍生了稻田冬闲养鱼。壮族近村的稻田，一般种单季稻，九月秋收冬闲以后，人们便修整田埂，蓄上田水，将池塘里的部分鱼类移入其中，过年前后将池塘水放干，将没有长成的鱼及部分成熟的鲤鱼放入田里。来年四月稻田开种，又将未长成的鱼放回池塘。既解决了放塘期间未成熟鱼的安置问题，又让成熟鲤鱼自我繁殖，使鲤鱼不乏其后。同时，鱼类换了个环境，生长也较为迅速，快的近一斤，慢的也有三五两。这同样也是壮族地区在饲养鱼类方面的首创之举。

（2）Bouxcuengh vat u guh daemz daeuj ciengx bya wngdang hainduj youq mwh Suiz Dangz, aenvih geiqloeg mbouj caezcienz, gidij cingzgvang mbouj ndaej rox. Doisuenq dwg youz u raemx iq, cugciemh yiengq daemz hung fazcanj ndaej daeuj. Daengz le Mingzcauz mwh Gyahcing cogeiz, gaengawq 《Ginhswjdangz Yizsinz Soujging》 soj geiq: "Hwngzcouh（seizneix Gvangjsih Hwngzyen）ndaw singz miz daemz ciengx bya sam bak roekcib aen, rog singz gya gij lajmbanj lai baenz boix. Aen daemz hung de miz byacungj seiq haj cien, aen daemz iq de caemh mbouj noix gvaq saek cien, sojlaiz bya cienh dangqmaz, mwh bengz de gaen ndaej cungj gai mbouj daengz roek cienz." Aenvih giz Bouxcuengh vunz youq haemq noix, diegdeih yungzheih ndaej, itbuen ranz cungdaengj de cungj miz aen ndeu roxnaeuz lai aen daemz. Ciengx bya, cujyau dwg boujcap gij gwn, roxnaeuz mwh miz hek daeuj yungh daeuj ciudaih, roxnaeuz bwh youq mwh ndaw ranz guh ranz、hoengzsaeh begsaeh daengj siufeiq, gvihaeuj aen fancouz gag guh gag gwn. Daemz bya Bouxcuengh, dingzlai dwg hopheux aen mbanj, haenz daemz itbuen cungj dap miz aen diengzhaex vunz, miz mbangj aeu daeuj guh giz aeu raemx suenbyaek、suenmak；miz mbangj diuz haenz daemz aeu daeuj guh roen, roebdaengz mwh cingzgvang gaenjgaep, couh raemj oen daeuj cah youq gwnz de lanz duenh gyaudoeng, vunz youq baihlaeng oen riuj cax hai naq hen mbanj. Sojlaiz, Bouxcuengh vat u guh daemz ciengx bya, mboujdanh ndaej bangbouj ndaw ranz mwh gaenjgaep de yungh, aeu doem daemz dwk naz, doengzseiz dwg duz sezsih henhoh aen mbanj ndeu.

（2）壮族挖池修塘以养殖鱼类当始于隋唐时期，因记载阙略，具体情况不得而知。推断是由小窝坑水体，逐渐向大池塘发展而来。到了明朝嘉靖初，据《君子堂日询手镜》所载："横州（今广西横县）城中有鱼塘三百六十口，郭外并乡村倍之。大者种鱼四五千，小者亦不下千数，故鱼甚贱，腾贵时亦斤不满六钱。”由于当时壮族地区居民较少，土地易得，一般中等之家都有一口或多口池塘。养鱼，主在佐餐，或客来之时以招待，或备家有建房、红白喜事等消费，属于自给自足的范畴。壮人鱼塘，大多围绕村庄，塘基一般都搭着供人们方便的茅厕，有的作菜园、果园取水之用；有的塘间埂道用作通道，遇有紧急情况，则砍来荆棘扎于其上阻断交通，人于其后提刀张弩保卫村庄。所以，壮人凿池修塘养鱼，不仅可济家庭一时之急，取得塘泥以肥田，而且是护卫村子的一道防御设施。

Aen daemz Bouxcuengh, itbuen dap aen diengzhaex ndeu youq gwnz de, bingzseiz gvej di nywj oiq ndeu roxnaeuz rauz di biuz ndeu gveng haeuj ndaw daemz gueng duz byavanx. Ciengx bya haemq cuengqlangh: "Byavanx gwn yez, byalienz byalienzloz gwn caujgyauh, byaleix gwn haex uq, byalingz mbouj guenj le." Ndawbiengz Yunghningz yienh riuzcienz "gij fap ciengx bya" naeuz "duz byavanx ndeu ciengx ndaej sam duz byalienzloz, sam duz byalienzloz ciengx ndaej seiq duz byaleix, seiq duz byaleix ciengx ndaej gouj duz byalingz". Gijneix saedsaeh couhdwg cungj fuengfap gaengawq gwn doxgaiq mbouj doengz, dox bouj cix mbouj doxceng gwn, lai cungj bya doxgyaux ciengx de.

壮人的鱼塘，一般搭茅厕于其上，平日割些嫩草或捞些浮萍投于塘中给鲩鱼喂食。对鱼类的养殖比较粗放："鲩鱼吃水草，鲢鳙吃草胶，鲤鱼吞屎污，鲮鱼不管了。"邕宁区民间流传的"养鱼诀"称"一鲩养三鳙，三鳙养四鲤，四鲤养九鲮"。这实际上就是根据鱼类食性不同，彼此互补而不争食的多种混养之法。

Daihngeih Ciet　Yaeb Naedcaw
第二节　珍珠的采集

Naedcaw youh cwng cinhcuh, ronghsadsad gyaeundei raixcaix deng bouxvunz yawj guh dwg doxgaiq dijbauj. Gij sae'gyap ndaw haij soj ganq ok naedcaw de ndei gvaq gij sae'gyap ndaw dah ganq ok naedcaw de. Nanzhaij soj ganq naedcaw hungloet caetliengh ndei senqsi gaenq miz mingz, doenghbaez naeuz "Naedcaw baihdoeng mbouj ndaej ndei lumj naedcaw baihsae, naedcaw baihsae mbouj ndaej ndei lumj naedcaw baihnamz" roxnaeuz "naedcaw baihsae mbouj ndaej ndei lumj naedcaw baihdoeng, naedcaw baihdoeng mbouj ndaej ndei lumj naedcaw baihnamz", song cungj gangjfap neix cungj dwg haenh naedcaw baihnamz dwg naedcaw ndaw haij gij ndei de. Nanzhaij dienheiq hwngq, mbouj nit geijlai, ndaw haij doenghduz fouz youq de laidaih, dwg sae'gyap aen vanzging hungmaj ceiq ndei de.

珍珠又名真珠，因光彩绚丽而被人视为珍品。海水的珠母贝所育之珠优于淡水贝所产之珠。南海所育珍珠个大质优早已声名远播，旧称"东珠不如西珠，西珠不如南珠"或"西珠不如东珠，东珠不如南珠"，这两种说法都称赞南珠是海水珍珠的上乘之品。南海气温高，无酷寒，海域内浮游

生物众多，是珠母贝生长的最佳环境。

It. Mwh Cinz Han yaeb aeu naedcaw

一、秦汉时期的珍珠采集

《Yicouh Suh》geiqloeg mwh Sanghcauz Yihyinj minghlingh beksingq baihnamz soengqhawj cawbauj、daimau daengj doxgaiq，《Canghswj·Vaivuz》geiqloeg，dangseiz sibgvenq ranz fouq aeu naedcaw oet haeuj ndaw bak bouxdai bae buenx cangq，yienghneix maqmuengh ndaej hawj baenz sei mbouj nduknaeuh. Gij vahbeij Hanz Feih 《Cawz Hab Boiz Naedcaw》gangjmingz dangseiz couh miz naedcaw haeuj daengz le ndaw hawciengz. Ndaw moh Cinzcijvangz，naedcaw doi hwnj lumj ngozbya，ngaenz lai lumj aen haij. Ndaw vangzgungh yungh naedcaw aeu mae con baenz roix，venj、daiq de yienh'ok hauzvaz. Doenghgij lizsij saehsaed neix gangjmingz，senqsi youq gaxgonq Cinzcauz daengz Handai，gij gyaciz naedcaw couh youq gwnz sevei ndaej daengz swngznyinh.

《逸周书》记载，商时伊尹令南方之民献珠玑、玳瑁等物，《庄子·外物》记述，时俗富贵人家用珍珠塞入死者口中陪葬，以期保全尸体不腐。韩非子的寓言《买椟还珠》说明当时就有珍珠进入市场。秦始皇的陵寝中，珠如山，银如海。皇宫内多用珍珠穿缀成串，悬挂、佩戴以显豪华。这些史实说明，远在先秦至汉代时期，珍珠的价值就在社会上得到承认。

Vahsug Bouxyez naeuz: "Ndaw cien moux makgam，mbouj lumj naedcaw ndeu." Gangj ok le Bouxyez coengzbaiq caeuq gyaepgouz naedcaw.

越人谚云："种千亩木奴（柑橘），不如一龙珠。"道出了越人对珍珠的崇尚和追求。

Cinzcijvangz haeuj bing Lingjnanz，ndawde miz aen yienzaen youqgaenj ndeu couhdwg yaek ciemq aeu gizyawz caizbauj giz dieg neix. Doengjit Lingjnanz，nda Nanzhaij daengj sam aen gin. Aen Nanzhaij gin gaenh haij de couhdwg giz ok naedcaw de. 《Hansuh》gienj ngeih bet laj 《Deihleix Ci》geiqloeg: "Giz Yez gaenh haij，vaiz lai、heuj ciengh、daimau、cawbauj、ngaenz、doengz、mak、baengz，Cungguek（ceij Cunghyenz）canghseng'eiq bae，dingzlai dwg aeu gij fouq de."

秦始皇进军岭南，其中有一个重要原因就是要据有其地的财宝。统一岭南，设南海等三郡。临海的南海郡即产珠之地。《汉书》卷二八下《地理志》载："粤地近海，多犀、象齿、玳瑁、珠玑、银、铜、果、布，中国（指中原）往商贾，多取富焉。"

Giz cujyau ok naedcaw baihnamz de dwg Hozbuj gin. Gij vunz youq giz de mwh Sihhan cwng Bouxyez. Henz haij dieg byom，ndaem doxgaiq mbouj baenz，lwgminz gauq aeu caw dozgwn gig lai. Daj Cinz Sijvangz doengjit lingjnamz baen guh sam gin cig daengz Dunghhan，cungj dwg saedhengz guenfouj guenj aeu caw. Mwh Hanswndi（126～144 nienz），Mung Cangz guh Hozbuj gin daisouj，fatyienh "aen gin neix mbouj ok haeuxgwn，hoeng ndaw haij ok cawbauj，caeuq Gyauhcij dox bengj，ciengzseiz dox doeng gaicawx，gai cawx haeuxgwn.

Mwh gonq, bouxhak cungj dwg damsim ngah cienz, boux rwix bae yaed aeu, mbouj rox hanhhaed, naedcaw couh cugciemh senj bae daengz giz gyau'gyaiq Gyauhcij gin". "Doxgaiq mbouj riudoengz daengz, vunz mbouj miz cienz, bouxgungq dai iek youq gwnz roen. Mung Cangz bae daengz gizde dang hak, gaijbienq siucawz gij rwix doenghbaez, gvensim beksingq haemzhoj. Mboujcaengz daengz bi ndeu, naedcaw gaenq deuz de caiq dauq ma, beksingq cungj dauqcungz guh hangz neix, doxgaiq riuzdoeng, cwng de dwg saenzmingz". Gijneix couhdwg "naedcaw Hozbuj dauqma" gij gojgaeq cienz guh goj ndei haenx. Yaeb naedcaw lai gvaqbouh, dandan yaeb aeu mbouj henhoh de, gij sae'gyap ndaw haij deng miedraeg, sojlaiz mbouj miz naedcaw, bingq mbouj dwg gijmaz "naedcaw cugciemh senjdeuz" bae lingh mwnq. Mung Cangz dang hak, gaijbienq siucawz gyoengq daisouj doenghbaez lanh yaeb aeu cungj hingzveiz rwix neix, doiq gij swhyenz naedcaw Hozbuj yungh le di henhoh fuengfap ndeu, hawj naedcaw swhyenz ndaej daengz henhoh caeuq dauqfuk, sojlaiz dauqcungz miz naedcaw ndaej yaeb, caemh mbouj dwg gijmaz "naedcaw senjdeuz de dauqma".

南珠主产区在合浦郡，其居民西汉时为越人，沿海土地贫瘠，农业不济，民多有采珠为生者。自秦始皇统一岭南置三郡以后至东汉，一直实行官府垄断采珠法。东汉中期以后，合浦郡的蚌珠资源已经出现枯竭的现象。汉顺帝时（126～144年），孟尝出任合浦郡太守，发现"郡不产谷实，而海出珠宝，与交趾比境，常通商贩，贸籴粮食。先时，宰守并多贪秽，诡人采求，不知纪极，珠遂渐徙于交趾郡界"。"行旅不至，人物无资，贫者饿死于道。孟尝到官，革易前弊，求民病利。曾未逾岁，去珠复还，百姓皆反其业，商货流通，称为神明"。这就是千古传为美谈的"合浦珠还"的故事。官府过度采珠，只采不护，海中珠苗遭到灭绝，因而无珠，并不是"珠遂渐徙"于别处。孟尝履职，革易前面的历任太守们滥采的弊端，对合浦珍珠资源采取了一些保护性措施，使珍珠资源得到保护和恢复，因此重新有珠可采，而不是"去珠复还"。

Gij hong yaeb caw ciengzgeiz daeuj cungj dandan dwg hong fwngz. Boux yaeb caw aeu cag cug rin youq gwnz din, gwnz hwet cug cag hung, ndaw fwngz gaem cax caeuq aen lamz ruk, diemcaw laeg le, daj aenruz haeuj ndaw raemx, ndaem haeuj ndaw haij, mbaetcaw ra sae'gyap, ndaej le cuengq haeuj ndaw lamz ruk bae. Mwh ngoebcaw, ngauz diuzcag hawj boux vunz gwnz ruz vaiqdi dawz de riuj hwnj gwnzraemx le hwnj ruz. Aenvih yaeb caw dwg youq laj raemx guhhong, doengzseiz dingzlai dwg daj samnyied hainduj, dienheiq nit, raemx engqgya caep, ndaw haij youh miz duzbya yakrwix de daeuj hoenx, lauzdung diuzgienh gig rwix.

采珠作业长期以来均为徒手作业。采珠人以绳系石垂足，腰系大绳，手持割刀和竹篮，深呼吸后，自船附入水，潜入海底，闭气觅珠贝，得之后放入竹篮内。气逼之时，撼绳使船上之人急将其拉出水面登船。由于采珠为深水作业，且多从三月开始，气温低，水温更低，海中又有凶猛鱼类袭击，劳动条件十分恶劣。

Ngeih. Mwh Samguek daengz yenz yaeb naedcaw

二、三国至元时期的珍珠采集

Vuzgoz Sunh Genz doengjlingx miz lingjnanz, yungh le gij genyi Seh Cungh, lox bouxhak Lingjnanz dangdeih, "biujsiq minghlingh aeu visaenq hawj fug", mbouj "muengh de gyau gvaeh daeuj ik Cungguek" (Cunghyenz), dandan minghlingh "hawj naedcaw ndei、yw hom、gak vaiz、daimau、sanhhuz、liuzliz、roegyengj、nyawh、roeggungjcoz doenghduz geizheih, bwh cung gij doxgaiq angq dijbauj de". Sojlaiz, Sunh Genz caeuq lwglan de doiq naedcaw "diuh aeu laidaih", caenh heiqlau "beksingq gag sanq deuz naedcaw ndei, gimqhaed naedcaw baedauq", "haed gyauhyiz naedcaw gig yiemz". Hoeng aenvih gij swhyenz naedcaw haij gaeng mbouj ndaej lai lumj doenghbaez, gij soqngeg cwngdiuh "soqngeg hanhhaed moix baez mbouj ndaej gaeuq". Sunh Genz heiqlau naedcaw ndei riuzsaet, gyagiengz gaemguenj yaeb naedcaw, daegbied dawz Hozbuj gin gaij baenz Cuhgvanh gin, doengzseiz dawz Cizvwnz yienh gaijbaenz Cuhgvanh yienh. Sihcin doengjit daengx guek, Gyauhcouh swsij Dauz Vangz yiengq Cinvujdi Swhmaj Yenz cangyi, doengzseiz deng caijnaz, saedhengz le gij cwngcwz hailangh yaeb caw, hawj beksingq swyouz bae yaeb caw, soj ndaej naedcaw, "Naedcaw ndei sam faen saw ngeih, gij haemq yaez saw it, gij co de cawzok；daj cib nyied daengz daihngeih bi ngeihnyied mwh mbouj dwg yaeb naedcaw ndei de, canghseng'eiq baedauq lumj doenghbaez". Geij bak bi doiq naedcaw dienyienz roengzrengz yaeb aeu lanhyungh mbouj miz saek di hanhhaed doxciengj aeu, gij naedcaw swhyenz giz haij gaenh Cuhgvanh yienh de gaeng cawq youq aen deihbouh yaek gvaed. Aen yienh cwng Cuhgvanh neix gaeng dandan miz aen mingzdaeuz ndeu lo, daengz 5 sigij geizlaeng, Nanzcauz mwh Ciz (479～502 nienz), feiqcawz Cuhgvanh yienh.

吴国孙权统有岭南，采纳了薛琮的建议，对岭南土著县官实行羁縻，"示令威服"，不"仰其赋入以益中国（中原）"，唯令"致远珍名珠、香药、犀角、玳瑁、珊瑚、琉璃、鹦鹉、翡翠、孔雀奇物，备充宝玩"。所以，孙权及其后人对珍珠"所调猥多"，唯恐"百姓私散好珠，禁绝往来"，"珠禁甚严"。但海珠资源已大不如前，征调的额"限每不充"。孙权唯恐好珠流失，加强对采珠的监管，特将合浦郡改为珠官郡，并将徐闻县改为珠官县。西晋一统全国后，交州刺史陶璜向晋武帝司马炎提议，并被采纳，实行了采珠开放的政策，让壮民自由采珠，所得珠，"上珠三分输二，次者输一，粗者蠲除；自十月讫（翌年）二月非采上珠之时，听商旅往来如旧"。数百年对天然珍珠毫无节制的掠夺性的狂采滥刮，珠官县附近海域的珍珠资源已经处于濒临枯竭的境地。珠官之县已经名不副实，至5世纪后期，南朝齐时（479～502年），废珠官县。

Cincauz gvaqlaeng mwh Nanzbwzcauz cwnggiz bienqvuenh lai, hoenxciengq caemh lai, gij hong yaeb caw Nanzhaij ndaej iet di ndeu. Dangzcauz cogeiz doengjit Cungguek roengzrengz cingjdun guenhak, cungzbaiq mbaetyungh, gij swhyenz naedcaw Nanzhaij ndaej daengz henhoh. Hoeng Dangzyenzcungh gaemgienz cunggeiz, caiq baez hwnghwnj cungj fungheiq saisaengq, vunz lajfwngz guenhak gvet aeu caizbauj soengqhawj boux baihgwnz, naedcaw

Hozbuj, mwh yaeb aeu mbouj miz seizgan guding, caenhrox yaeb hoeng mbouj rox gij hanhdoh de. Daengz Dangz mwh Denhbauj（742~755 nienz）, Hozbuj couh mbouj miz naedcaw ndaej yaeb le cix mbouj ndaej mbouj dingz youq, naedcaw Hozbuj youh ndaej iet baez ndeu. Dangz Gvangjdwz 2 bi（764 nienz）, boux vunz Ginhcouh guh Cinnanz Duhhufuj fuduhhu de Ning Lingzsenh《Gij Cingzgvang Naedcaw Hozbuj Dauq Miz》naeuz: "Hozbuj yienh u naedcaw ndaw haij, daj Dangz Denhbauj yenznenz（742 nienz）doxdaeuj, guenhak mbouj guenj, naedcaw deuz liux mbouj raen. Ngeihcib bi ndawde, mbouj ndaej soengq bae vangzgungh. Bineix ngeih nyied cibhaj hauh, naedcaw dauqma Hozbuj. Gou ciuq《Nanzyez Ci》naeuz 'guekgya cugbouh cingseuq, naedcaw Hozbuj seng', gijneix caen dwg gij gitleih guekgya. Giz dieg neix yienzlaiz deng cauzdingz funggimq, gou cingjgouz haeuj bae yaeb." Naedcaw Hozbuj dwg ndaw haij laenzgaenh Hozbuj yienh ndawde moix di sae'gyap youq itdingh vanzging baihrog gik le, fwnhmi doengzseiz guhbaenz gij doxgaiq geng caeuq caengz sae'gyap doxlumj de, mbouj miz cungj dauhleix "naedcaw deuz" haenx, cijdwg bouxhak dangdeih vihliux swhgeij ndaej swngguen yaeb aeu gvaqbouh cix hawj sae'gyap giepnoix yinxhwnj. Dangz Gaihyenz（713~741 nienz）satbyai daengz Dangz Denhbauj（742~755 nienz）co, boux danggienz giengzbik beksingq lumj doxciengj ityiengh dwk bae nebra yaeb aeu, sawj gij swhyenz de gvaed liux, youh mbouj miz naedcaw ndaej yaeb le, "ngeihcib bi ndawde, mbouj miz naedcaw ndaej soengqhawj vangzgungh". Youq cungj cingzgvang neix baihlaj, Dangzcauz dungjci cizdonz deng bik roxnyinh daengz doiq naedcaw guengzbag dwk ciengjaeu daiqdaeuj hougoj yiemzcungh, doiq giz haij ok naedcaw de guh "funggimq". Ginggvaq 20 bi ietnaiq, daengz Dangz Gvangjdwz ngeih bi（764 nienz）ngeihnyied cibhaj hauh fatyienh "naedcaw Hozbuj dauqma", yienghneix Ning Lingzsenh sij saw bauq hwnj baihgwnz, genyi gejcawz gimqlingh le yaeb caw. Gijneix couhdwg gwnz lizsij yaeb aeu naedcaw daihngeih baez naedcaw Hozbuj dauqma.

晋后南北朝政局多更迭，也多战事，南海采珠业得以休养生息。唐初统一中国后锐意整顿吏治，崇尚节朴，南海珠源得到保护。但是到唐玄宗执政中期，再度兴奢靡之风，官宦臣属搜刮财宝媚上，合浦珍珠，采无定时，穷采而不知其极。至唐天宝年间（742~755年），合浦无珠可采而不得不罢采，合浦珠又得一次休养。唐广德二年（764年），任镇南都护府副都护钦州人宁龄先撰《合浦珠还状》称："合浦县海内珠池，自唐天宝元年（742年）以来，官吏无政，珠逃不见。二十年间，阙于进贡。今年二月十五日，珠还合浦。臣按《南越志》云'国步清，合浦珠生'，此实国家之宝瑞。其地元（原）敕封禁，臣请采进。"合浦珍珠是合浦县附近海中某些贝类在一定的外界环境刺激下，分泌并形成与贝壳珍珠层相似的固体，无"珠逃"之理，只是地方官为己升迁滥采而珠贝缺少所致。唐开元（713~741年）末至唐天宝（742~755年）初，当权者强迫群众进行掠夺性地狂搜滥采，致使其资源再次枯竭，又无珠可采，"二十年间，阙于进贡"。于此之下，唐朝统治集团被迫意识到对珍珠的疯狂性掠夺带来的严重后果，于是对产珠海域进行"封禁"。经过20年的休养生息，到唐广德二年（764年）二月十五日发现"合浦珠还"，于是宁龄先上状，建议开禁进行采珠。这就是珍珠采集史上的第二次"合浦珠还"。

Dangz Gvangjdwz 2 bi（764 nienz）caiq baez yaeb aeu gvaqbouh, caiq baez souhdaengz roxhit laegdaeuq. Dangz Hanzdungh 4 bi（863 nienz）, Dangzyicungh daezok aen cawjcieng "u naedcaw Lenzcouh caeuq bouxvunz doengzcaez souh'ik", naeuz "mboengqneix dingqnyi naeuz diuzroen neix gimq duenh, sojlaiz noix miz dunghsangh, hab minghlingh beksingq ndaw couh neix yaeb aeu, mbouj ndaej hanhhaed". Gvaqlaeng yienznaeuz miz fanjfuk, bouxhak giz couh yen Hozbuj daengj caeuq aen cizdonz boux yakrwix caemh baengh gienz daeuj gaeuat roxnaeuz baengh seiqlig daeuj ciengjaeu, hoeng, gij dazyinx "u naedcaw Lenzcouh caeuq bouxvunz doengzcaez souh'ik" gaenq cienz youq ndawbiengz, guhbaenz di nyinhrox doengzcaez ndeu. Dangzcauz satbyai Liuz Sinz《Lingjbyauj Luzyi》geiqloeg: "U naedcaw. Henz haij Lenzcouh miz couh dauj, gwnz dauj miz aen u hung, cwng u naedcaw. Moix bi（swsij）guh gung, （swgenh）canghyaebcaw haeuj ndaw u yaeb caw（yungh daeuj gyau gvaeh）. Cungj yaeb aeu aen sae'gyap geq, buq le aeu naedcaw. Aen u neix youq gwnz haij, ngeiz lajdaej de caeuq aen haij doxdoeng（youh aenvih u raemx neix laeg raixcaix, mbouj ndaej dagrau）. Naedcaw hung lumj naed duhlanhdouq, gijneix dwg naedcaw bingzciengz；naedcaw hung lumj cehyienz de, mizseiz caemh ndaej；naedcaw baenz conq ndaej ciuq baenz aen ranz de, roeb mbouj daengz. Youh dawz gij noh aen sae'gyap iq daeuj aeu ruk roix, rak hawq, cwng noh meh caw. Vunz Yungz、Gvei cungj dawz daeuj gangq le, soengq laeuj gwn. Ndawde miz naedcaw iq lumj naed haeux, yienghneix couh rox gij sae'gyap ndaw u naedcaw gaengawq hung iq, couh rox ndaw dungx miz caw le."

唐广德二年（764年）的再次滥采，再次受到深刻教训。唐咸通四年（863年），唐懿宗提出"廉州珠池与人共利"的主张，说"近闻本道禁断，遂绝通商，宜令本州任百姓采取，不得止约"。此后虽有反复，合浦等州县的官员及恶霸势力集团也以特权克扣或恃势而攘为己有，但是，"廉州珠池与人共利"的价值观已传于社会，形成一定的共识。唐末刘恂《岭表录异》载："珠池。廉州边海中有州岛，岛上有大池，谓之珠池。每年（刺史）修贡，（自监）珠户入池采珠（以充贡赋者）。皆采老蚌，剖而取珠。池在海上，疑其底与海通（又池水至深，无可测也）。珠如豌豆大，常珠也；如弹丸者，亦时有得；径寸照室之珠，卒不过遇也。又取小蚌肉贯之以篾，曝干，谓之珠母（肉）。容、桂人率将（如）脯烧之，以荐酒也。中有细珠如粱粟，乃知珠池之蚌随其大小，悉胎中有珠矣。"

Liuz Sinz gangj ok le hung、rauh、iq sam cungj gveihgwz naedcaw gij cingzgvang okdaeuj de. De ceijok giz "henz haij Lenzcouh miz couh dauj" ok naedcaw de, aiq dwg《Daibingz Vanzyij Geiq》gienj it gouj roek ndawde boux vunz Nanzcauz Liuz Yinhgiz《Gyauhcouh Gi》soj gangj: "Hozbuj cibbet leix miz Veizcouh, seiqhenz it bak leix, giz dieg haenx ok naedcaw." Soj gangj u naedcaw aen haij naedcaw gizsaed couhdwg aen dauj iq gwnz haij seiqhenz giz feuz giz dieg ganq miz sae'gyap naedcaw de. Sung Lozsij sij《Daibingz Vanzyij Geiq》gienj it gouj roek《Daibingz Ginh》geiqloeg: "Aen haij meh caw. Aen haij youq（Hozbuj）yienh baihsaenamz it bak roekcib leix, aen haij meh caw liz aen yienh betcib leix. Giz yaeb caw de, couhdwg Hozbuj.

Fanzdwg naedcaw, cungj daj laeng sae'gyap daeuj. aen sae'gyap hung geij conq, raez saek cik." Daibingzginh couhdwg Lenzcouh, Sungcauz Daibingz Hinghgoz 8 bi（983 nienz）, Sungcauz dawz Lenzcouh gaij baenz Daibingzginh, Hanzbingz yenznenz（998 nienz）, youh dawz Daibingzginh dauqfuk cwng Lenzcouh. "Bouxmeh naedcaw dwg sae'gyap", aen haij bouxmeh naedcaw, couhdwg u naedcaw. Aen haij youq Hozbuj yienh baihsaenamz 160 leix, u naedcaw liz giz youq de ngamq 80 leix. Bwzsung Cangh Swhcwng youq ndaw 《Gen Youz Caz Luz》ceijok："《Lingjnanz Caz Luz》naeuz：'Gwnz danhaij, miz u naedcaw, vunz dangdeih yaeb le dawz bae gai.' Gou youq Yungzcouh guh hak gvaq, caeuq Hozbuj gaenh, rox gij saeh neix dangqmaz. U naedcaw fanzdwg miz cibgeij mwnq, cungj dwg haij, bingq mbouj dwg youq gwnz danhaij. Daj gwnzhamq moux aen yienh daengz moux mwnq, dwg moux aen u, lumjbaenz Lingzlu、Nangzcunh、Diuzlouz、Donvang, cungj dwg gij coh u, cungj doxlienz youq ndaw haij, hoeng aenvih coh dieg cix mbouj doengz. U Donvang ciep giuz gyaiq Gyauhcij, ok naedcaw hung, hoeng bae yaeb, deng vunz Gyauh ciengj lai. Raemxhaij laeg geij bak cik doxhwnj, cij miz naedcaw, ciengzseiz miz duzbya hung youq henz hen, caemh mbouj gamj bae gaenh." 《Sungcauz Saehsaed Leiyen》dwg Gyangh Sauyiz yungh 14 bi seizgan youq Nanzsung Sauhingh 15 bi（1145 nienz）bien baenz, soj geiq dwg gij saeh lizsij mwh Sungdaicuj daengz Sungsinzcungh. Ndaw saw yinx aeu le 《Gen Youz Caz Luz》, ndaej rox bonj saw neix dwg youq Bwzsung cienzgeiz sij. Cangh Swhcwng youq duenh faenzsaw neix ndawde mboujdanh doiq 《Lingjbyauj Luz Yi》doxdaeuj gij nyinhrox loengloek gvendaengz u naedcaw youq gwnzhawq roxnaeuz danhaij guh le gaijcingq, doengzseiz diemj ok le dangseiz aen u cujyau giz haij gaenh Hozbuj yienh de. Ndawde, u Donvang youq Sungcauz daengz Cinghcauz co, itcig dwg aen u mizmingz、ok naedcaw ndei de. Sojlaiz, Nanzsung Cai Dauh 《Dezveizsanh Cungzdanz》, Couh Gifeih 《Lingjvai Daidaz》caeuq Cinghcauz co Giz Daginh 《Gvangjdungh Sinhyij》gienj it haj, cungj naeuz naedcaw "daj Donvang okdaeuj de dwg gij ndei de".

刘恂说出了大、中、小三种规格珍珠的出产情况。他指出，产珠的"廉州边海有州岛"，或为《太平寰宇记》卷一六九中的南朝刘欣期《交州记》所载："合浦十八里有涠州，周围一百里，其地产珠。"所谓珠池珠海其实就是海上小岛周围的浅滩繁育着的珠贝之地。宋乐史著《太平寰宇记》卷一六九《太平军》载："珠母海。大海在（合浦）县西南一百六十里，珠母之海去县八十里。采珠之所，即合浦也。凡珠，出于蚌。蚌母广数寸，长尺余。"太平军就是廉州，宋太平兴国八年（983年），以廉州改太平军，宋咸平元年（998年），又以太平军复为廉州。"珠母者蚌也"，珠母之海，就是珠池。大海在合浦县西南160里，距离珠池所在地仅80里。北宋张师正在《倦游杂录》里指出："《岭南杂录》云：'海滩上，有珠池，居人采而市之。'予尝知容州，与合浦密迩，颇知其事。珠池凡有十余处，皆海也，非在滩上。自某县岸至某处，是为某池，若灵渌、囊村、条楼、断望，皆池名也，悉相连接在海中，但因地名而殊矣。断望池接交趾界，产大珠，而往采之，多为交人所掠。海水深数百尺以上，方有珠，往往有大鱼护之，亦不敢近。"《宋朝事实类苑》是江少虞用14年时间于南宋绍兴十五年（1145年）辑录成书的，所记为宋太祖至宋神宗间的史事。书

中引录了《倦游杂录》，可知该书是北宋前期的著作。张师正在此段文字中不仅对《岭表录异》关于珠池位居陆地或沙滩的误识作了纠偏，而且点出了当时合浦县附近海域上的主要珠池。其中，断望池在宋至清朝初年，始终是著名的、出产好珠的珠池。所以，南宋蔡绦的《铁围山丛谈》，周去非的《岭外代答》及清朝初年屈大均的《广东新语》卷一五，都说珠"出断望者为上"。

《Daibingz Yilanj》geiq, Sae'gyap canj youq "Ndaw haij raemx hwnj, laeg roek caet ciengh, liz haemq sei hajcib leix". Youq ndaw haij yienghneix laeg ndawde dan baengh ndang vunz maeuq roengzbae ra sae'gyap gvet naedcaw, mbouj ndaej diemcaw roxnaeuz dai youq ndaw raemx caemh ciengzseiz fatseng. Nanzsung co, Cai Dauh 《Dezveizsanh Cungzdanz》 geiqloeg："Hozbuj u naedcaw, daih dingzlai cungj dwg youq ndaw haij. Bouxmeh naedcaw, couhdwg sae'gyap. Yaeb naedcaw, cungj dwg youq gwnz ruz ndaw haij yaeb. Aeu ruz hung hop u, aeu rin venj cag loet, aeu cag iq cug hwet, ndaem raemx aeu naedcaw, ngoebcaw couh ngauz cag；cag doengh, vunz gwnz ruz rox le couh geuj hwnjdaeuj, vunz caemh gaen hwnjdaeuj." Youh youq Cunzhih 5 bi（1178 nienz）Couh Gifeih sijbaenz 《Lingjvai Daidaz》gienj daihcaet 《Cuhciz》geiqloeg："Hozbuj giz ok naedcaw de, cwng u Donvang, youq ndaw haij laj aen dauj dandoeg, liz gwnzhamq geij cib leix, u laeg mbouj daengz cib ciengh. Vunz ndaem roengzbae couh ndaej aeundaej sae'gyap, buq le couh ndaej naedcaw. Mwh aeu sae'gyap le aeu cag raez cug aen lamz ruk, daiq roengzbae ndaem raemx, yaeb ndaej sae'gyap le cuengq youq ndaw lamz, couh ngauz diuz cag hawj gij vunz gwnz ruz riuj aeu, boux ndaemraemx vaiqdi hwnj gwnz ruz. Danghnaeuz boihseiz roebdaengz duzbya yak, geu lwed ndeu fouz youq gwnzraemx, boux gwnz ruz raen le couh daej, rox boux laj raemx deng duzbya gwn le. Caemh miz vunz raen duzbya yak le couh vaiqdi fouz hwnjdaeuj, caeghaex diuzgen deng sieng deng raek. Duzbya yak ndaw haij, beij mbouj ndaej swsah, cwng duzbya guk, vunz gwnz haij lau de dangqmaz."

《太平御览》记载，蚌珠产在"涨海中，深六七丈，去岸四五十里"。在这样深的海水中徒身蹲底寻蚌割珠，缺氧窒息或溺水也经常发生。南宋初年，蔡绦《铁围山丛谈》载："合浦珠池，大抵皆居海中。珠母者，蚌也。采珠丁，皆居海艇中采珠。以大舶环池，以石悬大绠（gèng，粗绳），别以小绳系诸腰，没水取珠，气迫则撼绳；绳动，舶（上）人觉乃绞取，人缘大上。"又宋淳熙五年（1178年）成书的周去非的《岭外代答》卷七《珠池》载："合浦产珠之地，名曰断望池，在海中孤岛下，去岸数十里，池深不十丈。人没而得蚌，剖而得珠。取蚌以长绳系竹篮，携之以没，既拾蚌于篮，则振绳令舟人汲取之，没者亟浮舟。不幸遇恶鱼，一缕之血浮于水面，舟人恸哭，知已葬鱼腹也。亦有望（见）恶鱼而急浮，至伤股断臂者。海中恶鱼，莫如刺鲨，谓之鱼虎，蜑甚忌也。"

Haeuj ndaw haij yaeb caw, dwg gij hong buek mingh、ceiok daigya hungloet youh yung'yiemj. Gisuz caeuq sezbei doeklaeng, dandan gauq fwngz haeuj ndaw raemx giz laeg bae, ngoebcaw dai youq mbouj youq miz fatseng. Ndaw haij duzbya sahyiz daengj duzbya yak de caeuq doenghduz hungloet de gunghoenx, gij vunz haeuj ndaw raemx guhhong de engqgya dwg yungzheih deng dai dangqmaz. Gij vunz aenvih yaeb caw deng duzbya gwn de, daj doenghbaez daengz seizneix, dauqcawq cungj miz. Dangzdai canghfwen Yenz Cinj《Caijcuh Hingz》miz: "Raemxhaij mbouj miz daej naedcaw caem youq lajdaej haij, boux yaeb naedcaw buek mingh bae aeu. Fanh boux vunz bae buekmingh ndaej naedcaw ndeu, baelawz ndaej yaeb naedcaw miz cienz cawx lwgsau ne？" Caen dwg gangj ok le ndaem haeuj ndaw haij yaeb caw dwg aeu vunz daeuj vuenh caw, doengzseiz vunz dai cungj mbouj itdingh ndaej naedcaw aen saehsaed yiemzhaenq neix.

入海采珠，是拼着生命、付出巨大代价又危险的作业。技术和装备落后，徒手没水入深，气绝而死时有发生。若海中鲨鱼等凶猛鱼类和大型动物袭击，入水作业之人更是命悬弦上。因采珠而葬身鱼腹的，古往今来，比比皆是。唐代诗人元稹的《采珠行》有："海波无底珠沉海，采珠之人判死（豁命）采。万人判死得一珠，斛量买婢人何在？"可谓道出了潜海采珠是以人易珠，且人死而珠不得的严酷事实。

Sam. Mingz Cingh Daengz minzgoz yaeb naedcaw

三、明清至民国时期的珍珠采集

Mingzdai daengz minzgoz 500 lai bi ndawde, naedcaw Hozbuj swnghcanj daj gwnz dingjsang hoenghhwd riengjvaiq dwk doek haeuj giz lajdaej ceiq daemq. Daegbied dwg mingzcauz roengzrengz yaeb aeu mbouj miz hanhhaed, youq Mingz Hungzvuj yenznenz（1368 nienz）daengz Mingz Cungzcinh 17 bi（1644 nienz）ndaw 277 bi de, miz vuengzdaeq minghlingh yaeb aeu naedcaw 20 baez, ndaej gangj naeuz dwg doenghyungh haujlai goengrengz. Mingzdai cunggeiz dwg mwh Hozbuj yaeb caw ceiqlai de. Hungzci 20 bi（1499 nienz）roengz minghlingh yaeb caw, gijneix dwg daj Denhswn 3 bi（1459 nienz）dingz yaeb le 40 bi gvaqlaeng caiq yaeb naedcaw. Sai ngaenz fanh geij liengx, ndaej naedcaw 28000 liengx, dwg Hozbuj yaeb caw soqliengh aen geiqloeg ceiq sang. Gvaqlaeng, Mingz Cwngdwz 9 bi（1514 nienz）, Mingz Gyahcing 5 bi（1526 nienz）caeuq 41 bi（1562 nienz）, Mingz Lungzging 6 bi（1572 nienz）, Mingz Vanliz 26 bi（1598 nienz）caeuq 27 bi（1599 nienz）、29 bi（1601 nienz）、41 bi（1613 nienz）dinjdinj 100 bi ndawde couh roengz minghlingh yaeb naedcaw 11 baez, bingzyaenx ngamqngamq gouj bi couh youh daih yaeb baez ndeu, yienghneix deihdeih dwk yaeb aeu, boihfamh le gij gvilwd sae'gyap ok naedcaw, moix baez yaeb ndaej naedcaw de cungj gemjnoix. Gyahcing 5 bi（1526 nienz）yaeb caw ngamqngamq ndaej 80 liengx, youh oiq youh iq, gij vunz yaeb caw de dai le 50 lai boux. Gyahcing 8 bi（1529 nienz）yaeb baez ndeu, gij vunz hai ruz hauxseng dai sieng de couh miz 580 lai boux. Lajbiengz lwnhgangj naeuz aeu vunz daeuj vuenh naedcaw. Youh lumj Mingzcauz Lungzging 6 bi（1572 nienz）roengz minghlingh yaeb 8000 liengx, gvaq le 27 bi, Vanliz 26 bi（1598 nienz）roengz minghlingh yaeb ngamqngamq ndaej 5000 liengx. 3 bi le caiq yaeb aeu deng ngaenz 6000 liengx, ngamq ndaej naedcaw 2100 liengx, moix liengx caw bingzyaenx sai ngaenz 2.86 liengx. "Naedcaw fanh gim, mbouj deng cienz famh gim mbouj aeundaej", engqlij siuhauq geij bak fanh hoeng aeundaej saek di. Swhyenz naedcaw

saet liux, loemqhaeuj aen deihbouh gvaedliux. Mingzcauz Vanliz 33 bi（1605 nienz）mbouj ndaej mbouj roengz minghlingh dingz yaeb, youq Vanliz 37 bi（1609 nienz）siubae gij daigenh capyouq Hozbuj gamyawj yaeb naedcaw de. Mizseiz ndaej raen, naedcaw naek sam cienz haemq yaez de cungj heuhgyaq fanh gim. Yiennaeuz Mingz vuengzciuz lai baez roengz minghlingh gimqcij beksingq gag yaeb aeu naedcaw gvaq, banhbu hingzfad yiemzhaenq daeuj haeddingz, aeu faex moeb、daiq gazgyok youzhaw, gaem bae henz guek dangbing yienghneix daeuj fad, dauqdaej cungj mbouj daej dauqfuk gij swhyenz naedcaw. Mingz vuengzciuz lumj doxciengj yienghhaenx yaeb aeu naedcaw, cauhbaenz hougoj yakrwix raixcaix. Cinghcauz dandan roengz minghlingh yaeb caw song baez. Cinghcauz Ganghhih 34 bi（1695 nienz）gouj nyied sawq yaeb, daihngeih bi couh dingz. Cingh Genzlungz 17 bi（1752 nienz）gouj nyied roengz minghlingh yaeb, mbouj aeundaej saek gaiq le couh dingz. Mwhhaenx, henzhaij Hozbuj ngamqngamq miz sam seiqcib aen ruz yaeb caw, gij vunz yaeb caw ngamq miz sam seiq bak boux lo. Bouxhak cienmonz guenj u naedcaw de caemh aenvih mbouj miz naedcaw ndaej yaeb le cix guh gizyawz hong hingzcwng lo. Daengz Minzgoz 6 bi（1917 nienz）, caemh ngamq miz aen ruz yaeb caw 200 lai aen, gij vunz yaeb caw mbouj daengz cien boux. minzgoz 28 bi（1939 nienz）, Bwzlungz ngamq miz 30 aen ruz, lienzdoengz gij vunz yaeb caw deng gij bing Yizbwnj daeuj ciemqaeu de coemh gaj liux. minzgoz 33 bi（1944 nienz）, lienz Lenzcouh aen diemq sou caw de cungj gven dou mbouj guh lo.

　　明代至民国的500多年间，合浦珍珠的生产由兴盛的顶峰急骤地跌入极衰的低谷。特别是明朝的疯采狂捞，在明洪武元年（1368年）至明崇祯十七年（1644年）277年中，有诏令开采珍珠20次，可谓是兴师动众。明代中期是合浦采珠高峰期。弘治十二年（1499年）下诏采珠，这是自明天顺三年（1459年）罢采了40年之久的珍珠采集。费银万余两，得珠28000两，创合浦采珠量的最高纪录。此后，明正德九年（1514年），明嘉靖五年（1526年）及嘉靖四十一年（1562年），明隆庆六年（1572年），明万历二十六年（1598年）及万历二十七年（1599年）、二十九年（1601年）、四十一年（1613年）短短100年内诏采11次，平均仅9年大采1次，如此频繁的采集活动，违背了珠贝产珠的规律，每次采集的珍珠都减少。明嘉靖五年（1526年）采珠仅得80两，又嫩又小，死珠民50多人。明嘉靖八年（1529年）一采，死于非命的年壮船夫就有580多人，天下议为以人易珠。又如明隆庆六年（1572年）诏采8000两，过了27年后，明万历二十六年（1598年）诏采仅得5000两。3年后再采集耗银6000两，得珠才有2100两，每两珠平均耗银2.86两。"万金之珠，非万金之费无以致之"，甚至消耗数百万而所得无几。珠源丧失殆尽，面临枯竭之境。明万历三十三年（1605年）不得不下令罢采，于万历三十七年（1609年）撤驻合浦监采珍珠的太监。偶有所见，三钱次珠已索价万金。尽管明王朝曾多次下令禁民私自采集珍珠，颁布严刑制止，以杖击、戴枷示众，充军边疆惩戒，终未能恢复珍珠资源。明王朝对珍珠的掠夺性采集，造成极其恶劣的后果。清朝仅下诏两次采珠。清康熙三十四年（1695年）九月试采，翌年遂罢。清乾隆十七年（1752年）九月诏采，无获而罢。那时，合浦沿海只有三四十条采珠渡船，采珠人只有三四百人了。掌管珠池的官员也因无珠可采转而从事其他行政工作。及至民国六年（1917年），也只有采珠船200多艘，珠民不到千人。

民国二十八年（1939年），白龙仅有的30艘船，连同珠民被日本侵略军烧杀一空。民国三十三年（1944年），连廉州的珍珠收购店都关闭歇业。

Daengz Mingzcauz satbyai, beksingq Bouxcuengh youq gwnz giekdaej cungjgez gaenh 2000 lai bi daeuj gij gingniemh yaeb aeu naedcaw ndaw haij, mboujduenh gaijndei gij hong yung'yiemj yaeb caw, sawj aen seizgeiz neix gij gisuz yaeb caw miz le itdingh daezsang.

至明末，壮民在总结近2000多年采集海产珍珠经验的基础上，不断地改进采珠的危险作业，使这一时期珍珠采集技术有了一定提高。

（1）Gij cangceiq caeuq banhfap henhoh Yaeb caw ancienz ndaej gaijcaenh. Gij sezbei bouxvunz yaeb caw miz gaijcaenh, gaijndei le gij fuengfap moq yaeb sae'gyap. Vunz Mingzcauz Sung Yingsingh《Denhgungh Gaihvuz》gienj it bet geiqloeg miz: "Fanzdwg aen ruz yaeb caw, guh dwk beij lingh aen ruz lai gvangq lai luenz. Daih dingzlai cuengq nywj youq gwnz ruz, ginggvaq giz raemxgeujgaeq de couh gveng roengzbae, aen ruz couh mbouj deng gijmaz lo. Ndaw ruz aeu cag raez cug gvaq diuz hwet, raek aen giuq ndeu le couh saet haeuj ndaw raemx. Fanzdwg boux ndaemraemx daiq diuz guenj gyoeng ngaeu aeu sik guh de, giz goek miz congh ndeu dauq haeuj ndaw bak、ndaeng bae redrwd, doenggvaq de diemcaw; linghvaih aeu naeng cug bau red giz rwz、hoz. Boux ndaej ndaem haeuj gig laeg de miz seiq haj bak cik. Ndaw giuq yaeb sae'gyap, miz rengz bik de diuz cag couh doengh, boux baihgwnz raemx vaiqdi riuj hwnjdaeuj, aen sae'gyap dai de aiq deng duzbya gwn le."（doz 3-2-1）Mwh Nanzsung boux yaeb caw ok raemx lij miz cungj banhfap "sien cawj fan cien gig ndat le, baez ok raemx couh vaiqdi aeu daeuj cw, mboujnex couh dai nit bae" gouqbang yienghneix. Gij cangceiq diuz guenj gyoeng vangungx aeu sik guh de dwg hawj vunz yungh daeuj vuenh heiq, ndaej gya raez gij seizgan youq laj raemx guhhong; daiq gij doxgaiq goemq rwz、hoz de dwg yungh daeuj henhoh conghrwz mbouj deng raemx at hung lai cix deng dwk mbongq congh.

（1）采珠安全保护装置及措施的改进。采珠的设备有所改进，改进了新的取贝方法。明人宋应星《天工开物》卷一八记载："凡采珠船，其制视他舟横阔而圆。多载草荐于上，经过水旋则掷荐投之，舟乃无恙。舟中以长绳系没人腰，携篮投水。凡没人以（带上）锡造弯环空管，其本（下端）缺处对掩（严密地套上）没人口、鼻，令舒透呼吸于中；别以熟皮包络（严密地包住）耳、项（脖子）之际。极深者四五百尺。拾蚌篮中，气逼则撼绳，其上急提引上，无命者或葬鱼腹。"（图3-2-1）南宋时采珠人出水还有"先煮热氄（毛织物）极热，出水急覆之，不然寒栗而死"的救护措施。锡造弯环空管的设置是供人换气用的，可以延长水下作业时间；包络物的佩戴用于保护耳膜，不致因水压大而被击穿。

（2）Doiq nyinhrox naedcaw guhbaenz gihlij cugciemh cingcuj. Ciuhgeq gij doiq naedcaw guhbaenz gihlij miz gij nyinhrox

Doz 3-2-1　Mingz《Denhgungh Gaihvuz》veh gij boux yaeb caw roengz raemx bae yaeb caw
图3-2-1　明《天工开物》采珠人在水下作业图

de, miz saenzlingz soengqhawj、bengxfouq youq ndaw swnghvuz、sae'gyap baxlwg sam cungj gangjfap. Naedcaw youz saenzlingz soengqhawj, hainduj dwg sojgangj "ndik raiz baenz caw", couhdwg ndak raiz doenggvaq saenzlingz diemjvaq bienqbaenz naedcaw. Lingh cungj gangjfap dwg soj gangj "boux vunz lumj duzbya daej le raemxda bienq naedcaw" (yawj Cindai Cangh Vaz 《Bozvuz Ci》 caeuq bonjsaw 《Dunghhan Dungmingzgi》 doenghbaez naeuz dwg Dunghhan Goh Yen sij, saedsaeh dwg vunz roek ciuz dak gij mingzdaeuz de daeuj sij). Gyauzyinz, couhdwg seizneix sojgangj bouxvunz lumj duzbya de. Gij gangjfap bengxfouq swnghvuz, dwg ceij naedcaw bengxfouq youq ndaw doenghduz roxnaeuz doenghgo cix ndaej. Naedcaw bengxfouq youq ndaw doenghduz de, cungj ndeu dwg bengx youq roek cik ga duz cuhbehyiz (yawj 《Sanhhaij Gingh · Dunghsanh Gingh》), cungj ndeu dwg "naedcaw ciem gim" bengx youq laj giemzhangz duzlungz ndaem de——naedcaw duzlungz ndaem (yawj 《Canghswj · Lezyigou》). Naedcaw bengx youq doenghgo de, dwg ceij bengx youq gwnz gofaex heuhguh sanhcuhsu de (yawj 《Sanhhaij Gingh · Haijvainanz Gingh》). Gij haemq ciepgaenh gohyoz caensaed de dwg gij gangjfap sae'gyap baxlwg. Gij gangjfap "ciuq ronghndwen le hwnjndang" naeuz doengh aen sae "haemhnaengz supaeu gij cinghvaz ronghndwen" daiqndang baenz naedcaw, daj Sungdai Bangz Yenzyingh 《Vwnzcangh Cazlu》 hainduj daengz Vangz Swsing "ronghndwen ndei roengz ceh couh lai, ronghndwen laep cix roengz ceh noix", "haemh duz sae'gyap laux okdaeuj dak naedcaw de, mbiengj mbwn henzhaij ronghsadsad lumj fwjgyaepbya" (《Gvangjciyiz》) daengz Mingzcauz Sung Yingsingh、Cinghcauz cogeiz Giz Daginh, cungjdwg riengz gijneix ciepswnj roengzdaeuj, seizgan gig nanz. Gyoengqde lij nyinhnaeuz "naedcaw ronghndwen, dwg gij bingh duz sae'gyap" (《Vaiznanzswj》), cigdaengz gaenhdaih caemh lij nyinhnaeuz daiqndang naedcaw dwg gij bingh doenghduz neix. Gijneix biujmingz gyoengqvunz doiq duz sae'gyap souhdaengz gij doxgaiq baihrog gik le cix baenz naedcaw gaenq miz nyinhrox cobouh. Gvaqlaeng cijmiz cungj nyinhrox neix gyalaeg caeuq fazcanj: Gij gangjfap dwg duz nonsengz guhbaenz caeuq gij gangjfap naedcaw gawh le baenz caw (yawj Cinghcauz Caiz Ngoz 《Fandenhluz Cungzlu》). Gizneix miz song diemj cigndaej louzsim: Daih'it, "fanzdwg naedcaw bietdingh dawj daj ndaw dungx sae'gyap daeuj", gizyawz gangjfap cungj giepnoix gohyoz baengzgawq. "dungx ngwz、giemzhangz duzlungz、gij naeng bouxvunz lumj duzbya de miz naedcaw, loek lo" (《Denhgungh Gaihvuz》). Daihngeih, "fanzdwg sae'gyap mbouj miz duzboux duzmeh" (《Gvangjdungh Sinhyij》), sae'gyap daiqndang naedcaw bingq mbouj dwg gij fatsanj hingzveiz gyoengqde. Yienhdaih gohyoz yenzgiu cingqmingz, sae'gyap caen miz aen mbouj faen boux meh de, hoeng caemh miz aen faen boux meh de. Yienhdaih gohyoz lij cingqmingz, naedcaw dwg youq itdingh diuzgienh baihrog gik le ok ieng doengzseiz guhbaenz naed geng caeuq caengz naedcaw doxlumj de.

（2）对于珍珠形成机理的认识逐渐清晰。古代对珍珠形成机理的认识，有神灵赐予、生物附着、螺蚌孕胎三说。珍珠的神灵赐予说，开始是所谓"滴露成珠"，即露珠通过神灵的点化而变成珍珠。另一说是所谓"鲛人泣珠"（见晋代张华的《博物志》及旧称东汉郭宪所作，实为六朝人伪托之作的《东汉洞冥记》）。鲛人，即今所说的美人鱼。生物附着说，指的是珍珠附着于动物或植物而来。附着于动物者，一说为附着于珠鳖鱼的六足之下（见《山海经·东山经》），另一为附着于骊龙颔下的"千金之珠"——骊珠（见《庄子·列御寇》）。附着于植物者，指的是附着于一种叫三株树的珠树上（见《山海经·海外南经》）。比较接近科学真实的是螺蚌孕胎说。贝类"夜采月华"孕成珠胎的"映月成胎"说，从宋代庞元英的《文昌杂录》开始到王士性的"月明则下种多，昏暗则少"，"老蚌晒珠之夕，海天半壁闪如霞"（《广志绎》）乃至明代宋应星、清初屈大均，一脉相承，相沿日久。他们还认为"明月之珠，蠃（螺）蚌之病"（《淮南子》），直至近代人们也认为珠胎是它们的疾患。这表明人们对蚌贝类受异物刺激而成珠已有初步认识。此后才有这种认识的深化和发展：寄生虫形成说和珍珠囊成珠说（见清柴萼《梵天庐丛录》）。这里有两点值得注意：其一，"凡珠必产蚌腹"，其他说法都缺乏科学根据，"蛇腹、龙颔、鲛皮有珠者，妄也"（《天工开物》）；其二，"凡蚌无阴阳牝牡"（《广东新语》），螺蚌孕胎并非是它们的繁殖行为。现代科学研究证明，珠贝确有雌雄同体者，但也有雌雄异体的。现代科学还证明，珍珠是在一定外界条件刺激下所分泌并形成的与贝壳珍珠层相似的固体粒状物质。

Linghvaih, doiq sengbaenz naedcaw cawzliux miz gij swhyienz diuzgienh hab'wngq de okdaeuj, lij aeu miz aen cougeiz siengdang raez, "sae'gyap ok naedcaw, baez yaeb le yaek gvaq geij bi cij hainduj seng, youh gvaq geij bi cij hainduj maj, youh gvaq geij bi cij hainduj laux"（Linz Fu《Gij Saw Sij Hawj Vuengzdaeq Gouz Dingz Aen Minghlingh Yaeb Caw》）. "Fanzdwg naedcaw seng dai miz soq, aeu deihdeih lai de couh mbouj ndaej laebdaeb miz roengzbae. Lienzdaemh geij cib bi mbouj yaeb duz sae'gyap couh ndaej an'onj dwk hungmaj, fatsanj lwglan le cix ganq ok haujlai naedcaw ndei"（Sung Yingsingh《Denhgungh Gaihvuz》）.

此外，珍珠生成除有其适应的自然条件之外，还要有相当长的生长周期，"螺蚌之产珠也，一采之后数年而始生，又数年而始长，又数年而始老"（林富《乞罢采珠疏》），"凡珠生止有此数，采取太频则其生不继。继数十年不采则蚌乃安其身，繁其子孙而广育宝质"（宋应星《天工开物》）。

（3）Fatyienh giz diegyouq duz sae'gyap. Mwh Sungcauz Donvang daengj aen daemz naedcaw Conzyinz, gaenq ra raen giz dieg cinjdeng de. Aen daemz naedcaw bingq mbouj dwg bouxvunz haivat, cix dwg "aen dauj gwnz haij hopngomx" ndaej daeuj. Haujlai aen daemz naedcaw cwng coh cungj miz eiqsei. Donvang dwg ceij giz dieg neix lajdaej haij miz rin lai, youh miz sahyiz okdaeuj sieng vunz, boux vunz ndaw ranz youq gwnz rin ngiengx gyaeuj yawj gyae bae maqmuengh boux bae yaed caw de ancienz dauqma, hoeng boux bae yaeb caw de cix deng nanh dai lo sawj vunz ndaw ranz saetmuengh. Gaengawq Mingzcauz《Lenzcouh Fujci》geiq, Mingz Hungzci caet bi（1494 nienz）, cauzdingz baiq vunz daeuj souj aen daemz naedcaw de miz "Yangzmeiz、Cinghyingh、Bingzgyangh" sam aen. Linz Fu《Gij Saw Sij Hawj Vuengzdaeq Gouz Caizbae Bouxhak Souj Aen Daemz Naedcaw》ndawde lij daezdaengz miz Leizcouh fuj Haijgangh yen aen daemz naedcaw Lozminz. Sung Yingsingh daezdaengz miz aen daemz naedcaw

Vuhniz. Cingh Giz Daginh youq 《Gvangjdungh Sinhyij》ndawde geiq miz caet mwnq, demgya Bwzsah、Haijcuhsah、Bwzlungz, ndawde aen daemz naedcaw Bwzlungz ceiq hung, daihngeih dwg Bingzgyangh、Yangzmeiz、Cinghyingh.《Denhgungh Gaihvuz》doiq gij vih deihleix gak aen daemz naedcaw caemh cungj geiqhauh cingcuj: Daj baihdoeng yiengqcoh baihsae baizlied, daj Vuhniz、Duzlanjsah daengz Cinghyingh dox gek it bak betcib leix. Baihsae Donvang daengz Vuhniz it bak ngeihcib leix, baihsae daengz aen singz Bwzlungz dwg gij bien'gyaiq aen daemz haij naedcaw, Cinghyingh daengz Donvang it bak goujcib leix. Vuhniz daengz aen daemz Bingzgyangh it bak leix, Bingzgyangh daengz Yangzmeiz goujcib leix. Baihdoeng ciep doiq Lozciz, Bwzlungz daengz baihdoeng Bwzhaij daihgaiq it bak ngeihcib leix. Gwnzneix soj gangj de caeuq 《Hozbuj Yenci》《Lenzcouh Fujci》《Gvangjdungh Dunghci》《Minj Yez Sinzsi Giloz》caeuq 《Dacingh Yizdungj Ci》gangj de youh mbouj doengz liux. Gaengawq dangdaih sijyozgyah gaujcingq, aen daemz naedcaw Hozbuj miz haj aen: Aen Yangzmeiz youq cingqcingq baihnamz aen singz Bwzlungz, youh cwng Bwzlungzciz; Cinghyingh, Haijcuhsah dwg aen daemz bengxcoengz de, youq baihnamz ndawgyang Vujdauh Lungzdanz; Bingzgyangh, youh cwng Bwzsah, Soujginhciz dwg aen daemz bengxcoengz de, youq baihgonq Bwzsiz、Bwzsahcangz aen mbanj Cuhcangz; Vuhniz youq baihnamz Yungjanhsoj; Donvangj, youh cwng Donvang, caemh youq baihnamz Yungjanhsoj. Doenghgij soqgawq neix cungj dwg boux ndaemraemx yaeb caw Bouxcuengh youq mwh youz bae yaeb caw de cazyawj geiqloeg.

（3）珠贝生息地的发现。宋时传说的断望等珠池，已找到其确切地点。珠池并非人开挖的池子，而是"海面岛屿环围"之故。许多珠池命名均有含义。断望一名的由来该地海底多石礁，又有鲨鱼出没伤人，岩边家属翘首远望采珠人安全归来，但采珠人却罹难而使家属失望。据明《廉州府志》载，明弘治七年（1494年），朝廷派员看守的珠池有"杨梅、青莺、平江"三池。林富《乞裁革珠池市舶内臣疏》中还提到有雷州府海康县乐民珠池。宋应星提到的有乌泥珠池。清人屈大均在《广东新语》内记有七处，增加白沙、海猪沙、白龙，其中白龙珠池最大，其次是平江、杨梅、青莺。《天工开物》对各珠池的地理位置也都明确标注：自东向西排列，从乌泥、独揽沙至青莺相距百八十里。断望西至乌泥一百二十里，西至白龙城为海珠池边界，青莺至断望百九十里。乌泥到平江池百里，平江到杨梅九十里。东接对乐池，白龙到北海东约百二十里。以上记述与《合浦县志》《廉州府志》《广东通志》《闽粤巡视纪略》和《大清一统志》的记述又不尽相同。据当代史学家考证，合浦珠池有五池：杨梅池在白龙城正南，又称白龙池；青婴，又称青莺，海猪沙为其附属池，在武刀龙潭间之南；平江，又称白沙，手巾池为其附属池，在珠场寨白石、白沙场前；乌泥在永安所之南；断网，又称断望，亦在永安所之南。这些资料都是壮族潜水采珠人在采珠航行中的观察记录。

（4）Gij gezgou sezgi aen ruz yaeb caw gaijbienq. Doenghbaez aen ruz gaeb youh raez, habngamj bae dwk riengjvaiq. Aenvih Nanzhaij souh gij rumz geiqciet yingjyangj le langh lai, aen ruz yaeb caw iugouz bingzonj dingz youq gwnz haij, sawj boux yaeb caw de bingzan roengz raemx. Youh caeuq boux yaed caw youq laj raemx de baujciz miz diuzcag doxlienz, yienghneix saedbauj ndaej dawz de gibseiz ancienz riuj hwnj gwnzraemx ma. Vihliux hab'wngq gij aeuyungh neix，gaij aenruz youh gaeb youh raez doenghbaez baenz aenruz moq haemq dinj haemq gvangq de. Linghvaih bwh miz nyangj，yungh daeuj gveng hoouj ndaw raemxgeujgaeq bae fuengzre aenruz deng gienj haeuj le bok fan，baujcwng ancienz（doz 3-2-2）.

（4）采珠船结构设计的改变。过去船形窄而长，适宜快速运航。因南海受季节风影响而多浪，采珠船要求平稳停于海面，使采珠人平安下水。又与在水下采珠人保持绳索联系，以确保将其及时安全提上水面。为适应这一需要，改以往狭窄而长的船型为纵变短、横加宽的新型船。另备草捆，用于抛入漩涡以防船卷入翻倾，保证安全（图3-2-2）。

Doz 3-2-2　Mingz《Denhgungh Gaihvuz》gwnz doz yaeb caw，ndaw ruz yaeb caw miz vunz gaem reu，yaek bau roengz ndaw raemx gveuj bae

图3-2-2　明《天工开物》采珠图上，没水采珠船上有人持竹笆，准备抛入海面漩涡处

（5）Aenruz yaeb caw demlai gij cangceiq bengrag. Aeu gaeu sei caggvang caeuq byoemgyaeuj vunz goenjgeuj baenz caglamh，sam seiq conq loet，aeu diet daeuj gvangx，song diuz diet doxgeuj de. Sou fat caglamh，geij cib vunz daeuj guh. moix song aen ruz、song diuz caglamh、song aen loek、gangfung haj roek aen. Aeu caglamh youq song henz aenruz cug loz haeujbae，ndaw loz cuengq doxgaiq yaeuh sae'gyap，swnhrumz mbehai gangfung. Aen loz bienq naek le aenruz couh mbouj doengh，sou gangfung roengzma le，mbiq aen sae'gyap le aeu naedcaw ok.

（5）采珠船增添牵引装置。用黄藤丝棕及人发扭合为缆，大径三四寸，以铁为椗，以二铁轮绞之。缆之收发，以数十人司之。每船椗二、缆二、轮一、帆五六。缆系船之两旁以乘筐，筐内置珠媒引珠，乘风帆张。筐重则船不动，落帆收椗而上，剥蚌出珠。

（6）Gij fuengfap yaeb caw cawzliux fuengfap cienzdoengj，linghvaih miz gij fuengfap "yungh muengx aeu". Gij fuengfap neix "aeu diet guh faenz（dingzlai dwg faenz rauq），doeklaeng aeu faex dingx giz bak faenz，song gak duengq rin，aeu cagndaij guh fan dou lumj aen daeh de，diuz cag cug youq song henz aenruz，miz rumz gangfung mbe le couh rauz

aeu", Vangz Swsing caeuq Yungjloz bidaeuz yisij Lij Hungzginh daez daengz cungj fuengfap neix. "Fag rauq diet neix miz sam bak gaen naek" (Fungz Minjcangh 《Diuz Fwen Yaeb Caw》). Cienznaeuz cungj fuengfap neix dwg Sungdai Yunghhih 3 bi (986 nienz) boux guh aen hak ciuan gaemh caeg giz Gvangj、Gvei、Yungz、Yiz、Liuj (Gvangj: Gvangjcouh, gvihaeuj Gvangjnanz Dunghlu; Gvei: Gveicouh; Yungz: Yungzcouh; Yiz: Yizcouh; Liuj: Liujcouh. Cungj dwg gvihaeuj Gvangjnanz Sihlu) de Lij Cungveij soj cauh. Lij Cungveij, vunz Yingcouh (seizneix Sanhsih Yingyen) Ginhcwngz. Guh gvaq boux cijveihsij Gidanh buduh, doeklaeng deng Banh Meij gaemh gaj dai, Sungdaicungh Yunghhih sam bi (986 nienz) aenvih "vunzmanz Lingjnanz fanjgoet" cix nyaemh aen cizvu neix. Lizsij Sungdai miz gij geiqloeg de.

(6) 采珠方法除传统方法外，另有"网取法"。其法"从铁为耩（多齿耙），最后木柱扳口，两角坠石，用麻绳作兜如囊状，绳系舶两旁，采风扬帆而兜取之"，王士性及永御史吕洪均提到此法。"铁耩有三百斤之重"（冯敏昌《采珠歌》）。据说此法为宋代雍熙三年（986年）时任广、桂、融、宜、柳（广：广州，属广南东路；桂：桂州；融：融州；宜：宜州；柳：柳州。均属广南西路）招安捉贼使的李重海所创。李重海，应州（今山西应县）金城人。曾任契丹部都指挥使，后为潘美擒杀，宋太宗雍熙三年（986年）因"岭蛮叛"而任该职。宋史有传。

Daihsam Ciet   Haijyangz Yizyez
第三节   海洋渔业

Ciuhgeq giz dieg Bouxcuengh henzhaij raez 4300 lai goengleix, henz haij diegraiq lailai daihdaih, raemx raeuj, youh miz raemxda cit gien haeujdaeuj, dwg giz dieg ndei duzbya、sae haij caeuq gak cungj swnghvuz ndaw haij fatsanj de. Sojlaiz youq mwh hongdawz rin moq, gij cojgoeng Bouxcuengh comzyouq henzhaij de couh bae henzhaij gaemhdawz duzbya duzgungq ndaw haij, yaeb duzbya、sae youq henzhaij giz raemx feuz de daengjdaengj daeuj dienz dungx. Henzhaij haujlai dieggaeuq Beigiuh caeuq oknamh "fag deu hauzli" (doz 3-3-1) aeu sae'gyap gyagoeng baenz de, couhdwg yungh daeuj bok aeu gij noh hauzli daeuj gwn de, ndaej vih de guh cingq.

古代壮乡之地海岸线长达4300多千米，沿岸滩涂密布，水温暖和，又有江河淡水汇入，是海洋鱼、贝及各种海洋生物繁育之佳地。故在新石器时代，聚居于海湾的壮族先民就滨海捕捉海水中的鱼虾，捡拾浅滩上的鱼、贝等以果腹。沿岸大量贝丘遗迹和出土的用贝壳加工制成的"蚝蛎啄"（图3-3-1），就是用以剥取蚝蛎肉为食的，可为之证。

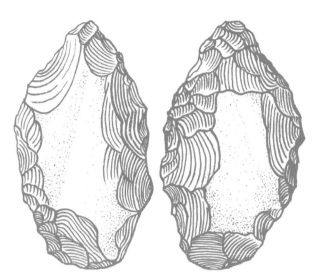

Doz 3-3-1　Gvangjsih Dunghhingh si mwh hongdawz rin moq henzhaij giz Beigiuh dieggaeuq oknamh fag deu
hauzli rin

图3-3-1　广西东兴市新石器时代海滨贝丘遗址出土的石蚝蛎啄线描图

Gij doxgaiq dijbauj naedcaw caeuq daimau、swjbei daengj gij doxgaiq geizheih noix miz ndaw haij gaepyinx doenghgij canghseng'eiq Cunghyenz, Nanzhaij cojgoeng Bouxcuengh cix daj dandan dwk doenghduz ndaw haij daeuj gwn fazcanj baenz dwk lauz naedcaw sae'gyap daeuj gyau gvaeh caeuq yungh daeuj gai. Lai bi daeuj yaeb aeu naedcaw, coicaenh le guh ruz、gij gisuz hai ruz caeuq gij hongdawz dwk rauz ndaej fazcanj. Mingz Cingh doxdaeuj 200 lai bi raez gimq haij、bouxcaeg gwnz haij gauj gvaiq nem vunz rog guek ciemqhaeuj daiq hawj gij haijyangz yizyez giz Bouxcuengh yingjyangj mbouj ndei gig daih. Youq mwh fazcanj aen gangjvanh hab dajciengx ndawde, Bwzhaij、Veizcouh、Sezyangz、Hozbuj seiq aen ciengz dajciengx guhbaenz le itdingh gveihmoz. Cojgoeng Bouxcuengh youq caengzcaengz gannanz ndawde, hai'ok le gij gisuz dwk lauz caeuq dajciengx haijyangz yizyez.

海中珍宝如珍珠、玳瑁、紫贝等珍稀之物吸引着中原商贾，南海壮族先民则从单纯捕食海产品发展成捕捞珍贝贡赋及货用生产。多年来的珍珠采集，促进了船只制造、驾驶技术和捕捞工具的发展。明清以来长达200多年的海禁、海盗作祟及外强入侵给壮乡海洋渔业严重的负面影响。在宜渔港湾的发展过程中，北海、涠洲、斜阳、合浦四大渔场形成了一定规模。壮族先民在重重困难之中，开拓了海洋渔业的捕捞及养殖技术。

Mingz Cingh song daih dwg Cungguek, caemh dwg Gvangjsih haijyangz yizyez fazcanj mwh youqgaenj de. Henzhaij nem giz dajciengx henzhaij laebdaeb haifat caeuq aeu raemxhaij dajciengx nguhmenh fazcanj, fanjyingj le gij cinbu giz gvaengh Bwzbuvanh haijyangz yizyez. Mwh Minzgoz, gozminz cwngfuj gij banhfap mizgven haijyangz yizyez de hengzguh, caemh cigciep yingjyangj daengz gij haijyangz yizyez giz henzhaij Gvangjdungh Gvangjsih.

明清两代是中国，也是广西海洋渔业发展的重要时期。海区沿岸及沿海渔场的相继开发和海水养殖的缓慢发展，反映了环北部湾海洋渔业的进步。民国时期，国民政府有关海洋渔业的政策措施也直接影响到两广沿海海洋渔业的发展。

It. Haijyangz Dwk Lauz
一、海洋捕捞

Baihsae Gvangjdungh haifat giz gangjvanh hab dwk rauz de youq Mingzdai，Bwzbuvanh ndawde Bwzhaij、Veizcouh、Sezyangz daengj dieg youq mwh Mingzdai cogeiz caemh laebdaeb ndaej daengz haifat. Daengz le Cinghdai, gij yizcangz Bwzbuvanh gaenq guhbaenz seiq aen yizcangz hung Gvangjdungh aen ruz dozfungh hozdung ndawde aen ndeu. Bwzhaij, yienzlaiz dwg Lenzcouh bet aen mbanj ciengx naedcaw ndawde aen mbanj Gujlij, mwh Gyahging guhbaenz （1796～1820 nienz） aen mbanj ciengx doenghduz ndawde gaeuqgeq ndeu, Genzlungz gvaqlaeng, cugciemh guhbaenz giz canghdwkbya comzyouq de. Mwh de giz gangjvanh hab dajciengx doenghduz ndaw raemx de gaenq miz Sihcangz、Lungzmwnz daengj ca mbouj geij 20 giz. Veizcouh, youq giz goek aen haij ciengx caw ndawde, mwh Gvanghsi（1875～1908 nienz）, gwnz dauj gij vunz bet aen mbanj neix cujyau dwg dwkbya roxnaeuz ciengx caw. Sezyangz, Mingzcauz cogeiz gvih Leizcouh fuj Veizcouh sinzgenjswh, haifat gocwngz caeuq Veizcouh daihgaiq siengdang. Lw ma lumjbaenz Sanhcah、Gauhdwz、Hougangj、Yungzgwnh daengj gangjvanh caemh youq Cinghdai cunggeiz geizlaeng laebdaeb ndaej daengz haifat. Ciengzgeiz doxdaeuj, cwngfuj yaeb aeu naedcaw baezsoq deihdeih、gveihmoz hungloet, youq cujciz、gunghawj、ruz、duivuj caeuq gisuz daengj fuengmienh vih gij haijyangz dwk lauz rangh neix ndaej fazcanj dwk roengz le giekdaej itdingh. Aenvih rangh Ginh、Lenz gij saehnieb dwk rauz haijyangz guhbaenz, gij swnghcanj hozdung de gaenq nabhaeuj ndaw hingzcwng Cingh vuengzciuz. It dwg gyagiengz le guekgya guenjleix gij gienz yungh haij, ngeih dwg doiq gij vunz dwkbya doenghbaez mbouj haeuj ndaw huciz de ciuq gij vunz gwnzhawq ityiengh guh baujgyaz bienlied. Linghvaih, Mingz、Cingh song daih lij ceiqdingh aen cidu guenjleix gveihci ruz yiemzgek de. Song daih neix gimq haij senj haij doiq Ginh、Lenz haijyangz yizyez cauhbaenz yingjyangj gig daih, sawj gij vunz gwnz haij gauq dwk rauz haij gvaq saedceij vunzsoq dwg gij vunz gwnzhawq gouj boix de mbouj miz banhfap gvaq saedceij, mbouj miz doxgaiq ndaej hawj lix roengzbae.

粤西宜渔港湾开发于明代，北部湾内的北海、涠洲、斜阳渔场地在明初也陆续得到开发。到了清代，北部湾渔场已经成为广东拖风船活动的四大渔场之一。北海，原是廉州珠场八寨之一的古里寨，嘉庆年间（1796~1820年）成为一个古老渔村，乾隆之后，逐渐形成渔商聚居之地。其时宜渔港湾已有西场、龙门等近20处。涠洲，地处古珠母海中，光绪年间（1875～1908年），岛上八村居民以捕鱼为业或为珠户。斜阳，明初雷州府涠洲巡检司，开发过程与涠洲大致相当。其余如三叉、高德、鲨港、榕根等港湾也在清代中后期相继得到开发。长期以来，次数频繁、规模庞大的珍珠官采活动，在组织、给养、船具、队伍及技术等方面为这一带海洋捕捞业的发展打下了一定的基础。鉴于钦、廉一带海洋捕捞业的形成，其生产活动已纳入清王朝的行政之中，一是加强了国家对采海权的管理，二是对以往不入户籍的渔民按陆上居民同例进行保甲编列。另外，明、清两朝还制定严格的渔船规制管理制度。两朝施行的禁洋迁海对钦、廉海洋渔业造成很大影响的禁洋迁海，使人数九倍于陆上居民的以采海为生的海民无生养计，苟活无凭。

Hoeng gij cwngcwz gwnzneix gangj de caeuq gij sevei ginghci yizyez cingq hwnghwnj hoenghhwd de canjseng le mauzdun haenqrem, mwh gij yizyez swhyenz gaenh haij mbouj ndaej gaeuq veizciz engqlij yiemzcungh yingjyangj yizyez sevei ginghci fazcanj, yiengq ndaw haij giz laeg giz baihrog gyagvangq hoengganh bienqbaenz gij byaijyiengq bietyienz, gyahwnj gij yizcwng guenjleix song daih neix bonjndang miz congh mbongq, banhfap mizbaez seizbienh dangqmaz, mizseiz engqlij dwg gag dox mauzdun, hawj gyoengq vunz dwkbya miz di gojnaengz ndaej dwkbyoengq. Lumjbaenz Cinghdai saedhengz gij gvidingh cinjhawj ruz canghseng'eiq、ruz dwkbya okhaij dwk rauz, doengzseiz gij gisuz cauhruz ndaej daezsang, youh sawj aen ruz dwkbya hungloet de miz hoenggan ndaej mizyouq. Gij ceiq miz daibyaujsing de dwg Gvangjdungh aenruz dozfungh daengj aen ruz hung hab youq rog haij guhhong de, youq mwh Ganghhih（1662～1722 nienz）hwng hwnjdaeuj, lij giujmiuq ndojbaex caz gimq gaij cwng "ruz vangx" "ruz cwngh" "ruz vangjswj". Sojlaiz, yienzlaiz miz gij gisu youq giz gaenh henz giz feuz dwk lauz nem miz gisuz cihciz youq giz laeg giz baihrog haij dwk lauz cungbyoengq caengzcaengz rengzgaz ndaej daengz fazcanj. Bwzhaij hai guh aen goujan dunghsangh（1876 nienz）gvaqlaeng cib lai bi, dwk lauz haijyangz gaenq guhbaenz gij saednieb youqgaenj giz Bwzhaij, gij vunz guh hangz neix de miz 2500 lai boux, aenruz dwkbya 400 aen, moix aen ruz ndaej cang 6～12 dunh. Moixbi gouj daengz cibngeih nyied mwh dwkbya de, Veizcouh caeuq gwnz haij laenzgaenh ciengzseiz miz baenz cien aen ruz dwkbya okhaij, cujyau dwk lauz mwzyiz、canghyiz, iep gvaq le siu haeuj dieg baihndaw. Giz dwk lauz de bae gyae daengz Veizcouh、Sezyangz、Gijsuij、Couhdunh nem Bwzlungz daengj. Gouj nyied daengz daihngeih bi ciengnyied（yaemlig）mwh miz bya lai de, aen ruz dwkbya dingzlai haeuj mbiengj Yeznanz giz Byanou、Bya'gyaeujma、Bozvanh、Dunghginghsanh daengj bae dwk rauz. Ginhcouh giz laenzgaenh Mauhveijhaij miz muengx daengj、fan leih daengj lai cungj yizyez. Ginhcouh gij dwzcanj mizmingz de gungq loet, dwk lauz le guh hawq, cwng "daih hoengz".

但是上述政策与正在蓬勃兴起的渔业社会经济产生了尖锐的矛盾，近海渔业资源不足以维持甚至严重影响渔业社会经济发展之时，向深海外海扩展生产空间成为必然的趋势，加上两朝的渔政管理本身存在着弊端，措施有很大的随意性，有时甚至是自相矛盾，给渔民一些钻漏洞的可能。例如清代实行的允许商船、渔船出海捕捞的规定，同时造船技术的提高，又使大渔船有存在的空间。最具代表性的广东拖风船等适于外海作业的大型渔船，在康熙年间（1662～1722年）兴盛起来，还巧避查禁改称"网船""缯船""网仔船"。因此，原有的近岸浅海及有技术支持的深海外海捕捞业冲破重重阻力得到发展。北海开通商口岸（1876年）后的十多年间，海洋捕捞业已经成为北海的重要实业，从业人员2500多人，渔船400条，每船吨位6～12吨。每年九至十二月捕鱼季节，涠洲与

附近海面常有千艘渔船出海，主要捕捞墨鱼、章鱼，腌制后销往内地，捕捞海域远达涠洲、斜阳、企水、洲墩及白龙等。盛渔期的九月至翌年正月（农历），渔船多往越南一侧洋面的老鼠山、狗头山、婆湾、东京山等处采捕。钦州猫尾海附近有竖网、帘箔等多种渔业。钦州有名特产品大虾，捕捞后干制，称为"大红"。

Aen seizgeiz neix gij hongdawz dwkbya miz cauhmoq gig daih. Lumjbaenz saeng hung、dou saeng、cuzbwz、loujbwz、danhbwz、bwz hung、bwz iq、beifunghbwz、muengx fueng、muengx geuj、do cuk、do baengz、daguj、cuzgang daengj cib geij cungj. Gaenh henz couh miz aen gvaeg、saeng、bwz、loengz、duzdiu、diubwz daengj. Ndawde youh miz gaenh henz sawjyungh gij aen gvaeg laeg、giz raemx laeg yungh gij gyaeg cag raez, lij miz banj gvaeg、gvaeg humx caeuq ciengz gvaeg. Saeng miz saeng lauz、saeng yaemz、saeng cihcouh、saengci caeuq saeng geuj, youh miz ganjsep ep byaraiz、ciziyz、sizyiz de. Rangh Bwzhaij ciengzseiz yungh gij hongdawz dwkbya de miz muegx、lauzgei、ganjsep、biu diet caeuq saeng buengz haj cungj. Vangx youh daeuz hauh、ngeih hauh、sam hauh gak cungj gveihgwz gunghawj aen ruz dwkbya sawjyungh. Fan daeuz hauh de gij gyaeuj vangx raez 12 ciengh, gvangq 7 ciengh, congh hung 1.4 conq；byai vangx raez 2 ciengh, gvangq 0.5 ciengh, congh hung 0.3 conq. Fan vangx ngeih hauh gyaeuj vangx raez 9 ciengh, gvangq 4 ciengh, congh hung 2.2 conq；byai vangx raez 2 ciengh, gvangq 0.5 ciengh, congh hung 0.3 conq. Ndaw ganjsep fag hung de yungh cagndaij guh sienq, ndaej ep duzbya bak geij gaen de. Mwh Cinghcauz satbyai, miz aen ruz ep bya 200 lai aen. Aen biu camz bya, yungh cagndaij cug ndei. Cwngh bungz sang 1.6 ciengh, cang miz aen buenz geuj. Cwngh raez 3 ciengh, gvangq 3.2 ciengh, naek daihgaiq 30 gaen, moix saeng ndaej bya cien geij gaen. Aen lauzgei hung iq mbouj doengz, yungh daeuj lauz duzbya ndaw vangx. Aen hung de ndaej cang bya saek bak song bak gaen, youz sam haj boux vunz caez guh. Gak cungj muengx cungj yungh ndaek ndaeu roxnaeuz naeng youzganh cienq raemx le daeuj nyumx, yienghneix guh haemq naih yungh. Ndaek ndaeu dwg gij Sinzcouh Yungjcunh yen ok gijde ndei.

这一时期渔具有很大创新。如大罾、罾门、竹箔、篓箔、滩箔、大箔、小箔、背风箔、方网、辏网、竹爹、布爹、大罟、竹篁等十几种。近岸便有罧、罾、箔、笼、涂跳、跳白等。其中又有近岸使用的深罧、深水用的索罧，还有板罾、围罾和墙罾。缯有徛缯、沉缯、知州缯、车缯和绞缯，又有钓取花鱼、池鱼、鲥鱼的钓具。北海一带常用的渔具有网、捞箕、钓、铁镖和缯棚五类。网又有供头号、二号、三号密尾渔船使用的各种规格。头号者网头长12丈，宽7丈，网眼1.4寸；网尾长2丈，宽0.5丈，网眼0.3寸。二号者网头长9丈，宽4丈，网眼2.2寸；网尾长2丈，宽0.5丈，网眼0.3寸。钓具中的大钓用麻绳为索，可钓百余斤之鱼。清末时，有钓艇200多艘。叉鱼之镖，用麻绳系之。缯棚高1.6丈，装有绞盘。缯长3丈，宽3.2丈，重约30斤，每缯可得鱼千余斤。捞箕大小不一，用于捞取网内之鱼。大者可装鱼一两百斤，由三五人通力操作。各种网具都用薯莨或油柑皮熬汁渍染，以求耐用。薯莨以产自浔州府永淳县者为佳。

Bwzhaij aen ruz dwk rauz de miz aen ruz rieng maed、aen ruz rieng mbe、Haijnanz dingj、 aen ruz song gyaeuj soem youq giz feuz. Aen ruz rieng maed, youh faen daeuz hauh、ngeih hauh caeuq sam hauh. Ndawde aen ruz rieng maed daeuz hauh guh gij yienghceij de daj aen dauj Nauzcouh, sojlaiz youh cwng Nauzcouh aen ruz rieng gaeb. De miz sam diuzsaeu cengq bungz, ndaej doz bya 10 fanh gaen, swnh rumz ngig rumz cungj ndaej hai, sou muengx aeu ci buenz. Mwh roengz muengx, song aen ruz doengzcaez hai, faenbied beng song aen gvaeg, laengz raemx dangj bya. Moix ngoenz dwk baez ndeu, youq haetcaeux 5 diemj roengz muengx, banringz sam seiq diemj hwnj muengx. Mwh bya lai, moix muengx ndaej dwk bya seiq haj cien gaen, goq vunz 11 boux. Ngeih、sam hauh aen ruz rieng gaeb guh gij yienghceij de caeuq aen ruz daeuz hauh doxdoengz, dandan raez dinj gvangq gaeb cungj gemj di. Gangfung dingzlai dwg aeu mbinj nyangj gyoeb baenz, caemh ndaej aeu baengzdoj gyoeb ciep. Aen ruz hung rieng mbe caemh faen daeuz hauh nem ngeih hauh、sam hauh. Daeuz hauh ndaej doz bya 3 fanh gaen, caemh dwg sam diuzsaeu cengq bungz. Ngeih hauh、sam hauh haemq iq, sou muengx caemh dwg aeu ci buenz. Goq vunz 6 boux, moix muengx ndaej dwk bya song sam cien gaen. Haijnanz dingj haemq hung, ndaej doz bya 1 fanh gaen, mwh bya lai ndaej vangx aeu cien gaen, hai ruz caeuq gij fuengfap dwk bya caemh doxdoengz, goqyungh 5 boux vunz, dingzlai youq gwnz haij Gvangjdungh dwk bya, caemh bae Yeznanz. Aen ruz song gyaeuj soem youq giz feuz de, miz diuz saeu cengq bungz ndeu, goq vunz 4 boux, dingzlai youq gwnz haij laenzgaenh Bwzhaij de dwk bya rauz gungq, haetcaeux okbae banhaemh dauqma, dwg ruz dwkbya iq.

北海的捕捞渔船有密尾渔船、大开尾船、海南艇、两头尖浅海船。密尾渔船，又分头号、二号及三号。其中头号密尾渔船制式来自于硇洲岛，故又名硇洲密尾船。其有三桅，可载鱼10万斤，顺逆风均可行驶，收网用车盘。下网时，两船并行，分牵两众，绝流而渔。日捕一次，于晨5时下网，午后三四时起网。鱼多时，每网可获鱼四五千斤，雇工11人。二、三号密尾渔船的制式与头号相同，唯长短宽窄递减。帆多用草席拼成，也可用土布拼接。大开尾船也分头号、二号、三号。头号可载鱼3万斤，也是三桅。二号、三号略小，收网亦用车盘。雇工6人，每网可捕鱼两三千斤。海南艇较大，可载鱼1万斤，鱼多时可网获千斤，行驶与捕鱼方法亦同，雇用5人，多在粤海面捕鱼，间往越南。两头尖浅海船，单桅，雇工4人，多在北海附近海面捕鱼虾，朝出暮归，属小渔船。

Sungdai bitgeiq《Lingjvai Daidaz》soj geiq faex ndaem Ginhcouh yungh daeuj guh aen dox ruz hung, ndei gvaq ruz rog guek haujlai, dwg lajmbwn gij doxgaiq gig ndei de.

宋代笔记《岭外代答》所载钦州之乌木用作大船之桅，远胜于洋舶，极天下之妙。

Mwh Minzgoz, giz Bouxcuengh haijyangz yizyez miz fazcanj moq, Hozbuj daengj 5 aen yienh dwg Gvangjdungh giz baihsae haij 11 aen yienh ndawde aen yienh haijyangz yizyez ceiq fatdad de, haijyangz yizyez guhbaenz diuz dongh youqgaenj dingjcengj digih ginghci, daegbied dwg Bwzhaij Hozbuj、Gijsah Fangzcwngz guhbaenz gij yizyez gwnhgidi youqgaenj song aen yienh neix. Gozminz cwngfuj ceiqdingh gujli cwngcwz fazcanj haijyangz yizyez swnghcanj. Minzgoz 12 bi（1923 nienz）, Gvangjdungh miz ruz dwkbya 2 fanh lai aen, canghdwkbya daihgaiq 30 fanh, binaengz dwk rauz lai daengz 200 fanh gaen doxhwnj, Leiz、Gingz、Lenz sam couh dwg

dieg yizyez. Minzgoz 25 bi（1936 nienz）, cauh'ok lizsij ceiqsang suijbingz, aen ruz dwkbya 5 fanh lai aen, canghdwkbya 70 lai fanh, dwk ndaej bya 36 fanh donq. Dandan Bwzhaij mwnq dog couh miz ruz dwkbya 2000 lai aen, aen ruz doz naek 5 fanh ~ 14 fanh gaen de miz 1400 aen. Moix baez mwh raemx hwnj aen ruz hung ndaej dwk bya 3 fanh ~ 4 fanh gaen, ruz iq caemh ndaej 8000 ~ 10000 gaen. Yizbwnj bingdoih ciemqhaeuj daeuj le, Gvangjsih yizyez sonjsaet liux, canghdwkbya deng gaj dai, aen ruz fan vangx daengj doxgaiq dwkbya deng coemh liux. Canghdwkbya caeuq aen ruz fan vangx sonjsaet cungj youq 70% doxhwnj.

　　民国期间，壮乡海洋渔业有新的发展，合浦等5县是广东西海区11个县中海洋渔业最为发达的县，海洋渔业成为地区经济的重要支柱，尤其合浦的北海、防城港的企沙两县成为的重要的渔业根据地。国民政府制定鼓励政策，发展海洋渔业生产。民国十二年（1923年），广东有渔船2万多艘，渔户约30万，年采捕鱼多达200万斤，雷、琼、廉三州为渔业地。民国二十五年（1936年），渔船5万多艘，渔民70多万，获鱼36万吨，创历史最高水平。仅北海一处就有渔船2000多艘，其中记载重5万~14万斤的有1400艘。每个汛期大船可捕获鱼3万~4万斤，小船也得8000~10000斤。日本侵略军入侵后，广西渔业损失殆尽，渔民惨遭杀害，船网渔具遭焚毁，渔民和船网渔具损失均在70%以上。

Mwh Minzgoz giz Bouxcuengh haijyangz yizyez aeundaej di cincanj moq ndeu.

民国期间壮乡海洋渔业取得一些新的进展。

（1）Gyagvangq giz dwk bya. Aenvih guh ruz san vangx gisuz ndaej fazcanj, gij yizyez aeu aen ruz rag vangx daeuj dwk bya de gaenq fazcanj baenz gij yizyez bae giz haij gyae, giz dwk bya gaenq bae daengz doengh aen dauj Dunghsah、Sihsah caeuq Nanzsah caeuq Yeznanz Bujvanh. Dwk ndaej gij doxgaiq de miz vuhceiz、youzyiz、bya hoengz、diyiz、gungq dafung、sahyiz、diuhyiz、gihlungzcangh、vangzvahyiz、lazyiz、cauzbwz daengj. Rag vangx dwg gij fungsik cujyau yizyez swnghcanj. Veizcouh、Lungzmwnz、Yezyingh、Budouz、Hihdouz、Yihsahveij daengj dieg cungj gaenq guhbaenz lai cungj fungsik guhhong. Haijlingz dauj baihrog henzhaij guhhong dingzlai dwg gujbungz、sojbungz、yahdingj、aen ruz iq rag vangx caeuq epbya. Gij cungjloih ndaej dwk hwnjdaeuj de cujyau dwg luzyiz、daizyiz、vahyiz、ciyiz、heu hau song cungj canghyiz、fujyiz caeuq gungq. Benq haij Bwzbuvanh gaenq bienqbaenz giz dwk bya youqgaenj de, gij menciz dwkbya gyagvangq daengz 9000 bingzfangh haijlij.

　　（1）渔场的拓展。由于制船结网技术的发展，拖网渔船渔业已发展成为远洋渔业，渔区已扩大达我国东沙、西沙、南沙群岛及越南浦湾。渔获有乌贼、鱿鱼、红鱼、地鱼、大凤虾、鲨鱼、鲷鱼、鸡笼鲳、黄花鱼、腊鱼、鳕白等。拖网作业是渔业生产的主要方式，而在涠洲、龙门、夜莺、步头、溪头、圩沙尾等地都已形成多种作业方式。海陵岛以外沿海作业多为罟棚、索罟、虾艇、拖网小船和钓渔业。捕获种类主要是鲈鱼、鲐鱼、花鱼、赤鱼、青白二鲳、鲬鱼和虾。北部湾海域已经成为重要渔场，捕鱼面积扩大为9000平方海里。

　　（2）Gij hong dwk lauz bienq dwk lai cungj lai yiengh. Mwh Minzgoz, ginzcung youq ndaw haijyangz yizyez sizcen gaengawq gij daegdiemj diegdeih guh le gij hongdawz dwk bya habngamj de, doengzseiz gaengawq dwk rauz doiqsiengq mbouj doengz, guh le gij hong miz cimdoiqsingq de. Aen ruz hung rag vangx de bengx aen ruz iq ndeu, youq gwnz haij gaemh hungzcanh, vuhceiz, hungzyiz. Aeu cag raez daeuj epbya cix moix aen ruz bwh 6 aen dingj iq, baenz bi cungj ok haij, 3 ngoenz ok bae baez ndeu, cujyau dwg dwk duzbya diuh, cingh, hungzcanh. Moix bog cag ndaej cang fagngaeu cien geij diuz, dingzlai dwg youq giz gaenh guhhong. Aeu fwngz ep dingzlai dwg ok rog haij bae dwk lauz, aeu aen ruz meh ndeu daiq haj roek aen ruz iq, yungh cag lienz baenz baiz ndeu. Rauz gungq cix aeu aen ruz cungbouh ndeu youq giz swnhrumz vengj haj roek mbaw vangx hung lumj aen daeh de, dwk rauz duz gungq loet ndaw haij roxnaeuz duzbya caengz lajdaej, moix ngoenz nda vangx roek caet baez, moix bi ok 40~200 rap mbouj doekdingh, haetcaeux okbae banhaemh dauqma, giz dwkbya youq giz gaenh haij betcib cik hwnjroengz. Soj yizyez, yungh vangx gvaengh aen ruz meh, daengxbi cungj dwk bya. Ruz meh fucwz cazyawj gyoengq bya caeuq cawqleix dwk ndaej gij bya de, yungh 2~4 diuz dingj iq cuengq vangx, gwnz ruz gij hongdawz dwk bya de miz cinghlinz vangx, vangzyiz vangx, ciyiz vangx 3 cungj, dingzlai dwg youq Hozbuj Duidaz, Cinghhyaz giz gaenh haij, youq giz raemx laeg 40~64 cik de guhhong. Moix bi ciengnyied daengz sam nyied, dwk bya cinghlinz, vangzyiz, diuhyiz, yizmenj; sam daengz seiq nyied, dwk gunswj, ciyiz, bwzcangh, youzyiz; haj daengz roek nyied dingz haeuj ndaw sok baex rumz, coih ruz boux vangx; caet nyied daengz daihngeih bi ngeih nyied dwk cinghlinz, vangzvahyiz caeuq gungq loet. Canghdwkbya gaenq gaemdawz gij swnghhoz gvilwd gak cungj bya caeuq gak mwnq miz maz bya nem mwh lawz hab guh hong mwh lawz hab dingzhong, doengzseiz gaengawq gij gvilwd gwnzneix, hableix anbaiz swnghcanj.

（2）捕捞作业多样化。民国期间，渔民在海洋渔业实践中因地制宜制作了渔具，并且根据不同的捕捞对象，进行有针对性的作业。大拖网渔船附一条小艇，在海上捕红鲳、乌贼、红鱼。长绳钓作业则每船备小艇6条，经年出渔，3日一航，以捕捞鲷、鲭、红鲳为主。每干绳可装钓钩千余尾，多在近海作业。手钓作业多出外海捕捞，以母船一艘带小舢板五六只，用绳连成一线。虾作业则以中型渔船一条于上风弦张囊状大网五六口，捕捞浅海大虾或底层鱼类，每日设网六七次，年产40~200担不等，早出晚归，渔场在10寻左右近海。索渔业，用围网母船，全年行渔。母船负责鱼群观测和渔获物的处理，用2~4条小艇放网，船上网具有青鳞网、黄鱼网、赤鱼网3种，多在合浦对达、青峡近海，水深5~8寻处作业。每年正月至三月，捕青鳞、黄鱼、鲷鱼、鲵鱼；三至四月，捕棍子、赤鱼、白鲳、鱿鱼；五至六月停港避风，修船补网；七月至翌年二月捕青鳞、黄花鱼和大虾。渔民已掌握各类鱼群的生活规律和各渔区的主要种群，以及适宜作业时间的休渔期，并根据以上规律，合理安排生产。

（3）Ruz vangx doxgaiq dwkbya bienq dwk lai yiengh、baenz hilez. Mwh Minzgoz, Gvangjsih giz Bouxcuengh gij gezgou aenruz dwkbya caeuq cauhguh miz haujlai cauhmoq. Aen ruz rag hung ndang hungloet, miz lungzgoet, gwn raemx laeg, henz ruz vengq benj baihrog

gyagiengz le gij gezgou yiengqcoh daengj, gyaeuj ruz soem, cungqgyang doek roengzbae daemq, diuz liengz gungx gyazbanj iq, aen dox seiqfueng, miz cap benj, diuzsaeu cengq bungz daih dingzlai yiengqcoh baihnaj. Fan bungz aeu fan mbinj nyangj geng de, rengz fan bungz giengzak. Ginhcouh sanhgozdingj, aen ndang ruz gvangq, ak byaij, hai ruz lingzvued, hoeng aen ruz haemq iq, mbouj naih rumzlangh geijlai. Bwzhaij aen ruz rag hung（doz 3-3-2）、aen ruz epbya hihniuzgyoz、Bwzhaij aen dingj iq epbya, cungj miz goengnaengz mbouj doengz habyungh youq gak cungj hong mbouj doengz. Gij ruz baenz hilez de, ndaej youq aen haij mbouj doengz gaengawq dwk rauz doiqsiengq, guh gij hong mbouj doengz de.

（3）船网渔具的多样化、系列化。民国期间，广西壮乡的渔船结构与制造有很多创新点。大拖船的个体大，有龙骨，吃水深，船侧外板加强了纵向结构，船首尖，脊弧低，甲板拱梁小，舵近方形，有插板，桅多前倾。帆篷用硬壳草包席，帆力强。钦州三角艇，船体宽，航力强，操纵灵活，但船体较小，耐风浪性能稍差。北海大拖船（图3-3-2）、犀牛脚钓船、北海小钓艇，都有不同功能适用于不同作业特点之需。系列化的船具，可在不同的海域根据捕捞对象，从事不同的作业。

Doz 3-3-2　aen ruz rag hung
图3-3-2　大拖船

Gij doxgaiq dwkbya giz Bouxcuengh miz doxgaiq muengx、doxgaiq epbya caeuq cazyizgi sam aen hilez hung. Daegbied dwg doxgaiq muengx yiengqcoh hung、lai yiengh fazcanj. Miz muengx rag、muengx gvaengh、muengx goeb、muengx rauz、conzgenvangj、swvangj geij daih loih, gak loih youh youq gak mwnq gak miz gij mbouj doengz de laicungj. Lumjbaenz gij doxgaiq muengx ndawde muengx rag miz vangx rag gwnz ruz（Bwzhaij fan muengx rag hung、Gisah fan muengx rag gyaeuj rieng）、dijyezvangj（Bwzhaij fan muengx rag sanhgozdingj hung、daiswjvangj、muengx geqcamj）, muengx gvaengh miz sojgujvangj（ciyizvangj、vangzyizvangj、cinghlinzvangj、vuhdouzluzlenzvangj）caeuq muengx gungq song cungj, genvangj youh faen swzvangj、canghvangj（vangjmwnz、lungzmwnzdingjvangj、danhdouzdozvangj）、muengx rieng hung、danhdouzlahvangj（baugvat yadunhhaijvangj hung、danhdouzlahvangj iq、sihcangzyah muengx hung）, muengx goeb cujyau miz dayenswj muengx rag，muengx rauz miz Bwzhaijvangj、nanzyah muengx lauz，swvangj miz liuzswvangj、bujvangj、sahyizvangj、swcijvangj、dingvangj、Lungzmwnz siznganzvangj、Hozbuj cuzbaiz swvangj caeuq lenzvangj，fuzvangj miz vangxsaeng lai cungj. Doxgaiq epbya miz yenzswngzdiu、yezswngzdiu、fwngz ep. Yenzswngzdiu youh miz beixnuengx ep caeuq miz wjmenyenzswngzdiu song cungj. Fwngz ep miz vangzyizdiu、vangzcangzdiu、douzluzdiu、denhbingzdiu、sizbanhdiu. Cazyizgi miz bazgi，yungh daeuj lauz aeu gwz hanh；loengz hoz，miz loengz mwzyiz、loengz byacieng gyaeuj guk hau，yungh daeuj dwk lauz mwzyiz、byacieng；maez loemq，yungh daeuj gaemh hou；ngaeu yungh dauj gaemh sahcungz、hauz、baeu daengj. Gij hongdawz dwkbya gak cungj gak yiengh de dwg canghdwkbya giz Bouxcuengh youq ndaw sizcen ciengzgeiz supsou siuvaq、mboujduenh gaijcaenh cix hawj de youq gak cungj haijyiz mbouj doengz caeuq gyoengqde dox hab'wngq ndaej daeuj，gietcomz le gij coengmingz giz Bouxcuengh、bouxgun caeuq gizyawz beixnuengj minzcuz.

壮乡渔具有网渔具、钓渔具和杂渔具三大系列。特别是网渔具朝大型、多样化发展，有拖网、围网、掩网、捞网、船建网、刺网、敷网几大类，各类又有地方性的渔具多种。如网具中的拖网有船拖网（北海大拖网、企沙首尾拖网）、底曳网（北海大三角艇拖网、带子网、粪箕网），围网有索罟网（赤鱼网、黄鱼网、青鳞网、巫头绿莲网）和虾网两种，船建网又分塞网、张网（网门、龙门顶网、滩头拖网）、尾大网、滩头拉网（包括下墩海大网、滩头小拉网、西场虾大网），掩网主要有大燕子拖网，捞网有北海、南虾捞网，刺网有流刺网、脯网、鲨鱼网、四指网、定网、龙门石岩网、合浦竹排刺网和镰网，敷网有缯网多种。钓具有延绳钓、曳绳钓、手钓。延绳钓又有兄弟钓和有饵面延绳钓两种。手钓有黄鱼钓、黄长钓、头鲈钓、天秤钓、石斑钓。杂渔具有耙具，用于捞获蛤蚶；壶笼，有墨鱼笼、白虎头鳝笼，用于捕捞墨鱼、鳝鱼；迷陷，用于捕鲨；钩刺用于捕捉沙虫、蚝、蟹等。各式各样的渔具是壮乡渔民在长期实践中吸取经验、不断改进而使之在各种不同的海域适用，饱含着壮乡壮、汉和其他兄弟民族的智慧。

（4）Guenjleix cobouh nabhaeuj fapceih. Guenjleix caemh dwg gohyoz. Mwh Minzgoz cunghsuh gihgou ndawde nda miz suijcanjgiz，doengzseiz aeu 1929 nienz 11 nyied goengbouh gij《Yizyez Fap》guh cawjdaej，gonq laeng banhhingz faplwd、fapgvi 20 lai cungj. 1932 nienz，daengx guek youh ndalaeb Minj、Yez daengj 4 aen haijyangz yizyez guenjleix giz，gyagiengz le youq dajciengj yizyez、henhoh swhyenz、cinjhawj yizyez、ruz dwkbya ruz aeu gyu、yizyez gyau gvaeh、henhoh yizyez henhoh ruz caeuq bangcoengh yizyez daengj fuengmienh guh cwngcwz. Dajciengj yenjyangz yizyez，muzdiz dwg henhoh gag miz、daj yiengq baihrog haij. Aen cijdauj swhsiengj neix，dajdingh dwg youq dangdaih caemh dwg gij hingzveiz coengmingz yawj ndaej gyae de. 《Yizyez Fap》banhhingz，youq gwnz seiqgyaiq dandan gaenlaeng Gyahnazda caeuq Yizbwnj，vih yizyez Cungguek laebfap yamq ok le bouh youqgaenj ndeu. Mwh Minzgoz，gij haijyangz yizyez Cungguek baugvat Ginh、Lenz、Fangz youq ndawde lai baez souhdaengz vunzdig baihrog ciemqhaih，ndawde Yizbwnj caux hux ceiq haenq. Gozminz cwngfuj yiennaeuz caemh fatbouh gvaq di banhfap ndeu，hoeng aenvih fapgvi ceiqdingh miz mangzmuzsing caeuq

cwnggen bonjndang miz dojhezsing，gij fapgvi dingjgangq vunzdig baihrog duedaeu yizyez swhyenz de ciengzseiz mbouj ndaej dabdaengz muzdiz yawhgeiz.

（4）管理初步纳入法制。民国期间的中枢机构中有水产局的设置，并以1929年11月公布的《渔业法》为主体，先后颁行法律、法规20多种。1932年，全国又设立闽、粤等4个海洋渔业管理局，加强了渔业奖励、资源保护、渔业许可、渔船渔盐、渔业税捐、护渔护航和渔业救助等方面的施政。对远洋渔业的奖励，目的在于维护自有、打向外海。这个指导思想，即使是在当代亦属高瞻远瞩的明智之举。《渔业法》的颁发和执行，在世界上仅次于加拿大和日本，为中国渔业立法迈出了重要的一步。民国期间，包括钦、廉、防在内的中国海洋渔业多次受外强侵害，其中以日本为祸最惨烈。国民政府虽也发布过一些法规，但由于法规制定的盲目性和政权本身的妥协性，抵御外强掠夺渔业资源的法规往往不能达到预期目的。

Ngeih. Haijyangz Dajciengx
二、海洋养殖

Giz Bouxcuengh miz henzhaij raezranghrangh，gij lizsij ciengx doenghduz ndaw haij gyaeraez，cujyau dwg ciengx hauz，lingh miz gij gisuz ciengx bya.

壮乡有长的海岸线，海洋生物养殖历史久远，主要是蚝的养殖，另有鱼塭养殖技术。

（It）Ciengx hauz hung
（一）大蚝养殖

Hauz dwg duz sae'gyap hozgoujsing haengj raeuj haengj gyu de，gvihaeuj song gyap gangh，mujli goh，swnghhoz youq gij vanzging mwh raemxcauz mboek hwnj daengz raemx laeg 7 mij、raemx raeuj 8～34 doh de，maedcaed comz youq giz raemxdah haeuj haij de. Giz Bouxcuengh soj ok binjcungj cujyau dwg gij mujli gaenh dah de，Dafunghgyangh caeuq Lungzmwnz Gyanghgouj dwg giz dieg cizcungh ok de giz ndeu. Dangzcauz Liuz Sinz 《Lingj Byauj Luz Yi》naeuz："Hauz couhdwg mujli. De codaeuz seng youq henz haijdauj lumj ndaek rin gaemxgienz hung，seiqhenz cugciemh hungmaj. Miz aen sang saek cieng song sieng de. byuk lumj ngozbya，moix aen ndawde miz vengq noh ndeu，buenxriengz de hungmaj，hung iq mbouj doxdoengz. Moix baez raemxcauz daeuj，gak duz hauz cungj mbehai aen gyap，raen vunz daeuj couh haep le." Gij cojgoeng Bouxcuengh seiqdaih youq Dunghhingh de youq mwh hongdawz rin moq couh rox aeu gij noh duz hauz daeuj gwn，giz dieggaeuq Beigiuh ndawde gij byuk duz hauz、byuj sae、sae'gyap daebdong lumj ngozbya，doengzseiz lij ndaej guh gij hongdawz genjdan de daeuj aeu. Liuz Sinz lij youq ndaw 《Lingj Byauj Luz Yi》naeuz，boux haengj gwn laeuj de "Vunz Luzdingz henz haij，aeu fouj daj gwnz rin mbak aen hauz roengzma，aeu feizhaenq daeuj gangq"，byuk hauz mbehai "deu aeu gij noh de"，"cuengq haeuj ndaw loz ruk，bae haw yungh de daeuj vuenh laeuj". Hauz comz youq laj rin ndaw raemx，baenz nyup comz youq，aen dem aen dox bengx，banhraih bak geij cieng baenz raez. Luzdingz dwg beksingq Gvangjcouh ndawde cungj ndeu，gig gojnaengz couhdwg Fan Cwngzda《Gveihaij Yizhwngz Ci·Cimanz》ndawde gangj gij hauz Ginhcouh.

蚝是河口性的广温广盐贝类，属双壳纲，牡蛎科，生活在低潮涨至水深7米、水温8~34℃的环境，密集栖息在河流入海处。壮乡所产主要的品种为近江牡蛎，大风江和龙门江口是集中的产地之一。唐刘恂《岭表录异》说："蚝即牡蛎也。其初生海岛边如拳石，四面渐长。有高一二丈者。巉岩如山，每一房内蚝肉一片，随其所生，前后大小不等。每潮来，诸蚝皆开房，见人即合之。"世居于东兴的壮族先民在新石器时代即知采蚝取肉为食，贝丘遗址内蚝壳、蚌壳、贝壳堆积如山，而且还能制作简易的工具进行采取。刘恂还在《岭表录异》中说，好酒者"海夷卢亭，以斧其壳，烧以烈火"，蚝壳张开"挑取其肉"，"贮以小竹筐，赴圩市以易酒"。蚝聚生于水下石礁，相簇相集，房房相生，蔓延百十丈之遥。卢亭是广州疍民之一种，很可能就是范成大《桂海虞衡志·志蛮》中所说的钦州蚝疍。

Lingjnanz ciengx hauz lij nanz doekdingh dwg daj mwh lawz hainduj. Bwzsong Meiz Yauzcinz《Vanjlingzciz·Gwn Hauz》miz fwensei gangj：“Guh bouxhak iq ndeu，youzlangh daeuj daengz henzhaij，dingqnyi naeuz hauz Gveihcing ndei gwn……dingqgangj hauz hungmaj youq ndaw langh hung，doxlienz dwk nem youq gwnz rin haij，sangsang daemq daemq mbouj bingz，yienghceij lumj duz fw hung ndaw haij. Caemh miz beksingq henzhaij，gyoengqde daeuj giz feuz henzhaij，ra giz dieg guding ndeu，cap faexsaux gvaengh hwnjdaeuj，yaeb baenz ndaek baenz ndaek rin daeuj cuengq youq ndawde，aeu ceh hauz daeuj ciengx，raemxlangh ndaw haij cungdongj ndaek rin，fan hwnj raemxlangh hung. Buenxriengz raemx haij ndaengq cug ngoenz cug noengz，hauz caemh youq doenghgij rin henzhaij neix gwnzde，hungmaj fatsanj，cugngoenz cug hung.” Ndaw fwensei soj geiq Gveihcing，couhdwg bak Cuhgyangh rangh Nanzdouz yangh，mwh Bwzsong giz neix vanzlij miz haujlai Bouxcuengh. Gaengawq gijneix ndaej nyinhnaeuz ciengx hauz hainduj youq Sungdai. Sungdai Couh Gifeih《Lingjvai Daidaz》caemh naeuz beksingq Lingjnanz ciengx hauz，daj yaeb aeu daengz aeu ruk daeuj gvaengh ciengx hauz bingq mbouj dwg saek ngoenz saek haemh couh ndaej guhbaenz，mbouj rox ginglig le geij lai daih vunz. Mwh Mingz Cingh，vunz baihdoeng daeuj baihsae daiqdoengh le gij hong ciengx hauz Yezsih fazcanj. Ginhcouh daj Gunghmwnz daengz Mauzveij haij，Lungzmwnz gangj daengz Sizgveihdouz、Bwzlungzveij，bouxsai youq gwnz ruz nyep hauz roengz ngaeu rag vangx，mehmbwk youq gwnz rin roq hauz lwg. Moix bi gvaq le sam seiq nyied，gak ranz sou hauz rak hauz，yinh bae Ginhcouh gai，caeuq gij gungq mwh bet gouj nyied hainduj rauz、aeu raemxgoenj bok naeng rak hawq cwng “dahungz” de，mwhde cwng song yiengh canjbinj mizmingz. Daengz Mingz Cingh，gij gisuz ciengx hauz daihdaih miz cinbu.

岭南养蚝尚难确认起自何时。北宋梅尧臣《宛陵集·食蚝》诗云："薄宦游海乡，雅闻靖康蚝……传闻巨浪中，碨礧如六鳌。亦复有细民，并海施竹牢。掇石种其间，冲激恣风涛。咸卤与日滋，蓄息依江皋。"诗中所记靖康，即珠江口的南头乡一带，北宋时该地仍多壮人。据此可以认为养蚝始于宋代。宋周去非《岭外代答》也说岭南民养蚝，从采集到竹篾制卷养蚝并非一朝一夕而

成，不知经历了几代人的岁月。明清之际，东人西进带动了粤西养蚝业的发展。钦州赖自公门上至茅尾海，龙门港至墩外石龟头、白龙尾，男人在艇上钳蚝下钩拉网，女人往石墩敲小蚝。每年过三四月，各家收蚝晒蚝豉，运至钦州发售，与八九月间起捕、过沸水擘壳晒干称为"大红"的虾，时称两大名产。及至明清，养蚝技术大有进步。

（1）Ciengx hauz gaenq miz itdingh gveihmoz. Yinzgungh ciengx cwng "yinzhauz"，dienyienz hungmaj cwng "denhhauz"，guhbaenz gij gyaiqdingh gainen fuengmienh. Cukgaeuq raen yinzgungh ciengx hauz soqliengh gaenq siengdang lai.

（1）养蚝已有一定规模。人工养殖者称为"人蚝"，天然生成者称为"天蚝"，已形成概念上的界定，足见人工养蚝之数量已相当可观。

（2）Doekdingh ciengx hauz veh gyaiq. Giz dieg yinzgungh ciengx hauz cwng cwngzdenz roxnaeuz hauzdenz、hauzcwngz、hauzdangz. Ciengx hauz cwng "ndaem hauz". Hauzdenz dingh miz gij cikconq seiq diuz gyaiq，guh miz geiqhauh，mbouj ndaej hamj gyaiq，baexmienx fatseng cengnauh.

（2）明确养蚝划界。人工养蚝之地称成田或蚝田、蚝埕、蚝塘。养蚝也称为"种蚝"。蚝田定有四界尺寸，设有标志，不可逾越，以免发生争端。

（3）Gveng rin hawj hauz bengx seng. Sungdai ciengx hauz dwg gveng rin haeuj ndaw haij，aeu hauz bengx seng youq gwnzde. Daengz mwh Mingz Cingh couh dawz ndaek rin gangq hoengz le caiq vanq haeuj ndaw haij. Moix bi gveng song bae aeu song baez. Vihmaz gangq rin，vunz Cinghcauz Giz Daginh cekgej naeuz "Hauz bonjlaiz dwg duz nit de，ndaej di heiq feiz le feihdauh engqgya diemz". Saedsaeh，aeu feiz gangq rin dwg vihliuz cawz binggin，fuengbienh hauz bengx seng youq gwnzde，dwg hangh gisuz banhfap daezsang duz hauz bengx youq caeuq canjliengh ndeu.

（3）投石利蚝寄生。宋代养蚝是投石块入海，以利蚝附生其上。到明清则将石块烧红再散投于海，每年两投两取。之所以烧石，清屈大均解释说"蚝本寒物，得火气其味益甘"。实际上，火烧石是为了去病菌，以利蚝寄生其上，是一项提高附着率和产量的技术措施。

（4）Guh "diuzfaex hauz" daeuj dwk hauz. Aeu faex guh aen gyaq lumj cih sawgun "上". Diuz faex vang raez saek cik，diuz faex daengj sang geij cik. Boux geuh hauz de cik ga ndeu caij diuz faex vang，cik ga ndeu caij naez，aeu fwngz raeuz diuz faex daengj le byaij youq gwnz sadan，yienghceij lumj menhmenh buet.

（4）制"蚝撬"以打蚝。用木制架如"上"字，横木长尺许，直木高数尺。凿蚝之人一足踏横木，一足踏泥，手扶直木行于沙滩上，其势轻疾。

（5）Aeu hauz daeuj cunghab leihyungh. Mwh Dangz Sung gij byuk hauz dandan yungh daeuj caep ciengz，gvaqlaeng aeu noh okdaeuj le dawz gij byuk mbouj aeu de lienh baenz hoi guh doxgaiq bae caeuq feizliu，gemjnoix youq gwnz dieg daebdong ciemq dieg，caemh dwg gij banhfap doiq henhoh vanzging cunghab ceihleix mizleih.

（5）采蚝综合利用。唐宋时蚝壳只用作砌墙，后来煅成石灰做涂料及肥料，减少地面堆积占地，也有利于环境保护综合治理的措施。

Aenvih louzsim aeu ciengx giethab, Gvangjsih dahauz canjliengh demgya, 1949 nienz noh hauz saensien canjliengh 166.5 donq. Mwhneix, gisuz ciengx hauz youh miz fazcanj moq. Daih'it, ciengx hauz ndaek rin hawj duz hauz bengx de mbouj caiq aeu feiz gangq, cix dwg rak ndit rem geij cib ngoenz, caemh ndaej dabdaengz siudoeg muzdiz. Linghvaih, daihngeih baez leihyungh gij byuk hauz gaeuq lij caezcingj ndei de, gaijgez le youq gwnz dieg daebdong gij byuk mbouj aeu de. Daihngeih, aeu ceh dwg ciengx dahauz giz gvanhgen de. Giz aeu ceh de daih dingzlai youq giz gaenh bak dah rumzlangh iq、doxgaiq gwn lai、daejcaet onjdingh caeuq diegraiq giz feuz youq gaenh diuz sienq mwh raemxcauz mboek de, giz haij raemxlaeg de doiq dahauz fatsanj mbouj leih. Daihsam, yawjnaek gij seizgan gveng byuk aeu ceh, damqra ok gij seizgan gveng byuk ceiqndei dwg youq yaemlig nguxnyied co ngux gonq laeng, couhdwg mwh duz dahauz hung gij swnghcizsen cingzsug de. Douzcuengq caeux lai yaek deng dwngzhuz ciemq, ceh hauz mbouj miz banhfap bengx youq；douzcuengq nguh lai ceh hauz youh noix, bengx youq engqgya noix. Douzcuengq song aen singhgiz le, ceh hauz cungj bengx seng youq gwnz rin roxnaeuz aen byuk gaeuq, baez lai de moix ndaek rin miz song sam bak aen, couh wngdang dawz hwnjdaeuj dawz gij ceh bengx youq de geuh ok mbangj, hawj de bienq haemq mbang, baexmienx bengx youq maed lai gazngaih hungmaj. Seiq ndwen le, aen hauz hung lumj doengzcienz, caet bet ndwen le gij byuk de cugciemh bienqbaenz raezseiqfueng, song sam bi couh ndaej sou aeu. Mwh sou aeu youq mwh seizcou nem seizdoeng doxgyau de aeu haemq baenz.

由于注意采养结合，广西大蚝产量增加，1949年鲜蚝肉产量166.5吨。这时，养蚝技术又有新的发展。其一，养蚝附苗材料的石块不再火烧，而是暴晒数十天，也能达到消毒目的。另外，完好的旧蚝壳的二次利用，解决了废壳的地面堆积的问题。其二，采苗是大蚝养殖关键性的一环。采苗区多在风浪小、饵料丰富、底质稳定的江河口附近及低潮线上下的浅海滩涂，过深之海不利于大蚝繁殖生育。其三，讲究投壳采苗时间，摸索出最佳投壳时间是在农历五月初五前后，即大蚝成体生殖腺成熟之时。过早投放会让藤壶侵占，蚝苗无法再附着；过迟则蚝苗少，附着更少。投放后两周，蚝苗均附生于石或旧壳上，多者每石有两三百个，则应取出将附苗凿稀，以免附着过密妨碍个体成长。四个月后，蚝大如铜钱，七八个月外壳渐成长方形，两三年即可收采。收采时节以秋冬之交为宜。

（Ngeih）Daemz bya dajciengx

（二）鱼塭养殖

Henzhaij gij cojgoeng Bouxcuengh youq mwh raemxcauz haij doiq le, ciengzseiz fatyienh miz gij bya、gungq、sae daengj deng lauq youq sadan, yaeb daeuj gwn. Gvaqlaeng, youq

rangh gaenh giz feuz, aeu rin daeuj caep haenz, gvaengh baenz aen daemz. Giz doekdaemq yiengqcoh haij de nda bakcab（youh cwng doumwnz）. Mwh raemxhaij hwnj, raemx caeuq bya gungq dumh haeuj ndaw daemz, mwh raemxcauz doiq couh yaeb gij bya、gungq、sae、 duzbaeu ndaw daemz. Cungj daemz neix cwng vwnh, youh cwng dai. Aenvih de douzhaeuj noix canjok lai, sojlaiz youh cwng "aen cang bya lix". Youq Lingjnanz, hainduj youq mwhlawz mbouj raen miz vwnzyen ciengzsaeq geiqloeg. Cinghcauz cogeiz Song Gijfung sij《Baisoz》naeuz： "Nanzhaij aen dauj gaenh haij ndawde, vunz nda aen daemz, yinx raemxcauz guenq haeuj bae. Caj daengz raemxcauz doiq, youq ndaw sa aeu ndaej duzbya lumj vunz de（yuzgwn）." Gijneix caeuq duzbya cungj swnghcanj fuengsik neix gig doxlumj. Bouxsij guh gvaq Gvangjdungh Lozding Cihcouh.《Baisoz》dingzlai geiqloeg gij saeh geizheih giz Gvangjdungh Gvangjsih daengj. Ciuq gij geiqloeg de, giz Bouxcuengh aen nienzdaih ndalaeb aiq couhdwg youq mwh Mingz Cingh.

　　海滨的壮族先民在海潮退落时，常发现有困于沙滩的鱼、虾、贝等，捡拾以食用。后来，在靠浅滩一带，抛石筑堤，围成池状塘。靠向海低洼处设置闸口（又名窦门）。海水涨潮时，水及鱼虾漫入塘内，退潮时捡拾塘内的鱼、虾、贝、蟹。这种塘命名为埕，又名埭。因其投入产出比高，所以又有"活鱼仓"之称。在岭南，埕始于何时未见文献详记。清初宋起凤著《稗说》说："南海近洋岛中，人置陂地，引潮水注内。候潮退，于沙间尝得美人鱼（儒艮）。"这与鱼埕养殖这种生产方式极为相似。作者曾在广东罗定知州为官。《稗说》多记述两广的见闻轶事等，按其记述，壮乡设的年代可能即在明清之际。

　　Duzbya miz buenq riuz caeuq cienz riuz cungj faenbied neix. Buenq riuz miz aen doucab、 diuz haenz genjdan. Mwh haeuj raemxcauz, raemxcauz daj gwnzdingj guenq haeuj, mwh doiq raemxcauz, ndaej rauz bya gungq. Cienz riuz youh cwng beg raemx, miz diuz haenz ginqmaenh, raemxcauz hung cungj mbouj dumh daengz dingj, mwh raemxcauz hwnj doiq, doenggvaq doucab aeu ceh、cang rauz. Daj goengnaengz fuengmienh faen, bya miz nazhaeux caeuq mieng byu cungj faenbied neix. Nazhaeux youz cienz riuz yienjbienq gvaqdaeuj, seizfwn ndaem haeux, seizrengx cang rauz bya gungq； mieng byu dwg aeu diuz mieng haeuj raemx、 aen daemz cwk raemx naz gyu daeuj sou bya gungq daeuj ciengx daeuj cang rauz. Mwh Minzgoz, gij bya giz Bouxcuengh dingzlai dwg buenq riuz. Soj sou ndaej gij ceh de caemh dwg byaceh haemq lai.

　　鱼埕有半流及全流之分。半流有简易闸门、堤。进潮时，潮水漫顶而入，退潮时，可捕鱼虾。全流又称白水，有牢固的堤，大潮不漫顶，涨退潮时，通过闸门纳苗、装捞。从功能上分，鱼埕又有稻田和盐沟之分。稻田由全流鱼埕演变而来，雨季种稻，旱季装捞鱼虾；盐沟是用盐田的进水沟、蓄水池纳鱼虾进行养殖装捞的。民国期间，壮乡的鱼埕多为半流，所纳天然苗种以鱼类居多。

Daihseiq Ciet　Gohyoz Gisuz Yenzgiu
第四节　科学技术研究

It. Bya swhyenz yenzgiu
一、鱼类资源研究

Dieg Bouxcuengh youq Lingjnanz，bya bya dah dah vangvet，raemxfwn cungcuk，doiq duzbya dienyienz fatsanj mizleih. Duzbya dienyienz mboujdanh soqliengh lai，doengzseiz cungjloih caemh lai. Giz Bouxcuengh baihnamz henzhaij Nanzhaij caeuq Bwzbuvanh. Cuhgyangh caeuq Nanzliuzgyangh、Ginhgyangh guenq haeuj，daiqdaeuj haujlai doenghduz ndaej hawj duzbya gwn de，bya haij caeuq gizyawz doenghduz ndaw raemx cungjloih laidaih. Doenghduz ndaw raemx lumjbaenz bya、baeu、gungq、sae'gyap ndaw raemx cit caeuq raemx haij daengj senqsi gaenq deng cojgoeng Bouxcuengh dwk rauz daeuj gwn. Youq ndaw swnghcanj gocwngz dwk rauz，cojgoeng Bouxcuengh mboujduenh daezsang nyinhrox suijbingz caeuq faenbied naengzlig，youq ndaw ndwenngoenz raezranghrangh，cwkrom le gij gisuz dwk rauz caeuq fatsanj. Daegbied dwg haeujdaengz gaenhdaih，baihsae gij gohyoz cihsiz doxgven senhcin de cienzhaeuj giz Bouxcuengh，guengjdaih gohgi yinzyenz Bouxcuengh、Bouxgun dox hagsib，fazcanj le gij hong gohyoz yenzgiu doenghduz ndaw raemx giz Bouxcuengh，doengzseiz aeundaej le daihliengh cwngzgoj. Ndawde miz haujlai gag miz gij daegsaek giz Bouxcuengh，vih yienhdaih gij gohyenz doenghduz ndaw raemx dajdaej guh le haujlai hong haicaux.

壮乡之地位于岭南，河川纵横，雨量充沛，利于天然鱼类繁殖。天然鱼类不仅数量多，而且种类也甚多。珠江、南流江及钦江注入南海和北部湾，带来大量鱼饵生物，海洋鱼类和其他水生动物种类繁多。淡水及海水的水生动物如鱼、蟹、虾、蚌等早已为壮族先民捕捞食用。在渔猎生产过程中，壮族先民不断提高认知水平和识别能力，在漫长的岁月中，积累了捕捞及繁殖技术。特别是进入近代，西方先进的相关科学知识传入壮乡，广大壮、汉族科技人员互相学习，发展了壮乡水生生物的科学研究工作，并取得了大量成果。其中有不少成果独具壮乡特色，为现代水生生物科研奠基做了大量开创性的工作。

（It）Geiqloeg gij swhyenz doenghduz ndaw raemx caeuq swnghdai
（一）水生动物资源和生态的记述

Aenvih seizdaih、dizyi caeuq yijyenz（baugvat fanghyenz）mboujdoengz，gij mingzcoh gidij doenghduz ndaw raemx caemh miz haujlai bienqvaq，gvangqlangh miz gij yienhsiengq hoenxluenh lumjbaenz coh doengz doxgaiq mboujdoengz、doxgaiq doengz coh mboujdoengz，hawj yozsuz yenzgiu daiqdaeuj mazfanz mbouj noix. Boux ceiqcaeux baudauj gij bya giz Bouxcuengh de dwg Dunghhan Yangz Fuz sij《Gyauhcouh Yivuz Ci》，de geiqloeg le doenghduz

ndaw raemx giz Nanzyez、Gyauhcouh 11 cungj. Dangzdai Liuz Sinz youq Lingjnanz Gvangjcouh dang hak gvaq gaengawq diucaz caeuq liujgaij, youq ndaw 《Lingj Byauj Luz Yi》 de geiq miz bya 29 cungj, daih dingzlai dwg bya haij, bya dah cix miz lingz caeuq gyahyiz. Sungdai Couh Gifeih sij《Lingjvai Daidaz》, de caenndang yiengq cojgoeng Bouxcuengh cam gvaq liujgaij gvaq le cix geiqloeg roengz gij bya dah、byahaij caeuq sizfaz、benjcai、duzfw、sae'gyap、gungq daengj doenghduz doenghgo ndaw haij. Bonj saw cienmonz sij suijcanj swhyenz de youq Mingzcauz deihdeih miz ok, Duz Bwnjcin 《Haijvei Sojyinj》、Yangz Sin 《Yiyiz Duzcan》、Huz Sianh 《Bouj Yiyiz Duzcan》 cungj nangqdaengz doenghduz ndaw dah caeuq ndaw haij giz Lingjnanz. Daegbied dwg Cinghcauz cogeiz Giz Daginh 《Gvangjdungh Sinhyij》、Cinghcauz satbyai Liengz Hungzyinh 《Bwzhaij Cazluz》 doiq gij swhyenz bya giz Bouxcuengh geiqloeg haemq saeq. Cawzliux gijneix, Mingz Cingh song ciuz bien geij bouh saw geiq Gvangjdungh Gvangjsih de, caemh cungj geiqloeg le haujlai gij coh duzbya、sibgvenq duzbya gak diuzdah giz Bouxcuengh soj ok de, ndawde miz vwnzyinz Bouxcuengh camgya mbouj moix. Mingzcauz mwh Gyahcing（1522~1566 nienz）Linz Fu cujyau sij caeuq Cinghcauz Se Gijgunh cujyau sij song bonj 《Gvangjsih Dunghci》 de, doiq gij suijcanj giz Bouxcuengh faen monz bied loih geiqloeg, beij doenghbaez engqgya ciengzsaeq. Hoeng, gij faenloih yenzcwz aen gaiduenh neix mbouj doengjit, miz mbangj lij miz loengloek. Lumjbaenz niz、duznum、bauyiz bonjlaiz mbouj dwg duzbya caemh cungj liedhaeuj duzbya, caiqgya gij yienzaen seizgan fuengmienh cix miz gij coh doj、lingh gaiq coh nem aeu giz dieg ok de guh coh、aeu yienghceij de guh coh daengj miz haujlai coh, cauhbaenz coh yaek doiqwngq doxgaiq miz mazfanz mbouj noix.

由于时代、地域和语言（包括方言）的不同，水生生物的具体指称也多有变化，广泛存在同名异物、同物异名的混乱现象，给学术研究带来不少麻烦。最早记录壮乡鱼类资源的是东汉杨孚著的《交州异物志》，它记录了南粤、交州水族11种。唐代刘恂曾在岭南广州为官，根据调查和了解，在他的《岭表录异》中记有鱼类29种，大部分属海洋鱼类，淡水鱼则有鲮和嘉鱼。宋代周去非的《岭外代答》中，作者亲自向壮族先民询问了解后而记载下淡水鱼类、海水鱼类及石发、蒝菜、龟、蛤、虾等海洋水生动植物。明朝的水产资源专著频频问世，屠本峻的《海味索隐》、杨慎的《异鱼图赞》、胡世安的《异鱼图赞补》都涉及岭南淡水及海水生物。清初屈大均的《广东新语》，清末梁鸿勋的《北海杂录》对壮乡鱼类资源记录较详细。除此之外，明清两朝编纂的几部两广志书，也都记录了大量壮族地区各江河所产之鱼名、习性，其中有不少壮族文人参与编纂。明朝嘉靖年间（1522~1566年）林富主修的和清朝谢启昆主修的两部《广西通志》，对壮乡的水产分门别类记录，比以前更为详尽。但是，这一阶段记述的分类原则不统一，有的还有错误。例如称蚌为鲜鱼、鲵、鳄鱼、鲍鱼本不是鱼也都列为鱼，加上时空方面的原因而产生的俗称、别称，以及以产地名命名、以外观命名等，称谓的大量存在，造成名实对应方面的不少麻烦。

20 sigij 20 nienzdaih hwnj, Fangh Bingjvwnz、Linz Suhyenz、Lij Siengyenz、Cangh Cunhlinz、Vuj Yenvwnz daengj swnghvuzyoz gohgi yinzyenz, yinxhaeuj gij faenloih fuengfap dung'vuzyoz baihsae, youq giz Bouxcuengh doiq doenghduz ndaw raemx guh saeddieg

diucaz, ciuq "mwnz—gangh—muz—goh—suj—cungj" faenloih fuengfap caeuq ndaw guek roq quek doxciep. Minzgoz 18 bi（1929 nienz）, Fangh Bingjvwnz daengj youq Yungzsuij、Lungzcouh、Lingzyinz caeuq Lozcwngz daengj dieg, fatyienh byaleix aen cungj moq ndeu、aen goh moq ndeu caeuq aen geiqloeg moq ndeu, byanouq aen goh moq ndeu daengj. Minzgoz 19～29 bi（1930～1940 nienz）Fangh Bingjvwnz lij fatyienh giz goh gvei suz 3 aen cungj moq. Minzgoz 22～24 bi（1933～1935 nienz）, Cangh Cunhlinz baudauj le Gvangjsih duzbya banswgvanghcunzyiz. Minzgoz 22 bi（1933 nienz）, Linz Suhyenz baudauj le Gvangjsih byaleix cungjloih 2 aen suj moq caeuq 4 aen cungj moq. Minzgoz 23 bi（1934 nienz）, Liuz Senh daengj vunz cingjleix diucaz gezgoj sij《Gvangjsih byafaen diucaz》, doiq giz Bouxcuengh gij swhyenz byadah guh le aen geiqloeg haemq hidungj ndeu. Minzgoz 26～27 bi（1937～1938 nienz）, Gvangjsih ciengx bya sizyencangz guh yizyez Sinzgyangh daengj 9 hangh diucaz, aeundaej gij soundaej daegbied youqgaenj de dwg fatyienh le duz byaganj sieng ndaem miz ginghci gyaciz、noh biz ndei gwn de、Sinzcouh byabwzgiz nem vuhgouh 3 aen cungj moq. Doenggvaq daihliengh diucaz nem beksingq Bouxcuengh fanjyingj gij cingzgvang de, gihbwnj caz cing Sinzgyangh haj cungj bya dienyienz giz ok gyaeq de caeuq duzbya siz、byalienz、byalingz、byaganj daengj swnghhoz gvilwd caeuq gij swnghdai vanzging ndaw raemx, lij guh le suijvwnz、gisieng damqcaek nem cunghhab bingzgyaq. Minzgoz 26～28 bi（1937～1939 nienz）, Lij Siengyenz caeuq Vuj Yenyenz faenbied fatbiuj le《Geiq Gij Bya Sinzgyangh》caeuq《Geiq Gij Bya Lizgyangh》, gijneix dwg giz Bouxcuengh daih'it bonj geiq gij bya gihyizsing. Daegbied wngdang daezok de dwg ndaw saw gij coh duzbya guh le gaijcingq doengjit, doengzseiz biu le gij coh Lahdingh、Sawgun、coh doj、lingh gaiq coh doxwngq de, ceijok gij coh mboujdoengz、coh doj de youq gizlawz yungh. Gaiq baihlaeng lij faensik le gihhi gapbaenz caeuq gij gihhi nem gij suijhi doxgaenh de miz maz gvanhaeh. Aenvih daejlaeh gveihfan, gangj dwk miz diuzleix, dawz soj gangj gij bya de dinghvih youq ndaw faenloih dijhi gohyoz, vih gvaqlaeng guh cienzmienh diucaz doenghduz swhyenz giz Bouxcuengh miz sifan cozyung. Giz dieg diucaz haujlai boux canghdwkbya Bouxcuengh gauq dwk bya gvaq saedceij de caemh cih neix daezhawj le saedceiq cingzgvang caeuq daih'it fwngz swhliu mbouj moix.

　　20世纪20年代起,方炳文、林书颜、李象元、张春霖、伍献文等生物学科技人员,引进西方动物学分类方法,在壮乡对水产生物进行实地调查,按"门—纲—目—科—属—种"分类法进行分类与国外接轨。民国十八年（1929年）,方炳文等人在融水、龙州、凌云和罗城等地,发现鲤科鱼类1个新属、1个新科与1个新种记录,鳅科1个新科等。民国十九至二十九年（1930～1940年）方炳文还发现鳍科鳅属3个新种。民国二十二至二十四年（1933～1935年）,张春霖报道了广西半刺光唇鱼。民国二十二年（1933年）,林书颜报道了广西鲤种鱼类2个新属及4个新种。民国二十三年（1934年）,刘宣等人整理调查结果并撰写《广西鱼花调查》,对壮乡江河鱼类资源做了一个比较系统的记述。民国二十六至二十七年（1937～1938年）,广西鱼类养殖实验场开展浔江渔业等9项调查,特别重要的收获是发现了肉腴味美、颇有经济价值的墨线鳠、浔州白棘鱼和乌勾3个新种。

通过大量调查及壮民反映的情况，基本查清浔江五大天然鱼类产卵区及鲥、鲢、鲮、鳡等生活规律和水域的生态环境，还进行了水文、气象的探测及综合评价。民国二十六至二十八年（1937～1939年），李象元和伍献文分别发表了《浔江鱼类志》和《漓江鱼类志》，这是壮乡首部区域性鱼类志。特别应指出的是他们对书中鱼的名称做了订正统一，并注上了相应的拉丁名、中文名、俗称、异称，指出异称、俗称所在地。后者还分析了区系组成及与相邻水系区系的关系。由于体例规范，叙述有条理，将所描述的鱼定位于科学的分类体系，为日后开展壮乡水生资源的全面调查起到了示范作用。调查地有许多以捕鱼为生的壮族渔民也为此提供了第一手资料。

（Ngeih）Gij suijcanj swhyenz yenzgiu aen suijcanj yenzgiu gihgou

（二）水产研究机构的水产资源研究

Minzgoz 25 bi（1936 nienz）10 nyied，youq Gvangjsih Gveibingz laebbaenz Gvangjsih ciengx bya sizyencangz，guh le Gvangjsih lai hangh suijcanj swhyenz diucaz. Cawzliux doiq Sinzgyangh yizyez guh diucaz，lij diucaz gij hong ciengx bya Nanzluzhoz、Sinzvuz song mwnq、gij hong ciengx byaceh Sinzgyangh Yigyangh、giz ok gyaeq dienyienz Sinzgyangh、gij dah henz Gveibingz diuz lohsienq duzbya youqgaenj de daengj，lij cauxbanh le《Ciengx Bya Giganh》. Doiq ndaw Gvangjsih bya dah gij gviloih riuz bae ok gyaeq fatsanj guh diucaz，baudauj le gij vanzging diuzgienh caeuq gviloih ok gyaeq gak duzbya mboujdoengz；diucaz duzbya riuz gij lohsienq youqgaenj，vih henhoh duzbya yaek fatsanj de daezhawj le baengzgawq baenghndaej.

民国二十五年（1936年）10月，在广西桂平成立的广西鱼类养殖实验场，开展了广西多项水产资源的调查。除对浔江渔业调查外，还有南渌河及浔梧两区养鱼业、浔郁两江鱼苗业、浔江天然产卵区、桂平附近江河重要鱼路等的调查，还创办了《鱼类养殖季刊》。对广西境内江河鱼类洄游产卵繁殖的规律展开了调查，报道了不同鱼类产卵的环境条件和规律；还有重要鱼路的调查，为实施亲鱼保护提供了可靠依据。

Ngeih. Gij sawqniemh yinzgungh fatsanj duzbya

二、鱼类人工繁殖试验

Gvangjsih ciengx bya sizyencangz Lij Siengyenz daengj daj Minzgoz 22 bi（1933 nienz）ginggvaq 4 bi doiq byavanx、byalienz guh yinzgungh soucingh fag ok sawqniemh aeundaej baenzgoeng. Gaenlaeng，doiq duzbya benh、cingh guh sawqniemh，faenbied youq Minzgoz 27 bi（1938 nienz）caeuq Minzgoz 29 bi（1940 nienz）aeundaej baenzgoeng. Hangh cwngzgoj neix ndaej daengz sengj cwngfuj dangseiz dajciengj gvaq，sikhaek youq Minzgoz 32 bi（1943 nienz）youq Gveibingz Bingzanh gak aen mbanj doigvangj，laebbaenz 19 aen gunghswh guh yinzgungh byaceh.

广西鱼类养殖实验场李象元等人自民国二十二年（1933年）历时4年对鲩、鲢进行人工授精孵化试验获得成功。继之，对鳊、鲭的试验，分别于民国二十七年（1938年）和民国二十九年（1940年）取得成功。此项成果曾获当时省政府奖励，旋即于民国三十二年（1943年）在桂平平安各村推广，成立人工鱼苗公司19个。

Lij Siengyenz daengj vunz gij sawqniemh yinzgungh fag byaceh miz 8 bouh：（1）Doiq duzbya yaek guh sawqniemh de cienzmienh saejsaeq yenzgiu gij swnghhoz sibgvenq de，gaemdawz gij seizgan hamz gyaeq、ok gyaeq de cix gietdingh gibseiz gaemhdawz duzbya cingzsug yaek ok gyaeq de daeuj aeu gyaeq.（2）Yenzgiu gij singcang gyaeq bya，doekdingh gij yinzgungh soucingh duzbya sawqniemh neix ndaej mbouj ndaej guh，ceiqdingh gisuz banhfap daezsang gij yauqlwd soucingh.（3）Rox gij dieg giz ok gyaeq dienyienz caeuq gij vanzging diuzgienh de.（4）Gaemhdawz duzbya boux bya coh nienzlingz siengdang doengzseiz gaenq cingzsug de，doekdingh gij beijlaeh soqliengh duzboux duzcoh.（5）Guh yinzgungh soucingh. Mwh guh de louzsim hwkbya baexmienx deng daenznaek，baujcwng duzbya diemcaw swnhdoeng. Mwh soucingh，cinghyez duzbya aeu cwgoemq cienzbouh gyaeq bya.（6）Guh yinzgungh fag gyaeq.（7）Cazyawj aen gyaeq soucingh duzbya fazyuz ndaej baenzlawzyiengh.（8）Caeuq duz byaceh dienyienz fatsanj de doxbeij.

李象元等人的鱼类人工授精孵化试验有8个步骤：（1）对试验鱼的生活习性全面细致地研究，掌握其怀卵、产卵时间而决定及时捕捉成熟亲鱼采精卵。（2）进行鱼卵性状研究，确定试验鱼的人工授精是否可行，制定提高受精率的技术措施。（3）掌握天然产卵区的地点及其环境条件。（4）捕捉年龄相当且已性成熟的两性亲鱼，确定雌雄数量比。（5）实施人工授精。操作时注意鳃盖免受重压，保证鱼呼吸顺畅。受精时，鱼精液要覆盖鱼卵的全部。（6）实施人工孵化。（7）观察鱼受精卵的发育。（8）与天然繁育的鱼苗对比。

Gij sawqniemh gwnzneix dwg buenq yinzgungh hanhhaed daeuj fatsanj duzbya. Duz byaceh fag okdaeuj de lingxcingx youh mbouj labcab，hungmaj yinzrubrub，daejcaet cangqcwt. Gisuz nanzdoh mbouj daih，yungzheih hagrox，youq ndaw canghdwkbya seiqhenz Gveibingz doigvangj，cungj aeundaej yaugoj gig ndei. Gvaqlaeng Minzgoz 26~28 bi（1937~1939 nienz）fag ok byalienz beijlwd dabdaengz 80%. Minzgoz 27 bi（1938 nienz），byavanx yinzgungh soucingh beijlwd dabdaengz 43%~80%. Doengz bi，yinzgungh soucingh duzbya beijlwd dabdaengz 40%，soucingh beijlwd 78%，fag ok 7000 lai duz. Hangh sawqniemh neix aeundaej baenzgoeng，ndaej gemjnoix gij sonjsaet duzbya yaek ok gyaeq de daj ndaw haij haeuj ndaw dah.

以上试验属半人工控制的鱼类繁殖。孵化出的鱼苗纯而不杂，生长匀整，体质健壮。技术难度不大，易于掌握，在桂平周围渔民中推广，均获得很好的效果。此后，民国二十六至二十八年（1937~1939年）鲢鱼人工授精孵化率达到80%。民国二十七年（1938年），鳡鱼人工授精孵化率达到43%~80%。同年，鱼人工授精孵化率达到40%，受精率78%，孵出7000多尾。该项试验获得成功，可以减少亲鱼由海入江的损失。

Aen cangz neix lij guh haujlai hanghmoeg sawqniemh，cungj aeundaej cwngzgoj haemq ndei，itgungh miz：Byavanx、byalienz daengj yinzgungh soucingh fag gyaeq sawqniemh 20 hangh，byavanx、lienz、siz sengleix sibgvenq daengj yenzgiu 6 hangh，giz ok gyaeq Dunghdaz

suijvwnz gisieng gvanhcwz 3 hangh，Sinzgyangh yizyez diucaz daengj 9 hangh，vwnzsw senhconz daengj doigvangj gunghcoz 3 hangh，henhoh duzbya fatsanj byaceh daengj 3 hangh.

该场还进行许多项目试验，均取得较好的成果，计有：鲩、鲢等人工授精孵化试验20项，鲩、鲢、鲥生理习性等研究6项，东塔产卵区水文气象观测3项，浔江渔业调查等9项，文字宣传等推广工作3项，鱼类保护鱼苗繁殖等3项。

Aen cangz neix nda youq suijcanj gohyenz gigoh Gvangjsih，yienznaeuz seizgan mbouj raez，hoeng doiq gij suijcanj gohyenz Gvangjdungh Gvangjsih engqlij daengx guek cungj miz itdingh yingjyangj：Daih'it，de ndaej gaengawq diegfueng mboujdoengz、diuzgienh mbouj doengz habngamj daeuj guh hong，doiq coicaenh yizyez swnghcanj、fukhwng ginghci lajmbanj miz cozyung ndei. Vih hingzcwng dangseiz soj aeu mbangjdi genyi，ndaej gangj naeuz dwg yawj ndaej gyae. Daihngeih，guh sawqniemh yinzgungh fatsanj duzbya，vih cungbyoengq caeuq doigvangj aen gisuz seiqgyaiq lingxdaeuz neix dwkroengz giekdaej. Daihsam，gak hangh diucaz，doiq cunzsij、swhcwng、gyauva cungj miz yiyi caeuq gyaciz itdingh. Daihseiq，guh gak aen hanghmoeg miz muzdiz，gangjgouz saedyauq. Youq rengzvunz、vuzliz、caizliz giepnoix cungj cingzgvang neix baihlaj，cingzcik yienhda，yienh'ok le suijcanj gohgi yinzyenz miz cauhnieb caeuq gingqnieb cingsaenz.

该场系设于广西的水产科研机构，虽为时不长，但对两广乃至全国的水产科研都产生了一定的影响。第一，该场能因地制宜、因势利导地开展工作，对促进渔业生产、复兴农村经济起到了良好的作用。为当时行政部门所采纳的一些建议，堪称远见卓识。第二，进行的鱼类人工繁殖试验，为这一世界领先技术的突破及推广奠定了基础。第三，各项调查，对于存史、咨政、教化都有一定的意义和价值。第四，进行的各个项目有的放矢，讲求实效。在人力、物力、财力匮乏的情况下，成绩卓著，显示了水产科技人员富有创业和敬业精神。

Camgauj Vwnzyen　参考文献

［1］沈同芳. 渔业历史［M］. 广州书局，1910（清宣统二年）.
［2］林书颜. 西江鱼苗调查报告书［M］. 广州曜坊伟文印务局，1933（民国二十二年）.
［3］刘宣，李春培，卢达臣. 广西鱼花调查［J］. 统计月报（第三、第四期合刊），广西统计局1934（民国二十三年）.
［4］李士豪. 中国海洋渔业现状及其建设［M］. 商务印书馆，1936（民国二十五年）.
［5］廖春华. 武宣鱼苗饲养业之一瞥［J］. 鱼类养殖季刊（第一、第二期合刊），1937（民国二十六年）.
［6］广西鱼类养殖场26年度工作报告［J］. 广西建设汇刊，1938（民国二十七年）.
［7］广西省政府十年建设编委会. 桂政纪实［M］. 1943（民国三十二年）.
［8］梁鸿勋. 北海杂录［M］. 香港：香港中华印务公司，1975.
［9］张震东. 中国海洋渔业史［M］. 北京：海洋出版社，1983.
［10］余汉桂. 鱼类养殖对象的扩大与鱼苗装捞业的兴起［J］. 中国农史，1988（2）.
［11］屈大均. 广东新语［M］. 北京：中华书局，1985.
［12］余汉桂. 民国时期设于广西的水产技术机构及其评价［J］. 古今农业，1989（2）.
［13］广西水产局. 广西农业志水产资料长编［G］. 内部资料，1990.
［14］中国渔业史编委会. 中国渔业史［M］. 北京：中国科学技术出版社，1993.
［15］张声震. 壮族通史［M］. 北京：民族出版社，1997.
［16］欧阳宗书. 明清海洋渔业及其重要地位［J］. 古今农业，1998（4）.

Daihseiq Cieng　Gij Gisuz Ciengx Doihduz

第四章　畜禽养殖技术

Cojcoeng Bouxcuengh youq ciuhgeq，couh gaenq rox guengciengx duzmou、duzyiengz、duzvaiz、duzciengh caeuq duzgaeq、duzbit daengj doihduz ndaw ndoeng，gyauqciengx baenz doihduz ndaw ranz. Doengh aen conghgamj vunz ciuhgonq youq lumj aen gamj Cwngbizyenz Gveilinz daengj oknamh gij ndok duzmou、duzyiengz gaenq ndaej gyauq haenx，couh ndaej cingqmingz cingcuj. Ginggvaq ciengzgeiz gaijndei binjcungj，ganq ok le gij binjcungj ndei lumj duz maxdaemq、duz mouyanghcuh、duz bitraizlaej、duz yiengzbya、duz cwzhaeuq daengj mbanj Cuengh gagmiz haenx cienz youq daihlaeng. Gaenhdaih gohyoz gisuz cienzhaeuj mbanj Cuengh，Bouxcuengh cizgiz hagsib doigvangq，yenzgiu cauhguh gij yw re cwz vaiz deng raq，yungh daeuj yawhfuengz cwz vaiz itseiz miz binghlah gaenj haenx，yaugoj gig mingzyienj，ndaej baiz youq gonq aen suijbingz fuengzyw doihduz ndaw guek dangseiz. Bouxcuengh youq ganqsanj、gyauqciengx、gaijndei binjcungj doihduz daengj gisuz lingjyiz miz cingzcik mingzyienj.

　　壮族先民在远古时期，就豢养了猪、羊、水牛、象及鸡、鸭等野生畜禽，驯化为家禽、家畜。桂林甑皮岩等古人穴居岩洞出土的已驯化了的猪、羊的骨骼，即为明证。经过长期的品种优育改良，培育出矮马、香猪、麻鸭、岩羊、瘤牛等壮乡特有的优良禽畜品种传于后世。近代科学技术传入壮乡，壮民积极学习推广，研制的牛瘟疫苗，用于预防一时为虐的牛瘟急性传染病，效果十分显著，居当时国内兽医防治领先水平。壮族在畜禽繁育、驯化、优化改良品种等技术领域都有突出成就。

Daih'it Ciet　Bouxcuengh Ganqciengx Doihduz
第一节　壮族对畜禽的驯化

Hangz ciengx doihduz fazcanj ndaej faenbaenz gaebgyaeng gyauqciengx、ciengx youq ndaw ndoeng caeuq ciengx youq ndaw ranz sam aen gaihdon. Doenggvaq ciengzgeiz cazyawj doihduz ndaw ndoeng, gaemdawz gij sibgvenq daegdiemj de gvaqlaeng, bae cienmonz gungganq, gaebgyaeng gyauqciengx, sawj de bienqbaenz doihduz ndaw ranz, hawj vunz yungh. Youq aen seizdaih lwgnyez vunzloih, daj dwknyaen daengz gyauqciengx doihduz ndaw ndoeng baenz doihduz ndaw ranz, dwg vunzloih cwngfug swyenz bouh baenaj hungnaek ndeu, hawj vunzloih gwndaenj daiqdaeuj ndeicawq gig daih. Gaijgez le goekgwn、rengzraeq, coicaenh le vunzloih bienq ak caeuq vwnzmingz baenaj.

畜牧业的发展可分为拘禁驯养、野牧和圈养三个阶段。壮民通过长期对野生动物的观察，掌握其习性特点以后，进行专门培育，拘禁驯养，使之成为家畜，被人所用。在人类的童年时代，从狩猎到驯化野兽为家畜，是人类征服自然的一个重大进步，给人类生活带来很大的好处。解决了食物的来源、耕役的畜力，促进了人类的进化与文明进步。

It. Gyauqciengx duzma
一、狗的驯化

Duzma dwg doenghduz vunzloih ceiqcaeux gyauqciengx, hix dwg doenghduz cojcoeng Bouxcuengh ceiqcaeux gyauqciengx. Bouxcuengh、Daijcuz、Dungcuz、Suijcuz caeuq Lizcuz cungj heuh duzma guh ma[1], gangjmingz cojcoeng gyoengqde youq gaxgonq caengz faenhai, couh gaenq itheij gyauqciengx duzma lo. Lizcuz lizhai aen ginzdij neix daj daluz senj daengz Haijnanzdauj, fatseng youq geizlaeng aen seizdaih sizgi gaeuq gaxgonq cojcoeng Bouxcuengh gyauqganq gohaeuxnaz ndaw ndoeng baenz gohaeuxnaz ndaw naz. Hix couh dwg naeuz youq gaxgonq fanh bi, cojcoeng Bouxcuengh gaenq gyauqciengx duzma lo.

狗是人类最早驯化的动物之一，也是壮族先民最早驯化的动物。壮、傣、侗、水及黎族都称狗为ma[1]，说明他们的祖先在未曾分开之前，已经一起驯化、饲养了狗。黎族离开这个群体从大陆迁往海南岛，发生在壮族先民驯化野生稻为栽培稻之前的旧石器时代晚期。也就是说在一万年以前壮族先民已驯化和饲养了狗。

《Saw Yizcouh》gienj caet 《Bien Vangzvei》naeuz, Conienz Sanghcauz, 《Seiqfueng Yenling》Cwngzdangh daihcinz Yih Yinj sij haenx couh geiq "cingq baihnamz Ouh、Dwng、Gveigoz、Sunjswj、Canjlij、Bwzbuz、Giujgin, cingjgouz gung cawbauj、duzgvi、heujciengh、gaeuraiz sihniuz、bwnroegheu、roeghag、madinj". Lingjnanz youq cingq baihnamz Sanghcauz, "madinj" couh dwg aen binjcungj moq gij ma cojcoeng Bouxcuengh ceiqcaeux gung hawj cunghyenz vuengzcauz haenx.

《逸周书》卷七《王会篇》说，商朝初年，成汤的大臣伊尹所著的《四方献令》就记载"正南瓯、邓、桂国、损子、产里、百濮、九菌，请令以珠玑、玳瑁、象齿、文犀、翠羽、菌鹤、短狗为献"。岭南在商朝的正南方，"短狗"是壮族先民最早进贡中原王朝的一个新的狗品种。

Cojcoeng Bouxcuengh gyauqciengx duzma, caemhcaiq itcig mboujduenh gaijndei gij binjcungj de. Vunz Sungdai Fan Cwngzda《Gveihaij Yizhwngz Geiq · Geiq Doihduz》sij miz "duzma Lingjnanz, lumj duz ma dwknyaen, singjgaeh youh guengzyak". Youh miz "Mayilinz, ok Yilinz Couh. Hungsang raixcaix, rwzduengq rienggienj, caeuq gij maz bingzciengz mbouj doengz". Song cungj ma neix cungj dwg gij ma gig miz daegsaek haenx. Yilinz Couh couh dwg Guengjsae Yilinz Si ngoenzneix. Sung Baujging 3 bi（1227 nienz）, Vangz Siengcih《Yizdi Giswng》gienj it ngeih it《Yilinz Couh Fungsug Hingzseiq》sij: "Yilinz dwg dieg Sih'ouh……gyoengqde youq luegbya, gwn aeu fwngz gaem; laeuj heuh Yilinz, doxguenq gwn; veh saw geiq youq gwnz faex. Vunzyiz Gujdangjdung bouxmbwk daenj cungj vunj lumj bwnroeg, buh laj roxnaeuz giz hozhwet miz diemjhoengz. Bouxsai cugbyoem bouxmbwk sanqbyoem, byaij lwenq boq luzswngh, gyanghaemh comzyouq." Gig mingzyienj, seizde, Vunzyez youq Yilinz Couh haenx gij fungsug vwnzva yienzlaiz miz de lij mbouj miz vanzcienz bienq noix, gyoengqde dwg gij cojcoeng Bouxcuengh caencingq, ndigah, "mayilinz" dwg cojcoeng Bouxcuengh ganqfat miz.

壮族先民驯养了狗，而且一直不断优化其品种。宋人范成大《桂海虞衡志·志兽》载有"蛮犬，如猎狗，警而猘"，又有"郁林犬，出郁林州。极高大，垂耳拳尾，与常犬异"，二者都是非常有特色的狗。郁林州即今广西玉林市。宋宝庆三年（1227年），王象之《舆地纪胜》卷一二一《郁林州风俗形势》载："郁林为西瓯……夷居山谷，食用手搏；酒名郁林，合槽共饮；刻木契焉。古党洞夷人女以羽毛相间为裙，用绯点缀裳下或腰领处为艳。男椎髻女散发，徒跣吹笙，巢居夜泊。"显然，那时候，郁林州的越人原有的习俗文化还没有完全被淡化，他们是地道的壮族先民，因此，"郁林犬"的培育乃是壮族先民所为。

Ngeih. Gyauqciengx duzmou

二、猪的驯化

Daihbuek dieggaeuq aen seizdaih sizgi moq ndaw gyaiq Guengjsae fatyienh de, daezhawj le gij huqsaed swhliu fungfouq gvendaengz ciengx doihduz lizsij. Aen dieggaeuq gamj Cwngbizyenz Gveilinz, dwg baihnamz Cungguek giz dieggaeuq conghgamj youqgaenj ndeu, liz ngoenzneix 7000～9000 bi, dwg aen dieggaeuq geizcaeux aen seizdaih sizgi moq. Gij ndok doenghduz ndaw aen dieggaeuq neix fatyienh haenx miz ndokmou ceiqlai, godij lai daengz 67 duz, ndawde gij godij ndaej gujgeiq nienzlingz haemq cinjdeng de miz 40 duz. Ciuq gij nienzlingz cingzgvang duzmou dieggaeuq Cwngbizyenz daeuj buenqduenh, youq gij diuzgen cojcoeng Bouxcuengh gyauqciengx baihlaj, yiengh ndang duzmou gaenq fatseng bienqvaq.

广西境内发现的大批新石器时代遗址，提供了丰富的畜牧史实物资料。桂林甑皮岩洞穴遗址，是中国南方的一处重要洞穴遗址，距今7000～9000年，属新石器时代早期遗址。遗址中发现的动物骨骼以猪骨最多，个体多达67个，其中可以进行比较准确推测年龄的个体有40个。据甑皮岩遗址猪骨的年龄情况判断，在壮族先民驯养条件下，猪的体质形态发生了变化。

Sam. Gyauqciengx duz yiengzbya

三、山羊的驯化

Duzyiengz dwg duz ndaw ranz haemq caeux ndaej gyauqciengx dan baiz youqlaeng duzma caeuq duzmou haenx. Sojmiz dieggaeuq conghgamj aen seizdaih sizgi moq Guengjsae, ca mbouj geij cungj fatyienh le gij ndok duz yiengzbya caeuq duz lingzyiengz. Duzyiengz hix dwg doenghduz cojcoeng Bouxcuengh ceiqcaeux gyauqciengx haenx ndawde duz ndeu, seizgan gojnwngz youq aen seizgeiz miz lizsij gaxgonq. Duzyiengz gwn nywj, beizheiq hab comzyouq, yungzheih gyaengciengx, yungzheih gyauqciengx. Gij dienheiq Guengjsae yienznaeuz ndatcumx, hoeng cix gawq miz duz yiengzbya, youh miz duz yiengznyoengq. Sung 《Lingjvai daidaz》 gienj gouj 《Duz Yiengznyoengq》 sij: "Duz yiengznyoengq, ok conghrij Yunghcouh caeuq gak guek Lingjnanz, caeuq duzyiengz baihbaek mbouj doengz. Miz ndaem hau song saek, bwn lumj seireh, daet bwn guh baengz, beij gij baengz bwnyiengz baihbaek daemj baenz haenx ndei."

羊是仅次于犬和猪较早驯化的家畜。所有广西新石器时代洞穴遗址中，几乎都发现了山羊和羚羊的骨骼。羊也是壮族先民最早驯养的动物之一，时间可能在史前时期。羊以草为食，性驯合群，易于圈养，易于驯化。广西气候虽然炎热潮湿，却既有山羊，又有绵羊。宋《岭外代答》卷九《绵羊》载："绵羊，出邕州溪峒及诸蛮国，与朔方胡羊不异。有黑白二色，毛如茧纩，剪毛作毡，尤胜朔方所出者。"

1969 nienz, youq Vuzcouh Si Bwzsiz Cunh aen moh Dunghhan oknamh miz aen vunqmeng duzyiengz (doz 4-1-1). Aeu aen yiengzmeng guh gij doxgaiq buenx bouxdai haem haeuj ndaw namh bae, gangjmingz duzyiengz youq ndaw gij swnghhoz cojcoeng Bouxcuengh Lingjnanz seizde gaenq ciemqmiz itdingh diegvih. Geizlaeng Dangzcauz Liuz Sinz youq 《Lingjbyauj Luzyi》 gienj gyang de sij: "Goyejgoz, dwg go nywjdoeg, vahsug heuh go nywjhuzman. Gwn loeng, couh gwn lwedyiengz daeuj gej doeg." Vunz gwn loeng, danghnaeuz "mbouj ndaej yw daeuj gej, buenq ngoenz couh daibae. Duz yiengzbya gwn gomiuz de, cix ndaej biz ndaej hung". Sungdai Fan Cwngzda 《Gveihaij Yizhwngz Geiq · Geiq Doihduz》 sij: "Ciengxyiengz, dieg cujyau de youq Yinghcouh, dieg de miz go nywjsenhmauz, duzyiengz gwn go de le, daengx ndang cungj ndaej bienqbaenz haj, mbouj caiq miz nohnyinh, gwn dawzbak." Liuz Sinz caeuq Fan Cwngzda cungj youq dieg Lingjnanz dangguen gvaq, daj gij geiqsij gyoengqde ndaej roxdaengz, Dangz Sung roxnaeuz gaxgonq de, Bouxcuengh Lingjnanz youq guengciengx duzyiengz fuengmienh, gaenq cwkrom le haemq lai gij cihsiz caeuq gingniemh dajciengx caemhcaiq wngqyungh.

1969年，梧州市白石村东汉墓出土有羊的陶模（图4-1-1）。以陶羊作明器随葬入地，说明羊在当时岭南壮族先民的生活中已占有一定的位置。唐末刘恂在《岭表录异》卷中记载："野葛，毒草也，俗呼胡蔓草。误食之，则用羊血浆解之。"人误食之，若"不得药解，半日辄死。山羊食其苗，则肥而大"。宋范成大《桂海虞衡志·志兽》记："乳羊，本出英州，其地出仙茅，羊食茅，举体悉化为肪，不复有血肉，食之宜人。"刘恂和范成大都曾于岭南地区为官，从他们的记载里可以知道，唐宋或其前，岭南壮人在饲养羊方面，已经积累了较多的养殖和应用的知识与经验。

Doz 4-1-1　Yiengz vax Buenx cangq, Gvangjsih Vuzcouh sih Mbanj Bwzsiz Aen Moh Dunghhan Oknamh.（Ciengj Dingzyiz halwj doz）
图4-1-1　广西梧州市白石村东汉墓出土的陶羊明器（蒋廷瑜 供图）

Seiq. Gyauqciengx duzcwzvaiz

四、牛的驯化

Mbanj Cuengh Lingjnanz dwg diegcoj duzvaiz. Aen seizdaih sizgi moq, duzvaiz dwg cungj doenghduz hung cojcoeng Bouxcuengh gyauqciengx haenx. Youq dieggaeuq conghgamj Cwngbizyenz Gveilinz geizcaeux aen seizdaih sizgi moq caeuq gizyawz dieggaeuq conghgamj Guengjsae caemh aen seizdaih ndawde, cungj oknamh miz gij heuj、ndoklajhangz 、gaeu caeuq ndok gizyawz duzvaiz. Sung《Daibingz Yilanj》yinx《Yilinz Yivuz Geiq》geiq："Duz couhliuz, gizsaed dwg duzvaiz, saek heu ndang lumj duzmou, gwnz gaeu ciengzseiz venj miz haznyaq, caemhcaiq gig gyaezhoh duz vaizlwg, caeuq duzguk doxhaemz." Ndaej raen, ciuhgeq mbanj Cuengh Lingjnanz ndaw ndoeng miz daihliengh duzvaiz baenzgyoengq youq, neix couh hawj cojcoeng Bouxcuengh nyinhrox duzvaiz caemhcaiq gyauqciengx gyoengqde baenz duzvaiz ndaw ranz dwkroengz le giekdaej. Youq dieg Lingjnanz oknamh le Cwzdoengz Cangoz（doz 4-1-2）caeuq duz vaizmeng Handai caeuq gij gaiqmeng duzvaiz ragci buenx bouxdai haem haenx, fanjyingj le aen seizdaih de duzvaiz gaenq hawj mbanj Cuengh guhhong, ndigah, de cijndaej bienqbaenz aen bouhfaenh youqgaenj gapbaenz gij swnghhoz cojcoeng Bouxcuengh Lingjnanz.

岭南壮乡是水牛的故乡。新石器时代，水牛是壮族先民驯化的一种大动物。在桂林甑皮岩新石器时代早期遗址洞穴和广西其他同时代洞穴遗址中，都有水牛骨骼、牙齿、下颌骨和牛角出土。宋《太平御览》引《郁林异物志》记载："周留者，其实水牛，苍毛猪身，角装担茅，且护其犊，与虎为仇。"可见，古代岭南壮乡有大量的野生水牛牛群存在，这就为壮族的先民认知水牛并将它们驯化成饲养牛奠定了基础。在岭南地区出土了战国铜牛（图4-1-2）及汉代陶牛、券篷双轮陶牛车明器，反映了那个时代水牛已经为壮乡服务，所以，它才变成岭南壮族先民生活中的重要组成部分。

Doz 4-1-2 Cwzdoengz Cangoz（Cangh Leij ingj）
图4-1-2 战国铜牛（张磊 摄）

Duz cwzfungh hix dwg duz cwzhenj, dwg doengh cungj duzcwz ndaw ranz mbanj Cuengh gyaeuhmiz haenx cungj ndeu, dwg duzcwz gyauqciengx duzcwz ndaw ndoeng miz, ciuhgeq hix heuh dwg duzcwz、duz cwzbya, dwg ceij gwnz mbaq duzcwz miz aen haeuq ndeu, yienhdaih heuh duz cwzhaeuq. Yizbwnj ngoenzneix vanzlij heuh dwg duz cwzfungh, baujcunz le cungj cwngheuh aen Cungguek ciuhgeq. Dangz《Yenzhoz Ginyen Duzci》geiq dwg duz cwzgauhfungh. Ndigah Bwzsung Yez Dingz《Haijluz Saehsoiq》geiq: "Vuzcouh ok duz cwzfungh, vunz dangdieg gwih lumj duzmax. Heuh guh gwih gaeu." Seizde, cungj cwz neix hix yungh guh gyaudoeng hongdawz. Gyonj daeuj gangj, cojcoeng Bouxcuengh caeux youq gaxgonq Dangz Sung couh gaenq gyauqciengx duzcwz lo.

犎牛也是黄牛，属壮乡固有牛群家畜的一种，是野牛驯化后的产物，古代亦称为牛、峰牛，系指牛肩上有个肉峰，现代叫瘤牛。日本现在仍称之为犎牛，保存了古代中国的称谓。唐《元和郡县图志》记载为高峰牛。北宋叶廷《海录碎事》记载："梧州出独峰牛，土人乘骑如马。谓之角乘。"这时，这种牛也作交通工具之用。总之，壮族先民早在唐宋以前就已驯化和饲养黄牛了。

Haj. Gyauqciengx duzmax
五、马的驯化

Dieg mbanj Cuengh Lingjnanz, daj ciuhgeq couh miz duzmax lixyouq.《Guengjsae Bouxcuengh Swcigih Gihyiz Diciz Geiq》281 yieb geiq: "Ngoenzneix Guengjsae Lungzcouh、Binhyangz、Liujcouh caeuq Gveilinz daengj dieg gij deihcaengz daih seiq gij gwnghsinh dungjliujcwngzcuj ndawde, fatyienh miz gij hozvasiz duzmax ndaw ndoeng *Equusyunnanensis*（cawqmingz：Sawlahdingh）." Maxbaksaek caeuq maxyinznanz dwg song cungj max mbouj doengz, gyoengqde youq gwnz lizsij cungj deng heuh guh "maxguengj". Gyauqciengx doenghduz hung, cawzliux duzma、duzmou、duzcwzvaiz、duzmax, cojcoeng Bouxcuengh lij gyauqciengx duzloeg、duzciengh daengj gvaq.

岭南壮乡之地，自古就有马的生存。《广西壮族自治区区域地质志》281页载："今广西龙州、宾阳、柳州和桂林等地的第四纪更新统柳城组的地层中，发现有野马化石*Equusyunnanensis*（注：拉丁文）。"百色马与云南马是有区别的两个马种，它们在历史上都被称为"广马"。壮族先民驯化大动物，除狗、猪、牛、马以外，还驯化过鹿、象等。

Roek. Gyauqciengx duzgaeq、duzbit、duzhanq
六、鸡、鸭、鹅的驯化

Dieg Lingjnanz dienheiq raeujndat, miz fwn cukgaeuq, diegcumx lai, ndoengfaex mwnnoengq, dwg dieg ndei duz roeggae、duz roegbit、duz roeghanq、duz roegguxgap caeuq gak cungj duzroeg sengmaj fatsanj. Daj geizlaeng aen seizdaih sizgi gaeuq hwnj, cojcoeng Bouxcuengh couh gonqlaeng cugciemh gyauqciengx duz roeggae、duz roegbit、duz roeghanq baenz duz doihduz ndaw ranz vunzloih, dangguh gij goekgwn youqgaenj, ndigah, duzgaeq、duzbit、duzhanq daengj itcig dwg duz doihduz cujyau ndaw ranz Bouxcuengh.

岭南地区气候温热，雨量充沛，沼泽众多，林木茂盛，是野鸡、野鸭、野鹅、野鸽，以及各种鸟类生长繁殖的理想之地。自旧石器时代晚期起，壮族先民就相继将野鸡、野鸭、野鹅逐渐驯化成为人类饲养的禽类，作为重要的食物来源，所以，鸡、鸭、鹅等一直成为壮人的主体家禽。

（1）Gaeq Vahcuengh heuh kai[5], dwg aen swzgoek caeuq Daijcuz、Lizcuz、Dungcuz、Suijcuz doxdoengz, gangjmingz geizlaeng aen seizdaih sizgi gaeuq, mbanj Cuengh Lingjnanz gaenq gyauqciengx duz roeggae baenz duz gaeq ndaw ranz（raen doz 4-1-3）. Duz roeggae, Vahcuengh heuh rok[8]kai[1]. Roeg, Vahcuengh heuh rok[8], vihmaz gvi de haeuj duzroeg bae, dwg aenvih de lij dwg lixyouq ndaw ndoeng caengz deng gyauqciengx. Youq ndoibya mbanj Cuengh ngoenzneix, vanzlij miz duz roeggae lixyouq.

（1）鸡壮语谓kai[5]，与傣、黎、侗、水各族词源相同，说明在旧石器时代晚期，岭南壮乡已经将野鸡驯化成了饲养鸡（广西贵港市南斗村出土的东汉羽纹铜鸡，见图4-1-3）。野鸡，壮语谓rok^{8}kai^1，而鸟，壮语谓rok^8，之所以将其归于鸟类，是因为它还是野生的没有驯化。在今壮乡之山岭，仍然有野鸡生存。

Doz 4-1-3　Gvangjsih Gveigangj si Mbanj Namzdaeuj oknamh gij yijvwnz gaeq doengz dunghhan（Cangh Leij ingj）

图4-1-3　广西贵港市南斗村出土的东汉羽纹铜鸡（张磊　摄）

（2）Bit, Vahcuengh、vah Bouxyaej、vah Daijcuz、vah Lizcuz doxdoengz roxnaeuz doxgaenh, gangjmingz youq geizlaeng aen seizdaih sizgi moq, hix couh dwg Bouxcuengh、Bouxyaej、Daijcuz、Lizcuz daengj minzcuz（roxnaeuz ginzdij）youq gaxgonq faenhai gag fazcanj, couh gaenq gyauqciengx duz roegbit baenz duz bit ndaw ranz, ndigah cij miz le "bit" gij vah caezcaemh neix. Hoeng duz roegbit, Vahcuengh gvi de haeuj loih（roeg）rok^8 bae, aenvih de caengz ndaej gyauqciengx, yiennaeuz heuh "bit", sugloih doxdoengz, hoeng mbouj dwg vunz guengciengx, doenggvaq yienghneix faenbied okdaeuj.（Duzbit youq gwnz nyenz, raen doz 4-1-4）.

（2）鸭，壮、布依、傣、黎各族语音相同或相近，说明在新石器时代晚期，也就是壮、布依、傣、黎等族（或群体）在分开各自发展以前，就已经将野鸭驯化成饲养鸭，因此才有了"bit"（鸭）这样的共同词语。而野鸭，壮语将其归于"rok^8"（鸟）类，因其未驯化，虽叫"bit"，类属相同，但不是人饲养的，以示区别。（广西冷水冲型铜鼓上铸造的鸭造型，见图4-1-4）。

（3）Hanq, Vahcuengh、vah Bouxyaej、vah Daijcuz、vah Dungcuz、vah Suijcuz、vah Mohlauj、vah Mauznanz doxgaenh, gangjmingz cojcoeng Bouxcuengh gyauqciengx duz roeghanq baenz duz hanq ndaw ranz, dwg youq geizlaeng aen seizdaih sizgi moq, couh dwg youq seiz Bouxcuengh、Daijcuz caeu Dungcuz、Suijcuz song nga vunz neix lij caengz faenhai gag fazcanj haenx.

（3）鹅，壮、布依、傣、侗、水、仫佬、毛南各族语音相近，说明壮族先民驯化野鹅为饲养鹅是在新石器时代晚期，即在壮、傣与侗、水二语支还没有分开各自发展的时候。

Cawzliux gyauqciengx duzgaeq、duzbit、duzhanq，cojcoeng Bouxcuengh lij gyauqciengx le duz roegguxgap daengj.（Roegguxgap youq gwnz nyenz，raen doz 4-1-5）.

壮族先民除驯养鸡、鸭、鹅外，还驯养了鸽等。（广西灵山型铜鼓上铸造的鸽造型，见图4-1-5）。

Doz 4-1-4　Duzbit youq gwnz nyenz. Nyenz dwg Gvangjsih Lwngjsuijcung hingz（Ciengj Dingzyiz hawj doz）

图4-1-4　广西冷水冲型铜鼓上铸造的鸭造型（蒋廷瑜　供图）

Doz 4-1-5　Roegguxgap youq gwnz nyenz. Nyenz dwg Gvangjsih lingzsanh hingz（Gvangjsih Gih Minzcuz Bozvuzgvanj hawj doz）

图4-1-5　广西灵山型铜鼓上铸造的鸽造型（广西壮族自治区民族博物馆　供图）

Daihngeih Ciet　Gij Gisuz Guengciengx Doihduz
第二节　家畜家禽饲养技术

Cojcoeng Bouxcuengh daj geizlaeng aen seizdaih sizgi gaeuq caeuq gvaqlaeng de，ginggvaq ciengzgeiz nyinhrox caeuq ganhoj roengzrengz，gonqlaeng gyauqciengx duz nyaenma、duz mouduenh、duz yiengzbya、duz vaizndoeng、duz roeggae、duz roegbit、duz roeghanq daengj baenz doihduz vunz youq ndaw ranz guengciengx，caemhcaiq ciuq aeuyungh caeuq gyanieb fazcanj，cawjdoengh bae senjaeu doihduz daeuj guengciengx，gaijndei fatsanj. Aenvih cojcoeng Bouxcuengh dwg aen minzcuz cujyau dajndaem haeuxnaz，gyahwnj Lingjnanz miz gij swyenz vanzging daegbied，bya lai、faex lai、dah lai，caemhcaiq gaenh haij，miz doihduz fungfouq、nonngwz baenzraeuh caeuq duzbya duzgungq ndaw dah ndaw haij de saeuq mbouj liux，gij doxgaiq gwn gyoengqde dwg lai cungj lai yiengh，cix mbouj dan dwg gwn doihduz，ndigah cojcoeng Bouxcuengh cix mbouj miz fazcanj de baenz aen hangzniebciengx baengh daeuj senglix haenx. Mboujgvaq，Bouxcuengh youq guengciengx doihduz fuengmienh，lij dwg guh le haujlai roengzrengz，ganqfat ok haujlai binjcungj doihduz ndei miz daegsaek sienmingz haenx，aeundaej le gisuz cwngzgoj laidaih，vih vunzloih vwnzmingz baenaj guh ok le gung'yen.

壮族先民自旧石器时代晚期及其后，经过长期的认知和艰苦的努力，先后将野狗、野猪、野羊、野牛、野鸡、野鸭、野鹅等驯化成为人工饲养的畜禽，并按需要及家业的发展，主动地对畜禽进行选择性的饲养，优化繁殖。由于壮族先民是以稻作为主体的民族，加上岭南独特的自然环境，山多、树多、河多，且濒临大海，有丰富的畜禽、众多的虫蛇，以及数不尽的河海鱼虾，而他们饮食结构是多元的，并不单纯以畜禽为食物，因此壮族先民并没有将其发展成赖以为生的畜牧业。不过，壮族在畜禽的饲养上，还是做了许多努力，培育出许多具有鲜明特色的优良畜禽品种，取得了丰硕的技术成果，为人类的文明进步做出了贡献。

It. Gij gisuz guengciengx duzcwzvaiz

一、牛的饲养技术

Cojcoeng Bouxcuengh gyauqciengx duzvaiz，aeu de daeuj caerauq，riengz lizsij fazcanj daeuj，doengzseiz bienqbaenz le aen biucinj dagrau caizfouq、yiengh huqdaengjgyaq doxvuenh caeuq aen couzmax gejcawz ienqhaemz. Ndigah，cojcoeng Bouxcuengh guengciengx duzvaiz siengdang cingsim，youq gwnz lizsij Bouxcuengh，guengciengx duzvaiz，byaij gvaq haujlai ganhoj，aeundaej le cwngzgoj gig mingzyienj.

壮族先民驯化、饲养水牛，将它作为役使的工具，随着历史的发展，同时变成了衡量财富的标准、交换的等价物和解除怨恨的筹码。因此，壮族先民对水牛的饲养相当精心，在壮族历史上，对水牛的饲养，历尽艰辛，取得了很突出的成果。

（It）Aen hangznieb guengciengx duzcwzvaiz fazcanj

（一）牛饲养业的发展

Gij caediet song Han oknamh de mbouj noix. Gij moh Dunghhan Vuzcouh、Hozbuj de lij oknamh le aen vunqmeng duzcwzvaiz caeuq duzcwzvaiz ragci，gangjmingz aeu duzcwzvaiz daeuj ragci，aeu duzcwzvaiz daeuj caerauq gaenq gig bujben. Gwnz gij vunqmeng nazraemx Guengjdoeng Fozsanh Lanzsiz aen moh Dunghhan oknamh de，miz aen yungjmeng ndeu cingqcaih youq ndaw naz caenaz，gwnz gyaeuj daenj gyaep，fwngz ndeu lumjnaeuz dawzcae，fwngz ndeu lumjnaeuz gyaepvaiz，fanjyingj le gij saedsaeh seizde cojcoeng Bouxcuengh Lingjnanz yungh vaiz cae reih. Gwnz naj aen nyenz Handai dingzlai dwg miz vaizdoengz（doz 4-2-1）.

两汉出土的铁犁不少。梧州、合浦的东汉墓还出土了牛和牛拉车的陶模，说明以牛拉车，以牛套犁耕已很普遍。广东省佛山市郊澜石东汉墓出土的水田陶模上，有一个陶俑在一块田上翻犁，头戴斗笠，一手作扶犁状，一手作赶牛状，反映了那时岭南壮族先民用牛耕地的事实。汉代铜鼓上多以铜牛为鼓面立雕（图4-2-1）。

Sam Guek、Nanzbwzcauz gvaqlaeng，Bouxcuengh Lingjnanz aeu miz guh ak，yawj duzvaiz guh caizfouq. Daj gij cangcaenq duzvaiz gwnz nyenz oknamh de（daegbied dwg cungj Lwngjsuijcung caeuq cungj Lingzsanh dwg lai，vaiz rag gyaz youq gwnz nyenz Suiz Dangz seizgeiz Gvanghsih Lwngjsuij cung hingz，raen doz 4-2-2），ndaej yawjok duzvaiz youq ndaw swnghhoz cojcoeng Bouxcuengh ciemqmiz aen diegvih youqgaenj. Ligdaih gij vwnzyen Bouxgun lij geiqsij miz aeuyah gvaqlaex、cingjlaeuj caeuq fangzdai cungj aeu gajvaiz gwnlaeuj, siuhauq duzvaiz soqliengh gig lai. Ndigah, Bouxcuengh gig yawjnaek guengciengx caeuq fatsanj duzvaiz. Nanzsung conienz, Vunzginh ciemqhaeuj, Gyanghsuh Cezgyangh noix duzvaiz, duzvaiz caerauq de dingzlai dwg daj Guengjsae buenqgai daeuj. Nanzsung Gyahding 7 bi（1214 nienz） ngeih nyied ngeihcibseiq hauh, Guengjsae boux cienjyinh buenqguen giem daezgawj gyusaeh Cinz Gungjsoz hwnjsaw cauzdingz naeuz, Guengjsae miz duzvaiz lai caemhcaiq gyaq cienh, dingzlai deng buenqgai daengz Gyanghsih caeuq Gyanghsuh、Cezgyangh bae. Ndigah, "song Guengj couhgin" liglaiz cungj cwngsou "cungj suiq buenqgai duzvaiz". Doeklaeng aenvih bouxguen guenj lohraemx yinhhaeux de bauqcingj cauzdingz le cij siubae hangh cienzsuiq neix. Hoeng gij vunz Gan（ngoenzneix Gyanghsih Gancouh）、Giz（ngoenzneix baih doengbaek Gyanghsih Gizsuij Yen） moix baez guhcaez hongnaz le couh baenzgyoengq baenzdoih haeuj Lingjnanz bae, ciengjcawx duzvaiz, doengh aen couhyen dangdieg aenvih mbouj ndaej sou gij cienzsuiq buenqgai duzvaiz, couh cugciemh bienq gungzhoj lo. Ciuq《Sung Veiyau Cizgauj·Huqgwn》 itbet geiqsij gij vaiz daj Guengjsae buenqgai haeuj Gyanghsuh Cezgyangh de, baez bungzdaengz seiznit, couh daibae lai. Gizneix dwg ceij duzvaiz. Sungdai, laeb miz "cungj suiq buenqgai duzvaiz", caemhcaiq bienqbaenz gij caizcwng souhaeuj youqgaenj dangdieg, raen ndaej dangdieg miz duzvaiz lai. Daengz Mingz Cingh le, cingzgvang vanzlij dwg yienghneix. Mingz Gyahging bi daih'it（1522 nienz）, yienz Hwngzcouh（ngoenzneix Guengjsae Hwngzyen） cihcouh Vangz Ci《Ginhswjdangz Yizsinz Soujging》geiq miz Hwngzcouh "vunz dieg de ciengx duzvaiz lai, ranz lai de miz geij bak duz, vanzlij baenz cien duz；ranz miz geij boux vunz de, hix mbouj noix cib duz. Youq rog ndoeng, baez yawj gyuemluemz, gwnz ndoi miz duzvaiz lumj duzmoed. Sojlaiz gwnz haw seiqseiz cungj miz nohcwz gai, duzvaiz boknaeng le miz bak gaen lai, moix gaen gai haj roek cienz". Ranzfouq de ciengx geij bak vanzlij cien lai duzvaiz, ranz itbuen miz geij boux vunz de hix ciengx miz cib lai ngeihcib duzvaiz, dajneix ndaej raen seizde Bouxcuengh ciengx duzvaiz dwg gig bujben caemhcaiq ciengx miz lai.

三国、南北朝以后，岭南壮族"唯富为雄"，将水牛视为财富。从出土的铜鼓上的牛饰（尤以冷水冲型和灵山型铜鼓为多，广西隋唐时期冷水冲型铜鼓上的牛拉楼造型见图4-2-2）可以看出，牛在壮族先民生活中占有的重要地位。历代汉族文献还记载壮乡婚事聘礼、喜宴及丧事都要杀牛饮酒，牛的消耗量很大，所以壮族非常重视水牛的饲养和繁殖。南宋初年，金人南侵，江浙缺牛，耕牛大都来自广西。南宋嘉定七年（1214年）二月二十四日，广西转运判官兼提举盐事陈孔硕上书朝廷说，广西牛多且价格低廉，多被贩往江西及江浙一带。所以，"二广州郡"历来都征收"贩牛税"，后来因管水道运粮的官员奏请才取消了此项税款。而赣（今江西赣州）、吉（今江西吉水县东北）的人每当农事完毕就成群结队进入岭南，抢购水牛，而州县失收贩牛税钱，力遂困乏。据《宋会要辑稿·食货》一八记述广西贩入江浙的牛，乍遇寒冷，多有死亡。这里指的是水牛。宋代，设有"贩牛税"，且成为当地重要的财政收入，可见当地水牛之多。到了明朝，情况仍然是这样。明嘉靖元年（1522年），原横州（今广西横县）知州王济在《君子堂日询手镜》记有横州"其地人家多畜牛，巨家有数百头，有至千牛者；数口之家，亦不下十数。时出野外，一望弥漫，坡岭间如蚁。故市中牛肉四时不辍，一革百余斤，银五六钱"。富者养几百甚至上千头牛，一般数口之家的老百姓也养有十多二十头牛，由此可见当时壮家人养牛的普遍性。

Doz 4-2-1 Vaiz rag gyauh，youq gwnz nyenz Dunghhan seizgeiz Gvangjsih Lwngjsuijcung hingz（Gvangjsih Gih Minzcuz Bozvuz gvanj hawj doz）

图4-2-1 广西东汉时期冷水冲型铜鼓上的牛拉撬造型（广西壮族自治区民族博物馆 供图）

Doz 4-2-2 Vaiz rag gyazyouq gwnz nyenz Suiz Dangz Seizgeiz Gangjsih Lwngjsuijcung hingz（Ciengj Dingzyiz hawj doz）

图4-2-2 广西隋唐时期冷水冲型铜鼓上的牛拉耧造型（蒋廷瑜 供图）

Duzcwz youq henz Yinzgvei Gauhyenz mbanj Cuengh Guengjsae Nanzdanh、Denhngoz、Vanzgyangh、Lungzlinz、Sihlinz、Denzlinz Caeuq Yinznanz Gvangjnanz daengj dieg dienheiq haemq liengz de ndaej daengz le fazcanj，ganq baenz le cungj cwz ndei miz mingz lumj cwznanzdanh、cwzlungzlinz caeuq cwzgauhfungh Gvangjnanz daengj. Cwzgauhfungh Gvangjnanz dwg cungj cwz ndei yungh noh、yungh hong，aenvih ndanggoeg hungsang、haeuq sang lumj haeuqdoz，rengz hung maenhsaed，noh oiqunq cix youq ndaw guek rog guek miz mingz. Duz cwzdaeg gauhfungh beij duz cwz itbuen de ndang engq hung，duz baenzcwz de ndaej naek 700 goenggaen，beizheiq haenqrem，gig maij doxdwk，seiq ga cangqcwt，ndangnoh fatdad，bwn lwenqluplup，gyaeuj hung hoz laux，rieng raez haeuq sang，miz aen cwngheuh ndei "gyaeuj saeceij rieng duzbeuq".

黄牛在天气比较凉爽的云贵高原边缘的广西南丹、天峨、环江、隆林、西林、田林及云南广南等壮乡得到发展，培育成了有名的南丹黄牛、隆林黄牛和广南高峰牛等良种。广南高峰牛是肉、役两用的良种黄牛，以高大雄壮、峰高如驼、力大结实、肉质鲜嫩而名扬中外。广南高峰公牛比一般黄牛形体更为高大，成年牛体重可达700千克，性犟刚烈，好动好斗，四肢粗实，肌肉发达，毛光油滑，头大脖子粗，尾长峰高，有"狮子头豹子尾"的美称。

Minzgoz seizgeiz，gozminzdangj cwngfuj roengzrengz bae gaijndei gij binjcungj duzcwz、duzvaiz gvaq. Youq 20 sigij geizgyang 30 nienzdaih daengz cogeiz 40 nienzdaih，youq Liujcouh、Yunghningz daengj yen（si）gawjhengz gij hozdung vunzlai daeuj bingzbeij duz cwzdaeg vaizdaeg，doiq ranz ganqfat ok duz faencwz faenvaiz ndei de hawj ciengj，gikcoi vunzlai youq ganqfat duz cwzdaeg vaizdaeg fuengmienh senjaeu duzndei vutbae duzyaez，daezsang vunzlai cungj yisiz ganqfat duz faenndei. Minzgoz 30～32 bi（1941～1943 nienz），Nungzlinzbu youq Gveilinz Liengzfungh Sizlijbingz laebhwnj aen ciengz fatsanj duzcwzvaiz，yienzhaeuh youq Lungzcouh、Namzningz、Liujcouh、Cenzcouh、Linzgvei daengj yen（si）senjcawx duzcwz caeuq duzvaiz bonjdieg 26 duz daeuj guh faen，youq aen ciengz neix guengciengx caemhcaiq sawqniemh fatsanj，gaijndei gij ndangnaek、rengzndang caeuq rengzcae duzvaiz、duzcwz. Yienzhaeuh，dwg yinxhaeuj gij faen ndei rog guek，doiq duz bonjdieg guh cabgyau gaijndei. Minzgoz 35 bi（1946 nienz），youq dieg ciengx doihduz Guengjsae Dayoz Nungzyozyen ngoenzneix Gveilinz Liengzfungh，Vangz Bihgen fu'gyausou leihyungh duz cwzdaeg raizndaemhau Hozlanz caeuq duz cwzmeh bonjdieg cabgyau，roengz miz 3 duz cwzmeh cabgyau. Neix dwg Guengjsae ceiqcaeux guh gij sawqniemh cabgyau gaijndei duzcwz. Gangcan swngli gvaqlaeng，Lenzhozgoz Sanhou Gaeuqcaeq Cungjsuj daj Sinhsihlanz diuh daeuj raizndaemhau、gaeudinj、aiwjya、gezsih 4 aen binjcungj 90 duz cwzdaeg、cwzmeh okcij haenx，caemhcaiq baij bouxgisuzyenz hohsoengq daengz aen ciengz gaijndei fatsanj faencwzvaiz laeb youq Gveilinz Yansanh haenx. Hoeng，aenvih seizseiq hoengluenh，gij hong gaijndei faencwzvaiz de caengz ndaej swnhleih bae guh，dan ndaej fatsanj cabgyau cib lai duz，mbouj ndaej coicaenh gaijndei gij binjcungj duzvaiz、duzcwz mbanj Cuengh geij lai.

民国时期，国民党政府曾致力于水牛、黄牛品种的改良。于20世纪30年代中期至40年代初期，在柳州、邕宁等县（市）举行群众性的公牛评比活动，对培育出优良种畜的户主给予奖励，激励群众在公牛的培育上选优汰劣，提高群众培育良种的意识。民国三十至三十二年（1941～1943年），农林部在桂林良丰十里坪建立耕牛繁殖场，随之在龙州、南宁、柳州、全州、临桂等县（市）选购26头本地优良的黄牛和水牛做种牛，在该场饲养做纯系繁育试验，以改良水牛、黄牛的体重、体力和挽力。再次，是引进优良种牛，对本地牛群进行杂交改良。民国三十五年（1946年），在现桂林良丰的广西大学农学院牧场内，王玨建副教授利用荷兰黑白花公黄牛与本地母黄牛杂交，产下杂交母牛3头。这是广西最早进行黄牛杂交改良的尝试。抗战胜利后，联合国善后救济总署从新西兰调来黑白花、短角牛、爱尔夏、杰西4个品种90头公、母乳用黄牛，并派技术人员护送至在桂林雁山设立的种牛改良繁殖。然而，由于时局混乱，种牛改良工作未能顺利进行，仅繁殖杂交牛十多头，对壮乡水牛、黄牛品种的改良工作没有大的改进。

Minzgoz nienzgan，doxhoenx deihmaed，yinzminz swnghhoz gannanz haemzhoj，doihduz deng binghraq guengz，hawj ndawbiengz swnghcanj caeuq ranz nungzminz Bouxcuengh daiqdaeuj caihaih yenzcung. Minzgoz 22 bi（1933 nienz），Guengjsae swngj Bouxcuengh comzyouq de miz duzcwzvaiz 2302180 duz，daengz minzgoz 27 bi（1938 nienz），dan miz duzcwzvaiz 2030404 duz，gemjnoix 27 fanh lai duz. Najdoiq cungj cingzgvang neix，gozminzdangj Guengjsae deihfueng cwngfuj youq Namzningz Ginhgyauz laebhwnj aen doihduz baujyuzsoj ndeu，cienmonz fucwz ceiqcauh gij yw doihduz、fuengzyw gij binghraq doihduz caeuq cijdauj gij gisuz ciengx doihduz. Minzgoz 26 bi（1937 nienz），aen doihduz baujyuzsoj neix youq Vujmingz Yen laenhwnj aen sifangih fuengzyw binghraq doihduz, riengzlaeng youh youq Libuj、Liujgyangh、Liujcwngz、Gveiyen（ngoenzneix Gveigangj Si）、Binhyangz、Yungjcunz（ngoenzneix faenbied gvihaeuj Yunghningz、Hwngzyen、Binhyangz sam aen yen neix）、Hozciz、Suihluz（youq ngoenzneix baihnamz Fuzsuih Yen）daengj 11 aen yen fanveiz ndawde, riengz dauqndaw 5 goengleix song henz goengloh Siengh Gvei、Genz Gvei laebbaenz diuzsienq fuengzyw gij binghraq duzcwzvaiz raez dabdaengz 300 goengleix、ronzdoeng daengx gyaiq Guengjsae haenx, doiq sojmiz duzcwzvaiz giengzceih daj gij cim yawhfuengz. Hoeng, gisuz cuetyaez seizseiq gauxluenh, raqcwzvaiz yienznaeuz ndaej daengx mbouj banhraih, aenvih gozminzdangj cwngfuj nduknaeuh, yinzminz swnghhoz haemzhoj, hangz ciengx duzcwzvaizmbanj Cuengh cix mbouj ndaej dauqhwng fazcanj hwnjdaeuj.

民国年间，战乱频繁，民生凋敝，畜禽疫病猖獗，给社会生产和壮族农民家庭带来严重的灾难。民国二十二年（1933年），壮族聚居的广西省有牛2302180头，至民国二十七年（1938年），仅有牛2030404头，减少27万多头。面对这种情况，国民党广西地方当局在南宁金牛桥成立家畜保育所，专门负责兽医生物药品制造、兽疫防治及畜牧生产技术指导的工作。民国二十六年（1937年），家畜保育所在武鸣县建立兽疫防治示范区，随后又在荔浦、柳江、柳城、贵县（今贵港市）、宾阳、永淳（今分属邕宁、横县、宾阳三县）、河池、绥渌（在今扶绥县南部）等11县范围内建成沿湘桂、黔桂公路两旁5千米以内建立长达300千米的、贯穿广西全境的牛瘟防治线，对所有耕牛进行强制性的牛瘟预防注射。但是，技槽政扰，牛瘟固然止住了蔓延，由于国民党政府腐败，民不聊生，壮族的养牛业未能重新振作发展起来。

（Ngeih）Gij gisuz guengciengx duzcwzvaiz

（二）牛饲养技术

Duzvaiz gij swnghlij daegdiemj mingzyienj de dwg maij ndat、maij raemx、lau nit, bwnndang noix, dangj mbouj ndaej nit haenq, youq seizhah ndat haenq, maij cimq youq ndaw raemx liengz ndang. Cojcoeng Bouxcuengh doiq gij sibsingq duzvaiz rox ndaej laegdaeuq, ndigah, youq gueng、youq、fuengzbingh ywbingh daengj lingjyiz miz yenzgiu lai. Caemhcaiq, lij laeb aen ciet ndeu hawj duzcwzvaiz, heuh guh "aen ciet cwzvaizvuengz", hix heuh "aen ciet hoenzcwzvaiz". Aenvih goengqbya gekdangj, baedauq noix, gak dieg mbouj miz aen seizgan doengjit. Mboujgvaq, cungj dwg youq seiz hongnaz haemq gaenjcieng liggaeuq seiqnyied cobet、nguxnyied co'ngux、roeknyied coroek geij ngoenz neix ndawde gawjhengz. Cujyau dwg vihliux docih gij goenglauz duzcwzvaiz, daegbied laeb aen ciet neix daeuj bauqdap de, sawj de engqgya akmaengh. Daengz ngoenzneix, lajmbanj Bouxcuengh doxnaeuz, sauq ranzcwzvaiz, yien duzcwzvaizdaengz henz dah bae swiqndang, mboujcinj fad duzcwzvaiz, hawj duzcwzvaiz ietbaeg ngoenz ndeu, caemhcaiq gajgaeq gajbit, naengj haeuxcid haj saek, youq gyangdangq baij daiz haeuxbyaek lai ndeu, daengx ranz vunz humx naengh youq seiqhenz, youz bohranz yien duzcwzvaiz ceiqgeq haenx heux aen daiz hop ndeu, bien byaij bien ciengq gij fwen haenh duzcwzvaiz ciuhgeq， haenh gij goengcik hungmbwk duzcwzvaiz， hoh de ndangcangq souhlaux， lwglanz daengx ranz. Ciengq sat， soengq duzcwzvaiz dauq ranzcwzvaiz， moix duzcwzvaiz cungj ndaej gwn faenh haeuxcid haj saek yungh mbawngaeux bau haenx， caiq dwk nywjheu hawj de gwn. Miz ranz de lij hawj duzcwzvaiz gwn faenh nohlab ndeu roxnaeuz guenq laeujdiemz、 gienghduh daengj.《Gij Fungsug Lenzsanh Bouxcuengh》Luz Sanglaiz、Lai Caizcingh sij haenx geiqsij le ngoenzneix Guengjdoeng Lenzsanh Bouxcuengh Bouxyiuz Swciyen， youq aen ciet cwzvaizvuengz seiqnyied cobet de， ndaw ranz danghnaeuz miz boux lwgnyez ndangnyieg， couh hawj de daenjluiq、daenjgyaep， dawz duix haeuxcid haj saek ndeu haeuj ndaw ranzcwzvaiz bae buenx duzcwzvaiz gwn. Dingq naeuz yienghneix， lwgnyez couh ndaej bingh ndei， lumj duzcwzvaiz yienghneix ndangcangq miz rengz. Gvaq aen ciet cwzvaizvuengz muzdiz lij dwg vihliux hawj duzcwzvaiz habdangq yietbaeg， gejsoeng duzcwzvaiz raeqnaz baeg lai， hawj duzcwzvaiz hoizfuk rengzndang. Fanjyingj le Bouxcuengh hawj duzcwzvaiz caemh guh caemh yiet， gaenj soeng miz doh. Neix dwg Bouxcuengh ciengx duzcwzvaizcungj gingniemh ndeu. Doiq neix， Couh Gifeih《Lingjvai Bangdap》hongznaeuz gij cwzvaiz Bouxcuengh "mbouj naih ndaej hoj". Couh neix daeuj gangj， de dwg mbouj miz loengh mingzbeg gij gohyoz dauhleix Bouxcuengh ciengx duzcwzvaiz.

水牛显著的生理特点是喜热、喜水、怕冷、体毛稀少，敌不住严寒，在暑热夏季，喜浸泡水中以降体温消暑。壮族先民对水牛习性了解透彻，因此，在饮食喂养、居住条件、防病治病等领域多有研究。而且，还给牛立个节日，叫做"牛王节"，也叫"牛魂节"。因为山川阻隔，壮民交往少，各地没有统一的时间。不过，都是在农活比较紧张的农历四月初八、五月初五、六月初六这几天中举行。主要是为了感谢牛的功劳，特立此节以酬劳它，使它更为强壮。到这一天，壮族农家互相邀约，打扫牛舍，将牛牵到河边洗刷干净，不准鞭打耕牛，让牛休息一天，并宰鸡杀鸭，蒸煮五色糯米饭，在堂屋里摆上一桌丰盛的饭菜，全家人周坐四周，由家长牵一头最老的牛绕桌一周，边走边唱古老的赞牛歌，赞颂牛的丰功伟绩，祝其健康长寿，子孙满堂。唱完歌，把牛送返牛舍，每只牛都可饱尝一份用荷叶包的五色糯米饭，再饲以鲜嫩的青草。有的农家还给牛一份腊肉或灌以甜酒、豆浆等。陆上来、赖才清著《连山壮风情》记述了今广东连山壮族瑶族自治县，在四月初八的牛王节，家中如有身体孱弱的小孩，就让他穿上蓑衣，戴上竹笠，盛着一碗五色糯米饭进入牛栏陪伴着牛吃的习俗。据说这样，孩子就会祛病，像牛一样健壮有力。过牛王节的目的还在于让牛适当休息，缓解牛的紧张劳役，使牛恢复体力。这反映了壮人让牛劳逸结合，张弛有度。这是壮人养牛的经验之一。对此，周去非的《岭外代答》中指责壮人的牛"不耐苦"。就此而论，他是没有弄明白壮人育牛的科学道理。

Mbanj Cuengh ciuhgeq， cingq lumj《Lingjvai Daidaz》soj geijsij， "vunzding mbouj lai， dieg gvangq vunz noix" "dieg gvangqlanghlangh， gij reihnaz ndaej ndaem de， bak faenh cij miz faenh ndeu vunz ndaem". Daengz Mingzdai， cingzgvang mbouj miz gaijbienq geijlai. Vangz Swsing《Lingjnanz Geiq》gienj haj de naeuz， Bouxcuengh "dep youq bya youq， baengh diegbingz luegbya dajndaem" "caiq gangjnaeuz diegbingz rogndoi， yawj gvaqbae geij cib leix mbouj ndaem saek gohaeux, Bouxcuengh cij ndaem gij naz henz bya, caemhcaiq cij ndaem cib faenh cih it ngeih". Yienghneix, couh miz daihliengh diegdeih caeuq ndoibya maj miz go'nywj noengqnwt, gaeuq cuengqlangh duzcwzvaiz bae gwn. Neix couh dwg gij cingzgingj Vangz Ci daengz Hwngzcouh dang cihcouh, byaij daengz gyangdoengh le, raen daengz "baez yawj gyuemluemz"、 "gyang ndoibya miz duzcwzvaiz deihdwddwd, gagyouq gwn nywj, lai gvaq lumj bang moed ok congh". Cuengqciengx duzcwzvaiz youq gwnz ndoibya, hawj gyoengqde gag bae ragwn, neix dwg diegbya Bouxcuengh ciuhgeq cungj cujyau fuengsik ciengx duzcwzvaiz. Vihliux faencing duzcwzvaiz gak ranz, gyoengqvunz youq gwnz hoz duzcwzvaiz venj miz gaiqfaex roxnaeuz aenlingz miz yienghceij mbouj doengz、 deuva mbouj doengz haenx. Aenvih mbouj doengz singq、 mbouj doengz mbanj, diegciengx de hix cungj vehdingh ndei, mbouj ndaej hamj gyaiq bae cuengqciengx. Mboengqgyang Mingzcauz gvaqlaeng, gij vunz dieg Cuengh demlai, diegfwz de hix gemjnoix lai, cuengqciengx duzcwzvaiz deng daengz hanhhaed lo, dingzlai saedhengz cungj fuengsik "doxlwnz cuengqciengx duzcwzvaiz", couh dwg cungj fuengsik geij hoh roxnaeuz cibgeij hoh、 geijcib hoh comz duzcwzvaiz hwnjdaeuj, ciuq gak ranz miz geijlai duzcwzvaiz daeuj doxlwnz, lwnz bae caiq lwnz dauq dwk fucwz youq dieg maenhdingh ndeu cuengqciengx. Aenvih dieg cuengqciengx de gemjnoix, gij nywj duzcwzvaizgwn de mbouj gaeuq lo, duzcwzvaiz danghnaeuz gyangngoenz gwn mbouj imq, lajmbanj Bouxcuengh youq gyanghaemh itbuen cungj habdangq boujgya di nywj gvejdauq roxnaeuz nyangj he hawj duzcwzvaiz gwn. Cojcoeng Bouxcuengh cuengqciengx duzcwzvaiz, cawzliux hawj duzcwzvaiz ndaej gwn daengz gij nywj heu, demgya yingzyangj, caemhcaiq doenggvaq youq rog ndoeng hozdung, sawj duzcwzvaiz ndaej diem gij heiq saensien, dak daengz ndit, hab veiswngh baujgen.

古代的壮乡，正如《岭外代答》所记述的，"生齿不蕃，土旷人稀""旷土弥望，田家所耕，百之一耳"。延至明代，情况没有太大的改变。王士性《广志绎》卷五说壮人"傍山而居，倚冲而种""至于平原旷野，一望数十里不种颗粒，壮人所种只山衡水田，十之一二耳"。这样，就有大量的土地和荒坡山岭生长着茂盛的青草，满足牛群的放牧采食。这就是王济到横州任知州，走出野外后，看到"一望弥漫""岭坡之间牛只密密麻麻，自由采食，多得胜如出窝的蚁群"的情景。将牛放牧于岭坡间，让它们自由采食，这是古代壮族山区饲养牛群的主要方式。为了区别各家所养的牛只，人们在牛脖上挂个不同形状、不同雕花的小木块或小铃铛。由于姓氏有别，村落不同，放牧场地也都划定区域，不得越界放牧。明朝中叶以后，壮族地区人口增多，空旷地域锐减，自由放牧受了限制，大多实行"牛轮放牧"的方式，即几户或十几户、几十户将牛集中起来，按各家牛只的多少实行轮换，周而复始负责在固定的区域内放牧的方式。由于牧地减少，牛的草料有了限制，牛白天若吃不饱，壮族农家在晚上一般都适当地给牛添上一些割回来的青草料或稻禾秆，使牛的吃食得到补充。壮族先民放牧饲养牛群，除让牛吃到新鲜的草料，增加营养之外，通过野外活动，还能使牛呼吸新鲜空气，晒到阳光，符合卫生保健之道。

Vihliux hawj duzcwzvaizngah gwn nywj, diuzcez ndang duzcwzvaiz gijmoq lawh gijgaeuq, gaengawq duzcwzvaiz maij riz gwn gyu, lajmbanj Bouxcuengh itbuen cungj dinghgeiz aeu di gyu he hawj duzcwzvaiz gag riz gwn.

为了促进牛的食欲，调节牛机体的新陈代谢，根据牛喜欢舔盐的嗜好，壮族农家一般都定期地拿上一些食盐让牛自由舔食。

Ranzgyan dwg cungj ranz cojcoeng Bouxcuengh youq. Vunz youq gwnz laeuz, hoeng gwnz deih laj laeuz cix cuengqhoengq, cujyau gek cumx. Daj Sungdai hwnj, Bouxcuengh hainduj youq gyanghaemh gyaep duzcwzvaiz dauq ranz, cuengq youq caengz laj ranzgyan. Couh Gifeih 《Lingjvai Daidaz》gienj seiq 《Ranzyouq》geiq："Gij vunz diegbya Lingjnanz, youq ranzganlanz youq, gwnz dingjranz goemqhaz, laj ranz ciengx duzcwzvaiz duzmou, faexvang gwnz gamx guh rug." youh geiq："Ninzgwn youq gizneix, haexnyouh duzcwzvaiz duzmou, haeu hwnj gwnz ranz daeuj, youq gaenh souh mbouj ndaej. Hoeng vunz de cungj youq sibgvenq, mbouj lau nyouq." Saedceiq dwg, Bouxcuengh gig maij youq cengh, gingciengz cawqleix gij haexnyouh duzcwzvaiz duzmou laj laeuz, souleix daej ranzgyan haemq seuqcengh. Daengz seizdoeng le, dienheiq bienq nit, vihliux mbouj hawj duzcwzvaiz deng nit, cawzliux youq seiqhenz laj ranzganlanz aeu naengcuk, daz hwnj gij naez cab nyangj daeuj humx ndei, lij yungh nywjsauj demh riengh, cib ngoenz buenq ndwen vuenh baez he, hawj duzcwzvaiz ndaej youq sauj youq raeuj. Vihliux dem'ak duzcwzvaiz gij naengzlig dingj nit, miz mbanj ranz Cuengh lij ngauz laeujdiemz guenq hawj duzcwzvaiz gwn. Doiq duz cwzvaizmeh rangjlwg roxnaeuz senglwg de, Bouxcuengh cungj daegbied bae hohleix, guenq hawj gwn gij cuk haeuxcid roxnaeuz laeujdiemz, demgya gij rengzndang duz cwzvaizmeh.

干栏建筑是壮族先民的住房建筑。人居楼上，而楼下地面却空荡无物，主要隔潮。自宋代起，壮人开始在晚上赶牛归家，放在干栏的下层。周去非《岭外代答》卷四《巢居》记："深广之民，结栅以居，上设茅屋，下豢牛豕，栅上亘木为栈。"又记："寝食于斯，牛豕之秽，升闻于栈罅之间，不可向迩。彼皆习惯，莫之闻也。"实际上，壮族人极好清洁，农家经常收拾牛粪尿，将干栏的底部收拾得比较干净。到了冬天，天气寒冷，为不让牛受冻，除了在干栏下层的四周围以竹篾，涂上稻草混合的泥巴，还用干草垫圈，十天半月更换一次，让牛住得干燥温暖。为增强牛的御寒能力，有的壮族农家还酿制甜酒灌牛。对怀孕或生仔的母牛，壮家人都给予特殊的护理，灌上糯米稀饭和甜酒，增加母牛的体力。

Yenzcauz Vangz Cinh《Sawnaz》gienj haj 《Loih Ciengx Duzcwzvaiz》geiq："Moix bungz ndwen raeq de, cawzliux gyangngoenz cuengqciengx, gyanghaemh caiq gueng hawj gwn imq. Daengz haj geng haidaeuz, swngz daengngoenz caengz okdaeuj dienheiq liengz seiz bae raeq, gij rengz de couh ndaej beij bingzciengz lai baenz boix, buenq ngoenz hong couh ndaej mauhgvaq daengx ngoenz. Daengngoenz hwnj sang dienheiq bienq ndat seiz, couh hawj de yietbaeg, gaej yungh caenh gij rengz de, sawj de naetbaeg. Neix dwg baihnamz gij fuengfap gyangngoenz raeqreih." Neix dwg Vangz Cinh cungjgez vunz baihnamz Cungguek gij gingniemh raeqreih yungh cwzvaiz、hoh cwzvaiz, hix dwg gij raeqreih fuengfap Bouxcuengh. Daengz Minzgoz, lajmbanj Bouxcuengh vanzlij aeu cungj fuengfap neix guh yenzcwz bae yungh cwzvaiz raeqreih.

元朝王祯《农书》卷五《养牛类》记载："每遇耕作之月，除已放牧，夜复饱饲。至五更初，乘日未出，天气凉而用之，则力倍于常，半日可胜一日之功。日高热喘，便令休息，勿竭其力，以致困乏。此南方昼耕之法也。"这是王祯总结中国南方人耕作用牛、护牛的经验，也是壮家人的耕作方法。到了民国时期，壮族农家还是以此为则进行用牛耕作的。

Bouxcuengh liglaiz miz cungj fungsug dwkcwzvaiz. Beijsaiq gaxgonq gak aen mbanj cungj senj ok duz cwzvaizdaeg ceiq ndei de, gyau youz canghlauxhangz ndaw mbanj bae cingsim guengciengx caeuq son'gyauq. Ngoenz beijsaiq de, seiqhenz ciengz dwkcwzvaiz cungj miz vunzgyaeuj rim caez, youz bouxdaeuz ndaw mbanj yien duz cwzvaizdaeg deng goemqda de haeuj ciengz bae. Beijsaiq seiz, biengjhai gij doxgaiq goemqda de, vunz ndojdeuz riengjvaiq. Song duz cwzvaizsawqmwh doxraen, huj yaek dai, sikhaek dingjgaeu doxdwk. Gyoengqvunz youq henz yawj de, youh hemq youh iuj, sing saenq daengz daengx luegbya. Boux vunzmbanj duzcwzvaiz de ndaej hingz haenx angq lumj fatbag, cuengqbauq ciengqgo, homzhob duzcwzvaiz de dauq mbanj, baij daiz cingjlaeuj, ciengj hawj cangh guengciengx caeuq son'gyauq duz cwzvaizdaeg, duzcwzvaiz hix ndaej gwn donq imq he. Dajneix hwnj, duz cwzvaizdaeg hingz neix couh baenz duz doiqsiengq cwzvaizmeh seiqhenz mbanj daeuj boiqcungj. Duz cwzvaizdaeg hingz de cungj sangmaengh、ndangcangq, ndang dok ndaej ndei, aeu de boiqcungj, fouzhingz ndawde couh ndaej hwnq daengz gij cozyung vunzgoeng bae senjaeu duzak vutbae duznyieg, mboujduenh daezsang gij binjcaet gyoengqcwzvaiz. Doiq senjaeu ganqfat duz cwzvaizmeh, gak dieg Bouxcuengh hix haemq yawjnaek, itbuen cungj louzsim senjaeu duz ndangmaengh cijgaeuq, roengzlwg caeuq raeqreih ndei de dangguh duz doiqsiengq daeuj fatsanj. Mbangj deihfueng lajmbanj Bouxcuengh lij miz gij sibgvenq senjyouq caeuq vuenhcwzvaiz, bae fuengzre duzcwzvaiz doxgaenh fatsanj.

壮族素有斗牛习俗。赛前各个村寨都挑选出最上等的公牛，交由村里的行家里手精心饲养调教。比赛那天，斗牛场周围人山人海，由村寨头人牵着蒙住眼睛的公牛入场。比赛时，揭开蒙眼物，人迅速避开。两只牛骤然相见，怒不可遏，马上交角相斗。围观者欢声雷动，呐喊助威，声震山谷。赢牛的村民欣喜若狂，鸣炮欢歌，将牛拥回村，大摆庆功宴，奖励饲养调教公牛者，牛也可以饱餐一顿。此后，赢牛成了周围村寨母牛的配种对象。赢牛都高大粗壮、健康、生长发育及体型良好，以其配种，无形中起到了人工选优汰劣，提高牛群品质的作用。对于母牛的选育，各地壮族也较为重视，一般都注意选取体大奶足、产仔及使役性能好的母牛作为繁殖对象。一些地方的壮族农家还有迁居和换牛的习惯，以防止耕牛的近亲繁殖。

Lajmbanj Bouxcuengh ginggvaq ciengzgeiz roengzrengz, cugbouh ganqfat ok le cungj faencwzvaiz deihfueng hab youq dangdieg vanzging haenx, lumj duzvaiz miz duz vaizsihlinz（aen doz 4-2-3）ok youq Sihlinz、Lungzlinz、Denzlinz daengj yen haenx, duz cwznanzdanh、duz cwzlungzlinz Guengjsae caeuq duz cwzgauhfungh Yinznanz Gvangjnanz daengj, cungj dwg dieg

Bouxcuengh gij binjcungj duzvaiz、duzcwz ceiqndei haenx. Duz cwzgauhfungh Gvangjnanz cujyau ok youq Gvangjnanz Yen Bazbauj、Nanzbingz、Hwzcihgoj、Banjbang、Yangzliujcingj daengj yanghcin. Doengh dieg neix dwg dieg ndoibya haijbaz 800～1300 mij, dienheiq raeujrub, raemx nywj mwnnoengq, ronghndit cungcuk, dwg aen vanzging ceiqndei duz cwzgauhfungh senglix fatsanj. Dangdieg guengciengx duz cwzgauhfungh itbuen mbouj comzciengx comzcuengq, dingzlai dwg dandog guengciengx. Yienghneix ndaej gemjnoix deng bingh, youh mbouj yinxhwnj gij faen ndei de bienq cungj. Moix bi seiz raeq caeuq haeuj doeng gvaqlaeng, mboujdan byoq raemxgyu haeuj gij nywj duz cwzgauhfungh gwn haenx bae, caemhcaiq aeu gueng gij gienghduh、haeuxyangz roxnaeuz cukmienh cawjcug haenx. Duz cwzbyaek Vanzgyangh dingzlai dwg gyaeng youq guengciengx, ndigah gij noh de oiqunq.

　　壮族农家经过长期的努力，逐步培育出了适合于当地环境的地方牛种，如水牛有产于西林、隆林、田林等县的西林水牛（图4-2-3），广西南丹黄牛、隆林黄牛及云南的广南高峰黄牛等，都是壮族地区最优良的水牛及黄牛品种。广南高峰黄牛主要产于广南县八宝、南屏、黑支果、板蚌、杨柳井等乡镇。这些地区为海拔800～1300米的丘陵地带，气候温和，水草丰茂，阳光充足，是高峰黄牛理想的生存繁殖环境。当地饲养高峰牛一般不作群牧群放，大都是单独饲养。这样可以减少疾病，又不致使良种变异。每年的耕种季节和入冬以后，不仅高峰黄牛吃的草料要喷洒盐水，而且要喂煮熟的豆浆、玉米或面糊。环江的菜牛多属关栏饲养，故肉质细嫩。

Doz 4-2-3　Gij vaiz Sihlinz
图4-2-3　西林水牛

Ngeih. Gij gisuz guengciengx duzmax

二、马的饲养技术

1972 nienz, Sihlinz Yen Bujdoz aen moh geizcaeux Sihhan oknamh song gienh maxdoengz gimgyaeu（ndawde miz duzyoengx gwih max doengz ndeu, raez 61 lizmij, sang 59 lizmij, raen doz 4-2-4）. 1980 nienz, Gveiyen（ngoenzneix Gveigangj Si）Funghliuzlingj 31 hauh aen moh Sihhan oknamh gienh maxdoengz daj din daengz rwz sang 115.5 lizmij、raez 109 lizmij、baihlaeng gvangq 30 lizmij haenx. Yienznaeuz sam gienh maxdoengz neix cungj dwg gij doxgaiq buenxhaem, cix biujmingz dieg Bouxcuengh gaenq miz guengciengx duzmax. Handai haujlai naj gyongdoengz gwnz de cungj miz gij diuhsu duzmax caeuq bouxgwihmax. Daegbied dwg Nanzsung conienz, youq mbanj Cuengh hai ok aen haw Hwngzsanhcai gaimax, max Guengjsae souh daengz vunz ndaw guek yawjnaek, gyalaeg le Bouxcuengh youq swnghcanj、swnghhoz ndawde bae nyinhrox duzmax, sawj hangzciengxmax hix cugciemh fazcanj hwnjdaeuj, duzmax bienqbaenz le gwnz lizsij Bouxcuengh youq ndawbiengz swnghhoz ndawde duzbangfwngz daeklig de.

　　1972年，西林县普驮西汉早期墓葬出土两件鎏金铜马（其中一件骑马铜俑长61厘米，高59厘米，见图4-2-4）。1980年，贵县（今贵港市）风流岭31号西汉墓出土一件自足至耳高115.5厘米、长109厘米、背宽30厘米的铜马。三件铜马都是随葬器物，表明壮族地区已有了马的饲养。汉代许多铜鼓面上都有马和骑士雕塑。到了南宋初年，在壮乡开辟横山寨马市，广马受到国人的重视，加深了壮族对马在生产、生活中的认识，使马饲养业也逐渐发展起来，马成了历史上壮族在社会生活中的得力助手。

Doz 4-2-4　Gvangjsih Sihlinz Bujdoz oknamh duzyoengx gwih max doengz
图4-2-4　广西西林县普驮出土西汉骑马铜俑

（It）Hangzciengxmax fazcanj

（一）马饲养业的发展

Dangzcauz youq gwnz gij roenguen Lingjnanz moix 30 leix laeb aen yizcan ndeu. Doeklaeng Dangz Yenzcungh vihliux Yangzgveifeih ndaej gibseiz gwnz hwnj gij laehcei moq Lingjnanz，"cib leix couh laeb aen dujbuj ndeu，haj leix youh dwg giz yizcan ndeu"，hawj gij guen yizcan "goenjfoedfoed gwihmax gung laehcei". Hoeng，neix dwg gij "guenmax"，dwg youq baihbaek ciengx daengz baihnamz yungh. Neix sawj gij goengnaengz maxlingjnanz fazveih ndaej gig ndei，goeng'yauq dem gig daih（Gvangjsih gij max gwnz nyenz Suij Dangz seiz geiz raen doz 4-2-5 daengz doz 4-2-8）.《Swnj Swhci Dunghgen Bien raez》gienj 288 geiq miz Sung Yenzfungh bi'nduj de（1078 nienz）ngeih nyied，daihleix Yunghcouh cihfuj Liuz Cuh bauq hawj vuengzdaeq："Bingdung doenghbaez yawj daengz bingdoih dwkhoenx Gyauhciz，dwg baengh binghgwihmax aeu ndaej hingz，vihneix maqmuengh hagsib gwihmax doxhoenx. Daengz dieg Dahcojgyangh caeuq Dahyougyangh bae senjaeu bouxsai ak daeuj gapbaenz doih binggwihmax，moix boux swhgeij cawx duzmax bonjdieg，moix duz sam fanh cienz，danghnaeuz duzmax daibae couh cawx max boiz hawj bouxcawj duzmax. Couzveh le sam faenh cih it，gou minghlingh ndaw se cungj camgya. Danghnaeuz boux hag gwihmax doxhoenx ndaej ndei de，couh hawj boujdiep，couh minghlingh bouxguen dizgij sondoeg daenghgeiq youq bouh；danghnaeuz boux hag mbouj ndei，deng daenghgeiq sam baez haenx，couh aeu duzmax de hawj bouxbing hag ndaej ndei haenx." Sung Sinzcungh ciep daengz bien faenzsaw neix gvaqlaeng，gig hozndat，couh sikhaek fatbouh minghlingh："Minghlingh dingzdaengx bingdung hag gwihmax doxhoenx！" Sung Sinzcungh mbouj hawj gij bingdung Dahcojgyangh、Dahyougyangh hag gwihmax doxhoenx，vanzcienz dwg vihliux gij dungjci leih'ik de，aenvih gwihmax doxhoenx itcig dwg gij youhsi binggun. Cojcoeng Bouxcuengh nyienh hag gwihmax doxhoenx，dwg nyinhrox daengz le gij cozyung moq duzmax，dajneix gikfat le Nanzsung laeb aen haw Hwngzsanhcai，yinx gij max Dalij daeuj gaicawx，hangzciengxmax cojcoeng Bouxcuengh cij ndaej fazcanj hwnjdaeuj.

唐朝在岭南的官道上每30里设一个驿站。后唐玄宗为了杨贵妃能及时吃上新鲜的岭南荔枝，"十里一置飞尘灰，五里一堠兵火催"，让驿史专使"奔腾献荔枝"。但是，这是"官马"，属北养南用。此举使岭南马的功能发挥得淋漓尽致，功能大增（广西隋唐时期铜鼓上的马造型见图4-2-5至图4-2-8）。《续资治通鉴长编》卷二八八载有宋元丰元年（1078年）二月，代理邕州知州刘初上奏："峒丁昨睹王师讨伐交人，因马取胜，愿习战马。乞选两江武勇峒丁结成马壮，人自买蛮马，每匹给钱三万，如死即买填马主。备三分之一，余令社内均出。如习阅武艺出伦优秀，与迁补，仍令提举教阅司遇呈试注籍；如艺疏，三次注籍，即以其马给别艺精之人。"宋神宗接此奏章，大为不满，迅即下诏："峒丁，止令习溪峒所长武艺，勿教马战！"宋神宗不给左、右两江峒丁教习马战技艺，完全是出于其统治利益的考虑，因为马战一直是汉兵的优势。壮族先民愿意学习马战，是认识到马的新作用，由此而激发了南宋设置横山寨贸易点，引来大理马交易，壮族先人的马匹养殖方才发展起来。

Doz 4-2-5 Lwgsau gueng max gwnz nyenz. Nyenz dwg Suiz Dangz seizgeiz, Gvangjsih Lwngjsuijcung hingz（Ciengj Dingzyiz hawj doz）

图4-2-5 广西隋唐时期冷水冲型铜鼓上的女童饲马造型（蒋廷瑜 供图）

Doz 4-2-6 Bouxbing gwih max gwnz nyenz. Nyenz dwg Suiz Dangz Seizgeiz Gvangjsih Lwngjsuijcung hingz（Ciengj Dingzyiz hawj doz）

图4-2-6 广西隋唐时期冷水冲型铜鼓上的骑士造型（蒋廷瑜 供图）

Doz 4-2-7 Bouxbing gwih max daiq lwg gwnz nyenz.Nyenz dwg Suiz Dangz seizgeiz Gvangjsih Lwngjsuijcung hingz（Ciengj Dingzyiz hawj doz）

图4-2-7 广西隋唐时期冷水冲型铜鼓上的骑士带驹造型（蒋廷瑜 供图）

Doz 4-2-8 Song vunz gwih maxdaemq gwnz nyenz. Nyenz dwg Suiz Dangz Seizgeiz Gvangjsih Lwngjsuijcung hingz.（Gvangjsih Gih Minzcuz Bozvuzgvanj hawj doz）

图4-2-8 广西隋唐时期冷水冲型铜鼓上的双人骑矮马造型（广西壮族自治区民族博物馆 供图）

《Sung Veiyau Cizgauj·Bing》22（17）geiq："Gij daeuz cihcouh、cihdung doxdoengz Dahcojgyangh caeuq Dahyougyangh, moix boux miz duzmax ndei de haj duz daengz cib duz." Nanzsung Baujging sam bi（1227 nienz）, Vangz Siengcih《Yizdi Giswng》gienj 106 geiq："Nanzsung seiz, Yunghcouh Dahcojgyangh miz gihmiz couhdung 47 aen, Dahyougyangh miz gihmiz couhdung 62 aen, itgungh 109 aen." Gij daeuz doengh aen gihmiz couhdung neix moix vunz miz 5～10 duz max ndei, gij soq de mbouj noix. Gyoengq daeuz couhdung vihliux gij leih'ik swhgeij, gag fatsanj duzmax, hangzciengxmax mbanj Cuengh couh fazcanj hwnjdaeuj lo. Daegbied dwg Sungcauz deng doek bae buenq aen diegguek baihbaek gvaqlaeng, gij max baihbaek saujsu minzcuz raeg gung, cijndaej cienj daengz mbanj Cuengh baihnamz raaeu duzmax. Ndigah Nanzsung youq Hwngzsanhcai（ngoenzneix Guengjsae Denzdungh Yen Bingzmaj Cin）laeb aen hawmax, gij max fanzdwg caeuq saenamz gak guek gaicawx ndaej de, heuh guh "maxguengj". Nanzsung Vangz Yinglinz《Yihaij》gienj 149 geiq: "Gij max ngoenzneix cawx ndaej de dingzlai dwg ok youq Lozden（ngoenzneix Gveicouh Swngj Bujding）、Swgij（ngoenzneix youq baih saenamz Gveicouh baihdoeng Yinznanz）gak aen saujsu minzcuz, hoeng gij max gizde dwg aeu baengz daengz Dalij vuenh aeu. Ndawbiengz heuh maxguengj, gizsaed dingzlai dwg maxdalij." 　Ndawde, bietyienz hix baudaengz gij maxbaksaek mbanj Cuengh.

《宋会要辑稿·兵》二二之一七载："左右两江知州、知洞已次（以下）首领，每员有好马五匹至十匹。"南宋宝庆三年（1227年），王象之《舆地纪胜》卷一〇六载："南宋时，邕州左江有羁縻州峒四十七个，右江有羁縻州峒六十二个，总共一百零九个。"这些羁縻州峒首领每人有5～10匹好马，其数额不少。州峒首领们为了自己的利益，自行繁殖马，壮乡的养马业就发展起来了。特别是宋王朝丢失北部半壁河山以后，北方少数民族的马源断绝，转而向岭南壮乡寻找马源。故南宋在横山寨（今广西田东县平马镇）设马市，凡与西南诸国贸易所得的马匹，称为"广马"。南宋王应麟《玉海》卷一四九载："今之买马多出于罗殿（今贵州省普定）、自杞（今在黔西南滇东）诸蛮，而自彼以锦采博于大理。世称广马，其实多为大理马也。"其中，必然也包括壮乡的百色马。

Mingzcauz minghlingh gyoengq guendoj couhyen dieg Cuengh gung duzmax. Gyahging《Guengjsae Doenggeiq》gienj 51 caeuq gienj 52《Geiqrog》geiq: "Nanzdanh couh、Lozyangz Yen moix sam bi faenbied gung duz max daengjgyang、daengjyaez ndeu, Daibingz couh、Dunghlanz Couh moix sam bi gung song duzmax, Wnhcwngz Couh、Anhbingz Couh、Duhgangh Couh、Lungzyingh Couh、Gveihsun Couh、Vanzcwngz Couh、Gyanghcouh、Gizlunz Couh moix sam bi gung song duz max daengjyaez, Gezanh Couh、Duhgez Couh、Dungcouh gwnz Dungcouh laj、Mingzyingz Couh、Fung'yi Couh、Swhlingz Couh moix sam bi gung duz max daengjyaez ndeu, Lungzcouh、Swhmingz Fuj moix sam bi gung roek duz max, Cin'anh Fuj moix sam bi gung seiq duz max daengjyaez, Denzcouh moix sam bi gung cib duz max daengjyaez, Swcwngz Couh moix sam bi gung cibroek duz max daengjndei." Gangjmingz Bouxcuengh youq seizde gaenq maqhuz bujbwn guengciengx duzmax.

明王朝明令壮族的许多土司州县的土官贡马。嘉靖《广西通志》卷五一和卷五二《外志》载："南丹州、罗阳县每三年贡中、下等马各一匹，太平州、东兰州每三年贡马二匹，恩城州、安平州、都康州、龙英州、归顺州、万承州、江州、佶伦州每三年贡下等马二匹，结安州、都结州、上下冻州、茗盈州、奉议州、思陵州每三年贡下等马一匹，龙州、思明府每三年贡马六匹，镇安府每三年贡下等马四匹，田州每三年贡下等马十匹，泗城州每三年贡上等马十六匹等。"说明此时壮民饲养马已经相当普遍。

Aenvih duzmax youq hoenxciengq caeuq daehyinh ndawde miz cozyung ngoenz beij ngoenz mingzyienj, gij daeuz gak aen couhdung Bouxcuengh cungj youq ndaw diegguenj bonjfaenh haidaeuz ciengxmax, dem'ak saedlig bonjfaenh. Mingz Gyahging 33 bi（1554 nienz）, gij caeghaij Yizbwnj ciemqfamh nyauxluenh henzhaij Gyanghsuh、Cezgyangh, gij bing Mingzcauz hoenxbaih, Denzcouh Vajsi fuhyinz gag cawjdoengh dingj lanz bae hoenx, dajsuenq daiqlingx "fanh sam vunz" bae daengz Gyanghsuh、Cezgyangh dingjhoenx gij caeghaij Yizbwnj. Doeklaeng Guengjsae Binghbei Dau nyinhnaeuz vunzsoq lai gvaqbouh, cij cinj Vajsi fuhyinz daiq "seiq cien it bak lai vunz" hwnj baihbaek daengz Gyanghsuh、Cezgyangh, ndawde gij max doxhoenx de couh miz "seiq bak hajcib duz". Dajneix ndaej rox dangseiz bouxdaeuz Denzcouh Cwnzsi ciengx miz max gig lai. Mingz Vanliz 30 bi（1602 nienz）, Guengjsae sinzfuj Yangz Fangh《Denyez Yauconj》geiqsij Dunghlanz Couh "ngwzdiu cwngbing song cien boux, gij max doxhoenx de sam bak duz"；Vujcing Couh（youq ngoenzneix baih doengbaek Guengjsae Gveibingz Yen）, baijok gij bing hen Gveibingz、Bingznanz、Gveiyen（ngoenzneix Gveigangj Si）sam aen yen neix "it cien haj bak bouxbing, betcib duzmax doxhoenx"；Cunghcouh（youq ngoenzneix baihnamz Guengjsae Fuzsuih Yen）"ngwzdiu cwngbing song cien boux, hajcib duzmax"；Denzcouh "ngwzdiu cwngbing it fanh boux, caet bak duzmax, gij bing soujswngj de it cien bet bak boux, it bak duz max". Gangjmingz hangzciengxmax dieg Bouxcuengh baihsae Guengjsae, daegbied dwg Denzcouh、Swcwngz、Dunghlanz daengj couh gaenq miz gveihmoz fazcanj hwnjdaeuj. Mingz Gyahging bi'nduj（1522 nienz）, Vangz Ci《Ginhswjdangz Yizsinz Soujging》geiq miz Hwngzcouh（ngoenzneix Guengjsae Hwngzyen）"hix ok miz duzmax lai, duzde dingzlai mbouj hung roxnaeuz gyaeu. Duz ndei de, gyagwz mbouj daengz haj gim. Youh miz duz maxhaij, Yinzleiz（ngoenzneix Guengjdoeng Haijgangh Yen）、Lenz（ngoenzneix baihnamz Guengjsae Bujbwz Yen）miz ok, duz hung de lumj duz lawz iq, caet bet cienz ngaenz cawx ndaej duz ndeu, hix miz rengz, dawznaek mbouj beij duzmax bingzciengz de noix, moix ranz ciengx duz ndeu roxnaeuz geij duz". "Moix ranz ciengx duz ndeu roxnaeuz geij duz", gangjmingz Mingzdai mbanj Cuengh gij couhyen cawzliux dieg dujswh de, hangzciengxmax hix miz le fazcanj haemq daih.

由于马在战争和运输中的作用日益突出，壮族各州峒首领都在自己的统治区内开始养殖马，以增强实力。明嘉靖三十三年（1554年），倭寇侵扰江浙沿海，明朝官兵战败，田州瓦氏夫人自告奋勇代孙出征，拟率领"一万三千人"前往江浙抗击倭寇。后来广西兵备道认为人数太多，只准瓦氏夫人带"四千一百多人"北上江、浙，其中战马就有"四百五十匹"。由此可知当时田州首领岑氏养马业的发达。明万历三十年（1602年），广西巡抚杨芳《殿粤要纂》记载东兰州"额调征兵二千名，战马三百匹"；武靖州（在今广西桂平县东北），派出护卫桂平、平南、贵县（今贵港市）三县"良兵一千五百名，战马八十匹"；忠州（在今广西扶绥县南部）"额调征兵二千名，马五十匹"；田州"额调征兵一万名，马七百匹，成省兵一千八百名，马一百匹"。说明马的养殖业在桂西壮族地区，特别是田州、泗城、东兰等州已经规模性地发展起来。明嘉靖元年（1522年），王济《君子堂日询手镜》载横州（今广西横县）有"马亦多产，绝无大而骏者。上产一匹，价不满五金。又有海马，云雷（今广东海康县）、廉（今广西浦北县南）所产，大如小驴，银七八钱可得一匹，亦有力，载负不减常马，家畜一匹或数匹"。"一家畜养一匹或数匹"，说明明代壮乡土司地区之外的壮族州县，养马业也有了较大的发展。

Gij max Guengjsae guhhong dawznaek lij naeuz ndaej, hoeng gij naengzlig doxbuet de cix beij gij max gizyawz deihfueng ca. Geizlaeng Cinghcauz codaeuz Minzgoz, gij daeuz Guengjsae Cai Ngoz、Cangh Mingzgiz daengj caengzging youq giz rogsingz Gveilinz cibgeij goengleix ndalaeb aen ciengz ciengx duzmax doxhoenx de, yinxhaeuj duz maxmungzguj geij bak duz, maqmuengh daeuj gaijndei gij faenmax Guengjsae, "hojsik aenvih bouxdangsaeh soujgaeuq guenjsoeng, mbouj miz cincanj saekdi", "mbouj geij nanz aenvih guenjleix mbouj dangq couh doekbaih". Minzgoz 21 bi（1932 nienz）, Guengjsae laebhwnj Majcwngcu, yinxhaeuj gij maxdaeg maxahlahbwz 3 duz, youh daj Yizbwnj cawxhaeuj gij maxdaeg、maxmeh Yizbwnj gaijndei gij faenmax yanghgwzlujnozwjman caeuq gihdwzlanz haenx itgungh 10 lai duz, daj ndaw guek senjcawx gij maxmungzguj caeuq gij faenmax bonjdeih, youq Liujcwngz Yen laebhwnj aen ciengz ciengx duz faenmax, binqcingj vunz Yizbwnj caeuq vunz Feihlizbinh guh canghgisuz. Caeuq neix doengzseiz, youh youq Gvei Yen（ngoenzneix Gveigangj Si）daengj aen yen ok max lai de ndalaeb 4 aen soj boiqcungj minzmax, leihyungh duz maxdaeg binjcungj ndei guekrog caeuq duz maxmeh maxmungzguj nem maxbonjdeih cabgyau boiqcungj. Ganq faen giva cujyau aeu duz faendaeg maxahlahbwz caeuq duz faenmeh maxmungzguj guh giekdaej, caijyungh cungj fuengfap cuggaep cabgyau, daengz daihhaj daih caiq yungh duz faenmax cingh maxyinghgoz caeuq de cabgyau, maqmuengh ndaej ganq baenz cungj binjcungj moq Cungguek lumj cungj maxyanghgwzlujahlahbwz Fazgoz. Boiqcungj gocwngz, gaenq caijyungh le gij gisuz vunzgoeng soucingh, couh dwg saek gij faiq gaenq siudoeg haenx haeuj ndaw conghced duz maxmeh miuz bae, hawj de caeuq duz maxdaeg gyauboiq, yienzhaeuh aeu faiq okdaeuj yungh gij dangzoij cing roxnaeuz buzdauzdangz yungzyez guh hihsizyez daeuj cung aeu gij cing duzmax, caiq yungh aen cusegi vunz Yizbwnj Cojdwngzfanzyungz sezgi haenx dwk cing hawj duz maxmeh. Gangcan cogeiz, aen ciengz faenmax Liujcwngz gya'gvangq daengz ndaw gyaiq Lozcwngz yen, gaijmingz baenz Lozcwngz aen ciengz ciengx duz faenmax, Minzgoz 34 bi（1945 nienz）, aen ciengz neix gaenq miz duz maxmeh goek de 168 duz, cungjsoq 604 duz, minzmax boiqcungj 453 duz. Doeklaeng aenvih Yizbwnj bingdoih song baez ciemq haeuj Guengjsae, aen ciengx neix aenvih hoenxluenh cix deng miedvaih, canghgisuz gij cwngzgoj lai bi yenzgiu ndaej haen couh deng miedvaih caez, aen giva gaijndei gij faenmax Guengjsae de hix daicaeux.

广西饲养的马负重劳作尚称可以，但其奔竞能力却远逊于其他地方的马。清末民初，广西军政要员蔡锷、张鸣岐等曾于桂林市城外十多里处设置军马牧场，引进蒙古马数百匹，以期改良广西马种，"惜任事者因循弛懈，毫无进展"，"旋因牧政废弛而湮没"。民国二十一年（1932年），广西成立马政处，引进阿拉伯公马3匹，又从日本购入盎格鲁诺尔曼种马和基特兰的日本改良种公、母马共计10多匹，从国内选购蒙古马和本地种马，在柳城县建立种马牧场，聘请日本和菲律宾人做技师。与此同时，又在贵县等重点产马县设置4个民马配种所，利用外国优良种公马与蒙古及本地母马杂交配种。育种计划主要以阿拉伯种公马与蒙古良种母马为基础，采用级进杂交之方法，到第五代再用英国纯血种马与之混血，以期待育成类似法国盎格鲁阿拉伯马的中国新品种。配种中，采用了人工授精技术，即将消毒的海绵塞入发情母马阴道内，令其与公马交配，然后取出海绵，用精制蔗糖或葡萄糖溶液作稀释液冲取精液，再用日本人佐藤繁雄设计的注射器给母马进行授精。抗战初期，柳城种马扩展场地至罗城县境，更名为罗城种马牧场，民国三十四年（1945年），该场已有基本母马168匹，总马数604匹，民马配种453匹。后因日军两次进犯广西，该马场毁于战乱，技术人员多年的成果毁于一旦，改良广西种马的计划夭折。

（Ngeih）Gij gisuz guengciengx duzmax

（二）马的饲养技术

Cojcoeng Bouxcuengh ciengx gij binjcungj max de, cujyau dwg maxbaksaek, de dwg aen binjcungj gij "maxguengj" ndeu, dwg bonjdieg baksaek maj miz, hoeng daihliengh fatsanj guengciengx cix dwg youq Sung gvaqlaeng, aenvih deng senj guh duz maxbing cix miz mingzsing daih hwnj.

壮族先民养马的品种，主要是百色马，它是"广马"的一个品种，是土生土长的，但大量繁殖饲养则是在宋代以后，因被选为军马而名声大振。

Maxbaksaek dwg aen hidungj gij max saenamz ndawde aen binjcungj deihfueng ndei ndeu, dieg ok cujyau de youq baih saebaek Guengjsae, couh dwg 12 aen yen Baksaek Si ngoenzneix, vihneix heuh "maxbaksaek", daih'iek ciemq daengx Guengjsae ciengxmax cungjsoq sam faenh cih ngeih. Linghvaih lij faenbouh youq Hozciz Si Dunghlanz、Bahmaj、Fungsanh、Denhngoz、Nanzdanh、Duh'anh、Yizsanh caeuq Denhdwngj、Dasinh、Gveiyen（ngoenzneix Gveigangj Si）daengj dieg Bouxcuengh cujyau comzyouq haenx.

百色马是西南马系中的一个优秀地方品种，主产区在桂西北，即今百色地区12个县，故称"百色马"，约占全广西养马总数的三分之二。此外还分布在东兰、巴马、凤山、天峨、南丹、都安、宜山、天等、大新、贵县（今贵港市）等壮族主要聚居的地方。

Baksaek Si youq henz baihnamz Yinzgvei Gauhyenz, deihseiq daj saebaek yiengq roengz doengnamz, haijbaz youq 500 ～1000 mij, miz Dahyougyangh、Dahhungzsuijhoz、Dahdoznengzgyangh daengj diuzdah lae gvaq. Ndaw gyaiq de bya sangliuxliux, lueg laegcaemcaem, raemxdiuq mboqlae, raemxrij ngutngutngeujngeuj, deihhingz fukcab, dwg cungj rumzgeiq dienheiq yayezdai, gwnz bya miz doenghgo lai, nywj mwnnoengq, cungjloih lai. Cujyau gomiuz miz gohaeuxyangz、gohaeuxgok、gomaenz、gohaeuxmeg daengj, dwg dieg ceiq habngamj ciengxmax. Ciuq《Lingzyinz Yenci》geiq："Gienh saeh byaij de, miz song cungj gunnanz daegbied, ranz miz lai de, miz duz maxgwih caeuq duz maxrap." "Ranz fouqmiz de caez yawjnaek louzrom caeuq buenxhaq, buenxsoengq dahhoiq、duzcwzvaiz、duzmax……" Gwnz gij ranzgeq ndaw Baksaek Cin Cinghsiuh Yozdungh Veigvanj（ngoenzneix dieggaeuq ginhbu Hungzcizginh）, gwnz liengz gwnz ciengz veh miz haujlai dozanq duzmax, biujyienh le Bouxcuengh dangdieg maijgyaez duzmax. Gyoengqde youq gij swnghcanj saedguh ciengzgeiz ndawde, cwkrom le gij gingniemh ciengxmax lai.

百色地区位于云贵高原南缘，地势自西北渐向东南倾斜，海拔在500～1000米，有右江、红水河、驮娘江等河流经过。境内崇山峻岭，沟谷幽邃，飞瀑流泉，溪流萦回，地形复杂，属亚热带季风气候，山地植被丰厚，牧草茂盛，种类繁多。主要农作物有玉米、稻谷、甘薯、小麦等，是最适宜发展养马的地方。据《凌云县志》载："行之一事，殊感两难，有余之家，常用轿马，畜马一匹。""殷实遗嫁并胜，以使婢女、牛、马……"百色镇清修粤东会馆（今红七军军部旧址）内的古老建筑上，雕梁壁画上有众多马匹图案，表现了当地壮族人民对马的喜爱。他们在长期的生产实践中，积累了丰富的养马经验。

Maxbaksaek daemqmaengh, bwncoeng、bwnhoz、bwnrieng、bwndin na, naih co dingj bingh, fatsanj naengzlig sang, hab'wngqsingq ak, yizconzsing onjdingh, miz haujlai daegsingq ndei. Daegbied ndei bae benzbya gvaqraemx, ndaej youq gwnz diuzroen gumzgamx de dozdaeh huqnaek. Doznaek itbuen dwg ndangnaek de sam faenh cih it, ceiqnaek ndaej dabdaengz song faenh cih it. Aenvih gijgueng diuzgen diegbya yingjyangj, cujyau baengh go'nywj caeuq ganjnyaq gomiuz daeuj guengciengx duzmax. Seizndwi de, gyangngoenz cuengqciengx duzmax, gyanghaemh dwk nywj bouj hawj gwn. Dieg miz nywj haemq ndei de, couh hwnzngoenz cuengqciengx, yungh max seiz cij daengz gwnzndoi bae yien dauq. Ndoibya caeuq diegbingz doiq duz max guhhong caeuq duz max senglwg de, moix ngoenz bouj gueng haeuxyangz 1.5～3 goenggaen, roxnaeuz bouj gueng raemz 4～5 goenggaen.

百色马短矮粗壮，鬃、鬣、尾、距四毛浓密，耐粗抗病，繁殖力高，适应性强，遗传性稳定，具有许多优良特性。尤其善于跋山涉水，能在崎岖小道上驮运重物。驮重一般为体重的三分之一，最高可达二分之一。由于受山区饲料条件的影响，所养之马主要靠野草和农作物秸秆饲喂。空闲时，马匹白天放牧，晚上补喂夜草。水草条件较好的地方，便昼夜放牧，用马时才到坡上牵回。土山和平原地区对役用马和产后母马每天补喂玉米1.5～3千克，或补喂糠麸4～5千克。

Youq Dwzbauj、Cingsih、Denzyangz、Nazboh daengj dieg cujyau ok maxbaksaek de lij lienzbenq faenbouh miz duz maxdaemq ndang sang 86～106 lizmij, caemhcaiq yizconzsing haemq onjdingh haenx, daih'iek ciemq cungjsoq gij maxhung dangdieg de 28%. Aenvih ok youq ndaw gyaiq Dwzbauj Yen, ndigah heuh "maxdaemq Dwzbauj"（doz 4-2-9）.

在百色马主产区内的德保、靖西、田阳、那坡等县还连片分布有体高86～106厘米，且遗传性较为稳定的矮马，约占当地成年马匹总数的28%。因主产于德保县境，故称"德保矮马"（图4-2-9）。

Doz 4-2-9　Gij maxdaemq Dwzbauj
图4-2-9　德保矮马

Maxdaemq, ciuhgeq heuh "duzmax laj gomak". Bouxcuengh guengciengx duz maxdaemq gaenq miz lizsij gyaeraez. Canghfwensei mizmingz Nanzsung Fan Cwngzda youq Nanzsung Genzdau 9 bi（1173 nienz）daengz Nanzsung Cunzhih 2 bi（1175 nienz）nyaemh Guengjnamz Saeloh ginghlozanhfujswj seiz, youq ndaw《Gveihaij Yizhwngz Geiq》de biensij haenx couh miz geiqsij: "Duzmax laj gomak, dwg ok youq dangdieg Siujsw, aeu duz ok laeng Dwzging Lungjsuij de ceiq ndei. Sang mbouj gvaq sam cik. Duzgyaeu de miz song diuzlaeng, ndigah youh heuh duzmax songlaeng, ndang cangq caemhcaiq maij byaij." Dajneix ndaej gangjmingz, Dangz Sung seizgeiz, duzmax laj gomak gaenq gvangqlangh faenbouh youq gyang gak aen couhyen Lingjnanz.

矮马，古称"果下马"。壮族人民饲养矮马已有悠久的历史。南宋著名诗人范成大于宋乾道九年（1173年）至宋淳熙二年（1175年）任广南西路经略安抚使时，其撰写的《桂海虞衡志》中就有记载："果下马，土产小驷也，以出德庆之泷水者为最。高不逾三尺。骏者有双脊骨，故又号双脊马，健而喜行。"由此可以说明，唐宋时期，果下马已经广泛地分布于岭南各州县间。

Duz maxdaemq Dwzbauj ok de dwg duz max ndaej daiqbiuj duz maxdaemq mbanj Cuengh, dwg cungj maxdaemq ceiq biucinj Cungguek. Gezgou ndangdaej yinz, gyaeuj hung cungdaengj, hoz haemq co, ndanglaeng fatdad, seiq yienghga cingq, bwncoeng、bwnhoz、bwnrieng、bwndin gengna. Aenvih ndangdaej haemq daemqiq youh yinz, yawj hwnjdaeuj baenz raixcaix. Duz ndei de, catswiq cingseuq, bwn ronghsagsag, ndang bizboedboed, caeuq duz maxdaemq rog guek doxbeij, cix mbouj ca saekdi. Duz maxdaemq gwn noix, ndangcangq caemhcaiq sohswnh、dinriengj lingzvued、gig ndaej daengz Bouxcuengh maijgyaez. Ranz Cuengh diegbya de ca mbouj geij moix hoh cungj ciengx duz ndeu daeuj dozfwnz、daehbwnh、daehhaeux、byaij beixnuengx、bae haw, gig fuengbienh. Ciuhgeq lij gung hawj cauzdingz, hawj gyoengq vangzcuz ndaw gunghdingz yungh daeuj gwih roxnaeuz ragci guhcaemz.

德保矮马为壮乡矮马的代表，是中国矮马中最标准的类型。体型结构匀称，头部中等大小，颈部较粗，后躯发达，四肢肢形端正，鬃、鬣、尾、距四毛粗刚浓密。由于体型比较矮小，给人们以矮小匀称之美感。个体优良者，刷拭干净，毛色光泽，膘度丰满，与国外矮马相比，毫不逊色。矮马食量小，健壮而温驯，敏捷灵活，深受壮民喜爱。山区壮乡几乎每户都养一匹马用于驮柴、运肥、运粮、走亲戚、赶集市，十分方便。古代还作为贡品献予朝廷，为宫廷王族骑乘、拉车、娱乐所用。

Maxdaemq ok youq diegbya diuzsienq gvibaek yayezdai, vunz dangdieg cujyau dwg Bouxcuengh, youq gij ranzganlanz yungh faex daeuj guh haenx youq, itbuen gwnz laeuz youq vunz, laj laeuz ciengx doihduz. Duz maxdaemq ciengx youq ndaw riengh, dwk nywjheu, boux miz naihsim de lij raemjsoiq geu'nywj, yungh raemx cawj geij siujseiz le cuengq di haeux caeuq gyu haeujbae, cungj gueng neix hawj duzmax siuvaq ngaih, deng bingh noix. Hawj duzmax guh hong seiz, moix ngoenz gya gueng 0.5～1 goenggaen haeuxyangz roxnaeuz gizyawz nywjcing. Bouxcuengh cuengq duzmax, cujyau dwg cuengqlangh, hawj duzmax gag bae ra nywj gwn, nywjheu maxbiz, gyanghaemh caiq gya gueng gij nywjheu gvej dauq de. Cungj fuengsik guengciengx duzmax neix, itcig youq Bouxcuengh ndawde swnjciuq roengzdaeuj. Bouxcuengh ciengxmax, mbouj gouzaeu duz de bi lai, cij gouzaeu duz de ndangcangq mbouj miz bingh baujciz biz byom habngamj. Bouxcuengh youq laj gij diuzgen diegbya yayezdai cungj fuengsik guengciengx duzmax neix, gawq ginghci youh hableix.

矮马产于亚热带北回归线的山区，当地以壮民为主，居于土木结构的干栏建筑，一般楼上住人，楼下饲畜。矮马饲养于栏内，喂青草，有耐心者还将草切碎，水煮数小时后放入少量粮食和食盐，这种喂法令马易消化，少犯病。使役时，马匹一天添喂0.5～1千克玉米或其他精料。壮人养马，主要是放牧，让马自由采食青草，草鲜马肥，晚上再添喂割回来的青草。这种饲养马的方式，一直在壮族中沿袭下来。壮人养马，不求其肥胖，但求其精壮无病，保持中等膘度。壮人在亚热带山区独特的饲养方式，既经济又合理。

Sam. Gij gisuz guengciengx duzmou

三、猪的饲养技术

Cojcoeng Bouxcuengh mboujduenh bae gunggganq、fatsanj gij binjcungj duzmou moq, gaijcaenh gij gisuz guengciengx de, iet daengz Minzgoz nienzgan, gaenq miz caet bet cienz bi lizsij, cwkrom caemhcaiq cauh ok le haujlai gingniemh.

壮族先民不断地培育、繁殖猪的新品种，改进饲养技术，延至民国年间，已有七八千年的历史，积累并创造了很多经验。

（It）Hangz ciengxmou fazcanj

（一）猪饲养业的发展

Mouduenh deng gyauqciengx baenz mouranz gvaqlaeng, cojcoeng Bouxcuengh aeu ciengx mou guh gyadingz fuyez, bienqbaenz gij nohgwn cujyau ndaw swnghhoz gyoengqvunz dwkbya、raaeu caeuq dajndaem. 1974 nienz, youq aen moh Handai Guengjsae Bingzloz Yen Yinzsanhlingj, oknamh le 3 gienh gaiqhaem aen ranz vunqmeng, ndawde miz aen ranz ganlanz gwnz ranz laj riengh, miz aen cungqlaeuz gyanghongh seiqfeung, hix miz aen ranz daemhaeux gakcik caeuq aen rienghmou. Ndaw rienghmou ninz miz duz mou ndeu. 1975 nienz, ndaw aen moh Sihhan Guengjsae Hozbuj Yen Vangniuzlingj oknamh gienh gaiqhaem aen ranz vunqmeng ranzgyan ndeu, laeng ranz yungh ciengzdaemq humx baenz aen riengh doihduz, mbiengjswix laeng ciengz miz aen conghluenz ndeu, hawj doihduz swyouz haeujok（doz 4-2-10）. 1978 nienz, aen moh baihbaek rogsingz Gveiyen（ngoenzneix Gveigangj Si）oknamh 3 gienh gaiqhaem aen vunqmeng, ndawde miz gienh ndeu, mbiengjswix hai miz song aen dou, laeng ranz dwg rienghmou, ndaw de miz duz moumeng ndeu ninz youq. Caemhbi, aen moh Dunghhan Guengjsae Cauhbingz Yen oknamh gienh gaiqhaem aen vunqmeng gakcik ndeu, "laeng miz faj ciengzdaemq humx baenz aen rienghmou, ndaw riengh miz duz moumeng ndeu ndwn youq henz cauz gwnhaeux. Veizciengz rienghmou hai aen congh seiqfeung caeuq samgak. Mbiengjgvaz hai miz song aen dou, ndawde song mbiengj dougvaz faenbied miz duz moumeng ndeu, muengh haeuj ndaw dou bae, rieng de gienjgo daengz gumq". Youq gaxgonq neix, 1973 nienz aen moh Handai Guengjsae Vuzcouh Si Hozdouzsanh oknamh gienh gaiqhaem aen vunqmeng gakcik ndeu, "laeng ranz miz aen rienghmou, ndaw riengh miz duz mou ndeu"; 1955 nienz, aen moh Handai rogsingz Gveiyen（ngoenzneix Gveigangj Si）oknamh gienh gaiqhaem aen vunqmeng rienghmou ndeu, "laeng ranz miz aen rienghmou, ndaw riengh miz duz moumeng ndeu"; 1956 nienz aen moh Dunghhan Gveiyen（ngoenzneix Gveigangj Si）Vwncingj hix oknamh gienh gaiqhaem aen ranzmeng ndeu. Laeng ranz dwg rienghmou, ndaw riengh miz duzmou ndeu cingqcaih youq aen bat iq ndeu gwnhaeux. Gangjmingz youq Handai mbanj Cuengh ciengxmou ca mbouj geij dwg aen fuyez ranz ranz cungj miz.

野猪驯化为家猪以后，壮族先民以饲养猪为家庭副业，成为人们渔猎、采集及农耕生活中主要的肉食。1974年，在广西平乐县银山岭汉代的墓葬中，出土了3件房子陶模明器，其中有上屋下圈的干栏式房子，有方形庭院式重楼，也有曲尺形的碓房和猪圈，猪圈内躺着一头猪。1975年，广西合浦县望牛岭西汉墓出土1件干栏式房子陶模明器，屋后用矮墙围成畜圈，后墙左侧有圆洞，供牲畜自由出入（图4-2-10）。1978年，贵县（今贵港市）北郊汉墓出土陶模明器3件，其中一件，左侧开两门，屋后为猪圈，内有一头陶猪卧着。同年，广西昭平县东汉墓出土有曲尺形陶模明器1

件，"后有矮墙围成猪圈，圈内有一头陶猪作站立槽旁进食状，猪圈围墙开长方形和三角形窦洞，右侧开两门，其中右门两侧各有一头陶猪，作内向张望状，尾巴卷曲到臀部"。在此之前，1973年广西梧州市鹤头山东汉墓出土1件曲尺形陶模明器，"屋后有猪圈，圈内有一猪"；1955年，贵县城郊汉墓出土猪圈陶模明器1件，"屋后有栏杆，栏内有一陶猪"；1956年贵县汶井东汉墓也出土1件陶屋明器，屋后为猪圈，圈内有一头猪正在小盆内吃食。说明汉代壮乡养猪几乎是家家有之的副业。

Doz 4-2-10　Aen ranz daiq riengh sihhan，vunq meng，youq Hozbuj Vangniuzlingj oknamh（Cangh Leij ingj）
图4-2-10　广西合浦县望牛岭出土的西汉带圈陶屋（张磊　摄）

Dunghhan Yangz Fuz《Yivuz Geiq》sij："Mouyilinz，daez ndeu miz seiq haj rib，miz rauz lai. Bouxgai aeu fagcuenq yoek haeuj gyaeuj mou bae，daengz caet bat conq，raen daengz nohcing le duzmou cij doengh." Gaj "mouyilinz" seiz，fagcuenq dwkhaeuj gyaeujmou bae caet bet conq duzmou cij doengh，yawj ndaej ok duzmou de ndang biz noh na. Laeng neix youq aen moh Nanzcauz baihdoeng rogsingz Gveilinz Si、aen moh Nanzciz Byayauzsanh rogsingz Gveilinz Si、aen moh Nanzcauz Yungzanh Yen Anhningz daengj cungj raen daengz le gij gaiqhaem duzmou yungh rinraeuz deu baenz haenx（moh Dunghhan Guengjsae Gveigangj Si Gungjsinglingj oknamh gij mou rinraeuz haenx，raen doz 4-2-11），fanjyingj le gij cingzcik ciengxmou caeuq duzmou youq ndawbiengz、gyadingz swnghhoz caeuq eiqsik gyoengqvunz ndawde miz diegvih youqgaenj.

东汉杨孚《异物志》载："郁林大猪，一蹄有四五甲，多膏。卖者以铁锥击刺其头，入七八寸，得赤肉乃动。" "郁林大猪"宰杀时，铁锥打入头七八寸方见猪有动静，可见其膘肥肉厚。此后在桂林市东郊南朝墓、桂林市郊尧山南齐墓、融安县安宁南朝墓等地都发现了用滑石雕成石猪明器（广西贵港市孔圣岭汉墓汉滑石猪，见图4-2-11），反映了猪在社会、家庭生活及人们意识中占有重要位置和饲养的成就。

Doz 4-2-11　Aen moh Dunghhan Guengjsae Gveigangj Si Gungjsinglingj oknamh gij mou rinraeuz（Cangh Leij ingj）
图4-2-11　广西贵港市孔圣岭汉墓汉滑石猪（张磊　摄）

Geizgyang Mingzcauz，Vangz Ci daengz Hwngzcouh nyaemh cihcouh（seizneix Guengjsae Hwngzyen），《Ginhswjdangz Yizsinz Soujging》geiq，Hwngzcouh "dieg de, duzmou gig biz caemhcaiq gyaeu、dinj". Neix dwg Yenz Mingz seizgeiz bouxguen cunghyenz haenh hangzciengxmou Bouxcuengh, hix dwg haengjdingh le ciuhgeq Bouxcuengh fazcanj hangzciengxmou.

明朝中期，王济到横州（今广西横县）任知州，其《君子堂日询手镜》载，横州"其地，猪甚肥而美、短"。这是中原官员对元明时期壮族养猪业的赞叹，也是对古代壮族养猪业发展的肯定。

Bouxcuengh itcig cungj miz cungj fungsug gaj mou gvaqcieng. Moix bungz daengz cieng, moix gya moix hoh cungj gaj mou gvaq cieng, hoh fouq de miz seiz baez gaj couh miz sam haj duz baenzlai, gyagoeng baenz nohgeb、nohlab, cuengq youq gwn baenz bi. Ndigah, lajmbanj Bouxcuengh bi ndeu guengciengx it ngeih duz mou, dwg gig bujben. Minzgoz nienzgan, dieg Bouxcuengh moix bi ok mouseng ceiqlai de dwg dieg Gveibingz、Gveiyen（ngoenzneix Gveigangj Si）, moix bi ok faenbied 10 fanh duz doxhwnj, daihngeih dwg Yizsanh、Binhyangz、Hwngzyen、Yunghningz caeuq Cingsih daengj yen, moix bi ok faenbied youq 5 fanh duz doxhwnj. Dajneix ndaej doirox ciuhgeq、ciuqgaenh dieg Bouxcuengh fazcanj mouseng cingzgvang.

壮族素有宰杀年猪的习俗。每临春节，家家户户宰杀年猪，富家大户甚至一杀就有三五头之多，加工成腌肉、腊肉，供一年之食用。因此，壮族农家一年饲养一两头猪的，甚为普遍。民国年间，壮族地区年产生猪最多的是桂平、贵县，年产各10万头以上，其次为宜山、宾阳、横县、邕宁及靖西等县，年产也各在5万头以上。由此可以推知古代、近代壮族地区生猪的发展情况。

Gij vanzging dieg Bouxcuengh gawq habngamj ciengxmou, diegrog sihgiuz gij mou dieg Bouxcuengh soqliengh hix daih, miz gij seizgei fazcanj ciengxmou, hoeng aenvih dieg Bouxcuengh ciengznienz dienheiq ndat lai, seizhah miz fwnraemx gig lai, heiqndat fwi lai daengj yinhsu, fazcanj ciengxmou mbouj daih. Bouxcuengh guhnaz de ganqciengx duzmou, dwg genjdanh yaezrwix, gingciengz miz mouraq riuzhengz, yungzheih cauhbaenz mouseng daibae.

Guengjsae youq Minzgoz 22 bi（1933 nienz）, miz mouseng youq riengh 3098550 duz. Minzgoz 22～26 bi（1933～1937 nienz）, fatseng mouraq. Minzgoz 27 bi（1938 nienz）, miz mouseng youq riengh 2678779 duz, geij bi ndawde mouseng mbouj dwg fazcanj cix dwg gemjnoix le gaenh 42 fanh duz.

壮族地区的环境虽然适宜于猪的饲养，外地对壮族地区猪的需求量也大，有发展饲养猪的机遇，但因壮族地区常年气温高，夏季雨水甚多，热气郁蒸等因素，猪的饲养发展不大。壮族农民对猪的保育，因陋就简，常常流行猪瘟，易造成生猪的死亡。广西在民国二十二年（1933年）存栏生猪3098550头，到民国二十二至二十六年（1933～1937年），发生猪瘟。民国二十七年（1938年），存栏生猪仅有2678779头，几年间生猪产量不增反减，减了近42万头。

（Ngeih）Gij gisuz ciengxmou
（二）猪饲养技术

Daj gij gaiqhaem vunqmeng aen moh Handai oknamh haenx daeuj yawj, gyoengqvunz aeu aenrum daemhaeux、moulwg yungh aen bat iq gwnmok, ndaej rox dangseiz Vunzyez Lingjnanz gaenq bujben doihengz cungj fuengfap doenggvaq cawjcug、guengsaw、gyaengriengh daeuj ciengxmou. Aenvih raemz yiennaeuz ndaej gueng ndip, mbawbiek ganjbiek cix mbouj ndaej geux ndip, de itdingh aeu cawjcug le cijndaej guenggwn. Caijyungh cungj fuengsik gawq gyaengciengx youh cuengqciengx dox giethab, hawj duzmou youq ndaw ranz dinghgeiz gwn cungj raemxmok gyaux hwnj gij mbawbiek ganjbiek、raemz、haeuxsoiq、maenz daengj cawjcug haenx, youh baujlouz le duzmou miz swyenz hoenggan lixyouq haemq daih, hawj duzmou ndaej gag bae ragwn、hozdung, bauciz de miz itdingh yenzsij yejsing caeuq senglix naengzlig, boujcung gij yingzyangj gyaengciengx de mbouj gaeuq, dem'ak duzmou gij naengzlig dingjhen binghraq. Cungj fuengsik guengciengx neix seiqdaih cienzswnj, youq dieg Bouxcuengh lienzdaemh le gaenh song cien bi, daengz Minzgoz nienzgan vanzlij dwg yienghneix.

从汉代墓葬出土的陶模明器情况看，人们就已知道臼舂米、猪儿用小盆而食，可知当时岭南越人已经普遍推行煮熟、稀喂、圈养生猪的饲养方法。因为米糠固然可生食，但芋芳的茎叶却不能生嚼，它必须煮熟方能进食。饲养采用既圈养又放养的结合方式，让猪在家里定期吃潲水拌上煮熟的芋芳、米糠、碎米、薯类等饲料，还保留了猪生存的较大自然空间，使猪能自由觅食、活动，保持其一定的原始野性和生存能力，补充其圈养营养的不足，增强猪抵御疾病的能力。这种饲养方式世代沿袭，在壮族地区延续了近两千年，至民国年间仍是如此。

Gij singsen duzmou fatmaj haemq caeux, yaek hawj de bienq biz, couh itdingh aeu iem moulwg. Dunghhan Yangz Fuz《Yivuz Geiq》gij geiqsij gvendaengz "duz mou hung Yilinz" de, ndaej rox cojcoeng Bouxcuengh Lingjnanz youq seizde gaenq gaemmiz gij gisuz iem duz moulwg, mboujne couh mbouj ndaej ganqfat ok duz "mouyilinz" ndangmaengh biz lai neix.

猪的性腺发育较早，要肥育，就必须阉割幼猪。从东汉杨孚《异物志》关于"郁林大猪"的记载，可知那个时候的岭南壮族先民已经掌握了幼猪的阉割技术，否则不能培育出体壮膘肥的"郁林猪"。

Mingzdai mouhwngzcouh（moulwg）"feihdauh gig ndeigwn"，"cingjlaeuj seiz, danghnaeuz ndaw aenhang mbouj miz nohgangq moulwg, couh mbouj gaeuq gingqcungh", Gyahging《Namzningz Fuj Geiq》gienj sam《Dujcanj》hix naeuz "moulwg, feihdauh homfwdfwd", ndaej rox Bouxcuengh gig yawjnaek loenghcawj noh moulwg. Bouxcuengh Yinznanz Swngj Gvangjnanz Yen miz cungj byaek mizmingz ndeu heuh "nohgangq moulwg", saek henjrwdrwd, naeng byot noh unq, homfwtfwt, ndei gwn raixcaix, hix miz mingzsing gig daih, gangjmingz gwnz lizsij Bouxcuengh gig yawjnaek ganqfat moulwg、mouyanghcuh. Ndawde gij moubahmaj caeuq mouyizbwz daegbied mizmingz. Moubahmaj（doz 4–2–12）ok youq rangh dieg ngoenzneix Bahmaj Yen Cwngzgvanh Yangh caeuq Denzdungh Yen Yihih Yangh, Minzgoz seizgeiz gvihaeuj Wnhlungz Yen Cizlij Gih, vihneix heuh guh "moucizlij". Mouvanzgyangh cix ok youq rangh dieg Vanzgyangh Yen Mingzlunz、Lozhingh、Lungznganz、Sinzloz, Minzgoz seiz, dieg de dwg Yizbwz Yen, ndigah heuh guh "mouyizbwz". Mouyanghcuh ndang iq, ndok saeq, hwetlaeng mboep roengzlaj, dungx hung rag daengz dieg, daemqdinj luenzbiz, vihneix gyoengqvunz dangdieg dingzlai heuh naeuz "moulwgfaeg" caeuq "moulwgggyoij".

明代横州猪（乳猪）"味极甘腴"，"延客鼎俎间，无此不为敬"，嘉靖《南宁府志》卷三《土产》也说"小猪，味香美"，可知壮族很重视乳猪的制作烹调。云南省广南县壮族的有名菜肴"烤乳猪"，色泽金黄，皮酥肉嫩，香味四溢，爽口可心，也名闻遐迩，说明历史上壮族很讲究乳猪、香猪的培育。其中，巴马和环江的香猪最为有名。巴马香猪（图4–2–12）产于今巴马县城关乡和田东县义圩乡一带，民国时期属恩隆县七里区，因而又称为"七里香猪"。环江香猪则产于环江县的明伦、乐兴、龙岩、驯乐一带，民国时，其地为宜北县，故又称为"宜北香猪"。香猪体型较小，骨架小，背腰略下凹，腹大拖地，呈矮短圆肥状，因而当地群众多称为"冬瓜猪"或"芭蕉猪"。

Doz 4–2–12   Mou yanghcuh Bahmaj Guengjsae
图4–2–12   广西巴马香猪

Mouyanghcuh Guengjsae yienznaeuz miz mingzsing daih gaenq nanz, cawzliux raen youq Minzgoz 26 bi（1937 nienz） Yizbwz Yen mbawdoz doxgaiq okmiz de biu miz hangh mouyanghcuh dwg miz baengzyawq ndaej caz, gizyawz cungj noix miz saw goiq roengzdaeuj. Hoeng daj ndaw bak bouxgeq dangdieg, ndaej rox ligdaih cungj ciengx miz mouyanghcuh.

广西香猪虽久负盛名，除见于民国二十六年（1937年）宜北县产物图中标有香猪之项有据可查外，其余皆缺文字记载，但从产区年逾耄耋之老人口中，可得知历代皆养有香猪。

Seiq. Gij gisuz ciengx duz yiengzbya
四、山羊的饲养技术

Bouxcuengh ciengxyiengz, ceiqcaeux ndaej ragoek daengz Cinz Han seizdaih. 1959 nienz, aen moh Dunghhan Vuzcouh Si Bwzsiz Cunh oknamh doiq gaiqhaem menggeng yiengzdaeg yiengzmeh ndeu, ninz youq gwnz dieg, cauhhingz ndeiyawj, saenzcingz cangqvuengh miz rengz. 1972 nienz 7 nyied, aen moh geizcaeux Sihhan Guengjsae Sihlinz Yen Bujdoz, oknamh le 5 gienh aenbaiz raizyiengzbya gimgyaeu（doz 4-2-13）caeuq 6 gienh aenbaiz raizyiengznyoengq gimgyaeu. Aenbaiz raizyiengzbya bingzmienh lumj daejhaiz, doebbien, seiqhenz miz conghda saeqiq, cingqmienh atyaenq ok duz yiengzbya doed hwnjdaeuj ndeu, duz de ndwnyouq yaengx gyaeuj muengh doxdauq, laj din caij dingjbya, gwnz gyaeuj dingj dujfwj, lumjlili. Aenbaiz raez 13.1 lizmij, gvangq 6.5 lizmij, oknamh seiz biujmienh lw miz vunqriz bwnyiengz. Aenbaiz gyaeujyiengznyoengq yiengh lumj aensim, raez 6.3 lizmij, gvangq 5.8 lizmij. Cingqgyang doengzbaiz deugaek miz aen congh seiqfueng raez ndeu, sieng haeuj gyaeujyiengznyoengq, gaeuyiengz vangoz okrog, hozyiengz doed ok baihlaeng aenbaiz, guhbaenz lumj bueng aen lwggaet. Linghvaih miz gienh ndeu haemq daih, raez 15 lizmij, gvangq 14 lizmij, sieng haeuj 3 aen gyaeujyiengznyoengq. Gyaeujyiengz hung iq hingzsiengq caeuq haj gienh gaxgonq neix ityiengh（doz 4-2-14）. Daj gij swhliu gaujguj yawj ndaej ok, cojcoeng Bouxcuengh caeux youq Cinz Han seizdaih couh gaenq ciengxyiengz. Vunz Sung Couh Gifeih youq 《Lingjvai daidaz》 gienj gouj de hix geiqsij duz yiengzbya Guengjsae dwg duz yiengzraiz. Linghvaih lij miz duz yiengznyoengq, duz yiengznyoengq Guengjsae ok de daihgaiq lix youq diegbya sangnit baih saebaek Guengjsae, miz soq mbouj lai.

壮族的山羊饲养，最早可追溯到秦汉时代。1959年，梧州市白石村东汉墓出土一对公母羊硬陶明器，作卧地状，造型优美，神态矫健。1972年7月，广西西林县普驮西汉早期墓葬，出土了5件鎏金的山羊纹铜牌饰（图4-2-13）和6件鎏金绵羊纹牌饰。山羊纹牌饰平面呈鞋底形，折边，周边有细小钻眼，正面压印出突起的山羊一只，站立着举头回望，脚踏山峰，头顶云彩，栩栩如生。牌饰长13.1厘米，宽6.5厘米，出土时表面残存羽毛的印痕。绵羊头牌饰呈心形，长6.3厘米，宽5.8厘米。铜牌正中镂一长方孔，嵌入绵羊头，羊角向外弯曲，羊颈向牌饰的背面突出，形成半环钮状。另有一件较大，长15厘米，宽14厘米，嵌入3只绵羊头，羊头大小形象与前五件一样。另外，广西贵港市高中出土的东汉陶屋屋外有豢养三只羊鱼贯入圈（图4-2-14）。从考古资料可见，壮族先民于秦汉时代就已饲养山羊。宋人周去非在其《岭外代答》卷九也记叙广西山羊是花羊。此外还有绵羊，广西所产的绵羊大致生活在桂西北的高寒山区，为数不多。

Doz 4-2-13　Baiz doengz Sihhan miz raiz duz yiengz（Cangh Leij ingj）

图4-2-13　西汉山羊纹铜牌饰（张磊　摄）

Doz 4-2-14　Guengjsae Gveigangj Si Gauhcungh oknamh aen ranzmeng Dunghhan, rog ranz miz 3 duz yiengz doxriengz haeuj riengh（Cangh Leij ingj）

图4-2-14　广西贵港市高中出土的东汉六俑陶屋（张磊　摄）

Bouxcuengh ginggvaq ciengzgeiz roengzrengz, Mingz Cingh seizgeiz, ganqbaenz le sam aen deihfueng binjcungj ndei：Duz yiengz Majgvanh mbouj miz gaeu caeuq duz yiengzbya Lungzlinz、duz yiengzbya Duh'anh.

壮族人民经过长期的努力，明清时期，培育形成了三个优良的地方品种：马关无角羊、隆林山羊和都安山羊。

Vahsug naeuz, duzmax miz coeng, duzyiengz miz gaeu. Ciuq Liuz Dwzyungz《Vwnzsanh Funghvuz Geiq Bienmoq》geiq, Duz yiengzbya ngoenzneix Yinznanz Vwnzsanh Bouxcuengh Bouxmiuz Swcicouh Majgvanh Yen, mbouj miz gaeu, heuh duz yiengz mbouj miz gaeu, youh heuh duz yiengzmax, ceiqlaeng youq Mingzcauz roxnaeuz Cinghcauz ganqbaenz. Gij cujyau dwzcwngh de dwg yiengzdaeg、yiengzmeh cungj mbouj miz gaeu, bouhfaenh miz mumh, laj hoz duengq miz song ndaek noh, najgonq lumj "V" roxnaeuz "U", aenhoz haemq saeqraez, baihlaeng soh, ndangdaej haemq fatdad, seiq ga maenhsaed, daez ndaem, song rwz ietbingz baenaj, rieng dinj ndiengq hwnj, bwn co. Bwnsaek dwg ndaem caez、raiz ndaemhau、henjmaz、hau caez roxnaeuz ndinglaeg. Duz yiengz hung mbouj miz gaeu de sang 49~72 lizmij, naek 48~58 goenggaen, beizheiq unqswnh, ra gwn vaiq, mbouj genj gwn, nywjheu、mbawfaex cungj gwn, maij gwn cab, fatsanj beijlwd sang, yiengzmeh 8 ndwen hung couh ndaej roengzlwg, yiengzdaeg 6 ndwen hung couh ndaej boiqcungj. Yiengzmeh moix bi roengz song daih, moix daih 2~5 duz. Noh duzyiengz mbouj miz gaeu de, feihdauh gyaenq noix, gaj ok noh beijlwd ndaej dabdaengz 42% baedauq, dwg aen binjcungj ndei ndeu.

俗话说，马有鬃，羊有角。据刘德荣《新编文山风物志》记载，今云南文山壮族苗族自治州马关县的山羊，没有角，叫无角羊，又叫马羊，最迟育成于明朝或清朝。其主要特征是公、母羊均无角，部分有髯，颈下有两肉垂，前额呈"V"或"U"形，颈较细长，背直，躯干较发达，四肢结实，蹄黑色，两耳向前平伸，尾短上翘，粗毛。毛色为全黑、黑白花、麻黄、全白或褐色。成年无角山羊体高49~72厘米，重48~58千克，性情温顺，采食快，不挑食，青草、树叶均食，喜杂食。

繁殖率高，母羊8月龄即可产仔，公羊6月龄即可配种。母羊年产两胎，每胎2～5只羊羔。无角羊肉，膻味少，屠宰产肉率可达42%左右，是个好品种。

Duz yiengzbya Lungzlinz, cujyau ok youq Lungzlinz Gak Cuz Swciyen caeuq Denzlinz Yen、Sihlinz Yen henzgyawj. Ciuq 《Sihlungz Couh Geiq》 geiqsij, Cingh Ganghhih Nienzgan（1662～1722 nienz）, Sihlungz Couh couh miz gij geiqloeg ok duz yiengzbya, gangjmingz Mingz Cingh seizdaih, gizneix gaenq bujben ciengx miz duz yiengzbya, dwg yiengh doxgaiq youqgaenj deihfueng ok.

隆林山羊，主要产于隆林各族自治县和毗邻的田林县、西林县。据《西隆州志》记载，清康熙年间（1662~1722年），西隆州（今隆林各族自治县）就有出产山羊的记录，说明在明清时代，这里已普遍饲养山羊，成为地方的重要物产。

Lungzlinz Gak Cuz Swciyen dieg youq henz Yinzgvei Gauhyenz, bya lai youh lingq, gyaudoeng bixlaet, gij binjcungj dieg rog mbouj yungzheih haeujbae. Ganqfat gij binjcungj duz yiengzbya Lungzlinz, cawzliux swyenz swnghdai yinhsu yingjyangj, cujyau dwg ciengzgeiz vunzgoeng senjaeu cix baenz. Ciuq gij fungsug sibgvenq Bouxcuengh dangdieg, fanzdwg bungzdaengz aeuyah haqlwg miz fangzdai, gyoengq beixnuengx couh yien duz cwzvaiz、rag duzyiengz、ram duzmou daeuj cukhoh roxnaeuz bang liuhleix begsaeh. Gyoengqvunz lij bingzlwnh duz doihduz ranz lawz soengq daeuj haenx ndanggyaeuj ceiq hung、binjcungj ceiq ndei. Youq neix ndaej roxdaengz gij saenqsik duz faenndei. Vihliux ganqfat duz faenyiengz ndei, ndaej ciq dauq duz yiengzdaeg ceiq hung、ceiq ndei de daeuj boiqcungj, yiengzmeh hix senjce duz ndanggyaeuj hung de guh faen. Aenvih ciengzgeiz senj faen senj ganq, duz yiengzbya Lungzlinz baenz duz binjcungj ndei deihfueng.

隆林各族自治县地处云贵高原边缘，层峦叠嶂，交通闭塞，外地品种不易进入。培育隆林山羊品种，除了自然生态因素的影响以外，主要是长期人工选择的结果。按当地壮民族的风俗习惯，凡遇婚丧事，亲友们便牵牛、拉羊、抬猪前来贺喜或奔丧。众人还评头论足，谁家送来的牲畜个头最大、品种最好，在此可掌握良种的信息。为了培育好羊种，可借最大、最好的公羊来配种，母羊也选留个体大的做种用。由于长期的选种选育，隆林山羊成了优良的地方品种。

Duz yiengzbya Lungzlinz ndang hung, ndang yinz, dokmaj haemq vaiq. Duz yiengzdaeg hung de ndangnaek ndaej dabdaengz 40～80 goenggaen, ceiqnaek dabdaengz 85 goenggaen, yiengzmeh 47～67 goenggaen, ceiqnaek dabdaengz 97 goenggaen；duz yiengzdaeg hung gaj ok noh beijlwd dabdaengz 53.3%, yiengziem 57.8%, yiengzmeh 46.6%. Doenghgij cijbiuh neix cungj sang gvaq gizyawz binjcungj yiengzbya caemhbi. Doengzseiz, duz yiengzbya Lungzlinz fag miz noh, lauzndang faenbouh yinz, noh haemq unq, feihdauh dawzbak, heiqgyaenq noix, hab guh duz yiengzsanghbinj bae gai.

隆林山羊体型高大，体态匀称，发育较快。成年公羊体重可达40～80千克，最高达85千克，母羊47～67千克，最高达97千克；成年公羊屠宰产肉率达53.3%，阉羊达57.8%，母羊达46.6%。这些指标皆高于同龄其他山羊品种。同时，隆林山羊肌肉丰满，胴体脂肪分布均匀，肉质较为细嫩，味美可口，膻味少，适于作商品羊上市。

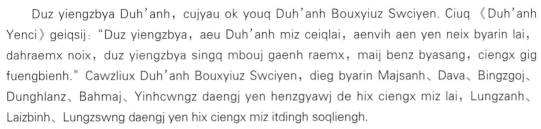

Duz yiengzbya Duh'anh, cujyau ok youq Duh'anh Bouxyiuz Swciyen. Ciuq 《Duh'anh Yenci》 geiqsij: "Duz yiengzbya, aeu Duh'anh miz ceiqlai, aenvih aen yen neix byarin lai, dahraemx noix, duz yiengzbya singq mbouj gaenh raemx, maij benz byasang, ciengx gig fuengbienh." Cawzliux Duh'anh Bouxyiuz Swciyen, dieg byarin Majsanh、Dava、Bingzgoj、Dunghlanz、Bahmaj、Yinhcwngz daengj yen henzgyawj de hix ciengx miz lai, Lungzanh、Laizbinh、Lungzswng daengj yen hix ciengx miz itdingh soqliengh.

都安山羊，主要产于都安瑶族自治县。据《都安县志》记载："山羊，以都安为多，因该县多石山，少河流，山羊性不近水，喜登高峦，畜之甚便。"除都安瑶族自治县外，其毗邻的马山、大化、平果、东兰、巴马、忻城等县石山地区亦有大量山羊养殖，隆安、来宾、龙胜等县也养有一定数量的山羊。

Dieg ok duz yiengzbya Duh'anh de dingzlai dwg dieg byarin hung, byarin ciemq cungjmenciz 70% doxhwnj, dienheiq raeujrub, fwnraemx cukgaeuq, gofaex go'nywj seiqgeiq loegsagsag, ngamj ndaemhaeux ngamj ciengx doihduz, gij haeuxgwn de cujyau miz go haeuxyangz、go haeuxnaz、lwg biekbya、gomaenz、gomeg caeuq gak cungj duh daengj. Doenghgo gwnz bya cungjloih lai, hoeng aeu go faexcaz caeuq gogaeu guh cawj. Lumj Majsanh Yen ciengx yiengz haemq lai haenx, go'nywj duz yiengzbya maij ra gwn de dabdaengz 110 cungj, hawj fazcanj duz yiengzbya daezhawj gij diuzgen gig mizleih. Youq laj gij swyenz vanzging yienghneix, guhbaenz le duz yiengzbya Duh'anh ndang haemq iq、ndang yinz、byaij riengj、ak benzbya、gwn ndaej gijco、ak dingj binghraq、ngaih ciengx、noh ndei aen binjcungj deihfueng neix.

都安山羊的产区都是大石山区，石山占全县总面积的70%以上，气候温和，雨量充沛，草木四季常青，宜农宜牧，农作物主要有玉米、水稻、旱芋、甘薯、荞麦和豆类等。山上植物种类繁多，以灌木和藤类居优势。如养羊较多的马山县，山羊喜欢采食的牧草达110种，为发展山羊提供了极为有利的条件。在这样的自然环境下，形成了都安山羊体型较小、体态匀称、行动敏捷、善于攀爬、耐粗饲、抗病力强、易于饲养、肉质良好的地方品种。

Gij bwnsaek duz yiengzbya Lungzlinz caeuq duz yiengzbya Duh'anh cungj haemq cab, miz saekhau、saekndaem、saek raiz ndaemhau、saek ndingmaz daengj, gij rizcik youz duz yiengzraiz Sungdai cienz roengzdaeuj de lij miz.

隆林山羊和都安山羊的毛色都较杂，有白色、黑色、黑白花、麻褐色等，由宋代花羊演变而成的遗传痕迹犹存。

Diegbya habngamj ciengx duz yiengzbya de, Bouxcuengh liglaiz miz sibgvenq ciengx yiengz, aeu ciengx yiengz dangguh hangh fuyez youqgaenj ndaw ranz ndeu. Ciuq Minzgoz 22 bi（1933 nienz）caeuq Minzgoz 33 bi（1944 nienz）《Guengjsae Nienzgamq》 geiqsij, Minzgoz seizgeiz, daj Guengjsae Swngj Cwngfuj Nungzyezcu diucaz caeuq gak yen baugau doengjgeiq, Minzgoz 21 bi（1932 nienz）daengx swngj ciengx yiengz 85155 duz, Minzgoz 24 bi（1935 nienz）ciengx yiengz 165790 duz, Minzgoz 31 bi（1942 nienz） fazcanj daengz 577360 duz, bingzyaenz moix bak hoh mbanj ciengx duz yiengzbya 27.1 duz, 10 bi ndawde demmaj 5.78 boix, dwg Minzgoz seizgeiz duz doihduz fazcanj ceiq vaiq haenx.

适宜饲养山羊的山区，壮族群众历来有养山羊习惯，把养山羊作为一项家庭的重要副业。据民国二十二年（1933年）和民国三十三年（1944年）《广西年鉴》记载，民国时期，从广西省政府农业管理处调查和各县报告统计，民国二十一年（1932年）全省养山羊85155只，民国二十四年（1935年）养山羊165790只，民国三十一年（1942年）发展到577360只，平均每百户农家饲养山羊27.1只，10年间增长5.78倍，是民国时期增长最快的家畜。

Haj. Gij gisuz ciengx duz miz fwed

五、其他家禽的饲养技术

Aen moh Handai Guengjsae Gveigangj Si oknamh gaeqdoengz、bitdoengz, aen moh Dunghhan Cunghsanh Yen Niuzmyau oknamh aen vunqmeng loengzgaeq（doz 4-2-15）. Loengzgaeq hingzyiengh dwg bueng aen giuz, baihnaj miz aen doufueng ndeu, daej bingz, gwnz dingjluenz miz gaenzdinj, lumjnaeuz dwg yungh naengcuk san baenz, de caeuq aen loengzgaeq seizneix Bouxcuengh lajmbanj yungh haenx gihbwnj doxlumj. 1977 nienz, aen moh Dunghhan Duh'anh Bouxyiuz Swciyen Lahyinz Yangh oknamh aen vunq laeuzmeng de, youq laj yiemh naj ranz miz duz susieng roegguxgap ndeu faeg youq ndaw rongz. Ciuq neix, ndaej rox Cinz Han seizgeiz, mbanj Cuengh gaenq youq ndaw ranz ciengx miz duz mizfwed, caemhcaiq gij guengciengx guenjleix seizde caeuq gij gvenqyungh ranzmbanj ngoenzneix mbouj miz cabied geijlai.

广西贵港市汉墓出土铜鸡、铜鸭，钟山县牛庙东汉墓出土的陶质鸡笼（图4-2-15）。鸡笼形状呈半球形，前有方门，平底，圆顶上有短柄，似用竹篾编织，它与现代壮族农家用的鸡笼基本相似。1977年，都安瑶族自治县拉仁乡东汉墓出土的陶楼模型，在屋前檐下有一伏窝鸽的塑像。据此可知在秦汉时期，壮乡已出现家庭饲养家禽，而且当时的饲养管理与现在农家惯用的无多大差别。

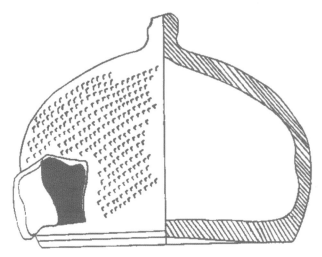

Doz 4-2-15　Aen vunqmeng loengzgaeq aen moh Dunghhan Cunghsanh Yen Niuzmyau oknamh de

图4-2-15　广西钟山县牛庙东汉墓出土的陶鸡笼线描图

Bouxcuengh guengciengx duz miz fwed caeux youq geizlaeng aen seizdaih sizgimoq couh gaenq haidaeuz, cij mboujgvaq dwg daj gij yizvuz soqliengh oknamh de daeuj yawj, beij mouvaiz noix, lizsij swhliu geiqsij hix noix. Ligdaih Bouxcuengh guengciengx duz mizfwed maqhuz bujben, caemhcaiq binjcungj lai. Couh Gifeih《Lingjvai Daidaz》gienj roek《Bit》naeuz:"Guengjsae miz duz gaeqiem lai, bwn ronghsagsag. Vunz aeu gij bwnhoz saeq de daeuj guh bit, ndaej lumj ci bit bwndouq, ci ndeu dij seiq haj cienz." Gangjmingz Bouxcuengh mboujdan ciengx gaeq lai, caemhcaiq gaenq gaemmiz gij gisuz iem gaeq hawj de bienq biz. Fan Cwngzda《Gveihaij Yizhwngz Geiq·Geiq duz miz fwed》geiq:"Duz gaeq bwngienj, gij bwn de cungj dwg gienjgoz okrog. Daegbied unqswnh, mbouj liuzsan. Guengjdoeng Guengjsae cungj miz." "Duz gaeq haenraez, hungsang gvaq duz gaeq bingzciengz, singhaen de gig raez, daengx ngoenz haen mbouj dingz, maj youq Yunghcouh."《Lingjvai Daidaz》gienj gouj hix geiq:"Duz gaeq habswiz, Yinhcouh miz cungj gaeq iq ndeu, hung lumj duz gaeqlwg ngamq seng, bwn ndaem, laj hoz miz diuz bwnhau vang ndeu, haetromh couh haen, sing de lumj singgaeq neix saeq, cuengq youq henz gyaeujswiz, aeu de daeuj heuh hwnq, hix heuh duz roeg'anhcunz, gou heuh duz gaeq habswiz." Gwnz lizsij Bouxcuengh mboujdan ciengx duz mizfwed daeuj gwn, lij yungh duzgaeq daeuj guh "gyaeqgaeq boekgvaq" "ndokgaeq boekgvaq" daengj. "Baihnamz Yunghcouh, goengsien rox guh boekgvaq de, veh maeg hwnj gyaeqgaeq bae, cawjcug gvaqlaeng buq guh song buenq, doenggvaq niemh gij henj de, bae nyinh boux deng ngeiz, dingh fuk dingh hux." "Baihnamz youq haemh caenhbaet duzraq, vanzlij youq seiz yaek hairuz, cungj gaj gaeq yungh ndokgaeq daeuj guh boekgvaq." Fanjyingj le youq Dangz Sung seizdaih mbanj Cuengh ciengx duz mizfwed gaenq gig bujben, mboujdan ciengx miz gij binjcungj bingzciengz yungh daeuj gwn noh caeuq gwn gyaeq, lij ciengx miz mbouj noix mingzdwzyouh binjcungj daeuj hawj vunz caemzyawj.

壮族关于家禽的饲养早在新石器时代晚期就已经开始，只是从出土的遗物数量上看，要比家畜少，史料记载亦少。历代壮族群众饲养家禽相当普遍，而且品种繁多。周去非《岭外代答》卷六《笔》说："广西多阉鸡，羽毛甚泽。人取其颈毛丝而聚之以为笔，全类兔毫，一枝值四五钱。"说明壮族不仅鸡多，而且掌握了阉鸡以育肥的技术。范成大《桂海虞衡志·志禽》载："翻毛鸡，翮翎皆翻生，弯弯向外。尤驯狎，不散逸。二广皆有。""长鸣鸡，高大过常鸡，鸣声甚长，终日啼号不绝，生邕州溪洞中。"《岭外代答》卷九亦载："枕鸡，钦州有小禽一种，大如初生鸡儿，毛翎纯黑，项下有横白毛，向晨必啼，如鸡声而细入，置枕间，以之司晨，亦名曰鹑子，余命枕鸡。"历史上壮族群众不仅养家禽以食，还用鸡进行"鸡卵卜""鸡骨卜"等。"邕州之南，有善行术者，取鸡卵墨画，祝而煮之，剖为二片，以验其黄，然后决嫌疑，定福祸。""南方逐除夜，及将发船，皆杀鸡择骨为卜。"反映了唐宋时代壮乡饲养家禽已十分普遍，不仅饲养有肉用和蛋用型常规品种，还饲养有不少观赏型的名特优家禽品种。

Minzgoz seizgeiz, lajmbanj Guengjsae ciengx duz mizfwed de cujyau dwg duzgaeq、duzbit、duzhanq、duzguxgap daengj, doh daengz gak dieg daengx swngj, caemhcaiq gaenq dwg gij canjbinj bonj swngj daihbuek gai okrog ndawde cungj ndeu. Ciuq 《Guengjsae Nienzgamq》 doengjgeiq: Minzgoz 21 bi（1932 nienz）Guengjsae gij doihduz、noh、gyaeq daengj gai ok rog swngj de huqdij itgungh sueng 7885405 maenz（cunghyanghbi）, ciemq 26.9% daengx swngj gai okrog cungjciz 29311279 maenz, duz mizfwed de gai okrog huqdij youh ciemq gai doihduz ok rog swngj cungjciz 15.2%.

民国时期，广西农村饲养的家禽主要是鸡、鸭、鹅、鸽等，遍及全省各地，且已是本省大宗出口贸易的产品之一。据《广西年鉴》统计：民国二十一年（1932年）广西出口贸易的牲畜类、肉类、蛋类等货值共计7885405元（中央币），占全省出口贸易总值29311279元的26.9%，而活禽出口货值又占畜禽类出口总值的15.2%。

Minzgoz nienzgan, ranz mbanj Bouxcuengh ciengx gaeq gig bujben, cib faenh cih gouj ranz mbanj cungj dwg aeu ciengx gaeq guh fuyez. "Bingzyaenz moix hoh mboujgvaq ciengx cib duz baedauq, gung ciengciet gaj gwn, boux cienmonz ciengx baenzgyoengq gaeq de, lij caengz dingqnaeuz." （1933 nienz 《Guengjsae Nienzgamq》） Youh ciuq Guengjsae Swngjfuj Nungzyez Guenjleix Cu diucaz doengjgeiq, Minzgoz 22 bi（1933 nienz）daengx swngj ciengx gaeq 10656048 duz, Minzgoz 31 bi（1942 nienz）ciengx gaeq 10514905 duz, youq cib bi ndawde mbouj demgya geijlai, soj ciengx cungj gaeq de, dingzlai dwg daemq iq, "hoeng youq gak dieg sanq raen duz de, hix miz duz faenndei mbouj noix, goetyiet dingzlai dwg doxcab, miz gij byaijyiengq cugciemh bienq yaez".

民国年间，壮族农家养鸡极为普遍，十分之九的农户皆以养鸡为副业。"平均每户不过饲养十只左右，以供年节屠食，专以饲养鸡群为业者，尚无所闻。"（1933年《广西年鉴》）又据广西省府农业管理处的调查统计，民国二十二年（1933年）全省养鸡10656048只，民国三十一年（1942年）养鸡10514905只，饲养量在十年间无多大进展，所养的鸡种，多矮小，"然散见于各地者，亦不乏佳种，多数血统混杂，有逐渐退化趋势"。

Dieg Bouxcuengh gij faengaeq ceiq mizmingz de, dwg duz gaeqndoko ngoenzneix Yinznanz Vwnzsanh Bouxcuengh Bouxmiuz Swcicouh Sihcouz Yen, daj ciuhgeq doxdaeuj couh gig mizmingz. Aenvih raemxnamh daegbied, dienheiq habngamj, gij gaeq de miz duz bwnhau ndoko、duz bwnnndaem ndoko、duz bwnraiz ndoko daengj; gij noh de, miz noh ndok cungj o、nohhau ndoko song cungj, ndawde aeu duz bwnhau ndoko noh'o de ceiqndei; gij feihdauh de, cawj gwn hom、sien, ngamj bak ngamj sim, youz caq gwn byot、unq、hom, dwg gij doxgaiq gwn soengqlaeuj ceiqndei. Cungj gaeq neix moix duz 1.5～2.5 goenggaen, gaeqmeh moix ndwen ok gaeq 15～20 aen. Maij soekgwn mbawbyaek、mbawnywj, itbuen gueng haeuxyangz, miz ywyungh gyaciz gig sang, Mingzdai Lij Sizcinh youq 《Bwnjcauj Ganghmuz》 ndawde caenhrengz bae doicoengz gvaq.

壮族地区最著名的鸡种，当推今云南文山壮族自治州西畴县的乌骨鸡，自古以来，久负盛名。由于水土独特，气候适宜，其鸡有白毛乌骨、黑毛乌骨、斑毛乌骨等；其肉有肉骨俱乌、肉白骨乌两种，其中以白毛乌骨乌肉者最佳；其味，煮者香、鲜，爽口爽心，油炸者脆、嫩、香、酥，乃佐酒佳肴。此鸡每只重1.5～2.5千克，母鸡月下蛋15～20个。喜啄食菜叶、草叶，一般以玉米饲养，药用价值极高，明代李时珍在《本草纲目》中曾极力推崇。

Baih doengnamz Guengjsae daj ciuhgeq couh dwg dieg Bouxgun caeuq Bouxcuengh cabyouq, minzcuz yungzhab haemq ndei. Dieg neix duzgaeq Bouxcuengh ciengx de, daih bouhfaenh dwg "duz gaeq samhenj", aenvih duz gaeqmeh de bwnhenj、bakhenj、dinhenj cix ndaej mingz. Gyoengqvunz ciengx gaeq cujyau dwg cuengq ciengx, moix ngoenz cij gueng 2～3 baez, cujyau dwg haeuxgok、haeuxyangz caeuq raemz haeuxdaengj. Haeuxgok haeuxyangz cigciep vanq hawj gwn, haeuxraemz cix aeu hoed haeux bae gueng. Hoeng ciengx gaeq aenvih cujyau dwg gueng haeuxgok, hamz miz danbwzciz、veizswnghsu haemq noix, daegbied dwg noix miz gai、linz daengj gvang'vuzciz yenzsu, vihneix dokmaj haemq menh, ndang iq youh biz, gaeq iq youh noix, duz gaeqboux hung de naek 1.8～2.3 goenggaen, gaeqmeh 1.4～1.8 goenggaen, moix bi ok gaeq mboujgvaq 80 aen. Gveibingz daengz Vuzcouh rangh dieg henz Dahsinzgyangh lae gvaq de, roenraemx gyaudoeng haemq fuengbienh, gingciengz miz canghseng'eiq Guengjdoeng daeuj cawxaeu, cienj gai daengz Gangj Au caeuq Dunghnanzya, gyagwz gig bengz. Ciuq Minzgoz 23 bi（1934 nienz）diucaz, gaeqhangh moix goenggaen 0.56 maenz gozbi, moix bak aen gyaeqgaeq 2.31 maenz gozbi；Minzgoz 31 bi（1942 nienz）moix duz gaeq gai 11.4 maenz gozbi. Doengciengz gyoengqvunz ciengx gaeq, moix goenggaen gaeq dij 28 gaen haeuxgok, saedcaih dwg ndaej canh, gyoengqvunz nyienh ciengx.Gij fuengfap gaeuq doenghbaez gaeqmeh gag faeggyaeu, gag daiqlwg caeuq cuengqlangh ciengx de doeklaeng, sawj gyoengqgaeq dokmaj menh, deng binghlah caeuq binghnon haih daengz yenzcung, daibae gig lai, swnghcanj yauqlwd haemq daemq.

桂东南自古乃汉族及壮族的杂居地，民族融合较好。这一地区壮族人民所养的鸡种，大都为"三黄鸡"，因其母鸡黄羽、黄喙、黄脚而得名。壮民养鸡多以放养为主，每日只饲喂2～3次，主要是稻谷、玉米和米糠等。谷物直接撒给，米糠则需调米粥饲喂。但养鸡仍以稻谷为主，因饲料中蛋白质、维生素含量较低，尤其缺乏钙、磷等矿物质元素，因而生长较为缓慢，体小而肥，蛋小而稀，成年公鸡体重在1.8～2.3千克，母鸡为1.4～1.8千克，年产蛋不过80只。桂平至梧州沿浔江流域一带，由于水路交通方便，常有广东客商前来采购，转为销售至港澳及出口东南亚地区，价格甚为看好。据民国二十三年（1934年）调查，每千克项鸡可售价0.56元国币，每百只鸡蛋2.31元国币；民国三十一年（1942年）每只鸡售价11.4元国币。通常壮民饲养，每千克鸡需价值28斤稻谷，实是有利可图，壮民愿意饲养。过去传统的自然孵化、自然育雏和散放饲养的方法落后，致使鸡群生长缓慢，受传染病和寄生虫病的危害严重，死亡率高，生产效率较低。

《Sawmoq Baihnamz·Cizgeng》Bwzsung Cenz Yi geiqsij gij saeh Dangz、Hajdaih de geiq："Cinz Vaizgingh, vunz Lingjnanz, ciengx bak lai duz bit. Doeklaeng youq ndaw riengh bit sauq haexbit, raen miz gij doxgaiq ronghsagsag, sawq aeu batraemx raeng gij namhsa de bae, ndaej cib liengx gim. Yienghneix couh bae cazyawj giz duzbit youq gwn de, dwg youq laj din bya laeng ranz, aenvih camx miz gimgyap, gai ndaej geij cib gaen, vunz dangseiz mbouj rox. Vaizgingh yienghneix couh bienqbaenz boux miz cienzloet, dangguen daengz Vuzcouh swsij." Ranz ndeu bingzciengz ciengx bit lai daengz bak lai duz, raen ndaej ok seizde Vunzyez Lingjnanz ciengx bit lai.

北宋钱易记述唐、五代事态的《南部新书·庚集》载："陈怀卿，岭南人，养鸭百余头。后于鸭栏中除粪，有光灼灼然，试以盆水沙汰之，得金十两。乃觇所食处，于舍后山足下，因凿有麸金，销得数十斤，时人莫知。怀卿遂巨富，仕至梧州刺史。"一家平日养鸭多至百余只，可见当时岭南越人盛于养鸭。

Mingz Cingh seiz, Bouxcuengh gaenq ganqfat ok duz bitmaz iq caeuq duz bitmaz hung daengj binjcungj deihfueng. Gij nywjraemx、duznon、duzbya、duzgungq、duzbaeu、duzsae daengj ndaw naz cungj dwg gijgwn gagmiz duzbit, gij haeuxgok gvejhaeux gvaqlaeng doek miz de, vunz nanz bae gipaeu, cuengq duzbit bae cimh gwn, dwg ceiq ngamj. Doengzseiz, youq ndaw naz ciengx bit, hix miz gij goeng'yauq soengnamh、cawznywj、gwnnon、dwkbwnh. Itbuen daeuj gangj, duz bitmaz iq moix dem naek 0.5 goenggaen, dan aeu gya gueng 0.5 goenggaen haeuxgok；moix ok 0.5 goenggaen gyaeqbit, hix dan aeu gya gueng 0.5~1.5 goenggaen haeuxgok, yienghneix ciengx bit yungh haeux noix ndaej souik lai. Ndigah, gyoengqvunz ciengx bit dingzlai dwg ciuq ndaemnaz anbaiz cix miz aen heiqciet mingzyienj. Daihdaej dwg youq aen heiqciet gvejhaeux, cingqngamj gyaephwnj duz bitlwg bae gwn gij haeuxgok doek youq ndaw naz, youh gyaephwnj aen seizgei gwnz haw aeuyungh bitlwg lai. Ndigah miz geijlai cauh haeuxnaz, couh miz geijlai cauh bitlwg, dieg ndaem song cauh de couh faen miz cauh bitcaeux caeuq cauh bitlaeng, dieg ndaem cauh dog de cij miz cauh bit ndeu.

明清时，壮族已培育出小麻鸭和大麻鸭等地方良种。稻田中的水草、昆虫、鱼、虾、蟹、螺等都是天然饵料，收割后的稻谷遗粒，人工难以捡拾回收，放鸭采食之，自是最为适宜。同时，稻田养鸭，亦有中耕、除草、治虫、施肥之作用。一般说来，小麻鸭每增重0.5千克，仅需加喂谷物0.5千克；每产0.5千克鸭蛋，也只需加喂谷物0.5~1.5千克，十分经济。因此，壮民养鸭多按水稻的生产安排而有明显季节性。大体在收割季节，刚好赶上仔鸭采食稻谷遗粒，又赶上市场需要大量仔鸭的时机。所以有几造水稻，便有几造仔鸭，双季稻地区有早造鸭和晚造鸭之分，单造地区则有中造鸭之称。

Minzgoz geizgan, ndawbiengz ciengx bit dingzlai dwg yungh aen sieng haeuxraeuj daeuj faeggyaeq, ndigah gak dieg cungj laeb miz aen rug faeggyaeq. Haicin gvaqlaeng, canghlauxbanj miz aen rug faeggyaeq de couh soucawx gij gyaeqbit ranz ciengx bit, gyonj daeuj faeggyaeq, faeg baenz gvaqlaeng gai bitlwg, caj ciengx 2~3 ndwen, moix duz naek daihgaiq 1.5 goenggaen couh ndaej guh duz bitnoh gaiok roxnaeuz gag gaj gwn. Bouxcuengh miz gij sibgvenq bungzdaengz nguxnyied co'ngux、caetnyied cibseiq、doengceiq daengj cietheiq seiz gaj bit gvaq ciet.《Sinzgyangh Fuj Geiq》Ganghhih 7 bi（1668 nienz）biensij haenx geiqsij："Youq aen ciet caetnyied cibseiq, moix ranz couh ciuq gvenqlaeh gaj duzbit, bouxgeq naeuz dwg duzbit gamzbuh hawj cojcoeng. Lajmbanj moix ranz gajgwn duz bit ndeu, ranz miz lai de gajgwn geij duz daengz geij cib duz." Fanjyingj le cojcoeng Bouxcuengh cungj fungsug gaj bit gvaq ciet.

民国期间，民间养鸭多用人工炒谷温箱孵化，故各地都设置有孵房。开春后，孵房主便向饲养蛋鸭的农户收购鸭蛋，集中孵化，出壳后将雏鸭出售，待养2～3个月，每只重约1.5千克即可作肉鸭出售或自宰食用。壮族人民有逢端午、中元、冬至等节日宰鸭过节的习惯。康熙七年（1668年）编撰的《浔江府志》记载："七月中元节，人家便例蒸（麻鸭），祖老谓之衔衣鸭。山乡间有少长男妇率人膳一鸭，有一家多至数十鸭者。"反映了古代壮族人民宰鸭过节的风俗。

Duz bitmaz hung dwg cungj bit hung dieg Bouxcuengh, dieggyang ok de dwg Guengjsae Swngj Cingsih Yen, Dwzbauj Yen caeuq Nazboh Yen henzgyawj de hix lingzsingq faenbouh miz, vihneix heuh guh duz bitmaz hung Cingsih. Duz bitmaz hung Cingsih（doz 4-2-16）aenvih gij saek bwn de mbouj doengz cix miz mingzheuh mbouj doengz: Cungj mazlaeg de vahsug naeuz duz bitmax, cungj mazfeuz de heuh duz bitfungh, cungj raizndaemhau de naeuz duz bito. Duz bitmaz hung miz ndang hung, gyaeq haemq naek, geizcaeux fatmaj vaiq, ndaej ok aen daep hung, dwg cungj bit cujyau yungh daeuj gaj gwn. Aenvih dieg ok de dwg diegbya Bouxcuengh comzyouq, gyaudoeng mbouj fuengbienh, mbanj iq youh faensanq, gyoengqvunz ciengx bit cujyau dwg hawj swhgeij gaj gwn, ciengzciengz dwg gag genj gyaeq daeuj faeg, moix ranz ciengx geij duz daengz it ngeih cib duz mbouj doengz, vihneix maij genjaeu duz maj vaiq、ndang hung de ce guh faen, baenzneix daih dem daih doxcienz, gag sanj gag ciengx, gij faen duz bitmaz hung de couh ndaej louz roengzdaeuj.

大麻鸭是壮族地区大型的鸭种，中心产区是广西靖西县，邻近的德保县和那坡县也有零星分布，因此称为靖西大麻鸭。靖西大麻鸭（图4-2-16）因其羽毛颜色不同而有不同的称呼：深麻型的俗称为马鸭，浅麻型的叫凤鸭，黑白花型的称乌鸭。大麻鸭体型大，蛋较重，早期发育快，生产肥肝性能好，是偏于肉用型的鸭种。由于产区系壮族聚居的山区，交通不便，村落小而分散，壮民养鸭以供自食为主，往往自选自孵，每户养几只到一二十只不等，因而喜欢挑选生长快、个体大的大麻鸭留作种用，如此代代相传，封闭繁殖，优良品种才得以保存。

Doz 4-2-16　Duz bitmaz hung Cingsih
图4-2-16　靖西大麻鸭

Guengjsae yinxhaeuj gij bit guekrog de lizsij mbouj cingcuj, Minzgoz seizgeiz dieg Bouxcuengh gaenq miz gij sibgvenq yungh duz bitboh guekrog caeuq duz bitmeh ranz cabgyau boiqcungj, ok duz bitlwg de maj ndaej vaiq, rengz dingjraq ak, ndangnoh na youh ndei, miz cabgyau youhsi mingzyienj. Duz bit cungjcab de vahsug heuh "bitsihyangz", roxnaeuz heuh "bitsae" "bitnamh" "bitfaex" daengj. Duz bitlwg ngoenz hung de gai ndaej cienz dwg duz bitranz 2～3 boix, ginghci gyaciz haemq sang, gig souh gyoengqvunz ciepcoux.

广西引进番鸭的历史不详，民国时期壮族地区已有用公番鸭与母家鸭杂交配种的习惯，所产的后代快速生长，抗病力强，肌肉丰厚，肉质较好，具有明显的杂交优势。杂种鸭俗称"假西洋"，或叫"螺鸭""泥鸭""木鸭"等。日龄雏鸭售价可为家鸭的2～3倍，经济价值较高，很受群众欢迎。

Ciuhgeq, Bouxcuengh ciengx duzhanq hoengh, cawzliux yungh noh, cujyau dwg yungh bwnhanq daeuj guh moeg. Dangzcauz Liuz Sinz《Lingjbyauj Luzyi》gienj gwnz geiq: "Bouxgveicuz Nanzdau, dingzlai senjaeu gij bwnhanq saeq, yungh baengz goeb le, gung baenz moeg, vangraeh cungzfuk nab ndei, gij raeujunq de mbouj beij hoemq moegfaiqsei ca. Vahsug naeuz: Moegbwnhanq unqraeuj, daegbied hab hawj lwgnding hoemq, ndaej fuengzyw lwgnding hwnjgeuq、maezmuenh." Dangzdai mboujdan "bouxgveicuz Nanzdau" hwng hoemq moegbwnhanq, Yenzhoz nienzgan（806～820 nienz）, Liuj Cunghyenz deng bienj dang Liujcouh swsij seiz sij sei "bouxvunzbya yungh bwnhanq daeuj guh moeg dingj nit"（《Liujcouh Saujsu Minzcuz》）.

古代，壮族盛于养鹅，除肉用外，主要是以其毛絮做鹅毛被。唐朝刘恂《岭表录异》卷上载："南道之酋豪，多选鹅之细毛，夹以布帛，絮而为被，复纵横衲之，其温柔不下于挟纩也。俗云：鹅毛柔暖而性冷，偏宜覆婴儿，辟惊痫也。"唐代盛行鹅毛被何止于"南道之酋豪"，元和年间（806~820年），贬为柳州刺史的柳宗元曾赋诗"鹅毛御腊缝山罽"（《柳州峒氓》）。

Bouxcuengh ciengx cungj hanq de cujyau dwg duz hanqyou'gyangh maj youq song hamq Dahyou'gyangh haenx, ndang hanq lumj aenruz, singqcingz unqswnh, naih ndaej gueng co, ak dingj binghraq, noh haemq unq. Gyoengqvunz dangdieg ciengx duzhanq cujyau dwg vihliux gwnnoh aeu bwnhanq, sojmiz gyaeqhanq cungj dwg duz hanqmeh swhgeij faeg, faeg okdaeuj le ciengx baenz duz hanqnoh. Hanqlwg youq bonjdieg gag siu, gig noix gai okrog. Baih doengnamz Guengjsae Bozbwz、Luzconh、Hozbuj daengj yen youq gaenhhenz Guengjdoeng, caeuq vunz Guengjdoeng doxdoengz, gvaqcieng gvaqciet cungj maij gwn nohhanq, nyinhnaeuz "mbouj miz nohhanq couh mbouj dwg cieng", vihneix ligdaih cungj hwng ciengx hanq, ciengx duz hanq de gojnwngz dwg aen binjcungj cabgyau duz hanqgyaeujsaeceij.

壮族养的鹅种主要是右江两岸的右江鹅，体形如船，性温顺，耐粗饲，抗病力强，肉质较嫩。当地壮民养鹅主要是为了吃肉取鹅毛，所有鹅蛋皆天然孵化，繁殖后以肉鹅饲养。仔鹅就地消费，很少外销。桂东南的博白、陆川、合浦等县一带邻近广东，与粤人有同一嗜好，过年过节喜吃鹅肉，认为"无鹅不是年"，因而历代养鹅久盛不衰，所养鹅可能是狮头鹅的杂交品种。

Ranz mbanj ciengx hanq yawjnaek youq gueng hanqlwg. Duz hanqlwg faeg okdaeuj le, baez gueng nduj de aeu song faenh haeux caeuq faenh nywjheu gaenq ronq baenz sei haenx daeuj doxgyaux, gij haeux de cujyau dwg haeuxnaz, muh baenz raemxieng roxnaeuz cawj baenz haeuxam. Gvaq geij ngoenz le, cugciemh demgya nywjheu faenhliengh. Gvaq ndwen le cujyau couh dwg cuengqlangh gwn nywj, yawj cuengqlangh gwn nywj cingzgvang, habdangq gya gueng raemzco caeuq haeuxbauz, itbuen naek daengz 3 goenggaen baedauq couh ndaej gaj gwn.

农家养鹅重在雏鹅喂养。雏鹅出生后，以2份粮食与1份已切成细末的嫩草相拌开食，粮食以大米为主，磨出浆或煮成米饭。几天后，逐渐增加青草分量。1月龄后便以放牧吃草为主，视放牧采食情况，适当加喂粗糠和秕谷，一般在体重达3千克左右便可屠宰食用。

Daihsam Ciet　Gungganq Gij Vunzcaiz Ciengx Doihduz
第三节　畜禽养殖人才培养

Minzgoz gaxgonq, mbanj Cuengh gij vunz cienmonz guh hangz ciengx doihduz de gig noix, swnghcanj caeuq gaicawx gij sanghbinj doihduz de hix noix, soj ciengx doihduz de dingzlai dwg gag ciengx gag gwn、fugsaeh hongnaz hongranz. Gij gisuz ciengx doihduz de cix dwg boh cienz lwg, gak vunz daj gingniemh ndawde roxdaengz caeuq ngeixnaemj.

民国以前，壮乡专门从事畜禽养殖业者很少，由于交通不便，畜禽商品生产及贸易也少，所从事的养殖多是自给自足、生产服务之用。畜禽养殖技术则是代代相传，个人从经验中体会揣摹。

Minzgoz 15 bi（1926 nienz）, Guengjsae Swngj Cwngfuj laeb Gensezdingh fucwz guenjleix gij hingzcwng caeuq gisuz ciengx yw doihduz, laebhwnj le saednieb yenzgiuyen, ndawde laeb miz aen siujcuj ciengx yw doihduz, haidaeuz yenzgiu gij saehnieb ciengx doihduz. Seizde, daegbied aeuyungh gij ciennieb vunzcaiz fuengmienh neix, cawzliux gujli cunghagseng baugauj hagsib aen ciennieb ciengx doihduz Gueklaeb Cunghsanh Dayoz daengj, Minzgoz 19 bi（1930 nienz）, Gensezdingh haibanh le geiz donjyinbanh hag yw doihduz ndeu, ciusou cocung bizyezswngh 20 lai vunz, hagsib bi ndeu, bizyez gvaqlaeng bouhfaenh hagseng louz roengzdaeuj, couzbanh aen yangjcwngzsoj cangh yw doihduz, doeklaeng youh caiq banh geiz donjyinbanh ndeu, ciusou hagseng 13 boux. Minzgoz 22 bi（1933 nienz）9 nyied, Guengjsae Swngjfuj couzbanh Guengjsae Doihduz Baujyuzsoj, doengzseiz youq Namzningz laebhwnj Guengjsae Ciengx Yw Doihduz Yangjcwngzsij, youz aen soj neix gawjbanh le song geiz donjyinbanh gungh 242 vunz. Minzgoz 24 bi（1935 nienz）, yangjcwngzsoj dingzbanh, linghvaih laebhwnj aen cangh yw doihduz yinlenbanh, diuhcomz gak aen yen cangh yw doihduz yiennyaemh de daeuj soj yinlen, gonqlaeng gungganq 200 boux hagseng, hagsib gak cungj fuengzyw binghhraq doihduz. Buek vunzcaiz cogaep ciennieb ciengx yw doihduz neix, bujben sanq youq lajmbanj guh gij hong fuengzyw doihduz caeuq gaijndei faen doihduz，ndawde hix miz mbouj noix bouxcoz Bouxcuengh.

民国十五年（1926年），广西省政府建设厅负责管理畜牧、兽医、行政及技术，建立了实业研究院，内设畜牧兽医组，开始从事畜牧保育事业研究。这时，特别需要这方面的专业人才，除鼓励中学生报考国立中山大学等畜牧专业学习外，民国十九年（1930年），建设厅开办了一期兽医短训班，招收初中毕业生20多人，学习1年，毕业后部分学员留下，筹办兽医人员养成所，后又再办1期短训班，招收学员13名。民国二十二年（1933年）9月，广西省政府在筹办广西家畜保育所的同时，在南宁成立广西畜牧兽医养成所，由该所举办了两期短训班共培训242人。民国二十四年（1935年），养成所停办，另设兽医训练班，调集各县原任兽医人员来所训练，先后培养200名学员，学习各种畜疫防治。这批畜牧兽医专业初级人才，普遍散落在农村进行畜牧防疫及畜种改良工作，其中也有不少壮族青年。

Minzgoz 21 bi（1932 nienz），Guengjsae Dayoz youq Vuzcouh laebhwnj Nungzyozyen，caemhcaiq youq Minzgoz 27 bi（1938 nienz）youq Nungzyozhi hailaeb gij goqcingz ciengx yw doihduz，daihngeih bi，cingqsik laebhwnj aen hi ciengx yw doihduz，seizcou bi de ciu it、ngeih nienzgaep hagseng，aenvih swhswh ligliengh haemq ak，aen hi neix gyauyoz caetliengh haemq ndei. Minzgoz 29 bi（1940 nienz）caeuq Minzgoz 30 bi（1941 nienz），Gyauyuzbu gawjhengz daengx guek gauhdwngj nungzlinz yenyau hagseng veigauj seiz，boux hagseng aen hi neix Fangh Sizgez、Lij Gwnghginh ndaej gonqlaeng baiz youq daengx guek daih'it mingz. Minzgoz 31 bi（1942 nienz），aen hi neix daih'it gaiq bizyezswngh dwg 14 vunz，daihngeih bi youh bizyez le 11 vunz.

民国二十一年（1932年），广西大学在梧州成立农学院，并于民国二十七年（1938年）在农学系开设畜牧兽医课，翌年，正式成立畜牧兽医系，当年秋招一、二年级学生，由于师资力量较强，该系教学质量较好。民国二十九年（1940年）和民国三十年（1941年），教育部所举行的全国高等农林院校学生会考时，该系学生方时杰、李庚筠先后名列全国榜首。民国三十一年（1942年），该系首届毕业生为14人，翌年又毕业了11人。

Guengjsae Dayoz aen hi ciengx yw doihduz de laebbaenz gvaqlaeng cib bi ndawde，itgungh gungganq le 68 boux bizyezswngh，ndawde bouhfaenh dwg gij hagseng Bouxcuengh，hawj Guengjsae gungganq le gij gohgi vunzcaiz ciengx yw doihduz gaepsang seizde gig noix miz haenx.

广西大学畜牧兽医系成立后，十年中共培养了68名毕业生，其中部分是壮族学生，为广西培养了奇缺的高级畜牧兽医科技人才。

Linghvaih，Guengjsae Swngjlaeb Liujcouh Gaepsang Nungzyez Cizyez Yozyau youq Minzgoz 29～38 bi（1940～1949 nienz）ndawde，banh le 16 aen ban，itgungh gungganq le 284 boux nungzyez bizyezswngh miz cungdaengj cingzdoh haenx，ndawde miz gij vunz hag ciengx yw doihduz haenx 93 boux，gyoengqde dwg gij goetganq ligliengh Guengjsae fazcanj hangz saehnieb ciengx yw doihduz.

另外，广西省立柳州高级农业职业学校在民国二十九至民国三十八年间（1940~1949年），办了16个班，共培养了284名具有中等程度的农业毕业生，其中畜牧兽医专业有93名，他们成为广西发展畜牧兽医事业的骨干力量。

Daihseiq Ciet　Fuengzyw Binghraq Doihduz
第四节　畜禽疫病防治

Bouxcuengh miz gij lizsij yw doihduz goekgaen gyaeraez, ciuhgeq aeu cangh yw doihduz ndawbiengz guh cawj, yungh ywdoj bae fuengzyw binghraq doihduz, hoeng neix gig noix miz lizsij swhliu geiqsij, fouzfap yenzgiu, dingzlai dwg youq ndawbiengz bakson, saefouh cienz hawj lwgsae, miz mbouj noix fueng yw gig miz saedyungh gyaciz, leihyungh ywdoj bae yw gij bingh doihduz. Cawzliux cazyawj ndangyiengh、hengzdoengh caeuq binghyiengh, hix miz mbouj noix fueng ywdoj mizyauq.

壮族的兽医历史源远流长，古时以民间兽医为主，用草药对畜禽疫病进行防治，但史料记载极少，无法考究，多在民间口授，师徒相传，有不少处方很有实用价值，利用中草药能够解决畜禽疾病治疗。除观察体态、行为及症状外，也有不少中药治疗验方。

Fueng yw mizyauq yw bakbingh duzmax：Gocinghdai 12g、ganjgam 9g、mingzfanz 6g、begdangz 9g、bohoz 9g, itheij nienz baenz mba, aeu aen daeh baengzsa cang ndei, cuengq youq ndaw bak duzmax.

治疗马口膜炎验方：青黛12g、桔梗9g、明矾6g、白糖9g、薄荷9g，共研为细末，装入纱布袋中，置于马嘴内。

Fueng yw mizyauq yw duzmax siuvaq mbouj ndei：Go em 21g、caemhaemz 9g、go nywjlungzdamj 9g、naengmakhenj 18g、byukcij 21g、makmbongq 80g、daihvuengz 1g, itheij nienz baenz mba, gyaux raemx guenq hawj gwn.

治疗马消化不良症验方：黄芩21g、苦参9g、龙胆草9g、陈皮18g、枳壳21g、山楂80g、大黄1g，共研为细末，水灌服。

Fueng yw mizyauq yw duzmax saejbingh dungxbingh：Yiginh 30g、bekhenj 30g、go em 30g、makmbongq 16g、vuengzlienz 16g、laeujdaihvuengz 30g、houbo 15g、byukcij 15g, iteiq yungh daeuj cienq baenz dang guenq hawj gwn.

治疗马肠胃炎验方：玉金30g、黄柏30g、黄芩30g、山楂16g、黄连16g、酒大黄30g、厚朴15g、枳壳15g，共用煎成汤灌服。

Fueng yw mizyauq yw duzcwzvaiz hozhawq haexsauj、mbouj haengj gwn nywj：Rinngaeuz 21g、wcouj 15g、daihvuengz 30g、guengviq 15g、daihgiz 30g、bwzcij 15g、gamsuiz 12g、gamcauj 15g, itheij nienz baenz mba, gya 60g dangzrwi, baez dog guenq hawj gwn.

治疗牛口干粪干、食欲不振验方：生滑石21g、二丑15g、大黄30g、官桂15g、大戟30g、白芷15g、甘遂12g、甘草15g，共研为粉末，加60g蜂蜜，一次灌服。

Fueng yw mizyauq yw duzcwzvaiz、duzmax dwgliengz：Ngaenzgyauq 45g、lienzgyauq 45g、nye'gviq 24g、oengat 30g、gamcauj 15g、daeuhseih cit 24g、mbawcuk 15g、go caemdunghyangz 24g、bohoz 30g、rag'em 24g，nienz baenz mba，gyaux raemx guenq hawj gwn.

治疗牛、马感冒验方：银翘45g、连翘45g、桂枝24g、荆芥30g、甘草15g、淡豆豉24g、竹叶15g、牛子24g、薄荷30g、芦根24g，研为末，水灌服。

Fueng yw mizyauq yw duzcwzvaiz fatsa（youh heuh hwzhanfungh）：Goyanghyuz 25g、vuengzlienz 15g、bekhenj 15g、lwgcih 21g、caizhuz 15g、danghgveih 15g、vafaenj 21g、lienzgyauq 25g、gamcauj 8g、faexbien 12g、dangzrwi 60g，nienz baenz mba，gyaux raemxraeuj guenq hawj gwn.

治疗牛中暑症（又名黑汗风）验方：香薷25g、黄连15g、黄柏15g、栀子21g、柴胡15g、当归15g、花粉21g、连翘25g、甘草8g、木边12g、蜂蜜60g，研成粉末，温开水灌服。

Fueng yw mizyauq yw gaeqraq：Gobakcae va'gyaemq 2 faenh、bohoz 1 faenh，itheij nienz baenz mba，aeu raemx diuh baenz naedyienz naek 1.8～2.4g，gueng gwn.

治疗鸡瘟验方：紫花地丁2份、薄荷1份共研为粉末，以水调成1.8～2.4g小丸，喂食。

Fueng yw mizyauq yw nongaeq、nonbit：Cawjgoenj faengvabat bae youz gvaqlaeng gyaux haeuj haeux bae gueng. Linghvaih ndaengsiglouz、binhlangz hix nienz baenz mba yungh daeuj yw binghnon.

治疗鸡、鸭寄生虫病验方：南瓜子煮沸去脂后拌入食料内喂食。另外石榴皮、槟榔也可以研末用于治疗蛔虫、绦虫。

Ndawbiengz cangh yw doihduz Bouxcuengh hix maenh yungh cim saek duz doihduz hung ywbingh. Lumj yw cungj bingh saejsaek duzmax，saek conghgvanhyenzyiz、conghcimrwz；bingh saejbongz saek conghsaejgungz；bingh hwetfungheiq saek conghbwzvei、conghsingoz、conghsinyiz、conghsinbungz daengj. Gingniemh biujmingz，cimsaek yw binghdoihduz hix gig mizyauq.

壮族民间兽医也擅于针刺大牲畜以治疗病痛。如治疗马肠梗阻病，刺关元俞穴、耳针穴；肠鼓气症针刺盲肠穴；腰风湿症针刺百会、肾角、肾俞、肾棚穴等。经验表明，针刺疗法治疗牲畜疫病也很有效。

Minzgoz seizgeiz，aenvih bi dam bi hoenxluenh，hangz ciengx doihduz doekbaih，binghraq doihduz riuzhengz，deng haih yenzcung. Ciuq Minzgoz 22 bi（1933 nienz）《Guengjsae Nienzgamq》geiqsij：Minzgoz 20 bi（1931 nienz）Cenzcouh daengj 30 aen yen fatseng cwzvaizraq，daih'iek miz 32000 duz cwzvaiz daibae，bingzyaenz moix aen yen 1070 duz. Minzgoz 21 bi（1932 nienz），daengx swngj 94 aen yen ndawde，deng dawz cwzvaizraq de miz

68 aen yen. Ndawde yiningz（ngoenzneix Linzgvei） daengj 37 aen yen dangnienz gij cwzvaiz deng raq daibae de dabdaengz 42290 duz. Gyahwnj doengzseiz riuzhengz mouraq、gaeqraq, banhraih gig haenq, nungzminz deng nanh, sonjsaet gig lai. Doenghgij neix mboujgvaq dwg gij soqgawq mizhanh ndaej gaujcaz daengz haenx, doihduz deng raq daibae de saedceij mboujcij gij soq neix. Mbanj Cuengh Guengjsae youq Minzgoz 23～32 bi（1934～1943 nienz） gyangde, gyoebsueng fatseng cwzvaizraq 456 baez, bingzyaenz moix bi 45.6 baez, deng raq fanveiz moix bi cungj youq 50 aen yen doxhwnj, gij cwzvaiz dairaq de lai dabdaengz 10 lai fanh duz, sawj gij ginghci mbanj Cuengh sonjsaet naekcaem.

　　民国时期，由于连年战乱，畜牧业凋敝，畜禽疫病流行，危害严重。据民国二十二年（1933年）《广西年鉴》记载：民国二十年（1931年）全州等30个县发生牛瘟，约有32000头牛死亡，平均每县1070头。民国二十一年（1932年），全省94个县中，罹染畜瘟者有68个县。其中义宁（今临桂）等37县当年瘟毙之牛达42290头。兼之猪瘟、鸡瘟同时流行，蔓延极烈，农民遭殃，损失甚巨。这些只是可考察到的有限数据，实际上瘟死之畜禽，不止此数。广西壮乡在民国二十三至三十二年（1934～1943年）间，累计发生牛瘟456次，平均每年45.6次，瘟疫范围每年都在50个县以上，瘟死之牛多达10多万头，使壮乡的经济损失惨重。

　　Mbanj Cuengh gij bingh doihduz ceiq raen lai de miz cwzvaizraq、binghbaihezcwng cwzvaiz oklwed、binghdangih duzcwzvaiz caeuq binghnongiuz duzcwzvaiz daengj, duzmou miz mouraq、lauzbingh, duzmax cujyau dwg cungj bingh aenndaeng baenz baezdoeg, gaeq miz binghsihcwngz caeuq binghsiqrueg daengj. Hoeng aeu cwzvaizraq、mouraq caeuq binghsihcwngz duzgaeq sam cungj binghraq neix ceiq guengz, sonjsaet hix ceiq yenzcung.

　　壮乡最常见的畜疫有牛瘟、牛出血性败血症、牛炭疽病和球虫病等，猪有猪瘟、猪肺疫，马主要有鼻疽病，鸡有鸡新城疫和鸡霍乱病等。而以牛瘟、猪瘟和鸡新城疫三者最为猖獗，损失也最严重。

　　Minzgoz 21 bi（1932 nienz）, Lingzsanh bauqfat cungj binghdangih duzcwzvaiz, daibae duzcwzvaiz gig lai, buqgaj duzcwzvaiz youh cienzlah hawj vunz daibae. Minzgoz 31 bi（1942 nienz）, Guengjsae Dayoz Cwng Gwngh youq Sahdangz daj gwnzndang duzcwzvaiz dawzbingh de faenliz gungganq ok bwnjgin.

　　民国二十一年（1932年），灵山爆发牛炭疽病，死牛甚多，而剖杀瘟牛又传染于人引起死亡。民国三十一年（1942年），广西大学郑庚在沙塘从病牛身上分离培养出本菌。

　　Cwzvaizraq, youh heuh raqsaejlanh、raqmbeibongz, dwg cungj binghbaihezcwng duzcwzvaiz, dwg cungj bingh haephangz daengz hangz ciengx cwzvaiz ceiq daih, youq dieg gyaudoeng fatdad henz sienq dietloh、goengloh、raemxloh de riuzhengz ceiq lai. Minzgoz 22 bi （1933 nienz）, youq Namzningz Ginhniuzgyauz laebhwnj aen doihduz baujyuzsoj, cienmonz fucwz ceiqcauh gij doxgaiq yw doihduz、fuengzyw binghdoihduz caeuq cijdauj gij swnghcanj gisuz ciengx doihduz daengj yezvu, saedhengz cungj cidu faen dieg fuengzraq. Minzgoz 25 bi（1936 nienz）, mbanj Cuengh Guengjsae daengx swngj itgungh vehfaen baenz Namzningz、Yilinz、

Liujcouh、Bingzloz、Baksaek 5 dieg fuengzraq, moix dieg guenjyaz 12 aen yen baedauq, senjaeu dieg cunggqgyang ndeu daeuj ndalaeb aen fuengzceihsoj, cijdauj gak aen yen fuengzyw binghraq doihduz. Duzcwzvaiz dwg duz doihduz hung, cigciep gvanhaeh daengz nungzyez swnghcanj hwngbaih、gyoengqvunz gwndaenj, cwzvaizraq youh dwg cungj binghlah fatseng youq dieg lai, ndigah seizde mbanj Cuengh Guengjsae cungdenj dwg fuengzyw cwzvaizraq.

牛瘟，又称烂肠瘟、胀胆瘟，是牛的一种败血性传染病，是威胁养牛业的最大疫病之一，多流行于铁路、公路、水路沿线交通发达之地。民国二十二年（1933年），在南宁金牛桥成立家畜保育所，专门负责兽医生物药品制造、兽疫防治及畜牧生产技术指导等业务，实行分区防疫制度。民国二十五年（1936年），广西壮乡全省共划分成南宁、玉林、柳州、平乐、百色5个防疫区，每区管辖12个县左右，选择一个中心地点设置防治所，指导各县开展兽疫防治工作。牛是大牲畜，直接关系到农业生产的兴衰、人民的生计，牛瘟又是多发地的传染病，故当时广西壮乡以防治牛瘟为重点。

Minzgoz 26 bi（1937 nienz）, Sizyezbu Cunghyangh Nungzyez Sizyensoj Sou Byauh、Sinj Gwzdunh song bouxlauxhangz yw doihduz neix daeuj Guengjsae, caeuq Cwng Gwngh gyausou cujciz aen yawhfuengz cwzvaizraq daihdoih, sien youq Vujmingz laebhwnj diegyienghndei fuengzyw binghdoihduz, riengzlaeng youh veh dieg Binhyangz、Yungjcunz（ngoenzneix Hwngzyen）、Suihluz（ngoenzneix Fuzsuih）daengj 11 aen yen, riengz dauqndaw 5 goengleix song henz goengloh Siengh Gvei、Genz Gvei, vangraeh gvangq raez 300 goengleix haenx baenz dieg fuengzyw gij binghraq duzcwzvaiz. 1939 nienz Guengjsae Swngj cwngfuj youh goengbouh《Guengjsae Gak Yen Binghdoihduz Cingzbauvangj Cujciz Genjcangh》, laebhwnj aen cingzbauvangj binghdoihduz, gyagiengz gamhaed binghdoihduz, giengzceih bae hawj duzcwzvaiz dawzhong de dajcim fuengzraq.

民国二十六年（1937年），实业部中央农业实验所兽医专家寿标、沈克敦来桂，与郑庚教授组织牛瘟预防大队，先在武鸣建立兽医防治示范区，随后又把宾阳、永淳（今横县）、河池、扶绿（今扶绥）等11个县，沿湘桂、黔桂公路两旁5千米以内，长300千米的纵横范围划成牛瘟防疫区。1939年广西省政府又公布《广西各县兽疫情报网组织简章》，建立兽疫情报网，加强疫情的监控，对耕牛进行强制性的牛瘟疫预防注射。

Guengjsae guh gij hong fuengzyw cwzvaizraq ndawde gij hong gig miz cingzcik de dwg swnghcanj yizmyauz caeuq ca'ndei dajcim yawhfuengz, gungganq vunzcaiz dangdieg caeuq doigvangq gisuz fuengzraq. Minzgoz 24 bi（1935 nienz）, Guengjsae yungh gij faen binghdoeg cwzvaizraq ciepndaem youq ndaw ndang duz cwzvaizlwg, caj de fatbingh le buqaeu linzbah、aenmamx daengj daeuj cauhbaenz meznwngzmyauz. Gij gisuz cauh yw de youz cangh yw doihduz Meijciz Loz Cwz bozsw gaemdawz, ciuq 8 aen gunghsi daeuj faen cuj, itmienh swnghcanj, itmienh beizyin gij vunzgisuz Guengjsae. Minzgoz 24～28 bi（1935～1939 nienz）geizgan, Guengjsae Doihduz Baujyuzsoj yenzgiu cauh ok cungj cujcizmyauz sauj yw cwzvaizraq caeuq cungj hezcingh dingj cwzvaizraq. Seizde, Guengjsae gij gisuz swnghcanj cungj canggi'myauz yw cwzvaizraq de youq ndaw guek haemq senhcin, ndaej daengz cunghyangh gisuz bouhmonz haengjdingh gvaq. Minzgoz 24 bi（1935 nienz） Cunghyangh Sizyezbu Sanghaij Fuengzyw Binghraq Doihduz Soj cujyin Cwngz Sau'gyungj bozsw daeuj Guengjsae diucaz, nyinhnaeuz Guengjsae gij sezbei ceiqcauh cungj canggi'myauz yw cwzvaizraq de dwg daengx guek ceiq senhcin.

广西开展的牛瘟防治工作中颇有成绩的是生产疫苗和抓好预防注射工作，培养当地人才和推广防疫技术。民国二十四年（1935年），广西用牛瘟病毒种毒接种于小牛体内，待其发病后剖取淋巴、脾脏等制成灭能苗。制药技术由美籍兽医罗铎博士掌握，按8个工序分组，一面生产，一面培训广西技术人员。民国二十四至二十八年（1935～1939年）期间，广西家畜保育所研制牛瘟干燥组织苗和抗牛瘟血清。当时，广西牛瘟脏器苗的生产技术在国内较先进，曾得到中央技术部门肯定。民国二十四年（1935年），中央实业部上海兽疫防治所主任程绍迥博士来桂调查，认为广西牛瘟脏器苗制造设备是全国最先进的。

Doeklaeng raen daengz swnghcanj yizmyauz cingzbonj sang, gyagwz bengz, bujgiz doigvangq nanz. Hoeng Cunghyangh Cuzmuz Sizyensoj sawq cauh gij yizmyauz yw cwzvaizraq douqvaq de cingzbonj daemq, caemhcaiq caetliengh ndei. Vihneix, Guengjsae Swngj cwngfuj couh baij Doihduz Baujyuzsoj Cauhyw Cuj cujyin Cinz Lijyang bae Namzging yinxhaeuj cungj faendoeg nyieg douqvaq neix, cujciz sawqguh swnghcanj baenzgoeng gvaqlaeng couh riengjvaiq doigvangq bujgiz. Ciuq Minzgoz 34 bi（1945 nienz）gij swhliu《Guengjsae Nienzgamq》 naeuz：Minzgoz 24～30 bi（1935 ～1941 nienz）gyangde, Guengjsae gungh ceiqcauh le cungj hezcingh yw cwzvaizraq 1131400 hauzswngh, yizmyauz yw cwzvaizraq 1637298 hauzswngh, cwzvaiz cuzbai ginmyauz 32400 hauzswngh, dangihginmyauz 10000 hauzswngh, bosanghfungh gangduzsu 3000 hauzswngh, cungj hezcingh yw mouraq 25465 hauzswngh, cungj yizmyauz yw mouraq 151100 hauzswngh, cungj yizmyauz yw binghsaej duzmou 5000 hauzswngh. Gang Yiz Cancwngh ndaej hingz gvaqlaeng, hoizfuk swnghcanj yizmyauz, Minzgoz 35 bi（1946 nienz）, couh cauh ok cungj hezcingh yw cwzvaizraq 124810 hauzswngh, yizmyauz yw cwzvaizraq 249590 hauzswngh, cwzvaiz cuzbai ginmyauz 8000 hauzswngh, dangihginmyauz 850 hauzswngh. Lij laebdaeb ceiqcauh le mbangj ywgaeqraq yizmyauz sinhcwngz I hi daengj. Minzgoz 26～28 bi（1937～1939 nienz）, daengx swngj gungh daj cimyawhfuengz 77058 duz cwzvaiz dawzhong, ciemq bi de gij cwzvaiz dawzhong cungjsoq 1.22%, ndawde diegyienghndei Vujmingz daj 9282 duz, cawzliux duz cwzvaizlwg bi doxroengz, gizyawz cienzbouh ndaej daj cimyawhfuengz.

后来发现生产疫苗成本高，价格贵，难以普及推广，而中央畜牧实验所研制的兔化牛瘟疫苗成本低，而且质优。为此，广西省政府遂派家畜保育所制药组主任秦礼让赴南京引进兔化弱毒苗种毒，组织试产成功后迅速推广普及。据民国三十四年（1945年）《广西年鉴》资料称：民国二十四至三十年（1935～1941年）间，广西共制造了抗牛瘟血清1131400毫升，牛瘟疫苗1637298毫升，牛出败菌苗32400毫升，炭疽菌苗10000毫升，破伤风抗毒素3000毫升，抗猪瘟血清25465毫升，猪瘟疫苗151100毫升，猪肠道病菌苗5000毫升。抗战胜利后，恢复生产疫苗，民国三十五年（1946年），便制出抗牛瘟血清124810毫升，牛瘟疫苗249590毫升，牛出败菌苗8000毫升，炭疽菌苗850毫升。还陆续制造了一些鸡新城Ⅰ系疫苗等。民国二十六至二十八年（1937～1939年），全省共预防注射耕牛77058头，占当年耕牛头数的1.22%，其中武鸣示范区预防注射9282头，除1岁以下之牛犊外，其余全部进行了预防注射。

Guengjsae gij hong fuengzyw cwzvaizraq de ndaej daengz le Yez Angzsanh、Cungh Lez、Couh Youjgvei、Gyangh Ngozlinz、Cinz Lijyang daengj bouxlauxhangz yw doihduz haenx doengzcaez doxgap okrengz caeuq cizgiz caeuqfaenh cujciz guhhong, youq Liujcwngz、Vujmingz daengj 11 aen yen 67 aen yangh yawhfuengz dajcim le 43146 duz cwzvaiz. Youq aen nienzdaih fubfab de, youq mbouj daengz buenq bi seizgan ndawde, ndaej guhbaenz aen yinvu fuengzraq baenzneix gannanz, gij gingniemh de miz sam: It dwg miz gij ciennieb gisuz yinzyenz（bauhamz Bouxcuengh） aeu boux gisuz yinzyenz Guengjsae guh cawjdaej、yinhlienh ndaej ndei haenx; ngeih dwg senjyungh gij gisuz ceiq senhcin de, beijlumj senjyungh le gij yizmyauz yw cwzvaizraq douqvaq saensien, youq seizde dwg haemq senhcin, caemhcaiq dangciengz boiqceiq dangciengz sawjyungh, yaugoj ndei; sam dwg ndaej daengz gak mizgven bouhmonz doengzcaez doxgap okrengz caeuq gak dieg guengjdaih yinzminz ginzcung boiqhab cihciz, sawj dingzlai duz cwzvaiz dawzhong ndaej caenhvaiq gyonjcomz dajcim yawhfuengz, gawq vaiq youh ndei. Aen geizgan neix fuengzyw mouraq、gaeqraq hix miz soundaej itdingh cingzyauq, cij mboujgvaq mboujyawx fuengzyw cwzvaizraq miz cingzcik baenzneix daih satlo.

广西牛瘟防治工作得到了叶仰山、钟烈、周有贵、江莩霖、秦礼让等兽医专家的通力合作和积极参与组织工作，在柳城、武鸣等11个县67个乡预防注射了43146头牛。在动荡的年代里，在不足半年的时间内，能完成如此艰巨的防疫任务，其经验有三：一是有以广西技术人员为主体的、训练有素的专业技术队伍（包含壮族人）；二是选用最先进的技术，如选用了新鲜兔化牛瘟疫苗，在当时是比较先进的，而且现配制现用，效果良好；三是得到各有关部门的通力合作和各地广大农民群众的配合支持，使大多数的耕牛能尽快集中进行预防注射，既快又好。这个期间的猪、鸡疫病防治也有一定收效，只是不如牛瘟防治成效那么大而已。

Dajneix, gij cwzvaizraq mbanj Cuengh Guengjsae ndaej daengz le itdingh gaemhanh, vih ngoenzlaeng riengjvaiq siumied cwzvaizraq demhroengz le giekdaej. Youq mbanj Cuengh Guengjsae cwzvaizraq guengz haenx, dangnienz gij hong fuengzyw raqdoihduz de ndaej aeundaej gisuz cwngzgoj laidaih dwg gig mbouj yungzheih, neix dwg Bouxcuengh caeuq gij vunz gak cuz doengzcaez roengzrengz gapguh cij ndaej daengz.

自此，广西壮乡的牛瘟初步得到了一定的控制，为日后迅速消灭牛瘟疫奠定了基础。在牛瘟猖獗的广西壮乡，当年的畜疫防治工作能取得丰硕的技术成果是很不容易的，这是壮族及各族人民共同合作努力的结果。

Camgauj Vwnzyen　参考文献

[1] 农万菊，陈海云.广西畜牧史［M］.南宁：广西人民出版社，1996.

[2] 蒋廷瑜，彭书琳.桂南大石铲研究［J］.南方文物，1992（1）.

[3] 广西壮族自治区地方志编纂委员会.广西通志·科学技术志［M］.南宁：广西人民出版社，1997.

[4] 李有恒，韩德芬.广西桂林甑皮岩遗址动物群［J］.古脊椎动物与古人类，1978，16（4）.

[5] 广西壮族自治区文物管理委员会.广西出土文物［M］.北京：文物出版社，1978.

[6] 广东省文物管理委员会.东佛山市郊澜石东汉墓发掘报告［J］.考古，1964（9）.

[7] 广西梧州市博物馆.广西苍梧倒水南朝墓［J］.文物，1981（11）.

[8] 刘德荣，高先觉，王明富.新编文山风物志［M］.昆明：云南人民出版社，2000.

[9] 陈正祥.广西地理［M］.正中书局，1946（民国三十五年）.

[10] 王士性.桂海志续［M］.粤西丛载，卷17，明代.

[11] 广西壮族自治区文物工作队.广西西林县普驮铜鼓墓葬［J］.文物，1978（9）.

[12] 广西壮族自治区文物工作队.广西贵港市风流岭三十一号西汉墓清理报告［J］.考古，1984（1）.

[13] 广西壮族自治区文物工作队.广西合浦县堂排汉墓发掘简报［J］.文物资料丛刊，1981（4）.

[14] 广西壮族自治区文物工作队.广西贵港市汉墓的清理［J］.考古学报，1957（1）.

[15] 黄增庆，周安民.桂林发现南朝墓［J］.考古，1964（6）.

[16] 广西壮族自治区文物管理委员会.广西融安县安宁南朝墓发掘简报［J］.考古，1984（7）.

[17] 广西壮族自治区地质局.广西壮族自治区区域地质志［M］.北京：地质出版社，1986.

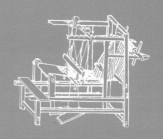

Daihhaj Cieng　Gij Gisuz Daemj Nyumx

第五章　织染技术

Caeux youq ndaw dieggaeuq Conghbwzlenzdung Liujcouh geizlaeng aen seizdaih sizgi gaeuq, couh fatyienh le gij cimndok Bouxyez Lingjnanz louzce haenx. Aen gamj Cwngbizyenz Gveilinz geizgonq sizgi moq hix fatyienh le 3 fag cimndok, yawj ndaej ok Bouxyez Lingjnanz seizde gaenq gaemmiz le gij gisuz nyibguh cungj doxgaiq goemqndang dingjnit. Linghvaih, youq Nazboh Gamjdoz oknamh gij loek saj douz（doz 5-0-1）, yienznaeuz gig gaeuqgeq, hoeng cix ndaej mingzbeg naeuz ok youq geizlaeng aen sizgi moq mbanj Cuengh gaenq gaemmiz gij gisuz dozfaiq. Dajneix gvaqlaeng, Bouxcuengh gaengawq gij diegyouq youhsi bonjfaenh, gaengawq gij doxgaiq gak deihfueng ok de, daemj faiq、maz、gyoij、cuk、senhveiz ndaengfaex baenz baengz, gung bwnhanq baenz moeg, gijneix youq Cungguek hix dwg baiz youq vih daih'it. Doenghgij de aenvih yienzliuh cix guh, aenvih gisuz cix baenz, gij gunghyi cawqleix caeuq daemj de maqhuz ndeiak. "Mancuengh" dwg gwnz Cungguek lizsij seiq daih cungj man mizmingz ndawde cungj mandaemj okyienh ceiqcaeux haenx, gij gisuz daemj nyumx de, youq gwnz gij lizsij daemj nyumx Cungguek, hix sij miz le yieb ronghsag ndeu.

早在旧石器时代晚期的柳州白莲洞遗址内，就发现了岭南越人遗留的骨针。新石器时代早期的桂林甑皮岩也发现了3枚骨针，可见当时岭南越人已掌握了缝制遮体御寒之物的技术。另外，在那坡县感驮岩出土的陶纺轮（图5-0-1），虽很原始，但却昭示新石器时代的壮乡人已掌握纺纱技艺。此后，壮族人根据自己的居位优势，以地方的所产，因地制宜，织棉、麻、蕉、竹、树皮纤维为布，絮鹅毛为被，在中国也是首屈一指。它们因料而起，因技而成，其处理及纺织工艺相当精湛。"壮锦"则是中国历史上四大名锦中出现最早的织锦，其染织技术，在中国染织史上，亦书写了辉煌的一页。

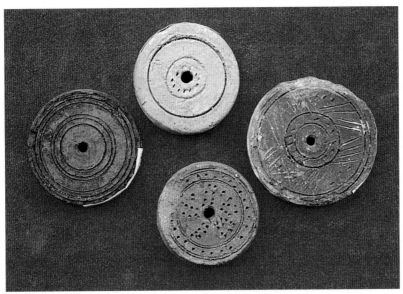

Doz 5-0-1　Gvangjsih Nazboh Gamjdoz oknamh gij loek saj dauz（Bungz Suhlinz ingj）
图5-0-1　广西那坡县感驮岩出土的新石器时代的陶纺轮（彭书琳　摄）

Daih'it Ciet　Dajndaem Caeuq Leihyungh Gofaiq
第一节　棉种植与利用

　　Vafaiq caeuq baengzfaiq, dwg Cungguek gij caizliu buhvaq cujyau miz lizsij gyaeraez haenx, dieg cunghyenz dwg 13 sigij gvaqlaeng cij haidaeuz bujgiz caeuq hwnghengz. Hoeng Bouxyez Fuzgen caeuq dieg Lingjnanz, gaenq caeux couh cimh aeu faiq daeuj daemjbaengz lo. 《Sangsuh》 gienj 6 《Yizgung》 naeuz Yangzcouh "Gij vunzdauj henzhaij doengnamz daenjluiq, gung gij doxgaiq de dwg cungj manfaiq aen swxduk cang haenx". Dieg Yangzcouh ndaw 《Yizgung》 neix, dwg dieg gvangqlangh gyang baihnamz Dahvaizhoz daengz Namzhaij. Bei, couh dwg gij genjheuh gizbei、gezbei、gujbei. Man dwg gij baengz yungh faiq guh baenz. 《Dangzsuh Moq》 gienj 222 laj 《Nanzmanzcon》 naeuz: "Gujbei, dwg cungj nywj ndeu. Doz gij faiq de guh baengz, gij co de heuh bei, gij cing de heuh bwz." Canghsei Dangzcauz Du Fuj 《Dayinzsw Cangungh Fangz》 miz coenz sei ndeu haenh naeuz: "Baengzfaiq youh hau youh lwenq." Hoeng aenvih cunghyenz guenfueng yawj gofaiq dwg go'nywj, daengz nienzbyai Nanzsung, gofaiq cij haidaeuz youz Sinhgyangh cugciemh cienz haeuj Sanjsih Gvanhcungh daeuj, youz Fuzgen caeuq Guengjdoeng Guengjsae haeuj daengz baihnamz Dahcangzgyangh. Yenzcauz cwngfuj youh daihlig son ndaem gofaiq, cunghyenz cijndaej ndaem lai. Doeklaeng Vangz Dauboz youh daj Haijnanzdauj hagsib caeuq gaijcaenh le gij gisuz daemj nem gij hongdawz de、daezsang le gij yauqlwd dozfaiq caeuq daemjbaengz, dajneix hwnj faiq couh dingjlawh le sei、ndaij baenz gij cujyau caizliu guh buhvaq.

棉花和棉布，是中国具有悠久历史的主要服装材料，中原地区是13世纪以后才开始普及和盛行的。而福建和岭南地区的越人，早已进行棉花的采集和纺织。《尚书》卷六《禹贡》说扬州"岛夷卉服，厥篚织贝"。《禹贡》里的扬州，是指淮河以南至南海之间的广大地区。贝，就是吉贝、劫贝、古贝简称。织贝是用棉花做成的织品。《新唐书》卷二二二下《南蛮传》称："古贝，草也。缉其花为布，粗曰贝，精曰白。"唐朝诗人杜甫《大云寺赞公房》有诗句赞曰："光明白氎巾。"但由于中原官方视棉为草，南宋末年，棉花始由新疆进入陕西关中，由闽与两广进入江南。元朝政府又大力倡导植棉，中原方才广植开来。后来黄道婆又从海南岛学习和改进了纺织技术和机具，提高了纺纱和织布的效率，从而使棉花取代了往日以丝、麻作主要服装材料的地位。

It. Vunzyez dwg Cungguek aen cuzginz ceiqcaeux ndaem faiq yungh faiq ndeu

一、越人是中国最早种棉用棉的族群之一

1978 nienz, Fuzgen Cungzanh Yen Gamjbwznganzdung miz aen gouh ndeu ndawde miz ndaek seihaiz vunzsai he. Gwnz laj de miz satduk caeuq canzlw miz gij baengzfaiq mongheu danqvaq haenx, dwg gij doxgaiq senhveiz faiqminz guhbaenz. Ging danq 14 caekdingh, nienzdaih de liz ngoenzneix miz 3445±150 bi, gvihaeuj Sanghcouh seizgeiz wnggai dwg saenq ndaej. Neix dwg Cungguek fatyienh gij baengzfaiq lwlouz daengz ngoenzneix dingz ceiqcaeux haenx. Dajneix rox ndaej ok, youq sam seiq cien bi gaxgonq, Vunzyez gaenq aeu faiq daeuj daemjbaengz roxnaeuz gaenq gaemmiz gij gisuz ndaem gofaiq, Vunzyez ciuhgeq sang youq gyae caemhcaiq doxgek, hoeng gyoengqdegaenqmiz cih vahgoek "faiq" lo.

1978年，福建崇安县白岩洞中船形棺里有一具男子尸骨。其上下有竹席和炭化的青灰色棉织残片，系联核木棉纤维制品。经C^{14}测定，其年代距今3445±150年，属于商周时期应该是可信的。这是中国目前为止发现最早的棉布遗物。由此可知，在三四千年以前，越人已经以棉花织布或已经掌握棉花的栽种技术，古越人在散居遥远而相互隔绝的各地以前，faiq（棉花）就已经是他们语言中的基本词语了。

Ngeih. Ndaej daemjbaengz dwg gofaiq faexcaz cix mbouj dwg gominz faexhung

二、可纺织的是灌木棉非乔木棉

Vunzyez dajndaem caeuq cimh'aeu gofaiq de miz song cungj: Cungj ndeu dwg gominz faexhung loenq mbaw, caemh heuh goreux; cungj wnq heuh gofaiq faexcaz maj lai bi.

越人种植和采集的木棉有两种：一是落叶乔木木棉，俗称"英雄树"；二是灌木多年生木棉。

（It）Gofaiq faexhung loenqmbaw

（一）落叶乔木木棉

Vunzyez ciuhgeqyouq dieg de dwg dieg yezdai caeuq yayezdai, gominz faexhung loenq mbaw seiqlengq maj miz, faex sang ndaej dabdaengz 30～40 mij. Gvaqdoeng, mbawfaex loenq caez；daengz seizcin, gwnz nga de couh mbot ok cien bak duj valup hoengzfwtfwt. Va loenq, couh baenz aen mak hung lumj makbinhlangz, haj roek nyied mak baenz, dekle couh miz faiqyungz mbin youq gwnzmbwn lumj roengzsiet, hoeng gij faiq de byot lai mbouj nyangq, gung ndaej cix doz mbouj ndaej. 《Saw Houhan》ganjnaeuz cungj faiq neix ndaej daemjbaengz, gienj 116 《Sihnanzyiz Con》geiq Yungjcangh Aihlauzyiz "Aeu va godongzdaeuj daemj baenz baengz, moix fuk gvangq haj cik, hausaksak cix mbouj miz saek diemj ndaem". 《Daibingz Yilanj》codaeuz Sungcauz Lij Cangh daengj vunz dingqlingh biensij haenx gienj 960 《Gofaiq》de yinxyungh gij saw bonj 《Byalozfuzsanh Geiq》mbouj miz mingzcoh bouxsij de geiq："Gominz ndwencieng couh haiva, va hung lumj vafuzyungz, va loenq couh baenz mak, yienzhaeuh cij maj faiq caeuq mbaw. Duz nonsei majhung seiz, ndaw mak couh baenz faiqhausaksak, vunz Lingjnanz aeu de daeuj daemjbaengz." Cinghcauz Ganghhih nienzgan, Vangh Swnh bien 《Yezsih Geiq Lai》gienj 20, yinxyungh gij saw ndaw 《Vuzsinz Cazbei》vunz Mingzcauz Cangh Cizcwz sij haenx geiq："Gominz ……va loenq couh baenz mak, mak hung lumj aen cenjlaeuj, faiq de youq bakmak mbot okdaeuj, faiqnyumnyum lumj bwnsaeq duzroeg. Dingqnaeuz Vunzmanz Haijnanz aeu daeuj daemjbaengz, mingz heuh gizbei, aenvih unq caemhcaiq raeuj, cugciemh ndaej aeu daeuj dienzcung aen diemhnaengh, hoeng ngoenzneix cix caengz raen miz yungh daeuj daemjbaengz."

古代越人居住的地方属于热带或亚热带地区，随处生长着落叶乔木木棉，树高可达30～40米。经冬，树叶凋尽；春来，枝干上绽出千百朵火红的花蕾。花谢，结籽大如槟榔，五六月籽熟、爆裂，其中的棉絮飞空如雪，然其棉脆而不韧，可絮而不可织。《后汉书》以为这种木棉的絮可以织布，卷一一六《西南夷传》载永昌哀牢夷"有梧桐木华（花），绩以为布，幅广五尺，洁白不受垢污"。宋朝初年李窻等人奉命编纂的《太平御览》卷九六〇《木棉》引佚名的《罗浮山记》载："木棉正月则花，大如芙蓉，花落结子，方生绵与叶耳。内有绵甚白，蚕成则熟，南人以为絮。"清朝康熙年间，汪森辑《粤西丛载》卷二十，引明人张七泽《梧浔杂佩》载："木棉……花谢结子，大如酒杯，絮吐于口，茸茸如细毳。旧云海南蛮人织为布，名曰吉贝，今第以充鼓褥，取其软而温，未有治以为布者。"

（Ngeih）Gofaiq faexcaz

（二）灌木木棉

Vunzvuz Samguek Van Cin 《Nanzcouh Yivuz Geiq》geiq："Baengzraiz haj saek, aeu baengzsei、faiqfaexcaz guh baenz. Faiqfaexcaz lumj bwnhanq, ndawde miz faen lumj naedcaw, saeq gvaq mienzsei. Vunz yaek aeuyungh, couh dawz naed faen de ok, dan ndaej doz mbouj ndaej laenz，seihbienh yot baenz di，mbouj rox duenhraeg. Siengj guh baengzraiz，couh nyumx baenz gak cungj saek，daemj baenz baengz，youh mbaeu youh unq，na de habngamj，ndei gvaq gij bwnsaeq doihduz daemjbaenz. Gij baengzraiz vunz biengyaiqaeu daeuj cangcaenqhaenx ceiq gyaeundei，boux dinfwngz ndei de ndaej youq ndaw gek ndaemhau baengzraiz caiq nyib miz gak cungj saek，boux dinfwngz ca di decij ndaej nyib baenz gekndaem gekhau." Vunzsung Nanzbwzcauz Sinj Vaizyenj《Nanzyez Geiq》hix geiq： "Gveicouh ok go gaeucoengz，nyangqndaej lumj bwnsaeq duzhanq，naedfaen de lumj naedcaw，dawz naedfaen de okdaeuj，doz baenz lumj mienzsei，nyumx baenz baengzraiz." Doenghgij geiqsij neix ndaej gangjmingz，caeux youq gaxgonq Dangzcauz Vunzyez dieg Fuzgen、Guengjdoeng、Guengjsae couh gaenq ndaej dajndaem caeuq sawjyungh gofaiq faexcaz daeuj dozfaiq daemjbaengz，yungh daeuj guh gij buhvaq ngoenznaengz. Ciuq《Daibingz Yilanj》codaeuz Sungcauz sijbaenz haenx gienj 820 de yinxyungh gij saw ndaw《Geiq Gyoengq Senhyenz Gvangjcouh》de geiq： "Dingh Miz，vunz Canghvuz Gvangjsin，genhciz gvaq saedceij hoj，cij daenj cungj buhvaq yungh gij baengz ndaw ranz guhbaenz haenx."

　　三国吴人万震《南州异物志》载："五色斑布，以丝布、古贝木所作。此木熟时状如鹅毲，中有核，如珠，细过丝绵。人将用之，则治出核，但纺不绩，任意小抽牵引，无有断绝。欲为斑布，则染之五色，织以为布，弱软厚致，上毲毛。外徼人以斑布文最繁缛，多巧者名曰口城，其次小粗者名曰文辱，又次粗者名曰乌驎。"南北朝宋时人沈怀远《南越志》也载："桂州出古终藤，结实如鹅毲，核如珠，治出其核，纺如丝棉，染为斑布。"这些记载说明早在唐朝以前的闽、广地区的越人已经种植和使用灌木木棉纺纱织布，为日常衣服之用。据北宋初年成书的《太平御览》卷八二〇引《广州先贤传》载："丁密，苍梧广信人也，清贫为节，非家织布不衣。"

　　《Cungguek Fangjciz Gohyoz Gisuz Sij》naeuz： "Gaenhdaih youq Yinznanz Gaihyenj raen miz go faiqfaex maj miz gaenh 20 bi、sang ciengh ndeu（3.3 mij）doxhwnj haenx，diuz ganjcawj de hung 8 lizmij. Go faiqfaex neix maj ngutngutngeujngeuj，miz nye'nga ndaet lai，moix bi ok vafaiq 3 goenggaen baedauq. Yinznanz、Guengjdoeng、Haijnanzdauj daengj dieg daengz ngoenzneix vanzlij miz gofaiq faexcaz maj lai bi haenx，sang gvaq ciengh ndeu（3.3 mij），gij faenfaiq de miz faenliz caeuq faenlienz song cungj." "Go faiqfaex neix maj ngutngutngeujngeuj，miz nye'nga ndaet lai"，hix gangjmingz go faiqfaex neix dwg "gogaeu hung"，caemhcaiq "faenfaiq de miz faenliz caeuq faenlienz song cungj". 20 sigij 70 nienzdaih，Guengjsae Liujgyangh Yen Bwzbungz Yangh Yalunz Cunh ndaw gyanghongh Bouxcuengh ranz Cinz lij maj miz song gofaiq faexcaz，goekganj de maj ok haujlai ganjnga，lumj go gaeu hung ndeu，sang 4 mij lai，vunz ndaej benx hwnj ganj bae mbaet faiq. Moix bi seizhah haiva seizcou baenzfaiq，bi ndeu ndaej sou geij cib gaen vafaiq. Seizde，ranz vunz neix couh baengh song go faiq neix aeu faiq daemjbaengz daeuj bangbouj ranz yungh. Sawcuengh moq heuh de guh gocoengz.Aenvih de maj lumj gogaeu hung，ndigah《Nanzyez Geiq》heuh guh "go coengzgaeu". Vunzmingz《Minjbusuh》geiq： "Doenghbaez dingq bouxgeq naeuz： Vunz

Guengjdoeng Guengjsae ndaem go vafaiq, sang roek caet cik, miz go de maj ndaej seiq haj bi cix mbouj bienq reuq daibae, gou haidaeuz mbouj saenq, gvaq Cenzcouh（ngoenzneix Fuzgen Cenzcouh Si）daengz Dungzanh Yen（ngoenzneix Fuzgen Dungzanh Yen）Lungzhih gyangde, raen henz roen ndaem miz gofuzyauz, yienghceij lumj gooen, daengz gaenh bae yawj, dwg go vafaiq. Seizde ngamq haeuj cou, ganjfaex gaenq miz duj vahenj lo." Neix gangjmingz gofaiq faexcaz ndaej daemjbaengz haenx mbouj dwg go'nywj. Vunz ciuhgeq aenvih caengz ndaej caenndang bae cazyawj go de, roxnaeuz aiq dwg yienghneix, roxnaeuz aeu loek cienz loek, couh gyoeggyaux gofaiq faexhung、gofaiq faexcaz caeuq go faiqnywj lo.

《中国纺织科学技术史》称："近代在云南开远发现有生长近20年、高一丈以上的木本棉，主茎粗8厘米。棉树蜿蜒而上，分枝繁密，年产籽花3千克左右。云南、广东、海南岛等地至今仍有多年生棉树，高一丈有余，其棉籽有离核和联核两种。""棉树蜿蜒而上，分枝繁密"，也说明该树为"粗藤状"，而"棉籽有离核和联核两种"。20世纪70年代，广西柳江县的百朋乡下伦村壮族覃家院里仍生长着两株灌木棉，棉株一根在地表蘗生多干，粗藤状，高4米多，摘棉时人可沿着树干攀爬而上。每年夏花秋实，一年可收获几十斤棉花。那个时候，这一家人就靠着这么两株棉花纺纱织布补助家用。因其生为粗藤状，所以《南越志》谓为"古终藤"。明人《闽部疏》载："昔闻长老言：广人种植花，高六七尺，有四五年不易者，余初未之信，过泉州（今福建泉州市）至同安县（今福建同安县）龙溪间，扶摇道旁，状若榛荆，近而视之，即棉花也。时方清秋，老干已着黄花矣。"这说明能织布的多年生灌木棉不是草本植物。古人限于未亲自观察实物，或想当然，或以讹传讹，将乔木木棉、灌木木棉和草棉混淆了。

《Nanzsij》gienj 79《Gauhcanghgoz Con》geiq：Gauhcanghgoz（youq ngoenzneix Sinhgyangh Veizvuzwj Swcigih Dulujfanh）"miz go'nywj saed lumj reh, ndaw reh miz seisaeq, mingz heuh faiqhau. Vunz Gauhcanghgoz aeu daeuj daemj baenz baengz, gij baengz de youh unq youh hau, ndaej yungh youq bien'gyaiq guh gaicawx". Neix dwg go faiqnywj bi ndeu, caeuq gofaiq faexcaz baihnamz mbouj doengz.

《南史》卷七九《高昌国传》载：高昌国（在今新疆维吾尔自治区吐鲁番）"有草实如茧，茧中丝如细，名曰白叠子。国人取织以为布，布甚软白，交市用焉"。这是一年生的草棉，不同于南方灌木木棉。

Sam. Hancauz daengz Nanzbwzcauz：Aen seizgeiz Bouxcuengh haidaeuz ndaem faiq yungh faiq

三、汉至南北朝：壮族种棉用棉发展时期

Sihhan、Dunghhan gvaqlaeng, dwg aen seizgeiz Bouxcuengh haidaeuz dajndaem caeuq leihyungh gofaiq faexcaz. Gyoengqde youq gwnz giekdaej ciepswnj gij hongdawz daemjbaengz vunzgonq gaenq miz haenx youh miz cauhmoq.

两汉以后，是壮族先人种植和利用灌木棉花的发展时期。他们在继承前人已有的纺织工具的基础上又有了创新。

1976 nienz，youq aen moh 1 hauh Handai Guengjsae Gveigangj Si Lozbwzvanh raen miz mbouj noix doxgaiq lumj senhveiz（raen doz 5-1-1），baez deng raemx nyinh，couh henjrwdrwd，gig lumj gienghceij. Ging Cungguek Gohyozyen Swyenz Gohyozsij Yenzgiusoj gamqdingh，mbouj dwg gij ceij senhveiz doenghgo，cix dwg cungj baengz senhveiz doenghgo. Youh ging Guengjsae Genfangj Yenzgiusoj gamqdingh，nyinhnaeuz gojnwngz dwg baengzfaiq. Doengzseiz，ndaw moh oknamh miz gij hongdawz daemjbaengz beijlumj fag midndiengq、fag midsan、diuz benj gienjging、gaiq faex geujsienq daengj（rok Handai 9 gienh dauq raen doz 5-1-2）. Aenvih aen moh neix gaxgonq deng caeg gvaq，aenrok de gaenq sanqluenh，fouzfap fukdauq，hoeng daj gij bouhgienh de daeuj yawj，doenghgij bouhgienh neix wngdang dwg gij gaeugienh aenrok. "Daihgaiq ndaej nyinhnaeuz，aenrok Lozbwzvanh dwg cungj rok haemq yenzsij ndeu. Cungj rok neix ok youq ndaw aen moh bouxguen bouxgviq Nanzyezgoz，ndaej daibyauj seizde aenrok Lingjnanz fazcanj suijbingz".

1976年，在广西贵港市罗泊湾汉墓1号墓发现有不少纤维状物（图5-1-1），在湿润状态下，外观呈黄褐色，颇似纸浆。经中国科学院自然科学史研究所鉴定，不是植物纤维纸，而是一种植物性纤维。又经广西绢纺研究所鉴定，认为可能是木棉。同时，墓中出土有木质的挑刀、纬刀、卷经板、绞线棒等纺织工具（汉代织布机9件套见图5-1-2）。由于该墓早年被盗，织机已经散乱，无法复原，但从其部件来看，这些部件当为斜织机的构件。"大致可以认为，罗泊湾织机是一种比较原始的斜织机。这种织机出于南越国官僚贵族墓葬中，可以代表当时岭南的织机发展的一般水平"。

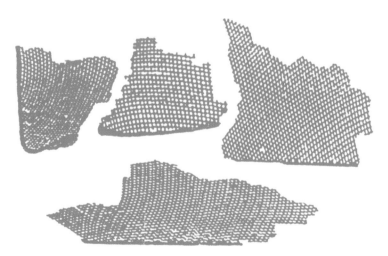

Doz 5-1-1　Gij baengzfaiq canzlw aen moh Handai Guengjsae Gveigangj Si Lozbwzvanh oknamh haenx
图5-1-1　广西贵港市罗泊湾汉墓出土的纤维状物

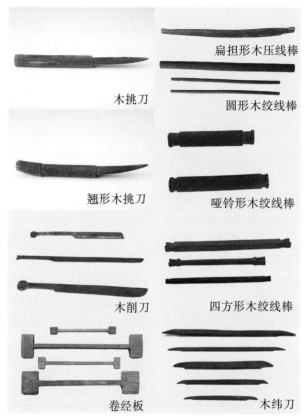

扁担形木压线棒

木挑刀

圆形木绞线棒

翘形木挑刀

哑铃形木绞线棒

木削刀

四方形木绞线棒

卷经板

木纬刀

Doz 5-1-2   Handai gij doxgaiq aenrok 9 gienh dauq（Cangh Leij ingj）
图5-1-2   汉代织布机9件套（张磊 摄）

Aenvih gij hongdawz daemjbaengz cinbu，daemjbaengz yauqlwd、daemjbaengz caetliengh caeuq gij vacang de cungj miz daezsang lai. Aen moh 1 hauh Handai Guengjsae Gveigangj Si Lozbwzvanh buenxhaem 7 bouxvunz ndawde，"gij ndokvunz aen gumz buenxhaem 6 hauh de deng gamqdingh dwg bouxmbwk 16 bi baedauq，ndang daenj cungj man daejndaem raiz henjhoengz，gwnz gyaeuj miz byoemmengq，henz hwet raek miz cungj ngaeu doengz". "Cungj man daejndaem raiz henjhoengz"，dwg gij gidij raizyiengh cungj man Bouxcuengh. Neix dwg Bouxcuengh cungj man geq gig dijbauj haenx，daengz ngoenzneix，lwgsau Bouxcuengh vihliux biujyienh gij dinfwngz swhgeij lij aeu baengzman guhbaenz gaen'gyaeuj、buhvaq. Dahsau buenxhaem ndaw moh neix，dwg dahhoiq bouxcawj aen moh neix，dwg boux lwgsau Vunzyez dieg Yilinz Gin. Cungj "baengzraiz" ndaw gij vwnzyen Handai gvaqlaeng soj geiq haenx，couh dwg ceij cungj man Bouxcuengh. Daj doz nohfaiq、daemj baenz baengz，nyumx miz saekraiz，ndaej doirox youq geizgonq Sihhan Bouxcuengh gaenq miz gij daemjbaengz gisuz suijbingz haemq sang. Cincauz，gij baengzfaiq faexcaz Lingjnanz ok de，vunz cunghyenz heuh guh baengzyez，aenvih cinggiuj ndeiyawj，gyoengqvunz cungj maij lai，hawj bouxdungjcicej linjbyuxbyux， ganjvaiq fatok minghlingh gvidingh："Bouxbing、bouxcangh, mbouj ndaej daenj gij buhvaq baengzyez." Nanzbwzcauz seiz, gvendaengz dajndaem caeuq leihyungh gofaiq faexcaz, gaenq maqhuz lai.《Nanzyez Geiq》："Gveicouh ok go gaeucoengz, nyangq lumj bwnsaeq duzhanq, naedfaen de lumj naedcaw, dawz naedfaen de okdaeuj, doz baenz lumj mienzsei, nyumx baenz baengzraiz." Seizde, Gveicouh dieg youq Vujhih Yen（ngoenzneix baih doengnamz Liujcouh Si）, guenj Gveilinz、Majbingz、Cinhingh、Lingjsanh、Lozyangz、Anhcwngz、Genjyangz、Nanzding、Yilinz、Ningzbuj、Gizhih、Vangzsuij daengj gin, dieg de baudaengz ngoenzneix Guengjsae Liujcouh、Yizcouh、Hozciz、Namzningz daengj si caeuq digih, ndaej gangjnaeuz dwg seizde youq dieg Bouxcuengh gaenq ndaem miz go gaeucoengz lai lo. Ndigah, caemhseiz Beizyenh《Gvangjcouh Geiq》naeuz："Vunzyez mbouj ciengx nonsei aeu sei daeuj daemjbaengz, cijaeu vafaiq daeuj daemjbaengz."

由于纺织工具的进步，织布的效率、布质与花饰都大有提高。广西贵港市罗泊湾汉墓1号墓殉葬的7个人中，"6号殉葬坑人骨鉴定为16岁左右的女性，身着黑地橘红回纹织锦，头上有编成辫形的长发，腰侧有铜带钩。""黑地橘红回纹织锦"，是壮锦的具体形纹。这是壮族人传统的极为珍贵的纺织品，迄于现代，壮家姑娘仍以壮锦做成头巾、衣衫以显示自己的手艺。墓中殉葬的姑娘，是墓主人的奴婢，是郁林郡当地的越人子女。汉以后文献记载所说的"斑布"，即是指壮锦而言的。从灌木棉之絮经纺纱、制布，上有彩染花纹，可以推知西汉前期壮族的棉纺织技术已经达到比较高的水平。晋朝，岭南所产的灌木棉布，多输入中原各地，中原人称越叠，显示其精巧华贵，为人所尚，引起统治者的恐慌，赶快出令规定："士卒、百工，不得服越叠。"南北朝时，关于灌木棉的种植和利用，已经相当普遍。《南越志》载："桂州出古终藤，结实如鹅毳，核如珠。治出其核，纺如丝绵，染为斑布。"当时，桂州治武熙县（今柳州市东南），辖桂林、马平、晋兴、岭山、乐阳、安城、简阳、南定、郁林、宁浦、齐熙、黄水等郡，其地包有今广西柳州、宜州、河池、南宁等市和地区，可谓是那时古终藤已遍植于壮族地区了。所以，同一时期的裴渊《广州记》说："蛮夷不蚕，采木棉为絮，皮员当竹、剥古终藤，织以为布。"

Seiq. Suizcauz Dangzcauz Sungcauz：Aen seizgeiz Bouxcuengh dajndaem gofaiq hoengh

四、隋、唐、宋朝：壮族种棉进入兴盛时期

Lizsij haeuj daengz Suizcauz Dangzcauz Sungcauz, sevei cwngci、ginghci、ginhsw、vwnzva fazcanj cingzdoh sang, Cungguek funghgen sevei byaij haeuj le aen seizgeiz hoenghhwd. Riengz dieg cunghyenz ginghci sevei fazcanj, gyoengq youhdenj gij baengzfaiq mbanj Cuengh Lingjnanz ndaej daengz vunz yawjnaek. Sungcauz Se Fangjdwz《Se Liuz Cunzfu Haenh Baengzfaiq》miz sei naeuz：Baenghfaiq faexcaz "Faiq hauq lumj nae dong, mae saeq maed gvaq couz. Naeng yiengz nyib mbouj gviq, eiq nyaenma nanz beij. Seiq gat soengq hawj vuengz, huq neix mbouj cae nda. Langh mbouj eiq Yijsaenz, yo ce hawj siujminz. Sei lai nywj faex mingz, yaek ciem ngvanh gyoemhgyoemh. Guek ndwi miz Cuj Yez, siengj rox goj miz yaen. Caiz guh buh faiq hung, ndaw doeng giengz sam cin." Aenvih baengzfaiq miz gij youhdenj maedsaed raeujremh、 naih muz naih daenj、saujsangj bingzcingj daengj, ndaej baenz cungj doxgaiq daenjyungh vunzlai maijgyaez. Beijlumj, Bwz Gihyi canghsei mizmingz Dangzcauz youq ndaw sei《Geu Buhbaengz Guh Moq》de, hix naeuz "Baengz Gvei hau lumj nae, mienz Vuz unq lumj fwj. Baengz naek mienz youh na, guh buh ndaej raeujrub. Ngoenz daenj naengh daengz haemh, hwnz goemq ninz daengz haet. Mbouj rox ndwen nit haeng, gen ga raeuj lumj cin". Gig mingzyienj ndaej dingj nit gig ndei. Dangz Vwnzcungh miz ngoenz ndeu naengh youq cauzdingz, yousizyiz Ya Houzswh daenj geubuh baengz Gvei saekloeg haenx hwnjcauz. Vwnzcungh raen de daenj mbouj doengz vunz, cam naeuz： "Buh mwngz baenzlawz nyauqnyat？" Ya Houzswh dap naeuz： "Neix dwg baengz Gvei. Cungj baengz neix na, ndaej dingj nit!" Vwnzcungh dingq le, heuh de byaij gaenh daeuj sijsaeq yawj, raen cungj baengz neix nanet raeujremh, haenh raixcaix, couh minghlingh daihcinz ra hawj de, swhgeij de hix daenj hwnj geubuh baengz Gvei lo. Yienghneix gyoengq guen couh doxsing bae gaenriengz, daenj geubuh baengz Gvei couh bienqbaenz le cungj funghsang ndeu. Dangz Yenzcungh Denhbauj 14 bi（755 nienz）"Anh Sij Buenqluenh" seiz, diuh geij fanh boux Vunzlijliuz Lingjnanz daengz Hoznanz, gvi Nanzyangz cezduswj Luj Gyungj guenj. Doengh bouxbing Vunzlijliuz neix gag daiq haeuxgwn、nywjmax caeuq buhvaq, fouzhingz ndawde couh hawj baengzfaiq guh gvangjgau lo. Aenvih vunz cunghyenz roxdaengz baengzfaiq ndei daenj, coicaenh le dieg cunghyenz aeu laigij baengzfaiq Lingjnanz. Vihneix, Lingjnanz dajndaem gofaiq couh ngoenz beij ngoenz gyadaih, dieg Lingjnanz swnghcanj vafaiq cugciemh hwngvuengh. Canghfwensei geizgyang geizlaeng Dangzcauz Vangz Gen《Youq Nanzhaij Soengq Cwng Genz Sangsuh》miz coenzsei ndeu naeuz dieg Gvangjcouh, "baengzhau ranzranz daemj, gyoijnding gizgiz ndaem". Mingzbeg gangj ok le seizde hangzdaemjfaiq dieg Lingjnanz gaenq bujben caeuq hwngvuengh.

历史进入隋、唐、宋朝，社会政治、经济、军事、文化高度发展，中国的封建社会步入了兴旺鼎盛时期。随着中原地区经济的发展，岭南壮乡的灌木木棉布有众多优点为人重视。宋谢枋得《谢刘纯父惠木棉布》诗说：灌木棉布"洁白如雪积，丽密过锦纯，羔缝不足贵，狐腋难拟伦。絺纩皆作贡，此物不荐陈，岂非神禹意，隐匿遗小民。诗多草木名，笺疏欲淳淳。国家无楚越，欲识固尤因。剪裁为大裘，穷冬胜三春"。由于棉布有密实暖和、耐磨久穿、干爽挺括等优点，为众多人所喜爱的物品。比如，唐朝大诗人白居易在其《新制布裘》诗中，也说"桂布白似雪，吴绵软如云。布重绵且厚，为裘有余温。朝拥坐至暮，夜复眠达晨。谁知严冬月，支体暖如春"。显然御寒作用甚佳。唐文宗有一天坐朝，右拾遗夏侯孜穿着绿色的桂布衫上朝。文宗见他服异于人，问道："衫何太粗涩？"夏侯孜答道："这是桂布。此布厚，可以敌寒！"文宗听后，叫他走近来细看，见布质厚实暖和，赞叹不已，命令臣属为他张罗，自己也穿起了桂布。于是满朝文武竞相趋时，穿桂布成了一时风尚。唐玄宗天宝十四年（755年）"安史之乱"时，调岭南俚僚几万人上河南，隶于南阳节度使鲁炅。这些自带粮秣身着棉布的俚僚士兵，无形中做了棉布的广告。中原人士对棉布的了解，促进了中原人对岭南棉布的需求。因之，岭南棉花的种植日益扩大，岭南地区棉花的生产日臻兴旺。中晚唐诗人王建《送郑权尚书之南海》有诗句说广州地区，"白叠家家织，红蕉处处栽"。明白地宣示了当时岭南地区棉纺织业的普遍性和兴旺状况。

　　Sungdai, Bouxcuengh gij gisuz ndaemfaiq yunghfaiq nyumxbaengz de miz fazcanj moq. Yenzfungh bi daih'it（1078 nienz）, Cinz Yenfuj boux lwgdog Gvangjcouh ginghlozswj Cinz Cwz aenvih baengh gij seiq daxboh de, "hoiqsawj bouxbing Gvangjcouh swnghcanj baengzfaiq", cix deng vunz gauqfat souhdaengz ceihbanh, daj gijneix raen ndaej ok seizde gij baengzfaiq Lingjnanz miz siuloh gig gvangq, ndaej canh gig lai, swnghcanj gaenq miz itdingh gveihmoz. Nanzsung conienz Fangh Soz 《Bien Bwzcwz》gienj 31 geiq: "Fuzgen、Guengjdoeng、Guengjsae ndaem gofaiq faexcaz, faex sang lumj gocoz, mak hung lumj aenyenz, saek heu, laegcou couh myot ok, faiqhau lumj bwnnyum. Aeu diuz dietdingj daeuj deu cengh faenfaiq, yungh aen gungcuk iq daeuj gungfaiq, yienzhaeuh daemj baenz baengz, mingz heuh gizbei. Vunzmanz youq gwnz de nyib cihsaw saeq caeuq dujva iq, couh dwg cungj baengzraiz vunzgonq sojnaeuz." Gaenlaeng, geizgyang geizlaeng Nanzsung Fan Cwngminj 《Ndojranz Doegsaw》hix geiq: "Fuzgen、Lingjnanz miz gofaiq lai, vunz dangdieg doxsing ndaem, miz boux de ndaem miz geij cien go. Aeu gij va de daeuj guh baengz, heuh baengzgizbei. Gou doeklaeng aenvih doeg 《Nanzsij》cuenh gak guek haijnanz, naeuz youq dieg Linzyi daengj miz go faexgujbei, va de hai hoengh seiz lumj bwnsaeq duzhangq, yot gij faiq de daeuj daemj baenz baengz, baengzfaiq caeuq baengzcu doxdoengz, hix ndaej nyumx baenz lai saek daemj baenz baengzraiz, cingqdwg cungj neix. Vahsug heuh guh baengzgizbei." Coenz vah ndeu gangj ok le Sungdai seiz, baudaengz dieg Bouxcuengh youq ndaw, dieg Fuzgen、Guengjdoeng、Guengjsaehwngndaem gofaiq faexcaz daemjbaengz. "Vunz dangdieg doxsing ndaem", cih "sing" ndeu fanjyingj le seizde gyoengqvunz Fuzgen、Guengjdoeng、Guengjsae ceng gonq lau laeng, gij fungheiq ndaem gofaiq de gig hoengh. Ranz dog ndaem gofaiq faexcaz soqmoeg dabdaengz "geij cien go", ndaej gangjnaeuz dwg boux lauxbanj miz aen suenndaem iq ndeu lo. Aeu gij gujsueng 《Cungguek Fangjciz Gohyoz Gisuz Sij》soj guh haenx, go faiq faexcaz ndeu "miz nye'nga ndaet lai, moix bi ok vafaiq 3 goenggaen baedauq", couh dwg go faiq faexcaz ndeu moix bi ok 6 gaen faiqndok, 1000 go couh ok faiqndok 6000 gaen, 2000 go couh dwg 12000 gaen faiqndok, 3000 go miz gaenh 20000 gaen, youq ciuhgeq aen soqngeg neix gaenq maqhuz hung lo. Gvaiq mbouj ndaej Sungcauz Se Fangjdwz 《Se Liuz Cunzfu Haenh Baengzfaiq》miz souj sei ndeu haenh naeuz: "Sou cien go vafaiq, ranz bet vunz mbouj gungz."

　　宋代，壮族种棉用棉织染技术有新发展。元丰元年（1078年），广州经略使陈绎的独生子陈彦辅因仗父势，"役使广州军人织造木棉生产"而被人告发受惩处，可见其时岭南棉布生产销路之广，获利之丰，生产已有一定的规模。南宋初年人方勺《泊宅编》卷三一载："闽、广种木棉，树高如柞，结实大如橡而色青，秋深如开露，白棉茸茸然。以铁梃赶净，小竹弓弹令纷起，然后纺织为布，名曰吉贝。蛮人上作细字小花卉，即古所谓白叠。"之后，南宋中后期范正敏的《遁斋闲览》亦载："闽、岭南多木棉，土人竞植之，有至数千株者。采其花为布，号吉贝布。余后因读

《南史》海南诸国传，言林邑等古贝木，其花盛时如鹅毳，抽其绪纺之以为布，与苎布不异，亦染成五色织斑布，正此种也。盖俗呼古为吉耳。" 一语道出了宋代时，包括壮族地区在内，闽、广地区多种灌木棉并纺纱织布。"土人竞植之"，一个"竞"字反映了当时闽、广的群众争先恐后，植棉的风气很盛。单家独户种植灌木棉数达"数千株者"，可谓是个小型的种植园主了。以《中国纺织科学技术史》所估算的，一株灌木棉"分枝繁密，年产籽花3000克左右"，即一株灌木棉年产6市斤皮棉，1000株即产籽花6000市斤，2000株就是12000市斤皮棉，3000株近于20000市斤，在古代其数额已相当大了。无怪乎宋人谢枋得《谢刘纯父惠木棉布》一诗称颂："木棉收千株，八口不忧贫。"

Cunzhih bi'nduj（1174 nienz），Couh Gifeih daengz Gvangjnanz Sihlu Gveicouh、Yinhcouh dangguen，5 bi（1178 nienz）sijbaenz《Lingjvai Daidaz》10 gienj，gienj 6 de《Gizbei》geiq：

"Go faexgizbei lumj go sangh daemqiq，mbaw ngoz de lumj yiengh sim vafuzyungz，mbaw de cungj miz nyungzsaeq，gung raez daihgaiq miz buenq conq，lumj faiqliux，miz faenndaem geij cib naed. Vunz baihnamz aeu gij faiqnyungz de daeuj，yungh ganggin nienj naedfaen de bae le doz baenz faiq. Aeu de daeuj guh baengz dwg ceiqndei ……Leizcouh、Vacouh、Lenzcouh caeuq nanzhaij Lizdung miz lai，aeu daeuj dingj baengzsei、baengzcu. Leizcouh、Vacouh miz cungj baengz he，fouq raez gvangq caemhcaiq hausak saeqmaed de，mingz heuh mangizbei；fouq gaeb cocax saekamq de，mingz heuh cogizbei. Gij baengz Haijnanz，dwg saequnqhausag daenj ndaej nanz，ndaej bingzgyaq gig sang. Fouq gig gvangq mbouj baenz baengzgyaeuj de，lienz song fouq ndaej baenz songzmoeg，mingz heuh songzliz；yiengh ndawgyang miz gak cungj saek，miz gak cungj raiz mingzyienj，lienz seiq fouq ndaej baenz muq de，mingz heuh lizsiz；yiengh lai saek sienmingz，ndaej cwgoemq daizsaw de，mingz heuh hoemqdap. Yiengh raez de，Vunzliz yungh daeuj heuxhwet." Sungcauz seiz，Gvangjnanz Sihlu guenj daengz Gauhcouh（ngoenzneix Guengjdoeng Gauhcouh Yen）、Vacouh（ngoenzneix Guengjdoeng Vacouh Si）、Leizcouh（ngoenzneix Guengjdoeng Haijgangh Yen）caeuq Haijnanz Swngj daengx gyaiq. Daj coenz Couhsi "Yiengh raez de，Vunzliz yungh daeuj heuxhwet" neix rox ndaej ok，boux "Vunzliz" gizneix mbouj dwg Bouxliz ngoenzneix. 《Nanzsij》gienj 78《Linzyigoz Con》geiq Linzyigoz（hix heuh Canboz、Cancwngz，youq ngoenzneix baih gyangnanz Yeznanz）"saimbwk cungj aeu geu baengzgujbei vangheux hwet doxroengz". Gyoengqde dwg gij "vunz Veizcuz Sanhya" saenq Yihswhlanzgyau youq Yunghhih 3 bi（986 nienz）、Donhgungj bi'nduj（988 nienz）、Cwngzva 22 bi（1486 nienz）faen 3 buek daj Cancwngz（ngoenzneix baih gyangnanz Yeznanz）senj daengz Haijnanzdauj youq haenx. Cigdaengz ngoenzneix，vunz Veizcuz Sanhya baihndaw baedauq vanzlij dwg gangj cungj vah minzcuz swhgeij，doiq rog cix gangj Vahgun. Cungj vah minzcuz gyoengqde，gvi dwg cungj Vahcan Yindunizsihya–Bohlinizsihya hidungj. Sanhya Si，Yenz、Mingz song daih dwg dieg Yazyen guenjyaz，Vangz Dauboz youq Haijnanzdauj Yazyen hagsib gij gisuz dajndaem gofaiq caeuq daemjbaengz，couh dwg daj laeng gyoengqqvunz de hag daeuj.

淳熙初年（1174年），周去非到广南西路桂州、钦州二地做官，五年（1178年）撰成《岭外代答》十卷，其卷六《吉贝》载："吉贝木如低小桑枝，萼类芙蓉花之心，叶皆细茸，絮长半寸许，宛柳棉，有黑子数十。南人取其茸絮，以铁筋碾去其子，即以手握茸就纺，不烦缉绩。以之为布，最为坚善……雷、化、廉州及南海黎峒富有，以代丝、苎。雷、化有织匹，幅长阔而洁白细密者，名曰缦吉贝；狭幅粗疏而色暗者，名曰粗吉贝。有绝细而轻软洁白，服之且耐久者，海南所织，则多（值得推重）品矣。幅极阔不成端匹，联二幅可为卧单，名曰黎单；间以五彩，异纹炳然，联四幅可为䘢者，名曰黎饰；五色鲜明，可以盖文书几案者，名曰鞍搭。其长者，黎人用以缭腰。"宋时，广南西路隶及今广东省西南部的高州（今广东高州县）、化州（今广东化州市）、雷州（今广东海康县）和海南省全境。从周氏"其长者，黎人用以缭腰"一语可知，此"黎人"不是现在的黎族。《南史》卷七八《林邑国传》载林邑国（亦称占婆、占城，在今越南中南部）"男女皆以横幅古贝（布）绕腰以下"。他们是在雍熙三年（986年）、端拱元年（988年）、成化二十二年（1486年）分3批从占城（今越南中南部）迁居海南岛的信奉伊斯兰教的"三亚回人"。直到现在，三亚回人内部交往仍用自己的民族语言，对外则说汉语。他们的民族语言，属于印度尼西亚-玻利尼西亚系统的占语。三亚市，元、明二代是崖县管辖的地方，黄道婆在海南岛崖县学习的种植棉花及纺织技术，就是从他们那里学来的。

Sungdai, Guengjsae "gak dieg ak rox daemjbaengz, baengz Liujcouh、baengz Siengcouh, aenvih canghseng'eiq buenqgai daengz diegrog cix ndaej mizmingz". Seizde, cawzliux gij baengz Liujcouh、gij baengz Siengcouh（guenj daengz ngoenzneix Guengjsae Siengcouh、Vujsenh、Hinghbinh sam aen yen、gih）, gij baengz mbanj Cuengh Guengjsae ok de, dwg baengzhau caeuq baengzndaij ceiq mizmingz. Baengzndaij dwg ndaij daemj baenz, baengzhau cix dwg faiq daemj baenz.

宋代，广西"触处善织布，柳布、象布，商人贸迁而闻于四方也"。当时，除柳州所产的柳布、象州（辖今广西象州、武宣、兴宾三县区）所产的象布外，壮乡广西所产的纺织品，最著名的是白緤和练子。练子为苎麻织物，白緤却是棉纺织品。

Bi'byai Genzdau bi'nduj Cunzhih（1173～1174 nienz）, Fan Cwngzda boux cujciz Gvangjnanz Sihlu saifuj de youq 《Gveihaij Yizhwngz Geiq·Geiq Doxgaiq》 geiq："Baengzhau ok dieg Dahcojgyangh、Dahyougyangh, lumj gij senloz cunghyenz, gwnz de doh miz cungj raizcang fanghswng iq". "Fanghswng", dwg ciuhgeq Cungguek cungj mingzcwngh cangcaenq ndeu, lienz song gaiq baengzfueng habbaenz. Youh 《Lingjvai Daidaz》 geij 6 geiq："Dieg Dahcojgyangh Dahyougyangh Yunghcouh miz gij dinfwngz daemj baengzhau, gij raizva de dwg raizfueng gijhoz, sienqdiuz gvangq hung, lumj cungj senloz dieg cunghyenz, gyaeundei caemhcaiq naekna, saedcaih dwg gij buh ceiqndei dieg baihnamz." Baengzhau "sienqdiuz gvangq hung", lumj cunghyenz gij senloz sei daemj baenz, "gyaeundei caemhcaiq naekna", "doh miz cungj raizcang fanghswng iq", gauhyaj ndeiyawj, dwg gij "buh ceiqndei" gaiqndang. Cungj baengzfaiq neix, gwnz de san miz gij raizcang gijhoz mancuengh, daengx gaiq hausagsag, mbouj miz saek cab, neix dwg aenvih seizde vunzmbanj Guengjsae cungj dwg daenj gaen'gyaeuj hau, daenj buh hau, maijcoengz saekhau. Couh Gifeih naeuz, daihgonq miz vunz sij sei miz coenz ndeu naeuz vunz Guengjsae "Dwkgyong faen mbouj ok dwg sim'angq roxnaeuz siengsim, daj buhdaenj yawj mbouj ok dwg boux dawzsang roxnaeuz boux miz hoengzsaeh". Dajneix ndaej cingcuj, daengz Nanzsung, hangzdaemjfaiq Bouxcuengh caeuq gij dinfwngz de, gaenq dabdaengz le aen suijbingz maqhuz sang.

乾道末淳熙初（1173～1174年），主持广南西路帅府的范成大在《桂海虞衡志·志器》载："缑，亦出两江州峒，如中国线罗，上有遍地小方胜纹"。"方胜"，是中国古代的一种装饰名称，连合两个斜方块图形的织物而成。又《岭外代答》卷六载："邕州左右江峒蛮有织白缑，白缑质方纹，广幅大缑，似中都之线罗，而佳丽厚重，诚南方之上服也。"白练"广幅大缑"，犹如中原丝织的线罗，"佳丽厚重"，"遍地小方胜纹"，高雅华贵，为服饰中的"上服"。这种棉纺织品，以壮锦的几何纹饰织于其中，其余素白，没有杂色，这是因为当时广西人乡村皆戴白色头巾，穿白色衣衫，崇尚素色之故。周去非说，前代有人作诗说广西人"箫鼓不分忧乐事，衣冠难辨吉凶人"。由此可见，时至南宋时期，壮族的棉纺织业及纺织技艺，已经达到了一个相当高的水平。

Haj. Yenzcauz daengz Minzgoz: Aen seizgeiz Bouxcuengh ndaemfaiq yunghfaiq dingznywngh、baihnyieg

五、元至民国：壮族种棉用棉停滞、衰退时期

Bonjlaiz Dangz、Sung seizgeiz, Bouxcuengh gag miz gij diuzgen ndei gizwnq mbouj miz haenx, ndaemfaiq yunghfaiq gaenq byaij haeuj aen seizgeiz mwnhoengh, hoeng daj Yenzcauz go faiqnywj maj bi ndeu miz yauqik engq sang、binjcungj engq ndei haenx coengz Sinhgyangh haeuj daengz Sanjsih doh daengz daengx guek gvaqlaeng, aen cungqdiemj ndaemfaiq yunghfaiq de gaenq senj daengz baihbaek. Hoeng seizneix, Yenzcauz saedhengz dujswh cidu, dujgvanh seiqdaih doxcienz. Gak dujgvanh dieg Bouxcuengh vihliux henhoh gij leih'ik swhgeij, doxcaengz doxhaemz, fungsaek gag guenj, caeuq rog gyaiq mbouj miz baedauq, sawj gak dieg dujgvanh guenjleix haenx ndawde lumj vaengz raemx mbouj riuz ndeu, nanz gangj miz gijmaz lenzyingz、gapguh、gyauhliuz、cinbu. Mingzcauz gvaqlaeng, Gauhcouh、Vacouh、Yinhcouh、Lenzcouh caeuq Haijnanzdauj cienzbouh youz Guengjsae gvej haeuj Guengjdoeng, Guengjsae bienqbaenz le aen swngj deng fungsaek youq neiluz ndeu, Bouxcuengh ndaemfaiq yunghfaiq haeuj daengz le aen seizgeiz dingznywngh, miz yiengh baihnyieg okdaeuj.

本来唐、宋时期，壮族得天独厚，种棉用棉已经走向繁荣兴旺时期，但自元朝效益更高、品种更为优良的一年生草棉从新疆进入陕西遍及全国以后，种植用棉的重心已经北移。而此时，元朝实行土司制，土官世代沿袭。壮族各土官为了维护自己的利益，相互仇视，封闭而治，断绝与外界交往，使各土官治理区内呈一潭死水，难言有什么联营、合作、交流、进步。明以后，高州、化州、钦州、廉州及海南岛均由广西划入广东，广西成了个封闭的内陆，壮族的种棉用棉便进入了停滞时期，呈现出衰退的状态。

Sungdai, vunzding daengx guek dem haenq daengz baenz ik vunz seiz, sei、maz、bwn daengj gaiqdaemj de gig mbouj gaeuq vunz guek aeuyungh guh buhvaq lo. Gyahwnj gai ok rog guek，caeuq aenvih gvanhliuz gihgou bienq hung lai youh demlai gyoengq gveicuz ndeu daeuj demgya aeuyungh gij doenghyiengh sei、bwn daengj daemjbaenz haenx，cauhbaenz gij doenghyiengh sei、maz、bwn daengj daemjbaenz de giepnoix engq lai. Haujlai bouxhoj cijndaej yungh ceij daeuj dang buh daenj lo.“mauhceij buhbaengznyauq gaensa'ndaem”，gogou dwg gij yienzliuh cauhceij，“mauhceij”couh dwg aenmauh yungh ceij guhbaenz haenx.“caeklaiq miz byaekgat soengq gwn cuk，baenzlawz lij roxdaengz daenj buhceij saetnaj”，“buh”couh dwg buhdinj. Vangz Cinh《Sawnaz》gienj 21 naeuz：Gij faiqfaexcaz Fuzgen、Guengjdoeng、Guengjsae，gij faiqnywj Sinhgyangh，“caeuq ndaem gosangh ciengx duzsei doxbeij，mbouj miz gij sinhoj bae mbaetmbaw caeuq ciengxduz，hoeng itdingh miz souyauq；doiq go mazcu daeuj gangj，mienxbae le gij gunghsi dozmae，couh ndaej daengz gij ndeicawq dingj nit. Ndaej gangjnaeuz mbouj aeuyungh dozmae couh ndaej daemjbaengz，mbouj yungh boksei couh ndaej miz faiq”.“Gij baengzfaiq daemj ndaej de，hung iq dwg raez caemhcaiq gvangq，mboujdan saeqndaet caemhcaiq youh mbaeu youh raeuj，ndaej beij gvaq seicouz. Gyoengq saujsu minzcuz baihnamz，couh dwg aeu cungj baengzfaiq neix daeuj dingj seiyungz guh buh caeuq mauh”.“Youq baihbaek dingzlai dwg aen heiqciet nit，mizseiz aenvih noixmiz duzsei caeuq seiyungz，youh aeu yungh cienz cawx buh daeuj daenj dingj nit，ndigah neix dwg youh ndaej mbaet yungh cienz youh ndaej fuengbienh”. Hoeng，Sungcauz ligdaih vuengzdaeq mbouj gamj hamj gvaq diuzgamx“gaij daenj buh saujsu minzcuz”，mbouj gamj fatbouh minghlingh yinx ndaem gofaiq faexcaz Fuzgen、Guengjdoeng、Guengjsae，daeuj gejsoeng gij gungzhoj beksingq. Vunzmungzguj hoenx haeuj cunghyenz，laebhwnj Yenzcauz，mbouj lau“gaij daenj buh saujsu minzcuz”saekdi，fatbouh minghlingh gienq nungzminz ndaem gofaiq. Yenz Ciyenz 26 bi（1289 nienz）4 nyied，Youq Cezdungh、Gyanghdungh、Gyanghsih、Huzgvangj、Fuzgen laeb“Gominz Dizgijswh”，moix bi cwngsou baengzfaiq 10 fanh bit. Neix dwg Cungguek funghgen vangzcauz daih'it baez cwngsou suiqbaengzfaiq. Yienznaeuz seizde doengh dieg gwnzneix gangj de caengz ndaej bujben ndaem gofaiq，gvaq le song bi，Ciyenz 28 bi（1291 nienz）5 nyied，cijndaej“dingz hawj gyanghnanz roek aen dizgijswh moix bi daehyinh faiqminz daengz dieg cunghyenz”，caemhcaiq fatbouh minghlingh doigvangq dajndaem gofaexfaiq. Yenz Cwngzcungh Yenzcinh 2 bi（1296 nienz），ceiqdingh gyanghnanz suiqhah cidu，gvidingh gyanghnanz daeh faiqminz、baengz、genh、faiqsei daengj doxgaiq daengz dieg cunghyenz，Hubu youh saedhengz giengzceihsingq banhfap，“suiqbaengzfaiq”，gyoengq guen hix cizgiz guh yienghndei bae doigvangq ndaem gofaiq，neix youq gwnz biengz miz yingjyangj caeuq rengzdoidoengh daih. Dadwz 4 bi（1300 nienz），Vangz Cinh boux biensij《Sawnaz》haenx daengz Gyanghsih Yungjfungh dang yenyinj，couh cawx faenfaiq son gij nungzminz dangdieg ndaem，caemhcaiq cienzson gij gisuz dajndaem dieg'wnq hawj gyoengqde，coengzei doidoengh le Gyanghsih Hingzswngj（guenj ngoenzneix Gyanghsih caeuq baihdoeng Guengjdoeng）ndaem gofaiq，sawj de bienqbaenz doengh dieg daengx guek dajndaem gofaiq ceiqlai haenx dieg ndeu.

Cida 3 bi（1310 nienz）, Yenzcauz couh youq dieg neix cawx le "baengzfaiq bet fanh bit, gij baengz suengsienq dansienq de seiq fanh bit".

宋代，全国人口猛增至1亿人时，丝、麻、毛等织品远远不能够满足国人的衣着需求了。加上对外的输出，以及臃肿的官僚机构所形成的众多的新贵们对丝、毛等纺织品的需求又有增无减，更造成丝、麻、毛等纺织品的短缺。许多贫苦群众只能用纸来遮羞蔽体了。"楮冠布褐皂丝巾"，楮就是造纸原料，"楮冠"即用纸做的帽子。"幸有藜烹粥，何惭纸为襦"，"襦"就是短衣。王祯《农书》卷二一说：闽、广的灌木棉，新疆的草棉，"比之桑蚕，无采养之劳，有必收之效；埒之苧，免缉绩之工，得御寒之益。可谓不麻而布，不茧而絮"。"其幅匹之制，特为长阔，茸密轻暖，可抵缯帛。又为毳服毡段，足代本物"。"北方多寒，或茧纩不足，而裘褐之费，此最省便"。但是，宋朝的历代帝王不敢逾越"变服蛮夷"的界线，不敢诏令引种闽、广的灌木棉，以缓民困。蒙古人入主中原，建立元朝，全无"变服蛮夷"之惧，颁布了劝农种植棉花的诏谕。至元二十六年（1289年）四月，在浙东、江东、江西、湖广、福建设置"木棉提举司"，每年征收木棉布10万匹。这是中国封建王朝以木棉布作征收赋税的开端。虽然当时上述诸地木棉种植并未普遍开展，过了两年，至元二十八年（1291年）五月，不得不"罢江南六提举司岁输木棉"，并诏令推广木棉种植。元成宗元贞二年（1296年），制定江南夏税制，规定江南输以木棉、布、绢、丝棉等物，户部又实行强制性措施，"赋木棉织布"，官员们也积极地示范、推广木棉种植，其在社会上的影响和推动力是巨大的。大德四年（1300年），撰写《农书》的王祯出任江西永丰县尹，即买棉籽教当地农民种植，并向他们传授外地种植技术，从而推动了江西行省（辖今江西及广东东部）的棉花种植，使之成为全国种植棉花最多的地区之一。至大三年（1310年），元朝就在该地买了"木棉八万匹，双线单线四万匹"。

Cici nienzgan（1321~1323 nienz）, Veizvuzwjcuz Yanlizdezmuzwj youq Hinghyenz Lu Sihyangh Yen（ngoenzneix Sanjsih Sihyangh Yen）dangguen, cizgiz doigvangq dajndaem go faiqnywj, "youq Hinghyenz（ngoenzneix Sanjsih Hancungh Si）aeu faenfaiq hawj nungzhoh, caemhcaiq son gyoengqde baenzlawz dajndaem, daengz ngoenzneix beksingq ndaej ndei, gwndaenj loq gaeuq". Yenzcinh nienzgan（1295~1297 nienz）, Vangz Dauboz daj Haijnanzdauj Yazcouh（ngoenzneix Haijnanz Swngj Sanhya Si）laeng vunz Veizcuz "dieg gyang byasang henzhaij" Sanhya hag ndaej le gij fuengfap daemj baengzfaiq caeuq ceiqcauh gij hongdawz daemjbaengz caemhcaiq daiq gijde dauq daengz Sunghgyangh Vuhnizging（ngoenzneix baih saenamz singzgaeuq Sanghaij Si）. De giethab gij swhgeij hag ndaej haenx daeuj guh gaijcaenh, yienzhaeuh "cienz gij fuengfap de hawj vunz Vuhnizging, bouxboux cungj ndaej ndei", okyienh "baengz, dwg gij baengz Sunghgyangh ceiqndei". Duenh seizgan ndeu, aenvih gij baengz Sunghgyangh caetliengh ndei youh naekna, vayiengh youh moq, couh ndaej riengjvaiq gai daengz daengx guek, coengzei sawj dieg Sunghgyangh gig vaiq couh bienqbaenz le aen cungsim hangzdaemjfaiq daengx guek. Miz gij cozyung yienghndei de le, youq Yenzcauz dieg dingzlai daengx guek cungj bujgiz dajndaem gofaiq, gietsat le gij lizsij cijmiz Fuzgen、Guengjdoeng、Guengjsae caeuq Sinhgyangh daengj mbangj dieg henzguek ndaemfaiq haenx.

至治年间（1321～1323年），维吾尔族官吏燕立帖木儿在兴元路西乡县（今陕西西乡县）任职，积极推广草本棉花种植，"自兴元（今陕西汉中市）求（棉）子给社户，且教以种之法，至今民得其利，而生理稍裕"。元贞年间（1295～1297年），黄道婆从海南岛崖州（今海南省三亚市）的"海峤间"三亚回人那里学会了棉纺织的操作方法和制造纺织工具并将其带回到松江乌泥泾（今上海市旧城西南）。她结合自己的心得做了改进后，"传其法于乌泥泾人，人皆获其利"，出现"布，松江者佳"。一时间，松江棉布质佳厚重，花样翻新，迅速行销全国，从而松江地区很快成为全国的棉纺织中心。有了榜样的作用，在元朝全国大部分地区都普及了棉花的种植，结束了唯闽、广及新疆等一些边疆地区才有的棉花种植的历史。

Mingzdai gvaqlaeng, mingz heuh "gocoengz" neix mbouj caiq raen miz geiqsij, gofaiq faexcaz hix youq dieg Bouxcuengh cugciemh mbouj raen riz lo. Hoeng go faiqnywj maj bi ndeu cix youz baek daengz namz senj ndaem youq dieg Bouxcuengh, bienqbaenz gij yienzliuh dieg dujswh ndawde gak ranz gak hoh gag ndaem、gag sou、gag doz、gag daemj daeuj muenxcuk ranz swhgeij buhdaenj moeghoemq. Yahben Cancwngh gvaqlaeng, Cungguek cugbouh loemq haeuj buenqcizminzdi buenqfunghgen sevei bae, yangzsa saekrim gwn hawciengz, dieg Bouxcuengh ndaem faiq yungh faiq, gaenq cawqyouq cungj cingzgvang yaek raeg sadsad. Couhcinj dwg ranz bonjfaenh nungzminz ciuq ndaw ranz aeuyungh gag daemjbaengz, hoeng gij yienzliuh de hix dingzlai dwg yungh yangzsa. Geizlaeng Cinghcauz daengz Minzgoz nienzgan, Guengjsae "daengx swngj moix bi daj baihrog daeh haeuj gij faiqgeu de, gingciengz dabdaengz aen soqngeg it ngeih cien fanh maenz（Minzgoz 27 nienz doengjgeiq）". Minzgoz seizgeiz, aenvih faiqndok、yangzsa daj baihrog daeh haeuj lai, Guengjsae doiqrog mouyiz aen soqngeg cawxhaeuj de mauhgvaq aen soqngeg gaiok.

明代以后，"古终"之名不复见于记载，灌木木棉的植株也在壮族地区逐渐销声匿迹了。而一年生草本棉花则由北而南移植于壮族地区，成为土司管辖范围内各家各户自种、自收、自纺、自织的满足于自家衣着被盖的原料。鸦片战争以后，中国沦为半殖民地半封建社会，洋纱充斥市场，壮族地区的种植用棉，已经处于奄奄一息的境地。即使是农民自家按家庭需要自行纺织，但其自织的原料也多用洋纱。清末至民国年间，广西"全省每年输入的棉纱，常达一两千万元（民国二十七年统计）的数值"。皮棉、洋纱输入成为了民国时期广西对外贸易入超的最重要的原因。

Youq gwnz Cungguek lizsij, Bouxcuengh caengzging dwg youq bonj dieg ndaem faiq yungh faiq, sien dwkhai le cungj fungheiq ndaem faiq yungh faiq, caemhcaiq youq duenh seizgan ndawde hoenghhwd. Hoeng, daj Yenzcauz youq daengx guek doigvangqdajndaem go faiqnywj guhbaenz gveihmoz gvaqlaeng, Bouxcuengh ndaem faiq yungh faiq couh aenvih gij yinhsu swyenz caeuq lizsij, cix doiqok aen lizsij vujdaiz caengzging mwnhoengh haenx lo.

在中国历史上，壮族民众的种棉用棉曾经就地取材，开了风气先河，曾经一度繁荣。但是，自元代草本棉在全国推广形成规模之后，壮族民众的种棉用棉便因自然的和历史的因素，退出了曾荣极一时的历史舞台。

Daihngeih Ciet　Leihyungh Caeuq Gyagoeng Goˈndaij
第二节　苎麻利用与加工

Goˈndaij mazcu dwg Lingjnanz gagmiz, senhveiz de raez caemhcaiq ngaeuz、nyangq, daj ciuhgeq daeuj couh dwg cungj yienzliuh guh buh gig youqgaenj、dwg sengcingz、binjcaet ndei haenx. Doeklaeng, goˈndaij cienz ndaem daengz rog guek, youq gwnz seiqgyaiq itcig cungj ndaej heuh "goˈnywj Cungguek". Bouxcuengh seiqdaih youq baihnamz Cungguek youq, dwg doengh aen minzcuz ceiqcaeux dajndaem caeuq leihyungh goˈndaij ndawde aen ndeu.

岭南特产的苎麻，纤维长而平滑、柔韧性好，自古以来就是很重要的、天然的、品质优良的衣着原料。后来，苎麻传种到国外，在世界上素有"中国草"（China grass）之称。壮族世居于中国南方，是最早种植和利用苎麻的民族之一。

It. Vunzyez Dwg Doengh Aen Minzcuz Ceiqcaeux Ndaem Goˈndaij、Yungh Goˈndaij Ndawde Aen Ndeu
一、越人是最早种苎麻、用苎麻的民族之一

Goˈndaij, cenzmazgoh, goˈnywj maj lai bi, ganj maj baenzgyoengq, mbaw gvangq lumj aengyaeq roxnaeuz gaenh lumj aenluenz, baihlaeng maj maed bwnnyungz hau. Va miz singq dog, vaboh vameh caemh go, vasi lumj rienghaeux doxdab, vameh maj youq baihgwnz vasi, saek henjheu, mak gig iq. Goˈndaij maij ndit caeuq cungj dienheiq raeuj nyinh, naih rengx, gingciengz yungh faenceh roxnaeuz faen rag、faen go、atdiuz daengj fuengfap daeuj fatsanj, moix bi ndaej sou sam baez. De cujyau maj youq dieg dienheiq haemq raeujremh、miz fwn haemq lai haenx, daegbied dwg baihnamz guek raeuz. Naengganj goˈndaij hamz miz senhveizlieng 78%, senhveiz raez daihˈiek 600 hauzmij baedauq, gvangq 1.7～5 hauzmij, rengzak diuz senhveiz dog ndaej dabdaengz 52 gaek, hau caemhcaiq saeqraez, unq caemhcaiq nyangq, dwg gij senhveiz maz ndawde cungj yienzliuh daemjbaengz ceiqndei.

苎麻，荨麻科，多年生草本植物，茎丛生，叶广卵形或近圆形，背面密生白茸毛。花单性，雄雌同株，复穗状花序，雌花生于花序上部，黄绿色，瘦果，极小。苎麻喜欢阳光和温暖湿润气候，耐旱，常用种子或分根、分株、压条等方法繁殖，一年可收获3次。它主要生长在气候比较温暖、雨量较多的地区，特别是我国南方。苎麻茎皮含78%的纤维量，纤维长约600毫米左右，宽度1.7～5毫米，单纤维强力可达52克，白而细长，柔而韧，是麻纤维中最好的纺织原料。

Aen vwnzva dieggaeuq Hozmujdu Cezgyangh Yizdauz liz gaxgonq ngoenzneix 7000 bi haenx, diuz cagnywj oknamh de dwg yungh gij senhveiz goˈndaij laenzbaenz. Neix dwg daengz ngoenzneix fatyienh gij doxgaiq yungh goˈndaij san baenz Cungguek sawjyungh ceiqcaeux haenx. 1978 nienz, youq aen gouhruz cangqvunz rinhau Byavujyizsanh Fuzgen Cungzanh Yen, cawzliux oknamh baengzfaiq daengj, lij fatyienh miz gaiq canzbenq baengzndaij gaenq danqvaq ndeu.

1979 nienz，Gyanghsih Gveihih haivat le buek moh Vunzyez cangq youq gwnz dat gvihaeuj seiz Cunhciuh haenx. Youq 14 aen moh 37 aen gouh ndawde，dingz ndeu doxhwnj buenxhaem miz miz baengz caeuq gij hongdawz daemjbaengz baenzdauq. Ĝij baengz de baudaengz baengzndaij、baengzndaij henjnamh、genh caeuq baengzyaenqva daengj. Gaengawq Sanghaij Fangjciz Gohyoz Yenzgiuyen gamqdingh，gij binjcungj maz de cujyau dwg cungj daihmaz caeuq cungj go'ndaij dieg Gyanghsih ok lai haenx.

距今7000年前的浙江余姚河姆渡文化遗址，出土的草绳是用苎麻纤维搓成的。这是迄今发现的中国最早使用的苎麻织品。1978年，福建崇安县武夷山白岩船棺葬时，除出土木棉等纺织品外，还发现了一块炭化了的苎麻布残片。1979年，江西贵溪发掘了一批属于春秋之际的越人崖葬。在14座墓的37具棺木中，有半数以上随葬有纺织品和成套的纺织器材。纺织品包括麻布、土黄麻布、绢和印花织物等。根据上海纺织科学研究院鉴定，麻的品种主要是江西地区盛产的大麻和苎麻。

1985 nienz，youq aen moh Cangoz 17 hauh Guengjsae Vujmingz Majdouz Yangh Ndoiandaengjyangj raen miz gaiq doengzbenq ndeu yungh baengzndaij bauduk. Gaiq baengz neix monghau caemhcaiq ronghsien，haemq mbaeu unq，gojnwngz couh dwg baengzndaij. Moix bingzfueng lizmij miz sienq vangraeh 11 diuz，gezgou bingzcingj，caeuq gij baengz ngoenzneix lajmbanj biensan de cengca mbouj daih. Neix dwg gij huqsaed baengzndaij dangqnaj Guengjsae raen miz ceiqcaeux haenx，hix dwg Cungguek gij huqsaed baengzndaij ceiqcaeux.

1985年，在广西武鸣马头乡安等秧岭17号战国墓发现一块铜片用麻布包裹。麻布质灰白且有光泽，比较轻柔，可能即是苎麻。每平方厘米有经纬线11根，结构平整，与现代农村编织布无大差异。这是目前广西发现最早的麻布之实物，也是中国麻布最早的实物。

Gij canzbenq buh ndaij aen moh Handai 1 hauh Guengjsae Gveigangj Si Lozbwzvanh oknamh de（doz 5-2-1），ging Guengjsae Genhfangz Gunghyez Yenzgiusoj gamqdingh，gij baengz de moix bingzfueng lizmij miz diuzsa soqliengh youq 200 diuz doxhwnj，miz sienqraeh 41 diuz，sienqvang 31 diuz. Cinz Han seizgeiz ndaej daemj ok gij mae ndaij baenzneix saeq，mboujdan aeu miz ndaij ndei，engq aeu miz gij hongdawz daemjsa caeuq aenrok senhcin.

广西贵港市罗泊湾汉墓1号墓出土的苎麻纱衣残片（图5-2-1），经广西绢纺工业研究所鉴定，其织布每平方厘米纱的支数在200支以上，有经线41根，纬线31根。秦汉时期能够纺出如此细的苎麻纱线，不仅要有质量优良的苎麻，更需要有先进的纺纱工具和织布机。

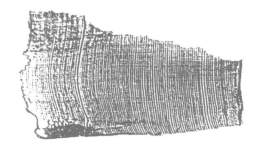

Doz 5-2-1　Gij canzbenq baengzndaij saeq aen moh Handai Lozbwzvanh oknamh
图5-2-1　罗泊湾汉墓1号墓出土的苎麻纱衣残片

Aen congzrok、aenyotfaiq, gojnwngz couh dwg aensaj 20 sigij 30 ~ 40 nienzdaih lij youq lajmbanj Guengjsae riuzhengz haenx. Cungj aensaj neix youz aen loekcuk hung ndeu caeuq diuzsug iq ndeu gapbaenz, aen lwtfaiq couh dauq youq gwnz diuzsug iq de. Loekcuk cizging 0.7 ~ 1.0 mij. Aen lwtfaiq de lumj guenj mauzbit cunghauh baenzneix hung. Dang yungh fwngz ngauz aen loekcuk cienj hop ndeu, aen yotfaiq youz diuzcag daiqdoengh de couh ndaej cienjdoengh caet bet cib hop, vunz yungh fwngzgvaz cienjdoengh aen loekcuk, fwngzswix heux sieng youq gwnz aen yotfaiq, couh seizseiz ndaej gaemdawz gij cosaeq caeuq yinzdoh maesa. Aensaj yienghneix, dozmae vaiq menh beij cugmae ndaej daezsang goeng'yauq 15 ~ 20 boix, maesa cosaeq hix yungzheih gaemdawz. Aen gij hongdawz dozmae cinbu, doi gij caetliengh baengndaij daengz aen suijbingz moq bae lo.

斜织机、纺纱机,可能就是20世纪30~40年代还在广西农村流行的纺车。这种纺车由一个大竹轮和一个小转轴组成,纱锭就套在小转轴上。竹轮直径0.7~1.0米。小竹筒式的锭子像中号毛笔管那么粗细。当手摇竹轮转一周,由绳索带动的锭子就转动七八十周,人右手转动竹轮,左手将线绕在锭子上,随时掌握着纱线的粗细和均匀度。这样的纱车,其纺纱速度比起纱缚来提高了15~20倍功效,纱线的粗细也易掌握。纺织工具的进步,把苎麻织品质提高到了一个新的水平。

Daemj ok baengzndaij saeq, cawzliux caeuq gij hongdawz daemj de cinbu miz maedcaed doxgven, hix caeuq gij gisuz bokgyauh go'ndaij de ndaej daengz gaijcaenh miz gvanhaeh gig daih. Haidaeuz dwg gvet caengz rog naengna bae louzaeu naengnyangq, mbouj bokgyauh, couh cigciep leihyungh, gij senhveiz de cohenj loq geng, gijbaengz de hix haemq cocax. Doeklaeng, daj gij yienhsiengq go'ndaij ndaw ndoeng youq ndaw raemx bienq yungz ndaej daengz daezsingj, yungh cungj fuengfap swyenz oemqfat haenx daeuj bokbyauh. Doeklaeng, doenggvaq cawj daeuj bokgyauh, yaugoj loq ndei, hoeng lij mbouj ndaej bok caez, yienghneix couh cuengq daeuhfeiz haeuj bae, doeklaeng cuengq hoi daengj gaiqgenj caeuq caengz naengnyangq go'ndaij itheij cawj bokgyauh. Vihliux sawj naengnyangq go'ndaij unq hau, gyanghaemh fanjfuk bu de youq gwn gyaqfaex roxnaeuz dingjranz, ging raemxraiz gyanghwnz cimqnyinh cix mbouj hawj ronghndit dakciuq. Caj naengnyangq go'ndaij doz baenz sa daemj baenz baengz gvaqlaeng, caiq dawz de caeuq mbaw gorenh itheij ngauzcawj, yienzhaeuh dawz daengz henz daemz roxnaeuz gwnz sadan henzdah bae baijhai, rwed raemx hawj daengngoenz dak, daengngoenz dak le youh rwed raemx, hawj de bienq ndaej engq hau engq unq. Baenzneix gyagoeng gvaqliux, cijndaej cauh ok gij baengzndaij caetliengh sang haenx. Dauq gyagoeng gisuz neix dwg cojcoeng Bouxcuengh cauh ok.

织出苎麻细布,除与纺织工具的进步密切相关外,与苎麻脱胶技术的改进也有很大的关系。最初是刮去外层厚皮留取韧皮,不加脱胶处理,直接利用,其纤维粗黄略硬,织品也较为粗疏。后来,从野生苎麻在水中腐烂的现象得到启发,用自然发酵法脱胶。以后采取煮的方法进行脱胶,效果略好,但仍不彻底,于是放入草木灰,后来放石灰等碱性物质与苎麻韧皮层一道熬煮,进行脱胶。为了使苎麻韧皮柔软洁白,夜晚反复将其摊在木架或屋顶上,经夜露浸润而不让阳光照晒。待苎麻韧皮纺纱成线织成布后，再将其与苦楝树叶一起熬煮，然后拿到水塘边或江河沙滩上摆开，淋水日晒，日晒淋水，让它更为洁白柔软。如此加工后，才能制出高质量的苎麻细布。这套加工技术是壮族先民创造的。

Vunzcin Cangz Giz《Vazyangzgoz Geiq》gienj 4《Nanzcungh Geiq》geiqsij：“Miz cungj baengzsaeq lanzganh. Lanzganh, dwg Vahliuz. Daemj baenz baengzraiz, lumj manlingz.” Biujmingz youq Han Cin seizgeiz, Vunzliuz Yezgoz dawz baengzndaij "daemj baenz baengzraiz, lumj manlingz", dajneix rox ndaej ok aen suijbingz de sang.

晋人常璩《华阳国志》卷四《南中志》记载："有阑干细布。阑干，僚言也。织成文，如绫锦。"表明在汉晋时期，越人将苎麻布"织成文，如绫锦"，可知其水平之高。

Ngeih. Dajndaem Leihyungh Go'ndaij Dwg Aen Cienzdoengj Canjnieb Bouxcuengh

二、苎麻种植利用是壮族的传统产业

Dieg Lingjnanz dienheiq、nyinhdoh habngamj, daj ciuhgeq doxdaeuj couh dwg dieg fatsanj dajndaem go'ndaij ndaw ndoeng. Daj gij buhsa baengzndaij aen moh 1 hauh Handai Gveigangj Lozbwzvanh oknamh de daeuj yawj, Cinz Han seizgeiz, Vunzyez Lingjnanz mboujdan dajndaem caeuq leihyungh le gondaij daeuj dozmae daemjbaengz, caemhcaiq gaenq dabdaengz le aen suijbingz maqhuz sang.

岭南地区气温、湿润度适宜，自古就是野生苎麻繁生之地。从贵港市罗泊湾汉墓1号墓出土的苎麻纱衣情况看，秦汉之际，岭南越人不仅种植和利用了苎麻纺纱织布，而且已经达到了一个相当高的水平。

Suiz Dangz seizgeiz, Vunzyez Lingjnanz dajndaem caeuq leihyungh go'ndaij, youh youq gwnz aen giekdaej yienzlaiz miz le fazcanj moq. Ciuq Dangzcauz caijsieng Lij Gizfuj《Yenzhoz Ginyen Duzci》gienj 38 geiq：Gveicouh（ngoenzneix Guengjsae Gveigangj Si）aeu baengz、Binhcouh aeu baengzdoengz gung hawj Dangzcauz vuengzdaeq. Baengzdoengz, couh dwg aeu gij baengzndaij mbaeumbang gyiqciq de cang youq ndaw aen doengzcuk.《Daibingz Vanzyij Geiq》Sungcauz conienz Yozsij sij haenx gienj 165、gienj 166、gienj 168 caeuq gienj 169 geij gienj neix gaengawq gij vunz Dangzcauz geiqsij, Yunghcouh ok go'ndaij lai、Yizcouh ok "ndaijduhloz"、Yungzcouh miz "baengzndaij deih"、Siengcouh "miz go'ndaij, Vunzliz aeu daeuj daemjbaengz", caemhcaiq youq Gveiyen Yilinz Yen lajde naeuz："Baengzciz maesaeq, dwg baengz Yilinz ceiq ndei, ndaej beij cungj baengzvangzyun Swconh, ciuhgeq naeuz 'cungj baengzvangzyun ndaw doengz', donh ndeu dij geij gim.《Vaiznanzswj》naeuz 'Yozsih, dwg baengzsaeq',《Hansuh》. 'bwzyez', couh dwg cungj baengz neix." Cungj baengzseicouz vangzyun Swconh, daj ciuhgeq doxdaeuj couh youq cunghyenz mizmingz lai, dawz cungj "baengzciz maesaeq" baengzndaij Gveiyen（ngoenzneix Guengjsae Gveigangj Si）ok haenx caeuq de doxlienz, heuh guh "cungj baengzvangzyun ndaw doengz", rox ndaej ok de gviqheiq denjyaj、gunghyi ndeiak、caetliengh ceiqndei, caemhcaiq neix dwg "ciuhgeq naeuz", yawj ndaej ok de mizmingz laizyouz gaenq nanz lo. Ndigah, Yozsij naeuz de couh dwg cungj "Yozsih" vunz Handai Liuz Anh 《Vaiznanzswj》soj geiq, cungj baengz "bwzyez" 《Hansuh》soj naeuz. Dangz、Sung seiz cungj baengzciz maesaeq Gveiyen（ngoenzneix Guengjsae Gveigangj Si）ciuhgeq heuh guh "cungj baengzvangzyun ndaw doengz", gangjmingz le cojcoeng Bouxcuengh youq Han daengz Dangz、Sung gij lizsij cienzswnj gvanhaeh baengzsaeq go'ndaij.

隋唐时期，岭南越人的苎麻种植和利用，又在原来的基础上有了新的发展。据唐宰相李吉甫《元和郡县图志》卷三八记载：贵州（今广西贵港市）以布、宾州以筒布作为贡品献给唐朝皇帝。筒布，就是将轻薄精致的苎麻布贮在竹筒中。宋朝初年乐史的《太平寰宇记》卷一六五、卷一六六、卷一六八和卷一六九诸卷根据唐人的记载，邕州富产苎麻、宜州出"都落麻"、融州有"苎密布"、象州"有古紵，俚人绩以为布"，而且在贵县郁林县下说："藉细布，一号郁林布，比蜀黄润，古称'筒中黄润'，一端数金。《淮南子》云'弱緆，细布也'，《汉书》'白越'，即此也。"四川黄润丝绸布，自古誉满中原，将贵县（今广西贵港市）出产的苎麻"藉细布"与之相连，称为"筒中黄润"，可知其高贵典雅、工艺精湛、质量上乘，足见其驰名由来已久。因此，乐史说它就是汉代人刘安《淮南子》所载的"弱緆"，《汉书》所说的"白越"布。唐、宋时贵县（今广西贵港市）的藉细布古称为"筒中黄润"，道明了壮族先民在汉至唐、宋苎麻细布的历史传承关系。

Geizlaeng Sung Daicungh, Cinz Yauzsouj dangnyaemh Gvangjnanz Sihlu conjyinswj. Neix dwg boux guen hung ndaej maeuzbanh saehcingz、itsim vih beksingq ndeu. Hanzbingz （998～1003 nienz）conienz, Sung Cinhcungh minghlingh daengx guek gak lu "dukcoi beksingq ndaem gosangh、gocanghcij". Cinz Yauzsouj nyinhnaeuz gak dieg cingzgvang mbouj doengz, mbouj ndaej yungh cungj fuengfap dog bae cawqleix sojmiz saehcingz, yienghneix couh sijsaw hwnj cauzdingz gangj gij siengjfap swhgeij:

宋太宗后期，陈尧叟出任广南西路转运使。这是一位居其位思其治、躬身为民的一路大员。咸平（998～1003年）初年，宋真宗诏令全国各路"课民种桑枣"。陈尧叟觉得地各有宜，不能实行一刀切，于是上疏陈情：

Dieg gou guenjleix de, dajndaem doenghgo cingzgvang bonjlaiz couh caeuq dieg'wnq miz mbouj doengz. Ndaw reihnaz miz byarin lai, ndaem gosangh ciengx nonsei noix, ngoenzneix, gij beksingq gizneix cawzliux ndaemnaz, couh dwg leihyungh reihbya ndaem go'ndaij.

臣所部诸州，土风本异，田多山石，地少桑蚕。昔云八蚕之绵，谅非五岭之俗，度其所产，恐在安南。今民除耕水田外，地利之博者，惟麻苎尔。

Ndaem go'ndaij caeuq ndaem gosangh、gocez mbouj miz cabied, caj daengz de ndaej laebdaeb sengmaj, yiengh goek de cingqciengz, cingsim genj ok nye ngamq maj de daeuj caiq ndaem, caj daengz nga'mbaw de maj ndaet seiz, couh ndaej souaeu lo. Bi ndeu ndawde ndaej souaeu gij senhveiz de sam baez; ngeih baez gyamaenh gij goekrag de, cib bi cix mbouj rox doekbaih; daj liz deih hainduj, couh ndaej sikhaek yungh bae daemj lo. Yienzhaeuh daemj ok baengz le, moix buk baengz gai ndaej cienz bak ndeu, aenvih gij vunz yungh mazliuh daemjbaengz de gig lai, hoeng gij vunz cawxaeu de noix, ndigah ndaw reih couh lw miz go'ndaij, gyoengqvunz ndaem go'ndaij gai aeu cienz gig nanz. Gou nyinhnaeuz gij doxgaiq bing'yungh guekgya giepnoix de, baengz dwg ceiq youqgaenj, yienghneix dou dazyinx beksingq ndaem lai go'ndaij, daihliengh daemj baenz baengz, yungh cienz、gyu cietgyaq bae soucawx, mbouj daengz song bi, gaenq soucawx ndaej 37 fanh bit, daj cauzdingz bingzfug Gyau、Gvangj song dieg, gij baengz gung hawj cauzdingz de, daengx bi cijndaej fanh lai bit, caeuq ngoenzneix cawx ndaej gij de, cengca mbouj cij cib boix. Ngoenzneix boux miz dinfwngz dajndaem de gienqnaeuz daiqlingx gizyawz vunz bae dajndaem gomazcu, hangzdaemj de ngoenz dem ngoenz ndaej miz yingjyangj daih.

麻苎所种，与桑柘不殊，既成宿根，旋擢新干，俟枝叶繁茂，则割刈获之。周岁之间，三收其苎；复一固其本，十年不衰；始离田畴，即可纺织。然布之出，每端止售百钱。盖织者众，市者少，故地有遗利，民艰资金。臣以国家军需所急，布帛为先，因劝谕部民广植麻苎，以钱盐折变收市之，未及二年，已得三十七万余匹。自朝廷克平交、广，布帛之供，岁止及万，较今所得，何止十倍！今树艺之民，相率竞劝；杼轴之功，日以滋广。

Maqmuengh yinxhawj bonj dieggou daj ngoenzneix haidaeuz doigvangq ndaem go'ndaij daeuj dingjlawh ndaem gosangh、gocanghcij, gak boux yenling ciuq gvenqlaeh bae fatbouh diuzlaeh, beksingq aeu baengz daeuj gai hawj guenfuj, couh ndaej mienxbae gij suiqsou de. Danghnaeuz baenzneix, couh miz baengz gung hawj cauzdingz, cienz huq hix ndaej riuzdoeng, mboujlwnh dwg cauzdingz roxnaeuz beksingq, cungj yaek ndaej daengz leih'ik gig lai.

欲望自今许以所种麻苎顷亩，折桑枣之数，诸县令佐依例书历为课，民以布赴官卖者，免其算税。如此，则布帛之供，泉货下流，公私交济，其利甚得。

Gij vah de ciuq saedceiq cingzgvang daeuj gangj, gig miz cingzzeiq, Sung Cinhcungh vihneix gamjdoengh, couh doengzeiq lo. Gyoengqvunz mbanj Cuengh dajndaem caeuq leihyungh go'ndaij ndaej daengz le cinbu gig vaiq, ndaem ndaej ngoenz beij ngoenz lai, gai ndaej ngoenz beij ngoenz lai, caetliengh hix ngoenz beij ngoenz sang. Dieg Bouxcuengh dajndaem caeuq leihyungh go'ndaij yienh ok le aen geizmienh hoenghhwd ndeu. Youq Sungdai, "Guengjsae dauqcawq cungj miz go'ndaij, dauqcawq cungj miz boux akrox daemjbaengz de. Baengz Liujcouh、baengz Siengcouh, aenvih canghsaeng'eiq buenq bae gai cix ndaej miz mingz youq lajbiengz". Doengzseiz, gij baengzfukgaeb Yunghcouh Vujyenz yen（ngoenzneix Vujmingz gih）soj ok de hix baenz gij huq caeuq Gyauhcij gaicawx seiz ndaej doxsing aeu. Seizneix, gij dinfwngz daemjbaengz gyoengqvunz hix ngoenz beij ngoenz ndeiak lo. "Cinggyangh Gujyen ndawbiengz gij fuengfap daemjbaengz de dwg, lamh diuzsug gienj baengz haenx youq gyang hwet daeuj daemjbaengz. Danghnaeuz siengj aeu bae guh gizyawz saehcingz, couh aeu lamh diuzsug gienj baengz neix bae guh, neix dwg you gij cax ndaet de mbouj yinz, caemhcaiq daemj ndaej gig menh. Cawx daeuj yungh youq ngoenznaengz, roxnyinh engqgya ndei, yawj ndaej ok cungj baengz neix ceiq ndaej yungh nanz, hoeng baengz fuk haemq gaeb. Vihmaz yienghneix, dwg aenvih gij maedaemjbaengz yungh daeuh ganjnyangj daeuj cawj gvaq de, youh mad mbarinraeuz hwnj bae, hawj aendaeuq dwk haemq doengswnh coengzei hawj baengz daemj ndaej engq ndaet." Youq gij baengzndaij dangseiz Guengjsae gak dieg ok miz ndawde, gij gunghyi ceiq giuj, caetliengh ceiq ndei de, dwg gij baengzndaij dieg Dahcojgyangh、Dahyougyangh ok miz haenx. Couh Gifeih《Lingjvai Daidaz》gienj 6 geiq: "Dieg Dahcojgyangh、Dahyou'gyangh Yunghcouh ok go'ndaij, youh hau youh mbaeu caemhcaiq raez. Vunz dangdieg yungh daeuj daemj baenz baengzndaij, seizhah daenj de, youh mbaeu youh liengz caemhcaiq ndaej suphanh. Han Gauhcuj ndaej lajbiengz le, couh minghlingh canghseng'eiq mbouj ndaej daenj buh baengzndaij, dajneix ndaej raen youq Handai hainduj cungj baengz neix couh bengz roengzdaeuj lo. Gij miz raiz de couh dwg baengzndaij raiz, donh baengz ndeu raez miz seiq ciengh lai, hoeng cix naek miz geij cib cienz, gienj cuengq haeuj ndaw aen doengzcuk iq bae, vanzlij cang mbouj rim. Yungh daeuj nyumx saeknding, gig yungzheih hwnjsaek. Gij gyaqcienz de cix mbouj cienh, cungj daemj ndaej loq ndei de, donh ndeu couh aeu gai cib geij roix doengzcienz heh." Couh Gifeih ciuq neix, couh nyinhnaeuz Hancauz seiz gij baengzndaij mbang dieg Dahcojgyangh、Dahyougyangh ok miz de youq cunghyenz gig miz mingz, dwg gij saeh "mbouj caen miz". Han Gauhcuj 8 bi（gaxgonq gunghyenz 199 nienz）Gauhcuj fatbouh minghlingh canghseng'eiq mbouj ndaej daenj gij buh baengzndaij cix mbouj dwg mbouj ndaej daenj gij buh baengzndaij mbang. De neix dwg doeksaet caeuq danghaenh baengzndaij mbang baenzlai ndei, yienghneix couh baengh cujgvanh yinsieng dawz Han Gauhcuj gimqcij canghseng'eiq daenj "gij buh baengzndaij mbang" bienqbaenz "gij buh baengzndaij", daeuj haenh baengzndaij mbang miz noix dijbauj. Cingqsoq, baengzndaij mbang "donh baengz ndeu raez miz seiq ciengh lai, hoeng cix naek miz geij cib cienz, gienj cuengq haeuj ndaw aen doengzcuk iq bae, vanzlij cang mbouj rim." Dajneix raen ndaej ok baengzndaij mbang unqmbaeu youh luenznyinh, mbang gvaq fwedbid, nyangq gvaq naeng, ndigah bouxboux cungj cengj bae cawxaeu. Caemhcaiq baengndaij mbanghau ndaej seizbienh nyumx baenz gak cungj raizsaek, biujyienh ok le gij coengmingz caiznaengz Bouxcuengh. Mboujgvaq dwg gij liuzcwngz caeuq gidij gisuz gunghyi cauhguh baengzndaij mbang de mbouj ndaej louzcienz roengzdaeuj, neix youq gwnz lizsij daeuj gangj gig dwg hojsik.

疏言据实而言，情真意切，宋真宗为之感动，同意了。壮乡民众的苎麻种植和利用得到了长足进步，种植日广，产品日多，质量也日高。壮族地区的苎麻种植和利用呈现了一片兴旺发达的局面。宋代，"广西触处富有苎麻，触处善织布。柳布、象布，商人贸迁而闻于四方老也"。同时，邕州武缘县（今南宁市武鸣区）所产的"狭幅布"也成了与交趾进行交易的抢手货。而此时，人们纺织的手工技艺也日益精湛了。"靖江古县（在今永福县西北）民间织布，系轴于腰而织之。其欲他干，则轴而行，意其必疏数不均，且甚慢矣。及买以日用，乃复甚佳，视他布最耐久，但幅狭耳。原其所以然，盖以稻穰心烧灰煮布缕，而以滑石膏之，行梭滑而布以紧也。"在当时广西各地出产的苎麻布中，工艺最为精巧，质量最为上乘的，要数左右江地区出产的练子布。周去非《岭外代答》卷六载："邕州左右江溪峒地产苎麻，洁白细薄而长。土人择其尤细长者为练子，暑衣之，轻凉离汗者也。汉高祖有大卜，令贾人无得衣，则其可贵自汉而然。有花纹者为花练，一端长四丈余，而重止数十钱，卷而入之小竹筒，尚有余地。以染真红，尤易着色。厥价不廉，稍细者，一端十余缗也。"周去非依事连类，认为宋代左右江地区生产的练子在汉朝享誉中原，是"莫须有"的事。汉高祖八年（公元前199年）高祖诏令贾人无得衣"纻"而不是无得衣"练"。他这是惊叹于练子的高雅上乘而无以褒，于是凭主观印象将汉高祖禁止商人"衣纻"变成"衣练"，以褒奖练子的珍稀可贵。的确，练子"一端长四丈余，而重止数十钱，卷而入之小竹筒，尚有余地"，可见练子轻柔圆润，薄胜蝉翼，坚韧过于革，故人争贸而馈远。且白色练布可以随意染成各色花，显示了壮族人民的聪明才智。只是练子的制作流程和具体技术工艺无由以传，是为一件历史的遗憾。

Cawzliux baengzndaij Dahcojgyangh、Dahyougyangh, lij miz baengzliuj Liujcouh、baengzsieng Siengcouh、baengzyilinz Gveiyen、baengzdoengz Binhcouh、baengzndaijmaed Yungzcouh、baengzfukgaeb Yizcouh、baengzfukgaeb Vujyenz daengj, gij baengzndaij gak couh yen cungj dwg gag miz daegsaek, lij guhbaenz le doengh cungj baengzndaij gyaqciq. Aenvih guenfueng baujhoh、dizcang, gig dwg ndei siu, gig miz mingzsing, youq seizde daengx guek hangz swnghcanj baengzndaij ndawde, dieg Bouxcuengh miz aen diegvih gig youqgaenj.

除左右江练子外，还有柳州柳布、象州象布、贵县郁林布、宾州筒布、融州苎密布、宜州狭幅布、武缘县狭幅布等，各州县的苎麻织品都各具特色，还形成了苎麻布的精品。由于官员保护、提倡，销路畅通，声及远近，名闻遐迩，在当时全国苎麻布业生产中，壮族地区举足轻重。

Geizlaeng Sungcauz cogeiz Yenzcauz, go'ndaij youz gyanghnanz senj daengz baihbaek ndaem. Dieg Bouxcuengh swnghcanj go'ndaij haeuj daengz le aen gaihdon dingznywngh, miz yiengh baihnyieg okdaeuj, cungj baengzhau gyaqciq Dahcojgyangh、Dahyougyangh yungh faiq daemjbaenz de mbouj raen miz, cungj baengzndaij mbang gyaqciq yungh ndaij daemjbaenz de hix mbouj raen miz, youq gwnz lizsij siusaet lo. Hoeng, aenvih go'ndaij sengmaj miz gij hab'wngqsingq de, dieg Bouxcuengh miz youhsi daegbied, diegdeih ngamj, binjcungj ndei, ndaej maj hoengh, daengx bi mbouj reuq, bi ndaej sou 3 baez, hix miz bi ndaej sou 4 baez ne. Yienznaeuz go'ndaij senj daengz baihbaek ndaem, hoeng gij ndaij baihbaek cix mbouj ndaej vanzcienz dingjlawh gij ndaij mbanj Cuengh soj ok. Bouxcuengh gag ndaem gag daemj, cawzliux muenxcuk gij riep、buhvaq daengj swhgeij aeuyungh, lij lw miz bouhfaenh dawz daengz gwnz haw bae gai. Ciuq swhliu doengjgeiq, Minzgoz nienzgan, gij ndaij daengx swngj Guengjsae soj ok de, "cawzliux gung ndaw swngj dozmae daemjbaengz, dingzlai dwg daeh ok rog swngj bae gai". Lingh aen doengjgeiq swhliu cix geiq, Guengjsae moix bi daeh ndaij ok rog swngj bae gai dabdaengz 1 fanh rap doxhwnj, gyaciz 50 lai fanh maenz, ciemq Guengjsae gaiok cungj gyaciz 1% baedauq. Yienznaeuz aen soq neix, beij aen soq Sungcauz Cinz Yauzsouj dangnyaemh Gvangjnanz Sihlu conjyinswj seiz gij baengzndaij Guengjsae "mbouj daengz song bi, gaenq ndaej 37 fanh lai bit" neix cengca haujlai, hoeng daengz Minzgoz nienzgan, dieg Bouxcuengh ndaem ndaij yienznaeuz sukgemj daengz gak ranz gak hoh, cix mbouj miz dingznywngh caez, vanzlij gag cengj ndaej diuz ndeu, youq guekgya ginghci beksingq gwndaenj ndawde baenz aen cienzdoengj canjnieb ndeu.

宋末元初，苎麻种植由江南北移。壮族地区的苎麻生产进入停滞阶段，出现了衰退状态，左右江地区棉织的精品白綀销声，苎麻纺织的精品练子也匿迹，在历史上消失了。但是，由于苎麻生长有其适应性，壮族地区得天独厚，土地适宜，品种优良，生长旺盛，终年不凋，一年可收获3次，也有一年收获4次的。虽然苎麻北植，可北方的苎麻却不能完全取代壮乡所产苎麻。壮族群众自种自纺自织，除满足自家的蚊帐和衣服等所需外，还有部分盈余出售于市场。据资料统计，民国年间，广西全省所产的苎麻，"除供省内织线织布外，大部分输出省外"。而另一统计资料则记载，广西每年输出苎麻达1万担以上，价值50余万元，占广西出口总值的1%左右。虽然这个数字，远逊于宋朝陈尧叟出任广南西路转运使时广西苎布"未及二年，已得三十七万余匹"的数字，可是迄于民国年间，壮族地区的苎麻生产虽然萎缩于一家一户之中，却没有陷于完全的停顿，仍独树一帜，在国计民生中成为传统产业之一。

Mbanj Cuengh gij dinfwngz ganq ndaij de daegbied. Yungh fwngz laenz mae gvaqlaeng, yungh aensaj sammbot daeuj gya naenj mae'ndaij, caiq bu vangraeh daemjcauh. Daemj gaxgonq diuh mbarinraeuz baenz giengh, yungh sauqbaet daz youq gwnz mae'ndaij, haibak caeuq yinxvang seiz ndaej gemjnoix gij rengz cucat de, fuengbienh douz aendaeuq daemjbaengz, daezsang gij caetliengh caeuq swnghcanj yauqlwd baengzndaij. Hoeng Huznanz caeuq Swconh daengj dieg daemj baengzndaij cungj dwg ciuq yungh gij fuengfap gaeuq, mbouj gya naenj mbouj hwnj giengh, ndigah mbouj lumj gij baengzndaij mbanj Cuengh Guengjsae ndei. Gya naenj hwnj giengh dwg gij gisuz cauhmoq cojcoeng Bouxcuengh.

壮乡的苎麻生产技艺特殊。手工搓麻后，用三绽纺车加捻麻缕，再铺经纬织造。织前把滑石粉调成糊状的浆，用扫帚涂在麻经上，可减少开口和引纬时的摩擦力，便于投梭织布，提高麻布的质量和生产率。而湖南和四川等地织麻布均沿用旧法，不加捻不上浆，故不及广西壮乡之苎麻布。加捻上浆是壮族先民的技术创新。

Daihsam Ciet　Leihyungh Caeuq Gyagoeng Gij Senhveiz Ndaw Ndoeng
第三节　野生纤维利用与加工

Ciuhgeq, Vunzyez Lingjnanz gaengawq gij doxgaiq ok diegyouq bonjfaenh, gaengawq dangdieg cingzgvang, cimh'aeu gogwz, leihyungh gij senhveiz gocuk、go'gyoij, gyagoeng bwnyungz duzbit、bwnyungz duzhanq caeuq naengfaex daegcungj, daemj guh baengz、moeg, youq vunzloih hamj haeuj aen seizdaih daenj buh seiz, fazveih le coengmingz caiznaengz. Gij ceiq miz daegsaek caemhcaiq cienz mingz ciuhgeq de dwg baengznaengfaex、baengzcuk、baengzgyoij caeuq moegbwnhanq.

古代，岭南越人根据居住地方的物产，因地制宜，采葛，利用竹子、芭蕉的纤维，加工鸭、鹅毛绒及特种树皮，缉绩布、被，在人类迈进衣着时代时，发挥了聪明才智。其最具特色而名传古代的是树皮布、竹布、蕉布和鹅毛被。

It. Baengznaengfaex

一、树皮布

Youq ciuhgeq, cojcoeng Bouxcuengh youq yungh mbawfaex dangj ndang doengzseiz, gaenq cugciemh raen daengz mbangj naengfaex ginggvaq gyagoeng ndaej baenz baengz guh buh. 1997～1998 nienz, youq dieggaeuq geizlaeng aen seizdaih sizgi moq Gamjganjdozyenz Nazboh Yen liz ngoenzneix miz 4500～5000 bi haenx ndawde, Bouxgaujguj Guengjsae raen miz caemhcaiq oknamh le benq baengznaengfaex canzlw ndeu. Neix dwg dublanh naengfaex gvaqlaeng giengh youq gwnz rinbanj daksauj baenz baengz. Cungj gunghyi gisuz aeu naengfaex guh baengz neix itcig ndaej cienz roengzdaeuj, baenz Bouxcuengh cungj cienzdoengj gunghyi gisuz ndeu. Beijlumj, Cincauz、Nanzbwzcauz Gu Veih《Gvangjcouh Geiq》geiq："Ahlinz Yen（ngoenzneix Guengjsae Gveibingz Yen Dunghyouzmaz）miz gofaex gouhmangz, Vunzliz youq gyang raemjgoenq go faex hung, hawj de maj ok nye moq, aeu gij naeng de daemj baenz baengz, unq ngaeuz gig ndei." Gofaex gouhmangz dwg gofaex gijmaz, seizneix gaenq mbouj cingcuj. Aeu gij naeng de daemj baenz baengz, "unq ngaeuz gig ndei", gangjmingz mbouj dwg itbuen gij baengz cocat de ndaej doxbeij ne, miz itdingh gunghyi cawqleix gyagoeng. Geizlaeng Mingzcauz cogeiz Cinghcauz,《Vahmoq Guengjdoeng》bouxyozcej Guengjdoeng Giz Daginh sij haenx gienj 15《Baengzgwz》de naeuz, seizde dieg Lingjnanz cawzliux baengzgwz, lij miz "baengzgaeu、baengzfuzyungz". "Aeu naeng gofuzyungz dozmae daemjbaengz, ndaej sup hanh", gangj ok le baengznaengfaex youq Lingjnanz dieg ndat haenq neix miz gij aeuyungh de daegbied caeuq gij goengnaengz de daegbied. De lij sij sei haenh naeuz："Cuk caeuq fuzyungz hix baenz baengz, daenj ndaej lumj fwedbid mbang youh liengz. Donh doengz ndeu naek geij cuh, yut goenhsoij cawx baengzgyoij gonq."（Song ciengh dwg donh ndeu；ciuhgeq ceiqdingh 24 cuh dwg 1 liengx, 16 liengx dwg 1 gaen）

远古时代，壮族先民在用树叶遮盖的同时，已渐渐发现某些树皮经过加工可以为布做成衣服。1997～1998年，在距今4500～5000年前的那坡县感驮岩新石器时代晚期遗址中，广西考古工作者发现并出土了一件树皮布木板残片。这是将树皮捣烂后浆于石板上晒干成布。这种以树皮为布的工艺技术一直沿袭下来，成为壮族的一种传统的工艺技术。比如，晋、南北朝顾微《广州记》载："阿林县（今广西桂平县东油麻）有勾芒木，俚人斫其大树半断，新条更生，取其皮织以为布，软滑甚好。""勾芒木"是什么木，现在已经不清楚。以其皮织成布，"软滑甚好"，说明不是一般粗糙的布匹可以比拟的，需要有一定处理加工工艺。明末清初，广东学者屈大均的《广东新语》卷一五《葛布》说，那时岭南地区除葛布外，还有"藤布、芙蓉布"。"以木芙蓉皮绩丝为之，能除热汗"，道出了树皮布在岭南此一酷热地区的特殊需要和特殊功能。他还作诗颂道："竹与芙蓉亦为

布，蝉翼霏霏若烟雾。入筒一端重数铢，拔钗先买芭蕉树。"（两丈为一端；古制24铢为1两，16两为1斤）

Hojsik, buenqgyang Cinghcauz gvaqlaeng, gij cienzdoengj gunghyi gisuz Bouxcuengh geij cien bi doxdaeuj aeu naengfaex guh baengz haenx saetcienz lo.

遗憾的是，清中叶以后，壮族历数千年的以树皮制为布的传统工艺技术失传了。

Ngeih. Baengzcuk

二、竹布

Baengzcuk, dwg bokaeu gij senhveiz moux cungj cuk daeuj gyagoeng daemj baenz baengz. Dangz、Sung seiz, Vunzyez Lingjnanz daemj baengzcuk, dangguh gaiqgung soengq hawj vuengzdaeq, gai daengz cunghyenz gvaq. Daengz Mingz、Cingh, mbangj deihfueng lij ndaem go cuk neix, swnghcanj baengzcuk. Geizlaeng Cinghcauz Minzgoz conienz, yangzbaengz daihliengh haeuj Cungguek daeuj, gyoengqvunz dawz gij yamaz ndaw yangzbaengz de hoiz guh "baengzcuk", couh dwg aenvih gij yienghceij de caetliengh de goengnaengz de caeuq baengzcuk doxlumj cix ndaej mingz.

竹布，是剥取某种竹的纤维加工缉绩制成布匹。唐、宋时，岭南越人缉绩的竹布，曾以贡品进献皇帝，销往中原。迄于明、清，一些地方的群众仍种其竹，生产竹布。清末民初，洋布大量进入中国，人们将洋布中的亚麻译作"竹布"，即因其形其质其功能相类而定名。

Cincauz Dai Gaijcih《Bujcuk》naeuz："Go cukdan, go hung de lumj gahengh, ndaw hoengq ndang saeq sang raezlangh. Vunz Lingjnanz aeu noq rangz caengz baenz faex de, gya daeuh daeuj cawj, daemj baenz baengz, cungj gyaqciq de lumj suh." Youh miz Vunzsung Siz Canningz《Bujrangz》naeuz："Lenzcouh（ngoenzneix Guengjdoeng Lenzsanh Bouxcuengh Bouxyiuz Swciyen）Byagotdungx maj miz go cukhau lai, faex soh hoh hau, dungx iq mbaw noix, vunz dangdieg youq ok rangz gvaqlaeng loenqmbaw cienzbouh seiz, raemj go cuk neix aeu raemxdaeuh daeuj cawj, cimq guh haizbaengzcuk; roxnaeuz dub hoh ndeu guh sauqbaet, heuh fwngzcukhau. Danghnaeuz guh cungj baengz gung, bit ndeu dan naek geij liengx." Linghvaih, Nanzsung Cu Muz《Fanghswnglanj》gienj 40《Cauhcouh》yinx aeu Lizsanh Yen（ngoenzneix hamqnamz Dahmungzgyangh baih doengnamz Guengjsae Mungzsanh Yen） gij sei Linz Ginh：

"Ndawsingz dingz vunz dwg canghdwkfwnz canghdwkbya, guhhong seiz daenj buh baengzcuk ndoj ndat." Gangjmingz daj Handai gvaqlaeng, vunz Lingjnanz aeu gocuk miz senhveiz saeqraez caemhcaiq unqnyangq haenx ginggvaq gij gunghyi raemxdaeuh cawj daengj cawqleix, aeu gij senhveiz de daeuj daemj baenz baengz. Aenvih baengzcuk daemj ndaej gyaqciq, Dangz、Sung song cauz vuengzdaeq gig maijgyaez, couh fatbouh minghlingh hawj Vunzyez Lingjnanz gung baengzcuk. Ciuq Dangzdai《Yenzhoz Ginyen Geiq》caeuq Sungdai《Daibingz Vanzyij Geiq》geiq, seizde gak aen couh yen Lingjnanz ok baengzcuk caeuq gung baengzcuk de miz

Gvangjcouh、Sinzcouh (ngoenzneix baih doengbaek Guengjdoeng Veicouh Si)、Donhcouh (ngoenzneix Guengjdoeng Gauhyau Yen)、Cinhcouh (ngoenzneix Guengjdoeng Swvei Yen)、Nanzyungzcouh (ngoenzneix Guengjdoeng Nanzyungz Yen)、Cauzcouh (ngoenzneix Guengjdoeng Cauzgvanh Si)、Dwngzcouh (ngoenzneix Guengjsae Dwngz Yen)、Gunghcouh (ngoenzneix Guengjsae Bingznanz Yen)、Yungzcouh (ngoenzneix Guengjsae Bwzliuz Yen, doeklaeng cij guenj ngoenzneix Yungz Yen)、Yunghcouh (ngoenzneix Namzningz Si) daengj. Daengz Cinghcauz，Genzlungz《Vuzcouh Fuj Geiq》lij geiq Dwngz Yen "Go cukmaz，miz naeuz couh dwg godanhengz，faen miz ganjraiz、ganjhau. Gij duk go ganjhau de byot，ndaej guh ceij；gij duk go ganjraiz de nyangq，ndaej daemjbaengz，heuh guh baengzcuklienh". 《Gyahging Cungzcoih Doengjit Geiq》hix geiq："Bingzloz、Gunghcwngz ok go cuknyinz，bouxmbwk ndaw yen ndaej aeu gocuk daeuj daemj guh buhbeu，yungh guh geubuh seizhah daenj."

晋戴凯之《竹谱》称："单竹，大者如腓，虚细长爽。岭南人取其笋未及竹者，灰煮，绩以为布，其精者如郁焉。"又宋人释赞宁《笋谱》说："连州（今广东连山壮族瑶族自治县）抱腹山多生白竹，茎径白节，心少许绿，彼土人出笋后落箨彻梢时，采此竹以灰煮水，浸作竹布鞋；或槌一节作扫，谓白竹指。若贡布，一匹只重数两也。"另外，南宋祝穆《方胜览》卷四〇《昭州》引立山县（今广西蒙山县东南濛江南岸）刘君诗："入城人半是渔樵，度暑田夫作竹衫。"说明自汉以后，岭南人以纤维细长而柔韧的竹子经过灰煮等处理工艺，取其纤维缉绩作布。由于竹布绩织精品化，唐、宋二朝的皇帝钟爱有加，诏令岭南越人进贡竹布。据唐代《元和郡县志》及宋代的《太平寰宇记》记载，当时岭南诸州县产竹布和贡竹布的有广州、循州（今广东惠州市东北）、端州（今广东高要县）、泷州（今广东四会县）、南雄州（今广东南雄县）、韶州（今广东韶关市）、藤州（今广西藤县）、龚州（今广西平南县）、容州（今广西北流县，后徙治今容县）、邕州（今南宁市）等。迄于清朝，乾隆《梧州府志》仍载藤县"麻竹，一说即单行，有花穰、白穰之别。白穰篾脆，可以为纸；花穰篾韧，可织，谓之竹练布"。《嘉庆重修一统志》亦载："平乐、恭城出筋竹，县妇能以竹作衫，充暑服。"

Sam. Baengzgyoij

三、蕉布

Baengzgyoij，dwg cungj baengz yungh mbangj gij senhveiz go'gyoij ginggvaq daegbied gunghyi cawqleix gvaqlaeng daemjbaenz. Dangz、Sung song cauz，cungj baengzgyoij Lingjnanz soj ok de，hix baenz cungj gaiqgung gvaq. Ciuq《Yenzhoz Ginyen Duzci》caeuq《Daibingz Vanzyij Geiq》soj geiq，seizde Lingjnanz Dau Gvangjcouh、Cauzcouh、Donhcouh、Ganghcouh、Cunhcouh、Sinzcouh、Sinhcouh、Cauzcouh、Yungzcouh、Binhcouh daengj，cungj aeu gung baengzgyoij hawj cauzdingz. Vangz Anhsiz《Lwnh Gij Saehcingz Yunghcouh》hix naeuz，gij beksingq Dahcojgyangh、Dahyougyangh "seizdoeng daenj buhlaengj、buhfaiq，seizhah daenj buhgyoij、buhcuk、buhndaij".

蕉布，是用某些芭蕉的纤维经过特殊工艺处理后缉绩而织成的布匹。唐、宋二朝，岭南所产的蕉布，也曾经成为贡品。据《元和郡县图志》和《太平寰宇记》所载，当时岭南道的广州、潮州、端州、康州、春州、循州、新州、韶州、容州、宾州等，都要向朝廷贡献蕉布。而王安石《论邕州事宜》也说，左右江峒民"冬被鹅毛、衣棉以为裘，夏缉蕉、竹、麻、茅以为衣"。

《Yivuz Geiq》vunz Dunghhan Yangz Fuz soj sij haenx geiq："Ganj go'gyoij lumj biek, cawj baenz lumj maesei gvaqlaeng, ndaej daemj baenz baengz mbang、baengz co." 《Nanzcouh Yivuz Geiq》Samguek seizgeiz Vuzgoz Danhyangz daisouj Van Cin soj sij haenx geiq："Go'gyoij, gvihaeuj loih go'nywj, yawj gvaqbae lumj gofaex baenzneix hung. Go haemq hung de song fwngz homz mbouj gvaq, mbaw raez saek ciengh roxnaeuz caet bet cik, gvangq miz cik daengz song cik. Dujva de hung lumj aen cenjlaeuj, yienghsaek lumj vafuzyungz, youq byaiganj miz haujlai lwg, dingzlai gag baenz roi, doxdaeb, feihdauh diemz, hix ndaej fung ndaet yo ndei. Goek gyoij lumj goek biek, goek hung de lumj aen loekci. Mak riengz va maj baenz, moix baiz va hai baenz bez mak ndeu, moix bez miz roek aen mak, ciuq gonqlaeng（daj gwnz daengz laj）maj baenz. Sojmiz aen mak mbouj dwg itheij baenz caez, va hix mbouj dwg daengx roi doekloenq（cungj dwg daj gwnz daengz laj baenzbaiz baenzbaiz loenq）. Miz mbangj heuh go'gyoij bahgyauh, miz mbangj heuh go'gyoij bahgih. Bok naeng mak bae, maknoh henjhau, feihdauh lumj makit, youh diemz youh byoiq, hix ndaej gaijjiek. Makgyoij faen miz sam cungj, cungj lumj fwngzmeh baenzneix hung, raez caemhcaiq soem, maj ndaej lumj gaeuyiengz, heuh guh makgyoij gaeuyiengz, feihdauh ceiq diemz；lingh cungj hung lumj gyaeqgaeq, lumj cijvaiz baenzneix hau de, heuh guh makgyoij cijvaiz, feihdauh beij makgyoij gaeuyiengz loq ca di；lij miz cungj dem lumj lwngngaeux baenzneix hung, raez seiqfueng miz roek caet conq de, mbouj diemz geijlai, dwg cungj feihdauh ceiq mbouj ndei. Gij ganjgyoij deng bok hai de lumj maesei, yungh daeuh daeuj cawj cug, ndaej daemj baenz baengz, heuh guh baengzgyoij, yienznaeuz mbouj gaeuq nyangq hix mbouj gaeuq ndei, henjhau hix mboujyawx saek baengz gat nding. Gyauhcij、Guengjdoeng、Guengjsae cungj miz, 《Samfuj Vangzduz》ndawde gangj naeuz：Han Vujdi Yenzdingj roek bi, hoenx hingz Nanzyez gvaqlaeng, hwnq aen gungdiemh fuzligungh, yungh daeuj ndaem doenghgo dijbauj geizheih ndaej daengz haenx, miz song go gyoij." Daj Dunghhan, ginglig le Vei、Cin、Nanzbwzcauz, daengz Suiz、Dangz、song Sung, gij baengzgyoij Lingjnanz gak aen couh vanzlij miz mingzsing daih, hoenghvuengh mbouj baih. Bouh cucoz mizmingz vunz Cindai Cojswh 《Vuzduh Fu》haenh naeuz："Baengzgyoij youq rog Nanzyez, dan baiz youq laeng gaiqbaengzsei gyaeundei." Nanzbwzcauz Sinj Yoz bouxyozcej mizmingz、bouxbiensij 《Saw Sung》haenx hix sij souj sei 《Go Gyoijdiemz》haenh naeuz：

东汉人杨孚所著《异物志》载："芭蕉茎如芋，取镀煮之如丝，可纺织为绨（细葛布）、绤（粗葛布）。"三国吴丹阳太守万震所著《南州异物志》载："甘蕉，草类，望之如树株。株大者一围余，叶长一丈或七八尺余，广尺余、二尺许。华（花）大如酒杯，形色如芙蓉，著茎末，百余子，大各为房，相连累，甜美，亦可密藏。根如芋魁，大者如车毂。实随华长，每华一阖，各有六子，先后相次。子不俱生，华不俱落。”“一名芭蕉，或曰巴苴。剥其子上皮，色黄白，味似蒲萄，甜而脆，亦疗饥。此有三种，子大如拇指，长而锐，有类羊角，名羊角蕉，味最甘好。一种子大如鸡卵，有类牛乳，名牛乳蕉，微减羊角。一种大如藕，子长六七寸，形正方，少甘，最下也。其茎解散如丝，以灰练之，可纺绩为绤绤，谓之蕉葛。虽脆而好，黄白不如葛赤色也。交广俱有之。《三辅黄图》曰：汉武帝元鼎六年，破南越，建扶荔宫，以植所得奇草异木，有甘蕉二本。”自东汉，历魏、晋、南北朝，迄于隋、唐、两宋，岭南诸州的蕉布仍是名传遐迩，兴旺不衰。晋人左思名作《吴都赋》有句颂说：“蕉葛外越，弱于罗纨。”南北朝著名学者、《宋书》编纂人沈约也撰《甘蕉》一诗赞道：

Mbaw gyoij na youh gvangq, ganj gyoij sang youh maengh. Makgyoij diemz gvaq makyehswj, baengzgyoij ndei gvaq baengzgwz.

抽叶固盈大，擢本信兼围。流甘掩椰实，弱缕冠绨衣。

《Lingjvai Daidaz》Nanzsung Couh Gifeih soj sij haenx gienj 8《Monz Gova Gofaex》de geiq：“Gyoijraemx mbouj daw mak, vunz baihnamz aeu daeuj guh maemaz, dak sauj gvaqlaeng cawj youq ndaw raemxdaeuh, yungh daeuj laenzmae daemjbaengz. Cungj baengz gyaqciq de, bit ndeu couh gai ndaej geij roix doengzcienz.”

南宋周去非所著《岭外代答》卷八《花木门》载：“水蕉不结实，南人取以麻缕，片干灰煮，用以织缉。布之细者，一匹值钱数缗。”

Daengz Mingzdai le, baengzgyoij vanzlij “dwg cungj baengz baihnamz gak aen couh yungh daeuj guh buh”. Cinghdai, yienznaeuz haujlai deihfueng gaenq dingzcij swnghcanj, hoeng vanzlij miz hangz de guh. Vuz Cinfangh《Lingjnanz Cazgi》gienj laj de geiq：“Miz go gyoijgwz, mbouj haiva mbouj baenzmak, vunz ndaem youq henz rijbya, caj maj geq le couh raemj daeuj cuengq youq ndaw rij, caj lanh, nu nyinz, yungh daeuj daemj baenz baengzgyoij. Hix miz cosaeq, aenmbanj ok lai de dwg aen mbanj Gvangjli、Baujcaz daengj；hoeng bi ndeu couh bienq ndaem bienq byot, beij baengzgwz ca lai lo.”

到了明代，蕉布仍然“为衣南州”。清代，虽然许多地方已经停止了生产，但是仍有其业。吴振芳《岭南杂记》卷下载：“有蕉葛，不花不实，人家沿山溪种之，老则砍置溪中，俟烂，揉其筋，织为葛布。亦有粗细，产高要广利、宝查等村者佳；然一年即墨而脆，逊葛远矣。”

Gij gidij gunghyi liuzcwngz swnghcanj baengzgyoij de, aenvih vwnzyen geiqsij noix, gaenq rox mbouj ndaej ciengzsaeq.《Yivuz Geiq》naeuz “aeu aencauq daeuj cawj”；《Nanzcouh Yivuz Geiq》caeuq《Geiq Doenghgo Baihnamz》naeuz “aeu daeuh daeuj lienh”；《Lingjvai Daidaz》naeuz “dak sauj gvaqlaeng cawj youq raemxdaeuh”；《Lingjnanz Cazgi》naeuz “caj maj geq le couh raemj daeuj cuengq youq ndaw rij, caj lanh, nu nyinz”, neix cij dwg genjdanh gaisau le gij gyagoeng gisuz de. Sung caeuq gaxgonq de cij miz gij saw haenh baengzgyoij, mbouj miz gangj cungj baengz de “bi ndeu couh bienq ndaem bienq byot” aen vwndiz neix, lauheiq dwg "Go'gyoij yienznaeuz geq hoeng miz rengzmingh ciuqgaeuq, mbaw cukfungveij yienznaeuz dinj hoeng ndaej heuloeg daengxbi. Yienghsiengq caeuq caensim gou yienznaeuz lumj sim go'gyoij giendingh、mbaw go cukfungveij heuloeg, hoeng cix deq mbouj daengz bouxde dauqma" sei bouxhozsiengh Cung Suh naeuz haenx.

蕉布生产的具体工艺流程，由于文献缺乏记载，已不甚详。《异物志》说"取镬煮之"；《南州异物志》《南方草木状》说"以灰练之"；《岭外代答》说"片干灰煮"；《岭南杂记》说"老则砍置溪中，俟烂，揉其筋"，这是加工技术的简介。宋及其前代对蕉布只有赞颂声，没有说其布"一年即黑而脆"的问题，也许是僧仲殊诗说的"黄梅雨又芭蕉晚，凤尾翠摇双叶短。旧年颜色旧年心，留到如今春不管"。

Seiq. Moegbwnhanq

四、鹅毛被

Dangzcauz Liuz Sinz《Lingjbyauj Luzyi》gienj gwnz geiq: "Bouxgveicuz Nanzdau, dingzlai senjaeu gij bwnyungz duzhanq, yungh baengz gab le, gung baenz moeg, vangraeh cungzfuk nab ndei, gij raeujjunq de mbouj beij hoemq moegfaiqsei ca. Vahsug naeuz: Moegbwnhanq unqraeuj, daegbied hab hawj lwgnding hoemq, ndaej fuengzyw lwgnding hwnjgeuq、maezmuenh."

唐刘恂《岭表录异》卷上载："南道之酋豪，多选鹅之细毛，夹以布帛，絮而为被，复纵横衲之，其温柔不下于挟纩也。俗云：鹅毛柔暖而性冷，偏宜覆婴儿，辟惊痫也。"

Liuj Cunghyenz daeuj Liujcouh dang cihcouh, sij《Liujcouh Dungminz》souj seilwd caet cih ndeu:

柳宗元来柳州做知州，写了一首七言律诗《柳州峒氓》：

Baihnamz Liujcouh lienz miz aen sokruz lai, Vunzdung daenjbuh gangjvah mbouj doengz doxgyau nanz. Aeu mbawcuk duk gyu ma ranz, aeu mbawngaeux bau gijgwn bae haw.

郡城南下接通津，异服殊音不可亲。青箬裹盐归峒客，绿荷包饭趁虚人。

Yungh bwnhanq guh moegdemh dingj nit, aeu ndokgaeq boekgvaq caeq saenzraemx. Bueng anqgienh aeu you fanhoiz, caen siengj duetbae buhguen dang Bouxdung suenq lo.

鹅毛御腊缝山罽，鸡骨占年拜水神。愁向公庭问重译，欲投章甫作文身。

Vangz Anhsiz hix youq《Lwnh Gij Saehcingz Yunghcouh》ndawde naeuz, gij beksingq Dahcojgyangh、Dahyougyangh "seizdoeng daenj buhlaengj、buhfaiq, seizhah daenj buhgyoij、buhcuk, buhndaij". Neix biujyienh ok le gij coengmingz caeuq caiznaengz cojcoeng Bouxcuengh.

王安石也在《论邕州事宜》里说左右江的壮族人"冬被鹅毛、衣棉以为裘；夏缉蕉、竹、麻、以为衣"。显示了壮族先人的慧眼和才识。

Daihseiq Ciet　Mancuengh Cauhguh Caeuq Fazcanj
第四节　壮锦制作与发展

Mancuengh，dwg cungj baengz raizrongh、miz geij cungj roxnaeuz geij caengz cujciz aeu maefaiq caeuq yungzsei daemjbaenz haenx，dwg yiengh daibyauj maenh'ak caeuq aen binjcungj mingzgviq gij cienzdoengj daemjbaengz gisuz Bouxcuengh，caeuq gij mansung（Suhcouh）、mansuz（Swconh）、manyinz（Namzging）cingh seicouz daemjbaenz haenx itheij，heuh guh seiq cungj man mizmingz Cungguek.

壮锦，是以棉纱和丝绒织成的花纹斑斓、有多重或多层组织的织品，是壮族传统纺织技术的杰出代表和名贵品种，与纯丝绸织成的宋锦（江苏苏州）、蜀锦（四川）、云锦（江苏南京）一起，称为中国四大名锦。

Mancuengh，vihliux caeuq gij man dieg'wnq Cungguek dox faenbied，youh heuh guh "mandoj". Eiqsei Vahcuengh de dwg "moegmbwn". Rox ndaej ok Bouxcuengh dwg baenzlai yawjnaek mancuengh.

壮锦，为区别于中国其他地区的织锦，又称为"土锦"。壮语意为"天被"。可知壮族民众视壮锦的尊贵程度。

It. Mancuengh baenzlawz guhbaenz caeuq fazcanj
一、壮锦的形成与发展

Mancuengh gyaeundei saek lwenq，guh goeng gyaqciq，geiqdak le Bouxcuengh siengjmuengh caeuq gyaepgouz cungj swnghhoz gyaeundei. Caiq gangjnaeuz de dwg baenzlawz guhbaenz caeuq miz ok，Bouxcuengh gak dieg cungj riuzcienz miz gij gojsaeh cienznaeuz gyaeundei. Beijlumj，《Fouq Mancuengh Ndeu》caeuq 《Dahniz Yawj Ndit Daemjbaengz》，couh dwg loih gojsaeh cienznaeuz neix.

壮锦绚丽多彩，做工考究，寄托着壮族人民对美好生活的憧憬和追求。至于它的形成和产生，各地壮族都流传着美好的故事传说。例如，《一幅壮锦》和《达尼观阳织锦》，就是此类传说故事。

《Fouq Mancuengh Ndeu》，miuzsij Dahbu cangh ak daemjbaengz Bouxcuengh haenx ngeixsiengj gij gingjsaek gyaeundei aen dieg vunzbiengz，daemj ok le cungj Mancuengh raizrongh gyaeundei haenx. Dienvuengz dahoengz，fouzcingz souaeu lo. Daeglwg daihsam Dahbu mbouj lau gannanz haemzhoj，dangh gvaq diuz dem diuz dah，benz hamj goengq dem goengq bya，cungbyoengq diuzdiuz nanzgvan，doeklaeng cijndaej daengz gwnz mbwn，gamjdoengh le dahsien，couh ndaej aeudauq Mancuengh lo. Neix gangj ok le Bouxcuengh gyaepgouz cungj swnghhoz lumj Mancuengh gyaeundei haenx. 《Dahniz Yawj Ndit Daemjbaengz》cix dwg naeuz Dahniz Bouxcuengh coengmingz lingzzleih，daj iq couh ak daemjbaengz. De mbouj muenxcuk gij canggvang seizde, ngoenzhwnz ngeixnaemj, siengj aeu baenzlawz cijndaej daemj baenz cungj baengz engq ndei engq gyaeu de, hoeng itcig cix mbouj ndaej ra daengz aen fueng'anq muenxeiq ndeu. Ngoenz ndeu gyanghaet, de daengz suenfaiq bae coihnye, mbouj mizsim yawjraen gwnz nyefaiq venj miz aen rongzgyau ndeu, gwnz de gietcomz miz naed raemxraiz, deng gij ndit gyanghaet rongh ndaej haj saek gyaeundei. Dahniz deng gij gingjsaek gyaeundei neix gamjdoengh lo, couh buet dauq ndaw ranz, dawz gij gingjsaek soj raen caeuq gij gingjsaek gyaeundei daj neix siengjrox de, nyib youq gwnz Mancuengh. Gaiq Mancuengh neix nyib baenz gvaqlaeng, rongh lumj fwjhoengz, gyaeu gvaq saihoengz, yienghneix Mancuengh couh baenz le cungj doxgaiq dijbauj Bouxcuengh daih cienz daih. Daj song aen gojsaeh cienznaeuz neix, rox ndaej ok Mancuengh dwg comzaeu le gij dungxcaiz gyoengqvunz cij baenz, dwg cungj doxgaiq geij daih vunz roengzrengz haifat cijndaej cauhbaenz haenx. Dozanq Mancuengh gihbwnj dwg cungj raizyaenq gijhozhingz, couh dwg doenggvaq laebdaeb nyib song fueng caeuq laebdaeb nyib seiq fueng lienzciep gij gijhoz dozanq aen dog de hwnjdaeuj, gapbaenz aen dozanq gijhozhingz fukhab. Cungj gang'vax yaenqraiz gijhozhingz miz ok youq geizlaeng yenzsij sevei Cungguek, fazcanj youq Sangh Couh seizgeiz. Gij gang'vax Guengjsae oknamh de, daengz Handai gvaqlaeng, cungj raizyaenq gijhoz de gaenq cugciemh siusaet. Mancuengh aeu gij raizcang gijhoz cungj gang'vax yaenqraiz gijhoz de dangguh gij dozyiengh swhgeij, wnggai dwg youq Cangoz、Cinz、Han seiz guhbaenz. Daengz geizgonq Sihhan, gij yienghsik Mancuengh gaenq dinghhingz.

《一幅壮锦》，描述勤劳的壮族织布能手妲布构思人间乐园的美好景观，织出了绚丽斑斓的壮锦。天王忌眼馋，无情地收去了。妲布的第三个儿子不畏艰难险阻，涉渡道道河水，攀越座座高山，冲破重重难关，终于到了天上，感动了仙女，取回了壮锦。故事道出了壮族人民对壮锦所描述的美好生活的追求。《达尼观阳织锦》则说壮族姑娘尼聪明伶俐，从小善于织布。她不满足于现状，日夜琢磨，想着如何把布织得更好更美，但是始终没有找到一个满意的方案。一天早上，她到棉花园里去整枝，无意中看见棉枝上挂着一张蜘蛛网，上面凝聚着露珠，被初升的阳光照耀得五彩缤纷。尼被这美丽景象感动了，跑回家里，将所见之景及由此悟想的美景，织在壮锦之上。壮锦织成后，艳若红霞，美胜彩虹，于是壮锦成了壮族人民世代传承的瑰宝。从这两则传说故事，可知壮锦是众人智慧的集成，多代人努力开发创造的结晶。壮锦图案基本是几何形印纹，即用二方连续和四方连续的编织方法把单个的几何图案连接起来，组成复合几何形图形。几何形印纹陶产生于中国的原始社会晚期，发展于商周时期。广西出土的陶器，至汉以后，几何印纹已逐渐消失。壮锦取几何印纹陶的几何纹饰作为自己的构图方式，应形成于战国、秦、汉之际。迄于西汉前期，壮锦的样式已经定型。

1976 nienz, youq ngoenzneix Gveigangj Si Lozbwzvanh haivat ok aen moh geizcaeux Handai, aen moh 1 hauh boux buenxhaem gwnzndang de daenj miz geubuh Mancuengh, gangjmingz seizde gaenq caeux miz Mancuengh lo. 《Nanzcouh Yivuz Geiq》 Samguek seiz Vuzgoz Danhyangz daisouj Van Cin sij haenx geiq: "Baengzraiz haj saek, aeu baengzsei、faiqfaexcaz guhbaenz." Baengzraiz haj saek, aenvih de raizrongh gyaeundei cix ndaej mingz. Youq gij gaiqbaengz Vunzyez Lingjnanz ndawde, de couh dwg "manraiz", caeuq gij "gaenman"《Nanzsij》gienj 78《Linzyigoz Con》geiqsij vunz Linzyigoz aeu gofaiq "yotaeu gij faiq de daeuj dozmae daemjbaengz", "nyumx baenz haj saek guh baengzraiz" yungh daeuj heuxhwet de mbouj doengz. "Haj saek", mboujgvaq dwg gangjnaeuz gij saek de lai, cix mbouj itdingh dwg haj cungj saek. Sawcuengh moq ndawde o dwg 蓝, ndaem dwg 黑, hau dwg 白, nding dwg 红, henj dwg 黄, heu dwg 青, aeuj dwg 紫, gungh caet saek, dwg gij saekdiuh gihbwnj, cungj dwg gij saekgoek aeu laeng doenghgo, Mancuengh miz laicungj laiyiengh yienzsaek, goqyienz mbouj hanh youq haj saek, hix mbouj itdingh aeu gaeuq haj saek cijndaej. Bouxcuengh cungj haeuxnaengj mizsaek mizmingz de, hix dwg aeu gij yienzsaek ndaem、hau、 nding、henj、heu、o、aeuj guh cawjsaek, hoeng hix heuh guh "haeuxnaengj haj saek", couh dwg aen laizyouz neix.

1976年，在今贵港市罗泊湾发掘出早期汉墓，1号墓的殉葬者身上穿着壮锦衣饰，说明那时已早有壮锦。三国时吴国丹阳太守万震所著《南州异物志》载："五色斑布，以丝布、古贝木所作。"五色斑布，因其花纹斑驳、色彩绚烂而名。在岭南越人的织品里，它就是"回纹织锦"，与《南史》卷七八《林邑国传》记载林邑国人以古贝（棉花）"抽其绪纺之以为布"，"染成五色作斑布"用以"绕腰"的"干漫"不同。"五色"，只是言其色之多，并不一定是五种色。新壮文里o是蓝，ndaem是黑，hau是白，nding是红，henj是黄，heu是青，aeuj是紫，共七色，是基本的色调，都是取之植物的原色，织锦斑斓，固不限于五色，也不一定非满五色不可。壮族著名的传统彩色糯米饭，也是以黑、白、红、黄、青、蓝、紫颜色为主色，但却称为"五色糯米饭"，即是这个缘故。

Cungj "baengzraiz haj saek" Bouxcuengh, youz Han roengzdaeuj, daih cienz daih, mbouj raeg gvaq. Sung《Daibingz Vanzyij Geiq》gienj 162 yinxyungh Vunzdangz《Gingoz Geiq》 geiq："Gveicouh Yangzsoz Yen 'Vunzyiz mingz heuh Vuhvuj'（boux cojcoeng Bouxcuengh ndeu）ak daemj baengzraiz." "Baengzraiz" neix, couh dwg "baengzraiz haj saek", hix couh dwg Mancuengh.《Yenzhoz Ginyen Duzci》gienj 37 geiq Fucouh（ngoenzneix Guengjsae Fuconh Bouxyiuz Swciyen）Yenzhoz nienzgan（806~820 nienz）"gung haj bit baengzraiz", "baengzraiz" neix hix dwg Mancuengh, aenvih seizde Bouxyiuz lij caengz haeuj daengz Guengjsae youq Fuconh. Daengz Sungdai, yienznaeuz Bouxcuengh "bouxmbwk aeu cungj baengz saekndaem doxgek de guh vunj, yungh diemj ndinglaeg cang laj buh roxnaeuz giz hozhwet, hawj de bienq gyaeu ndeiyawj". Gij guhgoeng Mancuengh hix yiengq cungj seizhwng de bae guh, senjcuengq gij raizcang Mancuengh youq gwnz baengz hau. Beijlumj, baengz hau, "ok dieg Dahcojgyangh、Dahyougyangh, lumj gij senloz cunghyenz, gwnz de doh miz cungj raizcang fanghswng iq". Gij baengz de "gij raizva de dwg raizfueng gijhoz, sienqdiuz gvangq hung" "gyaeundei caemhcaiq naekna, saedcaih dwg gij buh ceiqndei dieg baihnamz". Baengz "gwnz de doh miz cungj raizcang fanghswng iq", couh dwg gij raizyiengh Mancuengh.

壮族的"五色斑布"，由汉而下，代代相传，没有断绝。宋《太平寰宇记》卷一六二引唐人《郡国志》载："桂州阳朔县'夷人名乌浒'（壮族先人之一）能织文布。"此"文布"，即

"五色斑布"，也就是壮锦。《元和郡县图志》卷三七载富州（今广西富川瑶族自治县）元和年间
（806~820年）"贡斑布五匹"，此"斑布"也是壮锦，因为当时瑶族还未进入广西居于富川。迄
于宋代，虽然壮族"女以乌色相间为裙，用绯点缀裳下或腰领处为冶艳"。壮锦的做工也趋时之所
尚，将壮锦的纹饰移置于白色棉布中。比如，白缘，"出两江州峒，如中国线罗，上有遍地小方胜
纹"。其布"白质方纹，广幅大缕""佳丽厚重，诚南方之上服也"。布"上有遍地小方胜纹"，就是
壮锦的纹样。

Yenzdai, swnghcanj Mancuengh cingzgvang aenvih mbouj miz geiqsij, mbouj miz laizloh
rox ndaej. Mboujgvaq,《Buj Mansuz》Vunzyenz Fei Cu sij haenx ndawde lied miz "man
Guengjsae". "Man Guengjsae" neix, wngdang dwg Mancuengh. Mingz、Cingh song daih,
Mancuengh vanzlij dwg dieg Bouxcuengh cungj baengz mingzgviq gig souh daengz gyoengqvunz
maijgyaez haenx（doz 5-4-1~doz 5-4-3）. Mingz Vanliz nienzgan（1573~1620 nienz）, cungj
Mancuengh miz duzlungz duzfungh daengj dozanq cangraiz de gaenq bienqbaenz gaiqgung,
caemhcaiq bonghhwnj youq baenzraeuh gaiqgung daih'it vih. Vunzcingh Sinj Yizlinz naeuz：
"Baengz Bouxcuengh", "aeu maeheu maehau doxgek baenz raiz, gig giennyangq naih nanz,
dangguh gaen, fouq ndeu ndaej yungh sam seiq bi mbouj vaih". Gaenva, "youq gwnz
baengzsaeq veh gova bouxvunz, daemj baenz gig gyaqciq". Mancuengh, "yungh gak saek
maesei daemjbaenz, lai saek ronghsien gyaeundei. Caeuq seigaek doxdoengz, ndaej guh denz.
Fanz dwg bouxhak bouxfouq, cungj bae cengcawx". Seizde, gak dieg Bouxcuengh bujben ok
miz Mancuengh. Beijlumj, Liujcouh Fuj Suzcouh Yen ok "mandoj", "Bouxcuengh maij saek,
fanzdwg buh、vunj、gaen、moeg, cungj aeu gak saek maesei daeuj daemjbaengz, guhbaenz
yiengh dujva duzroeg, youq gyae yawj haemq gyaqciq ndeiyawj, daengz gaenh yawj cix
cocat. Bouxcuengh yawj baenz huqdij". Gingyenj Fuj guenj de "gak dieg cungj miz" mandoj,
hoeng aeu cungj "Yungjding（Yungjding canghgvanhswh, ngoenzneix Guengjsae Yizcouh Si
Yungjding）、Yinhcwngz ok de dwg gyaqciq". Cungj mandoj Cizli Couh（ngoenzneix Guengjsae
Cingsih、Nazboh song yen caeuq Dasinh Yen Yaleiz Yangh）gviswnh haenx, "Mingz ndeu
Mancuengh. Aeu sei cab faiq daemjbaenz, gyaeundei gyaqciq, caendwg lumj gij sei Du
Fuj 'raemxlangh dozhaij, raemxsaenz roegsaenz'. Cungjcouhdi soj daemj de haemq na, cungj
Cinbenh（ngoenzneix Nazboh Yen）daegbied unq gyaeu, ndaej dijcienz. Gij gyaqcang de,
moegmandoj nyengh noix mbouj ndaej, ndigah dangdieg bouxboux rox daemj. Mandoj aeu
yungzliuj（yungzsei）daeuj guh, boiq baenz haj saek, na caemhcaiq naihnanz, gyaciz haj
liengx, lwgsau caengz baenz vunzhung couh hag daemj".

元代，壮锦的生产情况因无记载，无从得知。不过，元人费著的《蜀锦谱》中列有"广西
锦"。此"广西锦"，当为壮锦。明、清二代，壮锦仍是壮族地区深受群众喜爱的名贵纺织品（图
5-4-1至图5-4-3）。明万历年间（1573~1620年），有龙凤等纹饰图案的壮锦已经成为贡品，并
跃居于众多贡品之首。清人沈日霖说："壮人布"，"以青白缕相间成文，极坚韧耐久，因为手巾，
一幅可三四年不敝"。花巾，"以细布画花卉人物于上，织成极工"。壮锦，"用杂色丝绒织成，

五彩灿然。与缂丝无异，可为裀褥。凡贵官富商，莫不争购"。当时，壮族各地普遍出产壮锦。比如，柳州府属州县出"土锦"，"壮人爱彩，凡衣裙巾被之属，莫不取五色绒杂以织布，为花鸟状，远观颇工巧炫丽，近视则粗粝。壮人贵之"。庆远府属"各处皆有"土锦，而以"永定（永定长官司，今广西宜州市永定）、忻城精致"。归顺直隶州（今广西靖西市、那坡县及大新县下雷乡）的土锦，"一名壮锦。以丝杂棉织之，五彩斑斓，葳蕤陆离，真杜诗之'海图波涛，天昊紫凤'也。州地所织较厚，镇边（今那坡县）尤软美，可珍。其嫁奁，土锦被面决不可少，以本乡人人能织故也。土锦以柳绒（丝绒）为之，配成五色，厚而耐久，价值五两，未笄女即学织"。

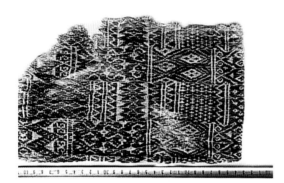

Doz 5 – 4 – 1   Gij Mancuengh Mingzdaih，youq ndaw gamj Guengjsae Yizcou oknamh

图5-4-1   广西宜州崖洞葬出土的明代壮锦

Doz 5 – 4 – 2   Gij man moeg Cingdaih Guengjsae ok haenx

图5-4-2   清代广西生产的壮锦被面

Doz 5 – 4 – 3   Gij man Cing daih Guengjsae ok haenx

图5-4-3   清代广西生产的壮锦

Minzgoz seizgeiz，Mancuengh dwg yiengh gyahdingz fuyez mehmbwk ranz Cuengh，dwg gij hong lwgmbwk Bouxcuengh baenz vunzhung gvaqlaeng itdingh aeu rox guh haenx. Aenvih aenrok genjdanh, dawzguh fuengbienh, lwgsau maj daengz 11～12 bi, couh youq daxmeh dazyinx baihlaj haidaeuz hagsib daemj Mancuengh lo；caj daengz 16～17 bi ganj hawfwen seiz, gaenq ndaej aeu gij gaenman roxnaeuz daehrangh swhgeij daemjbaenz haenx soengqhawj bouxdoxrox de. Seizde, hix miz cienmonz guh hangz hong neix, hoeng aeu gij Cingsih、Yinhcwngz、Vanzgyangh、Binhyangz daengj dieg soj ok haenx dwg ceiq mizmingz （Gij mancuengh Minzgoz cauh haenx raen doz 5-4-4~doz 5-4-5）. Canjbinj cawzliux gai youq bonjdieg, lij ndaej gai daengz Gveicouh、Yinznanz、Guengjdoeng daengj dieg, hix caengzging gai gyaez daengz Yeznanz、Yizbwnj daengj guek gvaq.

民国时期，壮锦为壮家妇女的家庭副业，为壮族女子阅世后必操之业。由于织机简单，操作方便，姑娘长到11～12岁，便在母亲的指导下开始学习纺织壮锦了；待到16～17岁赶歌圩时，已经能以自己纺织的壮锦头巾或挂袋送与相知者。那时候，也有以此为专业的，而以靖西、忻城、环江、宾阳等地所产为著名（民国时期广西生产的壮锦见图5-4-4、图5-4-5）。产品除行销本地区外，还销往贵州、云南、广东等地，也曾一度远销越南、日本等国。

Doz 5-4-4   Gij mancuengh Lungzcou Guengjsae Minzgoz seizgeiz soj ok

图5-4-4   民国时期广西龙州生产的壮锦

Doz 5-4-5   Gij mancuengh Guengjsae Minzgoz seizgeiz soj ok

图5-4-5   民国时期广西生产的壮锦

Ngeih. Gij Funggek Caeuq Daegdiemj Dozanq Mancuengh

二、壮锦图案风格和特点

Gij yisuz funggek caeuq daegdiemj Mancuengh, fanjyingj le Bouxcuengh gij binjgek sangjlangj、lauxsaed caeuq yawjnaek saedyungh.

壮锦艺术的风格和特点，反映了壮族人民爽朗、纯朴和注重实用的品格。

（It）Cauxdoz Fuengfap Caeuq Gij Neiyungz De

（一）构图方法及其内容

Cungj dozanq raizgijhoz dwg gij cujyau cangcaenq dozanqraiz Mancuengh, cujyau miz 3 cungj：

壮锦图案几何纹是壮锦的主要装饰图案花纹，主要有三种：

Daih'it cungj, dwg yungh cungj fuengfap song fueng laebdaeb caeuq seiq fueng laebdaeb daemj, dawz dan aen gijhoz dozanq lienzciep hwnjdaeuj, gapbaenz cungj gijhoz dozyiengh fukhab. Gij Mancuengh yungh fuengfap neix daemjbaenz haenx, gijhoz dozanq cingcuj、roenghlwenq, baizlied caezcingj miz bouh, soudaengz gij yauqgoj dozanqvaq gig sang. Cungj cauxdoz fuengfap neix, daj gij gijhoz raizyaenq gang'vax caeuq gij gijhoz dozanq gwnz gyongdoengz baihnamz ciuhgeq oknamh haenx ndaej ra daengz yienghcoj de.

第一种，是用二方连续和四方连续的纺织方法把单个几何图案连接起来，组成复合几何图形。用这种方法纺织的壮锦，几何图案清晰、明快，排列整齐有序，收到高度图案化的效果。这种构图方法，从古代南方出土的几何印纹陶和铜鼓上的几何图案中可以找到其祖型。

Daihngeih cungj, dwg aeu gak cungj raizgijhoz guh daej, gwnz de cang miz gak cungj dozanq doenghduz、doenghgo, lumj duzlungz、duzfungh、gova daengj, guhbaenz cungj fukhab dozyiengh caengzswq lai. Cungj gijhoz dozanq neix, saekdiuh rongh'amq doxgek, caengzswq faenmingz, miz diuzleix, dozanq cingcuj, gokdoh yawjcingx de cinjdeng, gig miz fouzdeugamj. Cungj cauxdoz fuengfap neix, ndaej daj gij gaiqdoengz Cunhciuh seizgeiz miz minzcuz daegsaek lai youq Guengjsae oknamh haenx ra daengz yienghcoj de.

第二种，是以各种几何纹为底，上饰各种动、植物图案，如龙凤、花卉等，形成多层次的复合图形。这样的几何图案，色调明暗相间，层次分明，有条不紊，图案清晰，透视角度准确，浮雕感强烈。这种构图方法，可以从广西出土的春秋时期富于民族特色的古铜器上找到其祖型。

Daihsam cungj, dwg lai cungj raizgijhoz gapbaenz, guhbaenz cungj gijhoz dozanq fukhab. Beijlumj, raizdungzsinhyenz caeuq raizfanghgwz、raizdohgozhingz gapbaenz.; raizleiz caeuq raizfanghgwz、raizsan、raizyienz gapbaenz. Cungj Mancuengh yungh lai cungj raizgijhoz san baenz de, gak cungj raizgijhoz gapbaenz aen cingjdaej ndei ndeu, guhbaenz gij ranghraiz miz caengzswq lai, sawj dozanq Mancuengh sezgi ndaej gijndei caeuq gijndei giethab, miz yisuz yaugoj gig haenq. Cungj cauxdoz fuengfap neix, ndaej daj gij dozanq cangcaenq raizgijhoz gwnz cungj nyenz Bwzliuz ciuhgeq oknamh haenx ra ok yienghcoj de.

第三种，是多种几何纹组合，形成复合几何图案。比如，同心圆纹、方格纹、多角形花纹组合；雷纹、方格纹、编织纹、弦纹组合。用多种几何纹编织的壮锦，大小图案结合，方圆穿插，布局得当，图纹繁而不乱，线条勾连层次井然，各种几何纹组合成有机的整体，形成多层次的纹带，使壮锦图案设计珠联璧合，产生了强烈的艺术效果。这种构图方法，可以从出土的古代北流型铜鼓几何纹装饰图案中找出其祖型。

Canghmancuengh gaenxguh coengmingz haenx, itcig cungj ndaej daj gwnzmbwn lajdeih ra miz lingzganj daeuj cauhguh, dawz doenghgo gova、gomak daengj, doenghduz duzroeg、duznyaen、duznon、duzbya daengj caeuq goengqbya diuzdah gyaeundei guekcoj daeuj gyagoeng daezlienh, gaengawq gij hingzsik caeuq yunghcawq gak cungj man, gapbaenz gij dozang gyaeundei daihfueng, bae fanjyingj Bouxcuengh siengjmuengh caeuq gyaepgouz cungj saedceij gyaeundei. Mancuengh gij yienghraiz cienzdoengj ciuqyungh de, geiq miz gij raizyiengh cih "卐"、raizdauq、raizraemx、raizfwj、vagut、va'ngaeux、vasuijsenh、vamoiz、va'gveiq、vacaz、va hajsaek、seiqcawj gab ndaundeiq、seiqbauj humx aenswx、siglouz gab mauxdan、cih "卐" gab vamoiz、go'ngaeux con caw、duzlungz ndaw naz duzfungh mbin、duzmbaj mbin coh dujva、duzfungh con mauxdan、song duzlungz ciengjaeu aengiuz、duzsaeceij ringx aengiuz、duz maxloeg con bya、duz byaleix diuq lungzmwnz、raemxlangh daengj 20 lai cungj (Gij dozanq mancuengh Mingz Cingh seizgeiz hwnghengz haenx raen doz 5-4-6).

勤劳智慧的壮锦艺人，始终把大自然作为创作的源泉，将花卉、果实等植物，鸟、兽、虫、鱼等动物，以及祖国的壮丽河山等素材加工提炼，根据各种锦物的形式和用途，组成美丽大方的图案，以反映壮族人民热爱美好生活的憧憬和追求。壮锦传统沿用的纹样，计有"卐"字、回纹、水纹、云纹、菊花、莲花、水仙、梅花、桂花、茶花、五彩花、四主夹星、四宝围篮、石榴夹牡丹、"卐"字夹梅、穿珠莲、田龙飞凤、蝴蝶朝花、凤穿牡丹、双龙抢球、狮子滚球、马鹿穿山、鲤鱼跳龙门、水波浪等20多种纹样（明清时期盛行的壮锦图案见图5-4-6）。

Doz 5-4-6　Gij dozanq mancuengh Mingz Cingh seizgeiz hwnghengz haenx
图5-4-6　明清时期盛行的壮锦图案

（Ngeih）Cujciz Dozanq
（二）图案组织

Youq ndaw dozanq mancuengh, cungj gijhoz goetganq ciemq miz aen diegvih gig youqgaenj. Goetganq aeu cih "卐"、raizdauq、raizraemx、raizfwj caeuq gak cungj va iq laebdaeb baizlied gapbaenz. Loih yienghraiz neix, ndaej yiengq seiq fueng laebdaeb guh raizdeih, gwnz de baij miz gak cungj raizyiengh diemjsanq；hix ndaej gapbaenz gak cungj goetganq, youq ndaw goetganq an miz gak cungj raizyiengh habdangq；dandog yinhyungh cungj raizyiengh cih "卐", gwnzlaj swixgvaz laebdaeb hix ndaej gapbaenz naj man suyaj daihfueng haenx. Linghvaih, danghnaeuz aeu moux cungj hingzsiengq guh cawjdaej, cix gya cangcaenq vabien, gabangq dozanq habngamj, hoeng gij raizdeih caeuq raizva gvangq lai de, aenvih cauhguh gunghyi gvanhaeh, aeuyungh naenxsienq, yienghneix fuengmienh ndeu ndaej dinghmaenh naihyungh；fuengmienh wnq hix fouzhingz ndawde gapbaenz gak cungj raizloh, sawj gij sienq naenx de mbouj laeuh okdaeuj, nanet caemhcaiq lingh miz gyaeundei.

在壮锦图案中，几何形骨格占很重要的位置。骨格以"卐"字、回纹、水纹、云纹及各种小花连续排列组成。此类纹样，可以向四方连续作地纹，上边布置各种散点的纹样；也可以组成各种骨架，在骨架内安以各种适当的纹样；单独运用"卐"字纹样，上下左右连续亦可组成素雅大方的锦面。另外，如以某种形象为主体，则加以花边装饰，组成适合图案，而大面积的地纹和花纹，因制作工艺的关系，需要压线，这样一方面可以牢固耐用，另一方面也无形中组成各种纹路，使压线不露破绽，厚实而别具美趣。

（Sam）Cauhhingz Raizyiengh

（三）纹样造型

Gij dozanq mancuengh miz yienghraiz gijhoz、yienghraiz swyenz caeuq yienghraiz cangcaenq 3 cungj.

壮锦图案有几何纹样、自然纹样和装饰纹样3种。

Yienghraiz gijhoz（doz 5-4-7）, dingzlai yungh guh raizdeih roxnaeuz goetganq, hingzsiengq genjdanh buzsu, gezgou yiemzmaed saeqnaeh. Aenvih sienqdiuz youq cosaeq、caxmaed、vansoh、raezdinj、fueng'yiengq daengj fuengmienh miz bienqvaq caeuq ndaej doxgyau yinhyungh, miz yinhlwdgamj haenq. Beijlumj, raiz "卐"、raizdauq、raizraemx、raizfwj daengj couh gvihaeuj loih raizyiengh neix. Mancuengh miz seiz hix yungh diemj、sienq、mienh gapbaenz gij raizyiengh habngamj, anceiq youq ndaw gij goetganq habngamj de；miz seiz cix yungh seiqfueng laebdaeb gapbaenz najman roxnaeuz cuengq youq vabien daengj giz cangcaenq de. Loih raizyiengh neix itbuen haemq iq, lumj gij dozanq aen man bet aen ndaundeiq daengj.

几何纹样（图5-4-7），多用作地纹或骨架，形象简朴，结构严谨。由于线条的粗细、疏密、曲直、长短、方向等方面的变化和交互运用，有强烈的韵律感。比如，"卐"纹、回纹、水纹、云纹等就属此类纹样。壮锦有时也用点、线、面组成适合的纹样，安置在适合的骨架内；有时则用四方连续组成锦面或放在花边等装饰部位。此类纹样一般较小，比如八星锦等图案。

Doz 5-4-7   Gij yienghdoz dozanq mancuengh raizgijhoz Mingz Cingh caeuq Minzgoz seizgeiz riuzhengz haenx

图5-4-7   明清和民国时期流行的几何纹壮锦图案图样

Yienghraiz swyenz（doz 5-4-8）, dwg gaengawq gij hingzsiengq dwzcwngh swyenzvuz ginggvaq gyagoeng daezlienh, dingzlai yungh youq gij raizswyouz gwnz raizdeih roxnaeuz gwnz gaiqman miz cawjdaez de. Coengzei doed ok cawjdaez, hawj najman hozboz sengdoengh. Lumj duzlungz、duzfungh、duzsaeceij ndaw manlungzfungh dem man duzsaeceij ringx aengiuz caeuq duz roegyenhyangh、duz yungzmauh daengj ndaw manyenhyangh、manyungzmauh.

自然纹样（图5-4-8）, 是根据自然物的形象特征经过加工提炼, 多用于地纹上的自由花或主题性锦物上。从而使主题突出, 锦面活泼生动。如龙凤锦和狮子滚球锦中的龙凤、狮子及鸳鸯锦、熊猫锦中的鸳鸯、熊猫等。

Doz 5-4-8   Gij yienghdoz dozanq mancuengh raizswyenz Mingz Cingh caeuq Minzgoz seizgeiz riuzhengz haenx

图5-4-8   明清和民国时期流行的自然纹样壮锦图案图样

Yienghraiz cangcaenq, dwg cadawz gij dwzcwngh doenghgo、doenghduz、bouxvunz caeuq gingjsaek daengj, daihdamj bienq yiengh, youq yienghraiz gijhoz caeuq yienghraiz swyenz gyangde, ndaej yienj hozboz, gig miz cangcaenq feihdauh, genjlen sengdoengh, dwg gij cawjdaej yienghraiz Mancuengh geizlaeng. Beijlumj, gij yienghraiz cungj man song duzfungh mbin、cungj man va'ngaeux、cungj man raiz haj saek、cungj man duzbya dujva ndawde, couh dwg gvihaeuj yienghraiz cangcaenq（Gij yienghdoz Mingz Cingh caeuq Minzgoz seizgeiz riuzhengz haenx raen doz 5-4-9）.

　　流行的自然纹图样如抓住植物、动物、人物及风景等特征，大胆变形后其纹样介于几何形纹与自然形纹之间，显得活泼，装饰味道甚浓，简练生动，是后期壮锦纹样的主体。例如，双飞凤锦、莲花锦、五彩花锦、花鱼锦中的纹样，即属装饰纹样（明清和民国期间流行的装饰纹图案图样见图5-4-9）。

Doz 5-4-9　Gij yienghdoz Mingz Cingh caeuq Minzgoz seizgeiz riuzhengz haenx
图5-4-9　明清和民国期间流行的装饰纹图案图样

（Seiq）Yunghsaek
（四）色彩运用

　　Gij saek boiq dozanq Mancuengh lai cungj lai yiengh, gawq miz gij saekdiuh doiqbeij haenq saek lai gyaeundei, youh miz gij saekdiuh diuzhuz suyaj daihfueng；gawq miz deihfeuz raizlaeg, hix miz deihamq raizrongh. Gij dwzcwngh de, couh dwg yungh saek daihdamj, gaigoz genjlen, saekdiuh rongh haenq, gujyan naekna, saek lai gyaeundei, doiqbeij ndawde miz diuzhuz, suyaj ndawde raen saek lai, raiz cix mbouj sug, genjdanh cix denjyaj.

　　壮锦图案的配色丰富多彩，既有五彩缤纷的强烈对比色调，又有素雅大方的调和色调；既有浅地深花，也有暗地亮花。它的特征，就是用色大胆，概括简练，色调强烈明亮，古艳厚重，斑斓多彩，对比中有调和，素雅中见多彩，花而不俗，素而典雅。

　　Yunghsaek itbuen mbouj souh saekswyenz hanhhaed, dawz lai cungj saek daswyenz ndawde gya bae daezlienh、gaigoz、yunghgvaq vanzlij bienqsaek, yienh ok gij gingjsaek saek lai gyaeundei haenx. Songzmoeg "man bohloz seiqgeiq", youq gwnz deihndaem baij miz gij goetganq caeuq mbawfaex loeg, guhbaenz gij saekdiuh ndaem、loeg, gij makbohloz caeuq vafunghvuengz gwnz de doxgek yungh henjgyang、hoengzmaeq、hoengzmeizgvei、hoengzlaeg, sawj najman hozyoz lai caemhcaiq fungfouq lai yiengh. Songzmoeg "man vaminz", dujva hoengzlaeg、mbawfaex henjgim ca mbouj geij baij rim daengx naj man, youh laeuh ok deihndaem noixdi, sawj naj man ronghsagsag, gyaeundei raixcaix. "Man raiz haj saek", youq gwnz gij raizdeih loegndaem de cigciep yungh gij saek loegraemx、lamzhuz、hoengzmeizgvei daengj, cungbyoengq le gij vahoengz mbawloeg ciengzseiz raen de, soudaengz le gij yisuz yauqgoj funggek moq. Duzbya ndaw "man lungzfungh" de, daihdamj bae yungh gij yienzsaek hoengzlaeg caeuq sienloeg, youq daengx naj man ndawde ndaej yienj ok gig genjdanh roenghlwenq, hozboz sengdoengh.

用色一般不受自然色彩的限制，把大自然中丰富多彩的色相加以提炼、概括、夸张甚至变色，呈现出五彩缤纷的图案。"四季菠萝锦"被面，在黑地上布置中绿的骨架和叶子，形成黑、绿的色调，上边的菠萝和凤凰花相隔用中黄、粉红、玫瑰红、大红，使锦面非常活跃而丰富多彩。"红棉锦"被面，大红花、金黄叶几乎布满整个锦面，又露以少量的黑地，使锦面闪闪发光，富丽异常。"五彩花锦"，在暗绿色的地纹上直接用水绿、湖蓝、玫瑰红等色，突破了红花绿叶的常规，收到了别开生面的艺术效果。"龙凤锦"中的鱼，大胆地用大红和鲜绿的颜色，在整个锦面中显得十分简洁明快，活泼生动。

Mancuengh yungh gij saek doiqbeij de haemq lai, baudaengz saek caeuq saek doxbeij、laegfeuz doiqbeij、rongh'amq doiqbeij、saepraeuj doiqbeij、gaiqsaek hung'iq doiqbeij daengj, doiqbeij haenq, hoeng aenvih giujmiuq caemhcaiq habdangq bae yinhyungh saekgyang guh gvaqdoh, soudaengz le gij yaugoj gawq doiqbeij haenq youh huzndei doengjit haenx. Duzyenhyangh gwnz aen daehvenj yenhyangh de yungh cungj saekdoengj sienmingz, cuengq youq gwnz gij daej lamzmong baij rim cungj raizraemx lamzhuz de, miz doiqbeij haenq, sawj cawjdaez gig sienmingz doed ok, va'ngaeux caeuq vabien cix yungh loeghenj feuz cungj saek neix gvaqdoh, coengzei sawj daengx naj man youh gig huzndei doengjit. Duzfungh ndaw "man duzfungh mbin" de, ndang de bujlamz, fwed de sienloeg caeuq loegraemx, rouj de henjbeg, dap aeu gij daej hoengzlaeg, saek caeuq saek gyangde dox hanhhaed, youh dox boujcung、doxboiqdap. "Man cih 卐 gab vamoiz", youq gwnz aen daejraiz hoengzlaeg caeuq loegndaem doxsan de doxgek boiqceiq miz gij saek hoengzdauz、hoengzmaeq、henjbeg daengj, laegfeuz rongh'amq, saepraeuj gyauca yinhyungh, dox boiqdap, gyaeundei raixcaix. Duzyungzmauh "man yungzmauh" de, ndaem hau doiqbeij, gya aendaej hoengz haemq rongh de, sawj cawjdaez engqgya doed ok, caemhcaiq boiqceiq mbaw cuk saekgim gyaj de, sawj naj man fungfouq、hozyoz. Daejsaeklaeg raizrongh（lumj "man duzmbaj con va"　"man cih 卐 gab va"　daengj）roxnaeuz daejsaekoiq raizlaeg（lumj "man seiqbauj humx aenswx"　"man raiz haj saek" daengj），cungj dwg yinhyungh cungj fuengfap rongh'amq doiqbeij, sawj cawjdaez sienmingz doed ok, daengx naj man saek lai gyaeundei, huzndei doengjit.

壮锦用对比色较多，包括色相对比、深浅对比、明暗对比、冷暖对比、色块大小对比等，对比强烈，但由于巧妙而恰当地运用中间色起过渡作用，收到了既对比强烈又和谐统一的效果。鸳鸯挂包中的鸳鸯用鲜明的橙色，放在布满湖蓝水纹的蓝灰底子上，呈现强烈的对比，使主题非常鲜明突出，而莲花和花边用浅黄绿这个过渡色彩，从而使整个锦面又很和谐统一。"飞凤锦"中的凤，普蓝的身，鲜绿和水绿的翅膀，淡黄的冠，衬以大红的底子，色与色之间互相制约，又互相补充，互相衬托。"卐字夹梅锦"，在大红与深绿交织的底纹上相间配置着桃红、粉红、淡黄等色，深浅明暗，冷暖交错运用，互相衬托，异常艳丽。"熊猫锦"中的熊猫，黑白对比，加以朱红的底色，使主题更加突出，并配置假金色的竹叶，使锦面丰富、活跃。深地亮花（如"蝴蝶穿花锦""卐字夹花锦"等）或浅地深花（如"四宝围篮锦""五彩花锦"等），都是运用明暗对比的手法，使主题鲜明突出，整个锦面斑斓绚丽、和谐统一。

Sam. Yienzliuh Mancuengh

三、壮锦原料

Mancuengh sawjyungh gij yienzliuh de，it dwg faiqgeu，ngeih dwg sei，sam dwg yw'nyumx. Lingjnanz daj ciuhgeq couh miz gofaiq faexcaz，mbaet faiq gvaqlaeng，ok faen、gungfaiq、doz、nyumx、giengh，cungj dwg gij cienzdoengj gunghyi mehmbwk Bouxcuengh seiqdaih cienzswnj. Youq doz ok faiqgeu gvaqlaeng，itbuen aeu gap song guj gij faiqgeu miz 21 diuz de baenz maefaiq，yienzhaeuh biuqbieg、nyumxsaek，cijndaej hwnjrok daemjcauh.

壮锦使用的原料，一是棉纱，二是蚕丝，三是染料。岭南自古有灌木棉花。摘棉之后，出籽、弹花、纺、染、浆，都是壮家妇女世代传承的传统工艺。在棉纱纺出之后，一般要将21支的棉纱两股合成棉线，然后漂白、染色，方能上机织造。

Nanzbwzcauz seizgeiz，Beizyenh《Gvangjcouh Geiq》geiq："Vunzyez mbouj ciengx nonsei aeu sei daemjbaengz，cijaeu vafaiq daeuj daemjbaengz."《Lingjvai Daidaz》gienj 6《Raemx》soj geiq："Guengjsae hix miz nonsei，hoeng mbouj lai. Ndaej faiq mbouj ndaej baenz sei，cuengq youq raemxdaeuh cawj，yinx baenz geu aeu daeuj daemjbaengz，yienzsaek de yiennaeuz amq，hoeng daegbied hab guh buh，gij youq Gauhcouh（ngoenzneix baih doengbaek Guengjdoeng Gauhcouh Yen）ok de dwg ceiqndei." Mbanj Cuengh yiennaeuz ciengx duz nonsei mbouj lai，hoeng gaenq gaeuq gij sei yungh daeuj guh Mancuengh. Hoh daemj Mancuengh de，dajndaem gosangh ciengx nonsei daengz genj、gab、doz、biuq、nyumx daengj cwngzsi，siujsoq gagrap guhcaez，dingzlai vunz aenvih aeuyungh mbouj lai cix youq gwnz haw cawx. Gap gij seindip 3 guj 60 gyaeuj de baenz seiyungz gvaqlaeng，couh duetgyauh、biuqbieg、nyumxsaek. Duetgyauh dwg cuengq seiyungz haeuj gij raemxndaengq（ciuq aen beijlaeh gaen sei ndeu 5 cienz ndaengq）gaenq goenjhai de bae cawj buenq siujseiz，yienzhaeuh aeu ok cuengq haeuj ndaw raemxsonhcingh（moix doengj raemxsaw cuengq liengx sonhcingh gwn ndeu）caep bae biuqbieg，lauz hwnj faenj hawq gvaqlaeng，youh cuengq haeuj ndaw gangromj bae，doenggvaq nyumxcaep nyumx baenz gak saek seiyungz，sawj gij saek de bienq lwenq、yinz、rongh.

南北朝时期，裴渊的《广州记》载："蛮夷不蚕，采木棉为絮，皮当竹、剥古终藤绩以为布。"《岭外代答》卷六《水》所载："广西亦有桑蚕，但不多耳。得蚕不能为丝，煮之灰水中，引以成缕，以之织，其色虽暗，特宜于衣，在高州（今广东高州县东北）所产为佳。"壮乡桑蚕虽不多，却已足够生产壮锦所需的蚕丝。壮锦织户，从种桑养蚕到拣、夹、纺、漂、染等程序，少数一力承担，大多数人因所需不多则购于贸易场。将3股60头的生丝合成丝绒后，即去胶、漂白、染色。去胶是将丝绒放进滚开了的碱水（按1斤丝5钱碱比例）里煮半小时，然后取出放入冷酸精水（每桶清水放1两食酸精）中占漂，捞起拧干后，又放入染缸里，用冷染的方法染成各色丝绒，使色泽光滑、均匀、鲜艳。

Daj ciuhgeq doxdaeuj, gij ywliuh Bouxcuengh yungh daeuj nyumx baengz guh buh de cungj dwg youq dangdieg aeu, aeu gij doxgaiq doenghgo caeuq doxgaiq rin'gvangq dublanh ngauzcimq. Beijlumj, nyumx saekhoengz, yungh vayenhcih、soqmoeg、rindujcuh; nyumx saekhenj, yungh gienghenj、lwgcih、namhhenj; nyumx saekloeg, yungh naengfaex、nywjloeg; nyumx saekmong, yungh namhndaem、daeuhnywj; nyumx saekndaem, yungh mbawraeu roxnaeuz naengrag gonim cimqraemx yienzhaeuh caiq boiq hwnj namhnaez; nyumx saeklamz, cix aeu go nywjlamz roxnaeuz "goyi" gya sighoi daeuj cimq aeundaej raemxromj dangguh yw'nyumx. Bouxdaemj de dawz doenghgij yw'nyumx doj neix caiq doxboiq, roxnaeuz gya gemj faenhliengh, couh ndaej aeu daengz engq lai gak cungj yienzsaek gawq cinghseuq youh ronghlweng haenx.

自古以来，壮族衣织所用的染料，都是就地取材，以植物和矿物的物质捣烂熬水浸渍。比如，染红色，用胭脂花、苏木、土朱；染黄色，用黄姜、栀子、黄泥；染绿色，用树皮、绿草；染灰色，用黑土、草灰；染黑色，用枫叶或稔子根皮入水浸泡然后再糊上泥浆；染蓝色，则以蓝草或"古逸"浸渍加石灰取得蓝靛作为染料；织户将这些土产染料再互相配合，或将分量加多减少，就可以得出更多既纯朴又艳丽的各种色彩。

Seiq. Cauhguh Mancuengh Caeuq Gij Gisuz Gunghyi De

四、壮锦制作和技术工艺

Mancuengh youq Mingz、Cingh song daih souhdaengz vuengzdaeq maijgyaez, ndaej gung haeuj gunghdingz bae, baenz seizde Cungguek seiq daih cungj man mizmingz ndawde cungj ndeu. De caeuq mansung、mansuz、manyinz dwg cingh seicouz mbouj doengz, aeu gij gujsa faiq guh maeraeh, aeu gij sei naenj gvaq roxnaeuz mbouj naenj de guh maevang, doxgyau daemjbaenz. Doengzseiz, de caeuq mansung、mansuz、manyinz miz aen gei daezva haemq senhcin caemhcaiq fukcab haenx mbouj doengz, daezva dwg doenggvaq aen "valoengz" caeuq aen "bienvacuk" gwnz faexgei iq cix daemj ok gak cungj yienghraiz.

壮锦在明、清两代受着皇帝青睐，入贡宫廷，成为当时中国四大名锦之一。它与宋锦、蜀锦、云锦的纯丝绸不同，以棉的股纱为经线，以不加捻或加捻的缕丝作纬线，相互交织而成。同时，它不同于宋锦、蜀锦、云锦有着比较先进而复杂的提花机，织机简单，提花是通过小木机上的"花笼"和"编花竹"而织出多样的纹样。

Aenrok Bouxcuengh, Handai gaeng miz aen rok ngengdaemj, hoeng seizgan daengz Sungdai, aen rok hwetdaemj lij riuzhengz youq ndawbiengz.

壮族的织机，汉代已经有了斜织机，但是时至宋代，腰织机仍在民间流行。

Minzgoz nienzgan, aenrok Bouxcuengh cujyau geigienh de miz geicongz caeuq gei'gyaq. Aen bingzciengz de raez 173 lizmij, lumj aenlae dauqdingq, gyaeujgonq gvangq 65 lizmij, gyaeujlaeng gvangq 77 lizmij. Gyaeujnaj geicongz laeb miz benjnaengh, gyaeujlaeng swngzciep geigyaq. Geigyaq sang 77 lizmij. Maeraeh daj baihlaeng geigyaq okdaeuj，doekdaemq daengz diuzcug faen maeraeh le，suijhingz cienjyiengq，doenggvaq aencung、aenfwz，daengz diuz sug gienjbaengz（lamh youq najhwet）. Aenfwz cang youq gwnz diuz ganjbaet，baenghciq gij cungqlig caeuq gvenqsingq diuz ganjbaet dwkndaet maevang. Baihlaeng aenfwz dwg song benq deihcung，deihcung youz seicung caeuq aen gvaengh cungcuk gapbaenz，laj song benq deihcung raezseiqfueng（gvaenghcung gwnzlaj，gyangde dwg seicung）de lienz dapbanj（doz 5-4-10）.

民国年间，壮族织布机的主要机件有机台和机架。一般机长173厘米，呈倒梯形，前端宽65厘米，后端宽77厘米。机台前端设有坐板，后端承接机架。机架高77厘米。经纱从机后架梁出发，下降至分经轴后，水平转向，通过综、筘，到卷布轴（系于前腰）。筘装置在摆杆上，借助摆杆的重力和惯性拉紧纬纱。筘的后面是两片地综，地综由综丝和竹综框组成，长方形（上下综框，中间综丝）两片地综下连踏板（图5-4-10）。

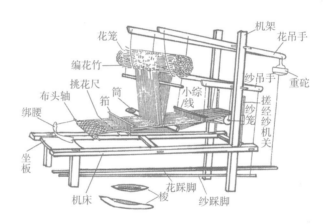

Doz 5-4-10   Rok daemj man Minzgoz seizgeiz
图5-4-10   民国时期的壮锦织机

Cungj rok neix gya benq cung daezva le couh ndaej daemjman. Benq cung daezva cuengq youq laeng deihcung，youz ganjcung caeuq seicung gapbaenz，ciuq gonq daengz laeng baizlied，venj youq gwnz gei'gyaq.

这种织布机加上提花片综后即可以织锦。提花片综置于地综之后，由综杆和综丝组成，从前到后依次排列，悬挂在机架上。

Aen rok daemjman de，gezgou genjdanh，gei ndang mbaeu，dawzgung yungzheih，sawjyungh fuengbienh，ndigah ndaej bujben caemhcaiq gyaenanz riuzcienz youq ndaw biengz Bouxcuengh.

壮锦的织机，结构简单，机织轻便，容易操作，使用方便，故能普遍而长久地流传于壮族民间。

Aen rok daemjman，faenbaenz ndanggei、cangmae、daezmae、daezva、dwkva 5 aen bouhfaenh：Ndanggei youz geicongz、gei'gyaq、benjnaengh gapbaenz；cangmae youz gyaeujgei gienj maeraeh、loengzmae、diuzsug gyaeujbaengz、aenlamhhwet、diuzmbaenq naenxmae gapbaenz；daezmae youz diuz caijdinmae、diuz duengqfwngzmae、diuz maecung iq gapbaenz；daezva youz diuz caijdinva、diuz duengqfwngzva、aen valoengz、aen bienvacuk、diuz maecung hung、diuz liengz maecung、aen dozcaengh naek gapbaenz；dwkva youz aenfwz、diuz cik deuqva、aendoengz、aen daeuqyungz、aen daeuqmae gapbaenz.

壮锦织机，分为机身、装纱、提纱、提花、打花5个部分：机身由机床、机架、坐板组成；装纱由卷经纱机头、纱笼、布头轴、绑腰、压纱棒组成；提纱由纱踩脚、纱吊手、小综线组成；提花由花踩脚、花吊手、花笼、编花竹、大综线、综线梁、重砣组成；打花由筘、挑花尺、筒、绒梭、纱梭组成。

Aen rok daemjmanz Vanzgyangh yungh valoengz hwnj va，dwg gij daegdiemj ceiq hung aen rok daemj Mancuengh. Soujsien dwg canghdaemjman ciuq aen dozanq dajveh ndei de yungh diuz cik deuqva deuq raiz okdaeuj，caiq yungh baezdiuz baezdiuz bienvacuk caeuq diuz maecung hung bienbaiz youq gwnz aen valoengz. Daemjcauh seiz，couh ciuq gij bienvacuk gwnz aen valoeng baezdiuz baezdiuz cugciemh gonqlaeng bae senjnod，doenggvaq diuz maecung dazyinx，raizva couh ndaej daemj youq gwnz najman. Aen geidoj canghbei genjdanh neix，gaenq miz le gij yenzlij aen geidaezva gyaeujlungz gihgaiva ngoenzneix，miz gohyozsing lai，caemhcaiq gezgou genjdanh，sawjyungh fuengbienh，dajveh bouhmonz yienghsik yungh de daeuj dwksan gaiqyiengh dwg gig habngamj. Aen geidoj riuzcienz geij bak bi baenz cien bi neix hix cungfaen daejyienh le gij coengmingz caiznaengz Bouxcuengh.

环江织锦机用花笼起花，是壮锦织机的最大特点。首先是艺人按着设计好的图案用挑花尺将花纹挑出，再用一条条编花竹和大综线编排在花笼上。织造时，就按着花笼上的编花竹一条条地逐次转移，通过综线的牵引，便把花纹体现在锦面上。这装备简陋的土机，已具备了现代机械化龙头提花机的原理，富于科学性，而且结构简单，使用方便，设计式样部门用其来打织样品是非常适宜的。这个流传几百上千年的土机也充分体现了壮族民众的聪明才智。

Bouxcuengh aen gei daemjman riuzhengz de，aenvih diegdeih mbouj doengz，gezgou hix miz cengca di. Ndawde，cujyau faen baenz aen gei daemjman Vanzgyangh、aen gei loengzcuk Binhyangz、aen gei daemjman Cingsih sam cungj.

壮族流行的织锦机，由于地区不同，结构也略有差别。其中，主要分为环江织锦机、宾阳竹笼机和靖西织锦机三种。

（1）Aen gei daemjman Vanzgyangh（doz 5-4-11）. Cungj gei neix cujyau faenbouh youq ngoenzneix Vanzgyangh Mauznanzcuz Swciyen Yinloz Yangh，youz geicongz、gei'gyaq song bouhfaenh gapbaenz. Baihlaj dwg geicongz, geicongz raez daih'iek 134 lizmij, gvangq 90 lizmij, sang 40 lizmij. Gyaeujgonq dwg gaiq benjnaengh ndaej doengh ndeu, gyaeujlaeng dwg diuzsug cuengq maeraeh. Gei'gyaq sang 90 lizmij, song gyaeuj liengz gonq cang miz dietsienq yungh daeuj venj vabonj. Aen gvaenghcung miz song benq guenj raizbingz cujciz de venj youq gwnz diuz gangqvang luenz gyang gyaq, baihlaj yungh diuzcag caeuq dapbanj doxlienz. Vabonj yungh cimcuk bienbaenz, cimcuk soqliengh 40 diuz baedauq. Cimcuk lienz daezva doengsei, diuz soq daezva doengsei caeuq diuz soq cungj maeraeh doxdoengz. Maeraeh baezdiuz baezdiuz con gvaq dacung doengsei, leihyungh vabonj daeuj gaemhanh maeraeh guh faenhai caeuq gyauca, sawj maeraeh guhbaenz bak daeuq, doenggvaq deihvang, caiq gonqlaeng bweddoengh cimcuk daezhwnj cuj doengsei ndeu, faen hai bak doengsei, couh ndaej daemjva. Yinx maevang caijyungh cungj congh dwk maevang giem miz gij goengnaengz aendaeuq haenx, leihyungh vabonj daeuj gaemhanh maeraeh guh faenhai caeuq gyauca. Daemjcauh seiz diebdoengh dapbanj, song benq cung riengz daeuj hwnj gwnz roengz laj, sawj fagcax maeraeh、fagcax dwk maevang bakcax doxbingz, song gyaeuj cugciemh bienq gaeb ndaej hawj gaemdawz. Baihlaeng bingz caemhcaiq gvangq, ven hoengq baenz aen cauz iq ndeu ndawde cuengq miz diuz guenjvang, yinxvang gvaqlaeng youh ndaej dwkndaet maevang. Aen gei neix mbouj maenhdingh miz diuz sug gienjbaengz, cix dwg yungh baengzdaiq cugdawz song gyaeuj diuz mbaenqgab lamh youq gonq dungx. Aen gei daemjbaengz hix ndaej yungh daeuj daemjman. Aen gei daemjbaengz cikconq beij aen gei daemjman loq hung, maenhdingh miz diuz sug gienjbaengz. Bingzseiz daemj gij baengz de haemq gvangq, daemjman seiz aeuvuenh hwnj cienzbouh "yonjgen" aen gei daemjman, couh dwg aen gvaenghcung miz song benq guenj raizbingz cujciz caeuq dauq vabonj guenj raiz cujciz ndeu caeuqlienz aenfwz daengj.

（1）环江织锦机（图5-4-11）。这种锦机主要分布在今环江毛南族自治县的驯乐乡。该机由机台、机架两部分组成。下部为机台。机台长约134厘米，宽90厘米，高40厘米。前端是一块活动坐板，后端是放经轴。机架高90厘米，前梁两端装置铁丝用来悬挂花本。两片管平纹组织的综框悬挂在立架中央的圆柱形横杠上，下方用绳子与踏板相连。花本用竹针编成，竹针数40根左右。竹针连着提花通丝，提花通丝的根数和总经根数相同。经线一一穿过通丝的综眼，利用花本来控制经线的开交运动，使经纱形成梭口，通过地纬，再顺次拨动竹针提起一组通丝，将通丝分出开口，即可进行织花操作。引纬采用一种兼有梭子功能的打纬眼，利用花本来控制经线的开交运动。织造时踏动踏板，两片综随着上下运动，使经纱刀、打纬刀刃口平直，两端渐窄可供握持。背部平而宽，剜空成一小槽内置纬管，引纬后又可打紧纬线。该机没有固定的卷布轴，而是用布带缚住夹棍的两端系在腹前。织布机亦可用于织锦。织布机尺寸较织锦机略大，有固定的卷布轴。平时所织布幅较宽，织锦时需要换上织锦机的全部"软件"，即两片管平纹组织的综框和一套管花纹组织的花本及筘等。

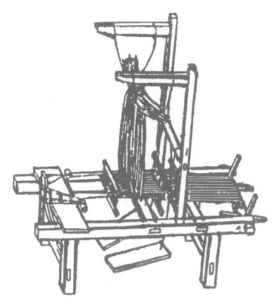

Doz 5-4-11   Aen gei daemjman Vanzgyangh
图5-4-11   环江织锦机

（2）Aen gei loengzcuk Binhyangz（doz 5-4-12）. Loih gei daemjman neix faenbouh fanveiz gig gvangq，baihnamz daengz Yinhcangz、Binhyangz，baihbaek daengz Vanzgyangh daengj. Geicongz raez 173 lizmij，daj gyaeujgonq daengz gyaeujlaeng lumj aenlae dauqdingq. Gyaeujgonq gvangq 65 lizmij，gyaeujlaeng gvangq 79 lizmij，gei'gyaq sang 109 lizmij. Baihgyang caeuq baihgwnz gei'gyaq miz song aen gangganj gezgou，faenbied yungh daeuj rag deihcung caeuq san aen loengzcuk miz vabonj，aen gei loengzcuk vihneix couh ndaej mingz. Diuz gangganj venj aen loengzcuk de raez daih'iek 150 lizmij，gyaeujlaeng duengq miz huqnaek daeuj baujciz doxdaengh. Song gyaeuj loengzcuk yungh cagsaeq duengq diuz mbaenqcuk ndeu daeuj faen song mienh doengsei. Cimcuk sanbaiz youq seiqhenz aen loengzcuk，daengx aen loengzcuk couh dwg vabonj. Daemjraiz seiz gaengawq gij cwngzsi bienndei de gonqlaeng aeu diuz cimcuk roengzdaeuj，rag hwnj cuj daezva doengsei ndeu yiendoengh maeraeh guhbaenz bakhai couh ndaej. Gij soq diuz cimcuk gwnz aen gei loengzcuk de ndaej dabdaengz 100 lai diuz，noix de hix miz 30 lai diuz，gaengawq gij dozanq daemjman lai noix daeuj gya gemj. Aen gei loengzgei cij yungh benq deihcung ndeu，boiq hwnj dapganj，couh ndaej daemjbaenz deihraizbingz. Benq deihcung neix mbouj dwg aen gvaenghcung raezseiqfueng，de youz cungsei caeuq cungganj gapbaenz，moix diuz cungsei daiqdoengh diuz daejraeh ndeu. Gwnz cungganj lienz miz gangganj，gyaeujlaeng gangganj lienz miz dapbanj. Aen gei loengzcuk deihcung guhbaenz bakdaeuq gocwngz de dwg：Youq giz loq gonq diuzsug gienj maeraeh de miz aen doengz faen maeraeh cizging daih'iek 14 lizmij ndeu，sawj daejraeh caeuq najraeh faenhai，yienghneix couh guhbaenz lo daih'it baez bakdaouq. Dindoongh dapganj，aenvih gangganj cozyung daezhwnj deihcung，daejraeh riengz daeuj cix hwnj，bienqbaenz najraeh. Daihngeih baez bakdaeuq yienghneix guhbaenz de gig iq，lij aeuyungh doenggvaq benq faexcuk gyaeuj ndeu soem haenx daeuj gyadaih bakdaeuq，fuengbienh yinx maevang. Gvaqlaeng aeu benq faexcuk de okdaeuj，cuengqhai dapganj，couh ndaej hoizdauq yiengh yienzlaiz，youh guhbaenz daih'it baez bakdaeuq. Linghvaih，Vanzgyangh Mauznanzcuz Swciyen rangh dieg Vwnhbingz、Yananz、Conhsanh lij miz cungj gei loengzcuk gij yienghrog、yenzlij de caeuq aen gei loengzcuk Binhyangz daihgaiq doxdoengz haenx. Aen gei loengzcuk Vwnhbingz caeuq aen geiz loengzcuk Binhyangz ciepgaenh，cikconq loq iq. Aen gei loengzcuk song dieg Yananz、Conhsanh de loq miz cengca，geicongz raez 160 lizmij. Aen doengz faen maeraeh de dwg samgak，loengzcuk iqet，cimcuk soqliengh dinghmaenh youq 40 diuz baedauq. Gyaeujlaeng gangganj duengqdawz aen loengzcuk de cigciep lienzdawz dapbanj，baenzneix，daemj seiz din mbouj ndaej lizhai dapganj. Cungj gei loengzcuk neix mbouj miz aendaeuq，youq doenggvaq deihvang seiz yungh cungj cax dwkvang giem miz gij goengnaengz aendaeuq haenx，yiengh de caeuq fag cax dwkvang aen gei daemjman Vanzgyangh gwnzneix gangj haenx doxdoengz.

（2）宾阳竹笼土织机（图5-4-12）。这类织锦机分布的范围很广，南达忻城、宾阳，北到环江等。机台长173厘米，从前端到后端呈倒梯形。前端宽65厘米，后端宽79厘米，机架高109厘米。机架中部和上部有两个杠杆结构，分别用来拉地综和编结有花本的竹笼，竹笼机因此得名。悬挂竹笼的杠杆长约150厘米，后端吊有重物以保持平衡。竹笼两头用细绳垂挂一根竹棍来分两面通丝。竹针编排在竹笼周围，整个竹笼就是花本。织花时根据编好的程序顺序取下竹针，拉起一织组提花通丝牵动经线形成开口即可。竹笼机上的竹针数可达100余根，少的也有30多根，根据织锦图案的繁简增减。竹笼机只用一片地综，配以踏杆，就能完成平纹地的制织。这片地综不是长方架子的综框，它由综丝与综杆组成，每根综丝带动一根底经。综杆上连杠杆，杠杆后端连着踏板。竹笼机地综形成梭口的过程是：在卷经轴稍前的位置有一个直径约14厘米的分经筒，使底经和面经分开，这样便形成了第一次梭口。脚动踏杆，因杠杆作用提起地综，底经跟随而起，变成面经。这样形成的第二次梭口很小，还需要通过一个一端尖形的竹筒以加大梭口，便于引纬。事后取出竹筒，放开踏杆，便复回原来的形态，又形成第一次梭口。此外，环江毛南族自治县的温平、下南、川山一带还有一种外形、原理与宾阳竹笼机大致相同的竹笼机。温平竹笼机接近宾阳竹笼机，尺寸略小。下南、川山两地的竹笼机略有差异，机台长160厘米。分经筒呈三角形，竹笼小巧，竹针数固定在40根左右。悬挂竹笼的杠杆后端直接连着踏板，这样，工作时脚不能离开踏杆。这种竹笼机没有梭子，在通过地纬时用一种兼有梭子功能的打纬刀，其形状与上述的环江织锦机的打纬刀相同。

Doz 5-4-12　Aen gei loengzcuk Binhyangz（Gvangjsih Gih Minzcuz Bozvuz gvanj hawj doz）
图5-4-12　宾阳竹笼土织机（广西壮族自治区民族博物馆　供图）

（3）Aen gei daemjman Cingsih（doz 5-4-13）. Bouxcuengh dieg baihsae Guengjsae rangh Cingsih de cujyau sawjyungh loih gei daemjman neix. Ndanggei de youz geicongz、gei'gyaq song bouhfaenh gapbaenz. Geicongz raez 173 lizmij, lumj aenlae dauqdingq. Gyaeujgonq gvangq 65 lizmij, gyaeujlaeng gvangq 77 lizmij. Maeraeh daj diuz liengz laeng gei'gyaq okdaeuj, daengjsoh doekroengz daengz diuz sug faenraeh gvaqlaeng suijbingz cienjyiengq, doenggvaq benqcung、aenfwz daengz diuz sug gienjbaengz. Aenfwz cang youq gwnz diuz ganjbaet, baenghciq gij cungqlig caeuq gvenqsingq diuz ganjbaet dwkndaet maevang. Aenfwz gvaqlaeng dwg song benq deihcung, deihcung youz gvaenghcung caeuq maecung gapbaenz raezseiqfueng, gwnz laj aeu diuz ganjcuk guh gvaenghcung, gyang de dwg maecung. Song benq deihcung lajde lienz dapbanj.Daezva maecung gapbaenz youz 30 benq baedauq cuengq youq laeng deihcung. Daezva maecung youz ganjcung caeuq maecung gapbaenz, ciuq gonqlaeng baizlied, duengq youq gwnz gei'gyaq. Daemjraiz seiz ciuq gij iugouz aen dozanq soj daemj de gonqlaeng daezhwnj daezva benqcung, yiendoengh maeraeh guhbaenz bakhai bae daemjraiz. Loih gei daemjman neix dawzroengz daezva benqcung couh ndaej yungh daeuj daemjbaengz, daj neix yawjdaeuj mbouj dwg aen gei cienyungh daemjman.

（3）靖西织锦机（图5-4-13）。靖西一带桂西地区的壮族民众主要使用这类织锦机。机身由机台、机架两部分组成。机台长173厘米，呈倒梯形。前端宽65厘米，后端宽77厘米。经纱从机架后梁出发，垂直下降到分经轴后水平转向，通过综、筘到卷布轴。筘装置在摆杆上，借助摆杆的重力和惯性来打紧纬纱。筘之后是两片地综，地综由综框和综丝组成长方形，上下以竹竿为综框，其间是综丝。两片地综下连踏板。提花综丝组成有30片左右置于地综之后。提花综由综杆和综丝组成，从前到后依次排列，悬挂在机架上。织花时按所织图案要求顺次提起提花片综，牵动经线形成开口，进行织花动作。这类织锦机取下提花片综即可用于织布，看来不是专用的织锦机。

Doz 5-4-13　Aen gei daemjman Cingsih
图5-4-13　靖西织锦机

Haj. Daemjcauh Fuengfap Caeuq Daegdiemj
五、织造方法和特点

Gij daemjcauh fuengfap、yenzlij Mancuengh caeuq gizyawz gaiqdaemj baengzsei、baengzfaiq daengj gihbwnj dwg doxdoengz, doengzyiengh aeu ginggvaq soengqraeh、haibak、douzdaeuq、dwkvang daengj gocwngz, hoeng youq gidij dawzguh gwnzde hix miz gij daegdiemj de.

壮锦的织造方法、原理和其他丝织、棉织等织物基本上是一致的，同样要经过送经、开口、投梭、打纬等过程，但在具体操作上亦有其特点。

Gij cujciz Mancuengh dwg youq gwnz giekdaej daejbaengzraizbingz, yungh gij yungzsei mbouj doengz yienzsaek de dajsan ok gak cungj raiz. Gezgou raiz de, itbuen dingzlai dwg 3 daeuq guhbaenz, deng heuh guh "fapsamdaeuq"（doz 5-4-14）, daih'it daeuq dwg hwnj vangraiz, daihngeih daeuq dwg daemj vangdeihraiz, daihsam daeuq dwg daemj raizbaengzbingz（raizbingz）. Neix dwg gij cujyau hingzsik Mancuengh. Aeu aen gei loengzcuk guh laeh, gij godij dawzguh cwngzsi de dwg:

壮锦的组织是在平纹布底的基础上，用不同颜色的丝绒编织出各种花纹。花纹的结构，一般多为3梭完成，被称为"三梭法"（图5-4-14），第一梭是起花纬，第二梭是地纹纬，第三梭是平布纹（平纹）。这是壮锦中的主要形式。以竹笼机为例，其个体操作程序是：

Daih'it daemj vangraiz. Din gvaz caij faj dapbanj aen loengzcuk，daiz hwnj aen loengzcuk，daezhwnj gij maeraeh giz mbouj miz raiz de，ciuq gij raiz de iugouz，aeu fwngz faenduenh yinxhaeuj gak cungj vangsaek，aeu aenfwz dwkndaet，caemhcaiq daiz hwnj din gvaz，hawj aen loengzcuk doekroengz，yungh fwngz aeu diuz mbaenqcuk hwnjraiz de roengzdaeuj senj cuengq youq gwnz aen loengzcuk.

第一织花纬。右脚踩竹笼踏板，抬起竹笼，提起不显花部位的经纱，按照花纹要求，以手分段引入各种色纬，以筘打紧，并抬起右脚，让竹笼下降，以手取下竹笼的起花竹棍移放于竹笼上。

Daihngeih daemj vangdeih. Din gvaz caiq caij faj dapbanj aen loengzcuk，daiz hwnj aen loengzcuk，daezhwnj gij maeraeh giz daej miz raiz de，aeu fwngz faenduenh yinxhaeuj gij maesei miz gak cungj yienzsaek haenx，aeu aenfwz dwkndaet，caemhcaiq daiz hwnj din gvaz，cungz hawj aen loengzcuk doekroengz，yungh fwngz aeu diuz mbaenqcuk hwnjraiz de roengzdaeuj senj cuengq youq gwnz aen loengzcuk.

第二织地纬。右脚再次踩竹笼踏板，抬起竹笼，提起底面显花部位的经纱，以手分段引入各种颜色的丝线，用筘打紧，并抬起右脚，重让竹笼下降，以手取下竹笼的起花竹棍移放于竹笼上。

Daihsam daemj vangraizbingz. Din swix caij faj dapbanj benqcung，daezhwnj gen ngauz benqcung，daiqdoengh benqcung caeuq maeraeh caengz daej de swnghwnj，aeu fwngz nyaenxat diuz ganjmae，guhbaenz bakdaeuq（bakdaeuq iq lai，lij aeu conhaeuj aen doengzcuk faengeuj gyaeuj ndeu soem haenx，aj hung bakdaeuq），yungh aendaeuq yinx vang，caemhcaiq aeu aenfwz dwkvang.

第三织平纹纬。左脚踩综片踏板，提起综片摇臂，带动综片和底层经纱上升，以手按压纱杆，形成梭口（梭口太小，尚需穿入一个一端尖的分绞竹筒，让梭口张大），用梭子引纬，并以筘打纬。

Daihseiq daemj vangraiz. Gunghyi lumj daih'it bouh、daihngeih bouh.
第四织花纬。工艺如同第一步、第二步。

Daihhaj daemj vangdeih raizbingz. Neix dwg leihyungh aen bakdaeuq aen doengzluenz faen maeraeh swyenz guhbaenz de yinxvang dwkvang，mbouj yungh diebdoengh faj dapbanj benqcung.
第五织平纹地纬。这是利用分经纱圆筒形成的自然梭口引纬打纬，不需踏动综片踏板。

Baenzneix baedauq. Soengq raeh youz vunzgoeng diuzcez，itbuen daemj geij daeuq gvaqlaeng，couh cienjdoengh diuz sugraeh baez he，cuengq duenh maeraeh le caiq daemj（doz 5-4-14）.

如此循环往复。送经由人工调节，一般织几梭之后，即转动一下经轴，放一段经纱后再织（图5-4-14）。

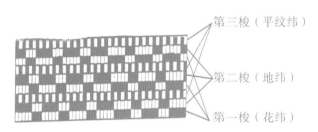

Doz 5-4-14　Cujhab gij raizdaemj Mancuengh
图5-4-14　壮锦织纹组合

Linghvaih lij miz cungj fap song daeuq caeuq cungj fap seiq daeuq, hoeng gig yungh noix. Ndaej naeuz, gij gunghyi daemjcauh Mancuengh de: It dwg leihyungh raizngeng、raizbingz cujciz cauxbaenz mbaw mandaezva iq; ngeih dwg youq gwnz gij cujciz deihraizbingz, yungh vangraiz diuva, cauxbaenz daengx fuk baengzraiz hung.

此外还有二梭法和四梭法，但很少用。可以说，壮锦织造上的工艺：一是利用斜纹、平纹组织构成小提花锦；二是在平纹地的组织上，用彩纬挑花，构成整幅大型花纹。

Mancuengh dwg yungh gij seiyungz caeuq maesienq caizliuh soeng'unq、gig miz danzsingq de daemjguh, gij raizbingz maeraeh caeuq maevang doxgyau daemjbaenz de deng song daeuq gij raizdeih caeuq raizva seiyungz dukndaet, raizbaengz mbouj laeuh ok youq gwnz man. Doengzseiz, maevangraiz dwg ciuq saekraiz iugouz, riengz dajsan raizdeih caeuq raizbingz daeuj cix gvaenxgvax hopheux condiu hwnj gwnz, mbouj dwg dauh dog con gvaq daengx aen bakdaeuq, neix heuh guh maevang buetdinj. Youq dajsan seiz, diu caeuq daemj song dauh gunghsi neix doengzseiz bae guh. Yienznaeuz daemj menh, hoeng ndaej yungh swnh fwngz, gij saek yienghraiz de ndaej seizbienh bienqvaq, yienjok sengdoengh hozboz. Neix hix dwg doenghgij daegdiemj daemjcauh Mancuengh cungj ndeu.

壮锦是用质地松软、富有弹性的丝绒和纱线织制，经线和纬线交织而成的平纹被丝绒的地纹和花纹两梭紧紧包住，布纹不露织物表面。同时，花纹纬线是按花纹色彩要求，随着地纹和平纹的织制而回旋缠绕向上穿挑，不是一道穿过整个梭口，这谓之短跑纬线。在织制时，挑与织两道工序同时进行。虽然织做缓慢，但运用自如，纹样的色彩可以任意变化，显得生动活泼。这也是壮锦在织造上的特点之一。

Mancuengh dwg beksingq daemj、beksingq yungh, miz aen giekdaej gyoengqvunz yungh lai. Gij binjcungj de gig lai, yunghcawq gvangq, miz damjcongz、songzmoeg、baengzdaiz、gaiqdemh、bauriuj、bauvenj、gaengyaeuj、gaengyokhoz、diuz gyangnda、saihwet、baufug、henzbuh caeuq venjciengz、bingzman daengj（doz 5-4-15）. De caizliuh gietsaed naihyungh, saekva lai yiengh, habyungh、ginghci、ndeiyawj, gij souhdaengz Bouxcuengh caeuq boux aen minzcuz gizyawz maijgyaez. Gu Lieng《Fwen Mancuengh》naeuz："Man beix raiz gyaepbya, duz bit gyaeujheu baengh man. Man mwngz guh moegdemh beix, man beix guh moeghoemq mwngz. Demhhoemq youq lajgwnz, baenzciuh mbouj faenhai." Daj neix raen ndaej ok,

Mancuengh youq dahsau daegmbauq Bouxcuengh baedauq ndawde miz faenhliengh gig youqgaenj, de ciengzciengz baenz gij doxgaiq biujyienh saimbwk doxndiep.

壮锦来之于民，用之于民，有广泛的群众基础。它的品种很多，用途广，有床毯、被面、台布、几垫、提包、挂包、头巾、围巾、背带心、腰带、包袱、衣边壁挂，以及锦屏等（图5-4-15）。它质地结实耐用，花色多样，适用、经济、美观，深受壮族人民和各族人民的喜爱。顾谅《洞锦歌》说："郎锦鱼鳞纹，侬锦鸭头翠。侬锦作郎茵，郎锦裁侬被。茵被自两端，终身不相离。"由此可见，壮锦在壮族妙龄男女交往上有着很重要的作用，它往往表现为男女爱情的物化标志。

Doz 5-4-15   Ciuq Minzgoz seizgeiz daemj ok gij gaen'gyaeuj daengj doxgaiq, gig ndaej Bouxcuengh vuenheij
图5-4-15   按照民国时期头巾和壮锦织法制出的织物，深受壮民喜爱

Mancuengh mboujdan miz saedyungh gyaciz, caemhcaiq miz yisuz gyaciz gig sang, dwg cungj yisuzbinj gyaeundei ndeu, daengh ndaej hwnj dwg cungj doxgaiq maenh'ak daiqbiuj Bouxcuengh cien bak bi doxdaeuj youq daemjbaengz gisuz fuengmienh miz haenx.

壮锦不仅有实用价值，而且有很高的艺术价值，是一种美丽的艺术品，无愧为壮族千百年来在纺织技术方面的杰出代表。

Daihhaj Ciet   Gij Gunghyi Nyumxsaek
第五节   染色工艺

Handai, hangznyumxsaek Guengjsae gaenq maqhuz fatdad, cojcoeng Bouxcuengh nyumx baengzndaij、mae'ndaij、genhsei baenz gak cungj yienzsaek gaenq dwg gienh saeh maqhuz bujben ndeu. 1957 nienz, aen moh Handai Gveigangj Si Dunghhuz oknamh le aen saeuqmeng sam congh ndeu (doz 5-5-1), sang 21.3 lizmij, raez 28.5 lizmij, gvangq 20.6 lizmij. Baihnaj cang raizgek, conghheuq cauhbaenz lumj duzfw ajbak ngiengx hwnj mbwn bae ciepaeu doxgaiq；conghsaeuq cungqgyang de cuengq miz aen rekmeng ndeu, henz de miz boux yungjmeng ndeu, cingqcaih daj ndaw rek lauz baengznyumx okdaeuj caemhcaiq faenjbaenz diuzluenz, cuengq youq gwnz henz rek. Linghvaih gwnz song aen conghsaeuq faenbied miz boux yungjmeng ndeu. Aen baihnaj de, dwg boux yungjmeng ndwn, cingqcaih cuengq doxgaiq haeuj ndaw rek bae；lingh boux yungjmeng cix dwg boemzhoemj youq naj dousaeuq, ngaem'gyaeuj muenghyawj haeuj ndaw saeuq bae, gig mingzyienj dwg bouxyungj coemhfeiz. Laj daizdaeuq lij miz bouxyungj ndeu caeuq aen gangraemx hung ndeu. Bouxyungj neix cingqcaih demh giujdin hwnjdaeuj, song fwngz daek raemx haeuj ndaw gangraemx bae, aen gangraemx neix gig hung, sang de gaenq daengz bakaek boux yungjmeng. Neix dwg gaiqhaem aen ranznyumx gig sengdoengh gaenh caen ndeu. Doengh gaiqhaem neix, daj mbiengjjwnq fanjyingj le Handai gij canggvang hangznyumxsaek mbanj Cuengh. Gij cangcaenq raizdauq aen moh Handai 1 hauh Gveigangj Si Lozbwzvanh oknamh de, miz ndaem、hoengz song cungj yienzsaek, siengsaenq cungj dwg bonjdeih nyumxcawj.

　　汉代，广西的染色业已相当发达，壮族先民将麻布、麻线、丝绢染成各种颜色已是相当普通的事。1957年，贵港市东湖汉墓出土了一个五俑三眼红陶灶（图5-5-1），高21.3厘米，长28.5厘米，宽20.6厘米。前面饰方格纹，烟囱制成龟嘴仰天接物状；中间灶眼置一口陶锅，其旁有一陶俑，正从锅内捞出染布并扭成圆条状，放在锅沿上。另外两个灶眼上各有一个陶俑。前面的一个，为一站立陶俑，正往锅里投放物体；另一个陶俑则踞伏在灶门前，低头朝灶里张望，显然是烧火俑。灶台下还有一个人俑和一只大水缸。该俑正踮着脚跟，双手向水缸内舀水。水缸甚大，其高度已及陶俑胸部。这是一个非常生动逼真的染房明器。这些明器，从侧面反映了汉代壮乡的染色业状况。贵港市罗泊湾1号汉墓出土的回纹饰，有黑、红两种颜色，相信都是当地染煮的。

Doz 5-5-1　Saeuq meng sam congh Dunghhan, youq Guengjsae Gveigangj Dunghhuz oknamh, yungh daeuj nyumx saek

图5-5-1　广西贵港市东湖出土的东汉长方形五俑三眼红陶灶，用于染色作业

It. Gij Yienzliuh Nyumxman

一、染锦的染料

Gij man aen moh Sihhan mbanj Cuengh oknamh de miz hoengz ndaem song saek. Gij gvang'vuz saek hoengz de, youq mbanj Cuengh cawzliux rincej, lij miz rincuhsah（couh dwg dansa）, seizgeq heuh guh danh. Danh yienh ok gij saekhoengz de cinghseuq cingqhangq, ronghsien. Doenghgo fuengmienh, youq mbanj Cuengh cujyau dwg gocen, de ndaej nyumx guh saekhoengz. Ciuq Sungcauz Couh Gifeih《Lingjvai Daidaz》geiq: Sungdai mbanj Cuengh ceiqcauh ruzgaeu, aeu gocen daeuj daksauj yienzhaeuh dienzsaek luengqbenj ruz, couhcinj mbouj yungh loih doxgaiq daeuh go'gyaeuq dienzcung hix mbouj haeuj raemx. Gangjmingz ienggocen miz gyauh gwd lai, ndaej boujhab gij luengq benjruz, yungh daeuj guh yw'nyumx, gawq aeundaej le saekhoengz, youh mbouj yungzheih doiqsaek. Cangoz roxnaeuz Cinz Han seizgeiz, gojnwngz Bouxcuengh gaenq ndaej rox yungh meiz daeuj nyumx ndaem. Hix couh dwg youq ndaw gij yw'nyumx doenghgo miz danhningzsonh de, cuengqhaeuj gij yw nyumxmeiz, sawj de bienq ndaem. Gij doenghgo hamz miz danhningzsonh de miz makrenh、maksieng、vujbeiswj、mbawndae、mbawdunghcingh、byuklaeq、byukcehmbu、mbawriengnou、mbawgoux daengj, gij ieng doenghgo neix caeuq gyufaz dox miz cozyung, sawj de youq gwnz gaiqbaengz caem baenz gij saekndaem danhningzsonhdez. Cungj saek caem baenz neix singqcaet onjdingh, ndit dak raemx swiq cungj mbouj yungzheih doiqsaek（Guengjsae baujcunz gij ndangdaenj Minzgoz seizgeiz de raen doz 5-5-2、doz 5-5-3）. Gij man deihndaem aen moh Handai Gveigangj Si Lozbwzvanh oknamh de, ginggvaq song cien lai bi lij caengz doiqsaek, wngdang dwg caijyungh le cungj fap nyumxmeiz.

壮乡西汉墓出土的织锦有红黑二色。红色的矿物颜料,在壮乡除赭石外,还有朱砂(即辰砂),古时称为丹。丹显示的红色光泽纯正,鲜艳。植物方面,在壮乡主要是用茜草,它可以染制红色。据宋周去非《岭外代答》载:宋代壮乡制造藤舟,将茜草晒干后填塞板缝,即使不用桐油灰之类的填充物也不进水。说明茜草汁具有很浓的胶汁,能补合船板间的缝隙,用它做染布,既得了红色,又不易褪色。战国或秦汉时期,可能壮人已懂得用煤染法染黑。也就是在有单宁酸的植物染料中,放入煤染剂,使其变黑。含有单宁酸的植物材料有楝实、橡实、五倍子、柿叶、冬青叶、栗壳、莲子壳、鼠尾叶、乌桕叶等,这些植物的汁与铁盐相互作用,使之在织物上生成单宁酸铁的黑色色淀。这种色淀性质稳定,日晒水洗都不易褪色(广西保存的民国时期的服饰见图5-5-2、图5-5-3)。贵港市罗泊湾汉墓出土的黑地锦,历经两千余年仍未褪色,当是采用了煤染法。

Doz 5-5-2　Minzgoz seizgeiz Guengjsae Dasinh yen yoce gij buh vunj cin cou mehmbwk Bouxcuengh, seizneix saek lij moqsuemq

图5-5-2　广西大新县保存的民国时期壮族妇女春秋时节上衣和裙子，至今色彩鲜艳

Doz 5-5-3　Minzgoz seizgeiz Guengjsae Lungzcouh yen yoce Gij buhdoeng caeuq saihwet mehmbwk Bouxcuengh

图5-5-3　广西龙州县保存的民国时期壮族妇女的冬装上衣和腰带巾

Mbanj Cuenghyungh doenghgo guh yw'nyumx de cujyau dwg yungh goromj（hix heuh goo）.Goromj dwg cungj nywj ndeu, yienzlaiz dwg maj youq gyangndoeng, doeklaeng dingzlai dwg vunzgoeng dajndaem. Mbawromj hamz miz ienglamz, ndaej daezaeu guh cungj yw'nyumx saeklamz, vahsug naeuz romj, yungh daeuj nyumxbaengz, yienzsaek gvaq nanz cix mbouj bienq. Bouxcuengh cigdaengz gaenhdaih gij saekbaengz yungh daeuj guh buhdaenj de, dingzlai dwg yungh romj daeuj nyumxbaenz.

壮乡作染用的植物主要是蓝草（也称蓼草）。蓝草是一种草本植物，原为野生，后多为人工种植。蓝草叶子含蓝汁，可以提制蓝色染料，俗称蓝靛，用来染布，颜色经久不变。壮族直到近代穿用的布料着色，大部分是用蓝靛染成的。

Ngeih. Nyumxsaek Gunghyi

二、染色工艺

Mbanj Cuengh nyumxlamz dingzlai dwg youz mehmbwk daeuj dawzguh, gij fuengfap cauh romj de cungj dwg daxmeh bakcienz dahlwg. Gij gunghyi de dwg: Dawz gij mbaw goromj mbaet aeudauq de, cuengq haeuj aen daemzromj（vahsug naeuz gangromj） cienmonz laeb haenx oemqcimq 5 ngoenz 5 hwnz. Caj raemx bienq lamzlaeg, fat ok cungj "feihlamz" gagmiz gvaqlaeng, lauz ok mbawromj, douz yinz habliengh hoigau haeuj ndaw daemz bae, yungh faexmbaenq（roxnaeuz songzmou） yungh rengz hoed seiq haj cib faencung. Dang gwnz raemx fouz hwnj daihliengh vabop saekloeg seiz, couh ndaej dingzcij, yienzhaeuh yungh mbawgyoij hoemq hwnjdaeuj. Gvaq song ngoenz le, hoigau caeuq romj vahoz caemdingh, daek gij raemxsaw gwnzde bae, louz gij raemxromj gwd lajdaej, caj de gietbaenz, yungh aenbeuz daek okdaeuj cang haeuj ndaw gang bae, couh baenz le gij gauromj nyumxguh baengzdoj Bouxcuengh. Gij baengzdoj ndaem、baengzdoj ndaemlaeg bingzciengz de couh dwg yungh cungj raemxromj neix nyumxbaenz. Gij gunghyi nyumxbaengz de dwg: Cuengq gauromj haeuj ndaw gangromj bae guh cawjliuh, gyahwnj buenq gyang lai raemxsaw, cabhaeuj song sam liengx cungj laeujhaeuxcid gag oemq haenx, couh baenz yw'nyumx. Moix ngoenz gyanghaet, yungh faexmbaenq（roxnaeuz songzmou） hoeddoengh baez ndeu, gvaq 7 ngoenz 7 hwnz, gij raemxromj ndaw gang yienh ok saekhenj le, couh ndaej cuengq baengz haeuj ndaw gang bae nyumxguh. Moix ngoenz aeu cimqnyumx baengz baez ndeu, moix baez 3 siujseiz baedauq, lauz baengz okdaeuj le yungh raemx swiqcengh daksauj. Gvaqlaeng moix ngoenz ciuq neix dawzguh baez ndeu, ginggvaq 10 lai baez, vanzlij 20 lai baez cimqnyumx le, baengz couh ndaej nyumx ndei lo. Nyumx baezsoq noix, baengz couh yienh ok saeklamz roxnaeuz saek lamzlaeg, nyumx baezsoq lai, baengz couh dwg saekndaem.

壮乡的蓝染操作大多是由妇女从事，蓝靛制作方法都是母女口耳相传。其工艺是：将采回的蓝草叶子，放进专设的蓝靛池（俗称染缸）里沤泡5天5夜。待水变成深蓝色，发出一种特有的"蓝味"后，捞出蓝叶，将适量的石灰膏均匀地投入池中，用木棒（或猪笼）用力搅动四五十分钟。当水面泛起大量的绿色泡花时，即可停止，然后用芭蕉叶盖起来。两天后，石灰和蓝靛化合沉淀，将上面的澄水舀去，留在底部的蓝靛浓汁，待其凝结，用器皿舀出装入罐内，就成了染制壮家土布的膏状蓝靛染料。一般的土黑布、土蓝黑布就是用这种蓝靛汁染成的。染布的工艺是：将蓝靛膏放进蓝靛缸里作主料，加上大半缸清水，掺进二三两自制的糯米酒，便成为染料。每天清晨，用木棍（或猪笼）搅动1次，7天7夜后，缸里的蓝靛水呈现黄色，即可将布放进缸里染制。每天要将布泡染1次，每次3小时左右，将布捞出后用水洗净晒干。以后每天照此操作一遍，经过10多次，甚至20多次泡染后，布便染好了。染的次数少，布呈蓝色或蓝黑色，染的次数多，布是黑色。

Doz 5-5-4　Mehmbwk Bouxcuengh Guengjsae Yougyangh daenj buh gag nyumx
图5-5-4　广西右江身穿传统织染加工衣衫的壮族妇女

Ciuhgeq mbanj Cuengh gij doenghgo yunghguh yw'nyumx de，cawzliux goromj caujbwnj，lij miz gosuhfangh、goraeu、gofaex beggoj daengj muzbwnj。Ndawde gosuhfangh ndaej nyumx saek hoengzlaeg，goraeu ndaej nyumx saekndaem，gofaex beggoj（youh heuh gosulanz）ndaej nyumx saeklamz。

古代壮乡用作染料的植物，除了草本的蓝草，还有木本的苏枋、枫香、银木等。其中苏枋可染深红色，枫香可以染黑色，银木（又名树蓝）可以染蓝色。

Gij nyumxsaek gunghyi Bouxcuengh daihgaiq miz gaujnyumx、geujraiz、labnyumx daengj geij cungj。Cungj gunghyi nyumx gij baengz bujdungh mbouj miz raiz de haemq genjdanh，cij aeuyungh dawz gij baengz daemj ndei de cuengqhaeuj ndaw rek bae cawjnyumx couh ndaej。Hoeng aeu nyumx ok raiz，couh aeu caijyungh gij gunghyi gisuz wnq。

壮族的染色工艺大致有轧染、绞缬、蜡染等几种。染普通无纹饰的布工艺比较简单，只需将织好的布放入锅中煮染即可。而要染出纹饰，就得采取另外的工艺技术。

Gaujnyumx dwg cungj fuengfap nyumxsaek dawz baengz cimq haeuj yw'nyumx bae le，yungh aen gengauj daeuj nyaenxat，sawj yw'nyumx cimq haeuj ndaw baengz caemhcaiq nyaenx raemx bae。

轧染是将织物渍浸染液后，用轧辊按压，使染液透入织物并除去液的染色的方法。

Geujraiz，youh heuh "sezraizgvaengh"，ndawbiengz doengciengz heuh guh "sezva"。Neix dwg ndawbiengz Cungguek cungj nyumxfap gingciengz yungh ndeu。Gij gunghyi bouhloh de dwg：Sien youq gwnz baengz yungh diuzcuk cimq liuhsaek，veh ndei raizva，yienzhaeuh yungh cimmae nyib ndaet raizva，caiq cuengq haeuj gangromj bae nyumxsaek。Doeklaeng cek sienq deuz，giz yienzlaiz yungh sienq nyibndaet de nyumx mbouj daengz，raizva couh ndaej baujciz le gij saekdiuh yienzlaiz。Geujraiz miz gyagoeng baenz saek dog caeuq gyagoeng baenz lai saek daengj cungj。Gyagoeng baenz saek dog cijaeu yungh cungj yienzsaek dog dajveh dozanq，gyagoeng baenz lai saek cix aeuyungh lai cungj yienzsaek daeuj dajveh dozanq，yienzhaeuh nyibndaet, caiq nyumxromj couh ndaej. Cingsih、Dwzbauj、Yinhcwngz、Yizsanh、Lungzcouh、Denhngoz daengj dieg Cuengh ceiq riuzhengz cungj fuengfap geujraiz nyumxsaek. Hoeng itbuen nyumxguh gij gaen、moegbeu、riep daengj saek dog haenx, dingzlai dwg caijyungh cungj fuengfap saekromj dog daeuj gyagoeng.

绞缬，又名"摄晕缬"，民间通常称为"摄花"。这是中国民间常用的一种染法。其工艺步骤是：先在丝绸布帛上用竹片沾色料，画好花纹，然后用针线将花纹密缝紧，再置入蓝靛染缸中染色。最后将线拆开，原来用线缝紧之处染不到，花纹便保持了原来的色调。绞缬有单色加工和多色加工等种。单色加工只需要用单种颜色绘画图案，多色加工则用多种颜色绘画图案，然后密缝起来，再染蓝靛即可。靖西、德保、忻城、宜山、龙州、天峨等壮乡最流行绞缬染色法。而一般染制单色的毛巾、被单、蚊帐等，多采用蓝靛单色加工方法。

Labnyumx youq ciuhgeq heuh guhhozraiz、labraiz caeuq labman daengj. Fuengfap dwg sien yungh fagcax cienmonz de caemj lab youq gwnz baengzhau veh ok gijhoz dozanq roxnaeuz yienghraiz dujva、gorum、duznon、duzbya daengj, yienzhaeuh cuengq haeuj gangromj bae nyumxsaek, fanz dwg giz miz lab de, saeknyumx cimq mbouj ndaej haeujbae. Nyumx ndei le, yungh raemx cawj lab bae, couh baenz gij doxgaiq labnyumx saeklamz raizhau. Aenvih lab miz gij daegsingq deng ndat couh yungz、deng caep couh giet, ndigah youq dajveh seiz aeu miz gij ginwngz suglienh. Lab ndat lai sienqdiuz couh vaqhai, yungzheih byaijsanq, raizva bienq yiengh；lab caep lai cix mbouj yungzheih riuzdoengh, sienqloh raizva dingzdingz duenhduenh、mbouj caezcingj. Gij labnyumx gunghyi mbanj Cuengh miz lizsij gyaeraez, youq gaxgonq Sungcauz couh mizyouq. Mingzcauz Cinghcauz seizgeiz, mbanj Cuengh hwnghengz labnyumx. 1975 nienz, Denhdwngj Yen fatyienh aen moh Genzlungz nienzgan（1736～1795 nienz）, bouxcawj aen moh de heuh Cau Gunh, ndaw moh buenxhaem miz 3 diuz gaenhau doj, gaen seiqhenz cungj miz gij cangcaenq labnyumx, cujyau dwg gij raizraemxlangh daejlamz saekhau. Guengjsae Bouxcuengh Swcigih Bozvuzgvanj soucangz miz Minzgoz seizgeiz gij gaen'gyokhoz doj caeuq denzbeu doj labnyumx haenx, dwg ginggvaq cawjgoenj duet lab gunghyi cawqleix cix yienh ok gij dozanq raizfwjbyaj、raiz dajsan daejlamz saekhau daengj. Doenghgij labnyumx gunghyi neix miz gij daegdiemj cinghseuq、danyaj、gyaeundei, gawq saedyungh youh ndeiyawj daihfueng. Nyumxsaek gunghyi youq mbanj Cuengh miz lizsij gyaeraez, ciengzgeiz doxdaeuj, Bouxcuengh caeuq Bouxyiuz、Bouxmiuz daengj aen beixnuengx minzcuz caezcaemh youq haenx gingciengz gyauhliuz, hag gijndei bouj gijrwix, sawj doenghgij gisuz neix youq yungzhab gocwngz ndawde engqgya cingzsug, gunghyi liuzcwngz bienq ndaej hableix, guhbaenz le gij minzsug mbanj Cuengh gagmiz, baujlouz daengz ngoenzneix.

蜡染在古代称为蜡缬、蜡缬和蜡幔等。方法是先用专用的蜡刀蘸蜡在白布上画出几何图案或花草虫鱼纹样，然后放入蓝靛缸染色，凡有蜡之处，染色不能渗入。染好后，用水煮去蜡，即成为蓝色地白花纹的蜡染成品。由于蜡有受热熔化，受冷凝结的特性，所以在描绘时要具备熟练的技能。蜡太热则线条化开，易于走散，花纹变形；蜡太冷则不易流动，花纹线路断断续续、不整齐。壮乡蜡染工艺历史悠久，在宋以前即存在。明清时期，壮乡蜡染盛行。1975年，天等县发现清乾隆年间（1736~1795年）的墓葬，墓主叫赵昆，幕中陪葬有3条白十布巾，布巾四边都有蜡染纹饰，主要是蓝底白色的水波纹。广西壮族自治区博物馆收藏有民国时期的蜡染土布围巾和被面，是经过煮沸脱蜡工艺处理而显现出蓝底白色云雷纹、编织纹等图案的。这些蜡染工艺品具有朴实、淡雅、清丽的特点，既实用又美观大方。染色工艺在壮乡历史悠久，长期以来，壮族与共同生活在一起的瑶、苗等兄弟民族经常交流，互补长短，使这些技术在融合过程中更加成熟，工艺流程合理化，形成了壮乡独特的民俗，保留到现在。

Camgauj Vwnzyen　参考文献

［1］莫一庸.广西地理［M］.文化供应社，1947.

［2］张先辰.广西经济地理［M］.文化供应社，1947.

［3］林钊，吴裕孙，林忠干，等.福建崇安武夷山白岩崖洞墓清理简报［J］.文物，1980（6）.

［4］胡竟亮.关于棉业的史料［M］.北京：中国棉业出版社，1984.

［5］巫惠民.壮族几何图渊源初探［J］.广西民族研究，1986（1）.

［6］余天炽.古南越国史［M］.南宁：广西人民出版社，1988.

［7］吴伟峰.广西壮族的织锦技术［J］.广西民族研究，1990（3）.

［8］广西壮族自治区博物馆编委会.广西贵县罗泊湾汉墓［M］.北京：文物出版社，1988.

［9］陈炳应.中国少数民族科学技术史丛书纺织卷［M］.南宁：广西科学技术出版社，1996.

［10］郑超雄.广西工艺文化［M］.南宁：广西人民出版社，1996.

Daihroek Cieng　Gisuz Gencuz

第六章　建筑技术

Seizdaih Sinhsizgi geiz gyang dem geiz laeng, vunz Bouxyaej lingjnamz ok gamj yungh faex guh rongz, caemh mboujduenh caux moq, cix guhbaenz aenranz. Dajneix hwnj ciuhgeq Bouxcuengh vunz Bouxyaej lingjnamz mboujduenh dawz goengfou hwnq ranz daezsang guhdaih, cauxbaenz aen hingzsik caux ranz cihgeij gag miz. Cingcauz codaeuz Giz Daginh 《Vahmoq Guengjdoeng》 gienj daihcaet gangj "Daj Libuj daengz Bingznamz, Cuengh dem Minz (ceij Bouxgun) cab youq, mbouj rox faen, daihgaiq youq ranz saeudaemq dwg Minz, youq ranz saeusang dwg Cuengh", couhdwg doiq neix daeuj gangj. Daj vwnzva Cunghyenz haeuj baihnamz caeuq vwnxva Bouxcuengh githab le, gencuz sezgi dieg Bouxcuengh, yunghliuh dem goengngeih daengj haicaux le aen gizmienh moq. Cinhvujgoz Yungzyen、Dapsez Gvilungz Cungzcoj dem gencuzginz yazmonz dojsei Yinhcwngz okmingz baenz seiqgyaiq, mbouj vi baenz dujvaq lenglet gwnz gencuzsij Cungguek.

新石器时代中晚期，岭南越人走出洞穴构木为巢，并不断创新，发展成了干栏建筑。自此壮族先民岭南越人不断将干栏建筑发扬光大，形成了自己独特的建筑形式。清初屈大均《广东新语》卷七说"自荔浦至平南，壮与民（指汉人）杂居，不可辨，大抵屋居者民，栏居者壮"，即就此而言。自中原文化南来与壮文化融合后，壮族地区的建筑设计、用料及工艺等开辟了一个新的局面。容县真武阁、崇左归龙斜塔及忻城土司衙门建筑群等驰名中外，无愧为中国建筑史上的奇葩。

Daih'it Ciet   Gisuz Cauxmbanj
第一节   村寨建筑技术

Gaujguj fatyienh byaujmingz, vunz ciuhgeq Bouxcuengh ceiq caeux youq ndaw "gamj". Daihgaiq daj seizdaih Sinhsizgi goeknduj haidaeuz, mbangj vunz ciuhgeq Bouxcuengh cij ciemhciemh daj ndaw gamj buen daengz bangxbo gyawj raemx roxnaeux gwnz daenz henz dah guh ranz, comz vunz garanz caez youq, cix baenz aen yisiz vanzging baenzmbanj haemq mingzgoz.

考古发现表明，壮族先民最早以洞穴栖身。洞穴，新壮文为"gamj"。约从新石器时代早期开始，部分壮族先民才逐渐从洞穴搬迁到临水山坡或河旁台地修建了干栏式住房，聚族而居，并形成了比较明确的村落环境意识。

It. Baenz Mbanj
一、"板"的形成

"Mbanj" aen vih Vahgun mbouj miz cihsaw lwz singmeh、yinhmeh cungj dwg sing naengbak gwnzlaj lij hoz saenq, hix ra mbouj ndaej cih lawz lai lumj lai gaenh, vihneix, fanhoiz seiz couh yungh "板" "版" "畈" "番" "曼" daengj cih daeuj dingj. Ciuq fap Vahcuengh cauxswz, ciengzciengz youq laeng "mbanj" gya aen swz gangj aen mbanj de youq dieg lawz、yiengh lawz、daegdiemj、vunz maz youq daengj, caux baenz coh aen mbanj de, lumj "Mbanjrin"（"板兴"）dwg Guengjsae yienh Yungzsuij aen mbanj Bouxcuengh iq ndeu, mbouj daengz 200 vunz, Mingzciuz Hungzvuj 14 nienz（1381 nienz）vunz ranz Veiz daeuj neix hai mbanj, aenvih raen gyaeuj mbanj miz haujlai rin, couh heuh de guh "Mbanjrin". "兴" dwg yungh Sawgun daeuj geiq "rin" Vahcuengh, "板" couh dwg "mbanj", "Mbanjrin" yungh Vahgun daeuj gangj couh dwg "石头村". Bouxcuengh dwg minzcuz guh reihnaz, cauxbaenz "mbanj" cungj caeuq nungzyez swnghcanj den fazcanj mizgvenq. Dieg dinghyouq itbuen cungj senj giz dah gaeuz roxnaeuz giz bak dah doxhop, ing bya gyawj dah, miz naz daeuj ndaem, gvaq ndwenngoenz "miz haeux miz bya".

"村寨"，新壮文为mbanj，由于壮语的声母、韵母是双唇浊音，而汉语没有这种相应的声母，很难找准同类近音词，于是，在译音过程中，就出现了"板""版""畈""番""曼"等字。按照壮文的构词法，通常在"板"之后，加上描述某一村寨的方位、形状、特点、占有关系等特征词语，构成了某一村寨的名字，如"板兴"（mbanjrin）是广西融水县一个不到200人的壮族小村庄，明洪武十四年（1381年）韦氏来此开拓，因见村头有很多乱石，就叫它"板兴"。"兴"（rin）是新壮文石头的汉语记音，"板"是村，"板兴"译成汉语就是"石头村"。壮族是个稻作农业的民族，"板"的形成与农业生产和发展相关。定居点一般都选在河流转弯或大小河流交汇处，背山靠水，有田可耕，能过上"饭稻羹鱼"的生活。

Mbanjcuengh aen "mbanj" hung naeuz iq, yawj gaenhgyawj reihnaz daeuj dingh. Dieg bya sang, reihnaz siuj, "mbanj" cix iq, "mbanj" couh cax; youq dieg ndoi dieg doengh, "mbanj" cix hung, "mbanj" couh deih. Henz "mbanj" lij miz ndoengsaenz（gyoengqvunz youq ndaw ndoeng guh caeq）, ndoeng gvangq cib geij、geij cib moux mbouj dingh, sawj mbanjcuengh ciuhgeq miz aen vanzging swnghdai ndei ndeu. Doiq neix, Mingzciuz song Guengj cungjduh Cangh Yoz danqhaenh mbouj dingz, youq ndaw sei《Hwnj Byamaxdoiq Muengh Yunghcouh》de haenh Mbanjcuengh dwg "henz mbanj ndoengfaex mwnqcupcup, ranzvunz caez youq ndaw heuloeg".

壮乡"板"的规模大小，视附近的可耕农田面积而定。高山地区，山多地少，"板"的规模小，分布稀疏；在丘陵和平峒则规模较大，分布也密集。"板"的附近还有神林（人们祭拜的林木），面积十几、数十亩不等，使古代壮乡有了一个良好的生态环境。对此，明朝两广总督张岳赞叹不止，在其《登马退山望邕州》诗中称壮乡是"村边林树郁葱葱，人家多在翠微中"。

Ngeih. Gisuz Hwnq Ranzgyan
二、干栏建筑技术

（It）Goeknduj Ranzgyan
（一）干栏建筑起源

Gisuz hwnq ranzgyan daj vunz youq rongz daeuj, vunz ciuhgeq Bouxcuengh youq baihnamz, dienheiq mbwt hwngq, ciengheiq lanhlai, ngwzdoeg nyaenyak ciengzseiz gungdongj, caeuq youq ndaw congh beij, youq ndaw rongz fuengzre lai ndei. Caeux youq 7000 lai bi gonq vunz ciuhgeq Bouxcuengh couh fatmingz caux baenz ranzgyan, couhdwg hwnq ranzgyan youq. Guengjsae Swhyenz yen dieggaeuq geizlaeng seizdaih Sinhsizgi, fatyienh le riengz bya caux miz dieg yiengh ranzgyan. Gwnz lizsij, boux miz sawmaeg Bouxgun daj Cunghyenz buen daeuj, dingq sing cix bienq diuq, miz di hoiz baenz "干栏"（raen《魏书僚传》）, miz di hoiz baenz "葛栏" roxnaeuz "阁栏"（raen《太平寰宇记》caeuq《蛮书》）, miz di cix heuh de guh "麻栏"（raen《文献通考》yinx《桂海虞衡志》）, "栏" youq ndaw Vahcuengh couh dwg "ranz".

干栏建筑起源于巢居。壮族先民生活在南方，气候湿热，瘴气泛滥，毒蛇猛兽经常袭击，与穴居相比，巢居的功能更好。早在7000多年前壮族先民就发明创造了干栏，即楼居建筑，新壮文为"ranzgyan"（即干栏）。广西资源县晓锦新石器时代晚期遗址，发现了傍山而建的干栏建筑遗存。历史上，中原迁来的汉族文人，听音而调变，有的译为"干栏"（见《魏书僚传》），有的译成"葛栏"或"阁栏"（见《太平寰宇记》和《蛮书》），有的则称之为"麻栏"（见《文献通考》引《桂海虞衡志》），"栏"在壮语中就是"家"或"住房"。

Hwnq ranzgyan miz daegdiemj lajneix： ① "Ranz laeuz" ing bo daeuj hwnq, vunz youq caengz gwnz sang, ndaej fuengz nyaen fuengz caeg, ndaej re heiqcieng gwnz dieg, hawqsauj doengrumz, ndaej rongh dak ndit cungj haemq ndei； ②Caengz laj swhyienz leihyungh gwnz dieg daeuj ciengx doenghduz, daeb liu cuengq huq, gawq mbaet dieg, youh cungfaen leihyungh laj laeuz dieg hoengq, daegbieb dwg nyuenz gwnz dieg mbouj deng nyauxdoengh, mizleih bauj diegdeij ranz ndaej onjdingh； ③Yungh faex yungh cuk guh ranz, gaqhoengq hwnjdaeuj, doiq diegdeij iugouz mbouj sang, couhcinj gubgab mbouj bingz, goj ndaej hwnq ranz guh fuengz. Neix doiq Bouxcuengh yawj dieg dij baenz gim、cungj yungh dieg ndei ndaem doenghgo daeuj gangj, cix dwg ceiq youqgaenj； ④Bwh liuh heih, dangdieg couh miz； ⑤Cungj ranz neix cawzhah liengz, youq baihnamz ceiq hab vunz youq.

干栏建筑具有以下特点：①"楼"居建筑，背坡而筑，人居高层，可防兽防盗，可避开地面瘴气，干燥通风，采光日照都较好；②下层利用天然地面豢养禽畜，堆放柴物，既节省建筑用地，又充分利用了楼下空间，特别是天然地面不受扰动，有利于保持住房地基的稳定；③竹木结构，架空而起，对地基要求不高，即使坎坷不平，也能架屋建房。这对视土如金、把好地都让给稻作的壮家人来说，也是至关重要的；④备料容易，可以就地取材；⑤这种房子夏天凉快，在南方居住很舒适。

（Ngeih）Bienqvaq Dem Fazcanj Gij Ranzgyan

（二）干栏建筑的变迁与发展

Song Han seizgeiz Vunzyaej baihnamz ceiq hwng guh ranzgyan. 1970 nienz, Guengjsae Hozbuj Ndoimuenghvaiz youq ndaw moh geizlaeng Sihhan vat ok aen mozhingz luengz ranzgyan ranzcang, daej ranzcang miz 4 gaenh saeu nduen, dawz ranzcang dingj youq gwnz deih（doz 6-1-1）. Doengzseiz lij vat ok aen ranzgyan ngvax ndeu. Aen ranz ngvax neix gwnz dwg fuengz laj dwg riengh. 1975 nienz, Hozbuj Dangzbaiz miz aen moh Sihhan, hix vat ok aen ranzgyan ngvax ndeu. Aen ranz neix faen song donh daeuj coemj baenz. Ranz baenz seiq fueng raez, gyaq youq gwnz ciengz daemq, ciengz daemq cix humx guh riengh, ciengz laeng baihswix miz congh nduen, hawj doenghduz haeujok. 1978 nienz, haivat aen moh Hancauz youq Guengjsae Gveigangj baihbaek gaenh singz, vat ok le 3 aen ranz gan ngvax, vunz youq gwnz laj ciengx doenghduz（doz 6-1-2）.

两汉是岭南越人盛行干栏建筑的时期。1970年，广西合浦县望牛岭西汉晚期墓葬出土的1件铜制干栏式仓房建筑模型，仓房底下立有4根圆柱，将整个仓房顶离地面（图6-1-1）。同时出土的还有干栏式陶屋1件。该陶屋为上房下圈。1975年，合浦堂排西汉墓，也出土了1件干栏陶屋，该屋分两节烧造，屋呈长方形，架于矮墙之上，矮墙围成畜圈，后墙左侧有圆洞，供禽畜出入（图6-1-2）。

Doz 6-1-1　Cang doengz ranzgyan buenx cangq，youq Guengjsae Hozbuj Ndoimuenghvaiz oknamh
图6-1-1　广西合浦县望牛岭西汉墓出土的干栏式铜仓明器

Doz 6-1-2　Aen ranzgyan ngvax daj Guengjsae Hozbuj Dangzbaiz aen moh Sihhan vat ok
图6-1-2　广西合浦县堂排西汉墓出土的陶屋

Guengjsae Vuzcouh Hozsanh、Gveigangj Vwnzcingjlingj、Hozbuj daengj dieg hix cungj vat ok le aen ranz gan ngvax、aen ranzcang ngvax. Cungj ranz youq neix gihbwnj dwg ranzgyan ranz laeuz（raen doz 6-1-3~doz 6-1-6）.

广西贺州市、贵港市、北海市、梧州市等地的东汉墓也都出土干栏式陶或铜建筑明器（见图6-1-3至图6-1-6）。这些住房基本是楼架的干栏建筑。

Doz 6-1-3　Ranzhaex buenx cangq ngvax guh.
Cunghsanh mo Dunghhan oknamh

图6-1-3　广西贺州市钟山县东汉墓出土的陶厕
所明器

Doz 6-1-4　Ranz ngvax guh，Gveigangj moh Dunghhan
oknamh

图6-1-4　广西贵港市北郊东汉墓出土的陶屋

Doz 6-1-5　Cang haeux ngvax，youq Bwzhaij
Si Ndoibanz oknamh

图6-1-5　广西北海市盘子岭出土的东汉陶仓

Doz 6-1-6　Ranzgyan doengz buenx cangq,
youq Vuzcouh moh Dunghhan oknamh

图6-1-6　广西梧州市出土的东汉墓铜干栏建筑明器

　　《Sawsuiz》gienj 31《Dilij Ci》naeuz：“Daj Lingj bae baihnamz 20 lai aen gin, daihlai diegnamh laj dumz, cungj lai heiqcieng, vunz lai daicaeux. ……Guh rongz youq ndaw congh, caenh rengz guhnaz.” Song giz neix geiqsij, gangjmingz daengz le Suizdai, hwnq ranzgyan yingzlij dwg lingjnamz ciuhgeq Bouxcuengh cujyau hwnq ranz hingzsik.

　　《隋书》卷三一《地理志》称：“自岭以南二十余郡，大率土地下湿，皆多瘴疠，人多夭折。……巢居崖处，尽力农事。”这两处记述说明，到了隋代，干栏建筑仍是岭南壮族先民的主要建筑形式。

　　Dangzcauz ceiq hwng seiz, geiz Vuj Cwzdenh gaem gienz, Sung Gingj guh Guengjdoeng duhduz、lingjnamz ancaz、vujfuj ginghlozsij seiz, guenjleix lingjnamz. Ndaw《Sawdangz Moq》gienj 124《Geiq Sung Gingj》miz yienghneix geiqnaeuz：“Vunz Guengj aeu cuk haz guh ranz, deng feiz lai. Gingj son de yungh ngvax cuk ciengz, lied ranz longj, Bouxyaej mbouj gvai cij rox yungh faexrenh guh ranz ndei couh mbouj miz cai." Daengzlaeng, Lij Fuz guh Yungzcouh（neix Guengjsae Yungzyen）swli，"Youh son qyau begsingq, minghlingh bienq ranz haz baenz ranz ngvax". Aenvih miz bouxhak yinxson, Mbanjcuengh Guengjdoeng dem dieg Gveidungh giz Cuengh Gun cabyouq couh miz mbangj ranz cien ranz ngvax.

盛唐，武则天时代的宋景任广州都督、岭南按察、五府经略使时，经管岭南。《新唐书》卷一二四《宋景传》中有这样的记述："广人以竹茅茨（盖）屋，多火。景教之陶瓦筑墙，列邸肆，越俗始知栋宇利而无患灾。"后来，李复任容州（今广西容县）刺史，"又劝导百姓，令变茅屋为瓦舍"。由于政府官员的倡导，壮乡壮汉杂居的广东及桂东地区有了一些砖瓦建筑。

Riengz dwk gisuz cien ngvax cugbouh buqhai, daengz Sungdai le, ranzgyan cingh dwg aeu faex daeuj guh hainduj menhmenh bienq baenz ranz gan yungh cien faex daeuj guh. Youq ndaw《Lingjvai Daidaz》gienj 4《Ranz Youq》miz yienghneix geiqnaeuz："Guengjsae doengh gin ranz fouq ranz hung, hoemq ranz yungh ngvax, mbouj demh benj laeuz, cungj daeb ngvax youq gyang yiemh. ……Begsingq daeb gik guh ciengz, cix gaq dingj ranz youq gwnz ciengz, cungj mbouj yungh saeu, mbangj aeu faexcuk guh gaek hoemq ngvax youq gwnz, mbangj aeu duk bien gyaep goemq song caengz, nyaemh fwn lae roengz……" Doengz saw gienj 4《Rongz Youq》youh naeuz："Vunz ndaw Guengjsae, guh ranz daeuj youq. Gwnz guh ranz haz, laj ciengx vaiz mou, san duk humx henz guh bien……" gig mingzyienj, cujyau lij dwg ranzgyan cienzdungj guhcawj. Mbouj gvaq, ranzgyan gaenq daj ranz fouq ranz hung yiengq ranz laeuz、donh ranz laeuz、ranz daemq daengj lai yiengh ranz fazcanj. Ndaw de, daegdiemj ranzgyan ranz laeuz dwg gwnz laeuz vunz youq, laj laeuz ciengx doenghduz、daeb cuengq liuhaz huqcab daengj. Cungj ranz gan neix hung gvangq aeu saeu lai noix dem fuengz lai noix daeuj dingh, ceiq iq dwg 3 saeu dan fuengz, itbuen lai dwg 5 saeu 3 fuengz（doz 6-1-7），hung miz 6 saeu 5 fuengz bae. Ranz gaeuq bak bi vunz Bouxcuengh Veiz Denhyuz Guengjsae Vujmingz Liengjgyangh yangh Gvaifan cunh, dwg denjhingz ranz samhab ranz daemq, riengh vaiz guh youq mbiengj ndeu, ciengz rog cien feiz, ciengz ndaw cien namh, aeu rin maxluenx caep giegdaej.

随着砖瓦技术的逐步推广，到了宋代，清一色的木质结构干栏开始缓慢地向砖木结构干栏变化。在宋《岭外代答》卷四《居室》中有如下记述："广西诸郡富家大室，覆之以瓦，不施栈板，惟敷瓦于檐间。……小民垒土墼（jī，未烧之坯）为墙，而架宇其上，全不施柱，或以竹仰覆为瓦，或编织竹笆两重，任其漏滴……"同书卷四《巢居》又云："深广之民，结栈以居。上设茅屋，下豢牛豕，栅上编竹为栈……"显然，传统的干栏建筑还是主导的。不过，干栏已从富家大室向楼居、半楼居、地居等多样化发展。其中，楼居式干栏的特点是楼上住人，楼下养禽畜、堆放柴草杂物等。这种干栏平面的大小用构架的柱子数和开间数来控制，最小的是3柱单开间，一般多是5柱3开间（图6-1-7），大者有六柱五开间的。广西武鸣两江乡快范村壮族韦天儒的百年老屋，是典型的地居式三合院建筑，牛栏偏设于一侧，外墙火砖，内墙泥砖，以河卵石子砌基础。

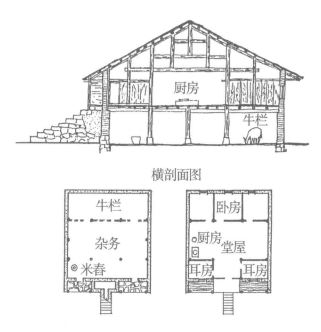

横剖面图

Doz 6-1-7　Doz buq mienh ranz gan Bouxcuengh，5 saeu 3 hog
图6-1-7　壮族5柱3开间干栏建筑平剖面图

（Sam）Gisuz hwnq ranzgyan
（三）干栏建筑技术

Gisuz hwnq ranzgyan Mbanjcuengh goek raez nyuenz gyae（Guengjsae Lungzswngh gij ranzgyan bak bi de，raen doz 6-1-8）. Ranzgyan Bouxcuengh，itbuen 3 caengz：caengz laj ciengx doenghduz，cuengq hongdawz dem liuhaz（ciuhgeq caengz laj mbouj humx cungj doeng，daengzlaeng vih fuengzcaeg，seiq henz lai yungh faex daeuj san humx）；caengz gwnz dwg gwnz laeuz，cuengq haeux caeuq huqcab，ranz vunz lai cix yungh daeuj hawj vunz youq；caengz gyang dwg vunz youq，gwndaenj ninzyiet，gak cungj hozdung cungj youq gizneix guh，miz cauq，miz rug，miz seiz hix caemh cuengq haeux. Daj gwnz namh ndij mbaeklae hwnjbae，ndaej hwnj daengz gwnz canz naj douhung. Bien henz canz miz faex lamz，dwg dieg hawj vunz ranz dawzliengz yietnaiq roxnaeuz hawj hek gvaq loh yietbaeg. Hix dwg dieg cungyau hozdung vunz ranz. Naj ranzgyan dap miz canz，yungh faex rox faexcuk daeuj guh，aeu daeuj dajswiq dem dak haeux. Dou ranzgyan miz song gaiq roxnaeuz seiq gaiq. Dou laux ranzgyan itbuen cungj hai doek gyang，caeuq gyang ranz baizvih cojgoeng doxdoiq. Dou hai ndaej gig hung，benj dou goj gig naekna，cungj mbouj insik dwk yungh benj laux faexgyienq daeuj guh baenz，caemh mbouj yungh hwnj youz saek，cungj aeu nyuenz saek. Haeuj ndaw dou laux，couh dwg dingdangz. Laeng dingdangz dwg ranz dajcawj. Ndaw ranz dajcawj miz cuk cauq、mbouj cuk cauq song cungj. Mbouj cuk cauq couh an dieg feiz，youq dieg feiz cuengq aen giengz，cuengq rek youq gwnz giengz cawj haeux cauj byaek.

壮乡干栏建筑技术源远流长（广西龙胜县的干栏式民居已有百年历史，见图6-1-8）。壮家的干栏，一般3层：下层饲养禽畜，放置农具和柴薪（古代底层通畅不围，后为防丢失，四周大多围上木栅）；上层即阁楼，放粮食杂物，人多之家则用其住人；中层为人居，起居饮食，各种活动都在这里进行，设有火塘，有卧室，有时也兼放谷物。从地面自楼梯拾级而上，可到正门的阳台。阳台边缘置有木栏杆，是供家人乘凉休息或供过路客人歇脚的地方，也是家庭重要的活动场所。干栏外面设有竹木搭成的晒台，供梳洗和晒谷物之用。干栏的正门有两扇或四扇。干栏的大门一般都开在正中央，与屋里设的神龛相对。门开得很大，门板也很厚重，不惜使用大块的蚬木板做成，而且不施涂料，讲究原色。进入大门，便是堂屋。堂屋后面是厨房。厨房有垒灶、不垒灶之分。不垒灶则置火塘，在火塘上放置一只铁制的三脚架，新壮文为"giengz"，用于放置锅头，供烧饭、炒菜之用。

Youq song mbiengj dingdangz yungh benj daeuj giek fuengz guh rug, faen hawj gyoengq lwg gyoengq bawx youq; song mbiengj ranz dajcawj caemh aeu benj giek baenz fuengz, hawj bouxlaux youq.

堂屋两侧用木板隔成厢房作卧室，分给子女媳妇居住；厨房两侧也用木板隔成厢房，供老人居住。

Youq Gveiqcou dem Yinznanz rangh dieg nem Guengjsae neix, gij ranz Bouxcuengh caemh dwg ranzgyan lai, gij ranz de gunghnwngz ndij yienghceij caeuq baih Guengjsae doxlumj（doz 6-1-9）.

居住在贵州和云南邻近广西的壮族聚住区的民宅也多是干栏建筑，其建筑功能与建筑造形与广西的相似（图6-1-9）。

Doz 6-1-8　Ranzgyan samoeg Lungzswng, gaenq miz bak bi

图6-1-8　广西龙胜县用杉木构建的干栏民居，已有百年历史

Doz 6-1-9　Ranz gan Bouxcuengh Gveiqcou Cungzgyangh Yen Ganghbenh yangh

图6-1-9　贵州省从江县刚边乡壮族干栏民居

Guh ranzgyan, itbuen miz senj dieg、ra ngoenz ndei、hwnq guh、hwnq baenz angqhoh daengj. Dieg ranz aeu gvangqlangh、ndaej ndit caemh aeu miz dieg ing cij ndei. Lueg dah dieg bingz cix mbouj aeu dieg gomz, senj aeu dieg doedhwnj, ciengz heuh laeng duzgvi. Caenhliengh depgaenh henz dah、mieng raemx dem gyawj daemz, yienghneix heih aeu raemx dem dajswiq. Ranz Bouxcuengh, gangj ing bya gyawj raemx, hoeng caeuq raemx aeu miz duenh roen ndeu, danghnaeuz leiz mbouj hai, cix ndaem di faex dem faexcuk dang dwk mbouj hawj yawj raen, gawq mienx ndaej raemx namh louzsaet, youh bauj ndaej dieg ranz onjmaenh. Vunz Bouxcuengh "ndij bya daeuj youq, ei lueg dajndaem", ranz hwnq youq ndaw daihswhyienz mwncupcup, raemx cuk ciengxlwenx, diuz ndei heiqciet, bauj ndaej rumz swnh fwn ngamj, huzndei soengswt, dwg dieg ndei fouqgviq. Riengz dwk vwnzva Cunghyienz cienz daeuj, dieg Bouxcuengh goj hwng gangj vwnzva funghsuij, ndawde caeuq Bouxgun doxlumj. Bouxcuengh hwnq ranzgyan, doxriengz baenz sibgvenq, itbuen ciengz yungh "it dingj guenj ngeih" cungj fuengsik neix, mbouj miz gijmaz doz, mbouj yungh guhyiengh, cijaeu dawz aen ranz guh geijlai hung (cujyau dwen naeuz guh geij saeu, couh dwg daj canz daengz yiemh laeng baiz geij diuz saeu. Miz 3、4、5、6 roxnaeuz 7 saeu；guh ciengx seiq roxnaeuz ciengx bet roxnaeuz song ciengx, lij miz dingdangz caeuq fuengz rug dwg bet cik roxnaeuz ciengx ndeu daengj) dwen hawj canghfaex hwnq ranz couh ndaej. Aeu gaek liengz veh doz, diu guh vacueng, cix youz saefouh guh ranz ok yienghsik, cingj bouxcawj senj dingh, soujsuz cungj haemq genjdanh. Itbuen bwh gaeuq liuh, dingh ndei ngoenz, couh ndaej hai goeng. Vunz Bouxcuengh hwnq ranz, daj bwh liuh daengz hai goeng, seizgan haemq nanz, ciengzciengz aeu baenz bueng bi daengz geij bi, benj gaek diuz saeu, cugbouh comz ra, daengz cingqsik hwnq ranz, seizgan haemq dinj, song sam ndwen roxnaeuz ndwen ndeu couh hwnq baenz. Gvanhgen gisuz hwnq ranz, daih'it dwg vunzlai aeu daej guhseuq, vat cuengq rin saeu, ciep dwk daengj saeu hwnjliengz, doiqdingq baiz saeu daengx ranz, sawj faex vang diuzdiuz doxbingz, faex saeu gaenqgaenq baek cingq, ngwenx congh gizgiz doxhaeuj, cij ndaej gaq faex vang, caiq camh benj, giek guh fuengz rug, gaq yiemh hoemq ngvax, seiq mienh ranz aeu faex diuz、cag daeuj dauz maenh, dawz namh guek fiengz byaz guh ciengz, an dou an cueng, aen ranzgyan ndeu couh hwnq baenz. Eu sibgvenq Bouxcuengh, moix guh yiengh hong baihgwnz cungj aeu guh caeq gingq saenz, gouz aeu gitleih. Doeklaeng, cix dwg ranz moq hwnq baenz le aeu goengheij dem guh luzva, vunz Bouxcuengh buen haeuj ranz moq le, ciengzciengz aeu ndaem faex roxnaeuz faexcuk gomak youq seiq henz, gawq canglengj vanzging, youh ndaej demsou.

干栏的营造，一般包括选址、择吉、建造、落成庆典等过程。房址以宽敞、向阳并有所依托的地方为好。河谷平原地区则要避开低洼地带，选择较为隆起的地方，俗称龟背。尽可能地靠近河流、沟渠或水塘，以便于汲水和洗涤。壮家民房，讲究背山临水，但与水要有一段距离，如果避不开，则种些竹木，挡住视线，既避免水土流失，又保持房屋地基的稳固。壮人"傍山而居，依冲而种"，房子构建于郁郁葱葱的大自然中，涵养水源，调节气候，保证风调雨顺，舒适祥和，是为"富贵"的依托。随着中原文化的传入，壮族地区也兴起了风水文化，内涵与汉族相类似。壮族干栏的建造，相沿成习，一般多用"一顶管二"的构架格式，没有什么图纸，不需放大样，只要把建造规模（主要告诉是几柱，即从阳台到后檐一行的柱数。有3、4、5、6或7柱；建一丈四或一丈八或两丈，以及堂屋和厢房是八尺还是一丈等）告知营造的木匠师傅即可。需要雕梁画栋，镂制窗花，则由施工师傅出式样，请主人选择认定，手续都比较简单。一般备足材料，选好时辰后，即可开工。壮家人盖房，从备料到开工，周期较长，往往历时半年到数年，1檩1柱，逐步积累，而正式建造，时间相对短一些，两三个月甚至一个多月即可完工。建房的技术关键，首先是众人清理地基，挖埋石墩，然后立柱上梁，校正整体构架，使横梁根根水平，柱子根根垂直，接榫处全部楔牢，才能架横条，再铺木板，做厢房隔板，架檐盖瓦，房子四周用木条、绳子绑扎，糊上草筋泥，配上门窗，一幢干栏住房即可落成。按照壮族习俗，上述每个环节都有相应的祭典活动，以求吉利。最后，是新房落成后的庆典和绿化工作，壮族人搬进新居后，通常要种植竹木果树于干栏四周，既美化环境，又增加收入。

Ranzgyan gaq vang, youz goliengz faex guh baenz. Lizyoz yienzlij de dwg：Goliengz gaq vang daknaek, gosaeu gaq daengj daknaek. Goliengz dingjcaengz laeb golwgdoengz, golwgdoengz caeuq gosaeuhung yungh vengzdiuz ciep hwnjdaeuj. Vengzdiuz cengq hwnj golwgdoengz, baujcwng golwgdoengz onjangqangq, doengzseiz youh baenz aen vaekgyax cengq hwnj golwgdoengz caengzgwnz. Golwgdoengz baihgwnz gaq bwnjcienz. Batmax caeuq goliengz dingjcaengz gapbaenz samgak dwg aen samgak gijhoz mboujbienq dijhi ndeu, baujcwng le gvaengxgyaq ranzgyan gaq vang onjdingh. Gij naek ranz dingj, doenggvaq batmax、 golwgdoengz caeuq liengz cienz haeuj gosaeuhung bae, gemjnoix le goliengz dingjcaengz deng gaeuz, cingjdaej gezgou daknaek lableix. Riengz yiengh raez ranzgyan, youq giz louzcaengz yungh goliengz lienz gvaengxgyaq ranzgyan vang baenz aen cingjdaej ndeu, gapbaenz aen gyaq hoenggan daknaek ndeu, guhbaenz aen cauhcingding gezgou ndeu, baujcwng le daengx aen ranz ndaej onjdingh. Gosaeufaex daengj coq gwnz giek rin, yienghneix mienx ndaej daej saeu deng cumx bienq nduk, baujcwng gosaeufaex yungh ndaej nanz. Daj gwnz daeuj gangj, vunz ciuhgeq Bouxcuengh gaenq gaem miz cihsiz gencuz lizyoz caeuq gencuz gezgou. Daegbied dwg dieg Bouxcuengh lumj guh ranzhaz seiz, gwnz ranz caix 45 doh, doiq raemx lae mizleih, mienx ndaej raemx fwn dingzdaenh yaemhlaeuh. Lumj guh ranx ngvax seiz, gwnz ranz caix 27 doh, caix lai, gaiq ngvax cix rod, caix mbouj gaeuq, mbouj leih baiz raemx. Ranzgyan dingh ndei gvigeg le, bouxcangh cix ei gaenqdingh cikconq gawq faex、hai congh、siu ngwenx. Bouxcangh Bouxcuengh yienznaeuz mbouj langh yiengh, cij ei cikconq gawq faex guh hong, guh baenz cungj haeujhab daeklaek, seihauz mbouj ca, yienh'ok souxngeih gig sang.

干栏的横向构架，由木梁柱组成。其力学原理是：木梁是水平承重的构件，木柱是竖向承重构件。顶层木梁上立短柱（顶筒），短柱和大柱之间用横梁连接。横梁作为短柱的支撑，保证短柱的稳定性，同时又作上层短柱的支点。短柱上架接主椽。主椽和顶层木梁构成的三角形是几何不变体系，保证了干栏的横向构架的稳定性。屋面上的荷重，通过主椽、短柱和横梁传递到大柱，减少了顶层木梁的弯曲，整体结构受力合理。沿干栏的纵向，在楼层处用木梁将干栏横向构架连成整体，构成空间承重骨架，形成超静定结构，保证房屋的整体稳定性。木柱支立在料石基础上，避免柱底受潮引起腐烂，保证木柱耐久性。综上所述，说明壮族先民已经掌握了建筑力学和建筑结构的知识。特别是壮族地区若屋顶盖茅草时，其主椽倾斜角约45°，利于屋面排水，避免雨水滞留渗漏。若屋顶盖瓦时，主椽倾斜角约27°，坡度太大，瓦片下滑，坡度太小，不利于排水。干栏定好规格后，木匠即可按既定的尺寸锯木、凿眼、削榫。壮族工匠虽不放大样，只依尺寸截木做活，做起来严丝合缝，丝毫不差，显示了很高的技艺。

Seiqdaih bienq liux, ranzgyan Bouxcuengh riengz diegdeih caeuq vwnzva boiqgingj cinbu, bienqbaenz liux haujlai hingzsik moq, lumj Gveibaek miz ranzgyan gasang gezgou. Gveicung miz ranzgyan ga daemq doen rin gezgou. Gveinamz ranzgyan san ndongj baij hengzdiuz, dieg Gveisih ranzgyan ngaeu lanz, lij miz Yinznanz Vwnzsanh ranzgyan yiemz doxcoengz daengj, cungj gag miz daegdiemj, youq dieg doxdoengz hix mbouj dwg dan cungj ndeu, dwg lai cungj hingzsik ranzgyan doengzcaez miz. Ndaw de miz cungj ranz ga laeuz sang（caemh heuh laeuz diuq giek）, youq Guengjsae Lungzswng Hozbingz yangh Lungzciz 13 mbanj ceiq miz daibyauj （doz 6-1-10）, cujyau yungh le gunghyi saeu lwggva yiengh mbaeklae daeu doxcin, daengj faex guh saeu, cin liengz gaq hengzdiuz, camh benj guh laeuz, hab benj guh ciengz, yungh ngwenx congh daeuj hab, gaenjmaed mbouj ca saekdi. Cungj gezgou cungj dwg faex neix, mienh gvangq、caengz sang, dingzlai dwg 3 hongq roxnaeuz 5 hongq, moix hongq 3.6 daengz 4 mij gvangq, haeujbae 8 daengz 10 mij mbouj doengz, beij Guengjsae mbanj Bouxcuengh gizwnq dieg youq lai gvangq, cawz gwnz ranz yungh vax caeuq doen saeu yungh rin, gizwnq cienzbouh aeu faexsamoeg dangdeih ma guh. Dingz lai miz gek laeuz, dingj ranz song mbiengj caix, dingj deihsaenq ndei, hab youq dieg bo guh ranz. Caengz daej de lumj aen hongh gvangq gijmaz cungj cuengq, miz doiq、riengh vaiz、riengh mou、rungz gaeq caeuq ranzdiengz. Lij miz dieg cix yungh daeuj daeb faexliuh、liu haz、feizliu caeuq cae rauq, hix dwg dieg coih gaiqdawz. Caengz daej ciengzciengz yungh faex hai song homx guh ciengz, doxca haemq gvangq, hix miz yungh rin caep roxnaeuz yungh namh cuk ciengz mbouj fung dingj, laeng naj cungj doeng, raen rongh doeng rumz cungj haemq ndei. Caengz ngeih baihnaj guh laeuz yawjngonz, haemh ndwen rongh rumz swnh, hawj mbauq sau Bouxcuengh youq neix doiq fwen. Daj laeuz yawjngonz haeuj bae couh dwg dingdangz, miz dieg cauq feiz, dwg giz dajcawj、giz gwn haeux, youh dwg giz doxgangj、daih hek caeuq giz ciengq fwen guh'angq. Haeuj ndaw bae dwg rug. Cungj "naj dangz laeng rug" neix, hix dwg cungj daegdiemj gencuz ranzgyan Bouxcuengh ndeu. Gencuz ranzgyan haemq cienzdungj lij miz giz engq daegbieg ndeu: Vih youq gwnz dieg miz hanh caenhliengh gya'gvangq aen ranz, cangh Bouxcuengh yungh aen yienzlij gangganj, dawz diuz liengz caengz youq caeuq caengz laeuz conh gvaq saeu naj daz coh rog, laeng cix youq byai liengz hop gaen saeu daej byouq ndeu, doenggvaq youq gwnz liengz camh benj sawj laeuz mbe yiengq baihrog, cungj laeuz mbe ok neix lajdaej "venj byouq", lumj gagaeq gag daengj, ndaej gya' gvangq ranz, youh ndaej sawj ranzgyan ndeiyawj, vunz dangdieg cungi heuh de quh "laeuz diuq giek"; rox yiengq gwnz lai gya geij caengz; rox yiengq rog mbe gvangq, dem geij aen rug; rox youq mbiengj ranz ndeu gya lai donh ranz gvangq okdaeuj; rox youq laeng ranz cawj lai gya caengz ranz guhhong ndeu, daengjdaengj, sawj ranzgyan gyanghoengz doxhab ndaej sengdoengh vuedbuet, lai yiengh lai ndeiyawj. Cungj daihngeih dwg Gveicungh gak yienh deng vwnzva Bouxgun yingjyangj haemq caeux, ranzgyan yungh gisuz caep ciennaez、cuk ciengz roxnaeuz caep rin le, bienq baenz ranzgyan hwnq youq gwnz dieg（doz 6-1-11）. Youq Duh' anh、Yinhcwngz、Dunghlanz daengj dieg bya gyauhdungh mbouj bienh yingzlij miz ranzgyan. Bingzmen faenbouh lai dwg yiengh cih "凹", haengj guh 3 gan fuengz caeuq haeuj bae 2～3 gan fuengz, hix baen gwnz laj song caengz, caengz laj yungh rin caep roxnaeuz ciennaez caep baenz, yienghneix cix beij fuengsik cienzdoengj daemq di, aeu daeuj langhciengx doenghduz guhcawj. Caengz gwnz miz cuk ciengz、caep ciennaez、duk san roxnaeuz benj homx guh baenz, hawj vunz youq. Cungj ranzgyan neix gyonj daeuj gangj, doh gvangq haemq geb, mbaeklae naj dou lai yungh rin daeuj caep. Aen gaq ranzgyan yungh fap cih "人" roxnaeuz hingz sam gak daeuj guh. Saedceih guhfap cix loq miz di doxca, miz di dawz cih "人" gaq youq gwnz saeu, miz di cix cigciep an youq gwnz ciengz. Doeklaeng, goemq gaiq ngvax iq, guh baenz dingj san song mbiengj caix. Cungj ranzgyan neix yienznaeuz yungh liuh noix, onvaenj、fuengz feiz haemq ndei, hoeng ndaw fuengz haemq geb, naengzlig dingj deihsaenq hix ca, dwg vih ngaenzcienz mbouj gaeuq cij yienghneix guh. Cungj daihsam dwg ranzgyan san ndongj langh liengz, dwg gencuz gwnz deih dieg Bouxcuengh Gveinamz caeuq Bouxgun doxdoengz. Caenhguenj gencuz caizliu dem gezgou de gaenq bienq lo, hoeng de lij miz ranzgyan song caengz gwnz vunz youq laj ciengx doenghduz aen conzdungj neix. Aenvih caengz gwnz vunz youq, ndigah cungj ciengz youq gyang yiemh baihnaj baihswix yungh faex guh aen lae gvangq ndeu, youq bak lae gyang yiemh baihnaj daengz bakdou gyang de camh baenz roen byaij, caemhlij lanz dwk, dwg roen byaij, youh dwg canz, sawj goengnaengz ranzgyan ndaej cienz swnj. Neix dwg sevei ginghci Bouxcuengh fazcanj sawj ranzgyan bienq moq lingh cungj hingzsik ndeu. Cungj daihseiq dwg ranzgyan ngaeu lanz, ceij ranzgyan Guengjsae Lungzcouh Gimloengz dieg haenx, ranz de dwg raez haeuj laeng bae, naj gvangq daihgaiq 8.6 mij, haeuj laeg daihgaiq 13 mij, gungh song caengz, gwnz vunz laj duz. Vih dem raez gya gvangq yiemh naj, miz mbangj youq laj yiemh naj dem gaen saeu daengj, gwnz saeu dingj diuz liengz yiemh, sawj bak yiemh iet coh naj bae, ndaej gvangq laj yiemh, youh bauj ciengz laj yiemh mbouj deng raemx fwn dongjrwed. Cwngjdij gezgou genjdan, goengngeih colangh, yienghceij saedgeq, ciengzsan song mbiengj duk namh daz baenz, dwg cungj ranzgyan yungh faex cuk guh gezgou hailangh ndeu. Cungj daihhaj dwg ranzgyan yiemh coengz Yinznamz swngj Vwnzsanh dieg Bouxcuengh, cujyau youq dieg Vwnzsanh yen Cejdu yangh, hwnq youq laj bya gwnz bo mbouj sang, ciengz dwg caet hongh haj saeu, dingj san roxnaeuz donh dingj san; gwnzlaj seiq mienh yungh benj fung maed guh ciengz, laengnaj hai miz dou cueng doing rumz raen rongh. Gaiq faex yungh fap sonh daeuj guh baenz, ranz cawj dwg haj hongh sam saeu, swix gvaz song mbiengj gak hongh caeuq laengnaj gak gaen saeu ndeu, faenbied dingj dwk diuz liengz daz okdaeuj. Youq gwnz liengz caengz daihngeih camh benj, guhbaenz diuz roen homh youq seiq mienh ranz cawj. Doengzseiz leihyungh gwnz laeuz diuz liengz daz okdaeuj, gwnz de gya liengz gya saeu, goemq ngvax gaiq saeq, guhbaenz hop yiemh homh youq seiq henz ranz cawj, guhbaenz yiemh coengz. Cungj ranzgyan neix caengz laj cungj gaij baenz fuengz youq, rienghduz cix senj bae dieg hoeng henz ranz caeuq ranz cawj doxliz.

　　时代在发展，壮乡的干栏建筑随地域及文化背景的进步，形成了许多新的形式，如桂北地区的高脚木结构干栏建筑、桂中地区的"凹"形矮脚石木结构干栏建筑、桂南地区的硬山搁檩式干栏建筑、桂西地区勾栏式干栏建筑，以及云南省文山地区的重檐式干栏建筑等，均各有特点，在同一地区也不是单一的，是多种干栏形式并存。其中一种是高脚楼（也叫吊脚楼）式干栏建筑，以广西龙胜各族自治县和平乡龙脊十三寨最有代表性（图6-1-10），主要采用了穿斗式阶梯状瓜柱构架工艺，立木为柱，穿梁架檩，铺板为楼，合板为墙，以榫卯扣合，紧密无隙。这种全木结构，面阔、层高，大多3开间或5开间，每间3.6～4米宽，进深8～10米不等，比广西其他壮族农村住居建筑宽大。除屋顶用瓦和勒脚用石料外，其余的全部以当地盛产的杉木构建。大多建有阁楼，双斜坡悬山顶，抗震性能好，适应坡地形建造。其底层像一个宽阔的杂院，有石碓、牛栏、猪栏、鸡舍和厕所。剩下的地方用来堆放木料、柴草、肥料和犁耙，也是农具修理的场所。底层往往用半圆柱状木头作围墙，缝隙很宽，也有用不封顶的叠石或夯墙围砌，前后通透，采光和通风都较好。二层前边设望楼，月明风清之夜，供壮家青年男女在此对歌。从望楼而入就是堂屋，设有火塘，既是厨房、饭厅，也是交谈、会客和唱歌娱乐的地方。往里走就是卧房。这种"前室后房"的布局，也是壮家干栏建筑特点之一。比较传统的干栏建筑还有一个更奇特的地方：为了在有限的地基上尽量扩大住宅空间，壮族工匠应用杠杆原理，将居室层和阁楼层下的木梁穿过前檐柱向外延伸，然后在木梁的末端卯入一根底部悬空的木柱，通过在木梁上铺钉木板而使楼层外延，这种外伸的楼层底下是"悬空"的，犹如金鸡独立，既扩大了空间，又为干栏增添了曲线美感，当地老百姓都叫它"吊脚楼"；或向上发展加建几层；或水平延伸，增开间数；或在房子的一侧加相当于半间的"偏厦"；或在主体侧后附建单层小工作间等，使干栏的空间组合生动活泼，多姿多彩。第二种是桂中各个县份，受汉文化影响较早，干栏在吸收了土坯、夯土或石块构建技术以后，变为地居式干栏建筑（图6-1-11）。在都安、忻城、东兰等交通不便的山区仍有干栏建筑。其平面布置多呈"凹"字形，流行3开间和2～3进间，也分上下两层，下层由石块围砌或土坯砌墙而成，因而比传统方式较矮，主要用于放养禽畜。上层有用夯土、土坯、竹垫或木板围封而成的，供人住用。这类干栏总的说来，面阔较窄，门前阶梯多以石料铺砌而成。干栏构架采用"人"字形或三角形构造法。具体做法上略有差异，有的把"人"字形梁檩搁架于立柱和童柱顶端，有的则直接安放到硬山墙上。最后，盖上小瓦，形成双斜坡的悬山顶。这种干栏虽然省木料，稳固性、安全性和防火性能较好，但空间居室较窄，抗震能力也差，是经济财力不足的产物。第三种是硬山搁檩式干栏，是桂南壮族与汉族相同的地居式建筑。尽管其建筑材料和结构都已发生了变化，但它依然保留了干栏建筑上下两层结构和上人下畜的传统习惯。由于上层住人，所以通常都在前檐中间的左边架设一个固定宽木梯，在中间前檐下的梯口到门口之间架设栈道，甚至围以栏杆，既是栈道，又是晒台，使传统干栏的功能得以保存。这是壮族社会经济发展使干栏演变派生的另一个形式。第四种是勾栏式干栏建筑，泛指广西龙州金龙一带的干栏，其平面为纵向长方形，面阔约8.6米，进深约13米，共两层，上人下畜。为了增大前檐和檐廊，有的在前檐下增设一立柱，柱顶承托一檐檩，使檐口向前伸出，既增大檐廊的宽度，又保护了檐墙不被雨水冲刷。整体结构简单，工艺粗放，形态古朴，两边山墙由于用泥竹糊成，是一种具有原始形态特征的敞开式木竹结构干栏。第五种是云南省文山壮族地区重檐式干栏，主要分布在文山县的者兔乡一带，建于山脚下的缓坡上，一般为七榀五柱式，歇山或半歇山顶；上下四面以木板密封为墙，前后开有进风和采光的门窗。木构件采用穿斗构造方法，主房为5榀3柱式，左右两边各一榀和前后各一柱，分别承托向外伸出的檐檩。在第二层楼的檩木和木枋上，铺设木板，形成一道环绕主房四周的"回"廊。同时利用楼层向外伸出的株枋，加设檩木和椽木，盖上小瓦，形成一层环绕主房四周的披檐，构成了重檐结构。这类干栏底层都改成居室，畜圈则移至主房旁侧的空地上与主房分离。

Doz 6-1-10　Ranzgyan daiq canz Guengjsae Lungzswng

图6-1-10　广西龙胜各族自治县的吊脚楼式带晒台的干栏建筑

Doz 6-1-11　Ranzgyan laj mbanj Gveiqcung gak yen

图6-1-11　桂中各县农村地居式干栏建筑

Daihngeih Ciet　Gisuz Caux Hawciengz
第二节　圩市建筑技术

"Haw" dwg dieg Bouxcuengh hozdung gig cung'yau. Guh dieg gaicawx heuh coh "haw", haidaeuz raen youq ndaw《Nanzyez Ci》vunz Nanzcauz Sunggoz Sinj Vaizyenj sij, "Yez dieg gaicawx dwg haw, lai youq gyang mbanj, caengz baenz haw seiz sienq comz doenghboux gaicawx roxnaeuz eu fwen diuqfoux daeuj comz vunz. Daj Huznanz bae namz cungj dwg yienghneix." Yienghneix daeuj yawj, haw gaicawx caeuq haw fwen miz maedsaed gvanheih. Haidaeuz haw gaicawx gojnaengz couh daj haw fwen bienq daeuj. Dangz cauz Liuj

Cunghyenz caeuq Nanzsung Fan Cwngzda ndaw sei cungj sij miz "swnh haw", gangjmingz Vahcuengh "swnh haw" gaenq yungh le cien bi doxhwnj.

壮人称圩为"haw"（新壮文）。它也是壮人社会生活中极为重要的活动场所。作为集市名称的"圩"，始见于南朝宋人沈怀远的《南越志》："越之野市为圩，多在村场，先期召集各商或歌舞以来之。荆南、岭表皆然。"荆南，即今湖南；岭表，也就是岭南。看来，商家云集的圩与歌舞的"圩"是密切相关的。当初贸易的"圩"可能就是由歌圩的"圩"演变而来的。唐柳宗元和南宋范成大的诗句中都有"趁圩"一词，说明壮语"趁圩"已经用了千年以上。

Mingz Cwngdwz cibroek nienz（1521 nienz），vunz Vuzhingh（neix Sezgyangh Vuzhingh yen）Vangz Ci daengz Hwngzcouh（Guengjsae Hwngzyen）dang bangvanh. De sij bonj veizyiluz 《Ginhswjdangz Yizsinz Soujging》sij miz：Gou ngamq daeuj Hwngzcouh, haeuj dousing baihnamz, cingq doiq seiz baenz haw. Gyoengqvunz dawz rap guh gaicawx, huq lai huq daih saek roen, nauhyied raixcaix. Hoeng muengh gvaqbae, gyang haw boux guh gaicawx, dingzlai dwg mehmbwk, bouxsai cix mbouj gvaq ndaw de dingz ndeu. Mbanj Cuengh mehmbwk guh gaicawx, daj Dangzdai daeuj, gaenq baenz daegsaek haw gaicawx mbanj Cuengh.

明正德十六年（1521年），吴兴（今浙江吴兴县）人王济到横州（今广西横县）任判官。他撰写的回忆录《君子堂日询手镜》写道：我初到横州，入南郭门，刚好成圩。人们荷担贸易，百货塞道，非常热闹。但放眼望去，集市中参与买卖的人，绝大多数是妇人，男人不过是其中的十分之一而已。壮乡妇女为市，自唐代起，已经成了壮乡圩市贸易特色。

It. Gencu hawciengz Guhbaenz
一、圩市建筑的形成

Ciuhgeq sevei Bouxcuengh okyienh nungzyez caeuq soujgunghyez doxbaen le, sanghbinj couh youq gwnz sevei cugciemh laebbaenz, miz le sanghbinj, couh aeu doxvuenh dem gaicawx, riengz dwk doxgai mboujduenh gya lai, dingh dieg dingh seizgan doxvuenh couh fazcanj baenz hawciengz.

壮族古代社会在出现了农业和手工业的社会分工以后，商品就在社会上逐渐形成，有了商品，就需要交换和出售，随着交易不断扩大，固定的、有统一时间的交换地点遂发展成为圩市。

Daj Cinz Han daengz Dangz Sung seiz, dieg Bouxcuengh youq baihsae Guengjdoeng、baihdoeng Guengjsae caeuq rangh dah miz Gveilinz、Vuzcouh、Liujcouh、Yilinz、Ginhcouh、Hozbuj、Gveigangj、Namzningz daengj, daj coux seiz hawciengz laebdaeb fazcanj baenz hawcin. Heuh hawlaux, cujyau dwg geij bak leix gyae cungj miz vunz daeuj hwnj haw. Mingzdai, cungj hawlaux neix miz haw Gveilinz、haw Cangzanh yienh Yungzanh、Gveibingz Gyanghgouj cin、Hoyen Bazbu cin dem haw Canghvuz laeng hoengh hwnjdaeuj daengj. Hawciengz baenz le hix mbouj dwg dingh dwk mbouj bienq, miz hwnghoengh fazcanj, hix miz baihliux. Sungdai Hwngzsanh、Yungjbingz caeuq Ginhcouh Gyanghdungh sam aen hawlaux okmingz de, daengzlaeng gaenq baihliux roxnaeuz bienq iq. Gwnz lizsij cunghyangh vangzcauz dingh dieg couhfuj youq gizde doengh haw hoengh, daengzlaeng aenvih vuenh cauzdaih rox buen rox fciq, hix riongz dwk damh baih. Daeghied dwg mbouj fung hakdoj dang guen bonjdieg le, bienqdoengh engq daih, caenhguenj hawciengz lij youq, hoeng aenvih leiz cunghsinh gyae、 gyaudoeng mbouj bienh、rangh bae mbouj gvangq、vunz siuj hwnj haw cix damh baih roxnaeuz bienq iq, caenh hawj vunz dangdieg gai di doxgaiq guhhong gwndaenj. Hawciengz lai noix caeuq hung iq bi bae bi bienq caeuq sevei ginghci gvanhaeh maedcaed.

从秦汉到唐宋时期，壮族地区的广东西部、广西东部和沿江的桂林、梧州、柳州、玉林、钦州、合浦、贵港、南宁等，由早期圩市陆续发展成为规模较大的圩镇。所谓大圩，主要指辐射面在数百里以上者。明代，这一类大圩镇有桂林大圩镇、融安长安镇、桂平江口镇、贺县八步镇和后起的苍梧大圩等。已形成的圩市也不是一成不变的，有兴盛发展的，也有衰落的。宋代有名的横山、永平和钦州江东三大博易场，后已渐消失或缩小。历史上中央王朝设置的州府治所的繁茂圩市，后因建置更迭或迁或废，也随之冷落。特别在改土归流以后，变动更大，尽管圩市还在，但由于远离中心、交通不便、辐射范围不大、赶圩的人少而冷落或萎缩，仅局限于为当地人民交换一些生产生活用品。圩市的数量和规模逐年变迁是与社会经济息息相关的。

Aenvih hung iq mbouj doengz, guh hawciengz miz fanz miz genj, lumj haw mbanj, mingzyienj swnh yungh dieg hoengq lajyiemh gyoengq ranz gwnz haw baij huq guh giz gaicawx. Hawciengz yanghcin goj ndaej ei dieg genjdan di, caengz gwnz vunz youq, caengz laj hai guh diemh gaicawx, roxnaeuz dawz yiemh naz daz raez okbae, yungh saeu cien dingj caengz laeuz gwnz, guhbaenz baihlaj doing caez、baenz laeuz diuq ga laj yiemh daihgaiq gvangq 2 mij nei, hawj vunz hwnj haw byaij roxnaeuz dang ndit cw fwn, gyang ranz gan dieg hoengq couh dwg hawciengz, song mbiengj baij gai gak cungj nungzfu canjbinj. Gawq dungjgi, Mingzdai gag fouj Namzningz vouh miz hawcin 38 aen；Minzgoz 22 nienz（1933 nienz）, Guengjsae 94 aen yienh gungh miz hawciengz 1424 aen, bingzyaenx moix yienh 15 aen. Aenvih gaicawx sihyau, vunz baedauq dem lai, gyang hawciengz itbuen cungh hwnq miz hawdingz. Neix dwg cungj gencuz gunghyung ndeu, dingz de baenz baiz raez rangh seiq mienh doeng caez, hung iq mbouj doengz, ciengzciengz yungh cien caep saeu, gwnz saeu gaq liengz, hoemq haz roxnaeuz hoemq ngvax, aen hung raez caet bek cib mij, gvangq cib lai mij mbouj doengz. Miz dangj ndeu, hix miz song sam dangj doxbaiz, miz di ndaw dingz laeb miz doen rin roxnaeuz daiz noh, seiq henz de cungj mbouj hoemx ciengz, leih doeng rumz raen rongh, fuengbienh gyoengqvunz comz sanq, couhcinj doek fwn roxnaeuz ndin haeng mbwn hwngq, gaicawx ciuq guh mbouj dingz. Gencuz hawdingz lai cungj lai yiengh, miz hung miz iq, bingzmen faenbouh baenz cih "一", roxnaeuz cih "二" "工" "口" "丁". Ndaw hawdingz, itbuen ei huq faenloih baij baenzhangz gaicawx. Haw sanq le, miz vunz cienmoiz baet guh seuq. Cungj baijbouh neix heih comz sanq, leih baedauq, bienh gaicawx. Vunz hwnj lai, huq gyauvuenh cungjloih fanzcab, hawdingz cix hwnq guh laux gezgou fanzcab, mboujni, cix iq youh genjdanh. Cungj sezgi yenzcwz neix gig miz gohyoz dauhleix.

　　由于大小差异，圩市的设置有繁有简，如村级的圩，显然稍为利用居民干栏空档就可作为货物交换的场所。乡镇圩市也可因陋就简，上层居住，下层辟为铺面，或者将前檐向前伸出，用砖柱支撑上层的楼体，形成下部敞通的、呈骑楼式的宽约2米的长廊，供赶圩人行走或遮阳避雨，干栏房屋之间的空地就是圩场，两边摆卖各种农副产品。据统计，明代仅南宁府就有圩镇38个；民国二十二年（1933年），广西94个县共有圩场1424个，平均每县约15个。由于贸易活动的需要，人流的增多，圩场中心，一般都设有圩亭。这是一种长排状敞开式的公共建筑，面积大小不等，通常砌砖为柱，上架梁檩，盖上茅草或瓦，大者长七八十米，宽十来米不等。有一间的，也有两三间并排的，有的里面建有石墩或肉案，其周边都不砌围墙，利于通风采光，方便人群集散，即使下雨或烈日当空，买卖都能照常进行。圩亭建筑形式多种多样，规模有大有小，其平面布置呈“一”字形，或“二”“工”“口”“丁”字形。圩亭内，一般按货类集中成行摆卖。圩散以后，有专人清扫。这些布局利于集散，便于交通，便于交换。人流多，交换商品种类复杂，则圩亭构建的规模大而复杂，否则，就小而简单。这些建筑设计原则是很有科学道理的。

Ngei. Baijbouh Daegdiemj Gencuz Hawciengz

二、圩市建筑的布局特点

Ciuhgeq hawciengz dieg Bouxcuengh, itbuen dwg dieg vunz dangdieg gaicawx nungzfu canjbinj、souj gunghyez binj, gunghnwngz danhyiz, hawciengz haemq iq, ciengzciengz cij miz 1~2 baiz ranz. Hix miz saek aen haemq hungq, lumj haw Daibingz yienh Doenglanz Guengjsae, Cingh Gvanghsi 32 bi（1906 nienz）guh haw, miz ranz saeu faex hoemq ngvax 4 gan, ciemh dieg 1000 bingzfanghmij, lij miz geij ranz diemqbouh. Hawdingz dingz lai dwg ginzcung gien goeng gien liuh daeuj guh, faex ngvax（rox haz）gezgou, loh naez dieg naez, bingzseiz caem dingh, hoeng ngoenzzhaw cix vunz lai vunz daih, seiz ganj haw vunz baedauq mbouj duenh, sat haw vunz dauq caembwk. Vihneix, gencuz hawciengz aeu hawdingz guh gyang yiengq baihrog buqhai, seiq henz lai dwg ranz vunz roxnaeuz ranz diemqbouh song caengz yungh cien、rin、naez、faex、ngvax daeuj guh. Doengh gencuz itbuen cungj louz miz yiemh hawj vunz byaij、ndoj fwn、yietbaeg. Gyoengqde caeuq hawdingz roxnaeuz hawdingz caeuq hawdingz gyang de, laebbaenz loh gai, leih vunz comz sanq. Hawciengz miz giz haeujok, caeuq doengh "mbanj" seiq henz roxnaeuz roen laux doxlienz. Miz mbangj hawciengz gyang de lij hwnq miz vujdaiz, ngoenzciet seiz miz vunz guh caicaz.

　　古代壮族地区的圩市，一般是当地居民出售或购买农副产品、手工业品的场所，功能单一，圩场规模较小，通常只有1～2排建筑。个别也有较大者，如广西东兰县太平圩，清光绪三十二年（1906年）设圩，有木柱瓦顶的圩亭4间，占地1000平方米，还有几家铺面。圩亭大多靠群众自发献工献料兴建，木瓦（或茅）结构，泥路泥地，平时冷清，但圩日则人山人海，圩时人流不断，圩后悄然离去。因此，圩市建筑布局以圩亭为中心向外开展布置，周边多是砖、石、泥、木、瓦结构的民居或二层楼店铺。建筑一般都留出走廊，供赶圩人避雨、休息。它们和圩亭之间以及圩亭和圩亭之间，形成街道，以利聚散。圩市有出入通道，与周边的“板”或交通要道相连。有些圩市中间还设有简易舞台，节日时有文艺表演。

Daihsam Ciet   Gisuz Caux Ranzcang
第三节   仓储建筑技术

Bouxcuengh aeu ndaem haeux guhgoek. Vih bau haeux mbouj deng non gaet nou roeg nyak caeuq bienq moet, dingzlai guh cang rom cangz. Vuzcouh si oknamh aen ranzcang ranz gan yiengh lumj doengj duh Dunghhan, dingj cang yiengh lumj dingj liengj, cw aen cang maedcaed bae, baihnaj miz aen gek fueng doed okdaeuj, gwnz gek hai aen dou fueng raez ndeu, aen cang laeb youq gwnz daiz fueng, bingz daiz seiq gak gag miz gaen saeu daengj hungloet, sawj aen cang leix dieg namh sang hwnjdaeuj, mienx deng raemx dumh, dingh bauj haeux sauj. Aen Hanmu Guengjsae Bingzloz Ndoibya'ngaenz, oknamh le aen cang ngvax ndeu, yiengh dingj san venj, gan dog naj hoem ngvax, cingq baihnaj hai aen dou, mbouj miz cueng, swix gvaz laeng sam mienh cungj fung caez, song mbiengj dou gak miz 3 aen congh luenz, dwg fung cang seiz cuengq gang lanz dou yungh. Aen moh Guengjsae Hozbuj Dangzbaiz Sihhan geizlaeng haem oknamh aen cang ngvax, ranz hung fueng raez, baihnaj miz yiemh dauq, yiengh dingj san venj, gwnz hoemq ngvax, dingj ranz naj gvangq laeng geb, sawj yiemh naj cw gvaq yiemh dauq, ndoen ranz bien baihlaeng, ciengz naj bingzbaiz hai le song aen dou, swix gvaz laeng sam mienh fung caez, dou naj guh yiemh dauq cix leih dawz haeux haeuj cang seiz dang ndit cw fwn. Aen moh Guengjsae Cauhbingz Dunghhan oknamh song aen cang ngvax, cungj dwg yiengh doengj soh hoemq dingj luenz, dieg daiz baenz limq, baih bien hai aen dou ndeu, daej cang hix dingj hoengq hwnjsang. Aen moh Guengjsae Vuzcouh Byafwjgoem Dunghhan oknamh aen cang yungh rin gaek baenz（doz 6–3–1）, yiengh doengj nduen, gwnz hoemq lumj aen gyaep, aen cang gyaeuj ndeu baih bien miz dou, giz dou gig sang, aeu yungh lae cij ndaej haeujok. Baih dou miz congh fueng raez, dwg congh sonq gang fung dou. Daej cang dwg seiq fueng, laj daej miz seiq gaen saeu, dawz aen cang gaq hwnj gwnz namh. Ndaej yawjok, aen seizgeiz neix gak cungj cang yienghloih gig lai. Caenhguenj dwg huq haem, cix cungfaen gangjmingz Cinz Han seizgeiz Cahbingz、Vuzcouh、Hozbuj doengh dieg gvi Sihouh Lozyez neix gaenq miz gak cungj ranzcang. Vunz lijleix seiz miz, dai le hix muengh youq lingh aen seiqgyaiq goj miz haeux rim cang, couh geiq muengh haeuj huq haem. Oknamh aen cang yungh rin gaek baenz sezgi gohyoz, gezgou hableix, gangjmingz hwnqguh gisuz gaenq daengz aen suijbingz haemq sang. De naemj daengz bonj dieg cumxmbat fwn lai cij ngeix guh aen gezgou fuengz raem fuengz ciuz, dwg aen gisuz fuengfap ceiq sangz ndeu, daj neix gvaq laeng mboujduenh gaijndei caeuq fazcanj.

壮族以稻作为本。为保存稻谷不遭虫蛀鸟鼠盗吃和霉变，多筑仓贮藏。梧州市东汉墓出土的滑石干栏谷仓明器为桶状体，仓顶呈伞顶状，严实地遮住仓体，前面有突出的方形框，框的上方开了一个长形仓门，仓体立于方形台上，平台四角各有一根粗大的立柱，使仓桶高离地面，以免水浸，确保粮食干燥。广西平乐银山岭汉墓，出土一个陶仓明器，悬山顶式，单间盖瓦面，正面开一门，无窗，左右后三面均封死，门的两侧各有3个圆孔，是封仓时放置堵门的横杠用的。广西合浦堂排西汉晚期墓葬出土的陶仓明器，长方形大间，前面有回廊，悬山顶式，盖瓦面，屋面是前宽后窄，使前檐覆盖过回廊，屋脊偏后，前墙并排开了两道门，左右后三面封死。前门设回廊是便于粮食进出仓时遮阳挡雨。广西昭平北陀东汉墓葬出土两件陶仓，都是直筒形圆盖顶，棱形地台，侧开一道门，粮仓底层也是架空的。广西梧州市云盖山东汉墓还出土了由滑石凿成的粮囷明器（图6-3-1），呈圆筒形，盖为斗笠形，仓体一端有侧门，门位很高，需架梯才能出入。门侧有长方形孔，是插封门横杠的栓眼。仓的基座是四方形，基座底下有四根柱，把粮仓架离地面。可以看出，这个时期的各种仓储类型很多。尽管是明器，却足以说明秦汉时期隶属西瓯骆越的昭平、梧州、合浦等地区已有了各种仓储设施。人在生活时拥有，死后当然也希望在另一个世界里仓廪满盈，故寄情于明器。出土的滑石谷仓模型设计科学，结构严密，构造合理，标志着营造技术已达到了较高水平。其考虑了当地潮湿多雨而构思防水防潮的结构，是很高明的技术措施，自此之后不断改进和发展。

Doz 6-3-1　Ranzcang rinraeuz Handai buenx cangq，youq vuzcouh oknamh
图6-3-1　广西梧州市出土、用滑石加工而成的汉代粮囷明器

Daihseiq Ciet　　Gencuz Yazmonz Hakdoj
第四节　土司衙门建筑

Dangz、Sung youq dieg Bouxcuengh hengz Gihmij cidu，Yenzdai gaijguh dujswh couh yen，Mingzdai haidaeuz saedhengz Liuzgvanhci，cig daengz Minzgoz seiz hengz mbouj fung hakduj dang guen caez，lig seiz cien lai bi. Doengh dieg neix boux hakdoj dawz gienz youq ndaw yangh，yungh daeuj yienh aen seiqlig de. Guendoj hakdoj Mingzcauz Cingcauz，ciuq gij gwndaenj fuengsik hak Bouxgun，hwnq guh le gyoengq ranz yazmonz hakdoj miz minzcuz daegsaek. Guengjsaae Yinhcwngz dujswh、Yinznanz Funingz dujswh gyoengq ranz yazmonz， miz daibyaujsing. Daegdiemj doxdoengz de dwg：Youq gwnz conzdungj vwnzva Bouxcuengh, cietsouh le vwnzva Cunghyenz yingjyangj, hwnq ranz baijbouh seiz ei yiengh Bouxgun ndij yiengq ndeu buqhai, ranz youq caeuq ranz ca caemh yungh, naj yazmonz laeng ranz youq. Cien faex gezgou, gaek liengz veh saeu, youzcaet veh saek. Yienh'ok le Cuengh Gun gisuz gencuz doxgyau.

　　唐、宋在壮族地区推行羁縻制度，元代改为土司州县，明代开始实行流官制，直到民国年间完全实现改土归流，历时千余年。这些地方土官统治者持权乡里，以显其势。明清的土官土司，参照汉族官宦人家的生活方式，构建了有民族特点的土司衙门建筑群。广西忻城土司、云南富宁土官衙门等建筑群，具有代表性。其共同特点是：在壮民族传统文化的基础上，接受了中原文化影响，建筑布局模仿汉营造制式按一定的轴向展开，官舍并用，前衙后府。砖木结构，雕梁画栋，油漆彩画，显示了壮汉建筑技术的融合。

It. Guengjnamz yazmonz hakdoj ranz Cinj
一、广南沈氏土司衙门

　　Yenzcauz Anhningz couh bouxdaeuz Cinj Langzsenh ciemq dawz Fucouh baenz hakdoj Fucouh le, daengz Cing Gvanghsi 27 bi（1901 nienz）mbouj fung hakdoj dang guen, seiqdaih dang hakdoj Fucouh gonqlaeng 600 lai bi. Cing Genzlungz seiz（1736~1795 nienz）, guendoj Cinj Mingzdungh youq Gveihcauz cin Houcouh cunh hwnq yazmonz, heuh Dujfu couh, gvi Guengjnamz fuj. Aen yazmonz neix depgaenh Dahbujdingh baihnamz youq gwnz byongh ndoi, yiengqcoh baihbaek. Gyoengq ranz miz 21 aen（doz 6-4-1）, ciemq dieg 2 fanh lai bingzfanghmij. Naj yazmonz caep lae rin 360 mbaek, ndij ndoi roengz daengz henz dah. Cungjdaej ei aen yiengh "haeujbae haj caengz" daeuj hwnq, ranz dingdangz cawj ndij diuz sienq namzbaek baizlied youq gwnz ndoi, laeng doeng dou laux、dou ngeih、dou sam, ndaw laeb dangz cingq、dangz ngeih、dangz sam. Ranz yazmonz miz daiz bauq、daiz hauh（ding）、ding gyong、ding giuh、lauz mbwn、lauz deih、ranz guen、dingh lwnh saeh、dingdangz daengj. Miz song aen suenva、sam aen cingj, lingh miz gang rin gaek va、saeu rin、doenj rin、doenghduz rin（saeceij rin、duzciengh rin、duzmou rin daengj）、gyong rin daengj caeuq geij giz doz gijhoz daeuj cang. Ciengz ding cingq caep cien va, dou venj bienj va, lajdeih buq benj rin. Mbiengj dou naj daengj miz song duz saeceij rin, hung sang nyignyanz, seiqheiq yienh dwk seuqsat, cungjdij baijbouh yiemzgaenj, ranz cien faex baenz gyoengq vifung raixcaix, dwg Cunghyenz ranz guen denjhingz youq Mbanjcuengh ciuq yiengh daeuj guh.

　　元朝安宁州首领沈郎先兼并富州成为富州土官以后，至清光绪二十七年（1901年）改土归流，世袭富州土官长达600多年。清乾隆年间（1736~1795年），土官沈明通在归朝镇后州村建衙，称土富州，隶属广南府。该衙紧靠普厅河南岸的龙山半坡上，坐南朝北。建筑群由21幢建筑物组成（图6-4-1），占地2万余平方米。衙署前设置石阶360级，沿坡而下直到河边。总体布局按"五进式"构架设置，主要厅堂沿南北纵轴线排列于山坡上，后通头门、二门、三门，内设正堂、二堂、三堂。衙署有炮台、号台（厅）、鼓厅、轿厅、天狱、地狱、官舍、议事厅、祠堂等。有两座花园，三口水井，另有雕花石缸、石柱、石墩、石兽（石狮、石象、石猪等）、石鼓等和各种几何图案点缀。正厅墙砌花砖，门挂花匾，地铺石板。前门侧立两尊石狮，高大狰狞，其势赫然，整体布局严谨，砖木结构房屋群体威慑气派，是典型中原官衙在壮乡的翻版。

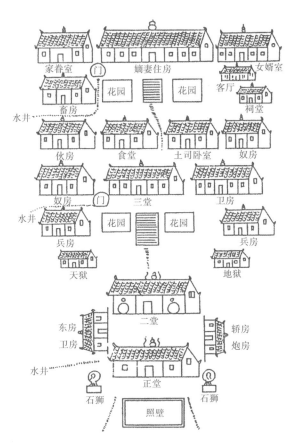

Doz 6-4-1 Aen yazmonz Cingcauz guendoj ranz Cinj（Bouxcuengh）Fucouh
图6-4-1 清代富州沈氏土官（壮族）衙门

Ngeih. Gyoengq Ranz Yazmonz Hakdoj Yinhcwngz

二、忻城土司衙门建筑群

Gyoengq ranz yazmonz hakdoj Yinhcwngz ciemq dieg 4 fanh lai bingzfanghmij, miz yazmonz、cwzdi、daemz guen ding va、miuh、dingdangz、suen moh daengj. Hainduj hwnq youq Mingz Vanli 10 bi（1582 nienz）, cienzbouh dwg cien faex gezgou. Gaiq faex yungh cungj faex ndei faex bengz daeuj guh, dingj gwnz diu mbin saenz giu, bingzfungh yiengh dou daengz daej, veh va gaek doed, va cueng gaek hoengq, saeu liengz youz baenz saek hoengz, heiqbaij dangqmaz, sou aeu gij youhdenj yisuz senhcin hwnq ranz Mingzdai, yungh daeuj hwnq yazmonz hakdoj, youh dwg gaiq gisuz hwnq ranz Gun Cuengh doxgyau ndeu. Yazmonz youz caubiz、dou naj、dangz daeuz、yiemh raez、dangz ngeih、dangz sam、hongh laeng hab baenz, youq baihswix baihgvaz de lij miz doengsae song mbiengj dou、doengsae song mbiengj miz va ding、doengsae song mbiengj ranz、ranz binq、ranz lauz daengj; dingdangz cix youz caubiz、dou laux、dangz caeq caeuq dangz laeng hab baenz. Daengx aen bugiz dawz yazmonz hakdoj guh haedsim. Dou naj dwg haw, naj dou dwg roen gvangq, saeu roen youz Cinghdai Dungzci boux sij saw mizmingz Cwng Siujguz（nyuenz coh Cwng Yenfuj, vunz Siengcouh）sij fouq doiq saw gaek goemz: "Souj dieg neix, guenj minz neix, cib roek bauj gyoengq vunz caenh dwg lwgnding; Hai gij haenz, leih gij fouq, sam bak leix gvaeglaeg gyonj baenz vuengz fung. 守斯土，莅斯民，十六堡群黎谁非赤子；辟其疆，利其赋，三百里区域尽隶王封。" Dou laux song mbiengj dwg doubaiz cih "八" hamj gai, heuh dou doeng、dou sae, gwnz dou faenbied gaek "庆南要地" "粤西边隅" 8 cih saw. Baihdoeng yazmonz leiz 20 mij dwg dingdangz ranz Moz caeq goengcoj, ciemq dieg 1470 bingzfanghmij, hwnq guh youq Cing Genzlungz 18 bi（1753 nienz）, aenvih hoenxcieng deng coemj, Daugvangh 27 bi（1847 nienz）dauq hwnq. Faen naj、gyang、laeng sam haeuj. Haeuj it dwg dou cingq. Ngih haeuj dwg ding cingq, song mbiengj faenbied miz ranz hek, laeng naj biep va cueng gaek hoengq, dinfwngz ndeindaek, cang ndaej ndeindiuh. Sam haeuj an miz baizvih ligdaih coengcaen ranz Moz. Baihdoeng ding dangz miz Sanhcingh gvan funggek doegdaek. Baihsae dwg ranz boux guen baiz gaeggyanz, hawj gyoengq vunz ndaw ranz hakdoj boux ceiq caen lumj beixnuengx caeuq au lwg daengj youq. Gyang de bwh miz ciengz lwgbing lienh goengfou caeuq ranz yw daengj. Baihsae ranz hak hwnq miz miuh Gvanhdi. Aenvih cidu daengjgaep yiemzgek, giz gyawj song aen miuh anbaiz Veiz、Liuz、Yangz sam singq caencik hakdoj youq, caiq bae rog cij dwg ranz vunzlai caeuq ciengzsingz. Baihnamz yazmonz hakdoj miz aen "Dingzbuenxndwen" guh ndaej daegbied caeuq aen "Gamjlungzbaeg" cienmonz hawj hakdoj lienh ndang lienh singq. Baihbaek miz dingz yietbaeg、giuz rin caeuq aen daemz guen hakdoj seiq henz ndaem doh va ndei faex ndei. Baih saebaek dwg aen suen moh ranz hakdoj. Sojmiz gencuz cwngjdij anbaiz cungj caeuq yazmonz hakdoj ngamjhab doxhuz.

忻城土司衙门建筑群占地4万多平方米，由衙门、宅第、官塘花厅、寺庙、祠堂、陵园等组成。始建于明万历十年（1582年），全部砖木结构。木构件均采用珍贵木材制作，天面飞檐翘脊，落地门式屏风，彩绘浮雕，镂空花窗，朱漆梁柱，气宇轩昂，吸取了明代先进的建筑营造艺术与结构的优点，用于土司衙门建筑，是又一个汉壮建筑技术交融的产物。衙门由照壁、前门、头堂、长廊、二堂、三堂、后院组成，在其左右还分布有东西辕门、东西花厅、东西厢房、兵舍、监狱等；祠堂则由照壁、大门、祭堂和后堂组成。整个布局以土司衙门为核心。前门临街，门前为宽廊，廊柱由清代同治广西著名书法家郑小谷（原名郑献甫，象州人）撰写的阴文楹联："守斯土，莅斯民，十六堡群黎谁非赤子；辟其疆，利其赋，三百里区域尽隶王封。"大门两侧是八字跨街牌坊，称东、西辕门，门楣上横额分别浮雕"庆南要地""粤西边隅"8个字。衙门东20米是莫氏祭祀祖宗的祠堂，占地1470平方米，始建于清乾隆十八年（1753年），因毁于兵燹，道光二十七年（1847年）重建。分前、中、后三进。一进是正门。二进为正厅，两侧分别设有客房，前后镂刻贴金花窗，工艺精巧，装饰豪华。三进安放莫氏历代宗亲牌位。祠堂东侧有风格独特的三清观。西为鳞次栉比的官族府第，住着土司最亲近的弟妹和叔侄等家庭成员。其间配置有士兵练武场和诊疗室等伺服系统。官府西侧建有关帝庙。由于严格的等级制度，两庙附近安排了土司的韦、刘、杨三姓亲戚居住，再往外，才是民众的住宅和城墙。土司衙门南边有造型别致的"伴月亭"和专供土司修身养性的"龙隐洞"，北有亭榭、石桥和环布奇花异木的土司官塘，西北安置有肃穆的土司家族陵园，所有建筑整体造型都与土司衙门协调和谐。

Gyoengq ranz yazmonz hakdoj Yinhcwngz gouswh giujmiu moqsien, daih'it dwg ranz yazmonz dingh dieg youq Siuhvwnzlij cuibingzsanh baihbaek, gaqyiengh coh baihbaek, cuibingzsanh dwg bya rin daengjhat, gag daengj mbouj caeuq bya ndwi doxlienz, bya neix byaij yiengq doengsae, raez 700 mij, gvangq 50 mij, sang 150 mij. Dingj bya miz aen dingh raemx, gvangq sam cik lai, raemx bi daengz byai mbouj duenh, laj bya miz aen mboq gvangq, bibi raemx sawqlik, mboujdanh ndaej yungh raemx, lij ndaej guh gaiq fuengz hoenx vunzdig. Gyang bya caeuq raemx, doxca 400 mij dwg gaiq dieg bingz baenz mbaeklae nei, yazmonz hwnq youq gix, aeu Cuibingzsanh guh binzcang swhyienz miz, youq baihswix baihgvaz song mbiengj baij bing siuj daeuj souj ndei, nanz gung haeujbae. Vunzdig gung ndaej gaenj nanz dingj, lij ndaej doiq hwnj bya bae caj vunz daeuj gouq. Aen bugiz neix caezcienz swhyienz, guhbaenz aen funggek bya raemx swhyienz doxhab. Gyoengq ranz yazmonz hakdoj Yinhcwngz dwg cien faex gezgou, ndaw ranz yazmonz aeu saek nding guhcawj, dou laux、saeu、gaq ranz、ndang liengz、cuengqgaek、cueng va、benj gek caemhlij gaqcuengz、daiz caz、daiz daengq daengj, cungj yungh youzcaet youz baenz saek nding, gijwnqcix boiq miz saek heu、ndaem、hau daengj, gaugviq youh lengjlat dangqmaz（doz 6-4-2）. Gyoengq ranz cang ndaej lai cungj lai yiengh, daj dingj ranz、doen saeu daengz cueng va cungj saeqnaeh daeuj guh, lumj ranz yazmonz hakdoj caeuq dingdangz, sojmiz dingj ranz、rin daej、bingzfungh、caubiz、dangngvax, cungj buq rim gak cungj vunz、doenghduz doenghgo, miz vumzvauz、mbungqmbaj、maxloeg、roegcaeuq、lungz mbouj miz gaeu、lingz、doq、guk、saeceij、gizlinz、goeggacak、gocoengz、gocuk、huzluz、va nywj, lijmiz gyong rin、saeceij rin、cih "寿" daengj geij cib cungj dozsiengq roxnaeuz gijhoz dozanq, rox hung rox iq, rox fueng rox nduen, rox gaek faex, rox gaek rin, rox naez nyaenj, rox veh saek va, yienghsiengq gak mbouj doxdoengz, dapboiq ngamjhab. Engq geizdaek dwg ranz yazmonz hakdoj gwnz dingjndoen guhbaenz cungj dozanq lungzhaz（hix heuh lungzfungh）ndeu lumj lungz mbouj lungz、lumj fungh mbouj fungh, swnh'wng le hakdoj ndawsim aen iugouz "lungz fungh heux ndang, heiq rang rim ranz", gouswh hix gig daegbied.

忻城土司衙门建筑群构思巧妙新颖，首先衙署定点于修文里翠屏山北麓，坐南朝北，翠屏山乃一地拔起的石山，独立于众山之外，该山东西走向，长700米，宽50米，高150米。山顶有一小池，方圆三尺许，水冬夏不绝，山下呈一片清泉，常年清涟，不仅解决了用水问题，还可作为制敌之障碍。山水之间，相隔400米为一阶梯式平地，衙建在此，利用翠屏山作自然屏障，在其左右两侧布以少量兵员坚守，难以攻入。事态紧急，还可以退上翠屏山，以待援兵。该布局完整自然，形成了山水建筑自然融合的独特风格。忻城土司衙门建筑群为砖木结构，衙署内以赤为主色，大门、柱子、屋架、檩身、椽皮、花窗、隔板以至床架、茶几、桌椅等，统统漆以赤红色，其余则伴以绿、黑、白诸色，高贵而富丽堂皇（图6-4-2）。建筑群的装饰可谓种类繁多，从屋脊、柱础到花窗都精心雕琢，如土司衙门和祠堂，所有的屋脊、石础、屏风、照壁、瓦当，都布满了各种人物、动植物，包括蝙蝠、蝴蝶、鹿子、鹭鸶、螭龙、猴、兔、虎、狮、麒麟、喜鹊、松、竹、葫芦、花草，以及石鼓、石狮、"寿"字等几十种图像或几何图案，或大或小，或方或圆，或木雕，或石雕，或泥塑，或彩画，形象各异，搭配得体。更奇特的是土司衙署的屋脊上塑造的一种似龙非龙、似凤非凤的草龙（亦称凤龙）植物图案，顺应了土司"龙凤绕脊，瑞气盈门"的心理要求，构思也很别致。

Doz 6-4-2　Gij ranz yazmonz hakdoj Yinjcwngz Guengjsae
图6-4-2　广西忻城县土司衙门建筑

Gyoengq ranz neix rin gaek daihgaiq miz 100 lai gienh, hungsang saedcaih gvaq ndaej nanz, naekna hungloet, dwg bouhfaenh gabbaenz vwnzva Bouxcuengh ndeu. Ndaw de gouh saeceij song mbiengj dou ranz yazmonz hakdoj, ga naj soengz soh, ga laengz goengzyoeng, ngangxgyaeuj enjaek, akmungj giengzgwd, yungh ndaek rin song dunh lai naek gaek baenz, lienzdaemh rin daej, song miz 2 mij, caen dwg nanz ndaej. Linghvaih, dou laux song mbiengj, guh le song aen gyong rin hung yungh rin gaek vunj fwj daeuj dak hwnj, nyengh ndang baek dwk, goeng diu saeqnaeh, naeng gyong、ding gyong yaek raen yaek mbouj. Youq naj dangz daeuz、baih dou dingdangz、caemh miz gwnz gyoengq rin daej ranz geij cib giz, hix cungj gaek miz yiengh gyong rin, aeu daeuj yienh'ok diegvih dungjci de maenh'onj viqyiemz, gig miz minzcuz daegsaek. Suen moh seiq henz miz moh bak lai aen. Aeu Cinghmoz aen moh Moz Yangnganz guh cungsim, aen moh neix sang daihgaiq 3 mij, vangraez daihgaiq 5 mij, aeu youzgyaeuq、dangzhenj、hoi、namhsa doxgyau dauj baenz moh, seiq henz aeu rin camh baenz vunz sang，naj moh guh aen daiz caeq rin sang cik ndeu，gvangq 3 cik，raez 6 cik. Suen moh roen saenz gvangq 50 mij，raez 100 mij，daj baihnamz yiengq baihbaek soh bae，cig daengz aen moh Moz Yangnganz. Gak cungj rin gaek daj baihnamz yiengq baihbaek ca doxdaengj baizlid，giz hwnj dwg doiq vazbyauj saeu nduen ndeu，sang daihgaiq 5 mij，guh yiengh caeuq hamzeiq deng vwnzva cunghyenz yingjyangj. Ciet dwk laeb aen baizfangz，beij vazbyauj loq daemq，youq 4 gaen saeu rin seiq limq caeuq song gaen rin diuz doxlienz guhbaenz，daej moix gaen saeu rin，yungh song gaiq rin heu hung siuq baenz buen yiengh huzluz，daj laengnaj camh haeuj ndaw saeu gaenq hai baenz cauz bae，cingqmienh yawj bae，couh lumj aen huzluz hung caezcienz ndeu，gezgou saedcaih gyaenanz，hung sang dangqmaz. Roen saenz song mbiengj gaiq rin gaek baenz gyoengq，miz vunz rin、vaiz rin、max rin、saeceij rin、doq rin、gyong rin daengj. Vunz rinz baizlied sai swix mbwk gvaz，bouxsai cuengq fwngz ndwn soh，bouxmbwk dak buenz yienh huq. Sojmiz rin gaek，sang daihgaiq 2 mij，yienghsiengq sengdoengh，cangqcwt hung sang，sienqdiuz cocat，yinzywg doxhuz，ca maed doxcab，dwg yiengh vwnzva yizcanj dieg Bouxcuengh youqgaenj ndeu.

　　该建筑群的石雕，约100余件，雄健古朴，浑厚粗犷，是壮族传统文化的组成部分。其中土司衙门两侧的一对石狮，前脚竖立，后脚曲蹲，昂首挺胸，勇猛强悍，由一块两吨多重的大青石雕凿而成，连同石座，高达2米，可谓一绝。另外，在大门两侧，建了两面由云纹形石雕托起的大石鼓，它侧身而立，雕工细腻，鼓皮、鼓钉隐约可辨。在头堂前面、祠堂门边、以及建筑群的数十个石础上部，也都刻成石鼓形象，以显示其统治地位牢固威严，颇具民族特色。陵园四周有墓穴百余座。以清末莫向岩墓为中心，该墓高约3米，直径约5米，由桐油、黄糖、石灰、砂土混合铸成墓身，四周用一人高的料石镶住，墓前置一张高1尺，宽3尺，长6尺的石制祭桌。陵园神道宽50米，长100米，由南向北延伸，直至莫向岩墓。各种石雕自南而北等间距排列，起始为一对圆柱形华表，高约5米，在造型和涵义上受中原文化影响。接着立一牌坊，比华表略矮，由4根四棱石柱和2根石条联结而成，每个石柱底部，用两块修成半葫芦状的大青石，从前后镶进已凿成石槽的柱身，正面看去，活似一个完整的大葫芦，构图古朴，蔚为壮观。神道两旁为大型群雕，有石人、石牛、石马、石狮、石兔、石鼓等。石人排列男左女右，男者垂手直立，女者托盘献物。所有石雕，高约2米，造型生动，劲健雄伟，线条粗犷，匀称和谐，疏密相间，是壮族地区重要的文化遗产之一。

Sam. Gyoengq Ranz Yazmonz Hakdoj Anhbingz

三、安平土司衙门建筑群

　　Hakdoj Anhbingz couh dwg Anhbingz dujcouh，neix youq ndaw yienh Dasinh Guengjsae. Sungcauz《Gveihaij Yizhwngz Ci》gangj："Gonq miz seiq dau ranz Nungz，heuh Anhbingz、Vujlwz、Cunghlang、Cizyenz seiq aen cou，cungj singq Nungz." Sungcauz guendoj，laeb yazmonz. Cingh Daugvangh 19 bi（1839 nienz）guendoj Lij Bingjgveih coih ndei yazmonz le venj fouq doi ndeu："Riengz Dig doxdaeuj，swngz coeng gwn dieg，geij bak bi goeng hung lijyouq；Bingz Manz gvaq liux，souh doj hai fwz，ngeih geij daih lozyieng caemh moq. 随狄以来，

承宗袭职，数百年勋猷宛在；平蛮而后，受土开荒，廿余代俎豆维新。" yazmonz dangnienz, youq gyaeuj baihdoeng gai Anhbingz naj aen bya iq ndeu, naj dou laeb aen caubiz hung sang ndeu, raez daihgaiq song ciengh, sang ciengh roek. Daj caubiz heuz gvaq, cingqgyang laeb miz aen laeuz cung gyong sang daengz sam ciengh, venj aen cung luenz hung ndeu, de dwg hongdawz hakdoj fathauh roengzlingh. Youq naj dou laux nding yiengq coh baihnamz, daengj miz gou saeceij rin hung sang baenz ciengh, viqyiemz fouzbeij. Gyawj dou song baih lij miz song gouh gyong rin dem saeceij rin iq, doenghneix cungj dwg aen siengcwngh gienzlig gaugviq dieg Bouxcuengh. Riengz diuz roen yungh rin diuz caeuq cien heu camh baenz haeuj dou, ranz baihswix dwg boux hendou caeuq bouxbing youq, ranz baihgvaz dwg ranzlauz laepngauq gyaeng ndaej bak lai vunz. Nyoengx hai dou gyang cingq mienh, couh dwg gungdangz guendoj buenq anq, byaij gvaq yiemh vunz byaij dem ding caijcaz, dwg dieg guendoj youq, gyang ding hung baij miz lingzveih cojcoeng, guendoj youq gizneix ciephek、cingj laeuj. Ranz doiqnaj dwg bohsae dem mbauq coz youq, lij miz cang haeux yazmonz. Laeng de, song mbiengj denhcingj dwg ranz dajcawj. Caiq bae laeng dwg "Laeuz haj fungh" bakdou hensouj yiemz raixcaix, dwg dieg yahmaex dem lwgsau guendoj youqgyoengq ranz neix bugiz gaenjmaed, hix yungh le haujlai yienghsik caeuq yisuz gencuz Bouxgun.

安平土司即安平土州，在今广西大新县境内。宋《桂海虞衡志》称："旧有四道侬氏，谓安平、武勒、忠浪、七源四州，皆姓侬。"宋设土官，立衙门。清道光十九年（1839年）土官李秉圭修复衙门后悬挂了一副对联："随狄以来，承宗袭职，数百年勋猷宛在；平蛮而后，受土开荒，廿余代俎豆维新。"当年的衙门，坐落在安平街东头的一座小山前，门前矗立一幅高大的照壁，长约两丈，高一丈六尺。从照壁绕过，正中耸立一座高达三丈的钟鼓楼，悬挂一大铜钟，它是土司发号施令的工具。坐北朝南的朱红大门前，竖立一对高达一丈的大石狮，威严无比。近门两侧还有两对石鼓和小石狮，这些都是壮族地区高贵权力的象征。沿着由石条和青砖铺设的路径进门，左厢房是门房和兵丁的住处，右厢房是可以关禁百余人的黑暗牢房。推开正面的中门，就是土官审案的公堂，穿过行廊和戏剧厅，是土官的住处，大厅中摆设祖宗神位，土官在这里会客、宴饮。对面厢房是师爷和少爷住处，以及衙门粮库。其后，天井两侧是厨房。再后是门禁森严的"五凤楼"，是土官内眷妻室和女儿的居所。该建筑群布局紧凑，也采用了许多汉族建筑营造制式和艺术。

Yinznanz Funingz gyawj Guengjsae Baksaek, laeb miz gvaq Gveihcauz hakdoj, ranz gaeuq lw roengzdaeuj mbouj lai, dan miz aen baizfueng yienghceij daegbied ndeu（doz 6-4-3）.

云南省富宁县近临广西百色市，曾有壮族皈朝土司设置，所遗建筑不多，现留有造型奇特的牌坊一座（图6-4-3）。

Doz 6-4-3 Yinznanz Funingz Gveihcauz hakdoj baiz fueng

图6-4-3 云南省富宁县皈朝土司牌坊

Daihhaj Ciet　Gencuz Gyoengq Ranzhongh Minzyung
第五节　民用宅院群体建筑

Dangzdai gvaq laeng, youq dieg Cuengh cawz gencuz ranz gan le, lij okyienh le gyoengq ranz lai cungj lai yiengh, miz dicuj、bouxguen hwnq gij ranz ndei ranz sang, miz hagdangz、canghyenz, doenghneix cungj gvi haeuj gyoengq ranz loih minzyungh. Cungj ranz neix gouswh geizdaeg, byaujyen le cangh Bouxcuengh gvairaeh caeuq funghgwz gencuz yisuz Bouxcuengh lai cungj lai yiengh.

唐代以后，在壮乡除干栏民居建筑以外，还出现了多种多样的建筑群体，有地主、官员兴建的豪华住宅，有学校、庄园，这些都归入民用宅院群体建筑类。该类建筑构思奇特，表现了壮族工匠的智慧和壮族多姿多彩的建筑艺术风格。

It. Dangzdai Ranzhung Loeghab Maenhndat
一、唐代六合坚固大宅

Dangz Lingjmamz Dau gihmij Cwngzcouh Vuzyiz yen（ngoenz neix Guengjsae Sanglinz yen）bouxdaeuz Veiz Gingban youq ndaw ranz beixnuengx doxdaeuq duet ndaej dawz gienz seiqdaih doxcienz le, vih bauj dingh lwglan de gienz vih bae raez cix daegdaengq hwnq guh ranz hung, daihgaiq youq Yungjcunz yienz nienz（682 nienz）guhbaenz, angq sij《Danq Ranz Hung》dem fwen haj cih sam hot, gaek haeuj gwnz rin geiq gij hoenghhwd de, ce youq Guengjsae Sanglinz yen Cwngzdai yangh laj Byageizlinz. Ranz hung mbouj louz ndaej roengzdaeuj, saw gwnz rin geiq naeuz aen ranz dwg yiengh cwngzbauj, maqmuengh "ciengxlwenx bauj mbouj baih", guh ranz maenhndat, "boux ndeu hensouj, couh fanh vunz nanz gungq".

唐岭南道羁縻澄州无虞县（今广西上林县）首领韦敬办在阋墙争斗中夺得世袭权柄之后，为确保其子孙权祚绵长而特意修建大宅，约在永淳元年（682年）竣工，喜撰《大宅颂》及五言诗三首，刻石以纪其盛，存于广西上林县澄泰乡麒麟山脚下。大宅没有保留下来，碑文记述建筑是城堡式，希望"永世保无残"，建宅牢固，"一人所守，即万夫莫当"。

Ngeih. Mingzdai Lungzanh Yen Gyoengq Ranz Yozgungh
二、明代隆安县学宫建筑群

Gyoengq ranz neix youq Mingz Gyahcing 16 bi（1537 nienz）youz cihyen Cangh Gveih haidaeuz hwnq. Gyahcing 39 bi（1560 nienz）, cihyen Yauz Gihyi dawz de buen daengz baihdoeng singz daeuj hwnq, miz Dacwngz den、swix gvaz song mbiengj ranz、Vangz Vwnzcwngz Gungh Swz、Mingzlunzdangz、Gijswng Gungh Swz、Yimwnz、Lingzsinghmwnz daengj. Ndaw de Dacwngz den raez 20 mij, gvangq 12 mij, ciengz cien, gwnz dingj ranz ngvax liuzlizvaj. Sojmiz gij saeu liengz、hengzdiuz、faex dou daengj cungj dwg faex ndei faex gienq guhbaenz, maenhndat maenhndwd, cingqdwt yiemzywg. Ranz baijbouh gihbwnj dwg ciuq Cunghyenz gak dieg yiengh Gungjmyau daeuj guh.

该建筑群于明嘉靖十六年（1537年）由知县章圭始建。嘉靖三十九年（1560年），知县姚居易将其迁建于城东，由大成殿、左右厢房、王文成公祠、明伦堂、启圣公祠、仪门、棂星门等组成。其中大成殿长20米，宽12米，砖墙、歇山琉璃瓦屋面。所有的梁柱、檩椽、门槛等都是上等蚬木做成，坚固牢靠，端庄肃然。建筑布局基本是模仿中原各地孔庙建筑设计。

Sam. Veizlungj Cunh Gyoengq Ranz Dicuj
三、围陇村地主宅院建筑群

Guengjsae Liujgyangh Yizduh Veizlungj cunhranz boux dicuj ndeu, hwnq youq Cingh Gyahging nienz gan de（1796~1821 nienz）, ciemq dieg 20 moux, naj hongh miz dah hen hongh、daemz ngaeux hung; ndaw hongh miz dingh buet max. daengx aen hongh miz 9 aen ding hung, 18 aen dienhcingj, 120 aen fuengz. Ndaw hongh doengh saeu、gak、liengz、yiemh byaij cungj miz gaek dem vehmiz dozanq. Daengx aen hongh baenz aen luenz, miz ciengz hongh sang caet bet mij, cienzbouh aeu youzgyaeuq、dangz gyaux sa、hoi cuk baenz, ciengz hongh moix gek geij mij couh hai congh cungq rox congh yawjngonz, yungh daeuj gyagiengz fuengz re. Ndaw hongh sojmiz yiengq baihrog hai gij dou laux, cienzbouh yungh rin diuz hung gaek ndei daeuj caep baenz. Daengx gyoengq ranz hung sang、maenhndat maenhndwd, sezgi giuj ndei、baijbouh hableix, daj gencuzsij daeuj gangj, de daibyauj gisuz gencuz Bouxcuengh youq Cinghdai gaenq byaij haeuj aen gaihdon majcug.

广西柳江县一都围陇村某地主宅院，建于清嘉庆年间（1796～1821年），占地20亩，院前有护院河、大菏池；院内有跑马厅。全院有9个大厅，18个天井，120间房。院内的柱墩、角、梁、廊均有塑雕或彩绘图案。整个宅院呈圆形，有七八米高的院墙，全部用桐油、糖混合沙子、石灰夯成，院墙每隔数米即开枪眼或全形"口"望眼，用以加强防范。院内所有向外开的大门，全部采用精刻的大石条砌成。整个建筑宏伟、坚固牢靠，设计精巧、布局合理，从建筑史来说，它表明壮族的建筑技术在清代已进入到成熟阶段。

Seiq. Sihlinz Yen Gyoengq Ranz Cwnz Yuzyingh
四、西林县岑毓英官宅建筑群

Guengjsae Sihlinz yen Nazlauz gih Veizsinh yangh miz ranz gaeuq Cwnz Yuzyingh（doz 6-5-1）, youh heuh "Guenhbaujfuj"（ranz nuengx seiq de cix heuh "Yungzluzfuj"）. Neix dwg Cwnz Yuzyingh dang Yinzgvei cungjduh ma mbanj seiz hwnq guh, cien faex gezgou, cienzbouh yunghsim guh baenz saeqnaeh bae, lengj gyaeu hung hoengh. Bi de vih hwnq dauq ranz neix, boux singq Cwnz diuq yungh le song fanh lai gak cuz minzgungh daeuj guhhong, lij daj ndaw sengj rog sengj cingj daeuj gak cungj bouxcangh. Aeu yungh doengh gencuz caizliu, cungj daj geij bak leix gyae yinh daeuj. Gyoengq ranz neix moix aen ranz, cungj lumj song aen ranz habbaenz, laengnaj 3 baiz gungh 11 gan. Ranz baiz daih'it youz aen mingz song aen amq 3 gan guhbaenz, ranz dingdangz dwg laeuz doumonz hung, song aen ranz amq dwg ranz boiq. Dou laux yungh benj faexgauj raez baenz ciengh lai guh baenz, naj dou miz bingzdaiz gvangq daihgaiq song daengz sam ciengh. Caiq bae naj dwg haj caengz haj mbaek, song mbiengj miz lae rin benj hwnjroengz. Gwnz dou laux laj yiemh, vih miz lienzvanzva lizsij. Gak aen fuengz gwnz cang miz dozanq limqva fuenggek, dingj ranz cix dwg yungh ngvax va raiz miz gak cungj gak yiengh habbaenz. Youq gwnz roen bae baiz ranz daihngeih, cix yungh rin dalijsiz ndei camh baenz. Ranz baiz daihngeih caeuq ranz baiz daih'it doxdoengz, hix dwg 3 gan. Baiz daihsam cix youz 5 gan habbaenz, baihndaw ciengz cienzbouh dwg cien ciengz gyaeundei raixcaix, caemh guh denhvahbanj, dawz gak baenz gwnz laj song caengz. Baiz dem baiz gyang de cungj guh langz va. Ranz daihsam baiz bugiz seiz beij song baiz naj song haj daengz caet cik, gwnz ciengz de cienzbouh dwg rin hung ndei caep baenz, daej ranz yungh rin dalijsiz hung iq mbouj doengz daeuj guh, gaek liengz veh saeu, ndongqwenj lengj gyaeu. Hoeng, conghcueng ranz neix yingzlij caeuq ranz cienzdungj Bouxcuengh youq ityiengh, siuj caemh iq, moix aen fuengz cij hai aen cueng iq ndeu. Youq gwnz gak baihswix gyoengq ranz neix, lij guh baenz aen dap iq song miz caet bet caengz, dwg dieg ranz Cwnz caeq goengcoj de, baujcunz dwk gij iugouz sibgvenq gwndaenj Bouxcuengh, dijyen le aen funghgwz gencuz liuh、yienghceij daj baihrog daeuj caeuq vwnzva Bouxcuengh dox giethab.

广西西林县那劳区维新乡有曾任清朝云贵总督的岑毓英（壮族）旧官宅（图6-5-1），又称"官保府"（其四弟的官宅则称"荣禄府"）。这是岑毓英在担任封疆大臣后返村修建的，砖木结构，通体精雕细凿，豪华壮观。当年为了建造这套官宅，岑氏调用了两万多名各族民工参与建造，还从省内外请来各种工匠。所需的各种建筑材料，都是从几百里外运来。该建筑群的每幢房子，极似两所房子组合而成，前后3排共11间。第一排房子由一明两暗3间构成，堂屋为大门楼，两暗间是配房。大门用长达一丈余的樟木板做成，门前有宽约二到三丈的平台。再往前是五层台阶，两旁有供上下的片石阶梯。大门的上部檐下，绘有历史连环画。各间房上饰有方格花瓣图案，屋顶则由精选的各种花纹的花瓦组成。在到第二排房子的路上，是由质地讲究的大理石铺砌而成。第二排房子与第一排房子一样，也是3间。第三排则由5间构成，内墙全是艳丽的花砖壁，并构建天花板，把房子隔成上下两层。排与排之间都设有花廊。第三排房子布局上要比前两排高出五至七尺，其墙壁全是大型质细的料石砌成，屋基由粗细不等的大理石构建，雕梁画栋，光彩富丽。但是，建筑群的窗户也仍与壮族传统民居的一样，小而少，每间房只开一扇小窗。在该建筑群左上角，还建有一座七八层高的小塔，是岑氏供奉祖先的宗祠所在，保存着壮族生活习俗之要求，体现了外来建筑材料、建筑制式与壮族文化相结合的建筑风格。

Doz 6-5-1　Aen ranz hak Cwnz Yuzyingh，youq Guengjsae Sihlinz Yen
图6-5-1　广西西林县岑毓英旧官宅外观

Haj. Gyoengq ranz Gauhdwngj Siujyozdangz Doenglanz

五、东兰高等小学堂建筑群

Cingh Gvanghsi 32 bi（1906 nienz），Guengjsae Doenglanz dangdieg cwngfuj cingj boux canghfaex Gveilinz Liujcouh daeuj caeuq diuq comz vunz bonjcouh 600 lai boux daeuj hwnq Gauhdwngj Siujyozdangz Doenglanz，guh miz laeuz dou、lijdangz gak aen ndeu，gyausiz、suzse gak 4 aen. Laeuz dou dwg cien faex gezgou，dwg aen ranz laeuz benj faex 3 gan song caengz，caeng daej cunggyang dwg laeuz dou gvaq dangz. Naj dou daengj miz song gaen faex，song mbiengj dou gak miz aen gyong rin gaek ndeindiq，daej sang 38 lizmij，gvangq 70 lizmij. Song mbiengj ciengzsan cungj yungh cien caep baenz，daej ciengz yungh rin heu raez baenz 2.7 mij caep baenz. Laeuz sang 12 mij，gwnz hoemq ngvax，ranz laeuz daej raez 12.2 mij，gvangq 10.1 mij，cienzbouh yungh cienz seiqfueng camh baenz. Lijdangz dwg 6 gan ranz caengz ndeu faex ngvax gezgou，sang 8 mij，ciemq dieg 288 bingzfanghmij，gwnz dieg cungj camh cien seiqfueng. Gyausiz、suzse cungj dwg ngvax heu cien nding yiemh va cueng va. Cujdij guh yiengh baenz hongh seiq hab. Gyang denhcingj roen byaij camh miz benj rin bingzbwd. Hwnq guh baenz geij bi，daengz Cingh Gvanghsi 34 bi（1908 nienz）guhbaenz.

清光绪三十二年（1906年），广西东兰当地政府请了桂柳木匠及调集本州民工600余人兴建东兰高等小学堂，建有门楼、礼堂各1座，教室、宿舍各4栋。门楼为砖木结构，是一座3开间两层木板楼房，底层中间为穿堂门楼。门前树有两根木柱，门两边各有精雕石鼓1面，底高38厘米，直径70厘米。两面封山墙均由火砖砌筑，墙基用2.7米长的青石铺砌而成。楼高12米，上盖瓦片，楼房底面长12.2米，宽10.1米，全部采用方砖铺就。礼堂为6开间木瓦结构平房，高8米，占地面积288平方米，地板全铺以方砖。教室、宿舍均为青瓦红砖彩檐花窗。主体建筑为四合院式建造。天井中央铺设有平整的石板廊道。历经数年建造，至清光绪三十四年（1908年）完成。

Rok. Canghyenz Dicuj Vujsenh

六、武宣地主庄园

Vujsenh yen Wdangz miz aen canghyenz dicuj Cinghdai hwnq ndeu（doz 6-5-2），ciengz sang，dou gungj cueng gungj，baihrog ciengz fwnjcaz，dingj ranz miz huq cang，gaenq yungh gij funghgwz minzcuz wnq daeuj guh ranz youq.

武宣县二塘有一座清代建筑的地主庄园（图6-5-2），高墙，拱形门窗，外墙粉刷，屋顶设有装饰，已吸收其他民族建筑风格于民宅建筑中。

Gyoengq ranz gak loih baihgwnz，youq Mbanjcuengh aen vih de miz itdingh gveihmoz，yiennaeuz yinx haeuj gisuz，hoeng gyoengq cangh Bouxcuengh guhhong seiz gaenq yungzhaeuj haujlai funghgwz gunghyi gisuz Bouxcuengh hwnq ranz，youq gwnz gencuzsij Bouxcuengh miz gij yingjyangj gaihdozsing.

上述各类群体建筑，在壮乡因其具有一定规模，技术上虽属引进，但参与的壮族工匠已融进许多壮族建筑工艺技术风格，在壮族的建筑史上有开拓性的影响。

Doz 6-5-2 Guengjsae vujsenh rogranz aen deihcawj canghyenz ndeu，dou gungj cueng gungj cien caep，yienghsiengq gig lig

图6-5-2　广西武宣县一地主庄园外貌，砖砌拱门和拱窗造型不凡

Daihroek Ciet　Gisuz Hwnq Dap Gaeuq、Laeuz Gaeuq、Dingz Gaeuq、Miuh Gaeuq Caeuq Yenzlinz

第六节　古塔、古楼（阁）、古亭、寺庙及园林建筑技术

It. Gencuz Gisuz Dap Gaeuq

一、古塔建筑技术

Mbanjcuengh dap gaeuq haemq mizmingz dwg laj neix geij cung.

壮乡比较著名的古塔有以下几种。

（1） Daplungzdauq Cungzcoj（doz 6-6-1）, dwg Cungguek neix miz seiq daih dap banz gaeuq aen ndeu, hix dwg seiqgaiq bet daih dap banz ndaw de aen ndeu. Cingh Yunghcwng Ganh Yujlaiz sij《Daibingz Fujci（太平府志）》 naeuz: Mingzcauz Denhgij yienznienz（1621 nienz）, cihfuj Lij Youjmeiz（vunz Gveicouh）ciu vunz Bouxcuengh dangdieg caep dap youq gyang dah Cojgyangh gwnz Bya'gyaeujgvi, dwg dap 3 caengz bet gak cien caep. Vih dingj rumz haenq seiz hwng gyang dah Cojgangh dongj, caep dap seiz daegdaengq caep banz. Daeuj dap yungh rin fueng hungloet caep hwnj, daihgaiq 2 mij sang, gwnz caep cien heu, caengz daih'it mienh nyangx rumz caep 43 gaiq, baihlaeng caep 45 gaiq cien, song mbiengj ca 0.04 mij. Aen dap cix caep baenz yiengh banz. Cingh Ganghhih 25 bi（1686 nienz）, cihguj Ciz Yez（vunz Manjcuz Cienghlanzgiz）comz bouxcangh dangdieg daeuj gya hwnj song caengz, bienq baenz dap cien haj caengz. Daengx aen dap couh yiengq baih saenamz banz daihgaiq 1.42 mij, banz aen fuengyiengq caeuq raemx louz doxfanj. Ginggvaq 400 lai bi, deng rumz haenq giuj fwn hung dongj yingzlij baek dwk mbouj bienq, baenz aen gingj geiz ndeu. Ginggvaq vunz daih laeng rau dingh, aen dap neix banz aen gozdu dwg 4° 24′ 46″, banz yiengq baih sae bien namz, couh dwg 37° 43′ 30″, dap sang 28 mij, caengz saej aen yienz cizging dwg 6.892 mij, aen dap baenz bet mienh. Moix caengz hai aen cuengh ndeu, dingj dap guh aen giuz diet luenz ndeu. Ndaw dap miz lae hwnjbae. Hwnj gwnz dap bae muengh seiq henz, raemx dah bongh bae, mbwn heu fuj hau, mbouj byawz mbouj danq aen dap hwnqguh gisuz sang ndei.

（1）崇左归龙斜塔（图6-6-1），中国现存古代四大斜塔之一，也是世界八大斜塔之一。清雍正甘汝来修撰的《太平府志》称：明朝天启元年（1621年），知府李友梅（贵州人）募当地壮人建塔于左江江心鳌头山上，为八角形3层砖塔。为抵御左江江心季风劲吹之力，砌塔时有意砌成斜塔。塔基由巨块方石垒起，约2米高，上砌青砖，第一层迎风面砌43块，背面砌45块砖，两面差0.04米。塔身则砌成倾斜状。清康熙二十五年（1686年），知府徐越（镶蓝旗满人）组织当地工匠加建了两层，变成五层砖塔。整个塔身遂向西南倾约1.42米，倾斜方向与流水方向相反。历400余年，多次暴风雨肆虐仍矗立不倒，成为奇景。经后人测定，该塔倾斜度为4° 24′ 46″，倾斜方向朝西偏南，即37° 43′ 30″，塔高28米，底层外切圆直径为6.892米，塔身为八面体。每层开一个窗口，塔顶置一个铁圆球。塔内有梯可登。登塔四望，江水奔流，碧空白云，世人无不惊叹建塔技术之高超。

Doz 6-6-1　Daplungzdauq Cungzcoj
图6-6-1　崇左归龙斜塔

（2） Dapdoxdaeuz Vujmingz（doz 6-6-2）, youq henz dah Vujmingz, Cingh Daugvangh 6 bi（1826 nienz）hwnq baenz. Sang 31 mij, hwnj daengz dingj, langh da muengh bae gyae, liux aen bwnzdi Vujmingz couh yawj ndaej caez. Aen dap neix dwg bet mienh ndaw hoengq laj hung gwnz sou, daej dap sang 1 mij, daej dap ndaw aen yienz cizging 9.4 mij, hop raez 31 mij.

Daej ciengz yungh rin diuz hungloek dem cieng caep baenz, na 2.8 mij. Dap yungh cien heu caeuq mbangj siuj cien nding dem cieng caep baenz, gungh 7 caengz, moix caengz 8 mienh, gak miz dou gungj 4 aen, cueng luenz 4 aen. Moix caengz gak ranz miz yiemh giu、veh miz gaek doz、diu gaek gak cungj duz ciengx duz baq geizheih、bya raemx bouxvunz, caemh youz baenz lamz nding henj aeuj daengj saek. Youq gyang ciengz rog ciengz ndaw aen dap, miz lae giu hwnj 187 mbaek gvangq 1.2 mij, daengz 6~7 caengz cix gyaq lae faxsoh. Cawz caengz daej le, gak caengz cungj yungh faexsamoeg guh benj guh liengz, moix caengz laeuz benj menciz daihgaiq 10 bingzfanghmij. Dingj dap cien heu caep soem gungj luenz, hoemqdaz cieng hoi guh yiengh ngvax liulizvaj, bet gak yiemh giu, byai soem daengj aen huzluz hung. Aen dap neix miz ndaw

Doz 6-6-2　Dapdoxdaeuz Vujmingz
图6-6-2　武鸣文江塔

rog song caengz ciengz, guhbaenz aen gezgou doengz ndaw miz doengz. Cungj yiengh gezgou neix, dingj rengz baih engq gienq, ranz laeuz sang yendaiva, hix yungh aen gezgou doengz ndaw miz doengz bae dingj aen cozying rengz siujbingz. Ginggvaq bak lai bi lai baez byajbag dicin, yingzlij baekdwk, daj neix ndaej raen, sezgi gezgou de siujbingz sang raixcaix.

（2）武鸣文江塔（图6-6-2），在广西南宁市武鸣区武鸣河边，清道光六年（1826年）修建。高31米，登其顶，极目瞭望，则武鸣盆地尽收眼底。该塔为八面空心锥体，塔基高1米，塔底内切圆直径9.4米，周长31米。底墙由矩形条石浆砌，厚2.8米。塔由青砖和少量红砖浆砌，共7层，每层8面，各有拱门4扇，圆窗4扇。每层屋角有短小挑檐、丹青刻画、浮雕各种奇禽异兽、山水人物，并漆以蓝、红、黄、紫等色彩。在塔的外墙和内墙之间，有宽约1.2米螺旋复道阶梯187级，至6～7层则架设木梯。除底层外，各层都用杉木构建楼板楼梁，每层楼板面积约10平方米。塔尖青砖圆拱，覆盖灰浆成琉璃瓦状，八角挑檐，顶尖端竖一大葫芦。该塔有内外两层壁墙，形成筒中筒结构。这种结构形式，抗侧力刚度很大，现代化的高层建筑，也是采取筒中筒结构去抵抗水平力作用的。历经百余年多次雷击地震，巍然独立，可见，其结构设计技术水平相当高超。

（3）Daprin Mbanjmeg Guengsae Gyanghcouh（doz 6-6-3，doz 6-6-4），dwg aen dap 6 gak 7 caengz yiemh deih, cienzbouh yungh rin gaiq caep baenz, dwg Mingzdai Gyanghcouh（ngoenz neix cungz coj si Gyanghcouh gih）cihcouh hakdoj vih lwg dai caeuq Vangz Saulunz de gwnq guh, seizgan dwg Mingz Vanliz seiq cib bi（1612 nienz）. Cungfaen leihyungh Mbanjcuengh swhyenz rin daihbaj, gangjmingz bouxcangh Bouxcuengh gisuz guhhong ak raixcaix.

（3）崇左市板麦村石塔（图6-6-3、图6-6-4），为6角7层密檐式建筑，全部采用石块砌成，是明代江州（今崇左县境）土司知州为其夭折儿子黄绍纶所建，时间为明万历四十年（1612年）。石塔充分利用了壮乡丰富的石材资源，展示了壮族工匠的高超施工技艺。

Doz 6-6-3　Daprin Mbanjmeg Cungzcoj（Bungz Suhlinz ingj）

图6-6-3　崇左市板麦村石塔（彭书琳 摄）

Doz 6-6-4　Baedging caeuq sawfanz gwnz ndang doprin Mbanjmeg Cungzcoj（Bungz Suhlinz ingj）

图6-6-4　崇左市板麦村石塔砌石塔身浮雕佛经图及梵文（彭书琳 摄）

4. Gveizsinghlouz Doenglamz（doz 6-6-5）, caedsaeh dwg dap roek gak 4 caengz, nyuenz dwg Cinghmoz hwnq aen cunghswz ranz Cwnz, aeu dap guh swz, hix dwg cungj cauxmoq. Aen dap neix sang 17.5 mij, daej gvangq 7 mij, rin faex gezgou. Gwnz ndoen dingj dap bomz miz 6 diuz lungz gim gaek nduen, nyiengx gyaeuj guh yiengh yaek mbin hwnj mbwn, lumj caen dahraix. Bangx ciengz dap cienzbouh veh miz gova gofaex、duz mbin duz byaij, dozanq lengj ndei, hoengh yawj raixcaix. Gyang Minzgoz, Doenglamz gunghnungz gwzming cwnggienz、Hungzcizginh Cenzdiz Veijyenzvei boux lingjdauj Dwng Siujbingz、Cangh Yinzyiz、Veiz Bazginz（Bouxcuengh）daengj, cungj youq neix banhgoeng gvaq, cijveih gvaq Coj、Yougyangh gunghnungz gwzmingz yindung, coh yiengj raixcaix.

Doz 6-6-5 Gveihsinghlouz Doenglamz, yienghceij daegdog

图6-6-5 东兰魁星楼，造型奇特似楼似塔

（4）东兰魁星楼（图6-6-5），实际上是4层的六角塔，原属清末建的陈氏宗祠，以塔为祠，也算是个创新。该塔高17.5米，底宽7米，木石结构。塔顶脊棱上伏着6条圆雕金龙，昂首欲作飞天之状，栩栩如生。塔身通体遍绘花草树木、飞禽走兽，图案精美，十分壮观。民国期间，东兰工农革命政权、红七军前敌委员会的领导邓小平、张云逸、韦拔群（壮族）等，都曾在这里办公，指挥过左、右江工农革命运动，名声大噪。

Dap Mbanjcuengh leihingz haemq lai, miz Dapcinghsanh Namzningz（nyuenz heuh Daplungzciengh）、Dapswngzloh Hwngzyen、Dapvwnzveih Laizbinh daengj; Hwnq youq Cinghdai miz Dapyungzfungh Ningzmingz（doz 6-6-6）、Dapsiujmeij（seiz neix heuh Dapsiufungh）caeuq Dapveizfungh（hix heuh Daphozfungh、Dapdamoz）、Binhyangz Dapcwngzlu Hwngzyen（doz 6-6-7）、Banghsanh Vwnzdaz（sug heuh Dapbauj）Lungzanh caeuq Dapbitsaw（doengh dap neix aenvih baenz aen dap lumj gaiq mauzbit daengj doxdauq cix ndaej coh）Yinznanz Gvangjnanz yen Lienzcwngz cin dem Yinznanz Giuhbwz yen daengj. Dingzlai cungj dwg dap "funghsiuj" caeuq Fozgyau mbouj miz gvanhaeh. Cungj dap neix, yienznaeuz mbouj saedyungh, hoengq miz "gyawj yawj cix gyaeu" "fwt ndaej ngeix doing bae, yaek haeuj ndaw veh byaij" cungj yaugoj. Aen vih de ndaej hawj gingj gizde demgya haujlai gojsaeh, vihneix, gig ndaej dieg Bouxcuengh gak cuz yinzminz haengjmaij.

壮乡的塔类型比较多，有南宁青山塔（原名龙象塔）、横县承露塔、来宾文辉塔等；建于清代的有宁明蓉峰塔（图6-6-6）、宾阳水美塔（今称秀峰塔）、回风塔（也称合峰塔、大模塔）、横县承露塔（图6-6-7）、隆安榜山文塔（俗称宝塔），以及云南广南县莲城镇和云南丘北县锦屏镇的文笔塔（这些塔因其塔形似倒立之毛笔而得名）等。大多都是与佛教无关的"风水"塔。这种塔，虽无实用价值，但有"临观之美""顿开尘外想，拟入画中行"的收效。由于它能为这里的景点增添了许许多多风物，因此，深受壮族地区各族人民的喜爱。

Doz 6-6-6   Dapyungz fungh Ningzmingz, Daugvangh conienz caep（Bungz Suhlinz ingj）

图6-6-6   宁明蓉峰塔，始建于道光初年（1821年），高5层44.44米，均用砖砌，塔内有较多题咏（彭书琳 摄）

Doz 6-6-7   Dapswngzloh Hwngzyen, caep youq Cinghcauz, ndang dap cien caep（Bungz Suhlinz ingj）

图6-6-7   横县承露塔，始建于清朝，砖砌塔身，造型雄伟（彭书琳 摄）

Ngei. Gisuz Gencuz Laeuz Gaeuq

二、古楼（阁）建筑技术

Mbanjcuengh laeuz gaeuq louz roengzdaeuj mbouj lai. Guengjsae Liujcouh Dunghmwnz Cwngzlouz、Baksaek Cinghfunghlouz（doz 6-6-8）、Yungzyen Ginghlozdaiz caeuq Cwnhvujgoz（doz 6-6-9），dwg laeuz gig miz deihfueng dem minzcuz daegsaek. Cwnhvujgoz deng heuhguh "天南杰构"，caeuq ciuhgeq gyanghnamz sam daih laeuz mizmingz Dwngzvangzgoz、Vangzhozlouz、Yozyangzlouz caez okmingz. Hoengq，sam daih laeuz mizmingz nyuenz guh aen laeuz de gaenq deng vaih bae caez lo，cijmiz Mbanjcuengh Cwnhvujgoz、Ginghlozdaiz yingzlij louz daengz seizneix，gig baenz dijbauj. Ginghlozdaiz hai guh youq Dangz Genzyenz 2 bi（759 nienz），dangseiz boux guhsei mizmingz heuh Yenz Gez dang Yungzcouh duhduzfuj ginghlozsij，guh daiz daeuj lienh bing. Mingz Vanliz yienz nienz（1573 nienz）cihyen Vuj Gojsou ndaej vunz ndaw yangh dang guen boux Yangz Byauhhih daengj doxbang，guh aen laeuz faex 3 caengz，coh heuh Cwnhvujgoz. Aen laeuz neix cienzbouh dwg yungh faex gang daeuj guh，yungh yaek 3000 diuz faexdezliz guh gougen，yungh gangganj gezgou yenzlij，doxlienz doxngaeu，doxbang doxrex, doxgam doxhanh, hableix doxhuz dwk guh baenz aen laeuz sang 13.2 mij, gvangq 13.8 mij, haeuj laeg 11.2 mij sam caengz yiemh dingj lai caenx ndeu, caen dwg gencuz gezgou gag miz.

壮乡的古楼（阁）遗存不多。广西柳州市东门城楼、百色市清风楼（图6-6-8）、容县经略台和真武阁（图6-6-9），是很具有地方和民族特色的建筑。真武阁被誉为"天南杰构"，与古代江南三大名楼滕王阁、黄鹤楼、岳阳楼齐名。然而，三大名楼之原建筑已毁之无存，唯壮乡真武阁依然保存到今，甚为珍贵。经略台始建于唐乾元二年（759年），当时著名诗人元结任容州都督府经略使，筑台以操练士兵。明万历元年（1573年）知县伍可受在乡宦杨际熙等人支持下，建3层木结构楼阁，名真武阁。该阁通体都是杠杆式纯木结构，用近3000条铁黎木做构件，以杠杆结构原理，串联吻合，彼此扶持，互相制约，合理协调地组成了通高13.2米，宽13.8米，进深11.2米的歇山顶三重檐阁楼体，堪称建筑结构的一绝。

Cwnhvujgoz dwg aen laeuz gvangq 3 gan、haeuj ndaw gan ndeu, hoengq de youq gwnz deih gya le 2 gaen saeu fuengz, haeuj bae gya le 3 gaen saeu fuengz, yienghneix, vih baihrog yawj dauq baenz aen laeuz gvangq 5 gan、haeuj bae 3 gan. De giujmiu dwg boux sezgi youq diuz saeu gak laeuz yiengq baih ndaw 45° giz caeuq fuengz gwnz deih doxgyau, gya le 4 gaen saeu ndaw daengj daengz daihngeih、daihsam caengz. Neix couh dwg ciengz youq caengz daihngeih yawj raen 4 gaen saeu ndaw henj gim de, mbouj demh daej, hoengq cix rap ndaej caengz gwnz benj laeuz、liengz gaq、saeu boiq dem ngvax、dingj laeuz gaiq cang daengj baenz naek, dwg giz daengx aen laeuz gezgou ndaw de ceiq giuj ndei、ceiq geizdaeg. Daj yenzlij daeuj gangj, de baengh gangganj cozying, lumj denhbingz nei baujciz daengx aen laeuz ndaej bingzhwngz. Saeqnaeh bae yawj, ndaej yawj ok, nyuenz daj daej laeuz daengj hwnj 8 gaen saeu hung, gaenq deng yungh daeuj guh saeu yiemh caengz gyang、song caengz gwnz, vihneix cij dem le 4 gaen saeu mbouj demh daej neix. Youq gyang 4 gaen saeu mbouj demh daej neix, daz miz sam diuz fangh, sonh gvaq saeu yiemh, caiq iet ok rog bae baenz daeujgungj, rap dwk yiemh ngvax baihrog youh na youh gvangq youh naek. Cungj saeu mbouj demh daej neix, guh daengz maenh baenz Daisanh bae. Daengz le dingj laeuz, gyaeu saeu mbouj demh daej neix youh rap diuz daih

Doz 6-6-8 Cinghfungh louz Baksaek, cien caep, youq cinghcauz caep

图6-6-8 百色市清风楼，始建于清代，砖砌回廊，造型雄伟

liengz ndeu, gwnz ciet ngeih liengz, caiq bae gwnz cix daengj saeu saenz、saeu gve, caeuq caengz gyang doxdoengz, youh daj gwnz saeu daz ok 3 caengz fangh, sonh gvaq saeu yiemh, guhbaenz daeujgungj, rap dwk dingj laeuz ngvax yiemh naek baenz cien dun, daej saeu cix leiz gwnz namh 3 lizmij venj dwk, cungj goucau neix saenz le youh saenz, boux raen mbouj byawz mbouj caez sing hemq ndei. Gvendaengz cungj "saeu mbouj demh daej" neix, gwnz yozsuz miz song cungj yawjfap：Cungj ndeu nyinhnaeuz neix dwg nyuenz boux sezgi daihdemj sawqnienh, yungh venj hoengq gouz bingzhwngz. Cungj guhfap neix fanj cangzgveih、fanj cienzdungj, aenvih de "ndang dawz rap naek, ga mbouj demh deih", de veizfanj le "ciengz lak ranz mbouj doemq" dwg baengh "saeu dingj liengz" guh cozying. 4 gaen saeu neix cij caeuq gij gougien wnq "haeb" youq gizndeu, dox gam dox hanh, yienznaeuz gag baenz hidungj, hoengq bonjfaenh dauq deng hidungj giuh dwk、ram dwk, mbouj dwg saeu daengj hwnj dahraix；lingh cungj cix nyinhnaeuz neix dwg diuz liengz hung baihlaj saeu bienq goz bienq van, caemh miz baihhenz saeu yiemh mboep haeuj laj bae cix rouj gij saeu hwnj gwnz deih, venj dwk dandan dwg cungj yiengh gyaj ndeu. Baihgwnz song cungj gangjfap, miz giz ndeu dwg caedsaeh mbouj gyaj saekdi, couh dwg gij saeu venj hwnjdaeuj, ginggvaq ligdaih gencuz gezgou cien'gya faencik gamdingh, boux sezgi Cwnhvujgoz de gencuz gouswh yungh aen yienzlij daj gangganj daeuj, caeuq Bouxcuengh guh ranz gan laeuz ga diuq gezgou cujlij doxlumj. Daej saeu de caeuq daej saeu ranzgyan demh rin doxdoengz. Sojmiz gezgou faex cungj dwg ngwenx congh giethab, daengx aen guhbaenz cauhcingding gezgou, mbouj ndaej mbouj gangj Cwnhvujgoz gencuz sezgi ciuqyiengh ranzgyan aen youhdenj daeuj guh.

真武阁为面宽3间、进深1间的阁楼，但由于它在明间加上2根间柱，进深方向加了3根间柱，因此，从外面看倒像是面宽5间，进深3间的建筑。其巧妙之处是设计者在楼层角柱向内45°方向与明间缝相交处，加了4根贯穿第二层、第三层的内金柱。这就是通常在第二层楼内看到的4根金色大内柱，它柱脚悬空，但却承受着上层楼板、梁架、配柱、屋瓦、脊饰等沉重荷载，是全阁结构中最精巧、最奇特的部分。在原理上，它依靠杠杆作用，像天平一样维持整座建筑的平衡。细加观察，可以发现，原来从楼底穿上的8根大柱，已被用作中、上两层楼中的檐柱，因此，才另添置了这4根悬柱。在这4根悬柱之间，伸出3层枋子，穿过檐柱，再外伸并形成斗拱，承托外面又深又宽又重的瓦檐。这种悬空柱，达到稳如泰山的功效。到了顶楼，悬柱头又承托一道大梁，上接二梁，再上又立脊柱、瓜柱，与中层一样，又从柱上伸出3层枋子，穿过檐柱，形成斗拱，托住千吨重压的阁顶瓦檐，而柱脚竟悬空离地3厘米，这种神乎其神的构造，见者无不齐声叫绝。关于这个"金柱悬空"，学术上有两种看法：一种认为这是原设计者的大胆性尝试，以悬空求平衡。这是反常规、反传统的做法，因为它"身负重担，却不脚踏实地"，它违反了"墙倒屋不塌"是"顶梁柱"起作用的传统。这4根金柱只与其他构件"咬"在一起，相互制约，虽自成系统，但自己却被系统翘着、抬着，不是真正的支柱；另一种则认为这是柱下的大梁弯曲变形，以及周围的檐柱下沉而导致金柱离开地面，悬空仅仅是一种假象而已。以上两种说法，有一点悬空是铁的事实，经历代建筑结构专家鉴赏分析，真武阁设计师的建筑构思是出自杠杆原理，与壮人干栏吊脚楼的结构处理相似。其柱础也与干栏的木柱下垫石块相同。所有木结构均为卯榫结合，整体形成超静定结构，不能不说真武阁建筑设计借鉴了干栏结构的优点。

Doz 6-6-9 Cwnhvujgoz Yungzyen
图6-6-9 容县真武阁

Cwnhvujgoz ginglig le 400 bi miz 5 baez deihsaenq haemq hung，8 ciengz rumz hung. Cingh Hanzfungh 10 bi（1860 nienz）"deihsaenq miz sing, ranzranz cungj ngauz." Gvanghsi 20 bi （1894 nienz）"fwn hung rumz lwgbag, ciemz faex lak ranz vunz". Ginglig lai baez caihaih hung, Cwnhvujgoz ndaej an'onj mbouj saeh, caen dwg geiz liux bae. Mbouj ngeiz de dwg dangseiz Yungzcouh gakcuz yinzminz cihsiz、gohyoz、coengmingz caeuq cingsaenz giethab ndaej ceiq ndei, yienh'ok le minzcuz doxyungz、minzcuz doxgiet, vih yinzlei gencuzsij sij roengz le mbaw saw hoenghhwed ndeu.

真武阁经历了400年间5次较大的地震，8场大风。清咸丰十年（1860年）"地震有声，屋宇皆摇"。光绪二十年（1894年）"大雨风雹，拔树坏民舍"。历经数次大灾害，真武阁能安然无恙，是为奇绝。无疑是当时容州各族人民知识、科学、智慧和精神上的完美结合，是民族融合、民族团结的体现，为人类建筑史写下了辉煌的一页。

Sam. Gisuz Gencuz Dingz Gaeuq

三、古亭建筑技术

（1）Dingz Bouxlaux. Bouxcuengh sibgvenq gingq bouxlaux，yawjnaek yiengq bouxlaux hohsouh，guh dingz bouxlaux. Mbanjcuengh miz mbangj dieg caemhlij dawz bouxlaux gauhsou faen baenz "fuz、sou、gangh、ningz" seiq gaep. Dawz 49 bi guh "fuz" souh, 61 bi guh "sou" souh, 73 bi guh "gangh" souh, 84 bi guh "ningz" souh. Daengz seiz caencik baengzyoux cungj daeuj goengqhoh. Ndaw de aeu "souh" 61 bi guh ceiq naek. Mbanjcuengh dawz mbanj daeuj gangj gingq bouxlaux, couh byaujyenh baenz guh dingz bouxlaux. Neix haujcunz ndaej haemq ndei dwg dingz bouxlaux Yinznanz Majgvanh Damajsai, dieg de youq gyang mbanj Bwzmaj cin Damajsai, yiengq coh baihbaek, ciemq dieg 240 bingzfanghmij, Cingh Daugvangh 11 bi（1831 nienz）guh, gezgou faex, conh daeu gungj liengz, dinfwngz gaek saeqnaeh, gig miz funggek Bouxcuengh. Aen dingz neix sang 2.5 mij, daiz sang 0.75 mij, ndaw dingz menciz miz 22 bingzfanghmij, seiq mienh cungj hai, cienzmonz yungh hawj bouxdaeuz ndaw mbanj yaeng saeh caeuq bouxlaux yietliengz.

（1）老人亭。壮族有讲究敬老的习俗，重视向老人祝寿，建老人亭。壮乡有些地方甚至把老人的高寿划分成"福、寿、康、宁"四级。以49岁为"福"寿，61岁为"寿"寿，73岁为"康"寿，84岁为"宁"寿。到时亲朋好友都来祝贺。其中，又以61岁"寿"最为隆重。壮乡村寨一级的敬老活动，则表现为构建老人亭。保存得比较好的是云南马关大马洒老人亭，它位于马白镇大马洒寨子中心，坐南朝北，占地面积240平方米，清道光十一年（1831年）建，木质结构，穿斗拱梁，雕刻工艺精细，很有壮族风格。该亭高2.5米，台高0.75米，亭内面积22平方米，四周敞开，专供本寨长老议事和老人乘凉之用。

（2）Dingz Fuzsouh. Bouxcuengh rangh Doenglanz Guengjsae dawz guh dingz souh dang baenz cungj sibgvenq geiqniemh ngoenzgyaeu ndeu. Vunz dangdieg haengj youq ndaw mbanj、bak roen、dingj gemh daeng dieg vunz bitdingh gvaq de, yungh faex dem ngvax ceiq ndei, cingj caencik baengzyoux bang guh fuzsoudingz, haujlai ndaw dingz baij daeng rin, hawj vunz byaij roen ndoj rumz cw fwn caeuq yiet liengz yietnaiq.

（2）福寿亭。广西东兰一带的壮族把建寿亭做为纪念寿诞的一种习俗。当地的人们乐于在村中、路口、坳顶等行人必经之地，用最好的木料和瓦片，请亲友协助建造福寿亭，亭内大多设置石凳，供行人避风躲雨和乘凉休息。

（3）Dingz Rin. Dieg Bouxcuengh miz daihbaj ring uh ndaej gencuz, gikfat le gyoengq cangh Bouxcuengh haujlai siengj fap guh fap, guh dingz rin cungj dwg ndaw de cungj ndeu. Dingz rin Yinznanz Vwnzsanh yen Dwzhou yangh Lozsih mbanj Bouxcuengh, guh youq Cingh Gyahging 20 bi（1816 nienz）, cienzbouh yungh rin dangdieg guh baenz.

（3）石亭。壮族地区丰富的建筑石材激发了壮族工匠们的许多创意，构建石亭就是其中之一。云南文山县德厚乡乐西壮族村寨的石亭，建于清嘉庆二十年（1816年），通体都由当地石头组成。

Linghvaih, Dingz Yietga youq Guengjsae Hwngzyen yencwngz baih saebaek giz 7 leix, hoengh cienz youq Dangz Cinhgvanh gyang de（627~649 nienz）couh guh. Dingz giuz、dingz liengz、dingz roen caemh miz dingz haz（raen Dangz Liuj Cunghcwnz sij《Geiq Dingz Haz Byasoiqmax》）baihnamz henz Dahyunghgyangh Yunghcouh gaeuq daengj, yiengh geq yiengh gaeuq, caeuq gyangbaq doxhaeuj dwkdwk, gig miz deihfueng minzcuz daegsaek.

此外，广西横县县城西北7里处钵岭的歇脚亭，盛传始建于唐贞观年间（627~649年）。桥亭、凉亭、路亭及古邕州邕江南岸的马退山茅亭（见唐柳中丞作《马退山茅亭记》）等，古朴原始，一派天然情趣，极富地方民族特色。

Seiq. Gisuz Gencuz Sawhmiuh

四、寺庙建筑技术

Youq ndaw sawhmiuh Bouxcuengh, haemq mizmingz miz Guengjsae Gveiyen (seiz neix Gveigangj) Nanzsanhsw, Liujcouh Liujhouzswz, Sihlaiz Gujsw, Cinghcwnhsw, Bwzlingzsw, Hwngzyen Fuzbohmiu, Nanzsanh Yingdenhsw, Denhdwngj yen Vanfuzsw, Yizsanh yen Sanhguzsw, Sienghsanhsw caeuq Yinznanz Gvangjnanz yen Vangzguhmiu daengj. Gyoengq sawhmiuh gaeuq neix, cungj dwg gyoengq Bouxcuengh, Bouxgun daengj gak cuz yinzminz gwndaenj youq gizneix guh baenz, yisuz gig ndei, baihgwnz gangj gij sawhmiuh youh dwg Hwngzyen Fuzbohmiu caeuq Gveiyen Nanzsanhsw ceiq okmingz. Fuzbohmiu youq gwnz dan Vujmanz, soqlaiz ndaej haenhguh "Vujmanz heuloeg", daihyiek youq Dunghhan Genningz 3 bi (170 nienz) guh, dawz daeuj geiqniemh Fuzboh ciengginh Bouxgun Maj Yenz bingz bien miz goeng. Neix raen gyoengq ranz miuh dwg Mingzdai lingh guh, Cinghdai caiq coih, youz laeuz gyong cung, diemh naj, diemh cawj, diemh laeng, yiemh dauq caeuq dingz daiz caeq 7 aen bouhfaenh habbaenz (doz 6-6-10, doz 6-6-11), cungj menciz 937.6 bingzfanghmij, ciemq dieg 33330 bingzfanghmij. Ranz miuh gungh 3 haeuj, gwnz dingj ranz de cujyau dwg ngvax liuzlizvaj nding, boiq miz ngvax va lungz mbin daeuj gya ndei, seiq henz dwg saeu cien heu, yiemhlangz gaek va. Gihbwnj yungh aen fap cwngjdij cujhoz Sungdai guh gunghden, swzmiu, swgvanh, yiemhlangz caeuq dingdangz yungh hongh lienz hwnjdaeuj, guhbaenz aen gwzgiz 9 caez. Gaq ranz gezgou doengh liengz, fueng, daeujgungj, daixfueng, donghdaemx daengj cungj ei Sungdai banhbu 《Fap Yiengh Cauxguh》 daeuj guh. Gunghnwngz doujgungj dwg cienzciep rengz, dingj ranz dwg yiemh giu doxhwnj, gak ranz giu doxhwnj guh ndaej ngamjhab, sawj dingj ranz hunghang yienh ok cungj saenzyinh lanhhai biufwd ndeu, gwnz ndoen ranz mizngvaxva cang dwk song duzlungz gop caw, riengz dwk saeubingj, baedcuh, rin dap dib, liengz hamj, rin capsep dem cueng cabginj doengh doxgaiq rin, doxgaiq faex, ndaej yawj raen gak cungj gaek fouz, lumj siengq vunz, saeceij, va, roeg, bya, haz daengj, laegfeuh doxngamj, lumj caen dahraix, yiengh lai yiengh daih. Diemh gyang dwg cungdenj gyoengq ranz aen miuh neix, gwnz ranz de mbouj miz mbaw doek dingz youq ndaej heuhguh ciuhgeq daengz neix aen geizgiuj ndeu, neix dwg cangh ciuhgeq giuj yungh diuzgen diegdeih yunghsim sezgi cij guh ndaej daengz. Aenvih aen miuh neix cingq youq gwnz bauhvuzmen gyang lueg, laeng ing doengbaek, rumz cix cujyau daj baih saenamz ci daeuj, daengz giz miuh cingq ngamj baenz geu rumz swng hwnj gwnz, rumz swnh gaq ranz ci haeuj gwnz ngvax, sawj gwnz ngvax giz 30 lizmij rumz liengz cififi, dawz mbaw roz doek ci bae seuqsat, yienghneix cix mbouj gojnaengz miz mbaw doek louz youq gwnz ngvax, dangseiz bouxcangh guhhong gaenq roxyiuj aen cihsiz gunghgi dungliz caemh yungh daengz gwnz ranz gezgou, dwg dijbauj nanz ndaej.

　　壮族寺庙中，比较有名的有广西贵县（今贵港）南山寺，柳州柳侯祠、西来古寺、清真寺、百灵寺，横县伏波庙，南山应天寺，天等万福寺，宜山山谷寺、香山寺及云南广南皇姑庙等。这些古寺庙，都是生活在这里的壮、汉各族人民共同建造的建筑艺术精品，上述所列的又以横县伏波庙和贵县南山寺最负盛名。素有"乌蛮积翠"美誉的乌蛮滩伏波庙约始建于东汉建宁三年（170年），位于广西横县云表镇站圩村东南郁江乌蛮滩北岸，以纪念汉伏波将军马援平边的功德。如今所见的庙宇是明代重建、清代重修的建筑，由钟鼓楼、前殿、主殿、后殿、回廊和祭坛亭7个部分组成（图6-6-10、图6-6-11），总面积937.6平方米，占地33330平方米。庙宇共3进，其主体天面为琉璃红瓦，配有彩陶飞龙点缀，四周是青砖柱，雕刻画廊。基本采用宋代的宫殿、祠庙、寺观群体组合方法，回廊和殿堂用院子联系起来，构成完整的格局。屋架结构的梁、枋、斗拱、雀替、门簪、天枓等都按照宋颁布的《营造式法》制作。斗拱的功能是力的传递，屋顶是向上反曲的屋檐，反翘的屋角设置得体，使庞大的房顶呈现一种舒展飘逸的神韵，屋脊上有双龙抱珠的彩陶饰品，而沿着檩柱、须弥座、踏跺石、过梁、夹插石以及什锦窗的石器、木器，可以看到各种浮雕，如人像、石狮、花、鸟、鱼、草等，深浅相宜，栩栩如生，姿态万千。中殿是该庙宇建筑中的重点，其屋顶没有落叶存积被称为古今奇观，这是古代工匠巧妙利用地形条件精心设计的结果。因为该庙宇正处在一个峰谷抛物面上，背靠东北，而风主要从西南方向吹来，到庙宇处刚好形成一股上升气流，风顺屋架吹上瓦面，使瓦面上30厘米处凉风习习，把飘落的枯叶一扫而光，所以不可能有落叶滞留在瓦面上。当时施工的匠人已通晓空气动力知识并应用在屋面结构上，是难能可贵的。

Doz 6-6-10　Fuzbohmiu Hwngzyen
图6-6-10　横县伏波庙外观

Doz 6-6-11   Gyonglaeuz baihnaj Fuzbohmiu Hwngzyen
图6-6-11   横县伏波庙前钟鼓楼

Nanzsanhsw baih singz namz Gveigangj, mbat it guh youq Vujcwzdenh Denhsou yienz nienz（690 nienz）, Vujhou gaenq soengq haj cien gienj ging faed hawj aen sw neix, minghlingh guh laeuz daeuj yo ndei. Sung Cidau 3 bi（997 nienz）, Sungdaicungh soengq 224 cuz saw vuengz. Sung Yinzcungh Gingjyou 2 bi（1035 nienz）, Yinzcungh vuengzdae caen fwngz sij "景吟禅寺" soengq hawj Gveicouh（ngoenz neix Gveigangj si）Nanzsanhsw, yienghneix vunz daihlaeng youh heuh anzsanhsw guh Gingjyousw. Yenzcauz Vwnzcungh vuengzdaeq Duzdezmuzwj, caengz dang vuengzdaeq seiz gaenq youz gvaq Nanzsanhsw, dauq baihbaek naenghvuengz, vih boizaen fozsw, yungh Sawgun sij "南山寺" sam cih saw, neix raen gij bienj dou, couh dwg Vwnzcungh caen bit sij. Sung Vangz Anhsiz、caijsieng Cangh Dunh、gangginh mingzcieng Lij Gangh daengj, cungj daeuj youz gvaq Nanzsanhsw, sij baenz haujlai faenzcieng mizmingz. Nanzsanhsw youq Yenzcauz caeuq Cinghcauz codaeuz cungj daih coih gvaq. Ligdaih cujyau gencuz miz doumonz Nanzsanhsw、dingz bet gak、dou rin laeng ding、dangz haeujok、laeuz doing（youh heuh Buzdizgoz）、dingz byongh bya、dap seli caeuq mbaek rin hwnj bya daengj. Hwnj bya haeuj dou, couh raen dingz bet gak, hix heuh diemh gimgang, gwnz ciengz diemh miz gaek rin bak lai fuk, yiengh lai yiengh daih, gyaeu dwk gangj mbouj liux. Laeng dingz bet gak dwg "roen goz haeuj caem". Gvaq le dou rin, dwg aen bakgamj laegywg ndeu, ndaw miz lwgvunz cib bet lozhan, ndij bangx gamj seiq henz naengh dingh, caen dwg "raen bya mbouj raen sawh, yo sawh ndaw gemh gamj". Diemh foz cangz dwk, dwg aen daegdiemj sawh geq Nanzsanh. Nanzsanh gamj lai, ndaw de, aen ceiq hung dwg gamj cawj Nanzsanhsw, gamj neix sang het gouj ciengh, qvangq cib lai ciengh, ndaej cien lai vunz comzyouq. Gamj cawj baihswix dwg gamj gvanhyinh, henz cix gamj doing mbwn, ndaej ndang dog hwnj bae, cig doeng daengz Gveizsinghgoz gwnz bya. Laj bangx gamj cawj dwg lozhan lumj leix lumj caen nei, gwnz bangx gamj cix dwg faed rin gaek ndaej ndeindindi, boux ceiq hung dwg mizlozfoz, ndang sang bet cik, guh yiengh ndei yawj, dinfwngz saeqnaeh, haenh dwg "siengq rin gag baenz". Laj mizlozfoz dwg "cung mbin daeuj", neix dwg Sung Denhswng 3 bi（1025 nienz）cangh okmingz vunz Gyanghsih Fuzcouh dauj baenz. Cung sang 2 mij, bak gvangq 1 mij. Bangx rin doiqnaj mizlozfoz, miz aen congh iq, couh dwg "congh lae haeux". Leiz congh neix mbouj gyae, couh dwg "cauq dan", cienz gangj dwg vunz ciuhgeq dieg lienh dan louz roengzdaeuj. Caenhguenj "sawhmiuh" dwg vwnzva Cunghyenz sienj dieg, hoeng Nanzsanhsw duj va lengjlet neix, ginggvaq Bouxcuengh Bouxgun lai aen minzcuz caemhcaez rwed le, giz gyaeundei de deng yungz haeuj ndaw daswyenz bae, sawj vunz baedauq nanz lumz. Neix goj dwg giz saenzgeiz gag miz sawhmiuh ciuhgeq dieg Bouxcuengh.

贵港城南的南山古寺，始建于武则天天授元年（690年），武则天曾赠佛经五千卷给该寺，命建楼藏之。宋至道三年（997年），宋太宗赐御书224轴。宋仁宗景祐二年（1035年），仁宗皇帝亲自题额"景岭禅寺"赐贵县（今贵港市）南山寺，故后人又称南山寺为景祐寺。元朝文宗皇帝图帖木尔，即位前曾游南山寺，北返登基，为感恩佛寺，以汉文题"南山寺"三字，现见到的门匾，就是文宗亲笔。宋王安石、宰相章惇、抗金名将李纲等，都神游过南山寺，留有许多名篇。南山寺于元朝和清初均大修过。历代主要建筑有南山寺寺门、八角亭、亭后石门、通堂、东楼（又称菩提阁）、半山亭、舍利塔和登山石级等。步入山门，即见八角亭，亦称金刚殿，殿壁上有石刻百余幅，琳琅满目，美不胜收。八角亭后是"曲径通幽"。过了石门，是个深邃的洞口，内有十八罗汉塑像，沿洞壁四周静坐，真是"见山不见寺，寺在砑岩缝"。佛殿深藏，乃是南山古刹之特点。南山多岩洞，其中，最高大的便是南山寺的主体洞，该洞高八九丈，宽十余丈，可容千人集会。主洞左边为观音岩，旁即通天岩，可只身上去，直通山上魁星阁。主洞壁下为活灵活现的罗汉，而壁上却是精雕的石佛，最大者为弥勒佛，身高八尺，造型美观，工艺精细，誉为"石像天成"。弥勒佛下是"飞来钟"，这是宋天圣三年（1025年）江西抚州名匠所铸。钟高2米，径宽1米。弥勒佛对面石壁上，有个小窟窿，即"流米洞"。距此洞不远，即"丹灶"，据说是古人炼丹遗址。尽管"寺庙"是中原文化的位移，但南山寺这朵艳丽的花，经过壮汉多民族共同浇灌后，其美被融合入大自然之中，令人流连难忘。这也是壮族地区古代寺庙所以独特神奇之处。

Yinznanz Vwnzsanh Gvangjnanz yen Vangzguhmiu. Cingh Yungjliz 6 bi（1652 nienz），Vangzguh riengz Mingz Yungjliz vuengzdaeq Cuh Youzlangz louzlangh daengz gizneix, bingh dai youq dieg Bouxcuengh Gvangjnanz mbanj Majdizcingj. Vunz Bouxcuengh couh haemq de youq mbanj Daibingz, baih moh guh miuh cix youq Cingh Daugvangh 2 bi（1822 nienz）. Diemh cingq dwg ranz gwnz deih yiengh Bouxgun youq, hoeng caeuq Mbanjcuengh ciengz raen doengh ranz miuh doxlumj, gezgou ciengzsan de caeuq ranzgyan doxhaeuj. Diemh boiq song mbiengj dwg denjhingz ranz baih ranzgyan Bouxcuengh dieg Vwnzsanh，laeuz dou goj dwg yiengh ranzgyan. Neix dwg ranz Gun Cuengh doxhab.

云南文山广南县的皇姑庙。明永历六年（1652年），皇姑随明永历皇帝朱由榔流落到这里，病死于壮乡广南马蹄井村。壮人遂将其葬于太平寨，坟侧建庙则在清道光二年（1822年）。正殿是汉族民居的地居式建筑，但与壮乡常见的社庙相仿，其山墙结构和干栏一样。两侧的配殿则是典型的文山地区壮族干栏耳房，门楼也是干栏式的。这是汉壮合璧的产物。

Youq Mbanjcuengh lij miz di ranz miuh haemq daegbied，lumj Miuhyahvuengz youq Yinznanz Funingz yen Bozai gwnz Byayahbaiq，guh youq Cingcauz codaeuz，ndaw de gingq Sungcauz seiz daxmeh bouxdaeuz Bouxcuengh Nungz Cigauh heuh Dahnuengx（Vahcuengh heuh de guh "Yahvuengz"）caeuq Sungdai Bozai digih mehmbwk bouxdaeuz Bouxcuengh Yangz Meiz（Vahcuengh heuh de guh "Yahbaiq"），yungh neix daeuj geiqniemh aen cingsaenz hungmbwk gyoengqde vih hen leih' it vunz Bouxcuengh deng vutmingh. "Miuhgoengqleix" youq Bujdingh，cix dwg Bouxcuengh dangdieg vih geiqniemh Mingzmoz yinghyungz Bouxcuengh Lij Denhbauj cix guh. Gyoengq gencuz ranz miuh neix cungj dwg yienghsik gencuz Mbanjcuengh.

在壮乡还有一些比较特殊的庙宇，如位于云南富宁县剥隘娅拜山上的娅王庙，建于清初，里面供奉宋朝壮族首领侬智高之母阿侬（壮话称她为"娅王"）和宋代剥隘地区的壮族女首领杨梅（壮话称她为"娅拜"），以此缅怀她们为捍卫壮族人民利益壮烈牺牲的伟大精神。而位于普厅的"李爷庙"，也是当地壮民为了纪念明末的壮族英雄李天宝而修建的。这些庙宇建筑都是壮乡的建筑制式。

Haj. Gisuz Gencuz Suen Vafaex

五、园林建筑技术

Vunz Bouxcuengh daj ciuhgeq daeuj couh gig yawjnaek cang suen vafaex，lai dwg gag youq ndaw hong ranz bonjfaenh，cij daengz le gaenhdaih suen vafaex cij fazcanj baenz gveihmozva. Suen vafaex haemq mizmingz dwg：Namzningz Yinzmin Gunghyenz、Nanzhuz Gunghyenz，Liujcouh Lungzdanz Gunghyenz、Yizfunghsanh Gunghyenz，Lungzcouh Cunghsanh Gunghyenz. Ginhcouh Gunghyenz，Dwzbauj Genfanghyenz，Cingsih Cunghsanh Gunghyenz，Nanzdanh Dungzgyangh Gunghyenz lijmiz Yinznanz Vwnzsanh Sihvaz Gunghyenz daengj. Suen vafaex ranz swhgeij cix miz Vujmingz daengj.

壮家人自古就很重视园林美化，多囿于独家院内，等到了近代园林才向规模化发展。较著名的园林有：南宁人民公园、南湖公园、柳州龙潭公园、鱼峰山公园、龙州中山公园、钦州公园、德保鉴芳公园，靖西中山公园，南丹铜江公园，以及云南文山西华公园等，私家园林则有武鸣明秀园等。

Mingzsiuyen nyuenz coh heuh Fucunhyenz，youq baihsae yienhsingz Vujmingz giz 1000 mij. De deng diuz Dahvujmingz sam mienh hop heux，baenz aen bandauj lumj huzluz nei，hop raez daihgaiq 1000 mij，ndaw gyang giz ceiq geb cij miz 68 mij. Nyuenz dwg Cingh Daugvangh geiz de suen vafaex ndaw ranz boux gijyinz Liengz Swnghgij，ndaw suen caemh guh "Dungzvahgvanj"， ndaem daihbaj go leihcei、maknganx、vangzbiz daengj, cungj menciz 42 moux. Laeng youz lan de Liengz Liuzdingz ciepswnj. Minzgoz 7 bi（1918 nienz）Luz Yungzdingz yungh 3000 maenz yinzyenz cawx ndaej, hai goeng lingh coih, guh dingzdaiz, guh ranz, ancoh Mingzsiuyenz. Aen suen neix aeu gingj ring uh cawj, faex raemh doxdaengz, rin hung baenz gyoengq, gyaenanz saedcaih. Ndaw suen faex geq sangsat, raemh cw daengngoenz, roen iq baedauq cangz youq gyang rin geizheih, miz dingz daengj dwk gwnz rin hung, gwnz dingz venj miz gaiq bienj hung "别有洞天"（doz 6-6-12）. Laj dingz miz song gaiq rin hung diensingz doxbang doxdingj, guh baenz aen dou rin gungjmonz cih "人" gag baenz ndeu. Gaenhgyawj hai miz suen leihcei, ndaw suen baij miz daiz rin daengq rin, hawj yietbaeg yungh.

　　明秀园，原名富春园，在广西南宁市武鸣区城西1000米处。它被武鸣河三面环绕，呈葫芦状半岛，周长约1000米，中间最窄处仅68米。原为清道光年间举人梁生杞的私家园林，园内营建"桐花馆"，广种荔枝、龙眼、黄皮树等，总面积42亩。后由其孙梁流廷继承。民国七年（1918年）陆荣廷以3000银元买下，动工修葺，筑亭台，建屋宇，取名明秀园。该园以石景为主，林荫交错，巨石成群，原始古朴。园内古树参天，浓荫蔽日，小径迂回幽藏于怪石之间，有亭屹立于巨石之上，亭上挂有"别有洞天"巨匾（图6-6-12）。亭下有两块天然巨石相互倚抵，组成"人"字形的天然石拱门。附近辟有荔枝园，园内设石桌石凳，供小憩之用。

Doz 6-6-12　Aen dingz ndaw Mingzsiuyenz Vujmingz
图6-6-12　南宁市武鸣区明秀园内的别有洞天亭

Daihcaet Ciet   Gisuz Gencuz Gijwnq
第七节 其他建筑技术

It. Gaeksiengq Gencuz Caeuq Bangxdat Guhsiengq
一、建筑雕塑和摩崖造像

Bouxcuengh dwg cungj minzcuz gyaenanz ndeu, yisuz gaeksiengq gencuz caeuq bangxdat guhsiengq（baugvat gaek rin）goek gyae bae gvangq.

壮族作为最古老民族之一，其建筑雕塑和摩崖造像（包括石刻）艺术源远流长。

Baihnaj Cinzcauz, gyae daengz sinhsizgi seizdaih gyoengq vunz ciuhgeq Bouxcuengh, couh cauxguh Vehdat Daihvuengz youq Yinznanz Mazlizboh、Vehdat Bangguz Sihcouz yen、Vehdat Byasaeceij Giuhbwz yen. Gaenq laeng cix miz gyoengq veh bangxdat rangh dieg Dahcojgyangh Guengjsae, baugvat Veh Bangxdat Byaraiz、Veh Bangxdat Dahmenzgyangh、Veh Bangxdat Lwngzmiusanh、Veh Bangxdat Dozbwzgyangh、Veh Bangxdat Bahlaizsanh、Veh Bangxdat Vasanh caeuq Veh Bangxdat Byalingz daengj, mbaw veh gvangqlangh, dozsiengq lai raeuh, gag miz funghgwz, dwg ciuhgeq vunz Bouxcuengh Lozyez minzcuz cungj cozbinj gig ndei ndeu. Laeng de, Veh Bangxdat Mozfan cunh Guengjsae Denzdungh yen、Veh Bangxdat Luzsanh Bingzsiengz si、Veh Bangxgamj Vadung Cingsih si、Veh Bangxgamj Nazyensanh caeuq Nazyiengz Denhdwngj daengj, cungj gig miz minzcuz funghgwz. Caemhcaiq, dat sang guh veh, hong dwgrengz yungyiemj, yienznaeuz deng rumz dongj fwn seux cienbak bi, veh bangxdat saek nding mbouj bienq. Suizdangz seizgeiz bangx dat guhsiengq miz Guengjsae Bozbwz yen Dunguz yangh Yensizsanh（nienzdaih dwg Suizdangz）caeuq Gveilinz Gamjcienfaed（miz siengq faed 200 lai boux, guh youq Dangzdai）、Gveibingz Sihsanh（miz siengq faed bangx dat hung iq 214 boux, guh youq Dangzdai）doengh bangx dat guhsiengq. Cicwngzbeih、Ranz Hung Maenhndat Sungbeih daengj sigbei gaek gig okmingz, cungj dwg fwngz boux roxsaw Bouxcuengh guhbaenz. Sungcauz cix miz bangx dat guhsiengq Guengjsae Gveilinz Dunghyenz（neix heuh Fuzbohsanh）、Denzdungh yen Bazsenhsanh Yizsanh（neix Yizcouh）Veisenhyenz congh gamj guhsiengq daengj. Daegbied aeu daze ok cix dwg, Gveilinz Fuzbohsanh aen coh neix, dwg Yenzcauz gvaqlaeng cij hwnj coh yungh, Dangz Sung seiz, cungj heuh Dunghyenz.

"Yenz" Vahcuengh naeuz "gamj", ceij congh. Ndaw gamj miz Sungdai seiq daih suhfazgyah ndaw de boux ndeu Mij Si gag veh mbaw siengq, sang it cik it conq haj faen, baih gvaz dwg daezmingz de, gwnz dwg Sung gauhcungh yisuh, baihgvaz langz baihrog miz lwg de Mij Youjyinz sij baz. Aen seizgeiz neix, yienznaeuz louzroengz mbouj lai, faenbouh mizhanh, hoeng de cungj dwg cungyau yizcanj vunz ciuhgeq Bouxcuengh mizgven gencuz vwnzva.

先秦以前，远在新石器时代的壮族先民，就创造了云南麻栗坡的大王岩画、西畴县的蚌谷岩画、邱北县的狮子山岩画。其后，则有广西左江流域的岩画群，包括花山岩画、棉江岩画、楞庙山岩画、驮柏山岩画、岜来山岩画、画山岩画和岜凌岩画等，画面宏伟，图像众多，风格独特，是壮族先民骆越民族的杰作之一。之后，广西田东县模范村岩画、凭祥市鹿山岩画、靖西市化峝岩画、天等那砚山和那羊岩画等，都颇具民族风格。而且，高崖作画，工程艰难惊险，虽经千百年风吹雨打，岩画朱颜未改。隋唐时期的摩崖造像有广西博白县顿谷乡宴石山和桂林千佛岩（有佛像200多尊，唐代所作）、桂林西山（有大小摩崖佛像214尊，唐代所作）的摩崖造像。著名的智城碑、六合坚固大宅颂碑等碑刻，都是出自壮族文人之手。而宋则有广西桂林东岩（今称伏波山）、田东县八仙山的摩崖造像和宜山（今宜州）会仙岩石窟造像等。特别应提出的是，桂林之伏波山的称谓，是元以后才起用的名字，唐宋时，都叫东岩。而"岩"者新壮文"gamj"的谐音，指的是洞穴。里面有宋代著名四大书法家之一米芾的自画像，像高一尺一寸五分，右侧是他的题名，上端为宋高宗御书，右侧廊外有其儿子米友仁写的跋。这个时期，虽然遗存不多，分布有限，但它毕竟是壮族古代先民们有关建筑文化的重要遗产。

Mingz Cing, dieg Bouxcuengh bangx dat guhsiengq miz le haemq daih fazcanj, cawz le miz gaek rin guhsiengq Guengjsae Dasinh yen Cenzmingz yangh Lingzngauz cunh Gyungzdousanh dinfwngz giuj sug、gaek veh saeqnaeh、gouduz giujmiu le, lij miz doh biengz Mbanjcuengh haujlai haujlai bouxcangh ak vih ginzcung guh doengh mbok rin、ngvah、bogdou、gang raemx、nienj raemx、mbaeklae、laeuz dou、rin diuz、cauz rin、daiz rin、daengq rin、daej saeu、hwn guh ranz youq、coih giuz hai roen daeng. Gyoengqde engqlai cix deng bouxguen bouxgviq goq bae bang sij cih gaek rin, youq Mbanjcuengh bya heu raemx saw, danhfanz giz ndaej guh dieg gingj cungj miz gij gaek rin neix. Lumj Mboqhanq Guengjsae Cingsih, Voyinzdung、Nazbwnghsanh、Sihcwnhdung、Vujgwnghngai、Bwzmajsanh Majsanh, caemh miz Luzcwnz Senhyenz Duh'anh, Bizyinzdung Cungzcoj, Fwnhcouh Diugih Lingzyinz, Bwzlungzdung Yizcouh, Nanzsanhsw Gveigangj daengj die grin gaek, cungj gig mizmingz. Lij miz vih foz、yuz、dau caemh ranz gviq ranz fouq coih guh gungh gvanh dau yiengh suen vafaex、swzdangz sawhmiuh guh siengq saenz, lumj guhsiengq Veisenhyenz Guengjsae Dasinh, Gijfungsanh、Vangzdausanh Vujmingz, Gamjsien Majsanh daengj, cungj caeuq cunghgyau mizgven. Youq dieg Bouxcuengh, danhfanz caeuq cunghgyau mizgven gij gamj de Vahcuengh cungj heuh guh gamj sien, couh dwg gamj bouxsien youq. Lij miz vih hakdoj guh gak cungj gak yiengh doengh moh、swzdangz、yazmonz. Yiemzsuk. Cungj gencuz caizliuh neix dizcaiz lai, cozbinj buq doh gak dieg Bouxcuengh. Lumj aen moh Guengjsae Fungsanh Cinghdai hakdoj Veiz Gunhnienz song baih roen saenz doengh vunz rin、max rin、meh lwg mou rin、roeg rin、vazbyauj caeuq saeceij rin; gyoengq moh Guengjsae Cingsih hakdoj Cwnz Cwngzgenz caeuq cojgoengq de doengh gizlinz rin、gyong rin、vazbyauj rin, Cwnz Cwngzgenz moh de baenz yiengh bet gak dingzgoz, gwnz caep rin diuz heu cungj cang miz gizlinz、lungz、gvi daengj dozan huq gitsiengz; aen moh Guengjsae Doenglanz Mingzdai hakdoj Veiz Hujcwngz doengh vaiz rin、max rin、gizlinz rin、vunz rox goengfou caeuq vazbyauj; aen moh ranz Luz（yah Denzcouh seiqdaih hakdoj Cwnz Mau yinz）Guengjsae Denzyangz yen doengh vunz rin、max rin、lungz rin、ciengh rin、saeceij

rin; henz aen moh Mingzdai Bouxcuengh yinghyungz mehmbwk mizmingz hoenx Vohgou boux
Vajsi Fuhyinz（youq Guengjsae Denzyangz yen）doengh ma rin caeuq vazbyauj; naj moh Cwnz
Yingh Guengjsae Bingzgoj Nungliengz doengh gvi rin、max rin、mou rin、hoiq rin、duzgvaiq
yiengh lungz rin daengj, cungj dwg yungh baenz gaiq rin denhyenz gaek mbat ndeu guh baenz,
yienghsiengq cibfaen sengdoengh. Ndaw de mou rin raez 1.05 mij, gvangq 0.39 mij, sang 0.83
mij, ndang mou caen lumj duz mou biz lij leix, hoeng naj de benjbingz, gveih da luenz hung,
ndaeng doeng daengz najngeg, din hai 3 nyauj, miz di lumj mui, baenz duz hawj vunz miz cungj
yisuz ganjgoz saenz dwk nanz dag. Saeceij rin Mingzdai youq Guengjsae Fuzsuih singz gaeuq,
yungh rin dalijsiz saeq sim gaek baenz, boux meh baenz doiq, yienh saek lamzhamj, ndang
saeceij sang 1.7 mij, raez 1.3 mij, gvangq 0.65 mij, haemq hableix. Laj din saeceij meh buenz
lwg saeceij ndeu, dwggyaez dwgcoh, sengdoengh vuedbuet. Seiq henz daej gaek miz gizlinz、
saeceij、roeg mbin、yiengzbya daengj siengq doenghduz. Daengx duz saeceij sang daengz 2.6
mij, yiemzswt vifung, sawj vunz gag caem. Rin gaek Mehgoep Guengjsae Denhngoz Bahmu
yang Mbanjgyaeujgiuz, sang 0.8 mij, gvangq 0.6 mij, dwg siengq mehmbwk cingq doiqnaj
naengh dwk, hoeng song da lumj da goep, song ga cix yiengh song duzgoep cingq ajbak, gwnz
gen miz mai lumj mai duzgoep, yienghsiengq huzswnh naekcaem, yiengh ndang cangqcwd,
song aen cij gig hung, guh yiengh geizdaeg, gaek fap gyaenanz, daihgaiq dwg guh youq
Mingzcauz Cinghcauz gapgyaiq seiz. Aen yangh neix gwnz giuz gaeuq Bahmu cunh goj laeb miz
gaiq rin gaek lumj yienghneix, sang 0.65 mij, henz song ga gak miz duz goep iq. Yahgoep dwg
Bouxcuengh baiq duzgoep cienz daeuj, seizneix yingzlij dwg vunz Bouxcuengh baiq cojcung
cungj saenzsiengq ndeu. Ma rin gaek siengq doh dieg Bouxcuengh cungj miz, itbuen sang 1
mij baedauq, yungh baenz gaiq rin heu gaek baenz, yiengh naengh dwk, song da cimyawj
coh naj, yungh daeuj fuengz rwi, bauj ndaw mbanj anningz. Sojmiz doengh cozbinj neix, cungj
miz daegdiemj minzcuz Bouxcuengh gig naekna, ndaw de, gyong rin、mou rin、roeg rin、
ma rin caeuq Yahgoep rin gaek daengj, dwg gizdieg wnq siuj raen, gisuz guhhong gaek diu de
sugsag, hamzeiq laegywg, faenbouh gvangqlangh, vih yisuz gencuz Bouxcuengh dem gya le
haujlai wenjndongq.

明清，壮族地区的摩崖造像有了较大的发展，除了有广西大新县全茗乡灵敖村穷斗山刀工娴
熟、刻画精细、构图巧妙的石刻造像之外，还有遍布壮乡的许许多多壮族能工巧匠为群众打凿的碓
臼、手磨、门槛、水缸、水碾、台阶、门楼、石条、石槽、石桌、石凳、柱础、居室、修桥造路
等。他们更多地被达官贵人雇佣去为题字刻石，在山清水秀的壮乡，凡是可以形成景点的地方都有
这类石刻。如广西靖西的鹅泉，马山的卧云洞、那崩山、栖真洞、五更隘、白马山，都安绿岑仙
岩，崇左碧云洞，凌云汾州钓矶，宜州白龙洞，贵港南山寺等地石刻，都颇负盛名。还有为佛、
儒、道家及贵族豪富修造园林式的宫观道院、祠堂寺庙塑造神像，如广西大新的会仙岩，武鸣的起
凤山、黄道山，马山的仙岩等塑像，均与宗教相关。而在壮族地区，凡是与宗教相关的洞穴壮话叫
"甘信"（新壮文为ganj sien），其意就是"神仙居住的岩洞"。还有为土官土司营造的各式各样庄

严肃穆的坟墓、祠堂、衙门。这类建筑题材广泛，作品遍布壮族各个地区。如广西凤山清代土官韦昆午墓神道两旁的石人、石马、母子石猪、石鸟、华表和石狮；广西靖西土官岑承乾及其先祖墓群的石麒麟、石鼓、石华表，岑承乾本人的墓冢呈八角形亭阁式样，上面镶嵌的青石板均饰有麒麟、龙、龟等吉祥物图案；广西东兰明代土官韦虎臣墓的石牛、石马、石麒麟、武士和华表；广西田阳县陆氏墓（田州世袭土官岑懋仁之妻）的石人、石马、石龙、石象、石狮；明代著名的壮族抗倭寇女英雄瓦氏夫人墓旁（在广西田阳县）的石狗和华表；广西平果弄良岑瑛墓前的石龟、石马、石猪、石俑、石龙形怪兽等，都是用整块天然石头一次雕成，形象十分生动。其中的石猪长1.05米，宽0.39米，高0.83米，体态酷像一口活肥猪，但其面部偏平，眼大而圆，鼻子通额，足开3爪，有些似熊，整体给人一种神秘莫测的艺术感。广西扶绥旧城的明代石狮，用大理石精雕而成，雌雄一对，呈灰蓝色，狮身高1.7米，长1.3米，宽0.65米，比例合理。雌狮脚下盘一幼狮，亲昵可爱，生动活泼。底座四周刻有麒麟、狮子、飞鸟、山羊等兽像。整座石狮通高2.6米，庄严威武，令人肃穆。广西天峨芭幕乡桥头屯的蚂蜗（学名青蛙）婆石雕，高0.8米，宽0.6米，为正面端坐的妇人形象，但双目似蛙眼，双脚形状为两只张嘴的蛙首，手臂有蛙皮纹样，神态祥和庄重，体态丰满健壮，两乳硕大，造型奇特，刀法古朴，大约是明末清初建造。而该乡芭幕村的一座古老石桥上也立有一尊类似石雕，高0.65米，两只脚旁各有一只小青蛙。蚂蜗婆是壮族蛙图腾崇拜的遗存，如今仍是壮人祖先崇拜的神像之一。遍布壮乡村寨的石狗雕像，一般高1米左右，由整块岩石雕成，作蹲坐状，双眼注视前方，用于避邪，保护村寨安宁。所有这些作品，都具有很浓厚的壮民族特点，其中，石鼓、石猪、石鸟、石狗和蚂蜗婆石雕等，是其他地方所少见的，其镌雕加工技术纯熟，内涵深邃，分布广泛，为壮族的建筑艺术增添了许多光彩。

Ngeih. Gencuz Yausai Ginhsw

二、军事要塞建筑

Bouxcuengh ndiepgyaez mbanjranz swhgeij, vihliux bauj guekgya, gwnz lizsij gaenq guh le haujlai yausai daeuj hoenxciengq, dwg Mingz Cing ceiq hoengh, guh youq bien Mbanjcuengh giz gvan、giz gemh. Ndaw de youh sueng singz caep hung iq ceiq baenzyawj.

壮人热爱自己的家乡，为了卫国保家，历史上曾构建过许多军事要塞，以明清为盛，坐落在壮乡边境的关、隘上。其中，又以大小连（垒）城最为壮观。

Singz caep iq youq Guengjsae Lungzcouh yen gwnz Cwngzbangjsanh（youh heuh Ciengsanh）. Cing Guengjsae dizduhSuh Yenzcunh（vunz Guengjsae Mungzsanh, Bouxgun）hensouj bien'gvan seiz, aenvih Cungh Faz cancwngh, Bingzsiengz bienqbaenz dieg cenzyenz, Lungzcouh baenz baihlaeng dauq fangzsien daihngeih caeuq diegyouq dabwnjyingz. Vih fuengzre, Suh Yenzcunhdawz dizduh yazmonz caeuq duhban gunghsuj buen daengz Lungzcouh, caemh dawz singz baihsae gwnz Banghsanh doxrangh geij cib leix 5 aen dingj bya gwn de gyoengq bauqdaiz gaeuq lienz hwnjdaeuj, doxlienz baenz diuz ciengzsingz ndeu, vunz Bouxcuengh dangdieg heuh de guh "singz caep iq", caeuq bajnaj "singz caep hung" doxhan, yienghneix, giz couh baenz le bienfuengz ginhsw cijveih cunghsinh.

小连（垒）城，"垒"，新壮文为"caep"，堆砌的意思，位于广西龙州县城榜山（又名将山）上。清广西提督苏元春（广西蒙山人，汉族）镇守边关时，由于中法战争，凭祥变成前沿阵地，龙州为后方二道防线和大本营驻地。为防御，苏元春将提督衙门和督办公署移驻龙州，并将城西榜山绵延数十里的5座山峰上的古炮台群衔接起来，连结成一道城墙，当地壮人称之为"小连（垒）城"，与前方"大连（垒）城"遥相呼应，于是，这里遂成为边防军事指挥中心。

Gwnz 5 aen dingj bya gak guh aen bauqdaiz ndeu, yungh rin gaiq caep baenz bauj gaeuq, ngauxngat baekdwk. Dingj bya goek Cwnlungz Bauqdaiz hensouj Lungzcouh, bauqdaiz gwnz song aen dingj bya baihswix gamhanh Bingzwzgvanh, bauqdaiz gwnz song aen dingj bya baihgvaz cawjguenj Suijgoujgvanh. Ndij bya lij miz gunghsw ciengzsingz dox henhoh, caemh boiq miz ranz bing、ranz ywcungq bikmax、cangzcauhlienh daengj, sawj gyoengq sam cib lai leix lumj baenz aen ndeu, baenz le yausai bienduengz hungmbwk maenhndat, deng haenhguh "Cangzcwngz Baihnamz".

5座山峰上各建有炮台1个，由片石砌成古堡，傲然屹立。主峰的镇龙炮台扼守龙州，左二峰的炮台控制平而关，右二峰炮台主管水口关。沿山还有城墙工事环护，并配以兵营、弹药库、操练场等设施，使三十余里炮台群形如一体，成为坚固雄伟的边防要塞，被誉为"南疆长城"。

Ndaw bauj gaeuq miz ranz bing、ranz yw、ranz bikmax、bauqdaiz. Ndaw ceiq miz seized ganghbau nyingz gyae Dwzgoz guh ceiq senhcin bae. Dingj bya naj bauqdaiz guh miz daiz muenghyawj、sausoj、canhauz mieng doxdoeng, laengnaj doxhan, soeng'yoengz re dig.

古堡之内有兵房、药局、弹库、炮台。内置当年德国造最先进的远程钢炮。炮台前方山峰设有望台、哨所、战壕沟通，可以前后呼应，从容御敌。

Singz Caep Hung, coh gaeuq heuh Bingjgwngh Cunh, Cingh Gvangsi 11 bi（1885 nienz）, Suh Yenzcunh youq baihsae Youjyizgvanh Bingzsiengz Guengjsae gwn Ginhgihsanh, baengh ginzcung Bouxcuenghdaeuj bang, guhbaenz le singz caep hung bienfuengz ginhsw cijveih cunghsinh. De ca Youjyizgvanh 20 cienmij, dwg conghhoz Cungh Yez gyaudoeng, dwg aen dou daihngeih Youjyizgvanh.

大连（垒）城，旧名廪更村。清光绪十一年（1885年），苏元春在广西凭祥友谊关西侧的金鸡山中，依靠壮族群众的支持，营建了边防军事指挥中心大连（垒）城。它距友谊关20千米，是中越交通咽喉，是友谊关的第二个门户。

Geiz Cungh Faz cancwngh, Suh Yenzcunh baij ginhdui caeuq beksingq youq gwnz bya guh cincungh、cinnamz、cinbaek 3 aen bauqdaiz, cungj yungh rin dangdieg ing bya guhbaenz. Dingj bauqdaiz guh baenz aen gungj luenz, maenh maed fung ndei, caemh guh laeuz rin youq gwnz de. Bya dem bya gyang caep miz ciengz singz, doxlienz baenz benq, daengx aen gunghcwngz baenzyawj raixcaix.

中法战争期间，苏元春派军队与百姓在山上营造镇中、镇南、镇北3座炮台，均用当地的石块倚山筑成。炮台的顶呈拱圆形，严密无缝，并筑石楼于其上。山与山之间砌有城墙，互相连成一片，整体工程十分壮观。

Daihbet Ciet　Caizliuh Gencuz
第八节　建筑材料

Dieg Bouxcuengh yungh doengh caizliuh gencuz miz: cuk、faex、haz、ciengz namh、hoi、youzgyaeuq、dangzcien、rin、sa、cien ngvax、ganghginh caeuq suijniz daengj. Caeux seiz ranz ganghgingh vunnizduj, miz ranz youq Luz Yungzdingz gwnz gai Vujmingz caeuq banjgiuz gwnz goengloh Yunghvuj daengj. Cawz gisuz caux cien ngvax dwg Cinzcauz gvaqlaeng daj Cunghyenz cienz daeuj, suijniz daj baihrog cawx aeu le, gij wnq cungj dwg bonjdieg gag miz. Aenvih Mbanjcuengh cik cumx, ndaw faex cuk cungj miz non moed gaet youq, yingjyangj cizlieng ranz caeuq naihnanz、naihyungh, vih yungh baenz bak bi, Bouxcuengh cauxbaenz aen fap cawqleix "caet cuk bet faex", baujcwng le miz faex cuk cizlieng ndei daeuj yungh. Fap neix iugouz raemj aeu faex cuk bitdingh youq bet yied caet yied song ndwen neix, raemj sonx le ceh haeuj ndaw raemx, yied nanz yied ndei, yungh seiz dawz okdaeuj guh hawq couh ndaej. Cungj cawqleix neix, ginghci youh gohyoz. Dieg Bouxcuengh faex ndei（lumj faexdezliz、faexyen、faexnanz daengj）caeuq rin gig lai, cangh hai rin gyagoeng gizgiz cungj miz. Mbanjcuengh ranz gaeuq bak bi gak giz cungj miz, guh ndaej daengz cungj neix, cujyau dwg cungfaen fazveih swhyenz youhsi caeuq cunghhoz leihyungh cij baenz, ndaw neix aen dauhleix gohyoz cigndaej bae ndeindei gouz ra.

壮族地区所使用的建筑材料有：竹、木、茅草、土坯、石灰、桐油、红糖、石材、沙子、砖瓦、钢筋和水泥等。早期的钢筋混凝土建筑，有陆荣廷的武鸣街上的住宅及邕武公路的板桥等。除了砖瓦制造技术是秦以后从中原引进，而水泥属外购之外，其他都是当地的"土特产"。由于壮乡天气炎热潮湿，竹木之中都寄生有各种蛀虫，影响建筑质量和耐久、耐用性，为了百年大计，壮民创造了"七竹八木"的治理办法，保证了竹木材料的使用质量。该方法要求采伐竹木必须于七八月，砍削后渍于水中，长年累月，用时取出晾干即可。这种处理，既经济，又科学。壮族地区优质木料（如铁力木、蚬木、楠木等）和石材很多，石材开采加工的专家比比皆是。壮乡的百年老屋，各处都有，能做到这一点，主要是充分发挥了资源优势和综合利用的结果，这其中的科学道理是值得深究的。

"Vuengzcwngz" Hawcaetleix Hingh'anh, gaenz cazmingz guh youq Sihhan cunggeiz, Youq Dunghhan gya guh gvaq baez ndeu, Vei Cin seizgeiz ce fwz, dwg aen singz gaeuq ginhsw ndeu. Gizneix vat ok daihliengh ngvaxbanj、ngvaxdoengz、ngvaxdang、cien canh deih daengj. Yiuz Hancauz yiennaeuz neix caengz fatyienh, hoeng baenzneix lai cien ngvax ndaej daeuj yungh, haengjdingh dwg dangdieg coemj guh. Ngvax yungh namh daeuj guh, aeu namh mong guh cawj, coemj baenz ndongjndat, feiz haenq haemq lai. Guhfap dwg aeu namh diuz hop doengj daeuj lat, gaiq ngvax giz na giz mbang. Guh ngvax sien lat baenz doengj, gaemh yaeng hwnjbae le, caiq daj ndaw cip doengj okdaeuj, dak hawq cix eu vunj baen baenz seiq gaiq doxdaengh. Cien dwg yungh hab daeuj fad baenz, dawz namh lienh ndei fad haeuj ndaw hab at saed gaet bingz, dawz doengh namz lw deuz hai hab, dawz gaiq cien dumz dak hawq cuengq haeuj ndaw yiuz bae coemj ndei couh baenz.

兴安七里圩的"王城"，经查明建于西汉中期，在东汉时期加筑过一次，魏晋时期废弃，是一座军事古城。这里发掘了大量的板瓦、筒瓦、瓦当、铺地砖等。汉窑虽然目前尚未发现，但如此大规模砖瓦被利用，肯定是就地烧造。瓦类属泥质陶，以青灰陶为主，质地坚硬，火候较高。制法以泥条盘筑，瓦体多厚薄不匀。板瓦先盘筑成筒坯，拍印纹饰后，再从里往外四等份切割而成。砖是模制的，将炼好的泥压进坯模内，多余的泥用线割掉，松开木模，取出砖坯晾干，入窑煅烧即成。

Suiz Dangz baenaj, dieg Bouxcuengh guh ranz、guh moh、guh sawhmiuh yungh cien yungh ngvax, cungj aeu ra cangh cien cangh ngvax daeuj dingh guh gonq, bouxcangh cix eu iugouz bae guh. Dangyienz, doenghneix cijnaengz dwg vunz siuj daeuj guh, caemhcaiq, dwg dieg Lingjnanz baihdoeng Cuengh Gun cabyouq caeuq ranz bouxguen（baugvat sawhmiuh） guh lai. Mbanjcuengh vunzlai doigvangq yungh gisuz cien ngvax, gihbwnj dwg daj Mingzdai gvaqlaeng. Lumj Mingz Hungzvuj 2 bi（1369 nienz）, Guengjsae Liujcwngz lij yungh namhnaez guh liuh coih singz yienh, gangjmingz yungh cien caengz lai. Mingzcauz Cwngzva nienzgan（1465~1487 nienz）, yienh neix gaenq yungh cien guh singz yienh. Daengz Cing Ganghhih 21 bi（1682 nienz）, yienh neix gaenq cienzbouh yungh cien ngvax daeuj guh yazmonz. Mingzdai gvaqlaeng, Mbanjcuengh yungh cien gaenq baen miz cien heu、cien nding. Couh dwg dawz cien ndip haeuj yiuz bae coemj, ndei le gag liengz, saek cien dwg saeknding couh heuh cieng nding. Hoeng coemj ndei le, vunz yungh raemx fwen heiq sawj cien goetliengz, saek cien bienq heu couh heuhguh cien heu. Mingz、Cing daengz 1949 nienz gaxgonq seiz Minzgoz, cien Mbanjcuengh cawz le na mbang hung iq gak mbouj doxdoengz le, gisuz coemj cien ngvax gaenq gihbwnj doxdoengz（couh dwg gveihfanva）, binjcungj caemh lai yiengh lo. Lumj Bouxcuengh Lienzsanh yen Guengjdoeng haengj yungh cien raemx hung gaiq guh 4 conq×6 conq×10 conq daeuj caep ciengz lap dan, ndeicawq dwg guhhong genjdanh, caep ciengz ndaej vaiq. Hoeng caep ciengz song lap seiz cix lai senj yungh cien raemx iq gaiq guh 2 conq×4 conq×8 conq, ndeiyawj、vaenjmaenh、gek sing dem bauj raeuj singqnaengz haemq ndei.

隋唐以前，壮族地区建房、造墓、修寺庙的用砖用瓦，都需要事先找窑工订烧，然后窑工按要求去烧制。当然，这些只能是少数人之所为，而且，以岭南东部开发较早的汉壮杂居地带或官方（包括寺庙）建筑居多。壮乡民间推广应用砖瓦技术，基本上是在明代以后。如明洪武二年（1369年），广西柳城还以泥土做材料修筑县治的城墙，说明用砖还不普遍。明朝成化年间（1465~1487年），该县已使用砖构筑县治城廓。到了清康熙二十一年（1682年），该县已全部使用砖瓦修建县衙。明代以后，壮乡用砖已分有青砖、红砖。即把砖坯入窑煅烧，自然冷却，砖色为红色者，叫红砖。而煅烧后，人为以水蒸气使其冷却，颜色变青者叫青砖。明、清至1949年前的民国，壮乡的砖除了厚薄大小规格各异之外，砖瓦烧制技术已基本趋同（即规范化），而且品种也多样化了。如广东连山县的壮族喜欢用4寸×6寸×10寸的大水砖砌单庹墙，好处是操作简便，砌墙的速度快。但在砌双庾墙时却多选用2寸×4寸×8寸小水砖，美观、牢固、隔音和保温的性能较好。

Linghvaih, ndaw saw neix mbouj doengz ciengciet gangj daengz yungh youzgyaeuq、dangz、hoi daengj gyaux sa guh moh、buq deih banj、guh doengh gencuz yungh gyaenanz caeuq gya nyin cuk daemj ciengz daengj gencaiz vunzgoeng daegdaengq gij doigvangq wngyungh, dwg daj Dangzdai haidaeuz, itcig liuzhengz youq gyang biengz Bouxcuengh, cungj canjbinj caeuq gunghyi neix yiennaeuz bengz lai, hoeng ndongjndat nanz beij, yungh ndaej gig nanz, caemhcaiq caizliuh miz daihbaj, dwg cungj fatmingz cauxguh bonjdieg gag miz vunz ciuhgeq Bouxcuengh youq gwnz gencuz caizliuh.

另外，本书不同章节上所提到的用桐油、糖、石灰等混合沙子建造坟墓、铺设地板、建造永久性建筑，以及加竹筋夯墙等特殊人工建材的推广应用，是从唐代开始，一直广泛流行于壮族民间，这种产品和工艺虽昂贵，但坚硬无比，寿命很长，而且材料来源广泛，是壮族先民在建筑材料上的一项土生土长的发明创造。

Bouxcuengh seiqdaih youq Lingjnanz, gaengawq diegyouq doengh vanzging swhyienz, cauxguh le gencuz ranzgyan, cugbouh caux baenz mbanj, riengz dwk nungzyez swnghcanj caeuq gwndaenj sihyau, gisuz gencuz Bouxcuengh mboujduenh gaij ndei, youq ndaw baedauq minzcuz, gisuz gencuz doxgyau doxyungz, aeu raez bouj dinj, cauxlaeb le haujlai yiengh ndei gisuz gencuz moqyanz. Youq gyoengq ranz cungjdij bugiz、gencuz gunghnwngz、gencuz gezgou、gencuz yisuz caeuq gencuz caizliuh daengj fuengmienh cungj miz gag caux, vih daihlaeng louz roengz yizcanj dijbauj lailai bae.

壮族世居岭南，根据所处的自然环境，创造了干栏建筑，逐步形成村落，随着农业生产与生活的需要，壮族建筑技术不断地改进，在民族的交往中，建筑技术互相交融，取长补短，创立了许多崭新的建筑技术典范。在建筑物总体布局、建筑功能、建筑结构、建筑艺术和建筑材料等方面均有独创，为后世留下众多宝贵遗产。

Camgauj Vwnzyen　参考文献

［1］汪之力.中国传统居民建筑［M］.济南：山东科学技术出版社，1994.
［2］刘敦桢.中国古代建筑史［M］.北京：中国建筑工业出版社，1984.
［3］梁庭望.壮族文化概论［M］.南宁：广西教育出版社，2000.
［4］周光大，黄全安.壮族传统文化与现代化建设［M］.南宁：广西人民出版社，1998.
［5］覃彩銮.壮族干栏文化［M］.南宁：广西民族出版社，1998.
［6］潘其旭，覃乃昌.壮族百科辞典［M］.南宁：广西人民出版社，1993.
［7］蒋廷瑜.从考古发现看广西汉至唐代建筑用砖瓦［G］.第三届中国少数民族科技史国际学术讨论会论文，内部资料.
［8］白耀天.墟考［J］.广西民族研究，1981（4）.

Daihcaet Cieng　Gyaudoeng Gisuz

第七章　交通技术

Lingjnanz ngozbya amq ngozbya, vangvang vetvet. Bouxyez giz Lingjnanz dwknyaen dwk bya, gengndaem sougvej, aeu gaijgez byaijroen nem gvaq raemx gij gyaudoeng vwndiz neix. Youq lizsij gocwngz ndaw de, Bouxcuengh Gvangjsih ceiqcauh le ruz saz, leihyungh duzvaiz duzmax doz yinh, coihguh giuz, sokruz, gaeudoeng roenhung, fazcanj le gij gisuz vaij ruz ndaw dah caeuq ndaw haij. Gaenhdaih gohyoz gisuz cienzhaeuj le, giz Bouxcuengh gyaudoeng canggvang daihdaih miz gaijndei, dwk ndei le gij giekdaej yienhdaih gyaudoeng dajyinh.

岭南层峦叠嶂，山川纵横。岭南越人狩猎捕捞、耕耘收割，需要解决行路与渡水即交通问题。在历史的发展中，广西壮族先民制造了舟船筏排，利用牛马驮运，兴修桥梁、渡口，沟通驿道，发展了内河及远洋航行技术。近代科学技术传入后，壮族地区交通状况大有改观，奠定了现代交通运输的基础。

Daih'it Ciet Gij Gyaudoeng Dajyinh Gwnz Roenraemx
第一节　水路交通运输

Gyaudoeng dajyinh gwnz roenraemx, youh cwng hangzyin, de dwg giz Bouxcuengh cungj dajyinh fuengsik ceiq gaeuqgeq ndeu, lizsij gyaenanz, louzcienz gyaeraez. Sihhan 《Vaiznanzswj》 ndawde geiqloeg："Baihnamz Giujyiz, hong gwnzhawq noix cix hong gwnzraemx lai." Giujyizsanh youq Huznanz sengj Ningzyenj yienh, baihnamz de couhdwg Gvangjsih giz dieg cojgoeng Bouxcuengh youq de Lingjnanz, diuzdah vangvet, maedmaed caedcaed.

水路交通运输，又称航运，它是壮族地区最古老的一种运输方式，历史悠久，源远流长。西汉《淮南子》中记载："九嶷之南，陆事寡而水事众。"九嶷山在湖南省宁远县，其南部即广西壮族先民居住之地岭南，江河纵横，河道密布。

Gvangjsih gvihaeuj Cuhgyangh、Cangzgyangh liuzyiz, ndawde miz haujlai diuzdah, miz Dahraemxhoengz、Dahliujgyangh、Dahyou'gyangh、Dahcojgyangh、Dahgveigyangh、Dahyi'gyangh（Sinzgyangh）、Dahhozgyangh、Dahbwzliuzgyangh、Dahgenzgyangh、Dahmungzgyangh、Dahlungzgyangh、Dahyungzgyangh、Dahlozcinghgyangh daengj diuzdah hung hung iqiq 780 lai diuz, lij miz diuzdah lae haeuj Bwzbuvanh de Nanzliuzgyangh、Ginhgyangh daengj 123 diuz. Cojgoeng Bouxcuengh gaenh raemx youq, riengz diuzdah faenbouh, mwh ciuhgeq couh guh gij hong youq gwnzraemx dajyinh. Daj gij cangcaenq gwnz aen nyenz Gvangjsih oknamh de daeuj yawj, ndawde miz haujlai raiz aenruz. Lumjbaenz Gvangjsih Gveigangj si Lozbwzvanh aen moh Hancauz caeuq Hocouh oknamh aen nyenz gwnzde, cungj miz 4~6 cuj raiz aenruz（doz 7-1-1）.

广西属于珠江、长江流域，境内河流众多，有红水河、柳江、右江、左江、桂江、郁江（浔江）、贺江、北流江、黔江、蒙江、龙江、融江、洛清江等大小河流780多条，还有流入北部湾的南流江、钦江等123条。壮族先民临水而居，沿河分布，远古时就已开展水上运输活动。从广西出土的铜鼓纹饰来看，其中多有船纹。如广西贵港市罗泊湾汉墓及贺州出土的铜鼓上面，均有4～6组船纹（图7-1-1）。

Gvangjsih Gveiyenz caeuq Dwngzyen oknamh gij gyongdoengz de caemh deu miz aenruz bienqyiengh. Gvangjsih Sihlinz yen Bujdoz aen moh mwh Sihhan cogeiz de oknamh aen gyongdoengz gwnzde deu miz cuj raiz aenruz ndeu, aenndang ruz dwg yienghceij duzroeg, gij vunz miz bwn gwnz ruz miz 9~11 boux, miz mbangj vad fagcauh, miz mbangj gaem dox, miz mbangj cijveih, miz mbangj gaem gij doxgaiq miz bwn de, sengdoengh dwk caiq raen le gij yienghceij cojgoeng Bouxcuengh vad fagcauh hai ruz de（doz 7-1-2）. Beksingq Bouxcuengh youq ciengzgeiz sizcen ndawde damqra doengzseiz dajcauh le gij gisuz gyaudoeng dajyinh gwnzraemx miz minzcuz daegsaek haenx, vih ciuhlaeng hangzyin gohyoz gisuz ndaej cauhlaeb

Doz 7-1-1　Gvangjsih Gveigangj Lozbwzvanh aen moh Hancauz caeuq Hocouh oknamh aen nyenz gwnz de deudik aenruz daeuj cangcaenq

图7-1-1　广西贵港市罗泊湾汉墓及贺州出土的铜鼓上雕刻的船只纹饰

caeuq fazcanj dwkroengz le giekdaej.

　　广西横县和藤县出土的铜鼓上亦有变形的船纹。广西西林县普驮西汉早期的墓葬出土的铜鼓之上刻有一组船纹，船体为鸟形，船上的羽人有9～11个不等，有划桨的，有掌舵的，有指挥的，有持羽仪的，生动地再现壮族祖先划桨行舟的情形（图7-1-2）。壮族人民在长期的实践中探索并创造了具有民族特色的水上交通运输技术，为后代航运科学技术的建立和发展奠定了基础。

Doz 7-1-2　Sihlinz Bujdoz oknamh aen nyenz Handai gwnz de deudik gij raiz aenruz cangcaenq

图7-1-2　西林县普驮西汉早期墓葬出土的铜鼓上雕刻的船纹

It. Hoz（hangz）dau sezsih gensez caeuq cingjceih coihndei
一、河（航）道设施建设与整治维修

（It）Vat yinzgungh yinhoz
（一）人工运河的开凿

Cinzdai doxdaeuj, Gvangjsih giz dieg Bouxcuengh comzyouq neix gonq laeng vat le 3 diuz yinzgungh yinhoz, couhdwg diuz Lingzgiz Cinzdai vat de、diuz Danzbungz Yinhoz caeuq Sienghswhdai Yinhoz mwh Dangzdai vat doeng de.

秦代以来，壮族聚居地广西曾先后开凿3条人工运河，即秦代开凿的灵渠、唐代凿通的潭蓬运河和相思埭运河。

（1）Lingzgiz（Hingh'anh Yinhoz）. Cinz Cijvangz doengjit roek guek le, youq gunghyenz gaxgonq 221 nienz baij bouxhak vei cwng Duzsuih de daiqlingx 50 fanh bing, faen 5 nga hoenx haeuj Lingjnanz caeuq Vujyizsanh daengj dieg. Youq mwh caeuq Lingjnanz Sih'ouh buloz（cojcoeng Bouxcuengh）doxhoenx, bingdoih Cinz souhdaengz gij beksingq aen buloz neix vanzgyangz dingjgangq, sawj bingdoih Cinz ginglig le "sam bi mbouj ndaej duet buhbing soeng diuznaq", loemqhaeuj gij hojcawq "seizgan raezrang、haeuxgwn giepnoix"、bae mboujdwg doiq mboujdwg haenx. Cinz Cijvangz couh minghlingh bouxhak genhyisij cwng Luz de "aeu bing daeuj vat mieng cix doeng diuzroen yinh haeuxliengz", youq seizneix Gvangjsih Hingh'anh yen baihdoeng aen singz hai vat diuz yinzgungh yinhoz lienzdoeng Sienghgyangh caeuq Lizgyangh de——Lingzgiz（Aen doz cawjdaej gunghcwngz Lingzgiz raen doz 7-1-3）. Ginggvaq geij bi hoenxguh, youq Cinz Cijvangz 33 bi（gunghyenz gaxgonq 214 nienz）vat doeng le Lingzgiz Yinhoz. Bingdoih Cinz youz Sienghgyangh gvaq Lingzgiz roengz Lizgyangh, yinh daeuj haeuxliengz, muenxcuk gij aeuyungh bingdoih, doengjit le Lingjnanz, dawz giz neix veh baenz Nanzhaij、Siengcouh caeuq Gveilinz sam aen gin.

（1）灵渠（兴安运河）。秦始皇统一六国后，在公元前221年派遣尉屠睢率领50万大军，分5路进攻岭南和武夷山等地区。在攻打岭南西瓯部落（壮族先民）时，秦军遭到了顽强的抵抗，使秦军经历了"三年不解甲弛弩"，陷于"旷日持久、粮食绝乏"、进退两难的困境。秦始皇遂令监禄"以卒凿渠而通粮道"，在今广西兴安县城东侧开凿沟通湘江和漓江的人工运河——灵渠（灵渠主体工程示意图见图7-1-3）。经过几年的奋战，于秦始皇三十三年（公元前214年）凿通了灵渠运河。秦军由湘江过灵渠下漓江，运来粮草，满足军需，统一了岭南，将该地区划为南海、象州和桂林三郡。

Lingzgiz cienz raez 34 goengleix, youz dienbingz hung iq、bakcae、haenz（doz 7-1-5）、miengloh namz baek、fai Cinz、dou lingq daengj bouhfaenh gapbaenz le aen dijhi roenraemx caezcingj ndeu. Dienbingz hung iq dwg gij cawjdaej aen gunghcwngz neix, dwg diuz fai lanz dah hungloet ndeu, lumj cih Sawgun "人", mbiengj ngengcoh diuz mieng baihnamz de cwng dienbingz iq, raez 120 mij, gwnzdingj gvangq 4~5 mij；mbiengj ngengcoh diuz mieng baihbaek

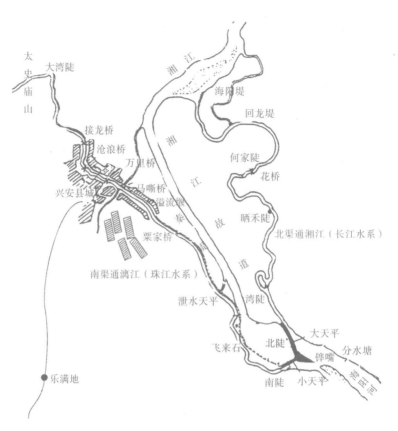

Doz 7-1-3　Aen doz cawjdaej gunghcwngz Lingzgiz

图7-1-3　灵渠主体工程示意图

de cwng dienbingz hung, raez 380 mij, gwnzdingj gvangq 12 mij. Dienbingz caemh dwg diuz fai roenx raemx, baihndaw sang baihrog daemq, gwnzdingj youz mbiengj gaenh raemx de ngengcoh mbiengj mbouj gaenh raemx. Gwnzdingj cih Sawgun "人" miz diuz fai dienbingz ndeu, doenghbaez cwng Vazdiz. De ndaej faen raemx daz raemx: mwh raemxdah lae daeng Vazdiz couh bienqbaenz sam、caet faen riuz, sam faen raemx riuz riengz dienbingz iq lae haeuj diuz mieng baihnamz, caet faen raemx riengz dienbingz hung guenq haeuj diuz mieng baihbaek, dienbingz hung、iq cungj miz diuz fai baihndaw、baihrog aeu rin caep de, baihndaw sang baihrog daemq, guhbaenz diuz haenz lingq, dienbingz hung、iq cungj daemq gvaq gij henzdah song mbiengj. Youq mwh raemx noix, dienbingz hung、iq gawq miz gij goengnaengz lanz dah gat raemx, youh miz gij goengnaengz baiz raemx le swdung diuzcez raemxvih, sawj yinhoz daengxbi baujciz itdingh raemxliengh, fuengbienh ruz byaij, miz gohyozsing maqhuz sang. Doulingq youh cwng doucab lingq roxnaeuz doucab ruz, dwg vihliux faen gaep daezsang raemx vih fuengbienh ruz byaij cix sezgi cungj cangceiq lanz raemx ndeu. De dwg Cungguek engqlij dwg seiqgyaiq aen doucab ruz fazmingz、cauhguh、sawjyungh ceiqcaeux de（doz 7-1-4）. Mwh aenruz daj Sienghgyangh haeujdaengz aen doucab ruz diuz mieng baihbaek le, sikhaek dawz aeu doucab ruz gaeplaj gven bae, sawj raemx vih riengjvaiq daezsang, mwh raemx vih sang ndaej bingz aen doulingq gaepgwnz, aenruz couh ndaej hamj daengz lingh gaep doucab lingq, caiq dawz aen doucab ruz dauqlaj gaep neix gven bae, cajdaengz raemx vih hwnj sang le, youh ndaej haeujdaengz aen doulingq gaep engq sang, yienghneix cug gaep hwnjsang, aenruz couh ndaej hwnj daengz gwnz bo le haeuj ndaw aen daemz faen raemx youq dangqnaj dienbingz hung、iq de le caiq haeuj diuz mieng baihnamz bae. Mwh haeuj diuz mieng baihnamz caemh dwg cug gaep gven aen doulingq gonq laeng le, yienghneix aenruz couh ndaej cug gaep roengz ma, cigdaengz haeuj daengz diuz dah lizgyangh. Lingzgiz guh baenz le, goudoeng le Cangzgyangh caeuq Cuhgyangh song diuz dah hung neix, sawj gij ruz ndaw dah Gvangjsih ndaej ginggvaq Sienghgyangh caeuq Dungdingzhuz gyonj haeuj Cangzgyangh, caiq cienj haeuj Vangzhoz daengj dah cix bae daengz gingsingz caeuq gak aen sengj saenamz, lij ndaej doenggvaq Hozbuj daengj dieg okhaij, cih Cungguek nem gyaudoeng dajyinh rog guek hai le youh diuz roen youqgaenj ndeu "gwnz haij diuzroen seicouz" dwkroengz giekdaej. Gaengawq cienzgangj, Lingzgiz Yinhoz gunghcwngz hungloet, youq mwh guh de haujlai bing baihbaek mbouj ndaej souh gij dienheiq baihnamz, bingh haemq lai, caemh gaemh gij beksingq dangdieg (hamzmiz cojgoeng Bouxcuengh) daeuj guh lauzdungliz camgya guhhong. Youz neix ndaej raen, Lingzgiz dwg aen suijli gunghcwngz hungmbwk youz Bouxcuengh、Bouxgun daengj geij aen minzcuz doengzcaez guhbaenz ndeu.

灵渠全长34千米，由大小天平、铧嘴（见图7-1-5）、南北渠道、秦堤、陡门等部分组成了完整的水道体系。大小天平是该工程的主体，是一条拦河大坝，呈"人"字形，斜向南渠一侧的叫小天平，长120米，顶宽4~5米；斜向北渠一侧的叫大天平，长380米，顶宽12米。天平也就是溢流坝，内高外低，顶面由临水面向背水面倾斜。"人"字弧形的顶端有一个天平坝，古称铧堤。它具有分水导水作用：当河水流至铧堤时形成三、七分流，三分流水沿小天平流入南渠，七分流水沿着大天平注入北渠，大、小天平都有石砌的内、外堤，内高外低，形成斜坡堤坝，大、小天平都低于两侧的河岸。在枯水期，大小天平将河水全部拦入南、北渠，以保证船只正常通行；洪水暴涨时，河水又越过大小天平溢入湘江故道，以免过多的水冲入南渠和北渠而危及运河堤岸。由此可见，大、小天平具有既可拦河截流，又可泄洪排水的自动调节水位的功能，使运河长年保持一定的水量，便于航运，具有较高的科学性。陡门又称陡闸或船闸，是为了分级提高水位以利于行舟而设计的一种拦水装置。它是中国乃至世界最早发明、建造、使用的船闸（图7-1-4）。当船从湘江进入北渠陡闸后，立即将下一级的船闸关闭，使水位迅速提高，当水位高至与上一陡门相平时，船即可越上另一级陡闸，再将这一级的下游船闸关闭，待水位涨高后，又可进入更高一级的陡门，如此逐级上升，船便可登上岭坡而至大、小天平前的分水塘然后进入南渠。下南渠时也是逐级关闭前后的陡门，这样船便可逐级而下，直至进入漓江河道。灵渠建成后，沟通了长江和珠江两大水系，使广西内河的船只经湘江和洞庭湖汇入长江，再转黄河等水系到达京城和西南各省，还可以通过合浦等地出海，为中国与国外交通运输开辟又一重要通道"海上丝绸之路"奠定基础。据传，灵渠运河工程浩大，在施工中许多北方士兵不耐南方气候，疾病较多，也抓募当地居民（含壮族先民）为劳动力参加施工。由此可见，灵渠是壮、汉等若干民族共同完成的一项雄伟的水利工程。

Doz 7-1-4　Namzdouj Lingzgiz dwg gyaeuj mieng baihnamz, song henz caeuq daej cab yungh rindiuz caep baenz, haenh dwg "laj mbwn daih'it cab." Seizneix lij baujcunz ndeiaet.

图7-1-4　灵渠南陡是南渠之首，两岸导墙及闸底均用条石砌成，是历史上最早通航的船闸，誉之为"天下第一陡"，至今保存完好

Doz 7-1-5　Bakcae Lingzgiz
图7-1-5　灵渠铧嘴

（2）Danzbungz Yinhoz. Danzbungz Yinhoz sug cwng Fenhveihyauz, youq Fangzcwngzgih Gyanghsanh Bandauj ndawgyang Hwngzsungh caeuq Danzbungz song aen mbanj.《Dangzsaw Gaeuq》 geiq："Liz Coz guh Anhnanz Duhhu, dam'aeu oeteiq, sougvaeh vunzdoj lai, vunzlai ienqhaemz fanjgoet, couh gietcomz bingdoih vunzdoj doxgap daeuj gunghoenx Anhnanz, hoenx roengz. Gvaq ndaej bi ndeu le vaiqdi minghlingh ciengsai bae hoenx, cungj caengz ndaej soudauq. Hanzdungh haj bi（gunghyenz 864 nienz）senj（Gauh）Benz guh Anhnanz Duhhu. De bae daengz le couh comz gij bing Hajguenj, youq bi ndeu ndawde, ciuan Hihdung, gaj bouxdaeuz guh vaih de, hoenx baez ndeu gij bing bouxmanz couh doiq deuz liux, dauqsou le gij singz mbanj Gyauhcouh. Youh aenvih Gvangjcouh dajyinh gannanz, Gauhbenz yawj raen gij roenraemx de, daj Gyauhcouh daengz Gvangjcouh miz rin hung gaz lai, couh ciu vunz, ra banhfap cawz gij rin hung bae. Yienghneix aenruz byaij couh mbouj miz gijmaz gaz lo, Anhnanz cwkrom mbouj moix, daengz seizneix couh dwg baenghgauq de." Duenh faenzsaw neix geiqloeg le Dangzdai Gauh Benz cujciz cojgoeng Bouxcuengh coihguh Danzbungz Yinhoz aen gocwngz daihgaiq de. Fangzcwngzgangj caeuq Cinhcuhgangj saedceiq ngaemq doxgek 20 lai goengleix, hoeng deng Gyanghsanh Bandauj gek le, ngauj roen byaij miz 60 lai goengleix, doengzseiz henzhaij rumzlangh hung、rin lai, mbouj fuengbienh byaij. Hoengz youq henzhaij giz mbouj gyae geijlai de miz giz bak gaeb lumj aen gyoux ndeu, doeng sae song mbiengj de youq mwh raemxcauz daeuj daengz de gvangq cungj mbouj gaeuq 1 goengleix, youq ndaw gyang aen gyoux neix miz vengq diegbingz ndeu, cwng Senhyinzau, ngamqngamq raez 200 lai mij. Mwh Handai cienggun Maj Yenz daiq bing roeng baihnamz haeuj Anhnanz, cujciz coih diuz Yinhoz neix gvaq, hoeng aenvih gunghcwngz gannanz cix deng bik dingzhong. Daengz Dangzdai, Anhnanz Cezdusij Gauh Benz cujci dangdieg vunzbingh beksingq dawz Denhveihyauz deu doeng. Diuz yinhoz neix cienz raez 4 goengleix, lajdaej gvangq 6 mij, gwnzdingj gvangq 24 mij, laeg 9 mij.

（2）潭蓬运河。潭蓬运河俗称天威遥，位于防城区江山半岛横嵩和潭蓬两村之间。《旧唐书》载："李琢为安南都护，贪于货贿，虐赋夷僚，人多怨叛，遂结蛮军合势攻安南，陷之。自是累年亟命将帅，未能收复。咸通五年（公元864年）移（高）骈为安南都护。至则匡合五管之兵，期年之内，招怀溪洞，诛其首恶，一战而蛮兵遁去，收复交州郡邑。又以广州馈运艰涩，高骈视其水路，自交至广多有巨石梗途，乃招募工徒，使法去之。由是舟楫无滞，安南储备不乏，至今赖之。"这段文字记载了唐代高骈组织壮族先民修建潭蓬运河的大致过程。防城港和珍珠港实际距离仅20多千米，但被江山半岛隔开，绕道而行航程达60多千米，且沿海风浪大、礁石多，不利于航行。而在海岸线不远处有个葫芦颈，它的东西两面在潮水到达时海面宽不足1千米，在葫芦颈中间横亘着一个山坳，名叫仙人坳，长仅200余米。汉代将军马援率兵南下入安南时，曾组织修建该运河，但因工程艰巨而被迫停工。至唐代，安南节度使高骈组织当地军民将天威遥凿通。该运河全长4千米，底宽6米，顶宽24米，深9米。

Diuz yinhoz neix caemhdwg Bouxcuengh、Bouxgun daengj gak cuz yinzminz doengzcaez haenqrengz buek guh ndaej daeuj. De laebbaenz le sawj gij ruz baedauq Fangzcwngzgangj nem

Cinhcuhgangj de mbouj caiq ngauj gvaq Gyanghsanh Bandauj byaij, couh ndaej cigciep bae daengz Yeznanz, gawq noix byaij le 40 goengleix, youh fuengbienh aenruz byaij dwk ancienz, sawj de guhbaenz diuz roen youqgaenj gwnz haij giz Lingjnanz caeuq Yeznanz nem gak aen guekgya Dunghnanzya.

该运河也是壮、汉等各族民众共同奋斗的结晶。它建成后使防城港至珍珠港的来往船只不再绕航江山半岛，便可直驶越南，既缩短行程40千米，又利于船舶航行安全，使它成为岭南地区与越南及其他东南亚国家的海上重要通道。

（3）Sienghswhdai Yinhoz. Sienghswhdai Yinhoz youh cwng Linzgvei Yinhoz.《Dangzsuh Moq》gienj seiq sam《Deihleix Ci》geiq，"Gveicouh Linzgvei yienh" "miz Sienghswhdai, Dangzcauz Yenzsou yenznenz（692 nienz）caep, faen raemx Sienghswh hawj de yiengqcoh baihdoeng baihsae lae". Neix gangjmingz le gij dieg deihleix、seizlawz caep Sienghswhdai Yinhoz. Diuz yinhoz neix yinx aeu gij raemx daj Linzgvei yienh Bandangzsanh lae haeuj Swhswjsanh Bwznganz de, faen doeng sae dong diuz：Yiengqcoh baihdoeng 7500 mij lae daengz giz lingqlaj Daibingz, ginggvaq diuz fai ranz Ciengj daengz bak diuzdah Sienghswh haeuj Lizgyangh；yiengqcoh baihsae 7500 mij lae daengz giz lingq Byalienz roengz u hung ndeu, daengz diuzgiuz Suh gyonj diuz dah Yungjfuz daengz Liujcouh. Gij sezsih gensez doeng ruz de caeuq Lingzgiz doxlumj, leihyungh aen dou lingq daeuj hanhhaed raemxvih, hawj aen ruz byaijroen doenghengz. Youq giz bak aen daemz faen raemx guhbaenz aen doucab hanhhaed, hanhhaed gij raemx giz bak haeuj raemx, gvaqlaeng vat doeng ndaw daemz diuz cauz aen ruz byaij de, youq henz baihdoeng baihsae aen daemz faen raemx guh miz aen doucab baihdoeng caeuq aen doucab baihsae, yienghneix hanhhaed gij raemx byaij fueng'yiengq aen daemz faen raemx. Yinhoz itgungh nda dou lingq 18 aen, gauq gij raemx seiq aen daemz faen raemx Linzgvei daeuj gven dou lingq cwk raemx, raemx rim le hai dou lingq hawj ruz gvaqbae, cugbouh doenggvaq aen dou lingq. Sienghswhdai Yinhoz soj ginggvaq gij dieg de dingzlai dwg rincaemhhoi loh youq baihrog de, haivat nanzdoh gig daih, "ndawde rin liengz ngutngut-ngeujngeuj miz haujlai, beij Lingzgiz engqgya lai haujlai, sojlaiz deng rengzvunz deng ngaenz caemh lai baenz boix". Youq dangseiz gohyoz gisuz mbouj fatdad cungj cingzgvang neix baihlaj, boux guhhong（baugvat cojgoeng Bouxcuengh daengj）ginggvaq cien nanz fanh hoj dauqdaej dawz diuz yinhoz neix vat doeng le, gijneix cungfaen yienh'ok le cojgoeng Bouxcuengh ciuhgeq miz rengz dajcauh maenh'ak dangqmaz.

（3）相思埭运河。相思埭运河又名临桂运河。《新唐书》卷四三《地理志》载，"桂州临桂县""有相思埭，唐长寿元年（692年）筑，分相思水使东西流"。这就说明了相思埭运河的地理位置、建设时间。该运河引自临桂县办塘山流至狮子山白岩的水，分东西二流：东流7500米到太平脚陡，经蒋家坝到相思江口入漓江；西流7500米至鲢鱼陡下大湾，达苏桥合永福江以至柳州。它通航的设施建设与灵渠相似，利用陡门控制水位，使来往船只通行。在分水塘入口处建成节制闸门，控制入口水量，之后辟通分水塘航槽，在分水塘东西边缘建有东闸门和西闸门，以控制分水塘水源流向。运河共设陡门18座，靠来源于临桂四塘的分水塘流量关闭陡门蓄水，水满后开启陡门过船，逐步通过陡门。相思埭运河所经之地多为裸露的石灰岩，开凿难度很大，"其间石梁漱洄曲折之势，较灵渠特甚，故费资人力亦倍之"。在当时科学技术不发达的情况下，施工者（含壮族先民等）历经千辛万苦终于把运河凿通，这充分显示了古代壮族先民具有高超的创造力。

（Ngeih）Cingjceih coih diuz hangzdau cujyau

（二）主要航道的整治维修

Youq ndaw diuzdah lizsij gyaeraez, cojgoeng Bouxcuengh cungj mbouj duenh dwk deudoeng hangzdau, cingjceih danhaij, guh aen sok gangjgouj, gya raez hangzsen, haicei le goengrengz sinhoj. Daegbied dwg gaenhdaih doxdaeuj, gij beksingq Gvangjsih giz Bouxcuengh camgya ceihleix le gij hangzdau cujyau doengh diuz dah lajneix: YungzSwz hangzsen（Nanzningz—Baksaek）、YunghVuz hangzsen（Nanzningz—Vuzcouh）、LiujSinz hangzsen（Liujcouh—Gveibingz）、LiujCangz hangzsen（Liujcouh—Yungzanh）、Dahraemxhoengz hangzsen、VuzGvei hangzsen（Vuzcouh—Gveilinz）、Siu'gyangh hangzdau、Cojgyangh hangzdau daengj. Minzgoz 22 bi（1933 nienz）seizcin, gemh Bingzsiengz gozminzdangj aen bingdoih capyouq de vihliux fuengbienh bingdoih dajyinh, daj Bouxcuengh daengj dieg couzcomz cienzcaiz ndawbiengz, goq vunz deu le caq le giz yiemjdan Dahcojgyangh. Minzgoz 22 bi（1933 nienz）seizdoeng daengz Minzgoz 24 bi（1935 nienz）seizcin, Gvangjsih danghgiz youq Lungzcouh ndalaeb Cinhoz Veijyenzvei, cujciz minzgoeng Bouxcuengh dangdieg deu caq gij yiemjdan Dahcojgyangh 38 aen, sawj ruz byaij bienhleih haujlai. Minzgoz 27 bi daengz 28 bi（1938 nienz daengz 1939 nienz）seizcin, vihliux haeuj ok Yeznanz, yinh huq caeuq doxgaiq bingdoih yungh gaij byaij Dahcojgyangh, Cuhgyangh suijligiz Gvangjsih fwnhgiz doiq gij yiemjdan duenh Lungzcouh—Nanzningz—Gveibingz—Sizlungzhoz guh deu caq cingjceih. Doenggvaq cingjceih, bouhfaenh hangzdon cobouh baetduet le cangdai yenzsij, gaijndei le bouhfaenh hangzdau, hawj de bienqbaenz le hangzsen youqgaenj. Hoeng aenvih gisuz ligliengh、cienzngaenz mbouj gaeuq daengj yienzaen, hangzdau mbouj ndaej ceih ndei daengz daej, aenruz lij mbouj miz banhfap youq banhaemh byaij.

在漫长的历史长河中，壮族先民都在不断地为疏浚航道，整治海滩，构建港口码头，延伸航线，付出了艰苦的劳动。尤其近代以来，广西壮族地区的人民参与了对下列内河主要航道的治理：邕色航线（南宁—百色）、邕梧航线（南宁—梧州）、柳浔航线（柳州—桂平）、柳长航线（柳州—融安）、红水河航线、梧桂航线（梧州—桂林）、绣江航道、左江航道等。民国二十二年（1933年）春，凭祥隘口国民党驻军为谋取军运便利，从壮族等地区筹集社会资财，雇工疏炸左江部分险滩。民国二十二年（1933年）冬到民国二十四年（1935年）春，广西当局在龙州设立浚河委员会，组织当地壮族民工疏炸左江滩险38个，使航行大为便利。民国二十七至二十八年（1938年至1939年）春，为出入越南，货物和军用物资改走左江运输，珠江水利局广西分局对龙州—南宁—桂平—石龙河段险滩进行疏炸整治。通过整治，部分航段初步摆脱了原始状态，改善了部分航道，使之成为重要的航线。但由于技术力量、经费不足等原因，航道未能彻底疏浚，船舶仍无法夜航。

Ngeih. Sezgi caeuq cauhguh gij hongdawz hangzyin
二、航运工具的设计与制造

（It）Gij hongdawz hangzyin caeuq cauh ruz caizliuh mwh Vujdai gaxgonq
（一）五代以前的航运工具及造船材料

（1）Aenruz diuzfaex dog. Cojgoeng Bouxcuengh ceiqcaeux cauhguh caeuq sawjyungh aenruz de dwg aenruz diuzfaex dog, youh cwng vwnzmuzcouh roxnaeuz guhmuzcouh, de caemhdwg gij hongdawz hangzyin daj yenzsij sevei couh hainduj cauhguh. Cwng Cauhyungz youq ndaw 《Damqra Goekgaen Saemj Ndei Yisiz Bouxcuengh》 ceijok："Gij hingzsik aenruz Bouxcuengh cauh, ceiqcaeux ndaej fatyienh dwg mwh Sihcouh aen moh yienghceij lumj aenruz. Vujmingz gih Maxdouz Yenzlungzboh aen moh daih 56 hauh daegdaengq vat baenz yienghceij aenruz, ndawde cangq miz goet vunz. Aen moh lumj aenruz neix raez 4 mij, gvangq 74 lizmij, ndawgyang vat baenz aen gvaengh raezseiqfueng, song gyaeuj soem gvingj hwnjdaeuj baenz samgak." Gijneix dwg aen doz yienghceij aenruz diuzfaex dog denjhingz ndeu. Dajneix ndaej duenhdingh, cojgoeng Bouxcuengh ak sezgi cauhguh aenruz diuzfaex dog, youq mwh Sihcouh gaenq miz itdingh saemj ndei sezgi suijbingz：Song gyaeu aenruz gvingj hwnjdaeuj soek soem, fuengbienh youq ndaw raemx byaij riengj；dawz cungqgyang aenruz vat baenz raezseiqfueng, dwg vihliux baujciz bingzhwngz、an'onj. Aenruz diuzfaex dog bujdungh itbuen dwg youz baenz duenh faex luenz vat guh baenz, roxnaeuz dawz diuz faex luenz ndeu buq faen song mbiengj le vat hoengq cungqgyang guhbaenz, giz cang doxgaiq de vat youq duenh cungqgyang, song gyaeuj daj lajdaej soek hwnjdaeuj daengz byai, guhbaenz aen gyaeuj ruz soem caeuq byai ruz soem. Doengzseiz aenruz diuzfaex dog yungh daeuj doxdax de cix cingjdaej guhbaenz gij yienghceij doenghduz, doengzseiz aeu gak cungj saek daeuj cangcaenq, lumjbaenz gyaeuj ruz gvingj hwnjdaeuj, deudik baenz gyaeuj duzlungz roxnaeuz aen gyaeuj lingh duz ak de, byai ruz itbuen deudik baenz rieng duzlungz roxnaeuz rieng duzbya. Aenruz diuzfaex dog ndaej yinh hongdawz caeuq doxdax, gij mbouj daiq ndei de dwg yinh doxgaiq noix、yungzheih boekloek、mbouj ndaej byaij gyae daengj, hoeng gij ndei de caemh miz cauhguh genjdan、fuengbienh daengj.

（1）独木舟。壮族先民最早制造和使用的船是独木舟，又称为浑木舟或剞木舟，它也是从原始社会就已开始制作的航运工具。郑超雄在《壮族审美意识探源》中指出："壮族所造船只的形式，最早发现的是西周时期的船形墓坑。武鸣区马头元龙坡第56号墓的墓坑有意挖成一只船的形状，中间葬以尸骨。这座船形墓坑长4米，宽74厘米，中间挖成长方框形，两端尖翘呈三角状。"这是典型的独木舟造型图。由此可以推断，壮族先民善于设计制造独木舟，在西周时期已具有一定的审美设计水平：船的两端翘起削尖，利于破水快速航行；把舟的中间剞成长方框形状，是为了保持平衡、安稳之故。普通的独木舟一般是由整段圆木剞制而成，或把一根大圆木劈分两半剞空而成，舱位挖在中部，两端由底部向上削，形成尖形的船头和船尾。而作为竞赛的独木舟则整体修制成动物的形状，并饰以各种颜色，如舟头翘起，雕刻成龙首或其他凶猛的兽头，舟尾一般刻成龙尾或鱼尾。独木舟可做运载工具和竞渡的赛舟，有运输量少、易于倾覆、不能远行等缺点，但也有制作简单、操作方便等优点。

（2）"Aenruz song daej". Mwh Sihcouh, cojgoeng Bouxcuengh gaenq hag rox dawz song aenruz diuzfaex dog gyoeb baenz "aenruz song daej", yienghneix daeuj demgya gij onjdingh hangzyin caeuq lai doz doxgaiq. Gvaqlaeng youh fazcanj baenz fangjcouh roxnaeuz fanghcouh, ciuhgeq Bouxyez baihnamz cwng de cwng ruzhaij. Gveigangj Lozbwzvanh oknamh aen gyongdoengz Handai gwnzde veh miz gij raiz lumj aen fangjcouh, gangjmingz cojgoeng Bouxcuengh senqsi gaenq ndaej cauhguh caeuq sawjyungh de le. 《Wjyaj. Sizyenz》："Fangj, couhdwg aenruz." Goh Buz cawqgej naeuz："Fangj, song aenruz doxgyoeb." Cungj ruz song aen doxgyoeb neix ndaej baex rumz fwn、youq haemh caeuq yinh doxgaiq gwn byai gyae, mizseiz lij ndaej guh aenruz haij bae gyae de. Fazmingz caeuq wngqyungh aen ruz song daej miz itdingh gohyoz dauhleix：Youq 2 000 lai bi gaxgonq, lij mbouj ndaej cauh ruz hung caeuq aen ruz geij caengz de, cojgoeng Bouxcuengh dawz song aen ruz geb raez bingzbaiz youq itheij, doxgek di ndeu, aeu geij diuz faex vang daeuj dinghmaenh, guh diuz giuz song aen ruz neix, yienghneix lajdaej aenruz giz daem deng raemxhaij de couh demlai lo, doengzseiz doxgaiq ndaej faensanq cuengq youq song aen ruz, doenggvaq doxbingz dabdaengz bingzhwngz, daihdaih gemjnoix aenruz boekloek. Hoeng aenruz song daej bae dwk haemq menh, mwh byaij de gij gisuz vad ruz caemh fukcab di ndeu.

（2）"双体船"。西周时期，壮族先民已学会把两只独木舟拼成"双体船"，以增加航运的稳定性和载重量。后来又发展成为舫舟或方舟，古代南方越人称之为海船。贵港罗泊湾出土的汉代铜鼓之上有舫舟船纹，说明壮族先人早已能制作和使用它。《尔雅·释言》："舫，舟也。"郭璞注："舫，并两船。"这种双体船有避风雨、夜宿及载远航食物的功能，有时还可作为远航的海船。双体船的发明和应用有一定科学道理：在2000多年以前，还不能造大船及楼船，壮族先民把两只狭长的船并排在一起，间隔一定的距离，以若干横木固定，且为两船之桥，这样就增加了船底与海水的接触面，并将载重量分散在两只船上，通过对称达到平衡，大大减少覆舟之险。但双体舟速度较慢，航行时划动技术也复杂一些。

（3）Ruz benj caeuq ruz gangfung faex. Cangoz geizlaeng, youq Bwzyez ndawgyang gak buloz youq gwnzraemx dajyinh okyienh le cungj hongdawz hangzyin ndeu, de couhdwg youz geij vengq benj gapbaenz aenruz benj. Song bangx aenruz caeuq song gyaeuj aenruz aeu benjfaex doxsan lienzciep, youq lajdaej benj deu miz diuz cauz iq, cigsoh cap haeuj diuz benj song henz, gapbaenz aen cingjdaej lumj aen sieng ndeu. De ndaej yinh gij doxgaiq de beij aen saz caeuq aenruz diuzfaex dog lai ndaej lai, vih gvaqlaeng guh aenruz gangfung faex guh le gisuz dajdaej. Lingzgiz guhbaenz le, goudoeng le gij lienzhaeh gwnzraemx giz Lingjnanz caeuq giz Cunghyenz, caemh doidoengh le giz Bouxcuengh gij gisuz cauh ruz fazcanj. Lumjbaenz, Handai doxdaeuj aenvih souh gij hangzyin gisuz giz Cunghyenz yingjyangj, aenruz gangfung faex dangguh cungj hongdawz hangzyin moq ndeu youq gij dajyinh ndaw dah giz Bouxcuengh gvangqlangh doihengz. Aen ndang aenruz gangfung faex cujyau lijdwg yungh benjfaex daeuj guh, gwnzde miz diuzsaeu cengq bungz（nda song diuz、sam diuz daengj）bingzbaiz vengj fan bungz raezseiqfueng、lumj bingqbeiz roxnaeuz lumj samgak, leihyungh rengzrumz doidoengh aenruz gangfung faex byaij. Lij nda miz 3 gaiq roxnaeuz 5 gaiq cauh, youq mwh mbouj miz rumz, aeu cauh vad raemx daeuj byaij baenaj. Gvaqlaeng, vunz ciuhgeq youq aen giekdaej gwnz neix caiq caenh'itbouh gaijndei, lai nda aen fungranz cang, baexmienx boux dajyinh de rox huq deng ndit ciuq deng fwn duh. Giz gyaeuj aenruz ancang faj benj baiz raemxlangh, rieng ruz lij nda miz aen cang fungbix. Ciuhgeq cauh ruz cujyau guh aenruz gangfung faex, cigdaengz gaenhdaih, youq gij hong hangzyin minzyingz ndawde, cungj ruz neix vanzlij cingqcaih sawjyungh.

（3）木板船和木帆船。战国后期，在百越各部落间的水上运输中出现了一种航运工具，它就是由若干块木板拼成的木板船。船的两侧和两端用木板穿榫连接，在底板上凿有小槽，垂直插入围板，拼成箱形整体。它的运载量比排筏和独木舟大得多，为后来制作木帆船奠定了技术基础。灵渠竣工后，沟通了岭南与中原地区的水道联系，也推动了壮族地区造船技术的发展。例如，汉代以来由于受中原的航运技术的影响，木帆船作为一种新型的航运工具在壮族地区内河运输中广泛推行。木帆船的船体主要还是用木板来制作，其上有桅杆（设两桅、三桅等）并挂着长方形、扇形或三角形的篷帆，利用风力推动木帆船航行。还设有3支或5支桨，在无风时，用桨划水推进。后来，古人在这个基础上再进一步改造，增设仓房，以免运载的人或货物日晒雨淋。船头安装排浪板，船尾还设有封闭的尾仓。古代造船以木帆船为主，直至近代，在民营航运业中，这种船仍在使用。

（Ngeih）Gij hongdawz hangzyin Sungdai daengz Cinghdai（Yahben Cancwngh gaxgonq）

（二）宋代至清代（鸦片战争之前）的航运工具

Mwh Sung、Yenz, giz Bouxcuengh cauhruz gisuz caenh'itbouh fazcanj, soj cauh gij ruz gangfung faex de cugbouh fazcanj baenz aen "ruz gvangq" yungh liuh engqgya saejsaeq、gisuz engqgya senhcin de. Gij daegdiemj aen ruz neix dwg：Aenruz soem ndang raez, gwn raemx haemq laeg, gyazbanj vangungx mbouj sang, ndaej hab youq haujlai giz byaij caeuq ndaej lienzdaemh byaij haemq nanz. Cungj ruz neix hab'wngq Cungguek baihnamz yiengh deihleix vanzging gwnz haij gvangq、raemx laeg、aen dauj lai de. Aenruz gvangq soj yungh gij faex dingzlai dwg faex vuhlanz、faex swjgingh Ginhcouh miz haujlai de, doenghgij faex neix youh maed youh geng. Ruz gvangq gwnz benj dox miz baenz baiz congh iq seiqgak de, sawj mwh gaem dox haemq lingzvued mbaet rengz. Diuzsaeu cengq bungz dangqnaj cungqgyang aen ruz gvangq hungloet de cungj dwg ngengcoh baihnaj, gwnz de venj fan gangfung baengz geng, aen ruz rauh'iq itbuen miz ciengj caeuq gaiqcauh. Sungdai Couh Gifeih《Lingjvai Daidaz》gienj roek《Muzlanzcouh》geiq："Fouz youq baihnamz Nanzhaij, aenruz hung lumj aen ranz, gangfung lumj duj fwj daj gwnzmbwn duengq roengzdaeuj de, raez baenz geij ciengh. Aen ruz ndeu miz geij bak boux vunz, ndawde cwk miz baenz bi haeuxliengz, ciengx mou、oemqlaeuj youq ndawde." Cungj ruz miz aen ranz baenzneix hung neix, daibyauj le dangseiz giz Bouxcuengh gij senhcin suijbingz hong cauhruz.《Yenzsij》gienj cibseiq《Sicujgi》geiqloeg, Yenz 23 bi （1286 nienz）ngeihnyied, Yenzsicuj vihliux gyavaiq hoenx Gyauhcij, "Minghlingh Huz Gvangj hingzswngj cauh aen ruz haij daeuj hoenx Gyauhcij de sam bak aen, dajsuenq youq bet nyied ndaej youq Ginhcouh、Lenzcouh guhbaenz". Hoeng Huz Gvangj hingzswngj cix dawz aen yinvu neix gyauhawj le Hozbuj、Ginhcouh daengj goengsae caihhangz Bouxcuengh, gyoengqde dandan yungh le buenqbi seizgan couh cauh ok 300 aen ruz haij. Ndaej raen, dangseiz gij cauhruz gisuz giz Bouxcuengh gaenq dabdaengz suijbingz siengdang sang, gij naengzlig cauhruz de caemh gaenq haemq ak.

宋、元时期，壮族地区造船技术进一步发展，所制造的木帆船逐步发展成为用料更讲究、技术更先进的"广船"。该船型的特点是：船尖体长，吃水较深，甲板背弧不高，有较好的适航性和较强的续航能力。这种船适应中国南方海阔、水深、多岛屿的地理环境。广船所用木材多以钦州盛产的乌楼木、紫荆木为主，这些木材质地缜密而坚硬。广船舵板上有成排的菱形小孔，使舵操纵时较灵活省力。大型广船的中前桅均向前倾，上悬布硬帆，中小型船只一般有橹和桨。宋代周去非《岭外代答》卷六《木兰舟》记："浮南海而南，舟如巨室，帆若垂天之云，长数丈。一舟数百人，中积一年粮，豢豕、酿酒其中。"这种巨室船，代表了当时壮族地区造船业的先进水平。《元史》卷十四《世祖纪》记载，元二十三年（1286年）二月，元世祖为了加快征讨交趾，"命湖广行省造征交趾海船三百，期以八月会钦、廉州"。而湖广行省则把这一任务交给了合浦、钦州等地壮族的能工巧匠，他们仅用了半年的时间就制造出300艘海船。可见，当时壮乡的造船技术已达到相当高的水平，其造船能力也已较强。

（Sam）Gij hongdawz hangzyin gaenhdaih daengz mwh Minzgoz
（三）近代至民国年间的航运工具

Cingh Daugvangh 20 bi daengz Cingh Gvanghsi yienznienz（1840~1875 nienz）, giz Bouxcuengh cauhruz caeuq ndaw dah dajyinh vanzlij cujyau dwg aenruz gangfung faex beksingq gag guh de, yienznaeuz Cingh Gvanghsi yienznienz daengz Senhdungj yienznienz（1875~1909 nienz）cugbi demgya ruz heiq、ruz dienh, hoeng aenruz beksingq vanzlij ciemqmiz beijlaeh haemq daih（Ruz faex gvaq doh, vunz Guengjsae 1904 nienz cauh, raen doz 7-1-6）. Aenruz beksingq youq mwh ngigriuz byaij baenaj, suzdu gig menh. Cingh Hanzfungh yienznienz（1851 nienz）gvaqlaeng, cugbouh hwnghwnj ruz dienh、ruz heiq. Ruz dienh dwg aen ruz gihgi iq, yenzdungliz de dwg neiyenzgih, soj yungh gij doxgaiq coemh de dwg caizyouz. Ruz heiq caemh dwg cungj ruz gihgi iq ndeu, yenzdungliz de dwg cwnghgigih, aeu meiz roxnaeuz danq guh gij coemh. Ruz dienh caeuq ruz heiq beij ruz beksingq suzdu vaiq haujlai boix, mwh ngigriuz byaij beij aenruz beksingq vaiq 10 boix. Cingh Gvanghsi 32 bi（1906 nienz）, laebbaenz Vuzcouh daih'it aen cangj cauhruz, gonqlaeng cauh aen ruz cang miz gihgai cienzdoengh de 90 lai aen, cauh le aenruz doz huq aenruz lajdaej seiqfueng bingzbwd hab youq giz henzhaij byaij、haemq hung de 20 lai aen. Cinghcauz mwh Senhdung（1909~1911 nienz）、Denhhoz Yangzhangz youq Vuzcouh hwngbanh "Denhhoz Gihgicangj"，fucwz cauhruz. Minzgoz cogeiz，aen cangj neix yinxhaeuj sezbei caeuq gisuz rog guek，doengzseiz goqyungh gunghyinz dangdieg. Cinghcauz Senhdung 2 bi（1910 nienz）gvaqlaeng，Vuzcouh gonq laeng banh hwnj "Gvangjcwngzhingh" "Gvangjdailungz" "Anhhingh" "Yihinghcangh" daengj 17 aen gihgicangj，ndawde mbangj aen cangj ndaej cauhruz，mbangj aen cangj cix ndaej coih ruz caeuq swnghcanj di linghgienh iq caeuq ding ruz ndeu. Minzgoz 8 bi（1919 nienz）gvaqlaeng，canghseng'eiq Bwzhaij vihliux fazcanj aeu ruz beksingq dajyinh，yinxhaeuj gisuz caeuq sezbei senhcin rog guek，cawx caizyouzgih rog guek，youq ndaw singz Bwzhaij Gauhdwz aen cangj cauhruz gag cauh aenruz gihdung. Minzgoz 10 bi daengz Minzgoz 25 bi（1921~1936 nienz）dwg Gvangjsih mwh hong cauhruz fazcanj hwnghoengh de，Vuzcouh、Nanzningz daengj dieg geij cib aen ruz dohlunz、duconz、ruz yinh hek yinh huq cungj dwg youq mwh haenx cauhguh. Minzgoz 26 bi（1937 nienz）daengz 1949 nienz，aenvih souh rog guek ciemqhaeuj caeuq ginhfaz doxhoenx yingjyangj，giz Bouxcuengh sevei fubfab mbouj onjdingh，hangzyin cawqyouq yiengh cangdai siuhdiuz，hangz coih ruz、cauhruz caemh gaenlaeng doekbaih. Hoeng，youq mwh haenx，mbangj hauxseng Bouxcuengh hagsib cauh gihconz moq、hai ruz caeuq dajcoih，doengzseiz leihyungh gihgi gaijcauh aenruz faex yienghgaeuq，cungfaen daejyienh le Bouxcuengh gij sibgvenq maij hagsib senhcin、gamj bae gaijcauh、haenqrengz byaij baenaj de，vih gvaqlaeng gisuz ndaej cinbu dwkroengz giekdaej.

　　清道光二十年至清光绪元年（1840～1875年），壮族地区造船和江河运输仍以木帆船类的民船为主，虽然清光绪元年至宣统元年（1875～1909年）逐年增加汽船、电船，但民船仍占很大的比重（1904年广西人创造的木渡船见图7-1-6）。民船在逆流而上时，速度很慢。清咸丰元年（1851年）以后，逐步兴起电船、汽船。电船是小型的机器船，其原动力为内燃机，所用燃料为柴油。汽船也是一种小型的机器船，其原动力为蒸汽机，以煤或木炭为燃料。电船和汽船较民船速度快数倍，逆流航行时较民船速度快10倍。清光绪三十二年（1906年），成立梧州第一个造船厂，先后建造具有机械传动装置的扒船90余艘，建造了体积较大、适合沿海地区航行的载货船疍船20余艘。清宣统年间（1909～1911年），天和洋行在梧州兴办"天和机器厂"，负责修造船舶。民国初，该厂引进国外设备和技术，并雇用当地工人。清宣统二年（1910年）后，梧州先后办起"广成兴""广泰隆""安兴""艺兴昌"等17家机器厂，其中部分厂可以造船，部分厂则可以进行保修船舶及生产一些小零件和船锚。民国八年（1919年）以后，北海商家为了发展民船运输，引进外国先进技术和设备，购买外国柴油机，在北海市区的高德造船厂自己制造机动船。民国十年至二十五年（1921～1936年）是广西造船业发展兴旺的时期，梧州、南宁等地的数十艘拖轮、渡船、客货船都是在这期间制造的。民国二十六年（1937年）至1949年，由于受外国入侵和军阀混战影响，壮族地区社会动荡不安，航运处于萧条状态，修船、造船业也随之衰落。但是，在此期间，部分壮族青年学习新的机船制造、驾驶和维修，并利用机器改造旧式木船，充分体现了壮族乐于学习先进、勇于改造、奋发向上的民风，为日后技术进步奠定了基础。

Doz 7-1-6   1904 nienz gij ruz faex hung vunz guengjsae cauh
图7-1-6   1904年广西人创造的木渡船

Sam. Guhbaenz Caeuq Fazcanj Aen Vangjloz Youq Gwnzraemx Dajyinh
三、水上运输网络的形成与发展

（It）Aen vangjloz youq ndaw dah dajyinh
（一）内河运输网络

1. Aen vangjloz youq ndaw dah dajyinh youq Namz baek cauz gaxgonq cobouh guhbaenz de
1. 南北朝以前初步形成的河运网

Guhbaenz aen vangjloz youq ndaw dah dajyinh giz Bouxcuengh, caeuq mwh Cinz Han doiq Lingjnanz ok bing、gaijgez bingdoih byaijroen caeuq dajyinh miz cigciep lienzhaeh. Daih'it, gunghyenz gaxgonq 221 bi, Cinz Cijvangz fatdoengh le hoenx Bwzyez Cuz, vih gaijgez dajyinh doxgaiq bingdoih, cujciz ligliengh deu doeng le Lingzgiz, sawj Gvangjsih aen ruz youq gwnzdah byaij de yiengqcoh baihbaek ndaej ginggvaq Sienghgyangh、Cangzgyangh、Dayinhoz、Vaizhoz、Vangzhoz bae daengz gingsingz; yiengqcoh baihsaenamz ndaej daengz Gveicouh、Swconh、Yinznanz daengj dieg; yiengqcoh baihdoengnamz ndaej daengz Gvangjcouh, cobouh guhbaenz le Lingjnanz aen vangjloz youq ndaw dah dajyinh. Daihngeih, gunghyenz gaxgonq 112 bi, Hanvujdi baiq haj loh bingdoih hung hoenx Nanzyez, caenh'itbouh coih le caeuq guhcaez le aen vangjloz youq ndaw dah dajyinh. Daihsam, Dunghhan Genvuj 17 bi（gunghyenz 41 nienz）, Gvanghvujdi baiq Maj Yenz daiqlingx bingdoih bingzdingh gij fanjgoet Gyauhcij, diuz lohsienq aen bingdoih de soj byaij cujyau dwg daj Sienghgyangh ginggvaq Lingzgiz haeuj Lizgyangh、 cujliz riengz Sihgyangh daengz Gveibingz、roengz Bozbwz、haeuj Ginhcouh daengj dieg, ndonj gvaq baihnamz Sihgyangh, hai le diuz roen Huznanz、Gvangjsih、Gvangjdungh、Yeznanz. Gwnzneix soj gangj 3 baez hoenxciengq, dawz gij roenloh dah、hozdau bingdoih soj ginggvaq de guh cingjceih caeuq coihndei, guhbaenz le aen vangjloz hangzyin baugvat le diuz ganliuz caeuq geij diuz cihliuz giz Bouxcuengh de, lumjbaenz Yungzgyangh、Liujgyangh、Genzgyangh、 Gveigyangh、Sinzgyangh、Sihgyangh、Yi'gyangh、Nanzliuzgyangh caeuq Cojgyangh daengj, gihbwnj guhbaenz le gij gvaengxgyaq aen vangjloz youq ndaw dah dajyinh, vih daihlaeng mbe'gvangq hangzyin dwkroengz le giekdaej, coicaenh le Cunghyenz Hancuz caeuq Bouxcuengh daengj siujsoq minzcuz doxgyau caeuq yungzhab, doengzseiz youh coicaenh le nungzyez、 soujgunghyez、sanghyez、gyauhdungh saehnieb ndaej fazcanj. Lumjbaenz Handai, Lingjnanz caeuq Cunghyenz baedauq guh seng'eiq demlai, gij doengz、diet、hongdawz、max、vaiz yiengz、sei caeuq gak cungj doxgaiq soujgunghyez Cunghyenz doenggvaq roenraemx yinh haeuj giz Bouxcuengh, gij mak、binghaij、naedcaw、heuj ciengh、baengz、gim、ngaenz、cuhsah daengj doxgaiq Lingjnanz yinh bae Cunghyenz.

壮乡河运网的形成，与秦汉时期对岭南用兵、解决行军及运输有直接联系。其一，公元前221年，秦始皇发动了对百越族的征战，为解决军运，组织力量凿通了灵渠，使广西内河的船舶往北可经湘江、长江、大运河、淮河、黄河到达京师；往西南可抵贵州、四川、云南等地；往东南可至广州，初步形成了岭南内河运输网。其二，公元前112年，汉武帝派五路大军征战南越，进一步修建和完善了河运网。其三，东汉建武十七年（公元41年），光武帝派马援率军队平交趾之乱，其行军路线主要是从湘江经灵渠进入漓江，主力沿西江至桂平，下博白、入钦州等地，横穿西江南部，开辟了湖南、广西、广东、越南的交通路线。上述3次战事活动，把行军路线所经过的江、河道进行整治和维修，形成了包括壮乡的干流和几条大支流，如融江、柳江、黔江、桂江、浔江、西江、郁江、南流江和左江等组成的航运网，基本上形成了河运网的框架，为后代航运的发展奠定了基础，促进了中原汉族与壮族等少数民族的交流与融合，同时又促进了农业、手工业、商业、交通事业的发展。例如汉代，岭南与中原的商贸交往增多，中原的铜、铁、农具、马、牛羊、丝绸及各种手工业品通过水路运入壮乡，岭南的水果、海参、珍珠、象牙、布、金、银、朱砂等物资运往中原。

2. Aen vangjloz youq ndaw dah dajyinh youq mwh Suiz、Dangz daengz mwh Vujdai caenh'itbouh fazcanj

2. 隋、唐至五代时期进一步发展的河运网

Aen seizgeiz neix aeu Gveilinz guh cungqsim, gwnz laj gaeudoeng le Cangzgyangh liuzyiz ndawde Sienghgyangh suijhi、Cuhgyangh liuzyiz ndawde Sihgyangh suijhi caeuq gij suijhi henzhaij, lienzgiet le geij diuz ganliuz gyonj yiengq seiqfueng sanq bae, aen vangjloz hangzyin youq giz Bouxcuengh dauqcawq cungj miz, doengzseiz doeng daengz diuzroen gwnz haij rog guek. Diuz ganliuz Sihgyangh suijhi dwg Cojgyangh、You'gyangh、Nanzbanzgyangh、 Dahraemxhoengz、Genzgyangh、Sinzgyangh caeuq Sihgyangh, raemxriuz daih dingzlai dwg daj baihsae yiengq baihdoeng vang gvaq cungqgyang Gvangjsih caeuq baihsae Gvangjdungh, lij miz haujlai cihliuz. Gij doxgaiq doj cungqgyang Genz、Baihnamz Yez caeuq Lingjnanz daengj dingzlai cungj dwg riengz diuz suijhi neix yinh bae Gvangjcouh conz sanq roxnaeuz cuzgouj, daih dingzlai doxgaiq dingzlai riengz Siugyangh ginggvaq Hozbuj bae rog guek. Gij sei、gangvax、doxgaiq gvat caet daengj, caemh riengz Sihgyangh suijhi yinh bae gak mwnq. Sienghgyangh lae gvaq seizneix Gvangjsih baihdoengbaek Swhyenz、Hingh'anh、Gvanyangz、Cenzcouh 4 aen yienh, de dwg diuz roen youqgaenj Siengh Gvei Coujlangz, daj Cunghyenz haeuj Lingjnanz dwg daj Sienghgyangh gvaq Lingzgiz, Gveigyangh dwg cujyau hangzsen. Diuz hangzsen neix coicaenh le vwnzva caeuq vuzswh gyaulouz, gij doxgaiq doj Gveigyangh gak mwnq ndaej aeu ruz yinh daengz Huznanz daengj dieg. Dangzcauz Denhbauj 9 bi (gunghyenz 750 nienz), huzsiengh Gencinh daih haj baez bae baihdoeng youq Haijnanz deng gazngaih le daeuj daengz Gveilinz, youq aen miuh Gaihyenz (seizneix dwg gij dieg aen dap Sejli Gveilinz) youq le bi ndeu, cizgiz guh cinjbiq daih roek bae Yizbwnj, diuz lohsienq de soj byaij couhdwg daj Sienghgyangh ginggvaq Lizgyangh、Gveigyangh、Sihgyangh le daj Gvangjcouh okbae. Gij suijhi henzhaij ceij diuzdah Yilinz、Luzconh、Bozbwz、Hozbuj、Ginhcouh daengj dieg, diuzdah cujyau miz Nanzliuzgyangh、Nabungzgyangh、Ginhgyangh、Mauzlingjgyangh、Bwzlunzhoz daengj 97 diuz, gij doxgaiq yinh gvaq gwnzraemx de miz yw hom、cawbauj、gyu、haeuxbieg caeuq doxgaiq ndaw bya daengj. Mwh neix cojgoeng Bouxcuengh ceiok le goengrengz sinhoj, cawz rin baex yung'yiemj ndaw raemx, coih giz naezboengz gazlanz de, fazcanj gij dajyinh gwnzraemx, caenh'itbouh guhcaez le giz Bouxcuengh aen vangjloz youq ndaw dah dajyinh.

这一时期以桂林为中心，纵向沟通了长江流域之湘江水系、珠江流域之西江水系和沿海水系，联结了几条干流并向四方辐射，航运网遍布于壮乡，并且通往国外的海道。西江水系的干流为左江、右江、南盘江、红水河、黔江、浔江和西江，水流大致是自西向东横贯广西中部和广东西部，还有众多支流。黔中、粤南和岭南等地的土特产多沿这条水系输往广州集散或出口，大部分物资多沿绣江经合浦出国。从中原输入岭南的丝绸、陶瓷、漆器等，也沿西江水系输往各地。湘江流经今广西东北部的资源、兴安、灌阳、全州4个县，它是湘桂走廊的重要通道，自中原进入岭南是从湘水渡灵渠，以桂江为主要航线。这条航线促进了文化与物资交流，桂江各地的土特产可用船运至湖南等地。唐天宝九年（公元750年），鉴真和尚第五次东渡受阻于海南后来到桂林，在开元寺（今桂林舍利塔址）住了一年，积极做第六次赴日本的准备，他所走的路线就是从湘江经漓江、桂江、西江至广州出去的。沿海水系指郁林、陆川、博白、合浦、钦州等地河流，主要河流有南流江、那彭江、钦江、茅岭江、北仑河等97条，其水运物资有香药、珠宝、食盐、大米和山货等。这一时期壮族先民付出了辛勤劳动，去礁除险，修浚淤滩，发展水运，进一步完善了壮乡河运网。

3. Mwh Sung Yenz aen vangjloz gwnzraemx gwnzhawq lienzhab dajyinh

3. 宋元时期的水陆联运网

Dangzdai gaxgonq, giz Bouxcuengh youq gwnzraemx dajyinh dingzlai dwg "faenduenh daehyinh", gwnzraemx gwnzhawq dajyinh faenhai, yauqlwd gig daemq. Daengz le mwh

Sung Yenz gaijbieng le aen guhfap neix, bujben hai le diuz lohsienq gwnzraemx gwnzhawq lienzhab dajyinh, yienghneix daeuj daezsang qii sevei qinghci yauqik gyaudoeng dajyinh. Diuz hangzsen gwnzraemx gwnzhawq lienzhab dajyinh cujyau de youq lajneix: ①Youz Gveigyangh gvaq Lingzgiz daengz Sienghgyangh ginggvaq Dungdingzhuz haeuj Cangzgyangh le caiq haeuj Dayinhoz daengz Gvanhcungh; ②Gveigyangh—Lingzgiz—Sienghgyangh—Luzsuij—Yenzsuij—Gangyangh—Sin'gyangh—Gizgyangh—Dungzgyangh—Fucinhgyangh—Hangzcouh; ③Hocouh—Fuconh—Gunghcwngz—Gyanghvaz、Ningzyenj、Gveiyangz—Gangyangh—Hangzcouh; ④Lingzgiz—Gveigyangh—Siugyangh—Nanzliuzgyangh—Hozbuj; ⑤Liujgyangh—Yungzgyangh—Sanhgyangh—Duhliujgyangh gak sienq; ⑥Dahraemxhoengz—Bwzbanzgyangh—Anhswn gak mwnq hangzsen lienzhab dajyinh; ⑦You'gyangh—Dozniengzgyangh—Yinznanz、Gveicouh daengj dieg gij hangzsen lienzhab dajyinh; ⑧Ginhgyangh—Yungzningz Nacinz—Bazcizgyangh—Yi'gyangh diuz sienq gwnz raemx gwnz hawq dajyinh Sihyenz; ⑨Ginhgyangh—Sahbingz—Bingzdangzgyangh—Yi'gyangh diuz sienq gwnz raemx gwnz hawq dajyinh Sihyenz; ⑩Lenzcouh Bwzsiz—Sizgangh—Yilinz—Nanzliuzgyangh—Siugyangh—Vuzcouh diuz sienq gwnz raemx gwnz hawq lienzhab dajyinh Sihyenz; Gvangjdungh Gen'gyangh—Vangloz—Sinyiz—Gvangjsih Yangzmeiz—Yangzmeizhoz—Siu'gyangh—Vuzcouh diuz sienq gwnz raemx gwnz hawq dajyinh Dunghyenz; Vuzcouh Swnsihgyangh—Gvangjdungh Cinhsuij—Nanzyungz—Sinfungh—Dauzgyangh—Gancouh; Vuzcouh—Sinzgyangh—Siu'gyangh—Bwzliuzhoz—Yilinz—Nanzliuzgyangh—Hozbuj ok haij. Doenghgij vangjloz gwnzraemx gwnzhawq lienzhab dajyinh lienzgiet daih dingzlai diuzdah giz Bouxcuengh, yinh vuzswh cujyau miz gyu、haeuxgwn、doxgaiq gvangcanj、doxgaiq fangjciz、gangvax daengj, siu gyae bae daengz gak mwnq. Gwnzraemx gwnzhawq lienzhab dajyinh dwg hangh fazmingz gig miz swnghmingliz ndeu, gijneix caeuq beksingq Bouxcuengh gaenh raemx youq, youq henzdah guh reihnaz caeuq guh gij hong dajyinh miz cigciep gvanhaeh, gangjmingz gyoengqde miz dungxcaiz haiguh cauhmoq.

　　唐代以前，壮族地区的水运多采取"分段运输"，水陆运输分开，效率很低。到了宋元时期改变了这一做法，普遍开辟水陆联运路线，以提高交通运输的社会经济效益。其主要的水陆联运航线如下：①由桂江渡灵渠至湘江经洞庭湖入长江驶大运河到关中；②桂江—灵渠—湘江—渌水—袁水—赣江—信江—衢江—桐江—富春江—杭州；③贺州—富川—恭城—江华—宁远—桂阳—赣江—杭州；④灵渠—桂江—绣江—南流江—合浦；⑤柳江—融江—三江—都柳江各线；⑥红水河—北盘江—安顺各地的联运航线；⑦右江—驮娘江—云南、贵州等地的联运航线；⑧钦江—邕宁那陈—八尺江—郁江的西盐水陆漕运线；⑨钦江—沙坪—平塘江—郁江的西盐水陆漕运线；⑩廉州白石—石康—郁林—南流江—绣江—梧州的西盐水陆联运线；广东鉴江—旺罗—信宜—广西杨梅—杨梅河—绣江—梧州的东盐水陆漕运线；梧州顺西江—广东浈水—南雄—信丰—桃江—赣州；梧州—浔江—绣江—北流河—郁林—南流江—合浦出海。这些水陆联运网联结壮乡大部分江河，运输物资主要有食盐、粮食、矿产品、纺织品、陶瓷等，远销各地。水陆联运是一项很有生命力的创举，这与壮族人民缘水而居，沿江从事农业及开展运输业有直接关系，说明他们具有开拓创新的聪明才智。

4. Aen vangjloz youq gwnzraemx dajyinh guh seng'eiq mwh Mingz Cingh

4. 明清时期的水运商路网

Mwh MingzCingh diuz loh guh seng'eiq roxnaeuz diuz hangzsen haemq nyaengq de miz：①Gvei'gyangh hangzsen, youz Gveilinz daengz Vuzcouh, cienz raez 342 goengleix, rapdawz yinvu dajyinh gij haeuxgwn、gyu caeuq gizyawz doxgaiq siugai giz Siengh、Gvei、Genz、Yez daengj sengj；②Yi'gyangh hangzsen, You'gyangh caeuq Cojgyangh youq aen mbanj Yunghningz Sungcunh giz gyonjgyoeb de daengz Gveibingz Yi'gyangh, daengx raez 424 goengleix. Cawzliux yinh doxgaiq bingdoih, yinh doxgaiq siugai miz gyu、haeux、doengz、doxgaiq ndaw bya daengj；③Liujgyangh hangzsen, Yungzgyangh、Lungzgyangh daengz Sizlungz cin bak Sanhgyangh cwng Liujgyangh, Liujgyangh liuzyiz hamjgvaq Genz、Gvei、Siengh sam aen sengj, soj yinh doxgaiq cujyau miz haeuxbieg、gyu、dangzoij、gvangcanj、doxgaiq yungh ngoenznaengz；④Sihgyangh hangzsen, Sinzgyangh caeuq Gveigyangh youq Vuzcouh doxgyonj le cwng Sihgyangh, gij sanghbinj yinh bae Gvangjdungh daengj dieg de miz cungjcanjbinj caeuq soujgunghyi canjbinj, ndawde soqliengh haemq lai de dwg haeuxbieg；⑤Gizyawz hangzsen caeuq gij hangzsen henzhaij. Cungj daeuj gangj, gij hangzyin diuzdah cujyau giz Bouxcuengh gaeng guhbaenz aen dijhi haemq caezcienz, coicaenh le sanghyez mouyiz fazcanj. Doengzseiz lij vih dajyinh doxgaiq bingdoih cauh le diuzgienh bienhleih, vih henhoh gij ancienz baihnamz guekcoj fazveih le cozyung youqgaenj.

明清时期比较繁忙的商路或航线有：①桂江航线，由桂林至梧州，全长342千米，担负着湘、桂、黔、粤等省的粮食、食盐及其他商货的运输任务；②郁江航线，右江与左江于邕宁宋村汇合处至桂平郁江，全长424千米。除了军运，商运货物主要有盐、粮、铜、山货等；③柳江航线，融江、龙江至石龙镇三江口称为柳江，柳江流域跨黔、桂、湘三省（区），所运货物主要有大米、食盐、蔗糖、矿产、日用杂货；④西江航线，浔江与桂江在梧州汇合后称为西江，运往广东等地的商品有农产品和手工艺产品，其中数量较大的是大米；⑤其他航线及沿海航线。总之，壮乡的主干河流的航运已形成较完整的体系，促进了商业贸易的发展。同时还为军运创造便利条件，为保卫祖国南疆的安全发挥了重要作用。

（Ngeih）Aen Vangjloz Youq Rogguek Dajyinh——"Diuzroen Sei Gwnzhaij"

（二）海外运输网络——"海上丝绸之路"

Gaengawq gij yenzgiu swhliu Liengz Dingzvang daengj vunz biujmingz, cojgoeng Bouxcuengh caeuq gvaq Gohlunzbu baedaengz Meijcouh. "Fagding rin" dwg Vaznanz ciuhgeq cojgoeng Bouxcuengh daengj Bouxyez soj yungh fagding aenruz. Youq Gvangjsih Gveigangj si Lozbwzvanh oknamh aen gyongdoengz Sihhan gwnzde deu miz aen doz fagding rin, couhdwg fagding aenruz song daej. 1975 nienz, meijgoz Meizwjswhdwzlij youq Gyahlifuznizya giz feuz ndaw haij fatyienh cungj fagding rin neix, gvaqlaeng laebdaeb fatyienh geij cib gaiq. Gaengawq meijgoz boux gaujgujyozgyah okmingz Canhmujswh·Mozlijyadi duenhdingh, doenghgij fagding rin neix gaenq miz 2000~3000 bi lizsij. Ginggvaq conhgyah Cungguek Meijgoz ra gvaq，youq Cungguek Vaznanz henz haij ra raen le cungj rin neix. Cungj fagding aeu gij rin yungzheih ra raen、yungzheih gyagoeng de daeuj guh haenx，youq ndaw dah giz Bouxcuengh itcig yungh daengz 20 sigij 40 nienzdaih. Daj neix ndaej raen，de dwg Cungguek baihnamz Bouxyez aeu de daeuj guh fagding aenruz hai bae Meijcouh cix louz roengzma de，Bouxyez youq 2000 lai bi gaxgonq baedaengz Meijcouh ndawde，wngdang miz cojgoeng Bouxcuengh.

据梁庭望等人的研究，壮族先民早于哥伦布到达美洲。“石锚”是华南古代壮族祖先等越人所使用的船锚。在广西贵港市罗泊湾出土的西汉铜鼓上刻有石锚的图形，即用做双体舟的船锚。1975年，美国梅尔斯特里在加利福尼亚浅海发现这种石锚，后陆续发现几十块。根据美国著名考古学家詹姆斯·莫里亚蒂的推断，这些石锚已有2000～3000年的历史。经中美专家的寻找，在中国华南沿海岸边找到了这种岩石。这种以易于寻找、易于加工的岩石做的石锚，在壮族地区的内河一直使用到20世纪40年代。由此可见，它是中国南方越人以之为船锚渡海前往美洲遗留下的，在2000多年以前到达美洲的越人中，应有壮族的祖先。

Cojgoeng Bouxcuengh lijdwg nga rengz youqgaenj hai "diuzroen sei gwnzhaij" ginggvaq Nanzhaij daengz Yinduyangz de ndeu. Cujyau dwg daj Bwzbuvanh diuz henz baihbaek de hozbuj、Bwzhaij si daengz Leizcouh Bandauj giz Cizvwnz okhaij. Gvangjcouh yienznaeuz dwg aen singz hung mouyiz，hoeng huq okhaij gaxgonq sien cwkbwh youq Canghvuz，gij huq cuzgouj de daj Canghvuz ginggvaq seizneix Dwngzyen bak dah Bwzliuzhoz roengz baihnamz，haeujdaengz Yilinz bingzyenz，gvaqlaeng hwnj hamq cienjhaeuj diuz dah Nanzliuzgyangh gig gaenh de，cigsoh baedaengz Hozbuj，cang ruz okhaij. Aenvih daj Canghvuz daengz diz roenraemx Hozbuj beij bae Cizvwnz fuengbienh ndaej lai，Hozbuj caeuq Yincih Bandauj nem aen guek Dunghnanzya doxgek caemh haemq gaenh，sojlaiz Hozbuj couh guhbaenz giz hwnjdin cujyau "diuzroen sei gwnzhaij". Daj Hozbuj daengz rangh Cizvwnz，cigdaengz mwh Dangz Sung，lijdwg giz dieg cojgoeng Bouxcuengh youq ndeu，youq gwnz haij byaij de swhyienz caemh wngdang cujyau dwg cojgoeng Bouxcuengh. Gij gaujguj 20 lai bi daeuj cingqmingz，gij vwnzvuz gak aen dauj Nanzhaij caeuq gij vwnzvuz Yez Gvei doxdoengz. Bonjsaw Liengz Dingzvang《Vwnzva Bouxcuengh Gailun》 cingqmingz："Aen dauj ndaw Sihsanh ginzdauj，fatyienh le gij riz doenghbaez miz lizsij gaxgonq louz roengzma de. Ndawde vat ok vengq gangvax coyouq cab sa saek hoengzgeq de，miz aenboemh gangvax、aen caengqgangvax daeng. Dawz doengh vengq soiq neix bae gamqdingh，fatyienh miz aen suengj vaih baenzdauq de. Aeu aenboemh guh guencaiz，dwg mwh cangq daihngeih baez cij yungh. Doengzseiz aen suengj caeuq cangq song baez cix dwg gij vwnzva sangsaeh denjhingz Bouxcuengh." Youq baihnamz aen suengj 30 mij vat ok duenh fagsiuq rin ndeu caeuq aen duengq muengx gangvax，"yienhda caemh dwg daj giz Haijnanz caeuq Vaznanz henzhaij daeuj". Doenghgij neix biujmingz，gig caeux gaxgonq cojgoeng Bouxcuengh couh youq gwnz Nanzhaij hozdung lai lo，vih hai "diuzroen sei gwnzhaij" canjcawz gazlanz，dwkroengz giekdaej.

壮族先民还是开辟经过南海至印度洋的"海上丝绸之路"的一支重要力量。主要是从北部湾北岸的合浦、北海市到雷州半岛的徐闻出海。广州虽是贸易大都会，但货物出海前先先屯集苍梧，出口货物从苍梧经今藤县北流河口入北流河南下，进入玉林平原，而后离岸转入很近的南流江，直抵合浦，装船出海。由于从苍梧到合浦河道较去徐闻方便得多，合浦距中南半岛和东南亚国家也比较近，因此合浦就成为"海上丝绸之路"的主要起点。从合浦到徐闻一带，直到唐宋时期，还是壮族祖先居住的地区之一，海上的航行自然也应以壮族先民为主。20多年来的考古证明，南海诸岛文物与粤桂文物风格一致。梁庭望的专著《壮族文化概论》记录："西沙群岛中的甘泉岛，发现了史前的遗迹。其中发掘出红褐色夹砂粗陶的陶片，器型有陶瓮、陶甑等。将残片鉴定，发现有成套的瓮棺残部。以瓮为棺，是二次葬的产物。而瓮棺和二次葬则是壮人典型的丧葬文化。"瓮棺南侧30米发掘出来的有段石锛和陶网坠，"显然也是来自海南及华南沿海地区"。这些表明，很早以前壮族先民就活跃在南海上，为开辟"海上丝绸之路"披荆斩棘，奠定基础。

Handai gij gyaudoeng lohsienq caeuq rog guek cujyau miz song diuz: ① "Diuzroen sei gwnzhawq", couhdwg byaij roenhawq gvaq Ganhsuz, ok Cangzcwngz ginggvaq Sihyiz, daengz Yindu; ② "diuzroen sei gwnzhaij", youz Hozbuj ginggvaq Nanzhaij gak aen guekgya, daengz Yindu Bandauj. Sihhan Vanz Gvanh soj bien 《Lwnh Gyu Diet》 geiqloeg, gij huq baihnamz yinh daengz Nanzhaij gyauvuenh cawbauj、vaiz、heuj ciengh daengj doxgaiq dijbauj; gij sei Cungguek daengj huq caemh daj Cizvwnz、Hozbuj daengj dieg cuzgouj, youq gwnz haij gai hawj canghseng'eiq Daya、Anhsiz、Denhcuz (seizneix dwg Yindu), yienzhaeuh cienj gai hawj Dacinz (Lozmaj Digoz). Gij sanghbinj cuzgouj giz Cunghyenz caeuq Yicouh、Ginghcouh、Gyauhcouh daengj dieg, daj Cangzgyangh roxnaeuz gizyawz diuzdah haeujdaengz Sienghgyangh, doenggvaq Lingzgiz、Vuzcouh daengz Fanhyiz, yienzhaeuh bae gyae daengz Yindu daengj guek. Vei、Cin gvaqlaeng, guek raeuz doihruz canghseng'eiq gwnzhaij daj Hozbuj roxnaeuz ginggvaq Hozbuj youz diuzroen gwnz haij doenggvaq aen guek de cujyau miz: Aen guek Linzyi、Fuznanz、Donsin、Dacinz、Bohswh、Banzbanz.

汉代与国外的交通路线主要有两条：① "陆上丝绸之路"，即由陆路取道甘肃，出长城经西域，到达印度；② "海上丝绸之路"，由合浦经南海诸国，到达印度半岛。西汉桓宽所编《盐铁论》记载，南方的货物运到南海交换珠玑、犀、象牙等珍品；中国的丝绸等货物亦从徐闻、合浦等地出口，在海上售予大夏、安息、天竺（今印度）的商人，然后转卖给大秦（罗马帝国）。中原及益州、荆州、交州等地的商品出口，从长江或其他江河进入湘江，通过灵渠、梧州到达番禺，然后远航印度等国。魏、晋之后，我国远洋商船队自合浦或经过合浦由海上航路通过的国家主要有：林邑国、扶南国、顿逊国、大秦、波斯、盘盘国。

Daengz le Dangzdai, gij seng'eiq gwnz haij gaenq cugciemh fazcanj baenz ciengzseiz buenqgai daihliengh, Dangz vuengzciuz vihneix nda aen guen sibwzsij gvaq, cienmonz guenjleix gij saehfaed mouyiz gwnz haij, gij hong gwnz haij dajyinh giz Bouxcuengh caemh ndaej caenh'itbouh fazcanj. Mwh Sung Yenz gij hong youq gwnz haij dajyinh miz le fazcanj yienhda. Gij hangzsen roq guek youz Gvangjsih aen sokruz henzhaij haidin de miz 12 diuz: Daj Ginhcouh daengz Anhnanz（seizneix dwg Yeznanz）, gizyawz cungj dwg daj Lenzcouh（Hozbuj）haidin, daengz Cancwngzgoz（youh cwng Linzyi, seizneix dwg Yeznanz cunggqgyang giz henzhaij）、Cinhlaz（couhdwg Genjbujcai）、Sanhfuzcizgoz（seizneix dwg Yinniz rangh Suhmwnzdazlaz dauj）、Gvahvah dauj Yinniz、Gulinzgoz（seizneix dwg Yindu henzhaij baihsaenamz rangh Gveizlungz）、Nenjgoz（seizneix dwg Yindu henzhaij Gohlozmandwzwj）、Dacinzgoz（couhdwg Dunghlozmaj Digoz）、gak aen guek Dasiz（couhdwg Ahlahbwz Digoz）、muzlanzbizgoz（seizneix dwg Feihcouh baihsaebaek caeuq Sihbanhyaz baihnamz）、Gunhlunzcwngzgizgoz（seizneix dwg Majdazgyahswhgyah caeuq doengh aen dauj laenzgaenh de）、Bohswhgoz（seizneix dwg Yihlangj）. Aenvih dangseiz youq gwnz haij dajyinh ndaej fazcanj, doidoengh le Gvangjsih swnghcanj gangvax gyadaih gveihmoz caeuq gij gunghyi suijbingz de daezsang, doenghgij sanghbinj neix daih dingzlai siu bae seiqgyaiq gak mwnq.

　　到了唐代，海上商业已逐渐发展成为经常性的大宗贩运，唐王朝为此曾设市舶使一官职，专门管理海上贸易事务，壮乡海运也由此获得进一步发展。宋元时期海运业有了显著的发展。由广西沿海港口出发的海外航线有12条：从钦州至安南（今越南），其余都是从廉州（合浦）出发，至占城国（又叫林邑，今越南中部沿海地区）、真腊（即柬埔寨）、三佛齐国（今印尼苏门答腊岛屿一带）、印尼的爪哇岛、故临国（今印度西南沿岸奎隆一带）、辇国（今印度科罗曼德尔海岸）、大秦国（即东罗马帝国）、大食诸国（即阿拉伯帝国）、木兰皮国（今非洲西北部和西班牙南部）、昆仑层期国（今马达加斯加及附近岛屿）、波斯国（今伊朗）。由于当时海运的发展，推动了广西陶瓷生产规模的扩大及其工艺水平的提高，这些商品大部分外销世界各地。

Daihngeih Ciet　Goengloh Gyaudoeng Dajyinh
第二节　公路交通运输

Roen dwg Sawcuengh moq sijfap. Roen dwg bouxvunz byaij okdaeuj. Buenxriengz swnghhoz gaijndei、swnghcanj fazcanj、ndawgyang gak aen minzcuz baedauq, bietdingh fazcanj diuzroen yungh daeuj baedauq de. Gaengawq《Gvangjsih Goenglohsij》《Gvangjsih Dunghci. Gyaudoeng Ci》swhgeij daengj geiqloeg, lajneix genjdan gaisau gij daihgaiq fazcanj cingzgvang Gvangjsih giz Bouxcuengh goengloh gyaudoeng dajyinh.

　　路，新壮文为"roen"。路是人走出来的。随着生活的改善、生产的发展、族际间的交往，必然发展相通往来的道路。根据《广西公路史》《广西通志·交通志》等资料记载，下面简介广西壮族地区公路交通运输的发展概况。

It. Roen Ciuhgeq Caeuq Goengloh Baenzlawz Coihguh

一、古路和公路的修建

（It）Roen ciuhgeq baenzlawz coihguh

（一）古路的修建

1. Diuz roenhung cujyau mwh Cinz Han coihguh de

1. 秦汉时期修建的主要驿道

Aen seizgeiz ndei Cunghyenz vuengzciuz lai bae doiq giz Lingjnanz yunghbing gvaq, doengzseiz youq gwnz giekdaej diuz roen gaeuq cugbouh hai roenhung. Gunghyenz gaxgonq 218 bi gvaqlaeng, bingdoih Cinzcauz caeuq gyoengqde itloh ciu ndaej gij minzgungh Bouxcuengh de coih le di roenhung cujyau ndeu：Guhbaenz diuz roenhung daj Cenzcouh ginggvaq Hingh'anh、Yangzsoz、Bingzloz daengz Cunghsanh de；coihguh diuz roenhung daj Fuconh、Cunghsanh、Hogaih、Sinduh daengz Canghvuz de；coih caep diuz roenhung daengz Canghcuz ronzdoeng Lingjnanz sam aen gin de；haidoeng diuz roenhung lienzciep ndawgyang Bwzliuzgyangh、Nanzliuzgyangh de. Mwh Sihhan caeuq Dunghhanfaenbied doiq Lingjnanz yunghbing de，cungj leihyungh le gij lohsienq gwnzneix gangj de，doengzseiz cingj coih caeuq saen hai le mbangj duenh loh.

这一时期中原王朝曾多次对岭南地区用兵，同时在原有古道的基础上逐步开辟驿道。公元前218年以后，秦军和沿途招募的壮族民工修建了一些主要驿道：建成自全州经兴安、阳朔、平乐至钟山的驿道；修建富川、钟山、贺街、信都至苍梧的驿道；修筑至苍梧贯通岭南三郡的驿道；开辟连接北流江、南流江之间的驿道。西汉和东汉分别对岭南用兵时，都利用了上述路线，并整修和新开辟了部分路段。

2. Caenh'itbouh mbe'gvangq gij gansen roenhung

2. 驿道干线的进一步拓展

Youq Cindai，giz Bouxcuengh cujyau coihguh diuz roenhung Liujcouh doengdaengz Gveicouh caeuq diuz roenhung doengdaengz Liengzsuij（seizneix dwg Yinznanz）daengj. Daj mwh Suizcauz daengz Sungdai，cujyau coihguh le diuzroen Yunghcouh（seizneix dwg Nanzningz）doengdaengz Gyauhcij（seizneix dwg Yeznanz），diuzroen Gveicouh（seizneix dwg Gveilinz）ginggvaq Liujcouh daengz Yunghcouh，diuzroen Liujcouh ginggvaq Yizcouh daengz Gijcouh（seizneix dwg Gveicouh）daengj. Daj Yenzdai daengz Cinghdai，cujyau dwg gaij guh gij gansen roenhung caeuq coih caep gij cihsen roenhung，lumjbaenz haidoeng le diuzroen doeng bae Bazcai（seizneix dwg giz dieg Sanglinz、Yinhcwngz、Majsanh daengj yienh），caep ciep le diuzroen Mijlingj（youq ndaw Cauhbingz yienh）caeuq benhfangz diuzroen bingdoih（Lungzcouh daengz Youjyizgvanh）daengj.

在晋代，壮乡主要修建柳州通往贵州的大路和通往梁水（云南）的大路等。从隋代至宋代时期，主要修建了邕州（今南宁）通交趾（今越南）之路，桂州（今桂林）经柳州至邕州之路，柳州经宜州至矩州（今贵州）之路等。从元代至清代，主要是改建驿道干线和修筑驿道支线，如开辟了通往八寨的道路（今上林、忻城、马山等县境内），筑接了米岭路（在昭平县境内）和边防军路（龙州至友谊关）等。

3. Diuz roen hak Gveilinz daengz Gingsingz

3. 桂林至京师官路

Diuz roen hak neix dwg daj Gveilinz ginggvaq Lingzconh、Hingh'anh、Cenzcouh、Vangzsahhoz daengz henz Siengh, raez 163 goengleix, caeuq roenhung Huznanz sengj doxciep. Gunghyenz gaxgonq 214 bi, Cinzcauz doengjit Lingjnanz le dawz de gyagvangq baenz roenhung. Dangzdai doiq diuz roen neix lai baez gaij guh, roen gvangq cugciemh gyagvangq daengz 1.5~3 mij, daih dingzlai gwnz roen bu caep rinndaek、rin diuz roxnaeuz rinreq loet, lij lai baez gaij guh aengiuz caeuq giz roen gaeb de nem coih diuzroen henz dat daeuj hawj gyaudoeng dajyinh doengrat. Sungveihcungh Dagvanh 2 bi daengz Cwnghoz 3 bi（1108~1113 nienz）, Vunz Saeng Bwzsung liemx cienz ciu goeng, "guh giuz faex 20 aen, caep roen rin geij bak yamq". Yenz Sicuj Ciyenz 30 bi（1293 nienz）, Vanyez dasij Cauz Hwngzcouh gien cienz, cujciz dangdeih minzgungh hai bya mbak rin, doengzseiz youq mbiengj gaenh dah caep ciengz rin 92 mij, roen gyagvangq daengz 3.2 mij, daihngeih bi guhbaenz, de guhbaenz diuzroen ndaej doenghengz cimax doengrat de.

这一条官路是从桂林经灵川、兴安、全州、黄沙河至湖南边界，计长163千米，与湖南省驿道相接。公元前214年，秦朝统一岭南后把它扩建成为驿道。唐代对该路多次进行改建，路面逐渐拓宽到1.5~3米，大部分路段铺筑块石、条石或大砾石路面，还多次改建桥渡和险隘路段及修栈道以维持交通运输的畅通。宋徽宗大观二年至政和三年（1108~1113年），北宋僧人募捐招工，"构木桥者二十间，砌石路者几百步"。元世祖至元三十年（1293年），宦粤大使曹横舟捐款，组织当地民工开山劈石，并在临河一侧筑石墙92米，路幅拓宽到3.2米，翌年竣工，它成为通行马车的坦途。

4. Roenhung Nanzmwnz

4. 南门大路

Roenhung Nanzmwnz couhdwg diuzroen daj Yunghcouh ginggvaq Gauhfunghlingj、Dwngzsiengz、Sanghgyauz daengz Vujmingz yienhsingz, daengx raez 45 goengleix. Mingzcauz Vanliz 22 bi（1594 nienz）gaxgonq, diuz roen neix dwg diuz roen iq lumj saej yiengz ndeu, rangh Gauhfungh engq dwg bya sang lingq dat. Bi haenx hainduj hai baenz roenhung, seiq bi le guhbaenz, ndaej doenghengz cimax. Cinghcauz mwh Ganghhih（1662~1722 nienz）, Swh'wnh fuj ciucomz dangdeih goengcangh Bouxcuengh dauqcungz coihguh, doengzseiz gaij guh Gauhfunghlingj. Cinghcauz Gyahging cibroek bi（1811 nienz）, youz guenfuj dangseiz comzcienz gamgoeng caiq coihguh doengzseiz gya'gvangq gwnzroen, cobouh gaijbienq le cungj canggvang Yunghcouh caeuq Gveicungh bixlaet haenx.

南门大路即从邕州经高峰岭、腾翔、双桥至武鸣县城的道路，全长45千米。明万历二十二年（1594年）以前，该路是一条羊肠小道，高峰一带更是山坡险峻。该年始辟为大路，四年后竣工，可通行马车。清康熙年间（1662~1722年），思恩府募招当地壮族工匠重修，同时改建高峰岭。清嘉庆十六年（1811年），由当时的官府筹资督工再修建并扩宽路面，初步改变了邕州与桂中的闭塞状况。

（Ngeih）Coih goengloh
（二）公路的修建

1. Goenglohsienqloh gamcaek yizgi caeuq cujyau hongdawz guhhong
1. 公路线路勘测仪器和主要施工工具

　　Mwh giz Bouxcuengh hainduj coih goengloh, lij caengz miz yizgi, caengz ginggvaq dagrau, dandan guh le caij rau. Gvaqlaeng, yinxhaeuj caeuq sawjyungh gij ginghveijyiz、suijbingzyiz Dwzgoz、Suisw caeuq bingzbanjyiz iq ndaw gozcanj、bujdungh soujgungh suijcunjyiz、geiqsuenqcik caeuq bizciz, hainduj leihyungh di gohyoz gisuz soujduenh ndeu guh dagrau sezgi. Hongdawz geiqsuenq cujyau dwg lwgbuenz, giem yungh di geiqsuenqcik ndeu, itcig yungh daengz 1949 nienz. Dangseiz yizgi sezbei soqliengh noix, dandan miz 40 gyaq（aen）, cijndaej doengjit guenjleix, diuzboiq sawjyungh, ndawde gunggganq ok buek caek veh gisuz yinzyenz Bouxcuengh ndeu. Mwh Minzgoz, giz Bouxcuengh cijmiz di goengloh guhhong gihgai ndeu, guh giek roen、gwnz roen, cungj dwg cujyau aeu rengz vunz. Cujyau gauq bouxvunz aeu gvak、canj、gangciem daengj haivat doem, aeu faexhanz、faenqgei daengj rap daeh; haenz roen dienz caep aeu fag daenz faex、rin daeuj daenz, aeu vunz daeuj dub'at, gwnz roen bu caep gauq vunz rag rinndaek ringx at daenz net, giem yungh di gihgi fwiheiq at roen ndeu daeuj daenz at roen. Minzgoz 21 bi（1932 nienz）, youq mwh coih diuz goengloh Nanzdanh — Hozciz, boux guhhong yungh vunz daeuj dwk bauq, aeu ywbauq ndaem daeuj caq hai rin daengj gisuz.

　　壮乡开始修建公路时，尚无仪器，未能测量，只进行了踏勘。此后，引进和使用德国、瑞士的经纬仪、水平仪及国产小平板仪、普通手工水准仪、计算尺和皮尺，开始利用一些科学技术手段进行测量设计。计算工具以算盘为主，兼用少量的计算尺，沿用至1949年。当时仪器设备数量少，仅有40架（支），只能统一管理，调配使用，从中培养一批壮族测绘技术人员。民国时期，壮族地区只有少量的公路施工机械，路基、路面的施工，均以人力为主。主要靠人用锄、锹、钢钎等开挖土方，以扁担、土箕等挑运；路堤填筑采用木、石夯具，人工打夯，路面铺筑靠人牵拉石滚碾压为主，兼用少量蒸汽压路机碾压。民国二十一年（1932年），在修建南丹—河池公路时，施工人员采用人工打炮眼，用黑色炸药炸开石方等技术。

2. Caep gwnz roen goengloh
2. 公路路面的修筑

　　Minzgoz 4 bi（1915 nienz）, Gveihi ginhfaz gaeuq Luz Yungzdingz roengz minghlingh coihguh diuz goengloh Namzningz—Vujmingz ningzvuj（doz 7-2-1）. Aenvih cienz gaenjcieng sawj aen gunghcwngz neix yaep guh yaep dingz, daengz Minzgoz 8 bi（1919 nienz）cij cienzbouh guhbaenz, dangguh Gvangjsih diuz goengloh ceiqcaeux guhbaenz de. Diuz goengloh neix youq mwh guh de, caengz ginggvaq dagrau sezgi, dandan ciuq yungh diuz roenhung gaeuq giz van de gaij soh, lai gya'gvangq di ndeu, haenz roen hung'iq mbouj doengz, itbuen dwg 5~7 mij. Doengzseiz youq duenh roen Gauhfungh hung、iq, giceh mwh hwnj lingq lij aeu youq dangqnaj rag baihlaeng nyoengx, cijndaej bae daengz gwnz dingj. Cienz diuz roen cijmiz dingz roen ndeu bu le rinsa haemq mbang. Gvaqlaeng coih diuz goengloh Lungzcouh—Cinnanzgvanh、Liujcouh—Hozciz cungj bu le rinsoiq youq gwnz roen. Minzgoz 23 bi（1934 nienz）, youq mwh coih diuz goengloh Hozciz daengz Luzcai, hainduj bu naez gyaux rinsoiq Cungguek gag cauh de. Minzgoz 35 bi（1946 nienz）, bu diuz goengloh Libuj daengz Mungzsanh 134.5 goengleix de. Doenghgij gezgou gwnz roen neix dwg aeu yinzgungh roxnaeuz gihgai gyagoeng, doenggvaq genjaeu rinsoiq guh goet liuh, boiq di doemniu liuh giethab beijlwd habdangq ndeu, ginggvaq dwk di raemx ndeu ndau caeuq daenz at baenz hingz, ciengzseiz na miz 10~12 lizmij. Cungj roen neix gij ndei de dwg ndaej youq dangdeih aeu caizliuh、cauhgyaq daemq、hong mbouj fukcab、guh caeuq baujyangj haemq genjdan daengj, dwg cungj roen cunggaep ndaej gvaqdoh de, aen gisuz neix gvaqlaeng lij youq sam seiq gaep goengloh wngqyungh gvaqlangh. Hoeng aenvih gaijfang gaxgonq cienzngaenz mbouj gaeuq daengj yienzaen, gij goengloh giz Bouxcuengh dingzlai sien genj giz youqgaenj de bu roen, roxnaeuz sien guh roen doem doeng ci le, yienzhaeuh caiq cug bi gya bu di rinsoiq ndei haeuj bae.

民国四年（1915年），旧桂系军阀陆荣廷下令修建南宁—武鸣宁武公路（图7-2-1）。由于经费紧张导致该工程时建时停，至民国八年（1919年）才全线竣工，成为广西最早建成的公路。该公路在修筑时，未经测量设计，仅沿旧驿道裁弯取直，略为加宽，路基宽窄不一，一般为5~7米。而且在大、小高峰路段，汽车上坡时还要前拉后推，才能上到坡顶。全线只有部分路段铺了较薄的砂石路面。后来修筑的龙州—镇南关公路、柳州—河池公路都铺了碎石路面。民国二十三年（1934年），在修建河池至六寨公路时，开始铺筑中国独创的泥结碎石路面。民国三十五年（1946年），铺筑荔浦至蒙山公路134.5千米。这些路面结构是以人工或机械加工，通过筛选的碎石为骨料，配以适当比率的黏土结合料，经洒水拌和碾压成型，常用厚度一般为10~12厘米。此种路面具有就地取材、造价低、工艺不复杂、施工养护简易等优点，属于中级过渡式路面，这一技术后来仍在三、四级公路广为应用。但是由于解放前经费不足等原因，壮族地区公路多采取择要铺筑路面，或先土路通车，然后逐年加铺碎石路面。

Doz 7-2-1　Diuz roen Ningzvuj guh hong yienghsiengq dangniens
图7-2-1　当年宁武公路施工状况

Ngeih. Guh Giuz
二、桥梁的修建

Ndaw Gvangjsih dauqcawq miz ndoi、bya caeuq dah vetveng, byaij loh gyaudoeng mbouj bienh, vih liux fazcanj swnghcanj, coi doengh gyaulouz, cojcoeng Bouxcuengh yungh gij caizliuh dangdieg, guh liux mbouj noix giuz rin, daegbied dwg giuz gungj, gij giuz neix yungzheih hai hong, ndei coih, daengz seizneix lij miz haujlai giuz ciuh geq lw roengzdaeuj.（doz 7-2-2）

广西境内丘陵密布，山川交错，行路交通不便，为发展生产促进交流，壮族先民利用当地建筑材料，修建了不少石桥特别是拱桥，这些桥施工容易，易于维护，至今仍有多座古桥遗存（图7-2-2）。

（It）Coihguh diuzgiuz gaeuq
（一）古桥的修建

1. Gaij nod gij vih diuzgiuz
1. 改移桥位

Vunz ciuhgeq youq mwh coihguh diuzgiuz, cimdoiq aen vwndiz gij vih diuzgiuz mbouj habdangq, aeu cungj fuengfap habdangq noddoengh gij vih guh diuzgiuz daeuj gaijgez. Lumjbaenz, Yungzyenz diuzgiuz Dangzyinh, Mingzcauz Cwngdwz seiq bi（1509 nienz）mwh dauqcungz guh, "Nod gvaq baihsae dieggaeuq ngeihcib lai yamq, baengh rin daej guh giek". Youh lumjbaenz, Hoyen giuz Vujgvei, coihguh youq Cinghcauz mwh Genzlungz（1736~1795 nienz）, "Hainduj youq laj dah geij cib ciengh gizhaenx caep song baez, cungj loemq. Couh nod hwnj gwnz bae, couh guh ndaej baenz". Laizbinh yienh giuz Gvangjci（Doengmonzgiuz）, youq mwh dauqcungz guh caemh yungh le gij fuengfap senjnod aenvih diuzgiuz. Mwh Minzgoz,

Vujmingz yienh beksingq Bouxcuengh youq mwh coihguh Nguxhaijgiuz caemh lingzvued yungh cungj fuengfap neix aeundaej baenzqoenq.

Doz 7-2-2　Giuz rin gungj Gveinz，guh you Sungdai，Cinghdai lingh coih. seizneix lij yungh
图7-2-2　广西桂林市的拱形石桥始建于宋代，清代重修，至今仍在使用

古人在修建桥梁时，针对原桥位置不当的问题，采取适当移动建桥位置的方法加以解决。例如，融县棠荫桥，明正德四年（1509年）重建时，"易旧址西二十余步，依底石为根基"。又如，贺县五桂桥，修建于清乾隆年间（1736~1795年），"初在下河数十丈建筑两次，皆坍。乃移上此间，遂告成功"。来宾县广济桥（东门桥），在重建时亦采用了改移桥位法。民国期间，武鸣县壮族人民在修建五海桥中也灵活运用此法并获得成功。

2. Gyamaenh giek giuz

2.加固桥基

Cujyau gisuz cosih miz song diemj：Daih'it，dawz doengiuz haem dwk haemq laeg. Yilinz diuz giuz Maulinz，aenvih giekdaej mbouj onjmaenh，deng raemx dongj vaih gvaq lai baez，Cinghcauz Daugvangh yienznienz（1821 nienz）mwh dauq coih，gyalaeg gya'gvangq giekdaej sawj "giekdaej nalaeg，gveihmoz hunggvangq"，yienghneix couh ndaej onjmaenh. Daihngeih，nda fan saz faexcoengz guh giekdaej. Lumjbaenz Cinghdai mwh dauq coih Hingh'anh Anhdudouzgyangh diuzgiuz benj rin de，youq gwnz giekdieg unqnyieg，bu fan saz faexcoengz vang haeuj bae，daenz rin loet roengzbae，gwnzde caep doengiuz seiqgak caep daengz lajdaej dah，couh gaijgez vwndiz lo. Gaengawq gij diciz diuzgienh giz dieg guh giuz，cingqdeng sezgi gij gezgou giekdaej diuzgiuz，yunghdaeuj baujcingq diuzgiuz onjdingh maenh'onj，gijneix caemh daejyienh le gij sezgi fuengfap gohyoz.

主要技术措施有两点：其一，增加墩台的埋置深度。玉林的茂林桥，因基础不稳固，曾多次遭水毁，清道光元年（1821年）重修时，加深加宽基础使"根柢深厚，规模阔大"，遂得完固。其二，设置松木排筏基础。如清代重修兴安渡头江石板桥时，在不坚实的地基上，横铺松木排筏，压以巨石，上砌棱形墩并砌河底，遂解决问题。根据桥址地质条件，正确设计桥梁基础结构，以保证桥体稳定牢固，这也体现了科学的设计方法。

3. Demgya gij soqliengh doengiuz

3. 增加桥墩数

Lingzconh yienh Funghvuengzgiuz, doenghbaez dwg 5 aen gungj（doen）, caenhrox coih caenhrox loemq. Cinghcauz Dungzci 6 bi（1867 nienz）dangdieg bingdoih beksingq giencien dauq guh, "gaij guh caet doen, gaq benj le daeuj byaij. Lw gij cienz de yungh daeuj cawx reihnaz daeuj gwn leihsik, vih binaengz comz cienz gya benj giuz, daengz seizneix cungj lij dwg baengh gijneix". Youz neix ndaej raen, sukdinj aen doen doxgek, demgya gij soqliengh doengiuz, yienghneix hawj diuzgiuz haemq onjmaenh, gijneix caemh dwg hangh gisuz banhfap cietsaed ndaej guh ndeu.

灵川县凤凰桥，旧为5拱（墩），叠修叠圮。清同治六年（1867年）当地军民捐资重建，"改建七墩，架板以济。余款购田生息，为历年添设桥板费，至今赖焉"。由此可见，缩小桥梁跨距，增加桥墩数，以提高桥体稳定性，这也是一项切实可行的技术措施。

4. Gyasang giuz mienh

4. 提高桥面高度

Cimdoiq aen vwndiz miz mbangj diuzgiuz guh dwk daemq lai, ciengzseiz deng raemxrongz dumh cix dongj vaih, mwh gaij guh ndaej gaengawq gij raemxvih cingzgvang binaengz, habdangq daezsang giuz mienh. Lumjbaenz, Cinghcauz Daugvangh 8 bi（1828 nienz）, youq mwh gaij guh Yungzyen diuzgiuz Mwnznganz, beij diuz giuz gaeuq gyasang 1.28 mij, saedbauj raemxdah doengrat, hawj diuzgiuz mbouj deng vaih.

针对有的桥梁建得太低，常常遭到洪水淹没而冲毁的问题，改建时可根据历年的水位情况，适当提高桥面高度。例如，清道光八年（1828年），在改建融县门岩桥时，比旧桥提高1.28米，确保河水通畅，使桥体无损。

（Ngeih）Coihguh Diuzgiuz Goengloh

（二）公路桥梁的修建

Giz Bouxcuengh cauhguh diuzgiuz goengloh, hainduj youq Minzgoz 2 bi（1913 nienz）coihguh Lungzcouh yienhsingz hamjgvaq Li'gyangh diuzgiuz gyaudoeng buenq yungjgiujsing couh dwg diuzgiuz diet Lungzcouh, vunz byaij giem ndaej doeng giceh. Mwh yaek laeb Cungguek moq, Gvangjsih diuzgiuz goengloh itgungh miz 1315 aen, cungj raez 16205 mij, ndawde giuzfaex ciemq 64%, diuzgiuz haemq hung de miz 6 diuz buenq yungjgiujsing aeu hengzdiuz gang bu benj faex guhbaenz de.

壮族地区公路桥梁的建造，始于民国二年（1913年）修建龙州县城跨越丽江的半永久性交通桥即龙州铁桥，人行兼通汽车。新中国成立前夕，广西公路桥梁有1315座，总长16205米，其中木桥占64%，比较大的桥梁有6座为半永久性钢桁架木面桥。

1. Guh gij diuzgiuz goengloh cujyau de

1. 主要公路桥梁的建设

（1）Biuyingzgiuz——Gvangjsih daih'it diuz giuzfaex goengloh. Minzgoz 8 bi（1919 nienz），youq Gvangjsih daih'it diuz goengloh（Nanzningz—Vujmingz）doenghengz giceh gwnzde，youq laenzgaenh Vujmingz yienhsingz，coihguh le diuzgiuz faex Biuyingz. Diuzgiuz neix miz 14 aen gungj，donghsaeu faex，gwnz giuz bu faex，moix aen gungj gvangq 5 mij，giuz gvangq 2.8 mij，daengx raez 75.6 mij. Dangseiz dandan ndaej hawj aen giceh ndeu doenghengz，doengzseiz mwh aen ci gvaq giuz，diuzgiuz ngauzdoengh，yung'yiemj raixcaix. Gvaqlaeng coih de lai baez le.

（1）标营桥——广西第一座公路木桥。民国八年（1919年），在广西第一条通行汽车的公路（南宁—武鸣）上的武鸣县城附近，修建了标营木桥。该桥为14孔木排柱木面桥，每孔跨径约5米，桥宽2.8米，全长75.6米。当时仅能容一部汽车通行，而且当车辆驶过桥时，桥身摇动，异常危险。此后曾多次对它进行维修。

（2）Nguxhaijgiuz（doz 7-2-3）——Gvangjsih daih'it diuzgiuz gungj rin hamjgvaq ceiq hung de. Minzgoz 9 bi（1920 nienz），goengcangh Bouxcuengh daengj youq gwnz goengloh Nanzningz—Vujmingz giz yienhsingz Vujmingz baihnamz aen mbanj Nguxhaij coihguh le Nguxhaijgiuz（doenghbaez cwng Cinvujgiuz），gonq laeng va le 4 ndwen lai，Minzgoz 10 bi（1921 nienz）yaemlig sam nyied guhbaenz doengci，de dwg dangseiz diuzgiuz gungj rin goengloh hamjgvaq ceiq hung de. Ndang giuz faen 3 gungj，moix gungj gvangq 14.8 mij，aeu diuz rin daeuj caep，guh dwk ndeiyawj. Giuz raez 70 mij、gvangq 6 mij、sang 15 mij. Mwh hainduj guh，youq Nguxhaijdoh yienzlaiz guh giuz，aeu doemhoengz、hoi、rinsa、doemniu daengj doxgaiq gyonjhab guenq doen giuz，gaq benjfaex. Aenvih diuzdah maqhuz gvangq，riuzsa lai，song henz youh mbouj miz rinndaek dingjcengj，caiq gya dangseiz raemxrongz hwnj，doen giuz caengz guenq ndei couh deng cienzbouh dongj loemq，lij fatseng le saehhux sieng dai. Gvaqlaeng aeu gij fuengfap senjnod aen vih diuzgiuz nod de roengz baihlaj giz saek 100 mij，dauqcungz guh gungjgiuz rin. Vihliux ganj youq raemxrongz daeujdaengz gaxgonq guh ndei，dangseiz daihliengh ciu goengsaeh caep rin caeuq minzgungh Bouxcuengh，gyavaiq deu rin、yinh rin. Doengzseiz vihliux baujcwng giuzrin ciengzlwenx maenh'onj，giek giuz vat dwk laeg dangqmaz，caep daengz gwnz rinsa diuzdah，youh youq moix aen doengiuz ndawgyang caep baenz vangungx，moix aen gungjgiuz guhbaenz aen gungj luenz gvangq miz 7 mij lai de，yienghneix haemq maenh'onj，sojlaiz ndaej swngzsouh at naek. Diuzgiuz neix mbouj ginggvaq boux ciennieb sezgi，cujyau baenghgauq Vujmingz yienh minzgungh Bouxcuengh bonjdeih caeuq goengsae dwk rin Yauzcuz daj Duh'anh yienh cingj daeuj de doengzcaez cujciz sezgi caeuq guh，de dwg gij cwngzgoj youqgaenj Bouxcuengh、Yauzcuz daengj siujsoq minzcuz doengzcaez doxbang、cungfaen fazveih coengmingz dungxcaiz ndaej daeuj，caemh daejyienh le Bouxcuengh caeuq gij vunz beixnuengx minzcuz caez cauh ranzmbanj cungj minzfungh dijbauj neix.

（2）五海桥（图7-2-3）——广西第一座跨径最大的公路石拱桥。民国九年（1920年），壮族等工匠在南宁—武鸣公路上的武鸣城南五海村修建了五海桥（古称镇武桥），前后花了4个多月，民国十年（1921年）农历三月竣工通车，它是当时跨径最大的公路石拱桥。桥身分3拱，每拱净跨度14.8米，石条构砌，造型美观。桥长70米、宽6米、高15米。施工开始时，在原来的五海渡建桥，用红毛泥、石灰、砂石、黏土等混合物灌砌桥墩，架上木板。由于河面较宽，流沙多，两岸又没有岩石支撑，加之当时洪水暴涨，桥墩尚未浇灌好就全部被冲塌，还发生过伤亡事故。后采用改移桥位法移至下游近100米处，重建石拱桥。为了赶在洪水到来之前建好，当时大量招募壮族石匠和民工，加速凿、运石料。同时为了保证石桥永久牢固，桥基挖得很深，砌到河床砂石上面，又在每两个桥墩中间砌成弧形，每个桥拱形成一个直径为7米多的圆孔，这样比较牢固，因而能承受重压。此桥未经专业人员设计，主要依靠武鸣本地的壮族民工和从都安请来的瑶族石匠共同组织设计及施工，它是壮、瑶等少数民族共同协作、充分发挥聪明才智的重要成果，也体现了壮族与兄弟民族人民共建家园的可贵民风。

Caiqgangj gij cienz guh diuzgiuz Nguxhaij，youz dangseiz Liengjgvangj Sinzyezsij、Yauvuj Sangcieng Luz Yungzdingz（Vujmingz yienh Ningzvuj yangh，bouxcuengh）fathwnj cangyi giencien、comzcienz，itgungh comz ndaej yinzyenz 4 fanh lai liengx，dingqnaeuz de giencien daihgaiq ciemq sam faenh cih ngeih. Dangseiz youq gyaeuj giuz Nguxhaij mbiengj mbanj Dangz guh diengz laeb sigbei，Luz Yungzdingz sij《Geiq Daihguh Cinvujgiuz》，saw sigbei daihgaiq 300 cih.

至于五海桥的建筑经费，由当时两广巡阅使、耀武上将陆荣廷（武鸣宁武乡，壮族人）发起倡议募捐、集资，共筹得银元4万多两，据说他捐资约占三分之二。当时在五海桥唐村这一边的桥头建亭立碑，陆荣廷书写《鼎建镇武桥记》，碑文约300字。

Doz 7-2-3　Nguxhaijgiuz
图7-2-3　五海桥

（3）Lungzcouh giuzdiet——buenq yungjgiujsing diuzgiuz goengloh hengzdiuz gang.
Minzgoz 2 bi（1913 nienz）coih diuzgiuz diet Lungzcouh（doz 7-2-4）, yungh cungj gezgou
gungj ndeu hamjgvaq 106 mij, giuz mienh youq baihlaj, hengzdiuz aeu gang giuz mienh aeu
faex guh, daengx raez 108.4 mij, giuz mienh gvangq 3.8 mij, youz gunghcwngzswh ndaw guek
Vangz Yingh guh, Minzgoz 4 bi（1915 nienz）guhbaenz, doenghengz giceh gvaq. Diuz giuz
neix dwg dangseiz Lienggjgvangj Sinzyezsij vunz Bouxcuengh Luz Yungzdingz cujciz. Diuz giuz
neix guhbaenz, dwkbyoengq le gij lwnhgangj loek Sihfangh digozcujyi naeuz "vunz Cungguek
mbouj rox guh giuzdiet". Gijneix dwg dangseiz diuz giuzdiet goengloh buenq yungjgiujsing ceiq
hung de. Hoeng diuzgiuz neix sawjyungh duenh seizgan ndeu le hengzdiuz miz bibuengq,
ngauz lai, mbouj ndaej caiq doenghengz aen giceh 2.5 donq. Minzgoz 5 bi（1916 nienz）, youq
song gyaeuj diuzgiuz cang diuz dingjcengj ngeng、diuzganj rag daeuj bouj hawj maenh'onj,
hoeng caemh ngamq ndaej doenggvaq ciiq、vunz、doenghduz. Minzgoz 29 bi（1940 nienz）
7 nyied, mwh bing Yizbwnj daihngeih baez hoenx Lungzcouh, vihliux lanz mbouj hawj vunzdig
doenghengz, aen budui hoenx Yizbwnj de dawz diuzgiuz neix caq vaih, gvaqlaeng itcig mbouj
dauq coih.

（3）龙州铁桥——半永久性公路钢桁梁桥。民国二年（1913年）修建的龙州铁桥（图7-2-
4），采用单孔跨径106米下承式钢桁梁木面结构，全长108.4米，桥面宽3.8米，由国内工程师黄英
承建，民国四年（1915年）完工，曾经通行汽车。此桥系当时两广巡阅使壮人陆荣廷所主持。这桥
的建成，打破了西方帝国主义所谓的"中国人不会建铁桥"的谬论。这是当时最大的半永久性公路

铁桥。但该桥使用一段时间后产生桁架摆动，挠度过大，不能再通行2.5吨的汽车。民国五年（1916年），在桥梁两端装设斜撑、拉杆补强加固，但也只能通过小轿车、人、畜。民国二十九年（1940年）7月，日军第二次进攻龙州时，为阻敌通行，抗日部队将该桥炸毁，后来一直未修复。

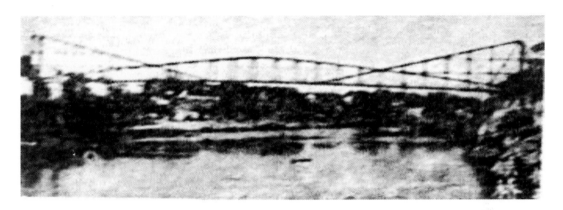

Doz 7-2-4 Lungzcouh giuzdiet guh youq Minzgoz 2 bi，doemq youq gyang ciengq hoenx Yizbwnj
图7-2-4 龙州铁桥始建于民国二年（1913年），毁于抗日战争

（4）Gveilinz Gaijfanggiuz——Gvangjsih daih'it diuzgiuz goengloh hawsingz ceiq hung dwg buenq yungjgiujsing de. Minzgoz 28 bi（1939 nienz）7 nyied，Gozminzdangj Ginhsw Veijyenzvei Gveilinz hingzyingz cujyin Bwz Cungzhjicujciz coihguh Gvei'gyangh Daihgiuz（gvaqlaeng cwng gaijfanggiuz），cingj Sienghgvei dietloh Gveinanz gunghcwngzgiz fugizcangj Loz Yingh fucwz sezgi caeuq cujciz guh，Minzgoz 29 bi（1940 nienz）8 nyied guhbaenz. Diuzgiuz neix miz 5 aen gungj，moix aen gvangq 36.2 mij，daengx raez 188 mij，cungj gvangq 14 mij（ndawde diuzroen hawj ci byaij gvangq 9 mij），giekdaej dwg doen rin caeuq donghsaeu faex，giuz mienh youq baihgwnz，aeu hengzdiuz gang daeuj guh、giuz mienh bu faex.

（4）桂林解放桥——广西第一座最大的半永久性城市公路桥梁。民国二十八年（1939年）7月，国民党军事委员会桂林行营主任白崇禧组织修建桂江大桥（后称解放桥），聘请湘桂铁路桂南工程局副局长罗英负责设计和组织施工，民国二十九年（1940年）8月建成。该桥为5孔跨径36.2米，全长188米，总宽14米（其中车行道9米），石墩台，木桩基础，上承式钢木桁架木桥面。

2. Guh gij giekdaej diuzgiuz goengloh

2. 公路桥梁基础的施工

Mwh Minzgoz，giz Bouxcuengh gij giekdaej diuzgiuz goengloh itbuen cujyau dwg cigsoh vat caeuq gvaengh raemx haivat，caenhliengh dawz giekdaej cuengq youq giz dieg gengmaenh. Danghnaeuz roebdaengz diciz daegbied，cix gya'gvangq giekdaej roxnaeuz aeu donghsaeu faex guh giekdaej；danghnaeuz roebdaengz conghgamj，dingzlai aeu cungj fuengfap senjnod aen vih diuzgiuz roxnaeuz gaijbienq hamj gvangq daengj daeuj gaijgez：① Donghsaeu faex giekdaej. Minzgoz 30 bi（1941 nienz）coihguh diuzgiuz Gvei'gyangh（Gveilinz Gaijfanggiuz），ndaw dah de dwg rinreq, aeu diuz faexcoengz gyaeuj iq miz 25 lizmij loet de daeuj guh donghsaeu daj daej, yungh aen gihgi roengz saeu miz fagcuiz heiq 2.5~3 donq de daeuj roengz saeu, aeu aencouraemx daeuj couraemx, haeuj daengz lajdoem laeg 6~15 mij, 4 aen doen itgungh roengz saeu 188 diuz, diuzsaeu gvaengh raemx itgungh roengz 372 diuz, guh le 3 ndwen cij guhbaenz giekdaej gunghcwngz. ② Aeu nyangj doem gvaengxlaengx. Gaijfang gaxgonq, Gvangjsih gij giekdaej diuzgiuz yungh gvaengxlaengx daeuj vat giek, itbuen dwg roengz benjfaex roxnaeuz aeu daehmaz aen loengz faexcuk cang doem rin、 faex roxnaeuz ganghbanj daengj cienzdoengj fuengfap daeuj gvaengxlaengx; souh dangseiz gisuz suijbingz diuzgienh hanhhaed, cungj guhhong fuengfap doj neix soj yungh caizliuh lai、 cingzbonj sang.

民国时期，壮族地区公路桥梁基础一般以明挖和围水开挖基础为主，尽量将基础置于坚实地层。若遇上特殊地质，则采取扩大基础或木桩基础；如果遇上溶洞，多采取移动桥位或改变跨度等方法来解决：①木桩基础。民国三十年（1941年）修建的桂江大桥（桂林解放桥），其河床为沙砾卵石，采用尾径25厘米松木桩基础，用2.5～3吨汽锤打桩机打桩，用抽水机抽水，入土深度6～15米，4个墩共打桩188根，围水桩共打372根，历时3个月才完成了基础工程。②草土围堰。解放以前，广西桥梁基础用过围堰挖基施工法，一般是用打木板桩或用麻袋竹木笼装填土石、木或钢板等传统方法进行围堰；受当时技术水平及条件的限制，这种土法施工所花费的材料多、成本高。

3. Gaijcauh gij gisuz guh diuzgiuz goengloh

3. 公路桥梁技术改造

20 sigij 50 nienzdaih gaxgonq, giz Bouxcuengh coihguh gij goengloh de dingzlai dwg riengz roenhung ciuhgeq gya'gvangq gaijcauh guhbaenz, van gaek lai、 lingq sang lai、 roen geb, ci byaij gunnanz. Itbuen diuzgiuz goengloh cujyau dwg laemzseiz、 buenq yungjgiujsing haemq lai. Minzgoz 26 bi（1937 nienz）7 nyied 7 hauh Luzgouhgiuz Saehbienq gvaqlaeng, gij dajyinh mwh hoenxciengq sawqmwh bienq lai, hoeng haujlai roen、 giuz、 sok daengj, mbouj ndaej doenghengz aen ci naek 5 donq doxhwnj de. Bihaenx seizdoeng, gozminzdangj cwngfuj caeuq Gvangjsih sengj cwngfuj buedcienz, saedhengz aen fuengcim "gaijndei diuzroen yung'yiemj, genj giz youqgaenj lai bu gvangq diuzroen, gyagiengz diuzgiuz gij naengzlig dingj naek, youq giz sok iq guh giuz", guh aen gunghcwngz gaijguh gveihmoz haemq hung de, gaijndei le gij gyaudoeng canggvang mbangj goengloh gansen caeuq cihsen youqgaenj, diuz goengloh Vangzsahhoz daengz Cinnanzgvanh、 roek duenh Genz Gvei Liuj、 giz Gveinanz caeuq gizyawz lohsienq cungj ndaej doenghengz aen ci naek 8 donq、 10 donq caeuq 15 donq doxhwnj de. Aen sok Vaizyenj、 Sanhgyangh daengj coihguh le diuzgiuz buenq yungjgiujsing, giz deihgoengq faex itbuen gaijbaenz yungjgiujsing gezgou. Hoeng baez gaijcauh neix dingzlai dwg ciuq gij giekdaej yaez yienzlaiz caemh guh dwk genjdan, roen caeuq giuz cungj caengz dabdaengz itdingh gisuz biucinj.

20世纪50年代以前，壮族地区修建的公路多数是沿古驿道拓宽改造而成，急弯多、坡陡、路窄，行车困难。一般公路桥梁以临时性、半永久性较多。民国二十六年（1937年）7月7日卢沟桥事变后，战时运输突增，但许多道路、桥涵、渡口等，不能通行5吨以上的重车。当年冬，国民党政府和广西省政府拨款，实行"改善危险路段，择要加铺路面，加强桥梁承载能力，改小渡为桥"的方针，进行规模较大的改建工程，改善了部分公路干线和重要支线的交通状况，黄沙河至镇南关公路、黔桂柳六段、桂南地区和其他路线均能通行8吨、10吨和15吨以上重车。怀远、三江等渡口修建了半永久性的桥梁，木涵洞一般改为永久性结构。但这次改造多为因陋就简，路和桥均未达到一定的技术标准。

Sam. Cauhguh Caeuq Wngqyungh Hongdawz Dajyinh
三、运输工具的研制与应用

（It）Gij hongdawz dajyinh aeu rengzvunz
（一）人力运输工具

（1）Mbaqrap、Aemq aen'gyangj. Mbaqrap dwg giz Bouxcuengh cungj dajyinh fuengsik ceiq gaeuqgeq、ceiq genjdan doengzseiz yungh ndaej ceiq nanz ndeu（doz 7-2-5）. De aeu loz roxnaeuz faenqgei roxnaeuz daehbaengz（maz） daeuj cang, aeu diuz faexhanz ndeu daeuj rap, yinh ndaej geijlai youz bouxvunz dingh, daihgaiq 50 goenggaen baedauq. Faexhanz dwg diuz faex （faexcuk）mben raez 1.4~1.7 mij ndeu, dingzlai dwg bingz soh, song gyaeuj haemq iq, gwnzde miz diuz ding faexcuk, fuengzre doxgaiq roxnaeuz cag rod doek. Linghvaih, gij hongdawz daeuj cang doxgaiq dawzrap de lij miz "bungz loengz", dingzlai dwg youq lajmbanj yungh. "Bungz loengz" dwg coh Vahcuengh, de beij aenloz itbuen hung, aeu ruk san song caengz, cungqgyang nep mbaw faexcuk hungloet ndeu, bak gaeb, gwnzde miz fa, ndaej dangj fwn. Aen'gyangj cujyau cujyau dwg bouxcuengh ndaw lueg Gveisih gij hongdawz ciengzseiz yungh daeuj yinhsoengq doxgaiq de. De aeu ruk san baenz aen doengz luenz ndeu, sang 0.5~0.7 mij, hung 0.4~0.5 mij, bak dingj song henz cug cag.

（1）肩挑、背篓。肩挑是壮族地区最古老、最简单而且延续最久的一种运输方式（图7-2-5）。它

Doz 7-2-5　Diegbya Gvangjsih aeu mbaq rap daeh doxgaiq
图7-2-5　广西山区以人力肩挑为主要运输方式

以箩筐或泥箕或布（麻）袋作为装载工具，用一条扁担挑运，运量因人而异，大约50千克左右。扁担是一根长1.4~1.7米扁木（竹），多为平直，两头略小，上有竹钉，以防止物件或绳索脱落。另外，肩挑装载工具还有"蓬笼"，多在乡村使用。"蓬笼"系壮语名，它比一般的箩筐大，为二层竹编，间夹大张山竹叶，其口小，上有盖，可以防雨。背篓主要是桂西山区的壮族人民用来运送物资的常用工具。它以竹篾编织成为圆筒形状，高0.5~0.7米，直径0.4~0.5米，顶口两旁系以绳索。

（2）Aenci yinh huq vunz rag. Daj ciuhgeq daengz gaenhdaih, beksingq Bouxcuengh ciengzseiz yungh aenci loek dog vunz rag de youq diuzroen ndawmbanj caeuq ndaw gyang haenznaz giz roen gaenh daeh doxgaiq, cujyau yungh daeuj yinh feizliu、cehfaen daengj. Dangqnaj aen ci dwg aen loek faex hung 40~50 lizmij de, cungqgyang aen loek miz sug faex, sug faex song bangx gaq youq song gyaeuj aen ci. Aen ndang ci raez 2 mij baedauq, dangqnaj gaeb baihlaeng gvangq, song bangx dwg gaenz raeuz, gaenz raeuz dingz baihnaj an haj diuz faexhanz vang, aen loek youq song diuz faexhanz vang baihnaj ndawde. Gaenz raeuz dingz baihlaeng cug cag, yungh dauj venj youq gwnz mbaq, mwh nyoengx ci ndaej gemjmbaeu gij rengz fwngz daix. Ndaej cang naek 50~100 goenggaen. Goengloh guhbaenz le, hainduj yungh aen ci faex song loek roxnaeuz aen ci song loek vunz rag, dangguh cungj hongdawz dajyinh youq lajmbanj swnghcanj yungh haemq lai ndeu, yungh daeuj yinhsoengq gohaeux、feizliu、fwnz nyangj daengj, gij singqnaengz de beij aen ci loek dog ndei di ndeu. Itbuen aen ndang ci raez daihgaiq 3 mij, gvangq 0.9~1 mij；gaq ci aeu song diuz faex raez dangguh gaenz raeuz, song aen gaenz raeuz dingz baihlaeng cuengq 5 diuz faexhanz vang dinghmaenh, gwnz gaenz raeuz faenbied cang baengh；sug ci dwg sug diet, song aen loek ci aeu faex guh, gvaengx rog gyok gengxdiet doengzseiz dauq gyauhdai haeuj bae. Ci song loek vunz rag cang naek itbuen dwg 200 goenggaen, ceiq sang ndaej 500 goenggaen.

（2）货运人力车。从古代至近代，壮族人民常用人力独轮手推车在乡村道路和田垄之间开展短途运输，主要用于运送肥料、种子等。车身前为直径40~50厘米的小木轮，轮心置木轴，木轴两侧架在车身两端。车身长2米左右，前窄后宽，两边为扶把，扶把前半部安五条横担，轮子在前两条横担内。扶把后端捆绳，用以挂肩，推车时可减轻手提力。载重50~100千克。公路建成后，开始使用双轮木车或双轮人力车，作为城乡生产中比较常用的一种运输工具，用于运送谷物、肥料、柴草等，其性能比独轮车好一些。一般车身长约3米，宽0.9~1米；车架以两条长木作为扶把，两扶把后半部间置5条横担固定，扶把上分别设置栏杆；车轴为铁轴，两车轮为木质结构，外围箍铁圈并套上胶带。双轮人力车的载重量一般为200千克，最高可达500千克。

（3）Hongdawz yinhhek. Youq ciuhgeq, giz Bouxcuengh cujyau miz aen giuh、vangzbauhceh caeuq ci sam loek vunz caij daengj hongdawz yinhhek, doengzseiz dingzlai dwg bouxhak caeuq gveicuz hawsingz mwh okrog yungh. Aen giuh dwg gij hongdawz yinhhek yungh rengzvunz haemq yenzsij de, nienzdaih gyaeraez, cigdaengz 20 sigij 40 nienzdaih cij mbouj yungh. De daihgaiq ndaej faenbaenz aen giuh bouxhak caeuq aen giuh beksingq song cungj, cungj gaxgonq dwg aen giuh cienmonz hawj bouxhak funghgen sevei yungh, aen giuh haemq hung, aeu youz 4 boux daeuj rap; aen laeng haemq iq, gezgou genjdan, youz song boux rap. Vangzbauhceh sugvah cwng dunghyangceh, dwg cungj ci iq yinhhek gauq vunz rag ndeu, Minzgoz 25 bi（1936 nienz）soujsien youq Gveilinz si okyienh, gvaqlaeng laebdaeb youq Nanzningz、Liujcouh、Vuzcouh douzhaeuj sawjyungh. Vangzbauhceh beij aen giuh mbaeu lingzvued、suzdu vaiq, doengzseiz ngamq aeu bouxvunz ndeu rag ci. Aen ci sam loek aeu ga caij dwg youq gwnz giekdaej vangzbauhceh gaij guh baenz, gawq ndaej yungh daeuj yinhhek, caemh ndaej yungh daeuj yinhsoengq huq lingzsing, cungj ci neix gezgou daihgaiq dwg song aen loek dangqnaj cang cisieng, aen loek baihlaeng cang gij demh naengh de, vunz naengh youq gwnzde caij, beij vangzbauhceh yungh rengz noix、suzdu vaiq, hoeng caemh miz giz mbouj ndei de lumjbaenz mbouj yungzheih sab ci、hanhhaed suzdu caeuq cienj fueng'yiengq mbouj gaeuq lingzvued daengj.

（3）客运工具。在古代，壮族地区主要有轿、黄包车和脚踏三轮车等客运工具，而且多为城镇官员和贵族出行时使用。轿是比较原始的人力客运工具，年代久远，世代相传，直至20世纪40年代才废弃。它大致可分为衙轿和民轿两种，前者为封建社会官员的专用座轿，轿座宽大，需由4人肩抬；后者体形较小，结构较简单，由两人肩抬。黄包车俗称东洋车，是靠人拉的一种客运小车，民国二十五年（1936年）首先在桂林市出现，后来相继在南宁、柳州、梧州投入使用。黄包车比轿轻便灵活、速度快，而且只需要一人拉车。脚踏三轮车是在黄包车的基础上改制而成的，既可用于拉客，也可以用来运送零星货物，该车的大致结构是前两轮上安装车厢，后一轮上安装坐垫，人坐其上蹬踩，较黄包车省力、速度快，但也有不易刹车、限速和转向不够灵活等缺点。

（Ngeih）Hongdawz dajyinh aeu doenghduz rag

（二）畜力运输工具

（1）Duzmax doz. Aeu duzmax dox doxgaiq beij yungh cimax caeuq civaiz yinh huq lij caeux. Cinghdai daengz mwh Minzgoz, ndaw bya gak yienh caeuq rangh henzguek nem Denh、Genz song aen sengj doxciep giz Bouxcuengh youq de, bujben leihyungh duzmax doz doxgaiq, moix duzmax ndaej doz 75~100 goenggaen. De daegbied habyungh youq giz ndaw lueg biengyae de yinh doxgaiq, doiq gaeudoeng gij doxgaiq hawsingz lajmbanj gyaulouz miz itdingh cozyung. Duzmax doz itbuen giet doih byaij, sugvah cwng "maxbang", moix bang cungj miz duzmax geij duz daengz geij cib duz, gijlai de miz baenz bak duz. Gaengawq《Yunghningz Yenci》geiqloeg, mwh Minzgoz, gij dajyinh dieggyae Yunghningz yienh cujyau gauq duzmax doz. Youq rangh Nalouz、Sinhgyangh、Bwzci、Nacinz、Dadangz, ciengzseiz miz geij bak baenz cien duzmax doz doxgaiq, daj Ginhcouh Siujdungj、Gveidaiz daengj dieg cawx gyu yinh bae Bingzlangj、Cangzdangz、Buzmyau、Suhhih, engqlij yinh bae daengz Fuzsuih、Dasinh siugai.

（1）马驮。使用马驮运货较马车和牛车运货为早。清代至民国时期，壮族人居住的山区各县及其与滇、黔两省接壤的边境一带，普遍利用马匹开展运输活动，每匹马可驮运75～100千克。它尤其适用于边远山区的运输，对于沟通城乡物资交流起到了一定的作用。马驮一般结队而行，俗称

"马帮"，每帮有马几匹至几十匹，多的上百匹。据《邕宁县志》记载，民国期间，邕宁县的长途运输主要依靠马驮。在那楼、新江、百济、那陈、大塘一带，经常有数百上千匹马驮，从钦州的小董、贵台等地购盐运至平朗、长塘、蒲庙、苏圩，甚至运到扶绥、大新销售。

（2）Cimax. Sungdai gaxgonq, cimax cujyau dwg yungh daeuj yinhhek, dingzlai dwg hawj bouxhak、gveicuz mwh okrog yungh. Sungcauz gvaqlaeng aenvih hwng naengh giuh, cimax cugbouh bienqbaenz cujyau yungh daeuj yinh huq. Aenndang ci gezgou aeu faex guh, gyaeuj baihnaj aeu max rag. Song aen loekci caeuq aen loek ci vunz rag doxdoengz, hoeng haemq hungsang, gvaqlaeng bouhfaenh loek cimax gaij baenz aen daici heiq aen giceh. Ndaej doz naek daihgaiq 250 goenggaen. Minzgoz 22 bi（1933 nienz）, Gvangjsih gunghlugiz ceijlingh Nanzningz Gihgaicangj sawq guh aen cimax seiq loek gvaq（doz 7-2-6）, moix aen ci ndaej doz naek 500 goenggaen, yauqlwd daezsang boix ndeu, hoeng aenvih giz Bouxcuengh comzyouq de bujben bya lai roen lingq, caiqgya cauhgyaq sang, beksingq mbouj miz cienz cawx, sojlaiz aen ci neix mbouj ndaej bujgiz doigvangj.

（2）马车。宋代以前，马车以载客为主，多为官员、贵族出行时使用。宋朝以后因兴坐轿，马车逐步以载货为主。其车身为木质结构，前端用马拉。两个车轮多同人力车，但较高大，后来部分马车轮改为汽车的汽胎轮。载重量约250千克。民国二十二年（1933年），广西公路局曾指令南宁机械厂试制四轮马车（图7-2-6），每车可载重500千克，效率提高1倍，但因壮族聚居区普遍山多坡陡，加之造价昂贵，群众无钱购买，所以此车未能普及推广。

Doz 7-2-6　Minzgoz seizgeiz cimax seiq loek Gvangjsih gag cauh
图7-2-6　民国期间广西制造的四轮马车

（3）Civaiz. 1965 nienz, Vuzcouh aen moh Dunghhan oknamh gvaq gienh mozhingz civaiz gangvax ndeu, ndaej raen senqsi youq mwh Hancauz civaiz gaenq dwg cungj hongdawz cujyau giz Bouxcuengh youq gwnzhawq dajyinh ndeu. Youq giz diegrengx ndaem reih haemq lai de, cujyau yungh daeuj yinhsoengq fwnz nyangj、oij、bwnh daengj. Giz Bouxcuengh bujben ciengx vaiz, hoeng duzmax cix gig noix raen, sojlaiz sawjyungh haemq lai de lij cujyau dwg civaiz. Civaiz aenndang raez daihgaiq 5 mij, gvangq mij lai; song bangx miz gaenz raez, gyaeuj dangqnaj cang ek daeuj dauq duzvaiz rag ci; aen civaiz itbuen dwg aenci hung miz song loek, song aen loek hung 1~1.5 mij; diuz sug aen loek aeu diuzfaex luenz hungloet daeuj guh, aen loek dinghmaenh youq song gyaeuj diuz sug, aen gaq aenci cuengq youq gwnz sug, mwh byaij diuz sug cienq mbouj dingz. Aen gaq aenci hung gvangq, ceiq naek ndaej doz 500 goenggaen.

（3）牛车。1965年，梧州东汉墓出土过一件陶牛车模型，可见早在汉朝时牛车已经成为壮族地区陆路交通运输的主要工具之一。在旱地作物较多的地区，主要用于运送柴草、甘蔗、肥料等。壮乡普遍养牛，而马儿却很少见，故比较普遍使用的还是以牛车为主。牛车身长约5米，宽1米余；两侧为长把，前端置轭套牛拉车；一般的牛车为双轮大车，双轮直径1～1.5米；轮轴用粗大的圆木做成，轮子固定在轴的两端，车架搁在车轴上，行进时连轴转。车架宽大，载重量最高可达500千克。

（Sam）Hongdawz dajyinh gihdung——giceh

（三）机动运输工具——汽车

Cinghcauz Senhdungj yienznienz（1909 nienz），Gvangjsih Benhfangz Duhban Luz Yungzdingz daj giz Yeznanz gvi Fazgoz de cingouj aen giceh iq ndeu hawj bonjfaenh de gag cienyungh, gijneix dwg giz Bouxcuengh aen giceh ceiqcaeux sawjyungh de. Yunghvuj goengloh coih doeng le, Nanzningz si daengz Vujmingz yienh cij miz giceh doenghengz. Minzgoz 9 bi（1920 nienz），Gvangjsih miz giceh iq 12 aen, cehhingz dwg Fuzdwz、Daugiz baiz, dingzlai dwg bouxhak ginhcwng yungh. Minzgoz 10 bi（1921 nienz），Sanghyingz Yezsih Giceh Gunghswh youq Nanzningz guh dajyinh yezvu, douzhaeuj giceh iq geij aen（ndaej doz naek 1~1.5 donq），gijneix dwg Gvangjsih daih'it aen giceh dajyinh giyez guh yingzyez. Giceh dajyinh baugvat yinhhuq caeuq yinhhek. Aenvih giz Bouxcuengh bya sang roen lingq, giz haideong goengloh de gig noix, caiqgya gij soqliengh giceh miz hanh, sojlaiz gaijfang gaxgonq giceh dajyinh dingzlai youq ndaw singz sawjyungh. Minzgoz 22 bi（1933 nienz）Namzningz cij miz gunghgung heiqci youq ndaw haw yinhingz, ceiq caeux dan miz 4 gyaq, ndaw de dan miz gyaq ndeu miz dieg naengh, gizyawz dan miz gaemfwngz（doz 7-2-7）。

清宣统元年（1909年），广西边防督办陆荣廷从法属越南进口小汽车一辆为其专用，这是壮族地区最早使用的汽车。邕武公路修通后，南宁市至武鸣县才有汽车通行。民国九年（1920年），广西有小汽车12辆，车型为福特、道奇牌，多为军政要员所用。民国十年（1921年），商营粤西汽车公司在南宁开办运输业务，投入小汽车数辆（载重1～1.5吨），这是广西首家开办营业的汽车运输企业。汽车运输包括货运和客运。由于壮族地区山高坡陡，开通公路的地方很少，加之汽车数量有限，因此解放前汽车运输多在城镇中使用。民国二十二年（1933年）南宁最早才有市内运营公共汽车，共计4辆，其中只有一辆有座位，其余只有扶手（图7-2-7）。

Doz 7-2-7　Minzgoz seizgeiz gunghgung giceh ndaw haw Namzningz
图7-2-7　民国期间广西南宁市内公共汽车

Mwh minzgoz, Gvangjsih giceh gunghyez gisuz ligliengh buegnyieg, cijmiz mbangj aen cangj coih giceh, sezbei ganjdan, cijndaej swnghcanj di giceh lingzgienh genjdan ndeu. 1949 nienz gaxgonq, giz Bouxcuengh aenvih giepnoix cienz caeuq gisuz ligliengh, cijndaej doiq giceh caeuq coih ci sezbei guh di mbangjdi gisuz gaijcauh ndeu. Dangseiz, sawqyungh danq faex dingjlawh giyouz gvaq, yenzgiu guh caeuq doigvangj aen cauq ok heiqmeiz de, doengzseiz aeundaej itdingh yauqgoj.

民国期间，广西汽车工业技术力量薄弱，只有少数的汽车维修厂，设备简陋，只能生产少数简单的汽车零件。1949年以前，壮族地区因缺乏资金和技术力量，只能对汽车及其维修设备进行一些局部技术改造。当时，曾试用木炭代替汽油，研制和推广煤气发生炉，并取得一定效果。

Daihsam Ciet　Dietloh Gyaudoeng Dajyinh
第三节　铁路交通运输

It. Coihguh Dietloh Sienqloh
一、铁路线路的修建

（It）Coihguh SienghGvei dietloh
（一）湘桂铁路的修建

Minzgoz 26 bi（1937 nienz）4 nyied, laebbaenz SienghGvei dietloh gunghcwngzcu, gozminzdangj cwngfuj dezdaubu baiq ok gamcaekdoiq faenbied gamcaek Hwngzyangz—Gveilinz、Gveilinz—Liujcouh、Liujcouh—Nanzningz、Nanzningz—Cinnanzgvanh gak duenh. Daihngeih bi 5 nyied, guhbaenz le gamcaek sezgi doengzseiz ceiqdingh ok gisuz biucinj doengjit.

民国二十六年（1937年）4月，成立湘桂铁路工程处，国民党政府铁道部派出勘测队分别勘测衡阳—桂林、桂林—柳州、柳州—南宁、南宁—镇南关各段。次年5月，完成了勘测设计并制定出统一的技术标准。

（1）Cujciz guenjleix guhhong. SienghGvei dietloh faenbaenz Hwngzyangz—Gveilinz、Gveilinz—Liujcouh、Liujcouh—Nanzningz、Nanzningz—Cinnanzgvanh 4 duenh cujciz haigoeng. Gak duenh laebbaenz gunghcwngdon roxnaeuz giz, youq SienghGvei Dietloh Gujfwn Youjhan Gunghswh lijswvei doengjit lingjdauj, guenjleix gij saeh mizgven gensez. Fuengfap guhhong cujyau dwg cauhsangh fat bau, giethab minzgungh cingzbau, doihengz gij fuengfap cwng vunz、cwng liuh、cwng dieg caep loh. Diuzgiuz、congh bya、suidau caeuq diuz roen raez cungj dwg rin de youz canghcingzbau cingzbau, gij gunghcwngz aeu rin aeu naez giek roen youz gyoengq minzgungh cwngyungh de cingzbau, linghvaih cujbaenz doiq ding roen、doiq guh giuz, fucwz bu gveijdau caeuq guh lengq aen giuz hung. Guenjleix minzgungh youz Lugungh Gvanjlijcu fucwz, yungh gij fuengfap ciuq ngoenz guhhong bau okbae liux、faen duenh faen cuj gaujhaed cingzcik geiqloeg faensoq.

（1）施工的组织管理。湘桂铁路分为衡阳—桂林、桂林—柳州、柳州—南宁、南宁—镇南关4个路段组织施工。各段成立工程段或局，在湘桂铁路股份有限公司理事会的统一领导下，管理建设有关事宜。施工方法以招商发包为主，结合民工承包，推行征工、征料、征地筑路的办法。桥梁、涵洞、隧道和较长的石质长路由承包商承包，路基土石方工程由征用民工承包，另组成钉道队、桥梁队，负责铺轨和个别大桥施工。民工的管理由路工管理处负责，采取按工作日包干、分段分组考绩记分的方法。

（2）Cwngyungh vunz、caiz、huq. Aeu SienghGvei dietloh duenh Huznanz Hwngzyangz—Gvangjsih Laizbinh daeuj guh laeh, ginggvaq lai bi guhhong, guhbaenz cujyau gunghcwngzlieng dujsizfangh 3200 fanh lizfanghmij, 379 diuz giuz cungjgungh 6141.29 mij, lij coihguh le di ranz ndeu daengj, cungjgungh cietsuenq douzhaeuj 1.313 ik maenz（cienz Fazgoz）. Ndawde giz Gvangjsih cwng vunz、cwng liuh、cwng dieg daengj suenq gyaq cienjbaenz douzhaeuj 428.99 fanh maenz（cienz Fazgoz）. Youq mwh coihguh duenh sienqloh Hwngzyangz—Laizbinh, Gvangjsih cwngyungh faex demh gveijdau 63.5 fanh diuz, cwngyungh diegdeih goenggya seivunz 225983.4 moux. Guhhong daengz cunggeiz geizlaeng, aenvih Vaznanz henzhaij deng bingdoih Yizbwnj ciemqlingx, giz ndaej aeu doxgaiq caep roen de gig noix, gunghcwngzcu doihengz gij banhfap youq mwh hoenxciengq lai miengloh gaijgez gij doxgaiq caep roen, yungh gij fuengfap coih gaeuq dauq yungh、aenvih diuzgienh rwix cix guh genjdan、youq dangdeih aeu caizliuh daengj, lumjbaenz gij gveijdau gang dingzlai yungh gij gveijdau gang daj duenh loh SienghGenz、CezGan、YezHan、GinghGan、BingzHan daengj ribsou roxnaeuz cek roengzma de, loihhingz miz 10 lai cungj raez miz 690 lai goengleix；Lozswh、gveijcwngh、yizveijbanj caeuq faennga gveijdau daengj boiqgienh, cix yungh gij gveijdau feiq、liuh feiq daeuj gaij guh.

（2）人、财、物的征用。以湘桂铁路湖南衡阳—广西来宾段为例，经过多年的施工，完成主要工程量十石方3200万立方米，桥梁379座共计6141.29米，还修建了一些房屋建筑物等，总计折算投资1.313亿元（法币）。其中广西地区征工、征料、征地等计价转为投资428.99万元（法币）。在衡阳—来宾段线路的修筑过程中，广西征用木枕63.5万根，征用公私土地225983.4市亩。施工中后期，由于华南沿海被日军占领，筑路器材来源十分困难，工程处推行战时多途径解决筑路器材的办法，采取修旧利废、因陋就简、就地取材等措施，如线路钢轨多采用从湘黔、浙赣、粤汉、京赣、平汉等路段收集或拆下来的旧钢轨，类型有10多种长度达690多千米；螺栓、轨撑、鱼尾板和道岔等配件，则用废轨、废料改制。

（Ngeih）Coihguh GenzGvei dietloh
（二）黔桂铁路的修建

Vihliux hab'wngq mwh hoenx Yizbwnj gij aeuyungh dajyinh, gozminzdangj cwngfuj youq Minzgoz 28 bi（1939 nienz）9 nyied, cujciz coihguh GenzGvei dietloh, daengz Minzgoz 33 bi（1944 nienz）6 nyied guhbaenz duenh Liujcouh—Cinghdaiboh 471 goengleix.

为了适应抗日战争中运输的需要，国民党政府于民国二十八年（1939年）9月，组织修建黔桂铁路，至民国三十三年（1944年）6月建成柳州—清泰坡段471千米。

（1）Cujciz guenjleix guhhong. GenzGvei dietloh youz GenzGvei Dezlu Gunghcwngzgiz cujciz guhhong. Aen giz neix cujban gunghhvu cungj duenh 9 aen, gyauzgunghcu 2 aen, suidaudui 2 aen, dinghdaudui aen ndeu, fucwz cujciz guhhong. Gisuzsing gunghcwngz youz canghcingzbau cingzbau, dujsizfangh gunghcwngz youz minzgungh swngzciep guh.

（1）施工的组织管理。黔桂铁路由黔桂铁路工程局主持施工。该局组成工务总段9个，桥工处2个，隧道队2个，钉道队1个，负责组织施工。技术性工程采取由承包商承包，土石方工程由民工承接施工。

（2）Cwngyungh vunz、caiz、huq. Youq mwh coihguh, camciuq gij guhfap SienghGvei dietloh, dungyenz caeuq cwngcomz minzgungh Bouxcuengh daengj 33 fanh lai boux, ndawde Gvangjsih cwngcomz minzgungh itgungh 30 fanh vunz. Aenvih GenzGvei dietloh daih dingzlai youq rangh ndaw bya, gunghcwngz gannanz, gyaudoeng mbouj fuengbienh, swnghhoz gunnanz, caiqgya canghyw noix yw giepnoix, minzgungh aenvih goengsaeh dai le 5200 lai boux, bouxbingh ciemq cungj vunzsoq 30% doxhwnj, aenvih bingh dai baenz fanh vunz. Riengz diuz sienq neix bae dieghingz fukcab, souh cienzngaenz、caizliuh caeuq haigoeng gisuz ligliengh hanhhaed, daegbied dwg suijniz、ywbauq、gangciem、gangcaiz diuzgiuz、youzliuh、ceij、gangciem boiqgienh ceiq giepnoix, caiqgya honggeiz youh gaenj, gisuz yinzyenz caeuq gunghyinz daj gaijcaenh gisuz fuengmienh siengj caenh banhfap, haekfug gij gunnanz giepnoix caizliuh. Gij giekdaej congh giuz、doen giuz caeuq guh ranz yungh liuh daengj daih dingzlai aeu caizliuh rin daeuj dingjlawh, yienghneix daeuj gemjnoix gij yunghliengh suijniz: Yungh youzceij bau ywbauq bujdungh dingjlawh ywbauq henj daeuj hai suidau caeuq ndaekrin geng; leihyungh gveijdau feiq caeuq gveijdau dinj gaij guh baenz diuz gangciem deu rin、diuz ding gveijdau、lozswh、yizveijbanj; cab yungh youzdoengz、giyouz、meizyouz boiq le daeuj veh dozceij daengj.

（2）人、财、物的征用。在修建过程中，参照湘桂铁路的做法，动员和征集壮族等民工33万多人，其中广西征集民工共30万人。因黔桂铁路大部分处于山岳地带，工程艰巨，交通不便，生活困苦，加上缺医少药，民工因公死亡有5200多人，患病者占总人数的30%以上，因病死亡上万人。沿线地形复杂，受资金、材料和施工技术力量所限，尤其水泥、炸药、钢钎、桥梁钢材、油料、纸张、钢轨配件最为缺乏，加之工期又紧，技术人员及工人从改进技术上想方设法，以克服材料短缺的困难。桥涵的基础、墩台和房屋建筑用料等绝大多数采用石料来代替，以减少水泥用量；采用油纸包裹普通炸药代替黄色炸药开凿隧道和坚石；利用废轨和短轨改制凿石钢钎、道钉、螺栓、鱼尾板；掺用桐油、汽油、煤油配制描图纸等。

（3）Gij daihgaiq cingzgvang guhbaenz cujyau gunghcwngz. GenzGvei dietloh aenvih ginggvaq giz bya, haigoeng yinvu gig ganhoj. Gaengawq doengjgeiq, itgungh guhbaenz giek roen dujsizfangh 2000 lai fanh lizfanghmij, suidau 28 aen itgungh 4927 mij, giuz hung、rauh 40 aen itgungh 2054 mij, giuz iq 290 aen itgungh 3971 mij, congh mieng 1265 aen itgungh 26262 mij, cingqsienq bu gveijdau 471 goengleix, cehcan 49 aen, dunghsin sienqloh 476 goengleix daengj. Aen gunghcwngz neix itgungh va le 20.2 ik maenz（cienz Fazgoz）, youq ndaw Gvangjsih cwngyungh dieg goenggya seivunz 5.27 fanh moux. Youq mwh hoenxciengq gig gunnanz de, Bouxcuengh、Bouxgun daengj gak cuz yinzminz vihliux ganj guh dietloh ceiok le daigya gig daih.

（3）主要工程的完成概况。黔桂铁路因经过山岳地区，施工任务很艰巨。据统计，共完成路基土石方2000多万立方米，隧道28座共4927米，大、中型桥梁40座共2054米，小型桥梁290座共3971米，涵渠1265座共26262米，正线铺轨471千米，车站49个，通讯线路476千米等。该工程共花费20.2亿元（法币），在广西境内征用公私土地5.27万市亩。在极其困难的战争年代，壮、汉等各族人民为了赶修铁路付出了很大的代价。

（Sam）Coihguh dietloh cihsen、conhsen caeuq deihfueng dietloh

（三）铁路支线、专线及地方铁路的修建

（1）Davanh cihsen. Daj SienghGvei dietloh Fung'vangzcan daengz Laizbinh yienh Davanh yangh, cienz raez 19.3 goengleix. Minzgoz 31 bi（1942 nienz）9 nyied 11 hauh youz SienghGvei Dezlu Gvanjlijgiz cujciz coihguh, daihngeih bi 3 nyied 14 hauh guhbaenz doengci. Diuz dietloh neix guh doeng le, gij gyu Gvangjdungh sengj daj Vuzcouh gvaq gwnzraemx yinh daengz Davanh, yienzhaeuh caiq cienj dietloh yinh bae baihbaek. Minzgoz 35 bi（1946 nienz）8 nyied hainduj haidoeng aen ci hek huq doxgyaux yinh, moix ngoenz baedauq baez ndeu, doengz bi 9 nyied hwnj caeuq SienghGvei dietloh lienzyinh.

（1）大湾支线。自湘桂铁路凤凰站至来宾县大湾乡，全长19.3千米。民国三十一年（1942年）9月11日由湘桂铁路管理局组织修建，翌年3月14日竣工通车。这条铁路修通后，广东省的食盐自梧州水运至大湾，然后再转铁路往北运。民国三十五年（1946年）8月起开通客货混合列车，每日往返1次，同年9月起与湘桂铁路联运。

（2）Dietloh ciensienq. Cungguek moq laebbaenz gaxgonq, ndaw Gvangjsih dietloh cienyunghsienq miz Gveibwz diuzsienq yinh sizyouz；Ngeihdangz、Bwzsanh、Dwzswng diuzsienq yinh rinsoiq；Liujbwz diuzsienq yinh faex caeuq Laizbinh diuz sien cienmonz yinh meizdanq itgungh 6 diuz 6.57 goengleix, cungj gvihaeuj dietloh canjgienz. Ndawde giz ceiq lingq dwg 3%~20%, giz ngutngeuj banging ceiq dinj dwg 200.0~286.5 mij, ganghgveij 30~40 goenggaen/mij, diuz faex demh moix goengleix yungh 1187~1540 diuz, lajdaej gveijdau bu na 2~7 lizmij. Linghvaih, Minzgoz 29 bi（1940 nienz）coihguh、Minzgoz 35 bi（1946 nienz）cek diuz sienq Yizsanh—Giujlungznganz raez 2.8 goengleix.

（2）铁路专线。新中国成立前，广西境内铁路专用线有桂北石油线；二塘、白山、德胜石渣线；柳北木材线及来宾煤炭专用线共6条6.57千米，均属铁路产权。其最大坡度为3%～20%，最小曲线半径为200.0～286.5米，钢轨30～40千克/米，枕木每千米1187～1540根，道床厚度2～7厘米。另外，民国二十九年（1940年）修建、民国三十五年（1946年）拆除的宜山—九龙岩线长2.8千米。

（3）Coihguh deihfueng dietloh. Giz Bouxcuengh dandan miz diuz deihfueng dietloh ndeu, dwg Minzgoz 24~30 bi（1935~1941 nienz）cwngfuj caeuq canghseng'eiq doengzcaez okcienz coihguh Laizbinh—Hozsanh diuz dietloh gveijdau gaeb（doz 7-3-1）, cienz raez 64.2 goengleix. De youz Hozsanh Meizgvangq Gujfwn Youjhan Gunghswh gamcaek sezgi, lai nda culucu cujciz guhhong, aeu ciubiu fatbau hawj Huznanz、Liujcouh canghseng'eiq seivunz gag guh de guh, doengzseiz youz Laizbinh yienh cwngcomz mbangj minzgungh Bouxcuengh caeuq Hozsanh meizgvangq song aen gunghcwngzdui camgya coihguh. Sienqloh yungh Yinghci 35 bang/maj ganghgveij, sawjyungh Dwzci 24 donq cwnghgi gihceh iq caeuq 6 donq aen ci fandouj raix meiz, sienqloh cinjhawj suzdu 20 goengleix/siujseiz. Minzgoz 27~37 bi（1938~1948 nienz）, Laizbinh—Hozsanh deihfueng dietloh guhbaenz fatsoengq huq soqloengh miz 32.38 fanh donq.

（3）地方铁路的修建。民国二十四至三十年（1935～1941年）官商合资修建的来宾—合山窄轨铁路（图7-3-1），全长64.2千米。它由合山煤矿股份有限公司勘测设计，增设筑路处组织施工，以招标发包给湖南、柳州私营营造商施工，同时由来宾县征集部分壮族民工和合山煤矿两个工程队参加修建。线路采用英制35磅/码钢轨，使用德制24吨小型蒸汽机车和6吨倾倒煤斗车，线路容许速度20千米/小时。民国二十七至三十七年（1938～1948年），来宾—合山地方铁路完成货物发送量32.38万吨。

Doz 7-3-1 Gvangjsih daih'it diuz deihfueng dietloh: Laizbinh—Hozsanh dietloh gveij gaeb
图7-3-1 广西首条地方铁路来宾—合山窄轨铁路

Ngeih. Gensez Caeuq Coihguh Diuzgiuz Dietloh
二、铁路桥梁的建设与维修

（It）Guh diuzgiuz dietloh
（一）铁路桥梁的建设

Liujgyangh Dwzdagiuz dwg youq gwnz diuz dietloh SienghGvei diuz giuz hung gig mizmingz ndeu. Diuzgiuz neix youq Liujcouh baihsaenamz hawsingz，youq Minzgoz 28 bi（1939 nienz）10 nyied haigoeng，daihngeih bi 12 nyied guhbaenz doengci，dwg diuzgiuz dandan dietloh byaij，giuz raez 616.2 mij（doz 7-3-2）. Diuzgiuz neix dwg youq dangseiz baihlaj lizsij diuzgienh daegdingh guh，dwg gyoengqvunz Bouxcuengh、Bouxgun cizdij dungxcaiz guhbaenz. Vihliux haemq caeux coihfuk SienghGvei dietloh，Dezlu Gunghcwngzgizsien cujciz youq giz baihgwnz diuzgiuz seizneix 3.5 goengleix guh le diuzgiuz faex，diuzgiuz raez 507.17 mij，cawzliux giz hamj ceiq gvangq de yungh song aen gungj gang liengz caeuq 3 aen doen vwnningzduj okdaeuj，gizyawz cungj dwg gij gaq faex caeuq dongh faex hamj gaeb de. Mwh doengci，hanh suzdu 5 goengleix moix siujseiz.

柳江特大桥是湘桂铁路线上一座很有名的大桥。该桥位于柳州市城区西南，于民国二十八年（1939年）10月开工，翌年12月建成通车，为单铁路桥，桥长616.2米（图7-3-2）。该桥是在当时特定历史条件下兴建的，是壮、汉同胞集体智慧的结晶。为了早日修建湘桂铁路，铁路工程局先组织在现桥上游3.5千米处修建了木便桥，桥长507.17米，除丰跨采用两孔钢梁和3个混凝土墩外，其余均为短跨的木排架和桩基。通车时，限速5千米/小时。

Doz 7-3-2   Minzgoz seizgeiz Liujgyangh giuz daeg hung gwnz dietloh SienghGvei
图7-3-2   民国时期位于广西柳州市湘桂铁路上的柳江特大桥

Mwh guh giuzfaex doengzseiz, youq baihlaj de genjdingh aen vih diuzgiuz seizneix guh diuzgiuz cingqsik, leihyungh gak diuz roen cek roengzma gij ganghgveij gaeuq caeuq ganghbanj liengz gaeuq guh cujyau caizliuh guhbaenz diuzgiuz buenq yungjgiujsing. Boux guh diuzgiuz neix youq dangseiz cungj cingzgvang doiq rog gyaudoeng cungduenh、caizliu giepnoix baihlaj, ndaej gaengawq seizgan leihyungh gij diuzgienh dangdeih, leihyungh caizliuh gaeuq ciuq caizliuh bae sezgi, cauh'ok diuzgiuz gezgou moq、hab saedceiq de, ndaej gangj dwg youq gwnz lizsij guh giuz guekrog dwg aen cozbinj ndei dangqmaz ndeu. Gaengawq doengjgeiq, hengzdiuz gang、ganghgveijdaz itgungh yungh diuz hengzdiuz gang gaeuq 10~13 mij raez de 54 gungj, 42 goenggaen/mij ganghgveij 1700 mij, 17.4 goenggaen/mij ganghgveij 4500 mij, 6 goenggaen/mij ganghgveij 3800 mij, lijmiz gizyawz caizliuh gang, cungjgungh naek 1350 donq; cienzbouh gij giekdaej aen doen vwnningzduj caeuq giuz daiz, itgungh yungh suijniz 958 donq, ganghginh 72 donq. Diuzgiuz neix itgungh yungh cienz caizliuh 178 fanh maenz（cienz Fazgoz）, cienz hong 61 fanh maenz（cienz Fazgoz）. Liujgyangh Dwzdagiuz daj guhbaenz doengci daengz 1944 nienz 11 nyied（doengzbi 11 nyied 7 hauh mwh Yizbwnj bingdoih ciemq haeuj daengz gaenh Liujcouh gozminzdangj roengz minghlingh caq vaih diuzgiuz neix）, vih baujcang mwh hoenx Yizbwnj gij gyaudoeng dajyinh giz saenamz houfangh miz cozyung youqgaenj gvaq.

修建木便桥的同时，在其下游选定现桥位置修建正桥，利用各路拆下来的旧钢轨和旧钢板梁为主要材料建成半永久性的桥梁。该桥的施工人员在当时对外交通中断、材料短缺的情况下，能因时因地制宜，利用旧料因材设计，建造出结构新颖、符合实际的桥梁，可称得上是我国桥梁建设史上的一大杰作。据统计，钢桁梁、钢轨塔共用10～13米长的旧钢板梁54孔，42千克/米钢轨1700米，

17.4千克/米钢轨4500米，6千克/米钢轨3800米，还有其他钢材料，总重量为1350吨；全部混凝土墩座基础及桥台，共用水泥958吨，钢筋72吨。该桥共用材料费178万元（法币），工费61万元（法币）。柳江特大桥从建成通车到1944年11月（同年11月7日日本侵略军逼近柳州时国民党下令炸毁此桥），为保障抗日战争期间西南后方交通运输起过重要作用。

（Ngeih）Coih diuzgiuz dietloh
（二）铁路桥梁的维修

Minzgoz 33 bi（1944 nienz），aenvih bingdoih Yizbwnj haeuj ciemq，diuzgiuz SienghGvei dietloh lai giz deng buqvaih，daegbied dwg mbangj diuzgiuz hung rauh gij gezgou liengz caeuq doen deng buqvaih yiemzcungh. Minzgoz 34 bi（1945 nienz）Yizbwnj douzyangz le，SienghGvei Dezlugiz dangseiz couh laebdaeb cujciz gij hong dauq coih. Cujyau coih doengiuz，gezgou liengz cix leihyungh gij liengz gang gaeuq deng buqvaih de roxnaeuz aeu gij liengz gaq cih "工"、gveijsuzliengz、liengz faex daengj，youq laj diuz liengz gya nda gaq doen faex roxnaeuz demh faex doi. Minzgoz 38 bi（1949 nienz）bingdoih gozminzdangj mwh hoenxsaw biqdeuz youh buqvaih diuz sienq SienghGvei dietloh gij giuz duenh Gvangjsih baez ndeu，suenq miz giuz hung 7 diuz、giuz rauh 12 diuz、giuz iq 13 diuz.

民国三十三年（1944年），因日本军队入侵，湘桂铁路桥梁多处遭到破坏，特别是一些大中型桥梁的梁部结构及墩台被严重破坏。民国三十四年（1945年）日本投降后，当时的湘桂铁路局即陆续组织修复工作。主要修复墩台，梁部结构则利用被破坏的旧钢梁拼凑或采用临时性工字架梁、轨束梁、木梁等，梁下加设木排架墩或枕木垛。民国三十八年（1949年）国民党军队溃逃时又一次破坏湘桂铁路线上广西地段的桥梁，计有大桥7座、中桥12座、小桥13座。

Sam. Dietloh Dajyinh Caeuq Coih Sezbei
三、铁路运输与设备维修

（It）Cihek dajyinh caeuq coih sezbei
（一）客车运输与设备维修

Genzgvei dietloh youq Minzgoz 32 bi（1943 nienz）6 nyied mwh doengci daengz Duzsanh，miz cihek 70 lai aen，ndaej yinhhengz de miz 40 lai aen. Hoenx hingz Yizbwnj daengz Minzgoz 37 bi（1948 nienz）daej，SienghGveiGenz Dietloh Gunghcwngzgiz itgungh miz cihek 85 aen. SienghGvei dietloh youq Minzgoz 27 bi（1938 nienz）10~12 nyied fatsoengq vunzhek 20.5 fanh vunz，Minzgoz 32 bi（1943 nienz）yinhhek soqliengh ceiq sang dabdaengz 411.5 fanh vunz，coucienj vunzhek soqliengh dwg 6.59 ik vunz moix goengleix. GenzGvei dietloh fatsoengq vunzhek，Minzgoz 30 bi（1941 nienz）dwg 57 fanh boux，Minzgoz 32 bi（1943 nienz）dwg 122.5 fanh boux，coucienj vunzhek soqliengh dwg 9054 fanh vunz moix goengleix.

黔桂铁路在民国三十二年（1943年）6月通车到独山时，有客车70多辆，可运行的有40多辆。抗日战争胜利至民国三十七年（1948年）底，湘桂黔铁路工程局共有客车85辆。湘桂铁路于民国二十七年（1938年）10～12月发送旅客20.5万人，民国三十二年（1943年）客运量最高达411.5万人，旅客周转量6.59亿人每千米。黔桂铁路发送旅客，民国三十年（1941年）为57万人，民国三十二年（1943年）为122.5万人，旅客周转量9054万人每千米。

Caiqgangj coih sezbei, cihek daih coih（cienzbouh genjcaz coihndei）caeuq gaijcauh youz Gveilinz gihcangj fucwz, bujdungh genjcaz coihndei（couhdwg genjcaz coih mbangj roxnaeuz coih haemq lai、coih noix nem saehhux genjcaz coih ndei）youz Gveilinz、Liujcouh gihvudon aen cehfangz gaeplaj de fucwz. Mwh hoenx Yizbwnj, coihleix yungh liuh rog guek deng duenh liux, boux coih aeu cazyouz dingjlawh gij youz diuz sug gvaq, aeu cab sab ci gijmuz dingjlawh aen cab sab ci cudez, ndaw sieng diuz sug giz yungh faiq de gaij yungh cab bwn go'gvang daeuj yungh daengj fuengfap daeuj coih, yienghneix daeuj veizciz ci byaij. Gaengawq Minzgoz 29 bi（1940 nienz）doengjgeiq, guhbaenz daih coih cihek 107 aen, 48 aen coih haemq lai, 2174 aen coih noix, 495 aen genjcaz diuz sug, 35 aen coih coemh youz, cungjgyungh 2859 aen.

至于设备的维修，客车大修（全部检修）及改造由桂林机厂负责，普通检修（即部分检修或中、小修及事故检修）由桂林、柳州机务段下属车房负责。抗日战争期间，修理用料外援断绝，修理人员曾以茶油代替轴油，以榉木闸瓦代替铸铁闸瓦，轴箱内棉纱部分改用掺棕毛等方法进行维修，以维持行车。据民国二十九年（1940年）统计，完成客车大修107辆，中修48辆，小修2174辆，轴检495辆，燃油修理35辆，总计2859辆。

（Ngeih）Cihuq dajyinh caeuq sezbei coihndei

（二）货车运输与设备维修

Minzgoz 29 bi（1940 nienz）7 nyied, SienghGvei dietloh miz cihuq 3809 aen, douzhaeuj sawjyungh 1500 aen hwnjroengz；GenzGvei dietloh youq Minzgoz 33 bi（1944 nienz）co miz cihuq 700 lai aen. Minzgoz 37 bi（1948 nienz）Siengh Gvei Genz dietloh gungh miz cihuq 763 aen, ci binjcungj miz bungz ci、ci haenz sang、ci haenz daemq、bingz ci、daegcungj ci daengj. Cehhingz fukcab, aen doz ndaej ceiq naek de dwg 40 donq, ceiq iq ngamqngamq dwg 10 donq, lij miz mbangj aen ci miz song diuz sug de. SienghGvei dietloh youq Minzgoz 27~32 bi （1938~1943 nienz）itgungh fatsoengq huq 511 fanh donq, ndawde yinh guh seng'eiq de 164.3 fanh donq, mbouj dwg yinh daeuj guh seng'eiq de 346.7 fanh donq. GenzGvei dietloh youq Minzgoz 30~32 bi（1941~1943 nienz）itgungh fatsoengq huq 80.4 fanh donq, ndawde doxgaiq bingdoih 11.3 fanh donq.

民国二十九年（1940年）7月，湘桂铁路有货车3809辆，投入使用1500辆左右；黔桂铁路于民国三十三年（1944年）初有货车700多辆。民国三十七年（1948年）湘桂黔铁路共有货车763辆，车种有篷车、高边、低边车、平车、特种车等。车型复杂，载重量最大为40吨，最小仅10吨，还有一部分二轴车。湘桂铁路于民国二十七至三十二年（1938～1943年）共发送货物511万吨，其中商运164.3万吨，非商运346.7万吨。黔桂铁路于民国三十至三十二年（1941～1943年）共发送货物80.4万吨，其中军品11.3万吨。

SienghGvei dietloh daih coih caeuq gaijcauh cihuq youz Gveilinz gihcangj nem Cenzcouh、Gveilinz、Liujcouh、Vangzmenj gak aen cehfangz fucwz. Gaengawq Minzgoz 29 bi（1940 nienz）doengjgeiq, guhbaenz daih coih cihuq 71 aen, 306 aen coih haemq lai, 7882 aen coih noix, 4382 aen genjcaz diuz sug, 199 aen coih coemh youz, itgungh 12840 aen. GenzGvei dietloh coih cihuq youz Liujcouh Ngozsanh Siuhlijsoj fucwz. Daj mwh hoenx hingz Yizbwnj daengz Minzgoz 37 bi（1948 nienz）3 nyied, SienghGvei、GenzGvei dietloh gak aen ciengjcoihdoiq dauq coihfuk aen cihuq deng vaih itgungh 763 aen.

湘桂铁路货车大修及改造由桂林机厂及全州、桂林、柳州、黄冕各车房负责。据民国二十九年（1940年）统计，完成货车大修71辆，中修306辆，小修7882辆，轴检4382辆，燃油修理199辆，共计12840辆。黔桂铁路货车修理由柳州鹅山修理所负责。从抗日战争胜利至民国三十七年（1948年）3月，湘桂、黔桂铁路各抢修队修复破损货车共763辆。

Daihseiq Ciet　Hangzgungh Gyaudoeng Dajyinh
第四节　航空交通运输

Giz Bouxcuengh minzyung、ginhyung hangzgungh hainduj youq 20 sigij 20 nienzdaih satbyai, 20 sigij 30~40 nienzdaih hangzgungh gensez saehnieb miz le itdingh fazcanj. Hoeng Gvangjsih hangzgungh saehnieb gveihmoz mbouj hung, feihgih gihhingz caeuq dajyinh soqliengh cungj haemq noix.

壮族地区民用、军用航空始于20世纪20年代末，20世纪30～40年代航空建设事业有了一定的发展。但广西航空事业其规模不大，飞机机型及运输量均较少。

It. Coihguh Feihgihcangz
一、飞机场的修建

（1）Liujcouh Mauhoz feihgihcangz. Gijneix dwg aen feihgihcangz youq giz Bouxcuengh ceiq caeux guhbaenz ndeu, caemh dwg gaijfang gaxgonq aen feihgihcangz diuzgienh haemq ndei ndeu. Minzgoz 18 bi（1929 nienz）3 nyied ndawcib, Gvangjsih sengj cwngfuj hainduj cwngyungh Liujcouh si Hoznanz Mauhoz rangh dieg dangqnaj Byauhyingz, goqyungh nungzminz Bouxcuengh laenzgaenh caep cuh Mauhoz feihgihcangz. Doengzbi 4 nyied guhbaenz, doengzseiz daih'it baez hawj aen feihgih "Cunghsanh Hau" giz Gvangjdungh hangzgungh roengz. Minzgoz 21 bi（1932 nienz）10 nyied, Gvangjsih Hangzgungh Gvanjlijcu daj Nanzningz senj daengz

Liujcouh Mauhoz gihcangz, guh ranz caeuq gihgu. "Caet. Caet" Saehbienq le, gozminzdangj Cunghyangh Hangzgungh Veijyenzvei ciepsou Mauhoz gihcangz, youz Genjgyauz hangzyau sawjyungh, doengzseiz youq doengzbi 11 nyied, cwng diuq Liujgyangh yienh minzgungh Bouxcuengh 12280 vunz gya'gvangq gihcangz, daihngeih bi 5 nyied guhbaenz, yungh cienz goenggya gozbi 283929 maenz, gihcangz gya'gvangq daengz raez 1.2 goengleix, gvangq goengleix ndeu. Minzgoz 30~32 bi（1941~1943 nienz）, gozminzdangj bingdoih caeuq Meijgoz gunghginh ciyendui gonq laeng cap youq aen feihgihcangz neix, doengzseiz song bae cou diuq minzgungh Liujgyangh yienh 2.4 fanh vunz gya'gvangq feihgihcangz. Gvaqlaeng lij coih le lai baez.

（1）柳州帽合飞机场。这是壮族地区最早建成的飞机场之一，也是新中国成立前条件较好的机场之一。民国十八年（1929年）3月中旬，广西省政府开始征用柳州市河南帽合标营前一带土地，雇用附近壮族农民修筑帽合机场。同年4月竣工，并且首次降落广东航空处的"中山号"飞机。民国二十一年（1932年）10月，广西航空管理处从南宁迁到柳州帽合机场，建筑房屋和机库。"七·七"事变后，国民党中央航空委员会接收帽合机场，由笕桥航校使用，并于同年11月，征调柳江县壮族民工12280人扩修机场，翌年5月完工，用公款国币283929元，机场扩至长1.2千米，宽1千米。民国三十至三十二年（1941～1943年），国民党军队和美国空军志愿队先后进驻该飞机场，并两次抽调柳江县民工2.4万人扩建机场。后来还有多次维修。

（2）Gveilinz Ngeihdangz feihgihcangz. Minzgoz 18 bi（1929 nienz）4 nyied, Gvangjsih sengj cwngfuj vih bang Gvangjdungh sengj cwngfuj sawq banh minzhangz, youq Gveilinz si giz baihnamz 6 goengleix cujciz coihguh Ngeihdangz gihcangz, aen neix caemh dwg aen feihgihcangz Gvangjsih haemq caeux guhbaenz ndeu. Minzgoz 25 bi（1936 nienz）seizcou, vih bang Sihnanz Hangzgungh Gunghswh gaihhangz Gveilinz, Gvangjsih sengj cwngfuj cwng diuq minzgungh Bouxcuengh 2 fanh lai vunz gya'gvangq aen gihcangz neix, doengzbi 11 nyied guhbaenz: Diuz baujdau de daj baihnamz daengz baihbaek raez 2000 mij, gvangq 75 mij, na 0.6 mij, cungj dwg bu rinsoiq; aen youzgu ndeu, lij miz giz dingz feihgih、ranz、loh caeuq baizraemx gunghcwngz genjdan daengj. Minzgoz 27 bi（1938 nienz）2 nyied, daj Gveilinz、Hingh'anh、Yungjfuz、Yangzsoz、Yiningz daengj yienh cou diuq minzgungh Bouxcuengh、Bouxgun daengj 17034 vunz, caiq baez gya'gvangq Ngeihdangz gihcangz, Minzgoz 29 bi、32 bi、35 bi（1940 nienz、1943 nienz、1946 nienz）lai baez cujciz gya'gvangq.

（2）桂林二塘飞机场。民国十八年（1929年）4月，广西省政府为协助广东省政府试办民航，在位于桂林市南6千米处组织修建二塘机场，这也是广西较早建成的飞机场之一。民国二十五年（1936年）秋，为协助西南航空公司开航桂林，广西省政府征调壮族民工2万余人扩建该机场，同年11月建成：其跑道南北方向长2000米，宽75米，厚0.6米，均为碎石道面；油库1座，还有停机坪、房屋、道路及简易排水工程等。民国二十七年（1938年）2月，从桂林、兴安、永福、阳朔、义宁等县抽调壮、汉等族民工17034人，再次扩修二塘机场，民国二十九年、三十二年、三十五年（1940年、1943年、1946年）多次组织扩修。

（3）Yunghningz feihgihcangz（Nanzningz gihcangz ndanggonq）. Minzgoz 18 bi（1929 nienz）4 nyied, Gvangjsih Gveihi ginhfaz moq vihliux gaijgez gij aeuyungh dajyinh doxgaiq bingdoih, youq seizneix Nanzningz si Cizsinghhlunanz rangh Singhhuz Denyingjyen caeuq cizdaicangj coihguh feihgihcangz. Mwh ngamqngamq guh gveihmoz gig iq, dandan miz aen ciengzdieg mbin genjdan ndeu, hawj feihgih iq hwnj mbin caeuq doek roengz. Minzgoz 28 bi （1939 nienz）11 nyied caeuq Minzgoz 33 bi （1944 nienz）11 nyied, bingdoih Yizbwnj song baez ciemqaeu Nanzningz caeuq aen gihcangz neix. Minzgoz 34 bi （1945 nienz）5 nyied Nanzningz soufuk le, gozminzdangj gunghginh caiq baez cap youq doengzseiz coihfuk、gya'gvangq gihcangz, dawz diuz baujdau cienz yienzlaiz gaij baenz vazhingzdau, lai guh diuz baujdau moq aeu rin naez bu, raez 1545 mij、gvangq 45 mij、na 25 lizmij ndeu. Doengzbi, Gvangjsih sengj cwngfuj cwng diuq daih buek minzgungh laebdaeb guh Yunghningz gihcangz, guhbaenz diuz baujdau raez 1520 mij ndeu, gaijcauh duenh vazhingzdau benj rin caeuq cien hung ndeu, coihguh giz dingz feihgih ndeu, raez 100 mij, gvangq 36 mij, ndaej hawj C-46、C-47 daengj hingzhauh feihgih hwnj roengz.

（3）邕宁飞机场（南宁机场前身）。民国十八年（1929年）4月，广西新桂系军阀为了解决军事运输的需要，在今南宁市七星路南星湖电影院及织带厂一带修建飞机场。初建时规模很小，仅有简易的飞行场地，供小型飞机起降。民国二十八年（1939年）11月和民国三十三年（1944年）11月，日本军队两次侵占南宁和该机场。民国三十四年（1945年）5月南宁收复后，国民党空军再次进驻并修复、扩建机场，把原砖石跑道改为滑行道，增建一条长1545米、宽45米、厚25厘米的泥石结构新跑道。同年，广西省政府征调大批民工续建邕宁机场，建成跑道一条长1520米，改造石板和大砖滑行道一段，修建停机坪1个，长100米，宽36米，可供C-46、C-47等型号飞机起降。

（4）Vujmingz Feihgihcangz. Vujmingz Byauhyingz Feihgihcangz hainduj youq Minzgoz 25 bi （1936 nienz）7 nyied guh. Aenvih dangseiz ndawgyang ginhfaz doxhoenx, Gveihi moq roengz minghlingh hawj Nanzningz gih minzdonz cijveihgvanh Liengz Hansungh youq Vujmingz yienh cujciz coihguh Byauhyingz feihgihcangz. Liengz Hansungh cwng diuq Vujmingz yienh gak yanghcin minzgungh Bouxcuengh daihgaiq 8000 vunz camgya coih caep guhhong. Youz gak yanghcangj、cunhcangj caenndang gamduk, saedhengz bau okbae liux daeuj guh. Aenvih ginhcingz gaenjgaep, feihgihcangz ngamq guh ndaej sam faenh cih ngeih, couh ciengzseiz miz seiq haj gyaq feihgih youq aen ciengzdieg ngamq cingj bingz gwnzde doekroengz caeuq hwnj mbin. Doengzbi 8 nyied caep liux, gihcangz ciemq dieg 150 moux hwnjroengz. Gvaqlaeng Byauhyingz feihgihcangz bienqbaenz le aen yinhlienh ciengzdieg "Gvangjsih Cunghyozswngh Cizcungh Ginhsw Yinlen Cungjdui".Minzgoz 28 bi （1939 nienz） seizcin, vihliux sawj Luzginh、gunghginh boiqhab hoenxciengq, bae dingjgangq gyoengq bingdoih yizbwnj ciemqhaeuj, gozminzdangj danghgiz gietdingh coihguh Vujmingz Yungjhingh feihgihcangz. Gvaqlaeng, gij gunghginh gozminzdangj youq duenh seizgan ndeu baiq daihgaiq 30 gyaq feihgih hoenxciengq ciengzseiz capyouq gizneix caephengz candou yinvu gvaq. Minzgoz 32 bi （1943 nienz）, Meijgoz Cinznadwz "Feihhujdui" aeu aen feihgihcangz neix dangguh aen gyanglozdenj laemzseiz ndeu gvaq，daj gizneix hwnj mbin bae hoenx vunzdig. Youq mwh hoenx Yizbwnj ndwenngoenz gannanz ndawde，Vujmingz Yungjhingh feihgihcangz miz cozyung siengdang youqgaenj gvaq.

（4）武鸣飞机场。武鸣标营飞机场始建于民国二十五年（1936年）7月。由于当时军阀间混战，新桂系下令南宁区民团指挥官梁瀚嵩在武鸣县组织修建标营飞机场。梁瀚嵩征调武鸣县各乡镇壮族民工约8000人参加修筑施工。由各乡长、村长亲自督阵，实行包干修筑。由于军情紧急，飞机场仅修成三分之二，就常有四五架飞机在新平整的场地上降落和起飞。同年8月完成修筑任务，机场占地150亩左右。后来标营飞机场变成了"广西中学生集中军事训练总队"的训练场地。民国二十八年（1939年）春季，为了使陆军、空军配合作战，以抵御日本军队的入侵，国民党当局决定修建武鸣永兴飞机场。此后，国民党的空军曾在一段时间内派30架左右的作战飞机常驻这里执行战斗任务。民国三十二年（1943年），美国陈纳德"飞虎队"曾以此飞机场作为一个临时降落点，从这里起飞杀敌。在抗日战争的艰苦岁月中，武鸣永兴飞机场曾起了相当重要的作用。

Ngeih. Hangzgungh Dajyinh

二、航空运输

（It）Haidoeng hangzsen

（一）航线的开通

Gvangjsih hai gij hangzsen ndaw guek cujyau miz：Minzgoz 19 bi（1930 nienz）12 nyied 1 hauh，Gvangjcouh—Vuzcouh sawq mbin baenzgoeng，daihngeih bi 1 nyied 16 hauh cingqsik haidoeng hangzsen，hangzcwngz 186 goengleix，moix ngoenz baedauq ban ndeu；Minzgoz 22 bi（1933 nienz），Gvangjdungh Minzhangz Gunghswh（gvaqlaeng gyonjhaeuj "Sihnanzhangz"）hai diuz hangzsen Gvangjcouh—Vuzcouh—Nanzningz，mbouj dinghgeiz mbin；daj Minzgoz 23 bi（1934 nienz）hwnj，"Sihnanzhangz" gonq laeng haidoeng Gvangjcouh—Vuzcouh—Nanzningz—Lungzcouh hangzsen caeuq Gvangjcouh—Maumingz—Gingzcouh（seizneix dwg Haijgouj）—Bwzhaij—Nanzningz hangzsen. Diuz hangzsen Gvangjsih bae giz Yanghgangj，ceiqcaeux youq Minzgoz 26 bi（1937 nienz）12 nyied 4 hauh，"Cunghhangz" haidoeng Cungzging—Gveilinz—Gvangjcouh—Yanghgangj hengzsen，hangzcwngz 1140 goengleix，mizseiz caemh ginggvaq dingzyouq Gveiyangz、Vuzcouh.

广西开辟的国内航线主要有：民国十九年（1930年）12月1日，广州—梧州试航成功，翌年1月16日正式开通航线，航程186千米，每天往返1班；民国二十二年（1933年），广东民航公司（后并入"西南航"）开辟广州—梧州—南宁航线，不定期飞行；从民国二十三年（1934年）起，"西南航"先后开通广州—梧州—南宁—龙州航线和广州—茂名—琼州（今海口）—北海—南宁航线。广西通往香港地区的航线，最早于民国二十六年（1937年）12月4日，"中航"开通重庆—桂林—广州—香港航线，航程1140千米，有时也经停贵阳、梧州。

Gvangjsih haidoeng diuz gozci hangzsen daih'it de dwg "Gvangjhozsen"，couhdwg youq Minzgoz 25 bi（1936 nienz）7 nyied 10 hauh haidoeng diuz hangzsen Gvangjcouh—Vuzcouh—

Nanzningz—Lungzcouh—Hoznei. Daj Minzgoz 27 bi（1938 nienz）4 nyied 4 hauh hwnj, hai diuz "GvangjHoz nanzsen", couhdwg diuz hangzsen Gvangjcouh—Can'gyangh—Bwzhaij—Hoznei.

广西开通的第一条国际航线是"广河线"，即于民国二十五年（1936年）7月10日开通的广州—梧州—南宁—龙州—河内航线。从民国二十七年（1938年）4月4日起，开辟"广河南线"，即广州—湛江—北海—河内的航线。

（Ngeih）Hangzgungh dajyinh bouxhek
（二）航空旅客运输

Cungguek moq laebbaenz gaxgonq, Gvangjsih minzhangz yinhhek soqliengh mbouj daih, yinhhek cujciz genjdan, sezsih caemh haemq genjdan. Minzgoz 20 bi（1931 nienz）1 nyied, Gvangjcouh–Vuzcouh haidoeng diuz sienqloh fakgeiq hangzgungh, doengzseiz caemh yinh bouxhek, gijneix dwg Gvangjsih ceiqcaeux dajyinh bouxhek hangzgungh. Minzgoz 23~27 bi（1934~1938 nienz）, "Sihnanzhangz" youq Gvangjsih cujyau hangzgungh yezvu dwg yinhhek, hoeng yinhhek soqliengh haemq iq, lumjbaenz Minzgoz 26 bi（1937 nienz）dandan yinhsoengq bouxhek 776 boux, doengzseiz cungj dwg bouxhak bouxgviq. Cogeiz yinhhek dandan hanh youq baihnamz Gvangjsih, bouxhek bae Gvangjcouh、Hoznei de ciemq dingzlai. Minzgoz 25 bi（1936 nienz）11 nyied, Liujcouh、Gveilinz dunghhangz le, caemh hainduj miz le hangzgungh yinhhek. Mwh hoenx Yizbwnj, Gvangjsih Hangzgungh Gwzyin Cunghsinh senj gvaq baihbaek bae daengz Liujcouh、Gveilinz, bouxhek cujyau bae baihsaenamz gak sengj caeuq Yanghgangj. Hoenx hingz Yizbwnj le, aenvih vuzgya hwnj dwk riengjvaiq、yinhgyaq bengz dangqmaz, Gvangjsih gij soqliengh dajyinh bouxhek hangzgungh daihdaih gemjnoix.

新中国成立前，广西民航客运量不大，客运组织简单，设施也较简陋。民国二十年（1931年）1月，广州—梧州开辟航空邮路，同时也载运旅客，这是广西最早的航空旅客运输。民国二十三至二十七年（1934~1938年），"西南航"在广西的主要航空业务是客运，但客运量较小，如民国二十六年（1937年）仅运送旅客776人次，而且都为达官贵人。初期的客运局限于广西南部，旅客流向广州、河内的占多数。民国二十五年（1936年）11月，柳州、桂林通航后，也开始有了航空客运。抗日战争期间，广西航空客运中心北移至柳州、桂林，旅客主要流向西南各省和香港。抗日战争胜利后，由于物价飞涨、运价昂贵，广西航空客运量大大减少。

（Sam）Hangzgungh dajyinh huq
（三）航空货物运输

1949 nienz gaxgonq, Gvangjsih Minzhangz yinh huq、youzgen、doxgaiq cujyau dwg youzgen, hoeng mwh yinh hek nyaengq de dwg yinh doxgaiq ceiqlai. Minzgoz 18 bi（1929 nienz）2 nyied 18 hauh, Gvangjdungh Hangzgunghcu Cangh Veicangz gihcuj hai aen feihgih "Gvangjcouh Hau" guh hangzgungh senhconz mbin bae daengz Bwzhaij, daiq le 211 gienh youzgen，mwh dauq mbin ma daiq ma le 252 gienh youzgen Bwzhaij fat ok de. Minzgoz 20 bi（1931 nienz）1 nyied 16 hauh，cingqsik haibanh le Gvangjcouh–Vuzcouh diuz sieng hangzgungh yinh youzgen，dangngoenz Gvangjcouh fatok saenqgienh 696 fung，Vuzcouh fatok saenqgienh 414 fung，daengz 5 nyied 5 hauh itgungh yinhsoengq youzgen 100 bangq、hangzgungh gvaisin 300 bangq. Mwh "Sihnanzhangz" ginghyingz，cujyau yinhsoengq gim ngaen cawbauj、yw Cungguek rog guek、baengzsei、saw bauqceij、dozveh、gij doxgwn ndaw haij daengj huq caeuq youzgen.

　　1949年以前，广西民航货物、邮件、行李的运输以邮件为主，但客运繁忙时行李的运量最大。民国十八年（1929年）2月18日，广东航空处张惠长机组驾驶"广州号"飞机做航空宣传飞抵北海，携带邮件211件，返航时带回北海发出的邮件252件。民国二十年（1931年）1月16日，正式开办了广州—梧州航空邮运线，当日广州发出信件696封，梧州发出信件414封，至5月5日共运送邮件100磅、航空快信300磅。"西南航"经营时期，主要运送金银珠宝、中西药品、绸布、书报、画片、海味等货物及邮件。

Camgauj Vwnzyen　参考文献

[1] 马依，舒瑞萍.广西航运史［M］.北京：人民交通出版社，1991.
[2] 张若龄，陈虔礼.广西公路史［M］.北京：人民交通出版社，1991.
[3] 梁有斌，谢永泉.广西公路运输史［M］.南宁：广西人民出版社，1990.
[4] 广西壮族自治区地方志编纂委员会.广西通志·民航志［M］.南宁：广西人民出版社，1995.
[5] 广西壮族自治区地方志编纂委员会.广西通志·交通志［M］.南宁：广西人民出版社，1996.
[6] 广西壮族自治区地方志编纂委员会.广西通志·科学技术志［M］.南宁：广西人民出版社，1997.
[7] 梁庭望.壮族文化概论［M］.南宁：广西教育出版社，1999.
[8] 梁庭望.中国民族百科全书（10）［M］.北京：北方妇女儿童出版社，香港源流出版社，2001.

Daihbet Cieng　Suijli Gisuz

第八章　水利技术

Lingjnanz dah dah bya bya vangvang-vetvet, suijli swhyenz fungfouq raixcaix. Bouxcuengh caeuq cojgoeng de Bouxyez Lingjnanz caep fai lanz dah、vat daemz cwk raemx, aeu doengz faexcuk daz raemx, fazcanj gij gisuz dwkraemx naz. Cunghyenz vwnzva cienzhaeuj le, giz Bouxcuengh gonq laeng vat le Lingzgiz、Sienghswhdai caeuq Danzbungz Yinhoz, daeuj raemx haih bienq baenz raemx leih, demgya gij menciz suijli dwkraemx. Sungdai, beksingq Bouxcuengh gaengawq gij daegdiemj dangdeih, fazmingz le loekraemx, dawz gij raemxdah giz daemq yinx hwnj gaiq naz gwnzsang. "Gwnzraemx miz loek, aen loek gag rox cienq", "hwnzngoenz mbouj dingz, bak moux naz mbouj yungh youheiq", gaijgez gij yungh raemx giz lueg, coicaenh le nungzyez caeuq haeuxgwn gyahgunghyez ndaej fazcanj.

岭南河川纵横，水利资源十分丰富。壮族及其先民岭南越人堰坝拦河、陂塘蓄水、竹筒引流，发展农田灌溉技术。中原文化传入后，壮乡先后开凿了灵渠、相思埭和潭蓬运河，变水害为水利，增加水利灌溉面积。宋代，壮民因地制宜，发明水筒车，将低处的河水引灌高岸的水田。"水上有车，车自翻"，"昼夜不息，百亩无忧"，解决山区供水，促进了农业和粮食加工业的发展。

Daih'it Ciet   Suijli Swhyenz
第一节   水利资源

It. Gij dah ndaw giz Bouxcuengh
一、壮乡境内的河流

Gij dah ndaw giz Bouxcuengh laidaih, vang'vet doxsan, ndawde miz Cojgyangh、You'gyangh、Yi'gyangh、Dahraemxhoengz、Lungzgyangh、Liujgyangh、Gvei'gyangh daengj gyonjhaeuj Sihgyangh ginggvaq Gvangjcouh haeuj ndaw haij; Banzlungzgyangh、Bujmeizhoz、Bwzduhhoz ginggvaq Yeznanz haeuj Bwzbuvanh; Sienghgyangh、Fuhyizgyangh（Swhgyangh）ginggvaq Huznanz haeuj Cangzgyangh, Nanzliuzgyangh、Ginhgyangh daengj yiengqcoh baihnamz gag lae haeuj ndaw haij. Ciuhgeq lij baudaengz Bwzgyangh、Dunghgyangh daengj. Ndaw giz Bouxcuengh deihhingz fukcab. Ndaw Gvangjsih diuzdah hung、rauh、iq cwk raemxfwn menciz youq 50 bingzfangh goengleix doxhwnj de itgungh miz 1000 diuz, faenbied gvihaeuj Cuhgyangh、Cangzgyangh、Dahraemxhoengz liuzyiz caeuq Gveinanz henzhaij gak diuz dah. Gvangjsih lai bi bingzyaenx raemx swhyenz cungjliengh daihgaiq 1880 ik lizfanghmij, sang gvaq gij soq bingzyaenx daengx guek; daengx gih cungj suijnwngz swhyenz daihgaiq 2000 fanh cienvax.

壮乡境内河流众多，纵横交错，其中有左江、右江、郁江、红水河、龙江、柳江、桂江等汇入西江经广州入海；盘龙河、普梅河、百都河流经越南入北部湾；湘江、夫夷江（资江）经湖南进入长江；南流江、钦江等向南独流入海。古代还包括北江、东江等。壮乡境内地形复杂。广西境内集雨面积在50平方千米以上，大、中、小河流共有1000条，分属于珠江、长江、红河流域及桂南沿海诸河系。广西多年平均水资源总量约1880亿立方米，高于全国平均值；全区总水能资源约2000万千瓦。

Cuhgyangh liuzyiz Sihgyangh suijhi youq ndaw Gvangjsih miz menciz 202081 bingzfangh goengleix, ciemq cungj menciz Gvangjsih 85.4%; Bwzgyangh suijhi youq ndaw Gvangjsih miz menciz 37 bingzfangh goengleix, ciemq cungj menciz Gvangjsih 0.015%; Cangzgyangh liuzyiz Sienghgyangh、Swhsuij youq ndaw Gvangjsih miz menciz 8399 bingzfangh goengleix, ciemq cungj menciz Gvangjsih 3.55%; diuz Bwzduhhoz（Bwznanzhoz）lae haeuj Yeznanz Hungzhoz liuzyiz de youq ndaw Gvangjsih miz menciz 1758 bingzfangh goengleix, ciemq cungj menciz Gvangjsih 0.7%; Gveinanz henzhaij gij liuzyiz haeuj Bwzbuvanh gak diuz dah de itgungh miz menciz 24032 bingzfangh goengleix, ciemq cungj menciz Gvangjsih 10.3%; lijmiz henzhaij gak aen dauj menciz 84 bingzfangh goengleix.

珠江流域西江水系在广西境内的面积202081平方千米，占广西总面积的85.4%；北江水系在广西境内的面积37平方千米，占广西总面积的0.015%；长江流域湘江、资水在广西的面积8399平方千米，占广西总面积的3.55%；流入越南红河流域的百都河（百南河）在广西的面积1758平方千米，占广西总面积的0.7%；桂南沿海入北部湾诸河的流域面积共24032平方千米，占广西总面积的10.3%；还有沿海诸岛面积84平方千米。

Ngeih. Raemx swhyenz giz Bouxcuengh

二、壮乡的水资源

Gvangjsih giz Bouxcuengh raemx swhyenz，miz gij daegdiemj lajneix：

广西壮乡水资源，具有以下特征：

（1）Raemx lai. Gvangjsih dwg daengx guek giz raemxfwn lai ndeu，raemxfwn binaengz cawzliux mbangjdi deng bienq fwi deuz le，daih dingzlai cungj dwg cigsoh lae haeuj roxnaeuz bienq raemxlajnamh lae haeuj ndaw dah. Giz Bouxcuengh raemx lai，Vuzcouh can bak Sihgyangh mwh raemx hwnj ceiq lai de dwg 58700 lizfanghmij moix miuj；binaengz bingzyaenx raemx lae soqliengh dwg 2222 ik lizfanghmij，binaengz bingzyaenx raemx lae soqliengh dwg bak Dahraemxhoengz ceiq lai，dabdaengz 1076 ik lizfanghmij.

（1）水量丰富。广西是全国丰雨区之一，年降水量除少部分被蒸发外，大都以地表径流和地下水的方式注入江河。壮乡境内水量丰富，梧州站西江口的最大洪峰流量58700立方米/秒；年平均径流量2222亿立方米，以红水河口的年径流量为最大，达1076亿立方米。

（2）Raemx lae bingzyaenx soqliengh geiqciet faenboiq mbouj yinz. Souh gifungh daengj dienheiq yinhsu yingjyangj，ndaw Gvangjsih binaengz raemx lae faenbouh gig mbouj yinz，bienqvaq caemh gig daih，yungzheih cauhbaenz seizcin rengx、seizhah raemxrongz、seizcou hawq、seizdoeng gyo. Yungzheih fatseng raemxrongz caihaih roxnaeuz mbwnrengx. Itbuen mwh raemxhwnj raez baenz buenq bi，vih fazcanj dwkraemx naz、hangzyin、fat dienh、vanzging yungh raemx daengj dajcauh le diuzgienh.

（2）径流量季节分配不均匀。受季风等气候因素的影响，广西境内年内径流分布很不均匀，变化也很大，易造成春旱、夏涝、秋干、冬枯。易发生洪涝灾害或旱灾。但一般江河汛期长达半年，为发展农田灌溉、航运、发电、环境用水等创造了条件。

（3）Raemxdah diuq dat sang，naengzliengh raemx swhyenz lai. Diuzdah ndaw Gvangjsih goekraemx dingzlai dwg youq Yinzgvei Gauhyenz caeuq ngozbya sang seiqhenz de，gij raemxvih diuzdah baihgwnz caeuq baihlaj diuq dat sang，cangz miz haujlai naengzliengh raemx swhyenz. Daengx swcigih raemx naengzliengh swhyenz cungjgungh cangz miz soqliengh daihgaiq 2000 fanh cienvax，baizyouq daengx guek daihroek vih. Ndawde baihgwnz Dahraemxhoengz lajdaej dah bingzyaenx sang 766 mij，daengz Gveibingz giz Dadwngzyaz lajdaej dah sang 5 mij，cungj gungh diuq dat 760 lai mij，naengzliengh raemx swhyenz seizneix ndaej miz soqliengh mauhgvaq 1600 fanh cienvax. Linghvaih，Gvei'gyangh、Lungzgyangh、Liujgyangh、Yi'gyangh caeuq diuzdah lajnamh caemh cangz miz naengzliengh raemx swhyenz laidaih.

（3）河流落差大，水能资源丰富。广西境内河流多发源于云贵高原和周围的高山，上、下游的水位落差大，蕴藏着丰富的水能资源。广西水能资源总蕴藏量约2000万千瓦，居全国第六位。其中红水河的上游平均河底高程766米，到桂平大藤峡处河底高程5米，全程落差760多米，水能资源现能蕴藏量超过1600万千瓦。此外，桂江、龙江、柳江、郁江及地下河也蕴藏着丰富的水能资源。

（4）Raemx swhyenz gizdieg faenbouh mbouj bingzhwngz. Aenvih fwn doek、diciz、dimau、doenghgo gwnzdoem、rin singq daengj yingjyangj, giz ngozbya doem de gwnz dieg binaengz lae raemx haemq lai, giz rin lai couh raemx noix. Ndaw dieg giz Bouxcuengh miz 4 giz raemx lai：①Gveibwz giz sang, raemx lae laeg 1800 hauzmij；②Cibfanh Dasanh giz sang, raemx lae laeg 3400 hauzmij；③Dayausanh giz sang, raemx lae laeg 1400 hauzmij；④Damingzsanh giz sang, raemx lae laeg 400 hauzmij. Miz 3 giz raemx lae noix de：①Cojgyangh guzdi giz daemq, raemx lae laeg 300~400 hauzmij；②You'gyangh guzdi giz daemq, raemx lae laeg 300~400 hauzmij；③Gveicungh bwnzdi giz daemq, raemx lae laeg 700 hauzmij.

（4）水资源地域分布不平衡。由于降水、地质、地貌、植被、岩性等的影响，土山地区地表年径流较多，岩溶地区则少。壮乡境内有4个径流高区：①桂北高区，径流深1800毫米；②十万大山高区，径流深3400毫米；③大瑶山高区，径流深1400毫米；④大明山高区，径流深为400毫米。有3个径流低区：①左江谷地低区，径流深300～400毫米；②右江谷地低区，径流深300～400毫米；③桂中盆地低区，径流深700毫米。

Gaengawq doengjgeiq, ndaw Gvangjsih gwnzdoem bingzyaenx moix bi raemx lae soqliengh 1880 ik lizfanghmij, moix bi raemx rog gih haeuj daeuj soqliengh miz 717 ik lizfanghmij, hoeng gij raemx lae okbae caeuq haeuj ndaw haij de miz 2505 ik lizfanghmij；gij raemx lae soqliengh ndaw Gvangjsih haeuj ndaw haij caeuq ok rog bae bingzyaenx moix bi miz soqliengh 1787 ik lizfanghmij, lij miz 34 ik lizfanghmij raemx louz youq ndaw dah、suijgu、ndaw daemz caeuq lajnamh.

据统计，广西境内地表平均年径流量1880亿立方米，每年区外入境水量717亿立方米，而出境及入海水量2505亿立方米；境内流量中入海及出境的平均年水量1787亿立方米，尚有34亿立方米的水留存于河渠、水库、塘坝及地下。

Ndaw Gvangjsih gij swhyenz raemxlajnamh haemq lai, daihgaiq miz 392 ik lizfanghmij, ciemq Gvangjsih binaengz raemx swhyenz cungjliengh 20.8%. Raemxlajnamh cangdai cwkrom miz raemx giz conghgamj、raemx giz dek guengh、raemx giz congh iq、raemx giz congh iq dek guengh seiq cungj loihhingz, raemx dek guengh rinndaek faenbouh menciz ceiq gvangq, gij loihhingz hamz raemx cujyau dwg raemx conghgamj rin dansonhyenz dek guengh, guhbaenz le raemxlajnamh siengdang gveihmoz caeuq haujlai mboq hung conghgamj rin.

广西境内地下水资源比较丰富，约为392亿立方米，占广西年总水资源量的20.8%。地下水贮存状态有岩溶水、裂隙水、孔隙水、孔隙裂隙水4种类型，以基岩裂隙水分布面积最广，主要的含水类型是碳酸盐岩裂隙溶洞水，形成了相当规模的地下河系和众多的岩溶大泉。

Youq gizyawz digih giz Bouxcuengh，lumjbaenz gij canggvang raemx swhyenz baihdoengnamz Yinznanz、baihnamz Gveicouh caeuq baihsae Gvangjdungh，cungj caeuq Gvangjsih ca mbouj lai.

在壮乡其他地区，如滇东南、黔南和粤西的水资源状况，均与广西相差不大。

Sam. Gij caihaih raemxrongz mbwnrengx giz Bouxcuengh

三、壮族境内的水旱灾害

Giz Bouxcuengh dwg mwnq swhyienz caihaih deihdeih miz doengzseiz haemq yiemzcungh de，gij menciz deng caihaih gvangq，deihdeih fatseng，caihaih sonjsaet daih. Youq haujlai caihaih ndawde，mbwnrengx sienghaih ceiq yiemzcungh，daihgaiq ciemq caihaih cungj sonjsaet 60%；daihngeih dwg raemxcai，daihgai ciemq caihaih cungj sonjsaet 13%；caiq dwg gij caihaih rumzhaenq raemxhwnj daengj.

壮乡境内是自然灾害频繁且较严重的地区，受灾面积广，发生频率高，灾害损失大。在诸多灾害中，旱灾危害最严重，约占灾害总损失的60%；其次是水灾，约占灾害总损失的13%；再次是风暴潮灾等。

（It）Gij mbwnrengx giz Bouxcuengh

（一）壮乡的旱灾

Daj doenghbaez daengz seizneix，ndaw giz Bouxcuengh deihdeih mbwnrengx，cujyau dwg dwg youz gij rumz Daibingzyangz caeuq Yinduyangz mwh daeuj mwh doiq mbouj habseiz cauhbaenz；ndawde seizcin rengx ceiq lai，daihgeiq dwg seizcou rengx.

从古至今，壮乡境内旱灾繁发，主要是由太平洋和印度洋的季风进退失时所造成的；其中以春旱最多，次为秋旱。

Mingzcauz Vanliz 46 bi（1618 nienz），dwg baez mbwnrengx youq gwnz lizsij giz Bouxcuengh haemq yiemzcungh ndeu. Giz deng cai Gvangjsih moix mwnq cungj deng，ndawde 18 aen yienh ceiq yiemzcungh. Haeuxgwn mbouj sou ndaej saek ceh，naed haeux bengz lumj naedcaw，vunz dai iek dauqcawq vangvet，caihaih yiemzcungh. Cinghcauz Gvanghsi 20 daengz 22 bi（1894~1896 nienz）Cungzcoj、Dasinh、Denhdwngj、Ningzmingz、Bingzsiengz、Lungzcouh daengj dieg laebdaeb 3 bi seizhah mbwnrengx，seizcou youh mbouj miz fwn. Minzgoz 17 bi（1928 nienz）dwg Gvangjsih bi rengx daegbied youqgaenj de，mbwnrengx ca mbouj geij daengx sengj gizgiz cungj miz，miz 50 aen yienh deng cai. Bihaenx，mbangj mwnq seizcou mbwnrengx laebdaeb daengz seizdoeng，faex cuk va mak cungj reuq liux，soundaej haeux mbouj daengz haj cingz，gizyawz haeuxliengz mbouj ndaej sou saek di，beksingq iek dwk deuz ok rog bae.

明万历四十六年（1618年），是壮乡历史上比较严重的一次旱灾。受灾地区遍及广西全境，其中18个县最严重。粮食颗粒无收，米贵如珠，饿殍枕藉，灾害惨重。清光绪二十至二十二年（1894~1896年）崇左、大新、天等、宁明、凭祥、龙州等地连续3年夏旱，秋又无雨。民国十七年（1928年）是广西特大旱年，旱灾几乎遍及全省，有50个县受灾。是年，部分秋旱持续至冬季，竹木花果均枯萎，稻谷收成不及五成，杂粮无收，民饥外逃。

Giz Bouxcuengh cujyau guh nungzyez, mbwnrengx guh'ak, gohaeux mbouj miz banhfap hungmaj, diegrengx caemh mbouj sou ndaej saek ceh haeux.

壮乡以农业为主，旱灾为虐，稻作无法生长，旱地也颗粒无收。

（Ngeih）Gij raemxcai giz Bouxcuengh
（二）壮乡的水灾

Fwnhaenq ciengzseiz yinxfat raemxrongz caihaih, daegbied dwg 5~8 nyied engqgya youqgaenj. Raemxrongz bauqfat, raemxdah famhlamh, dumh gohaeux liux, dongj vaih ranz、roen caeuq giuz daengj. Gvangjsih ndaw sijciz soj geiq gij caihaih raemxrongz, ceiqcaeux raen youq Hancauz Yungjcuh yienznienz（107 nienz）seiq nyied daengz gouj nyied diuzdah Gvei'gyangh caeuq Mungzgyangh giz Bingzloz、Yungjanh（Mungzsanh）famhlamh. Sungdai gvaqlaeng, daj 975 nienz daengz 2015 nienz baenz cien lai bi seizgan, Sihgyangh Vuzcouh gij raemxrongz hung liuzlieng hungzfungh youq 42000 lizfanghmij moix miuj doxhwnj de miz 40 lai baez. Minzgoz 4 bi（1915 nienz）6 nyied raemxrongz daegbied hung, Vuzcouh suijvwnzcan raemxvih ceiq sang miz 27.07 mij, liuzlieng hungzfungh 54500 lizfanghmij moix miuj, ciepgaenh gij raemxrongz 50 bi cij raen baez ndeu de, gij vunz deng cai 230 fanh boux, reihnaz deng dumh menciz 340 fanh moux. Cinghcauz Gvanghsi 7 bi（1881 nienz）, Nanzningz raemxvih hungzfungh 79.98 mij, liuzlieng hungzfungh 21380 lizfanghmij moix miuj. Caep doem youq bakdou singz daeuj dangj, raemxvih baihrog aensingz sang gvaq ndawsingz baenz ciengh lai, dwg bak bi daeuj ciengz caihaih mbouj caengz miz gvaq de.

暴雨经常引发洪涝灾害，尤以5~8月为甚。山洪暴发，河水泛滥，淹没农作物，毁坏房屋、道路和桥梁等。广西史籍中所记洪水灾害，最早见于汉永初元年（107年）四月至九月平乐、永安（蒙山）的桂江和蒙江泛滥。宋代以后，从975年至2015年的千余年时间里，西江梧州洪峰流量在42000立方米/秒以上的大洪水有40余次。民国四年（1915年）6月特大洪水，梧州水文站最高水位27.07米，洪峰流量54500立方米/秒，接近50年一遇的洪水，受灾人口230万人，淹没农田面积340万亩。清光绪七年（1881年），南宁洪峰水位79.98米，洪峰流量21380立方米/秒。筑土于城门以挡之，城外水位高于城内丈余，为百年来未有之灾。

Daihngeih Ciet　Suijli Gensez Gisuz
第二节　水利建设技术

Suijli gunghcwngz miz fuengzre raemxrongz、dwkraemx、hawj ruz byaij daengj cunghab yauqyungh，suijli caeuq nungzyez、hawsingz gensez caeuq gunghyez swnghcanj gvanhaeh maedcaed，de gisuzsing giengz，hidungj fukcab，gunghcwngzlieng daih，feiqyungh caemh sang，baenzlawz gaengawq dangdieg cingzgvang daeuj guh、saedbauj miz caetliengh gensez suijli gunghcwngz，itcig dwg Bouxcuengh caeuq gizyawz beixnuengx minzcuz gyaepgouz fazcanj suijli gohgi saehnieb.

水利工程具有防洪、灌溉、航运等综合效用，水利与农业、城市建设和工业生产关系密切，其技术性强，系统复杂，工程量大，费用也高。如何因地制宜、确保质量建设水利工程，一直是壮族和其他兄弟民族追求解决的水利科技事业发展的问题。

It. Gij suijli gensez giz Bouxcuengh
一、壮乡的水利建设

Gij suijli gensez giz Bouxcuengh，miz gij daegdiemj lajneix：

壮乡的水利建设，具有如下特点：

（1）Gij fazcanj suijli saehnieb giz Bouxcuengh faen gih mbouj bingzyaenx. Aenvih gij yienzaen lizsij，giz Bouxcuengh gak mwnq sevei ginghci fazcanj mbouj bingzyaenx，sawj gij fazcanj suijli saehnieb youq gihyiz fuengmienh mbouj bingzyaenx. Giz Gveibwz caeuq Gveidunghnanz haifat haemq caeux，Gveilinz ciengzgeiz dwg giz soujfuj Gvangjsih，cwngfuj mboujduenh gyagiengz gensez gij cwngci、ginghci、vwnzva giz Gveilinz，suijli gensez doxwngq fazcanj dwk haemq vaiq. Daj Cinz haivat Linzgiz doxdaeuj，ligdaih cungj dawz de dangguh diuz roen youqgaenj doeng namz baek de cix coih doeng，saedbauj diuz gyaudoeng lohsienq gwnzraemx doeng bae Cunghyenz de doengrat. Dangzdai haivat diuz Sienghswhdai Yinhoz，sawj diuz lohraemx Gvei'gyangh、Lozcinghgyangh、Liujgyangh、Duhliujgyangh daengj doxdoeng，doiq gij fazcanj Liujcouh miz coicaenh cozyung. Vuzcouh dwg mingzdai giz dieg cungjduh yazmwnz song Gvangj，deu doeng Fujgyangh、Liujgyangh，gaijbienq gij gyaudoeng doiq rog caeuq fuengzceih raemxrongz，miz cunghab ceihleix yauqgoj haemq ndei. Haujlai giz Gveisihbwz haifat haemq laeng，youh dingzlai dwg youq giz duenhdah baihgwnz，ginzcung dangdieg cijdwg leihyungh raemxmboq caeuq raemxlajnamh daeuj dwkraemx，sojlaiz gij naengzlig dingjgangq caihaih raemxrongz mbwnrengx haemq yaez.

（1）壮乡水利事业的发展在分区上不均衡。由于历史的原因，壮乡各地的社会经济发展不平衡，导致水利事业的发展在区域上不平衡。桂北和桂东南地区开发较早，桂林长期是广西首府的所在地，政府不断地加强对桂林地区的政治、经济、文化建设，相应的水利建设发展得比较快。自秦开凿灵渠以来，历代都把它作为南北的咽喉通道而进行修浚疏通，确保通往中原的水运交通线路畅通。唐代开凿的相思埭运河，使桂江、洛清江、柳江、都柳江等水道连通，对柳州的发展起促进作用。梧州是明代两广总督衙门的所在地，疏浚府江、柳江，改变对外交通和防治洪涝，产生了较好的综合治理效果。广大桂西北地区开发较晚，又多处于江河上游，当地群众只是利用岩溶泉水和地下暗河进行灌溉，故对旱涝之灾抵御能力较差。

（2）Lingjnanz gij suijli gunghcwngz dwg gak cuz yinzminz doengzcaez haifat ndaej. lingjnanz Cuhgyangh liuzyiz dwg giz dieg cojgoeng Bouxcuengh comzyouq de, gij swnghhoz gyoengqde caeuq raemx miz gvanhaeh maedcaed. Aenvih suijli gensez gunghcwngz gveihmoz haemq hung、yungh vunz lai, vihneix doenggvaq gak aen minzcuz youq gizhaenx youq de lumjbaenz Cuengh、Gun、Yauz、Myauz daengj roengzrengz gensez. Dangzcauz Hanzdungh 9 bi（868 nienz）5.3 fanh vunz deu doeng Lingzgiz yungh seizgan bi ndeu. Linghvaih, Dangzcauz gak cuz lwgminz bozzcawz gunnanz, mbak hai goengq bya ndeu, haivat le Denhveihyauz Yinhoz.

（2）岭南壮乡的水利工程是各族人民共同开发的。岭南珠江流域是壮族先民聚居地，其生活与水有着密切的关系。水利建设工程规模较大、需要劳动力多，为此需要居住在壮乡的壮、汉、瑶、苗等民族的共同奋力建设。如在唐朝咸通九年（868年）5.3万人费时1年完成灵渠疏通。另外，唐朝各族群众克服困难，劈开一座山，开凿出天威遥运河。

（3）Gij suijli gunghcwngz giz Bouxcuengh gyaepgouz fuengzre raemxrongz、baiz raemxrongz、dwkraemx、dajyinh daengj cunghab leihyungh. Giz Bouxcuengh aeu ndaemnaz guh ginghci giekdaej cujyau, suijli gunghcwngz caeuq gij nungzyez、gunghyez、gyaudoeng、mouyiz、vwnzva giz Bouxcuengh maedcaed doxgven, cojgoeng Bouxcuengh haemq yawjnaek cawqleix ndei gvanhaeh gak fueng, gensez le gak cungj suijli gunghcwngz miz minzcuz daegsaek ronghsien de.

（3）壮乡的水利工程追求防洪、排涝、灌溉、防旱、航运等综合利用。壮乡以稻作农业为主要经济基础，水利工程与壮乡的农业、工业、交通、贸易、文化密切相关，壮族先民比较注重妥善地处理各方的关系，建设了具有鲜明民族特色的各种水利工程。

Ngeih. Gij Suijli Gensez Gisuz Giz Bouxcuengh
二、壮乡水利建设技术

（It）mwh Cinz、Han、Cin gij suijli gensez gisuz giz Bouxcuengh
（一）秦、汉、晋时期壮乡的水利建设技术

Mwh gaxgonq Cinz, cojgoeng Bouxcuengh yinx raemx ndaem naz, gaemdawz le gij gisuz yinx raemx dwkraemx. Gwnz saw lizsij cwng gijneix dwg "lozdenz", soujsien haicauh le aen gunghcwngz dwkraemx naz. Dajdaej gij gisuz ndaemnaz dwg aen vanzcez gvanhgen raixcaix ndeu. Cinzcijvangz doengjit Lingjnanz, vih gaijgez dajyinh gij doxgaiq bingdoih yungh de, haivat Lingzgiz, hainduj dwg vih hoenxciengq dajyinh fugsaed, gvaqlaeng doidoengh le ginghci vwnzva namz baek gyaulouz, louz roengzma giz sezsih dwk raemxnaz hamj dah caep fai yinx raemx gaeuqgeq youh hungmbwk ndeu, vih gij ginzcung youq song henz Lingzgiz de yunghraemx caeuq dwk raemxnaz fazveih le cozyung hungloet. Aenvih sawjyungh hongdawz diet, gyadaih le gij menciz ndaem naz, buenxriengz gungganq ok gohaeux binjcungj engq lai, doiq dwk raemxnaz daezok le iugouz engq lai, gak aen ciuzdaih gonq laeng guhbaenz le aen hidungj suijli dwk raemxnaz haemq gohyoz de. Hancauz gij dwkraemx gisuz "lozdenz" gaenq dabdaengz suijbingz haemq sang, cobouh guhbaenz aen hidungj dwkraemx baizraemx ndawgyang nazhaeux, gijneix dwg cojgoeng Bouxcuengh gij gisuz dwk raemxnaz bouhfaenh ndeu.《Houhansuh · Maj Yenz Con》geiqloeg：Mwh Dunghhan, Fuzboh cienghginh Maj Yenz daiq "gij bing gak aen gin cungjgungh fanh lai boux" roengz baihnamz bae Gyauhcij. Ginggvaq Sienghgyangh, gvaq Lingzgiz, roengz Gveinanz, daengz Hozbuj, "Yenz daengz gizlawz cungj vih gin yienh coih ciengzsingz, doeng mieng dwkraemx, ik gyoengq beksingq gizde".

先秦时期，壮族先民引水种田，掌握了引水灌溉技术。史书将引水灌溉的田称为"骆田"，开创了稻田灌溉工程之先河，是奠定稻作技术非常关键的环节。秦始皇统一岭南，为解决军需运输，开凿灵渠，开初是为战争运输服务的，后来推动了南北经济文化交流，留下了一处古老而伟大跨流域的筑坝引水的农田灌溉设施，为沿渠两岸群众用水和灌溉农田发挥了重大的作用。由于铁制农具的使用，扩大了稻田种植面积，随着培育出更多的栽培稻品种，对农田灌溉提出了更多的要求，各个朝代先后形成了比较科学的农田水利灌溉系统。汉朝"骆田"的灌溉技术已达到较高的水平，初步形成稻田田间的灌排系统，这是壮乡先民农田灌溉技术之一部分。《后汉书·马援传》记载：东汉年间，伏波将军马援带"诸郡兵合万余人"南下交趾。溯湘江，过灵渠，下桂南，到合浦，"援所过辄为郡县治城廓，穿渠灌溉，以利其民"。

（Ngeih）mwh Suiz Dangz gij suijli gensez gisuz giz Bouxcuengh

（二）隋唐时期壮乡的水利建设技术

Youq giz Bouxcuengh, mwh Suiz Dangz cawzliux baiq bouxhak guh guenjleix, doengzseiz doihengz gij banhfap lox giz couh、yen、dung. Leihyungh gij hakdoj vunz dangdieg bae guenjleix, sevei caeuq ginghci miz le fazcanj haemq hung, cwngfuj deihfueng haifwz reihnaz, doihengz dunzdenzci, daih coih suijli, gaij dieg rengx baenz naz, caep yinhoz, yawjnaek daj lohraemx dajyinh, gij cingzcik suijli saehnieb gig daih. Cauzdingz youq sangsuh laj gunghbu nda suijbu langzcungh caeuq yenzvailangz, nda miz hozgizsuj, gyagiengz gensez caeuq guenjleix gij suijli daengx guek. Yawjnaek coihguh、henhoh gij dwkraemx、aenruz、diuzgiuz、diuzdah aen daemz gak mwnq caeuq gij dajyinh gwnzraemx daengj hong.

在壮乡，隋唐时期除派官员进行管理外，并推行羁縻州、县、峒制。利用当地人的土官去加以管理，社会与经济有了较大的发展，地方政府开垦农田，推行屯田制，兴修水利，改造旱地为水田，修筑运河，注重航运，在水利事业方面的成就很大。朝廷在尚书省工部下设水部郎中和员外郎，设有河渠署，加强全国水利建设和管理。重视各地的灌溉、舟楫、桥梁、河渠陂塘的修建、维护及水运等事宜。

1. Gij gisuz coih doeng diuzdah、caep fai、baiz raemxrongz

1. 修浚河道、筑堤、泄洪技术

Dangzcauz cunghyangh cwngfuj baiq bouxhak ndei gak dau couh fuj, doiq gij mieng dwkraemx giz Bouxcuengh guh genjcaz、deudoeng caeuq coihbouj, baujcingq gij aeuyungh nungzyez swnghcanj. Cungdenj gunghcwngz dwg coihguh caeuq gaijcauh diuz mieng baih namz、baek Lingzgiz. Dangzgingcungh mwh Baujli（825~826 nienz）, Gveigvanj gvanhcazsij Lij Boz cujciz dauq coih Lingzgiz, youq gwnz mieng nda 18 aen doulingq, daezsang gij raemxvih raemx mieng, dauqfuk le raemx doeng, baujcingq aenruz ndaej byaij, caemh saek raemx hwnj hamq, dwkraemx hawj naz, gya'gvangq gij menciz dwk raemxnaz, hoeng mbouj geijlai nanz youh mbouj caiq yungh. Gvaqlaeng caiq youz Gveicouh swsij Yiz Mungveih youq Hanzdungh 9 bi（868 nienz）coih. De nyinhcaen cungjgez le giz Bouxcuengh gij gingniemh ceihraemx, dawz "gij fai de, cungj yungh rin hung daebdong hwnjdaeuj, iet raez daengz seiq leix". Doulingq aeu 18 baiz faex geng daengj hwnjdaeuj, supsou haujlai beksingq Bouxcuengh camgya. Coih gvaq le, gij gunghcwngz caetliengh diuz mieng baih namz、baek Lingzgiz haemq ndei, dauqfuk hawj aenruz byaij, gyadaih le dwkraemx hawj gij naz song henz Lingzgiz.

唐中央政府委派各道州府的循良官史，对壮乡的灌溉渠道进行检查、疏浚和修补，保证农业生产的需要。重点工程是灵渠南、北渠的修治与改造。唐敬宗宝历年间（825～826年），桂管观察使李渤主持重修灵渠，在渠道上设立18个陡门，提高渠水水位，恢复了通漕，保证舟楫航行，也堵水上岸，浇灌农田，扩大农田灌溉面积，但不久又废。后再由桂州刺史鱼孟威于咸通九年（868年）修治。他认真总结了壮乡治水经验，将"其铧堤，悉用巨石堆积，延至四里"。陡门用18排坚木竖排，吸收众多壮民参加修治。修治后，灵渠的南、北渠工程质量较好，恢复舟楫通行，扩大了渠两岸的农田灌溉。

Dangzdai, Yunghgyangh raemxrongz lai baez hwnj, dumh le roxnaeuz dauq guenq haeuj ndaw singz. Dangzcauz Gingjyinz 2 bi（711 nienz）, yunghcouh swhmaj Lij Yinz youq ndaw singz henz Yunghgyangh cujciz beksingq caep diuz fai hung fuengzre raemxrongz. Gaengawq Minzgoz bien bonj《Yunghningz Yenci·Sizho Ngeih》geiqloeg: Giz dieggaeuq diuz fai youq "Nanzningz Dunghmwnz yangh Dunghcunh, liz hawsingz bet leix, baenz diuz fai raez cib leix, gvangq saek leix, youq song henz youq de miz haj aen mbanj, coh gaeuq cwng Nanzzhuz. Gizneix dieg doekdaemq, moix baez roebdaengz seizhah seizcou raemx lai, raemx dahhung youz baiz faexcuk de cung haeujdaeuj, dumh gomiuz ndaw naz liux, sonjsaet gig lai. Yienzlaiz miz gij giek diuz fai fuengz raemxrongz de, cienznaeuz dwg Dangzcauz mwh Gingjyinz（710~711 nienz）, Yunghcouh swhmaj Lij Yinz caep".《Dangzsuh·Deihleix Ci》geiq: "Senhva（seizneix dwg Nanzningz）Yi'gyangh daj giz dieg bouxmanz Cizyenzcouh lae ok, beksingq aen couh neix deng nanh lai, mwh Gingjyinz, swhmaj Lij Yinz guh mieng daeuj faen raemx, daeuj gaj gij rengz raemx, daj mwhhaenx mbouj miz gij caihaih deng dumh, beksingq couh youq henz raemx youq." Caep fai cwk gij raemx raemxrongz bienqbaenz aen huz, yiengh gisuz baiz raemxrongz neix senhcin. Bwzsung Loz Sij sij《Daibingz Vanzyij Geiq》geiq: Baihrog aen singz Gveicouh, song hamq Lizgyangh moix bi sam nyied daengz haj nyied，raemxrongz hwnj，dumh hawsingz，aenranz dingzlai deng dumh liux，beksingq sengmingh caizcanj sonjsaet lai dangqmaz，guhbaenz aen huxndumj hung ndeu. Dangzcauz Cinhyenz cibseiq bi（798 nienz），swsij Vangz Gungj caep diuz fai Veizdauh，diuz fai neix raez 554 mij，daeuj dingjgangq gij rengz raemx，beksingq ndaw singz mienx deng raemxcai.《Linzgvei Yenci》 caemh miz gij geiqloeg doxlumj，hoeng gij dieggaeuq diuz fai Veizdauh gaenq dumh liux，caep fai humx singz caeuq faen nga baiz raemxrongz daeuj ceihraemx，dwg dangseiz gij gisuz fuengzre raemxrongz ceihraemx haemq senhcin de.

唐代，邕江洪水多次暴涨，淹没或倒灌州城。唐景云二年（711年），邕州司马吕仁在州城邕江岸边组织州民筑防洪大堤。据民国编《邕宁县志·食货二》载：堤遗迹在"南宁东门乡东村，距城八里，全堤长十里，阔几一里，沿两岸腾而居者五村，旧名南湖。该处地势低洼，每逢夏秋水涝，大河之水由竹排冲进入，浸没田禾，损失甚多。原有旧时防洪堤基，传为唐朝景云中（710~711年），邕州司马吕仁所筑"。《唐书·地理志》载："宣化（今南宁）郁江自蛮境七源州流出，州民常苦之，景云中，司马吕仁引渠分流，以杀水势，自是无没溺之害，民乃夹水而居。"筑堤蓄洪成湖，泄洪技术先进。北宋乐史著《太平寰宇记》载：桂州城外，漓江两岸每年三月至五月，洪水暴涨，浸没城池，房屋多被淹没，人民生命财产损失甚多，成为一大隐患。唐贞元十四年（798年），刺史王拱筑回涛堤，堤长554米，以捍水势，城市居民免遭水灾。《临桂县志》也有类似记载，但回涛堤遗迹已湮没，筑堤以保城与分流泄洪治水，属当时防洪治水的比较先进的技术。

2. Gij gisuz haivat caeuq leihyungh raemxmboq raemxcingj

2. 泉井开凿与利用技术

Giz Bouxcuengh cungj deihhingz nganzyungz haemq lai，gij swhyenz raemxlajnamh fungfouq，cojgoeng Bouxcuengh gaenq nyinhrox daengz doengzseiz leihyungh daengz. Dangzcauz Daliz 3 bi（768 nienz），Yungzcouh ginghlozsij Yenz Gez cangdauj haivat aen cingj Binghcenz Vuzcouh. Yenz Gez sij《Geiq Binghcenz》naeuz："Baihdoeng aen singz ngeih sam leix miz aen mboq ndeu，ok youq ndaw singz，raemx seuq youh diemz caep lumj nae，mwh seizhwngq，vunz Canghvuz ndaej aeu daeuj gej hozhawq，aen mboq caeuq Hojsanh doxdoiq，sojlaiz cwng aen coh Binghcenz." Raemxmboq ciengzseiz lae，beksingq aeundaej raemxgwn ndei，lij ndaej dwkraemx hawj gij naz laenzgaenh. Yenzhoz 11 bi（816 nienz），Liujcouh swsij Liuj Cunghyenz cujciz minzgungh youq ndaw singz Liujcouh vat le 3 aen cingj，aen cingj laeg 22 mij，hawj vunz ndaw singz yunghraemx，yienghneix guh couh daezsingj cojgoeng Bouxcuengh naemjngeix vat cingj dwk raemxnaz. Hoyen aen mboq Ginhsah，couhdwg ndaw fwen Lij Sanghyinj soj gangj aen cingj Ginhsah. Hoyen（seizneix dwg Hocouh si）baihsae giz 10 goengleix miz aen mboq raemxgoenj，aen mboq danh'ok lumj raemxgoenj，raemx lai dangqmaz，caj de caep le ndaej dwkraemx hawj gij naz laenzgaenh，beksingq gig insik. Hoyen baihdoengbaek giz daihgaiq 25 goengleix de caemh miz aen mboq raemxraeuj，gij goek dwg daj lajbya geh rin lae ok 3 nga raemx：Nga ndeu raemxndat，nga ndeu raemxcaep，nga ndeu raemxraeuj，lae haeuj

Sizhih caemh dwg yungh daeuj dwkraemx.

壮乡境内岩溶地形较多，地下水资源丰富，壮族先民已有所认识并加以利用。唐大历三年（768年），容州经略使元结倡导开凿梧州的冰泉井。元结撰《冰泉铭》云："城东二三里有泉焉，出在郭中，清而甘寒若冰，当盛夏之时，苍梧人得以解渴，泉与火山相对，故命之曰冰泉。"泉水长流，居民获得优质饮用水，还灌溉附近农田。元和十一年（816年），柳州刺史柳宗元组织民工在柳州城内打了3口水井，井深22米，供市民用水，从而启发壮族先民打井灌田的思路。贺县金沙泉，即李商隐诗中所讲的石烂金沙井。贺县（今贺州市）西10千米处有沸水泉，泉涌如沸水，水量极大，冷却后能灌溉附近田亩，居民非常珍惜。贺县东北约25千米处里也有温泉，源出崖下山石壁中流出3道水：一道热水，一道冷水，一道温水，流入锡溪也供灌溉。

3. Gij gisuz haivat yinhoz

3. 运河开凿技术

Dangzcauz Vujcwzdenh Yuzyi yiennienz（692 nienz），haivat le Sienghswhdai Yinhoz（doz 8-2-1），gaeudoeng le Lizgyangh caeuq liujgyangh song diuz suijhi, guhbaenz swnj Lingzgiz le, ciuhgeq giz Bouxcuengh diuz yinhoz daihngeih de. Youq yienhsingz Linzgvei baihnamz duenh Sienghswhhoz daj Benyensanh daengz Swhswjnganz gwnzde coih doulingq, daezsang raemxvih, guhbaenz faen daemz faen raemx, hawj gij raemx duenh baihgwnz Sienghswhhoz lingq haeuj baihsae diuzdah bae lae, ginggvaq Davanh、Suhgyauz gyonjhaeuj Liujgyangh, gij raemx duenh baihlaj Sienghswhhoz vanzlij gyonjhaeuj Lizgyangh. Haivat diuz dah neix gawq yungh daeuj dajyinh, caemh ciem ndaej ik dwkraemx.

唐武则天如意元年（692年），开凿了相思埭运河（图8-2-1），沟通漓江和柳江两条水系，成为继灵渠之后，古代壮乡的第二条运河。在临桂县城南面的辨堰山至狮子岩的相思河段上修陡门，提高水位，形成分水塘，使相思水上游陡河西流，经大湾、苏桥汇入柳江，相思河下游仍汇入漓江。开凿此河既用于航运，也兼收灌溉之利。

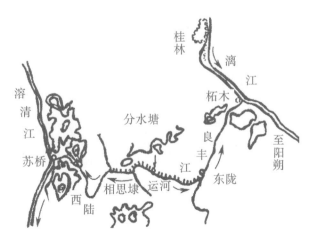

Doz 8-2-1 Dangzcauz guh diuz Sienghswhdai Yin hoz gij deihleix veicidoz de

图8-2-1 广西桂林市唐代修建的相思埭运河地理位置图

Baihnamz giz Bouxcuengh，Dangzcauz Yunghgvanj ginghlozsij soj guenj giz baihsaenamz Ginhcouh（seizneix dwg Fangzcwngz）miz aen bandauj ndeu cwng Gyanghsanh，baihbaek gvangq baihnamz gaeb，daj baihbaek byaijcoh baihnamz. Baihdoeng dwg Fangzcwngz，baihsae gaenh Cinhcuhgangj. Gij ruz youz Lenzcouh hai bae Gyauhcij（Anhnanz）caeuq gak aen guekgya Dunghnanzya de cungj ngauj gvaq aen bandauj neix byaij，gig mbouj fuengbienh. Danghnaeuz roebdaengz daizfungh，engqgya gunnanz. Dangz Hanzdungh 9 bi（868 nienz），Anhnanz cezdusij Gauh Benz ciuaeu vunz Bouxcuengh dangdieg，youq bandauj giz ceiq gaeb haivat yinhoz. Danzbungz Yinhoz（doz 8-2-2）doeng daj Danzbungz hainduj，sae daengz Hwngzsungh，cienz raez daihgaiq 3 goengleix. Aenvih yinhoz soj ginggvaq de rin geng，gunghcwngz hojnanz，gij vunz mwhhaenx naeuz mbouj dwg bouxsien cungj mbouj ndaej guhbaenz. Gunghcwngz guh sat le，ginzcung dangdeih haenh de cwng "Denhveihyauz" roxnaeuz "Senhyinzlungj". Diuz yinhoz neix doiq dangseiz gij dajyinh gwnz haij miz cozyung gig ndei. 10 sigij gvaqlaeng，aenvih hoenxciengq daengj yienzaen，dajyinh gwnz haij mbouj doeng，caiqgya yinhoz mbouj miz vunz coih，daengz mwh Minzgoz gaenq deng lumx liux.

壮乡之南，唐邕管经略史所治钦州西南（今防城）有一半岛名为江山，北宽南窄，自北向南走向。东面是防城，西濒珍珠港。由廉州驶向交趾（安南）及东南亚诸国的船只均绕此半岛行驶，十分不便。若遇台风，更是困难。唐咸通九年（868年），安南节度使高骈招募当地壮族人，在半岛最狭窄处开凿运河。潭蓬运河（图8-2-2）东起潭蓬，西到横松，全长约3千米。因运河所经之地岩石坚硬，工程艰巨，时人称非仙人不能为。工程竣工后，当地群众赞称为"天威遥"或"仙人垅"。该运河为当时海运起了很好的作用。10世纪后，因战争等原因，海运不畅，加上运河失修，至民国时期已被湮没。

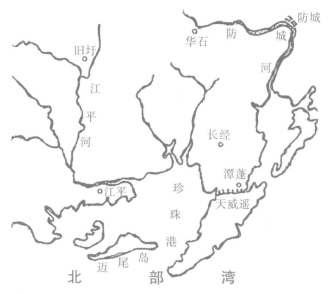

Doz 8-2-2 Dangz cauz guh diuz Danzbungz Yin hoz gij deihleix veicidoz de
图8-2-2 广西防城港市唐代修建的潭蓬运河地理位置图

4. Guh daemz cwk raemx

4. 陂塘蓄水

"陂" couhdwg daemz. Mwh Dangzcauz, cojgoeng Bouxcuengh hainduj guh cungj cwk raemx gunghcwngz iq neix, cujyau gisuz de dwg genj dieg ndei, youq giz cwk raemx buenz doem caep haenz, yienghneix daeuj lanz aeu caeuq cwk gij raemxfwn、raemxmboq、raemxrij laenzgaenh. Yienzhaeuh yungh laicungj aeu raemx fuengfap dawz raemx yinx haeuj ndaw naz. Moix bi seizcin, boux hakdoj minghlingh beksingq Bouxcuengh de guenj de doiq aen daemz cwk raemx gij naz gwnz bya roxnaeuz reih gwnzndoi lumx doem gyamaenh, gietcomz raemxfwn seizcin daeuj ndaemcin, baujcingq gij aeuyungh guh naz. Mwh seizdoeng, couh minghlingh gyoengqvunz guh daemz vat mieng, guhbaenz reihnaz suijli gunghcwngz benq iq. Gijneix dwg cojgoeng Bouxcuengh gaengawq daegdiemj dangdeih dajcauh ok cungj yinx raemx dwkraemx ndeu. Dangzcauz Cinhyenz 15 bi（799 nienz）, Veiz Danh guh Yungzcouh gvanjswsij, gig yawjnaek guh daemz dwk raemxnaz, de deng diuh bae Gyanghsih dang hak, caemh cizgiz doigvangj giz Bouxcuengh doenghgij dajcauh neix.

"陂"即池塘。唐时，壮族先民开始修筑这种小型蓄水工程，其主要技术是选择好地势，在蓄水区壅土筑堤，以拦截和积蓄附近的雨水、泉水、溪水，然后采用多种取水方法将水引入农田。每年春，羁縻土官令所辖管壮民对山田或坡地的蓄水池塘培土加固，汇集春雨以利于春耕，保证稻作生产需要。冬时，则令民众筑塘挖渠，形成小片的农田水利工程。这是壮族先民因地制宜引水灌溉的一种创造。唐贞元十五年（799年），韦丹任容州管刺史，很重视陂塘灌溉农田，他被调江西为官，亦积极推广壮乡的这些创造。

5. Gij gisuz caep fai lanz raemx dwk naz

5. 堰坝拦水灌溉技术

Youq ndaw diuzdah diuzriz haemq iq daeb rin caep fai, daeuj hanhhaed raemx lae, daezsang raemxvih, faen raemx lae haeuj diuz mieng yinx raemx lae haeuj ndaw naz, roxnaeuz ancang gij hongdawz riuj raemx hwnjdaeuj dwk raemxnaz. Cungj caep fai dwkraemx yienghneix hainduj youq Dangzdai.《Sinhdangzsuh·Vangz Soh Con》ndawde geiqloeg：Mwh Gingjlungz（707~709 nienz）, Gveicouh duhduz Vangz Soh cujciz beksingq "caep fai lanz raemxdah" daeuj guh naz, cungjgungh dwkraemx naz geij cien gingj, beksingq dangdeih laeb sigbei daeuj haenh.

在较小的江河溪流中垒石筑堰坝，以约束水流，提高水位，分水流入沟渠引水自流灌田，或安装提水工具汲水灌田。这种堰坝灌溉始于唐代。《新唐书·王晙传》中记载：景龙年间（707~709年），桂州都督王晙组织乡民"堰江水"以屯田，计灌田数千顷，当地百姓立碑歌颂。

6. Gij gisuz loek raemx

6. 提水筒车技术

Cinghcauz Gyahging 19 bi（1814 nienz）, Dungj Hau bien《Cenzdangzvwnz》ndawde gangj giz Bouxcuengh gaenq miz loek raemx, aeu faex guh loek, gaq youq gwnz raemx lae, loek faex cug geij aen doengz faexcuk guh gij hongdawz daek raemx. Aeu gij rengz raemx dah rij cungdongj aen loek cienqdoengh, daiqdoengh aen doengz iq daj ndaw raemx daek raemx rim le, swnghwnj daengz itdingh dohsang, cix raix raemx haeuj ndaw cauz bae, lae haeuj diuz mieng dwkraemx haeuj naz（loek raemx Gvangjsih Yizcouh youq Minzgoz seizgeiz guh, raen doz 8-2-3）. Loekraemx dwg cojgoeng Bouxcuengh soj dajcauh.《Dangzsuh Gaeuq》 ndaw gienj cibcaet geiqloeg: Dangzcauz Dahoz 2 bi（828 nienz）sam nyied, hawj Ginghcaufuj cauh cungj loekaemx neix, fat hawj baihbaek gij beksingq henz Cwnggiz、Bwzgiz sawjyungh, yungh daeuj gag dwk raemxnaz. Ndaej raen, giz Cunghyenz mwhhaenx lij caengz miz yiengh doxgaiq neix.

清嘉庆十九年（1814年），董浩编《全唐文》中记述壮乡已出现筒车，以木制轮，架于流水之上，木轮缚若干个竹筒作为兜水的工具。河溪的水力冲击使轮转动，带动小筒从水中灌满水后，上升到一定高度，把水倾注入一槽内，流入水渠灌溉农田（广西宜州市民国时期制作的提水筒车，见图8-2-3）。筒车是壮族先民所创造。《旧唐书》卷一七中记载：唐大和二年（828年）三月，令京兆府制造这种水车，发给北方郑、白渠旁的百姓使用，以自动灌溉农田。可见，那时的中原尚无此物。

Cungj daeuj gangj, mwh Suiz Dangz gij suijli gunghcwngz gisuz giz Bouxcuengh miz haujlai fazcanj caeuq dajcauh moq cungj dwg gaenqgawq deihfueng daegdiemj daeuj guh, daj saeddieg giz Bouxcuengh haidin, doenghgij neix doiq ginghci sevei cinbu fazveih le cozyung cizgiz.

总之，隋唐时期的壮乡水利工程技术有许多新的发明和创造都是因地制宜，从壮乡实际出发的，这些对经济社会进步发挥了积极的作用。

（Sam）Mwh Sung Yenz Gij Suijli Gensez Gisuz Giz Bouxcuengh
（三）宋元时期壮乡的水利建设技术

Sungdai, baihbaek doxhoenx mbouj dingz, Bouxgun Cunghyenz daihliengh senjhaeuj baihnamz giz Lingjnanz, Bouxgun vih gak cuz yinzminz Lingjnanz daiqdaeuj swnghcanj gisuz caeuq swnghcanj gingniemh senhcin, caemh coicaenh le gij ginghci sevei Lingjnanz giz Bouxcuengh ndaej fazcanj, nungzyez swnghcanj caeuq suijli saehnieb cungj miz fazcanj yienhda. Yenzcauz bujben doihengz ginhdunz caeuq minzdunz, hai diegfwz、coih suijli, nungzyez swnghcanj ndaej daengz fazcanj caenh'itbouh.

宋代，北方战乱不息，中原汉族大量南迁进入岭南地区，汉族为岭南各族人民带来先进的生产技术和生产经验，亦促进了岭南壮乡社会经济的发展，农业生产和

Doz 8-2-3　Loekraemx Yizcouh Minzgoz seizgeiz guh

图8-2-3　广西宜州市民国时期制作的提水筒车

水利事业都有显著的发展。元朝普遍推行军屯和民屯，开垦荒地、兴修水利，农业生产得到进一步的发展。

1. Sungdai gij suijli gensez gisuz Lingjnanz giz Bouxcuengh

1. 宋代岭南壮乡的水利建设技术

Youq song Sung 300 bi ndawde, cunghyangh cwngfuj yawjnaek nungzyez swnghcanj, dajciengj hai diegfwz, fat gij minghlingh vuengzdaeq gvendaengz suijli reihnaz, iugouz bouxhak gak couh yen gienq nungzminz lai ndaem doengh go haeux caeuq coih suijli. Youq mwh Vangz Anhsiz Bienqfap, suijli saehnieb deng yawjnaek dangqmaz. Hihningz ngeih bi（1069 nienz）, Vangz Anhsiz hainduj saedhengz bienqfap gaijgwz；bide 11 nyied, fatbouh "aen fap gvendaengz suijli reihnaz", cizgiz doidoengh hai ndaem reihnaz caeuq gensez suijli. Haucauh hwng coih suijli gunghcwngz, ciuq gunghcwngz hung iq faenbied youz cunghyangh roxnaeuz deihfueng cawjbanh. Naeuz hawj bouxhak couh yen dawz suijli gensez yawj guh cwzyin swhgeij. Lumjbaenz Sungcauz mwh Vangzyou（1049~1053 nienz）coihguh aen Nanzningz daemz Gyongdoengz, ndaej dwkraemx hawj bak geij moux naz.

在两宋的300年间，中央政府重视农业生产，奖励开垦荒地，发布农田水利的诏令，要求各州县官吏劝农多种五谷和兴修水利。在王安石变法期间，水利事业受到极大的重视。熙宁二年（1069年），王安石开始实行变法改革；当年11月，发布"农田水利法"，积极推动农田开垦和水利建设。号召兴修水利工程，按工程大小分别由中央或地方主办。责令州县官员将水利建设视为己任。如宋皇祐年间（1049~1053年）修筑的南宁铜鼓陂，可灌溉水田百余亩。

（1）Gij gunghcwngz gisuz coih doeng lohraemx. Sungdaicungh Daibingz Hinghgoz yienznienz daengz 8 bi（976~983 nienz）caeuq mwh Sung Vangzyou（1049~1053 nienz）, song baez coih Lingzgiz. Sunggyah sam bi（1058 nienz）, youz dizhingz giem lingjhangizsw Lij Swhcungh daengj cujciz caiq baez coih Lingzgiz, diuhcomz minzgungh 1400 boux, cungdenj baizcawz gij yung'yiemj gazngaih miengloh, coih fuk 36 aen doulingq, hawj aenruz ndaej byaij caeuq ndaej dwkraemx. Aen gunghcwngz neix cungdenj dwg cawzseuq ndaek rin hung geng ndaw miengloh. Daih'it baez daj Cunghyenz yinxhaeuj gij gisuz "citfeiz daeuj gung". Couhdwg sien dawz rin geng aeu feiz cit, caiq aeu raemxcaep rwed, ciuq gij yienzleix ndat ciengq caep suk, rin geng soiq dek, yienzhaeuh cawzseuq gij nwh. Cungj fuengfap neix hawj gunghcwngz cincanj gig vaiq, ngamq yungh ndwen lai ndeu, couh guhbaenz gij yinvu naek dajcoih. Minzgungh simndat hagsib gisuz senhcin, riengjvaiq couh sugrox, dwg gij gvanhgen guhhong ndaej gyavaiq. Sungcauz mwh Genzdau（1165~1173 nienz）, Anhfujsij Lij Hau youh ciepsouh minghlingh coih Lingzgiz, gaengawq《Sungsij · Lij Hau Con》geiq："Doenghbaez miz Lingzgiz, doeng ruz byaij nem dwkraemx haujlai bi le cungj mbouj coih, minghlingh coih doeng de, ik beksingq." Couh Gifeih《Lingjvai Daidaz》ndawde cienmonz geiqloeg yawj raen aen gunghcwngz dajcoih neix caeuq de doiq dwk raemxnaz miz maz cozyung："Ing ngozbya caep fai guh mieng，guh le cib leix couh daengz diegbingz，yienghneix couh vat mieng ngauj gvaq giz van ngozbya，byaij le roekcib leix." "Raemx mieng dwkraemx hawj Hingh'anh yienh，naz beksingq baenghgauq de." Gunghcwnz hungloet gannanz dangqmaz，gisuz fukcab dangqmaz，hawj vunz ndawsim niemh mbouj dingz.

（1）河道修浚工程技术。宋太宗太平兴国元年至八年（976～983年）和宋皇祐年间（1049~1053年），两度修治灵渠。宋嘉三年（1058年），由提刑兼领汉渠事李师中等主持再次修治灵渠，调集民工1400人，重点排除渠道险阻，修复36座陡门，使之通航与灌溉。其工程重点是清除渠道里的坚硬巨石。首次从中原引入"燎火以攻"技术。即先将硬石火烧，再用冷水泼浇，按照热胀冷缩的原理，坚石碎裂，然后将碴清除。此法使工程进展迅速，仅用1个多月，即完成维修重任。民工热心学习先进技术，迅速掌握，是为施工加快的关键。宋乾道年间（1165～1173年），安抚使李浩又奉命修治灵渠，据《宋史·李浩传》载："旧有灵渠，通航及灌溉岁久不治，命疏而通之，民赖其利。"周去非在《岭外代答·灵渠》中专记目睹该工程的修治及其对农田灌溉的作用："依山筑堤为溜渠，巧激十里而至平陆，遂凿渠绕山曲，凡行六十里。" "渠水浇迤兴安且县，民田赖之。"工程之浩大艰巨，技术之复杂，令人感慨不已。

（2）Gij gisuz caep diuz fai haij cwk naez. Lingjnanz giz Gvangjdungh ndaw dieg giz Bouxcuengh，henzhaij yungzheih deng diegndat rumzhaenq nyoenx raemxcauz，dumhmued diegdeih liux. Baihbaek miz haujlai vunz senjhaeuj daeuj le，gizneix caep fai cwk naez guh reihnaz，raq rumz neix hwng dangqmaz. Gaengawq gij swhliu Vangzdangz Suijli Veijyenzvei naeuz：Nanzsung Gingjding yienznienz daengz Hanzcunz 6 bi（1260~1270 nienz），diuz fai Bwzgyangh Vangzdangz sang 3 cik、diuz fai Caugangh sang 7 cik；ndaw《Sanhsuij Yenci》banj Cinghcauz geiq：Mingzcauz Gyahcing（1522~1566 nienz），diuz fai Bwzgyangh Vangzdangz sang 6 cik、diuz fai Caugangh sang 15 cik；Cinghdai diuz fai Bwzgyangh Vangzdangz sang 7.3 cik、diuz fai Caugangh sang 15 cik daengj，doenggvaq bouxvunz saek gat diuz lohraemx gaeuq ngadah gaeuq dawz gyoengqde gvaengh baenz daemz，bikhawj bak dah iet ok rog bae，hawj lajdaej dah cugngoenz daix sang. Caenhguenj yienghneix，ndaw《Cinghyenj Yenci》banj minzgoz vanzlij naeuz："Mingzdai Gyahcing 14 bi（1535 nienz）haj nyied raemxhung，ngozbya lak raemx roenx，vaih le haujlai aenranz beksingq，bide raemxcauz bae daengz Cunghsuzyaz." Ndaej raen，duenhdah baihgwnz Bwzgyangh daengz le Mingzdai，mbangjbaez lij miz raemxcauz haij hauj ndaw lueg daeuj. Ciuhgeq loih yienhsiengq "raemxcauz hwnjroengz" neix，youq gizneix dwg gij saeh ciengzseiz miz de，cojgoeng Bouxcuengh leihyungh "raemxcauz hwnjroengz" cauh "lozdenz"，doengzseiz cungj naz neix cauh'ok le couh ndaej ndaem lo.

（2）筑海堤蓄淤技术。岭南广东地区壮乡境内，滨海易受热带风暴潮涌为害，吞噬土地。北方移民大量涌入后，这里围堤堵淤开垦田地，形成高潮。据黄塘水利委员会资料称：南宋景定元年至咸淳六年（1260～1270年），北江黄塘堤高3尺、灶冈堤高7尺；清版《三水县志》中记：明嘉靖（1522~1566年），北江黄塘冈堤高6尺、灶冈堤高15尺；清代北江黄塘堤高7.3尺、灶冈堤高15尺等，通过人为地塞断古河道河汊使之围成塘，逼迫河口外延，让河床日渐抬高。尽管如此，民国版《清远县志》中仍称："明嘉靖十四年（1535年）五月大水，山崩川溢，多坏民舍，是年潮至中宿峡。"可见，北江上游到了明代，偶然还有海潮入峡。古代"潮水上下"这类现象，在这里是经常之事情，壮族先民利用"潮水上下"营造"雒田"，而且这种田造出后即可以进行耕种。

Buenxriengz gij lohraemx gaeuq giz bakokhaij Dahcuhgyangh mboujduenh deng saek, biksawj gij naezsa cwk hwnjdaeuj de cijndaej doi haeuj lajdaej haij bae, henz haij mboujduenh yiengq ndaw haij gya'gvangq, guhbaenz aen sanhgozcouh moq ndeu, de gya'gvangq riengjvaiq, Dangzcauz moix bi daihgaiq gya'gvangq 30 mij, Sungcauz 35 mij, Cinghcauz 38 mij, Minzgoz gvaqlaeng moix bi gya'gvangq dabdaengz 75 mij（1936 nienz）. Cuhgyangh Sanhgozcouh Bingzyenz, dwg Han Dangz gvaqlaeng Bouxcuengh、Bouxgun gak cuz yinzminz baenghgauq naezsa dienz haij haifwz okdaeuj. De caeuq gij lozdenz aenvih "raemxcauz hwnjroengz" cauhbaenz de mboujdoengz, gizneix raemxcauz ndaej baiz ndaej guenq, raemxlajnamh ndaengq, raemxcauz ndaengq sienghaih daih, sugvah cwng giz "nazsa", de bingq mbouj dwg naedsa dongcwk, cixdwg gij nazbiz cujyau dwg ngawh de. Cijdwg cungj nazbiz neix, miz aen gaijcauh gocwngz daj sahcouh bienqbaenz naz ndei ndeu.

随着珠江出海口古河道的不断围堵，迫使淤积的泥沙只能向海底堆积，海岸不断向海外扩展，形成新的三角洲，其扩展速度，唐每年扩展约30米，宋35米，清38米，民国以后每年扩展达75米（1936年）。珠江三角洲平原，是汉唐以后壮、汉各族人民依靠泥沙填海开垦出来的。它与"潮水上下"营造的雒田不同，这里能潮排潮灌，地下水有咸味，咸潮危害大，俗称"沙田"区，它并非沙子堆积，而是以淤泥为主的肥田。只是这种肥田，有一个由沙洲变成良田的改造过程。

（3）Doigvangj gij gisuz loekraemx. Sungdai, aen loekaemx ndaej bujben leihyungh. Vihliux dawz gij raemx giz raemxvih gig daemq de aeu hwnj gwnzhamq. Gaengawq raemxdah liz gwnz hamq ceiq lai miz geijlai sang, guhbaenz aen loek faexcuk hung ndeu, de haemq gung gvaq gij sang hamq dah di ndeu, gvangq 20~30 mij. Ndaw loek miz diuzsug, seiqhenz aen loek miz dungh caeuq doengz, yungh daeuj lanz raemx caeuq aeu raemx, doengzseiz aeu diuzfaex dawz seiqhenz caeuq diuzsug camca dinghmaenh hwnjdaeuj, song henz aen loek cang miz diuz daemx, diuzsug couh an youq gwnz diuz daemx. Raemxdah riuzdoengh miz gij rengz raemx de ndaej hawj aen loek gag cienqdoengh. Aen doengz faexcuk aeu raemx youq seiqhenz aen loek de ciuq itdingh gozdu ancang, mwh roengz raemx couh ndaej daek raemx, mwh hwnjdaeuj couh ndaej riuj raemx. Aen loek guh hung roxnaeuz iq, guh geijlai aen, yawj raemxdah lae dwk vaiq roxnaeuz menh daeuj dingh. Youq giz raemx vih cengca iq de, lij aeu caep fai lanz dah, daezsang cengca, guhbaenz raemx lae, cungdongj cienqdoengh aen loek luenz, doengz faexcuk couh mbouj dingz mbouj duenh daek raemxdah hwnj baihgwnz aen loek hung, boek haeuj aen cauz ciep raemx henz de, hawj raemx mboujduenh lae haeuj ndaw naz gwnzhamq. Cungj loekraemx moq neix sezgi gisuz engqgya hableix, gezgou bienq dwk genjdanh, youh cienh youh saedyungh, ndaej hwnzngoenz cungj aeu raemx, hoizrwnh mbwnrengx, ik guh naz, miz mbangj ndaej yungh ngeih samcib bi. Gijneix dwg giz Bouxcuengh gij gisuz dwk raemxnaz aoundaoj cinbu hungloct. Nanzcung Gvangjsih Ginghloz Anhfujsij Cangh Anhgoz youq Hingh'anh Lingzgiz mwh caen da raen sawjyungh aen loekraemx, de haenh dangqmaz, "loekraemx mboujdingz cienq, doengz faex yinx raemx cuengq youq giz sang, gohaeux ndaej deng nyinh, go'nywj gofaex cungj ndaej roriengz", nyinhnaeuz cungj loekraemx neix beij giz Gyangh Cez aen ci lungzgoet yungh rengzvunz de engq senhcin, couh dawz gij gisuz cauhguh、sawjyungh aen loekraemx daiq ma mbanjranz cienz hawj nungzminz Vuzgyangh. Ndaej raen, dangseiz Gvangjsih gij gisuz dwk raemxnaz cojgoeng Bouxcuengh gaenq siengdang senhcin.

（3）推广筒车灌溉技术。宋代，竹筒水车得到普遍利用。为把水位很低的江河水汲提到岸。根据河水距河岸的最高距离，筒车制作成一个直径略大于河岸高度的竹木大圆轮，其直径20～30米。轮中有轴，轮周边有笆和筒，用以阻水和汲水，并用辐条把周边与轴交叉紧固起来，轮两旁装有支架，轴就安在支架上。筒车在河水流动的水力作用下自行转动。汲水竹筒在圆轮周边按一定角度安装，入水时汲水，出水时提水。车筒的大小，数目的多少视河水的流速大小而定。在水位落差小的地方，还要筑堰拦河，提高落差，形成水流，冲击转动圆轮，竹筒就绵延不断地把河水汲到大圆轮上部，倾泻在旁边的接水槽里，让水不断地流入到岸上的农田。这种新筒车设计技术更为合理，结构简化，经济实用，可日夜汲水，缓解旱荒，利于稻作，有的可用二三十年。这是壮乡境内农田灌溉技术的重大进步。南宋广西经略安抚使张安国在兴安灵渠亲眼见到使用竹筒水车时叹为观止，"筒车无停轮，木枧着高格，粳接新润，草木丐余泽"，认为这种水车比江浙使用的人力龙骨车更先进，遂把制造、使用竹筒车技术带回家乡传给吴江农民。可见，当时广西壮族先民农田灌溉技术已相当先进。

（4）Mwh Sung Yenz gij sisuz gensez hawsingz suijli. Sungdai giz Bouxcuengh sevei ginghci ndaej fazcanj, gyagiengz le gij cozyung hawsingz, gensez hawsingz suijli, soujsien dwg caezcienz aen hidungj mieng daemz, fuengbienh fuengzre raemxrongz caeuq gensez. Aen cwngci cungqsim mwhhaenx Gveicouh（seizneix dwg Gveilinz）, baihdoeng aensingz miz Lizgyangh, baihnamz miz Yangzgyangh, baihsae miz Sihhuz, diuzdah dienyienz hopheux, ligdaih bouxhak deihfueng cungj gig yawjnaek lai coih gya guh gij ciengzsingz Gveilinz, doengzseiz ing haeuj ciengzsingz bae hai mieng. Gaengawq ndaw《Gveilinz Sizgwz》geiqloeg: Youq gwnz dat Yinghvujsanh dik miz aen doz Sungdai caep aen singz Gveicouh doengzseiz geiqloeg, aen ciengzsingz neix sang ciengh ndeu、gvangq 9 cik, youq Sungdai Hanzcunz 7 bi（1271 nienz）dik, sawfaenz lij geiqloeg youq gyaeujgwnz aen doz, gangj mingz Lij Cisij youq mwh de dangnyaemh caep aen ciengzsingz moq, daj Sezgvanh hainduj daengz Majvangzsanh cienj gvaq Gveilingj, daengz laj Baujcizsanh giz lajdin Bwzcwngdangz itgungh raez 720 ciengh; ciengzsingz gaeuq 662 ciengh, coih doeng diuz mieng gaeuq mieng moq raez 1889 ciengh, coih hwnq aen louz gaeuq louz moq 54 aen. Huz Ginghloz youq mwh dangnyaemh caep 4 giz ciengzsingz caeuq diuz mieng moq, itgungh 411 ciengh, guh diuz mieng moq mieng gaeuq 838.89 ciengh nem coihguh aen diengz sam mbiengj ciengzsingz moq aen ndeu. Diuz mieng ngamq hai de daj laj ngozbya Bozguhsanh daengz lajdin ngozbya Swhswjsanh，itgungh raez 112.3 ciengh，diuz mieng gvangq 25 ciengh，laeg 2.2~2.5 ciengh doengzseiz miz raemx. Baihrog aen dou Bwzgvanhmwnz daj baihlaeng ngozbya Sousinghsanh daengz lajdin ngozbya Mozgyahsanh itgungh raez 52.2 ciengh，laeg 2.2 ciengh，gvangq 22 ciengh，dwg diuz mieng hawq mbouj miz raemx，guh diuzgiuz daeb benj ndeu. Diuz mieng Canjgiu daj diuz fai Nanzmwnz laj go cujmuz hainduj itcig daengz lajdin ngozbya Swhswjsanh，itgungh raez 673.59 ciengh，diuz mieng gaeuq yienzlaiz gvangq 18~22 ciengh，mbe gvangq dwg 20~22 ciengh，cienzbouh gvangq 38~40 ciengh，laeg 2 ciengh doengzseiz miz raemx. Diuz mieng hopheux gij ciengzsingz rin hung sang de，guhbaenz hawsingz aen dijhi dingjgangq，mwh huzbingz caemh ndaej yungh daeuj dajyinh.

（4）宋元时期的城市水利建设技术。宋代壮乡社会经济的发展，加强了城市作用，开展城市水利建设，首先是完善濠池系统，利于防洪和建设。当时的政治中心桂州（今桂林）城，城东有漓江、南有阳江、西有西湖，天然河道围绕，历代地方官都很重视增修扩建桂林城墙，并依城开濠。据《桂林石刻》中记载：在鹦鹉山摩崖上刻有宋代修筑桂州城图并记载，该城墙高1丈、宽9尺，刻于宋咸淳七年（1271年），文字记述在图的上端，述明李制使任内创筑新城，自雪观起至马王山转过桂岭，至宝积山下北城堂脚共长720丈；旧城662丈，修浚新旧濠河长1889丈，修起新旧楼54座。胡经略任内创筑4处新城濠，共长411丈，开展新旧濠河838.89丈及修建新城三面亭1座。新开濠河自鹦鹉山下至狮子山脚，共长112.3丈，濠面宽25丈，深2.2～2.5丈并有水。北关门外自寿星山背至莫家山脚共长52.2丈，深2.2丈，濠面宽22丈，系干濠无水，建拖板桥1座。展旧濠河自南门东坝楮木下起直至狮子山脚，共长673.59丈，旧濠面原宽18～22丈，展宽为20～22丈，通宽38～40丈，深2丈并有水。濠河围绕高大的石筑城墙，形成城市防御体系，和平时期亦可作交通运输之用。

Gij gunghcwngz fuengzre raemxrongz dwg gij sezsih youqgaenj hawsingz. Yunghgyangh youq Cojgyangh nem You'gyangh doxroeb le lae gvaq Yunghcouh miz rangh rangh dieg bingz ndeu，dieg doekdaemq，yungzheih deng raemxrongz dumhmued. Aenvih seiq mbiengj cungj dwg raemx sojlaiz cwng "邕"，caemh cwng Yunghcouh. Sungcauz mwh Gingliz（1041~1048 nienz），cihcouh Dauz Bi lingjdauj beksingq dangdieg hoenxhingz le baez raemxrongz daegbied hungloet ndeu.《Sungsij · Dauz Bi Con》geiq："Yunghcouh giz doekdaemq，raemxfwn yungzheih conz youq seizhah miz lai，fwn doek hung baenz ndwen，Bi benz gwnz ciengzsingz bae yawj，sam mbiengj cungj dwg u raemx，doeklaeng saek daengz aen dou Gwnjgyangh，roengz minghlingh hawj bouxbing beksingq hwnj giz sang bae baex nanh. Yaepyet ndeu raemxrongz couh daengz，Bi aenndang sien saet okdaeuj，ciucomz gyoengq bouxhak bouxbing，guh baenz cien geij aen daeh doem cuengq youq gwnz loh，raemx cingqcaen daj congh haeuj daeuj，gaenlaeng couh deng saek le." Baez raemxrongz neix bauqhoho，daeuj dwk haenq raixcaix. "Raemx liz giz dingj ciengz lij miz roek cik，cibhaj ngoenz cix doiq." Aen singz Yunghcouh youq baez raemxrongz neix mbouj deng sonjhaih saek di，mbouj ndaej mbouj gvigoeng hawj boux cihcouh de Dauz Bi cujciz dwk mizyauq. Daengz Yenzcauz Ciyenz 19 bi（1282 nienz）seizhah，Nanzningz youh deng baez raemxrongz daegbied hungloet ndeu："Ngoenz ndeu couh mued gwnzhamq liux, daihngeih ngoenz couh haeuj ndaw singz." Vunz ndaw singz baenghgauq ciengzsingz, roongzrongz bae saek raemxrongz mbouj hawj cimqdumz haeujdaeuj, yienghneix couh miz "Saek dousingz, dienz miengraemx, mbouj miz geh lawz mbouj bouj, mbouj miz duzsaenz lawz mbouj baiq". Hoeng lienzdaemh geij ngoenz, fwnhaenq mbouj dingz, raemx rogsingz mboujduenh swnghwnj, gezgoj "raemx congvaq congh haeujdaeuj, giz ndeu baez dekceg nyoenx okdaeuj, baenz singz cungj raemxrongz goenjfoedfoed, lumj roebdaengz bingdoih haeuj singz". Cingzgvang gaenjgip, bakdou Ningzgyangh deng raemxrongz cung deuz, haujlai raemxrongz nyoenx haeujdaeuj, "buet vaiq lumj duzgingh, nyoenx hwnjdaeuj lumj raemxlangh, raemx gip langh gip, sanq gvaq seiqmienh betfueng, dumh aen cang, cung aen miuh, byoek aen ranz". Baez raemxrongz neix hawj beksingq cauhbaenz le sonjsaet hungloet. Vunz Yunghcouh youq mwh hoenx raemxrongz, daj cingq fanj song mienh guh cungjgez, cugbouh laebhwnj dauq fuengfap fuengzre raemxrongz dwg gauq yaet raemxrongz caeuq dingjgangq raemxrongz dox giethab ndeu.

防洪工程是城市的重要设施。邕江居于左江与右江会合后流经邕州的平原地带，地势较低，易遭洪水淹没。因四面皆水故曰"邕"，称为邕州。宋庆历年间（1041～1048年），知州陶弼领导当地老百姓战胜一次特大洪水的冲击。《宋史·陶弼传》记："邕州卑下，水易集夏，大雨弥月，弼登城以望，三边苦为陂泽，极塞民江之门，谕兵民即高避害。俄而水大至，弼身先版插，召吏僚赋役，为土囊千余置道上，水果从窦入，随塞之。"这次洪水汹涌，来势甚猛。"水不及女墙者三版，旬有五日乃退。"邕州城在这场洪水中安然无恙，不能不归功于知州陶弼的有效组织。元至元十九年（1282年）夏天，南宁又遭受一次特大洪水袭击："一日而没岸，再日而进城。"居民依靠城垣，力图阻塞洪水浸入，于是"杜塞城门，填筑沟洫，元罅不补，靡神不举"。但一连数日，暴雨不止，城外水不断升高，结果"水穿窦而入，裂地而出，一郡汹涌，如遇兵寇"。情况紧急，宁江门首被洪水冲决，大量洪水涌入，"奔如长鲸，涌如潮头，迅湍急涛，环连四向，触仓库，突寺观，翻屋庐"。这次洪水给人民造成了巨大的损失。邕州居民在与洪水斗争中，从正反两面进行总结，逐步建立起一套宣泄洪水与抗御洪水相结合的防洪工程措施。

（5）Gveilinz gij gisuz haifat gij swhyenz lijyouz gwnzraemx. Gveilinz youq ndaw bwnzdi nganzyungz, dienheiq raeujrub youh fwn doek lai, haujlai raemx fwn, doiq ngozbya miz dikdeu cozyung. Nga raemx hung Gveilinz si Lizgyangh goekraemx youq Mauh'wzsanh, lae gvaq Gveilinz si, daengz Vuzcouh si gyonjhaeuj Sihgyangh. Lijmiz haujlai diuzdah aenhuz, faenbouh youq baihrog baihndaw aen singz, gizgiz cungj dwg ngozbya diuzdah, gingjsaek gyaeundei dangqmaz. Ngozbya geizheih、raemxdah gyaeundei caeuq conghgamj ndei Gveilinz gapbaenz aen cingjdaej ndeu, couh lumj fukveh gingjsaek gig ndei daih swhyienz soj veh hawj ndei, haifat caeuq gensez de, hainduj youq Dangzcauz, hwnghoengh youq Sungcauz. Baujliz yiznznienz （825 nienz）Lij Boz youq mwh guh Gveicouh swsij giem yisijcunghcwngz 4 bi ndawde, deu vat diuz dahnga Lizgyangh Nanzhih, cingjcoih conghgamj, guhbaenz Gveilinz Nanzhihsanh、Yinjsanh daengj funghgingjgih, doengzseiz vihneix sij fwensei sij vahnduj："Raemx Gvei gvaq lizgyangh, gvaq baihgvaz gyonjhaeuj Yangzgyangh, youh gvaq le saek leix lai daengz bak Nanzhih, baihgvaz Nanzhih baenz ngoz baenz ngoz bya baiz ratrat, ngoz beij ngoz sang ngoz beij ngoz gyaeundei, gyoengqde heunaunau miz hoenzien mbinfefe, gyaeundei lumj bit veh, baihgvaz lienzdoeng doenghnaz, suen naz、gaeq ma, lumjnaeuz mbouj dwg youq vunzbiengz." Nanzhihsanh bienqbaenz Dangzdai Gveilinz aen funghgingjgih cujyau ndeu.

（5）桂林水上旅游资源的开发技术。桂林坐落于岩溶盆地中,气候温热多雨,大量的降雨流水,对山峦地貌起着一种雕凿的作用。桂林市的主流漓江发源于猫儿山,流经桂林市,至梧州市汇入西江。还有不少的河湖,分布在城市内外,处处山光水色,风景宜人。桂林的奇山、秀水和幽洞浑然一体,是大自然所赋予的绝妙风景画册,对其开发与建设,始于唐,盛于宋。宝历元年（825年）李勃在任桂州刺史兼御史中丞的4年中,清挖漓江的支流南溪,整修岩洞,建成桂林南溪山、隐山等风景区,并为此写诗作序："桂水过漓山,右汇阳江,又里余得南溪口,溪左屏列崖岳,斗丽争高,其孕翠曳烟,迤丽如画,右连幽野,园田、鸡犬,疑非人间。"南溪山辟为唐代桂林主要风景区之一。

Mwh song Sung giz baihbaek hoenxciengq lai, hoeng giz Bouxcuengh cwngci andingh, sevei ginghci hwngfat, haujlai bouxhak、canghseng'eiq、bouxdoegsaw daeuj daengz Gveilinz foenxfoenx. Daengz 1949 nienz, gij sigbei Gveilinz yolouz ma de itgungh 1569 gienh, ndawde Sungdai miz 489 gienh, daihgaiq ciemq sam faenh cih it; ndaej raen, ciuhgeq gij vunz daeuj Gveilinz lijyouz de vunzsoq laidaih. 19~20 sigij Gveilinz lijyouzcez ndaej daengz hwngfat engq hung, bya raemx Gveilinz laj mbwn ceiq ndei, youzhek ndaw guek rog guek daeuj foenxfoenx. Lingzgiz dwg Gveilinz si aen funghgingjgih ceiqndei de, youq 2006 nienz baizhaeuj seiqgyaiq yizcanj sinhcingj mingzloeg.

两宋时期北方多战乱,而壮乡政治稳定,社会经济发展,不少官吏、商人、仕子纷纷来到桂林。至1949年,保存的桂林石镌碑刻共1569件,其中宋代有489件,约占三分之一;可见,古代来桂林旅游的人数众多。19～20世纪桂林旅游节得到更大发展,桂林山水甲天下,国内外游客纷至沓来。灵渠是桂林市至尊风景区,且于2006年列入申请世界遗产名录。

Sungdai gij daegdiemj haifat gij swhyenz youz bya raemx Gveilinz：Yawjnaek haifat caeuq gensez gij rij dah huz daemz caeuq conghgamj mizmingz liz hawsingz gaenh de, aeu raemx daiq ok gij gingjsaek ndei ngozbya conghgamj, guhndei "Sihhuz" caeuq Yinjsanh Luzdung, doedok gij gyaeundei Gveilinz. Sungdai gij gyaeundei Gveilinz youq Sihhuz. Linghvaih daj henz Lizgyangh lajdin Yizsanh hainduj, ginggvaq rangh Veizlungzsanhlu、Laujyinzsanh daengz Sihsanh、Yinjsanh, haivat mieng raemx, cwng "Cauzdinggiz". Daj aen daemz lajdin bya Laujyinzsanh hainduj, vat diuz mieng ndeu con gvaq Duzsiufungh cigsoh haeuj Lizgyangh, ndonj gvaq hawsingz. Yienghneix couh dawz Lizgyangh、Sihhuz、Dauzvahgyangh、hawsingz roix hwnjdaeuj, guhbaenz fan muengx lohraemx, saedyienh youq gwnzraemx lijyouz. Gij lohsienq youq gwnzraemx lijyouz miz 3 diuz：It dwg diuzsienq daj baihbaek coh baihsae bae youz, couhdwg daj baihdoengbaek Fuzbohsanh Gveizsuijdingz hwnj ruz, coh baihbaek

Lizgyangh bae, ginggvaq Muzlungzdung、Yizsanh, gvaq baihsae haeuj Cauzdinggiz le haeuj Sihhuz, youz Yinjsanh、Luzdung daengj dieg; ngeih dwg yiengqcoh baihdoeng youz diuzsienq Cizsinghnganz, daj rog Dunghvazmwnz henz Lizgyangh laj louz Sienghnanzlouz hai ruz, vang gvaq diuz Lizgyangh haeuj Siujdunghgyangh, daengz Vahgyauz, vut ruz hwnj hamq, youz Cizsinghnganz、Yezyazsanh, caiq hwnj ruz youz Conhsanh、Baujdazsanh、Siengbizsanh daengj dieg; sam dwg diuzsienq yiengqcoh baihnamz bae youz, daj Dunghvazmwnz naengh ruz, ginggvaq Siengbizsanh, swnhraemx roengzbae daengz Cisanh daengz rangh Nanzhihsanh youz, roxnaeuz daj aen miuh Ningzsou giz Lizgyangh haidin, hai gvaq baihgwnz Yangzgyangh le byaijcoh baihsae bae daengz Sihhuz youz. Sam diuz sienqloh youz gwnzraemx neix cungj ndaej lienz baenz aen cingjdaej ndeu, raemx raemx doxdoeng, gak cungj ruz cungj ndaej byaij, cungfaen gangjmingz Sungdai gij baijbouh fan muengx gwnzraemx lijyouz gag miz daegsaek, gawq haifat le gij lijyouz swhyenz Gveilinz, youh mbe'gvangq le aen lingjyiz suijli gunghcwngz gisuz, saedyienh le suijli caeuq lijyouz dox yungzhab.

宋代桂林山水旅游资源开发技术的特点：重视近郊名山溪流湖池及溶洞的开发与建设，以水带山岩美景，经营"西湖"和隐山六洞，突出桂林之美。宋代桂林的秀美在西湖。另从漓江岸边虞山脚起，经回龙山麓、老人山至西山、隐山一带，开凿水渠，名叫"朝定渠"。从老人山山脚池塘起，开凿一条渠道穿过独秀峰步前直入漓江，横穿市区。这样就把漓江、西湖、桃花江、市区串联起来，构成水道网络，实现水上旅游。水上旅游路线有3条：一是由北往西旅游线，即从伏波山东北的癸水亭登舟，溯漓江北上，经木龙洞、虞山，西入朝定渠进入西湖，游览隐山、六洞等地；二是东行游七星岩线，从东华门外漓江边湘南楼下启船，横过漓江进入小东江，抵达花桥，弃舟登岸，游七星岩、月牙山，再登舟航行游穿山、宝塔山、象鼻山等处；三是向南游线，从东华门乘船，经象鼻山，顺流而下雉山至南溪山一带游览，或从宁寿寺漓江出发，溯阳江而上向西行往西湖游览。这3条水上游览路线均可连成一个整体，水水相通，各种游船通行无阻，充分说明宋代旅游水网交通的布局独有特色，既开发了桂林的旅游资源，又拓宽了水利工程技术领域，实现了水利与旅游的融合。

2. Yenzdai Gvangjsih suijli gensez gisuz

2. 元代广西水利建设技术

Yenzcauz laeb guek le, Sicuj Huhbizlez gig yawjnaek nungzyez swnghcanj, daezok aen cwngcwz "ciuan hawj beksingq gvaq ndei, ansim gvaq saedceij roengzrengz fazcanj nungzyez"; lij fatbouh《Nungzsangh Cizyau》, yungh aeuj doigvangj nungzyez swnghcanj gisuz; daih gveihmoz dwk doigvangj dunzdenz, hwng banh suijli, yiemzgimq aeu naz daeuj langhciengx doihduz, lai baez fatbouh minghlingh cuengq hoiqnoz guh nungzminz. Dunzdenz cidu faen baenz ginhdunz caeuq minzdunz song cungj, gvaqlaeng ginhdunz gaij baenz ciucomz beksingq dangdieg dunzdenz, lumjbaenz Gvangjsih yenzsaifuj ciu Nanzdanh 5000 hoh vunz dangdieg dunzdenz, nyaemhmingh dunzcangj, fat hawj hongdawz reihnaz. Doihengz dunzdenz doiq haifat giz dieg henzguek miz cozyung yienhda. Hai diegfwz, guh dunzdenz, bietdingh iugouz coihguh suijli sezsih boiqdauq, yienghneix coicaenh le gij suijli saehnieb giz Bouxcuengh hwngfat.

元朝建国后，元世祖忽必烈十分重视农业生产，提出"招怀生民，安业力农"的政策；还颁发《农桑辑要》，以推广农业生产技术；大规模地推广屯田，兴办水利，严禁以农田为牧地，多次颁布放奴为民的诏令。屯田制度分为军屯和民屯两种，后军屯改为召募当地土著居民屯田，例如广西元帅府召南丹5000户土著居民屯田，委任屯长，发给农具。推行屯田对边境地区的开发起着显著的作用。开垦荒地，实行屯田，必然要求修建配套水利设施，从而促进了壮乡水利事业发展。

Yenzcauz Ciyenz 29 bi（1292 nienz），Vuhgujsunhcwz deng nyaemhmingh guh Gvangjsih Lienggjgyanghdau Senhveifusijcenhduh Yenzsai fujsw, cujciz cungqvunz hai diegfwz, hwng coih suijli. Mwh de byaij yawj gak mwnq, gaengawq gak mwnq hingzsi, nda le Leizliuz、Nafuz daengj 10 lai giz dunzdenz, ciu hoh hungcoek de daih coih diuz mieng dwk raemx、hai fwz guh naz、coihguh aen daemz, cwkbwh raemx daeuj hawj mwh mbwnrengx yungh. Cwk raemx daenz naz gawq gaijgez gij gwn nungzhoh youh gaijgez gij haeuxliengz gunghawj bingdoih capyouq de, bouxbing beksingq cungj mizleih, goeng sei song yiengh cungj fuengbienh.

元至元二十九年（1292年），乌古孙泽被任命为广西两江道宣慰副使金都元帅府事，组织民众开垦荒田，兴修水利。他巡行各地时，根据各地形势，设雷留、那扶等10多个屯田点，招募强壮的屯户大修灌溉渠道、开垦水田、修建陂塘，蓄备流水以备天旱之用。保水屯田既解决屯户的食用又解决屯戍军队的军粮供应问题，军民有利，公私两便。

Yenzdai, gij gisuz gengndaem naz baihnamz miz fazcanj moq, baihnamz ndaem song sauh meg caeuq haeux, youq gig daih cingzdoh dwg aenvih sauh haeuxcaeux miz raemx ganq gyaj ndaem gyaj, doengzseiz lij aeu baujcwng cousou le cingjleix naz, cae hawq le daih rak, vat doem guh mieng, diuz mieng caeuq lingh diuz mieng doxdoeng, hawj de ndaej mizyauq baizraemx, caiq ndaem sauh meg daihngeih. Neix dwg gij gisuz ndaem naz aen cinbu yienhda ndeu, suijli naz caemh daj dandan dwkraemx fazcanj daengz dwkraemx baizraemx dox giethab aen gisuz sangdoh moq neix.

元代，南方水田的土壤耕作技术有新的发展，南方施行麦稻两熟耕作制，在很大程度上取决于早稻有水育秧插秧，同时还要保证秋收后稻田整理，干耕暴晒，挖土作沟，沟沟相通，使之有效地进行排水，再种二茬麦。这是水田耕作技术上的一个显著进步，农田水利也从单一灌溉发展到灌排结合的新的技术高度。

Yenzdai yawjnaek aen mauzdun haiguh reihnaz caeuq suijli, haemq onjdangq dwk gaijgez aen vwndiz henhoh suijli fazcanj nungzyez. Gveilinz Sihhuz dwg aen huz diuzcez gak nga raemx Lizgyangh de, Yenzdai miz bouxfouq cuk fai gvaengh naz, giengzciemq naz raemx huz, gaij ndaem naz, binaengz soundaej haeux, aenhuz cugciemh bienq gaeb, doiq fuengzre raemxrongz baizraemx gig mboujleih. Bouxhak Goh Wnhcwngz roengz minghlingh saek diuz mieng de, deudoeng giz goekraemx, cek diuz haenz de, canj diuz fai de, dauqfuk gij yienghceij aen Sihhuz, fazveih gij cozyung diuzcez doengh diuzdah Gveilinz de. Gij hengzdoengh neix yingjyangj maqhuz hung、laebhwnj le gij yienghsiengq ndei onjdangq、dengcingq cawqleix gij mauzdun suijli yunghcwngz caeuq swnghcanj, deng Bouxcuengh haenh dangqmaz.

　　元代重视开垦农耕与水利的矛盾，较妥善地解决保护水利发展农业的问题。桂林西湖是调节漓江诸水的湖泊，元代有豪绅筑堰围田，强占湖水田，改种水稻，岁收禾利，湖面日缩，对防洪泄涝甚为不利。官吏郭恩诚下令塞其渠、疏其源、撤其垒、锄其堰，恢复西湖面貌，发挥其调节桂林河川的作用。此举影响颇大，树立了妥善、正确处理水利工程与生产矛盾的典范，深受壮人拥戴。

（Seiq）Mingzdai gij suijli gensez gisuz giz Bouxcuengh
（四）明代壮乡水利建设技术

　　Mingzdai, cunghyangh cizgenz conhci dungjci engqgya giengzvaq. Vihliux gyamaenh cwnggenz，Cuh Yenzcangh youq laj hingzsi vunzsoq gemjnoix caeuq senjdeuz、reihnaz vutfwz、swnghcanj daih fukdoh gemjdoiq、sevei ginghci gig buegnyieg, roxdaengz "aen dauhleix guenj guek, cujyau dwg gwn ndaej gaeuq guh gaenbonj". Yungh banhfap daeuj andingh sevei, dauqfuk swnghcanj. Youq mwh daih hwng dunzdenz、senj vunz bae hai fwz、dajciengj gengndaem, doengzseiz yawjnaek hwngcoih suijli.

　　明代，中央集权专制统治更强化。为了巩固政权，朱元璋在人口减少和流徙、田地荒废、生产大幅度减退、社会经济十分疲软的形势下，知"为国之道，以足食为本"。采取措施来安定社会，恢复生产。在大兴屯田、移民垦荒、奖励耕种的同时，重视兴修水利。

1. Gij gisuz coih doeng lohraemx
1. 修浚河道技术

　　Mingz Hungzvuj 4 bi（1371 nienz），"Coih Gvangjsih Hingh'anh Lingzgiz samcib roek lingq······raemx ndaej dwk naz baenz fanh ging". Mingz Hungzvuj 27 bi（1394 nienz），vat Gvangjsih Yilinz Bwzliuz、Nanzliuz song diuzdah daengj. Mingz Hungzvuj 29 bi（1396 nienz），Yenz Cinciz cujciz coih Lingzgiz，"Caep diuz hamq lingq de raez baenz bak lai ciengh, sang haj cik lai, gwnz laj caep rin loet haeujbae, cungqgyang song aen congh, hawj law ma gij raemx de haemq noix······coih diuzgiuz Bwzyinz、Banhgvei caeuq congh guenq raemxnaz de ngeihcib seiq aen". "Naz beksingq daj giz baihbaek cungj ndaej dwk raemx lai, an'onj yiengjsouh bi haeuxgwn cungcuk de angqfwtfw". Hoeng loengloek dwk dawz gij rin lumj gyaepbya giz dienbingz hung iq deuz le, demsang diuz fai rin, sawj raemxrongz mbouj miz giz ndaej baizok, doeklaeng cung vaih diuz fai le cix "ruz mbouj ndaej byaij, naz mbouj ndaej dwkraemx". Cungqvunz song henz hemq haemz hemq hoj. 8 bi le, couhdwg Yungjloz 2 bi（1404 nienz）cauzdingz buek cienz coih Lingzgiz, gaengawq gyoengqvunz daihcaez lwnhgangj le, gaij guh aen daemz faen raemx, dauqcungz aeu gij rin lumj gyaepbya daeuj caep fai, yungh daeuj fuengzre mwh raemxrongz cungdongj, Lingzgiz dauqcungz ndaej yungh daeuj dwkraemx le.

　　明洪武四年（1371年），"修治广西兴安灵渠三十六陡······水可灌田万顷"。明洪武二十七年（1394年），凿广西玉林州北流、南流两江等。明洪武二十九年（1396年），严震直主持维修灵渠，"筑其陡岸长百余丈，高五尺有奇，上下砌以巨石，中门二函，以浅余流……修白云、攀桂桥及灌田水涵二十有四"。"民田自北多沾溉，安享丰年乐有余"。但错误地撤去了大小天平的鱼鳞石，增高石堤，弄得洪水无处宣泄，结果冲垮堤坝而"行舟不通，田失灌溉"。两岸民众叫苦不迭。8年后，即永乐二年（1404年）朝廷拨资金修灵渠，根据乡民众议，改建分水塘，复垒石堤鱼鳞，以防涨溢冲激之患，灵渠复有灌溉之利。

Mingz Cwngzva 23 bi（1487 nienz），Gveilinz cihfuj Loz Yang、Cenzcouh cihfuj Coz Cingh doiq Lingzgiz caiq baez guh coihfuk hungloet. "Samcib roek lingq gya raez hajcib leix, fanzdwg miz giz vauq, cienzbouh coih liux mbouj miz giz lawq, guh le song diuz mieng, aenruz ndaej byaij, reihnaz cungj ndaej dwkraemx, coih gij gaeuq bienq moq." （Mingz Gungj Yungh《Geiq Dauq Coih Lingzgiz》）Baez coihguh neix, youq gwnz fai dienbingz hung iq cungj caep lumj gyaepbya daeuj hen ngoz bo. Gaengawq Mingzdai Gvang Lu youq ndaw《Cizyaj》geiqloeg：Sienghswhdai coih gvaq le, "Gij raemx youz Lizgyangh doeng haeuj Dungzguj, daj baihdoeng coh baihsae haeuj Yungjfuz、Luzgohdouj. Seizdoeng baenz hangz cungj hawq liux. Daengz giz lingq, raemx raez ndwen rongh, lumj baenz caengz daiz baenz caengz ciengz, daj gwnzmbwn doek roengzma". Diuz Sienghswhdai Yinhoz Mingzdai, ndaej swnhleih doeng ruz, doengzseiz miz doulingq hanhhaed.

明成化二十三年（1487年），桂林知府罗珣、全州知州卓清对灵渠再次进行重大修复。"三十六陡延袤五十里，凡有缺壤，茸理无遗，爰得两渠，舟舸交通，田畴均溉，复旧为新。"（明孔镛《重修灵渠记》）此次修浚，在大小天平坝上均砌鱼鳞护坡。据明代邝露在《赤雅》中记载：相思埭经过维修后，"由漓通铜鼓水，自东徂西入永福、六郭陡。冬月涸绝一行。予过陡时，水长月明，如层台叠壁，从天而下"。明代的相思埭运河，可以顺利通航，并有陡门控制。

2. Fazcanj gij gisuz aeu daemz daeuj dwkraemx

2. 发展塘堰灌溉技术

Mingz Gyahcing 10 bi（1531 nienz），gaengawq Linz Fu、Vangz Cojsiuh《Gvangjsih Dunghci.Gouhsizci》geiqloeg, daengx sengj 8 aen fuj 40 aen couh yen itgungh miz 175 aen daemz, dwk raemxnaz 7797 gunghghingj；ndawde daemz iq, dingzlai dwg beksingq Bouxcuengh gag guh. Mingz Gyahcing 15 daengz 16 bi（1536~1537 nienz），Nanzningz cihfuj Goh Nanz gonq laeng dauq coih le aen daemz Dungzguj Nanzningz. Mwhhaenx, Nanzningz miz aen daemz Dungzguj、aen daemz Conhsanh、aen daemz Lungzmwnz sam aen daemz hung. Linghvaih gaengawq giz Bouxcuengh aen sigbei Lungzcouh Sanglungz yangh Minzgenz cunh Bohna dunz geiqloeg：Youz vunz Bouxcuengh Lungzcouh Lij Yangz cangyi comz cienzhau bak liengx, coihguh diuz mieng Gwnhgvei. Youz Lij Saucenz daengz 10 lai boux canghrin Bouxcuengh haivat bae guh, dawz gij raemx cwk youq baihgwnz de yinx ok, gawq gejcawz le Lungzyangz、Haucunh、Nungveih daengj aen mbanj youq duenh raemx baihgwnz de deng dumh, youh ndaej dwkraemx hawj 50 lai gunghghingj reihnaz rangh Bohna youq duenh raemx baihlaj de. Diuz mieng neix raez 165 mij, gvangq 1.2 mij, giz ceiq laeg miz 10 mij. Giz Bouxcuengh Dwzbauj diuz mieng bouxhak guh de, dwg Mingzdai bouxhak doj gien ngaenz guh, sojlaiz, beksingq cwng de guh "gvanhgouh". Diuz mieng neix racz 3 goengleix, gvangq 1.4 mij, laeg daihgaiq mij ndeu, baihsae yinxhaeuj raemx dah Genhoz, haivat ngozbya deu rin hung, caep fai guh haenz, ngutngut—ngeujngeuj, dwkraemx hawj naz 30 gunghgingj. 《Mingz Saedloeg · Hihcungh Saedloeg》 ndaw gienj roekcib haj geiq: "Denhgij 5 bi（1625 nienz）cib'it nyied gijyouj, Gvangjsih sinzfuj youcenhduh yisij Dungj Yenzyuz bauq hwnj cauzdingz, Mingz Vanliz 4 bi ciengnyied daengz cibngeih nyied, Gveilinz daengj 9 fuj gak couh yen coihguh daemz fai haenz daengj hanghmoeg, itgungh miz 3583 giz." Doenghgij soq neix yiennaeuz hoj ndaej haedsaed, hoeng gaenq ndaej yawjok mwhhaenx guh daemz gaenq haemq bujben lo.

明嘉靖十年（1531年），据林富、黄佐修《广西通志·沟洫志》的记载，全省8个府40个州县共有175个陂塘，灌田7797公顷；其中小型的塘堰，多为壮民自建。明嘉靖十五至十六年（1536～1537年），南宁知府郭楠先后对南宁铜鼓陂进行重修。此时，南宁有铜鼓陂、川山陂、龙门陂三大陂塘。另据壮乡龙州上龙乡民权村坡那屯的石碑记载：由龙州壮人李阳倡议筹集白银百两，修建更贵水渠。由李少泉等10余名壮家石匠开凿施工，将淤积在上游的水引出，既解除了上游陇洋、浩村、弄灰等村的涝灾，又能灌溉下游坡那一带50多公顷耕地。该渠长165米，宽1.2米，最深处达10米。壮乡德保官沟，是明代地方土官捐资倡修的，因此，老百姓称其为"官沟"。此渠长3千米，宽1.4米，深约1米，西引鉴河水，开山凿岩，筑坝砌堤，迂回曲折，灌溉水田30公顷。《明实录·熹宗实录》卷六十五中记载："天启五年（1625年）十一月己酉，广西巡抚右佥都御史董元儒奏报天启，明万历四年正月至十二月，桂林等9府各州县修筑过陂圩岸等项，共3583处。"这些数字虽难核实，但已看出当时建陂塘已较为普遍了。

Mingz Vanliz 11 bi daengz 13 bi（1583~1585 nienz）, Binhcouh cihfuj Yauz Gingcwngz deudoeng Baujsuij samcib leix, hawj Couhcwngz Nanzmwnz daengz Lijyihgyangh ndaej dwkraemx ndaej hawj ruz byaij, doengzseiz youq henz dah coihguh 6 aen doucab, gibseiz cwk raemx cuengq raemx, hawj dwkraemx caeuq ruz byaij engqgya bienhleih. Miz mbangj lij youq henz dah caep fai rin haenz rin, henhoh naz roxnaeuz ranz beksingq mbouj deng raemxrongz dumh; youq ndaw dah ndaw rij caep fai rin, yinx raemx dwk naz roxnaeuz yungh loekraemx riuj raemx dwk naz, yienghneix daeuj gya'gvangq gij dieg ndaem naz. Mwh Mingzcauz, lanz fai dwk raemxnaz miz fazcanj hung hung. Youq Sinhningz couh（seizneix dwg Fuzsuih）youq Mingzcauz Vanliz 2 bi（1574 nienz）, Cau Cunghfung caep diuz fai Caugungh, Cinz Yozcenz caep diuz fai Cinzgungh daengj cungj fazveih le gij yauqik dwkraemx haemq hung. Lungzanh diuz rij Dozlu goekraemx youq Vancwngz couh, caeuq diuz rij Dozhingh doxgyonj, aen mbanj youq henz rij de couh gauq caep fai guh daemz, guh ciraemx daeuj dwk raemxnaz, mbaet rengz mbaet seizgan. Mingzcauz Vangz Ci sij 《Ginhswjdangz Yizsinz Soujging》 geiqloeg: "Nungzgya giz Vuz Cez gig dwgrengz, gij nungzgya giz Hwngz（seizneix Hwngzyen）gig cwxcaih. Giz dieg de cungj dwg bya, ndaw mbanj miz mangx naz ndeu, couh miz aendaemz cwk raemx de. Aendaemz sang gvaq naz, mwh rengx couh hai bak daemz daeuj dwk raemx. Youh miz doenghboux gaenh diuz rij de，couh hai bakcongh diuz rij daeuj aeu raemx. Sojlaiz vunz giz Hwngz mbouj rox diuz ganj duengq raemx." Dangseiz miz di deihfueng youq yungh raemx guenjleix fuengmienh，caemh dingh ok le gvigawj.《Cojcouh Yangjli Dingq Minghlingh Guh Sigbei Daeuj Duenh Youq Daibingz Caepfai Dwk Raemxnaz》geiqloeg：Mingzcauz mwh Denhgij（1621~1627 nienz），aenvih gij raemx neix daj Lungzyingh、Yangjli ginggvaq Wnhcwngz，Wnhcwngz youq duenhdah baihgwnz，mbouj miz raemx ndaej yungh，hoeng doiq giz Daibingz Yangjli cixdwg gij raemx gig maqmuengh miz de，vihliux seiqdaih mbouj doxceng，danghgiz youq mwh buenq hawj Daibingz caep fai dwk raemxnaz，doiq diuz fai sangdaemq guh le gvidingh yiemzgek："Daibingz mbouj ndaej gag gya saek ndaek rin saek di doem，Wnhcwngz mbouj ndaej gag gemj saek di cikconq." Laeb rin guh baengzgawq，saedbauj duenhdah baihgwnz mbouj deng dumh，duenhdah baihlaj youh ndaej aeu daeuj dwk raemxnaz.

明万历十一年至十三年（1583~1585年），宾州知州饶敬承疏渡宝水三十里，使州城南门至李依江得以灌溉通航，并沿河修闸6座，及时蓄水放水，使灌溉和通航更便利。有的还沿江河修筑石堤石坝，保护农田或民居不受洪水的侵害；在江河溪流中垒石筑堰，引水灌田或用水车提水灌田，以扩大稻田种植面积。明时，堰坝灌溉有较大发展。在新宁州（今扶绥）于明万历二年（1574年），赵宗凤筑赵公堰，陈跃潜筑陈公堰等都发挥较大的灌溉效益。隆安的驮渌溪发源于万承州，与驮兴溪会合，沿溪村寨赖以塞水筑陂，做水车灌田，使农田供水得到保证。其他各地均修筑有大小陂塘堤坝，利用陂塘蓄水，沿高差放水灌田，省力省时。明王济著《君子堂日询手镜》记："吴浙农家甚劳，横（今横县）之农甚逸。其地皆山，乡有田一丘，则有塘潴水。塘高于田，旱则决塘窦以灌。又有近溪者，则决溪涧。故横人不知桔槔。"当时有的地方在用水管理上订了一些规矩。《左州养利奉断在太平筑坝灌田碑》记：明天启年间（1621~1627年），由于该水从龙英、养利经恩城，恩城地居上游，无水可利用，但对养利的太平却是急盼之流，为了世代不发生纠纷，当局在判给太平筑坝灌田时，对堤坝高度作出严格的规定："太平不得妄加搴石禁土，恩城不得妄减尺寸。"立石为据，确保上游不受淹，下游又能获灌溉之利。

Cungj daeuj gangj，giz Bouxcuengh gij suijli gensez Mingzdai fazcanj riengjvaiq，gij hong haigoeng lai，dwkroengz le giekdaej haemq ndei. Mingzdai giz Bouxcuengh gij daegdiemj suijli gunghcwngz gensez：It dwg saedhengz aen cwngcwz "gaij doj gvi liuz"，cugbouh feiqcawz gij hakdoj seiqdaih ciepswnj de，youz cunghyangh cigciep baiq "bouxhak liuzdoengh" daeuj guenj，saedyienh daengx guek cwngci doengjit daeuj gyavaiq ginghci fazcanj，gaijbienq aen gizmen youz hakdoj guenjleix faensang、doiq doengjit guh gij suijli gunghcwngz haemq hung de mbouj ik haenx；ngeih dwg Mingzcauz cunggeiz geizlaeng，ginhsw diuhdoengh bingdoih aeu fazcanj aenruz dajyinh saehnieb，cwngfuj saedhengz bouxhak liuzdoengh guenjleix，gaijbienq gij gizmen aen mbanj deihfueng fungbix，fatdoengh giz Bouxcuengh gaengawq dieghingz caeuq goekraemx mbouj doengz，coihguh suijli，caep fai guh daemz，ancang ciraemx，leihyungh aendaemz cwk raemx roxnaeuz yinx gij raemx ndaw rij ndaw dah daeuj dwk raemxnaz，fazcanj swnghcanj；seiq dwg Mingzdai nda aen yizcan raemx. Ndaw《Mingz Veidenj》geiqloeg，aeu gingsingz guh cungqsim yizcan yiengq seiq fueng iet okbae, cigdaengz giz Bouxcuengh youq henzguek de, vihliux ndaej haemq vaiq dwk cienzsoengq gij cwngling saenqsik baihgwnz baihlaj, bietdingh aeu coih lohraemx daeuj baujcwng gij yizcan raemx fuj couh yen ndalaeb caeuq sezbei caezcienz, yinhhengz ndei; haj dwg cungfaen leihyungh giz Bouxcuengh gij suijli swhyenz fungfouq de. Canghbaeyouz Ciz Yazgwz byaij doh ngozbya diuzdah mizmingz giz Bouxcuengh, geiq guh dunghci, gvaqlaeng youz Vangz Cunghcuh、Gi Mungliengz daengj cingjleix baenz 《Geiq Ciz Yazgwz Baeyouz》, ndawde geiq miz haujlai suijli swhliu giz Bouxcuengh, bouj le cungsaed le gij mbouj gaeuq cwngsij caeuq difanghci, lij cienzmienh geiq le gij suijli gisuz dangseiz, doiq gij dah、conghgamj caeuq diuzdah lajnamh faenbouh dieg Bouxcuengh daezhawj le haujlai caensaed saenqsik, niujcingq le gij loengloek doenghbaez, vih fazcanj suijli saehnieb daezhawj le saenqsik mizyungh. Doengzseiz, lij geiq le gij neiyungz gvendaengz gij gisuz guh daemz dwk raemxnaz、 ceih raemx、fuengzcai giz Bouxcuengh, lumjbaenz Gingyenj fuj（seizneix dwg Yizsanh）caeuq Bwzganjnganz Yangvuj couh nem Cinyenj、Gezlunz、Gezanh（cungj dwg youq gij dieg Denhdwngj seizneix）、Duhgez（seizneix dwg Lungzanh）4 aen couh doj neix cungj miz diuzdah lajnamh, ngutngeuj gyaeraez, roebdaengz giz dieg doekdaemq couh laeuh ok gwnz dieg daeuj, deng beksingq Bouxcuengh yungh daeuj dwk raemxnaz.

　　总之，壮乡的明代水利建设发展迅速，施工量大，奠定了较好的基础。明代壮乡水利工程建设的特点：一是实施"改土归流"政策，逐步废除世袭土官，由中央直接委任的"流官"统治，实现全国政治的统一以加快经济发展，改变土司管理分散、不利于统一进行较大的水利工程施工的局面；二是明朝中后期，军事调兵遣将需要航运事业的发展，政府为便于用水路从省内外调兵遣将，进行桂江、府江、灵渠等急滩航道的开凿和疏浚；三是实行流官管理，改变地方村寨封闭的局面，发动壮乡根据不同的地形和水源，兴修水利，建筑堤坝陂塘，安置水车，利用陂塘蓄水或引溪流灌田，发展生产；四是明代设水驿站。《明会典》中记载，以京师为中心驿站向四方伸展，直至边陲的壮乡，为能较快地传递上下的政令信息，必须修浚航运保证府州县的水驿站设置和设备完善，运行良好；五是充分利用壮乡丰富的水利资源。旅行家徐霞客走遍壮乡名山胜水，记为通志，后由王忠初、季梦良等整理成《徐霞客游记》，其中记有壮乡的许多水利资料，补正充实了正史及地方志的不足，还全面记述当时水利技术，提供了许多壮乡境内的河流、岩溶洞穴和地下暗河分布的真实信息，纠正了过去的讹误，为发展水利事业提供了有用的信息。同时，还记述了壮乡陂塘灌田技术和用水、治水、防灾技术的内容，如庆远府（今宜山）和向武州的百感岩及镇远、结伦、结安（今均为天等境内）、都结（今隆安）4个土州境内均有地下暗河，绵延曲折，遇低洼地形出露地面，被壮民用于农田灌溉。

（Haj）Cinghdai Gvangjsih gij suijli gensez gisuz giz Bouxcuengh
（五）清代广西壮乡水利建设技术

Cinghdai geizgonq haenqrengz bae fazcanj swnghcanj, deudoeng lohraemx, coihguh suijli, miz ok cingzcik, aeundaej fazcanj itdingh. Geizlaeng cix aenvih cwngfuj hukhak, suijli gisuz cincanj mbouj daih.

清代前期锐意发展生产，疏浚河道，兴修水利，有所建树，取得一定发展。后期则因政府昏庸，水利技术进展不大。

1. Fazcanj suijli dwkraemx cunghab gisuz

1. 发展水利灌溉综合技术

Aendaemz bouxhak guh de, dauqcawq cungj miz. Ndawbiengz gag guh gij fai haenz de, geiq mbouj liux, aen gunghcwngz hung de ndaej dwk raemxnaz baenz geij bak gunghgingj, aen gunghcwngz iq de ndaej dwk raemx baenz geij cib moux, cujyau dwg aeu daemz daeuj cwk raemx haemq lai. Mieng raemx youq baihgwnz aen daemz diuz rij, nda doucab daeuj hai haep, gyagiengz yunghraemx guenjleix. Haenz daemz nda miz conghbak yungh daeuj baiz raemx, fuengzre raemx lai le dumh naz. Danghnaeuz naz sang raemx youq baihlaj, couh nda gihgai fanhceh、dungjlunz、aenlaeuh、ganj faex daengj riuj raemx daeuj dwk naz. Danghnaeuz dieg ngutngeuj liz raemx gyae lai, couh yungh cauzgyaq、lienzdoengz、homqgaeu、mieng、ding gamx faex daengj guh yinx raemx, guhbaenz gij suijli dwkraemx hidungj haemq caezcienz de, dawz dwkraemx dan hangh gunghcwngz guh cunghab boiqdauq, fazveih cingjdaej hidungj yauqgoj.

官陂官塘，到处有之。民间自行建筑的堰坝，难以计数，大的工程可灌田数百公顷，小的工程可灌用数十亩，以陂塘蓄水较普遍。沟渠在陂溪之上，置水闸以起闭，加强用水管理。塘堰置涵窦以便通泄，防止水毁农田。若田高水下，则设机械翻车、筒轮、戽斗、桔槔等提水灌溉。如地势曲折而水远，则用槽架、连筒、阴沟、浚渠、陂栅等进行引水，形成较完善的水利灌溉系统，将灌溉单项工程进行综合配套，发挥整体系统效果。

Cinghcauz Yunghcwng 8 bi（1730 nienz）caeuq Cinghcauz Yunghcwng 10 bi（1732 nienz），coih le Sienghswhdai song baez, cungdenj coih lohraemx caeuq doulingq. Gaengawq《Gvangjsih Dunghci Cizyau》geiqloeg naeuz：Sienghswhdai ngamq miz Lenzyiz giz lingq ndeu. Cinghcauz Yunghcwng 8 bi（1730 nienz），guh doucab lingq 24 aen, hai doeng diuzdah lumj aen ruh rin, raemx ciengzseiz lae mbouj dingz, guhnaz guh seng'eiq cungj baenghgauq de. Cinghcauz Genzlungz 10 bi（1745 nienz）song Gangj cungjduh Yangz Yinggi guh baez daihsam coih Sienghswhdai, cujyau gaijgez gij vwndiz raemx mbouj gaeuq, ra raen goekmboq 7 mwnq, guh daemz le yinx raemxmboq haeuj ndaw Sienghswhdai, cungfaen fazveih gij cozyung dwk raemxnaz de.

清雍正八年（1730年）和清雍正十年（1732年），进行两次相思埭修治，重点整治河道和陡门。据《广西通志辑要》载称：相思埭旧只有鲢鱼一陡。清雍正八年（1730年），建闸陡24座，开浚河流如石槽形，长流不竭，农商俱赖。清乾隆十年（1745年）两广总督杨应据进行第三次修治相思埭，主要解决水源不足问题，找到泉源7处，筑塘引泉流入相思埭，充分发挥其在灌溉上的作用。

Youq giz vunz Bouxcuengh comzyouq de lumjbaenz Yizsanh yen、Hozciz couh gvi haeuj Gingjjyenj fuj caeuq Vujyenz yen（seizneix dwg Nanzningz Vujmingz gih）gvihaeuj Swh'wnh fuj、

Vuzcouh fuj youq giz bak sam diuzdah、Canghvuz yen、Yungzyen、baihlaj Nanzningz fuj Senhva
（ociizncix dwg Yunghningz gih）、giz Cojgyangh You'gyangh doxgyonj youq Yunghgyangh de,
gonq laeng guh le haujlai dwkraemx gunghcwng, yungh daeuj cungfaen leihyungh gij raemx dah
huz rij mieng daeuj guh daemz guh mieng, saedbauj miz raemx dwk naz.

　　在壮民聚居庆远府属的宜山县、河池州思恩府属的武缘县（今南宁市武鸣区）、地处三江口的
梧州府、苍梧县、容县、南宁府治宣化（今邕宁区）、左右两江合为邕江处，先后修建了大量的灌
溉工程，以充分利用江湖河溪沟渠之水源筑陂建渠，保水灌田。

Cinghdai haemq yawjnaek gij cozyung dwk raemxnaz Lingzgiz. Youq diuz mieng baihbaek
guh diuz fai Veizlungz caeuq diuz fai Haijyangz, ca mbouj geij cienzbouh cungj dwg yungh daeuj
dwk raemxnaz. Cinghcauz Ganghhih 53 bi（1714 nienz）, Gvangjsih sinzfuj Cinz Yenzlungz
cangyi bouxhak gien cienzhong daeuj coih Lingzgiz. Youq dangbi seizdoeng haigoeng, daihngeih
bi seizdoeng guhbaenz. Gij hanghmoeg cingjcoih de cujyau miz：Dawz gij rin loet yienzlaiz bingz
bu youq gwnzdingj diuz fai dienbingz hung、iq de, gaij caep baenz lumj gij yiengh baihlaeng
duzfw, dawz gij rin luenzbomj caep lumj gyaepbya yienzlaiz gaij yungh rin raez daeuj caep soh.
Aen doulingq gaij guh gvaq de, cungj dwg sien vat doem 7~8 cik, aeu baenz baiz dongh faex
hung, gwnzde aeu rin loet daeuj gap geh le caep ndei, guenq hoisa haeuj bae；coih cingj 14
aen doulingq lij miz de, dawz 22 aen doulingq deng vut de dauq coih ndei 8 aen, doengzseiz
vat gij rin ndaw dah deu bae. Vihliux gyagiengz guenjleix Lingzgiz, yungh gij cienz lwyawz
daeuj cawx naz 20 lai moux nem gizyawz souhaeuj yungh daeuj fat cienzhong hawj gij vunz
guenj Lingzgiz de. Linghvaih, lij dawz 200 liengx gim yo youq aen singz gai gyu hingh'anh,
aeu gij leihsik de daeuj ciengzseiz coih di ndeu. Baez coihcingj neix mboujdanh hawj Lingzgiz
gunghcwngz engqgya ginqmaenh, doengzseiz yawjnaek gunghcwngz guenjleix, gijneix youq
gwnz Lingzgiz fazcanjsij miz yiyi youqgaenj. Yunghcwng 8 bi（1730 nienz）, guh fai rin, "fanh
moux naz cungj baenghgauq de". Aenvih gij raemxrongz dumh le diuz fai rin dienbingz hung、iq
de riengz diuz loh gaeuq Sienghgyangh haeuj diuz hamq baihgvaz giz sahcouh, cix mbouj haeuj
giz diegbingz song hamq, naz mbouj ndaej dwkraemx, diu fai Haijyangz youq bak diuz mieng
baihbaek, guh baenz le, raemxrongz deng hanhhaed, "Sahcouh song hamq, naz baenz bak
gunghgingj, haeux ndaej ndaem baenz, doengzseiz raemx dinghcubcub, aenruz baedauq mbouj
miz gazngaih".

　　清代对灵渠的灌溉作用较重视。在北渠修建回龙堤和海阳堤，几乎全为农田灌水之用。清康熙
五十三年（1714年），广西巡抚陈元龙倡议官员捐俸修治灵渠。于当年冬开工，翌年冬竣工。整修
的主要项目有：将大、小天平原来的巨石平铺坝顶，改砌成龟背形，累以卵形的浆砌鱼鳞石改用长

石直砌。改建的陡门，都是先掘地7～8尺，用大木排桩，上面以大石合缝砌筑，灌以灰浆；修整尚存的14座陡门，将废弃的22座陡门修复8座，并凿去河中的礁石。为加强灵渠的管理，用工程剩余款购渠田20余亩及其他收入用于管理人员渠目和渠长的薪俸。此外，还将200两金存于兴安盐埠，以其利息用于经常性小修。这次维修不仅使灵渠工程更加坚固，而且重视工程管理，这在灵渠发展史上具有重要意义。雍正八年（1730年），创建石堤，"万亩田畴利赖"。因漫越大、小天平石堤的洪水沿湘江故道进入右岸的沙洲，而不进两岸平畴，农田得不到灌溉，海阳堤在北渠口，修成后，洪水受到抑制，"沙洲两岸，田数百顷，禾黍成，而曲水平波，舟楫往来无滞"。

Cinghcauz Genzlungz 19 bi daengz 20 bi（1754~1755 nienz），song Gvangj cungjduh Yangz Yinggi cujciz cingjcoih Lingzgiz. Gij giek diuz fai dienbingz hung、iq cienzbouh cungj dwk diuz dongh faexcoengz, gwnzde yungh rin heu caep maenh, youq song ndaek rin giz doxgap de, cungj aeu diet yungz le guenq roengzbae saek red. Cinghcauz Gvanghsi 11 bi（1885 nienz），Sienghgyangh duenh baihgwnz raemx hung，"diuz fai faen raemx de caeuq diuz fai lingq baihnamz、baihbaek ca mbouj geij deng cungdongj myaexnduk liux, diuz mieng diuz cauz raemx cungj mbouj ndaej dwkraemx lo, beksingq mbouj ndaej yungh le". Gaengawq Cinghcauz Hingh'anh yen cihyen Cinz Fungloux youq ndaw 《Sigbei Geiq Dauqcungz Coih Hingh'anh Gij Lingq Diuzdah》 geiqloeg, bihaenx seizdoeng dauqcungz coih, gij hong dauqcungz coih baez de cungdenj dwg: Aenvih giz dieggaeuq diuz fai deng dumh lumx le, gaij youq giz duenhdah baihlaj samcib ciengh de guh. Bak fai doxgiet dwk ginqmaenh dangqmaz, baihlaj couh aeu rin daeuj gvaengx, diuz fai sang youh maenh. Gij dienbingz hung、iq de, daeb rin hwnjdaeuj lumj gyaepbya, baiz dwk maedcaed youh yinzrubrub, giz doxgap cungj aeu hoisa caeuj nem, baihrog dauqcungz aeu rin loet daeuj cuengq. Linghvaih, lij coihguh caeuq saen guh doulingq 25 aen. Baez coihcingj neix daj Cinghcauz Gvanghsi 11 bi（1885 nienz）seizdoeng hainduj, daengz Cinghcauz Gvanghsi 14 bi（1888 nienz）seizcin cienzbouh guhbaenz, ciuhlaeng soj raen diuz Lingzgiz de, daihgaiq couhdwg gij yienghceij baez neix coih gvaq le（doz 8-2-4）.

清乾隆十九年至二十年（1754～1755年），两广总督杨应据主持整修灵渠。大、小天平的坝基全打入松木桩，上面用青石紧砌，在两石相接之处，悉以铁钤锢。清光绪十一年（1885年），湘江上游大水，"分水坝及南、北陡堤冲啮几尽，壅漕绝溉，民用戚然"。据清朝兴安县知县陈凤楼《重修兴安陡河碑记》中记载，当年冬重修，维修工作的重点是：因铧堤旧址填湮，改置下游三十丈外。铧嘴胶结甚坚，下则以乱石围之，堤身高且固。其大、小天平，叠石如鱼鳞形，匀排密布，衔接处胶以灰泥，外复缘以巨石。此外，还维修和新建陡门25座。此次维修从清光绪十一年（1885年）冬开始，至清光绪十四年（1888年）春全部竣工，后世所见灵渠，大致就是这次维修后的面貌（图8-2-4）。

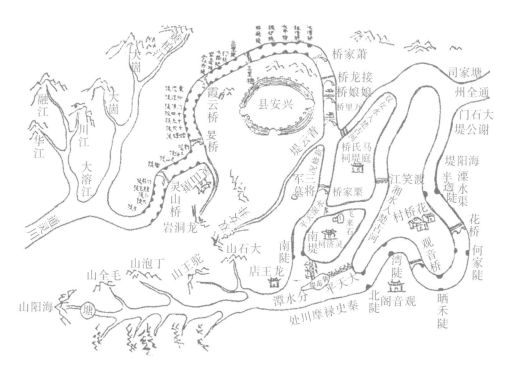

Doz 8-2-4　Aen doz lohraemx caeuq doulingq Lingzgiz

图8-2-4　灵渠渠道及陡门布置示意图［据《兴安县志》道光十四年（1834年）本］

Ginggvaq Cinghdai coih doeng Lingzgiz le, gij gezgou doulingq gaij le haujlai: Song hamq aeu hoisa caep rin raez daeuj guh fajciengz giekdaej, song bangx aen doen sang 1.5~2.0 mij, yienghceij miz buenq luenz、buenq luenzbomj、fuenghingz cix gak luenz、dihhingz、lumj sae'gyap、lumj aen ronghndwen、lumj fan bingqbeiz daengj. Cujyau dwg buenq luenz haemq lai（doz 8-2-5）. Doulingq ndaej gvaq raemx miz 5.5~5.9 mij gvangq. Moix aen doulingq doxgek, gij gaenh miz daihgaiq 60 mij, gij gyae daihgaiq 2000 mij. Gij hongdawz saek doulingq youz diuz gangq、aen giengz、fan demh ruk、fan dungh daengj gapbaenz. Diuz gangq baugvat diuz mengang、dijgang caeuq doujgang iq, cungj dwg diuz faexdaet hung. Aen giengz dwg youz sam diuz faexdaet guhbaenz aen gaq samgak. Fan demh ruk, couhdwg aeu ruk san baenz gaiq demh, fan dungh couhdwg fan mbinj ruk. Mwh gven doulingq, dawz gyaenh baihlaj doujgang iq cap haeuj congh rin bangxhenz aen doulingq ndeu, gyaenh baihgwnz ngeng dwk cap haeuj ndaw bak cauz aen doen lingh bangx doulingq, caiq aeu diuz dijgang gyaeuj ndeu cuengq youq gwnz bak aen doen, lingh gyaeuj gaq youq gyaenh baihlaj diuz doujgang iq, caiq gaq diuz mengang hwnj bae; yienzhaeuh dawz aen giengz cuengq youq gwnz diuz doujgang, caiq bu fan demh ruk、fan dungh, couh saek le aen doulingq. Mwh raemxvih demsang sang gvaq aenruz, dawz diuz doujgang iq roq ok bak cauz, gak cungj doxgaiq saek doulingq de couh riq gij rengz raemx gag hai le. Aenvih miz le doulingq, sawj Lingzgiz ndaej hawj ruz byaij gvaq ngozbya, guhbaenz suijli caeuq suijyin gisuz ciuhgeq yiengh saeh hung geizheih ndeu, ndawde, miz haujlai dwg youz Bouxcuengh caeuq gak minzcuz beixnuengx doengzcaez dajcauh. Lingzgiz ginggvaq ligdaih cingjcoih, mboujduenh caezcienz suijli gezgou, daegbied dwg Cinghcauz geij baez daih gaijcauh le, gij yienghceij caeuq goengnaengz Lingzgiz gaijndei le haujlai.

经过清代疏浚灵渠后，陡门的结构有很大改观：两岸采用浆砌条石作导墙，两侧墩台高1.5～2.0米，形状有半圆、半椭圆、圆角方形、梯形、蚌壳形、月牙形、扇形等，以半圆形的为多（图8-2-5）。陡门的过水宽度5.5～5.9米。设陡距离近的约60米，远的约2000米。塞陡工具由陡杠、杩叉（俗称马脚）、水拼、陡簟等组成。陡杠包括面杠、底杠和小陡杠，均系粗木棒。杩叉是由3条木棒做成的三角架。水拼，就是采用竹篾编成的竹垫，陡簟即竹席。关陡时，将小陡杠的下端插入陡门一侧海漫的石孔内，上端倾斜地嵌入陡门另一侧石墩的槽口中，再以底杠一端置于墩台的鱼嘴上，另一端架在小陡杠的下端，再架上面杠；然后将杩叉置于陡杠上，再铺水拼、陡簟，即堵塞了陡门。水位增高过船时，将小陡杠敲出槽口，堵陡各物即借水力自行打开。由于有了陡门，使灵渠能浮舟过岭，成为古代水利及水运技术上的一大奇观，其中，有许多是由壮族和兄弟民族共同创造的。灵渠经过历代整修，不断完善水利结构，特别是清朝的几次大改造后，灵渠的面貌和功能有很大改观。

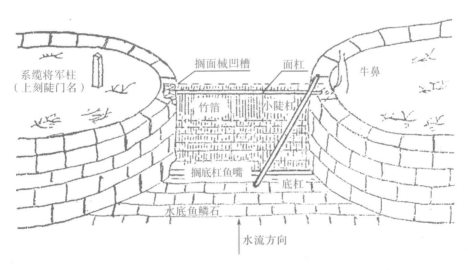

Doz 8-2-5 Dozgezgou bakcab Lingzgiz
图8-2-5 灵渠陡门结构示意图

Gij cotsim Lingzgiz youz dienbingz hung、dienbingz iq caeuq bak fai gapbaenz, dienbingz hung caeuq dienbingz iq couhdwg diuz fai lanz dah lanz gij raemx Dahhaijyangz, guhbaenz diuz fai naekcaem aeu rin caep ndaej roenx raemx de, diuz fai ceiq hung de sang 2.24 mij, gwnzdingj diuz fai bingzyaenz gvangq daihgaiq 2 mij, gwnzdingj diuz fai aeu rin raez daeuj bu bingz, giz doxciep song vengq rin raez guhbaenz aen cauz lumj diuz ciem, aeu diuz diet yawhsien dingh guh baenz de saeb haeujbae（doz 8-2-6）. Gij lingq diuz fai duenhdah baihgwnz lumj mbaeklae, yungh naezhoi daeuj caep rin raez, gij lingq diuz fai duenhdah baihlaj dwg bolingq, lingq doh dwg 1：10, yungh ndaek rin raez daengj hwnjdaeuj caep, lumj gyaepbya, sojlaiz cwng rin gyaepbya. Lajdin bo yungh aen gvaengxgyaq lumj roengq faex，dandan caep rin daeuj hen aen bo. Dienbingz hung dwg mbiengj baihgvaz diuz fai lanz dah，dienbingz iq dwg mbiengj baihswix diuz fai lanz dah. Dienbingz hung caeuq dienbingz iq doxciep lumj cih Sawgun "人"，aen gak geh doxciep dwg 108 doh，dienbingz hung raez 344 mij，dienbingz iq raez 130 mij，diuz fai lanz dah cienzbouh raez 474 mij. Gyaeuj baihgvaz dienbingz iq nda miz lingq，couhdwg giz bak hawj raemx haeuj diuz mieng baihnamz bae；gyaeuj baihgvaz dienbingz hung nda miz lingq，couhdwg giz bak hawj raemx haeuj diuz mieng baihbaek bae. Bak fai dwg diuz fai aeu rin caep caeuq dienbingz hung、dienbingz iq doxciep miz faen raemx cozyung de，daj giz doxciep dienbingz hung caeuq dienbingz iq yiengqcoh duenhdah baihgwnz caep bae，fueng'yiengq cingq najdoiq nga raemxhung diuzdah lae haeuj haijyangz de. Seiqhenz aeu rin raez daeb caep hwnjdaeuj，cungqgyang diuz fai aeu rinmaxluenx daeuj dauq dienz ndei，sawj Lingzgiz gij naengzlig dingjgangq raemxrongz、baujcwngq diuz fai ancienz ndaej daezsang haujlai.

大天平、小天平与铧嘴组成为灵渠的枢纽工程，大天平与小天平就是拦截海洋河的拦河坝，建成为重力式砌石溢流坝，最大坝高2.24米，坝顶平均宽度约2米，坝面用条石平铺，两块条石接缝处做成楔形槽，嵌以预制的铁锭（图8-2-6）。上游坝坡为阶梯式，用石灰黏土砌条石，下游坝坡为斜坡式，坡度1：10，用长条形片石直竖嵌砌，形如鱼鳞，故称之为鱼鳞石。坡脚采用木笼框架，干砌石护坡。大天平为拦河坝的右部，小天平为拦河坝的左部。大天平与小天平衔接成"人"字形，夹角108°，大天平坝顶长344米，小天平坝顶长130米，拦河坝顶全长474米。小天平左端设有南陡，即引水入南渠的进水口；大天平右端设有北陡，即引水入北渠的进水口。铧嘴是与大天平、小天平衔接的有分水作用的砌石坝，从大天平和小天平衔接处向上游砌筑，方向正对海洋河主流。四周用条石叠砌，坝体中间用砂卵石回填，使灵渠抵御洪水、保坝安全的能力大为提高。

Doz 8-2-6　Lingzgiz dienbingz hung、iq gwnz fai gij rindiuz de aeu dietndaek gaemh maenh
图8-2-6　灵渠大、小天平坝面条石用铁锭铃锢

Cinghdai coihguh gaijcauh Sienghswhdai Yinhoz. Gaengawq Cinghdai boux camgya guhhong de geiq: "Ndawde miz rin raez rin hung youh ngutngeuj, beij Lingzgiz miz ndaej engqgya lai, sojlaiz deng cienz caeuq deng rengz vunz caemh lai baenz boix." Sienghswhdai daengz gizlawz, gizde cungj dauqcawq dwg rincaemhhoi, gunghcwngz guhhong haivat gunnanz dangqmaz. Cinghcauz Yunghcwng bet bi (1730 nienz), Gvangjsih sinzfuj Ginh Cenzgung sij 《Linzgvei Doujhoz Beihgi Cungh》 geiq: Doujhoz Linzgvei, raemxgip hwnjroengz, cengca baenz cik, rin raez rin hung, yaepyet couh roebdaengz, ceihleix dangyienz caeuq Lingzgiz mbouj miz maz mbouj doengz. Hoeng doenghbaez soj guh aen lingq Lenzyiz, mboujgvaq dwg youq gwnzhamq lij miz di rin soiq, dandan yo miz gij riz gaeuq, mbouj miz saek aen ciengz ndaej baiz raemx lo. Deng goengrengz fan boix, aiq lij lai gvaq dem. Seizneix cawzliux aen lingq Lenzyiz, giz lingq Daibingz、Vangznizduj, itgungh guh le aen doucab ngeihcib aen; gij ruz gaz ruz byaij de, vat deu le seiqcibseiq giz. Youh vih de hai le diu loh Gvangjhoz, lumj diuz cauz rin ndeu ndonj gvaq cungqgyang, raemx daj gizde okdaeuj ciengx giz goek de, mbouj roenx mbouj dingz, daj haeujdaengz diuz dah Yungjcihgyangh, baenz diuz megloh cix ronzdoeng liux. Gijneix dwg Sienghswhdai Yinhoz youq gwnz lizsij baez daih coih ceiq mizmingz de. Cinghdai Yangz Yinggi youq gwnz 《Aen Doz Gij Doujhoz Giz Doengbaek Gvangjsih Gveilinz Fuj》 geiqhauh, gij lingq aen yinhoz neix dwg: Nga baihdoeng daj aendaemz faen raemx roengzdaeuj swnh gonqlaeng dwg aen lingq Nizhuz、Muzbanz、Yahcoz、Laujhuj、Majliuh、Sevei、Sinhhoz、Yauzmwnz、Mwnzganj、Niuzveij、Cizsingh、Myaumwnz、Daibingz caeuq Daibingzgyoz 14 aen doulingq; nga baihsae daj aendaemz faen raemx roengzdaeuj swnh gonqlaeng dwg aen lingq Sahciuh、Mwnzsanh、Lenzyiz、Gauhgyauz、Muzbanz、Vangzniz caeuq Vangznizgyoz 8 aen doulingq, itgungh 22 aen doulingq. Gij cingzgvang mwhneix dwg "Gij aeu yinh dwk gig vaiq de caeuq gij hoj yinh de, danghnaeuz daj Gveilinz ginggvaq Liujcouh, cungj dwg daj gwnz yinhoz yinh". Youh "daj diuz dah neix guhbaenz, raemx couh gyonj daeuj, gaengawq seizgan daeuj cwk daeuj baiz, nungzminz cawzliux ndaej yungh daeuj dwkraemx, youh ndaej nda caep diuz fai, lanz raemx dwk bya, beksingq cungj guh doenghgij hong neix". Ndaej raen, Sienghswhdai Yinhoz cunghhab leihyungh yauqik yienhda.

清代对相思埭运河进行维修改造。据清代参与工程者记载："其间石梁石矶潆洄曲折之势，较灵渠特甚，故费资人力亦倍之。"相思埭所经之地，石灰岩遍布，工程施工开凿甚为困难。清雍正八年（1730年），广西巡抚金全共撰《临桂陡河碑记》载：临桂陡河，激流上下，咫尺悬殊，石梁石埂，比栉触得，治固与灵渠无异也。然昔时所建鲢鱼陡，不过陂岸碎石，仅存故迹，一无蓄泄水场。工巨费倍，殆有甚焉。今自鲢鱼陡而外，太平、黄泥堵陡，共建以闸水者二十；碍船之石，凿去者百四十四处。又为开广河路，如石槽中贯，需其出而养其源，不溃不竭，而自临入永之江，脉络始贯矣。这是相思埭运河在历史上最著名的一次大修。清代杨应据在《广西桂林府东北陡河图》上标记，该运河上的陡为：东支自分水塘而下依次是泥糊陡、磨盘陡、鸦鹊陡、老虎陡、马溜陡、社会陡、新河陡、窑门陡、门槛陡、牛尾陡、七星陡、庙门陡、太平陡和太平脚陡14座陡门；西支自分水塘而下依次是鲨鳅陡、门山陡、鲢鱼陡、鲢鱼脚陡、高桥陡、磨盘陡、黄泥陡和黄泥脚陡8座陡门，共计22座陡。此时的情况是"飞输辄运，起桂林迳柳州者，胥是河通焉"。又"兹河迩成，水既归流，因时蓄泄，农民灌溉之余，又设鱼梁，令获淤池之利，民咸役之"。可见，相思埭运河综合利用效益显著。

Cinghcauz Genzlungz 19 bi（1754 nienz），caiq baez daih doih Sienghswhdai Yinhoz. "Yienznaeuz moix bi cungj coih, bangxhenz deng raemxgip cungdongj, haujlai deng loemqlak, seizcin seizhah raemx lai, gij rin lak roengzma de gaz ruz byaij, seizcou seizdoeng raemx noix, raemx couh deng yiemq deuz bienq hawq liux." "Dajsuenq youq song bangx aendaemz faen raemx baihdoeng baihsae gak nda aen doucab ndeu, danghnaeuz giz lingq baihdoeng aeu yungh raemx, couh gven aen doucab baihsae bae, hawj raemx lae haeuj baihdoeng；mwh baihsae aeu yungh raemx caemh dwg yienghneix guh, hawj sojmiz raemx cungj lae, yawj daeuj couh ndaej raemx rim doengrat." Gijneix dwg Yunghcwng 9 bi（1731 nienz）coih gvaq le gisuz youh ndaej cinbu hung baez ndeu. Song aen doulingq neix, daengz seizneix lij miz riz ndaej caz. Youq nga raemx baihsae yinhoz lij Cahvahbingz nga raemx ndeu, yungh daeuj baiz gij raemxrongz mwh raemx lai de；doengzseiz dajsuenq guh diuz fai Gunjsuij ndeu, seizcin seizhah baiz raemx, seizcou seizdoeng cwk raemx, yungh daeuj bangbouj giz raemx noix. Diuz fai Gunjsuij neix caemh dangq gij dienbingz baizraemx Lingzgiz. Lungzswng dunghban Houz Caucangh、Linzgvei cihyen Cwng Vannenz fucwz gunghcwngz, nyinhcaen dingqaeu gij yigen vunzlai, gunghcwngz yauqgoj haemq ndei.

清乾隆十九年（1754年），再次大修相思埭运河。"虽经每岁修葺，缘峻湍冲激，率多倾圮，春夏水盛，则圮石碍舟，秋冬水微，则渗漏干涸。""拟于分水塘两旁东西各设闸门1座，如东陡需水，则闭西闸，障之使东；西陡需水亦然，俾全水并流，目可充畅。"这是雍正九年（1731年）维修后的又一大技术进步。这2座陡门，至今还有迹可寻。在运河的西支上还有插花屏岔河1道，用以宣泄汛期洪水；并拟建滚水坝1座，春夏宣泄，秋冬储蓄，以济陡水。该滚水坝亦即相当于灵渠的泄水天平。龙胜通判侯肇昌、临桂知县郑万年负责工程，认真听取群众意见，工程效果较好。

Cinghcauz mwh Yunghcwng daengz Genzlungz dwg aen seizdaih vuengzgim Sienghswhdai Yinhoz, gunghcwngz gisuz caeuq dajyinh yauqik cungj cawqyouq mwh ceiq hwnghoengh. Buenxriengz Cinghcauz dungjci cugngoenz doekbaih, Sienghswhdai gunghcwngz deng vut fwz；hoeng youq mwh Minzgoz vanzlij ndaej doeng ruz, daj Suhgyauz ndaej fuengbienh dwk youz lohraemx daengz Liengzfungh, aendaemz faen raemx ciengzseiz dingz le haujlai ruz. Gvaqlaeng cugciemh deng ngawh saek le, dandan yungh daeuj dwk raemxnaz.

清雍正至乾隆年间是相思埭运河的黄金时代，工程技术与运输效益都处于全盛时期。随着清代统治的日益衰落，相思埭工程被冷落；但在民国年间仍能通航，从苏桥可以方便地由水路到良丰，分水塘处常泊不少的来往船只。其后逐渐淤堵，仅用于农田灌溉。

Cinghdai vunz Bouxcuengh cwkrom le gij gingniemh guh daemz, daezsang le gij gisuz suijbingz guh daemz, yungh rin daeuj guh daemz yied daeuj yied lai. Vihliux fuengzre fwnhaenq raemxrongz cungdongj, youq giz habdangq vat mieng, baiz raemxrongz, fuengzre diuz fai deng dongj vaih; mwh rengx, vihliux baexmienx diu fai laeuh raemx, couh leihyungh haz caeuq naez daeuj saek, mbouj hawj de iemq laeuh; giz dieg mbouj hab caep aen daemz ciengzlwenx de, youq giz vunz youq lai de nda faex rin daeuj lanz dah guh daemz, seiz cin seizhah seizcou aeu raemx dwk naz, seizdoeng couh lanz raemx dwk bya, cungqgyang hai conghbak hung saek ciengh ndeu, hawj aenruz ndaej byaij, aendaemz buenxriengz gij sa cwk geijlai daeuj caep, mbouj miz giz dinghmaenh roengzdaeuj de. Ndaej raen, gij gisuz caep daemz dangseiz gaenq louzsim daengz gaengawq deihhingz daeuj guh、gaengawq seizgan daeuj guh, doengzseiz cawqleix ndei gij mauzdun dwkraemx caeuq byaijroen nem guh daengz ndaej ik dwk bya guh naz byaijroen.

　　清代壮民积累了筑陂经验，提高了筑陂的技术水平，采用石陂的越来越多。为了防止暴雨洪涛的冲击，在适当处开沟凿渠，宣泄洪水，防止堤坝被冲坏；旱季，为了避免石堤漏水，则利用茅茨土坯堵塞，使不渗漏；不宜修筑永久性的陂塘之地，在居民多处设水障石为陂，春夏秋资水灌田，冬则截流取鱼，中开濠口丈许，以通舟楫，陂随沙势修筑，无有定所。可见，当时的筑陂技术已注意到因地制宜、因时制宜，且处理好灌溉与交通的矛盾和做到渔农船多利。

　　Fanhungzgvanj caemh heuh "lungzndonjnamh", dwg fan dungz gwn raemx yienzleix youq gwnz suijli daeuj yungh. Cungj gisuz neix daengz Cinghdai, ndaw guek lij noix miz geiqloeg. Hoeng Gvangjsih Bujbwz yen lajmbanj gaenq rox giujmiuq leihyungh cungj yienzleix neix, daj giz gyae yinx raemx dwk naz. Aeu faexcoengz roxnaeuz faexcuk, dawz cungqgyang de vat hoengq, song gyaeuj doxciep ndaet, lienz baenz diuz ndeu, aeu hoi gya raemx makgam daengj yienzliuh dawz giz doxciep de saek red, haem youq giz doekdaemq, gyaeuj haemq sang de ciep raemx, dawz raemx yinx haeuj, gyaeuj haemq daemq de ok raemx, raemx daj gyaeuj ndeu haeujbae le, doek roengz giz doekdaemq roxnaeuz diuz guenj laj dah bae, daj gyaeuj ok raemx de cung okdaeuj, haeuj daengz diuz mieng roxnaeuz ndaw naz. Gaengawq 《Hozbuj Yenci》 geiqloeg, youq Bujbwz yen Sanhhoz yangh Gyauzdouz cunh miz diuz fanhungzgvanj ndeu cwng Suijcehboh "lungz ndonj namh", baihsae youq diuz fai Daugouj haeuj raemx, doekdaemq 15 mij, ndonj gvaq lajdaej dah, ronzgvaq baenz diuzdah gvangq 40 mij, daengz hamq baihdoeng fanj gvaqdaeuj hwnj sang 14 mij, raemx youq laj gofaexrungz okdaeuj. Diuz fanhungzgvanj neix dwg Cinghcauz mwh Genzlungz（1736~1795 nienz）vunz dangdieg Cai Yi coihguh. Gij yenci neix lij geiqloeg：Haem faexcuk aeu gij raemx Luzfujlingj doiq hamq, ginggvaq lungz ndonj namh, dwk raemxnaz geij cib gingj. Doengz aen yienh ndeu Fuzvang yangh Youzmazboh caemh miz diuz fanhungzgvanj ndeu, goekraemx dwg Sizginh Sihniuzvanh, ginggvaq Lingjganghdenz, yinx raemx daeng aen Dungdouzlingj doiqmienh, caiq ut gvaq baihsaebaek, dwk raemxnaz 100 lai moux. Cungj fuengfap neix youq giz Bouxcuengh lingh giz lumjbaenz giz lueg Gveisih caemh miz. Cungj daeuj gangj, guh fanhungzgvanj dangguh diuz guenj yinx raemx giz raemx doek gyaek mbouj daih hung cix liz gyae de, youq dangseiz dwg aen yinx raemx dwk naz gisuz daih'it baez guh ndeu.

反虹吸管，俗称"透地龙"，是反虹吸原理在水利设施中的应用。这种灌溉技术用至清代，国内尚少记载。而广西浦北县农村已懂得巧妙地利用反虹吸原理，远距离引水灌农田。用松木或楠竹，将其内部挖空，两头密接，连成一体，用石灰加橘水等原料将接口密封，埋设于低洼处，较高的一侧接水源，将水引入，另一头稍低的为水出口，水从进口进入后，跌落并流经低洼或河底管道，从出口处冲出，进入渠道或农田。据《合浦县志》中记载，在今浦北县三合乡桥头村有一条叫水车坡"透地龙"的反虹吸管，西在道口坝进水，下跌15米，穿过河底，横贯河床长40米，至东岸反上14米，水于榕树根出口。这条反虹吸管是清乾隆年间（1736～1795年）当地人蔡义修造的。该县志还记载：埋竹取对岸六府岭水，经透地龙，灌田数十顷。同县的福旺乡油麻坡也有一条反虹吸管，源头由石均西牛湾，经过岭岗田，沿斜坡深入地下，引水至对面的洞头岭，再折向西北，灌田100多亩。此法在壮乡的其他地方如桂西山区也有。总之，制造反虹吸管作为落差不大而距离较长的引水管道，在当时是一个引水灌地技术的创举。

Cinghdai aen loekraemx doengz cuk sawjyungh engqgya gvangqlangh, gij gisuz guh loekraemx caemh siengdang ndei le, miz mbangj loekraemx ndaej sang 30 mij. Youq giz bya heu、raemx lae、naz gvangq haenx, geij aen loekraemx loet menhmenh cienqdoengh, riuj raemx haeuj ndaw naz, saedbauj ndaw naz miz raemx. Najdoiq cungj gingjsaek neix, mbouj ndaej mbouj fug vunz Bouxcuengh gij coengmingz fazmingz le ciraemx. Loekraemx doengz cuk dwg Bouxcuengh dajcauh guhnaz vwnzva youh bien ndeu.

清代竹筒水车使用更为广泛，制造技术亦相当精湛，有的筒车高达30米。在青山碧翠、河水潺流、田际无边之处，数座巨大水车缓缓转动，提水上田，确保农田灌溉。面对此景，无不佩服壮族人民发明水车的智慧。竹筒水车是壮族创建稻作文化的又一篇章。

2. Cinghdai gij gisuz cinbu suijli gunghcwngz

2. 清代水利工程的技术进步

Cinghdai youq coih Lingzgiz caeuq Sienghswhdai gij gunghcwngz sezgi、cujciz guhhong、gunghcwngz gisuz caeuq gunghcwngz guenjleix daengj fuengmienh, beij daih gaxgonq miz cinbu yienhda.

清代在维修灵渠和相思埭的工程设计、施工组织、工程技术和工程管理等方面，较之前代都有明显的进步。

Soujsien dwg louzsim cunghab ceihleix caeuq leihyungh suijli gunghcwngz hungloet, saedhengz ceih dah caeuq coih roen dox giethab, coih yinhoz caeuq ceih diuzdah dienyienz dox giethab, coih Lingzgiz caeuq coih Sienghswhdai dox giethab. Lingzgiz caeuq Sienghswhdai dwg aen gunghcwngz lumj beixnuengx, dwg boiqdauq sawjyungh, sojlaiz Cinghdai song baez doengzseiz coih song diuz yinhoz neix, dox bang dox bouj. Youq mwh coih Sienghswhdai, caemh doengzseiz doiq doulingq、lohraemx、giuz、goekmboq、fai daengj guh cingjcoih, soundaej cunghab ceihleix nem leihyungh cingjdaej yauqik haemq ndei.

首先是注意重大水利工程的综合治理和利用，实行治河与修路相结合，维修运河与治理天然河道相结合，维修灵渠与维修相思埭相结合。灵渠和相思埭是姐妹工程，采取配套使用，故清代两次同时重修这两条运河，相辅相成。维修灵渠时，同时对陡门、铧嘴、铧堤、大小天平、堤、坝、河道、桥梁等配套维修整治。在维修相思埭时，也同时对陡门、河道、桥梁、泉源、鱼梁等进行修治，收到较好的综合治理与利用整体效益。

Daihngeih dwg louzsim gaijcaenh gunghcwngz gisuz. Lumjbaenz, mwh coih Lingzgiz yungh le gij banhfap maedcaed ding diuz dongh faexcoengz, gyamaenh gij giekdaej doulingq、henzhamq lingq caeuq dienbingz hung iq. Cinghcauz Ganghhih 53 bi（1714 nienz）mwh coih doulingq caeuq hamq lingq couh yungh gij banhfap "vat dieg caet bet cik, aeu dongh faex hung daeuj baiz", dauqcungz guh dienbingz hung iq, itgungh coihfuk 14 aen doulingq. Youq Cinghcauz Genzlungz 19 bi（1754 nienz）mwh coih dienbingz, caemh youq "laj dienbingz giz dieg buegnyieg de, giekdaej cungj ding roeng dongh faexcoengz". Youq gwnz dongh faexcoengz, couh aeu rin loet doxgap caep ndei, doengzseiz guenq naezhoi roengzbae. Youq giz doxgap song ndaek rin aeu diet daeuj lienz, gij gisuz neix doiq gyamaenh dienbingz hung iq gig miz cozyung, dwg gunghcwngz gisuz aen cinbu hung ndeu. Doengzseiz, dwz "banhfap gaeuq" gij gezgou aeu rin loet bu bingz lumj gyaepbya caeuq daeb aen gyaeq de, gaij baenz "rin loet bu lumj baihlaeng duzfw, doengzseiz aeu rin raez daengj hwnjdaeuj lumj gyaepbya, baihlaj de couh mbouj ndaej doenghngauz"（doz 8-2-7, doz 8-2-8）. Doenghgij gisuz gaijcaenh neix mizyauq dwk henhoh le Lingzgiz aen suijli gunghcwngz gaeuqgeq neix, doengzseiz gemjnoix le raemxcai.

其次是注意改进工程技术。例如，维修灵渠时采用了密打松木桩的办法，对陡门、陡岸和大小天平的基础进行加固。清康熙五十三年（1714年）修陡门和陡岸时就使用"挖地七八尺，用大木桩排"法，重建大小天平，共修复14个陡门。在清乾隆十九年（1754年）修天平时，也在"天平下堤畸零处，基则尽钉松桩"。在松桩之上，则采用大石合缝砌之，并灌以灰浆。在两石相接处使用生铁锭连接巨石，此技术对于加固大小天平很有作用，是工程技术的一大进步。同时，将"旧制"巨石平铺如鱼鳞和累卵的结构进一步修改，"巨石作龟背形，而鱼鳞用长石直树，其下不可动摇"（图8-2-7、图8-2-8）。这些技术改进有效地保护了灵渠这一古老水利工程，并减少了水害。

3. Gij hawsingz suijli gisuz Cinghdai

3. 清代的城市水利技术

Ginggvaq saek cien bi gensez, gij hawsingz caeuq aenhaw lingjnanz daih dingzlai cungj gaenh diuzdah dienyienz, aeu yungh raemx haemq fuengbienh, hoeng moix baez roebdaengz raemxcai youh deng raemxrongz hangzhaep. Aen Liujcouh si cawqyouq giz cungqsim dieg Bouxcuengh de deng Liujgyangh vehfaen baenz namz、baek song hamq, daj Cinghdai hainduj coih lohraemx lajnamh. Aeu Vwnzvujgaih guh hainduj gij byaijyiengq de ndaej faen baenz 3 cih "川"：Couhdwg Sihconh, baihsae lae haeuj Cojyingzdangz, ginggvaq Cinghyinzgaih, caiq lae haeuj liujgyangh；Cunghconh youz Vwnzvujgaih lae gvaq Gingjhangzlu caiq ndonj gvaq

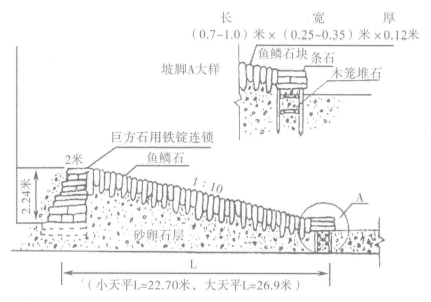

長　　　寬　　　厚
（0.7~1.0）米 ×（0.25~0.35）米 × 0.12米

魚鱗石塊　條石

坡脚A大樣　　　　　　　　　　木笼堆石

巨方石用鐵锭連鎖
2米　　　鱼鱗石
2.24米　　　　　　　　　　1：10
　　　　　　　　　　　　　　　　　　　　A
砂卵石層
L
（小天平L=22.70米，大天平L=26.9米）

Doz 8-2-7　Aen doz gezgou dienbingz hung、iq

图8-2-7　大、小天平结构示意图

Doz 8-2-8　Gij rindiuz gwnz fai dienbingz hung、iq Lingzgiz

图8-2-8　灵渠大、小天平鱼鳞石坝面

Wjvanzgyauz caeuq Lenzvahgyauz, lae gvaq Daudaizdangz caeuq Yanghganjgaih, ndonj gvaq ndaw singz roengz Sahgaih haeuj Liujgyangh. Dunghconh lae gvaq Daemz niuzvangz, gvaq giz gomz Gunghyenzlu, lae haeuj Daemz houfuj, gvaq Giuzdaihbingz, con haeuj Yezdungh hoihgvanj, gvaq Dunghdaizlu, haeuj Liujgyangh. Moix baez roebdaengz hoenxciengq, dousingz gven red, beksingq mbouj miz banhfap aeu raemxdah. Sojlaiz, youq ndaw singz itgungh vat le 9 aen cingj, gwnz lizsij cwng "gouj laeuh", gvaqlaeng gaeng loemqlak liux. Liujcouh si dwg cotsim gij lohraemx lohhawq, canghseng'eiq gyonjcomz daeuj. Cinghcauz, riengz song hamq Liujgyangh guh miz 4 aen sokruz, couhdwg aen sokruz Siujnanzyidu、Vujyenj、Cunghyenz caeuq Mingzyez. Guh suijli gunghcwngz cungjdwg vihliux fuengz raemxrongz、baiz raemxrongz, giemgoq dajyinh caeuq gensez hawsingz.

经过千余年建设，岭南的城市和集镇大多濒临天然河流，取用水比较方便，但每遇水灾又面临洪水的威胁。处于壮乡腹地的柳州市被柳江划分为南、北两岸，从清代开始修建地下水道。以文武街为始按其走向可分为3个"川"：即西川，西向流入左营塘，经青云街，再流入柳江；中川由文武街流过景行路再穿过耳环桥和莲花桥，流经道台塘和香竿街，穿城而下沙街入柳江；东川流经牛黄塘，过公园路低洼处，流入后府塘，过太平桥，贯入粤东会馆，过东台路入柳江。每遇战事，城门紧闭，居民无法汲取江水。因此，在城内共开凿9口井，史称"九漏"，后已圮废。柳州市是水陆交通的枢纽，商贾云集。清朝，沿柳江两岸建有4个码头，即小南义渡码头、五显码头、中元码头和明月码头。水利工程的建设面向防洪、排涝，兼顾水运和城市建设。

Nanzningz si dwg aen hawsingz youqgaenj Gvangjsih giz Bouxcuengh, hoeng ciengzseiz deng raemx dumh. Cinghdai coih song hangh suijli gunghcwngz haemq hung. It dwg diuz fai rin humx singz. Yunghgyangh ginggvaq ndaw singz nanzningz Lunzsih、Suijcaz、Anhsai 3 giz giekciengz lae gvaq, mizseiz raemxdah bauq hwnjdaeuj, sang gvaq giekciengz geij cik; hoeng lunzsih daengj giekciengz youq baihrog ciengzsingz mboujgvaq ngamq gvangq geij cik, deng raemxrongz cungdongj dwk gig mbang, vi daengz gij ancienz ciengzsingz. Cinghcauz Genzlungz 7 bi（1742 nienz）, cwngfuj buek 11500 lai liengx ngaenz guh aen sok Sizba, yungh daeuj faen raemx. Cinghcauz Genzlungz 14 bi（1749 nienz）, diuz fai rin gwnzdingj giekciengz aen dou Anhsai, caiq baez deng raemxrongz cung lak, youq mwh yenzgiu coihfuk, doiq giekdaej diciz cingzgvang mbouj cingcuj, daezok le geij aen fueng'anq guhhong. Ginggvaq baiq vunz bae yienhciengz yawj hingzseiq, ciengzsaeq saed caz, loenghcing le baihrog aen dou Anhsai giz dieggaeuq diuz fai rin gwnzde yienznaeuz dwg sa, cingleix geij cik roengzbae le couhdwg naez geng, ndaej youq gwnz giekdaej neix guh fai rin. Ndaej youq mwh guh fai gaxgonq daezok geij aen fueng'anq, ginggvaq daujlun caeuq saeddieg diucaz yenzgiu, genj aeu fueng'anq ceiq ndei daeuj guh, dwg suijli gunghcwngz gisuz cungj cinbu hungloet ndeu. Lingh hangh gunghcwngz dwg aen Langzba. Cinghcauz mwh Gyah Dau（1815~1825 nienz）, beksingq dangdieg gag baiq vunz, youq gwnz giek gaeuq cuk liux diuz daez ndeu, raez bak lai ciengh, daej gvangq song ciengh lai, sang miz ciengh lai; youq ndaw daez hai liux 3 aen congh raemx, aeu rin loet guh doucabraemx，aeu gij faexraq geng daeuj guh doucab，mwh raemx hwnj couh gven doucab，baoxmionx raemxdah dauq gueng haeuj ndaw singz；mwh mbwn rengx couh hai doucab，cuengq raemx dwk naz. Hangh suijli gunghcwngz neix deng cienz yiennaeuz lai dangqmaz hoeng souik caemh hung，sezgi guhhong gisuz cungj miz cinbu haemq daih.

南宁市是壮乡广西的重要都市，但屡罹水患。清代兴修2项较大的水利工程。一是护城石堤。邕江经南宁市城区的仑西、水闸、安塞3门城基处流过，有时江水暴涨，高于城基数尺；而仑西等处城基在城墙外的宽不过数尺，被洪水冲刷得很单薄，危及城墙的安全。清乾隆七年（1742年），政府拨出11500多银两建造石坝码头，以分水势。清乾隆十四年（1749年），安塞门沿河顶冲处的石堤，再次被洪水冲塌，在研究修复时，对地基地质情况不明，提出了几个施工方案。经派员前往现场相度形势，细访实查，弄清了安塞门外石堤旧址之上虽是流沙，清理数尺之下即为坚土，可在此基础上建石堤。能够在建堤施工前提出几个方案，经过讨论和实地调查研究，选择最佳方案进行施工，是水利工程技术的一大进步。另一项工程是防水琅坝。清嘉道年间（1815～1825年），乡民自动派工，在旧堤的基础上修筑一条长百余丈、底宽2丈余、高丈余的堤防；在堤中开辟3个水窦，用巨石修建水闸，用坚实的楠木做闸门，水涨时关闭闸门，避免江水内灌造成涝灾；天旱时启开闸门，放水灌溉。这项水利工程耗资虽巨而收益亦大，设计施工技术均有较大进步。

（Roek）Mwh Minzgoz cincanj suijli gisuz Gvangjsih giz Bouxcuengh
（六）民国时期广西壮乡水利技术的进展

Mwh Minzgoz，aenvih ginhfaz doxhoenx，mbouj miz seizgan goq daengz gunghnungzyez swnghcanj caeuq reihnaz suijli gensez，youq giz Bouxcuengh cijmiz ndawbiengz gag coih caeuq guh di suijli gunghcwngz iq ndeu. Aenvih lienzdaemh hoenxciengq caeuq caivueng，ginghci lajmbanj buqcanj，nungzyez swnghcanj mbouj hoengh. Gveihi moq doengjit Gvangjsih gvaqlaeng，daezok "saenqhwng suijli"，laebbaenz aen gihgou guenjleix、guh suijli gunghcwngz de，ceiqdingh suijli gunghcwngz gensez fapgvi caeuq cwngcwz. Daegbied dwg mwh hoenx Yizbwnj，mbangj gisuz yinzyenz cunghyangh suijli gihgvanh mizgven bouhmonz senj haeuj Gvangjsih，sengj cwngfuj ciq buek gisuz ligliengh neix，caeuq gisuz ligliengh bonj sengj doxgap，yinhyungh gaenhdaih gohyoz gisuz caeuq sezbei，cauhguh caeuq fazcanj gij gisuz gamcaek、sezgi、haigoeng reihnaz suijli gunghcwngz gaenhdaih. Minzgoz 27 bi（1938 nienz）seizhah，Gvangjsih vehfaen baenz 8 aen suijli gunghcwngz gamcaek gih，youz sengj cwngfuj baiq ok gisuz yinzyenz gapbaenz gamcaek、sezgi、haigoeng duivuj，guhbaenz le buek hong gamcaek、sezgi reihnaz dwkraemx gunghcwngz ndeu，gonq laeng laebbaenz fanh moux ndeu doxhwnj reihnaz dwkraemx gunghcwngz 20 giz. Ndawde youq giz baihsae Gvangjsih vunz Bouxcuengh comzyouq haenx couh laebbaenz le Denzyangz Naboh、Liujcwngz Sahbujhoz、Liujcwngz Fungsanhhoz Liujgyangh、Lozyungz Sizliuzhoz、Lungzanh Sinzsiujgyangh、Yizsanh Lozsougiz、Swhloz Haijyenz、Bwzswz Bizluzyangh aen gunghcwngz cwk raemx daengj. Guhbaenz gamcaek sezgi gunghcwngz 41 giz，giz suijli dwkraemx guhbaenz diucaz de miz 99 mwnq. Linghvaih, mwh Minzgoz 24~34 bi（1935~1945 nienz）, gak yienh gag comzcienz guh reihnaz dwkraemx gunghcwngz iq itgungh 2718 giz. Boux gunghcwngz gisuz yinzyenz Bouxcuengh Ganh Vaizyi louzyoz dauqma, fucwz sezgi guh gij dwkraemx gunghcwngz giz Denzyangz yen Naboh、Libuj Buzluzhoz.

　　民国时期，因为军阀混战，无暇顾及工农业生产及农田水利建设，在壮乡只有民间自发地维修和新建一些小型水利工程。由于战乱和灾荒连年，农村经济破产，农业生产不振。新桂系统一广西后，提出"振兴水利"，成立水利工程的管理、施工机构，制定水利工程建设法规和政策。特别是抗日战争时期，中央水利机关有关部门的部分技术人员内迁广西，省政府借助这批技术力量，与本省技术力量合作，运用近代科学技术和设备，开创和发展近代农田水利工程的勘测、设计、施工技术。民国二十七年（1938年）夏，广西划分为8个水利工程勘测区，由省政府派出技术人员组成勘测、设计、施工队伍，完成了一批农田灌溉工程的勘测、设计工作，先后建成1万亩以上农田灌溉工程20处。其中在桂西壮族聚居地就建成有田阳那坡、柳城沙埔河、柳城凤山河柳江、雒容石榴河、隆安浔水江、宜山洛寿渠、思乐海渊、百色毕绿乡贮水工程等。完成勘测设计工程41处，完成调查的水利灌溉区域99处。此外，民国二十四至三十四年（1935～1945年）年间，各县自筹资金兴建的小型农田灌溉工程共2718处。壮族工程技术人员甘怀义留学归来，负责设计施工田阳县那坡、荔浦蒲芦河的灌溉工程。

　　（1）Mwh Minzgoz, gij suijli gensez gisuz giz Bouxcuengh caemh miz di cinbu ndeu, biujyienh dwg Minzgoz 27 bi（1938 nienz）Gvangjsih sengj cwngfuj banhbu《Gvangjsih Gak Yienh Deihfueng Suijli Hezvei Cujciz Dunghcwz》, iugouz gak dieg ciuq gvidingh laebbaenz deihfueng suijli hezvei, miz cujciz、miz giva dwk hwngbanh deihfueng suijli saehnieb, hableix leihyungh gij suijduj swhyenz dangdieg, yungh daeuj coicaenh nungzyez swnghcanj ndaej fazcanj. Deihfueng suijli hezvei aeu fucwz bonj digih gij hong saen guh suijli gunghcwngz lumjbaenz gamcaz、gveihva、sezgi nem bauq sezgi、couzcomz cienzhong、anbaiz haigoeng; doiq gij gunghcwngz gaenq guhbaenz de cujciz henhoh、coih caeuq guenjleix, cwngsou cienzraemx; faenboiq dwkraemx yungh raemx, cawqleix suijli cengnauh daengj. Gvaqlaeng, gij suijli iq deihfueng banh de miz fazcanj haemq hung; ndawde, Minzgoz 32 bi（1943 nienz）laebbaenz ceiq lai, Gvangjsih giz Bouxcuengh laebbaenz suijli iq dabdaengz 19000 lai giz, demlai dwkraemx menciz daihgaiq 78 fanh moux. Laebhwnj deihfueng suijli hezvei, doiq gujli deihfueng cizgiz guh suijli, bangcoengh dazyinx yanghcin yinhyungh gohyoz gisuz senhcin gaijcauh suijli haigoeng, daezsang caetliengh, baujcwng ancienz, miz cozyung cizgiz.

　　（1）民国期间，壮乡的水利建设技术也有一些进步，表现为民国二十七年（1938年）广西省政府颁布《广西各县地方水利协会组织通则》，要求各地按规定成立地方水利协会，有组织、有计划地兴办地方水利事业，合理利用当地的水土资源，以促进农业生产的发展。地方水利协会要负责本地区新建水利工程的勘查、规划、设计，以及计划的呈报、工款的筹集、施工的安排；对已完成的工程组织养护、维修和管理，征收水费；分配灌溉用水，处理水利纠纷等。之后，地方兴办的小水利有较大发展；其中，以民国三十二年（1943年）建成最多，广西壮乡建成小型水利达19000余处，增加灌溉面积约78万亩。建立地方水利协会，对鼓励地方进行水利建设的积极性，辅助引导乡镇运用先进的科学技术改造水利施工，提高质量，保证安全，起到积极的作用。

（2）Laebbaenz Gvangjsih Suijli Linzgwnj Gunghswh. Gaxgonq de cwng Gvangjsih Suijli Daigvanj Veijyenzvei. De dwg aen ginghci saeddaej youz suijli gunghcwngz gensez nem gwnjcizyez dox giethab youz deihfueng cwngfuj caeuq guekgya ngaenzhangz doengzcaez douswh doxgap banh ndeu, lajde ndalaeb suijswcan、cwzliengzdui、gunghvusoj、gvanjlijsoj nem gizyawz gihgou caeuq suijli mizgven de. Gvangjsih Suijli Linzgwnj Gunghswh gungganq ok buek suijli conhyez yinzcaiz ndeu，youq suijli gunghcwngz gamcaek、haigoeng fuengmienh fazveih le cozyung youqgaenj.

（2）成立广西水利林垦公司。其前身是广西水利贷款委员会。它是由地方政府与国家银行共同投资合办的水利工程建设与垦殖业相结合的经济实体，其下设水事站、测量队、工务所、管理所及其他与水利有关的机构。广西水利林垦公司培养出一批水利专业人才，在水利工程勘测、施工方面发挥了重要的作用。

（3）Vihliux hab'wngq gij fazcanj reihnaz suijli saehnieb，aeu aen mingzdaeuz sengj cwngfuj laebdaeb fatbouh le geij aen canghcwngz、diuzlaeh caeuq banhfap gvendaengz suijli gunghcwngz gensez、guenjleix fuengmienh de. Minzgoz 23 bi（1934 nienz），ngeixdingh doengzseiz doenggvaq le《Gvangjsih Sengj Suijli Gunghcwngzcu Cujciz Canghcwngz》，laebbaenz aen gihgou cienmonz guenj gij hong suijli de，doekdingh gij hong suijli youq ndaw gak hangh saehnieb wngdang miz gij diegvih de. Minzgoz 26 bi（1937 nienz），banhbu le《Gvangjsih Gak Yienh Guh Daemz Hengzguh Banhfap》，gvidingh moiz aen mbanj（haw）ceiqnoix guh 2 aen daemz gvangq moux ndeu、laeg 6 cik de；danghnaeuz youq ndaw dieg aen mbanj ndeu，gaenq miz diuzdah cukgaeuq yungh daeuj dwkraemx cix mbouj yungh guh daemz，bietdingh aeu bauq hawj yienh cwngfuj haedcinj doengzseiz cienj bauq hawj sengj cwngfuj bwh'anq. Linghvaih，lij banhbu le《Gvangjsih Yienh Yangh Cin Cunh Gaih Raemxdaemz Gvanjlij Veijyenzvei Canghcwngz》《Reihnaz Suijli Daigvanj Canghcwngz》《Gvangjsih Sengj Gvangyezgenzcej Yunghraemx Genjcangh》《Gvangjsih Sengj Reihnaz Suijli Siubae Banhfap》nem《Gvangjsih Sengj Reihnaz Suijli Gunghcwngz Gvanjlijcu Dunghcwz》daengj，doiq coicaenh reihnaz suijli saehnieb ndaej fazcanj miz itdingh cozyung.

（3）为适应农田水利事业的发展，以省政府的名义陆续发布了若干有关水利工程建设、管理方面的章程、条例和办法等。民国二十三年（1934年），拟定并通过了《广西省水利工程处组织章程》，成立专司水利工作的机构，确定水利工作在各项事业中的应有地位。民国二十六年（1937年），颁布了《广西各县筑塘实施办法》，规定每个村（街）至少修筑大1亩、深6尺的水塘2个；若在1个村的街辖境内，已有河流足供灌溉用水而无须筑塘者，必须呈报县政府核准并转呈省政府备案。此外，还颁布了《广西县乡镇村街水塘管理委员会章程》《农田水利贷款章程》《广西省矿业权者用水简章》《广西省农田水利取缔办法》及《广西省农田水利工程管理处通则》等，对促进农田水利事业的发展起了一定作用。

（4）Guh suijvwnz gamcaek caeuq gaujyawj. Mwh Minzgoz, gyoengqvunz Gvangjsih giz Bouxcuengh hagsib gaenhdaih suijli gohyoz gisuz, gyagiengz gij hong giekdaej suijli, daegbied dwg youq suijli raudag、gunghcwngz diciz gamcaek daengj fuengmienh guh le gij hong bouxgonq caengz guh gvaq de.

（4）开展水文观测与测验。民国期间，广西壮乡民众学习近代水利科学技术，加强水利基础工作，尤以水利测量、工程地质勘测等方面开创了前人未进行的工作。

Gij suijvwnz caeuq gisieng gamcaek Gvangjsih giz Bouxcuengh hainduj youq Minzgoz 4 bi（1915 nienz）. Dangseiz Sihgyangh raemxhung, gozminz cwngfuj dukbanh Gvangjdungh Ceihdah Swyizcu youq Vuzcouh rau yawj gij soqliengh raemx lae caeuq gij soqliengh sa fouz diuzdah Sihgyangh, gijneix dwg youq diuzdah ndaw Gvangjsih daih'it baez rau liuzliengh、hamz sa liengh. Minzgoz 5 bi（1916 nienz）, Gvangjdungh Ceihdah Swyizcu youq Gveilinz、Lungzlinz laeb suijveican. Minzgoz 22 bi（1933 nienz）, Gvangjsih sengj gensezdingh youq 68 aen yienh nda yijliengcan, youz yienh cwngfuj gij vunz gensezgoh fucwz rau yawj; daihngeih bi youh demlai 26 aen yienh. Minzgoz 23 bi（1934 nienz）11 nyied, Gvangjsih sengj cwngfuj laebbaenz gisiengsoj, youq ndaw sengj ndalaeb buek cwzhousoj ndeu, giem rau raemxvih caeuq liuzliengh. Mwh hoenx Yizbwnj, aen Cuhgyangh Suijligiz Gvangjdungh senj haeuj Gvangjsih laebguh cungjcan, gyagiengz rau yawj gij suijvwnz gisieng ndaw Gvangjsih giz Bouxcuengh, vih Gvangjsih suijvwnz gisieng daezhawj lizsij soqgawq.

壮乡广西的水文和气象观测始于民国四年（1915年）。当时西江大水，国民政府督办广东治河事宜处在梧州施测西江流量及悬移质输沙量，这是广西境内江河测量流量、含沙量之始。民国五年（1916年），广东治河事宜处在桂林、隆林设水位站。民国二十二年（1933年），广西省建设厅在68个县设置雨量站，由县政府建设科的人员负责观测；翌年又增加26个县。民国二十三年（1934年）11月，广西省政府成立气象所，在省内设置一批测候所，兼测水位和流量。抗日战争时期，广东的珠江水利局内迁至广西设总站，加强壮乡广西境内水文气象观测，为广西提供水文气象的历史数据。

Minzgoz 24 bi（1935 nienz）seizcou, Gvangjsih cwngfuj banh daih'it geiz suijvwnz gisieng beizyinbanh, doenggvaq gaujsi ciusou bouxhag vwnzva cingzdoh dwg cuhcungh doxhwnj de 30 boux, cujyau gocwngz miz suijvwnzyoz、gisiengyoz、cwzliengzyoz、dungjgiyoz daengj, 20 lai boux gezyez. Minzgoz 26 bi（1937 nienz）caeuq Minzgoz 28 bi（1939 nienz）, gawjbanh 2 geiz suijvwnz gisieng beizyinbanh, beizyin Gvangjsih suijvwnz gisieng gunghcoz buek gisuz ganbu ceiqcaeux de, ndawde miz mbouj moix dwg bouxcoz Bouxcuengh, gvaqlaeng bienqbaenz le suijvwnz gisieng yezvu guzgan.

民国二十四年（1935年）秋，广西政府开办第一期水文气象培训班，通过考试招收初中以上文化程度的学员30名，主要课程有水文学、气象学、测量学、统计学等，20多人结业。民国二十六年（1937年）和民国二十八年（1939年），举办2期水文气象培训班，培训广西水文气象工作最早的技术干部队伍，其中不少壮族青年，日后成为了水文气象业务骨干。

Cinghcauz Gvanghsi 11 bi（1885 nienz）caet nyied, Bwzhaij hainduj gamcaek doek geijlai raomxfwn. Cinghcauz Gvanghsi 22 bi（1896 nienz）11 nyied caeuq Cinghcauz Gvanghsi 24 bi（1898 nienz）ngeihnyied, Lungzcouh caeuq Vuzcouh gonq laeng hainduj gamcaek doek geijlai raemxfwn. Cinghcauz Gvanghsi 23 bi（1897 nienz）, Lungzcouh aen sok Haijgvanh hainduj gamcaek raemxvih. Cinghcauz Gvanghsi 26 bi（1900 nienz）caeuq Cinghcauz Gvanghsi samcibsam bi（1907 nienz）, Vuzcouh caeuq Nanzningz gonq laeng guh le raemxvih geiqloeg. Daengz Minzgoz 26 bi（1937 nienz）, aen suijvwnz gisiengcan nda youq Gvangjsih giz Bouxcuengh de miz Nanzningz、Sangswh、Lungzdouz（Fuznanz）daengj 19 aen. Rau yawj suijvwnz hanghmoeg miz raemxvih、liuzliengh、hamz sa liengh; gisieng gamcaek hanghmoeg miz givwnh、doh ceiq sang doh ceiq daemq、cieddoiq sizdu siengdoiq sizdu、fueng'yiengq rumz、rengzrumz、yienghceij dujfwj、soqliengh dujfwj、doek geijlai raemxfwn. Lengq aen can lij rau giyaz、cwnghfazlieng、nwngzgendu nem geiqloeg doenghgo doenghduz seizlawz daengseiz. Daengz 1949 nienz nienzdaej, Gvangjsih saedceiq miz 11 aen suijvwnzcan、9 aen suijveican、63 aen yijliengcan. Ndawde, miz haujlai bouxgamcaek dwg Bouxcuengh caeuq Bouxgun, gyoengqde youq giz lajmbanj gyaudoeng mbouj fuengbienh de, lai bi genhciz gamcaek, cwkrom le daihliengh soqgawq, hw mwh guh suijli gunghcwngz gveihva nem sezgi de yungh, gij goenglauz gyoengqde mbouj ndaej mued.

清光绪十一年（1885年）七月，北海开始观测降水量。清光绪二十二年（1896年）十一月和清光绪二十四年（1898年）二月，龙州和梧州先后开始有降水量观测。清光绪二十三年（1897年），龙州海关码头开始有水位观测。清光绪二十六年（1900年）和清光绪三十三年（1907年），梧州和南宁先后开展了水位记录。至民国二十六年（1937年），设在壮乡广西的水文气象站有南宁、上思、龙头（扶南）等19个。水文测验项目有水位、流量、含沙量；气象观测项目有气温、最高最低温度、绝对湿度相对湿度、风向、风力、云状、云量、降水量。少数站还测气压、蒸发量、能见度以及物候记载。至1949年末，广西实有11个水文站、9个水位站、63个雨量站。其中，有不少壮族和汉族观测员，他们位于交通不便的山乡，多年坚持观测，积累了大量的数据，供进行水利工程规划及设计之用，功不可没。

1949 nienz gaxgonq, daengx guek mbouj miz suijvwnz dagrau gisuz biucinj doengjit. Giz Bouxcuengh mwh guh suijvwnz gisieng gamcaek, vihliux fuengbienh caeuq aen sengj laenzgaenh doxbeij doxciuq, aeu《Cuhgyangh Suijligiz Suijvwnz Dagrau Gveihcwngz》Minzgoz 26 bi（1937 nienz）Cuhgyangh Suijligiz banhbu de caeuq《Gamcaek Gihou Aeu Rox》《Gamcaek Gihou Soujcwz》Minzgoz 36 bi（1947 nienz）cunghyangh gisienggiz bien haenx dangguh suijvwnz gunghcoz gisuz biucinj. Gij sezsih dagrau raemxvih, daih dingzlai yungh diuz cik donghfaex. Minzgoz 31~35 bi（1942~1946 nienz）, gvidingh moix ngoenz youq 7 diemj、12 diemj、17 diemj gak yawj baez raemxvih ndeu, mwh raemx lai couh yawj cingzgvang lai gamcaek di; gvaqlaeng gaij baenz moix ngoenz 6 diemj、12 diemj、18 diemj gak yawj baez raemxvih ndeu, mwh raemx lai couh yawj cingzgvang lai gamcaek.

1949年以前，全国没有统一的水文测验技术标准。壮族地区进行水文气象观测时，为便于与邻省对比互照，以民国二十六年（1937年），珠江水利局颁布的《珠江水利局水文施测规程》和民国三十六年（1947年）中央气象局编制的《测候须知》《测候手册》作为水文工作技术标准。观测水位的设施，大部分使用木桩水尺。民国三十一至三十五年（1942~1946年），规定每日于7时、12时、17时各观测水位1次，汛期酌情加测；后改为每日6时、12时、18时各观测水位1次，汛期酌情加测。

1949 nienz gaxgonq, mwh raemxvih sang couh lai yungh gij doxgaiq dienyienz ndaej fouz de daeuj guh fouzbiu, roxnaeuz yungh gij fouzbiu luenz aeu diet hau hamh guh de, dagrau ndaej le dauq sou ma. Liuzsuzyiz dwg venj youq ndaej riuj hwnj, dingzlai dwg yungh gij yizgi venj aeu vunz rag cag de. Gij suijvwnzcan ndaw Gvangjsih giz Bouxcuengh daih dingzlai yungh aeu bingz daeuj aeu gij huqyiengh raemx hamz sa, caemh miz mbangj aeu sinhdezbiz daeuj guh. Daengz 20 sigij, yinxhaeuj gohgi sezbei senhcin yungh youq ndaw suijvwnz gamcaek, lumjbaenz aen geiq raemxvih aeu yazliz gag geiq、aen geiq raemxvih aeu cauhswnghboh, cenzcanyiz caeuq dohbujlwz boujmen liuzsuzyi daengj.

1949年以前，高水位时多采用天然漂浮物作浮标，或采用白铁皮焊制的圆形浮标，测后收回。流速仪是悬吊提升式，多采用人工提绳索悬吊仪器。广西壮乡境内水文站大多采用瓶式采样器来采取悬移质含沙量水样，也有采用锌铁皮制件的。至20世纪，引进先进的科技设备运用于水文观测之中，如压力式自记水位计、超声波水位计、全站仪和多普勒剖面流速仪等。

（5）Suijli gamcaek sezgi haigoeng gisuz ndaej daezsang. Minzgoz 24~25 bi（1935~1936 nienz）, Gvangjsih sengj cwngfuj cujciz diucazdui, gonq laeng gamcaz le Dahraemxhoengz、Sinzgyangh、Gvei'gyangh、Yi'gyangh、liujgyangh daengj, ngeixdingh le deudoeng caq doeng cingjceih giva. Daengz Minzgoz 28 bi（1939 nienz）daej, gamcaz guhsat le daezgya gveihva, ngeixdingh youq daengx seng hwngbanh aen canj dwkraemx haemq hung de 46 giz, dwkraemx menciz daihgaiq 96 fanh moux.

（5）水利勘测设计施工技术的提高。民国二十四至二十五年（1935~1936年），广西省政府组织调查队，先后勘查了红水河、浔江、桂江、郁江、柳江等河流，拟定了疏炸整治计划。至民国二十八年（1939年）底，勘查完毕后提交规划，拟在全省兴办较大的灌溉站46处，灌溉面积约96万亩。

Minzgoz 23 bi（1934 nienz）, laebbaenz Gvangjsih sengj suijli gunghcwngzcu, giem banh suijli gunghcwngz、lohraemx gamcaek、gunghcwngz sezgi daengj yinvu. Minzgoz 23 bi（1934 nienz）seizcin, fucwz dagrau aen deihhingzdoz lohraemx duenh Yi'gyangh Nanzningz daengz Gveiyen（seizneix dwg Gveigangj si）, leihyungh ginghveijyiz moq、suijcunjyiz daengj doxgaiq dajrau, doiq 44 giz reihnaz suijli gunghcwngz miz gyaciz hwngbanh de guhbaenz le gij hong dagrau.

民国二十三年（1934年），成立广西省水利工程处，兼办水利工程、河道勘测、工程设计等任务。民国二十三年（1934年）春，负责测量郁江南宁至贵县（今贵港市）段的河道地形图，利用新式经纬仪、水准仪等测绘仪器，对有兴办价值的44处农田水利工程完成了测量工作。

Minzgoz 28 bi（1939 nienz）daej，yiengq aen gunghcwngzdui Vazbwz Suijli Veijyenzvei bauq soengq le《Liujcouh Dah Fungsanh Dwkraemx Gunghcwngz Givasuh》《Sanglinz Rangh Hozcin Cunh Siu Raemx Gunghcwngz Givasuh》《Liujcwngz Sahbujhoz Dwkraemx Gunghcwngz Givasuh》daengj gij sezgi vwnzgen gvendaengz gij dwkraemx gunghcwngz dwkraemx menciz fanh moux doxhwnj de caeuq baiz raemxrongz gunghcwngz. Minzgoz 28 bi（1939 nienz）seizcin，gozminzdangj cwngfuj baiq suijli sezgi cwzliengzdui daeuj Gvangjsih guh gij hong sezgi haigoeng.

民国二十八年（1939年）底，向华北水利委员会工程队呈递了《柳州凤山河灌溉工程计划书》《上林河浚村一带消水工程计划书》《柳城沙埔河灌溉工程计划书》等灌溉面积1万亩以上的灌溉工程和排涝工程的设计文件。民国二十八年（1939年）春，国民党政府派水利设计测量队到广西进行设计施工工作。

Mwh Minzgoz，gij gunghcwngz cwk raemx cijmiz di daemz iq roxnaeuz suijgu fai doem daemq ndeu，haigoeng genjdanh，itbuen cungj dwg youz cungqvunz gag guh. Reihnaz dwkraemx yungh gij mieng de，daih dingzlai dwg aen rin cien caeuj caep. Gij gunghcwngz cwngfuj guh de daemh miz，hoeng haemq noix. Minzgoz 25 bi（1936 nienz）2~4 nyied，Yunghningz yienhfuj coihfuk caeuq gya sang diuz fai，cwng diuh gij beksingq laenzgaenh，douzhaeuj goengrengz vunz 410 lai fanh ngoenzhong. Gij suijli gunghcwngz mwh Minzgoz dingzlai dwg yungh cungj hingzsik fatbau hawj canghcingzbau guh. Gij suijli gunghcwngz mwhhaenx gvangqlangh yungh cien rin daeuj caep，hoeng caemh miz laehvaih，lumjbaenz Minzgoz 23 bi（1934 nienz）guh diuz fai rin Haijyenh giz Swhlozy yen（seizneix dwg Ningzmingz yienh），mbiengj roenx raemx de yungh vwnningzduj bau baihrog. Minzgoz 33 bi（1944 nienz）daej，gij reihnaz dwkraemx gunghcwngz gveihmoz haemq hung gaeng guhbaenz de miz Denzyangz Naboh、Yizsanh Lozsougiz、Gunghcwngz Sigyangh、Libuj diuz fai Hozgyangh、Libuj Bujluzhoz 5 giz，sezgi itgungh dwkraemx menciz 10.83 fanh moux. Gij dwkraemx gunghcwngz haemq hung cingqcaih guh de miz 6 giz，sezgi dwkraemx menciz 17.66 fanh moux.

民国期间，蓄水工程只有一些低土坝的小山塘或水库，施工简单，一般均由民众自建。农田灌溉用的有关渠系建筑物，大部分为砖石结构。官办工程也有，但较少。民国二十五年（1936年）2~4月，邕宁县府修复和加高壤堤，征调附近乡民，用工410余万工日。民国期间的水利工程多以发包形式给承包商施工。此时的水利工程广泛采用砖石结构，但也有例外的，如民国二十三年（1934年）兴建的思乐县（今宁明县）海渊砌石坝，其溢流面采用混凝土外包。民国三十三年（1944年）底，已完成规模较大的农田灌溉工程有田阳那坡、宜山洛寿渠、恭城势江、荔浦合江坝、荔浦浦芦河5处，设计共灌溉面积10.83万亩。当时正在施工的较大灌溉工程6处，设计共灌溉面积17.66万亩。

Sam. Suijli Yinzcaiz Gungganq Gisuz

三、水利人才培养技术

Minzgoz bi daih'it（1912 nienz）, youq Gveilinz cauxbanh Gvangjsih Daih'it Gyazcungj Gunghyez Yozyau, nda miz dujmuzbanh, hagseng ceng mbouj geij 50 boux, dwg giz hainduj Gvangjsih giz Bouxcuengh gungganq suijli gisuz yinzcaiz.

民国元年（1912年）, 在桂林创办广西第一甲种工业学校, 设有土木班, 学生近50人, 是广西壮乡培养水利技术人才的开始。

Minzgoz 21 bi（1932 nienz）, Gvangjsih Dayoz lijgungh yozyen hainduj nda dujmuz gunghcwngz hi. Ndaw bizyezswngh dujmuzhi miz mbangj vunz guh suijli gensez.

民国二十一年（1932年）, 广西大学理工学院始设土木工程系。土木系毕业生中有部分人员从事水利建设。

Liujcouh Gauhgiz Gunghyez Cizyez Yozyau youq Minzgoz 34 bi（1945 nienz）cauxbanh song geiz suijli gisuz yinzyenz yinlenbanh, itgungh 90 boux, hag bi ndeu, hagseng dwg gij vunz youq gak dieg guh hong suijli de, dwg buek suijli gisuz yinzcaiz Gvangjsih giz Bouxcuengh gag gungganq、miz conhyez gisuz cihsiz moq ndeu.

柳州高级工业职业学校在民国三十四年（1945年）举办2期水利技术人员训练班, 共90人, 学制1年, 学员来自各地从事水利工作的人员, 是广西壮乡自行培养的、具有新的专业技术知识的一批水利技术人才。

Camgauj Vwnzyen　参考文献

[1] 张孝祥.于湖居士文集 [M].上海：上海古籍出版社，1980.

[2] 屈大均.广东新语 [M].北京：中华书局，1985.

[3] 高言弘.广西水利史 [M].北京：新时代出版社，1988.

[4] 刘仲桂.中国南方洪涝灾害与防灾减灾 [M].南宁：广西科学技术出版社，1996.

[5] 广西水旱灾害编委会.广西水旱灾害及减灾对策 [M].南宁：广西人民出版社，1997.

[6] 广西壮族自治区地方志编纂委员会.广西通志·水利志 [M].南宁：广西人民出版社，1998、2011.

[7] 廖振钧.广西农业科技史 [M].南宁：广西人民出版社，1996.